电力系统运行技术

（第二版）

万千云　赵智勇　万方　编

内 容 提 要

本书系统而全面地阐述了电力系统运行操作方面的有关内容。全书共13章，内容包括同步发电机、变压器、架空电力线路、配电装置、互感器、并联电容器、电抗器、消弧线圈、微机保护、变电站综合自动化、系统稳定及内部过电压、电力系统运行与操作、电网异常与事故处理及特高压交流输电技术等。

本书可作为发电厂、变电站及输配电系统运行维护人员、工程技术人员和电网调度人员的培训教材，也可作为电力系统检修试验人员、管理人员及大、中专院校有关专业师生的参考书。

图书在版编目（CIP）数据

电力系统运行技术 / 万千云，赵智勇，万方编 . —2 版 . —北京：中国电力出版社，2019.11
ISBN 978-7-5198-4045-7

Ⅰ . ①电… Ⅱ . ①万… ②赵… ③万… Ⅲ . ①电力系统运行 Ⅳ . ① TM732

中国版本图书馆 CIP 数据核字（2019）第 257147 号

出版发行：中国电力出版社
地　　址：北京市东城区北京站西街 19 号（邮政编码 100005）
网　　址：http://www.cepp.sgcc.com.cn
责任编辑：陈　丽（010-63412348）
责任校对：黄　蓓　李　楠　郝军燕
装帧设计：郝晓燕
责任印制：石　雷

印　　刷：北京天宇星印刷厂
版　　次：2007 年 11 月第一版　2020 年 5 月第二版
印　　次：2020 年 5 月北京第四次印刷
开　　本：787 毫米 ×1092 毫米　16 开本
印　　张：32
字　　数：791 千字
印　　数：8501—10000 册
定　　价：160.00 元

前言

preface

《电力系统运行技术》一书自 2007 年 11 月出版以来，受到了电力系统工程技术人员及运行维护人员的热烈欢迎，并有一些读者对本书有关内容提出了许多很好的意见，对本书的修改完善有很大帮助，在此表示衷心的感谢。

本书第二版的编写工作有如下特点：一是为适应变电站综合自动化装置日益广泛应用的需要，增加了变电站综合自动化方面的内容。包括变电站综合自动化系统的基本功能、主要特点、结构形式及自动控制装置等，并介绍了 110、220、500kV 变电站综合自动化系统网络典型示意图。二是为适应特高压输电技术日益广泛应用，方兴未艾的需要，重点增加了特高压交流输电技术方面的内容，以 1000kV 晋东南（长治）—南阳—荆门特高压交流试验示范工程为例，介绍了特高压交流输电有关技术知识及工程概况。包括：①特高压输电的优越性能；②特高压系统工频过电压，操作过电压产生原因及其限制措施、限制目标，无功平衡及电压控制，潜供电流机理及恢复电压抑制措施，电磁环境参数及其限制目标；③特高压交流输电线路及交流变压器结构，特高压变电站电气主接线及主要电气设备（电抗器、断路器、隔离开关）结构等。三是删除了电力系统潮流计算（全章）及重合器、防误闭锁装置等内容，修改了部分内容。

补充编写特高压交流输电技术及变电站综合自动化技术方面的内容时，遵循的原则及寄希望于读者的是：注重工程应用，提升专业技能。

本书在编写过程中，承蒙中国电力出版社陈丽编辑提出了不少修改意见，谨表示衷心的感谢。

由于编者水平有限，书中不妥之处恳请读者批评指正。

编　者

2019 年 12 月

第一版前言

first edition preface

本书系统而全面地阐述了电力系统发电、变电、供电设备及输电线路构造原理、运行方式、运行操作、运行监视和维护，异常运行及事故处理等方面的运行知识和技术问题。

本书涵盖面较宽，包括发电机、变压器、电力线路、配电装置、互感器、电容器、电抗器、消弧线圈、微机保护、潮流计算、系统稳定及内部过电压、电力系统运行与操作、电网异常与事故处理等，基本上涵盖了电网运行、调度、操作及事故处理等方面的主要内容。全书以运行和操作技术为中心内容进行选材和撰稿，主题鲜明突出，且有针对性地介绍了超高压电网运行的部分新设备、新技术，并结合国家新标准、新规范介绍了有关运行、监控、操作方面的技术知识和相应规定。如应用于330～500kV超高压电网（含应用于220kV及以下高压电网）的电容式电压互感器、电抗器、静止补偿设备（SVC）、气体绝缘金属封闭开关设备（GIS）、微机保护、集合式电容器、直流输电、大型变压器的冷却装置及在线监测系统等。本书有一定的理论深度，但更多地侧重实践，实用性较强。全书贯穿着以实际应用为主线的特点，有针对性地阐述了电网生产实践中运行操作、计算方面的技术问题。

本书力求将概念、理论、知识、技能融为一体，以便使读者在提高理论、知识水平的同时，提高电力系统运行的操作技能。

本书可作为发电厂、变电站及输配电系统运行维护人员、工程技术人员和电网调度人员的培训教材，也可作为电力系统检修试验人员、管理人员及大、中专院校有关专业师生的参考书。

本书在编写过程中，承蒙中国电力出版社张玲、陈丽编辑提出了不少修改意见，谨表示衷心的感谢。

由于编者水平有限，错缪之处恳请读者批评指正。

编　者

2007年10月

目录

contents

第一章

同步发电机的运行

本章以 300MW 汽轮发电机组为例，主要介绍发电机的辅机系统、运行方式、运行特性、运行操作、运行监视和维护、异常运行及事故处理等方面的运行知识和技术问题。

第一节 发电机的辅机系统

汽轮发电机按冷却介质和冷却方式不同，可分为双水内冷、水氢氢冷和全氢冷等类型。这三类机组的辅机系统大体相似，均配有冷却系统、温度监视系统、励磁系统、轴振监视系统[1]等。下面以水氢氢冷汽轮发电机组为例，介绍其辅机系统。

水氢氢冷汽轮发电机的定子绕组采用水内冷，转子绕组采用氢内冷，定子铁芯为氢冷。

一、冷却系统

1. 氢冷却系统

（1）氢冷却系统的构成。汽轮发电机的氢气冷却系统由发电机内部通风系统和外部供气系统构成。

水氢氢冷汽轮发电机的内部通风系统的风路有打风式和抽风式两种形式。

水氢氢冷却的汽轮发电机要求建立专用的外部供气系统。这种供气系统既能向发电机充氢气，也能充空气，还能进行氢气和空气的置换、补漏气、自动监视，并保持机壳内氢气的额定压力和纯度。各种不同形式的汽轮发电机供气系统都大体相同，由氢气供气装置、二氧化碳供气装置、氢油水系统监测控制柜、气体干燥器、发电机工况监视器、纯度风扇监视装置、浮子式检漏计、自动化控制仪表装置、管道和阀门等组成。

（2）氢冷却系统主要装置的功能。

1）纯度风扇监视装置。正常运行时，发电机内部氢气纯度应保持在98%以上。在运行过程中，纯度风扇监视装置能自动分析和检测发电机内部氢气的纯度及压力，并能进行超限报警。如氢气纯度低于92%时，该装置自动报警，提醒运行人员排污补氢。

2）氢气干燥器。在发电机的风扇前后，分别装有氢气回流管，该回流管与氢冷却系统中的氢气干燥器连通，使发电机内一部分氢气在风扇的前后压差作用下，不断流经干燥器，对机内的氢气进行干燥，且无需更换干燥剂。

3）浮子式检漏计。当发电机内出现水、油等液体时，由三台浮子式检漏计分别对发电机各部位的积液进行监测，及时报警，以便排除积液，检查处理。

4）自动化控制仪表装置。关键运行参数均有电信号输出，可供程序控制检查及报警。

5）发电机工况监视器。当发电机内定子铁芯或定子绕组局部发生过热时，热粒子随气流流入工况监视器，被监视器内离子室吸收后，监视器内的电流将产生变化。当电流下降到

---

[1] 因在汽轮机教科书中均有介绍有关发电机组的轴振监视系统的内容，此处从略，只较详细地介绍其他三个系统。

一定限度，报警信号开关闭合，由氢油水系统监测控制柜发出报警信号。

2. 定子冷却水系统

（1）定子冷却水系统的构成。定子冷却水系统是水氢氢冷发电机组的辅机配套系统之一，用于向发电机定子绕组提供内冷工作水，使定子绕组的温升保持在规定范围内，并对定子绕组进行监测、控制及保护，同时监视水压、水量、水温和水的电导率等参数。定子冷却水系统由定子绕组水系统和定子外部供水系统组成。

1）定子绕组水系统。300MW 发电机的定子绕组及其连线、出线都采用水内冷。定子每个上层线棒与下层线棒在鼻端并成 1 个水路，水自励磁机端（励端）总水管（汇水管）分 54 个水路经绝缘引水管进入定子绕组，再自汽轮机端（汽端）定子绕组的 54 个绝缘引水管流至汽端总水管，然后，水从汽端总水管流出。

2）定子外部供水系统。300MW 发电机定子外部供水系统由 1 个水箱、2 个冷却水泵、2 组水冷却器、3 个过滤器、1 个混合离子交换器、有关指示仪表及信号器组成。

（2）定子冷却水系统主要装置的功能。

1）水箱。又称凝结水箱，用于储存定子冷却用凝结水或化学水。当水箱中的水位降至低水位时，水箱上的液位计能发出报警信号，并自动打开补水电磁阀门，向水箱补水。补到正常水位后，液位计自动关闭该电磁阀门，停止补水。当水箱中的水位升高到高水位时，液位计将发出报警信号，运行人员应手动打开水箱的排水门，将多余的水排入地沟，使水箱水位正常。当补水电磁阀门发生故障不能正常动作时，可打开手动补水阀门补水。

2）冷却水泵。又称定子冷却水泵，水箱内的水靠冷却水泵打入定子绕组内进行冷却，并使定子冷却水进行闭式循环。

3）水冷却器。通过二次水冷却内冷水，即水箱中的热水经过冷却器时，在水冷却器内通以二次水，将热水的温度降低到规定值范围内。两组水冷却器可以单个运行，互为备用，也可以两组并列运行。

4）过滤器。对水箱流来的水起过滤杂质的作用。为避免定子绕组的空心导线（特别在导线的转弯处）脏污或堵塞，凝结水进入定子绕组之前，先经过两个网状过滤器过滤，阻止脏物或杂质通过。两个过滤器可以一个运行，一个备用。

5）混合离子交换器。当水箱补充化学水时，离子交换器对化学水进行水处理，以保持良好的水质。

6）仪表及信号器。为了运行安全可靠，定子冷却水系统装有一系列的指示仪表及信号器。当出现水箱水位过高或过低、水泵停止、进水或出水的水温过高、凝结水电导率过高、发电机的氢水压差低等情况时，相应的仪表及信号器将有相应的指示和相应的信号，以便及时处理。

二、温度监视系统

发电机运行时，定子和转子由于铜损、铁损及机械损耗等会产生温度的升高，为此，发电机装设了测温装置，以便监视发电机各部位的运行温度。300MW 及以上汽轮发电机组的测温装置主要监测定子绕组、定子铁芯、冷风区、热风区、氢气冷却器、密封油及轴承油的温度。此外，在氢气冷却器的热风入口和冷风出口处、定子出线瓷套管导电杆出水绝缘引水管出口、发电机轴承回油管、氢侧密封回油管等处都装有测温元件。

三、励磁系统

1. 励磁系统及励磁控制系统

同步发电机在向系统输送电能的过程中，还应向其转子绕组提供可调节的直流励磁电流。为同步发电机提供可调节的直流励磁电流的供电电源系统，称为同步发电机的励磁系统。

励磁系统由两部分组成：励磁功率单元向同步发电机的励磁绕组提供直流励磁电流；励磁调节器能感受运行工况的变化，并自动调节励磁功率单元输出的励磁电流的大小，以满足系统运行的要求。

由励磁功率单元、励磁调节器、同步发电机共同构成的闭环反馈控制系统称为发电机的励磁控制系统，其框图如图 1-1 所示。

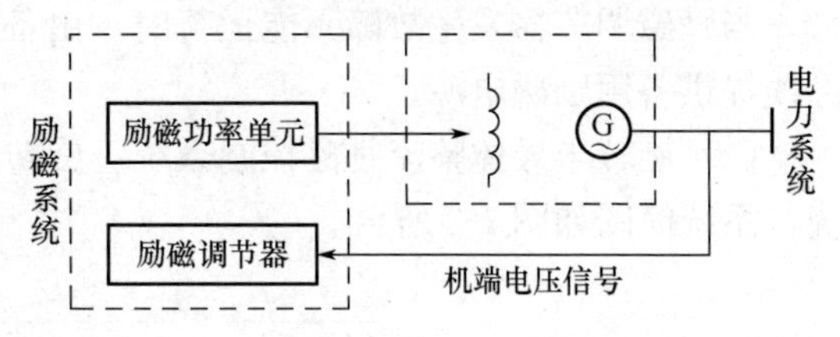

图 1-1　励磁控制系统框图

2. 300MW 汽轮发电机励磁控制系统

目前，我国 300MW 汽轮发电机励磁控制系统中，由同轴交流副励磁机、主励磁机提供的交流电源经静止半导体（或旋转半导体）整流后，经过（或不经过）集电环电刷向发电机转子绕组提供励磁电流。

目前，国产 300MW 汽轮发电机多采用静止硅整流励磁方式，即转子励磁电流经集电环电刷引入。而进口及引进技术制造的 300MW 汽轮发电机，则多采用旋转半导体整流励磁方式，即转子励磁电流由同轴旋转半导体整流后直接输入。

（1）静止硅整流励磁控制系统。静止硅整流励磁控制系统又称有刷励磁控制系统，系统图如图 1-2 所示。

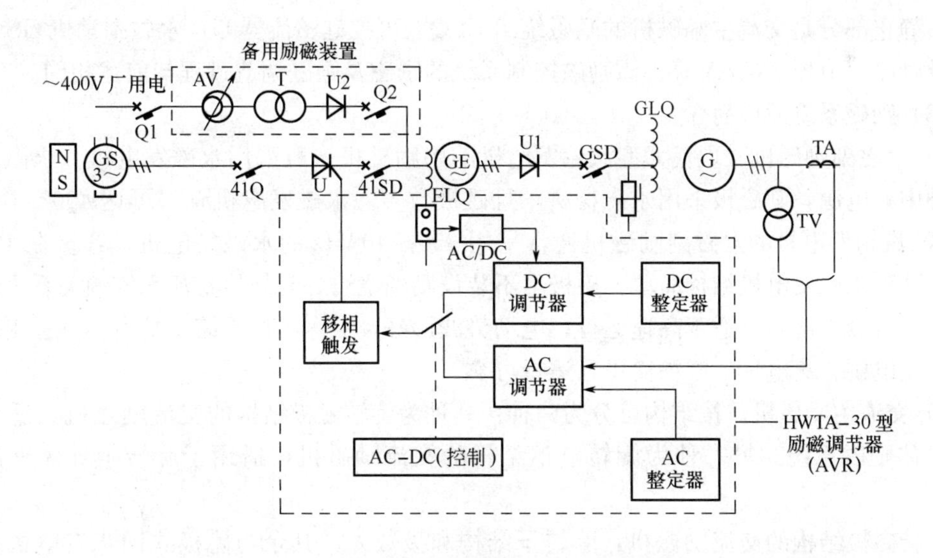

图 1-2　静止硅整流励磁控制系统

GS—永磁副励磁机；GE—主励磁机；G—发电机；41Q—低压断路器；41SD—主励磁机灭磁开关；ELQ—同轴交流主励磁机的励磁绕组；GSD—发电机灭磁开关；Q1、Q2—低压断路器；U1、U2—硅整流器；U—晶闸管整流器；AV—感应调压器；T—隔离变压器；TA—电流互感器；TV—电压互感器

图 1-2 中，400Hz 的同轴永磁副励磁机 GS 提供三相交流，经三相全控桥式接线的可控硅整流器整流后，向同轴交流主励磁机 GE 的励磁绕组 ELQ 提供励磁电流；GE 发出的 100Hz 的三相交流经三相桥式接线的静止硅整流器后，向同轴发电机 G 提供励磁电流。励磁调节器根据运行工况，自动调节晶闸管元件的导通角，以此改变主励磁机的励磁电流，从而达到调节同步发电机励磁电流的目的。

当励磁调节器发生故障不能运行时，由备用励磁装置代替其运行。由 400V 的低压厂用母线提供备用励磁电源。

（2）旋转半导体整流励磁控制系统。旋转半导体整流励磁控制系统又称无刷励磁控制系统，系统简图如图 1-3 所示。

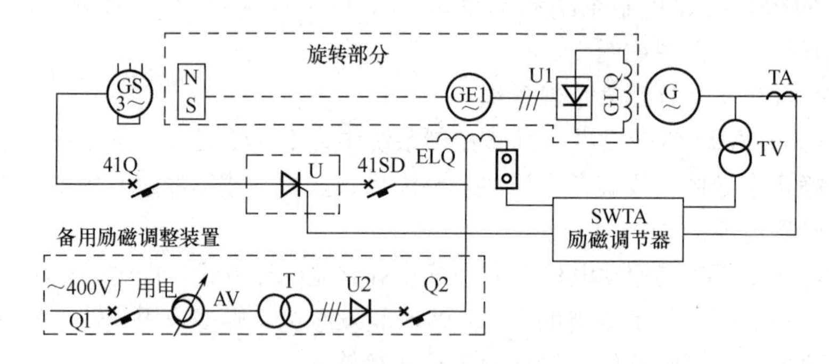

图 1-3　旋转半导体整流励磁控制系统简图

图 1-3 中，主励磁系统分为旋转和静止两部分。交流主励磁机 GEl 的电枢绕组、旋转硅整流器 Ul、永磁副励磁机的转子（N-S）等组成旋转部分，与发电机的转子绕组 GLQ 同轴旋转，静止部分是交流主励磁机的励磁绕组 ELQ、可控硅整流器 U、永磁副励机 GS 的电枢绕组及励磁调节器 SWTA 等。该励磁控制系统的励磁及励磁调节过程与前述相同。

（3）励磁系统元件简介。

1）永磁副励磁机。现代大型汽轮发电机的副励磁机一般采用永磁发电机。永磁发电机是一种中频电源，其磁极采用永磁材料，且磁极数多。永磁发电机频率可达 400～1000Hz。300MW 汽轮发电机的永磁副励磁机通常采用 350～400Hz 的永磁发电机，容量在 100kVA 以下。这种永磁发电机结构简单，磁极上不装设励磁绕组，与外界直流无依赖关系；磁极固定牢靠，机械强度高，适于高速运行；电动势波形好，噪声小；不需要励磁，不会出现失磁现象；无电刷、集电环，维护简单，运行可靠。

2）交流主励磁机。按结构可分为两种：一种为旋转磁极结构的交流励磁机，适用于静止半导体励磁系统；另一种为旋转电枢结构的交流励磁机，适用于旋转半导体整流励磁系统。

旋转磁极结构的交流励磁机，除转子结构和极数外，其余与隐极式同步发电机基本相同。旋转电枢结构的交流励磁机与普通同步发电机基本相同，不同的是：定子绕组为励磁绕组，安装在静止不动的定子铁芯上；转子绕组为电枢绕组，三相 Y 接线的电枢绕组和电枢铁芯安装在与发电机转子同轴的转轴上。

3）感应调压器。感应调压器在结构上与绕线式异步电动机相同，实质上是一台静止的三相绕线式异步电动机，但其转子被卡住不能自由旋转，只能借助蜗轮杆由人工操作，在一定角度范围内转动，一般限制在 0°～180°。因此，它不需要绕线式异步电动机那样装设集电环和电刷。此外，在接线上和绕线式异步电动机也有不同，感应调压器的定子绕组和转子绕组有电的联系，如图 1-4 所示。为了连接和操作上的方便，将转子绕组作为一次接到电源上，而将定子绕组作为二次接到负载上。感应调压器的调压原理如下。

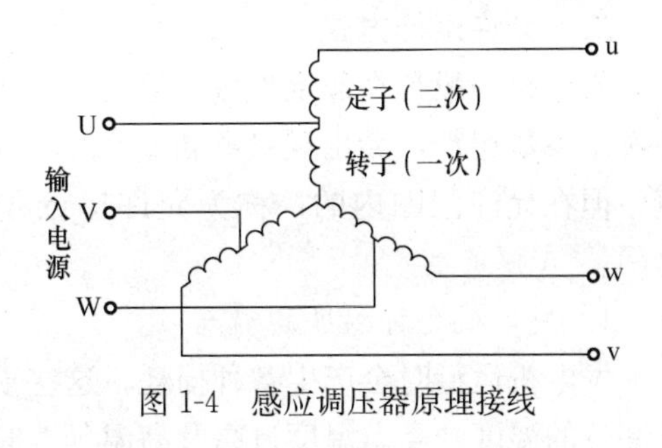

图 1-4　感应调压器原理接线

当三相交流电压加到三相转子绕组上时，就产生旋转磁场。这个磁场分别使转子绕组和定子绕组感应出电动势 $\dot{E}_1$ 和 $\dot{E}_2$，由感应调压器的接线可知，感应调压器的输出电压是 $\dot{E}_1$ 和 $\dot{E}_2$ 的相量和，即

$$\dot{U} = \dot{E}_1 + \dot{E}_2$$

$\dot{E}_1$、$\dot{E}_2$ 的大小与绕组匝数、电源频率成正比。对已制造好的感应调压器，其绕组匝数、电源频率已固定，$\dot{E}_1$、$\dot{E}_2$ 的大小也就确定了。要改变感应调压器的输出电压 $\dot{U}$ 的大小，唯有改变 $\dot{E}_1$ 与 $\dot{E}_2$ 之间的相角，即改变转子和定子绕组之间的相对位置。当 $\dot{E}_1$ 与 $\dot{E}_2$ 之间的夹角 $\alpha=0°$时，$\dot{U}$ 的输出最大；$\alpha=180°$时，$\dot{U}$ 的输出为 0；任意改变 α 的大小，可使 $\dot{U}$ 的大小得到平滑调节。

4）自动励磁调节器（AVR）。有刷或无刷励磁系统所采用的 AVR 型式较多，结构差别也较大，但其组成及工作原理大同小异。前述 HWTA-30 型和 SWTA 型励磁调节器均设有 AC（自动）和 DC（手动）双通道调节器。AC 调节器工作时，从发电机机端取得电压调节量，能自动维持发电机机端电压在给定水平；DC 调节器工作时，从主励磁机励磁分流器取得主励磁机励磁电流量，能自动维持发电机励磁电流在给定水平。AC 是主调节器，正常运行时，由它担负发电机的励磁调节任务，维持机端电压稳定，DC 调节器备用。当 AC 调节器故障时，由自动切换装置控制将 AC 调节器退出，投入 DC 调节器，这时，由 DC 担负发电机的励磁调节任务，维持发电机励磁电流在给定水平。

为了减小 AC 向 DC 切换时发电机的无功冲击，该装置设有自动跟踪单元，该单元使 DC 调节器的输出始终跟随 AC 调节器的输出，并力求保持一致，一旦发生 AC 向 DC 的切换，可使发电机的无功冲击最小。

第二节　发电机运行方式

一、额定运行方式

发电机按制造厂铭牌额定数据运行的方式，称为额定运行方式。发电机的额定数据是制造厂对其在稳定、对称运行条件下规定的最合理的运行参数。当发电机在各相电压和电流都对称的稳态条件下运行时，具有损耗小、效率高、转矩均匀等优点。所以在一般情况下，发电机应尽量保持或接近额定工作状态。

二、允许运行方式

发电机一般是在额定参数下运行。由于电网负荷的供需平衡，不可能所有的机组都按铭牌额定参数运行，会出现某些机组偏离铭牌参数运行的情况。发电机的运行参数偏离额定值，但在允许范围内的，称为允许运行方式。下面介绍发电机有关运行参数的允许变化范围。

1. 发电机允许温度和温升

发电机运行时会产生各种损耗，这些损耗使发电机的效率降低，且会变成热量使发电机各部分的温度升高。温度过高及高温延续时间过长都会使绝缘加速老化，缩短使用寿命，甚至引起发电机事故。一般来说，发电机温度若在超过额定允许温度 6℃情况下长期运行，其使用寿命会缩短一半。所以，发电机运行时，必须严格监视各部分的温度，使其在允许范围内。另外，当周围环境温度较低，温差增大时，为使发电机内各部位实际温度不超过允许值，还应监视其允许温升。

发电机的允许温度和允许温升，决定于发电机采用的绝缘材料等级和温度测量方法。300MW 机组，其绝缘材料有的采用 B 级绝缘，有的采用 F 级绝缘，而且测温方法也不完全相同。因此，发电机运行时的允许温度和温升，应根据制造厂规定的允许值（或现场试验值）确定。表 1-1 是某电机厂 300MW 发电机温度、温升的允许值。

表 1-1　某电机厂 300MW 发电机温度、温升允许值

部　　位	允许温升（℃）	最高允许温度（℃）	测试条件	测试方法
定子铁芯齿部	74	120	氢压 0.31MPa 入口氢温 46℃	热电偶法
定子铁芯轭部	74	120	氢压 0.31MPa 入口氢温 46℃	热电偶法
定子绕组槽内层间	50	100	入口冷却水温度 50℃	电阻温度计
转子	64			电阻法
水支路出水		85		微型测温元件
汽端总水管出水		85		微型测温元件

注　定子为 B 级绝缘。

表 1-1 中，转子绕组允许温升高于定子绕组槽内层间允许温升，其原因是转子绕组电压较低，且绕组温度分布均匀，不会出现局部过热，其次，定、转子绝缘材料不同，测温方法也不同。

2. 冷却介质的质量、温度、压力允许变化范围

水氢氢冷汽轮发电机的冷却介质为氢气和水。为保证发电机能在绝缘材料的允许温度下长期运行，必须使其冷却介质的温度、压力在规定的范围内。为保证机组的安全运行，其冷却介质的质量也必须符合规定。

（1）氢气的质量、压力和温度。机组运行时，为防止氢气爆炸，氢气质量必须达到规定标准。当发电机两端的空气侧和氢气侧密封油泵均工作时，氢气纯度应不低于 98%；当氢气侧密封油泵停运时，应维持在 90%及以上。发电机补氢用氢气纯度不得低于 99.5%，在大气压下，含水量不大于 $2g/m^3$。

发电机运行时，应保持机壳内的氢气压力在制造厂规定的额定值范围内。特殊情况需降

低氢压运行时，应根据温升试验接带负荷，且运行时间不超过制造厂的规定。为了保持发电机氢气的运行压力正常，通常必须维持机端轴承的密封油压高于机壳内的氢压。正常运行时，密封油压和油氢压差应保持在规定范围内。空气侧和氢气侧油压应尽量相等，以免窜油，但空气侧和氢气侧密封油压差不应超过规定值。

氢气运行温度太低，发电机内容易结露，温度太高，影响出力。为保证机组额定出力和各部分温度、温升不超过允许值，发电机冷氢温度应不超过其额定值。当冷氢温度发生变化时，其接带负荷应按制造厂的规定调整。如某机组额定冷氢温度为40℃，在额定冷氢温度下运行时，出力为额定值；冷氢温度低于额定值时，不许提高机组出力；当冷氢温度高于额定值时，每升高1℃，定子电流应降低2%额定值，冷氢温度高于50℃时，不允许发电机运行。

(2) 冷却水的水质、温度和水压。定子内冷却水的水质对发电机的运行有很大影响。如电导率大于规定值，运行中会引起较大的泄漏电流，使绝缘引水管老化，过大的泄漏电流还会引起相间闪络。水的硬度过大，则水中含钙、镁离子多，管路易结垢，影响冷却效果，甚至堵塞管道。为保证发电机的安全运行，对内冷水水质有如下规定：导电率小于1.5$\mu\Omega$/cm(20℃)；硬度小于10μg/L；pH值为7～9。

定子内冷水进水温度过高，影响发电机出力，水温太低，使机内结露。300MW发电机内冷水进水温度一般规定为40～45℃，有的制造厂规定为45～50℃。

定子内冷水水压影响定子绕组的冷却效果，影响机组出力，故机组内冷水进水压力应符合制造厂规定。为防止定子绕组漏水，内冷水运行压力不得大于氢压。当发电机的氢压发生变化时，应相应地调整水压。

3. 发电机电压允许变化范围

发电机应在额定电压下运行，而实际运行时，发电机的电压是根据电网的需要而变化的。发电机电压在额定值的±5%范围内变化时，允许长期按额定出力运行，但最大变化范围不得超过额定值的±10%。发电机电压偏离额定值超过±5%时，会给发电机的运行带来不利影响。

(1) 电压低于额定值对发电机运行的主要影响。

1) 降低发电机运行的稳定性，包括并列运行的稳定性和发电机电压调节的稳定性。

并列运行稳定性的降低可从功角特性看出。当电压降低时，功率极限降低，若保持输出功率不变，则势必增大功角运行，而功角越接近90°，稳定性越差。

电压调节稳定性降低，是指电压降低时发电机的铁芯可能处于不饱和状态，其运行点可能落在空载特性的直线部分（见图1-7)，这时只要励磁电流做很小范围的调节，都会造成较大幅度的电压变动，甚至不易控制。这种情况，还会影响并列运行的稳定性。

2) 使发电机定子绕组温度升高。在发电机电压降低的情况下，保持出力不变，则定子电流增大，有可能使定子绕组温度超过允许值。

3) 影响厂用电动机和整个电力系统的安全运行，反过来又影响发电机本身。

(2) 电压高于额定值对发电机运行的主要影响。

1) 使转子绕组温度升高。保持发电机有功输出不变而提高电压时，转子绕组励磁电流就要增大，这会使转子绕组温度升高。当电压升高到1.3～1.4倍额定电压时，转子表面由于脉动损耗（这些损耗与电压的平方成正比）增加，使转子绕组的温度有可能超过允许值。

2）使定子铁芯温度升高。定子铁芯的温升一方面是定子绕组发热传递的，另一方面是其本身的损耗发热引起的。当定子端电压过分升高时，定子铁芯的磁通密度增高，铁芯损耗明显上升，使定子铁芯的温度大大升高。过高的铁芯温度会使铁芯的绝缘漆烧焦、起泡。

3）使定子结构部件出现局部高温。如定子电压过高，定子铁芯磁通密度增大，使定子铁芯过度饱和，从而会造成较多的磁通逸出轭部并穿过某些结构部件，如机座、支撑筋、齿压板等，形成另外的漏磁磁路，过多的漏磁会使结构部件产生较大涡流，可能引起局部高温。

4）对定子绕组绝缘造成威胁。正常情况下，定子绕组的绝缘能耐受1.3倍额定电压。但对运行多年、绝缘已老化或本身有潜伏性绝缘缺陷的发电机，升高电压运行，定子绕组的绝缘可能被击穿。

4. 发电机频率允许变化范围

（1）低频运行对发电机运行的影响。

1）影响发电机通风冷却效果。发电机是靠转子两端的风扇来通风的，频率降低即为转子的转速下降，将使风扇鼓进的风量减少，造成发电机的冷却条件变坏，从而使绕组和铁芯的温度升高。

2）若保持出力不变，会使定子、转子绕组温度升高。由于发电机的电动势与频率和主磁通成正比，频率下降时，电动势也下降。若发电机出力不变，则定子电流增加，使定子绕组的温度升高；若保持电动势和出力均不变，则应增加转子的励磁电流，这使转子绕组的温度也升高。

3）保持机端电压不变，会使发电机结构部件产生局部高温。频率降低时，若用增加转子电流来保持机端电压不变，会使定子铁芯中的磁通增加，定子铁芯饱和程度加剧，磁通逸出轭部，使机座上的某些结构部件产生局部高温，有的部位甚至冒火星。

4）影响厂用电及系统安全运行。频率降低，使厂用电动机转速下降，厂用机械的出力降低，这将导致发电机的出力降低，从而加剧系统频率的降低，如此循环，将影响系统稳定运行。

5）可能引起汽轮机叶片断裂。因为功率等于转矩与角速度的乘积，角速度 $\omega=2\pi f$，频率 f 降低，则 ω 降低，若出力不变，转矩应增加。可见，叶片会过负荷。此时，叶片将产生较大振动，若叶片的振动频率与固有振动频率接近或相等，叶片可能因共振而折断。

（2）高频运行对发电机运行的影响。频率过高，使发电机的转速增加，转子离心力增大，会使转子部件损坏，影响机组安全运行。所以，当转速达到汽轮机危急保安器动作值时，危急保安器将动作，使汽轮机主汽门关闭，机组停止运行。

根据上述分析，正常运行时，发电机的频率应经常保持在50Hz。正常变化范围应在±0.2Hz以内，最大偏差不应超过±0.5Hz。300MW机组的频率偏离额定值的±0.5Hz为紧急频率，此时，应汇报调度并作相应处理；频率偏离额定值的±2.5Hz时，应停机。

5. 发电机功率因数允许变化范围及安全运行极限

功率因数在数值上等于有功功率与视在功率的比值，即

$$\cos\varphi = \frac{P}{S} = P/\sqrt{P^2+Q^2}$$

式中　φ——定子电压与电流之间的相角，°；

　　P——有功功率，kW；

　　Q——无功功率，kvar；

　　S——视在功率，kVA。

根据发电机运行所带有功功率和无功功率的不同，$\cos\varphi$ 有迟相和进相之分。发电机运行时，定子电流滞后定子电压一个角度 φ，发电机向系统输出有功功率和无功功率，此时为发电机的迟相运行，与此对应的 $\cos\varphi$ 为迟相功率因数。当发电机运行时，定子电流超前定子电压一个角度 φ，发电机从系统吸取无功功率，用以建立机内磁场，并向系统输出有功功率，此时为发电机的进相运行，与此对应的 $\cos\varphi$ 为进相功率因数。

发电机在额定功率时的迟相功率因数 $\cos\varphi$ 为额定功率因数，其值一般为 0.8～0.9。发电机在额定功率下运行，功率因数越高，无功输出越小。

发电机运行时，由于系统有功负荷和无功负荷的变化，其 $\cos\varphi$ 也是变化的。考虑发电机运行的稳定性，$\cos\varphi$ 一般应运行在迟相的 0.8～0.95，$\cos\varphi$ 低限值不作规定。$\cos\varphi$ 也可以工作在迟相的 0.95～1.0 或进相的 0.95，但此种工况，发电机的静态稳定性差，容易引起振荡和失步。因为，迟相 $\cos\varphi$ 值越高，转子励磁电流越小，定、转子磁极间的吸力减小，功角增大，定子的电动势降低，发电机的功率极限也降低，故发电机的静态稳定度降低。所以，通常规定 $\cos\varphi$ 一般不得超过迟相的 0.95 运行。对于有自动调节励磁的发电机，在 $\cos\varphi=1$ 或 $\cos\varphi$ 在进相的 0.95～1.0，也只允许短时间运行。

发电机在 $\cos\varphi$ 变化情况下运行时，有功功率和无功功率一定不能超过发电机的允许运行范围。在静态稳定条件下，发电机的允许运行范围主要取决于下述四个条件。

（1）原动机的额定功率。原动机的额定功率一般要稍大于或等于发电机的额定功率。

（2）定子发热温度。发热温度决定了发电机额定容量的安全运行极限。

（3）转子发热温度。该温度决定了发电机转子绕组和励磁机的最大励磁电流。

（4）发电机进相运行时的静态稳定极限。当发电机的 $\cos\varphi$ 值小于零而进入进相运行时，功角 δ 不断增大，此时，发电机的有功输出受到静态稳定条件的限制（即静态稳定极限的限制）。

运行中的发电机在进行有功功率和无功功率的调节时，在一定定子电压和电流下，当 $\cos\varphi$ 值下降时，其有功输出减小，无功输出增大；而 $\cos\varphi$ 值上升时，有功和无功输出的变化则相反。因此，功率因数变化时，运行人员应控制发电机在允许运行范围内。发电机的 P-Q 曲线就是表示其在各种功率因数下允许的有功功率 P 和允许的无功功率 Q 的关系曲线。P-Q 曲线又称发电机的安全运行极限，可根据其相量图绘制，如图 1-5 所示。

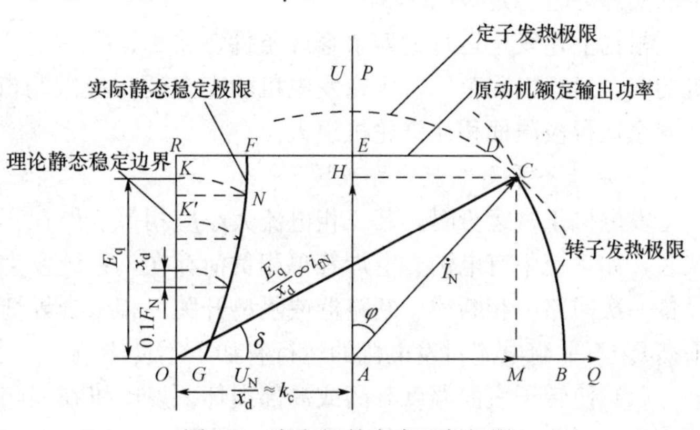

图 1-5　发电机的安全运行极限

以额定运行的汽轮发电机为例，假定发电机电抗 x_d 为常数

（即忽略饱和的影响），将发电机电压相量图中各相量除以 x_d，得到电流相量三角形 OAC。其中，OA 代表 U_N/x_d，近似等于发电机的短路比 K_c，正比于空载励磁电流 i_{f0}；AC 代表定子额定电流 I_N；OC 代表在额定情况下定子的稳态短路电流 E_q/x_d，正比于转子的额定励磁电流 i_{fN}，故$\overline{OC}$的长度表示转子额定励磁电流的大小。若取适当比例尺，则$\overline{AC}$与$\overline{OC}$的长度表示了定子额定电流与转子额定电流的大小。过 A 点作 OA 的垂线，得纵轴 AP，延长 OA 得横轴 AQ。AP 表示发电机端电压的方向，I_N 与 AP 的夹角 φ 就是功率因数角。若将电流相量三角形 OAC 的三条边同时乘以恒定电压 U，则$\triangle OAC$ 为功率三角形，AC 为发电机的视在功率 UI_N。所以，AC 在纵轴上的投影 AH 为发电机输出的有功功率 $P=UI\cos\varphi$，AC 在横轴上的投影 AM 为发电机输出的无功功率 $Q=UI\sin\varphi$。

当冷却介质温度一定时，定子和转子绕组的额定电流为定值，即图中的$\overline{AC}$和$\overline{OC}$为定值。现以 A 为圆心，以$\overline{AC}$为半径作圆弧$\overset{\frown}{CD}$，以 O 为圆心，以$\overline{OC}$为半径，作圆弧$\overset{\frown}{CB}$，$\overset{\frown}{CB}$与$\overset{\frown}{CD}$交于 C 点，即为发电机的额定工作点，其对应的定子电流、转子电流、功率因数均为额定值。

当 $\cos\varphi$ 值低于额定值时（φ 角增大），发电机有功输出减小，无功输出增大，由于受转子容许电流的限制，定子有功的减小不能用于定子无功输出的增大，相量端点只能在$\overset{\frown}{CB}$上移动，定子绕组容量未得到充分利用；当 $\cos\varphi$ 值高于额定值时（φ 角减小），发电机有功输出增大，无功输出减小，由于受定子容许电流的限制，定子无功的减小不能用于定子有功输出的增大，相量端点只能在$\overset{\frown}{CD}$上移动，转子绕组容量未充分利用。过 D 点后，若 $\cos\varphi$ 值继续增大，由于受原动机额定出力的限制，运行范围不能超过$\overline{DR}$直线（图中$\overline{AE}$长度代表原动机额定输出功率 P_N）。当 $\cos\varphi<0$，进入进相运行时，$\dot{E}_q$ 与 $\dot{U}$ 之间的夹角 δ 不断增大，此时，发电机的有功输出受到静态稳定的限制。垂直线$\overline{OR}$是静态稳定理论上的运行边界，此时，$\delta=90°$。因发电机有突然过负荷的可能性，需留有裕量，以便在不改变励磁的情况下，能承受突然性的过负荷。图中$\overset{\frown}{GF}$曲线是考虑了能承受 $0.1P_N$ 过负荷能力的实际静态稳定极限，其做法如下：在理论稳定边界$\overline{OR}$上先取一点 K，并保持励磁不变，即保持 E_q/x_d 不变。以 O 为圆心，以$\overline{OK}$为半径作圆弧$\overset{\frown}{KN}$，再从 K 点往下取一点 K'，使$\overline{KK'}=0.1P_N$，过 K' 点作 OR 的垂线与圆弧$\overset{\frown}{KN}$交于 N 点，即为实际静稳极限比理论静稳极限低 $0.1P_N$ 的一个新点，按此法再作出一些新点，连接这些新点就构成了$\overset{\frown}{GF}$曲线。$\overset{\frown}{GF}$曲线是考虑了一定安全储备的实际静态稳定极限。

根据上述安全运行的四个容许条件，将 B、C、D、E、F、G 点连成曲线，就构成发电机的安全运行极限范围。水轮发电机的安全运行极限与汽轮发电机相类似，在进相运行时，其安全运行极限面积比汽轮机组大。

6. 定子不平衡电流允许范围

发电机正常运行时，其三相电流大小应相等，但在实际运行中，发电机可能处于不对称状态，如系统中有电炉、电焊等单相负荷存在，系统发生不对称短路、输电线路或其他电气设备一次回路一相断线、断路器或隔离开关一相未合等情况，使发电机三相电流不相等（不平衡）。不平衡电流对发电机的运行有如下不良影响。

（1）使转子表面温度升高或局部损坏。发电机在三相电流不平衡状态运行时，不平衡的三相电流可分解为正序、负序和零序三个分量。三相负序电流产生的旋转磁场相对转子以 2

倍同步转速反向旋转。2倍同步转速的负序磁场扫过转子时，在转子铁芯表面、槽楔、转子绕组、阻尼绕组及转子的其他金属结构部件中感应出倍频（100Hz）电流（见图1-6）。铁芯中的倍频电流因集肤效应，在铁芯表面流通，该电流在铁芯中的损耗使转子铁芯表面发热，温度升高。倍频电流在转子绕组、阻尼绕组中流过时，引起绕组附加铜损，使转子绕组温度升高。转子铁芯中的倍频电流在铁芯中环流时，大部分通过转子本体，也越过许多转子金属部件的接触面，如齿、槽楔、套箍、中心环等。因接触面的接触电阻大，在一些接触面处会形成局部高温，造成转子局部损坏，如套箍与齿的接触面被烧伤，槽绝缘及槽口处绝缘部分碳化或断裂。

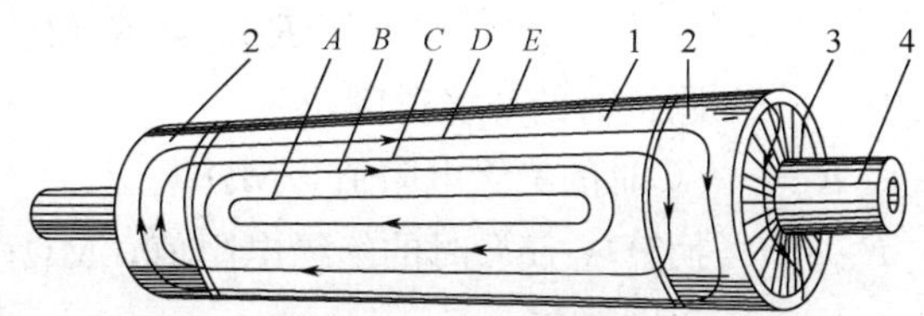

图1-6　负序磁场引起转子表面环流

1—转子；2—套箍；3—中心环（压环）；4—轴

A、B、C、D、E—负序电流的路径

（2）引起发电机振动。发电机在三相电流不对称条件下运行时，定子三相负序电流产生的负序旋转磁场相对转子以2倍同步速度旋转，它与转子磁场相互作用，产生100Hz的交变力矩。该力矩作用在转子轴和定子机座上，使机组产生100Hz的振动和噪声。由于水轮发电机为凸极转子，沿圆周气隙不均匀，而汽轮发电机为隐极式转子，沿圆周气隙较均匀，故三相电流不平衡运行时，水轮发电机负序磁场引起的机组振动比汽轮发电机严重。

基于上述原因，对汽轮发电机三相不平衡电流的允许范围做如下规定：

（1）正常运行时，发电机在额定负荷下的持续不平衡电流（最大相电流与最小相电流之差）不超过额定值的10%，且最大的相电流不大于额定值。在低于额定负荷下持续运行时，不平衡电流可大于上述值，但应根据试验确定。

（2）长期稳定运行时，每相电流均不大于额定值，且负序电流分量不大于额定值的8%～10%。

（3）短时耐负序电流的能力应满足$I_2^2 t \leqslant 10$。式中I_2是t时间内变化着的负序电流有效值与额定电流值的比值，t是故障时允许I_2存在的时间。在发电机或变压器发生两相短路故障时，引起的负序电流会使转子严重发热而烧坏。因此，规定一个短时的负序电流允许值，用来衡量汽轮发电机承受短时不对称故障的能力。

7. 发电机组绝缘电阻允许范围

发电机启动前或停机备用期间，应对其绝缘电阻进行监测。监测对象为发电机定子绕组、转子绕组、励磁回路、励磁机轴承绝缘垫、主励定子绕组、转子绕组、副励定子绕组及各测温元件。

（1）发电机定子绝缘电阻。300MW及以上机组，一般接成发电机-变压器组单元接线，用水内冷发电机绝缘测试仪测量发电机定子回路的绝缘电阻（包括发电机出口封闭母线、主变压器低压侧绕组、高压厂用变压器高压绕组）。测量时，定子绕组水路系统内应通入合格的内冷水，不同条件下的测量值换算至同温度下的绝缘电阻值（一般换算至75℃），不得低于前一次测量结果的1/5～1/3，但最低不能低于20MΩ，吸收比（R''_{60}/R''_{15}）不得低于1.3。发电机定子出口与封闭母线断开时，定子绝缘电阻值不低于200MΩ。

不同温度下的绝缘电阻值换算至75℃时的电阻值的换算公式如下：

$$R_{75℃} = R_t / 2^{\left(\frac{75-t}{10}\right)} = K_t R_t$$

式中　t——测量时的环境温度，℃；

R_t——t℃时的绝缘电阻值，MΩ；

$R_{75℃}$——换算成75℃时的绝缘电阻值，MΩ；

K_t——温度系数。

在任意温度下测得的定子绕组绝缘电阻值，也可直接用温度系数 K_t 将其换算为75℃下的绝缘电阻值，定子绕组不同温度下绝缘电阻温度系数 K_t 见表1-2。

表1-2　定子绕组不同温度下绝缘电阻温度系数 K_t

t（℃）	K_t	t（℃）	K_t	t（℃）	K_t	t（℃）	K_t
10	0.0111	26	0.0333	42	0.1010	58	0.3030
12	0.0126	28	0.0385	44	0.1162	60	0.3571
14	0.0145	30	0.0435	46	0.1333	62	0.4056
16	0.0166	32	0.0500	48	0.1538	64	0.4566
18	0.0192	34	0.0588	50	0.1754	67	0.5747
20	0.0222	36	0.0666	52	0.2041	70	0.7079
22	0.0256	38	0.0769	54	0.2326	72	0.8130
24	0.0294	40	0.0885	56	0.2703	75	1.0000

（2）发电机转子绕组及励磁回路绝缘电阻。用500V绝缘电阻表测量转子绕组绝缘电阻，其值不得低于5MΩ，包括转子绕组在内的励磁回路绝缘电阻不得低于0.5MΩ。

（3）主、副励磁机绝缘电阻。用500V绝缘电阻表测量主、副励磁机定子绕组和主励磁机转子绕组的绝缘电阻值，其值不得低于1MΩ。

（4）轴承和测温元件绝缘电阻。用1000V绝缘电阻表测量发电机和励磁机轴承绝缘垫的绝缘电阻值，其值不得低于1MΩ；在冷态下用250V绝缘电阻表测量发电机内所有测温元件的对地绝缘电阻，其值不得低于1MΩ。

三、励磁系统的运行方式

1. 正常运行方式

如图1-2所示，由永磁副励磁机、交流主励磁机、静止半导体或旋转半导体整流装置、自动励磁调节器（AVR）及50Hz手动励磁调整装置组成300MW机组励磁控制系统，其正常运行方式为：副励磁机GS运行，向励磁调节器提供三相交流电源；可控硅整流器U运行，41Q、41SD开关合上，向交流主励磁机的励磁绕组供励磁电流；硅整流器（或称功率整流柜）U1运行，GSD开关合上，向发电机转子绕组供励磁电流；AVR的自动调节器AC运行，控制可控硅整流器U的直流输出大小；AVR的手动调节器DC自动跟踪自动调节器AC，处于热备用状态；50Hz手动励磁调整装置处于停电备用状态。

2. 非正常运行方式

（1）AVR的自动调节器AC和手动调节器DC只有一个能正常工作，50Hz手动励磁调整装置跟踪备用，其他同正常运行方式。

（2）AVR的自动调节器AC和手动调节器DC均故障或副励磁机故障，由50Hz手动励磁调整装置运行，向主励磁机 GE 的励磁绕组供励磁电流；U1 运行，GSD 合上，向发电机转子绕组供励磁电流。

(3) 50Hz 手动励磁调整装置故障，AVR 运行或 AVR 中仅 AC 或 DC 能运行，其他同正常运行方式。

(4) 两个硅整流器（U1）或两个可控硅整流器（U）中的一个退出运行（正常运行时，两个并列运行），其他同正常运行方式。

■ 第三节　发电机运行特性

一、同步发电机运行基本特性

同步发电机在转速保持恒定的情况下，有三个互相影响的变量，即端电压、电枢电流和励磁电流。此外，负载的功率因数对它们之间的关系也有一定的影响。为了便于分析，通常设功率因数不变，令发电机端电压、定子电流和励磁电流中其一为常数，求其他两者之间的函数关系，即得到同步发电机的基本特性。

1. 空载特性

同步发电机的空载特性是指发电机处于额定转速和在定子绕组开路（电枢电流为零）的条件下，发电机的端电压 U（即空载电动势 E）与转子电流 I_f（即发电机的励磁电流）的关系。由于发电机的电动势决定于气隙磁通，而空载的气隙磁通决定于转子的励磁磁动势或励磁电流，因此空载特性也就表示了气隙磁通与 I_f 的关系。

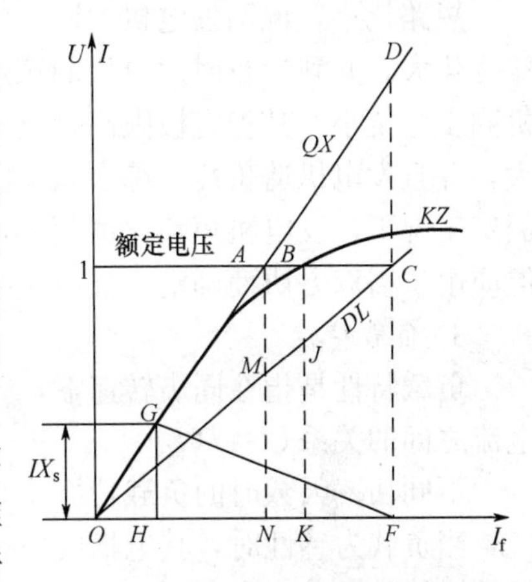

图 1-7　发电机的空载和短路特性

空载特性常用标幺值表示。取发电机的额定电压作基准电压，取空载电压为额定电压时的励磁电流为基准电流，以便对不同容量和不同电压的电机特性进行分析比较。图 1-7 中曲线 KZ 为试验求得的空载特性，它反映了铁芯磁路的磁化饱和状态。

转子电流用来产生平衡磁路压降的磁通势。当空载电压较低时，磁路中的铁磁部分不饱和，磁通势主要降落在磁路的气隙段上，该部分的空载特性曲线 KZ 与通过坐标原点所引切线的气隙直线 QX 相重合。当空载电压升高到一定数值（稍低于额定电压）时，铁芯开始饱和，空载特性与气隙直线发生偏离，图中 AB 线段表示补偿铁芯饱和所需增大的磁通势。

2. 短路特性及短路比

当发电机处于额定转速，并在出口端三相短路的情况下，逐步增加励磁电流，绘制的电枢电流 I 与转子电流 I_f 的关系曲线称为短路特性。图 1-7 中的短路特性（DL 曲线）是按标幺值表示的。由图看出，DL 线呈直线特性，这应从电流产生磁通的影响及其磁路状态来说明。

电枢绕组通过电流时要产生磁通，它包括仅与本身绕组相交链的漏磁通和越过气隙通过转子磁路的电枢反应磁通，后者对主磁通的影响与电枢电流的性质有关。在出口三相短路条件下，不计电枢电阻，电枢电流为纯电感性电流，电枢反应沿纵轴方向对主磁通产生去磁效应。图中对应短路电流为额定值的励磁电流 OF，其中 HF 为平衡电枢反应所需的励磁电流，OH 为产生维持漏抗压降 IX_s 的电动势所需的励磁电流。漏抗 X_s 决定于电枢的槽部和端部漏磁。测定短路特性时，由于去磁作用，气隙磁通较小，同时电枢电流在其额定值附近，可认为 X_s 不受饱和影响，故电枢电流与励磁电流呈线性关系。

由短路特性及空载特性可求出短路比。

短路比与发电机的运行特性有着密切关系，短路比 SCR 是对应于空载额定电压的励磁电流下定子稳态短路电流 I_k 与额定电流 I_N 之比，即

$$SCR=I_k/I_N$$

根据发电机的短路特性，还可得出

$$SCR=i_0/i_f$$

式中　i_0——发电机空载产生额定电压的励磁电流；

i_f——发电机短路时产生额定电流的励磁电流。

根据公式推导还可得出短路比与同步电抗有如下关系，即

$$SCR=1/X_d$$

式中　X_d——同步电抗的不饱和值。

短路比小，说明发电机的同步电抗大，发电机短路电流小，但负载变化时发电机的端电压变化大，并列运行时发电机的稳定度差。短路比大，励磁电流随负载变化的程度小，发电机同步电抗小，其稳定极限高，电压随负载波动小，但发电机失磁时从电网吸取的无功功率大，并且发电机造价高。综合以上因素，GB 7064《汽轮发电机通用技术条件》中规定，在额定工况下，发电机短路比值应不小于 0.35。若电网需要，可以规定高于 0.35 的短路比，但应由供需双方协商确定。提高短路比将使电机尺寸和损耗增加。

3. 负载特性

负载特性是指在同步转速下，当负载电流和功率因数为常值时，发电机的端电压与励磁电流之间的关系 $U=f(I_f)$。

不同功率因数时的负载特性曲线如图 1-8 所示。

当负载为感性时，其电枢反应有去磁作用，使端电压下降，要想维持端电压为额定值，必须增加励磁电流 I_f 的值。

零功率因数负载特性曲线也可用试验的方法画出，其试验接线图见图 1-9。试验时可用

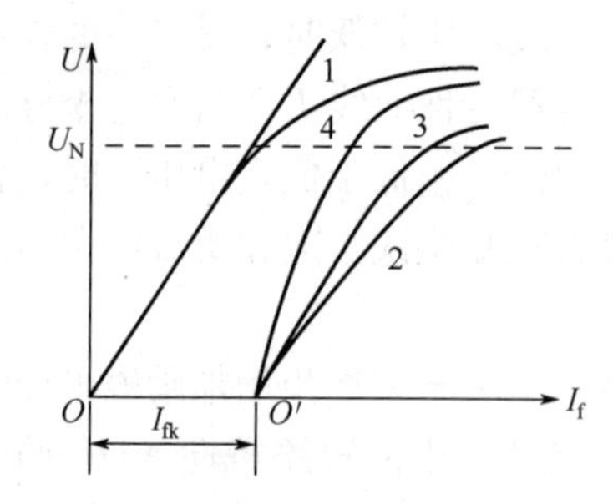

图 1-8　负载特性曲线

1—空载特性曲线；2—零功率因数曲线；3—功率因数 $\cos\varphi=0.8$（滞后）时的负载曲线；4—功率数 $\cos\varphi=1$ 时的负载曲线

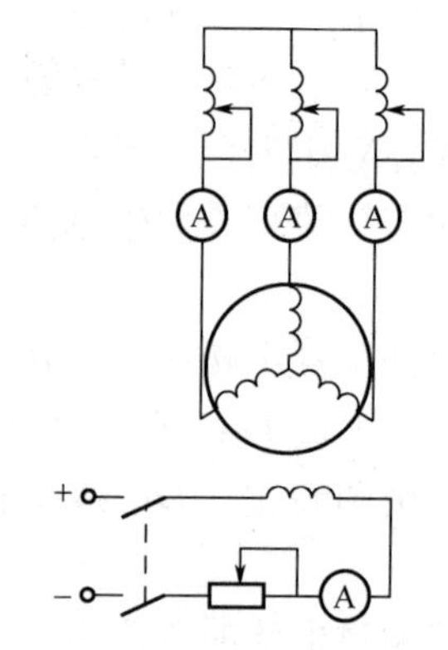

图 1-9　零功率因数负载试验接线图

三相可调的纯电感负载调节励磁电流和负载的大小，使负载电流总保持一常值（如 I_N），记录不同励磁下发电机的端电压，即可得到零功率因数负载曲线。

4. 外特性和电压变化率

外特性是指同步发电机在额定转速下保持励磁电流、功率因数不变，其端电压和负载电流的关系。

外特性可以直接用负载法测定。在不同的功率因数下，可得不同的外特性。图 1-10 示出了不同功率因数时的外特性。从图中可以看出，感性和纯电阻性负载时，外特性都是下降的，因为这时的电枢反应是去磁的，此外，定子电阻压降和漏抗压降也引起一定的电压降。在容性负载时，外特性曲线是上升的，因为这时的电枢反应是助磁的。由此可知，在 $I=I_N$、$U=U_N$ 而在不同功率因数时，发电机励磁系统应提供不同的励磁电流。

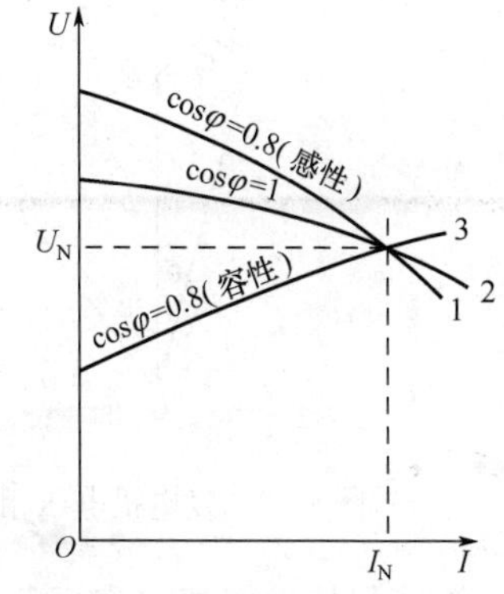

图 1-10　同步发电机的外特性
1—cosφ=0.8（感性）时的外特性；
2—cosφ=1（阻性）时的外特性；
3—cosφ=0.8（容性）时的外特性

电压变化率一般用来表示运行时的电压波动程度。它是指同步发电机在额定转速和额定励磁电流下，从额定负载转变到空载时端电压变化的百分数。即

$$U=\frac{U_0-U_N}{U_N}\times 100\%$$

从发电机的外特性就可以求出电压变化率。汽轮发电机的电压变化率一般为 30%～48%，水轮发电机一般为 18%～30%。

5. 调整特性

调整特性是指在额定转速时，保持端电压、功率因数不变的情况下，励磁电流与负载电流之间的关系。

图 1-11 示出了不同功率因数时的调整特性。

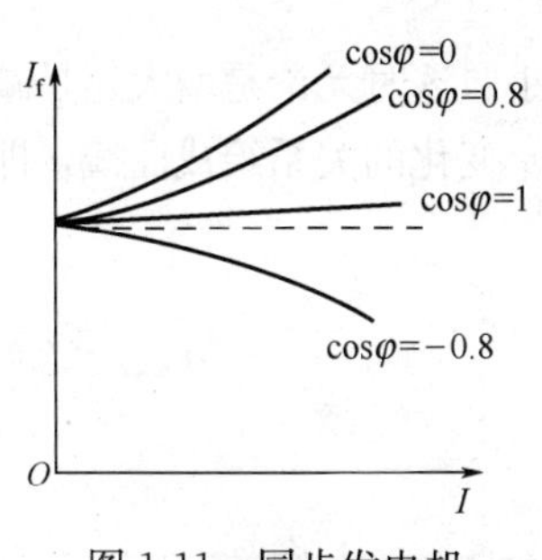

图 1-11　同步发电机的调整特性

从图中可以看出，感性和纯电阻性负载时，励磁电流随负载电流的上升而上升，这主要是因为在此情况下电枢反应去磁作用加强，要维持端电压，必须增加励磁电流。容性负载时，励磁电流随负载电流的上升而下降，这主要是因为在此情况下，电枢反应有助磁作用，要维持端电压不变，必须降低励磁电流。

二、同步发电机功角特性

现以隐极发电机为例，简述同步发电机的功角特性。

发电机电压相量图见图 1-12。图中 δ 是发电机的功角，它是发电机端电压与发电机电动势之间的相位角。同时也可看作是转子磁极中心线与合成等效磁极中心线的电角度。$\dot{E}_0$ 是发电机电动势，$\dot{I}$ 是发电机电流，$\dot{U}$ 是发电机端电压。

功角特性是指发电机在保持励磁电流不变时，电磁功率与功角成正弦函数关系，见图 1-13。发电机正常运行时，功角应为 0°～90°，这时发电机运行是稳定的。在 90°～180°时，发电机不能稳定运行。

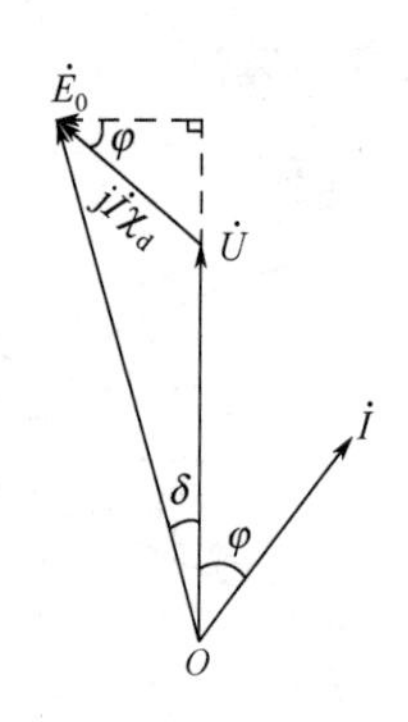

图 1-12　发电机电压相量图

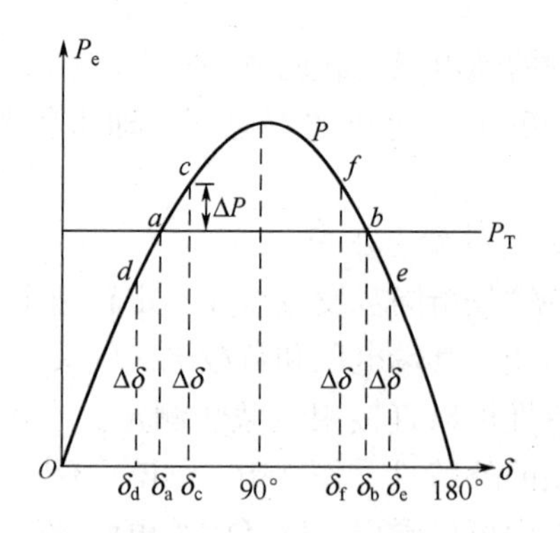

图 1-13　发电机的功角特性

为了保持发电机稳定运行，一般额定负载时功角 δ 最好保持在 30°～35°。这样发电机可留有足够静稳定储备。

关于发电机功角特性与静稳定问题，将在第九章中进一步分析，在此不再赘述。

三、同步发电机无功功率的 U 形曲线

在同步发电机的运行中，定子电流和励磁电流是运行人员主要监视的两个量，这两个量关系着定子绕组和励磁绕组的温度，又牵涉到功率因数的超前、滞后及发电机运行的稳定性。

发电机的无功 U 形曲线，就是在保持有功功率不变的条件下，定子电流和励磁电流的关系曲线。

现以隐极机为例，用相量图来分析保持有功功率不变的情况下，调节励磁电流所引起的各量的变化。

若有功功率不变，即 $P=\dfrac{E_qU}{X_d}\sin\delta$ 不变，可得 $E_q\sin\delta=$ 常数 。同时由 $P=UI\cos\varphi$ 不变可得 $I\cos\varphi=$常数。由此可知，不管励磁电流如何变化，$\dot{I}$ 在 $\dot{U}$ 上的投影 $I\cos\varphi$ 不变，E_q 在 $\dot{U}$ 的垂线上的投影 $E_q\sin\delta$ 不变，如图 1-14 所示。励磁电流变化时 $\dot{I}$ 的端点轨迹是与 $\dot{U}$ 垂直的直线 BB，$\dot{E}_q$ 的端点轨迹是与 $\dot{U}$ 平行的直线 AA。

从上面的分析可知，当有功一定时，正常励磁状态的定子电流最小。这时无论是增大还是减小励磁电流，都会使定子电流增大。将发电机定子电流 I 随励磁电流 i_f 变化的关系绘成曲线，即得 U 形曲线，如图 1-15 所示。

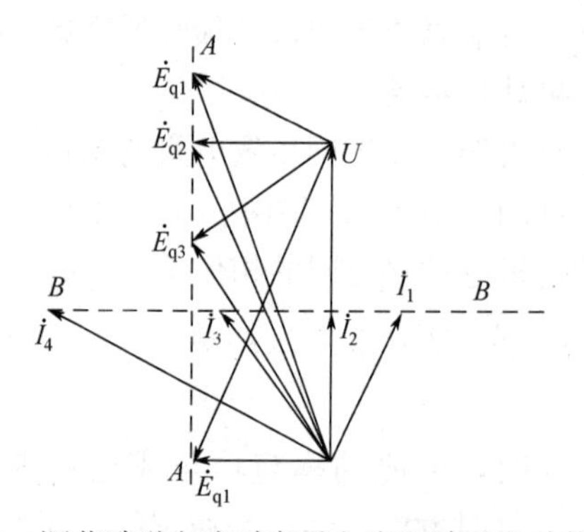

图 1-14　调节励磁电流时定子电流和励磁电动势的变化

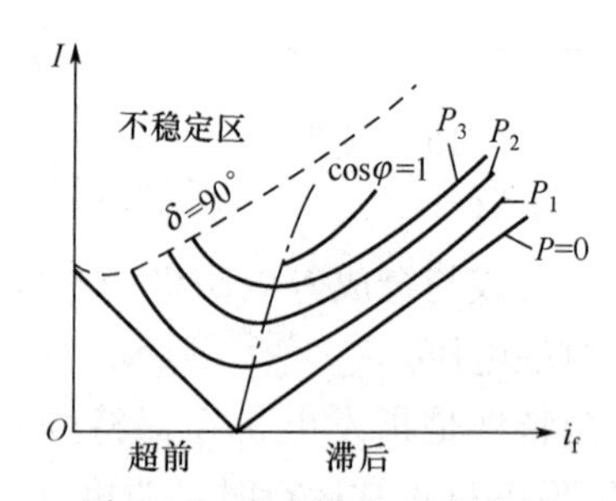

图 1-15　发电机的 U 形曲线

对于每一个有功功率的定值，都有一条对应的U形曲线，曲线的最低点都是对应 $\cos\varphi=1$ 的工作点，该点的定子电流最小，且全为有功分量。将各U形曲线中 $\cos\varphi=1$ 的点连接起来，得到一条微向右倾的曲线。这说明有功功率增加时，要保持 $\cos\varphi=1$，必须相应地增加励磁电流。在 $\cos\varphi=1$ 曲线的右方，发电机处于过励状态，功率因数是滞后的；在 $\cos\varphi=1$ 曲线的左方，发电机处于欠励状态，功率因数是超前的。另外，U形曲线的左侧有一个不稳定区，即 $\delta>90°$ 的区域。因为欠励运行区靠近不稳定区，所以无特殊需要时发电机一般不宜在欠励区运行。

从图中还可以看出：

（1）有功越大，最小允许励磁电流也越大。

（2）如果励磁电流不变，当有功功率增加时，输出的无功功率会减小。所以如果在增加有功功率时，要保持无功功率不变，就要同时增加励磁电流，而调节无功功率对有功功率没有影响。

第四节　发电机的并列操作及负荷调整

一、发电机的并列操作

发电机与系统并列有准同步和自同步两种方法。

1. 准同步并列

（1）发电机与系统准同步并列应满足的条件：

1）待并机与系统相序一致，这一条件应在并列操作前进行。

2）并列断路器两侧的电压大小、频率和相位均相同。

如上述条件不能满足，将会引起冲击电流，对发电机组本身及电力系统有极为不利的影响。电压差越大，冲击电流就越大；频率差越大，冲击电流经历的时间越长；当相序不对或相位差很大时将产生严重的冲击电流。

（2）发电机与系统准同步并列操作方法。准同步并列的操作方法是，发电机在并列合闸前先投入励磁，当发电机电压的频率、相角和幅值分别和并列点处系统电压的频率、相角和幅值接近相同时，将发电机断路器合闸，完成并列。准同步并列可分为手动准同步和自动准同步并列两种。准同步并列的特点是操作复杂，并列过程较长，但对系统和发电机本身冲击电流很小，因此发电机正常并网时一般都采用准同步并列。

2. 自同步并列

（1）发电机与系统自同步并列应满足的条件：

1）自同步冲击电流在发电机定子绕组端部产生的电磁力不超过三相短路电流所产生的电磁力的1/2。

因电磁力与电流的平方成正比，则应满足下述关系要求，即

$$\left(\frac{I''_{\mathrm{ch}}}{I''_{\mathrm{d}}}\right)^2<\frac{1}{2}$$

$$I''_{\mathrm{ch}}=\frac{1}{X''_{\mathrm{d}}+X_{\mathrm{c}}}$$

$$I''_{\mathrm{d}}=\frac{1.05}{X''_{\mathrm{d}}}$$

式中 I''_{ch}——发电机自同步投入时，流过电机的次瞬间电流的周期分量；

I''_{d}——发电机三相短路时的次瞬间电流；

X''_{d}——发电机次瞬间电抗；

X_{c}——以发电机容量为基准的系统电抗标幺值。

将上述三式加以演变，得

$$I''_{ch} < \frac{1.05}{\sqrt{2}X''_{d}} = \frac{0.74}{X''_{d}}$$

2）自同步并列时，电网电压的降低值和恢复时间要通过电网电压计算和试验确定。

3）自同步并列时，投入自动调整励磁装置，自动灭磁开关必须断开，频率差为0.5～1Hz，即转差率$s=\pm(1\%\sim2\%)$。

（2）自同步并列操作方法。自同步并列操作方法是，在相序正确的条件下，启动未加励磁的发电机，当转速接近同步转速时合上发电机断路器，将发电机投入系统，然后再加励磁，在原动机转矩、异步转矩、同步转矩等作用下，拖入同步。自同步并列的最大特点是并列过程短，操作简单，在系统电压和频率降低的情况下，仍有可能将发电机并入系统，容易实现自动化。但是，由于自同步并列时，发电机未加励磁，相当于把一个有铁芯的电感线圈接入系统，会从系统中吸取很大的无功电流，导致系统电压降低，同时合闸时的冲击电流较大，所以自同步并列方法仅在小容量发电机上采用，大、中型发电机均采用准同步并列方法。

（3）自同步并列的优缺点。水轮发电机和中、小容量汽轮发电机有时采用自同步方式作系统紧急备用的同步操作。它具有以下优点：

1）合闸迅速，可及时处理事故。

2）在电网频率和电压大大下降时，有投入发电机的可能性。

3）装置接线和操作过程简单，容易实现自动化。

但自同步方式有以下缺点：

1）未经励磁的发电机投入系统时，发电机会产生较大的冲击电流。

2）合闸瞬间从系统吸取无功功率，系统电压要降低。

3. 发电厂同步系统的闭锁措施

为保证同步操作可靠地进行，发电厂同步系统应有以下闭锁措施：

（1）并列的断路器之间应相互闭锁，每次只允许一个同步点进行同步操作。为此，所有同步点的同步转换开关应共用一个可抽出的手柄，且只有在“断开”位置才可抽出。

（2）各同步装置之间应闭锁，只允许一套同步装置工作。

（3）在集中同步屏或发电机控制屏上进行手动调速或调压时，应切除自动准同步装置的调速或调压回路。自动准同步装置和集中同步屏上的手动调速或调压装置，每次只允许对一台发电机进行调速或调压。

（4）自动准同步装置的同步转换开关，一般有“工作”“断开”和“试验”三个位置，当在“试验”位置时，应切断出口回路。

二、发电机接带负荷与负荷调整

1. 发电机接带负荷

发电机并网后，即可接带初始有功负荷，其初始有功负荷的大小及增加速度主要取决于汽轮机，也与发电机的容量、冷热状态启动及运行情况有关。

对汽轮机而言，冷态和热态启动并网后，其初始有功及有功增加速度都有具体规定。冷态启动并网后，其有功增加速度不宜过快。如果太快，会使汽轮机进汽量增加过快，汽轮机内部各金属部件受热不均，膨胀不匀，产生过大的热应力、热变形，引起动静摩擦。对锅炉而言，有功增加太快，锅炉运行参数来不及调节，使汽温、汽压下降，造成汽轮机内部金属部件疲劳损坏，甚至使主蒸汽带水，严重时发生对汽轮机水冲击而损坏叶片。对发电机而言（特别是大容量发电机），发电机冷态并网（定子绕组与铁芯温度低于额定值的50%）后，定子电流增加过快、过大，立即使它带上很大的负荷，定子线棒和定子铁芯间会产生过大温差，从而损坏定子线棒绝缘。转子因电机容量大，绝缘较厚，绕组与铁芯温差较大。另外，转子正常运转时，受离心力作用压紧的转子绕组与钢体紧固为整体。若有功增加太快，相应转子励磁电流增加也快（调有功时必须相应调无功），转子绕组受热膨胀不能自由伸展，使转子绕组绝缘损坏和残余变形。另外，水冷发电机的电磁负荷较大，有功增加太快，对定子端部绕组造成过大冲击力，影响端部固定。同时，有功增加时，定子端部的周期性振动也增加，有功增加太快，定子端部突然产生振动，易使定子水接头焊缝裂开而漏水。

基于上述原因，机组冷态启动并网后，应按一定速度带初始有功。按汽轮机要求，先进行初负荷暖机和不同负荷段暖机，再逐步带上额定负荷。发电机组带有功负荷速度及汽轮机暖机时间规定见表1-3。

表1-3　　发电机有功增加速度

发电机容量（MW）	有功增加速度（MW/min）	初始有功占额定值的百分比	初负荷至额定负荷时间	
			初负荷暖机时间（min）	其他负荷段暖机并至额定负荷时间
200	2	7%～10%	≥30	见汽机规程
300	2	5%	≥30	见汽机规程
600	3.96	5%	≥30	见汽机规程

发电机在热态（定子绕组与铁芯温度高于额定值的50%）或事故情况下，并网后有功增加的速度不受限制。由于水轮机转速较低，作用于转子绕组的离心力小，发生残余变形可能性小，因此水轮机组热态并网后，有功增加速度不受限制。

发电机并网后，其无功负荷的增长速度影响转子绕组的绝缘，故应缓慢均匀地增加无功。接带初始无功应使功率因数值在0.85～0.95，即初始无功为初始有功的33%～62%。

2. 发电机负荷的调整

发电机正常运行时，由于系统负荷发生变化，因此运行人员应按照给定的负荷曲线或调度命令，及时对各发电机的有功和无功进行调整。

对于大容量的单元机组，如300MW机组，其有功的调整是通过机组的协调控制系统（CCS）、数字电液调节系统（DEH）和锅炉控制器来实现的。当需要增加有功时，由汽轮机值班员在CCS盘上设定目标负荷和负荷变化率，根据机组运行方式进行调整。

事故情况下，机组有功的调整或事故停机，一般仍由汽轮机值班人员进行。当系统或发电机发生电气故障时，由电气值班员解列机组，以保证系统稳定和发电机的安全运行。

发电机无功负荷的调整，是利用改变励磁电流来实现的。发电机由同轴直流励磁机供给励磁时，通过改变励磁机磁场变阻器阻值的大小来调整无功；采用半导体励磁的大型发电机，通过改变AVR的工作点进行无功调节。正常情况下，根据电网给定的电压曲线，由电气运行值班人员进行调整。为保证发电机和电网的稳定运行，在调整无功时，一般情况下，应保持发电机的无功与有功负荷的比值不小于1/3，并注意并联运行机组之间无功负荷的分配情况，防止机组出现无功过负荷或进相运行。

三、发电厂内各机组间功率最经济分配法则

发电厂内各机组间功率最经济的分配方法是采用等微增率法则。微增率就是输入微增量与输出微增量的比值。对发电机组来说，即燃料消耗费用的微增量与发电功率微增量的比值。等微增率法则就是让所有机组按微增率相等的原则来分配负荷，这样就能使系统总的燃料消耗费用最小，因而是最经济的。

第五节　发电机的运行监视

发电机运行时，运行值班人员应对发电机的运行工况进行严密监视，包括对有关表计的监视和通过切换装置对某些运行参数的测量，对监测的参数进行分析，以确定发电机的运行工况是否正常，并进行相应的调节。

一、通过测量仪表及画面显示进行监视

发电机装有各种测量表计，如有功功率表、无功功率表、定子电压表和电流表、转子电压表和电流表、频率表、主励磁机转子电压表和电流表、副励磁机交流电压表、AVR的输出电压表和电流表、AVR自动励磁与手动励磁输出的平衡电压表、50Hz手动励磁输出电压表等。此外，还有温度巡检装置、自动记录装置和计算机CRT（阴极射线管）画面显示等。

当发电机在额定工况下运行时，上述各表计均应指示在相应额定值附近，AVR为AC运行，DC跟踪，平衡电压表应始终保持在零或零值附近偏差很小的范围内。发电机运行过程中，值班人员应严密监视发电机各表计和自动记录装置的工作情况，各仪表显示应与计算机CRT画面显示相符，各表计指示应不超过额定值。监盘过程中，根据有功负荷、电网电压等情况，及时做好无功负荷、发电机电压、电流及励磁系统参数的调整，使机组在安全经济的最佳状态下运行。同时，针对各表计的指示值，结合运行资料，及时分析判断有无异常。

另外，发电机运行中，应每小时记录一次发电机盘上各表计指示值和发电机各部位温度，应与计算机打印结果相符。通过定时抄录和打印，积累运行资料，提供运行分析数据，以便监视和掌握发电机运行工况，及时发现异常并采取相应措施，保证发电机正常运行。

二、通过检测装置进行监视

发电机运行时，通过检测装置进行监视的有如下几个方面。

1. 转子绕组及励磁回路的绝缘监测

发电机运行时，转子绕组的绝缘是最薄弱的部分。因转子高速运转，离心力大，温度最高，且转子运转中，其通风孔部分可能被冷却气体中的灰尘和杂物堵塞，这样长期运行会使转子绕组的绝缘能力降低，故运行中需用转子绝缘监测装置定期（每班一次）对转子绕组回路绝缘电阻进行测量。测量的方法有以下两种。

（1）用电压表测量。测量时，切换转子电压表控制开关，分别测量出转子正、负极之间的电压U，正极对地电压U_1，负极对地电压U_2，再通过下式计算出转子绕组的绝缘电阻

$$R=R_B\left(\frac{U}{U_1+U_2}-1\right)\times 10^{-6}$$

式中　R——转子绕组对地绝缘电阻，MΩ；

R_B——转子电压表内阻，MΩ；

U——转子正、负极之间的电压，V；

U_1——转子正极对地电压，V；

U_2——转子负极对地电压，V。

对于氢冷机组，要求$R\geqslant 0.5$MΩ。对于水冷机组，各制造厂规定值不同，一般要求$R\geqslant$ 100MΩ。

（2）用磁场接地检测装置测量。如果发电机装有磁场接地检测装置，则发电机转子和励磁机转子的绝缘可通过该装置进行监测，如图1-16所示。

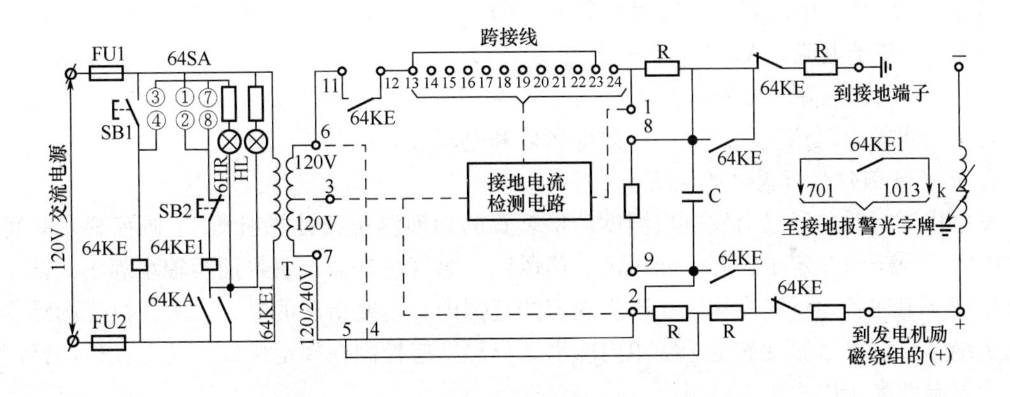

图1-16　有刷励磁系统接地检测器原理接线图

64SA—控制开关；SB1、SB2—控制按钮；64KE、64KE1—接地继电器；
64KA—接地检测继电器；FU1、FU2—熔断器

图1-16中，控制开关64SA投入工作位置，当需测试装置时，按下按钮SB1，则64KE模拟接地继电器励磁，64KE的动断触点断开（断开去转子绕组的回路），动合触点闭合，接通接地电流检测电路，使检测电路内的64KA接地检测继电器动作，其64KA动合触点闭合，启动64KE1接地继电器并自保持，64KE1动合触点闭合，接通701、1013回路，发出接地报警光字牌和警铃声信号。当磁场接地检测装置投入运行后，若发电机转子回路发生接地，接地电流检测电路中的接地检测继电器64KA动作，动作报警同上（如图1-16励磁绕组k点接地）。

2. 定子绕组绝缘的监测

发电机也装有定子绝缘监测装置（由电压表和切换开关组成），正常运行时，通过切换开关分别测量各相对地电压，由电压表的指示判断定子绕组绝缘情况。绝缘正常时，各相对

地电压相等且平衡。当切换测量发现一相对地电压降低而另两相电压升高时，则对地电压低的一相对地绝缘电阻下降。如果一相对地电压为零，另两相电压升至线电压，则零电压相为金属性接地，此时，发电机定子接地保护发出“定子接地”报警信号。

发电机定子绕组的绝缘也可通过测量定子回路零序电压予以监视（由发电机电压互感器，二次开口三角形连接的绕组两端接零序电压表进行监视）。零序电压除在每班交接班时应进行测量外，值班时间内至少还应测量一次。

3. 转子绕组运行温度的监测

转子绕组的运行温度用电阻法进行监测，并按下式计算

$$t_2 = \frac{(235 + t_1)R_2}{R_1} - 235$$

$$R_2 = \frac{U_b - \delta}{I_b}$$

式中 t_2——运行中热态转子绕组温度，℃；

t_1——停运时冷态转子绕组温度，℃；

R_2——对应 t_2 的转子绕组直流电阻，Ω；

R_1——对应 t_1 的转子绕组直流电阻，Ω；

U_b——用转子电压表测量的转子电压，V；

I_b——转子电流，A；

δ——电刷压降（可忽略不计）。

转子绕组的电阻值应使用 0.2 级的电压表和电流表测量。

4. 定子各部位运行温度的监测

发电机运行时，通过对发电机温度巡检装置的切换测量或计算机 CRT 画面显示，可监视发电机定子绕组、定子铁芯、冷风区、热风区、氢气冷却器、密封油及轴承等不同部位的运行温度。上述各运行温度均应在规程规定的范围内。需要指出的是，为防止机壳内结露影响定子绝缘，除冷氢温度和定子绕组内冷水入口温度应控制在规定值外，还应在任何情况下防止冷氢温度高于内冷水入口温度。

第六节　发电机的异常运行及事故处理

一、发电机的异常运行及处理

1. 发电机过负荷

发电机正常运行时是不允许过负荷的，但在系统发生事故的情况下，如系统中的个别机组跳闸，为维持系统静态稳定，允许发电机在短时间内过负荷运行。发电机按允许的短时间过负荷运行不影响发电机的绝缘寿命，因在额定工况下，其运行温度低于所用绝缘材料的最高允许温度，有 10～15℃的裕度，故短时过负荷不影响发电机的绝缘寿命。但短时过负荷值及允许时间应遵守制造厂的规定，见表 1-4 和表 1-5。

（1）发电机过负荷时的现象。发电机过负荷运行时有如下现象：中央信号动作，发“发电机过负荷”光字牌信号，并伴随警铃声；发电机定子电流指示超过额定值；发电机有功、无功功率表指示超过额定值。

（2）发电机过负荷的处理。根据过负荷产生的原因，有针对性地加以处理。首先查明系统是否发生故障，若系统故障，按表1-4和表1-5的规定运行。此时，还应监视检查氢气参数、定子绕组内冷却水参数和定子电压，应均为额定值，并密切监视发电机各部位温度，应不超限。如果系统无故障而发生某台机组过负荷，若系统电压正常，应减少无功负荷，使定子电流降低到额定值以内，但功率因数不超过0.95，定子电压不低于0.95倍额定电压。若减少无功负荷不能满足要求时，则请示值长，降低发电机有功负荷。若因AC励磁调节器通道故障引起定子过负荷时，应将自动调节器AC切至手动调节器DC运行。

表1-4　300MW机组事故过负荷倍数及允许时间

过负荷倍数 $\left(\frac{I}{I_N}\right)$	1.16	1.30	1.54	2.26
定子电流（A）	11820	13250	15690	23030
定子允许时间（s）	120	60	30	10

表1-5　300MW机组转子过电压倍数及允许时间

转子过电压倍数 $\left(\frac{U}{U_N}\right)$	1.12	1.25	1.46	2.08
转子电压（V）	409	456	533	759
转子允许时间（s）	120	60	30	10

2. 发电机三相电流不平衡超限

（1）发电机三相电流不平衡的现象。发电机不对称运行时，定子三相电流指示互不相等，三相电流差较大，负序电流指示值也增大。当不平衡超限且超过规定运行时间时，负序信号装置发“发电机不对称过负荷”光字牌报警信号。

（2）三相电流不平衡超限产生的原因。三相电流不平衡超限，可能是下述原因造成的：发电机及其回路一相断开或断路器一相接触不良；某条输电线路非全相运行；系统单相负荷过大等。有时，定子电流表或表计回路故障也会使定子三相电流表指示不对称。

（3）定子三相电流不平衡的处理。当发电机三相电流不平衡超限运行时，若判明不是定子电流表及表计回路故障引起，应立即降低机组的负荷，使不平衡电流降至允许值以下，然后向系统调度汇报。等三相电流平衡以后，可根据调度命令再增加机组负荷。

3. 发电机温度异常

（1）温度异常的现象。当发电机运行温度异常时，发电机温度巡测表中（或CRT画面显示）发电机绕组或铁芯温度比正常值明显升高或超限；转子绕组运行温度计算值比正常值明显升高或超限；汽机盘发“发电机温度巡测报警”及“冷却介质温度报警”光字牌信号。

（2）温度异常的处理。引起发电机运行温度异常的因素很多，运行人员应针对不同情况做出相应处理。若为检测元件故障引起，则通知检修人员检验表计；若表计指示正确，应立即减负荷，使温度降到极限值以内；若不平衡电流超限，按三相电流不平衡超限处理；若三相电压不平衡或功率因数未在正常范围内，应调整至正常。若为氢气温度和压力异常引起，检查进风温度是否超限，应检查氢气冷却器运行是否正常，若不正常，调节氢气冷却器进水压力和流量，降低风温。若因氢气压力低，冷却效果差，应补氢提高氢气压力。若为内冷却水系统故障引起，当定子冷却水回路水温高时，应检查和调节冷却水流量、压力，使发电机进水温度符合规定值。若为过负荷引起，按过负荷方式处理。若经上述处理后温度仍继续上升并超限，应汇报调度，减负荷或停机。

4. 发电机仪表指示失常

发电机运行时，有时表针突然失去指示或指示异常，此时，运行人员应全面综合分析、判断、处理。

（1）发电机单一表计指示失常。当运行中的发电机某一表计指示异常而其他表计指示正常时，则可认为该表计或其回路存在故障。如转子电压或电流表指示突然消失，若该被测量确实消失，则应有无功负荷指示下降甚至进相、定子电压下降等现象。所以，单一表计指示异常，不足以确认发电机本身异常运行，应先由仪表检修人员检查处理。在检修人员处理过程中，应加强对发电机运行工况的监视。遇有发电机某部位温度指示异常时，因各部位温度并非多温度计测量，故温度指示异常不在此列。

（2）表计回路故障引起表计指示失常。供仪表用的电压互感器和电流互感器二次侧开路会造成表计指示失常。

1）电压互感器二次侧断线引起表计指示失常。如有功、无功、定子电压、频率等表计因电压互感器二次侧断线失去指示，电能表也会因此停止计量，而其他表计，如定子电流、转子电流、转子电压、励磁回路有关表计仍指示正常。此时，运行人员应根据所有表计指示情况作综合分析，判断指示失常的原因。不可因上述表计失去指示而盲目解列停机，也不能盲目调节负荷，应该通过其他表计（特别是定子电流表）监视发电机的运行。与此同时，应通知热机运行人员监视机组的主蒸汽流量及其他热力系统参数，然后由电气人员检查现场，消除电压互感器二次断线缺陷。若短期无法消除，应采取相应措施。

2）电流互感器二次开路引起表计指示失常。发电机的电流互感器二次开路时，如一相开路，其定子电流、有功、无功表指示均可能失常，具体情况和程度与电流互感器的故障相别有关。如图 1-17 所示，功率表和电能表取 u、w 相电流（电压回路为 U_{uv}、U_{wv}）。当 6TAu 或 6TAw 二次开路时，功率表指示值降低一半；6TAv 二次开路时，因 v 相电流未接入表计回路，表计指示不变，但三相定子电流表随电流互感器开路相别均有相应变化；当 5TAu 二次开路时，有功电能表和无功电能表的计量值也降低 1/2。出现上述电流互感器二次开路后，应立即通知热机值班人员不要盲目调节负荷，并通知检修人员检查处理。处理过程中，应加强对发电机运行工况的监视，并防止 TA 二次开路高电压对人的伤害。

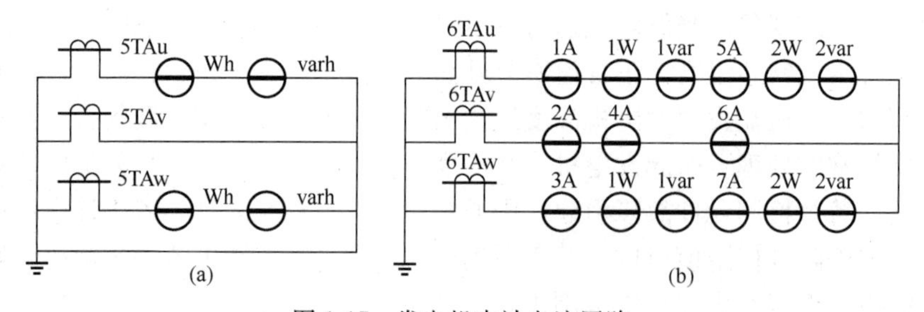

图 1-17 发电机表计电流回路

（a）有功电流表回路；（b）有功、无功及电流表回路

综上所述，当发电机回路，励磁回路，氢、水冷却回路仪表指示突然回零或指示失常时，应根据其他表计指示及对设备检查结果判断设备是否运行正常。若设备运行正常，可通过其他仪表或计算机测点监视发电机的运行。此时，对有关参数不做调整，待查清仪表指示失常的原因，并经处理，仪表指示正常后，方可调整有关参数。

5. 发电机进相运行

当发电机励磁降至一定程度时，发电机由发出感性无功功率变为吸收系统感性无功功率，这就是发电机的进相运行，即现场经常提到的欠励磁运行（或低励磁运行）。此时，由于转子主磁通降低，引起发电机的励磁电动势降低，使发电机无法向系统送出无功功率，进相程度取决于励磁电流降低的程度。

（1）引起发电机进相运行的原因。引起发电机进相运行的原因是：低谷运行时，发电机无功负荷原已处于低限，当系统电压因故突然升高或有功负荷增加时，励磁电流自动降低，从而引起进相。此外，AVR 失灵或误动、励磁系统其他设备发生了故障、人为操作使励磁电流降低较多等也会引起进相运行。

（2）发电机进相运行的处理。

1）如果由于设备原因引起进相运行，只要发电机尚未出现振荡或失步，可适当降低发电机的有功负荷，同时提高励磁电流，使发电机脱离进相状态，然后查明励磁电流降低的原因。

2）由于设备原因不能使发电机恢复正常运行时，应及早解列。因通常情况下，机组进相运行时，定子铁芯端部容易发热，对系统电压也有影响。

3）制造厂允许或经过专门试验确定能进相运行的发电机，如系统需要，在不影响电网稳定运行的前提下，可将功率因数提高到 1 或在允许的进相状态下运行。此时，应严密监视发电机的运行工况，防止失步，尽早使发电机恢复正常。此外，应注意对高压厂用母线电压的监视，保证其安全。

二、发电机的事故处理

1. 发电机定子单相接地

发电机定子单相接地指发电机定子绕组回路及与定子绕组回路直接相连的一次系统发生的单相接地短路。根据不同的分类方式，定子接地可分为瞬时接地、断续接地、永久接地，内部接地和外部接地，金属性接地、电弧接地、电阻接地，以及真、假接地。

（1）定子接地的原因。

1）小动物引起定子接地。发电机一次回路的带电导体经小动物接地，造成瞬时接地报警。

2）定子绕组绝缘损坏。定子绕组绝缘损坏，有绝缘老化方面的原因。而主要的是各种外部原因引起，如定子铁芯叠装松动、绝缘表面落上导电性物体（如铁屑）、绕组线棒在槽中固定不紧等；运行中产生振动使绝缘损坏；制造发电机时，线棒绝缘留有局部缺陷；运转时转子零件飞出，定子端部固定零件绑扎不紧，定子端部接头开焊等。

3）定子绕组回路中的绝缘子受潮或脏物引起定子回路接地。

4）水冷机组漏水及内冷却水电导率严重超标。

5）发变组单元接线中，主变压器低压绕组或高压厂用变压器高压绕组内部发生单相接地。

发电机的带开口三角绕组的电压互感器，其高压熔断器熔断时也会发出定子接地报警（假接地报警）。

（2）定子接地的现象及其判断。当发电机定子绕组及与定子绕组直接连接的一次电路发生单相接地或发电机电压互感器高压熔断器熔断时，均发出“定子接地”光字牌报警信号，按下发电机定子绝缘测量按钮，“定子接地”电压表出现零序电压指示。

发电机发出“定子接地”报警后，运行人员应判别接地相别和真、假接地。判别的方法是，当定子一相接地为金属性接地时，通过切换定子电压表可测得接地相对地电压为零，非接地相对地电压为线电压，各线电压不变且平衡。按下定子绝缘测量按钮，“定子接地”电压表指示为零序电压。由于“定子接地”电压表接在发电机电压互感器开口三角绕组的两端，因此，正常运行时“定子接地”电压表的指示为零（开口三角形连接的三相绕组相电压相量和为零），当定子绕组出现一相接地时，因开口三角连接的二次绕组的相电压为100/3V，故“定子接地”电压表的指示应为 $3U_0=3\times100/3=100$（V）。

如果一点接地发生在定子绕组内部或发电机出口，且为电阻性，或接地发生在发变组主变压器低压绕组内，切换测量定子电压表，测得的接地相对地电压大于零而小于相电压，非接地相对地电压大于相电压而小于线电压，“定子接地”电压表指示小于100V。

当发电机电压互感器高压侧一相或两相熔断器熔断时，其二次侧开口三角形连接的绕组端电压也要升高。如U相熔断器熔断，发电机各相对地电压未发生变化，仍为相电压，但电压互感器的二次侧电压测量值 U_{uv}、U_{wu} 降低，而 U_{vw} 仍为线电压（线电压不平衡），各相对地电压 U_{u0}、U_{w0} 接近相电压，U_{u0} 明显降低（相对地无电压升高），“定子接地”电压表指示为100/3V，发“定子接地”光字牌信号（假接地）。

由上述可知，真、假接地的根本区别在于：真接地时，定子电压表指示接地相对地电压降低（或等于零），非接地相对地电压升高（大于相电压但不超过线电压），而线电压仍平衡；假接地时，相对地电压不会升高，线电压也不平衡。

（3）发电机定子接地的处理。由于发电机中性点一般采用中性点经消弧线圈或高电阻接地，在发生定子一点接地时仍可短时带接地运行。规程规定，对于150MW及以下的汽轮发电机，当接地电容电流小于5A时，允许定子带接地运行不超过2h。对于200MW及以上发电机，当电容电流大于5A（内冷机组电流不小于2A）时，应立即减负荷停机。这是考虑接地点发生在发电机内部时，接地电弧电流易使铁芯损坏，对大机组来说，铁芯损坏不易修复。另外，接地电容电流能使铁芯熔化，熔化的铁芯又会引起损坏区域的扩大，使有效铁芯“着火”，由单相短路发展为相间短路。

由上所述，当接到“定子接地”报警后，应判明真、假接地。若判明为真接地，应检查发电机本体及其所连接的一次回路，如接地点在发电机外部，应设法消除，如将厂用电倒为备用电源供电，观察接地是否消失。如果接地无法消除，对于200MW及以上机组，应在30min内停机。如果查明接地点在发电机内部（在窥视孔能见到放电火花或电弧），应立即减负荷解列停机，并向上级调度汇报。如果现场检查不能发现明显故障，但“定子接地”报警又不消失，应视为发电机内部接地，30min内必须停机检查处理。

若判明为假接地，应检查并判明发电机电压互感器熔断器熔断的相别，视具体情况，带电或停机更换熔断器。如果带电更换熔断器，应做好人身安全措施和防止继电保护误动的措施。

2. 发电机转子接地

发电机转子接地有转子一点接地和两点接地，另外还会发生转子层间和匝间短路故障。与定子接地一样，转子接地可分为瞬时接地、断续接地、永久接地；内部接地和外部接地；金属性接地和电阻性接地。

（1）转子接地的原因。主要原因有，工作人员在励磁回路上工作，因不慎误碰或其他原因造成转子接地；转子集电环绝缘损坏、转子槽口绝缘损坏、转子槽绝缘和端部绝缘损坏、转子引线绝缘损坏等引起接地；长期运行使绝缘老化、因杂物或振动使转子部分匝间绝缘垫片位移，将转子通风孔局部堵塞，使转子绕组绝缘局部过热老化引起转子接地；小动物窜入励磁回路，定子进出水支路绝缘引水管破裂漏水，励磁回路脏污等引起转子接地。

（2）转子一点接地的现象及处理。发电机发生转子一点接地时，中央信号警铃响，“发电机转子一点接地”光字牌亮，表计指示无异常。

转子回路一点接地时，因一点接地不形成电流回路，故障点无电流通过，励磁系统仍保持正常状态，故不影响机组的正常运行。此时，运行人员应检查“转子一点接地”光字牌信号是否能够复归。若能复归，则为瞬时接地。若不能复归，通知检修人员检查转子一点接地保护是否正常。若正常，则可利用转子电压表，通过切换开关测量正、负极对地电压，鉴定是否发生了接地。如发现某极对地电压降至零，另一极对地电压升至全电压（正、负极之间的电压值），说明确实发生了一点接地，运行人员应按下述步骤处理。

1）检查励磁回路是否有人工作。如因工作人员引起，应予纠正。

2）检查励磁回路各部位有无明显损伤或因脏污接地。若因脏污接地，应进行吹扫。

3）对有关回路进行详细的外部检查，必要时轮流停用整流柜，以判明是否由于整流柜直流回路接地引起。

4）检查区分接地是在励磁回路还是在测量保护回路。

5）若转子接地为一点稳定金属性接地，且无法查明故障点，除加强监视机组运行外，在取得调度同意后，将转子两点接地保护作用于跳闸，并申请尽快停机处理。

6）转子带一点接地运行时，若机组又发生欠励磁或失步，一般可认为转子接地已发展为两点接地，这时转子两点接地保护动作跳闸。如该保护未动作跳闸，则应立即人为停机。对于双水内冷机组，在转子一点接地时又发生漏水，应立即停机。

（3）转子两点接地或转子层间短路的现象及处理。当转子发生两点接地时，转子电流表指示剧增，转子和定子电压表指示降低，无功功率表指示明显降低，功率因数提高甚至进相，“转子一点接地”光字牌亮，警铃响，机组振动较大。严重时，可能发生发电机失步或失磁保护动作跳闸。

由于转子两点接地时，转子电流增加很多，造成励磁回路设备过热甚至损坏。如果其中一接地点发生在转子绕组内部，部分转子绕组也要出现过热。另外，转子两点接地使磁场的对称性遭破坏，故机组产生强烈振动，特别是两点接地时除发生刺耳的尖叫声外，发电机两端轴承间隙还可能向外喷带火苗的黑烟。为此，发电机发生转子两点接地时，应立即紧急停机。如果“转子一点接地”光字牌未亮，由于转子层间短路引起机组振动超过允许值或转子电流明显增大，应立即减小负荷，使振动和转子电流减少至允许范围。若处理无效时，根据具体情况申请停机或打闸停机。

3. 发电机的非同期并列

若同步发电机与系统并列时不满足并列条件，而是人为操作或借助自动装置操作将发电机并入系统，这种并列操作称非同期并列。非同期并列是发电厂电气操作的恶性事故之一，非同期并列对发电机和系统都会造成严重后果。非同期并列时，由于合闸冲击电流很大，机组产生剧烈振动，使待并发电机绕组变形、扭弯、绝缘崩裂、定子绕组并头套熔化，甚至将定子绕组烧毁。特别是大容量机组与系统非同期并列，将造成对系统的冲击，引起该机组与系统间的功率振荡，危及系统的稳定运行。因此，必须防止发电机的非同期并列。

（1）非同期并列的现象。发电机非同期并列时，发电机定子产生巨大的电流冲击，定子电流表剧烈摆动，定子电压表也随之摆动，发电机发生剧烈振动，发出轰鸣声，其节奏与表计摆动相同。

（2）非同期并列的处理。发电机的非同期并列应根据事故现象正确判断处理。当同期条件相差不悬殊时，发电机组无强烈的振动和轰鸣声，且表计摆动能很快趋于缓和，则机组不必停机，机组会很快被系统拉入同步，进入稳定运行状态。若非同期并列对发电机产生很大的冲击和引起强烈的振动，表计摆动剧烈且不衰减时，应立即解列停机，待试验检查确认机组无损坏后，方可重新启动开机。

4. 发电机的失磁

同步发电机失去直流励磁，称为失磁。发电机失磁后，经过同步振荡进入异步运行状态，发电机在异步运行状态下，以低滑差 s 与电网并列运行，从系统吸取无功功率建立磁场，向系统输送一定的有功功率，是一种特殊的运行方式。

（1）发电机失磁的原因。引起发电机失磁的原因有励磁回路开路，如自动励磁开关误跳闸，励磁调节装置的自动开关误动；转子回路断线，励磁机电枢回路断线，励磁机励磁绕组断线；励磁机或励磁回路元件故障，如励磁装置中元件损坏，励磁调节器故障，转子集电环电刷环火或烧断；转子绕组短路；失磁保护误动和运行人员误操作等。

（2）发电机失磁运行的现象。

1）中央音响信号动作，“发电机失磁”光字牌亮。

2）转子电流表的指示等于零或接近零。转子电流表的指示与励磁回路的通断情况及失磁原因有关，若励磁回路开路，转子电流表指示为零；若励磁绕组经灭磁电阻或励磁机电枢绕组闭路，或 AVR、励磁机、硅整流装置故障，转子电流表有指示。但由于励磁绕组回路流过的是交流（失磁后，转子绕组感应出转差频率的交流），故直流电流表有很小的指示值。

3）转子电压表指示异常。在发电机失磁瞬间，转子绕组两端可能产生过电压（励磁回路高电感而致）；若励磁回路开路，则转子电压降至零；若转子绕组两点接地短路，则转子电压指示降低；若转子绕组开路，则转子电压指示升高。

4）定子电流表指示升高并摆动。升高的原因是由于发电机失磁运行时，既向系统输出一定的有功功率，又要从系统吸收无功功率以建立机内磁场，且吸收的无功功率比原来送出的无功功率要大，使定子电流加大。摆动的原因是因为力矩的交变引起的。发电机失磁后异步运行时，转子上感应出差频交流电流，该电流产生的单相脉动磁场可以分解为转速相同、方向相反的正向和反向旋转磁场。其中，反向旋转磁场以相对于转子同步转速 sn_1 的转速逆转子转向旋转，与定子磁场相对静止，它与定子的磁场作用对转子产生制动作用的异步力矩；另一个正向旋转磁场，以相对于转子 sn_1 的转速顺着转子转向旋转，与定子磁场的相对速度为 $2sn_1$，它与定子的磁场作用产生交变的异步力矩。由于电流与力矩成正比，所以力矩的变化引起电流的脉动。

5）定子电压表指示降低且摆动。发电机失磁时，系统向发电机输送无功功率，因定子电流比失磁前增大，故沿回路的电压压降增大，导致机端电压下降。电压摆动是由于定子电流摆动引起的。

6）有功功率表指示降低且摆动。有功功率输出与电磁转矩直接相关。发电机失磁时，由于原动机的转矩大于电磁转矩，转速升高，汽轮机调整器自动关小汽门，这样，驱动转矩减小，输出的有功功率也减小，直到原动机的驱动转矩与发电机的异步转矩平衡时，调速器停止动作，发电机的有功输出稳定在小于正常值的某一数值下运行。摆动的原因也是由于存在交变异步功率造成的。

7）无功功率表指示为负值，功率因数表指示进相。发电机失磁进入异步运行后，相当于一个滑差为 s 的异步发电机，一方面向系统输出有功功率，另一方面自系统吸收大量的无功功率用于励磁，所以发电机的无功功率表指示负值，功率因数表指示进相。

（3）发电机失磁运行的影响及应用条件。失磁对发电机和电力系统都有不良影响，在确定发电机能否允许失磁运行时，应考虑这些影响。

1）严重的无功功率缺额造成系统电压下降。发电机失磁后，不但不能向系统输送无功功率，反而从系统吸收无功功率，造成系统无功功率严重缺额。若系统无功电源不能提供这部分额外的无功功率，则系统电压会显著下降。电压的下降，不仅影响失磁机组厂用电的安全运行，还可能引起其他发电机的过电流。更严重的是电压下降，降低了其他机组的功率极限，可能破坏系统的稳定，还可能因电压崩溃造成系统瓦解。

2）对失磁机组的影响。发电机失磁时，使定子电流增大，引起定子绕组温度升高；失磁运行是发电机进相运行的极端情况，而进相运行将使机端漏磁增加，故会使端部铁芯、构件因损耗增加而发热，温度升高；由于失磁运行，在转子本体中感应出差频交流电流，差频电流产生损耗而发热，在某些部位，如槽楔与齿壁之间、护环与本体的搭接处，损耗可能引起转子的局部过热；由于转子的电磁不对称产生的脉动转矩将引起机组和基础的振动。

根据上述不良影响，允许发电机失磁运行的条件是：

1）系统有足够的无功电源储备。通过计算，应能确认发电机失磁后能保证电压不低于额定值的 90%，这样才能保证系统的稳定。

2）定子电流不超过发电机运行规程所规定的数值，一般不超过额定值的 1.1 倍。

3）定子端部各构件的温度不超过允许值。

4）对外冷式发电机，转子损耗不超过额定励磁损耗；对内冷式发电机，不超过 0.5 倍额定励磁损耗。这是因为内冷式转子在正常运行时，励磁绕组的发热量是由导体内部直接传出，这种结构的转子表面散热面积相对较小，而在异步运行时，转子中的差频电流造成的热流分布不同于正常，转子的热量只有一部分被导体内的冷却水带走，故转子损耗不能太大。

（4）发电机失磁运行的处理。由于不同电力系统无功功率储备和机组类型的不同，有的发电机允许失磁运行，有的则不允许失磁运行，因此，处理的方式也不同。

对于汽轮发电机，如 100MW 汽轮机组，经大量失磁运行试验表明，发电机失磁后，在 30s 内若将发电机的有功功率减至额定值的 50%，可继续运行 15min；若将有功功率减至额定值的 40%，可继续运行 30min。但对无功功率储备不足的电力系统，考虑到电力系统的电压水平和系统稳定，不允许某些容量的汽轮发电机失磁运行。

对于调相机和水轮发电机，无论系统无功功率储备如何，均不允许失磁运行。因调相机本身是无功电源，失去励磁就失去了无功调节的作用。而水轮发电机其转子为凸极转子，失磁后，转子上感应的电流很小，产生的异步转矩小，故输出有功功率也小，失磁运行无实际意义。基于上述分析，发电机失磁后的处理方式如下。

不允许发电机失磁运行的处理步骤：

1）根据表计和信号显示，尽快判明失磁原因。

2）失磁机组可利用失磁保护带时限动作于跳闸。若失磁保护未动作，应立即手动将机组与系统解列。

3）若失磁机组的励磁可切换至备用励磁，且其余部分仍正常，在机组解列后，可迅速切换至备用励磁，然后将机组重新并网。

4）在进行上述处理的同时，应尽量增加其他未失磁机组的励磁电流，以提高系统电压稳定能力。

5）严密监视失磁机组的高压厂用母线电压，在条件允许且必要时，可切换至备用电源供电，以保证该机组厂用电的可靠性。

允许发电机失磁运行的处理步骤：

1）发电机失磁后，若发电机为重载，在规定的时间内，将有功功率减至允许值（减少对系统和厂用电的影响）；若发电机为轻载，则不必减有功功率；在允许运行时间内，查找机组失磁的原因。

2）增加其他机组的励磁电流，维持系统电压。

3）监视失磁机组定子电流，应不超过 1.1 倍额定电流，定子电压应不低于 0.9 倍额定电压，并同时监视定子端部温度。

4）在允许运行时间内，设法迅速恢复励磁电流。如 AVR 不能正常工作，应切换至备用励磁装置。

5）如果在允许继续运行的时间内不能恢复励磁，应将失磁发电机的有功功率转移至其他机组，然后解列。

5. 发电机的振荡和失步

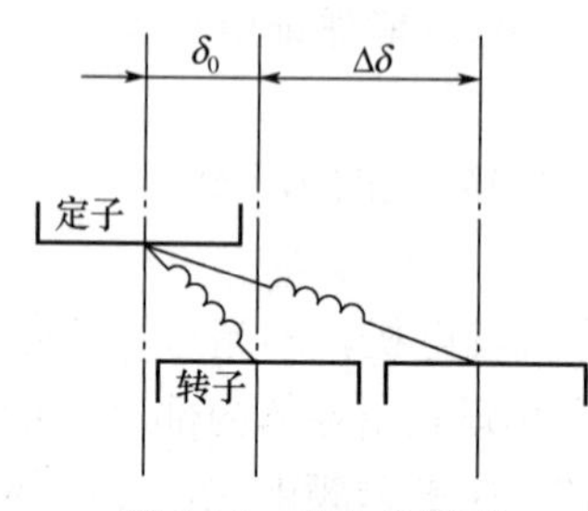

图 1-18　发电机振荡物理模型

同步发电机正常运行时，相对静止的定子磁极（定子三相绕组合成磁场）与转子磁极（转子磁场）之间可看成有弹性的磁力线联系。当负荷增加时，转子的位移角 δ（功角）将增大，这相当于磁力线拉长；当负荷减小时，δ 角将减小，这相当于磁力线缩短，如图 1-18 所示。当负荷突然变化时，由于转子有惯性，转子位移角不能立即稳定在新的数值，而是在新的稳定值左右要经过若干次摆动，这种现象称为同步发电机的振荡。

振荡有两种类型：一种是振荡的幅度越来越小，δ 角的摆动逐渐衰减，最后稳定在某一新的位移角下，仍以同步转速稳定运行，称为同步振荡；另一种是振荡的幅度越来越大，δ 角不断增大，直至超出稳定范围，使发电机失步，发电机进行异步运行，称为非同步振荡。

（1）发电机振荡或失步时的现象。

1）定子电流表指示超出正常值，且往复剧烈摆动。

2）定子电压表和其他母线电压表指针指示低于正常值，且往复摆动。

3）有功负荷与无功负荷大幅度剧烈摆动。

4）转子电压、电流表的指针在正常值附近摆动。

5）发电机发出有节奏的鸣声，并与表计指针摆动节奏合拍。

6）低电压继电器和过负荷保护可能动作报警。

7）有关继电器有节奏地动作，并发出响声，其节奏与表计摆动节奏合拍。

（2）发电机振荡和失步的原因。

1）静态稳定破坏。这往往发生在运行方式改变时，使输送功率超过当时的极限允许功率。

2）发电机与电网联系的阻抗突然增加。这种情况常发生在电网中与发电机联络的某处发生短路时，一部分并联元件被切除，如双回线路中的一回被断开，并联变压器中的一台被切除等。

3）电力系统的功率突然发生不平衡。如大容量机组突然甩负荷，某联络线跳闸，造成系统功率严重不平衡。

4）大机组失磁。大机组失磁，从系统吸取大量无功功率，使系统无功功率不足，系统电压大幅度下降，导致系统失去稳定。

5）原动机调速系统失灵。原动机调速系统失灵，造成原动机输入力矩突然变化，功率突升或突降，使发电机力矩失去平衡，引起振荡。

6）发电机运行时电动势过低或功率因数过高。

7）电源间非同期并列未能拉入同步。

（3）单机失步引起的振荡与系统性振荡的区别。

1）失步机组的表计摆动幅度比其他机组表计摆动幅度要大。

2）失步机组的有功功率表指针摆动方向与其他机组的相反，失步机组有功功率表摆动幅度可能满刻度，其他机组在正常值附近摆动。

3）系统性振荡时，所有发电机表计的摆动是同步的。

（4）发电机振荡或失步的处理。当发生振荡或失步时，应迅速判断是否为本厂误操作所引起，并观察是否有某台发电机发生了失磁。如本厂情况正常，应了解系统是否发生故障，以判断发生振荡或失步的原因。发电机发生振荡或失步的处理如下：

1）立即增加发电机的励磁电流。通过增加励磁电流，提高发电机的电动势，增加功率极限，提高发电机稳定性。这是由于励磁电流的增加，使定子、转子磁极间的拉力增加，削弱了转子的惯性，在发电机到达平衡点时拉入同步。但发电机励磁系统若处在强励状态，1min 内不应干预。

2）如果是由于单机高功率因数引起，则应降低有功功率，同时增加励磁电流。这既可降低转子惯量，也提高了功率极限而增加机组稳定运行能力。

3）当振荡是由于系统故障引起时，应立即增加各发电机的励磁电流，并根据本厂在系统中的地位进行处理。如本厂处于送端，为高频系统，应降低机组的有功功率；若本厂处于受端且为低频率系统，则应增加有功功率，必要时采取紧急拉负荷措施，以提高频率。

4）如果是单机失步引起的振荡，采取上述措施经一定时间仍未进入同步状态时，根据现场规程规定，应将机组与系统解列。

以上处理，必须在系统调度统一指挥下进行。

6. 发电机调相运行

同步发电机既可作发电机运行，也可作电动机运行。当运行中的发电机因汽轮机危急保安器误动或调速系统故障而导致主汽门关闭时，发电机失去原动力，此时若发电机的横向联动保护或逆功率保护未动作，发电机则变为调相机运行。

（1）发电机变为调相机运行的现象。

1）汽轮机盘出现“主汽门关闭”光字牌信号报警。

2）发电机有功功率表指示为负值，电能表反转。发电机的主汽门关闭后，从系统吸取少量有功功率维持其同步运行，与原来相比，发电机由发出有功功率变为吸取有功功率，故有功功率表指示为负值，电能表反转。

3）发电机无功功率表指示升高。由于发电机主汽门关闭，输出有功功率突然消失，仅从系统吸取少量有功功率维持空载转动，而发电机的励磁电流未发生变化。由发电机的电压相量图或发电机功率输出 P-Q 特性曲线可知，其功角 δ 减小时，功率因数角加大，故无功功率增大。

4）发电机定子电压升高，定子电流减小。定子电流的减小是由于发电机输出有功功率突然消失引起的，虽然输出无功功率增加，并从系统吸取少量有功功率，但定子总的电流仍减小。由于定子电流的减小，电流在定子电抗上的压降减小，故定子电压升高。由于发电机与系统相连，发电机向系统输送的无功功率增加，使发电机的去磁作用增加，定子电压自动降低保持发电机电压与系统电压平衡。

5）发电机励磁回路仪表指示正常，系统频率可能降低。因励磁系统未发生变化，故励磁回路各表计指示正常。发电机调相运行时要从系统吸取少量有功维持其同步运行，当该发电机占系统总负荷比例较大时，由于系统有功不足，使系统频率下降。

（2）发电机变为调相机运行的处理。发电机变为调相机运行，对发电机本身来说，并无什么危害，但汽轮机不允许长期无蒸汽运行。这是由于汽轮机无蒸汽运行时，叶片与空气摩擦将会造成过热，使汽轮机排汽温度很快升高，故汽轮发电机不允许持续调相运行。

当汽轮发电机发生调相运行后，逆功率保护应动作跳闸，按事故跳闸处理；若逆功率保护拒动，运行人员应根据表计指示及信号情况迅速做出判断，在 1min 内将机组手动解列，此时厂用电联动应正常。若汽轮机能很快恢复，则可再并列带负荷；若汽轮机不能很快恢复，应将发电机操作至备用状态。

7. 发电机断路器自动跳闸

300MW 及以上机组通常接成发变组单元接线，并通过变压器高压侧断路器与系统相连。机组正常运行时，由于种种原因，使断路器自动跳闸，运行人员应正确判断并及时处理，以保证机组安全运行。

（1）断路器自动跳闸的原因。

1）继电保护动作跳闸。如机组内部或外部短路故障引起继电保护动作跳闸；发电机因失磁或断水引起失磁保护和断水保护动作跳闸；热机系统发生故障，由值班员就地紧急跳闸，或热力系统故障由热机保护动作并联动断路器跳闸。

2）工作人员误碰或误操作、继电保护误动作使断路器跳闸。

（2）断路器自动跳闸后的现象。按跳闸原因断路器跳闸后的现象分述如下。

1）保护正确动作引起的跳闸。

a. 喇叭响，机组断路器和灭磁开关的位置指示灯闪光。当机组发生故障时，发电机主断路器、灭磁开关、高压厂用工作分支断路器在继电保护的作用下自动跳闸，各跳闸断路器的绿灯闪光。高压厂用备用分支断路器被联动自动合闸，备用分支断路器的红灯闪光。

b. 发电机主断路器、高压厂用工作分支断路器、灭磁开关“事故跳闸”光字牌信号报警，有关保护动作光字牌亮。

c. 发电机有功功率、无功功率、定子电流和电压、转子电流和电压等表计指示全部到零。

d. 在断路器跳闸的同时，其他机组均有异常信号，表计也有相应异常指示。如发电机故障跳闸时，其他机组应出现过负荷、过电流等现象，并出现表计指示大幅度上升或摆动。

2）人员误碰、保护误动引起的跳闸。

a. 断路器位置指示灯闪光，灭磁开关仍在合闸位置。

b. 发电机定子电压升高，机组转速升高。

c. 在自动励磁调节器作用下，发电机转子电压、电流大幅度下降。

d. 有功功率、无功功率及其他表计有相应指示。因厂用分支断路器未跳闸，仍带厂用电负荷。

e. 其他机组表计无故障指示，无电气系统故障现象。

（3）断路器自动跳闸的处理。当运行中的发电机主断路器自动跳闸时，运行人员应根据表计、信号及保护动作情况，及时做出处理，并分以下几种情况。

1）保护正确动作的处理。

a. 发电机主断路器自动跳闸后，应检查灭磁开关是否已经跳闸，若 41SD 和 GSD 未跳闸，应立即断开。

b. 发电机主断路器、灭磁开关、高压厂用电源工作分支断路器跳闸后，应检查高压厂用电源工作分支切换至备用分支是否成功。若不成功，应手动合上备用分支断路器（若工作分支断路器未跳闸，应先拉工作分支后合备用分支），以保证机组停机用电的需要。

c. 复置断路器控制开关和音响信号。将自动跳闸和自动合闸断路器的控制开关拧至与断路器的实际位置相一致的位置，使闪光信号停止；按下音响信号的复归按钮，使音响停止。

d. 停用发电机的 AVR。

e. 调节、监视其他无故障机组的运行工况，维持其正常运行。

f. 检查继电保护动作情况，并做出相应处理。若发电机因系统故障跳闸（如母线差动、失灵保护），应维持汽轮机的转速，并检查发电机—变压器组（简称发—变组）一次系统。在系统故障排除或经倒换运行方式将故障隔离后，联系调度，将机组重新并入系统。若为发变组内部保护动作跳闸，应根据保护范围，对发电机、主变压器、高压厂用变压器及有关设备进行检查，并测量绝缘，查明跳闸原因，确定故障点和故障性质，汇报调度停机检修，待故障排除后，重新启动并网。若为失磁保护动作跳闸，应查明原因，对可切换至备用励磁装置运行的机组，可重新并网，否则，只能停机处理。

2）有关发电机次同步谐振和自励磁现象的内容详见第九章第三节和第四节。

8. 发电机内部爆炸、着火

（1）故障现象。发电机内部有强烈爆炸声，两侧端盖处冒烟，有焦臭味；发电机内部氢气压力大幅度波动（升高或降低），出口氢温升高，氢气纯度下降，发电机表计指示可能基本正常或发电机内部保护动作。

（2）故障处理。保护未动作时，应立即解列停机，切除励磁；迅速切断供氢门，向发电机内充入二氧化碳；将发电机转速降至 200～300r/min，按消防规程规定灭火。

三、冷却系统的异常运行和故障处理

1. 发电机冷却水系统异常运行及故障处理

（1）内冷水温度、流量异常。

1）异常现象。

a. 进水温度高。汽轮机盘发音响信号和“定子冷却水进水温度高”光字牌信号（设计进水温度正常为 40～45℃，当低于 40℃或高于 45℃时报警），汽轮机的 DEH 画面显示“水冷却器出水温度不低于45℃”。

b. 进水温度低。汽轮机盘发音响信号和“进水温度低”光字牌信号，DEH画面显示“水冷却器出水温度低于39℃”。

c. 出水温度高。汽轮机盘发音响信号和“定子冷却出水温度高”光字牌信号，DEH画面显示“冷却器入水温度不低于74℃（最高温度报警值）”，发电机温度巡测表中，定子出水温度高。

d. 内冷水流量低。汽轮机盘发“定子绕组水流量非常低”光字牌亮信号，发电机盘可能发“断水保护动作”光字牌报警，汽轮机盘DAS画面显示“内冷泵出口流量不大于15t/h（规定值）”。

2）故障处理。

a. 当定子绕组进水温度高时，应检查水冷却器的冷却水流量是否足够，冷却水压力是否正常，冷却水温度是否过高，冷却水门是否卡死调不动。可适当打开旁路门，调整进水。必要时，可投入备用冷却水泵。

b. 当定子绕组出水温度高时，应检查定子绕组进水温度是否正常，可按定子绕组进水温度高处理。检查过滤器有无堵塞，过滤器压差是否足够大，进水门是否全开，定子冷却水压是否正常，定子冷却水泵运转是否正常，水流阀门位置是否正确。若采取上述措施后仍无效，应降低负荷直至停机。

c. 当定子绕组水流量低时，应检查定子冷却水进水压力是否正常，启动备用冷却水泵，调整进水压力，提高流量；检查过滤器是否堵塞，水系统各阀门位置是否正确；检查定子出水温度，若出水温度高，按出水温度高处理；若液位检测器大量漏水，应查明漏水原因并处理。

（2）内冷水泄漏或中断。

1）故障现象。

a. 内冷水泄漏时，汽轮机盘发“发电机水系统就地仪表柜报警”光字牌亮。若泄漏严重，汽轮机的DAS画面上内冷水流量、压力会有异常变化，备用冷却水泵有可能联动。

b. 若内冷水中断，“发电机断水”信号声光报警，汽轮机盘发“发电机水系统就地仪表柜报警”光字牌亮，DAS画面上显示“内冷却水泵出口流量不大于10t/h”，2台内冷却水泵均停运。

2）故障处理。

a. 若内冷水泄漏，运行人员可通过改变运行方式来隔离泄漏点，若无法隔离，甚至漏点在机内，则应尽快联系停机。

b. 若内冷水中断，2台内冷却水泵抢投1台成功，则可维持机组运行，处理故障水泵。若2台内冷却水泵均投不上，则由机组保护跳闸停机，电气值班员做好厂用电的切换。

（3）定子内冷水电导率高。发电机的内冷却水是汽轮机的凝结水或经化学处理后的补充水。运行中，可能因定子冷却水系统中的水冷却器有漏水现象，使冷却器的循环冷却水进入内冷水中，电导率升高。

1）故障现象。发“定子冷却水进水电导率高”报警，定子进水电导率表指示大于5μΩ/cm。

2）故障处理。对定子内冷水进行换水，当电导率大于10μΩ/cm时，不允许发电机运行。若因水冷却器漏水使电导率升高，应停用漏水的水冷却器，并投入备用冷却器，直至电导率正常。定子冷却水在运行中因补充化学水使电导率升高时，应请化学部门检查处理至水质合格。

2. 发电机氢系统的异常运行及故障处理

（1）发电机氢气压力异常。当发电机氢气的运行压力异常至报警值时，气体控制盘上出现“氢气压力高或低”光字牌报警；氢气压力表指示值大于压力高报警值或小于压力低报警值。

发电机氢气压力高，通常发生在给发电机补氢的情况下。氢气压力低的原因可能有密封油压过低或供油中断、氢气母管压力低、氢气管路破裂或阀门泄漏、密封油氢侧回油箱油位低使氢气进入油中、突然甩负荷引起发电机过冷却造成氢压降低、误操作造成氢压降低等。

应根据具体情况对氢气压力异常加以处理。若因补氢造成发电机氢气压力高，则立即停止补氢，并打开排污门，将氢压降低至正常值；若因漏氢使发电机氢压低，则应立即补氢至正常值；若大量漏氢，应及时对油、水、氢系统全面检查，发现问题及时处理，恢复氢压至正常值；当漏氢量大，且漏点无法消除，氢压不能维持时，则可降低氢压运行，同时降低机组的负荷，并密切监视发电机各部位温度不得超过规定值；若降低氢压后仍不能维持运行，可申请停机。如果是由于甩负荷后温度下降引起发电机氢压降低，则可根据氢气压力指示，立即增加发电机的负荷，但不可补充氢气。如果暂时不能增加负荷，为防止发电机过冷却，应减少氢气冷却器各段的供水量，并补氢使氢压升至正常值。

（2）发电机氢气温度高。当发电机氢气运行温度高至报警值时，气体控制盘发“氢气温度高”光字牌报警，氢气温度指示高于额定值。此时，运行人员应检查氢气冷却水的温度、压力、流量是否正常，若不正常应及时调整。若氢气冷却器冷却水的压力和流量无法调整，应适当降低发电机的负荷。若因氢气压力低或氢气纯度低引起氢温高，应补氢或换氢，提高氢气压力和纯度至正常值。在氢气温度高的情况下，还应密切监视定子绕组及铁芯的温度。

（3）发电机氢气纯度低。当氢气纯度低至报警值时，气体控制盘发“氢气纯度低”光字牌报警，氢气纯度指示仪指示值小于90%。此时，运行人员应通知制氢站取样分析，并检查仪表指针是否粘住，同时，开启排污门排氢并开启补氢门补氢，保持发电机内的氢气压力，直到纯度合格。

四、发电机的保护装置

对于发电机可能发生的故障和不正常工作状态，应根据发电机的容量有选择地装设以下保护。

（1）纵联差动保护。定子绕组及其引出线的相间短路保护。

（2）横联差动保护。定子绕组一相匝间短路保护。只有当一相定子绕组有两个并联绕组构成双星形接线时，才装设该种保护。

（3）单相接地保护。发电机定子绕组的单相接地保护。

（4）励磁回路接地保护。励磁回路的接地故障保护分为一点接地保护和两点接地保护。水轮发电机都装设一点接地保护，动作于信号；中小型汽轮发电机，当检查出励磁回路一点接地后再投入两点接地保护，而不装设一点接地保护；大型汽轮发电机应装设一点接地保护，是否应装设两点接地保护，目前看法尚不一致。

（5）低励、失磁保护。为防止大型发电机低励（励磁电流低于静稳极限所对应的励磁电流）或失去励磁（励磁电流为零）后，从系统中吸收大量无功功率而对系统产生不利影响，100MW及以上容量的发电机都装设这种保护。

（6）过负荷保护。发电机长时间超过额定负荷运行时作用于信号的保护。中小型发电机只装设定子过负荷保护；大型发电机应分别装设定子过负荷保护和励磁绕组过负荷保护。

（7）定子绕组过电流保护。当发电机纵差保护范围外发生短路，而短路元件的保护或断路器拒绝动作，为了可靠切除故障，应装设反应外部短路的过电流保护。这种保护兼作纵差保护的后备保护。

(8) 定子绕组过电压保护。中小型汽轮发电机通常不装设过电压保护。水轮发电机和大型汽轮发电机都装设过电压保护，以防止突然甩去全部负荷后引起定子绕组过电压。

(9) 负序电流保护。电力系统发生不对称短路或三相负荷不对称（如电气机车、电弧炉等单相负荷的比重太大）时，发电机定子绕组中就有负序电流。该负序电流产生反向旋转磁场，相对于转子为两倍同步转速，因此在转子中出现 100Hz 的倍频电流，它会使转子端部、护环内表面等电流密度很大的部位过热，造成转子的局部灼伤，因此应装设负序电流保护。中小型发电机多装设负序定时限电流保护，大型发电机多装设负序反时限电流保护。

(10) 失步保护。大型发电机应装设反映系统振荡过程的失步保护。中小型发电机都不装设失步保护，当系统发生振荡时，由运行人员判断，根据情况用人工增加励磁电流、增加或减少原动机出力、局部解列等方法来处理。

(11) 逆功率保护。当汽轮机主汽门误关闭或机炉保护动作关闭主汽门，而发电机出口断路器未跳闸时，发电机失去原动力变成电动机运行，从电力系统吸收有功功率。这种工况对发电机并无危险，但由于鼓风损失，汽轮机尾部叶片有可能过热而造成汽轮机事故，故大型机组要装设逆功率继电器构成的逆功率保护。

(12) 断水保护。用于保护水内冷发电机。

第七节　现代电网运行对大机组的影响

大电网、大机组对可靠性提出了更高的要求，两者在运行安全上既相互有利又相互矛盾。规模日益庞大的现代大电网的运行，对大机组带来一系列影响。

一、电网正常操作

电网正常操作时，特别是大型发电机差角度并网，或处于大环状电网的电厂，当在高压母线差角度下并环时，将引起大机组有功功率突变，也会造成轴的扭振而产生疲劳损耗。

二、发电机变压器出口短路

在发电机附近，特别是在发电机出口发生短路故障时，将出现很大的短路电流和冲击转矩。在各种短路故障中，发电机出口两相短路和三相短路对轴系的影响较为严重。与三相短路相比，两相短路在不利相角时刻发生时，将产生更大的电磁转矩。研究表明，机端两相不对称短路的电磁转矩比三相短路时的电磁转矩约高 30%，在汽轮机和发电机之间的轴段上的机械扭矩比三相短路时的高。

三、线路故障时采用重合闸

系统中发生短路时发电机的电磁力矩突变，作为轴系的激振力矩使其发生扭转振荡。由于电气阻尼作用，电磁力矩振荡衰减很快，但机械阻尼小，轴系扭振的衰减时间常数很长（2.5～10s，个别达 20s），扭振仍在继续。故障切除后重合闸，特别在重合不成功时，发电机将承受 3 次或 4 次冲击，由此引起扭振的叠加，最严重时会对轴系造成极危险的扭矩而使其疲劳寿命耗尽。

国内外大量研究表明，三相故障以后的三相重合闸甚至会造成轴系一次性疲劳破坏。大量计算分析表明，故障线路所联母线出线数越少、故障点距母线越近、故障切除和重合闸时间间隔越短，所造成的轴系扭转越严重。

我国 20 世纪 60 年代开始，单相重合闸得到广泛使用，目前 500kV 线路全部使用单相重合闸，考虑到系统稳定问题，火电厂 220kV 出线也主要采用单相重合闸，为简化保护、加速故障切除时间，也采用三相慢动重合闸。电力系统技术导则特别指出应避免大机组电厂的出线重合于永久性故障的方式。

四、误并列

误并列是对机组最危险的单一冲击，相角差 120°并列对轴系扭应力最严重，而相角差 180°并列对电机定子端部绕组的应力最严重。

由于继电保护失灵或误动、人员误操作等，可能出现误并列，给机组轴系造成冲击而产生扭振。因此，设计中必须考虑防误并列的设计原则与措施。如国外有些电网采用两套自动准同期装置互锁或增加一些半闭锁装置。

五、系统振荡

系统振荡对大机组（包括汽轮机组轴系）带来很大机械应力和电磁应力，相当于更多次冲击，对大机组不利。国际上对短时间允许失步的条件尚无具体规定。

应特别指出，由于电网等外部原因，大型汽轮发电机组突然解列是难以避免的，但要求解列后能带厂用电（或包括部分直配负荷）稳定运行，并迅速恢复并网，这对机组和电网都是极为有利的。

六、不对称运行

汽轮发电机不对称负荷允许范围的确定主要取决于下列三个条件：

(1) 负荷最大一相的电流，不应超过发电机的额定电流。

(2) 转子最热点的温度不应超过允许温度。

(3) 不对称运行时的机械振动不应超过允许范围。

第一个条件是考虑到定子的绕组发热不超过允许值，第二个和第三个条件是针对不对称运行时负序电流所造成的危害提出来的。发电机承受不对称运行的能力，称为发电机的负序能力，通常用两个技术参数表示：一个是允许长时间运行的稳态负序能力，以允许的最大负序电流标幺值 $I_{2*}=I_2/I_N$ 表示；另一个是短时间允许的暂态负序能力，以允许的短时 I_{2*}^2t 表示，它代表短时（一般 $t\leqslant 120$s）最大允许的负序发热量。当系统中发生不对称短路时，允许持续时间往往根据厂家规定的 I_{2*}^2t 容许值计算。当发电机不对称运行时，其负序电流的允许值和允许时间都不应超出制造厂规定的范围。

GB 7064《汽轮发电机通用技术条件》对汽轮发电机连续运行和短时运行的负序电流允许值规定如表 1-6 所示。

表 1-6　汽轮发电机连续运行和短时运行的负序电流允许值

项号	电机型式	连续运行时的 I_2/I_N 最大值	故障运行时的 $(I_2/I_N)^2\times t$ 最大值（s）
	转子绕组间接冷却		
1	空冷	0.1	15
2	氢冷	0.1	10
	转子绕组直接冷却（内冷）		
3	≤350MVA	0.08	8
4	>350MVA，≤900MVA	$0.08-\frac{S_N-350}{3\times10^4}$	$8-0.00545(S_N-350)$
5	>900MVA，≤1250MVA	同上	5
6	>1250MVA，≤1600MVA	0.05	5

注　S_N 为额定视在功率（MVA）。

表中 I_2 是负序电流值，t 为允许持续时间（s）。I_2 由下式决定

$$I_2=\sqrt{\int_0^t i_2^2 \mathrm{d}t/t}$$

在表 1-6 中，$(I_2/I_N)^2t$ 代表暂态负序能力，决定转子各部分的温度，所以 $(I_2/I_N)^2t$ 允许值与发电机类型和冷却方式有关。空气冷却或者氢冷却的汽轮发电机，$(I_2/I_N)^2t$ 的允许值较大。而对水或氢直接内冷绕组的汽轮发电机，由于定子电流密度已显著增大，转子表面的涡流损耗密度也增大，其 $(I_2/I_N)^2t$ 的允许值变小。

当发电机不对称运行、负序电流超过允许值时，应设法减少不平衡电流（如减小发电机出力等）至允许值，如不平衡电流所允许时间已到，则应立即将发电机解列。

据综合分析，转子损坏的原因大都是断路器造成不对称运行引起，个别是不对称故障切除时间长所致。

为了防止不对称运行给大机组带来的损害，电网应采取一定的防范措施。如防止断路器失灵造成非全相运行，首先要从制造及运行维护上提高断路器的可靠性，选用升压变压器高压侧断路器时，三相联动操作比单相操作出现非全相问题大为减少。特别是调峰水电机组，每日开停次数多，尤应选用三相联动操作。另外，随着核电大机组出现，由于各方面安全要求，总的趋势是大机组出口装断路器。近年来，不仅核电机组出口大多装断路器，常规火电水电大机组也按这一趋势发展。

七、运行频率异常

运行频率的异常变化对大电网和大机组运行安全尤为重要。此时，既要防止频率异常变化损坏发电设备，也要防止其引起连锁反应而导致电网瓦解和大面积停电。

对发电机的影响，主要是汽轮机叶片在异常频率下可能发生机械谐振。它所承受的应力可能比正常时大许多倍，极易损坏。

现代大机组为了自身的安全都装设了频率保护。如某厂的 350MW 机组在 48.5Hz 时 0s 发信号，47.5Hz 时 30s 跳闸，47.0Hz 时 0s 跳闸；某电厂的 600MW 机组在 47.5Hz 时 9s 跳闸，52.0Hz 时 0.25s 跳闸。

频率的降低将严重影响发电厂的厂用电，特别是影响锅炉给水泵、循环水泵等正常运行，还影响发电机的冷却通风，因而应降低出力。

核电机组对电网频率还有特殊要求，频率降低时，冷却介质泵的出力降低，导致蒸汽系统冷却剂流速降低，而压水堆要求冷却剂流速与反应堆产生的热量成正比，冷却介质流速降低，将可能引起核燃料棒损坏。因此一般采用低频继电器，当频率低于一定值时将反应堆自动退出运行。

在现代电网中，要特别重视在系统中配置足够的自动低频减载装置、就地或远方连切负荷装置。正确地实现自动低频减载必须与大机组的低频保护有选择地配合，防止配合不当使运行的大机组无选择地跳闸，从而功率缺额扩大造成连锁反应。还要防止负荷过切而产生频率过调，或重载联络线跳闸，使送端系统频率过高。目前，已在系统中应用的远方快切水电机组和快速关火电机组汽门，实践说明是行之有效的。

第二章
变 压 器 的 运 行

本章主要介绍500kV及以下变压器运行的技术知识，特高压变压器有关技术知识，请参阅第十三章《特高压交流输电技术》。

■第一节　变 压 器 种 类

变压器的种类是多种多样的，但就其工作原理而言，都是按照电磁感应原理制成的。一般情况下，常用变压器的分类如下。

一、按用途分

（1）电力变压器，用于电力系统的升压或降压。

（2）试验变压器，产生高压，用于对电气设备进行高压试验。

（3）仪用变压器，如电压互感器、电流互感器，用于测量仪表和继电保护装置。

（4）特殊用途的变压器。如冶炼用的电炉变压器、电解用的整流变压器、焊接用的焊接变压器、试验用的调压变压器等。

此外，还有专门用于对电气化铁路供电的电气化铁路牵引变压器。

二、按相数分

（1）单相变压器，用于单相负荷和三相变压器组。

（2）三相变压器，用于三相系统的升压或降压。

三、按绕组形式分

（1）自耦变压器，用于连接超高压、大容量的电力系统。

（2）双绕组变压器，用于连接两个电压等级的电力系统。

（3）三绕组变压器，用于连接三个电压等级的电力系统，一般用于电力系统的区域变电站。

（4）分裂变压器，它有一个高压绕组和两个低压绕组，后者称为分裂绕组。这种变压器实际上是一种特殊的三绕组变压器。

（5）加压调压变压器，用于调压和改善功率分布。

四、按铁芯形式分

（1）芯式变压器，用于高压的电力系统。

（2）壳式变压器，用于大电流的特殊变压器，如电炉变压器和电焊变压器等；或用于电子仪器及电视、收音机等电源变压器；也可用于大容量电力变压器。

五、按绕组绝缘水平分

（1）全绝缘变压器。若变压器绕组所有与端子相连接的出线端（包括中性点端）都具有相同的对地工频耐受电压的绝缘，则称为全绝缘变压器。只有全绝缘的变压器才可以用在小接地电流系统中。

（2）半绝缘变压器。若变压器绕组靠近中性点（尾端）部分的绝缘水平比其首端低，即首尾端绝缘水平不同，则称为半绝缘变压器（又称分级绝缘变压器）。半绝缘变压器的绝缘设计是根据变压器在系统运行中实际电压分布梯度而设计的，如在三相YN型接线的变压器中，其中性点的绝缘比其他三绕组的绝缘水平下降一个等级。此类变压器在进行变压器试验时，只能进行感应耐压，而不能做交流耐压试验。单相变压器在使用中只能接相电压，而不能接线电压。

六、按冷却介质分

（1）油浸式变压器，如油浸自冷、油浸风冷、油浸水冷、强迫油循环风冷和水内冷等。

（2）干式变压器，这类电压不太高、无油的变压器通常采用风机依靠空气对流进行冷却，适用于防火等级要求高的场合。例如600MW机组厂房内的厂用低压变压器，就出于防火要求而普遍采用干式变压器。

（3）充气式变压器，用特殊气体（SF_6）代替变压器油散热。

（4）蒸发冷却变压器，用特殊液体代替变压器油进行绝缘散热。

七、按容量分

（1）配电变压器。电压在35kV及以下，三相额定容量在2500kVA及以下，单相额定容量在833kVA及以下，具有独立绕组，自然循环冷却的变压器。

（2）中型变压器。三相额定容量不超过100MVA或每柱容量不超过33.3MVA，具有独立绕组，且额定短路阻抗 Z_N 符合下式要求的变压器，即

$$Z_N \leqslant \frac{25-0.1\times 3S_N}{W}\times 100\%$$

式中 W——有绕组的芯柱数；

S_N——额定容量，MVA。

自耦变压器按等值容量考虑，等值容量计算方法如下：

三相自耦变压器等值变换

$$S_t = S_N U_1/(U_1-U_2)$$
$$Z_t = Z_N U_1/(U_1-U_2)$$

自耦变压器每柱额定容量变换

$$S_t = S_N U_1/W(U_1-U_2)$$
$$Z_t = Z_N U_1/(U_1-U_2)$$

式中 U_1——高压侧主分接额定电压，kV；

U_2——低压侧额定电压，kV；

S_N——自耦变压器额定容量，MVA；

S_t——等值容量，MVA；

Z_t——相应于 S_t 的短路阻抗，%；

Z_N——相应于 S_N 的短路阻抗，%；

W——芯柱数。

（3）大型变压器。三相额定容量在100MVA以上，或其额定短路阻抗 Z_N 符合下式要求的变压器，即

$$Z_N > \frac{25-0.1\times 3S_N}{W}\times 100\%$$

第二节 特殊变压器

一、自耦变压器

1. 自耦变压器的结构及特点

自耦变压器的结构如图2-1所示。

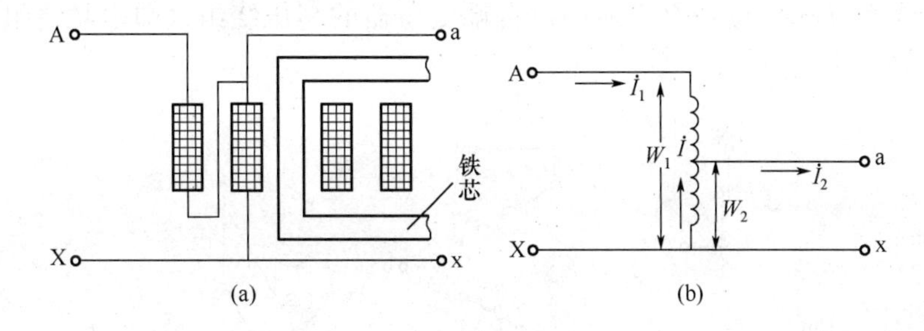

图 2-1　自耦变压器结构图

(a) 结构示意图；(b) 绕组连接图

自耦变压器与普通变压器不同之处如下：

(1) 自耦变压器一次侧和二次侧不仅有磁的联系，而且还有电的联系。普通变压器的一次侧和二次侧只有磁的联系。

(2) 电源通过自耦变压器的容量由一次绕组与公用绕组之间电磁感应功率和一次绕组直接传导的传导功率两个部分组成。

(3) 自耦变压器的短路电阻和短路电抗分别是普通变压器短路电阻和短路电抗的 $(1-1/K)$ 倍，K 为变比。

(4) 由于自耦变压器的中性点必须接地，因而继电保护的整定和配置较为复杂。

(5) 自耦变压器体积小，质量轻，造价较低，便于运输。

2. 自耦变压器在运行中应注意的问题

(1) 由于自耦变压器的一、二次侧有电的联系，为了防止由于高压侧单相接地故障而引起低压侧的过电压，用在电网中的自耦变压器中性点必须可靠地直接接地。同时为避免高压侧遭受到过电压时引起低压侧的严重过电压，须在一、二次侧都装避雷器。

(2) 由于自耦变压器短路阻抗小，其短路电流较普通变压器大，因此在必要时需采取限制短路电流的措施。

(3) 采用中性点接地的星形连接的自耦变压器时，因产生三次谐波磁通而使电动势峰值严重升高，对变压器绝缘不利。为此，现代的高压自耦变压器都设计三绕组的，其中高、中压绕组接成星形，而低压绕组接成三角形。低压绕组与高、中压绕组是分开的、独立的，只有磁的联系，和普通变压器一样。增加了这个低压绕组后，其电路接线及相量图如图 2-2 所示。目前，电力系统中广泛应用的三绕组自耦变压器一般为 YNynd11 接线。

(4) 在升压及降压变电站内采用三绕组自耦变压器时，会出现以下各种不同的运行方式。

1) 高压侧向中压侧（或中压侧向高压侧）送电。高压侧向中压侧送电，为降压式，中压绕组布置在高、低压绕组之间，一般可传输全部额定容量。中压绕组向高压侧送电为升压式，中压绕组靠近铁芯柱布置。因为漏磁通在结构中引起较大的附加损耗，故其最大传输功率往往需要限制在额定容量的 70%～80%。

2) 高压侧向低压侧（或低压侧向高压侧）送电。它和普通变压器相同，最大传输功率不得超过其低压绕组的额定容量。

3) 中压侧向低压侧（或低压侧向中压侧）送电。其情况与 2) 相同。

4) 高压侧同时向中压侧和低压侧（或低压侧和中压侧同时向高压侧）送电。在这种运行方式下，最大允许的传输功率不能超过自耦变压器的高压绕组（即串联绕组）的额定容量，否则高压绕组将过负荷。

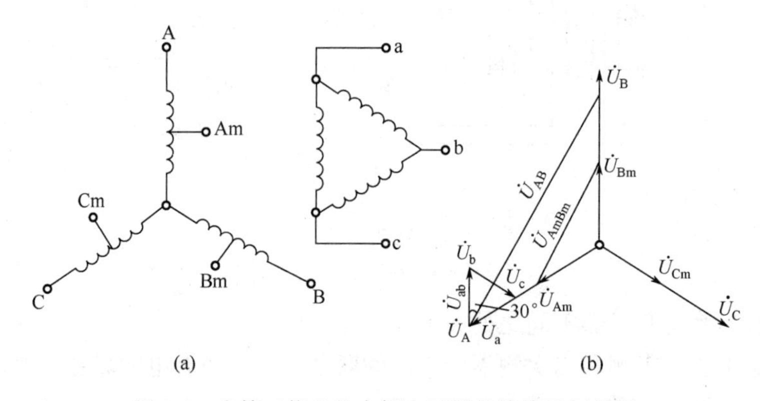

图 2-2　有第三绕组的自耦变压器的接线及相量图

（a）接线图；（b）相量图

5）中压侧同时向高压侧和低压侧（或高压侧和低压侧同时向中压侧）送电。在这种运行方式中，中压绕组是一次绕组（即公共绕组是一次绕组），而其他两个绕组是二次绕组。最大传输容量受公共绕组电流的限制（即公共绕组的电流不得超过其额定电流），向两侧传输功率的大小也与负荷的功率因数有关。

二、分裂变压器

1. 分裂变压器绕组结构型式

大容量机组（单机 200MW 及以上）的厂用电系统，当只采用 6kV 一级厂用高压时，为安全起见，主要厂用负荷需由两路供电而设置两段母线，这时常采用分裂低压绕组变压器，简称分裂变压器。它有一个高压绕组和两个低压绕组，两个低压绕组称为分裂绕组。实际上这种变压器是一种特殊结构的三绕组变压器。

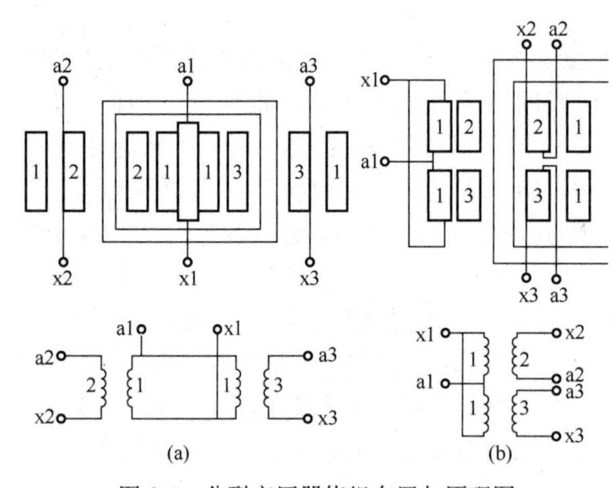

图 2-3　分裂变压器绕组布置与原理图

（a）单相分裂变压器；（b）三相分裂变压器（只画出一相）

分裂绕组变压器的结构特点是，绕组在铁芯上的布置应满足两个要求：①两个低压分裂绕组之间应有较大的短路阻抗；②每一分裂绕组与高压绕组之间的短路阻抗应较小，且应相等。

图 2-3 画出了单相和三相分裂低压绕组变压器的绕组布置和原理图，高压绕组 1 采用两段并联，其容量按额定容量设计；分裂绕组 2 和绕组 3 都是低压绕组，其容量分别按 50％额定容量设计。其运行特点是，当一低压侧发生短路时，另一未发生短路的低压侧仍能维持较高的电压，以保证该低压侧母线上的设备能继续正常运行，并能保证该母线上的电动机能紧急启动，这是一般结构三绕组变压器所不及的。

2. 分裂变压器的特殊参数及其含义

（1）当低压分裂绕组的两个分支并联成一个绕组对高压绕组运行时，称为穿越运行，此时变压器的短路阻抗称为穿越阻抗，用 Z_1 表示。

（2）当分裂绕组的一个分支对高压绕组运行时，称为半穿越运行，此时变压器的阻抗称为半穿越阻抗，用 Z_2 表示。

（3）当分裂变压器的一个分支对另一个分支运行时，称为分裂运行，这时变压器的短路阻抗称为分裂阻抗，用 Z_3 表示。

（4）分裂阻抗与穿越阻抗之比称为分裂系数，用 K_3 表示。即

$$K_3 = Z_3/Z_1$$

3. 分裂变压器的优缺点

当分裂变压器用作大容量机组的厂用变压器时，与双绕组变压器相比，它有以下优缺点。

（1）限制短路电流显著。当分裂绕组一个支路短路时，由于分裂变压器的半穿越阻抗比穿越阻抗大，故电网供给的短路电流要比用双绕组变压器小。同时分裂绕组另一支路由电动机供给短路点的反馈电流，因受分裂阻抗的限制，亦减少很多。

（2）当分裂绕组的一个支路发生故障时，另一支路母线电压降低比较小。同样，当分裂变压器一个支路的电动机自启动，另一个支路的电压几乎不受影响。

（3）分裂变压器的缺点是价格较高，一般分裂变压器的价格约为相同容量普通变压器的1.3倍。

三、加压调压变压器

如图2-4所示，加压调压变压器由电源变压器和串联变压器组成，串联变压器的二次绕组串联在变压器T1的引出线上，作为加压绕组，这相当于在线路上串联了一个附加电动势，改变附加电动势的大小和相位就可以改变线路上电压的大小和相位。根据附加电动势与线路电压间相位角的差异，分为纵向调压变压器、横向调压变压器和混合型调压变压器。

加压调压变压器串联在线路上，对于辐射型线路，其主要目的是为了调压，对于环网，还能改善功率分布。装设在系统间联络线上的串联加压器，还可起隔离作用，使两个系统的电压调整互不影响。

1. 纵向调压变压器

纵向调压变压器的原理接线图如图2-5（a）所示。图中电源变压器的二次绕组给串联变

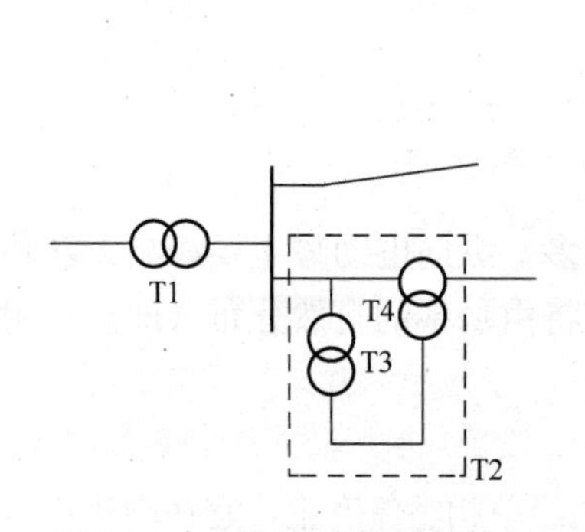

图2-4　加压调压变压器结构图

T1—系统供电变压器；T2—加压调压变压器；T3—电源变压器；T4—串联变压器

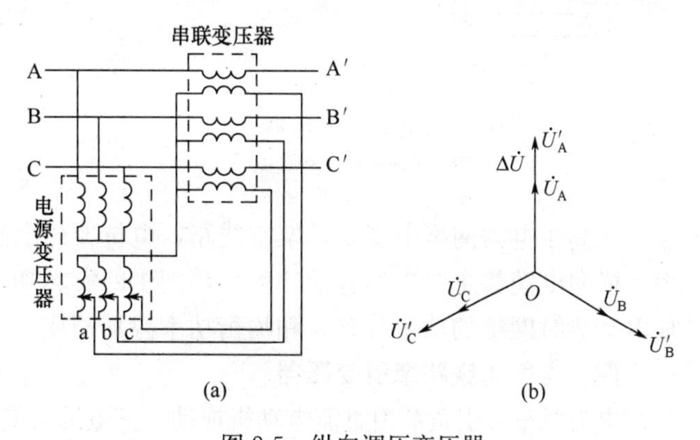

图2-5　纵向调压变压器

（a）原理接线图；（b）相量图

压器的励磁绕组供电，串联变压器的二次绕组中产生附加电动势 $\Delta\dot{U}$。当电源变压器取图示的接线方式时，$\Delta\dot{U}$ 的方向与主变压器的二次绕组电压相同，可以提高线路电压，如图 2-5（b）所示。反之，如将串联变压器反接，则可降低线路电压。纵向调压变压器只产生纵向电动势，它只改变线路电压的大小，不改变线路电压的相位，其作用同具有调压绕组的调压变压器一样。

2. 横向调压变压器

如果电源变压器的接线方式如图 2-6（a）所示，加压绕组中产生的附加电动势的方向与线路的相电压将有 90°相位差，故称为横向电动势。从相量图中可以看出，由于 $\Delta\dot{U}$ 超前线路电压 90°，调压后的电压 $\dot{U}'_A$ 较调压前的电压 $\dot{U}_A$ 超前一个 β 角，但调压前后电压幅值的改变甚小。如将串联变压器反接，使附加电动势反向，则调压后可得到较原电压滞后的线路电压，但电压幅值的变化仍很小。横向调压变压器只产生横向电动势，所以它只改变线路电压的相位而几乎不改变电压的大小。

3. 混合型调压变压器

混合型调压变压器中既有纵向串联加压变压器，又有横向串联变压器，接线如图 2-7（a）所示。它既产生纵向电动势 $\Delta\dot{U}'$，又产生横向电动势 $\Delta\dot{U}''$，因此它既能改变线路电压的大小，又能改变其相位。

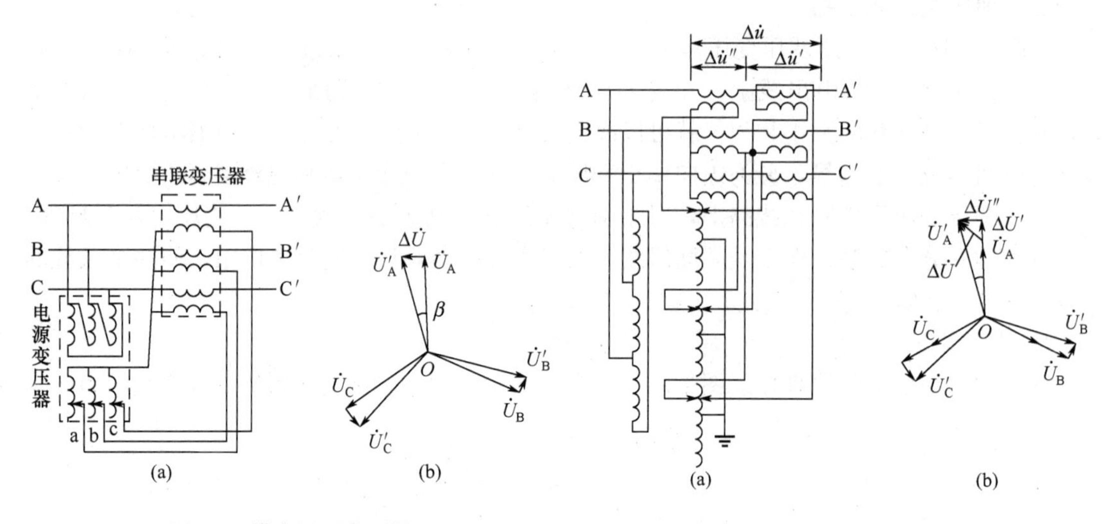

图 2-6　横向调压变压器

（a）原理接线图；（b）相量图

图 2-7　混合型调压变压器

（a）原理接线图；（b）相量图

在高压电力网络中主要是架空线路，电抗要比电阻大得多，纵向电动势主要影响无功功率，横向电动势主要影响有功功率。环网中的实际功率分布将由功率的自然分布（即没有附加电动势时网络的功率分布）和均衡功率叠加而成。

四、电气化铁路牵引变压器

电力机车牵引负荷由直流电动机拖动，其电源由交流系统经单相整流产生，它在交流供电侧产生含量较大的谐波；由于牵引变电站的变压器三相电流不平衡，其一次侧基波负序电流较大。此外，电力机车在启动和空载投入时，还会产生远高于额定电流的励磁涌流。以上因素使得此类负荷具有波动性大和沿线分布广的特点，是对电网影响面较大的干扰负荷。

1. 电力机车的工作原理

（1）二极管整流型机车。图 2-8 为某国产电力机车主电路示意图，它采用直流串激牵引电动机，每轴一台共六台，每台允许持续 1h 的功率为 700kW，所以机车功率为 4200kW。机车上的整流变压器和硅整流器，将牵引网的单相 25kV、50Hz 交流变成 1500V 直流。整流变压器二次侧绕组两端分别接二极管整流器 V1 和 V2，中间分接头接入电抗器和牵引电动机 M 构成单相全波整流。

电力机车在启动时，电动机的反电动势几乎为零，所以启动时电流较大，引起电压波动和谐波干扰也较大。通常采用变压器分接头切换，在低速时降压过渡，以减低电流和电压的波动干扰。如图 2-8 所示，在低压级位 K2 闭合、K1 断开，在高压级位 K1 闭合、K2 断开。

（2）晶闸管相控型电力机车。通常采用多段桥晶闸管相控调压，分段多则调压范围大，谐波含量小，但结构复杂、造价高。现在我国国产电力机车采取二段桥，其原理如图 2-9 所示。低速时第二桥不开通，由二极管 V2C 和 V2D 作为直流通路，对第一桥相控，随着控制角减小导通角加大，电压从零升到 U_1 时第一桥满开放导通，控制角 $\alpha=0$。再升压便对第二桥相控，当第二桥也满开放导通时，电压从 U_1 升至 U_1+U_2。相控机车在不同导通角时，电流波形变化大，它的谐波含量变化也较大。

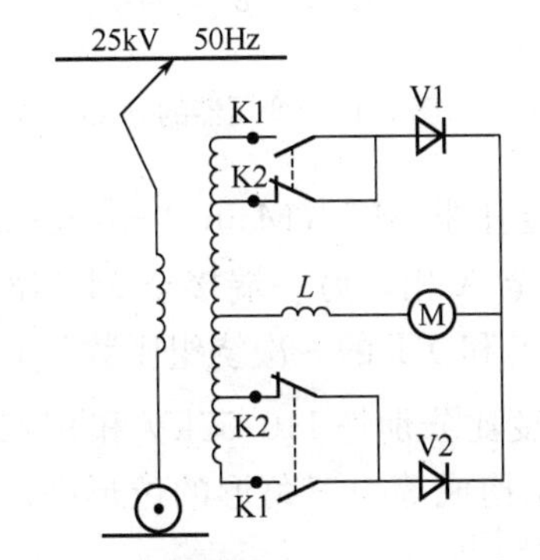

图 2-8　二极管整流型机车主电路示意图

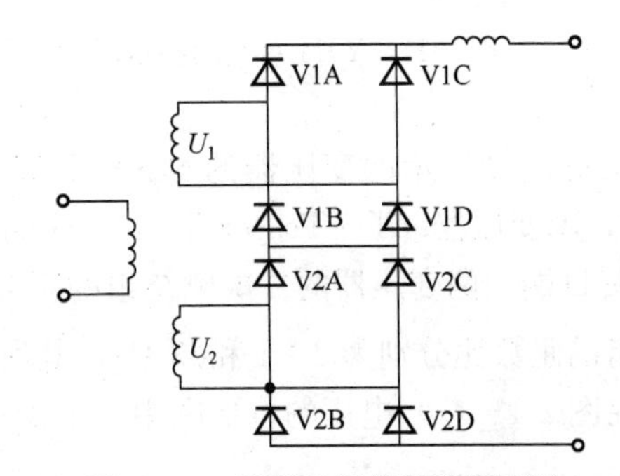

图 2-9　二段桥晶闸管相控原理图

我国电气化铁路由于采用电力电子变流的电力机车而成为大功率的谐波源。在机车上装设电力滤波器可降低机车的谐波含量，从整体设计来实现机车的最佳性能指标。

2. 电气化铁路牵引变压器的接线原理

电气化铁路的供电是在沿线设若干个牵引变电站，经牵引变压器降压向接触网和电力机车供电。目前，国内牵引变压器大多为 Yd11 接线，大秦线一部分和郑武线采用斯考特（SCOTT）接线，现分述如下。

（1）Yd11 接线的牵引变压器。三相牵引变电站的主变压器多采用 110kV 油浸风冷式变压器，其绕组为 Yd11 连接。变压器高压侧额定电压为 110kV，低压侧额定电压为 27.5kV，比牵引网标准电压 25kV 高 10%。

Yd11 接线的牵引变压器，其一次绕组为 Y 接法，端子 X、Y 和 Z 相连，其二次绕组为△接法，端子 ay、bz 和 cx 分别相连，如图 2-10 所示。图 2-11 为 Yd11 接线的相量图。若两供电臂馈线电流

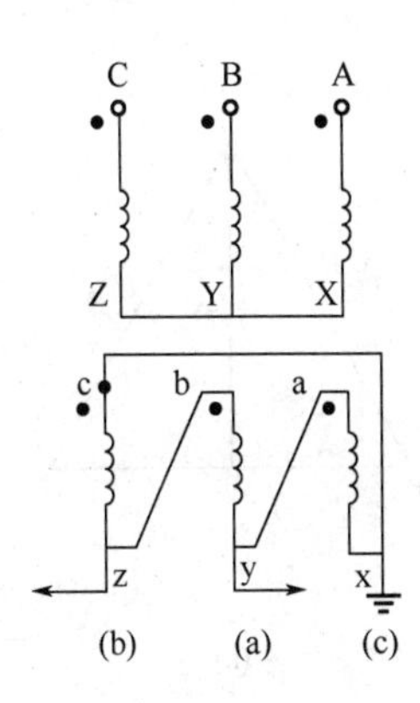

图 2-10　Yd11 变压器接线图

滞后于各自馈线电压的相角相同，则两臂电流 $\dot{I}_b$ 滞后 $\dot{I}_a$60°。

习惯上将牵引变压器铭牌标记的二次侧 c 相端子接地（钢轨），a 相和 b 相端子分别接两侧的供电臂。二次绕组 ax（ac 相）和 zc（bc 相）分别对应一次侧的 A、C 相绕组，均为重负荷相。

（2）SCOTT 接线的牵引变压器。牵引变电站的主变压器是将两台单相变压器接成 SCOTT 接线（见图 2-12），或做成整体的 SCOTT 接线变压器。这种接线方式可将额定电压为 110kV（或 220kV）的三相平衡的电压变换成额定电压为 55kV 的两相平衡的电压，分别向牵引网的两个供电臂供电，比牵引网的标准电压 2×25kV 高 10%。

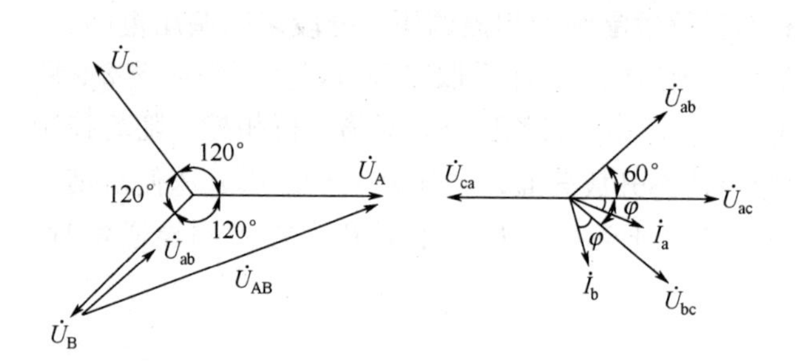

图 2-11　Yd11 接线的相量图

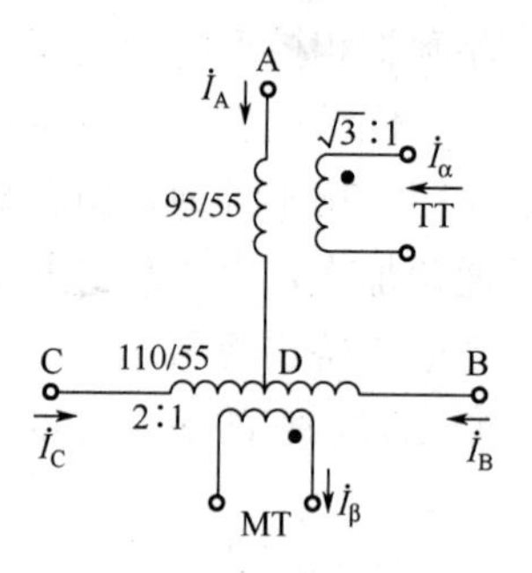

图 2-12　变压器的 SCOTT 接线

在图 2-12 所示的变压器的 SCOTT 接线中，主变压器 MT（Main Transformer）接至 BC 相，副变压器 TT（Teaser Transformer）一端接至 A 相，另一端接至 MT 绕组的中心分接头 D 端。两变压器的二次侧绕组的匝数相同，MT 和 TT 的一次绕组匝数不同，与其二次绕组的匝数比分别为 2∶1 和$\sqrt{3}$∶1，其所对应电压变比分别是 110/55kV 和 95/55kV。

在图 2-13（a）电压的位形图中，平衡三相线电压构成等边三角形的位形图。MT 接至 BC 相，线电压相量 $\dot{U}_{BC}$在图中位于水平方向。TT 接至 A 相和 M 绕组中点 D，其端电压相量 $\dot{U}_{AD}$方向向上，超前 $\dot{U}_{BC}$90°。由此可知，TT 的二次侧电压 $\dot{U}_\alpha$ 超前 MT 的二次侧电压 $\dot{U}_\beta$90°，在二次侧构成平衡的二相电压，如图 2-13（b）所示。

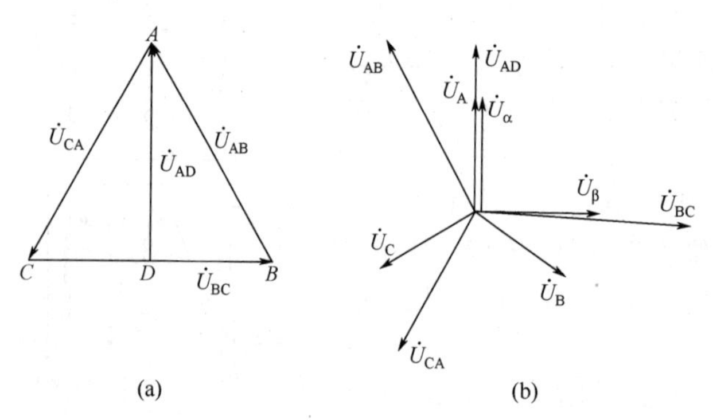

图 2-13　Scott 接线变压器电压的位形图和相量图

（a）电压的位形图；（b）电压的相量图

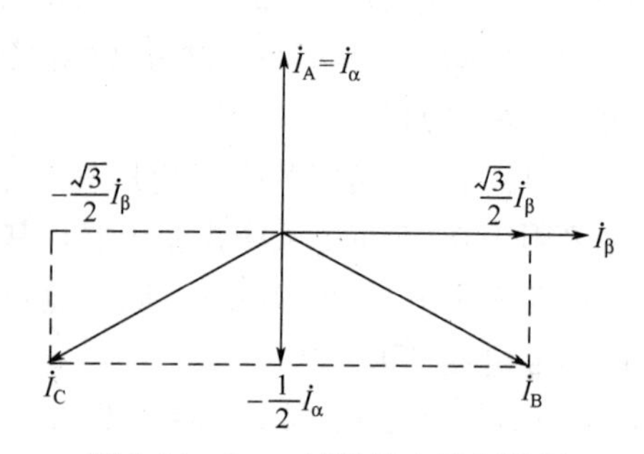

图 2-14　Scott 接线的电流相量图

当MT和TT的二次侧两相供电臂牵引负荷电流 $\dot{I}_{\beta}$ 和 $\dot{I}_{\alpha}$ 的有效值相等且 $\dot{I}_{\beta}$ 滞后 $\dot{I}_{\alpha}$90°时，由于MT和TT一次侧绕组的匝数比为 $2:\sqrt{3}$，反映到一次侧MT绕组中电流的有效值仅为TT绕组电流的$\sqrt{3}/2$。设TT的一次侧 A 端流入由$\dot{I}_{\alpha}$引起的电流$\dot{I}_{A}=\dot{I}_{\alpha}$，则 $\dot{I}_{A}$ 将各有一半分别从MT的 B 和 C 端流出。由 $\dot{I}_{\beta}$ 引起的从MTB端流入从 C 端流出的另一分量应为$\frac{\sqrt{3}}{2}\dot{I}_{\beta}$。于是可得 $\dot{I}_{B}=-\frac{1}{2}\dot{I}_{\alpha}+\frac{\sqrt{3}}{2}\dot{I}_{\beta}$，$\dot{I}_{C}=-\frac{1}{2}\dot{I}_{\alpha}-\frac{\sqrt{3}}{2}\dot{I}_{\beta}$。$\dot{I}_{B}$ 滞后 $\dot{I}_{A}$120°，$\dot{I}_{c}$ 超前 $\dot{I}_{A}$120°。所以SCOTT接线变压器，当二次侧两相电流平衡时，反映到一次侧的三相电流也将是平衡的，其相量图如图2-14所示。

在某些地段，由于牵引负荷相对较小，为节省投资，有时采用单相或V接线的牵引变压器。

第三节　变压器的额定技术数据

一、变压器的额定技术数据

变压器的额定技术数据是变压器在运行时能够长期可靠地工作，并且有良好工作性能的技术限额，也是厂家设计制造和试验变压器的依据。变压器的额定技术数据都标在铭牌上，主要包括以下内容。

1. 额定容量

额定容量是在额定条件使用时能保证长期运行的输出能力。对于单相变压器是指额定电流与额定电压的乘积，对于三相变压器是指三相容量之和。

对于双绕组变压器，一般一、二次侧的容量是相同的。对于三绕组变压器，当各绕组的容量不同时，变压器的额定容量是指最大的一个容量（通常为高压绕组），但在技术规范中都写明三侧的容量。

三绕组变压器的高、中、低压绕组容量通常有三种组合方式，即100/100/100、100/100/50、100/50/100。早期生产，现仍在使用的变压器中，还有100/100/66.7、100/66.7/100、100/66.7/66.7三种组合方式。

自耦变压器的高、中、低压绕组额定容量规定为100/100/50。

分裂变压器高压绕组与其他两侧低压绕组额定容量规定为100/50/50。

2. 额定电压

额定电压是由制造厂规定的变压器在空载时额定分接头上的电压。对于三相变压器，如不做特殊说明，铭牌上的额定电压是指线电压，而单相变压器是指相电压。

3. 额定电流

变压器各侧的额定电流是由相应侧的额定容量除以相应绕组的额定电压计算出来的线电流值。

4. 空载损耗

空载损耗是空载时的功率损耗，主要指铁损。

5. 空载电流

空载电流是指变压器空载运行的励磁电流占额定电流的百分数。

6. 短路电压

短路电压是指将变压器的二次绕组短路，在一次绕组施加电压，当二次绕组通过额定电流时，一次绕组所施加的电压与额定电压的百分比，也称短路电压百分数或阻抗电压百分数。它在数值上与变压器的短路阻抗百分数相等，表示变压器内阻抗的大小。

三绕组变压器的短路电压有高低压绕组间、高中压绕组间和中低压绕组间三个短路电压。测量两绕组间短路电压时，第三个绕组须开路。

短路电压百分数是变压器的一个重要参数。它表明了变压器在满载（额定负荷）运行时变压器本身的阻抗压降大小。它对于变压器在二次侧发生突然短路时产生的短路电流有决定性的意义，对变压器的并列运行也有重要意义。

短路电压百分数的大小，与变压器容量有关。当变压器容量小时，短路电压百分数小；变压器容量大时，短路电压百分数亦相应较大。我国生产的电力变压器，短路电压百分数一般为4%～24%。

7. 短路损耗

短路损耗是指将变压器的二次绕组短路，一次绕组的电流为额定电流时，变压器绕组导体所消耗的功率。

8. 联结组别

用一组字母和时钟序数表示变压器低压绕组对高压绕组相位移关系和变压器一、二次绕组的连接方式。

因为高低压绕组对应的线电压之间的相位差总是30°的整数倍，这正好和钟面上小时数之间的角度一样，表示变压器不同电压绕组的相位移即接线组别，一般采用时钟序数表示。方法就是把一次侧线电压相量作为时钟的长针，固定在时钟的0点上，二次侧对应线电压相量作为时钟的短针，看短针指在几点钟的位置上，就以这一钟点作为该接线组的组别。例如：若二次侧线电压与一次侧线电压同相位，则短针也应指在0点钟的位置，其接线组的组别就规定为0。若二次侧线电压超前于一次侧线电压30°，则短针应指在11点钟的位置，其接线组别规定为11。

9. 额定频率

我国规定标准工业频率为50Hz，故电力变压器的频率都是50Hz。

10. 额定温升

变压器内绕组或上层油的温度与变压器外围空气的温度（环境温度）之差，称为绕组或上层油的温升。在每台变压器的铭牌上都标明了该变压器的温升限值。我国标准规定，绕组温升的限值为65℃，上层油温升的限值为55℃，并规定变压器周围的最高温度为40℃。因此，变压器在正常运行时，上层油的最高温度不应超过95℃。

11. 额定冷却介质温度

对于吹风冷却的变压器，额定冷却介质温度指的是变压器运行时，周围环境中空气的最高温度（不应超过40℃）。

对于强迫油循环水冷却的变压器，冷却水源的最高温度不应超过30℃，水温过高将影响冷油器的冷却效果。此外，还规定冷却水的进口水压，必须比潜油泵的油压低，以防冷却水渗入油中。但水压太低，水的流量太小，将影响冷却效果，因此对水的流量也有一定要求。不同容量和形式的冷油器，有不同的冷却水流量的规定。以上这些规定都标明在冷油器的铭牌上。

二、变压器铭牌标志及其含义

变压器铭牌标志及其含义如图 2-15 所示。

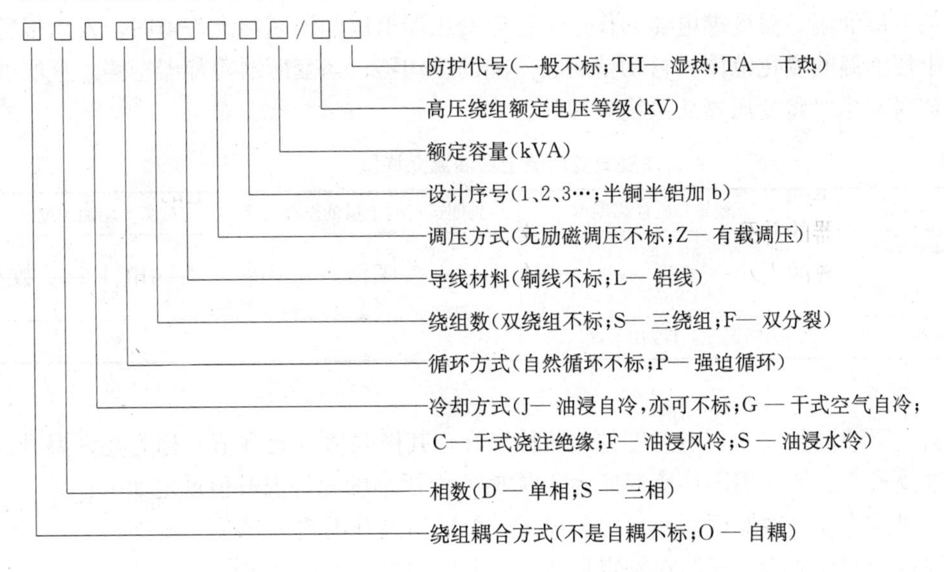

图 2-15　变压器产品型号说明

第四节　变压器的允许运行方式

变压器应根据制造厂规定的铭牌额定数据运行。在额定条件下，变压器按额定容量运行；在非额定条件下或非额定容量下运行时，应遵守变压器运行的有关规定。

一、允许温度和温升

1. 允许温度

变压器运行时会产生铜损和铁损，这些损耗全部转变为热量，使变压器的铁芯和绕组发热，温度升高。变压器温度过高对运行有很大的影响，最主要的是会逐渐降低原有的绝缘性能。温度越高，绝缘老化越快，以致变脆而破裂，使得绕组失去绝缘层的保护。根据运行经验和专门研究，当变压器绝缘材料的工作温度超过允许值长期运行时，每升高 6℃，其使用寿命缩短一半，这就是变压器运行 6℃规则。另外，即使变压器绝缘没有损坏，但温度越高，绝缘材料的绝缘强度就越差，很容易被高电压击穿造成故障。因此，运行中的变压器，运行温度不允许超过绝缘材料所允许的最高温度。

电力变压器大都是油浸式变压器。油浸式变压器在运行中各部分的温度是不同的。绕组的温度最高，铁芯的温度次之，绝缘油的温度最低。且上层油温高于下层油温，因此运行中的变压器，通常是通过监视变压器上层油温来控制变压器绕组最热点的工作温度，使绕组运行温度不超过其绝缘材料的允许温度值，以保证变压器的绝缘使用寿命。

变压器绝缘材料的耐热温度与绝缘材料等级有关，如 A 级绝缘材料的耐热温度为 105℃，B 级绝缘材料的耐热温度为 130℃，一般油浸式变压器为 A 级绝缘。为使变压器绕组的最高运行温度不超过绝缘材料的耐热温度，规程规定，当环境空气最高温度为40℃时，A级绝缘的变压器上层油温允许值见表2-1。

为了保证变压器不超温运行，变压器装有温度继电器和就地温度计。温度计用于就地监视变压器的上层油温。温度继电器的作用是：当变压器上层油温超出允许值时，发出报警信号；根据上层油温的变化范围，自动地启、停辅助冷却器；当变压器冷却器全停，上层油温超过允许值时，延时将变压器从系统中切除。

表2-1　　油浸式变压器上层油温允许值　　（℃）

冷却方式	冷却介质最高温度	长期运行的上层油温度	最高上层油温度
自然循环冷却、风冷	40（空气）	85	95
强迫油循环风冷	40（空气）	75	85
强迫油循环水冷	30（冷却水）		70

2. 允许温升

变压器上层油温与周围环境温度的差值称温升，其极限值（允许值）称为允许温升。A级绝缘的油浸式变压器，周围环境温度为40℃时，上层油的允许温升值规定如下：

（1）油浸自冷或风冷变压器在额定负荷下，上层油温升不超过55℃。

（2）强迫油循环风冷变压器在额定负荷下，上层油温升不超过45℃。

（3）强迫油循环水冷变压器，冷却介质最高温度为30℃时，在额定负荷下运行，上层油温升不超过40℃。

运行中的变压器，不仅要监视上层油温，而且还要监视上层油的温升。这是因为变压器内部介质的传热能力与周围环境温度的变化不是成正比关系，当周围环境温度下降很多时，变压器外壳的散热能力将大大增加，而变压器内部的散热能力却很难提高。所以当变压器在环境温度很低的情况下带大负荷或超负荷运行时，因外壳散热能力提高，尽管上层油温未超过允许值，但上层油温升可能已超过允许值，这样运行也是不允许的。例如：一台油浸自冷变压器，周围空气温度为20℃，上层油温为75℃，则上层油的温升为75℃－20℃＝55℃，未超过允许值55℃，且上层油温也未超过允许值85℃，这台变压器运行是正常的。如果这台变压器周围空气温度为0℃，上层油温为60℃（未超过允许值85℃），但上层油的温升为60℃＞55℃，故应迅速采取措施，使温升降低到允许值以下。

干式自冷变压器的温升限值按绝缘等级确定，铁芯及结构零件表面温升最大不超过所接触绝缘材料的允许温升（见表2-2）。

表2-2　　干式变压器允许温升

变压器的部位		允许温升（℃）	测量方法
绕组	A级绝缘	60	电阻法
	E级绝缘	75	
	B级绝缘	80	
	F级绝缘	100	
	H级绝缘	125	
铁芯及结构零件表面		最大不超过所接触的绝缘材料的允许温度	温度计法

二、外加电源电压允许变化范围

不论升压变压器还是降压变压器，其外加电源电压应尽量按额定电压运行。

1. 外加电压过高的影响

（1）有功功率降低。如果忽略变压器的内部阻抗压降，可以认为变压器的电源电压即一次电压

$$U_1 = E_1 = 4.44 f N_1 \Phi_m \times 10^{-8}$$

式中　U_1——电源电压；

E_1——变压器一次电压；

f——频率；

N_1——一次侧匝数；

Φ_m——磁通。

f 和 N_1 均为常数，因此当 U_1 升高时，Φ_m 也将随之增加，从而使励磁电流 I_m 也相应地增加。变压器的励磁电流增大后，会使变压器的铁芯损耗增大而过热。变压器的励磁电流是无功电流，因此励磁电流的增加会使无功功率增加。由于变压器的容量 $S=\sqrt{P^2+Q^2}$ 是一定的，当无功功率 Q 增加时，相应的有功功率 P 就会减少。因此电源电压升高以后，变压器允许通过的有功功率将会降低。

（2）缩短使用寿命。电压升至 1.1 倍额定电压时，空载电流和空载损耗会增加很多，使铁芯表面温度显著升高而过热。过高的铁芯温度会使铁芯绝缘加速老化，也使变压器油加速劣化。所以，变压器运行电压过高，将影响变压器使用寿命。

（3）增大谐波分量。此外，变压器的电源电压升高后，磁通增大，会使铁芯饱和，从而使变压器的电压和磁通波形畸变。电压畸变后，电压波形中的高次谐波分量也将随之加大，例如：磁通密度为 1T 时，3 次谐波为基波的 21.4%；磁通密度为 1.4T 时，3 次谐波为基波的 27.5%；磁通密度为 2T 时，3 次谐波为基波的 69.2%。

这样，由于高次谐波使电压畸变而产生尖峰波，对用电设备有很大的破坏性。如引起客户的电流波形畸变，增加电机和线路的附加损耗；可能使系统中产生谐振过电压，从而使电气设备的绝缘遭到破坏；高次谐波会干扰附近的通信线路。

2. 外加电源电压的规定

（1）外加电源电压允许变化范围为额定值的±5%。无载调压变压器在额定电压±5%范围内改变分接头位置时，其额定容量不变；若为－7.5%和＋10%分接头时，额定容量相应降低 2.5%和 5%。有载调压变压器各分接头位置的额定容量应遵照制造厂的规定。

（2）个别情况根据变压器的结构特点，经试验可在 1.1 倍额定电压下长期运行。

三、变压器允许的过负荷

1. 正常周期性负荷

变压器在额定条件下或在周期性负荷下运行，某段时间环境温度较高或超过额定电流，可以由其他时间内环境温度较低或低于额定电流，在热老化方面等效补偿。变压器可以长期在这种负荷方式下正常运行。

2. 长期急救周期性负荷

变压器长时间（几星期或几个月）在环境温度较高，或超过额定电流下运行。变压器

在这种负荷方式下运行将导致变压器的老化加速，虽不直接危及绝缘的安全，但将在不同程度上缩短变压器的寿命，应尽量减少出现这种负荷方式。必须采用时，应尽量缩短超额定电流运行的时间，降低超额定电流的倍数，有条件时（按制造厂规定）投入备用冷却器。当变压器有较严重缺陷或绝缘有缺陷时，不宜超额定电流运行。超额定电流负荷系数 K_2 和时间可按 GB/T 1094.7《电力变压器　第 7 部分：油浸式电力变压器负载导则》确定。在长期急救周期性负荷运行期间，应有负荷电流记录，并计算该运行期间的平均相对老化率。

3. 短期急救负荷

要求变压器短时间大幅度超额定电流运行。这种负荷方式可能导致绕组热点温度达到危险程度。出现这种情况时，应投入包括备用在内的全部冷油器（制造厂另有规定的除外），并尽量压缩负荷、减少时间，一般不超过 0.5h。0.5h 短期急救负荷允许的负荷系数 K_2 见表 2-3。表中 K_1＝起始负荷值/额定容量，K_2＝过负荷值/额定容量。当变压器有严重缺陷或绝缘有缺陷时，不宜超额定电流运行。在短期急救负荷运行期间，应有详细的负荷电流记录，并计算该运行期间的相对老化率。

表 2-3　　0.5h 短期急救负载的负载系数 K_2

变压器类型	短期急救负载出现前的负载系数 K_1	不同环境温度下的 K_2							
		40℃	30℃	20℃	10℃	0℃	−10℃	−20℃	−25℃
配电变压器（冷却方式 ONAN）	0.7	1.95	2.00	2.00	2.00	2.00	2.00	2.00	2.00
	0.8	1.90	2.00	2.00	2.00	2.00	2.00	2.00	2.00
	0.9	1.84	1.95	2.00	2.00	2.00	2.00	2.00	2.00
	1.0	1.75	1.86	2.00	2.00	2.00	2.00	2.00	2.00
	1.1	1.65	1.80	1.90	2.00	2.00	2.00	2.00	2.00
	1.2	1.55	1.68	1.84	1.95	2.00	2.00	2.00	2.00
中型变压器（冷却方式 ONAN 或 ONAF）	0.7	1.80	1.80	1.80	1.80	1.80	1.80	1.80	1.80
	0.8	1.76	1.80	1.80	1.80	1.80	1.80	1.80	1.80
	0.9	1.72	1.80	1.80	1.80	1.80	1.80	1.80	1.80
	1.0	1.64	1.75	1.80	1.80	1.80	1.80	1.80	1.80
	1.1	1.54	1.66	1.78	1.80	1.80	1.80	1.80	1.80
	1.2	1.42	1.56	1.70	1.80	1.80	1.80	1.80	1.80
中型变压器（冷却方式 OFAF 或 OFWF）	0.7	1.50	1.62	1.70	1.78	1.80	1.80	1.80	1.80
	0.8	1.50	1.58	1.68	1.72	1.80	1.80	1.80	1.80
	0.9	1.48	1.55	1.62	1.70	1.80	1.80	1.80	1.80
	1.0	1.42	1.50	1.60	1.68	1.78	1.80	1.80	1.80
	1.1	1.38	1.48	1.58	1.66	1.72	1.80	1.80	1.80
	1.2	1.34	1.44	1.50	1.62	1.70	1.76	1.80	1.80
中型变压器（冷却方式 ODAF 或 ODWF）	0.7	1.45	1.50	1.58	1.62	1.68	1.72	1.80	1.80
	0.8	1.42	1.48	1.55	1.60	1.66	1.70	1.78	1.80
	0.9	1.38	1.45	1.50	1.58	1.64	1.68	1.70	1.70
	1.0	1.34	1.42	1.48	1.54	1.60	1.65	1.70	1.70
	1.1	1.30	1.38	1.42	1.50	1.56	1.62	1.65	1.70
	1.2	1.26	1.32	1.38	1.45	1.50	1.58	1.60	1.70

续表

变压器类型	短期急救负载出现前的负载系数 K_1	不同环境温度下的 K_2							
		40℃	30℃	20℃	10℃	0℃	−10℃	−20℃	−25℃
大型变压器（冷却方式 OFAF 或 OFWF）	0.7	1.50	1.50	1.50	1.50	1.50	1.50	1.50	1.50
	0.8	1.50	1.50	1.50	1.50	1.50	1.50	1.50	1.50
	0.9	1.48	1.50	1.50	1.50	1.50	1.50	1.50	1.50
	1.0	1.42	1.50	1.50	1.50	1.50	1.50	1.50	1.50
	1.1	1.38	1.48	1.50	1.50	1.50	1.50	1.50	1.50
	1.2	1.34	1.44	1.50	1.50	1.50	1.50	1.50	1.50
大型变压器（冷却方式 ODAF 或 ODWF）	0.7	1.45	1.50	1.50	1.50	1.50	1.50	1.50	1.50
	0.8	1.42	1.48	1.50	1.50	1.50	1.50	1.50	1.50
	0.9	1.38	1.45	1.50	1.50	1.50	1.50	1.50	1.50
	1.0	1.34	1.42	1.48	1.50	1.50	1.50	1.50	1.50
	1.1	1.30	1.38	1.42	1.50	1.50	1.50	1.50	1.50
	1.2	1.26	1.32	1.38	1.45	1.50	1.50	1.50	1.50

注 ONAN—油浸自冷；ONAF—油浸风冷；OFAF—强迫油循环风冷；OFWF—强迫油循环水冷；ODAF—强迫油导向循环风冷；ODWF—强迫油导向循环水冷。

四、冷却装置的运行

变压器在运行中，绕组通过电流产生铁芯损耗和各种电阻损耗，将导致变压器发热，使绝缘劣化，影响变压器的安全出力和寿命。所以，提高变压器的散热能力已成为提高变压器容量的一个重要措施。

1. 电力变压器常用冷却方式

目前，电力变压器常用的冷却方式一般分为六种：①油浸自冷式；②油浸风冷式；③强迫油循环式（含强油风冷式和强油水冷式）；④强迫油导向循环式（含强迫油导向循环风冷式和强迫油导向循环水冷式）；⑤风冷式；⑥水内冷式。

油浸自冷式是以油的自然对流作用将热量带到油箱壁，然后依靠空气的对流传导将热量散发。它没有特别的冷却设备，而油浸风冷式是在油浸自冷式的基础上，在油箱壁或散热管上加装风扇，利用吹风机帮助冷却。加装风冷后，可使变压器的容量增加 30%～35%。强迫油循环冷却方式，又分为强油风冷和强油水冷两种冷却方式。它是利用油泵将变压器中的油打入油冷却器后，再流回油箱，油冷却器做成容易散热的特殊形式（如螺旋管式），利用风扇吹风或循环水作冷却介质，把热量带走。强迫油导向循环冷却方式，就是变压器内部的油流沿着专门装设的冷却油道定向流动循环，因而具有更好的冷却效果。强迫油循环冷却方式，若把油的循环速度提高 3 倍，则变压器的容量可增加 30%。水内冷变压器的绕组是用空心铜线或铝线绕制成的，变压器运行时，将水打入绕组的空心导线中，借助水的循环，将变压器中产生的热量带走。风机冷却一般用于室内干式电力变压器。

2. 变压器冷却装置的安装要求

（1）强油循环的冷却系统必须有两个独立的工作电源并能自动切换，当工作电源发生故障时，应自动投入备用电源并发出音响及灯光信号。

（2）当切除故障冷却器时，强油循环变压器应发出音响及灯光信号，并自动（水冷的可手动）投入备用冷却器。

（3）风扇、水泵及油泵的附属电动机应有过负荷、短路及断相保护和监视油泵电机旋转方向的装置。

（4）水冷却器的油泵应装在冷却器的进油侧，并保证在任何情况下冷却器中的油压大于水压约0.05MPa，以防止万一发生泄漏时，水进入变压器内导致绝缘损坏。冷却器出水侧应有放水旋塞。

（5）强油循环水冷却的变压器，各冷却器的潜油泵出口应装逆止阀，并能按温度和（或）负载控制冷却器的投切。

3. 强迫冷却变压器的运行条件

根据DL/T 572《电力变压器运行规程》，对强迫冷却变压器的运行条件有如下规定：

（1）强油循环冷却变压器运行时，必须投入冷却器。按温度和（或）负荷投切冷却器的自动装置应保持正常。

（2）油浸（自然循环）风冷和干式风冷变压器的风扇停止工作时，允许的负荷和运行时间应符合制造厂的规定。对于油浸风冷变压器，当冷却系统故障，顶层油温不超过65℃时，允许带额定负荷运行。

（3）当冷却系统故障切除全部冷却器时，强油循环风冷和强油循环水冷变压器允许带额定负荷运行20min。如20min后顶层油温尚未达75℃，则允许上升到75℃，但在这种状态下运行的时间不得超过1h。

第五节 变压器的运行操作

一、新变压器投入运行

1. 新变压器投入运行前的检查验收工作[1]及验收项目

（1）变压器本体无缺陷，无渗漏油和油漆脱落等现象。

（2）变压器绝缘试验合格，试验项目无遗漏。

（3）各部分油位正常，各阀门的开闭位置应正确。油的简化试验和绝缘强度试验应合格。

（4）变压器外壳应有良好的接地装置，接地电阻应合格。

（5）各侧分接开关位置应符合电网运行要求，有载调压装置和电动、手动操作均应正常，指示（包括控制盘上的指示）和实际位置应相符。

（6）基础牢固稳定，轱辘应有可靠的止动装置。

（7）保护测量信号及控制回路的接线正确，各种保护均应进行实际传动试验，动作应正确，定值应符合电网运行要求，保护连接片应在投入运行位置。

（8）冷却风扇通电试运行良好，风扇自启动装置定值应正确，并进行实际传动。

（9）呼吸器应装有合格的干燥剂，且无堵塞现象。

（10）主变压器引线对地和线间距离应合格，各部导线接头应紧固良好，并贴有试温蜡片。

---

[1] 主变压器新投入或大修后投入运行前也应进行的验收工作。

（11）变压器的防雷保护应符合 DL/T 620《交流电气装置的过电压保护和绝缘配合》要求。

（12）防爆管内部无存油，玻璃应完整，其呼吸小孔螺线位置应正确。

（13）变压器的坡度应合格。

（14）检查变压器的相位和接线组别，应能满足电网运行要求，变压器的二、三次侧可能和其他电源并列运行时，应进行核相工作，相色漆应标示正确、明显。

（15）温度表及测温回路完整良好。

（16）套管油封的放油小阀门和气体继电器放气阀门应无堵塞现象。

（17）变压器上应无遗留物，邻近的临时设施应拆除，永久设施应布置完毕并清扫现场。

2. 新变压器的冲击试验

（1）变压器正式投入运行前应做冲击试验的原因如下：

1）拉开空载变压器时，有可能产生操作过电压。在电力系统中性点不接地或经消弧线圈接地时，其过电压幅值可达4～4.5倍相电压；在中性点直接接地时，其过电压幅值可达3倍相电压。为了检查变压器绝缘强度能否承受全电压或操作过电压，需做冲击试验。

2）带电投入空载变压器时，会产生励磁涌流，其值可达6～8倍额定电流。励磁涌流开始衰减较快，一般经0.5～1s后即减到0.25～0.5倍额定电流值，但全部衰减时间较长，大容量的变压器可达几十秒。由于励磁涌流产生很大的电动力，为了考核变压器的机械强度，同时考核励磁涌流衰减初期是否造成继电保护误动，需做冲击试验。

（2）冲击试验次数：新产品投入，5次；大修后投入，3次。

每次冲击试验后，要检查变压器有无异声异状。

3. 新变压器的定相试验

详见第十一章第六节有关内容。

二、变压器的并列运行

1. 变压器并列运行条件

变压器并列运行的理想状况：变压器已经并列运行而未带负荷时，各变压器仍与单独空载运行时一样，只有空载电流，各变压器之间没有环流存在；当带上负荷以后，各变压器能够按其容量的大小成正比例地分配负荷，即大容量的变压器多分担负荷，小容量的变压器少分担负荷，使每台变压器的容量都得到充分利用。

为了达到以上要求，并列运行的变压器必须满足下述条件：

（1）变比差值不得超过±0.5%。

（2）短路电压值相差不得超过±10%。

（3）接线组别相同。

（4）两台变压器的容量比不宜超过3∶1。

2. 不满足并列运行条件时的并列运行

如果变压器不满足并列运行的条件而并列运行，将产生环流甚至短路。因此，对不满足条件的变压器并列运行，要经过严格的分析计算和论证。下面分别阐述变压器不满足并列运行条件而并列运行的情况。

（1）电压比不等，其他条件满足。

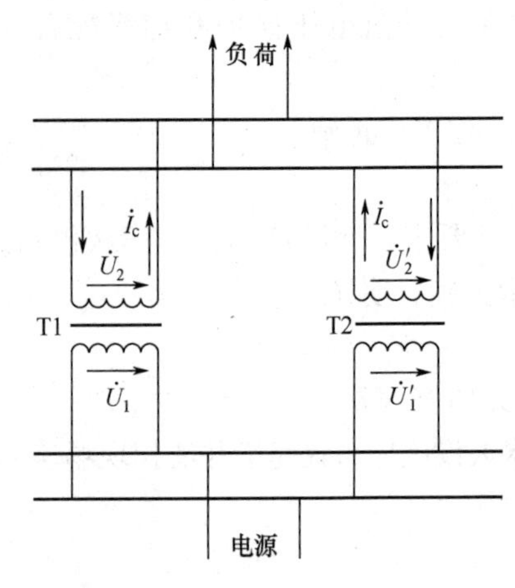

图 2-16　变比不等的变压器的并列运行

为了分析方便，我们用单相变压器来分析，其结果也可以推广到三相变压器。图 2-16 为两台变比不等的变压器并列运行情况。

当变压器 T1 的变比 K_1 和 T2 的变比 K_2 不相等时，在相同的电压 $\dot{U}_1$ 的作用下，二次空载电压 $\dot{U}_2$ 和 $\dot{U}'_2$ 不相等。设 $K_1<K_2$，则出现电压差$\Delta\dot{U}=\dot{U}_2-\dot{U}'_2$，其并联绕组内将产生环流 $\dot{I}_c$

$$\dot{I}_c=\frac{\Delta\dot{U}}{Z_{T1}+Z_{T2}}=\frac{\dot{U}_2-\dot{U}'_2}{Z_{T1}+Z_{T2}}$$

式中　Z_{T1}、Z_{T2}——T1 和 T2 的短路阻抗，Ω。

由于变压器的短路阻抗较小，即使 $\Delta\dot{U}$ 不大，也会在二次绕组回路中产生较大的循环电流。这个循环电流不仅占据变压器容量，增加变压器的损耗，使变压器所能输出的容量减小，而且当变比相差很大时，循环电流可能破坏变压器的正常工作。所以，变压器并联运行时，变比差值不得超过±0.5%。

当变压器带上负荷后，T1 和 T2 二次绕组的电流分别为

$$\dot{I}_{2T1}=\dot{I}_{T1}+\dot{I}_c$$

$$\dot{I}_{2T2}=\dot{I}_{T2}-\dot{I}_c$$

可见，当变比不等时，将使变比小的变压器（即二次侧开路电压高的变压器）负荷电流增大。

（2）短路电压不等，其他条件满足。变压器并列运行时，要求短路电压相等，且其电阻分量压降和电抗分量压降也分别相同。

1）短路电压数值相等，而阻抗角不相等时对并列运行的影响。图 2-17 为两台并列运行变压器的简化相量图。因变压器的一次侧和二次侧分别接在一起，所以它们有共同的一次电压 $\dot{U}_1$ 和二次电压 $\dot{U}_2$，又由于阻抗角 φ_{T1}不等于 φ_{T2}，故两台变压器的电流 $\dot{I}_{T1}$和 $\dot{I}_{T2}$之间必然有相位差 $\varphi_i=\varphi_{T1}-\varphi_{T2}$。显然，供给负荷的电流 $\dot{I}=\dot{I}_{T1}+\dot{I}_{T2}$ 必小于 $\dot{I}_{T1}$和 $\dot{I}_{T2}$绝对值之和。这样，两台变压器能供给负荷的功率也必将小于两台变压器的总容量。一般说来，变压器的容量相差越大，φ_i 也越大，上述情况就越严重。所以并列运行的变压器容量比一般不应超过 3∶1。

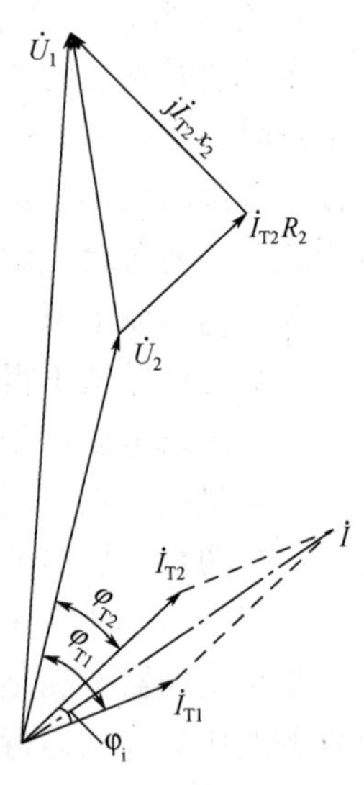

图 2-17　两台并列运行变压器的简化相量图

2）变压器阻抗角相等，而短路电压数值不等时对并列运行的影响。两台变压器并列运行时，不管它们的阻抗如何，其电压降落总是相等的，即 $I_1Z_{T1}=I_2Z_{T2}$或 $I_1/I_2=Z_{T2}/Z_{T1}$。上式说明并列运行的各台变压器的负荷电流与其短路阻抗成反比。如果有 n 台变压器并

列运行，则第 m 台变压器的负荷为

$$S_m = \frac{\sum_{i=1}^{n} S_i}{\sum_{i=1}^{n} \frac{S_{Ni}}{U_{ki}(\%)}} \times \frac{S_{Nm}}{U_{km}(\%)} \tag{2-1}$$

式中　S_i——第 i 台变压器运行分担的实际负荷，kVA；

S_{Ni}——第 i 台变压器的额定容量，kVA；

$U_{ki}(\%)$——第 i 台变压器短路电压百分值；

S_{Nm}——第 m 台变压器的额定容量，kVA；

$U_{km}(\%)$——第 m 台变压器短路电压百分值；

$\sum_{i=1}^{n} S_i$——n 台并列运行变压器的总负荷，kVA；

$\sum_{i=1}^{n} \frac{S_{Ni}}{U_{ki}(\%)}$——每台变压器的额定容量除以短路电压百分值之和。

并列运行变压器间的负荷分配受短路电压的影响很大。有时可能出现短路电压小的变压器已经满负荷，甚至过负荷，而短路电压大的变压器仍处于欠负荷状态，以致变压器的容量不能合理利用。因此，要求并列运行变压器的短路电压相等，从而使各变压器能按其容量的大小成比例地分配负荷。

此外，从式（2-1）推知：

a. 若 n 台并列运行变压器的短路电压相等，即

$$U_{k1}(\%) = U_{k2}(\%) = \cdots = U_{kn}(\%)$$

那么，第 m 台变压器的负荷为

$$S_m = \frac{\sum_{i=1}^{n} S_i}{\sum_{i=1}^{n} S_{Ni}} \times S_{Nm}$$

即各变压器按其容量的大小成比例地分配负荷。

b. 若不同容量（短路电压不等）的变压器并列运行时，为了使各变压器的容量得到充分利用，大容量变压器的短路电压应小于小容量变压器的短路电压。

下面举例说明短路电压不同的变压器并列运行时的负荷分配情况。

例 2-1　3 台具有相同变比和联结组别、而短路电压不同的三相双绕组变压器，其额定容量和短路电压分别为：1 号变压器 1000kVA，6.25%；2 号变压器 1800kVA，6.6%；3 号变压器 3200kVA，7%。将它们并列运行后带负荷 5500kVA。试分析计算各变压器负荷分配情况。

解　设 S_1、S_2、S_3 分别为 1、2、3 号变压器分担的负荷，则

$$S_1 = \frac{\sum_{i=1}^{3} S_i}{\sum_{i=1}^{3} \frac{S_{Ni}}{U_{ki}(\%)}} \times \frac{S_{N1}}{U_{k1}(\%)} = \frac{5500}{\frac{1000}{0.0625} + \frac{1800}{0.066} + \frac{3200}{0.07}} \times \frac{1000}{0.0625}$$

$$= 0.0618 \times \frac{1000}{0.0625} = 989(\text{kVA})$$

$$S_2=\frac{\sum_{i=1}^{3}S_i}{\sum_{i=1}^{3}\frac{S_{Ni}}{U_{ki}(\%)}}\times\frac{S_{N2}}{U_{k2}(\%)}=0.0618\times\frac{1800}{0.066}=1685(\text{kVA})$$

$$S_3=0.0618\times\frac{3200}{0.07}=2825(\text{kVA})$$

如设 S_{10}、S_{20}、S_{30} 分别为 1 号、2 号、3 号变压器负荷占各自额定容量的百分数，则

$$S_{10}=\frac{S_1}{S_{N1}}\times100\%=\frac{\sum_{i=1}^{3}S_i}{\sum_{i=1}^{3}\frac{S_{Ni}}{U_{ki}(\%)}}\times\frac{1}{U_{k1}(\%)}\times100\%=0.0618\times\frac{1}{0.0625}\times100\%=98.9\%$$

或

$$S_{10}=\frac{989}{1000}\times100\%=98.9\%$$

$$S_{20}=0.0618\times\frac{1}{0.066}\times100\%=93.6\%$$

$$S_{30}=0.0618\times\frac{1}{0.07}\times100\%=88.3\%$$

当具有最小短路电压的变压器（1 号变压器）达到满负荷时，3 台变压器最大可共同担负的负荷为

$$S_{max}=\frac{\sum_{i=1}^{3}S_i}{S_{10}}=\frac{5500}{0.989}=5561(\text{kVA})$$

则变压器总的设备利用率为

$$\rho=\frac{S_{max}}{\sum_{i=1}^{3}S_{Ni}}\times100\%=\frac{5561}{1000+1800+3200}\times100\%=92.7\%$$

（3）接线组别不同，其他条件满足。

1）变压器的接线组别。对电力变压器来说，三相绕组的连接方式有两种基本形式，即 Y 连接和△连接。三相绕组的连接方法、绕组的绕向和绕组端头标志这三个因素会影响三相变压器一、二次线电压的相位关系。一般用时钟法来表示变压器一、二次线电压的相位关系。变压器一、二次绕组的连接方式连同一、二次线电压的相位关系总称为变压器的接线组别。

a. 变压器的同名端及绕组端头的标法。在变压器的一、二次绕组中，感应电动势有极性关系问题。任一瞬间，在同一主磁通作用下，一、二次绕组中感应的电动势都有瞬时极性。极性相同的端点，就是同极性端，也称同名端。极性与绕组的绕向有关，已制好的变压器相对极性已确定，同名端也就确定了。

为了分析和使用方便起见，电力变压器绕组的首尾都有标号，标法见表 2-4。

表 2-4　　变压器绕组的首、尾标号

绕组标号	单相变压器		三相变压器		
	首端	尾端	首端	尾端	中性点
高压绕组	A	X	A B C	X Y Z	O
低压绕组	a	x	a b c	x y z	o
中压绕组	A_m	X_m	A_m B_m C_m	X_m Y_m Z_m	O_m

b. 单相变压器的接线组别。单相变压器一、二次电压间的相位关系决定于两个因素：端头标号（假定正方向）和相对极性。当同极性端标以相同字母标号时，则两侧电压方向相同；当同极性端标以不同字母标号时，则两侧电压方向相反。

将时钟表示法用于单相变压器时，把高压侧电压相量当作分针指向“0”上，把低压侧电压相量当作时针，则单相变压器的接线组别仅有Ⅰ/Ⅰ-0 型（一、二次侧电压相位相同）和Ⅰ/Ⅰ-6 型（一、二次侧电压相位相反）两种。

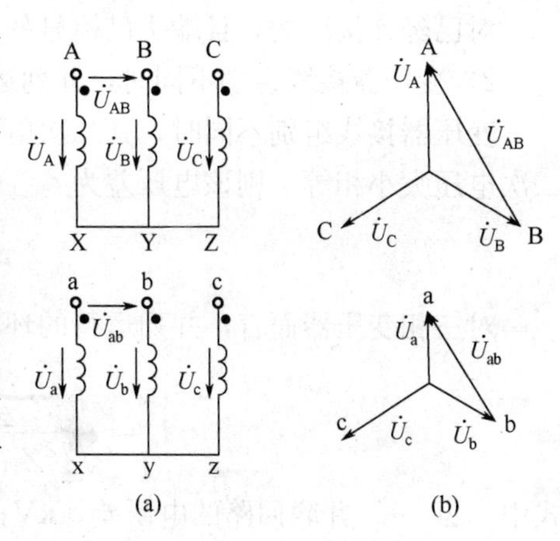

图 2-18　Yy0 连接组

（a）接线图；（b）相量图

c. 三相变压器的接线组别。对三相变压器来说，影响组别的除了极性标法以外，还有连接方式。图 2-18（a）和（b）分别为 Yy 连接的三相变压器绕组的接线图和一、二次电压的相量图。从相量图中可以看出，如果以一次线电压为分针指向“0”，则二次同名线电压为时针也指向“0”，故该变压器的接线组别为 Yy0。

如将图 2-18（a）中的高低压绕组的不同极性端作首端，则高低压侧相电压反相，从而将得到变压器的接线组别为 Yy6。

如果变压器仍按图 2-18（a）所示接线不变，仅将低压侧的标号进行改变，如图 2-19（a）所示，由此图可以画出一、二次电压的相量图如图 2-19（b）所示。按时钟表示法，可知该变压器的接线组别为 Yy4。用类似的方法，还可以得到 Yy8 接线组别；如用反向标法又可以得到 Yy10 和 Yy2 接线组别。总之用 Yy 或 Dd 的连接方式，只能得到偶数接线组别。

图 2-20（a）为 Yd 连接的接线图，标号和同名端示于图中。由此可以画出一、二次电压的相量图，如图 2-20（b）所示。按时钟表示法，可知该变压器的接线组别为 Yd11。如改变相号标志，还可得到 Yd3 和 Yd7 接线组别；如果取非同名端为首端，则分别可得到 Yd5 和 Yd9 接线组别。总之用 Yd 或 Dy 的连接方式，只能得到奇数的接线组别。

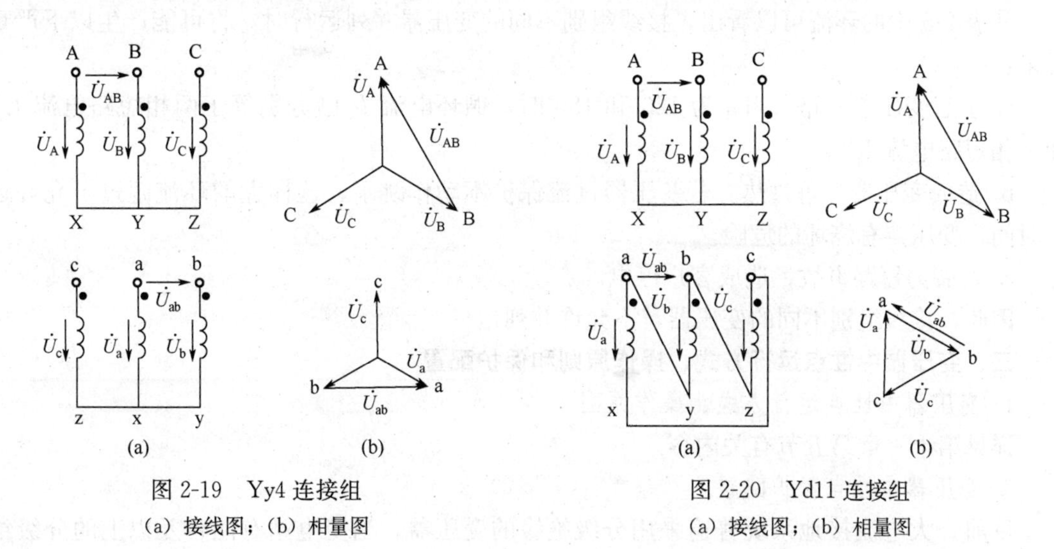

图 2-19　Yy4 连接组

（a）接线图；（b）相量图

图 2-20　Yd11 连接组

（a）接线图；（b）相量图

对已经连接好的，且端头已标号的变压器，用试验方法可以测定或校验其接线组别。

2）变压器接线组别不同时，并列运行后果分析。

变压器接线组别不同时，其二次电压必然存在相角差，同时并联回路出现电压差。如果二次电压大小相等，则该电压差为

$$\Delta U = 2U\sin\frac{\alpha}{2}$$

对三相变压器而言，并列运行的环流为

$$I_c = \frac{\Delta U}{\sqrt{3}(Z_{T1} + Z_{T2})} = \frac{2U\sin\frac{\alpha}{2}}{\sqrt{3}(Z_{T1} + Z_{T2})}$$

式中 ΔU——并联回路的电压差，kV；

U——变压器二次侧额定电压，kV；

α——变压器二次侧同名线电压之间的相角差，°；

Z_{T1}、Z_{T2}——并列运行两台变压器的短路阻抗，Ω。

接线组别不同的变压器并列运行，相角差至少相差 30°，最严重时相差 180°。如，Yy0 和 Yd11 的变压器并列运行，其相角差为 30°，电压差高达额定电压的 51.7%，即 $\Delta U = 2U\sin\frac{30^\circ}{2} = 0.517U$。而 Yy0 和 Yy6 的变压器并列运行，其相角差为 180°，电压差高达额定电压的 2 倍，即 $\Delta U = 2U\sin\frac{180^\circ}{2} = 2U$。

如果并联变压器的容量相同，阻抗相等，U 及 ΔU 取标幺值，I_c 也可以用变压器出口三相短路电流 $I_k^{(3)}$ 的倍数来表示，I_c 与 α 的关系如表 2-5 所示。

表 2-5　I_c 与 α 的关系

α（°）	30	60	120	180
$\Delta U/U$	0.517	1	$\sqrt{3}$	2
I_c	$\frac{1}{4}I_k^{(3)}$	$\frac{1}{2}I_k^{(3)}$	$\frac{\sqrt{3}}{2}I_k^{(3)}$	$I_k^{(3)}$

从表 2-5 中的环流可以看出，接线组别不同的变压器并列运行时，将可能产生以下严重后果：

a. 引起变压器短路。当 α 为 120°和 180°时，循环电流 I_c 已分别等于两相短路电流 $I_k^{(2)}$ 和三相短路电流 $I_k^{(3)}$。

b. 造成变压器严重过热。若变压器过流保护不动作跳闸，这样大的环流超过了允许运行时间，变压器有烧坏的危险。

c. 发展为短路事故，造成客户停电。

因此，接线组别不同的变压器，不允许并列运行。

三、变压器中性点运行方式、操作原则和保护配置

1. 变压器中性点运行方式、操作原则

详见第十一章第五节有关内容。

2. 变压器中性点保护配置

目前，大电流接地系统普遍采用分级绝缘的变压器，当变电站有两台及以上的分级绝

缘的变压器并列运行时，通常只考虑一部分变压器中性点接地，而另一部分变压器的中性点则经间隙接地运行，以防止故障过程中所产生的过电压破坏变压器的绝缘。为保证接地点数目的稳定，当接地变压器退出运行时，应将经间隙接地的变压器转为接地运行。由此可见并列运行的分级绝缘的变压器同时存在接地和经间隙接地两种运行方式。为此应配置中性点直接接地零序电流保护和中性点间隙接地保护。这两种保护的原理接线图如图 2-21所示。

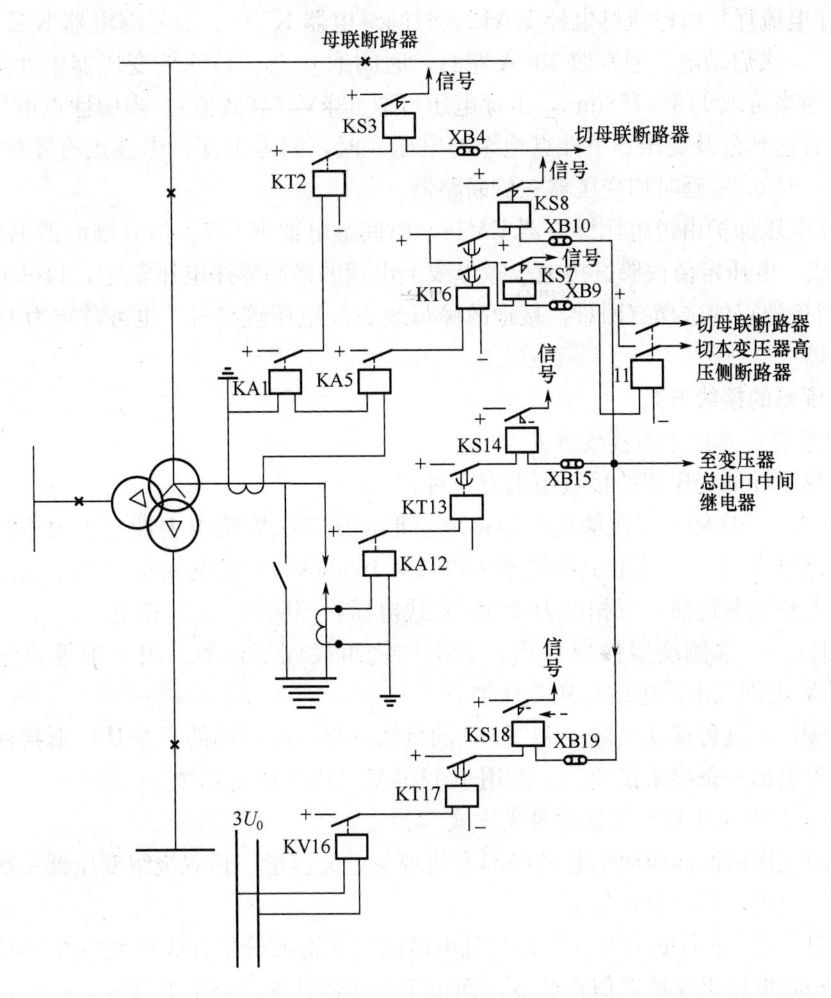

图 2-21　变压器中性点直接接地零序电流保护和中性点间隙接地保护的原理接线图

（1）中性点直接接地零序电流保护。中性点直接接地零序电流保护一般分为两段，如图 2-21 所示。第一段由电流继电器 KA1、时间继电器 KT2、信号继电器 KS3 及连接片 XB4 组成，其定值与出线的接地保护第一段相配合，0.5s 切母联断路器。第二段由电流继电器 KA5、时间继电器 KT6、信号继电器 KS7 和 KS8、连接片 XB9 和 XB10 等元件组成，定值与出线接地保护的最后一段相配合，以短延时切除母联断路器及主变压器高压侧断路器，长延时切除主变压器三侧断路器。

（2）中性点间隙接地保护。当变电站的母线或线路发生接地短路，若故障元件的保护拒动，则中性点接地变压器的零序电流保护动作将母联断路器断开。如故障点在中性点经间隙接地的变压器所在的系统中，此局部系统变成中性点不接地系统，此时中性点的电位将升至相电压，分级绝缘变压器的绝缘会遭到破坏。中性点间隙接地保护的任务就是在中性点电压升高至危及中性点绝缘之前，可靠地将变压器切除，以保证变压器的绝缘不受破坏。间隙接地保护包括零序电流保护和零序过电压保护，两种保护互为备用。

1）零序电流保护由电流继电器 KA12、时间继电器 KT13、信号继电器 KS14 和连接片 XB15 组成。一次启动电流通常取 100A 左右，时间取 0.5s。110kV 变压器中性点放电间隙长度根据其绝缘可取 115～158mm，击穿电压可取 63kV（有效值）。当中性点电压超过击穿电压（还没有达到危及变压器中性点绝缘的电压）时，间隙击穿，中性点有零序电流通过，保护启动后，经 0.5s 延时切变压器三侧断路器。

2）零序电压保护由过电压继电器 KV16、时间继电器 KT17、信号继电器 KS18 及连接片 XB19 组成。电压定值按躲过接地故障母线上出现的最高零序电压整定，110kV 系统一般取 150V。当接地点的选择有困难，接地故障母线 $3U_0$ 电压较高时，也可整定为 180V，动作时间取 0.5s。

四、变压器的接线方式

1. 双绕组变压器的常用接线方式

目前，我国标准变压器的接线组别有三种：

（1）Yyn0。一次侧、二次侧绕组均接成星形，从二次侧绕组中性点引出中性线，成为三相四线制供电方式。一般用于容量不大的（≤1600kVA）配电变压器和变电站内小变压器，供给动力和照明负荷。三相动力接 380V 线电压，照明接 220V 相电压。

（2）Yd11。一次侧绕组接成星形，二次侧绕组接成三角形。用于中等容量、电压为 10kV 或 35kV 电网及电厂中的厂用变压器。

（3）YNd11。这种接法实际上和 Yd11 的接法一样，所不同的只是从星形接法的一次侧绕组中性点再引出一条线来接地。一般用于 110kV 及以上电力系统。

2. 大容量三相双绕组变压器的接线方式

为避免因三次谐波涡流而引起的局部发热现象，大容量三相双绕组变压器一次或二次总有一侧接成三角形，具体分析如下：

（1）绕组接成 Yy 时的情况。各相励磁电流的三次谐波分量在无中线的星形接法中无法通过，此时励磁电流仍保持近似正弦波，而由于变压器铁芯磁路的非线性，主磁通将出现三次谐波分量。由于各相三次谐波磁通大小相等，相位相同，因此不能通过铁芯闭合，只能借助于油、油箱壁、铁轭等形成回路，结果在这些部件中产生涡流，引起局部发热，并且降低变压器的效率。所以容量大和电压较高的三相变压器不宜采用 Yy 接法。

（2）绕组接成 Dy 时的情况。一次侧励磁电流的三次谐波分量可以通过，于是主磁通可保持为正弦波而没有三次谐波分量。

（3）绕组接成 Yd 时的情况。一次侧励磁电流中的三次谐波虽然不能通过，在主磁通中产生三次谐波分量，但因二次侧为△接法，三次谐波电动势将在其中产生三次谐波环流，一次侧没有相应的三次谐波电流与之平衡，故此环流就成为励磁性质的电流。此时变压器的主磁通将由一次侧正弦波的励磁电流和二次侧的环流共同励磁，其效果与 Dy 接法时完全一样，因此主磁通也为正弦波，而没有三次谐波分量。

3. 三绕组变压器的接线方式

三绕组变压器的接线方式大多是 YNynd11，也有为了补偿系统的三次谐波，把三绕组变压器做成 YNynyn 接线的，但容量上有一定限制。单相三绕组变压器的接线组别为Ii0i0。

五、变压器送电前绝缘电阻的测量

任何变压器送电前必须测量其绝缘电阻。对发电机-变压器组单元接线的主变压器，若其间无隔离开关，可与发电机绝缘一并测量。测量前，为避免高压侧感应电动势的影响，应先将变压器高压侧接地。测量结果不符合要求时，可将主变压器与发电机分开，分别测量，直至查出原因并恢复正常后方可投入运行。发电机与主变压器之间装有隔离开关时，可单独测量。

油浸式电力变压器绕组的绝缘电阻允许值见表 2-6。同一变压器绕组的绝缘电阻，换算至同一温度下，不得比上次测量结果降低 40%以上，在 10～30℃条件下，所测得的吸收比（R_{60}/R_{15}）应不小于 1.3。绝缘电阻可按以下公式进行换算

测量时温度比前次高

$$R_{t_1}=R_{t_2}K$$

测量时温度比前次低

$$R_{t_1}=R_{t_2}/K$$

式中　R_{t_1}——换算至前次温度下的此次绝缘电阻值，MΩ；

R_{t_2}——此次测量温度下的实测绝缘电阻值，MΩ；

t_1——前次测量时的温度，℃；

t_2——此次测量时的温度，℃；

K——油浸式变压器绝缘电阻的温度换算系数，按两次测量温度差绝对值取值（见表 2-7）。

干式变压器绝缘电阻的测量，可参照上述规定执行。强迫油循环风冷和油浸风冷变压器大、小修后投入运行前，应测量潜油泵和风扇电机的绝缘电阻，使用 500V 绝缘电阻表测得的绝缘电阻值应不低于 0.5MΩ。

表 2-6　油浸式电力变压器绕组绝缘电阻允许值

绝缘电阻（MΩ） 绕组温度（℃） 高压绕组电压等级（kV）	10	20	30	40	50	60	70	80
3～10	450	300	200	130	90	60	40	25
20～35	600	400	270	180	120	80	50	35
60～220	1200	800	540	360	240	160	100	70

表 2-7　油浸式电力变压器绝缘电阻温度换算系数

温度差绝对值（℃）	5	10	15	20	25	30	35	40	45	50	55	60
换算系数 K	1.2	1.5	1.8	2.3	2.8	3.4	4.1	5.1	6.2	7.5	9.2	11.2

六、变压器运行操作应注意的其他问题

详见第十一章第五节有关内容。

■第六节　变压器的调压装置

一、变压器的调压方式

变压器的调压方式分为有载调压和无载调压两种。

（1）有载调压。有载调压是变压器在带负荷运行中，可电动或手动变换分接头位置，以改变一次绕组的匝数，进行分级调压。一般利用有载分接开关进行调压，常用的绕组抽分接头的方式均包括线性调压抽分接头、反调压抽分接头和粗细调压抽分接头三种，其示意图见图 2-22。

（2）无载调压。无载调压又称无励磁调压，是在变压器停电的情况下，借改变其分接头来改变绕组的匝数进行分级调压。无载调压常用的绕组抽分接头的方式有四种，即中性点调压抽分接头方式、中性点“反接”调压抽分接头方式、中部调压抽分接头方式和中部并联调压抽分接头方式，其示意图见图 2-23。中性点调压抽分接头方式用于小型变压器。大型变压器一般采用中部调压和中部并联调压抽分接头方式，并均采用单相中部调压无励磁分接开关。

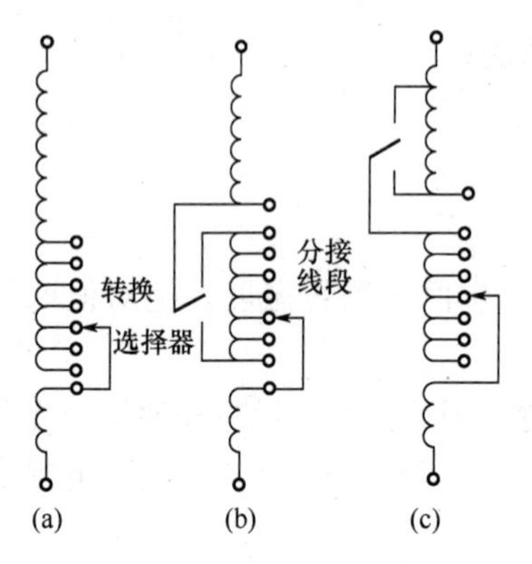

图 2-22　有载调压时绕组抽分接头方式示意图
（a）线性调压抽分接头方式；
（b）反调压抽分接头方式；
（c）粗细调压抽分接头方式

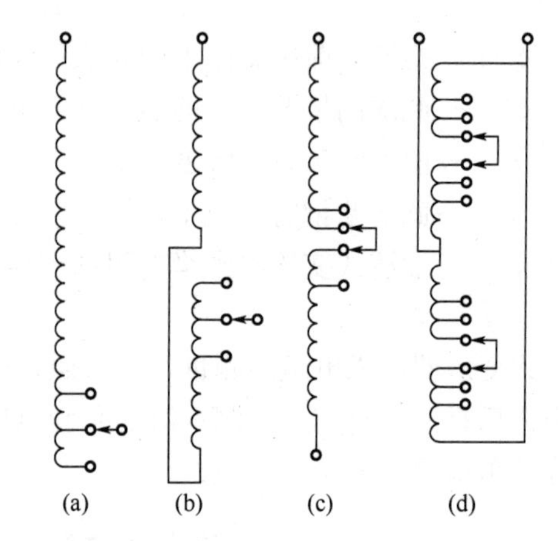

图 2-23　无载调压时绕组抽分接头方式
（a）中性点调压抽头方式；（b）中性点“反接”调压抽头方式；（c）中部调压抽头方式；（d）中部并联调压抽头方式

这两种调压方式均可在绕组的中性点、中部和线端改变分接头进行调压。下面主要介绍变压器的有载调压装置。

二、变压器的有载调压装置

有载调压变压器一般有 7 个、9 个或 19 个分接头位置，有载调压分接开关在变换分接头过程中，必须利用电阻实现过渡，以限制其过渡时的环流，因此通常采用电阻式组合型有载分接开关。

1. 有载分接开关工作原理及切换过程

有载分接开关的电路可分为调压电路、选择电路和过渡电路三个部分。调压电路与无励

磁分接开关一样，是变压器绕组调压时所形成的电路。选择电路是选择绕组分接设计的一套电路，所对应的机构为分接选择器和转换选择器等。过渡电路是短路分接串接阻抗的电路，对应的机构为切换开关（包括快速机构）。此外，开关的操作是电动（辅以手动）的，所以还有电动机构。

有载分接开关结构上有独立的切换开关与选择器组合，其电路结构如图 2-24 所示。图中，调压电路各分接头 1～9 通过分接引线与选择电路的对应定触头 1～9相连接。

选择电路要在不带负荷的情况下选择分接头，因此触头分为两组，双数组动触头 S2 工作时，单数组动触头 S1 可在不带负荷的情况下选择一个分接头。反之，单数组动触头工作时，双数组动触头可在不带负荷的情况下选择一个分接头，因而选择电路中触头无烧蚀。在实际制造过程中，选择器与切换开关采用滑动密封隔离，选择器安装在切换器下部，且与变压器同油室。

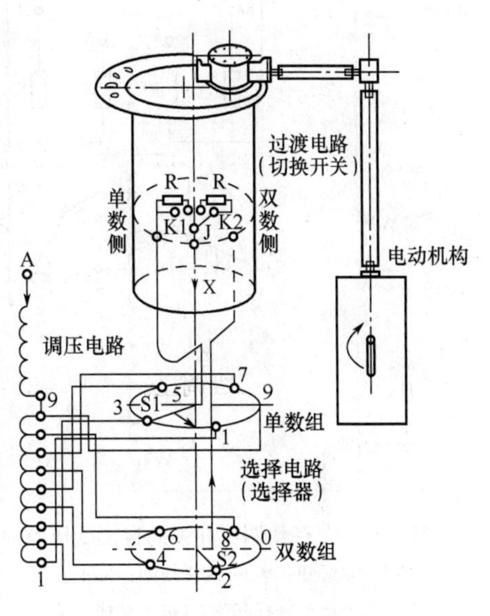

图 2-24　有载分接开关的电路和结构图（只示一相）

调压电路中：A—线圈端，1～9—分接头；选择电路中：0～9—定触头，S1、S2—动触头；过渡电路中：K1、K2—静触头，J—动触头，R—过渡电阻，X—电流引出端

切换开关的静触头也分为单数和双数触头。单数触头 K1 与选择电路中单数组动触头 S1 的引出线相连，双数触头 K2 与动触头 S2 的引出线相连，其动触头 J 按一定的操作程序左右带负荷切换，如此就能切换到不同分段位置。其切换开关触头因通过负载电流，有烧损现象，一般采用钨铜触头，因此必须采用弹簧储能释放机构快速切换。

有载分接开关的切换分接过程（由分接头 4 向分接头 3 切换）如图 2-25 所示，其工作程序为，接通某一分接头→选择下一分接头→选择结束→切换开始→桥接两分接头→切换结束→接通下一个分接头。由于分接开关在变换分接头过程中，通过过渡电阻实现过渡，因而将过渡时的环流限制在允许范围之内。

带有载调压开关的 500kV 自耦变压器原理图如图 2-26 所示，有载调压开关各组成部分的

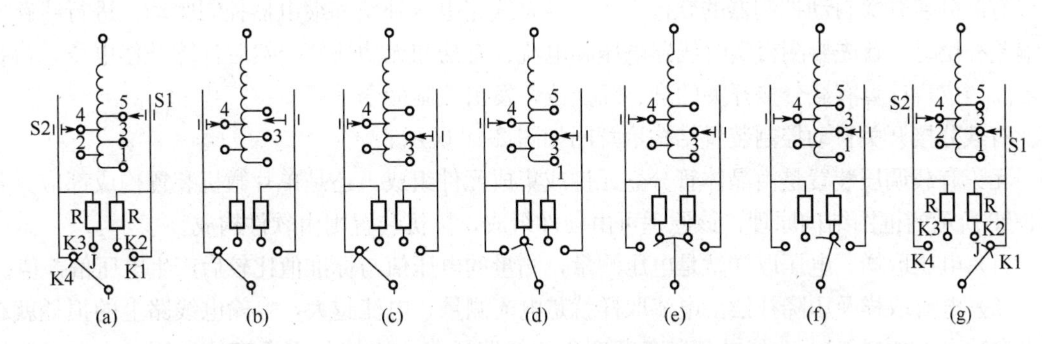

图 2-25　有载分接开关的选择电路和过渡电路切换分接过程

(a) 接通分接头 4；(b) 向分接头 3 选择；(c) 选择到分接头 3；(d) 向单数分接侧切换；(e) 桥接分接头 4、3；(f) 切换至单数分接侧；(g) 切换结束，接通分接头 3

示意图如图 2-27 所示。

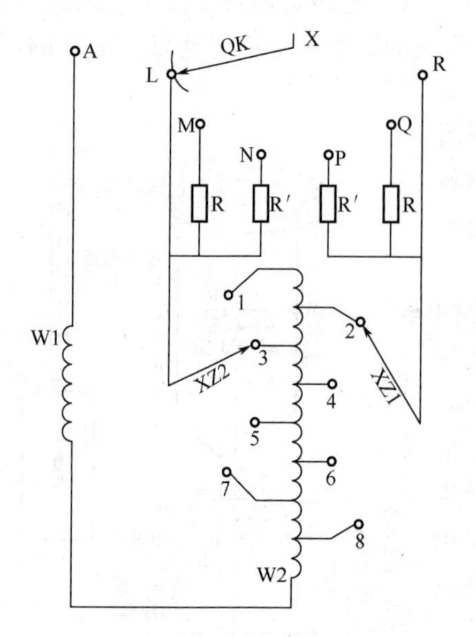

图 2-26　带有载调压开关的自耦变压器原理图
W1—主线圈；W2—调压线圈；XZ1、XZ2—分接头选择开关；QK—切换开关

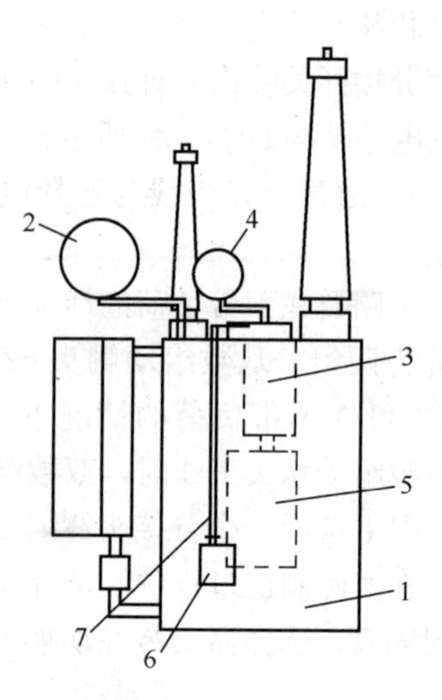

图 2-27　有载调压开关各组成部分的示意图
1—变压器本体；2—本体储油柜；3—切换开关及其油室；4—切换开关油室的储油柜；5—选择开关；6—操动机构；7—传动机构

需要说明的是，切换开关油室是独立的油箱，也装有挡板式气体继电器、储油柜、呼吸器等，与变压器本体油箱是互不相通的。运行中，切换开关油室中的油是绝对不允许进入变压器本体的，这是因为切换开关运作时会产生一定的电弧，致使油室中的油质变差，这种油只能在切换开关油室中使用，而不能进入变压器本体。为了防止当切换开关油室密封不良发生渗漏时，变压器本体油受到污染，设计时往往把本体的储油柜设计得高于切换开关油室的储油柜，以防止万一密封破坏时，开关油室的坏油直接向本体油箱渗漏。但这并非正确的方法，一旦发生渗漏，必须迅速消除。

2. 微机型有载分接开关自动控制装置软件任务及其工作原理

有载分接开关自动控制器的软件任务主要是线路电压补偿和继电器控制驱动。进行线路电压偏差补偿时，首先要测得实时线路电压和电流、有功和无功缺额，然后计算补偿电压，再根据当前挡位，计算有载分接开关的升、降挡位，发出控制命令。

有载分接开关自动控制装置结构示意图如图 2-28 所示。

无论有载调压装置是由晶体管分立元件或集成元件组成，还是单片微机装置构成都应具备图 2-28 所示的框图结构原理，该原理可由硬件组成，微机装置则由软件构成。

（1）电压取样。电压取样就是电压测量，测量的电压值与标准值比较后产生电压偏差值。

（2）电流取样及压降补偿。电流取样就是电流测量，电流越大，在输电线路上的损耗就越大（有功和无功损耗）。为了补偿随负荷变化的线路压降，维持几乎不变的电压，应有线路压降补偿功能。线路压降可以用 I（$R+\mathrm{j}x$）表示。而 $R+\mathrm{j}x$ 是线路投运前测量过的参数，可作整定值输入装置，压降补偿实质就是电压偏差的补偿。

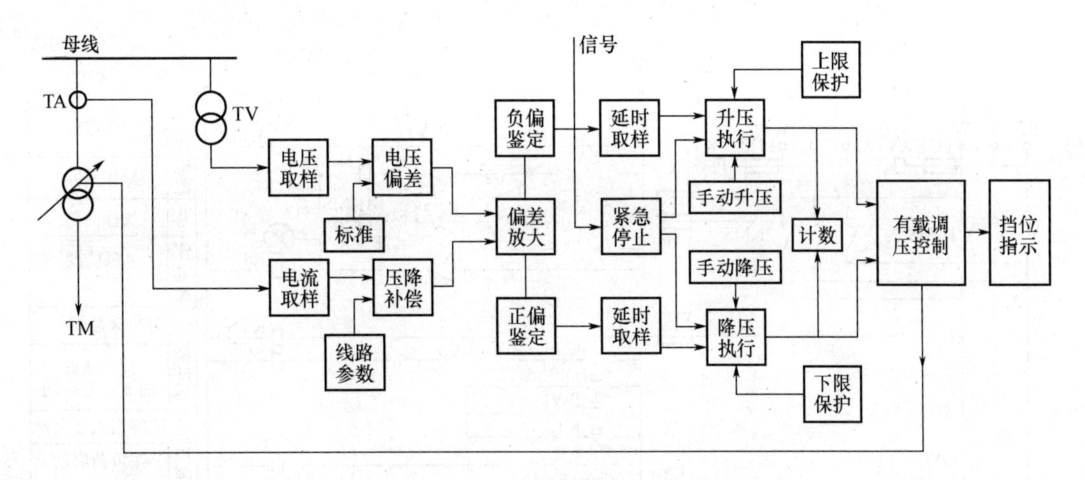

图 2-28　有载分接开关自动控制装置结构示意图

(3) 偏差放大与偏差鉴定。电压偏差和压降补偿经过放大及比较后，可判定是正或负偏差以作出升降电压的决定。

(4) 升压和降压操作部分。正负偏差必须持续一定时限才能作出降压或升压的操作，延时可以防止有载分接开关频繁动作。操作部分有紧急停止操作、手动操作、正反极限位置的限制及具有计数功能。

一般 110kV 调压延时为 30～60s，35kV 调压延时取 60～120s，可调。

(5) 有载调压控制及信号。有载开关自动调节是通过对电动操动机构的控制实现的，有载开关处于某一挡位，该挡位定有相应的辅助触点独立送出，以做中央信号或遥信指示挡位。如挡位信号消失，装置立即闭锁有载开关的调节。

(6) 调压灵敏度是指自动控制器不动作的电压范围。如果不动作的电压范围超过调压级电压值，则调压分接头的调压能力不能充分发挥出来，如果调压灵敏度太小，则有载分接头的调压将频繁动作。为此调压灵敏度可按下式选择：调压级电压≥调压灵敏度≥0.8 调压级电压。

三、变压器调压分接头的设置

变压器分接头一般都从高压侧引出，主要原因在于：

(1) 变压器高压绕组一般都在外侧，抽头引出连接方便。

(2) 高压侧电流小，因而引出线和分接开关的载流部分导体截面小，接触不良的问题易于解决。

从原理上来说，抽头从哪一侧引出均可，但要作技术经济比较。例如 500kV 大型降压变压器抽头是从 220kV 侧引出的，而 500kV 侧是固定的。

第七节　大型变压器的冷却装置及油中含氢量监测装置

一、大型变压器的冷却装置

大型变压器的冷却方式有强迫油循环风冷却、水冷却及导向冷却等几种。本节以强迫油循环风冷却装置的二次回路为例，说明其控制与信号的工作原理。

实际工程中大型电力变压器强迫油循环风冷却装置二次回路如图 2-29 所示。

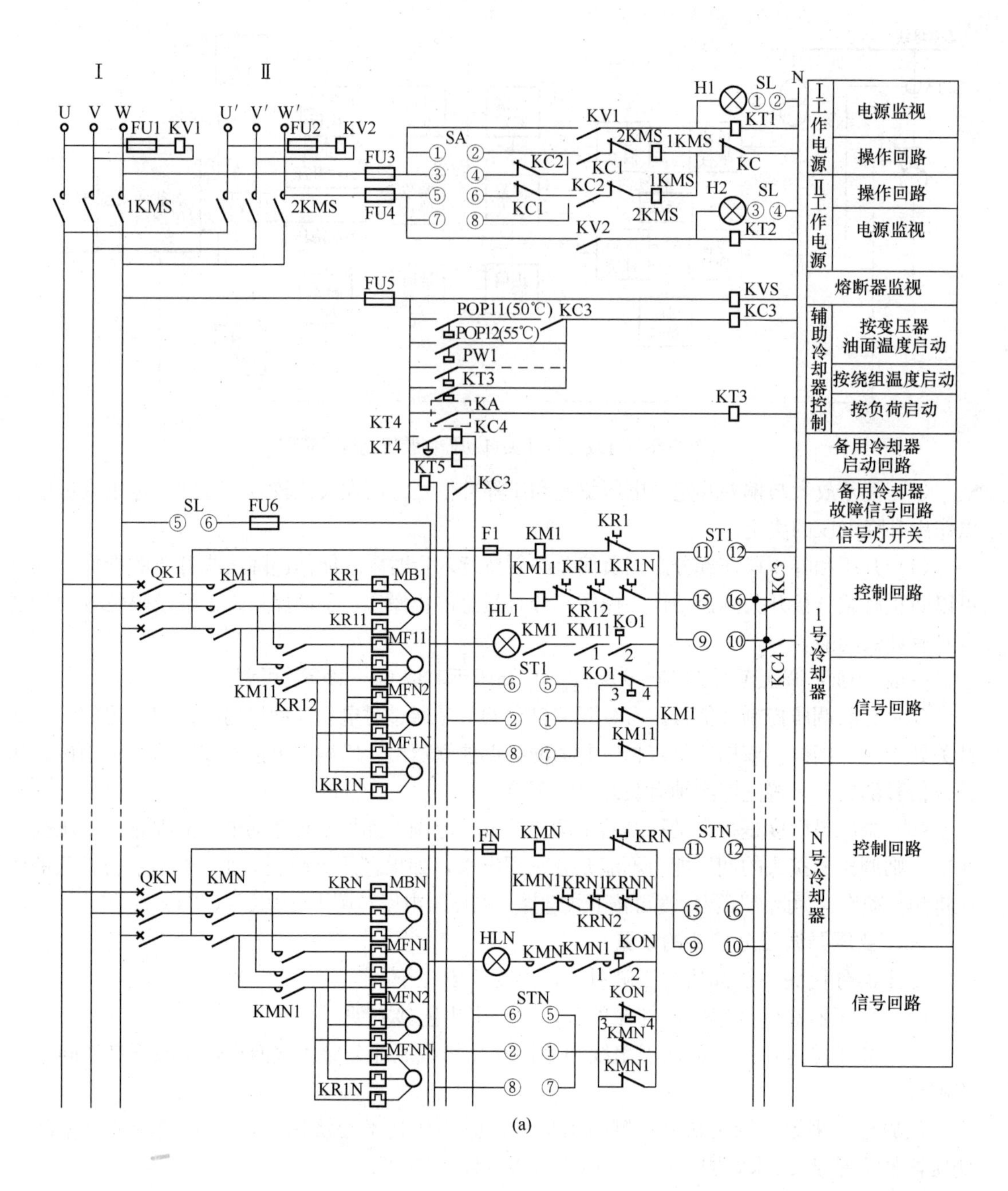

图 2-29 强迫油循环

(a) 控制回路；

FU1～FU9、F1～FN—熔断器；KV1、KV2—电压继电器；SA、SL、SA1、SA2、KC5—直流中间继电器；1KMS、2KMS、KM1～KMN、KM11～KMN1—交流接触POP12、POP2—油温度指示控制器触点；PW1—绕组温度控制器触点；KA—电流继电器触点；QK1～QKN—自动开关；KR1～KRN—热继电器；MB1～MBN—电器；HP1～HP5—光字牌；KT11、

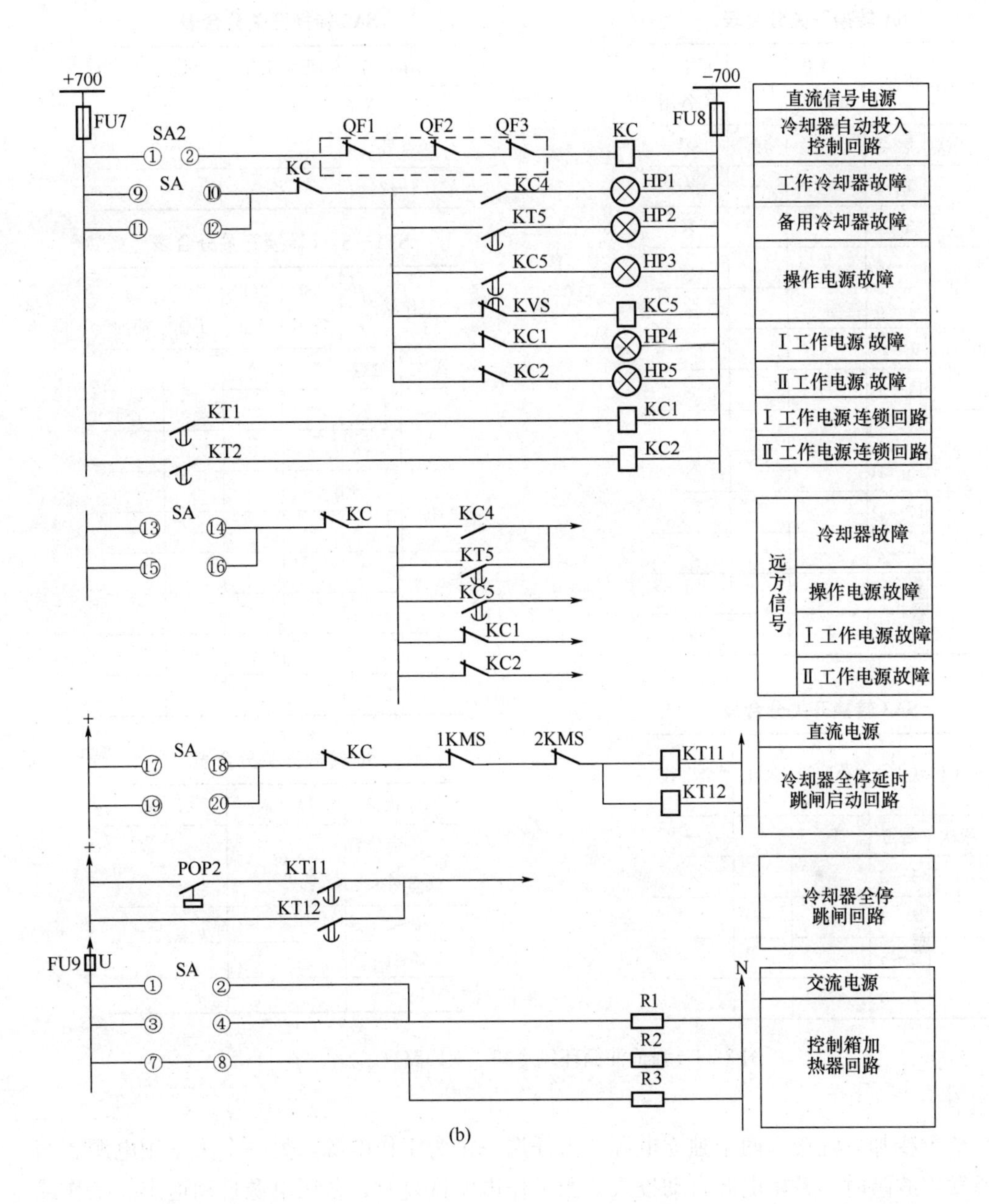

(b)

风冷却二次回路（一）

（b）信号回路

ST1～STN—转换开关；KT1～KT5、KVS—交流时间继电器；KC、KC1、KC2、器；H1、H2、HL1～HLN—信号灯；KC3、KC4—交流中间继电器；POP11、流继电器触点；QK1～QKN—自动开关；KR1～KRN—热继电器；MB1～MBN—变压器油泵；MF11～MF1N、MFN1～MFNN—变压器风扇；KO1～KON—油流继KT12—直流时间继电器；R1～R3—电阻

SA 转换开关分合表

工作状态		Ⅰ工作 Ⅱ备用	停止	Ⅱ工作 Ⅰ备用
级次	触点	↖	↑	↗
Ⅰ	1～2	×	—	—
	3～4	—	—	×
Ⅱ	5～6	×	—	—
	7～8	—	—	×
Ⅲ	9～10	×	—	—
	11～12	—	—	×
Ⅳ	13～14	×	—	—
	15～16	—	—	×
Ⅴ	17～18	×	—	—
	19～20	—	—	×
Ⅵ	21～22	×	—	—
	23～24	—	—	×

SA2 转换开关分合表

工作状态	正常工作	试　验
位置 / 触点号	↑	→
1～2	×	—

ST1～STN 转换开关分合表

工作状态		"S" 备用	"O" 停止	"W" 工作	"A" 辅助
级次	触点	↖	↑	↗	→
Ⅰ	1～2	—	—	—	×
	3～4	—	×	—	—
Ⅱ	5～6	—	—	×	—
	7～8	×	—	—	—
Ⅲ	9～10	×	—	—	—
	11～12	—	—	×	—
Ⅳ	13～14	—	×	—	—
	15～16	—	—	—	×

SA3 转换开关分合表

工作状态		"分"投	停止	"全"投
级次	触点	↖	↑	→
Ⅰ	1～2	—	—	×
	3～4	×	—	—
Ⅱ	5～6	×	—	—
	7～8	—	—	×

SL 转换开关分合表

工作状态	投　入	切　除
位置 / 触点号	↑	→
1～2	×	—
3～4	×	—
5～6	×	—

图 2-29　强迫油循环风冷却二次回路（二）

1. 功能

（1）整个冷却系统接入两个独立电源，可任选一个为工作电源，另一个为备用电源。当工作电源发生故障时，备用电源自动投入，当工作电源恢复时，备用电源自动退出。工作或备用电源故障均有信号显示。

（2）每个冷却器都可用控制开关手柄位置来选择冷却器的工作状态，即工作、辅助、备用、停运。这样运行灵活，易于检修。

（3）冷却器的油泵和风扇电动机回路设有单独的接触器和热继电器，能对电动机过负荷及断相运行进行保护。另外每个冷却器回路都装设了自动开关，便于切换和对电动机进行短路保护。

（4）当运行中的工作、辅助冷却器发生故障时，能自动启用备用冷却器。

（5）变压器上层油温或绕组温度达到一定值时，自动启动尚未投入的辅助冷却器。

（6）变压器投入电网时，冷却系统可按负荷情况自动投入相应数量的冷却器；切除变压器及减负荷时，冷却系统能自动切除全部或相应数量的冷却器。

(7) 所有运行中的冷却器发生故障时，均能发出故障信号。

(8) 当两电源全部消失，冷却装置全部停止工作时，可根据变压器上层油温的高低，经一定时限作用于跳闸。

2. 工作原理

图 2-29 中各转换开关的触点分合状况如图下各触点表所示，装置的工作原理如下。

(1) 电源的自动控制。

1) 变压器投入电网前，应先将电源Ⅰ、Ⅱ同时送上，此时图 2-29 (a) 中的 KV1、KV2 带电，启动 KT1、KT2，从而启动图 2-29 (b) 中的 KC1、KC2，其动合触点闭合，准备好了电源Ⅰ、Ⅱ的操作回路。将 SL 手柄置于“投入”位置，若灯 H1 和 H2 亮，表示两电源正常，对电源起监视作用。

将 SA2 手柄置于“正常工作”位置，这时 KC 处于启动状态，其各动断触点断开。

2) 假定选电源Ⅰ工作，则将 SA 手柄置于“Ⅰ工作、Ⅱ备用”位置。当变压器投入电网时，图 2-29 (b) 中变压器电源侧的断路器动断辅助触点断开，KC 失电，其动断触点闭合，此时图 2-29 (a) 中的回路“W→FU3→SA (1～2) →KC1→2KMS→1KMS→KC→N”接通，1KMS 启动，其主触头将电源Ⅰ送入装置母线。2KMS 由于 KC1、1KMS 的触点断开而没有励磁，电源Ⅱ处于备用。

当电源Ⅰ的 U 或 V 相失电或 FU1 熔断时，KV1、KT1 相继失电，KT1 在图 2-29 (b) 中的触点断开 KC1 线圈，KC1 的动合触点切断 1KMS 回路；当电源Ⅰ的 W 相失电或 FU3 熔断时，KT1、1KMS 同时失电。这些情况均导致：①电源Ⅰ断开；②由于 KC1 动断触点、1KMS 动断辅助触点闭合，使回路“W′→FU4→SA (5～6) →KC1→KC2→1KMS→2KMS→KC→N”接通，2KMS 启动，它的主触头将电源Ⅱ送入装置母线，实现了备用电源的自动投入；③图 2-29 (b) 中的“Ⅰ工作电源故障”信号发出（就地和远方）。

若电源Ⅰ恢复正常，KT1 重新启动，使 KC1 励磁，它的触点切换，使 2KMS 线圈失电，1KMS 重新启动恢复原来状态。

若选电源Ⅱ工作，则将 SA 手柄置于“Ⅱ工作、Ⅰ备用”位置，其工作情况类似。

由图 2-29 还可见，处于备用状态的电源故障时，也发“故障”信号，此时，若工作电源因故退出，它不会自投。

(2) 工作冷却器控制。每组冷却器可处于工作、辅助、备用和停止四种状态之一，投运前可根据具体情况确定。例如确定 1 号冷却器处于“工作”状态，*N* 号冷却器处于“备用”状态，应将 ST1 置于“工作”位置，ST*N* 置于“备用”位置，将自动开关 QK1、QK*N* 合上。

此时接触器 KM1、KM11 启动，油泵和风扇电动机运转。当油流速度达到一定值时，装于冷却器联管中的油流继电器 KO1 动作，其动合触点 KO1 (1～2) 闭合，灯 HL1 亮，表示该冷却器已投入运行。

当油泵 MB1 故障时，热继电器 KR1 动作，其触点断开，使 KM1 掉闸，油泵、风扇均失电；当风扇 MF11～MF1*N* 中的任一台故障时，相应的热继电器动作，其触点断开，使 KM11 掉闸，风扇 MF11～MF1*N* 均失电；当油流速度不正常，低于规定值时，触点 KO1 (1～2) 断开、KO1 (3～4) 闭合。上述故障之一均使 HL1 灯灭，同时经 ST1 (5～6) 使 KT4、KC4 相继励磁，KC4 触点接通“工作冷却器故障”和“冷却器故障”信号，并经

STN（9～10）接通“备用冷却器控制回路”。

由于油泵启动到油流速度达到规定值需一段时间，为了避免刚启动油泵时，油流继电器动断触点尚未打开，而不必要地启动备用冷却器，故时间继电器KT4整定值一定要和油流继电器动断触点打开时间相配合，一般KT4的整定值在5s以上。

（3）辅助冷却器控制。仍以1号冷却器为例，将ST1置于“辅助”位置，ST1（1～2）、ST1（15～16）接通。辅助冷却器的投入有三种情况。

1）按变压器的上层油温投入。为避免在规定温度值上下波动时辅助冷却器频繁投切，设置了两个温度差为5℃的触点。当上层油温达第一上限值时，POP11（50℃）闭合，此时冷却器尚不启动；当上层油温达第二上限值时，POP12（55℃）闭合，KC3动作，其三副动合触点闭合，其中一副使KM1、KM11经ST1（15～16）启动，辅助冷却器投入。当油流速度达到规定值时，油流继电器KO1动作，HL1灯亮，显示辅助冷却器运行。当上层油温低于第二上限值时，POP12（55℃）断开，但KC3经自身的一副触点及POP11（50℃）仍励磁，辅助冷却器继续运行，当上层油温低于第一上限值时，POP11（50℃）断开，KC3断开，辅助冷却器才退出。

2）按变压器绕组温度PW1投入。

3）按变压器负荷电流投入。当变压器负荷超过75%时，KA的触点闭合，KT3启动。考虑到负荷瞬时波动，KT3的触点经延时启动KC3。KC3的动合触点闭合，通过ST1（15～16）启动辅助冷却器。

当辅助冷却器发生前述工作冷却器的三类故障之一时，同样使KC4动作，发出同样的信号并接通备用冷却器。

（4）备用冷却器控制。设第*N*号冷却器为备用，则主变压器投运前应将ST*N*置于“备用”位置，ST*N*（7～8）、ST*N*（9～10）接通，将断路器QK*N*合上。当工作或辅助冷却器发生故障时，与ST*N*（9～10）串接的触点KC4闭合，备用冷却器投入。

当备用冷却器发生前述工作冷却器的三类故障之一时，亦有HL*N*灯灭，同时KT5，发“备用冷却器故障”及“冷却器故障”信号。

（5）冷却器全停时主变的保护回路。一旦两个工作电源均故障时，首先发“Ⅰ工作电源故障”“Ⅱ工作电源故障”信号，同时图2-29（b）的KT11、KT12启动，触点KT11经20min闭合，若上层油温达75℃，则POP2闭合，接通主变压器三侧跳闸。若上层油温未达75℃，则经30min（最长不得超过1h），由触点KT12接通主变压器三侧跳闸。

（6）其他。当冷却装置的W相母线失电或FU5熔断时，KVS失电，KC5启动，发“操作电源故障”信号。另外，冷却装置还设计有控制箱加热回路。

二、大型变压器内油中含氢量连续在线监测装置

当变压器发生火花放电（间歇性的放电）或局部放电时，会使油中的自由分子游离而产生氢气和其他烃类气体。当发生高能放电或弧光放电时（将导致绝缘击穿），附近的油将发生热分解，产生更多的氢气和其他烃类气体。因此，油中含氢量及其增加速度可用来判断变压器内部是否存在放电现象和放电的程度。我国的标准是：油中含氢量的正常值为100×10^{-6}（每升油中含气的微升数），注意值为150×10^{-6}。

为了连续在线监视测量变压器中绝缘油的含氢量，大容量变压器一般都安装一套基于

“半渗透隔膜”原理制成的氢气监测装置。该装置主要由检测器（包括氢气抽取装置）和变送器两部分组成，见图 2-30。检测器装在变压器油箱上，通过连接线接到变送器。

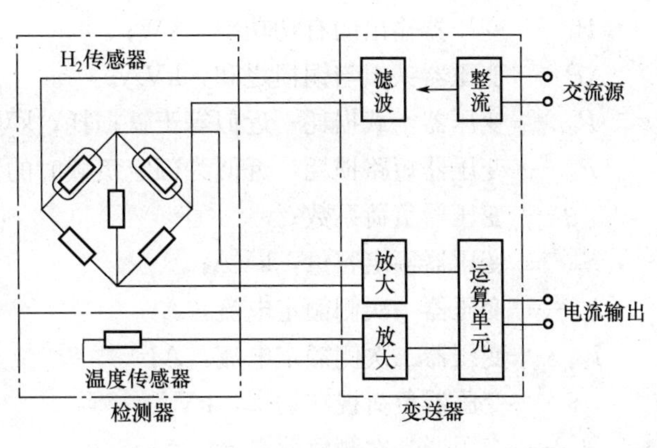

图 2-30　氢气监测装置

如图 2-31 所示，变压器绝缘油中溶解的氢气由半渗透隔膜抽取到气室。在气室中有一个对氢气很敏感的氢气传感器（见图 2-32），它是由两只热敏电阻和几只普通电阻组成的电桥电路，其中一只热敏电阻置于标准气体中，另一只热敏电阻则被半渗透隔膜抽取出来的氢气所包围。由于两种气体的性质不同和氢气浓度的不同，使电桥电路有不同的电压输出，于是将氢气的浓度转换成电气量。

为了减少环境温度的影响，在检测器中装了一只温度传感器连接到变压器中进行温度补偿，如图 2-30 所示。经温度补偿后的氢气浓度以电流形式输出。

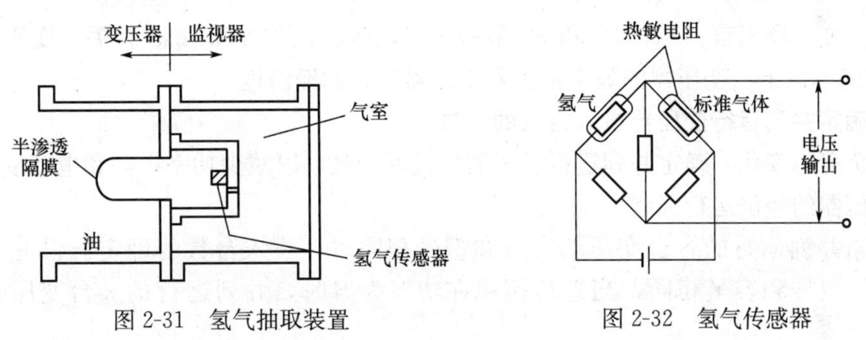

图 2-31　氢气抽取装置　　图 2-32　氢气传感器

第八节　变压器的经济运行

一、变压器经济运行的内容

1. 变压器的内部损耗

变压器的内部损耗包括铁损和铜损。当一次侧加交变电压时，铁芯中产生交变磁通，从而在铁芯中产生的磁滞与涡流损耗，统称为铁损。由于变压器一、二次绕组都有一定的电阻，当电流流过时，就产生一定的功率和电能损耗，这就是铜损，它与负荷的大小和性质有关。应通过提高设计水平、制造工艺及优化电网运行方式努力降低变压器的内部损耗。

2. 变压器的效率

变压器的效率用它输出和输入的有功功率之比来表示，即

$$\eta = \frac{P_2}{P_1} = \frac{P_2}{P_2 + \Delta P} = \frac{\beta S_N \cos\varphi}{\beta S_N \cos\varphi + P_0 + \beta^2 P_k}$$

$$\beta = \frac{S}{S_N} = \frac{I_1}{I_{1N}} = \frac{I_2}{I_{2N}} \tag{2-2}$$

式中　η——变压器的效率；

P_1——变压器输入的有功功率，kW；

P_2——变压器输出的有功功率，kW；

ΔP——变压器铁损与铜损之和，kVA；

P_0——变压器空载损耗，近似等于铁损耗，kVA；

P_k——变压器短路损耗，近似为额定负载时的铜损耗，kVA；

β——变压器负荷系数；

S_N——变压器额定容量，kVA；

I_{1N}——变压器一次侧额定电流，A；

I_{2N}——变压器二次侧额定电流，A；

S——变压器负荷视在功率，kVA；

I_1——变压器一次侧负荷电流，A；

I_2——变压器二次侧负荷电流，A；

$\beta^2 P_k$——变压器负荷率为β时的铜损，kVA；

$\cos\varphi$——变压器功率因数。

对某一变压器而言，S_N、P_0 和 P_k 是一定的，效率仅与β和 $\cos\varphi$ 有关。变压器的效率一般都在95%以上，变压器的效率标志着变压器运行的经济性。

二、确定并列运行变压器投入台数的方法

根据负荷的变化，确定并列运行变压器的投入台数，以减少功率损耗和电能损耗，这便是并列变压器的经济运行问题。

（1）当并列运行的各台变压器容量和型号相同时，投入台数的确定。设并列运行的 n 台变压器型号和容量相同，当总负荷视在功率为 S 时，并列运行的 n 台变压器的总损耗为

$$\Delta P_{T(n)} = nP_0 + nP_k\left(\frac{S}{nS_N}\right)^2$$

式中　$\Delta P_{T(n)}$——并列运行的 n 台变压器的总损耗，kW；

P_0——单台变压器的空载功率损耗，kW；

P_k——单台变压器的短路功率损耗，kW；

S_N——单台变压器的额定容量，kVA。

由上式可见，铁芯损耗与台数成正比，绕组损耗与台数成反比。当变压器轻载运行时，铜损所占的比重相对减小，铁损所占的比重相对增大。在这种情况下，减少变压器投入的台数就能降低总的功率损耗。当变压器负荷大时，铜损所占的比重相对增大。这样，总可以找出一个负荷功率的临界值，使投入 n 台变压器与投入（$n-1$）台变压器的总功率损耗相等，即

$$\Delta P_{T(n-1)} = (n-1)P_0 + (n-1)P_k\left[\frac{S}{(n-1)S_N}\right]^2$$

此时的负荷功率即为临界功率，记为 S_{cr}，则

$$S_{cr} = S_N\sqrt{n(n-1)\frac{P_0}{P_k}}$$

当负荷功率 $S>S_{cr}$ 时，投入 n 台变压器经济；当 $S<S_{cr}$ 时，投入（$n-1$）台变压器经济。

（2）当并列运行的各台变压器容量、型号不同时，投入台数的确定。当 n 台并列运行的变压器容量、型号不同时，不同负荷情况下应投入运行的变压器的台数，可由查变压器损耗曲线的方法确定，具体方法如下。

1）先将每台变压器的损耗与视在功率的关系按下式算出，并画出 ΔP_T 随 S 变化的曲线，即单台变压器损耗曲线 $\Delta P_T=f(S)$。

$$\Delta P_T=P_0+P_k\left(\frac{S}{S_N}\right)^2$$

2）再将 n 台变压器并列运行的总损耗与总视在功率的关系按下式算出，并画出总损耗随总负荷变化的曲线，即 n 台变压器并列运行总损耗曲线 $\sum\Delta P_T=f\left(\sum_{i=1}^{n}S_i\right)$。

$$\sum\Delta P_T=\sum_{i=1}^{n}\left[P_{0i}+P_{ki}\left(\frac{S_i}{S_{Ni}}\right)^2\right]$$

$$S_i=\frac{\sum_{i=1}^{n}S_i}{\sum_{i=1}^{n}\frac{S_{Ni}}{U_{ki}(\%)}}\times\frac{S_{Ni}}{U_{ki}(\%)}$$

式中　$\sum\Delta P_T$——n 台变压器并列运行总损耗，kW；

P_{0i}——n 台变压器并列运行时，第 i 台变压器的空载功率损耗，kW；

P_{ki}——n 台变压器并列运行时，第 i 台变压器的短路功率损耗，kW；

S_i——n 台变压器并列运行时，第 i 台变压器的负荷，kVA；

$\sum_{i=1}^{n}S_i$——n 台并列运行变压器的总负荷，kVA；

$\sum_{i=1}^{n}\frac{S_{Ni}}{U_{ki}(\%)}$——每台变压器的额定容量除以短路电压百分值之和；

S_{Ni}——第 i 台变压器的额定容量，kVA；

$U_{ki}(\%)$——第 i 台变压器短路电压百分值。

3）将上述曲线分别画在横轴为变压器负荷值（视在功率），纵轴为变压器对应损耗值的同一坐标系中，根据曲线交点（变压器经济运行台数的分界点），依据总损耗最小的原则，确定不同负荷情况下，应将哪一台或哪几台变压器投入运行。

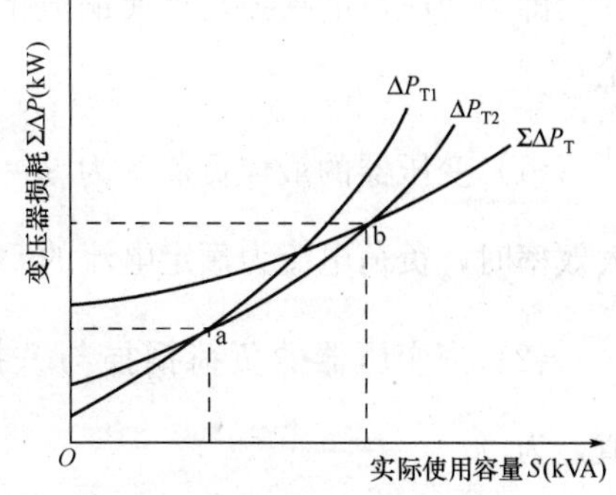

图 2-33　两台变压器各自损耗曲线及并列运行损耗曲线

例如：两台容量、型号不同的变压器并联运行，欲合理确定投入运行的台数时，先按上述方法计算并画出三条变压器损耗曲线，如图 2-33 所示，即 1 号变压器运行损耗曲线 ΔP_{T1}，2 号变压器运行损耗曲线 ΔP_{T2}，1、2 号变压器并联运行总损耗曲线 $\sum\Delta P_T$。图中损耗曲线的交点，就是确定变压器经济运行台数的分界点。若负荷小于 a 时，投入 1 号变压器运行最经济；若负荷在 a 与 b 之间时，投入 2 号变压器运行最经济；若负荷大于 b 时，投入两台变压器运行最经济。

上述对变压器投入台数的选择，只适合于季节性负荷变化的情况，对一昼夜内负荷的变化，变压器及断路器的频繁启、停对安全性及经济性均不利。

三、变压器并列运行的经济性

1. 变压器并列运行的优点

（1）保证供电的可靠性。当多台变压器并列运行时，如部分变压器出现故障或需停电检修，其余的变压器可以对重要客户继续供电。

（2）提高变压器的总效率。电力负荷是随季节和昼夜发生变化的，在电力负荷高峰时，并列的变压器全部投入运行，以满足负荷的要求；当负荷低谷时，可将部分变压器退出运行，以减少变压器的损耗。

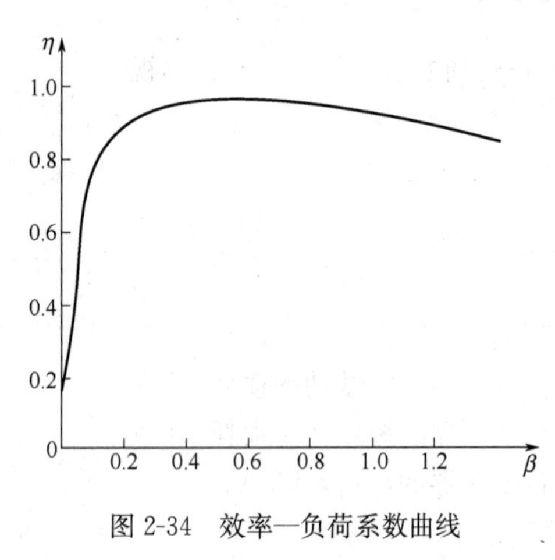

图 2-34　效率—负荷系数曲线

（3）扩大传输容量。一台变压器的制造容量是有限的，在大电网中，要求变压器输送很大的容量时，只有采用多台变压器并列运行来满足需要。

（4）提高资金的利用率。变压器并列运行的台数可以随负荷的增加而相应增加，以减少初次投资，合理使用资金。

基于以上优点，在电力系统中，广泛采用变压器并列运行。由于负荷的变化，对两台及以上并列运行的变压器应考虑采用最经济的运行方式。

2. 变压器最大效率

负荷功率因数一定时，变压器效率和负荷系数的关系曲线如图 2-34 所示，从图中可知，效率有一个最大值，此时，$\mathrm{d}\eta/\mathrm{d}\beta=0$。由式（2-2）可得

$$\frac{\mathrm{d}\eta}{\mathrm{d}\beta}=\frac{S_{\mathrm{N}}\cos\varphi(P_0-\beta^2P_{\mathrm{k}})}{(\beta S_{\mathrm{N}}\cos\varphi+P_0+\beta^2P_{\mathrm{k}})^2}=0$$

得

$$P_0=\beta^2P_{\mathrm{k}}$$

即当变压器的铁损与负荷铜损相等时，变压器的效率将达到最大值，从而推导出下述结论：

（1）变压器的最佳负荷率为 $\beta_{\mathrm{m}}=\sqrt{\frac{P_0}{P_{\mathrm{k}}}}$，此时变压器的效率达到最大值。一般变压器最大效率时，负荷电流为额定电流的 50%～60%。

（2）当变压器的负荷铜损与铁损相等，即 $\beta=\beta_{\mathrm{m}}=\sqrt{\frac{P_0}{P_{\mathrm{k}}}}$ 时，变压器的效率达到最大值，为

$$\eta_{\max}=1-\frac{2P_0}{\sqrt{\frac{P_0}{P_{\mathrm{k}}}}S_{\mathrm{N}}\cos\varphi+2P_0}$$

■第九节　变压器的监视检查与维护

一、变压器的运行监视

安装在发电厂和变电站内的变压器，以及无人值班变电站内有远方监测装置的变压器，应经常监视仪表的指示，及时掌握变压器运行情况。监视仪表的抄表次数由现场规程规定。当变压器超过额定电流运行时，应做好记录。无人值班变电站的变压器应在每次定期检查时记录其电压、电流和顶层油温，以及曾达到的最高顶层油温等。对配电变压器，应在最大负荷期间测量三相电流，并设法保持基本平衡。测量周期由现场规程规定。

二、变压器的巡视检查

1. 日常巡视检查

（1）发电厂和变电站内的变压器，每天至少1次，每周至少进行1次夜间巡视。

（2）无人值班变电站内容量为3150kVA及以上的变压器每10天至少1次，3150kVA以下的每月至少1次。

（3）2500kVA及以下的配电变压器，装于室内的每月至少1次，装于户外（包括郊区及农村）的每季至少1次。

2. 特殊巡视检查

在下列情况下应对变压器进行特殊巡视检查，增加巡视检查次数：

（1）新设备或经过检修、改造的变压器在投运72h内。

（2）有严重缺陷时。

（3）气象突变（如大风、大雾、大雪、冰雹、寒潮等）时。

（4）雷雨季节特别是雷雨后。

（5）高温季节、高峰负荷期间。

（6）变压器急救负荷运行时。

3. 变压器日常巡视检查的内容及标准

（1）变压器的油温和温度计应正常，储油柜的油位应与温度相对应，各部位无渗油、漏油。

（2）套管油位应正常，套管外部无破损裂纹、无油污、无放电痕迹及其他异常现象。

（3）变压器音响正常。

（4）各冷却器手感温度应相近，风扇、油泵、水泵运转正常，油流继电器工作正常。

（5）水冷却器的油压应大于水压（制造厂另有规定者除外）。

（6）吸湿器完好，吸附剂干燥。

（7）引线接头、电缆、母线应无发热迹象。

（8）压力释放器或安全气道及防爆膜应完好无损。

（9）有载分接开关的分接位置及电源指示应正常。

（10）气体继电器内应无气体。

（11）各控制箱和二次端子箱应关严、无受潮。

4. 变压器定期检查应增加的内容及标准

（1）外壳及箱沿应无异常发热。

（2）各部位的接地应完好，必要时应测量铁芯和夹件的接地电流。

（3）强油循环冷却的变压器应做冷却装置的自动切换试验。

（4）水冷却器从旋塞放水检查应无油迹。

（5）有载调压装置的动作情况应正常。

（6）各种标志应齐全明显。

（7）各种保护装置应齐全、良好。

（8）各种温度计应在检定周期内，超温信号应正确可靠。

（9）消防设施应齐全完好。

（10）室（洞）内变压器通风设备应完好。

（11）贮油池和排油设施应保持良好状态。

5. 变压器的维护项目

（1）清除储油柜集污器内的积水和污物；

（2）冲洗被污物堵塞，影响散热的冷却器；

（3）更换吸湿器和净油器内的吸附剂；

（4）变压器的外部（包括套管）清扫；

（5）各种控制箱和二次回路的检查和清扫。

上述维护项目的周期，可根据具体情况在现场规程中规定。

三、变压器有载分接开关的运行维护

1. 变压器有载分接开关运行规定

变压器有载分接开关的运行，应按制造厂的规定进行。无制造厂规定的可参照以下规定执行：

（1）运行一年或切换 2000～4000 次后，应取切换开关油箱中的油样进行工频耐压（不低于 30kV）试验，试验应合格，否则更换合格变压器绝缘油。

（2）新投入的分接开关，在切换 5000 次后，应将切换开关吊出检查，以后可按实际情况确定检查周期。

（3）运行中的有载分接开关动作 5000 次后或绝缘油的击穿电压低于 25kV 时，应更换切换开关油箱的绝缘油。

（4）为了防止有载分接开关在严重过负荷或系统短路时进行切换，宜在有载分接开关控制回路中加装电流闭锁装置，其整定值不超过变压器额定电流的 1.5 倍。

（5）电动操动机构应经常保持良好状态，有载分接开关配备的瓦斯保护及防爆装置均应运行正常，当保护装置动作时应查明原因。

（6）有载分接开关的切换开关箱应严格密封，不得渗漏。如发现其油位升高异常或满油位，说明变压器与有载分接开关切换箱窜油。应保持变压器油位高于分接开关的油位，防止开关箱体油渗入变压器本体，影响其绝缘油质，并及时安排停电处理。

2. 变压器有载分接开关操作过程中应遵守的规定

（1）应逐级调压，同时监视分接位置及电压电流变化（每次调压一挡后应间隔 1min 以上，才能进行下一挡调节）。

(2) 单相变压器组和三相变压器分相安装的有载分接开关，应三相同步电动操作，一般不允许分相操作。

(3) 两台有载调压变压器并列运行时，其调压操作应轮流逐级进行。

(4) 有载调压变压器与无励磁调压变压器并列运行时，有载调压变压器的分接应尽量靠近无励磁调压变压器的分接位置。

(5) 应核对系统电压与分接额定电压间的差值，使之符合规程规定。DL/T 572《电力变压器运行规程》规定，变压器的运行电压一般不应高于该运行分接额定电压的105%。对于特殊的使用情况（例如变压器的有功功率可以在任何方向流通），允许在不超过110%的额定电压下运行。对电流与电压的相互关系如无特殊要求，当负荷电流为额定电流的 K（$K \leqslant 1$）倍时，按以下公式对电压 U 加以限制

$$U(\%) = 110 - 5K^2$$

四、大容量变压器本体的监测和保护装置

大容量变压器在本体上均设有监测顶部油温的温度计，监测高、低压绕组温度的温度计，监测油箱油位的油位计，并设有瓦斯保护及压力释放装置。对于强迫油循环变压器，还设有流量计或油流针，以监视潜油泵的运转情况或供冷却器控制及报警。此外，有的大容量变压器本体上还装有油中氢气监测装置或气体分析器，用以连续在线监视和测量变压器中绝缘油的含氢量或气体主要成分。

现以某电厂600MW发电机配用1号主变压器为例，对大容量变压器上的监测和保护加以介绍。该主变压器为容量755MVA的户外油浸三相变压器。冷却方式为强迫油循环风冷；设有四台冷却器，每组设一台油泵、三台风扇；装有两只储油柜，相应配有两只油呼吸器和两只气体（瓦斯）继电器；还配有两只“弹簧自复位式”压力释放装置。该主变压器本体的监测和保护装置如下。

1. 监测量

(1) 变压器顶部油温。装有温包式油温测量装置的温度指示表，供就地油温指示及远方报警。

(2) 变压器高、低压绕组温度。装有采用温包式绕组温度测量装置的温度指示表，供就地绕组温度指示、远方报警及冷却器控制。

为使运行人员能随时监视变压器的温度，该变压器还装有三只电阻型温度传感器，分别用于顶部油温、高压绕组温度、低压绕组温度的测量，并经主变压器冷却器控制箱内的变送器输出，实时地将上述部位温度显于主控制室“发电机控制盘”上的温度表。

(3) 变压器绝缘油中含氢量。主变压器本体上安装有一套基于“半渗透隔膜”原理制成的氢气监测装置，以连续在线监视和测量变压器中绝缘油的含氢量。该模拟信号送DAS系统，可进行数据打印，以供趋势分析。

(4) 油位。装有带油位报警触点的圆盘指针式油位计，供就地油位指示及远方报警。

(5) 油流。装有无油流报警触点的油流计，供冷却器控制及报警。

2. 主变压器本体保护整定值

主变压器本体保护整定值见表2-8。

3. 主变压器本体报警信号

主变压器本体报警信号见表2-9。

表 2-8　　主变压器本体保护整定值

主变压器	报　警	跳　闸	主变压器	报　警	跳　闸
绕组温度（℃）	105	115	瓦斯	300cm^3	100cm/s
上层油温（℃）	90	—	压力释放	—	49～69kPa

表 2-9　　主变压器本体报警信号

<table>
<tr><th rowspan="2">序号</th><th rowspan="2">报警信号</th><th colspan="2">就地 MTC 上显示</th><th rowspan="2">集控室 GCB 上硬报警</th><th rowspan="2">送　入 DAS</th></tr>
<tr><th>有显示</th><th>备　注</th></tr>
<tr><td>1</td><td>冷却器工作电源故障</td><td>√</td><td>—</td><td>—</td><td rowspan="17">×</td></tr>
<tr><td>2</td><td>冷却器备用电源故障</td><td>√</td><td>—</td><td>—</td></tr>
<tr><td>3</td><td>主油箱油位纸</td><td>√</td><td>两只储油柜共用</td><td rowspan="13">主变压器故障</td></tr>
<tr><td>4</td><td>压力释放装置动作</td><td>√</td><td>两只装置共用</td></tr>
<tr><td>5</td><td>油温高于 90℃</td><td>√</td><td></td></tr>
<tr><td>6</td><td>绕组温度高于 105℃</td><td>√</td><td>高低压绕组共用</td></tr>
<tr><td>7</td><td>绕组温度高于 115℃</td><td>√</td><td>高低压绕组共用</td></tr>
<tr><td>8～11</td><td>No. 1～No. 4 冷却器跳闸</td><td>√</td><td>—</td></tr>
<tr><td>12～15</td><td>No. 1～No. 4 冷却器油流停止</td><td>√</td><td>—</td></tr>
<tr><td>16</td><td>轻瓦斯动作</td><td>√</td><td>两只储油柜共用</td><td>√</td></tr>
<tr><td>17</td><td>重瓦斯动作</td><td>√</td><td>两只储油柜共用</td><td>√</td></tr>
<tr><td>18</td><td>氢气监测装置指示</td><td>×</td><td></td><td></td><td>√</td></tr>
</table>

注　“√”表示有，“×”表示无。

第十节　变压器的异常运行及事故处理

一、变压器的异常运行

1. 异常现象及原因

（1）变压器内部发出不均匀的异声。变压器在正常运行中发出的声音应是均匀的“嗡嗡”声，这是由于交流电通过变压器绕组时，在铁芯内产生周期性的交变磁通，随着磁通的变化，引起铁芯的振动而发出的响声。如果产生其他异声都属于不正常现象，应查明原因。

（2）变压器油色、油位异常。油枕的正常油色应是透明带黄色，如呈现红棕色则表明油质劣化，应进行油化验，并根据化验结果决定进行油处理或更换新油。变压器运行中，一般油位应在储油柜上表计的±35℃中间的零位附近。

（3）过负荷运行。正常过负荷及事故过负荷应按现场规程的有关规定执行。

（4）不对称运行。造成变压器不对称运行的主要原因如下：

1）三相负荷值差别较大。例如变压器带有大功率的单相电炉、电气机车及电焊变压器等。

2）由三台单相变压器组成三相变压器，当一台损坏而用不同参数的变压器来代替时，造成电流和电压的不对称。

3）由于某种原因使变压器两相运行。例如，中性点直接接地的系统中，当一相线路故障，暂时两相运行；三相变压器组中一相变压器故障暂时以两相变压器运行；三相变压器一相绕组故障；变压器某侧断路器的一相断开；变压器的分接头接触不良等。

变压器不对称运行使其容量降低。此外，将对客户的工作产生影响；对沿线通信线路干扰；对电力系统继电保护工作条件影响等。因此，在运行中出现变压器不对称运行时，应迅速查明原因，予以消除。

（5）变压器冷却系统异常运行。对于油浸风冷式变压器，风扇因故停运后，要按现场规程规定降低容量运行。对强迫油循环变压器，如冷却装置电源、电扇、潜油泵故障和冷却水中断等，使冷却系统停止运行时，变压器不准继续运行。

（6）轻瓦斯保护动作报警。变压器装有气体继电器，重瓦斯保护反应变压器内部短路故障，动作于跳闸；轻瓦斯保护反应变压器内部轻微故障，动作于信号。

轻瓦斯保护动作的可能原因是：变压器内部轻微故障，如局部绝缘水平降低而出现间隙放电及漏电，产生少量气体；空气浸入变压器内，如滤油、加油或冷却系统不严密，导致空气进入变压器而积聚在气体继电器内；变压器油位降低，并低于气体继电器，使空气进入气体继电器内；二次回路故障，如直流系统发生两点接地，或气体继电器引线绝缘不良引起误发信号。此时，轻瓦斯保护动作报警（电铃响，“轻瓦斯动作”光字牌亮），提醒运行值班人员分析处理。

运行中的变压器发生轻瓦斯保护报警时，运行值班人员应立即报告当值调度，复归信号，并进行分析和现场检查，根据变压器现场外部检查结果和气体继电器内气体取样分析结果作相应的处理。

1）检查变压器油位。若油位过低，应恢复正常油位。

2）检查变压器本体及强油循环冷却系统是否漏油。如有漏油，可能有空气浸入，应消除漏油。

3）检查变压器的负荷、温度和声音等的变化，判明内部是否有轻微故障。

4）如果气体继电器内无气体，则考虑二次回路故障造成误报警。此时，应将重瓦斯保护由跳闸改投信号，并由继电保护人员检查处理，正常后再将重瓦斯保护投跳闸位置。

5）若变压器外部检查正常，轻瓦斯保护报警由继电器内气体积聚引起时，应记录气体含量和报警时间，并收集气体进行化验鉴定，根据气体鉴定的结果再作出如下相应处理。

a. 气体无色、无味、不可燃者为空气。应放出空气，并注意下次发出信号的时间间隔。若间隔逐渐缩短，应切换至备用变压器供电，短期内查不出原因，应停用该变压器。

b. 气体为可燃且色谱分析不正常时，说明变压器内部有故障，应停用该变压器。

c. 气体为淡灰色，有强烈臭味且可燃，说明为变压器内绝缘材料故障，即纸或纸板有烧损，应停用该变压器。

d. 气体为黑色、易燃烧，为油故障（可能是铁芯烧坏，或内部发生闪络引起油分解），应停用该变压器。

e. 气体为微黄色，且燃烧困难，可能为变压器内木质材料故障，应停用该变压器。

6）如果在调节变压器有载调压分接头过程中伴随轻瓦斯保护报警，可能是有载调压分接头的连接开关平衡电阻被烧坏，应停止调节，待机停用该变压器。

2. 异常处理

根据上述分析，对运行中的变压器应注意以下事项：

（1）变压器在运行中进行加油、放油及充氮时，应先将瓦斯保护改投信号。特别是大容量变压器，以上工作结束后，变压器油位正常、气体继电器内无气体且充满油后，方可将重瓦斯保护投跳闸位置。

（2）变压器运行中带电滤油，更换硅胶、冷油器或油泵检修后投入，在油阀门或油回路上进行工作等，均应事先将重瓦斯保护改投信号，工作结束待24h后无气体产生时，方可投于跳闸。

（3）遇有特殊情况（如地震等），可考虑暂时将重瓦斯保护改投信号。

（4）收集气体继电器内气体时，应注意人身安全，弄清气体继电器内的校验按钮和放气按钮的区别，以免错误操作使瓦斯保护误跳闸。在收集气体过程中，不可将火种靠近气体继电器顶端，以免造成火灾。

二、变压器的事故处理

1. 变压器常见的故障部位

（1）绕组的主绝缘和匝间绝缘故障。变压器绕组的主绝缘和匝间绝缘是容易发生故障的部位。其主要原因是：由于长期过负荷运行，或散热条件差，或使用年限长，使变压器绕组绝缘老化脆裂，抗电强度大大降低；变压器多次受短路冲击，使绕组受力变形，隐藏着绝缘缺陷，一旦遇有电压波动就有可能将绝缘击穿；变压器油中进水，使绝缘强度大大降低而不能承受允许的电压，造成绝缘击穿；在高压绕组加强段处或低压绕组部位，因统包绝缘膨胀，使油道阻塞，影响散热，绕组绝缘由于过热而老化，发生击穿短路；由于防雷设施不完善，在大气过电压作用下，发生绝缘击穿。

（2）引线绝缘故障。变压器引线通过变压器套管内腔引出与外部电路相连，引线是靠套管支撑和绝缘的。由于套管上端帽罩（将军帽）封闭不严而进水，引线主绝缘受潮而击穿，或变压器严重缺油使油箱内引线暴露在空气中，造成内部闪络，都会在引线处发生故障。

（3）铁芯绝缘故障。变压器铁芯由硅钢片叠装而成，硅钢片之间有绝缘漆膜。由于硅钢片紧固不好，使漆膜破坏产生涡流而发生局部过热。同理，夹紧铁芯的穿芯螺丝、压铁等部件，若绝缘破坏，也会发生过热现象。此外，若变压器内残留有铁屑或焊渣，使铁芯两点或多点接地，都会造成铁芯故障。

（4）变压器套管闪络和爆炸。变压器高压侧（110kV及以上）一般使用电容套管，由于瓷质不良有沙眼或裂纹；电容芯子制造上有缺陷，内部有游离放电；套管密封不好，有漏油现象；套管积垢严重等，都可能发生闪络和爆炸。

（5）分接开关故障。变压器分接开关是变压器常见故障部位之一，分接开关分无载调压和有载调压两种。

1）无载分接开关故障。由于长时间靠压力接触，会出现弹簧压力不足，滚轮压力不均，使分接开关连接部分的有效接触面积减小，以及连接处接触部分镀银磨损脱落，引起分接开关在运行中发热损坏；分接开关接触不良，引出线连接和焊接不良，经受不住短路电流的冲击而造成分接开关被短路电流烧坏而发生故障；由于管理不善，调乱了分接头或工作大意造成分接开关事故。

2）有载分接开关故障。带有载分接开关的变压器，分接开关的油箱与变压器油箱一般是互不相通的。若分接开关油箱发生严重缺油，则分接开关在切换中会发生短路故障，使分接开关烧坏，为此，运行中应分别监视两油箱油位。分接开关机构故障有：由于卡塞，使分接开关停在过程位置上，造成分接开关烧坏；分接开关油箱密封不严而渗水漏油，多年不进行油的检查化验，致使油脏污，绝缘强度大大下降，以致造成故障；分支开关切换机构调整不好，触头烧毛，严重时部分熔化，进而发生电弧引起故障。

2. 常见事故处理

（1）重瓦斯保护动作的处理。运行中的变压器，由于变压器内发生故障或继电保护装置及二次回路故障，引起重瓦斯保护动作，使断路器跳闸。重瓦斯保护动作跳闸时，中央事故音响发出笛声，变压器各侧断路器绿色指示灯闪光，“重瓦斯动作”和“掉牌未复归”光字牌亮，重瓦斯信号灯亮，变压器表计指示为零。此时，运行值班人员对变压器应进行如下的检查和处理。

1）检查油位、油温、油色有无变化，检查防爆管是否破裂喷油，检查呼吸器、套管有无异常，变压器外壳有无变形。

2）立即取气样和油样作色谱分析。

3）根据变压器跳闸时的现象（如系统有无冲击，电压有无波动）、外部检查及色谱分析结果，判断故障性质，找出原因。在重瓦斯保护动作原因未查清之前，不得合闸送电。

4）如果经检查未发现任何异常，而确系二次回路故障引起误动作，可将差动及过电流保护投入，将重瓦斯保护投信号或退出，试送电一次，并加强监视。

（2）变压器的过励磁及其预防。当变压器在电压升高或频率下降时都将造成工作磁通密度增加，导致变压器的铁芯饱和称为变压器的过励磁。

电力系统因事故解列后，部分系统的甩负荷过电压、铁磁谐振过电压、变压器分接头连接调整不当、长线路末端带空载变压器或其他误操作、发电机频率未到额定值时过早增加励磁电流、发电机自励磁等情况，都可能产生较高的电压引起变压器过励磁。变压器过励磁时，造成变压器过热、绝缘老化，影响变压器寿命甚至将变压器烧毁。

防止过励磁的关键在于控制变压器温度上升。其办法是加装过励磁保护。当发生过励磁现象时，根据变压器特性曲线和不同的允许过励磁倍数发出报警信号或切除变压器。

（3）变压器着火事故的处理。变压器运行时，由于变压器套管的破损或闪络，使油在油枕油压的作用下流出，并在变压器顶盖上燃烧，变压器内部发生故障，使油燃烧并使外壳破裂等。变压器着火后，应迅速作出如下处理。

1）断开变压器各侧断路器，切断各侧电源，并迅速投入备用变压器，恢复供电。

2）停止冷却装置运行。

3）主变压器及高压厂用变压器着火时，应先解列发电机。

4）若油在变压器顶盖上燃烧时，应打开下部事故放油门放油至适当位置。若变压器内部故障引起着火时，则不能放油，以防变压器发生爆炸。

5）迅速用灭火装置灭火。用干式灭火器或泡沫灭火器灭火，必要时通知消防队灭火。

（4）变压器自动跳闸的处理。变压器自动跳闸的处理详见第十二章第八节的有关内容。

（5）其他。变压器有下列情况之一者，应立即停电进行处理：

1）内部音响很大，很不均匀，有爆裂声。

2）在正常负荷和冷却条件下，变压器温度不正常且不断上升。

3）储油柜或防爆管喷油。

4）漏油致使油面下降，低于油位指示计的指示限度。

5）油色变化过甚，油内出现碳质等。

6）套管有严重的破损和放电现象。

■ 第十一节 变压器的交接试验

一、变压器的试验种类

变压器的试验是验证变压器性能和制造质量、判别变压器是否存在故障的重要手段，试验的种类主要有如下6种。

（1）型式试验。也称设计试验，它是对变压器的结构、性能进行全面鉴定的试验，以确认变压器是否达到设计要求。

（2）出厂试验。它是每台变压器出厂时必须进行的试验，以检验该变压器是否符合原定技术条件的要求，且没有制造上的偶然缺陷。

（3）交接试验。根据合同的技术条件和验收要求，在变压器安装后投入运行前进行试验，以确认该变压器在运输安装过程中未发生损坏或变化，符合投运要求。

（4）预防性试验。在变压器投入运行后，按规程规定的周期，通过测量变压器一、二次电气回路和绝缘状况的试验，以确认变压器能继续运行。

（5）修后试验。变压器的检修分为5类：大修、小修、维护、临时性检修及恢复性大修。变压器的大修周期应根据变压器的构造特点和使用情况确定，其原则如下：

1）变电站的主变压器，一般正式投运5年大修1次，以后每10年1次。

2）充氮与胶囊密封的主变压器，可适当延长大修间隔。对全密封变压器，仅当预防性试验检查和试验结果表明确有必要时，才进行大修。

3）在电力系统中运行的主变压器，当承受出口短路后，应考虑提前大修。

4）有载调压变压器的分接开关部分，当达到制造厂规定的操作次数后，应将切换开关取出检修。

5）500kV变压器不需要进行定期大修，但应每年进行1次维护性检修。

变电站主变压器每年至少小修1次。

变电站主变压器正常性维修每年1次，每3年至少油漆1次。

恢复性检修是在变压器出现故障或缺陷，影响变压器的正常运行甚至迫使变压器退出运行时，对变压器的故障和缺陷进行处理。恢复性检修的目的是消除变压器的故障和缺陷，使变压器能够正常投入运行。

在变压器进行检修后，应根据有关标准和检修部位的特点，进行有针对性的试验，以检验修后的质量并确认变压器能继续运行。

（6）故障跳闸后试验。变压器故障跳闸后，应根据继电保护动作情况，进行有关试验，判明变压器是否发生故障或受到损害，以及故障或受损的性质、部位、部件及程度，进而提出相应检修方案。

二、变压器交接试验项目及其标准

根据GB 50150《电气装置安装工程电气设备交接试验标准》、DL/T 596《电力设备预防性试验规程》及GBJ 148《电气装置安装工程电力变压器、油浸电抗器、互感器施工及验收规范》等技术标准，电力变压器交接试验项目及标准如下。

1. 测量绕组连同套管的直流电阻

通过绕组电阻的测量，可以检查出绕组内部导线的焊接质量、引线连接质量、分接开关载流部分的接触是否良好，绕组中有无匝间短路以及三相电阻是否平衡等。试验应符合下列要求：

（1）测量应在各分接头的所有位置上进行。

（2）1600kVA及以下三相变压器，各相测得值的相互差值应小于平均值的4%，线间测得值的相互差值应小于平均值的2%；1600kVA以上三相变压器，各相测得值的相互差值应小于平均值的2%，线间测得值的相互差值应小于平均值的1%。

（3）变压器的直流电阻，与相同温度下产品出厂实测数值比较，相应变化不应大于2%。不同温度下的电阻值应作相应的修正。

2. 检查所有分接头的变压比

所有分接头的变压比，与制造厂铭牌数据相比应无明显差别，且应符合变压比的规律。电压35kV以下、电压比小于3的变压器电压比允许偏差为±1%，其他所有变压器的额定分接头电压比允许偏差为±0.5%。

3. 检查变压器的三相接线组别和单相变压器引出线的极性

变压器接线组别、极性必须与设计要求及铭牌上的标记和外壳上的符号相符。

4. 测量绕组连同套管的绝缘电阻、吸收比或极化指数[1]

测量绕组连同套管的绝缘电阻、吸收比或极化指数，应符合下列规定：

（1）绝缘电阻值不应低于产品出厂试验值的70%。

（2）当测量温度与产品出厂时的温度不符合时，可按表2-10换算到同一温度时的数值进行比较。

表2-10　油浸式电力变压器绝缘电阻的温度换算系数

温度差 K	5	10	15	20	25	30	35	40	45	50	55	60
换算系数 A	1.2	1.5	1.8	2.3	2.8	3.4	4.1	5.1	6.2	7.5	9.2	11.2

注　表中 K 为实测温度减去20℃的绝对值。

（3）变压器电压等级为35kV及以上且容量在4000kVA及以上时，应测量吸收比。吸收比与产品出厂值相比应无明显差别，在常温下应不小于1.3。

（4）变压器电压等级为220kV及以上且容量为120MVA及以上时，宜测量极化指数。

[1] 绝缘电阻测量，应使用60s的绝缘电阻；吸收比的测量应使用60s与15s绝缘电阻的比值；极化指数应为10min与1min的绝缘电阻的比值。

测得值与产品出厂值相比应无明显差别。

5. 测量绕组连同套管的介质损耗角正切值 tanδ

测量绕组介质损耗因数，对于检测变压器受潮、绝缘劣化、套管缺陷和绝缘油的纯净程度以及非正常的接地或铁芯电位悬浮等均有重要意义。

变压器绕组的介质损耗 tanδ 在油温 20℃时应不大于下列数值：电压等级 35kV 及以下为 1.5%，电压等级 66～220kV 为 0.8%，电压等级 330～500kV 为 0.6%。

测量绕组连同套管的介质损耗角正切值，应符合下列规定：

（1）当变压器电压等级为 35kV 及以上且容量在 8000kVA 及以上时，应测量介质损耗角正切值。

（2）被测绕组的 tanδ 值不应大于产品出厂试验值的 130%。

（3）当测量时的温度与产品出厂试验温度不符合时，可按表 2-11 换算到同一温度时的数值进行比较。

表 2-11　　介质损耗角正切值 tanδ（%）温度换算系数

温度差 K	5	10	15	20	25	30	35	40	45	50
换算系数 A	1.15	1.3	1.5	1.7	1.9	2.2	2.5	2.9	3.3	3.7

注　表中 K 为实测温度减去 20℃的绝对值。

6. 测量绕组连同套管的直流泄漏电流

用逐渐增加外加直流电压，并测量对应的泄漏电流的办法，可得到泄漏电流随外施电压上升的变化规律。对于有缺陷的设备绝缘，外加电压升高到某一值后，绝缘的泄漏电流会随电压的升高而明显增大。例如，对于变压器绝缘受潮、油质劣化、套管开裂和绝缘纸筒沿面放电引起的碳化等缺陷，测量泄漏电流比摇测绝缘电阻更易于被发现。

测量绕组连同套管的直流泄漏电流，应符合下列规定：

（1）当变压器电压等级为 35kV 及以上且容量在 10000kVA 及以上时，应测量直流泄漏电流。

（2）试验电压标准应符合表 2-12 的规定。采用直流高压发生器进行直流泄漏电流试验，当施加试验电压达 1min 时，在高压端读取泄漏电流，泄漏电流值不宜超过表 2-12 的规定。

表 2-12　　油浸式电力变压器直流泄漏电流参考值

绕组额定电压（kV）	直流试验电压（kV）	在不同温度时的绕组泄漏电流参考值（μA）							
		10℃	20℃	30℃	40℃	50℃	60℃	70℃	80℃
3	5	11	17	25	39	55	83	125	178
6～10	10	22	33	50	77	112	166	250	356
20～35	20	33	50	74	111	167	250	400	570
66～330	40	33	50	74	111	167	250	400	570
500	60	20	30	45	67	100	150	235	330

注　1. 绕组额定电压为 13.8kV 及 15.75kV 时，试验电压按 10kV 级标准；18kV 时，按 20kV 级标准。

2. 分级绝缘变压器仍按被试绕组电压等级的标准确定试验电压。

7. 绕组连同套管的交流耐压试验

一般而言，各种试验对绝缘的考验均不如交流耐压试验接近实际，因此，在出厂和交接、大修试验中，为考验设备是否能在电力系统中可靠运行，必须进行交流耐压试验，并符合下列规定：

（1）容量为8000kVA以下，绕组额定电压在110kV以下的变压器，应按表2-13试验电压标准进行交流耐压试验。

（2）容量为8000kVA及以上，绕组额定电压在110kV以下的变压器，在有试验设备时，可按表2-13试验电压标准进行交流耐压试验。

表2-13　　高压电气设备绝缘的工频耐压试验电压标准

额定电压（kV）	最高工作电压（kV）	1min工频耐受电压有效值（kV）																	
		油浸式电力变压器		并联电抗器		电压互感器		断路器、电流互感器		干式电抗器		穿墙套管				支柱绝缘子、隔离开关		干式电力变压器	
												纯瓷和纯瓷充油绝缘		固体有机绝缘					
		出厂	交接	出厂	交接	出厂	交接	出厂	交接	出厂	交接	出厂	交接	出厂	交接	出厂	交接	出厂	交接
3	3.5	18	15	18	15	18	16	18	16	18	18	18	18	18	16	25	25	10	8.5
6	6.9	25	21	25	21	23	21	23	21	23	23	23	23	23	21	32	32	20	17.0
10	11.5	35	30	35	30	30	27	30	27	30	30	30	30	30	27	42	42	28	24
15	17.5	45	38	45	38	40	36	40	36	40	40	40	40	40	36	57	57	38	32
20	23.0	55	47	55	47	50	45	50	45	50	50	50	50	50	45	68	68	50	43
35	40.5	85	72	85	72	80	72	80	72	80	80	80	80	80	72	100	100	70	60
63	69.0	140	120	140	120	140	126	140	126	140	140	140	140	140	126	165	165		
110	126.0	200	170	200	170	200	180	185	180	185	185	185	185	185	180	265	265		
220	252.0	395	335	395	335	395	356	395	356	395	395	360	360	360	356	450	450		
330	363.0	510	433	510	433	510	459	510	459	510	510	460	460	460	459				
500	550.0	680	578	680	578	680	612	680	612	680	680	630	630	630	612				

注　1. 除干式变压器外，其余电气设备出厂试验电压是根据现行国家标准GB 311.1《高压输变电设备的绝缘配合》。

2. 干式变压器出厂试验电压是根据现行国家标准《干式电力变压器》确定的。

3. 额定电压为1kV及以下的油浸式电力变压器交接试验电压为4kV，干式电力变压器为2.6kV。

4. 油浸电抗器和消弧线圈采用油浸式电力变压器试验标准。

8. 绕组连同套管的局部放电试验

变压器绕组连同套管的局部放电试验用以检查变压器经运输、安装后能否投入运行，应符合下列规定：

（1）电压等级为500kV的变压器宜进行局部放电试验；电压等级为220kV及330kV的变压器，当有试验设备时宜进行局部放电试验。

（2）测量电压为$1.3U_m/\sqrt{3}$（U_m为设备的最高电压有效值）时，时间为30min，视在放电量不宜大于300pC。

（3）测量电压为$1.5U_m/\sqrt{3}$时，时间为30min，视在放电量不宜大于500pC。

9. 测量与铁芯绝缘的各紧固件及铁芯接地线引出套管对外壳的绝缘电阻

绝缘电阻应符合下列规定：

（1）进行器身检查的变压器，应测量可接触到的穿芯螺栓、轭铁夹件及绑扎钢带对铁轭、铁芯、油箱及绕组压环的绝缘电阻。

（2）采用2500V绝缘电阻表测量，持续时间为1min，应无闪络及击穿现象。

（3）当轭铁梁及穿芯螺栓一端与铁芯连接时，应将连接片断开后进行试验。

（4）铁芯必须为一点接地，对变压器上有专用的铁芯接地线引出套管时，应在注油前测量其对外壳的绝缘电阻。

10. 非纯瓷套管的试验

变压器非纯瓷套管的试验包括下列内容：

（1）测量绝缘电阻。

（2）测量20kV及以上非纯瓷套管的介质损耗角正切值 $\tan\delta$ 和电容值。

（3）交流耐压试验。

（4）绝缘油的试验。

11. 绝缘油试验

绝缘油试验包括油的品质试验、绝缘性能试验和油中气体分析。当变压器内部发生故障引起局部异常过热时，油及绝缘材料会受热老化，分解并产生气体，这些气体有相当数量会溶解在油中，用色谱分析仪之类的仪器可以检测出油中气体的组分和各种气体含量，进而根据气体组分和含量判断铁芯、绕组的局部过热及其他的轻度故障。

溶解在油中的气体除含有空气外，还有一些其他气体，其中用以借助分析的气体有9种。这9种气体中，H_2、CH_4、C_2H_6、C_2H_4、C_2H_2 几种可燃性气体是判断变压器内部有无异常的主要成分，而 CO、CO_2、CH_4 等气体是判断绝缘材料是否老化的有用成分，且 CO、CO_2 还有助于判断绝缘故障是否发生在固体绝缘上。表2-14列出了各种故障类型产生气体的组分。在DL/T 722《变压器油中溶解气体分析和判断导则》中有详细的气体分析方法，实际使用时应按要求和方法进行判断。

表2-14　　不同故障类型产生的气体组分

故障类型	主要气体组分	次要气体组分
油过热	CH_4，C_2H_2	H_2，C_2H_6
油和纸过热	CH_4，C_2H_2，CO，CO_2	H_2，C_2H_6
油纸绝缘中局部放电	H_2，CH_4，C_2H_2，CO	C_2H_6，CO_2
油中火花放电	C_2H_2，H_2	
油中电弧	H_2，C_2H_2	CH_4，C_2H_4，C_2H_6
油和纸中电弧	H_2，C_2H_2，CO，CO_2	CH_4，C_2H_4，C_2H_6
进水受潮或油中气泡	H_2	

变压器绝缘油的试验，应符合下列规定：

（1）绝缘油试验类别、项目、标准应符合GB 7595《运行中变压器油质量标准》的规定。

（2）油中溶解气体的色谱分析应符合下述规定：电压等级在63kV及以上的变压器，应在升压或冲击合闸前及额定电压下运行24h后，各进行一次变压器器身内绝缘油的油中溶解气体的色谱分析。两次测得的 H_2、C_2H_2、总烃含量，应无明显差别。试验应按现行 GB/T 7252《变压器油中溶解气体分析和判断导则》进行。

（3）油中微量水的测量应符合下述规定：变压器油中的微量水含量，对电压等级为 110kV 的，不应大于 20×10^{-6}；220～330kV 的，不应大于 15×10^{-6}；500kV 的不应大于 10×10^{-6}。

（4）油中含气量的测量应符合下列规定：电压等级为 500kV 的变压器，应在绝缘试验或第一次升压前取样测量油中的含气量，其值不应大于 1%。

12. 有载调压切换装置的检查和试验

有载调压切换装置的检查和试验应符合下列规定：

（1）在切换开关取出检查时，测量限流电阻的电阻值，与产品出厂数值相比应无明显差别。

（2）在切换开关取出检查时，切换开关切换触头的全部动作顺序，应符合产品技术条件的规定。

（3）检查切换装置在全部切换过程中，应无开路现象；电气和机械限位动作正确且符合产品要求；在操作电源电压为额定电压的 85%及以上时，其全过程的切换中应动作可靠。

（4）在变压器无电压下操作 10 个循环。在空载下按产品技术条件的规定检查切换装置的调压情况，其三相切换同步性及电压变化范围和规律，与产品出厂数据相比，应无明显差别。

（5）绝缘油注入切换开关油箱前，其电气强度应符合 GB/T 7595《运行中变压器油质量》的有关规定。

13. 冲击合闸试验

在额定电压下对变压器进行 5 次冲击合闸试验，每次间隔时间宜为 5min，应无异常现象。冲击合闸宜在变压器高压侧进行。对中性点接地的电力系统，试验时变压器中性点必须接地。

14. 检查相位

通过试验检查变压器的相位，必须与电网相位一致。

15. 测量噪声

电压等级为 500kV 的变压器的噪声应在额定电压及额定频率下测量，噪声值不应大于 80dB（A），其测量方法和要求按现行 GB/T 1094.10《电力变压器　第 10 部分：声级测定》的规定进行。

16. 器身检查

（1）变压器到达现场后，应进行器身检查。器身检查可为吊罩或吊器身，或者不吊罩直接进入油箱内进行。当满足下列条件之一时，可不进行器身检查：

1）制造厂规定可不进行器身检查者。

2）容量为 1000kVA 及以下，运输过程中无异常情况者。

3）就地生产仅作短途运输的变压器，如果事先在制造厂进行了器身总装，质量符合要求，且在运输过程中进行了有效的监督，无紧急制动、剧烈振动、冲撞或严重颠簸等异常情况者。

（2）器身检查时，应符合下列规定：

1）周围空气温度不应低于 0℃，器身温度不应低于周围空气温度；当器身温度低于周围空气温度时，应将器身加热，宜使其温度高于周围空气温度 10℃。

2）当空气相对湿度小于 75%时，器身暴露在空气中的时间不得超过 16h。

（3）器身检查的主要项目及标准按 GB 50148《电气装置安装工程　电力变压器、油浸电抗器、互感器施工及验收规范》的有关规定执行。

第三章

架空电力线路的运行

目前，我国已形成1000/500/220/110(66)/35/10/0.4kV和750/330(220)/110/35/10/0.4kV两个交流电压等级序列，以及±500(±400)、±600、±800、±1100kV直流输电电压等级。

从发电厂或变电站，把电力输送到降压变电站的电力线路称为输电线路，电压一般在35kV以上。其中35、110、220kV输电线路称为高压输电线路，330、500、750kV输电线路称为超高压输电线路，1000kV输电线路称为特高压输电线路，±500kV及以下的直流输电线路称为高压直流输电线路，±800kV及以上的直流输电线路称为特高压直流输电线路。

从降压变电站把电力送到配电变压器的电力线路，称为高压配电线路，电压一般为3、6、10kV。从配电变压器把电力送到用电点的线路称为低压配电线路，电压一般为380V或220V。

本章主要介绍超高压及以下电压等级电力线路的技术知识，特高压输电线路技术知识请参阅第十三章。

第一节　架空电力线路的主要元件

输电电力线路按结构分为架空线路和电缆线路。由于架空输电线路结构简单、施工周期短、建设费用低、输送容量大、维护检修方便，而电缆线路的技术要求和施工费用远高于架空线路，所以除了特殊情况（如地面狭窄而线路拥挤或有特殊要求等）外，目前广泛采用架空输电线路。但是线路设备长期露置在大自然环境中，遭受各种气象条件（如大风、覆冰雪、气温变化、雷击等）的侵袭、化学气体的腐蚀及外力的破坏，出现故障的概率较高，因此线路的设计、施工必须符合有关标准的要求，并在运行过程中，加强线路的巡视和维护，以保证连续安全供电。

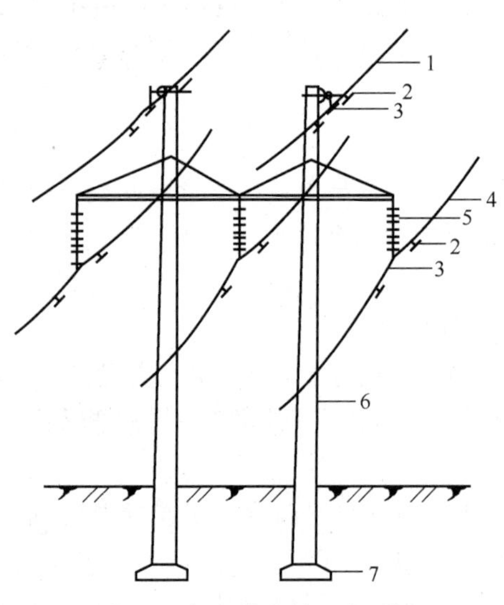

图3-1　架空线路的组成元件

1—避雷线；2—防振锤；3—线夹；4—导线；5—绝缘子；6—杆塔；7—基础

架空输电线路是由绝缘子将导线架设在杆塔上，并与发电厂或变电站互相连接，构成电力系统或电力网，用以输送电能。架空输电线路由导线、避雷线、电杆（杆塔）、绝缘子串和金具等主要元件组成，如图3-1所示。导线用来传导电流，输送电能；避雷线是把雷电流引入大地，以保护线路绝缘免遭大气过电压的破坏；杆塔用来支持导线和避雷线，并使导线和导线间，导线和避雷线间，导线和杆塔间以及导线和大地、公路、铁轨、水面、通信线等被跨越物之间，保持一定的安全距离；绝缘子是用来使导线和杆塔之间保持绝缘状态；金具是用来连接导线或避雷线，将导线固定在绝缘子上，以及将绝缘子固定在杆塔上的金属元件。

一、导线

1. 导线的种类、型号及其特点

导线是线路的主要组成部分，用以传输电能。架空线路的导线不仅要有良好的导电性能，还应具有以下特点：机械强度高、耐磨耐折、抗腐蚀性强及质轻价廉等。

常用的导线材料有铜、铝、钢、铝合金等。各种材料的物理特性见表 3-1。

表 3-1　导线材料的物理特性

材　料	20℃时的电阻率（$\times10^{-6}$，Ωm）	密　度（N/cm³）	抗拉强度（N/mm²）	抗化学腐蚀能力及其他
铜	0.0182	0.089	390	表面易形成氧化膜，抗腐蚀能力强
铝	0.029	0.027	160	表面氧化膜可防继续氧化，但易受酸碱盐的腐蚀
钢	0.103	0.0785	1200	在空气中易锈蚀，须镀锌
铝合金	0.0339	0.027	300	抗化学腐蚀性能好，受振动时易损坏

由表 3-1 可见，铜的导电性能最好，机械强度高、耐腐蚀性强，是一种理想的导线材料。但由于铜相对于其他金属来说用途较广而储量较少，因此，除特殊需要外，架空线路一般都不采用铜导线。

铝的导电率仅次于铜。铝的密度小，采用铝线时杆塔受力较小。但由于铝的机械强度低，允许应力小，所以铝导线只用在档距较小的 10kV 及以下的线路。此外，铝的抗酸、碱、盐的能力较差，故沿海地区和化工厂附近不宜采用。

钢的导电率是最低的，但它的机械强度很高，在线路跨越山谷、江河等特大档距中有时采用钢导线。钢线需要镀锌以防锈蚀。

铝合金是在铝中加入少量镁、硅、铁等元素制成的。它具有质量轻而机械强度较高的优点，其电阻率比铝线略高，但耐振性差，目前尚未大量使用。

若架空线路的输送功率大，导线截面大，对导线的机械强度要求高，而多股单金属铝绞线的机械强度仍不能满足要求时，则把铝和钢两种材料结合起来制成钢芯铝绞线，这样不仅有很好的机械强度，并且有较高的电导率，其所承受的机械荷载则由钢芯和铝线共同负担。这样，既发挥了两种材料的各自优点，又补偿了它们各自的缺点。因此，钢芯铝绞线被广泛地应用在 35kV 及以上的线路中。

钢芯铝绞线简称钢芯铝线，有三种标准类型。

（1）采用 GB 1179—1974《铝绞线及钢芯铝绞线》生产的钢芯铝绞线，俗称老型号导线。早年生产使用、目前尚在电力系统中服役的均是该种导线，按铝、钢截面的不同，它又分为三种类型。

1）普通型钢芯铝线，代号为 LGJ，其铝钢截面比为 5.29～6.00。

2）轻型钢芯铝线，代号为 LGJQ，其铝钢截面比为 8.01～8.07。

3）加强型钢芯铝线，代号为 LGJJ，其铝钢截面比为 4.29～4.39。

铝钢截面比越小，则铝线部分的平均运行张力越大。普通型和轻型钢芯铝线用于一般地区，加强型钢芯铝线用于重冰区或大跨越地段。

钢芯铝导线的截面积不包括钢芯截面积，LGJJ—300 表示额定截面积为 300mm² 加强型钢芯铝导线。各种导线的钢芯截面积是不同的，例如，LGJ 型的钢芯截面积比 LGJQ 型的大，而比 LGJJ 型的小。

（2）采用 GB 1179—1983《铝绞线及钢芯铝绞线》生产的钢芯铝绞线。1983 年后按该标准生产的钢芯铝绞线，逐步推广使用，目前在电力系统中普遍服役的多是这种导线，其不同结构的铝、钢截面比如表 3-2 所示。标称截面为铝 300mm^2、钢 50mm^2 的钢芯铝绞线，表示为 LGJ—300/50。

表 3-2　　不同结构的钢芯铝绞线的铝、钢截面比

结构（根数）		铝钢截面比	结构（根数）		铝钢截面比
铝	钢		铝	钢	
6	1	6.00	30	19	4.37
7	7	5.06	42	7	19.44
12	7	1.71	45	7	14.46
18	1	18.00	48	7	11.34
24	7	7.71	54	7	7.71
26	7	6.13	54	19	7.90
30	7	4.29			

（3）采用 GB/T1179—1999《圆线同心绞架空导线》标准生产的钢芯铝绞线。2000 年后按该标准生产的圆线同心绞架空导线，在电力系统中逐步推广使用。同心绞导线，即在一根中心线芯周围螺旋绞上一层或多层单线组成的导线，其相邻层绞向相反。

按该标准生产的钢芯铝绞线的型号有 JL/G1A、JL/G1B、JL/G2A、JL/G2B、JL/G3A 五种。G1A、G1B 为普通强度钢线，G2A、G2B 为高强度钢线，G3A 为特高强度钢线。

JL/G1A-500-45/7，表示由 45 根硬铝线和 7 根 A 级镀层普通强度镀锌钢线绞制成的钢芯铝绞线，硬铝线的截面积为 500mm^2。

架空线路的导线结构可分为单股线、单金属多股线和复合金属多股绞线三种形式，其中复合金属多股绞线包括钢芯铝绞线、扩径钢芯铝绞线、空心导线、钢铝混绞线、钢芯铝包钢绞线、铝包钢绞线和分裂导线。架空线路各种导线和避雷线断面如图 3-2 所示。

高压架空线路均采用多股绞线。其优点是比同样截面单股线的机械强度高、柔韧性好、可靠性高，而且集肤效应较弱，截面金属利用率高。

为了减少电晕损耗，降低对无线电、电视等的干扰，减小电抗以提高线路的输送能力，高压和超高压送电线路的导线应采用扩径导线、空心导线或分裂导线。因扩径导线和空心导线制造和安装不便，故送电线路多采用分裂导线，分裂导线每相分裂的根数一般为 2～4 根。

分裂导线由数根导线组成一相，每根导线称为次导线，两根次导线间的距离称为次线间距离，一个档距中，一般每隔 30～80m 装一个间隔棒，使次导线间保持次线间距离。两相邻间隔棒间的水平距离称为次档距。

在一些线路的特大跨越档距中，为了降低杆塔高度，要求导线具有很高的抗拉强度和耐振强度，国内外特大跨越档距，一般用强拉力钢绞线，但也有用加强型钢芯铝线和特制的钢铝混绞线和钢芯铝包钢绞线的。

2. 导线在杆塔上的排列方式及线间距离

导线在杆塔头上的布置形式大体上可以分为水平排列、垂直排列和三角形排列三类，三角形排列实际上是前两种方式的结合。

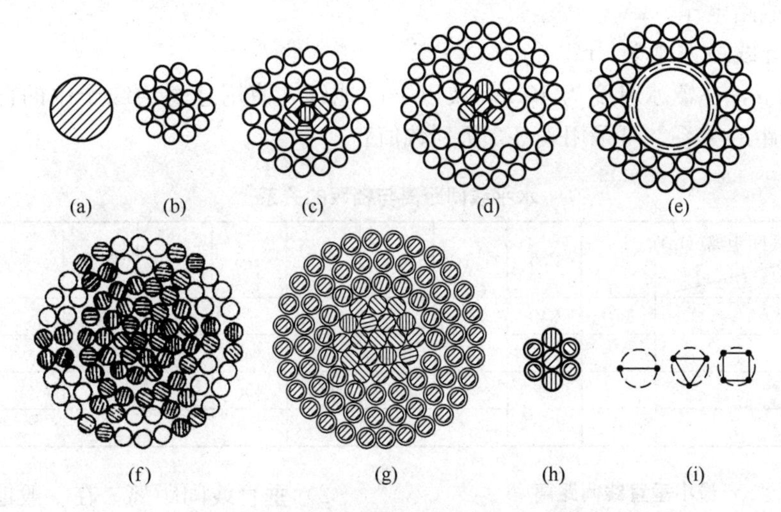

图 3-2　架空线路各种导线和避雷线断面

(a) 单股导线；(b) 单金属多股绞线；(c) 钢芯铝绞线；

(d) 扩径钢芯铝绞线；(e) 空心导线（腔中为蛇形管）；

(f) 钢铝混绞线；(g) 钢芯铝包钢绞线；(h) 铝包钢绞线避雷线；(i) 分裂导线

当导线处于铅垂静止平衡位置时，它们之间的距离称为线间距离。确定导线线间距离，要考虑两方面的情况：一是导线在杆塔上的布置形式及杆塔上的间隙距离，二是导线在档距中央相互接近时的间隙距离。取两种情况的较大者决定线间距离。

(1) 按导线在杆塔上的绝缘配合决定线间距离。以导线采用水平排列为例来说明，见图 3-3。

根据绝缘子风偏角计算出导线水平线间距离为

$$D = 2\lambda\sin\varphi + 2R + b$$

式中　D——导线水平线间距离，m；

λ——悬垂绝缘子串长度，m；

φ——绝缘子半风偏角（根据 R 的不同有三个值），°；

R——最小空气间隙距离，按三种情况（工作电压、外过电压、内过电压）分别计算，m；

b——主柱直径或宽度，m。

图 3-3　导线采用水平排列

由三种电压情况计算出 D，选其中最大值作为线间距离。

(2) 按导线在档距中央的工作情况决定线间距离。水平排列的导线由于非同步摆动在档距中央可能互相接近；垂直排列的导线由于覆冰不均匀或不同时脱冰上下摆动或受风作用而舞动等原因，上下层导线也可能互相接近。为保证必须的相间绝缘水平，必须有一定的线间距离，垂直布置的导线还应保证一定的水平偏移。

1) 水平线间距离。架空送电线路技术规程规定对 1000m 以下档距，导线的水平线间距离一般按下式计算，即

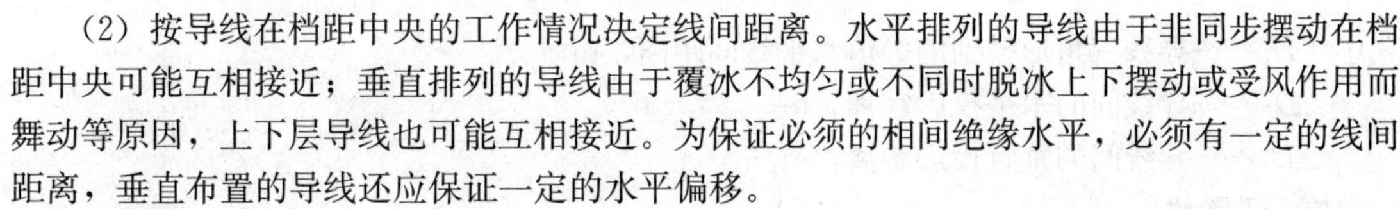

$$D = 0.4\lambda + \frac{U}{110} + 0.65\sqrt{f} \tag{3-1}$$

式中　D——导线水平线间距离，m；

λ——悬垂绝缘子串长度，m；

U——线路电压，kV；

f——导线最大弧垂，m。

一般情况下，在覆冰厚度为10mm及以下的地区，使用悬垂绝缘子串的杆塔，其水平线间距离与档距的关系，可采用表3-3所列数值。

表3-3　水平线间距离与档距的关系　(m)

电压（kV）＼水平线间距离（m）	2	2.5	3	3.5	4	4.5	5	5.5	6	6.5	7
35	170	240	300								
60			265	335	400						
110				300	375	450					
220									525	615	700

表3-4　最小垂直线间距离

线路电压（kV）	35	60	110	220	330	500*
垂直线间距离（m）	2.0	2.25	3.5	5.5	7.5	10

* 建议值。

2）垂直线间距离。在一般地区，导线覆冰情况较少，发生舞动的情况更为少见。因此，规程SDJ 3—1979《架空送电线路设计技术规程》于1979年1月11日颁布执行，水利电力部电力规划设计院按当时水利电力部要求，于1988年5月20日，对该规程进行了补充和修改。该规程推荐导线垂直相间距离可为水平相间距离的0.75倍，即式（3-1）计算结果乘以0.75，并对各级电压线路规定了使用悬垂绝缘子串杆塔的最小垂直距离值，见表3-4。但这一垂直距离的规定，在具有覆冰的地区则不够，尚需考虑导线间的水平偏移才能保证线路的运行安全，所以规程中又对导线间水平偏移的数值作了相应的规定，见表3-5。

表3-5　上下层线间的水平偏移　(m)

线路电压（kV）	35	60	110	220	330	500*
设计冰厚10mm	0.2	0.35	0.5	1.0	1.5	1.75
设计冰厚15mm	0.35	0.5	0.7	1.5	2.0	2.5

* 建议值。

3）三角形排列的线间距离。导线呈三角形排列时，先把其实际的线间距离换算成等值水平线间距离，一般用下式计算，其值不应小于式（3-1）的计算值

$$D_x = \sqrt{D_P^2 + \left(\frac{4}{3}D_z\right)^2}$$

式中　D_x——导线三角形排列的等值水平线间距离，m；

D_P——导线间的水平投影距离，m；

D_z——导线间的垂直投影距离，m。

二、避雷线

避雷线装设在导线上方且直接接地，作为防雷保护之用，以减少雷击导线的机会，提高线路的耐雷水平，降低雷击跳闸率，保证线路安全送电。避雷线一般采用有较高强度的镀锌钢绞线。个别线路或线段由于特殊需要，有时采用铝包钢绞线、钢芯铝绞线或铝镁合金绞线等良导体，但此类线路投资较高，故一般很少采用。而镀锌钢绞线容易加工、便于供应、价格便宜，所以得到广泛采用。

1. 避雷线的功能

避雷线是送电线路最基本的防雷措施之一，具有以下功能：①防止雷直击导线；②雷击塔顶时对雷电流有分流作用，减少流入杆塔的雷电流，使塔顶电位降低；③对导线有耦合作用，降低雷击塔顶时塔头绝缘（绝缘子串和空气间隙）上的电压；④对导线有屏蔽作用，降低导线上的感应过电压。

2. 线路架设避雷线的要求

（1）330kV及500kV线路应沿全线架设双避雷线。

（2）220kV线路应沿全线架设避雷线。在山区宜架设双避雷线，但少雷区除外。

（3）110kV线路一般沿全线架设避雷线。在雷电活动特别强烈地区，宜架设双避雷线。在少雷区或雷电活动轻微地区，可不沿全线架设避雷线，但应装设自动重合闸装置。

（4）60kV线路，在负荷重要且所经地区年平均雷暴日为30天以上地区，宜沿全线架设避雷线。

（5）35kV线路一般不沿全线架设避雷线，仅在变电站1～2km的进出线上架设避雷线。

规程规定，避雷线与导线配合应符合表3-6的要求。

表3-6　常用导线和避雷线配合表

导线型号	LGJ—35 LGJ—50 LGJ—70	LGJ—95 LGJ—120 LGJ—150 LGJ—185 LGJQ—150 LGJQ—185	LGJ—240 LGJ—300 LGJQ—240 LGJQ—300 LGJQ—400	LGJ—400 LGJQ—500及以上
避雷线型号	GJ—25	GJ—35	GJ—50	GJ—70

3. 避雷线保护角及其与导线间的距离

（1）避雷线保护角。避雷线对边导线的保护角应满足防雷的要求，图3-4中对边导线的保护角为

$$\alpha = \arctan\frac{S}{h}$$

式中　α——对边导线的保护角，°；

S——导、地线间的水平偏移，m；

h——导、地线间的垂直距离，m。

α的值一般取20°～30°。330kV线路及双避雷线220kV线路一般采用20°左右；山区单避雷线线路一般采用25°左右；对大跨越档高度超过40m的杆塔，α不宜超过20°；对于发电厂及变电站的进线段，α不宜超过20°，最大不应超过30°。

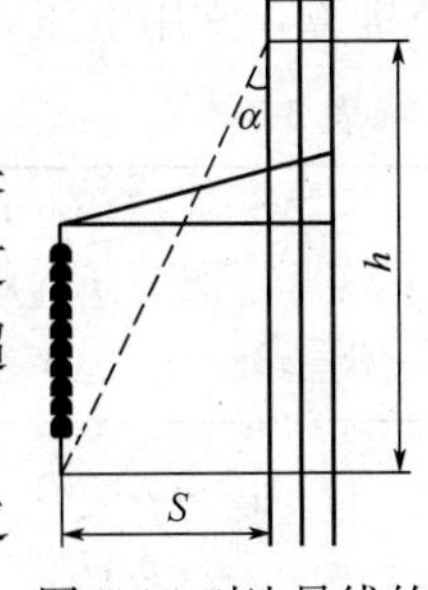

图3-4　对边导线的保护角

（2）避雷线之间及其与导线之间的距离。避雷线之间及其与导线之间的距离应符合以下规定。

1）避雷线和导线的水平偏移应符合表3-5的规定。

2）对双避雷线线路，两避雷线间距离不应超过避雷线与导线间垂直距离的5倍。

3）在档距中央导线与避雷线间的距离。当15℃无风时，在档距中央导线与避雷线间的距离应符合下述要求。

a. 对不是很长的小档距，因在雷电流未达到最大值之前，从杆塔接地装置反射回来的负波已到达雷击点，所以限制了雷击点电位的升高。此时，导线与避雷线之间的距离宜符合下式要求

$$s_1 \geqslant 0.012l + 1$$

式中 s_1——档距中央导线与避雷线间的距离，m；

l——档距，m。

b. 对于较大档距，即档距 $l > v\tau_t$ 时（v 为波的传播速度，取225m/μs；τ_t 为波头长度，一般取2.6μs），来自杆塔的负波在雷电流达到最大值之前尚未到达雷击点，此时雷击点的电压最大值为

$$U = 90I$$

导线与避雷线间的距离应按电压最大值考虑，宜符合下式要求

$$s_2 \geqslant 0.1I$$

上两式中 U——雷击点的电压最大值，kV；

I——耐雷水平，kA；

s_2——档距中央导线与避雷线间的距离，m。

c. 当导线与避雷线间的距离较大，以致间隙的平均运行电压梯度小到不足以建立稳定的工频电弧时，即当 $E \leqslant 6$kV/m（有效值）时，雷电波即使击穿导线与避雷线间的间隙，也不致造成线路跳闸。根据这一条件，导线与避雷线间距离符合下式要求，即能保证安全运行

$$s_3 \geqslant 0.1U_e$$

式中 s_3——导线与避雷线间的距离，m；

U_e——线路额定电压，kV。

在具体档距中，对上述要求，只要满足其中最小的一项即可。例如，对110kV输电线路，其耐雷水平要求40～75kA，设档距为600m，则

$$s_1 = 0.012l + 1 = 0.012 \times 600 + 1 = 8.2(\text{m})$$
$$s_2 = 0.1I = 0.1 \times 75 = 7.5(\text{m})$$
$$s_3 = 0.1U_e = 0.1 \times 110 = 11(\text{m})$$

根据上述三种不同情况的考虑方法可知，避雷线与导线间距离只要满足 s_2 的要求即可。经推算，常用电压等级的三个公式适用的档距范围见表3-7。

表3-7　三个公式适用的档距范围

公式 \ U_e(kV) / I (kA)	35	110	220	330
	30	75	120	140
$s_1 \geqslant 0.012l+1$	167m及以下	542m及以下	917m及以下	1083m及以下
$s_2 \geqslant 0.1I$	167m以上	542m以上	917m以上	1083m以上
$s_3 \geqslant 0.1U_e$	不控制	不控制	不控制	不控制

从表 3-7 可看出，对 110kV 及以上电压等级线路，导线与避雷线间的距离按 s_1 的要求确定是合理的；对 35kV 线路，一般档距为 200m 左右，此时按 s_1 确定的距离略为偏大。

4. 避雷线接地电阻值

根据土壤电阻率的不同，架空电力线路的避雷线的防雷接地装置工频接地电阻一般为 10～30Ω。

三、杆塔

1. 杆塔类型及其特点

架空电力线路中架设导线的支持物总称为杆塔，有钢筋混凝土杆、铁塔及木杆。杆塔用来支持导线和避雷线，以使导线之间、导线与避雷线之间、导线与地面及交叉跨越物之间保持一定的安全距离，保证线路安全运行。

杆塔各组成部分如图 3-5 和图 3-6 所示。

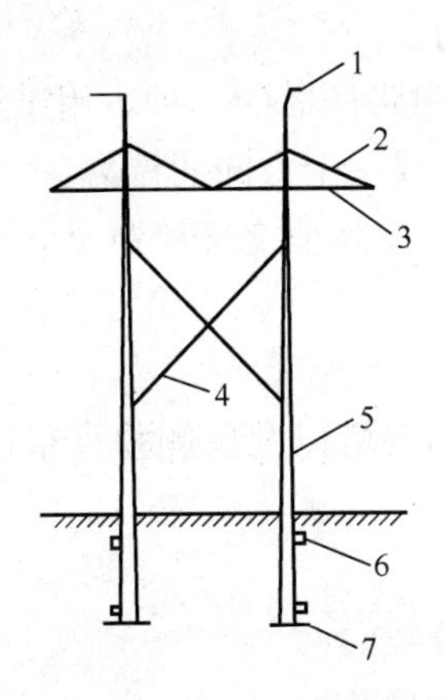

图 3-5　电杆示意图

1—避雷线支架；
2—横担吊杆；3—横担；
4—叉梁；5—电杆；
6—卡盘；7—底盘

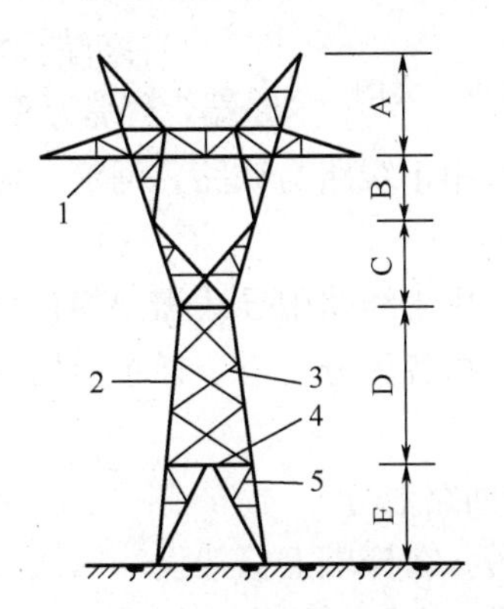

图 3-6　铁塔示意图

A—避雷线支架和横担；B—上曲臂；
C—下曲臂；D—塔身；E—塔腿
1—横担；2—主材；3—斜材；
4—横材；5—辅助材

杆塔类型与线路额定电压和导、地线种类及安装方式、回路数、线路所经过地区的自然条件、线路的重要性等有关，一般的杆塔类型有以下几种。

(1) 按杆塔的作用分。

1) 直线杆塔。又称中间杆塔，用于线路直线中间部分。在平坦的地区，这种杆塔占总数的 80%左右。直线杆塔的导线是用线夹和悬式绝缘子串垂直悬挂在横担上，或用针式绝缘子固定在横担上的。正常情况下，它仅承受导线的重力。直线杆塔一般不带转角，如需要带转角时，其转角不得超过 5°。

2) 耐张杆塔。又称承力杆塔，与直线杆塔相比，强度较大，导线用耐张线夹和耐张绝缘子串或蝶式绝缘子固定在杆塔上。耐张绝缘子串的位置几乎是平行于地面的，杆塔两边的导线用弓子线连接起来。它可以承受导线和地线的拉力。耐张杆塔将线路分隔成若干耐张段，可将倒杆事故限制在一个耐张段内，同时便于线路的施工和检修。耐张杆塔容许带 10° 以内的转角，超过者应按转角杆塔要求设计。

根据 GB 50061《66kV 及以下架空电力线路设计规范》及 DL/T 5092《110～500kV 架空送电线路设计技术规程》，耐张段的长度宜符合下列规定：

a. 10kV 及以下线路耐张段的长度不宜大于 2km。

b. 35kV 和 66kV 线路耐张段的长度不宜大于 5km。

c. 110kV 及以上线路耐张段的长度，单导线线路不宜大于 5km；2 分裂导线线路不宜大于 10km；3 分裂导线及以上线路不宜大于 20km。

3）转角杆塔。用于线路的转角处，有直线型和耐张型两种。转角杆塔的型式是根据转角的大小及导线截面的大小等因素而确定的。

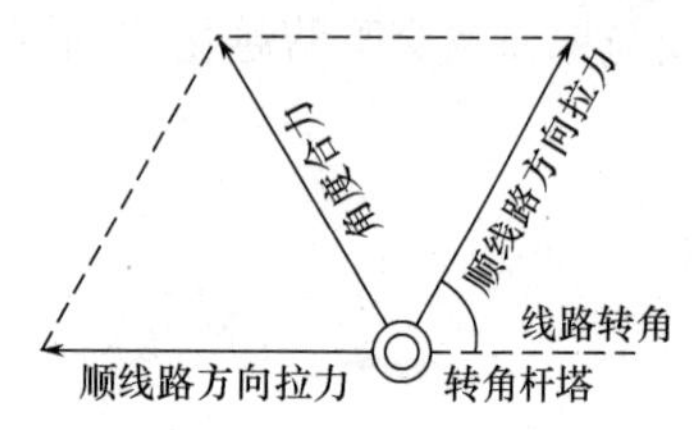

图 3-7　转角杆塔的受力图

转角杆塔立于线路转角处。线路转向内角的补角称为线路转角。转角杆塔两侧导线的张力不在一条直线上，其合力形成角度力，如图 3-7 所示。角度力决定于转角的大小和导线的水平张力，所以转角杆塔除应承受垂直重量和风荷以外，还应能承受较大的角度力。

4）终端杆塔。它是耐张杆塔的一种，用于线路的首端和终端，经常承受导线和地线一个方向的拉力。

5）跨越杆塔。用于线路与铁路、河流、湖泊、山谷及其他交叉跨越处，要求有较大的高度。

6）换位杆塔。用于线路中导线需要换位处。

7）特殊杆塔。指各种分支塔、横担沿塔身对角线布置塔以及单侧垂直布置且带 V 型绝缘子串的杆塔等。

（2）按架设的回路数分。

1）单回路杆塔。在杆塔上只架设一回线路的三相导线。

2）双回路杆塔。在同一杆塔上架设两回线路的三相导线。

3）多回路杆塔。在同一杆塔上架设两回以上的线路，一般用于出线回路数较多，地面拥挤的发电厂、变电站的出线段。

（3）按杆塔的形式分为上字形铁塔、三字形铁塔、倒三字形铁塔、酒杯形铁塔、门形铁塔以及上字形杆、乌骨形杆、π 形杆、A 形杆等。

（4）按杆塔使用的材料分。

1）木杆。由于木杆强度低、易腐朽、寿命短，故已逐渐为钢筋混凝土杆所代替。

2）钢筋混凝土杆。钢筋混凝土杆的混凝土和钢筋粘结牢固，且两者具有几乎相等的温度膨胀系数，不致因膨胀不等产生温度应力而破坏。当电杆受弯时，混凝土受压而钢筋受拉。混凝土又是钢筋的防锈保护层，所以，钢筋混凝土是制造电杆的好材料。

钢筋混凝土杆的优点是：①经久耐用，一般可用 50～100 年之久；②维护简单，运行费用低；③较铁塔节约钢材 40%～60%；④比铁塔造价低，施工期短。其缺点主要是笨重，运输困难，因此对较高的水泥杆，均采用分段制造，现场进行组装，这样可将每段电杆限制在 500～1000kg 以下。

混凝土的受拉强度较受压强度低得多，当电杆杆柱受力弯曲时，杆柱截面一侧受压另一侧受拉，虽然拉力主要由钢筋承受，但混凝土与钢筋一起伸长，这时混凝土外层受拉应力裂开。裂缝较宽时就会使钢筋锈蚀，缩短寿命。防止产生裂缝的最好方法，是在电杆浇铸时对钢筋施行预拉，使混凝土在承载前就受到一个预压应力。当电杆承载时，受拉区的混凝土所受的拉应力与此预应力部分地抵消而不致产生裂缝。这种电杆叫作预应力混凝土电杆。

预应力混凝土杆能发挥高强度钢材的作用，比普通混凝土杆可节约钢材40%左右，同时水泥用量减少，电杆的重量也减轻了。由于它的抗裂性能好，延长了电杆的使用寿命，因此得到了广泛的应用。

3）铁塔。铁塔是用角钢焊接或螺栓连接的（个别有铆接的）钢架。它的优点是坚固、可靠、使用期限长，但钢材消耗量大、造价高、施工工艺复杂、维护工作量大。因此，铁塔多用于交通不便和地形复杂的山区，一般地区的特大荷载的终端，或耐张、大转角、大跨越等特种杆塔。

杆塔选择对送电线路建设速度和经济性、供电的可靠性及维修的方便性等都影响很大。因此，合理选择杆塔形式和结构，是杆塔设计工作的首要环节。

杆塔形式的选择，应通过技术经济方案比较，因地制宜地合理选用。平地、丘陵及便于运输和施工的地区，应优先采用预应力混凝土杆。在运输和施工困难、出线走廊狭窄的地区或采用铁塔具有显著优越性时，方可采用铁塔。

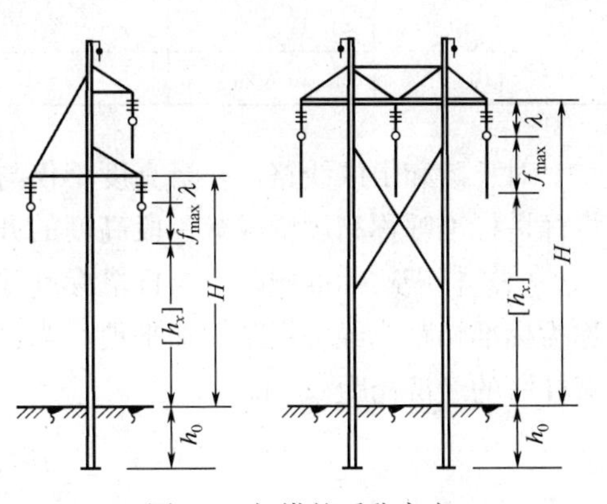

图 3-8　杆塔的呼称高度

2. 杆塔的呼称高度、标准呼称高度及标准档距

（1）杆塔呼称高度。杆塔下横担的下弦边线到地面的垂直距离 H 称为杆塔的呼称高度，见图 3-8。杆塔的呼称高度代表杆塔的使用高度，它是由绝缘子串的长度（包括金具长度）、导线的最大弧垂和导线对地面的限距决定的。即

$$H = \lambda + f_{\max} + [h_x] + \Delta H$$

$$f_{\max} = \frac{l_{\max}^2 g}{8\sigma}$$

式中　H——杆塔呼称高度，m；

λ——绝缘子串的长度，m；

$f_{\max}$——导线的最大弧垂，m；

$l_{\max}$——最大档距，m；

g——导线最大弧垂时的比载；

σ——导线最大弧垂时的应力；

$[h_x]$——导线到地面、水面及被跨越物的安全距离，m；

ΔH——限距裕度，一般按表 3-8 取用，m。

表 3-8　　**限距裕度**　　(m)

档距	<200	200～350	350～600	>600
ΔH	0.5	0.5～0.7	0.7～0.9	1.0

（2）杆塔总高度。杆塔总高度等于呼称高度加上导线间的垂直距离和避雷线支架高度，对于电杆还要加上埋入地下深度 h_0。

（3）标准呼称高度。档距增大，导线的弧垂增大，所用杆塔的呼称高度也随之增大，但档距增大使每千米的杆塔数量减少，故对应每一电压等级的线路，必有一个投资和材料消耗最少的经济呼称高度，称为标准呼称高度。目前各电压等级线路的标准呼称高度见表 3-9。

表 3-9　各级电压线路杆塔的标准呼称高度

电压等级（kV）	标准呼称高度（m）		电压等级（kV）	标准呼称高度（m）	
	钢筋混凝土电杆	铁　塔		钢筋混凝土电杆	铁　塔
35～60	12 左右	—	154	17 左右	18～20
110	13 左右	15～18	220	21 左右	23 左右

对丘陵和山区线路，杆塔高度不仅与档距有关，而且取决于地形条件。因此，一般采用将杆塔标准呼称高度增或减一段高度的办法来解决。增减的高度为 3m 的倍数。

（4）杆塔的标准档距。与杆塔标准呼称高度相应的档距（即充分利用杆塔高度的档距），称为标准档距或经济档距。在平地，当已知杆塔标准呼称高度 H 时，可采用下述公式计算该杆塔的经济档距 l_j，即

$$l_j = \sqrt{\frac{8\sigma}{g}(H - \lambda - h_x - \Delta H)}$$

3. 孤立档距及其运行优点

由于线路进入变电站或跨越障碍物、解决杆塔上拔以及拥挤地区的连续转角等原因，送电线路往往出现两基耐张杆塔相连的情况，这种两基耐张杆塔组成的耐张段，称为孤立档距。

孤立档距在经济上的消耗较一般档距大，但在运行上有以下优点：

（1）可以隔离本档以外的断线事故。

（2）当导线垂直排列时，因两端的挂线点不能移动，当下导线的覆冰脱落时，上下导线在档距中央接近程度大大减小，故可使用较大的档距。

（3）在孤立档距中由于杆塔的微小的挠度，导线、避雷线大大松弛，因此杆塔很少破坏。

孤立档距两侧的耐张绝缘子串使全档导线承受不均匀荷载，其应力和弧垂计算必须考虑绝缘子串的影响，尤其对档距较小的孤立档距，绝缘子串的下垂距离将占全部弧垂的一半甚至更多。如果仍按导线本身的载荷计算应力弧垂，就将使架线张力增加到几倍，甚至达到杆塔或变电站进出线构架破坏的程度。

孤立档距在架线完毕后，两端均有耐张绝缘子串；在紧线观测弧垂时，档内架空线仅紧线固定端连有耐张绝缘子串。后者与连续档距两端的两直线档距的情况相似，但计算上不完全相同。

4. 带电作业的杆塔带电部分与接地部分的最小距离

我国目前普遍采用“同电位”自由带电作业法。为了带电检修的需要，DL 408《电业安全工作规程（发电厂和变电所电气部分）》规定，带电作业的杆塔的带电部分对接地体风

偏后的间隙应满足表 3-10 的距离要求。其相应的气象条件为：气温 15℃，风速 10m/s，无冰（与内过电压情况同）。

表 3-10　　带电作业杆塔带电部分与接地部分的最小距离

电压（kV）	10	35	66	110	154	220	330	500
距离（m）	0.4	0.6	0.7	1.0	1.4	1.8	2.6	3.6

对于带电作业人员停留或工作的部位，最小安全距离应考虑人体的活动范围 0.3～0.5m。

四、绝缘子

1. 绝缘子类型

架空线路的绝缘子用来支持导线并使之与杆塔绝缘。它应具有足够的绝缘强度和机械强度，同时对化学杂质的侵蚀有足够的抵御能力，并能适应周围大气条件的变化，如温度和湿度变化的影响等。

架空电力线路常用的绝缘子类型有：

（1）针式绝缘子。主要用于高、低压配电线路上。

（2）蝶式绝缘子。主要用于高、低压配电线路上。

（3）悬式绝缘子。

1）普通型悬式绝缘子。系列代号为 XP，其后数字表示 1h 机电破坏负荷（t）。

2）悬式钢化玻璃绝缘子。这种绝缘子尺寸小、机械强度高、电气性能好、不易老化、维护方便。当绝缘子有缺陷时，由于冷热剧变或机械过载，即自行破碎，巡线人员很容易用望远镜检查出来。玻璃悬式绝缘子已广泛应用于 35～500kV 线路上。

3）防污悬式绝缘子。在沿海地区和工厂附近的线路，根据需要使用防污悬式绝缘子。

上述悬式绝缘子多组成绝缘子串，用于 35kV 及以上的线路上。

（4）棒式绝缘子。它是一个瓷质整体，可以代替悬垂绝缘子串。由于机械强度低，主要用于 35kV 及以下线路上。

（5）陶瓷横担绝缘子。这是棒式绝缘子的另一种型式，它代替了针式和悬式绝缘子，且省去电杆横担。由于机械强度低，近年很少选用。

（6）合成绝缘子。这是近年来新开发的一种新型绝缘子，可用于 35～500kV 线路上。

2. 悬式绝缘子片数的计算公式及各类杆塔上的绝缘子的片数

（1）直线杆塔悬垂串绝缘子的片数的计算公式。DL/T 5092《110～500kV 架空送电线路设计技术规程》规定，一般地区的线路，绝缘子串或陶瓷横担绝缘子的单位工作电压（额定线电压）泄漏距离应不小于 1.6cm/kV，以保证正常工作电压下不致闪络。因此，为满足工频电压安全运行的条件，悬垂串绝缘子的片数应不小于下式计算的片数，即

$$n = \frac{1.6U_N}{h_x}$$

式中　n——绝缘子片数；

U_N——额定线电压，kV；

h_x——每个绝缘子的泄漏电流距离，cm。

绝缘子的泄漏电流距离指两极间沿绝缘件外表面轮廓的最短距离，如图 3-9 中的 A、B 两点间虚线所示的距离。

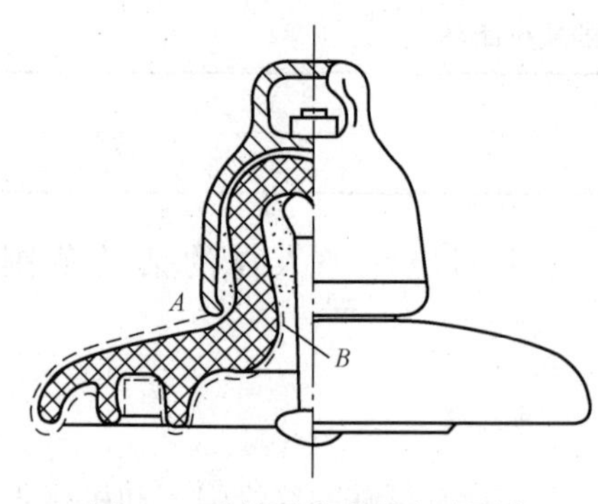

图 3-9　绝缘子的泄漏电流距离

例如：110kV 线路直线杆塔采用 XP-6 型绝缘子时（其泄漏电流距离 29cm），则绝缘子片数为 $\frac{1.6\times110}{29}=6.07$，于是可选用每串 7 片的悬垂串。

（2）各类杆塔上绝缘子的最少片数。确定每一悬垂串上的绝缘子最少片数时，除了应使线路能在工频电压条件下安全可靠地运行外，还应使线路在操作过电压、雷电过电压等各种条件下安全可靠地运行，在某些特殊情况下还须考虑其他有关因素。

根据 DL/T 5092《110～500kV 架空送电线路设计技术规程》及 GB 50061《66kV 及以下架空电力线路设计规范》规定，各类杆塔上绝缘子的最少片数如下。

1）直线杆塔上悬垂串绝缘子的最少片数见表 3-11。

表 3-11　　直线杆塔上悬垂串绝缘子的最小用量表

标称电压（kV）	35	66	110	220	330	500
单片绝缘子的高度（mm）	XP-6	XP-6	146	146	146	155
绝缘子片数（片）	3	5	7	13	17	25

注　35、66kV 直线杆塔上通常使用 XP-6 型单片绝缘子。

2）耐张杆塔上耐张绝缘子串的最小片数。耐张绝缘子串的绝缘子片数应在直线杆塔上悬垂串绝缘子片数的基础上增加，110～330kV 送电线路增加 1 片，500kV 送电线路增加 2 片。这是因为耐张串在正常运行中经常承受较大的导线张力，绝缘子容易劣化。

3）杆塔高度超过 40m 后，每超过 10m 应增加 1 片绝缘子，全高超过 100m 的杆塔，绝缘子的片数应结合运行经验，通过大气过电压的计算确定，以确保高杆塔的耐雷性能满足要求。

4）对于架设在空气中含有工业污染物的地带或接近海岸、盐场、盐湖和盐碱地区的线路，应根据运行经验和可能污染的程度，增加绝缘子的泄漏电流距离。这时宜采用防污型绝缘子或增加普通绝缘子的片数。

若增加普通绝缘子，一级污秽区（盐尘区）应满足单位电压泄漏距离 2.0cm/kV。对 110kV 线路直线杆塔采用 XP-7 型绝缘子的每串片数为 $\frac{2.0U_N}{h_x}=\frac{2.0\times110}{29.5}=7.46$，可取 8 片。

5）以上分析均适于海拔不超过 1000m 地区的线路。对于架设在海拔超过 1000m，但在 3500m 以下地区的线路，如无运行经验时，绝缘子片数可按下式确定，即

$$n=N[1+0.1(H-1)]$$

式中　N——表 3-11 中的绝缘子片数，且考虑了高杆塔增加的片数和污秽区增加的片数；

H——海拔，km。

3．零值绝缘子及其检测法

送电线路的绝缘子串，由于各绝缘子的绝缘电阻和分布电容不同，故电压分布是不够均匀的。若某个绝缘子上承受的分布电压值等于零，该绝缘子称为零值绝缘子，其绝缘电阻值等于零。

零值绝缘子的检测方法：应用特制的绝缘子测试杆在不停电线路的绝缘子上直接进行测试。绝缘子测试杆原理如图 3-10 所示。测量时，将测试杆上的两根电极接触绝缘子的两端（金属部分），根据火花间隙、放电火花的大小来判断绝缘子绝缘的好坏。如果没有放电火花，即为零值绝缘子。

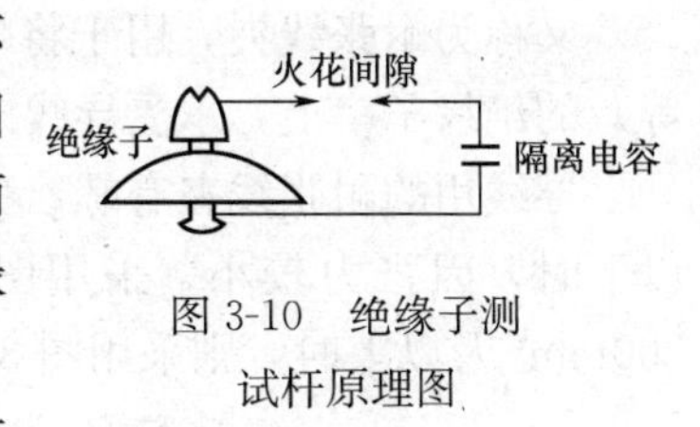

图 3-10　绝缘子测试杆原理图

测量绝缘子的顺序：从靠近横担的绝缘子开始，逐个进行测量，直至把这一串绝缘子测完。

线路上如果有零值或低值绝缘子存在，就相应地降低了绝缘水平，容易发生闪络事故，因此，发现后应及时更换绝缘子。

五、金具

线路金具在架空输电线路中起着支持、紧固、连接、接续、保护导线和避雷线的作用，并且能使拉线紧固。金具的种类很多，按照金具的性能及用途大致可分为以下几种。

1．支持金具

又称为悬垂线夹，如图 3-11 所示。悬垂线夹用于将导线固定在直线杆塔的绝缘子串上；将避雷线悬挂在直线杆塔上；也可以用来支持换位杆塔上的换位或固定非直线杆塔上的跳线（俗称引流线）。悬垂线夹按其性能分为固定型和释放型两类。

（1）固定型悬垂线夹适用于导线和避雷线。线路在正常运行或发生断线时，导线在线夹中都不允许滑动或脱离绝缘子串，因此杆塔承受的断线张力较大。

（2）释放型线夹在正常情况下和固定型一样夹紧导线，但当发生断线时，由于线夹两侧导线的张力严重不平衡，使绝缘子串发生偏斜，偏斜至某特定角度 φ（一般为 35°±5°）时，导线即连同线夹的船形部件从线夹的挂架中脱落，导线在挂架下部的滑轮中，顺线路方向滑落到地面，这样做的目的是为了减小直线杆塔在断线情况下所承受的不平衡张力，从而减轻

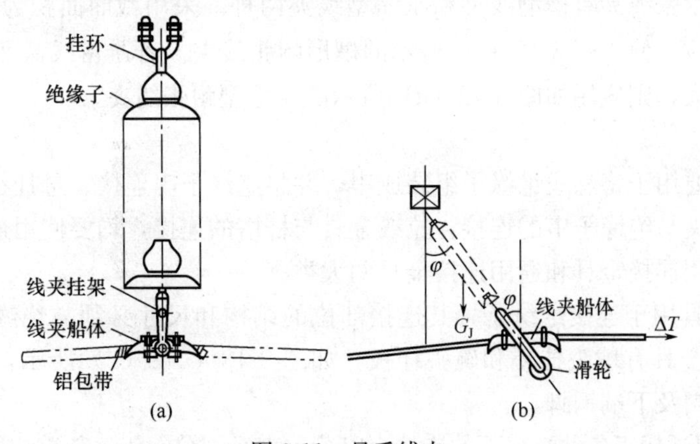

图 3-11　悬垂线夹

（a）固定型；（b）释放型（在动作时）

杆塔的受力。释放线夹使用的场合有限，不适用于居民区或线路跨越铁路、公路、河流以及检修困难地区，也不适宜用在容易发生误动作的线路上，如档距相差悬殊或导线悬挂点高度相差悬殊的山区和重冰区线路等。

2. 紧固金具

又称为耐张线夹，用于将导线和避雷线固定在非直线杆塔（如耐张、转角、终端杆塔等）的绝缘子串上，承受导线或避雷线的拉力。

导线用的耐张线夹有螺栓型耐张线夹和压缩型耐张线夹。当导线截面面积为 240mm² 及以下时，因张力较小，采用图 3-12（a）所示的螺栓型耐张线夹。而当导线截面面积为 300mm² 及以上时，则采用图 3-12（b）所示的压缩型耐张线夹。

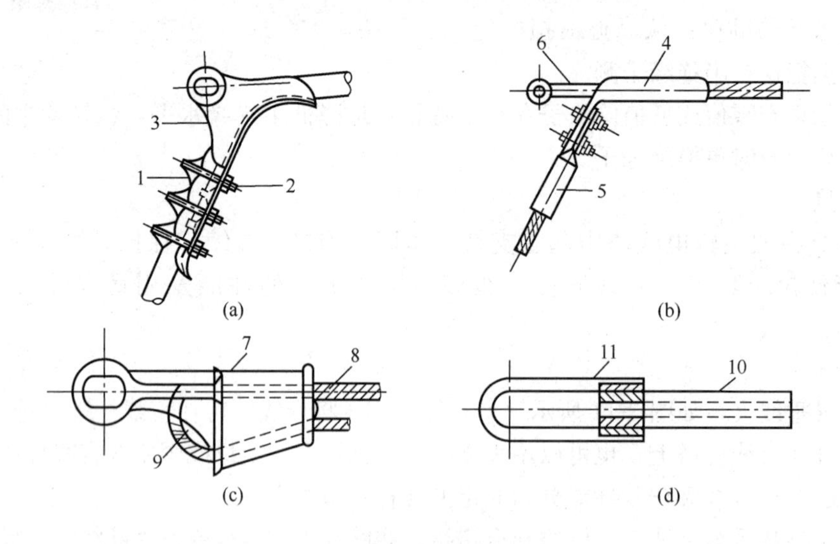

图 3-12　耐张线夹

（a）螺栓型耐张线夹；（b）导线用压缩型耐张线夹；（c）楔形耐张线夹；（d）避雷线用压缩型耐张线夹

1—连接片；2—U 形螺丝；3、7—线夹本体；4—线夹铝管；5—引流板；6—钢锚；8—钢绞线；9—楔子；10—钢管；11—钢锚拉环

避雷线用的耐张线夹有楔型线夹和压缩型线夹两种。采用截面面积为 50mm² 以下的钢绞线作为避雷线时，使用图 3-12（c）所示的楔形耐张线夹。若避雷线截面面积超过 50mm² 时，由于张力较大，则应用如图 3-12（d）所示的压缩型耐张线夹。

3. 连接金具

连接金具主要用于将悬式绝缘子组装成串，并将绝缘子串连接、悬挂在杆塔横担上。悬垂线夹、耐张线夹与绝缘子串的连接，拉线金具与杆塔的连接，均要使用连接金具。根据使用条件，分为专用连接金具和通用连接金具两大类。

专用连接金具用于连接绝缘子，其连接部位的结构和尺寸必须与绝缘子相同。线路上常用的专用连接金具有球头挂环和碗头挂板，如图 3-13（a）、（b）所示，分别用于连接悬式绝缘子上端钢帽及下端钢脚。

通用连接金具适用于各种情况下的连接，以荷重大小划分等级，荷重相同的金具具有互换性。线路上常用的通用连接金具具有直角挂板、U 形挂环、二联板等，如图 3-13（c）、（d）、（e）

所示。

4．接续金具

接续金具用于连接导线及避雷线的端头，接续非直线杆塔的跳线及补修损伤断股的导线或避雷线。

架空线路常用的接续金具有钳接管、压接管、补修管、并沟线夹及跳线线夹等。

导线本身连接时，当其截面面积为 240mm² 及以下时可采用钳接管连接，如图 3-14（a)所示。若导线截面面积为 300mm² 及以上时，因其导线张力较大，如仍采用钳接管连接，其连接强度不能满足要求，故应采用压接管连接，如图 3-14（b）所示。避雷线采用钢绞线时，无论截面大小均采用钢压接管用压接方法连接，如图 3-14（c)所示。

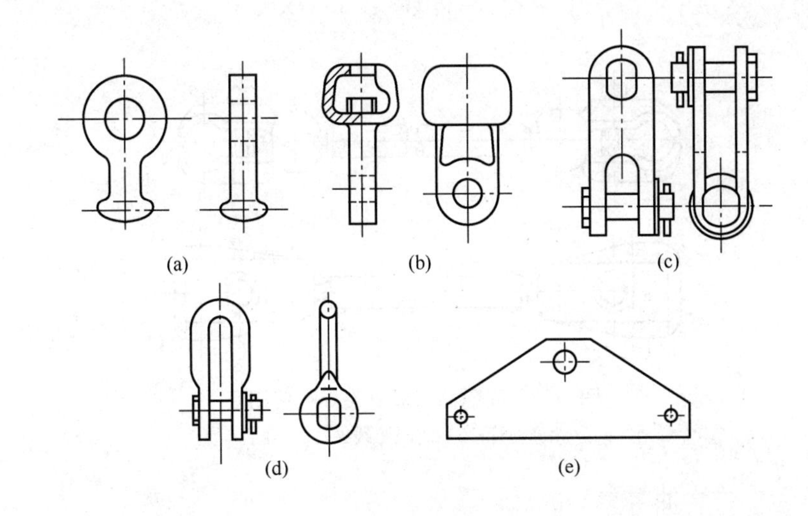

图 3-13　连接金具

（a）球头挂环；（b）碗头挂板；（c）直角挂板；（d）U 形挂环；（e）二联板

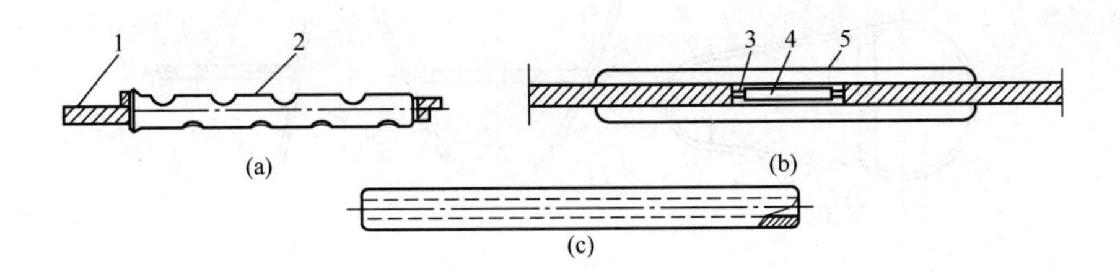

图 3-14　接续金具

（a）导线用钳接管连接；（b）导线用压接管连接；（c）连接钢绞线用的钢压接管

1—导线；2—钳接管；3—导线钢芯；4—钢管；5—铝管

5．保护金具

保护金具分为机械和电气两大类。机械类保护金具是为防止导线、避雷线因受振动而造成断股。电气类保护金具是为防止绝缘子因电压分布不均匀而过早损坏。

线路上常使用的保护金具有防振锤、护线条、间隔棒、均压环、屏蔽环等，如图 3-15～图 3-17 所示。

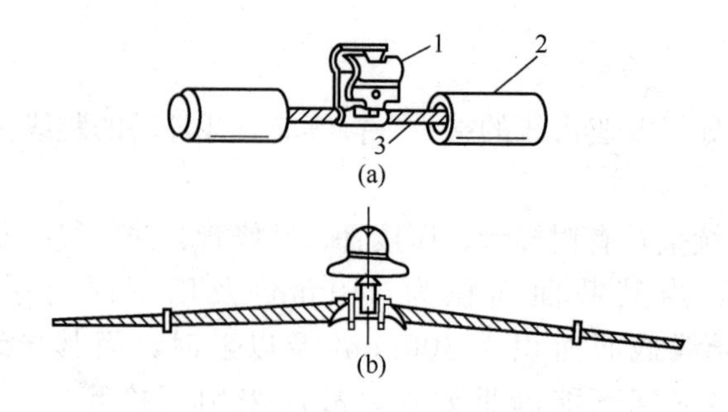

图 3-15　防振锤和护线条

(a) 防振锤；(b) 护线条

1—夹板；2—铸铁锤头；3—钢绞线

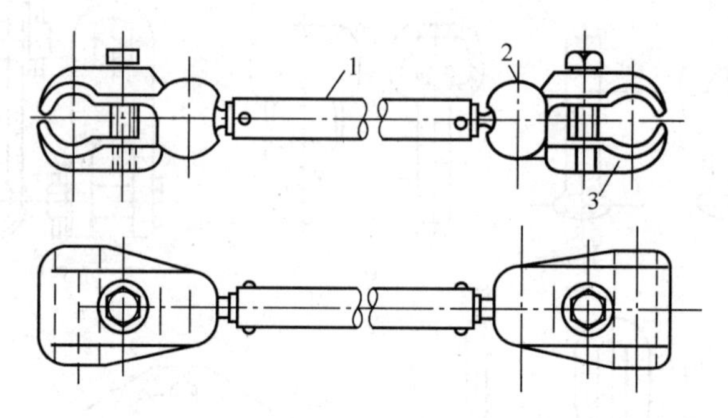

图 3-16　间隔棒（双分裂导线使用）

1—无缝钢管；2—间隔棒线夹；3—压舌

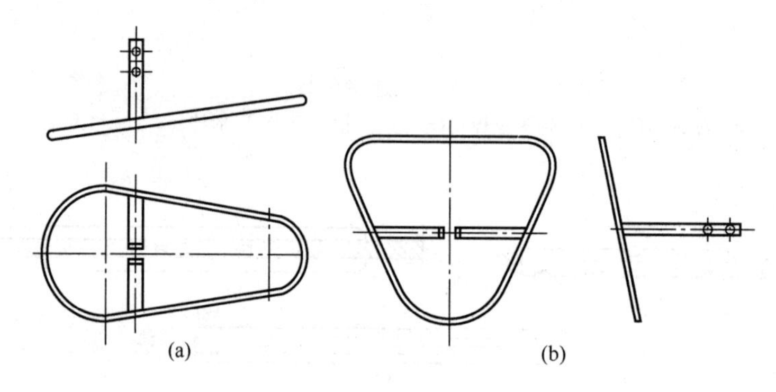

图 3-17　均压环及屏蔽环外形图

(a) 均压环；(b) 屏蔽环

6. 拉线金具

拉线金具主要用于固定拉线杆塔，包括从杆塔顶端引至地面拉线之间的所有零件。根据使用条件，拉线金具可分为紧线、调节和连接三类。紧线零件用于紧固拉线端部，与拉线直接接触，必须有足够的握着力。调节零件用于调节拉线的松紧。连接零件用于拉线组装。

线路常用的拉线金具有楔形线夹、UT 型线夹、拉线用 U 形环、钢线卡子等。拉线的连接方法如图 3-18 所示。

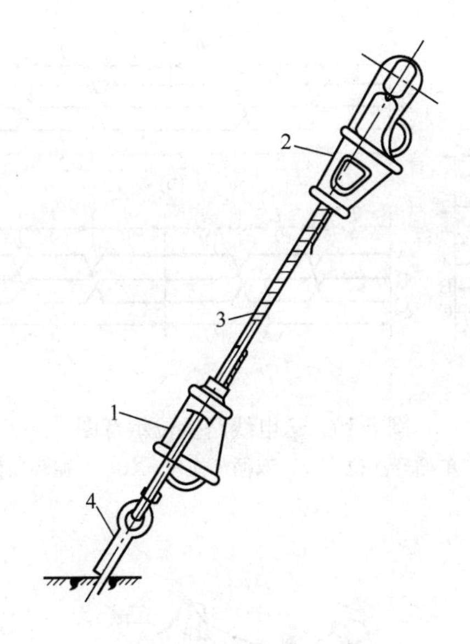

图 3-18　拉线的连接方法

1—可调式 UT 型线夹；2—楔型线夹；

3—镀锌钢绞线；4—拉线棒

第二节　高压输电线路的换位

在高压输电线路上，当三相导线的排列不对称，即三相导线的几何位置不在等边三角形的顶点时，各相导线的电抗就不相等。因此，即使在三相导线中的负荷对称，各相中的压降也不相同。另一方面，由于三相导线的不对称，相间电容和各相对地电容也不相等，从而会有零序电压出现。在中性点直接接地的电力网中，当线路总长度超过 100km 时，均应进行换位，以平衡不对称电流。在中性点非直接接地的电力网中，为降低中性点长期运行中的电位，平衡不对称电容电流，也应进行换位。

一、导线和避雷线的换位

1. 导线换位方法

可以在每条线路上进行循环换位，即让每一相导线在线路的总长中所处位置的距离相等。具体有三种方法，即单循环换位、双循环换位、三循环换位，如图 3-19 所示。

图 3-19（a）为单循环换位示意图。设线路的总长度为 $l$km，当三相导线进行单循环换位时，其上部为两根避雷线进行四处交叉换位，下部为三根导线进行了三处换位，图上分别标出的 $l/6$、$l/3$、$l/12$ 等，为两个换位处之间的距离。每相导线在图上的三个位置（上、中、下）的长度和是相等的，故为完全换位。避雷线换位后在每一位置的长度和为 $l/2$。

图 3-19（b）和（c）分别为双循环换位和三循环换位的示意图，但只表示出了三相导线的换位。双循环及三循环换位均属完全换位，不过其换位处的长度相对地减少了，这对远距离送电线路的安全运行和经济性是有好处的。

2. 导线换位方式

常用的换位方式有滚式换位、耐张塔换位和悬空换位三种，如图 3-20 所示。滚式换位

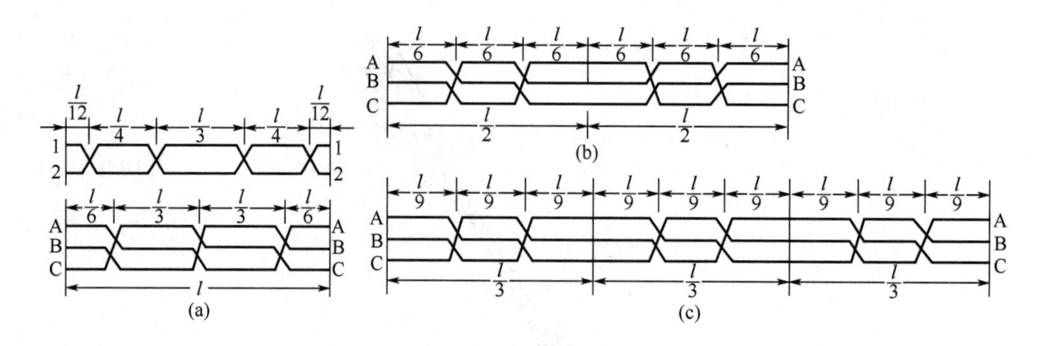

图 3-19　送电线路换位示意图

（a）单循环换位；（b）双循环换位；（c）三循环换位

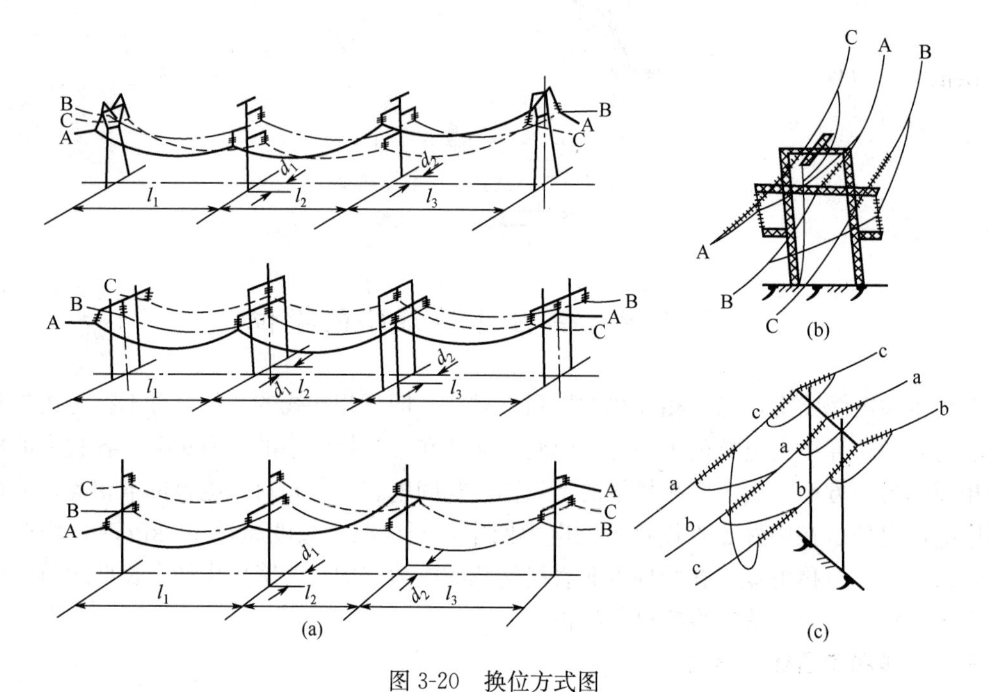

图 3-20　换位方式图

（a）滚式换位；（b）耐张塔换位；（c）悬空换位

的优点是可用于一般形式的杆塔，缺点是换位处有导线交叉现象，易因覆冰不均而引起导线短路，且在档距中导线间的距离不稳定，易接近，因此只广泛应用于轻冰区。耐张塔换位的优点是导线换位时导线间距离较稳定，但需用特殊的耐张塔换位，复杂且不经济，故一般在重冰区使用。悬空换位方式虽在芬兰、瑞典用得较多，我国山西、辽宁等地也曾用过，但因施工和检修不便，故未被普遍推广。

3. 避雷线的换位

为使三相导线对地线的感应电压降至最小，绝缘避雷线也要进行换位。避雷线的换位点应和导线的换位点错开，两线在空间每一位置的总长度应相等。其换位俯视图如图 3-19（a）所示。

二、关于导线换位的有关规定

无论采用上述哪种换位方式，都将增大线路投资，且交叉换位处是线路绝缘的薄弱环节，影响运行的可靠性，所以应对换位的循环数加以限制。

DL/T 5092《110～500kV 架空送电路线设计技术规程》对导线换位的有关规定如下：①在中性点直接接地的电力网中，长度超过 100km 的线路，均应换位。换位循环长度不宜大于 200km。②如一个变电站某级电压的每回出线虽小于 100km，但其总长度超过 200km，可以采用变换各回线路的相序排列或换位的方法，以平衡不对称电流。③中性点非直接接地的电力网，为降低中性点长期运行中的电位，可用换位或变换线路相序排列的方法来平衡不对称电流。

第三节　架空电力线路的运行巡视

一、架空电力线路巡视检查方法

线路巡视检查的目的是经常掌握线路的运行状况，及时发现设备缺陷和隐患，为线路检修提供依据，以保证线路安全运行。线路巡视检查的方法有以下几种。

（1）定期巡视。定期巡视是为了经常掌握线路各部件的运行状况及沿线情况，搞好群众护线工作，并由专责巡视人员负责。35～110kV 线路一般每月进行一次，6～10kV 线路每季至少进行一次。

（2）特殊巡视。特殊巡视是在天气剧烈变化（如大风、大雪、导线结冰、暴雨等）、自然灾害（如地震、河水泛滥、山洪暴发、森林起火等）、线路过负荷和其他特殊情况时，对全线、某几段或某些部件进行巡视，以便及时发现线路的异常情况和部件的变形损坏。

（3）夜间巡视。夜间巡视是为了检查导线、引流线接续部分的发热、冒火花或绝缘子的污秽放电等情况与否。夜间巡视最好在没有光亮或线路供电负荷最大时进行。一般来说，35～110kV 线路每季一次，6～10kV 线路每半年一次。

（4）故障巡视。故障巡视是为了及时查明线路发生故障的原因、故障地点及故障情况，以便及时消除故障和恢复线路供电。所以在线路发生故障后，应立即进行巡视。

（5）登杆塔巡查。登杆塔巡查是为了弥补地面巡视的不足，而对杆塔上部部件的巡查。这种巡查根据需要进行，要专人监护，以防触电伤人。

二、对各种设备元件巡视检查的主要内容

1. 对导线和避雷线巡视检查的主要内容

（1）检查导线、避雷线有无锈蚀、断股、损伤或闪络烧伤。

（2）检查导线、避雷线的弧垂有无变化。

（3）检查导线、避雷线有无上扬、振动、舞动、脱冰跳跃情况。

（4）检查导线接头、连接器有无过热现象。如果发现变色、下雨时有“吱吱”的响声、下雪时不积雪等情况，则说明导线接头、连接器温度过高。有条件的地区，可以用红外线测温仪或半导体点温计测量实际温度。

（5）检查导线在线夹内有无滑动，释放线夹船体有无从挂架中脱出。

（6）检查导线跳线（又称引流线、弓子线）有无断股烧伤、歪扭变形，跳线对杆塔的距离有无变化。

（7）检查导线上、下方或沿线附近有无新架的电力线、电话线及建筑物等。导线对交叉跨越设施的距离是否符合规程要求。

（8）检查导线对地面、交叉跨越设施、线路附近的树木、电视机天线及建筑物等的距离是否符合规程要求。

（9）检查导线、避雷线上有无悬挂的风筝等物。

（10）检查导线上的预绞丝护线条有无滑动、断股或烧伤。

（11）检查防振锤有无跑动、偏斜、螺帽丢失、钢丝断股，检查阻尼线有无变形、烧伤，绑线有无松动。

（12）检查导线与绝缘子的绑线有无松动、烧伤。

2. 对杆塔巡视检查的主要内容

（1）检查杆塔有无倾斜，横担有无歪扭。杆塔及横担的倾（歪）斜度不能超过表3-12中的数值。

表3-12　杆及横担允许倾（歪）斜度

类别	木质杆塔	钢筋混凝土杆	铁塔
杆塔倾斜度（包括挠度）	15‰	15‰	50m及以上为5‰，50m以下为10‰
横担歪斜度	10‰	10‰	10‰

（2）检查杆塔部件有无丢失、锈蚀或变形，部件固定是否牢固，螺栓或螺帽有无丢失或松动，螺栓丝扣是否外露，铆焊处有无裂纹、开焊，绑线有无断裂或松动等。

（3）检查钢筋混凝土杆有无裂纹，旧有的裂纹有无变化，混凝土有无脱落，钢筋有无外露，脚钉有无丢失。

（4）检查木杆及木质构件有无开裂、腐朽、烧焦和鸟洞，帮桩有无松动，木楔是否脱出或变形。

（5）检查杆塔周围土壤有无突起、裂缝或沉陷，杆塔基础有无裂纹、损坏、下沉或上拔，护基有无沉陷或被雨水冲刷。

（6）检查杆塔横担上有无威胁安全的鸟窝及附生蔓藤类植物，杆塔周围有无过高的杂草。

（7）检查杆塔防洪设施有无坍塌、损坏，杆塔是否缺少防洪设施。

（8）检查塔材有无丢失，主材有无弯曲（弯曲度不得超过5‰），基础地脚栓螺母有无松动或丢失。

（9）检查杆塔周围是否有人取土，卡盘、拉线盘有无外露。

3. 对绝缘子巡视检查的主要内容

（1）检查绝缘子表面是否脏污。当绝缘子安装了泄漏电流记录仪时，应检查仪表的动作情况，并记录测得的泄漏电流值。

（2）检查绝缘子有无裂纹、破碎及闪络、烧伤痕迹。

（3）检查绝缘子钢脚、钢帽是否锈蚀，钢脚是否弯曲。

（4）检查绝缘子串和瓷横担有无严重偏斜。直线杆塔悬垂绝缘子串顺线路方向的偏斜不得大于15°。

（5）检查针式绝缘子和瓷横担上固定导线的绑线有无松动、断股或烧伤。

（6）检查悬式绝缘子的弹簧销、开口销有无缺少或脱落，开口销是否张开。

（7）检查金具有无锈蚀、磨损、裂纹或开焊。

三、电力线路的保护区

1. 架空电力线路的保护区

架空电力线路保护区是指导线边线向外侧水平延伸并垂直于地面所形成的两平行面内的区域，它是为了保证已建架空电力线路的安全运行和保障人民生命安全及为客户正常供电而必须设置的安全区域。《电力设施保护条例》关于架空电力线路保护区规定如下。

（1）在一般地区各级电压导线的边线延伸距离如下：

1～10kV：5m；

35～110kV：10m；

154～330kV：15m；

500kV：20m。

（2）在厂矿、城镇等人口密集地区，架空电力线路保护区的区域可略小于上述规定。但各级电压导线边线延伸的距离，应不小于导线边线在最大计算弧垂及最大计算风偏后的水平距离和风偏后距建筑物的水平安全距离之和。

各级电压导线边线在计算导线最大风偏的情况下，距建筑物的水平安全距离如下：

1kV 以下：1.0m；

1～10kV：1.5m；

35kV：3.0m；

66～110kV：4.0m；

154～220kV：5.0m；

330kV：6.0m；

500kV：8.5m。

2. 电力电缆线路保护区

（1）江河电缆保护区的宽度：①敷设于二级及以上航道时，线路两侧各 100m 所形成的两平行线内的水域；②敷设于三级以下航道时，线路两侧各 50m 所形成的两平行线内的水域。

（2）地下电力电缆保护区的宽度为地下电力电缆线路地面标桩两侧各 0.75m 所形成的两平行线内区域。

3. 保护区的其他规定

在保护区内禁止使用机械掘土、种植树木，禁止挖坑、取土、兴建建筑物和构筑物，不得堆放杂物或倾倒酸、碱、盐及其他有害化学物品。任何单位和个人不得在距电力设施 500m（指水平距离）范围内进行爆破作业。

高度超过 4m 的车辆或机械通过架空电力线路时，必须采取安全措施，并经县级以上电力管理部门批准。

第四节　电力线路的污秽分级

一、盐密、爬距及线路爬电比距

（1）盐密。等值附盐密度（俗称盐密）指瓷绝缘表面单位面积上的等值附盐量，单位是 mg/cm^2。它是确定线路、变电站环境污秽等级的依据，也是线路、变电站外绝缘设计的依据。

（2）爬距。沿设备外绝缘表面放电的距离即为电的泄漏距离，也称爬电距离，简称爬距。它是外绝缘重要的参数指标。

（3）线路爬电比距。线路绝缘子串或瓷横担绝缘子的泄漏距离与工作电压（额定线电压）的比值，称为线路爬电比距。当线路实际爬电比距等于或大于某一要求值时，该线路在正常工作电压下将不致闪络。可见，线路爬电比距是线路绝缘子串单位电压的泄漏距离。它是线路设计的重要依据，也是电网安全运行的重要参数。

二、我国高压架空电力线路污秽分级标准

根据 DL/T 5092《110～500kV 架空送电线路设计技术规程》规定，我国高压架空电力线路污秽分级标准见表 3-13。

表 3-13　　高压架空线路污秽分级标准

污秽等级	污湿特征	盐密（mg/cm²）	线路爬电比距（cm/kV）	
			≤220kV	≥330kV
0	大气清洁地区及离海岸盐场 50km 以上无明显污染地区	≤0.03	1.39 （1.60）	1.45 （1.60）
Ⅰ	大气轻度污染地区，工业区和人口低密集区，离海岸盐场 10～50km 地区。在污闪季节中干燥少雾（含毛毛雨）或雨量较多时	＞0.03～0.06	1.39～1.74 （1.60～2.00）	1.45～1.82 （1.60～2.00）
Ⅱ	大气中等污染地区，轻盐碱和炉烟污秽地区，离海岸盐场 3～10km 地区，在污闪季节中潮湿多雾（含毛毛雨）但雨量较少时	＞0.06～0.10	1.74～2.17 （2.00～2.50）	1.82～2.27 （2.00～2.50）
Ⅲ	大气污染较严重地区，重雾和重盐碱地区，近海岸盐场 1～3km 地区，工业与人口密度较大地区，离化学污源和炉烟污秽 300～1500m 的较严重污秽地区	＞0.10～0.25	2.17～2.78 （2.50～3.20）	2.27～2.91 （2.50～3.20）
Ⅳ	大气特别严重污染地区，离海岸盐场 1km 以内，离化学污源和炉烟污秽 300m 以内的地区	＞0.25～0.35	2.78～3.30 （3.20～3.80）	2.91～3.45 （3.20～3.80）

注　爬电比距计算时取系统最高工作电压。表中括号内数字为按标称电压计算的值。

第五节　电力线路的异常运行及事故处理

一、电晕及其防范措施

1. 电晕现象及其危害

电晕是高压带电体表面向空气游离放电的现象。当高压带电体（如高压架空线的导线或其他电气设备的带电部分）的电压达到电晕临界电压，或其表面电场强度达到电晕电场强度（30～31kV/cm）时，在正常气压和温度下，会看到带电体周围出现蓝色的辉光放电现象，这就是电晕。

在恶劣的气候条件下（梅雨、大雾等），电晕临界电压和电场强度还要降低，或者说在同样电压或电场强度下，电晕现象比好天气时更强烈。

由于电晕的辉光放电，对附近的通信设施会产生干扰，影响通信质量。更不利的是会引起电晕损耗，尤其是雨、雪、雾天电晕损耗比好天气时将成倍增加，造成电能的极大浪费。

在目前情况下，设法减少电晕损失，节约电力能源，具有重要的现实意义。

2. 减少电力线路电晕的措施

电晕现象是超高电压下的一种特殊现象，一般110kV以下不会出现电晕，所以不考虑电晕损失。在超高压的情况下，电晕的出现不仅与气温、气压和空气湿度有关，而且与导体的半径有很大关系。当导体半径大时，表面电场强度低，不易发生电晕；反之，导体半径小，表面电场强度大，就易发生电晕。所以，在现代超高压电力线路上，都是采取增大导线直径的办法来限制电晕的产生。在导线的固定线夹上，为了避免电场的过分集中，使金具尖端发生强烈电晕，多用均压环或均压罩加以屏蔽。采用上述措施后，在良好的天气情况下，一般就不会产生电晕，从而也避免了电晕损耗。

在超高压电力线路上，当导线直径大于某一规定值时，就不会产生电晕。330kV以上电压等级的线路几乎都是采用分裂导线，借以增大各相导线的几何半径。

为了降低能量损耗，防止产生电晕干扰，对于110kV及以上电压等级的线路，应按电晕条件校验导线截面，所选导线的直径应不小于表3-14所列数值。

表3-14　　不必验算电晕的导线（适用于海拔低于1000m的地区）

额定电压（kV）	110	220	330	500
导线外径（mm）	9.6	21.3	2×21.3	3×27.4～4×23.7
相应导线型号	LGJ-50	LGJ-240	LGJ-240×2	LGJQ-400×3、LGJQ-300×4

二、输电线路污闪事故的原因及其防范措施

在输电线路经过的地区，工厂的排烟、海风带来的盐雾、空气中飘浮的尘埃和大风刮起的灰尘等，会逐渐积累并附着在绝缘子的表面上，形成污秽层。这些粉尘污物中大多含有酸碱和盐的成分，干燥时导电性不好，遇水后，具有较高的电导系数。所以，当下毛毛雨、积雪融化、遇雾结露等潮湿天气时，污秽使绝缘子的绝缘水平大大降低，从而引起绝缘子闪络，甚至造成大面积停电，这称为线路的污闪事故。

为了防止污闪事故的发生，一般采取下列措施。

（1）定期清扫绝缘子，一般是每年雨季到来之前清扫一次，但还应根据绝缘子所在地段的受污情况及对污样的盐密分析，适当增加清扫次数。清扫绝缘子，可采取停电登杆清扫、不停电用绝缘毛刷清扫或带电强力水冲洗的方法进行。

（2）定期检测和及时更换不良绝缘子，保持线路绝缘子串的绝缘水平。

（3）提高线路绝缘水平或采用防污型绝缘子，在线路经过污秽等级高的地区时，如海边及化工厂附近，可适当增多绝缘子个数，以提高单位泄漏比距，增强整体绝缘强度。也可采用防污型绝缘子，以利于雨水对污秽的冲刷和提高绝缘水平。

（4）对于已经运行的输电线路，当污染严重时，可以采取在绝缘子上涂刷防尘涂料的办法来增强抗污能力，如涂刷有机硅油、有机硅蜡等。有条件时，也可采用半导体釉绝缘子。

三、防止输电线路覆冰的对策

（1）在重冰区的线路，设计时应考虑按30mm冰厚验算杆塔强度、最小安全距离及对地距离等。对连续上、下坡的直线杆塔，应验算对地和对杆塔构件的最小安全距离。

（2）在已运行的线路上，应采取以下措施：

1）安装防冰环和防冰球。按导地线的截距、截面及档距设计安装防冰球，以控制导线

的旋转；安装防冰环，以控制电线的脱冰跳跃。

2）建立线路融冰站。在冰区线路上安装融冰变压器，利用大电流使导线发热融冰。

3）采用复合导线法，现场遥控电线除冰。

四、架空电力线路的防振措施

1. 防振措施

架空电力线常年受风、冰、低温等气象条件的作用。风的作用除使架空线和杆塔产生垂直于线路方向的水平载荷外，还将引起架空线的振动。架空线的振动按频率和振幅可分为振动和舞动两大类。

振动的频率较高而振幅较小。一年中振动的时间长达全年时间的30%～50%，风振动使架空线在悬点处反复被拗折，引起材料疲劳，最后导致断股、断线事故。舞动为频率很低而振幅很大的振动。舞动波为行波与驻波。由于振幅大，有摆动，一次持续几小时，因此容易引起相间闪络，造成线路跳闸、停电或烧伤导线等严重事故。

防振从两方面着手：一是减弱振动；一是增强导线耐振强度。

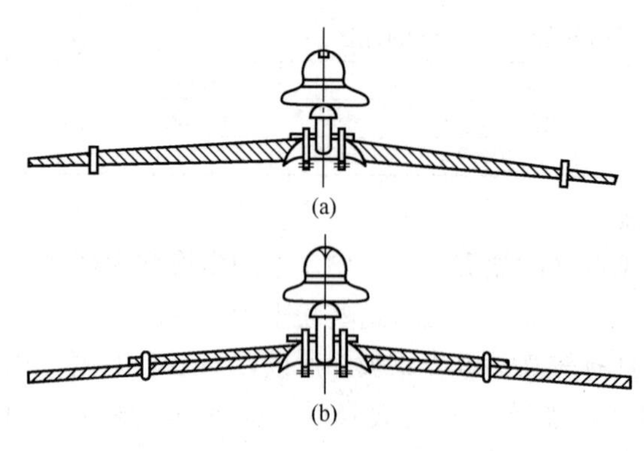

图3-21　护线条和打背线

(a) 护线条；(b) 打背线

(1) 减弱振动的措施。

在可能的情况下避开和减少容易起振的客观因素，但这种可能性往往是比较小的，有时候会大大增加线路投资，反而得不偿失。目前，我国是采用在导线上加装防振装置的方法减弱导线的振动，应用最广泛的防振装置是防振锤，有时也用阻尼线。利用线路的其他设备，例如柔性横担、偏心导线和防振线夹等也可以阻尼导线的振动。

(2) 增强导线的耐振强度。

可以加装护线条或打背线（见图3-21）加强线夹出口处的刚性，减少出口处导线的弯曲应力和挤压应力，减少磨损。护线条或打背线对消耗导线的振动能量，减弱振动也有一定的作用。近年来也用预绞丝来代替护线条。

降低导线的静态应力可以使导线自振频带变窄，并使导线阻尼作用加强，削弱导线振动强度。同时，降低导线静态应力，导线振动时的动态应力对导线的破坏作用也会降低。导线和避雷线的平均运行应力和防振措施应符合表3-15的要求。

表3-15　导线和避雷线的平均运行应力上限和防振措施

情　况	防　振　措　施	平均运行应力上限（瞬时破坏应力的百分比）	
		钢芯铝线	钢绞线
档距不超过500m的开阔地区	不需要	16%	12%
档距不超过500m的非开阔地区	不需要	18%	18%
档距不超过120m	不需要	18%	18%
不论档距大小	护线条	22%	—
不论档距大小	防振锤（线）或另加护线条	25%	25%

2. 防振锤计算

防振锤结构示意图如图3-22所示。它是由一段钢绞线两个重锤连接在一起构成的。钢绞线中部装有一个夹子，用以把防振锤固定在导线上。

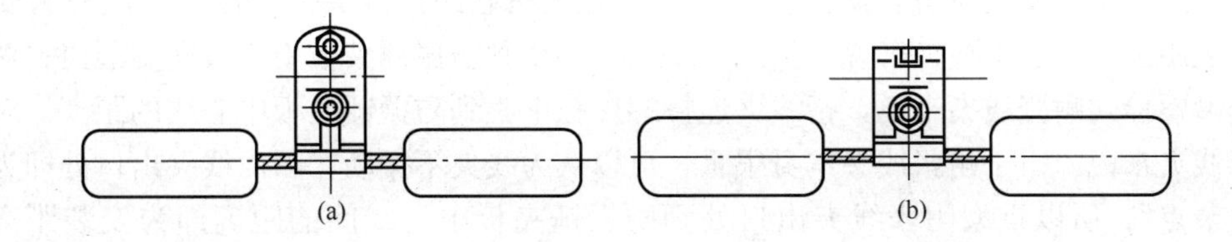

图 3-22　防振锤

(a) 双螺栓式；(b) 绞扣式

当导线振动时，重锤因惯性不断上下甩动，使钢绞线上下弯曲。它造成钢绞线股间及绞线内部分子间的摩擦而消耗一部分能量，使导线的振动在较小的振幅下达到能量平衡。从而限制导线振动的振幅，削弱振动强度。

防振锤的计算主要解决两个问题：一是选择防振锤的质量、型号和个数；二是计算防振锤的安装位置。

(1) 防振锤的选择。防振锤的自振频率要和导线相近，这样，当导线振动时，引起防振锤共振，使两个重锤有较大的甩动，可以有效地消耗导线的振动能量。防振锤的质量应和导线型号适应。当导线直径加大时，其振动能量也随之增加。为了有效地消耗导线振动的能量，防振锤的质量也要增加。防振锤所适用的导线型号，可参考表 3-16。

表 3-16　防振锤型号及适用导线

防振锤型号	型　式	适用导线型号	质量 (kg)
FD-1	双螺栓	LGJ-35～50	1.5
FD-2	双螺栓	LGJ-70～95	2.4
FD-3	绞扣式	LGJ-120～150	4.5
FD-4	绞扣式	LGJ-185～240	5.6
FD-5	绞扣式	LGJ LGJQ-300～400	7.2
FD-6	绞扣式	LGJQ-500～600	8.6
FD-35	双螺栓	GJ-35	1.8
FD-50	双螺栓	GJ-50	2.4
FD-70	绞扣式	GJ-70	4.2
FD-100	绞扣式	GJ-100	5.9

在线路档距较大时，风输给导线的能量比较大，一个防振锤消耗的能量则比较小，不能把振动限制在要求的范围内。所以，在较大档距下，需要装多个防振锤。需要装设的个数可根据经验和实测防振效果决定，对标准防振锤可参考表 3-17。

表 3-17　线路档距较大时装设标准防振锤个数

防振锤型号	导线直径 (mm)	当需要装置下列防振锤个数时的相应档距 (m)		
		1 个	2 个	3 个
FG-50，FG-70，FD-2	$d<12$	<300	>300～600	>600～900
FD-3，FD-4	$12\leqslant d\leqslant 22$	≤350	>350～700	>700～1000
FD-6，FD-5	$d<22\sim37.1$	≤450	>450～800	>800～1200

表 3-16 和表 3-17 中，型号中字母意义：F——防振锤；D——导线（适用）；G——钢绞

线（适用）。字母后数字含义：FD型为适用导线组合号；FG型为适用钢绞线截面面积 mm^2。

（2）防振锤的安装位置。防振锤的安装位置是指它距离线夹的距离，一般称为安装距离。安装距离，对悬垂线夹来说，指悬垂线夹中心线到防振锤夹板中心线间的距离；对压接式或轻型螺栓式耐张线夹来说，指线夹连接螺栓孔中心到防振锤夹板中心线的距离。对螺栓式耐张线夹来说，由于耐张线夹本身很重，可以认为线夹不振动，因而线夹出口处即为导线的“波节点”，所以重型耐张线夹出口处到防振锤夹板中心线间的距离即为安装距离，如图 3-23 所示。

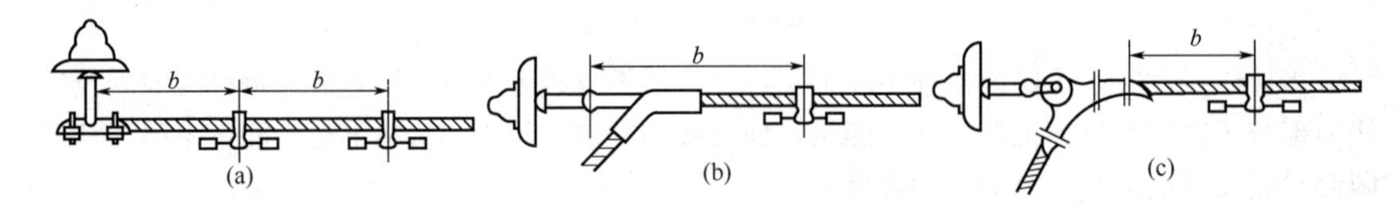

图 3-23　防振锤的安装距离

（a）采用悬垂线夹；（b）采用轻型螺栓式耐张线夹；（c）采用重型螺栓式耐张线夹

防振锤的安装位置和数量取决于架空线路的导线截面和档距的大小，可通过有关公式计算确定。每个档距内安装的数量、型号、具体位置均应在设计图中标明。

当线路档距较大需要安装多个防振锤时，采用等距离安装法，即第一个安装距离为 b，第二个为 $2b$，第三个为 $3b$，依次类推。

五、减少电力线路雷害事故的技术措施

1. 保持线路正常的绝缘水平

按过电压与绝缘相配合的要求，输电线路应按不同电压等级保持相应的绝缘水平，即具有足够的绝缘子串长和空气间隙距离，沿线绝缘应均等，尽量不出现显著的绝缘弱点。高杆塔、大跨越和交叉档，一般应加强绝缘或采取适当的保护措施。

2. 架设避雷线

在一般雷电活动区，110kV 及以上输电线路均应架设 1～2 根避雷线，其保护角 $\alpha<30°$。35kV 及以下或我国西北等少雷区的输电线路，通常可以不架设避雷线。

3. 降低杆塔的接地电阻

在一般土壤电阻率的地区，输电线路杆塔的接地电阻应不大于 10Ω。但过分降低接地电阻并不能起到事半功倍的作用。

4. 广泛采用自动重合闸

实践证明，输电线路的雷害故障大多是非永久性的。35～220kV 线路出线断路器配备自动重合闸装置能显著降低线路雷害事故率。

5. 系统中性点采用消弧线圈接地方式

35kV 及以下中性点不接地系统，当单相接地电容电流超过规定值时，其中性点应装设消弧线圈，从而使雷雨季节中的雷害事故发生率大大减少。

六、电网单相接地故障的寻找及处理

1. 接地的危害

在中性点直接接地的大电流接地系统中，如发生一相接地时，则形成单相接地短路，此时接地电流很大，会引起零序保护动作而断开故障设备或线路。

在中性点不接地、经高电阻接地或经消弧线圈接地的小电流接地系统中，如发生一相接地时，则可短时继续运行而不切断故障点。带接地故障运行的时间如下：

（1）当电网经消弧线圈接地时，其允许带接地故障运行的时间决定于消弧线圈的允许条件，但应监视消弧线圈的上层油温，不应超过85℃（最高限值为95℃）。

（2）当电网是由发电机直接供电时，为了防止发电机再发生一点接地而形成两点接地短路将铁芯烧坏，则带接地运行的时间不超过2h。

在小电流接地系统中，若一相接地时，未接地相对地电压升高为相电压的$\sqrt{3}$倍，当间歇性电弧接地时，则未接地相对地电压升高2.5～3倍。由于未接地相产生过电压，可能使其中一相的绝缘被击穿，发展成为两点接地短路；由于在接地相产生电弧，对相间绝缘有热作用，使接地故障可能发展成为两相接地短路；又因电弧是活动的而且可能很长，若跳到其他相上，也能形成两相接地短路，因此，值班人员应以最短的时间找出接地点，并及时隔离故障点。

2. 发生接地的原因

（1）设备绝缘不良。如绝缘老化、受潮、绝缘子有裂纹、绝缘子表面太脏等，致使绝缘破坏，形成接地。

（2）动物及鸟类引起接地。如送电线路上有较大的鸟，便可能会使线路短路或接地。在设备上若有动物爬上，也可能引起接地或短路。

（3）线路断线或雷雨、大风等造成接地。

3. 接地时的现象

当小电流接地系统发生单相接地时，则有下列现象：

（1）接地光字牌亮，警铃响。

（2）绝缘监视电压表三相指示值不同，接地相电压降低或等于零，其他两相电压升高为线电压，此时为稳定性接地。

（3）若绝缘监视电压表指示值不停地摆动，则为间歇性接地。

（4）接地自动装置可能启动。

4. 寻找接地点的方法

发电厂和变电站值班人员应按值班调度员的命令寻找接地点。若接地的电网只连接着一个发电厂或变电站，则可由该发电厂或变电站值班人员单独寻找接地点。

（1）如接地自动选择装置已启动，则应首先观察其选择情况。若自动装置选出某一送电线路时，则应与客户联系。

（2）利用并联电源转移负荷，以检查接地点。

（3）如接地自动选择装置未检出，则可采用分割系统法将电网分开，以缩小接地范围。在电网分开时，应考虑保持功率平衡、保护装置的动作应互相配合及消弧线圈的补偿调整（调整分接头）。

（4）电网分开后，可能只有一个部分接地，于是就能进一步寻找接地点，利用自动重合闸对线路作短时的拉、合闸试验，其顺序如下：

1）双回路或有其他电源的线路。

2）把分支最多、线路最长、负荷最轻和最不重要的线路列在前面。

3）分支较少、线路较短、负荷较重的线路。

4）接在配电装置中母线上的设备，如避雷器、互感器等。

5）检查电源，如变压器和发电机。

6）检查母线，用倒换备用母线的方法检查母线系统。

值班人员在短时选切联络线或环状线路时，两侧断路器均应切断，在切断之前，应注意不使其他线路过负荷。

（5）操作人员应考虑绝缘监视电压表的误指示。当各相对地电容值相差很大时，或供电给监视电压表的电压互感器熔断器熔断时，以及当接成星形—三角形的供电变压器一次侧一相断开时，均会使监视电压表指示错误。

5. 处理接地故障时的注意事项

（1）发生接地故障时，应严密监视电压互感器，防止其发热严重。

（2）当发生不稳定性接地，并危及系统设备的安全时，可将故障相的断路器人工接地，然后再进行寻找处理。

（3）不得用隔离开关断开接地点，如必须用隔离开关断开接地点（如接地故障发生在母线隔离开关与断路器之间）时，可将故障相经断路器作辅助接地，然后再用隔离开关断开接地点。

■ 第六节　线路与其他设施交叉跨越规定

GB 50061《66kV及以下架空电力线路设计规范》及DL/T 5092《110～500kV架空送电线路设计技术规程》的有关规定如下。

一、送电线路与弱电线路的交叉角

送电线路与弱电线路的交叉角见表3-18。

表3-18　送电线路与弱电线路的交叉角

弱电线路等级	一　级	二　级	三　级
交叉角（°）	≥45	≥30	不限制

二、导线与地面的最小距离

导线与地面的最小距离见表3-19。

表3-19　导线与地面的最小距离　（m）

线路经过区域	线路电压（kV）					
	<3	3～10	35～110	220	330	500
人口密集地区	6.0	6.5	7.0	7.5	8.5	14
人口稀少地区	5.0	5.5	6.0	6.5	7.5	11（10.5）
交通困难地区	4.0	4.5	5.0	5.5	6.5	8.5

注　非居民区500kV送电线路距地面11m用于导线水平排列，括号内的10.5m用于导线三角排列。

三、导线与建筑物之间的最小垂直距离及边导线与建筑物之间的最小距离

导线与建筑物之间的最小垂直距离及边导线与建筑物之间的最小距离见表3-20。

表3-20　导线与建筑物之间的最小垂直距离及边导线与建筑物之间的最小距离

线路电压（kV）	<3	3～10	35	66	110	220	330	500
最小垂直距离（m）	2.5	3.0	4.0	5.0	5.0	6.0	7.0	9.0
最小距离（m）	1.0	1.5	3.0	4.0	4.0	5.0	6.0	8.5

注　边导线与建筑物之间的最小距离中，导线与城市多层建筑物或规划建筑物之间的距离指水平距离。

四、架空线路交叉最小垂直距离

架空线路交叉最小垂直距离见表 3-21。

表 3-21　　架空线路交叉最小垂直距离

线路电压（kV）	<3	3～10	35～110	220	330	500
最小垂直距离（m）	1.0	2.0	3.0	4.0	5.0	6.0（8.5）

注　1. 括号内的数值用于跨越杆（塔）顶。

2. 电压较高的线路一般架设在电压较低线路的上方。

3. 同一等级电压的电网公用线应架设在专用线上方。

五、3～66kV 架空电力线路与铁路、公路、河流、管道、索道及各种架空线路交叉或接近的基本要求

3～66kV 架空电力线路与铁路、公路、河流、管道、索道及各种架空线路交叉或接近的基本要求见表 3-22。

表 3-22　　架空电力线路与铁路、公路、河流、管道、索道及各种架空线路交叉或接近的基本要求

<table>
<tr><th colspan="2">项目</th><th colspan="3">铁　路</th><th>公路和道路</th><th colspan="2">电车道（有轨及无轨）</th><th colspan="2">通航河流</th><th colspan="2">不通航河流</th><th>架空明线弱电线路</th><th>电力线路</th><th>特殊管道</th><th>一般管道、索道</th></tr>
<tr><td colspan="2">导线或地线在跨越档接头</td><td colspan="3">标准轨距：不得接头
窄轨：不限制</td><td>高速公路和一、二级公路及城市；一、二级道路：不得接头；三、四级公路和城市三级道路：不限制</td><td colspan="2">不得接头</td><td colspan="2">不得接头</td><td colspan="2">不限制</td><td>一、二级：不得接头；三级：不限制</td><td>35kV 及以上：不得接头 10kV 及以下：不限制</td><td>不得接头</td><td>不得接头</td></tr>
<tr><td colspan="2">交叉档导线最小截面积</td><td colspan="14">35kV 及以上采用钢芯铝绞线为 35mm²，10kV 及以下采用铝绞线或铝合金线为 35mm²，其他导线为 16mm²</td></tr>
<tr><td colspan="2">交叉档绝缘子固定方式</td><td colspan="3">双固定</td><td>高速公路和一、二级公路及城市一、二级道路为双固定</td><td colspan="2">双固定</td><td colspan="2">双固定</td><td colspan="2">不限制</td><td>10kV 及以下线路跨一、二级为双固定</td><td>10kV 线路跨 6～10kV 线路为双固定</td><td>双固定</td><td>双固定</td></tr>
<tr><td rowspan="4">最小垂直距离（m）</td><td>线路电压（kV）</td><td>至标准轨顶</td><td>至窄轨轨顶</td><td>至承力索或接触线</td><td>至路面</td><td>至路面</td><td>至承力索或接触线</td><td>至常年高水位</td><td>至最高航行水位的最高航桅顶</td><td>至最高洪水位</td><td>冬季至冰面</td><td>至被跨越线</td><td>至被跨越线</td><td>至管道任何部分</td><td>至管道、索道任何部分</td></tr>
<tr><td>35～66</td><td>7.5</td><td>7.5</td><td>3.0</td><td>7.0</td><td>10.0</td><td>3.0</td><td>6.0</td><td>2.0</td><td>3.0</td><td>6.0</td><td>3.0</td><td>3.0</td><td>4.0</td><td>3.0</td></tr>
<tr><td>3～10</td><td>7.5</td><td>6.0</td><td>—</td><td>7.0</td><td>9.0</td><td>3.0</td><td>6.0</td><td>1.5</td><td>3.0</td><td>5.0</td><td>2.0</td><td>2.0</td><td>3.0</td><td>2.0</td></tr>
<tr><td><3</td><td>7.5</td><td>6.0</td><td>—</td><td>6.0</td><td>9.0</td><td>3.0</td><td>6.0</td><td>1.0</td><td>3.0</td><td>5.0</td><td>1.0</td><td>1.0</td><td>1.5</td><td>1.5</td></tr>
</table>

续表

项目		铁　路		公路和道路			电车道(有轨及无轨)		通航河流	不通航河流	架空明线弱电线路		电力线路		特殊管道	一般管道、索道
最小水平距离(m)	线路电压(kV)	杆塔外缘至轨道中心		杆塔外缘至路基边缘			杆塔外缘至路基边缘		边导线至斜坡上缘(线路与拉纤小路平行)		边导线间		至被跨越线		边导线至管道、索道任何部分	
		交叉	平行	开阔地区	路径受限制地区	市区内	开阔地区	路径受限制地区			开阔地区	路径受限制地区	开阔地区	路径受限制地区	开阔地区	路径受限制地区
	35～66	30	最高杆(塔)高加3m	交叉：8.0；平行：最高杆塔高	5.0	0.5	交叉：8.0；平行：最高杆塔高	5.0	最高杆(塔)高		最高杆(塔)高	4.0	最高杆(塔)高	5.0	最高杆(塔)高	4.0
	3～10	5		0.5	0.5	0.5	0.5	0.5				2.0		2.5		2.0
	<3	5		0.5	0.5	0.5	0.5	0.5				1.0		2.5		1.5
其他要求		不宜在铁路出站信号机以内跨越							最高洪水位时，有抗洪抢险船只航行的河流，垂直距离应协商确定		电力线路应架设在上方；交叉点应尽量靠近杆塔，但不应小于7m(市内除外)		电压较高线路应架设在电压较低线路上方；电压相同时公用线应在专用线上方		与索道交叉，如索道在上方，索道下方应装设保护措施；交叉点不应选在管道检查井(孔)处；与管、索道平行、交叉时，管、索道应接地	

注　1. 特殊管道指架设在地面上输送易燃、易爆物的管道。
2. 管、索道上的附属设施应视为管道、索道的一部分。

六、110～500kV架空电力线路与铁路、公路、河流、管道、索道及各种架空线路交叉或接近的基本要求

110～500kV架空电力线路与铁路、公路、河流、管道、索道及各种架空线路交叉或接近的基本要求见表3-23。

表 3-23　送电线路与铁路、公路、河流、管道、索道及各种架空线路交叉或接近的基本要求

<table>
<tr><td colspan="2">项　目</td><td colspan="4">铁　路</td><td colspan="2">公　路</td><td colspan="2">电车道(有轨及无轨)</td><td colspan="2">通航河流</td><td colspan="2">不通航河流</td><td colspan="2">弱电线路</td><td colspan="2">电力线路</td><td>特殊管道</td><td>索　道</td></tr>
<tr><td colspan="2">导线或地线在跨越档内接头</td><td colspan="4">标准轨距:不得接头;
窄　轨:不限制</td><td colspan="2">高速公路、一级公路:不得接头;
二、三、四级公路:不限制</td><td colspan="2">不得接头</td><td colspan="2">一、二级:不得接头;
三级及以下:不限制</td><td colspan="2">不限制</td><td colspan="2">不限制</td><td colspan="2">110kV 及以上线路:不得接头;
110kV 以下线路:不限制</td><td>不得接头</td><td>不得接头</td></tr>
<tr><td colspan="2">邻档断线情况的检验</td><td colspan="4">标准轨距:检验
窄　轨:不检验</td><td colspan="2">高速公路、一级公路:检验;
二、三、四级公路:不检验</td><td colspan="2">检　验</td><td colspan="2">不检验</td><td colspan="2">不检验</td><td colspan="2">Ⅰ级:检验;
Ⅱ、Ⅲ级:不检验</td><td colspan="2">不检验</td><td>检　验</td><td>不检验</td></tr>
<tr><td rowspan="2">邻档断线情况的最小垂直距离(m)</td><td>标称电压(kV)</td><td colspan="3">至轨顶</td><td>至承力索或接触线</td><td colspan="2">至路面</td><td>至路面</td><td>至承力索或接触线</td><td colspan="4">—</td><td colspan="2">至被跨越物</td><td colspan="2">—</td><td>至管道任何部分</td><td>—</td></tr>
<tr><td>110</td><td colspan="3">7.0</td><td>2.0</td><td colspan="2">6.0</td><td>—</td><td>2.0</td><td colspan="4">—</td><td colspan="2">1.0</td><td colspan="2">—</td><td>1.0</td><td>—</td></tr>
<tr><td rowspan="3">最小垂直距离(m)</td><td rowspan="2">标称电压(kV)</td><td colspan="3">至轨顶</td><td rowspan="2">至承力索或接触线</td><td colspan="2" rowspan="2">至路面</td><td rowspan="2">至路面</td><td rowspan="2">至承力索或接触线</td><td rowspan="2">至五年一遇洪水位</td><td rowspan="2">至最高航行水位的最高船桅顶</td><td rowspan="2">至百年一遇洪水位</td><td rowspan="2">冬季至冰面</td><td colspan="2" rowspan="2">至被跨越物</td><td colspan="2" rowspan="2">至被跨越物</td><td rowspan="2">至管道任何部分</td><td rowspan="2">至索道任何部分</td></tr>
<tr><td>标准轨</td><td>窄轨</td><td>电气轨</td></tr>
<tr><td>110
220
330
500</td><td>7.5
8.5
9.5
14.0</td><td>7.5
7.5
8.5
13.0</td><td>11.5
12.5
13.5
16.0</td><td>3.0
4.0
5.0
6.0</td><td colspan="2">7.0
8.0
9.0
14.0</td><td>10.0
11.0
12.0
16.0</td><td>3.0
4.0
5.0
6.5</td><td>6.0
7.0
8.0
9.5</td><td>2.0
3.0
4.0
6.0</td><td>3.0
4.0
5.0
6.5</td><td>6.0
6.5
7.5
11(水平)
10.5(三角)</td><td colspan="2">3.0
4.0
5.0
8.5</td><td colspan="2">3.0
4.0
5.0
6.0(8.5)</td><td>4.0
5.0
6.0
7.5</td><td>3.0
4.0
5.0
6.5</td></tr>
<tr><td rowspan="3">最小水平距离(m)</td><td rowspan="2">标称电压(kV)</td><td colspan="4" rowspan="2">杆塔外缘至轨道中心</td><td colspan="2">杆塔外缘至路基边缘</td><td colspan="2">杆塔外缘至路基边缘</td><td colspan="4" rowspan="2">边导线至斜坡上缘
(线路与拉纤小路平行)</td><td colspan="2">与边导线间</td><td colspan="2">与边导线间</td><td colspan="2">边导线至管、索道任何部分</td></tr>
<tr><td>开阔地区</td><td>路径受限制地区</td><td>开阔地区</td><td>路径受限制地区</td><td>开阔地区</td><td>路径受限制地区</td><td>开阔地区</td><td>路径受限制地区</td><td>开阔地区</td><td>路径受限制地区(在最大风偏情况下)</td></tr>
<tr><td>110
220
330
500</td><td colspan="4">交叉:30m;
平行:最高杆(塔)高加 3m</td><td>交叉:8m
平行:最高杆(塔)高</td><td>5.0
5.0
6.0
8.0(15)</td><td>交叉:8m;
平行:最高杆(塔)高</td><td>5.0
5.0
6.0
8.0</td><td colspan="4">最高杆(塔)高</td><td>最高杆(塔)高</td><td>4.0
5.0
6.0
8.0</td><td>最高杆(塔)高</td><td>5.0
7.0
9.0
13.0</td><td>最高杆(塔)高</td><td>4.0
5.0
6.0
7.5</td></tr>
</table>

续表

项目	铁路	公路	电车道(有轨及无轨)	通航河流	不通航河流	弱电线路	电力线路	特殊管道	索道
附加要求	不宜在铁路出站信号机以内跨越	括号内为高速公路数值。高速公路路基边缘指公路下缘的隔离栏		最高洪水位时，有抗洪抢险船只航行的河流，垂直距离应协商确定		送电线路应架设在上方	电压较高的线路一般架设在电压较低线路的上方。同一等级电压的电网公用线应架设在专用线上方	与索道交叉，如索道在上方，索道的下方应装保护设施； 交叉点不应选在管道的检查井(孔)处； 与管、索道平行、交叉时，管、索道应接地	
备注		公路及城市道路分级可参照公路的规定		不通航河流指不能通航，也不能浮运的河流； 次要通航河流对接头不限制		弱电线路分级见有关规定	括号内的数值用于跨越杆(塔)顶	管、索道上的附属设施，均应视为管、索道的一部分； 特殊管道指架设在地面上输送易燃、易爆物品管道	

注 1. 跨越杆塔（跨越河流除外）应采用固定线夹。

2. 邻档断线情况的计算条件：15℃，无风。

3. 送电线路与弱电线路交叉时，交叉档弱电线路的木质电杆应有防雷措施。

4. 送电线路跨220kV及以上线路、铁路、高速公路及一级公路时，悬垂绝缘子串宜采用双联串（对500kV线路并宜采用双挂点）或两个单联串。

5. 路径狭窄地带，如两线路杆塔位置交错排列，导线在最大风偏情况下，对相邻线路杆塔的最小水平距离，不应小于下列数值。

110kV：3.0m；220kV：4.0m；330kV：5.0m；500kV：7.0m。电压均指标称电压。

6. 跨越弱电线路或电力线路，如导线截面积按允许载流量选择，还应校验最高允许温度时的交叉距离，其数值不得小于操作过电压间隙，且不得小于0.8m。

7. 杆塔为固定横担且采用分裂导线时，可不检验邻档断线时的交叉跨越垂直距离。

8. 当导、地线接头采用爆压方式时，线路跨越二级公路的跨越档内不允许有接头。

第七节　电　抗　器

与发电、变电密切相关的电抗器有限流电抗器、串联电抗器、中压并联电抗器及超高压并联电抗器。

一、限流电抗器

发电厂和变电站中装限流电抗器的目的是限制短路电流，以便能经济、合理地选择电器。电抗器按安装地点和作用可分为线路电抗器和母线电抗器；按结构型式可分为混凝土柱式限流电抗器和干式空心限流电抗器，各有普通电抗器和分裂电抗器两类。线路电抗器串接在电缆馈线上，用来限制该馈线的短路电流；母线电抗器串接在发电机电压母线的分段处或主变压器的低压侧，用来限制厂内、外短路时的短路电流。

就构造原理而言，限流电抗器实际上是一个没有导磁材料的空心电感线圈，电抗值恒定不变。

1. 混凝土柱式限流电抗器

在电压为 6～10kV 的屋内配电装置中，我国广泛采用混凝土柱式限流电抗器（又称水泥电抗器），其型号含义如下。

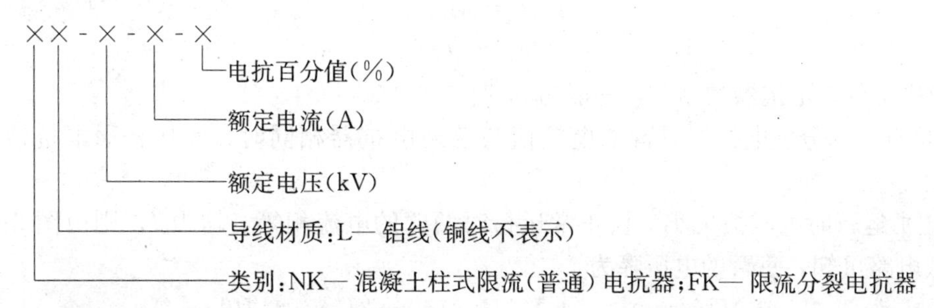

我国制造的混凝土电抗器，额定电压有 6kV 和 10kV 两种，额定电流 150～2000A。

(1) 普通电抗器。NKL 型混凝土电抗器的外形如图 3-24 所示。它由线圈、混凝土支柱及支持绝缘子构成。线圈用纱包纸绝缘的多芯铝线绕成。在专设的支架上浇注成混凝土支柱，再放入真空罐中干燥，因混凝土的吸湿性很大，所以，干燥后需涂漆，以防止水分侵入水泥中。

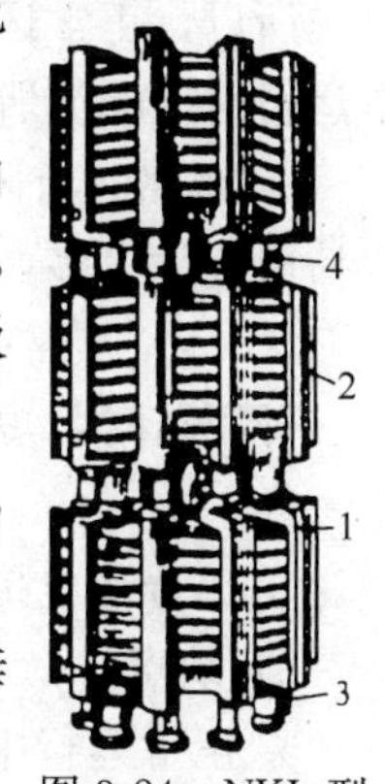

图 3-24　NKL 型混凝土电抗器的外形
1—线圈；2—混凝土支柱；3、4—支持绝缘子

混凝土电抗器具有维护简单、运行安全，没有铁芯，不存在磁饱和，电抗值线性度好，不易燃等优点。

混凝土电抗器的布置方式有三相垂直（见图 3-24）、三相水平及二垂一平（品字形）三种。

(2) 分裂电抗器。为了限制短路电流和使母线有较高的残压，要求电抗器有较大的电抗，而为了减少正常运行时电抗器中的电压和功率损失，要求电抗器有较小的电抗。这是一个矛盾，采用分裂电抗器有助于解决这一矛盾。

分裂电抗器在构造上与普通电抗器相似，但其每相线圈有中间抽头，线圈形成两个分支，其额定电流、自感抗相等。一般中间抽头接电源侧，两端头接负荷侧（称为两臂）。两臂有互感耦合，而且在电气上是连通的。其图形符号、等效电路如图 3-25 所示。

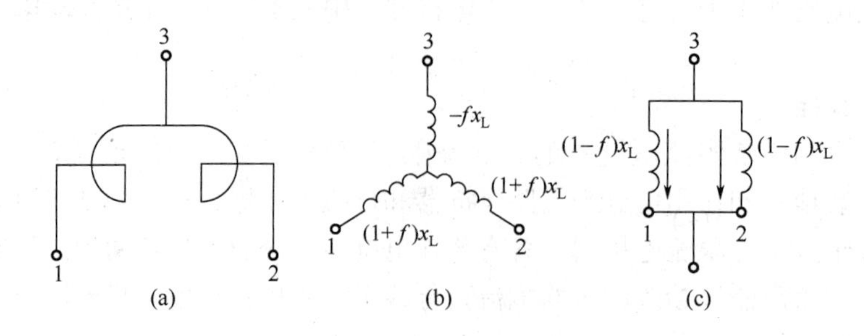

图 3-25 分裂电抗器

（a）图形符号；（b）等效电路图；（c）正常运行时等效电路图

一般中间抽头 3 用来连接电源，两臂 1、2 用来连接大致相等的两组负荷。

两臂的自感相同，即 $L_1=L_2=L$，一臂的自感抗 $x_L=\omega L$。若两臂的互感为 M，则互感抗 $x_M=\omega M$。耦合系数 f 为

$$f=M/L$$

即

$$x_M=fx_L$$

f 取决于分裂电抗器的结构，一般为 0.4～0.6。

1）优点。当分裂电抗器一臂的电抗值与普通电抗器相同时，有比普通电抗器突出的优点。

a. 正常运行时电压损失小。设正常运行时两臂的电流相等，均为 I，则由图 3-25（b）所示等效电路可知，每臂的电压降为

$$\Delta U=\Delta U_{31}=\Delta U_{32}=I(1+f)x_L-2Ifx_L=I(1-f)x_L$$

所以，正常运行时的等效电路如图 3-25（c）所示。若取 $f=0.5$，则 $\Delta U=Ix_L/2$，即正常运行时，电流所遇到的电抗为分裂电抗器一臂电抗的 1/2，电压损失比普通电抗器小。

b. 短路时有限流作用。当分支 1 的出线短路时，流过分支 1 的短路电流 I_k 比分支 2 的负荷电流大得多，若忽略分支 2 的负荷电流，则

$$\Delta U_{31}=I_k[(1+f)x_L-fx_L]=I_kx_L$$

即短路时，短路电流所遇到的电抗为分裂电抗器一臂电抗 x_L，与普通电抗器的限制作用一样。

c. 比普通电抗器多供一倍的出线，减少了电抗器的数目。

2）缺点。

a. 正常运行中，当一臂的负荷变动时，会引起另一臂母线电压波动。

b. 当一臂母线短路时，会引起另一臂母线电压升高。

上述两种情况均与分裂电抗器的电抗百分值有关。一般分裂电抗器的电抗百分值取 8%～12%。

3）装设地点。分裂电抗器的装设地点如图 3-26 所示。其中，图 3-26（a）为装于直配电缆馈线上，每臂可以接一回或几回出线；图 3-26（b）为装于发电机回路中，此时它同时起到母线电抗器和出线电抗器的作用；图 3-26（c）为装于变压器低压侧回路中，可以是主

变压器或厂用变压器回路。

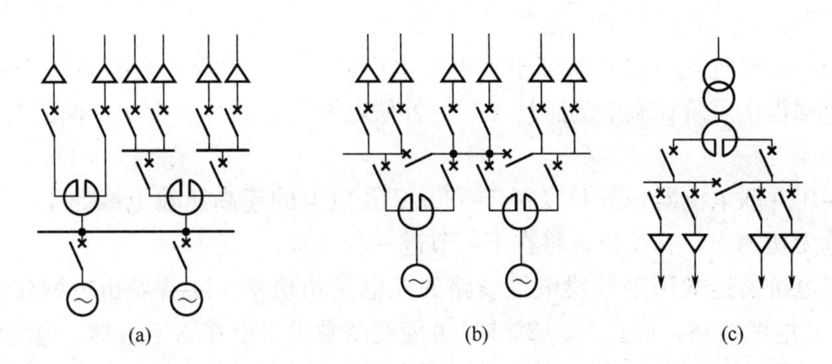

图 3-26　分裂电抗器的装设地点

（a）装于直配电缆馈线；（b）装于发电机回路；（c）装于变压器回路

2. 干式空心限流电抗器

干式空心限流电抗器是近年发展的新型限流电抗器，其型号含义如下。

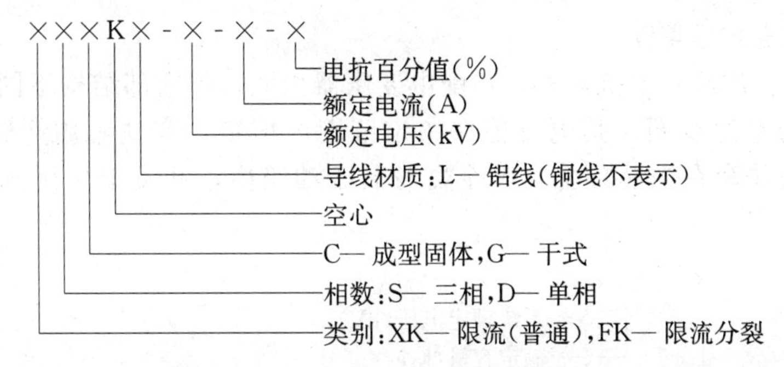

我国制造的干式空心限流电抗器，额定电压有 6kV 和 10kV 两种，额定电流为 200～4000A。其线圈采用多根并联小导线多股并行绕制，匝间绝缘强度高，损耗比水泥电抗器低得多；采用环氧树脂浸透的玻璃纤维包封，整体高温固化，整体性强、质量轻、噪声低、机械强度高、可承受大短路电流的冲击；线圈层间有通风道，对流自然冷却性能好，由于电流均匀分布在各层，动、热稳定性高；电抗器外表面涂以特殊的抗紫外线老化的耐气候树脂涂料，能承受户外恶劣的气象条件，可在户内、户外使用。

干式空心限流电抗器的布置方式有三相垂直、三相水平（三相水平“一”形或“△”形）两种。

二、串联电抗器和并联电抗器

1. 串联电抗器

串联电抗器在电力系统中的应用如图 3-27 所示。它与并联电容补偿装置或交流滤波装置（也属补偿装置）回路中的电容器串联，组成谐振回路，滤除指定的高次谐波，抑制其他次谐波放大，减少系统电压波形畸变，提高电压质量，同时减少电容器组涌流。补偿装置一般接成星形，并联接于需要补偿无功的变（配）电站的母线上，或接于主变压器低压侧。

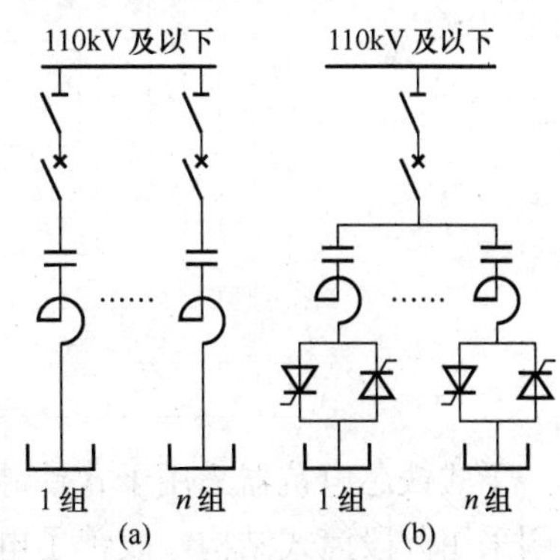

图 3-27　串联电抗器应用

（a）串接于由断路器投切的并联电容或交流滤波装置；（b）串接于由可控硅投切的并联电容或交流滤波装置

2. 并联电抗器

并联电抗器在电力系统中的应用如下。

（1）中压并联电抗器一般并联接于大型发电厂或110～500kV变电站的6～63kV母线上，用于向电网提供可阶梯调节的感性无功，补偿电网剩余的容性无功，保证电压稳定在允许范围内。

（2）超高压并联电抗器一般并联接于330kV及以上的超高压输电线路上，用于补偿输电线路的充电无功功率，有关内容将在下一节进一步分析。

（3）并联电抗器还被用来补偿电缆线路的充电无功功率。随着城市电网建设水平的提高，不仅10kV电缆线路，而且35～220kV电缆线路敷设量也在逐渐增加。电缆线路与架空线路相比，其单位长度的电抗小，一般为架空线路的30%～40%；正序电容大，一般为架空线路的20～50倍；由于散热条件不同，同样截面的导体，电缆长期允许通过的电流值一般只有架空线路的50%。因此电缆线路相对架空线路而言，其运行特点是：损耗小，充电无功功率多，负荷轻。用并联电抗器补偿电缆线路充电无功功率，其容量和配置方式尚无明确规定。

3. 串、并联电抗器类型

（1）油浸式。油浸式电抗器外形与配电变压器相似，但内部结构不同。电抗器是一个磁路带气隙的电感线圈，其电抗值在一定范围内恒定。其铁芯用冷轧硅钢片叠成，线圈用铜线绕制并套在铁芯柱上，整个器身装于油箱内，并浸于变压器油中。型号含义如下。

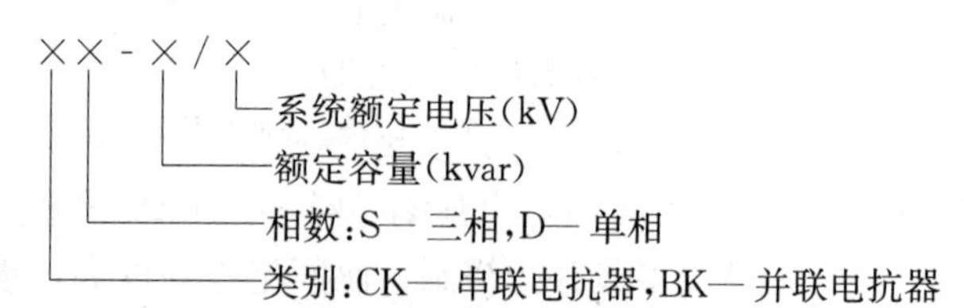

目前CK类有3～63kV产品，BK类有10、15、35、63、330、500kV产品。

（2）干式。干式电抗器有铁芯电抗器和空芯电抗器两种，型号含义如下。

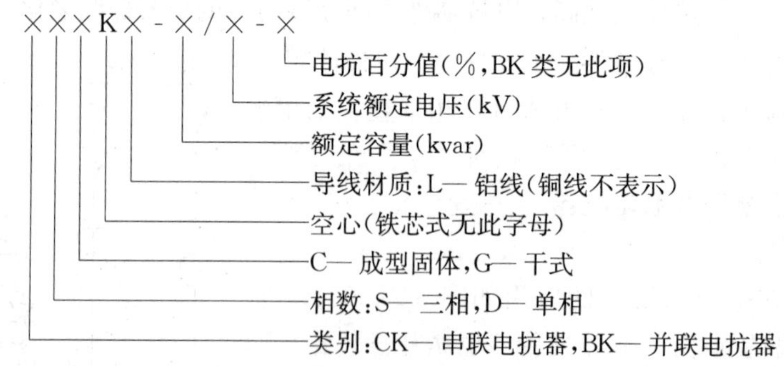

干式铁芯电抗器采用干式铁芯结构，辐射形叠片叠装，损耗小，无漏油、易燃等缺点；线圈采用分段筒式结构，改善了电压分布；绝缘采用玻璃纤维与环氧树脂最优配方组合，绝缘包封层薄，散热性能好。目前CK类有6、10kV产品，BK类有10、35kV产品。

干式空芯串、并联电抗器与前述干式限流电抗器类似。目前CK类有6、10、35、63kV产品，BK类有10、15、35、63kV产品。

第八节　500kV 超高压输电线路并联电抗器

超高压系统的主要特征之一是输电线路有大量的容性充电功率。100km 长的 500kV 线路容性充电功率约为 100～120Mvar，为同样长度 220kV 线路的 6～7 倍。如此大的容性充电功率给电网的操作带来了许多麻烦，因此在超高压线路上一般要装设并联电抗器。

一、并联电抗器的功能

并联电抗器是接在高压输电线路上的大容量的电感线圈，作用是补偿高压输电线路的电容和吸收其无功功率，防止电网轻负荷时因容性功率过多而引起电压升高。并联电抗器是超高压电网中普遍采用的重要电气设备，它在电网中的主要作用如下。

1. 避免发电机带长线出现的自励磁

当发电机以额定转速合闸于空载线路时，由于发电机残压加于线路容抗上，电容电流的助磁作用使发电机电压不断升高。当发电机和线路的参数满足一定的条件时，会出现发电机电压超出额定电压很高的情况，这就是所谓的发电机的自励磁现象。

线路终端甩负荷、计划性合闸和并网等情况，都将形成较长时间的发电机带空载长线的运行方式。计划性合闸是容性阻抗，因而也可能导致发电机的自励磁。

自励磁引起的工频电压可能升高到额定电压的 1.5～2.0 倍，甚至更高。它不仅使得并网时的合闸操作（包括零起升压）成为不可能，而且其持续发展将严重威胁网络中电气设备的安全运行。并联电抗器能大量补偿线路容性无功功率，从而破坏了发电机的自励磁条件。

2. 限制工频电压升高

超高压输电线路一般距离较长，从二三百千米至数百千米，由于采用了分裂导线，所以线路的电容很大，每条线路的充电容性功率可达二三十万千乏。当容性功率通过系统感性元件（发电机、变压器和输电线路电感等）时，会在电容两端引起电压升高。反映在空载线路上，会使线路上的电压呈现逐渐上升的趋势，即所谓“容升”现象。严重时，线路末端电压能达到首端电压的 1.5 倍左右，如此高的电压是电网无法承受的。在长线路首末端装设并联电抗器，可补偿线路上的电容，削弱这种容升效应，从而限制工频电压的升高，便于同期并列。

例如某 500kV 线路，长度为 250km，线路每单位长度正序电感和电容分别为 $L_1=0.9\mu H/m$，$C_1=0.0127nF/m$。若无并联电抗器，空载时线路末端电压则为首端电压的 1.41 倍，电网是不允许在这样高的电压下运行的。若在线路末端并联电抗为 $X_L=1837\Omega$ 的电抗器，空载时末端电压则仅为首端电压的 1.13 倍。

由此可见，并联电抗器的接入能明显抑制超高压线路的工频电压升高，而补偿的效果取决于电抗器相对线路充电无功功率的容量。并联电抗器的容量 Q_L 对空载长线电容无功功率 Q_C 的比值 Q_L/Q_C 称为补偿度，通常补偿度选在 60%左右。

3. 降低操作过电压

当开断带有并联电抗器的空载线路时，被开断导线上剩余电荷即沿着电抗器以接近 50Hz 的频率作振荡放电，最终泄入大地，使断路器触头间电压由零缓慢上升，从而大大降低了开断后发生重燃的可能性。当电抗器铁芯饱和时上述效应更为显著。

另外，500kV 断路器一般带有合闸电阻。当装有合闸电阻的断路器合闸于空载线路上时，合闸过电压发生在合闸电阻短路的瞬间。过电压的大小取决于电阻上的电压降，也即取决于电阻上流过电流的大小。线路有补偿时，流过电阻的电流小，因而合闸过电压也大为降低。

此外，高压电抗器降低了空载线路的电压升高，因而降低了各种操作过程中的强制分量，对线路上各种操作过电压都有限制作用。

4. 限制潜供电流

为提高运行可靠性，超高压电网中一般采用单相自动重合闸，即当线路发生单相接地故障时立即断开该相线路，待故障处电弧熄灭后再重合该相。但实际情况是，当故障线路两侧开关断开后，故障点电弧并不马上熄灭。一方面，由于导线间存在分布电容，会从健全相对故障相感应出静电耦合电压；另一方面，健全相的负荷电流通过导线间的互感，在故障相感应出电磁感应电压，这样，在故障相叠加有两个电压之和（称为二次恢复电压），可使具有残余离子的故障点维持几十安的接地电流，称为潜供电流，如图3-28所示，如果潜供电流被消除之前进行重合闸，必然会失败。

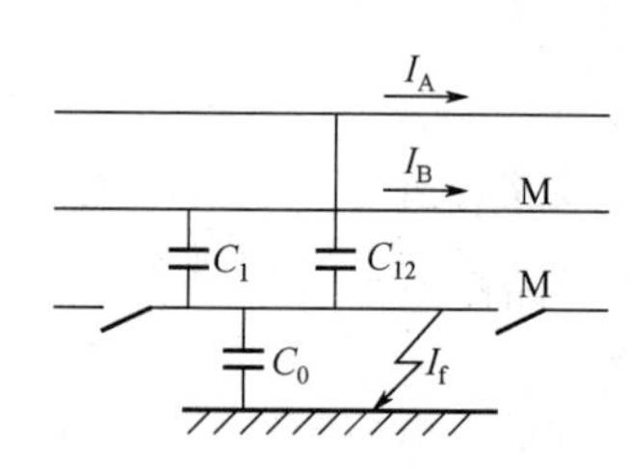

图 3-28　潜供电流示意图

如果线路上接有并联电抗器，且其中性点经小电抗器接地（小电抗器容量小而感抗值高），由于小电抗器的补偿作用，潜供电流中的电容电流和电感电流都会受到限制，故电弧很快熄灭，从而大大提高单相重合闸的成功率。

5. 平衡无功功率

500kV 线路充电功率大，而输送的有功功率又常低于自然功率，线路无功损耗较小。以输送 700MW 有功功率为例，此时线路的无功功率损耗仅为充电功率的 1/2。500kV 线路送端往往是大电站，电源本身还有一定数量的无功功率。若不采取措施，就可能远距离输送无功功率，造成电压质量降低，有功功率损耗增大，而且送端增加的无功功率大部分都被线路消耗掉，并不能得到利用。而并联电抗器正好能吸收无功功率，起到使无功功率就地平衡的作用。

二、高压电抗器选择和安装的基本原则

1. 高压电抗器的选择

500kV 高压电抗器目前有 120、150、180MVA 三种容量，线路长度在 200km 左右时才考虑装设高压电抗器。在确定高压电抗器的容量时，除了满足消除发电机自励磁的条件外，大多以满足工频过电压的限制值为决定条件。因此，连接变电站和发电厂之间的线路，如果发电机单机容量小，则出线补偿度高，单机容量大时出线补偿度低。例如单机容量为 200～300MW 的电厂出线补偿度大都在 80%左右，而单机容量在 500～600MW 的电厂出线补偿度都在 50%以下。变电站与变电站之间的联络线，由于工频过电压低，补偿度更低，有时甚至无补偿。低补偿度的缺点是对限制潜供电流不利，以及线路操作时电压波动大，给调压和并网造成困难。高补偿度（大于 90%）的缺点是：单相重合（或开关非全相运行）时断开相中的电磁感应电压分量较高。选择电抗器容量还需注意的是，电抗器是一个电感元件，应避免与线路电容形成并联谐振。

2. 中性点电抗器的选择

中性点电抗器一般按照相间电容全补偿的条件来选择。在线路补偿度较小时，中性点电抗值以不超过高压电抗器电抗值的一半为宜。

3. 安装地点

理想的配置方式是线路两端各装一台电抗器。对中等长度的线路，只需装设一台电抗器时，应综合考虑以下问题。

（1）限制工频过电压。电抗器一般装在线路受端较有利，但只要满足规定的要求，安装地点可不受工频过电压的限制。

（2）无功功率平衡。电抗器装在送端较好，若装在受端，大方式运行时最好退出。用作无功功率平衡的高压电抗器也可用低压电抗器代替。

（3）并列及操作上的方便性。应考虑送端及受端均可进行并列。

4. 并联电抗器的接入方式

并联电抗器接入线路的方式有多种。目前我国较为普遍的方式有两种：一是通过断路器、隔离开关将电抗器接入线路，二是只通过隔离开关将电抗器接入线路。前者投资大，但运行方式较灵活；后者当电抗器故障或保护误动时，线路随之停电，在线路传输很大容量时，这时应先将线路停电，方能将电抗器退出。比较好的接入方式是将电抗器通过一组火花间隙投入线路。火花间隙应能耐受一定的工频电压，它与一个开关S并联，如图3-29所示。正常情况下，开关S断开，电抗器退出运行，当该处电压达到间隙放电电压时，开关S立即动作合上，电抗器自动投入，工频电压随即降至额定值以下。因并联电抗器在投入和退出时会出现过电压，应装设避雷器加以保护。

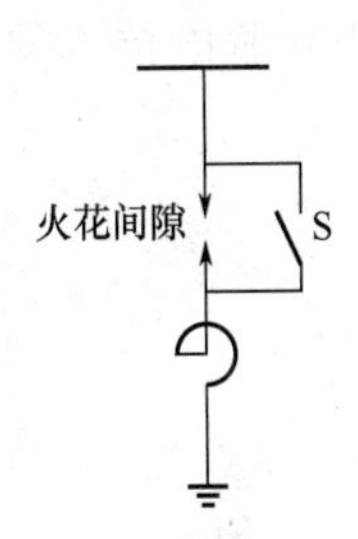

图3-29　用火花间隙连接电抗器示意图

三、并联电抗器的结构特点

1. 铁芯磁路带有气隙

超高压大容量充油电抗器的外形与变压器相似，它是一个磁路带气隙的电感线圈。由于系统运行的需要，电抗器的电抗值要在一定范围内恒定，即电压与电流的关系是线性的，所以并联电抗器的铁芯磁路中必须带有气隙。

2. 铁芯结构

超高压并联电抗器铁芯结构有壳式和芯式两种。

（1）壳式电抗器。壳式电抗器线圈中的主磁通道是空芯的，不放置导磁介质，在线圈外部装有用硅钢片叠成的框架以引导主磁通。一般壳式电抗器磁通密度较低，电压达1.5～1.6倍额定电压才出现饱和，饱和后的动态电感仍为饱和前的60%以上。

壳式电抗器由于没有主铁芯，电磁力小，相应的噪声及振动比较小，而且加工方便，冷却条件好。其缺点是材料消耗多，体积偏大。

（2）芯式电抗器。芯式电抗器具有带多个气隙的铁芯，外套线圈。气隙一般由不导磁的砚石组成。由于其铁芯磁通密度高，因此材料消耗少，主要缺点是加工复杂，技术要求高，振动及噪声较大。

目前我国制造的高电压大容量并联电抗器只采用芯式结构。

3. 外壳结构

并联电抗器按外壳结构分为钟罩式和平顶式两种。后者多半全部焊成整体结构，密封性较好，但检修时必须割开焊缝。我国现在运行的500kV电抗器，两种结构均有采用。

超高压并联电抗器的外壳及其散热片均能承受全真空。为了避免绝缘油与大气接触，电抗器储油柜中有胶囊隔膜保护，油的膨胀收缩体积由胶囊中的气体平衡，储油柜是不耐真空的。

4. 非电量保护装置

电抗器带有整套保护装置，主要有压力释放阀、温度指示系统、气体继电器和油位指示器等。油位异常升高发出告警信号。

5. 技术参数

高压电抗器的技术参数除了额定电压、额定电流、额定容量外，还有两个重要的技术参数：一是损耗，它由线圈损耗、铁芯损耗和杂散损耗三部分组成，二是振动及噪声。我国制造厂的噪声控制标准是，在额定电压下距离声源 2m 处，噪声不大于 80dB。500kV 电压等级并联电抗器的振动水平是，在额定电压下，油箱振动幅值不大于 100μm。

第四章

配电装置的运行

■ 第一节　高压配电装置概述

一、高压配电装置的功用及其种类

高压配电装置是指电压在 1kV 及以上的电气装置按主接线的要求，由开关设备、保护和测量电器、母线装置和必要的辅助设备构成，用来接受和分配电能，是发电厂和变电站的重要组成部分。

配电装置按电气设备安装地点的不同，可分为室内和室外配电装置。按其组装方式的不同，又可分为装配式和成套配电装置。

室内配电装置是将全部电气设备置于室内，大多适用于 35kV 及以下的电压等级。但如果周围环境存在对电气设备有危害性的气体和粉尘等物质时，110kV 配电装置也应建造在室内。室外配电装置是适合置于室外或露天的设备。通常用于 35～220kV 及以上电压等级。新型六氟化硫全封闭组合电器装置（包括 SF_6 断路器和 SF_6 负荷开关）体积小，占地少，可以装于室外，也可装于室内，是当前较先进的配电装置，适用于各种电压等级。

电气设备在现场组装的称为装配式配电装置；在制造厂预先将开关电器、互感器等安装成套，这样的配电装置称为成套配电装置。

二、高压配电装置的一般要求

（1）配电装置的装设和导体、电器及构架的选择应满足正常运行、短路和过电压情况下的要求，并不应危及人身和周围设备。

（2）配电装置的绝缘等级应和电力系统的额定电压相配合。重要变电站或发电厂的 3～20kV 室外支柱绝缘子和穿墙套管应采用高一级电压的产品。

（3）配电装置各回路的相序排列应尽量一致，并对硬导线涂漆，对绞线标明相别。

（4）在配电装置间隔内的硬导体及接地线上，应预留未涂漆的接触面和连接端子，用以装接携带式接地线。

（5）隔离开关和相应的断路器之间，应装设机械或电磁的连锁装置，以防隔离开关误动作。

（6）在空气污秽地区，室外配电装置中的电气设备和绝缘子等，应有防尘、防腐、加强外绝缘措施，并应便于清扫。

（7）周围环境温度低于绝缘油、润滑油、仪表和继电器的最低允许温度时，要采取加热措施。

（8）地震较强烈地区（烈度超过 7 级时），应采取抗震措施，加强基础和配电装置的耐震性能。

（9）海拔超过 1000m 的地区，配电装置应选择适用于该海拔的电器、电瓷产品。

（10）室外配电装置的导线，悬式绝缘子和金具所取的强度安全系数，在正常运行时不应小于 4.0，安装、检修时不应小于 2.5。

第二节　屋内及屋外配电装置

一、屋内高压配电装置的特点及其布置要求

1. 屋内高压配电装置的特点

（1）由于允许安全净距小，可以分层布置，故占地面积较小。

（2）维修、巡视和操作在室内进行，不受气候影响。

（3）外界污秽空气对电气设备影响较小，可减少维护工作量。

（4）适宜于一些非标准设备的安装，如槽形母线、大电流母线隔离开关。

（5）房屋建筑投资较大。

大、中型发电厂和变电站中，35kV 及以下（包括厂用配电装置）电压级的配电装置多采用室内配电装置。

2. 屋内配电装置的布置

室内配电装置的结构，除与电气主接线及电气设备的形式（如电压等级、母线容量、断路器型式、出线回路数和方式、有无出线电抗器等）有密切关系外，还与施工、检修条件、运行经验有关。随着新设备和新技术的采用，运行、检修经验的不断丰富，配电装置的结构和形式将会不断地更新。

发电厂和变电站中的室内配电装置，按其布置形式的不同，一般可分为两层式和单层式。两层式是将所有电气设备依其轻重分别布置在各层中，单层式是把所有的设备都布置在一层中。

室内配电装置的布置一般应满足以下要求：

（1）同一回路的电器和导体布置在一个间隔内，以满足检修安全和限制故障范围。

（2）尽量将电源布置在每段母线的中部，使母线截面通过较小的电流。

（3）较重设备（如电抗器）布置在下层，以减轻楼板的荷重并便于安装。

（4）充分利用间隔的位置。

（5）布置对称，对同一用途的同类设备布置在同一标高，便于操作。

（6）布置方式要易于以后扩建。

（7）各回路的相序排列尽量一致，一般为面对出线电流流出方向自左到右，由远到近、从上到下按 A、B、C 相顺序排列。对硬导体涂色，色别为：A 相黄色、B 相绿色、C 相红色。对绞线一般只标明相别。

（8）为保证检修人员在检修电器及母线时的安全，电压为 63kV 及以上的配电装置，对断路器两侧的隔离开关和线路隔离开关的线路侧，宜配置接地开关。每段母线上宜装设接地开关或接地器，其装设数量主要按作用在母线上的电磁感应电压确定。在一般情况下，每段母线宜装设两组接地开关或接地器，其中包括母线电压互感器隔离开关的接地开关。母线电磁感应电压和接地开关或接地器安装间隔距离需经计算确定。

（9）为便于设备操作、检修和搬运，布置配电装置时，设置了维护通道、操作通道、防爆通道。凡用来维护和搬运各种电器的通道，称为维护通道；如通道内设有断路器（或隔离开关）的操动机构、就地控制屏等，称为操作通道；仅和防爆小室相通的通道，称为防爆通道。

（10）配电装置室可以开窗采光和通风，但应采取防止雨雪、风沙、污秽物和小动物进入室内的措施。配电装置室应按事故排烟要求，装设足够的事故通风装置。600MW 机组电厂，厂用 3～10kV 室内配电装置一般采用成套配电装置。

二、屋内高压配电室的一般要求

对屋内高压配电室的要求是：

（1）当高压配电装置室长度大于 7m 时，应有两个出口；长度大于 60m 时，应再增添一个出口。配电装置室的门应向外开，相邻配电装置之间设有门时，则应向两个方向都能开。

（2）室内单台断路器、电流互感器等充油电气设备，当其总油量为 60kg 以上时，应设置储油设施，且配电室的门应为非燃烧体或难以燃烧的实体门。

（3）配电装置室可以开窗，但应采取防止雨雪和小动物进入的措施。

（4）配电装置室一般采取自然通风，当不能满足工作地点的温度要求或在发生事故情况下排烟有困难时，应增设机械通风装置。

（5）高压配电室内通道的各项最小宽度见表 4-1。

表 4-1　　高压配电室内通道的最小宽度　　（mm）

布置方式	维护通道	操作通道
一面有开关设备时	800	1500
两面有开关设备时	1000	2000

（6）围栏高度的要求。栅栏高度不应低于 1200mm，栅条间距不应大于 200mm；网状遮栏不应低于 1700mm，网孔不应大于 40mm×40mm。

三、屋内 6～10kV 两层式高压配电装置实例

6～10kV 双母线接线、出线带电抗器、两层、两通道的配电装置进出线断面图如图 4-1 所示。

第二层布置母线Ⅰ、Ⅱ和母线隔离开关 1、2，均呈单列布置。母线三相垂直排列，相间距离为 750mm，两组母线用隔板隔开；母线隔离开关装在母线下方的敞开小间中，两者之间用隔板隔开，以防事故蔓延；在母线隔离开关下方的楼板上开有较大的孔洞，其引下导体可免设穿墙套管，而且便于操作时对隔离开关观察；第二层中有两个维护通道，在母线隔离开关靠通道的一侧，设有网状遮栏，以便巡视。

第一层布置断路器 3、6 和电抗器 7 等笨重设备。断路器为双列布置，中间为操作通道，断路器及隔离开关均在操作通道内操作，比较方便；电流互感器 4、5、8 采用穿墙式，兼作穿墙套管；出线电抗器布置在电抗器小间，小间与出线断路器沿纵向前后布置，电抗器垂直布置，下部有通风道，能引入冷空气（经底座上的孔进入小间），而热空气则从靠外墙上部的百叶窗排出；出线采用电缆经电缆沟引出，变压器（或发电机）回路采用架空引入。

该配电装置的主要缺点是：①上、下层发生的故障会通过楼板的孔洞相互影响；②母线呈单列布置增加了配电装置长度，可能给后期扩建机组与配电装置的连接造成困难；③配电装置通风较差，需采用机械通风装置。

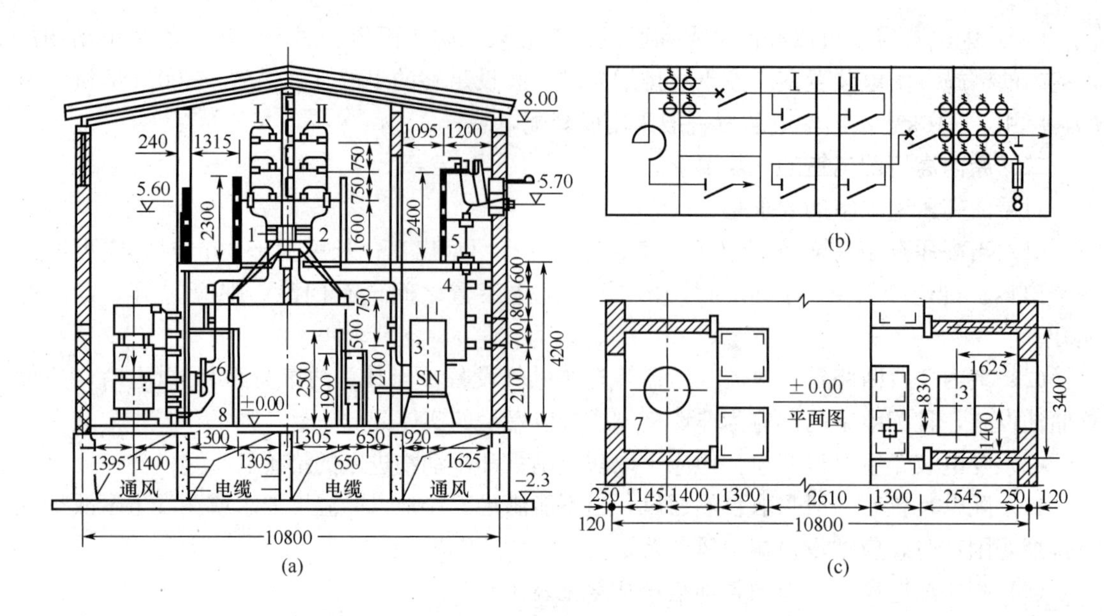

图 4-1　6～10kV 双母线、出线带电抗器、两层、两通道屋内配电装置进出线断面图

(a) 断面图；(b) 接线图；(c) 底层平面图

这种形式的配电装置适用于短路冲击电流值在 20kA 以下的大、中型变电站或机组容量在 50MW 以下的发电厂。

四、屋外高压配电装置的特点及类型

1. 屋外高压配电装置的特点

（1）土建工程量和费用较小，建设周期短。

（2）扩建比较方便。

（3）相邻设备之间距离较大，便于带电作业。

（4）占地面积大。

（5）受外界空气影响，设备运行条件较差，需加强绝缘。

（6）外界气象变化对设备维修和操作有影响。

2. 屋外高压配电装置的类型

根据电气设备和母线布置的高度，屋外配电装置可分为中型、半高型和高型等类。

五、有关屋外配电装置布置的若干问题

1. 母线及构架

（1）母线。屋外配电装置采用的母线有软母线和硬母线两种。

1）软母线。常用的软母线有钢芯铝绞线、扩径软管母线和分裂导线，三相呈水平布置，用悬式绝缘子悬挂在母线构架上。软母线的优点是可选用较大档距（一般不超过 3 个间隔），缺点是弧垂导致导线相间及对地距离增加，相应的母线构架及跨越线构架的宽度和高度均需加大。

2）硬母线。常用的硬母线有矩形、管形和组合管形，多数情况也是呈水平布置，一般安装在支柱式绝缘子上。管形母线应加装母线补偿器，当地震基本烈度为 8 度及以上时，管形母线宜用悬挂式。矩形母线用于 35kV 及以下的配电装置，管形母线用于 63kV 及以上的配电装置。硬母线的优点是：①弧垂极小，没有拉力，不需另设高大构架；②不会摇摆，相间距离可缩小，节省占地面积，特别是管形母线与剪刀式隔离开关配合时，可大大节省占地面积；③管形母线直径大，表面光滑，可提高起晕电压。缺点是：①管形母线易产生微风共振，对基础不均匀下沉较敏感；②管形母线档距不能太大，一般不能上人检修；③支柱式绝缘子防污、抗振能力较差。对屋外的母线桥，当外物有可能落到母线上时，应据具体情况采取防护措施，如在母线上部设钢板护罩。

（2）构架。屋外配电装置采用的构架型式主要有以下几种。

1）钢构架。钢构架的优点是机械强度大，可按任何负荷和尺寸制造，便于固定设备，抗振能力强，经久耐用，运输方便。其缺点是金属消耗量大，为防锈需要经常维护（如镀锌）。

2）钢筋混凝土构架。钢筋混凝土的优点是可节约大量钢材，可满足各种强度和尺寸要求，经久耐用，维护简单，且钢筋混凝土环形杆可成批生产，分段制造，运输安装方便。其主要缺点是不便于固定设备。这是我国配电装置构架的主要形式。

3）钢筋混凝土环形杆与镀锌钢梁（热镀锌防腐）组成的构架。它兼有以上两种形式的优点，在我国 220kV 及以下的各种配电装置中广泛采用。

4）钢管混凝土柱和钢板焊成的板箱组成的构架。这是一种用材少、强度高的结构形式，适用于大跨距的 500kV 配电装置。

（3）配电装置的有关尺寸。以 35～500kV 中型配电装置为例，通常采用的有关尺寸见表 4-2。

表 4-2　35～500kV 中型配电装置的有关尺寸　（m）

名称		电压等级（kV）					
		35	63	110	220	330	500
弧垂	母线	1.0	1.1	0.9～1.1	2.0	2.0	3.0～3.5
	进出线	0.7	0.8	0.9～1.1	2.0	2.0	3.0～4.2
线间距离	π形母线架	1.6	2.6	3.0	5.5	—	—
	门形母线架	—	1.6	2.2	4.0	5.0	6.5～8.0
	进出线架	1.3	1.6	2.2	4.0	5.0	7.5～8.0
构架高度	母线架	5.5	7.0	7.3	10.0～10.5	13.0	16.5～18.0
	进出线架	7.3	9.0	10.0	14.0～14.5	18.0	25.0～27.0
	双层架	—	12.5	13.0	21.0～21.5	—	—
构架宽度	π形母线架	3.2	5.2	6.0	11.0	—	—
	门形母线架	—	6.0	8.0	14.0～14.5	20.0	24.0～28.0
	进出线架	5.0	6.0	8.0	14.0～14.5	20.0	28.0～30.0

2. 电力变压器

（1）采用落地布置，安装于钢筋混凝土基础上。其基础一般为双梁形并铺以铁轨，铁轨中心距等于变压器滚轮中心距。

（2）为防止变压器发生事故时燃油流散、扩大事故，对单个油箱的油量超过 1000kg 的变压器，应在其下面设储油池，池的尺寸应比变压器的外廓大 1m，池内敷设厚度不小于

0.25m卵石层。容量为125MVA及以上的主变压器，应设置充氮灭火或水喷雾灭火装置。

（3）主变压器与建筑物的距离不应小于1.25m。

（4）当变压器油量超过2500kg时，两台变压器之间的防火净距离不应小于下列规定：35kV为5m，110kV为6m，220kV及以上为10m。如布置有困难，应设防火墙，其高度不低于储油柜的顶端，长度应大于储油池两侧各1m。

3. 电器

电器按布置高度可分为低式布置和高式布置两种。低式布置是指电器安装在0.5～1m高的混凝土基础上，其优点是检修比较方便，抗振性能好；缺点是需设置围栏，影响通道畅通。高式布置是指电器安装在约2～2.5m高的混凝土基础上，不需设置围栏。

（1）少油、空气、SF_6断路器有低式和高式布置。按所占据的位置，有单列、双列和三列（如在3/2断路器接线形式中）布置。

（2）隔离开关和电流、电压互感器均采用高式布置。

（3）隔离开关的操动机构宜布置在边相，当三相联动时宜布置在中相。

（4）布置在高型或半高型配电装置上层的220kV隔离开关和布置在高型配电装置上层的110kV隔离开关，宜采用就地电动操动机构。

（5）避雷器有低式和高式布置。110kV及以上的阀形避雷器，由于器身细长，采用低式布置，安装在0.4m高的基础上，并加围栏。磁吹避雷器及35kV的阀形避雷器，由于形体矮小，稳定性好，采用高式布置。

4. 电缆沟

电缆沟的布置应使电缆所走的路径最短。按布置方向电缆沟可分为以下三种。

（1）纵向（与母线垂直）电缆沟。纵向电缆沟为主干电缆沟，一般分两路。

（2）横向（与母线平行）电缆沟。横向电缆沟一般布置在断路器和隔离开关之间。

（3）辐射形电缆沟。当采用弱电控制和晶体管、微机继电保护时，为加强抗干扰能力，可采用辐射形电缆沟。

5. 通道、围栏

（1）为运输设备和消防的需要，在主设备近旁应铺设行车道。大、中型变电站内，一般均铺设宽3m的环形道或具备回车条件的通道。500kV屋外配电装置宜设相间运输通道。

（2）为方便运行人员巡视设备，应设置宽0.8～1m的巡视小道，电缆沟盖板可作为部分巡视小道。

（3）高型布置的屋外配电装置，应设高层通道和必要的围栏。110kV可采用2m宽的通道，220kV可采用3～3.6m宽的通道。

（4）发电厂及大型变电站的屋外配电装置周围宜设高度不低于1.5m的围栏，以防止外人任意进入。

六、各种类型屋外高压及超高配电装置的布置特点、实例及选型

1. 中型配电装置

（1）普通中型配电装置。220kV双母线进出线带旁路接线、合并母线架、断路器单列布置的普通中型配电装置平、断面图如图4-2所示，其中断面图为出线间隔。图4-2所示的配电装置中，母线1、2、9采用钢芯铝绞线，用悬式绝缘子串悬挂在Ⅱ型母线架17上；构架由钢筋混凝土环形杆组成，两个主母线架与中央门形架13合并，旁路母线架与出线门形

架 14 合并，使结构简化；采用少油断路器和 GW4 型双柱式隔离开关，除避雷器 12 为低式布置外，所有电器均布置在 2～2.5m 高的基础上；母线隔离开关 3、4 和旁路隔离开关 8 布置在母线的侧面，母线的一个边相离隔离开关较远，故其引下线设有支柱绝缘子 15；断路器 5 与主母线架之间设有环形道，方便检修、搬运设备和消防。由于断路器采用单列布置，该配电装置的主要缺点是进线（虚线表示）出现双层构架，跨越多，降低了可靠性，并将增加投资。

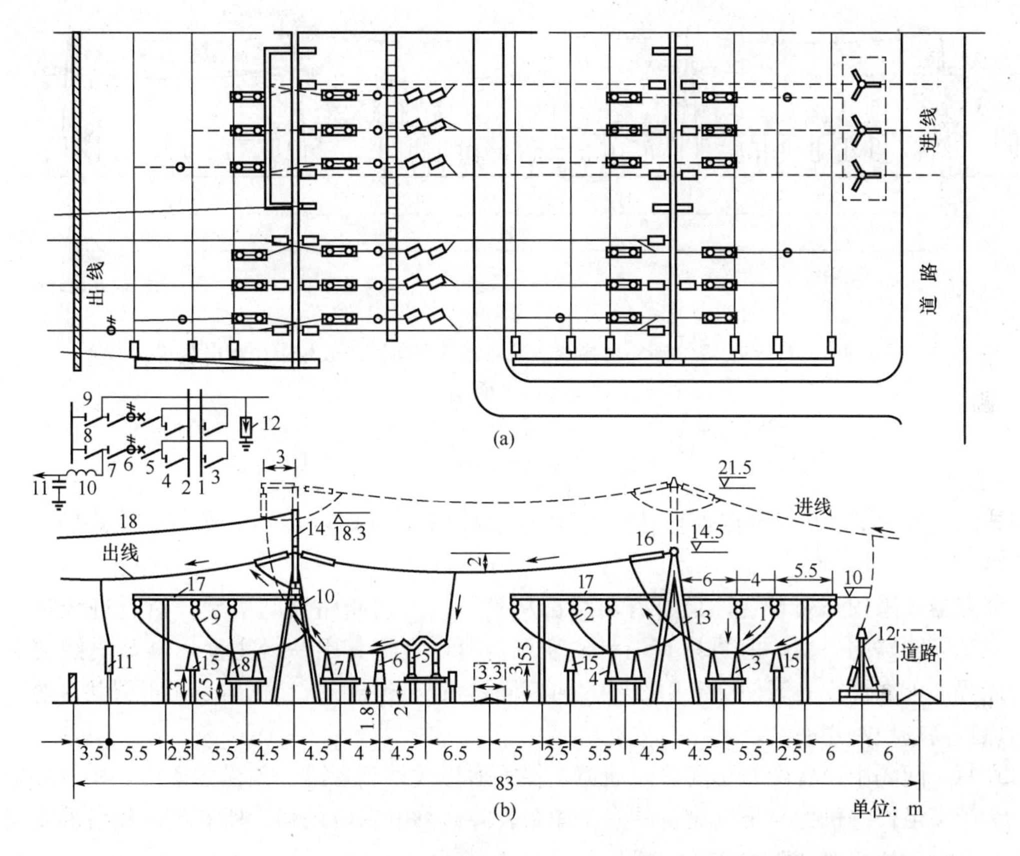

图 4-2　220kV 双母线进出线带旁路接线、合并母线架、断路器单列布置的普通中型配电装置平、断面图

(a) 平面图；(b) 断面图

1、2、9—主母线和旁路母线；3、4、7、8—隔离开关；5—断路器；6—电流互感器；10—阻波器；11—耦合电容；12—避雷器；13—中央门形架；14—出线门形架；15—支持绝缘子；16—悬式绝缘子；17—母线构架；18—架空地线

由本例可见，普通中型配电装置布置的特点是：①所有电器都安装在同一水平面上，并装在一定高度的基础上；②母线稍高于电器所在的水平面。普通中型配电装置的母线和电器完全不重叠。

普通中型配电装置布置的优点是：①布置较清晰，不易误操作，运行可靠；②构架高度较低，抗振性能较好；③检修、施工、运行方便；④所用钢材少，造价较低。缺点主要是占地面积较大。

普通中型配电装置布置也可采用管形母线和钢筋混凝土环形杆与镀锌钢梁组成的构架。

（2）分相中型配电装置。500kV、3/2断路器接线、断路器三列布置的分相中型配电装置进出线断面图如图4-3所示。分相布置是指母线隔离开关分相直接布置在母线的正下方。图4-3所示的配电装置中采用硬圆管母线1，用支柱绝缘子安装在母线架上；采用GW6型

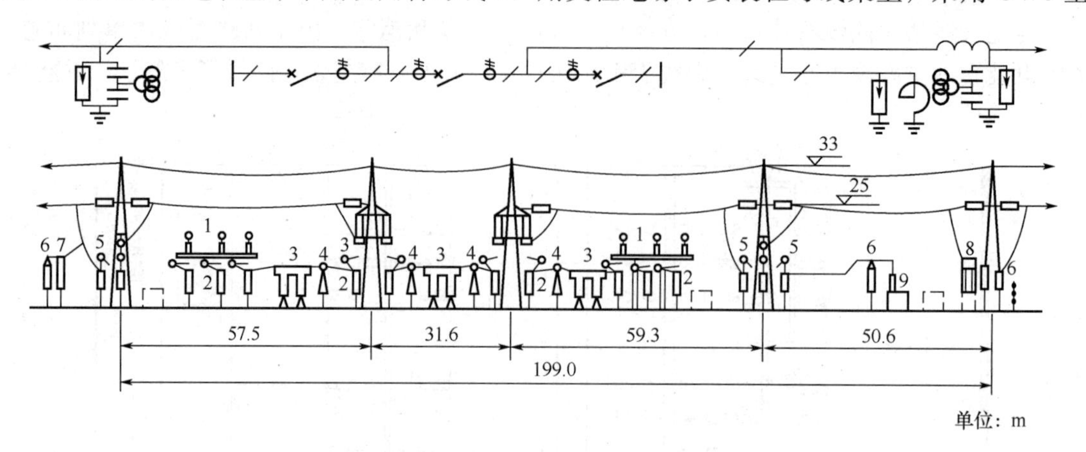

图4-3　500kV、3/2断路器接线、断路器三列布置的分相中型配电装置进出线断面图

1—硬母线；2—单柱式隔离开关；3—断路器；4—电流互感器；5—双柱伸缩式隔离开关；6—避雷器；7—电容式电压互感器；8—阻波器；9—并联电抗器

单柱式隔离开关2，其静触点垂直悬挂在母线或构架上；并联电抗器9布置在线路侧，可减少跨越。

断路器3采用三列布置，且所有出线都从第一、二列断路器间引出，所有进线都从第二、三列断路器间引出，但当只有两台主变压器时，宜将其中一台主变压器与出线交叉布置，以提高可靠性。为了使交叉引线不多占间隔，可与母线电压互感器及避雷器共占两个间隔，以提高场地利用率。

在每一间隔中设有两条相间纵向通道，在管形母线外侧各设一条横向通道，构成环形道路。为了满足检修机械与带电设备的安全净距及降低静电感应场强，所有带电设备的支架都抬高到使最低瓷裙对地距离在4m以上。

分相中型配电装置的优点是：①布置清晰、美观，可省去中央门形架，并避免使用双层构架，减少绝缘子串和母线的数量；②采用硬母线（管形）时，可降低构架高度，缩小母线相间距离，进一步缩小纵向尺寸；③占地少，较普通中型节约用地1/3左右。其主要缺点是：①管形母线施工较复杂，且因强度关系不能上人检修；②使用的柱式绝缘子防污、抗振能力差。

分相中型配电装置的布置也可采用软母线方式。图4-4为500kV双母线四分段带旁路母线的一种配电装置的出线间隔断面图。软母线、跳线由V形串绝缘子悬吊，母线正下方分相布置单柱式隔离开关，采用SF_6组合电器——断路器与电流互感器组合，可节省用地。离组合电器较远的母线隔离开关与组合电器之间的连接导线，由其间设备的支持绝缘子托起。

在我国，中型配电装置普遍应用于110～500kV电压级。普通中型配电装置一般在土地贫脊地区或地震烈度为8度及以上的地区采用；中型分相软母线方式可代替普通中型配电装

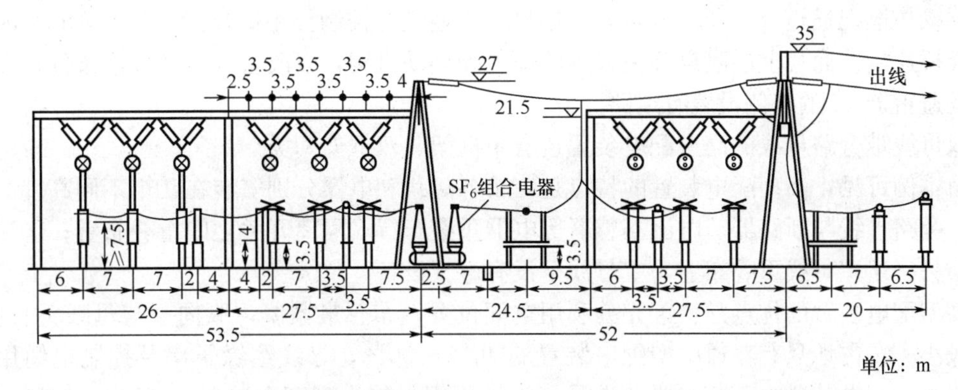

图 4-4　500kV 双母线四分段带旁路母线的一种配电装置出线间隔断面图

置；中型分相硬母线方式只宜用在污秽不严重、地震烈度不高的地区。

应该指出的是，从 20 世纪 70 年代以来，普通中型配电装置已逐渐被其他占地较少的配电装置形式所取代。

2. 高型配电装置

220kV 双母线进出线带旁路接线、三框架、断路器双列布置的高型配电装置进出线断面图如图 4-5 所示。该配电装置中，中间框架用于两组主母线 1、2 和母线隔离开关 3、4 的上、下重叠布置；两侧两个框架的上层布置旁路母线 9 和旁路隔离开关 8，下层布置进出线的断路器 5、电流互感器 6 和线路隔离开关 7，进出线不交叉跨越；为保证上层隔离开关 3、8 的引下线对其底座的安全距离，用支柱绝缘子斜装支持引线，绝缘子顶部有槽钢托架；设

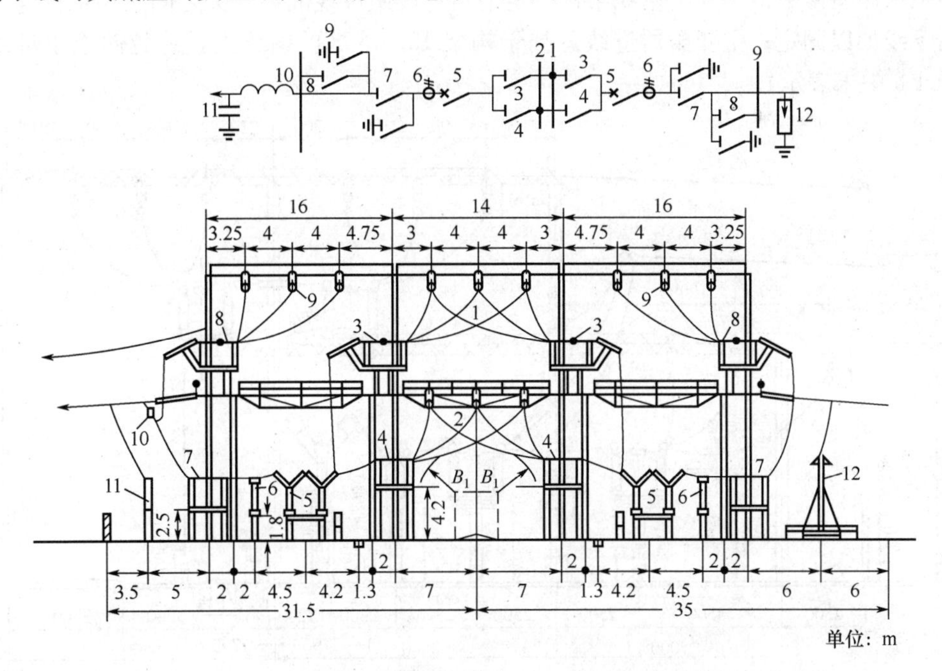

图 4-5　220kV 双母线进出线带旁路接线、三框架、断路器双列布置的高型配电装置进出线断面图

1、2—主母线；3、4、7、8—隔离开关；5—断路器；6—电流互感器；9—旁路母线；10—阻波器；11—耦合电容；12—避雷器

有上层操作巡视通道（3～3.6m 宽）和围栏，当通道与控制楼距离较近（15～20m）时，有露天天桥连接，而且上层隔离开关采用就地电动操动机构，以改善运行及检修条件；在主母线下及避雷器 12 的外侧设置有道路。

双母线带旁路母线的高型配电装置还有单框架、双框架两类。

由本例可见，高型配电装置的特点是：①各母线和电器分别安装在几个不同高度的水平面上，旁路母线与断路器、电流互感器等电器重叠布置，隔离开关之间重叠布置；②一组主母线与另一组主母线重叠布置，主母线下没有电气设备。

高型配电装置的优点是：①充分利用空间位置，布置最紧凑，纵向（与母线垂直方向）尺寸最小；②占地只有普通中型配电装置的 40%～50%，母线绝缘子串及控制电缆用量也较普通中型配电装置少。其主要缺点是：①耗用钢材较中型配电装置多 15%～60%；②操作条件比中型配电装置差；③检修上层设备不方便；④抗振能力比中型配电装置差。

高型配电装置主要应用于 220kV 电压级的下述情况：①高产农田或地少人多地区；②场地狭窄或需大量开挖、回填土石方的地方；③原有配电装置需扩建，而场地受到限制。不宜用在地震烈度为 8 度及以上地区。

高型配电装置在 110kV 电压级中采用较少，在 330kV 及以上电压级中不采用。

3. 半高型配电装置

110kV 双母线进出线带旁路接线、断路器单列布置的半高型配电装置出线断面图如图 4-6 所示。该布置将两组主母线及母线隔离开关均分别抬高至同一高度，电气设备布置在一组主母线的下面，另一组主母线下面设置搬运道路；母线隔离开关的安装横梁上设有 1m 宽的圆钢格栅检修平台，并利用纵梁作行走通道；两组母线隔离开关之间采用铝排连接，以便对引下线加以固定；主变压器进线悬挂于构架 15.5m 高的横梁上，跨越两组主母线后引入（图 4-6 中未表示）。

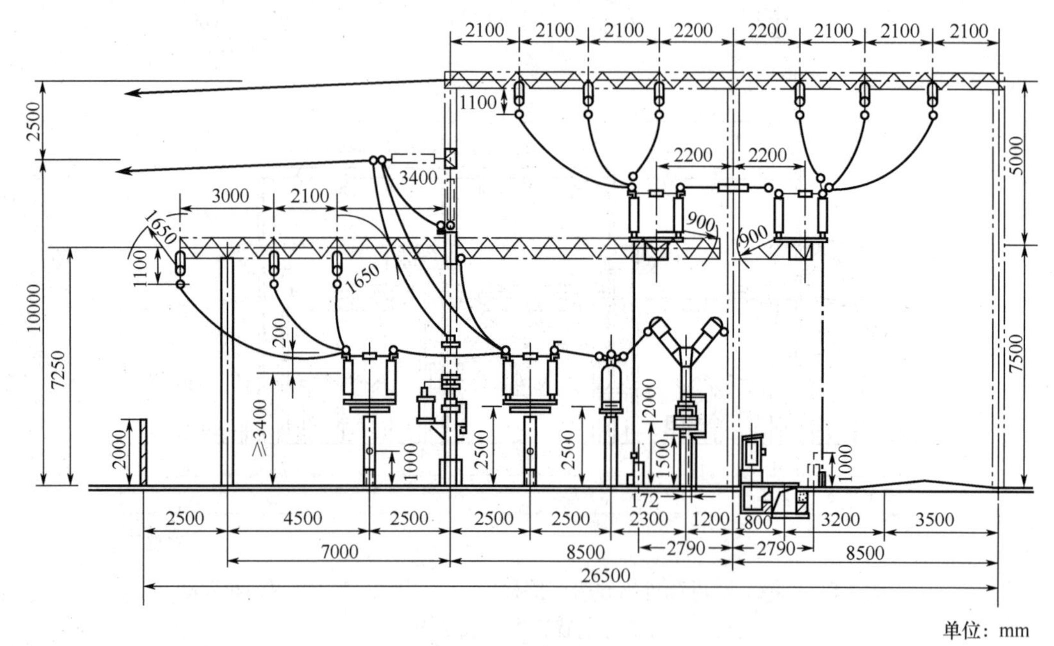

图 4-6　110kV 双母线进出线带旁路接线、断路器单列布置的半高型配电装置出线断面图

可见，半高型配电装置布置的特点是：①与高型配电装置类似，各母线和电器分别安装在几个不同高度的水平面上，被抬高的母线（主母线或旁路母线）与断路器、电流互感器等部分电器重叠布置；②与高型配电装置不同，一组母线与另一组母线不重叠布置。

半高型配电装置的优点是：①布置较中型紧凑，纵向尺寸较中型小；②占地约为普通中型的50%～70%，耗用钢材与中型接近；③施工、运行、检修条件比高型好；④母线不等高布置，实现进出线均带旁路较方便。缺点与高型配电装置类似，但程度较轻。

半高型配电装置应用于110～220kV电压级，主要应用于110kV电压级，而且除污秽地区、市区和地震烈度为8度及以上地区外，110kV配电装置宜优先选用屋外半高型。

七、屋内及屋外配电装置的安全净距

为了满足配电装置运行和检修的需要，各带电设备应相隔一定的距离。在各种间隔距离中，最基本的是带电部分对接地部分之间和不同相的带电部分之间的空间最小安全净距，即所谓 A_1 和 A_2 值，统称为 A 值。在这一距离下，无论是在正常最高工作电压还是在出现内、外过电压时，都不致使空气间隙击穿。A 值可根据电气设备标准试验电压和相应电压与最小放电距离试验曲线确定。一般来说影响 A 值的因素是：对220kV以下电压级的配电装置，大气过电压起主要作用；对330kV及以上电压等级的配电装置，内过电压起主要作用。采用残压较低的避雷器时，A_1 和 A_2 值可减小。

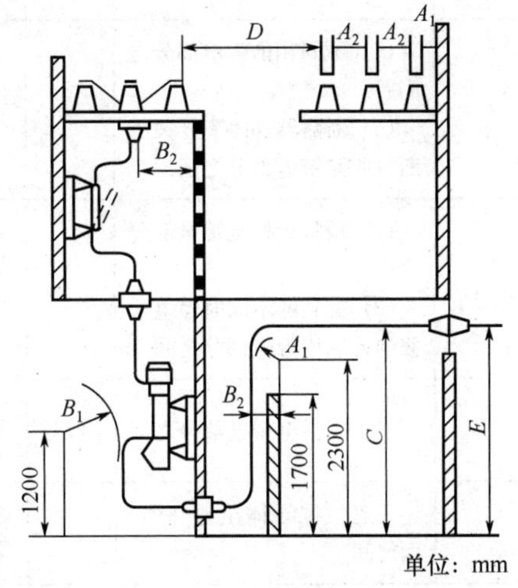

图 4-7　屋内配电装置安全净距校验图

在屋内、屋外高压配电装置中，各有关部分之间的最小安全净距见表4-3和表4-4。其中B、C、D、E等类电气距离是在 A_1 值基础上再考虑一些其他实际因素决定的，其含义如图4-7、图4-8所示。

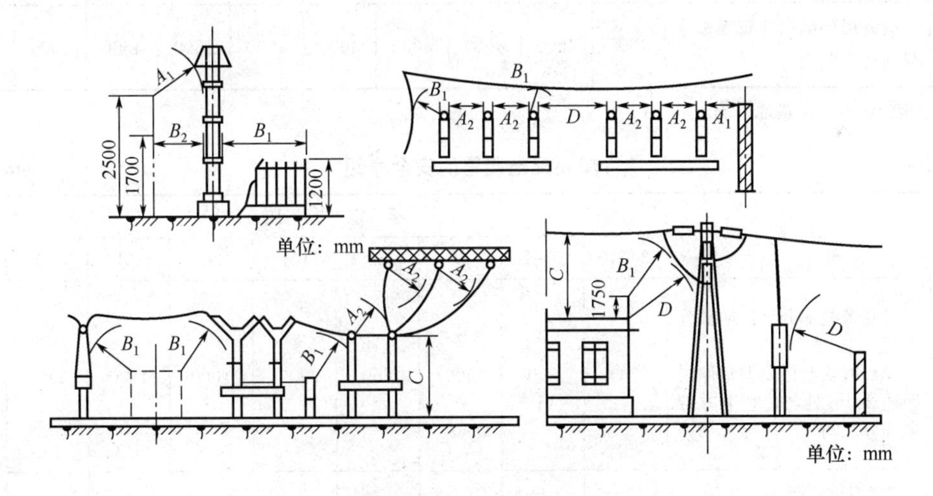

图 4-8　屋外配电装置安全净距校验图

在设计配电装置、确定带电导体之间和导体对接地构架的距离时，还要考虑减少相间短路的可能性及减少电动力。例如：软绞线在短路电动力、风摆、温度等因素作用下，使相间及对地距离的减小；隔离开关开断允许电流时，不致发生相间和接地故障；减少大电流导体附近的铁磁物质的发热。对于 110kV 以上电压级的配电装置，还要考虑减少电晕损失、带电检修等因素，故工程上采用的安全净距通常大于表 4-3 和表 4-4 所列的数值。

表 4-3　屋内配电装置的安全净距　(mm)

符号	适用范围	额定电压 (kV)									
		3	6	10	15	20	35	60	110J*	110	220J*
A_1	(1) 带电部分至接地部分之间；(2) 网状和板状遮栏向上延伸线距地 2.3m 处，与遮栏上方带电部分之间	70	100	125	150	180	300	550	850	950	1800
A_2	(1) 不同相的带电部分之间；(2) 断路器和隔离开关的断口两侧带电部分之间	75	100	125	150	180	300	550	900	1000	2000
B_1	(1) 栅状遮栏至带电部分之间；(2) 交叉的不同时停电检修的无遮栏带电部分之间	825	850	875	900	930	1050	1300	1600	1700	2550
B_2	网状遮栏至带电部分之间	175	200	225	250	280	400*	650	950	1050	1900
C	无遮栏裸导体至地（楼）面之间	2375	2400	2425	2450	2480	2600	2850	3150	3250	4100
D	平行的不同时停电检修的无遮栏裸导体之间	1875	1900	1925	1950	1980	2100	2350	2650	2750	3600
E	通向屋外的出线套管至屋外通道的路面	4000	4000	4000	4000	4000	4000	4500	4500	5000	5500

* J 指中性点直接接地系统。

表 4-4　屋外配电装置的安全净距　(mm)

符号	适用范围	额定电压 (kV)								
		3～10	15～20	35	60	110J*	110	220J*	330J*	500J*
A_1	(1) 带电部分至接地部分之间；(2) 网状遮栏向上延伸线距地 2.5m 处与遮栏上方带电部分之间	200	300	400	650	900	1000	1800	2500	3800
A_2	(1) 不同相的带电部分之间；(2) 断路器和隔离开关的断口两侧引线带电部分之间	200	300	400	650	1000	1100	2000	2800	4300

续表

符号	适用范围	额定电压 (kV)								
		3～10	15～20	35	60	110J*	110	220J*	330J*	500J*
B_1	（1）设备运输时，其外廓至无遮栏带电部分之间；（2）交叉的不同时停电检修的无遮栏带电部分之间；（3）栅状遮栏至绝缘体和带电部分之间；（4）带电作业时的带电部分至接地部分之间	950	1050	1150	1400	1650	1750	2550	3250	4550
B_2	网状遮栏至带电部分之间	300	400	500	750	1000	1100	1900	2600	3900
C	（1）无遮栏裸导体至地面之间；（2）无遮栏裸导体至建筑物、构筑物顶部之间	2700	2800	2900	3100	3400	3500	4300	5000	7500
D	（1）平行的不同时停电检修的无遮栏带电部分之间；（2）带电部分与建筑物、构筑物的边沿部分之间	2200	2300	2400	2600	2900	3000	3800	4500	5800

*　J指中性点直接接地系统。

在配电装置中相邻带电部分的额定电压不同时，应按较高的额定电压来确定安全距离。

八、变电站的电气设施总平面布置

变电站主要由屋内、外配电装置、主变压器、主控制室及辅助设施等组成。在220kV变电站中，常设有调相机室，330kV及以上超高压变电站中，还设有并联电抗器和补偿装置。

1. 屋外配电装置布置

各级电压屋外配电装置的相对位置（以长轴为准）一般有以下四种组合方式，如图4-9所示。

（1）双列式布置。当两种电压配电装置的出线方向相反，或一种电压配电装置为双侧出线（一台半断路器接线）而另一种电压配电装置出线与其垂直时采用。

（2）L形布置。当两种电压配电装置的出线方向垂直，或一种电压配电装置为双侧出线（一台半断路器接线）而另一种电压配电装置出线与其平行时采用。

（3）π形布置。当有三种电压配电装置（如220/110/35kV或500/220/110kV）架空出线时采用。

（4）单列式布置。当两种电压配电装置的出线方向相同或基本相同时采用。

2. 主变压器布置

一般布置在各级电压配电装置和调相机或静止补偿装置间的较为中间的位置，以便于高、中、低压侧引线的就近连接。

3. 调相机或静止补偿装置的布置

其布置应邻近主变压器低压侧和控制楼，调相机还应邻近其冷却设施。

4. 高压并联电抗器及串联补偿装置的布置

一般布置在出线侧，位于高压配电装置场地内。但高压并联电抗器也可与主变压器并列布置，以利于运输及检修。

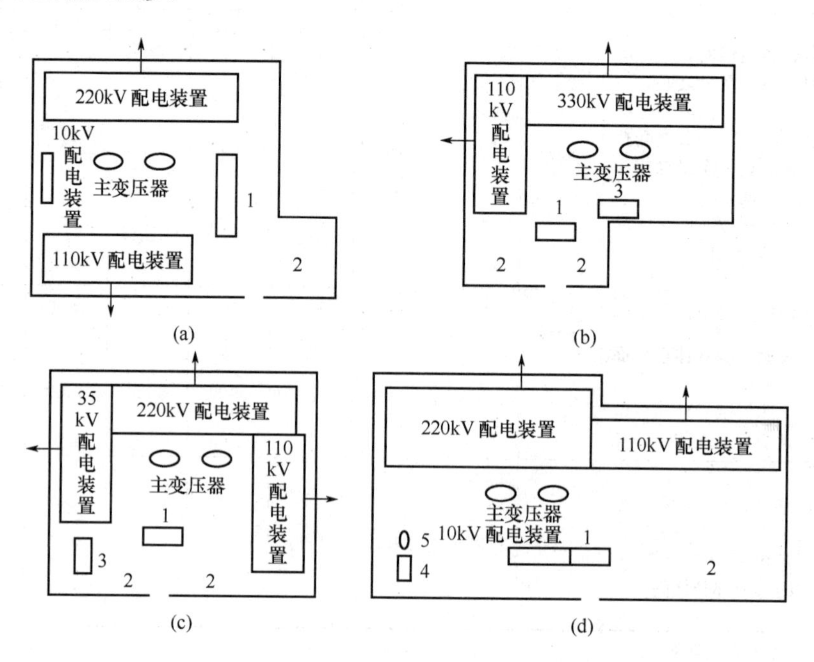

图 4-9 变电站电气设施总平面布置示意图

（a）双列式布置；（b）L 形布置；（c）π 形布置；（d）一列式布置

1—主控制及通信楼；2—所前区；3—35kV 电容器；4—油处理室；5—油罐

5. 控制楼布置

控制楼应邻近各组电压配电装置布置，并宜与所前区（包括传达室、行政管理室、材料库、宿舍等）相结合。当高压配电装置为双列布置时，控制楼宜布置在两列中间；为 L 形布置时，宜布置在缺角处；为 π 形布置时，宜布置在缺口处；为一列式布置时，宜平行于配电装置，布置在中间位置。

九、超高压配电装置的特殊问题及其解决措施

由于超高压配电装置电压高、设备容量大，与 220kV 及以下电压级的配电装置相比，有以下几个特点。

1. 内过电压在绝缘配合中起决定作用

220kV 及以下电网的绝缘配合主要由大气过电压决定，大气过电压可以采用避雷器限制。而超高压电网的内过电压（包括工频过电压及操作过电压）很高，设备的绝缘水平和配电装置的空气间隙主要由内过电压决定，因此要采取措施限制操作过电压不超过规定水平（330kV 系统不超过最高工作电压的 2.75 倍，500kV 系统不超过最高工作电压的 2.0～2.3 倍）。

2. 内过电压及静电感应对安全净距（*A*、*B*、*C*、*D* 值）的确定有重要影响

DL/T 5352—2018《高压配电装置设计规范》规定 330kV 屋外配电装置最小安全净距

见表4-5。各国500kV配电装置最小安全净距见表4-6。

表4-5　330kV最小安全净距值　(m)

名　　称	安全净距	名　　称	安全净距
带电部分至接地部分 A_1	2.5	带电部分至网状遮栏 B_2	2.6
不同相的带电部分之间 A_2	2.8	无遮栏裸导体至地面 C	5.0
带电部分至栅栏 B_1	3.25	不同时停电检修的无遮栏裸导体之间的水平净距 D	4.5

表4-6　各国500kV最小安全净距　(m)

名　　称	日本	美国	苏联	中国
带电部分至接地部分 A_1	4.1～5.0	3.35～4.88	3.75	3.8
不同相的带电部分之间 A_2	5.2～5.8	5.18～7.0	4.2	4.3
带电部分至栅栏或搬运中设备对带电体净距 B			4.3	4.55
无遮栏裸导体至地面 C	9.0～9.5	7.0～9.75	6.45	7.5
不同时停电检修的无遮栏裸导体间的水平净距 D			5.75	5.8

3. 考虑静电感应对人体危害的防护措施

在高压输电线路下或配电装置的母线下和电气设备附近有对地绝缘的导电物体或人时，由于电容耦合而产生感应电压。当人站在地上与地绝缘不好时，就会有感应电流流过，如感应电流较大，人就有麻电感觉。

国内外的设计和运行经验指出，地面场强在5kV/m以下为无影响区，多数国家认为配电装置允许的电场强度为7～10kV/m。在场强不超过允许值的超高压配电装置中，静电感应不会对人体产生影响。但需要指出的是，在高电场下，静电感应电压与低电压下的交流稳态电击感觉界限不同。对于静电感应放电，在未完全接触时已有感觉，所以感觉电流即使是100～200μA，亦会有针刺感，不注意时会因受惊而造成事故，故在检修工作中应特别注意。

4. 要满足电晕和无线电干扰允许标准的要求

超高压系统由于电压高、导线表面场强比较大（场强随导线外径不同而变化），故在导线周围空间产生电晕放电。在每个电晕放电点将不断地发射出不同频率的无线电干扰电磁波，这些干扰波大到一定程度，将会影响附近的无线电广播、通信、电视，并发生噪声。因此，在超高压配电装置中所采用导线除应满足大载流量要求外，还需要满足电晕无线电干扰允许标准的要求。为限制无线电干扰，变电站尽量避免出现可见电晕，以可见电晕作为验算导线截面的条件。

5. 超高压配电装置中的导线和母线

由于载流量大，为防止电晕无线电干扰，超高压配电装置中的导线和母线，需要采用扩径空芯导线、多分裂导线、大直径或组合铝管。

6. 限制噪声

配电装置的主要噪声源是主变压器、电抗器和电晕放电。

如果在变电站和发电厂设计中合理地选择设备和布置总平面，就能使变电站和发电厂的噪声得到限制。采取限制噪声的措施后，噪声水平应不超过规定数值，即控制室、通信室的最高连续噪声不大于 65dB，一般应低于 55dB。对职工宿舍在睡眠时的噪声理想值是 35dB，最大值为 50dB。

对 500kV 电气设备距外壳 2m 外的噪声水平，宜不超过下列数值。

（1）断路器：连续性噪声水平 85dB；非连续性噪声水平屋内 90dB，屋外 110dB。

（2）电抗器：80dB。

（3）变压器等其他设备：85dB。

第三节　成套配电装置

成套配电装置分为低压配电屏（柜）、高压开关柜、成套变电站、SF_6 全封闭组合电器四类。

一、低压配电屏（柜）

低压配电屏（柜）用于发电厂、变电站和工矿企业 380/220V 低压配电系统，作为动力、照明配电之用。有数十种一次电路方案，可以满足不同主接线的组合要求。低压配电屏只做成户内型。低压配电屏（柜）的型号含义如下。

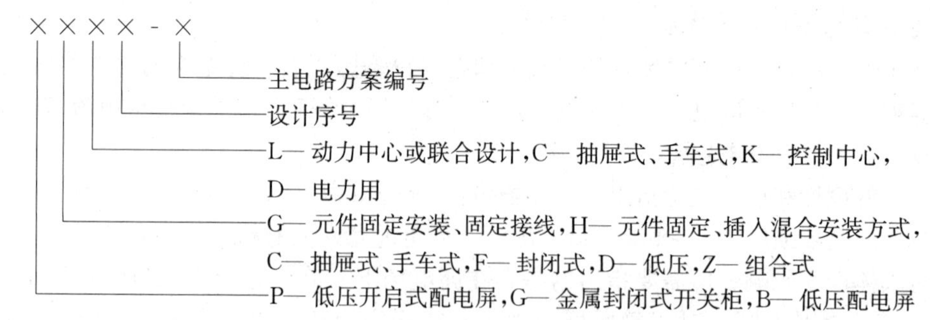

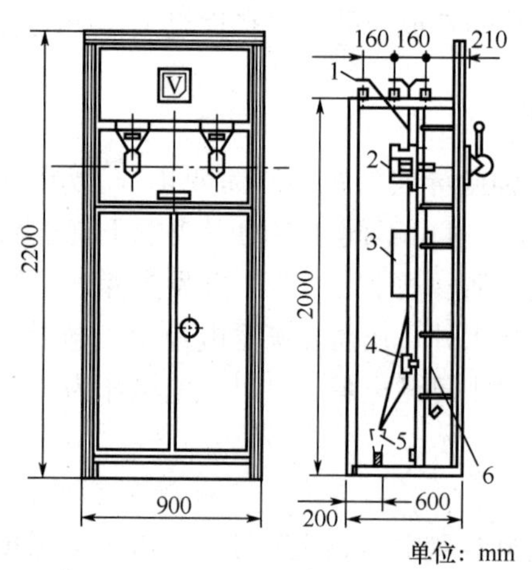

图 4-10　PGL-1 型低压配电屏结构示意图

1—母线及绝缘框；2—隔离开关；3—低压断路器；4—电流互感器；5—电缆头；6—继电器

国外公司在我国进行独资或合资生产的开关柜，其型号不按照上述规则命名。

1.（元件）固定式

固定式有 PGL、GGL、GGD、GHL 等系列，可取代旧型号 BSL 系列。PGL 系列低压配电屏结构示意图如图 4-10 所示，其框架用角钢和薄钢板焊成。每屏可以是一条回路或多条回路。

PGL 系列低压配电屏结构简单、消耗钢材少、价格低廉，可从双面维护，检修方便，广泛应用在发电厂、变电站和工矿企业低压配电系统中。

GGL、GGD 和 GHL 系列为封闭型，其柜体还设计有保护导体排（PE），柜内所有接地端全部与该导体排接通，所以在使用中不会发生外壳带电现象，运行和维护比较安全可靠。

固定式低压配电屏的缺点是，当装置故障时，不像抽出式低压配电屏那样可拉出检修并换上备用抽屉或手车迅速复供电。

2. 抽出式

抽出式包括抽屉式和手车式，国产产品有 BFC、BCL、GCL、GCK、GCS 等系列；另外还有多种引进国外技术或国外公司在我国进行独资、合资生产的产品系列，如 EEC-M35（CHD-15B）系列、多米诺（DOMINO）系列、科必可（CUBIC）系列、MNS 系列、SIKUS 系列、SIVACON 系列、MD190（HONOR）系列、PRISMAP 系列等。其中部分系列产品的接线方式除抽出式外，还有固定式和插入式。

抽出式低压柜的优点是：①标准化、系列化生产；②密封性能好，可靠性、安全性高，其间隔结构可限制故障范围；③主要设备均装在抽屉内或手车上，当回路故障时，可拉出检修并换上备用抽屉或手车，便于迅速恢复供电；④体积小、布置紧凑、占地少。其缺点是结构较复杂，工艺要求较高，钢材消耗较多，价格较高。

二、高压开关柜

高压开关柜用于 3～35kV 电力系统，作为接受、分配电能及控制之用。

高压开关柜有户内和户外型，由于户外型有防水、锈蚀问题，故目前大量使用的是户内型。我国生产的 3～35kV 高压开关柜，分为固定式和移开式（手车）两类，也有数十种一次电路方案，可以满足不同主接线的组合要求。高压开关柜的型号含义如下。

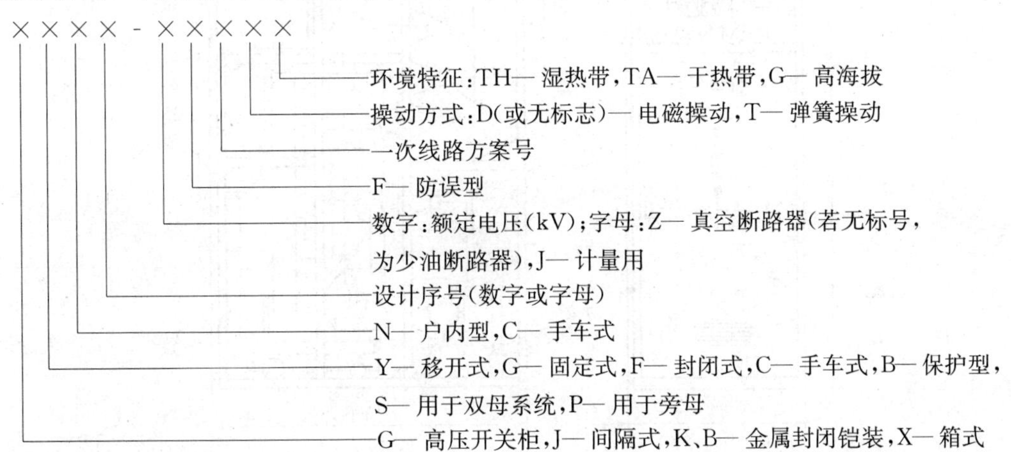

型号前加有“H”的为环网开关柜，可用于环网供电、双电源供电或终端供电。

1. 固定式

固定式有 GG、KGN、XGN 等系列。

GG 系列为开启型固定式，有单母线和双母线结构。其优点是制造工艺简单、钢材消耗少、价廉，缺点是体积大、封闭性能差、检修不够方便。主要用于中、小型变电站的屋内配电装置。KGN、XGN 系列为金属封闭铠装型固定式，其内部分隔情况与移开式相似。KGN 系列有单母线、单母线带旁路和双母线结构，母线呈三角形布置，配装 SN10-10 型少油断路器，操动机构不外露。XGN 系列配装 ZN□-10 型真空断路器，也可配装 SN10-10 型少油断路器，操动机构外露。均具备“五防”功能。

2. 移开（手车）式

移开式有 JYN、KYN 等系列，可取代 GBC、GFC、GC 系列。

JYN2-10 型为金属封闭间隔型移开式户内高压开关柜，其内部结构示意图如图 4-11 所示。这种系列的开关柜为单母线结构，柜体用钢板弯制焊接而成，内部用钢板或绝缘板分隔成以下几个部分。

（1）主母线室。主母线室位于柜后上部，室内装有主母线、支持绝缘子和母线侧隔离静触头。柜后上封板装有视察窗、电压显示灯，当母线带电时灯亮，不能拆卸上封板。

（2）手车室。手车室位于柜前下部，门上有视察窗、模拟接线。少油断路器、电压互感器装于手车上。手车底部有 4 只滚轮、导向装置，能沿水平方向移动，还装有接地触头、脚踏锁定机构等。设置有连锁装置，只有断路器处于分闸位置时，手车才能拉出或插入，防止带负荷分合隔离触头；只有断路器分闸、手车拉出后，接地开关才能合上，防止带电合接地开关；接地开关合上后，手车推不到工作位置，可防止带接地开关合闸。当手车在工作位置时，断路器经隔离插头与母线和出线接通；检修时，将手车拉出柜外，动、静触头分离，一次触头隔离罩自动关闭，起安全隔离作用。当急需恢复供电时立即换上备用小车。手车与柜相连的二次线采用插头连接。

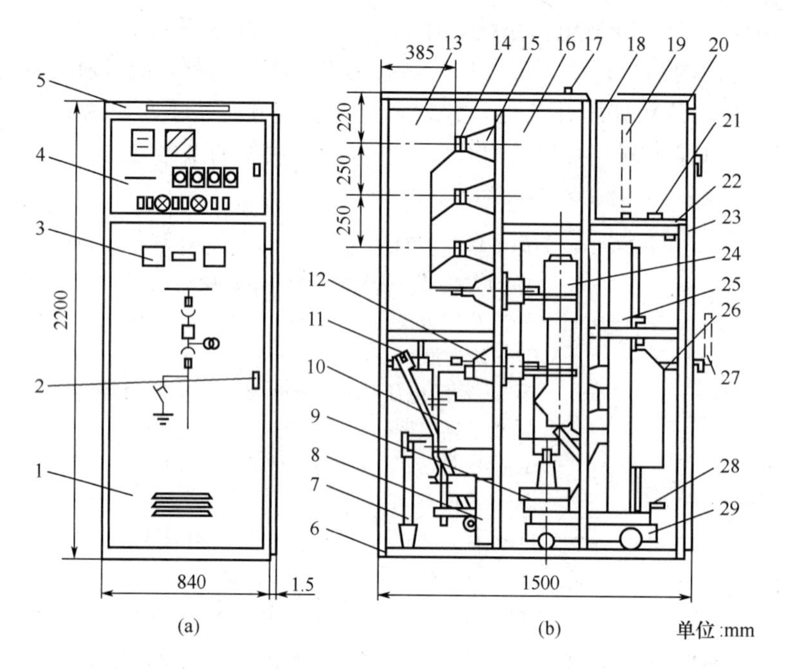

图 4-11　JYN2-10/01～05 型高压开关柜内部结构示意图

（a）正视图；（b）侧视图

1—手车室门；2—门锁；3—视察窗；4—仪表板；5—用途标牌；6—接地母线；7—一次电缆；8—接地开关；9—电压互感器；10—电流互感器；11—电缆室；12—一次触头隔离罩；13—母线室；14—一次母线；15—母线绝缘子；16—排气通道；17—吊环；18—继电器仪表室；19—继电器屏；20—小母线室；21—端子排；22—减振器；23—二次插头座；24—少油断路器；25—断路器手车；26—手车室；27—接地开关操作棒；28—脚踏锁定跳闸机构；29—手车推进机构扣攀

（3）出线电缆室。出线电缆室位于柜后下部，室内装有出线侧隔离静触头、电流互感器、引出电缆（或硬母线）及接地开关。柜后下封板与接地开关有连锁装置，接地开关合上后才能打开。

（4）继电器仪表室。继电器仪表室经减振器固定于柜前上部，小室门上装有测量仪表、按钮、信号灯和继电保护用的连接片（俗称压板）等，小室内有继电器屏、端子排。

（5）小母线室。小母线室位于柜顶前部，室内装有各种小母线（合闸、控制、各种信号等直流小母线和电压互感器二次侧的三相交流电压小母线）。在主母线室和继电器仪表室之间设有断路器的排气通道。

JYNC-10(J、R)型配装高压限流式熔断器与高压真空接触器串联，JYN1-35型配装少油断路器。

KYN系列内部分隔情况与JYN大体相似。KYN-10型配装少油断路器；KYN800-10(KYN18A)型、KYN9000-12(KYN28A)型、KYN□-12Z(GZS1)型、KYN□-12(VUA)型、KYN10-40.5型均配装真空断路器；KYN-35型可配装SF_6或真空断路器，也可配装少油断路器。

金属封闭移开式开关柜，结构紧凑，能防尘和防止小动物进入造成短路，具有"五防"(防止电气误操作的闭锁装置的功能，即防止误跳、误合断路器，防止带负荷拉、合隔离开关，防止带电挂接地线，防止带接地线合隔离开关，防止人员误入带电间隔）功能，运行可靠，操作方便，维护工作量小，在电力系统中广泛应用。

三、成套变电站

成套变电站是组合式、箱式和可移动式变电站的统称，又称预装式变电站。它用来从高压系统向低压系统输送电能，可作为城市建筑、生活小区、中小型工厂、市政设施、矿山、油田及施工临时用电等部门、场所的变配电设备。目前中压变电站中，成套变电站在工业发达国家已占70%，而美国已占到90%。

成套变电站是由高压开关设备、电力变压器和低压开关设备三部分组合构成的配电装置。有关元件在工厂内被预先组装在一个或几个箱壳内，具有成套性强、结构紧凑、体积小、占地少、造价低、施工周期短、可靠性高、操作维护简便、美观、实用等优点，近年来在我国发展迅速。

我国规定成套变电站的交流额定电压，高压侧为7.2～40.5kV，低压侧不超过1kV，变压器最大容量为1600kVA。

成套变电站的箱壳大都采用普通或热镀锌钢板、铝合金板，骨架用成型钢焊接或螺栓连接，它保护变电站免受外部影响及防止触及危险部件；其三部分分隔为三室，布置方式为目字形或品字形；高压室元件选用环网柜、负荷开关加限流熔断器、真空断路器；变压器为干式或油浸式；低压室由动力、照明、电能计量（也可能在高压室）及无功补偿柜（补偿容量一般为变压器额定容量的15%～30%）构成；通风散热方面，设有风扇、温度自动控制器、防凝露控制器。成套变电站的型号含义如下：

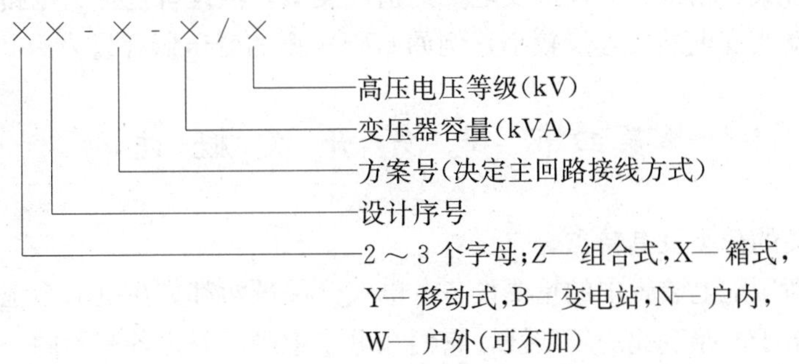

ZBW 系列组合式变电站的一次电路示例如图 4-12 所示，其内部布置如图 4-13 所示。

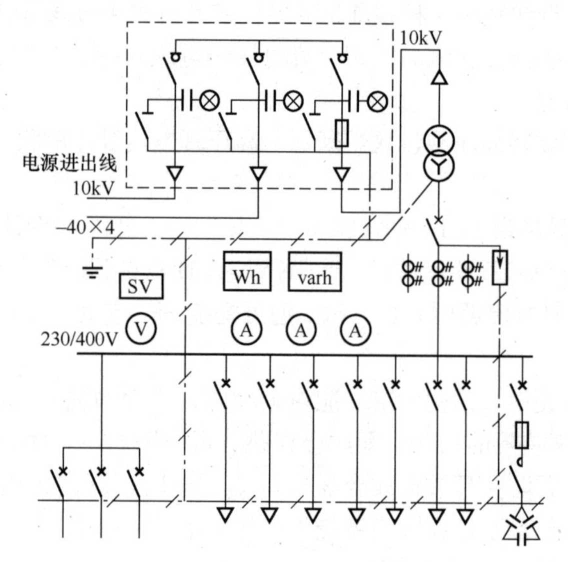

图 4-12　ZBW 系列组合式变电站的一次电路示例

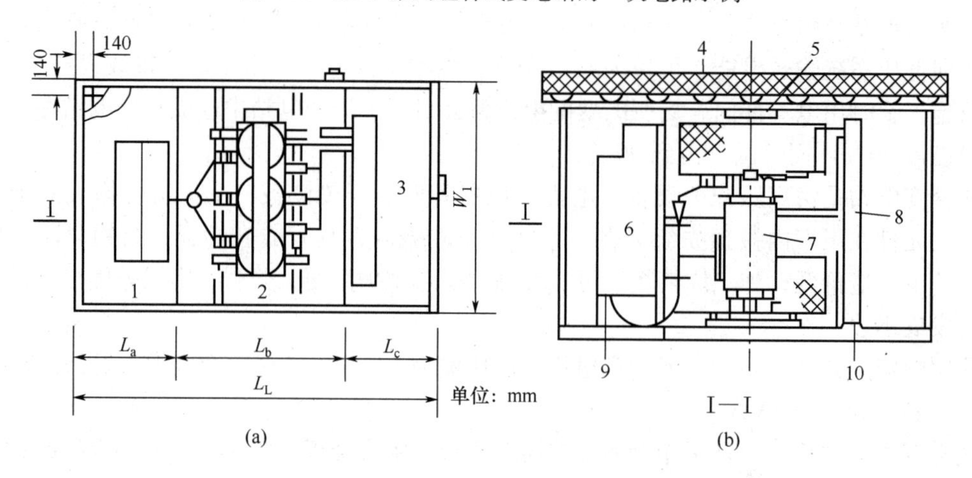

图 4-13　ZBW 系列组合式变电站内部布置

（a）平面布置图；（b）断面图

1—高压室；2—变压器室；3—低压室；4—隔热层；5—排气扇；6—高压设备；7—变压器；8—低压设备；9—高压电缆；10—低压电缆

其他系列组合式、箱式、移动式变电站的情况类似，但设备选择、电路方案、布置等有所不同。一般移动式变电站的容量较小，例如 GYB1 型的变压器容量为 100～630kVA。

第四节　电气开关概述

一、电气开关的分类及其特点

电气开关是高压配电装置中的重要设备。电气开关虽然都是在电力系统中用来闭合或断开电路的，但是由于电路变化的复杂性，它们在电路中的任务也各有不同。按它们在电力系统中的功能，一般可分为下列几大类。

（1）断路器。用于接通或断开有载或无载线路及电气设备，以及发生短路故障时，自动切断故障或重新合闸，能起到控制和保护两方面的作用。断路器按其构造及灭弧方式的不同可分为油断路器、空气断路器、SF_6 断路器、真空断路器（真空开关）、磁吹断路器（磁吹开关）和固体产气断路器（自产气开关）等。

（2）隔离开关。是具有明显可见断口的开关，可用于通断有电压而无负荷的线路，还允许接通或断开空载的短线路、电压互感器及有限容量的空载变压器。

（3）负荷开关。接通或断开负荷电流、空载变压器、空载线路和电力电容器组，如与熔断器配合使用，可代替断路器切断线践的过载及短路故障。负荷开关按灭弧方式分为固体产气式、压气式和油浸式等。

（4）熔断器。用于切断过载和短路故障，如与串联电阻配合使用时，可切断容量较大的短路故障。熔断器按结构及使用条件可分为限流式和跌落式等。

二、高压开关型号标志及其含义

（1）高压开关型号等标志的含义见表 4-7。

表 4-7　　高压开关型号类组代号表

开关名称	汉语拼音首位字母	户内的	户外的	手动的	电磁的	电动机的	弹簧的	气动的	重锤的	液压的
		N	W	S	D	J	T	Q	X	Y
多油断路器	D	DN	DW							
少油断路器	S	SN	SW							
空气断路器	K	KN	KW							
SF_6 断路器	L	LN	LW							
真空断路器	Z	ZN								
磁吹断路器	C	CN	CW							
产气断路器	Q	QN	QW							
隔离开关	G	GN	GW							
隔离插头	GC		GCW							
接地开关	J	JN	JW							
负荷开关	F	FN	FW							
熔断器	R	RN	RW							

（2）高压开关产品全型号组成形式如下：

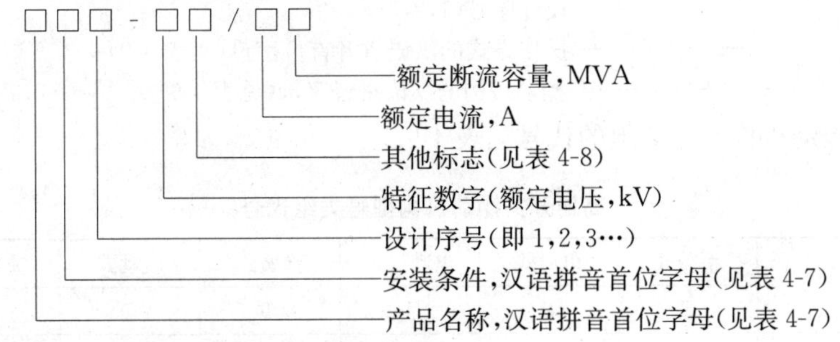

高压开关型号中其他标志代号的字母意义见表 4-8。

表 4-8　　高压开关其他标志代号和意义表

代　号	表 示 意 义	代　号	表 示 意 义
D	隔离开关带接地开关	Ⅰ、Ⅱ、Ⅲ	同一型号的系列序号
X	操动机构带箱子	TH	湿热带使用
K	带速分装置	TA	干热带用
R	负荷开关带熔断器	T	热带用
F	可以分相操作	G	改进型（高原用）
Z	有重合闸装置		

三、高压开关操动机构的类型、型号标志及其含义

操动机构是隔离开关、断路器和负荷开关在分、合闸操作时所使用的驱动机构。一般操动机构是独立装置，与相应高压开关组合在一起，所以操动机构和高压开关是不可分割的一个整体。

操动机构按操作能源大致可分为以下七种。

（1）手动操动机构。以 S 表示，以 CS2 型较为多见，除工矿企业客户外，电力部门中手动机构已停止使用。

（2）电磁操动机构。以 D 表示，这种机构制造简单、造价低、动作可靠，使用较多。6～35kV 油开关的电磁操动机构以 CD2、CD3 型为主。而 CD5 型等主要用于 60～110kV 的油开关中，由于其合闸时间长（0.2～0.8s），故在超高压断路器中很少采用。

（3）电动机式操动机构。以 J 表示，以小型电动机作动力源，驱动操动机构进行高压开关的分、合闸，以 CJ2、CJ5 型为主。

（4）弹簧式操动机构。以 T 表示，以 CT7 型较为多见，它是由交直流串励电动机带动合闸弹簧储能，而在合闸弹簧能量释放的过程中将断路器合闸，适用于 3～10kV 小容量开关。

（5）液压式操动机构。以 Y 表示，是一种比较先进的操动机构。它具有动作速度快、体积小等优点，多用于 35～220kV 的断路器中。

（6）气动式操动机构。以 Q 表示，是以压缩机产生的压缩空气为原动力，多用于 110kV 以上的高压开关。

（7）重锤式操动机构。用 Z 表示，是以重锤储能作为操动机构的原动力。

高压开关操动机械型号组成如下：

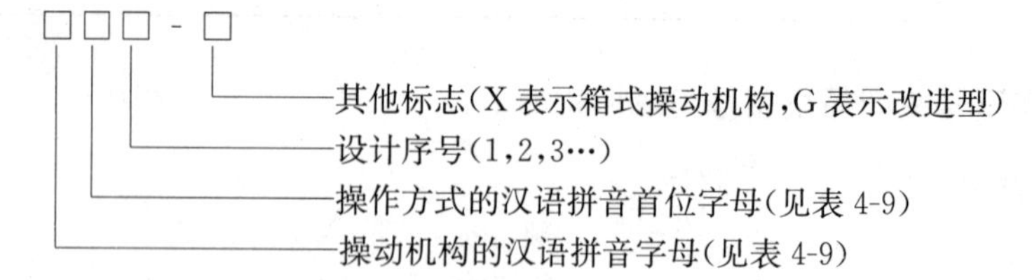

高压开关操动机构型号类组的代号见表 4-9。

表 4-9　　高压开关操动机构型号类组代号

操作方式		手动式	电磁式	电动机式	弹簧式	气动式	重锤式	液压式
		S	D	J	T	Q	Z	Y
操动机构	C	CS	CD	CJ	CT	CQ	CZ	CY

四、海拔对高压电气设备的影响和要求

随着海拔的增加，空气密度、温度和气压均相应地减少，这就使空气间隙和瓷件绝缘的放电性能下降，从而使高压电气设备的外绝缘性能变差（但是对电气设备内部的固体和油介质绝缘性能没有多大影响）。因为通常高压电气设备是以海拔 1000m 以下安装条件设计的，如海拔超过 1000m 时，将不能保证可靠运行。为此应对用在高海拔地区的高压配电装置的外绝缘强度予以补偿。

一般规定，在 1000m 以上（但不超过 4000m）的高海拔地区使用的高压电器及设备的外绝缘强度，应按每超过 100m 提高试验电压 1.0%进行补偿。

对于海拔在 2000～3000m，电压在 110kV 以下的高压电器设备，一般用提高一级电气强度（此时，外部绝缘的冲击和工频试验电压可增加 30%左右）的办法，来加强外绝缘的电气强度。

五、高压断路器多断口结构的优越性

高压断路器（油断路器、空气断路器、真空断路器等）一般每相都有两个或两个以上的断口，原因如下。

（1）有多个断口可使加在每个断口上的电压降低，从而使每段弧隙的恢复电压降低。

（2）多个断口把电弧分割成多个小电弧段，相当于这些小电弧段的串联，在相等的触头行程下，多断口比单断口的电弧拉得更长，从而增大了弧隙电阻。

（3）多个断口相当于总的分闸速度加快了，介质强度恢复速度相应增大。因此多断口断路器有较好的灭弧性能。

第五节 高压断路器的技术参数

一、额定电压及额定电流

额定电压 U_N 是指断路器长期工作的标准电压（对三相系统指线电压）。电力系统在运行中允许 5%U_N 的电压波动，断路器必须在允许电压变化范围内长期工作，为此断路器还规定了最高工作电压。对额定电压在 3～220kV 的断路器，其最高工作电压较额定电压高 15%左右。对 330kV 及以上者，规定其最高工作电压较额定电压高 10%。断路器额定电压与最高工作电压对应值见表 4-10。

表 4-10 **断路器额定电压和最高工作电压对应值** (kV)

额定电压	3	6	10	35	110	220	330	500
最高工作电压	3.5	6.9	11.5	40.5	126	252	363	550

额定电压的大小对断路器的外形尺寸和绝缘水平有不同的要求。额定电压越高要求绝缘强度越高，外形尺寸越大，相间距离亦越大。选择断路器时，额定电压是首先应满足的条件之一。

额定电流 I_N 是指在额定频率下长期通过断路器且使断路器无损伤、各部分发热不超过长期工作的最高允许发热温度的电流。我国规定断路器的额定电流为 200、400、630、(1000)、1250、(1500)、1600、2000、3150、4000、5000、6300、8000、10000、12500、16000、20000A。

额定电流的大小决定断路器导电部分和触头的尺寸和结构。在相同的允许温度下，电流越大，则要求导电部分和触头的截面积越大，以便减少损耗和增大散热面积。

二、额定开断电流

断路器在开断操作时，首先起弧的某相电流称为开断电流。在额定电压下，能保证正常开断的最大短路电流称为额定开断电流 I_{brN}。它是标志断路器开断能力的一个重要参数。我国规定额定开断电流为 1.6、3.15、6.3、8、10、12.5、16、20、25、31.5、40、50、63、80、100kA。

由于开断电流和电压有关，因此在不同的电压下，对同一断路器所能正常开断的最大电流值也不相同。以往认为断路器的开断能力既与开断电流有关，又受给定电压的限制，因此额定条件下的开断能力称为额定断流容量。三相电路的额定断流容量以 $S_{brN}=\sqrt{3}U_N I_{brN}$ 表示。必须指出，断路器在起弧时的开断电流与熄弧后的工频恢复电压，在时间上并非同时产生，这两者相乘并无具体物理意义，亦不能确切地表征开断能力。我国根据国际电工委员会（IEC）的规定，现在只把额定开断电流作为表征开断能力的唯一参数。而断流容量仅作为描述断路器特性的一个数值。

三、关合能力

当电力系统存在短路故障时，断路器一合闸就会有短路电流流过，这种故障称为预伏故障。当断路器关合有预伏故障的设备或线路时，在动、静触头尚距几毫米就会发生预击穿，随之出现短路电流，给断路器关合造成阻力，影响动触头合闸速度及触头的接触压力，甚至出现触头弹跳、熔化、焊接以致断路器爆炸等事故，这远比在合闸状态下通过极限电流的情况严重。

衡量断路器关合短路故障能力的参数为额定关合电流 I_{mc}，其数值以关合操作时瞬态电流第一个大半波峰值来表示。制造部门对关合电流一般取额定开断电流 I_{brN} 的 $1.8\sqrt{2}$ 倍，即

$$I_{mc}=1.8\times\sqrt{2}I_{brN}=2.55I_{brN}$$

断路器关合短路电流的能力除与灭弧装置性能有关外，还与断路器操动机构的合闸功能的大小有关。因此，在选择断路器的同时，应选择操动机构，方能保证足够的关合能力。

四、耐受性能

断路器在开断短路故障时，短路电流也将流过动、静触头，因此，要求断路器不致因发热和电动力的冲击而损坏，即断路器应有足够的耐受短路电流作用的能力，简称耐受能力。

1. 短时热电流（曾称热稳定电流）

在规定的时间内（规定标准时间 2s，需要大于 2s 时推荐为 4s）断路器在合闸位置，可能经受的短时热电流有效值，称为短时热电流 I_t（或短时耐受电流），断路器标准中规定 $I_t=I_{brN}$。

I_t 通过断路器时，各零部件的温度不应超过短时发热最高允许温度，且不致出现触头熔接或软化变形，以及其他妨碍正常运行的异常现象。

2. 峰值耐受电流

峰值耐受电流 I_{am} 亦称动稳定电流，即在规定的使用条件和性能下，断路器在合闸位置时所能经受的电流峰值。它与关合电流 i_{mc} 不同的是，i_{am} 是断路器处于合闸位置时通过的短

路电流，而 i_{mc}则是由于断路器关合短路故障所产生的短路电流。峰值耐受电流也是以短路电流的第一个大半波峰值电流来表示，且

$$i_{am} = i_{mc} = 2.55 i_{brN}$$

显然，峰值耐受电流反映了断路器承受由于短路电流产生的电动力的性能。它决定断路器的导电部分和绝缘支持件的机械强度以及触头的结构形式。

五、全开断时间

全开断时间 t_t 是指断路器接到分闸命令瞬间到电弧熄灭为止的时间，即

$$t_t = t_1 + t_2$$

全开断时间 t_t 由两部分组成：t_1 称为固有分闸时间，是指从断路器接到分闸命令瞬间到所有各相的触头都分离的时间间隔；t_2 称为燃弧时间，是指某一相首先起弧瞬间到所有相电弧全部熄灭的时间间隔。

全开断时间 t_t 是表示断路器开断过程快慢的主要参数。它直接影响故障对设备的损坏程度、故障范围、传输容量和系统的稳定性。断路器开断单相电路时，各个时间的关系如图 4-14 所示，其中 t_0 为继电保护装置动作时间。

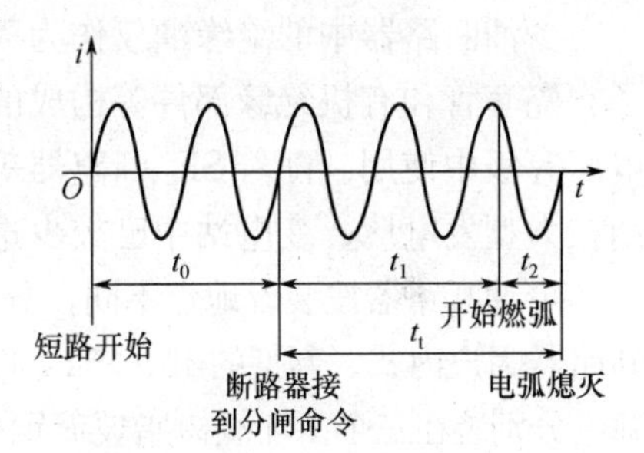

图 4-14　断路器开断时间示意图

六、自动重合闸性能

架空线路的短路故障大多是暂时性故障。当短路电流切断后，故障亦随之消除。为了提高供电的连续性，多装有自动重合闸装置。自动重合闸就是断路器在故障跳闸以后，经过一定的时间间隔又自动进行关合。重合后，如果故障已消除，即恢复正常供电，称为自动重合成功。如果故障并未消除，则断路器必须再次开断故障电流，这种情况称为自动重合失败。在重合失败后，如已知为永久性故障，应立即检修。但有时运行人员无法判断故障是暂时性还是永久性，而该电路供电又很重要，允许 3min 后再强行合闸一次，称为强送电。同样，强送电可能成功或失败。但失败时，断路器必须再切断一次短路电流。断路器的上述动作程序称为自动重合闸的操作循环，记为：分—θ—合分—t—合分。

其中，θ 为断路器开断故障电路时从电弧熄灭起到电路重新接通的时间，称为无电流间隔时间，一般为 0.3s 或 0.5s。t 为强送时间，一般为 180s。

断路器在自动重合闸操作循环中的有关时间示意图如图 4-15 所示。图中 t_0、t_1 和 θ 的定义同前所述，t_3 为预击穿时间，t_4 为金属短接时间，t_5 为燃弧时间。

断路器的全开断时间与无电流间隔时间之和（$t_t+\theta$）称为自动重合闸时间。金属短接时间 t_4 是指断路器重合闸操作以后，触头闭合到第二次触头分开所需用的时间。

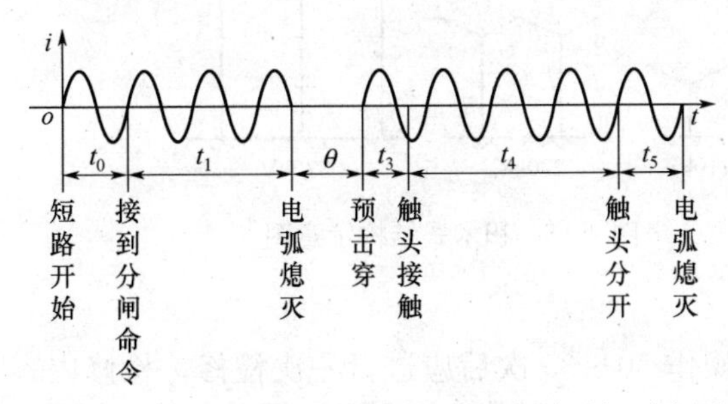

图 4-15　自动重合闸操作循环中的有关时间示意图

断路器允许的无电流间隔时间取决于第一次开断后，断路器恢复熄弧能力所需要的时间。如果间隔时间太短，当断路器重合后再次分闸时，尚未恢复其熄弧能力，则断路器在第二次分闸时的断流容量便要下降。

用于架空输电线路中的断路器，必须满

足自动重合闸的要求，应能在短时间内连续可靠地关合两次短路故障，开断三次短路电流，以保证电力系统运行的可靠性。

第六节 油断路器

一、多油断路器与少油断路器的主要区别

高压油断路器都是利用变压器油作为灭弧及绝缘介质的。一般按其触头和灭弧装置的绝缘结构及油量多少，分为多油断路器和少油断路器（也叫贫油断路器）两类。

多油断路器的触头和灭弧装置对金属油箱（接地）是绝缘的，因此油的作用是灭弧和绝缘（即触头之间，载流部分之间和油箱外壳之间）。它的体积大、油量多、断流容量小，运行维护比较困难，近期已很少选用。

少油断路器中的绝缘油仅作为灭弧介质用，其触头和灭弧装置对地的绝缘是由支持绝缘子、瓷套管和有机绝缘部件等构成的。它体积小、质量轻、断流容量大，通常在6～220kV电压等级中使用。随着SF_6断路器等性能较为先进的断路器的普遍推广使用，少油断路器近期在大型发电厂、变电站中已较少选用。

少油断路器按装设地点不同，分为户内式和户外式两种。我国生产的20kV及以下的少油断路器为户内式。新型的10、35kV户内式少油断路器，用环氧树脂玻璃钢筒作为油箱，每相灭弧室分别装在三个由环氧树脂玻璃钢布卷成的圆筒内。这样既能节省钢材，也可以减少涡流损耗。35kV及以上的少油断油器多采用户外式（35kV也有户内式），均采用高强度瓷筒作为油箱。

少油断路器的灭弧室有很多结构形式，其灭弧方法有纵吹、横吹和压油吹弧等。

二、少油断路器的积木式结构

电压在110kV及以上的户外式少油断路器，采用串联灭弧室积木式结构，如图4-16所示，呈Y形结构，两个灭弧室分别装在两侧，组成V形排列，构成双断口的结构。一个Y形体构成一个单元，根据电压要求，可由几个单元串联起来。如每个单元的电压为110kV，则由两个单元串联即成220kV，3个单元串联即成330kV，如图4-17所示。这种结构的优点是：灭弧室及零部件均可采用标准元件，通用性强，使产品系列化，便于生产和维修，灭弧室研制工作量相对减少，便于向更高电压等级发展。

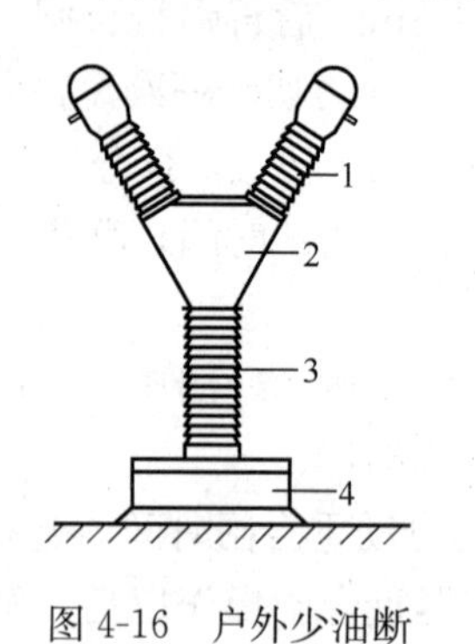

图4-16 户外少油断路器一个外形体构成单元

1—灭弧室；2—机构箱；3—支持瓷套；4—底座

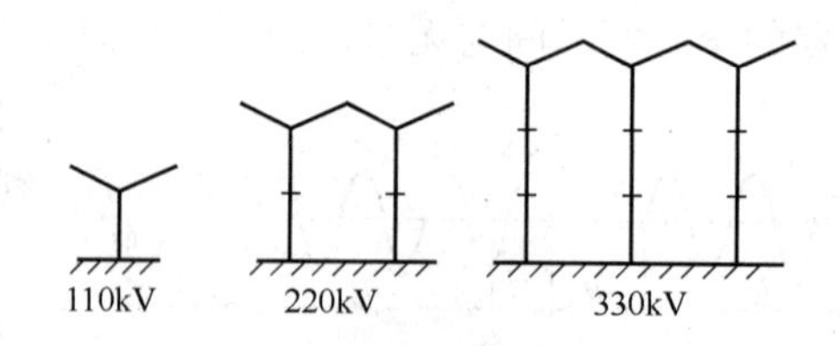

图4-17 积木式结构示意图

三、检修高压油断路器的基本要求

高压油断路器一般在事故跳闸4次或正常操作30～35次后应进行一次检修。检修内容有以下几个方面。

（1）绝缘部分。绝缘部分的检修包括外观检查和绝缘试验。外观检查是观察绝缘部件有无裂纹、破损、闪烁、碳化和变形。尤其是如发现瓷件有裂纹、破损或闪烁等缺陷时，应予更换。绝缘试验项目中包括对油断路器的油取样进行绝缘试验，其击穿耐压应按试验标准进行，如试验不合格应予更换。换油时，先将原油放出，用新油将油箱冲洗干净后再注放新油。对其他绝缘部件应逐一进行外观检查和绝缘试验。

（2）导电部分。导电部分故障多发生在螺栓、螺钉和固定接触处及动静触头或滑动、滚动触头上。检查有无脏污、氧化膜和电烧伤痕迹。如发现有污垢，应用蘸汽油的抹布擦洗干净；接触面的氧化膜则应用细砂布或细锉打磨平，使其重新露出金属光泽；如果烧伤深度超过 1mm，且锉磨困难时，应该更换。同时应检验触头接触压力，调整或更换压力弹簧。

（3）灭弧部分。检查横吹或纵吹的吹弧口是否堵塞，各灭弧栅片之间排列距离及吹弧孔有无异常以及灭弧室有无脏污受潮等。

（4）操动机构部分。操动机构的故障常会造成开关在操作中分合闸不灵。故主要应检查机构能不能搭扣，搭扣后合闸途中是否又脱扣，手动能不能迅速合闸，合闸电磁铁和分闸电磁铁能否启动等。如机构发生变形，则应调整或更换。

（5）清扫和加润滑油等。

第七节　真空断路器及空气断路器

一、真空断路器

1. 真空断路器的特点

真空断路器是以真空作为灭弧和绝缘介质的。所谓真空是相对而言的，指的是绝对压力低于 101325Pa 的气体稀薄的空间。气体稀薄程度用真空度表示。真空度即气体的绝对压力与大气压的差值。气体的绝对压力值越低，真空度就越高。

气体间隙的击穿电压与气体压力有关，如图 4-18 所示。击穿电压随气体压力的提高而降低，当气体压力高于 1.33×10^{-2}Pa 时，击穿电压迅速降低。所以真空断路器灭弧室内的气体压力不能高于 1.33×10^{-2}Pa。一般在出厂时其气体压力为 1.33×10^{-5}Pa。

这里所指的真空，是气体压力在 1.35×10^{-2}Pa 以下。在这种气体稀薄的空间，其绝缘强度很高，电弧很容易熄灭。图 4-19 表示在均

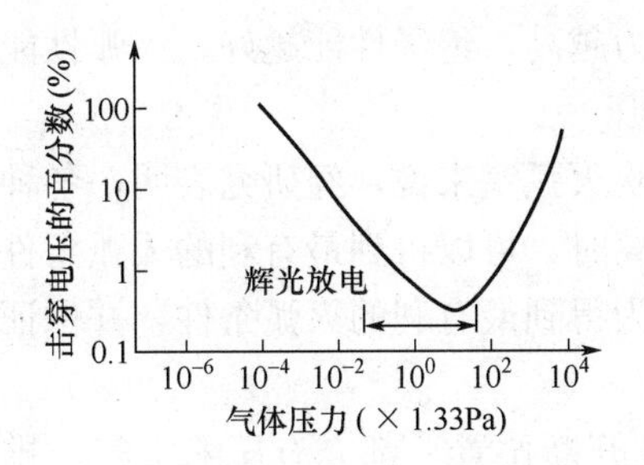

图 4-18　击穿电压与气体压力的关系

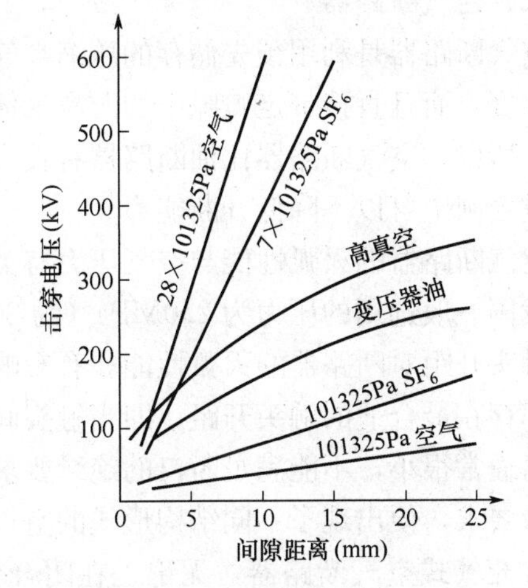

图 4-19　不同介质的绝缘间隙击穿电压

匀电场作用下，不同介质的绝缘间隙击穿电压。由图可见，真空的绝缘强度比变压器油、101325Pa气压下的SF_6和空气的绝缘强度都高得多。

真空间隙内的气体稀薄，分子的自由行程大，发生碰撞的概率小，因此，碰撞游离不是真空间隙击穿产生电弧的主要因素。真空中的电弧是在由触头电极蒸发出来的金属蒸汽中形成的，电极表面即使只有微小的突起部分，也会引起电场能量集中，使这部分发热而产生金属蒸气。因此，电弧特性主要取决于触头材料的性质及其表面状况。

目前，使用最多的触头材料是以良导电金属为主体的合金材料，如铜-铋（Cu-Bi）合金，铜-铋-铈（Cu-Bi-Ce）合金等。

真空断路器的特点如下：

（1）触头开距短，10kV级真空断路器的触头开距只有10mm左右。因为开距短，可使真空灭弧室做得小巧，所需的操作功小，动作快。

（2）燃弧时间短，且与开断电流大小无关，一般只有半个周波，故有半周波断路器之称。

（3）熄弧后触头间隙介质恢复速度快，对开断近区故障性能较好。

（4）由于触头在开断电流时烧损量很小，所以触头寿命长，断路器的机械寿命也长。

（5）体积小，质量轻。

（6）能防火防爆。

2. 真空断路器的“老练”

所谓“老练”，是施加在真空断路器静、动触头间一个电压（高电压小电流，或低电压大电流）反复试验几十次，使其触头上的毛刺烧光，触头表面更为光滑。

在电力电容器装置回路中应安装满足电力电容器安全运行的专用断路器。以前不论所装电容器容量大小均采用少油断路器。因电容器需经常投切，少油断路器需频繁检修，为减少维护工作量，发展到用真空断路器代替少油断路器。用真空断路器初次投切电容器，在拉开正常电容器时，出现击穿电弧产生过电压，危害电容器。为减少过电压，对所投入运行的真空断路器要进行“老练”。实践证明，经过“老练”处理的真空断路器，基本上能满足投切电容器的要求。

二、空气断路器

空气断路器是利用预先储存的压缩空气来灭弧，气流不仅带走弧隙中大量的热量，降低弧隙温度，而且直接带走弧隙中的游离气体，代之以新鲜压缩空气，使弧隙的绝缘性能很快恢复。所以，空气断路器比油断路器有较大的开断能力，动作迅速，开断时间较短，而且在自动重合闸中可以不降低开断能力。

空气断路器的灭弧性能与空气压力有关，空气压力越高，绝缘性能越好，灭弧性能也越好。我国一般选用的压力为2.0MPa（约20标准大气压）。

触头开距对断路器的灭弧性能亦有影响。对于纵吹灭弧室来说，经研究表明，各种灭弧结构都存在最合适的触头开距，即当触头间达一定距离时，可以得到最有利的灭弧条件。这个距离通常很小，不能满足断口的绝缘要求。因此，为得到最有利的灭弧条件，并保证断口的绝缘要求，便出现了不同结构形式的空气断路器。

常充气式空气断路器，无论是在闭合位置还是在开断位置，都充有压缩空气，排气孔只在开断过程中打开，形成吹弧。开断前，在灭弧室内已充满压缩空气，触头刚一分离，就能立即强烈地吹弧，所以，开断能力较大。开断以后，灭弧室内也充满压缩空气，用以保证触头间必要的绝缘强度，故可取消隔离器。这种断路器结构简单，对空气压力利用得较好，气耗量较小。我国目前生产的空气断路器，如KW3、KW4、KW5都属于这种结构。

空气断路器结构较复杂，有色金属消耗量较大，因此，它一般应用于220kV及以上电压级的大系统中。

第八节　SF_6 断路器及GIS装置

一、SF_6 气体作为绝缘与灭弧介质所具有的主要特点

SF_6 是目前电器工业使用的最佳灭弧和绝缘介质。在常温常压下，其密度为空气的5倍，它无色、无味、无毒、不会燃烧、化学性质极为稳定，在常温下不与其他材料产生化学反应，很类似于惰性气体。SF_6 是液化性气体，当其密度保持不变时，绝缘强度保持恒定，而与温度无关。故密度确定了设备的绝缘尺寸，而不取决于压力。大量的试验证明，SF_6 在断路器内绝缘子表面凝聚时，实际上对绝缘强度不会产生影响，即使气体密度稍有下降，绝缘强度通常能满足使用要求，仅断路器的开断容量有少许的降低。SF_6 不仅是非常好的绝缘气体，而且是一种性能极佳的灭弧介质。大约在200K的温度下，SF_6 有较高的比热（为空气的66%），相应地具有较高的热传导性能（为空气的3.5倍）。它促使电弧的等离子气体正好在电流过零前进行冷却并有利于使电弧在电流过零时熄灭。一般认为，SF_6 的灭弧能力大约是空气的100倍。另外，SF_6 还具有负电性，即有捕获自由电子并形成负离子的特性。这是其具有高的击穿强度的主要原因，因此也能够促使弧隙中绝缘强度在电弧熄灭后能快速恢复。在灭弧过程中，等离子气体冷却得非常快（热时间常数为微秒量级），而变化过程逆向进行，即自由电子被离子吸收，而形成中性原子，硫原子和氟原子重新结合成 SF_6，即存在着 $SF_6=S+6F$ 的可逆过程。

二、SF_6 断路器的特点及类型

1. SF_6 断路器的特点

SF_6 断路器是利用 SF_6 气体为绝缘介质和灭弧介质的新型高压断路器，具有以下优点。

(1) 断口耐压高。SF_6 断路器的单元断口耐压与同电压级的其他断路器相比要高，所以其串联断口数和绝缘支柱较少，因而零部件也较少，结构简单，使制造、安装、调试和运行都比较方便。

(2) 允许断路次数多，检修周期长。由于 SF_6 气体分解后可以复原，且在电弧作用下的分解物不含有碳等影响绝缘能力的物质，在严格控制水分的情况下，生成物没有腐蚀性。因此，断路后 SF_6 气体的绝缘强度不下降，检修周期相应也长。

(3) 开断性能很好。SF_6 断路器的开断电流大，灭弧时间短，无严重的截流和截流过电压，且在开断电容电流时不产生重燃。同时，由于灭弧时间短，触头的烧损腐蚀小，触头可以在较高的温度下运行而不损坏。

(4) 绝缘性能好。由于 SF_6 气体具有良好的绝缘性能，故可以大大减少装置的电气距离，使断路器设计更为紧凑，节省空间，而且操作功率小、噪声小。

(5) 密封性能好。由于带电及断口均被密封在金属容器内，金属外部接地，故能有效地防止意外接触带电部位和外部物体侵入设备内部。由于 SF_6 断路器装置是全封闭的，故较适

用于户内、居民区、煤矿或其他有爆炸危险的场所。

（6）安全性能好。SF_6断路器无可燃物质，避免了爆炸和燃烧，提高了变电站运行的安全水平。

（7）占地少。与其他断路器相比，在电压等级、开断能力及其他性能相近的情况下，SF_6断路器的断口少、体积小，尤其是SF_6全封闭组合电器，可以大大减少变电站的占地面积，对负荷集中、用电量大的城市变电站和地下变电站更为有利。

SF_6断路器的缺点是，SF_6气体本身虽无毒，但在电弧作用下，少量分解物（如SF_4）对人体有害，一般需设置吸附剂来吸收。运行中要求对水分和气体进行严格检测，而且要求在通风良好的条件下进行操作。

制造生产SF_6断路器时，要求加工精度高，密封性能良好。虽然SF_6断路器的价格较高，但由于其优越的性能和显著的优点，故正得到日益广泛的应用。在我国，SF_6断路器在高压和超高压系统中将占有主导地位，并且正在向中压级发展，在10～60kV电压级系统中也正逐步取代目前广泛使用的少油断路器。

2. SF_6断路器的类型

SF_6断路器可分为三大类。

（1）瓷瓶式SF_6断路器。如LW（SFM）型系列产品，可用于110～500kV的电力系统中。该系列产品除110kV断路器三相共用一个机构外，其他均为三相分装式结构。110～220kV断路器每相一个断口，整体呈“I”形布置。330～500kV断路器每相两个断口，整体呈“T”形布置。每个断口由灭弧室、支柱（支持绝缘子）、机构箱组成，其中330～500kV断路器还带有均压电容器，合闸电阻等，其结构示意如图4-20所示。

（2）落地罐式。即把断路器装入一个外壳接地的金属罐中，如LW13（SFMT）型罐式高压SF_6断路器。该产品除110kV级及部分220kV级产品的三相分装在一个公用底架上并采用三相联动操作外，其余各电压等级及部分220kV产品均为三相安装结构，每相由接地的金属罐、充气套管、电流互感器、操动机构和底架等部件组成。LW13-500型罐式SF_6断路器结构示意图如图4-21所示。

（3）SF_6全封闭组合电器。它是将SF_6断路器与隔离开关、接地开关、电流互感器、电压互感器和部分母线按主接线要求，依次连接，组成一个整体。各元件的高压带电部分均装在一个用SF_6气体绝缘的金属外壳中，构成全封闭组合电器，其优越性更为显著。SF_6组合电器的发展极为迅速，我国现已有自行设计和制造的SF_6全封闭组合电器（GIS）投入运行。

三、气体绝缘金属封闭开关设备（GIS）的总体结构、特点以及提高其运行安全可靠性的主要措施

气体绝缘金属封闭开关设备（GIS）是把断路器、隔离开关、电压互感器及电流互感器、母线、避雷器、电缆终端盒、接地开关等元件，按电气主接线的要求，依次连接组合成一个整体，并且全部封闭于接地的金属压力封闭外壳中，壳体内充以高于大气压的绝缘气体（通常为SF_6气体），作为绝缘和灭弧介质。

1. 总体结构

GIS由各个独立的标准元件组成，各标准元件制成独立气室（又称气隔），再辅以一些过渡元件（如弯头、三通、伸缩节等），便可适应不同形式主接线的要求，组成成套配电装置。

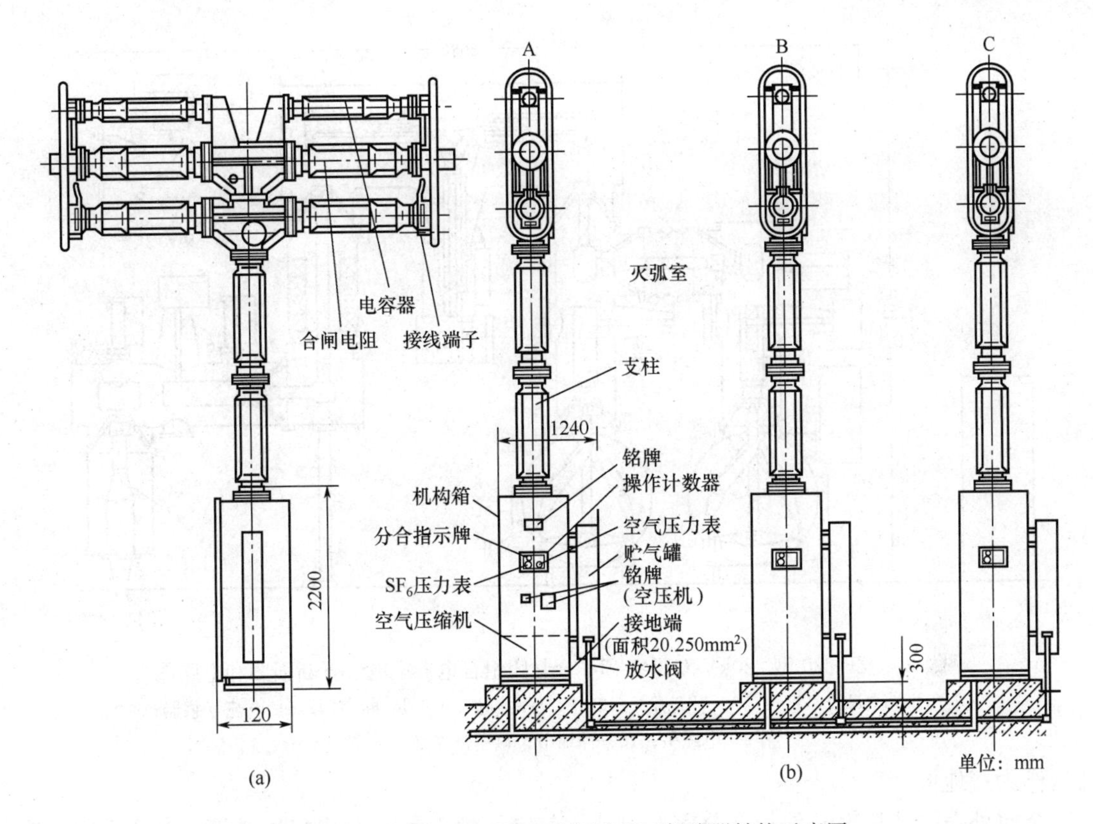

图 4-20　330、500kV SFM 型高压 SF_6 断路器结构示意图

（a）正视图；（b）侧视图

一般情况下，断路器和母线间的结构形式对布置影响最大。屋内式全封闭组合电器，若选用水平布置的断路器，一般将母线布置在下面，断路器布置上面；若断路器选用垂直断口时，则断路器一般落地布置在侧面。屋外式 GIS，断路器一般布置在下部，母线布置在上部，用支架托起。

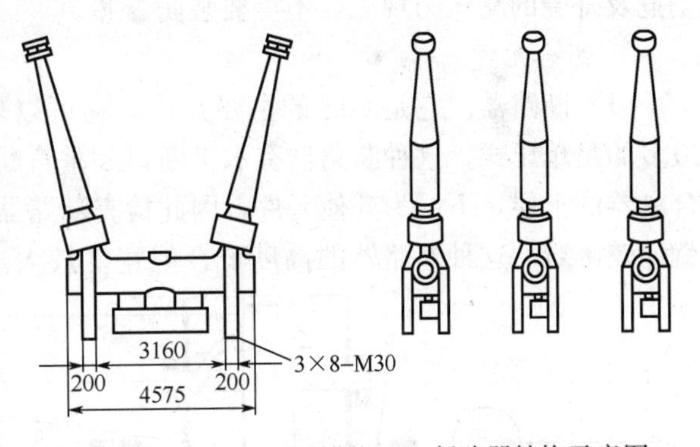

图 4-21　LW13-500 型罐式 SF_6 断路器结构示意图

图 4-22 为 220kV 双母线 SF_6GIS 的断面图。为了便于支撑和检修，母线布置在下面，断路器（双断口）水平布置在上部，出线用电缆，整个回路按照电路顺序，呈 π 形布置，使装置结构紧凑。母线采用三相共箱式（即三相母线封闭在公共外壳内），其余元件均采用分箱式。盆式绝缘子用于支撑带电导体，并将装置分隔成不漏气的隔离室。隔离室具有便于监视、易于发现故障点、限制故障范围以及检修或扩建时减少停电范围的作用。在两组母线汇合处设有伸缩节，以减少由温差和安装误差引起的附加应力。另外装置外壳上还设有检查孔、窥视孔和防爆盘等设备。

2. 金属铠装 GIS

GIS 金属铠装可用钢板或铝板制成，形成封闭外壳，有三相共箱和三相分箱式两种。其功能是：容纳 SF_6 气体，气体压力一般为 0.2～0.5MPa；保护活动部件不受外界物质侵蚀；

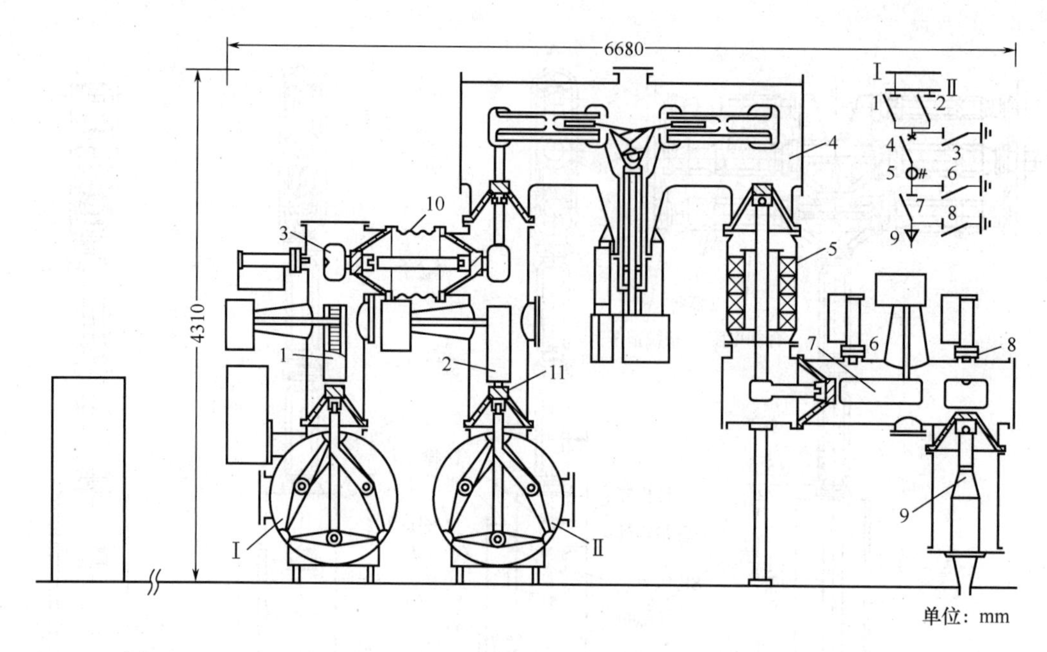

图 4-22　ZF-220 型 220kV 双母线 SF_6 全封闭组合电器配电装置断面图和电路图

Ⅰ、Ⅱ—主母线；1、2、7—隔离开关；3、6、8—接地开关；4—断路器；5—电流互感器；9—电缆头；10—伸缩节；11—盘式绝缘子

又可作为接地体。

金属外壳内各标准元件相互分离形成独立气室。独立气室中装有防爆膜，以防止因内部发生电弧性故障时，产生超压力现象致使外壳破裂。大容积的气室及母线管道，一般不会产生危及外壳的超压力现象，不需要装防爆膜。

3. 组合元件

(1) 断路器。它是 GIS 的主要元件，它可以是单压式或双压式 SF_6 断路器，目前使用最多的是单压式。这种断路器有水平断口和垂直断口两种类型。水平断口的断路器布置在组合电器的上层，下层为其他元件，因此检查断路器的灭弧室比较容易，但检查其他底部元件就比较困难。这种断路器的高度低，但宽度较大。垂直断口的断路器在组合电器内仅为一层，高度大，较窄，检查断口时不如水平结构的方便。断路器采用液压操动机构或气动操动机构。图 4-22 中所用的断路器为水平断口的单压式、定开距的 SF_6 断路器。

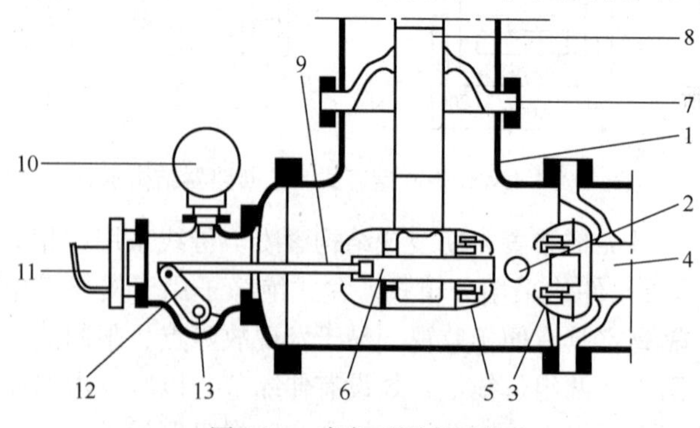

图 4-23　直角型隔离开关

1—外壳；2—观察窗；3—静触头；4—导体；5—滑动触头；6—动触头；7—绝缘子；8—导体；9—绝缘杆；10—压力开关；11—超压限制装置；12—曲柄；13—控制轴

(2) 隔离开关。隔离开关一般是在无电流下操作，但要求它能开断小电容电流和环流。

隔离开关有两种可供选择的基本方案，即直角型隔离开关(进出线垂直，如图 4-23 所示)和直线型隔离开关(进出线在同一轴线上，如图 4-24 所示)。

隔离开关的操作由电动操动机构完成，分闸和合闸操作都是缓慢的。

（3）接地开关。接地开关或与隔离开关制成一体，或单独作为元件制造。接地开关视其功用不同有两种类型。

1）工作接地开关。在检修时将导电部位接地，保证人身安全，这类开关不要求有闭合短路电流的能力。

2）保护接地开关。当设备内部闪络，为了避免事故的扩展，使带电部位很快接地，这类开关要求有闭合短路电流的能力。

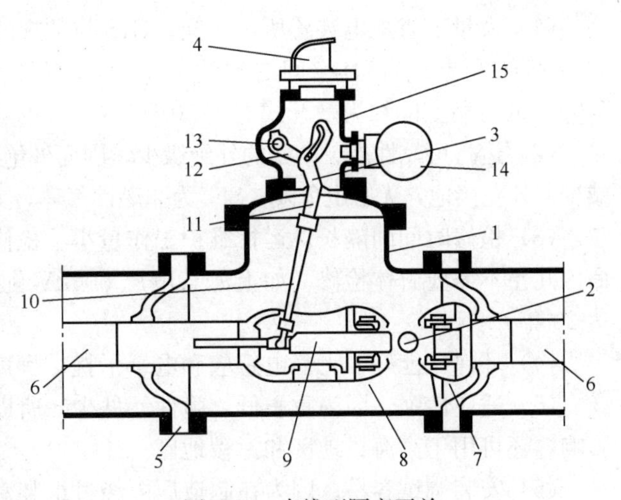

图 4-24　直线型隔离开关

1—外壳；2—观察窗；3—轴；4—超压限制器；5—绝缘子；6—导体；7—静触头；8—滑动触头；9—动触头；10—绝缘杆；11—曲柄；12—拐臂；13—控制轴；14—压力开关；15—曲柄箱

（4）电流互感器。它有两种结构：

1）装在充气金属壳内的穿芯式，以 SF_6 为主绝缘，径向尺寸较大，质量亦较大，既可以用于断路器侧，又可以用于母线侧。

2）开口式电缆结构，只能用于电缆侧，它的径向尺寸小、质量轻、拆卸方便。图 4-22 中用的是穿芯式结构，每组共有一个测量线圈和三个保护线圈，每个线圈外部用环氧树脂浇铸。

（5）电压互感器。主要有电容式和电磁式两种，前者用于 220kV 及以上的电压，后者用于 110kV 及以下的电压。

（6）避雷器。主要有下列安装方式：

1）常规带间隙的避雷器，装在组合电器的入口处。

2）无间隙氧化锌避雷器或金属封闭的 SF_6 绝缘的避雷器。

3）上述两种方式的混合应用。

（7）母线和封闭连接线。母线的结构有分相与三相共筒式两种。分相式母线的导电部分装在接地的金属圆筒中心，用盆式绝缘子支持。这种母线符合同轴圆柱体的结构原则，电场分布较好，结构简单，相间电动力小，可避免相间短路的故障。三相共筒式母线的三相导电部分匀称地布置在一个共同的接地金属圆筒内，各相导体分别用支持绝缘子支持圆筒，相间绝缘主要由 SF_6 担任。三相共筒式与分相式比较，可以缩小三个导体绝缘筒的截面，壳体的发热效应较低。

图 4-22 中采用的母线为在一金属壳体内装有铝管导体，以 SF_6 为主绝缘。

（8）充气引线套管与电缆终端。充气引线套管为空心塔形套管，内装导电杆并充有 SF_6 气体。引线套管也可以采用油纸电容套管，它的尾部放在封闭电器的壳体中，SF_6 气体与套管的油腔隔绝。

GIS 若选用电缆进出线时，就要采用封闭型的电缆终端。与变压器或架空线路相连接时，可以采用套管。

4. GIS 的特点

GIS 与常规的配电装置相比，有以下突出优点：

（1）大量节省配电装置所占空间。GIS与常规的各级电压中型布置配电装置的面积之比约为$25/(U_{N}+25)$，其空间之比约为$10/U_{N}$（U_{N}为额定电压）。电压越高，效果越显著，500kV的占用空间约为敞开式的1/50。

（2）运行可靠性高。暴露的外绝缘少，因而外绝缘事故少；内部结构简单，机械故障机会减少；外壳接地，无触电危险；SF_6为非燃性气体，无火灾危险；气压低，爆炸危险性也小。

（3）检修时间间隔长，运行维护工作量小。检修周期为常规电器的5～10倍，在使用寿命内几乎不需要解体检修。如上海某电厂500kV配电装置GIS，制造厂规定其检修间隔可达20年。

（4）环保性能好，无静电感应和电晕干扰，噪声水平低。

（5）适应性强。因为重心低，脆性元件少，所以抗震性能好。因为全封闭不受外界环境影响，还可用于高海拔地区和污秽地区。

（6）安装调试容易。因为在制造厂内经过组装密封，又是单元整体运输，所以现场只需整体调试，安装方便，建设速度快。

其缺点是：

（1）GIS对材料性能、加工精度和装备工艺要求极高，工件上的任何毛刺、油污、铁屑和纤维都会造成电场不均。当个别点电场强度达到气体放电的电场强度时，就会发生局部放电，甚至可导致个别部位的击穿。绝缘气体的气压越高，则局部放电降低击穿电压或沿面放电电压的影响越显著。

（2）需要专门的SF_6气体系统和压力监视装置，且对SF_6的纯度和微水含量都有严格的要求。

（3）金属消耗量大。

GIS应用范围为110～500kV电压等级，并在下列情况下采用：地处工业区、市中心、险峻山区、地下、洞内、用地狭窄的水电厂及需要扩建而缺乏场地的电厂和变电站，位于严重污秽、海滨、高海拔以及气象环境恶劣地区的变电站。

5. 提高GIS运行安全可靠性措施

为了保持GIS的安全运行和人身安全，除了在维护检修时加强绝缘、漏气和水分管理，还应采取下列有关措施：

（1）气体绝缘的监视。有密度监视和压力监视两种。当密封气室内的气体密度或压力达不到运行的规定值时，监视装置动作。SF_6气体的电气强度主要取决于气体的密度，因此最好是进行密度监视。

（2）对安装GIS的室内的空气中的含尘量应进行严格的控制，一般不超过$0.2mg/m^3$，以防止灰尘进入设备内部，影响绝缘强度或进入密封面上造成气体泄漏量的增加。

（3）控制安装GIS的室内允许的SF_6气体含量。SF_6气体经电弧和电晕作用后，产生少量的有毒物质。为了保证工作人员的安全，安装GIS的室内的SF_6浓度建议控制在1000×10^{-6}以下。在检修过程中，工作人员应戴上防毒面具、防护手套、护目镜，穿上工作服。

6. 工程举例

图4-25为某电厂220kV的GIS平面布置图。图4-26为220kV的GIS出线间隔断面图。为改善GIS的运行条件，将其置于室内。该配电装置有四条出线、三条进线、双母线接线、母联及母线电压互感器布置在配电装置母线中间。

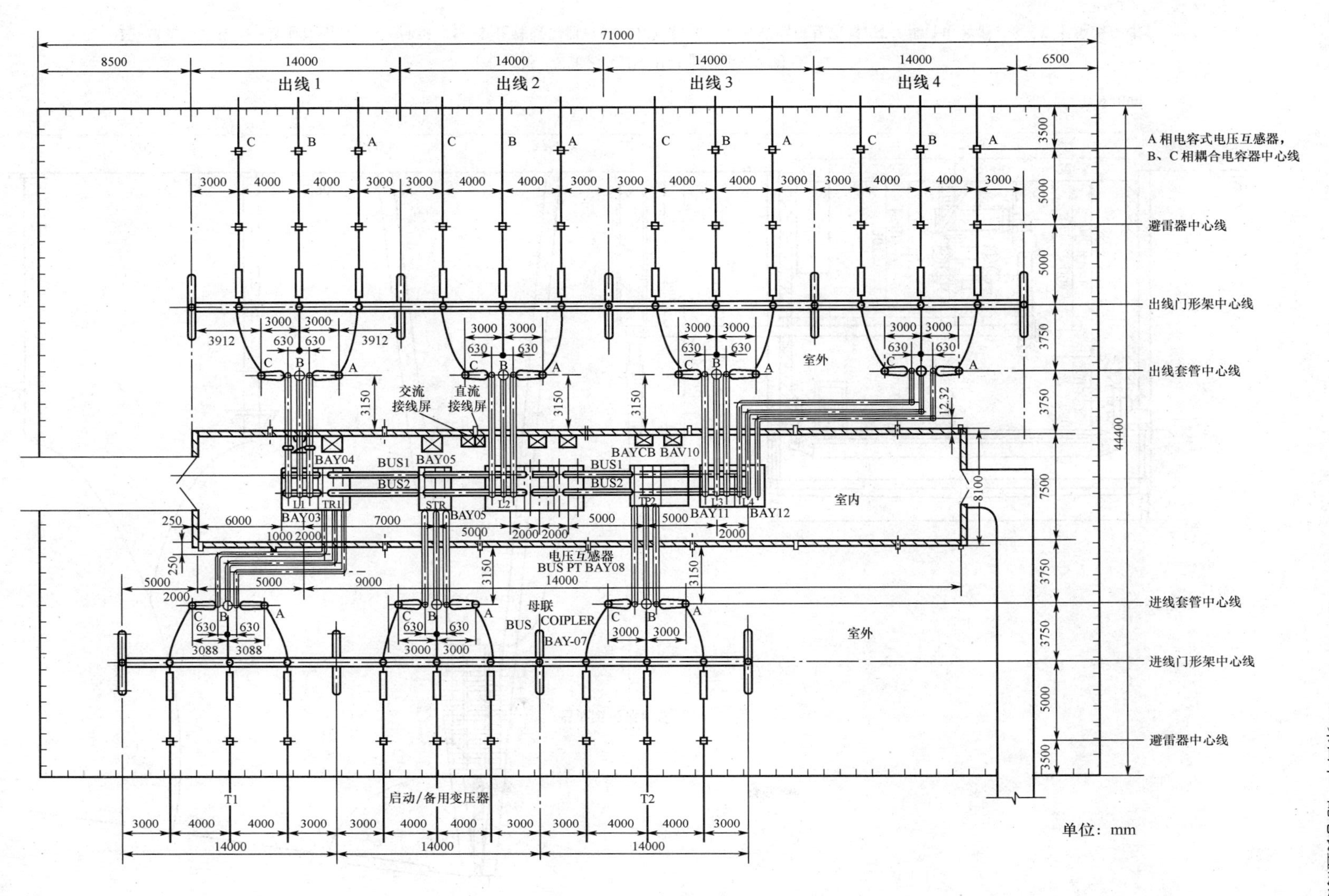

图 4-25　220kVGIS平面布置图

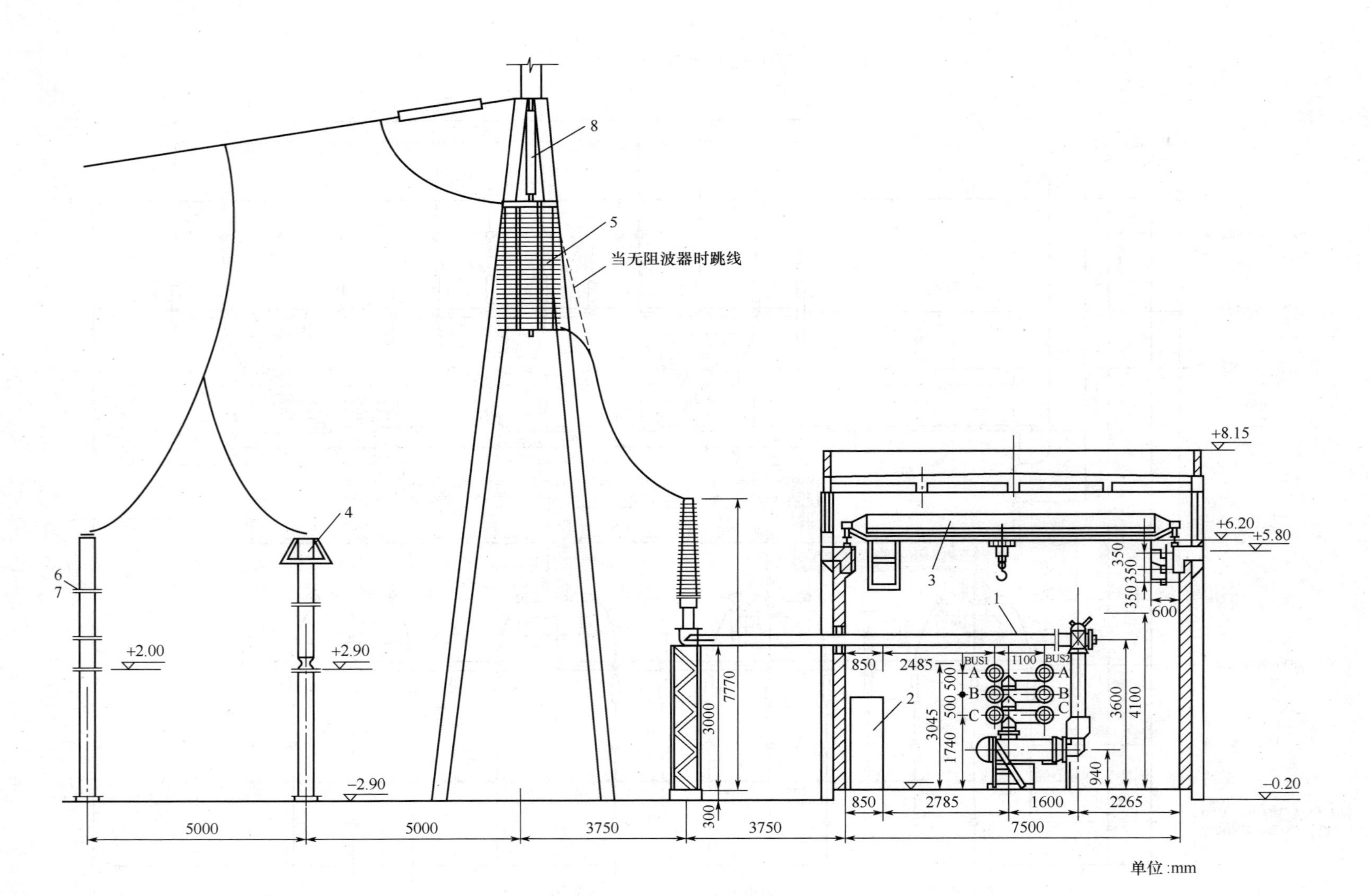

图 4-26　220kVGIS 出线间隔断面图

1—220kVGIS；2—就地控制盘；3—行车；4—氧化锌避雷器；5—阻波器；6—电容式电压互感器；7—耦合电容器；8—V 形绝缘子串

第九节　断路器的运行和故障处理

一、断路器的运行注意事项

允许各种类型高压断路器按额定电压和额定电流长期运行。断路器的负荷电流一般不应超过其额定值。在事故情况下，断路器过负荷也不得超过10%，运行时间不得超过4h。断路器安装地点的系统短路容量不应大于其铭牌规定的开断容量。当有短路电流通过时，应能满足热、动稳定性能的要求。

严禁将拒绝跳闸的断路器投入运行。断路器跳闸后，若发现绿灯不亮而红灯已熄灭，应即刻取下断路器的控制熔断器，以防跳闸线圈烧毁。严禁对运行中的高压断路器施行慢合慢分试验。断路器在事故跳闸后，应进行全面、详细的检查。对切除短路电流跳闸次数达到一定数值的高压断路器，应视具体情况，根据部颁相应电压等级的《高压断路器检修工艺导则》制定的临时性检修周期要求进行临检。未能及时停电检修时，应申请停用重合闸。对SF_6断路器和真空断路器应视故障程度和现场运行情况来决定是否进行临检。

断路器无论是什么类型的操动机构（电磁式、弹簧式、气动式、液压式）均应经常保持足够的操作能源。采用电磁式操动机构的断路器禁止用手动杠杆或千斤顶的办法带电进行合闸操作。采用液压（气压）式操动机构的断路器，如因压力异常导致断路器分、合闸闭锁时，不准擅自解除闭锁进行操作。

断路器的金属外壳及底座应有明显的接地标志并可靠接地。断路器的分、合闸指示器应易于观察，且指示正确。

进行油位检查时，少油式的应检查三相12个断口的油位，对SW3-220型和SW4-220型断路器，还应检查三角箱油位，多油式的还应检查套管的油位，所有油位应在上、下限之间。油断路器在运行中，它的油面位置随温度的变化而变化，但应保持在监视线之间。若油面过高，使断路器油箱内的缓冲空间相应地减少，当切断故障电流时，所产生的电弧将油气化，从而产生强大的压力；如缓冲空间过小，就会发生喷油、油箱变形，甚至断路器爆炸；若油面过低，在切断故障电流时，弧光可能冲出油面，游离气体混入空气中，产生燃烧爆炸，另外绝缘暴露在空气中容易受潮。油断路器的油色应透明且无碳黑悬浮物。

油断路器通过额定电流时带电测得接头温度不应超过70℃。

SF_6断路器、若其运行环境温度下降超过允许范围时，应启用加热器，防止SF_6气体液化。SF_6断路器，气体压力正常应保持0.4～0.6MPa。

空气断路器压缩空气的压力正常，储气筒气压应保持在规定的气压范围内，若超过允许气压范围，则应及时调整减压阀开度，使其达到允许工作压力。因为工作气压过低，将降低断路器的灭弧能力，而工作气压过高，将缩短断路器的机械寿命。压缩空气的质量应合格。空气断路器及真空断路器运行环境温度低于5℃时，应将开关柜加热器投入运行。

所有断路器正常运行情况下，禁止带工作电压用手动机械进行分合闸，或带工作电压就地操作按钮分合闸。

二、断路器的故障处理

（1）运行中的断路器，发现下列故障之一时，禁止带负荷将其断开，以免发生爆炸事故。

1）油断路器无油、严重缺油或油质严重劣化。

2）断路器灭弧室破裂或触头熔化。

3）SF_6 和空气断路器气压过低且不能维持。

4）采用液压机构的断路器，液压降低到零。

遇到上述情况，应立即采取措施，迅速减少和转移负荷，倒换运行方式，利用适当的断路器串联，再通过串接的断路器对线路（设备）停电。

（2）值班人员正常巡视检查时，如发现下列异常现象，应立即采取果断措施，首先退出断路器自动重合闸装置，然后迅速切断断路器，并将其停电。

1）断路器瓷套管炸裂或严重流胶，或断路器灭弧室以外部分起火。

2）断路器瓷套管穿芯螺钉熔断或熔化。

3）发生需要立即断开断路器的人身事故。

第十节　高压隔离开关

一、高压隔离开关的用途及结构

1. 高压隔离开关的主要用途

（1）隔离电源，使需要检修的电气设备与带电部分形成明显的断开点，以保证作业安全；

（2）与断路器相配合来改变运行接线方式；

（3）切合小电流电路。

2. 主要结构

（1）绝缘结构部分。隔离开关的绝缘主要有两种，一是对地绝缘，二是断口绝缘。对地绝缘一般是由支柱绝缘子和操作绝缘子构成。它们通常采用实心棒形瓷质绝缘子，有的也采用环氧树脂或环氧玻璃布板等作绝缘材料。断口绝缘是具有明显可见的间隙断口，绝缘必须稳定可靠，通常以空气为绝缘介质，断口绝缘水平应较对地绝缘高10%～15%，以保证断口处不发生闪络或击穿。

（2）导电系统部分：

1）触头。隔离开关的触头是裸露于空气中的，表面易氧化和脏污，这就要影响触头接触的可靠性。故隔离开关的触头要有足够的压力和自清扫能力。

2）隔离开关（或称导电杆）。由两条或多条平行的铜板或铜管构成，其铜板厚度和条数是由隔离开关的额定电流决定的。

3）接线座。常见有板型和管型两种，一般根据额定电流的大小而有所区别。

4）接地开关。接地开关的作用是为了保证人身安全而设的。当开关分闸后，将回路可能存在的残余电荷或杂散电流通过接地开关可靠接地。带接地开关的隔离开关有每极一侧或每极两侧两种类型。

二、户内和户外高压隔离开关型号标志及其含义

1. 户内高压隔离开关型号中字母意义

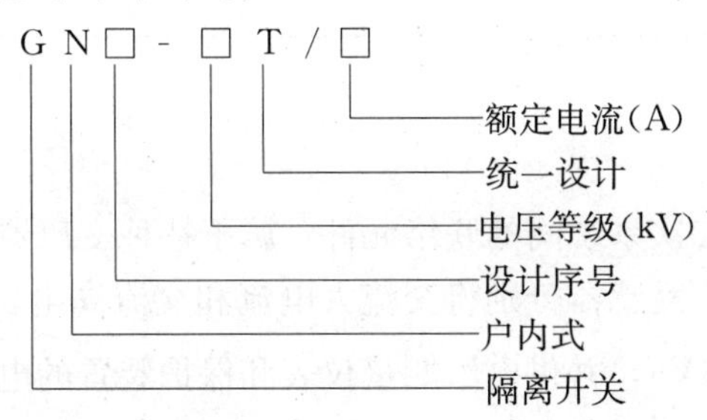

2. 户外高压隔离开关型号中字母意义

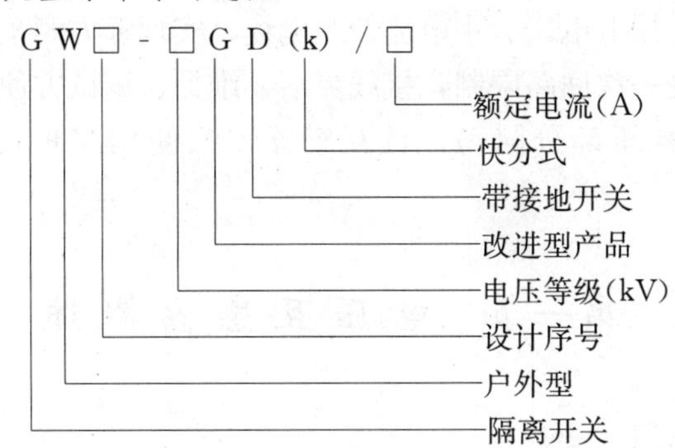

户外隔离开关按其绝缘支柱结构的不同可分为单柱式、双柱式和三柱式，此外还有V型隔离开关。单柱式隔离开关在架空母线下面直接将垂直空间用作断口的电气绝缘，因此，可以显著地节约占地面积，减少引接导线，分、合状态特别清晰。在超高压输电情况下，变电站采用单柱式隔离开关，节约占地面积的效果更为显著。

三、高压隔离开关每极刀片结构

通常较大容量的隔离开关，每一极上都是两片刀片（动触头）。因为，根据电磁学理论，两根平行导体流过同一方向电流时，会产生互相靠拢的电磁力，其电磁力的大小与两根平行导体之间的距离和通过导体的电流有关。如隔离开关所控制操作的电路发生故障时，刀片中就会流过很大的电流，使两个刀片以很大的压力紧紧地夹住固定触头，这样刀片就不会因振动而脱离原位造成事故扩大。另外，由于电磁力的作用，使刀片与固定触头之间接触紧密，接触电阻减小，故不致因故障电流流过而造成触头熔焊现象。

四、高压隔离开关和断路器之间的闭锁装置

高压隔离开关只能接通或切断空载电路，而严禁接通和切断负荷电流，因此它只能在断路器合闸之前接通，或在断路器分闸之后切断。如果发生误操作，将对设备、人身和系统运行造成严重危害，因此要严防误操作事故的发生。为达到这一目的，往往在断路器与隔离开关之间加装闭锁装置，防止造成隔离开关带负荷拉闸或合闸误操作。

闭锁装置有电气闭锁、微机闭锁和机械闭锁等。

第五章

互感器的运行

互感器是一次系统和二次系统间的联络元件，属于特种变压器，作用如下：

（1）电流互感器和电压互感器分别将交流大电流和交流高电压变成小电流（5A或1A）和低电压（100V或$100/\sqrt{3}$V），并供电给测量仪表和保护装置的电流线圈、电压线圈。使测量仪表和保护装置标准化和小型化。

（2）使二次回路可采用低电压、小电流控制电缆，实现远方测量和控制。

（3）使二次回路不受一次回路限制，接线灵活，维护、调试方便。

（4）使二次设备与高压部分隔离，且互感器二次侧均接地，从而保证设备和人身安全。

第一节　电压互感器概述

一、电压互感器的作用

电压互感器（TV）又称为仪用互感器。电压互感器的作用是把高压按一定比例缩小，使低压绕组能够准确地反映高压量值的变化，以解决高压测量的困难。同时，由于它可靠地隔离了高电压，从而保证了测量人员、仪表及保护装置的安全。此外，电压互感器的二次电压一般为100V（还有$100/\sqrt{3}$、100/3V两种），这样可以使仪表及继电器标准化。

二、电压互感器的应用范围

电压互感器应用范围极广，主要应用于：

（1）商业计算。主要接于发电厂、变电站的线路出口和入口电能计量及负荷装置上，用作电网对客户及网与厂之间、网与网之间电量结算、潮流监控。这种互感器一般要求有0.2级计量准确等级，互感器的输出容量一般不大。

（2）继电保护和自动装置的电压信号源。它要求的准确等级一般为0.5级或3P级，输出容量一般较大。

（3）合闸或重合闸检同期、检无压信号。它要求的准确等级一般为1级和3级，输出容量也不大。

现代电力系统中，电压互感器二次绕组一般可做到四绕组式，这样一台电压互感器可集上述三种用途于一身。

三、电压互感器的种类

电压互感器分为电磁式和电容式两大类，目前我国对330kV及以上电压等级只生产电容式电压互感器。

四、电压互感器的技术数据及型号含义

电压互感器的技术数据及型号含义见表5-1。

表 5-1　　电压互感器技术数据及型号含义

型　号	额定电压(kV)			二次绕组额定容量(VA)				辅助(剩余)绕组额定容量(VA)	分压电容量(μF)	最大容量(VA)
	一次绕组	二次绕组	辅助(剩余)绕组	0.2	0.5	1	3(3P)			
JDJ-10	10	0.1			80	150	320			640
JDF-10	10	0.1		25	50					
JDZ12-10	10	0.1		40	100	150				800
JDZF-10	10	0.1		30						
JDZJ1-10、JDZB-10	$10/\sqrt{3}$	$0.1/\sqrt{3}$	0.1/3		50	80	200			400
JDZX11-10B、	$10/\sqrt{3}$	$0.1/\sqrt{3}$	0.1/3	40	100	200		100(6P)		600
JDX-10	$10/\sqrt{3}$	$0.1/\sqrt{3}$	0.1/3	100	100			100		1000
UNE10-S	$10/\sqrt{3}$	$0.1/\sqrt{3}$	0.1/3	30	40			50(6P)		500
UNZS10	10	0.1	0.1	30	30					500
JSJV-10	10	0.1			140	200	500	可供CT8		1100
JSJB-10	10	0.1			120	200	480			960
JSJW-10	10	0.1	0.1/3		120	200	480			960
$JSZW_3$-10	10	0.1	0.1/3		150	240	600			1000
JSZG-10	10	0.1	0.1/3		150			$120/\sqrt{3}$(6P)		400
JD7-35	35	0.1		80	150	250	500			1000
JDJ2-35	35	0.1			150	250	500			1000
JDZ8-35	35	0.1		60	180	360	1000			1800
JDX7-35	$35/\sqrt{3}$	$0.1/\sqrt{3}$	0.1/3	80	150	250	500	100		1000
JDJJ2-35	$35/\sqrt{3}$	$0.1/\sqrt{3}$	0.1/3		150	250	500			1000
JDZX8-35	$35/\sqrt{3}$	$0.1/\sqrt{3}$	0.1/3	30	90	180	500	100(6P)		600
JCC6-110(W2、GYW1)	$110/\sqrt{3}$	$0.1/\sqrt{3}$	0.1	150	300	500	(500)	300 (3P)		2000
JCC3-110B (BW2)	$110/\sqrt{3}$	$0.1/\sqrt{3}$	0.1		300	500	(500)	300 (3P)		2000
JDC6-110	$110/\sqrt{3}$	$0.1/\sqrt{3}$	0.1		300	1000	(500)			2000
TYD$110/\sqrt{3}$-0.015	$110/\sqrt{3}$	$0.1/\sqrt{3}$	0.1	100	200	400			0.015	
JCC5-220(W1、GYW1)	$220/\sqrt{3}$	$0.1/\sqrt{3}$	0.1		300	500	(300)	300 (3P)		2000
JDC-220	$220/\sqrt{3}$	$0.1/\sqrt{3}$	0.1	150	300	500	(500)			2000
JDC9-220 (GYW)	$220/\sqrt{3}$	$0.1/\sqrt{3}$	0.1			500	(1000)			2000
TYD$220/\sqrt{3}$-0.0075	$220/\sqrt{3}$	$0.1/\sqrt{3}$	0.1	100	200	400			0.0075	
$TYD_3$$500/\sqrt{3}$-0.005	$500/\sqrt{3}$	$0.1/\sqrt{3}$	0.1	150	300				0.005	

注　J—电压互感器（第一字母），油浸式（第三字母），接地保护用（第四字母）；T—成套式；Y—电容式；D—单相；S—三相或三绕组结构（引进技术产品）；G—干式或改进型；C—串级绝缘（第二字母），瓷箱式（第三字母）；Z—浇注绝缘；W—五柱三绕组（第四字母），防污型（在额定电压后）；F—测量和保护二次绕组分开；B—保护用或初级绕组带补偿绕组（在额定电压前），防爆型或结构代号（在额定电压后）；X—剩余绕组。引进技术产品；U—电压互感器；N—浇注绝缘；E——次绕组一端为全绝缘；Z——次绕组两端为全绝缘；S—三绕组结构。

■ 第二节 电磁式电压互感器

一、工作原理

电磁式电压互感器的工作原理和变压器相同，工作原理电路图如图 5-1 所示，其特点如下。

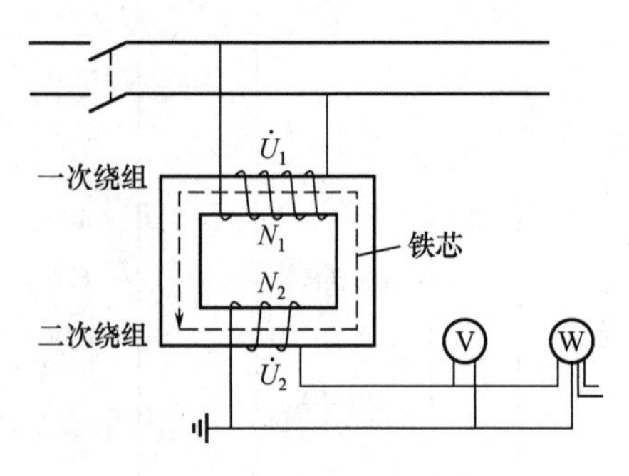

图 5-1 电磁式电压互感器工作原理电路图

（1）一次绕组与被测电路并联，二次绕组与测量仪表和保护装置的电压线圈并联。

（2）容量很小，类似一台小容量变压器，但结构上要求有较高的安全系数。

（3）二次侧负荷比较恒定，测量仪表和保护装置的电压线圈阻抗很大，正常情况下，电压互感器近于开路（空载）状态运行。

电压互感器一、二次绕组的额定电压 U_{N_1}、U_{N_2} 之比称为额定互感比，用 k_u 表示。与变压器相同，k_u 近似等于一、二次绕组的匝数比，即

$$k_u=\frac{U_{N_1}}{U_{N_2}}\approx\frac{N_1}{N_2}$$

U_{N1}、U_{N2} 已标准化（U_{N1} 等于电网额定电压 U_{NS} 或 $U_{NS}/\sqrt{3}$，U_{N2} 统一为 100V 或 $100/\sqrt{3}$ V），所以 k_u 也已标准化。

二、电磁式电压互感器的误差

电磁式电压互感器的等效电路可用图 5-2（a）表示，由图可得

$$\dot{U}'_1=\dot{U}_2+\Delta\dot{U}'=\dot{U}_2+\dot{I}'_e Z'_1+\dot{I}_2(Z_2+Z'_1)$$

式中 $\dot{U}'_1$——电压互感器一次电压（归算到二次）；

$\dot{U}_2$——电压互感器二次负载电压；

$\dot{I}'_e$——励磁电流（归算到二次）；

Z'_1、Z_2——分别为电压互感器一次漏抗（归算到二次）、二次漏抗。

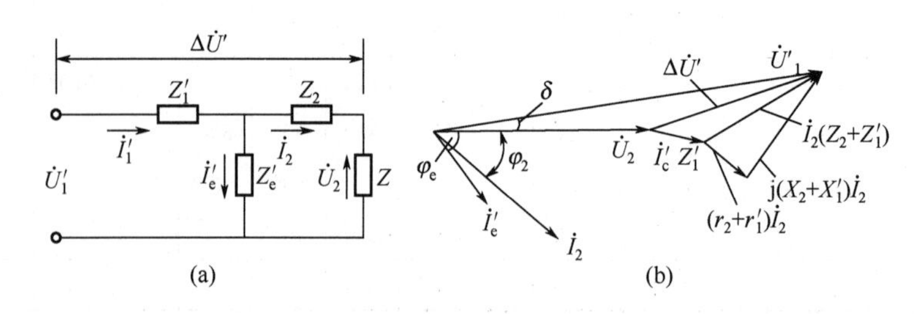

图 5-2 电磁式电压互感器的基本原理

（a）电磁式电压互感器等效电路；（b）电磁式电压互感器的相量图

电磁式电压互感器一、二次侧各相量如图 5-2（b）所示，图中所有参数都归算到二次侧。

电磁式电压互感器的误差表现为 $\dot{U}'_1$ 与 $\dot{U}_2$ 的差异，二者不但在数值上不完全相等，在相位上也存在差值。因此，电磁式电压互感器的误差表现在电压误差和角度误差两个方面。

电压误差简称比差，即

$$\Delta U\%=[(U_2K_U-U_1)/U_1]\times 100\%$$

式中　$\Delta U\%$——电压误差；

U_1——一次绕组电压的实测值；

U_2——二次绕组电压的实测值；

K_U——额定电压比。

角误差是指电压互感器二次电压相量旋转180°后与一次电压相量之间的夹角，并规定旋转180°的二次电压相量超前一次电压相量时，角误差为正值。

造成电压互感器误差的原因很多，主要有：

（1）电压互感器一次电压的显著波动，致使磁化电流发生变化而造成误差。

（2）电压互感器空载电流的增大会使误差增大。

（3）电源频率的变化。

（4）互感器二次负荷过重或cosφ太低，即二次回路的阻抗（仪表、导线的阻抗）超过规定，使误差增大。

三、准确等级和额定容量

电压互感器的准确等级，是指在规定的一次电压和二次负荷变化范围内，负荷功率因数为额定值时，电压误差（含相位误差）的最大值。国家规定电压互感器的准确等级分为四级，即0.2、0.5、1和3级。0.2级用于实验室的精密测量；0.5和1级一般用于发配电设备的测量和保护；计量电能表根据客户的不同，采用0.2级或0.5级；3级则用于非精密测量。用于保护的准确等级有3P、6P。我国电压互感器准确等级和误差限值标准见表5-2。

表5-2　　电压互感器的准确等级和误差限值

准确等级	误差限值		一次电压变化范围	频率、功率因数及二次负荷变化范围
	电压误差	相位误差		
0.2	±0.2%	±10′	$(0.8\sim1.2)U_{N1}$	$(0.25\sim1)S_{N2}$ $\cos\varphi_2=0.8$ $f=f_N$
0.5	±0.5%	±20′		
1	±1.0%	±40′		
3	±3.0%	不规定		
3P	±3.0%	±120′	$(0.05\sim1)U_{N1}$	
6P	±6.0%	±240′		

电压互感器准确等级和容量有着密切的关系。由于电压互感器误差随着二次负荷的变化而变化，所以同一台电压互感器对应于不同的准确等级便有不同的容量（实际上是电压互感器二次绕组所接仪表及继电器的功率）。通常，额定容量是指对应于最高准确等级的容量。

铭牌上的“最大容量”是指由热稳定（最高工作电压下长期工作时允许发热条件）确定的极限容量。

例如，JSJW-10型三相五柱式电压互感器的铭牌参数为：①准确等级0.5、1、3；②额定容量120、200、480VA；③最大容量960VA。

电压互感器二次侧的负荷为测量仪表及继电器等电压线圈所消耗的功率总和S_2。选用电压互感器时要使其额定容量$S_{N2}\geqslant S_2$，以保证准确等级要求。

四、电磁式电压互感器的分类

1. 按安装地点分

（1）户内式。户内式多为35kV及以下。

（2）户外式。户外式多为35kV以上。

2. 按相数分

（1）单相式。单相式可制成任意电压级。

（2）三相式。三相式一般只有20kV以下电压级。

3. 按绕组数分

（1）双绕组式。双绕组式只有35kV及以下电压级。

（2）三绕组式。三绕组式任意电压级均有。它除供给测量仪表和继电器的二次绕组外，还有一个辅助绕组（或称剩余电压绕组），用来接入监视电网绝缘的仪表和保护接地继电器。

4. 按绝缘分

（1）干式。干式只适用于6kV以下空气干燥的户内。

（2）浇注式。浇注式适用于3～35kV户内。

（3）油浸式。油浸式又分普通式和串级式，3～35kV均制成普通式，110kV及以上则制成串级式。

（4）气体式。气体式用SF_6绝缘。

五、常用电磁式电压互感器

1. JSJW型三相五柱式电压互感器

这种电压互感器在6～10kV配电装置中使用得很广泛。它有两个边柱铁芯，可作为零序磁通的通路。图5-3（c）为其结构原理图。在系统发生一相接地时，其铁芯发热量将比三相三柱式电压互感器低，这是它突出的优点。

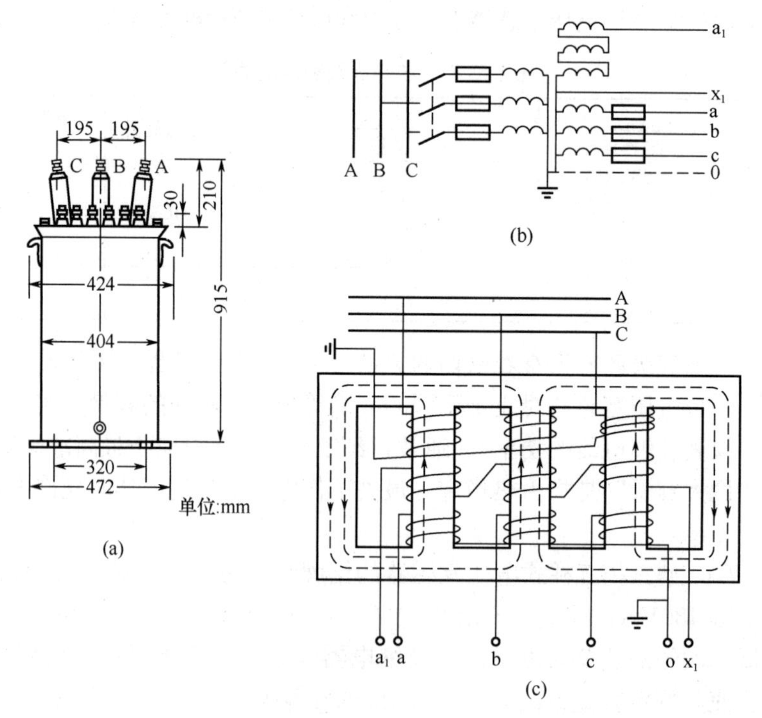

图5-3　JSJW-10型三相五柱式电压互感器图

（a）外形图；（b）接线图；（c）结构原理图

这种电压互感器有两个二次绕组，一个接成星形，供测量和继电保护装置用；一个接成开口三角形（称为附加绕组）作接地保护用。图 5-3（b）为其接线图。

2. JDJ 型普通单相电压互感器

JDJ-6、JDJ-10 为户内式，JDJ-35 为户外式。图 5-4 为其外形和内部结构图。以上三种电压互感器都只有一个二次绕组，没有附加绕组，可用来测量某一线电压，如图 5-5（a）所示。或按 Vv 形接线用在三相电路中，接测量线电压的仪表和继电器，但不能测量相电压，如图 5-5（b）所示。这种接线广泛用于小电流接地系统中。Vv 形接线比采用三相式的接线经济，但有局限性。另外，也可将三只 JDJ 单相电压互感器接成星形，并将一次绕组的中性

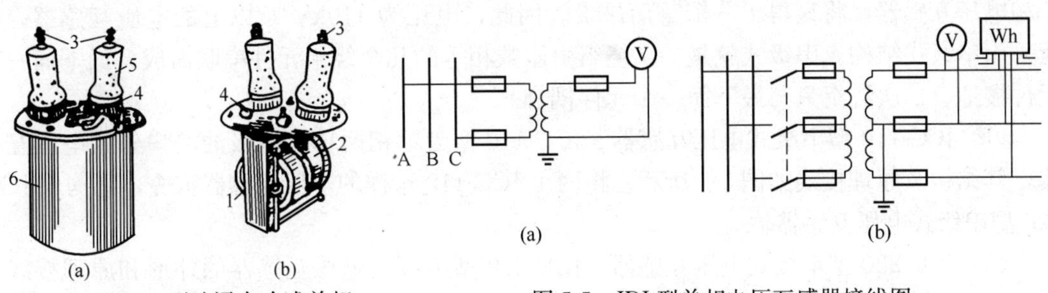

图 5-4　JDJ-10 型油浸自冷式单相电压互感器图

（a）外形图；（b）内部结构图

1—铁芯；2—10kV 绕组；3—一次绕组引出端；4—二次绕组引出端；5—套管绝缘子；6—外壳

图 5-5　JDJ 型单相电压互感器接线图

（a）单台接线；（b）Vv 接线

点接地，如图 5-6（b）所示（不包括虚线部分）。这种接法可用来监视电网对地的绝缘状况，并可接入对测量准确度要求不高的电压表和继电器等。但因中性点不接地的电网在发生单相接地时能继续运行，这时正常相的相电压可升高为线电压。因此，按图 5-6（b）的接线方法，所采用的单相电压互感器的额定电压应等于装置的线电压。在正常状态时，这种电压互感器的一次绕组经常处在相电压下，即为额定电压的 $1/\sqrt{3}$，它的误差大大超过了正常值，故这种接法不能接入功率表和电能表。

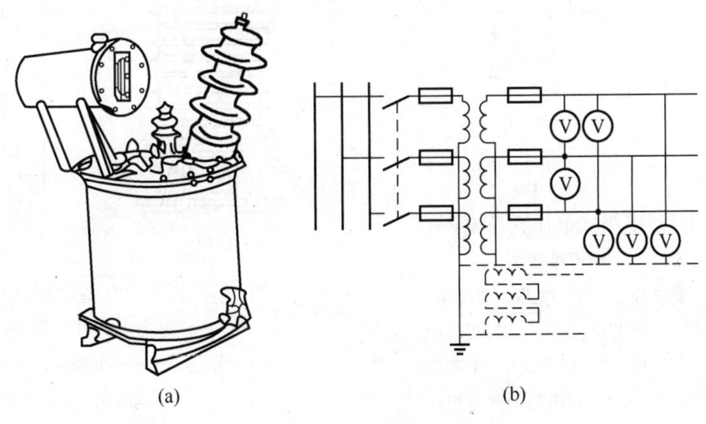

图 5-6　JDJJ-35 型电压互感器图

（a）外形图；（b）原理接线图

JDJ-6、JDJ-10还可作并联电容放电用，接线同图5-5，只需把电压表换为灯泡就行了。

3. JDJJ-35型电压互感器

这种电压互感器在电力系统中也被广泛地采用。它有两个二次绕组，一个供测量和继电保护用，一个附加绕组供接地保护用。它的开口三角形是在外回路中构成，其原理接线如图5-6（b）所示（包括虚线表示的绕组部分），这点和JSJW-10型不同。

4. JCC-110及JCC-220型串级式电压互感器

电压为110kV及以上的电压互感器，如果仍制成普通的具有钢板油箱和瓷套管结构的单相电压互感器，将显得十分笨重而昂贵。因此，电压为110kV及以上的电压互感器，广泛采用串级式结构。串级式就是一次绕组由匝数相等的几个绕组元件串联而成，最下面一个元件接地、二次绕组只与最下面一个元件耦合。

（1）JCC-110型串级式电压互感器。JCC-110型为单相两单元串级油浸户外式电压互感器，其结构及原理接线如图5-7所示。将两个JCC-110这样的电压互感器重叠，则构成JCC-220型串级式电压互感器。

（2）JCC-220型串级式电压互感器。JCC-220型串级式电压互感器的外形和原理接线如图5-8所示。互感器的器身由两个铁芯（元件）、一次绕组、平衡绕组、连耦绕组及二次绕组构成，装在充满油的瓷箱中；一次绕组由匝数相等的四个元件组成，分别套在两个铁芯的上、下铁柱上，并按磁通相加方向顺序串联，接于相与地之间，每个铁芯上绕组的中点与铁芯相连；二次绕组绕在末级铁芯的下铁柱上。

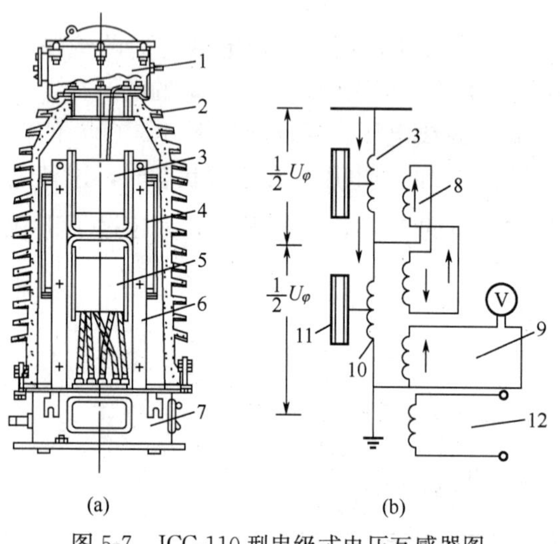

图5-7 JCC-110型串级式电压互感器图

（a）结构图；（b）原理接线图

1—油扩张器；2—瓷外壳；3—上铁芯一次绕组；4—口字形铁芯；5—下铁芯绕组（一、二次绕组和辅助绕组）；6—电木板；7—底座；8—平衡绕组；9—基本二次绕组；10—下铁芯一次绕组；11—铁芯；12—辅助绕组

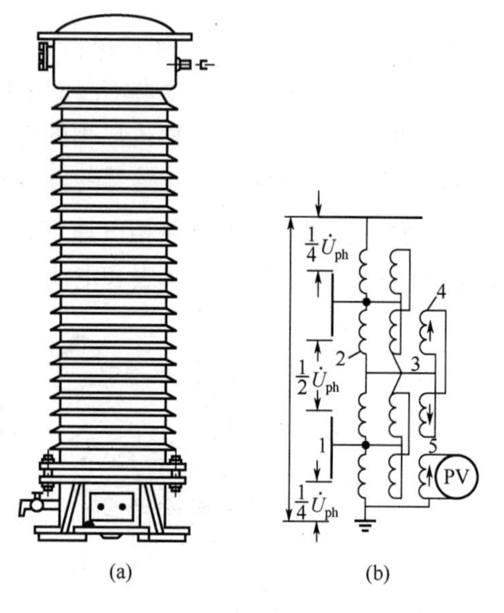

图5-8 JCC-220型串级式电压互感器

（a）外形图；（b）原理接线图

1—铁芯；2—一次绕组；3—平衡绕组；4—连耦绕组；5—二次绕组

当二次绕组开路时，各级铁芯的磁通相同，一次绕组的电位分布均匀，每个绕组元件的边缘线匝对铁芯的电位差都是$U_{ph}/4$（U_{ph}为相电压）；当二次绕组接通负荷时，由于负荷电流的去磁作用，使末级铁芯的磁通小于前级铁芯的磁通，从而使各元件的感抗不等，电压分布不均匀，准确度下降。为避免这一现象，在两铁芯相邻的铁芯柱上，绕有匝数相等的连耦绕组（绕向相同，反向对接）。这样，当每个铁芯的磁通不等时，连耦绕组中出现电动势差，从而出现电流，使磁通较小的铁芯增磁，磁通较大的铁芯去磁，达到各级铁芯的磁通大致相等和各绕组元件电压分布均匀的目的。因此，这种串级式结构，每个绕组元件对铁芯的绝缘只需按$U_{ph}/4$设计，比按U_{ph}设计的普通式大大节约绝缘材料和降低造价。在同一铁芯的上、下柱上还有平衡绕组（绕向相同，反向对接），借平衡绕组内的电流，使两柱上的安匝数分别平衡。

第三节　电容式电压互感器

随着电力系统输电电压的增高，电磁式电压互感器的体积越来越大，成本随之增高，因此研制了电容式电压互感器，又称CVT。目前我国330kV及500kV电压互感器只生产电容式的。

一、电容式电压互感器的工作原理

电容式电压互感器采用电容分压原理，如图5-9所示。在图中，U_1为电网电压；Z_2表示仪表、继电器等电压线圈负荷。因此

$$U_2=U_{c2}=\frac{C_1}{C_1+C_2}U_1=K_UU_1$$

式中　K_U——分压比，且$K_U=\dfrac{C_1}{C_1+C_2}$。

由于U_2与一次电压U_1成比例变化，故可以测出相对地电压。

为了分析互感器带上负荷Z_2后的误差，可利用等效电源原理，将图5-9转换成图5-10所示的等效电路。

从图5-10可看出，内阻抗$Z_i=\dfrac{1}{j\omega\ (C_1+C_2)}$，当有负荷电流流过时，在内阻抗上将产生电压降，从而使U_2与$\left(\dfrac{C_1}{C_1+C_2}U_1\right)$不仅在数值上而且在相位上有误差，负荷越大，误差越大。要获得一定的准确等级，必须采用大容量的电容，这是很不经济的。合理的解决措施是在电路中串联一个电感，如图5-11所示。电感L应按产生串联谐振的条件选择，即

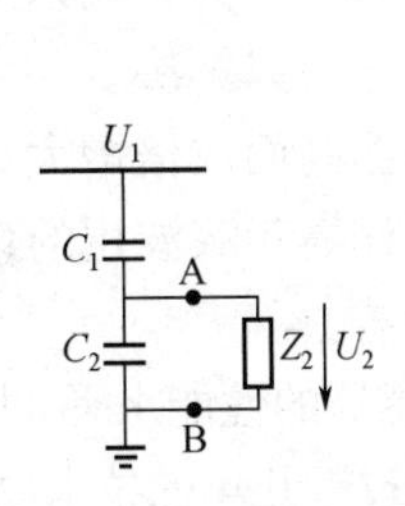

图5-9　电容分压原理

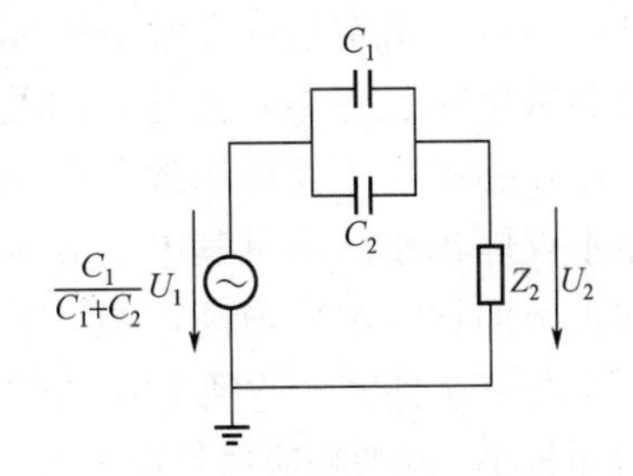

图5-10　电容式电压互感器等效电路

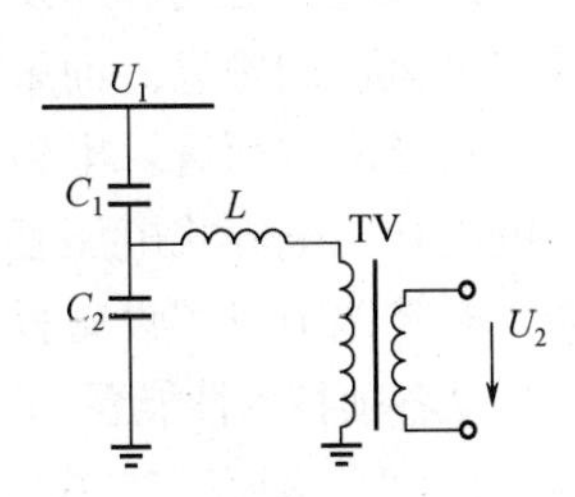

图5-11　串联电感电路

$$2\pi fL=\frac{1}{2\pi f\ (C_1+C_2)},\ f=50\text{Hz}$$

所以

$$L=\frac{1}{4\pi^2 f^2\ (C_1+C_2)}$$

理想情况下，$Z'_2=\mathrm{j}\omega L-\mathrm{j}\frac{1}{\omega\ (C_1+C_2)}=0$，输出电压 U_2 与负荷无关，误差最小。但电容器有损耗，电感线圈也有电阻，故 $Z'_2\neq 0$，负荷变大，误差也将增加，而且将会出现谐振现象，谐振过电压将会造成严重的危害，应设法完全避免。

为了进一步减少负荷电流误差的影响，将测量仪表经中间电磁式电压互感器升压后与分压器相连。

二、电容式电压互感器的基本结构

电容式电压互感器的基本结构如图 5-12 所示。其主要元件是：电容 C_1、C_2，非线性电感（补偿电感线圈）L_2，中间电磁式电压互感器 TV。为了减少杂散电容和电感的有害影响，增设一个高频阻断线圈 L_1，它和 L_2 及中间电压互感器一次绕组串联在一起，L_1、L_2 上并联放电间隙 E_1、E_2。

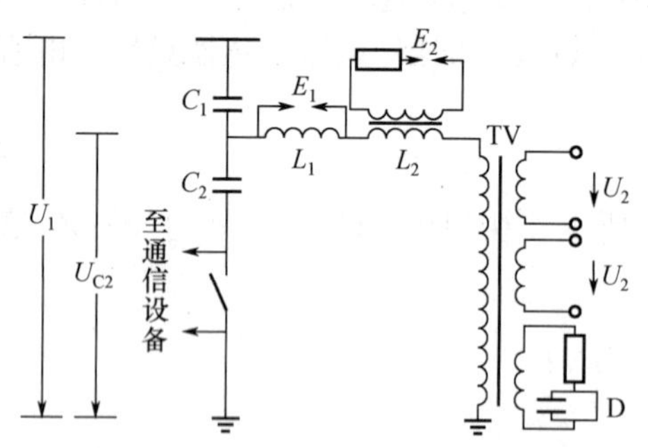

图 5-12　电容式电压互感器结构原理图

当 C_1、C_2、L_2 和 TV 的一次绕组组成的回路受到二次侧短路或断路等冲击时，由于非线性电抗的饱和，可能激发产生次谐波铁磁谐振过电压，对互感器、仪表和继电器造成危害，并可能导致保护装置误动作。为了抑制高次谐波的产生，在互感器二次绕组上设阻尼器 D。D 具有一个电感和电容并联，一只阻尼电阻被安插在这个偶极振子中。阻尼电阻有经常接入和谐振时自动接入两种方式。

三、电容式电压互感器的误差

电容式电压互感器的误差是由空载电流、负荷电流以及阻尼器的电流流经互感器绕组产生压降而引起的。该误差除受一次电压、二次负荷和功率因数的影响外，还与电源频率有关。当系统频率与互感器设计的额定频率有偏差时，会产生附加误差。

四、电容式电压互感器性能特点

电容式电压互感器是电力系统高压远距离输电技术发展的必然产物，和传统的电磁式电压互感器相比，它具有如下特点。

（1）在运行维护及可靠性方面，电容式电压互感器结构简单，使用维护方便，又由于其绝缘耐压强度高，故使用可靠性高。特别是电磁式电压互感器在运行中，由于其非线性电感和断路器断口电容之间容易发生铁磁谐振，常常造成互感器损坏甚至爆炸，成为长期以来危及系统安全运行的隐患。而采用电容式电压互感器，使这一问题从根本上得以解决。

（2）从经济方面看，电磁式电压互感器由于其体积随着电压等级的提高而成倍增大，成本大幅度上升。电容式电压互感器不仅体积小，而且其电容分压器能兼作高频载波用的耦合电容器，有效地节省了设备投资和占地面积。电压愈高，经济效果愈显著。

（3）从各项技术性能看，电容式电压互感器完全达到了电磁式电压互感器的性能水平。早期的电容式电压互感器存在二次输出容量较小、瞬变响应速度较慢的缺点，经过近几年的技术攻关，目前已能制造出高电压、大容量、高精度的电容式电压互感器，其瞬变响应速度也达到 5%以下。

五、常用电容式电压互感器

电容式电压互感器有单柱叠装型、全封闭型及分装型三种结构类型。

1. 单柱叠装型

(1) TYD220 系列。TYD220 系列单柱叠装型电容式电压互感器结构如图 5-13 所示。电容分压器由上、下节串联组合而成，装在瓷套内，瓷套中充满绝缘油；电磁单元装置由装在同一油箱中的中压互感器、补偿电抗器、保护间隙和阻尼器组成，其中阻尼器由多只釉质线绕电阻并联而成，油箱同时作为互感器的底座；二次出线盒在电磁单元装置侧面，盒内有二次端子接线板及接线标牌。

(2) CCV 系列。CCV 系列叠装型电容式电压互感器结构如图 5-14 所示。电容器的每一电容元件由高纯度纤维纸和铝膜卷制而成，经真空、加热、干燥后装入瓷套内，浸入绝缘油中。互感器最上部有一个由铝合金制成的帽盖，其上有阻波器的安装孔，圆柱状（或扁板状）电压连接端也直接安置于帽盖的顶部；帽盖内含有一个与外界隔绝的腰鼓形膨胀膜盒，用于补偿随温度变化而改变的油的容积；侧面的油位指示器可观察油面的变化。

2. 全封闭型

全封闭型电容式电压互感器与单柱叠装型类似，其电容分压器装在充有气体的金属封闭结构内，并叠装在电磁单元的油箱上，适用于 GIS。

3. 分装型

TYD220 系列分装型电容式电压互感器结构如图 5-15 所示。与叠装型不同的是，电容

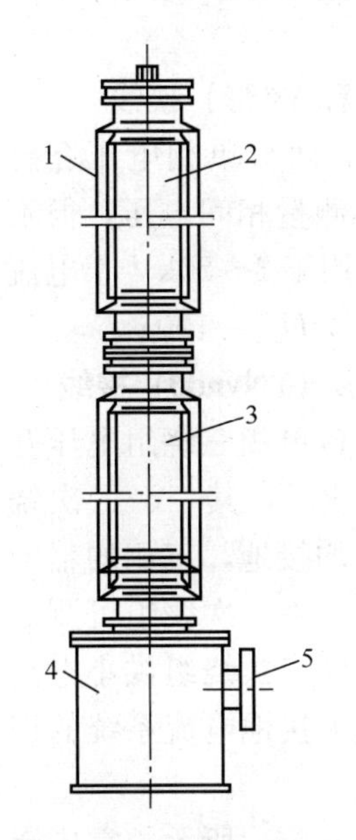

图 5-13 TYD220 系列单柱叠装型电容式电压互感器结构图

1—瓷套；2—上节电容分压器；3—下节电容分压器；4—电磁单元装置；5—二次出线盒

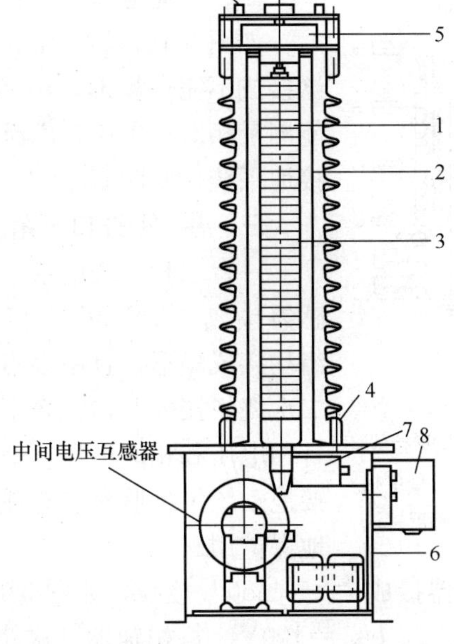

图 5-14 CCV 系列单柱叠装型电容式电压互感器结构图

1—电容器；2—瓷套；3—高介电强度的绝缘油；4—密封设施；5—膜盒；6—密封金属箱；7—阻尼器；8—二次接线盒

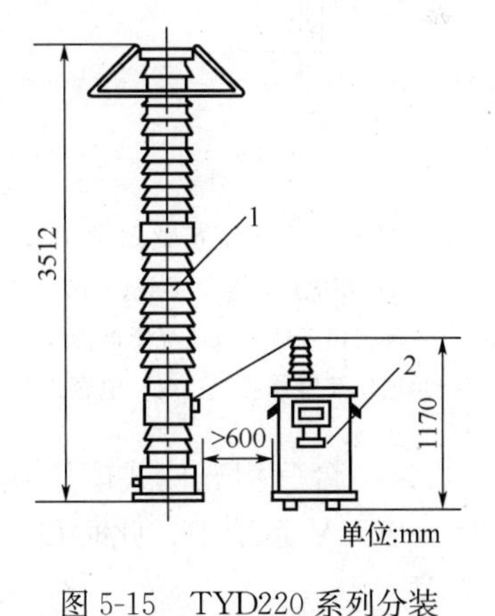

图 5-15 TYD220 系列分装型电容式电压互感器结构图

1—瓷套及电容分压器；2—中压互感器及补偿电抗器

分压器、电磁装置及阻尼电阻器装置分开安装，前两者装于户外，后者装在散热良好的金属外壳内并装于户内。

第四节　电压互感器的接线与额定电压

电压互感器一次绕组的额定电压必须与实际承受的电压相符，由于电压互感器接入电网方式的不同，在同一电压等级中，电压互感器一次绕组的额定电压也不尽相同。电压互感器二次绕组的额定电压应能使所接表计承受100V电压，根据测量目的的不同，其二次侧额定电压也不相同，分述如下。

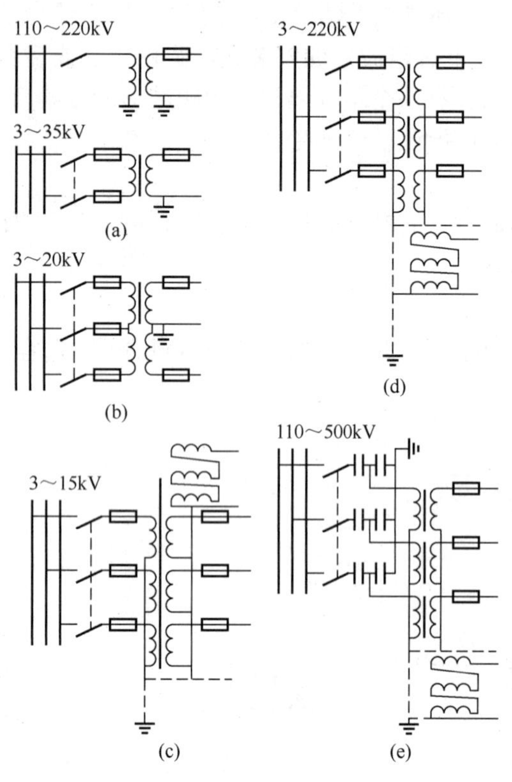

图 5-16　电压互感器常用接线方式

(a) 一台单相电压互感器接线；(b) 不完全星形接线；(c) 一台三相五柱式电压互感器接线；(d) 三台单相三绕组电压互感器接线；(e) 电容式电压互感器接线

一、单相接线

一台单相电压互感器接线如图 5-16（a）所示。

（1）接于一相和地之间，用来测量相对地电压，用于110～220kV中性点直接接地系统。此时 $U_{N1}=U_{Ns}/\sqrt{3}$（U_{Ns} 为所接系统的额定电压），$U_{N2}=100V$。

（2）接于两相之间，用来测量相间电压，用于3～35kV小接地电流系统。此时 $U_{N1}=U_{Ns}$，$U_{N2}=100V$。

二、不完全星形（也称Vv形）接线

如图 5-16（b）所示，两台单相电压互感器接成不完全星形，用来测量相间电压，但不能测量相对地电压，广泛用于3～20kV小电流接地系统，此时 $U_{N1}=U_{Ns}$，$U_{N2}=100V$。

三、星-星-开口三角形（YNynd0）接线

一台三相三绕组或三台单相三绕组电压互感器接成“YNynd0”接线时，其一、二次绕组均接成星形，且中性点均接地，三相的辅助二次绕组接成开口三角形。主二次绕组可测量各相电压和相间电压，辅助二次绕组供小电流接地系统绝缘监察装置或大接地电流系统的接地保护用。

（1）一台三相五柱式电压互感器接成“YNynd0”接线，如图 5-16（c）所示。它广泛用于3～15kV系统中，此时 $U_{N1}=U_{Ns}$，$U_{N2}=100V$。每相辅助二次绕组的额定电压 $U_{N3}=100/3V$。

（2）三台单相三绕组电压互感器接成“YNynd0”接线，如图 5-16（d）所示。它广泛用于3～220kV系统中，此时，$U_{N1}=U_{Ns}/\sqrt{3}$，$U_{N2}=100/\sqrt{3}V$。当用于小接地电流系统中时，$U_{N3}=100/3V$；当用于大接地电流系统中时，$U_{N3}=100V$。

（3）三台单相三绕组电容式电压互感器接成“YNynd0”接线，如图 5-16（e）所示。它广

泛用于 110kV 及以上，特别是 330kV 及以上系统中，此时 $U_{N1}=U_{Ns}/\sqrt{3}$，$U_{N2}=100/\sqrt{3}$V，$U_{N3}=100$V。

第五节　电压互感器的熔断器装置

一、电压互感器一次侧和二次侧熔断器的装设原则

与电力变压器一样，电压互感器一次侧及二次侧严禁短路，应采用熔断器保护。

一般 3～35kV 电压互感器经隔离开关和熔断器接入高压电网；在 110kV 及以上配电装置中，考虑到互感器及配电装置可靠性较高，且高压熔断器制造比较困难，价格昂贵，因此电压互感器只经过隔离开关与电网连接；在 380～500V 低压配电装置中，电压互感器可以直接经熔断器与电网连接，而不用隔离开关。

另外，保护电压互感器的熔断器是一种专用熔断器，如装设于 35kV 电压互感器高压侧的熔断器，其额定电流为 0.5A，这是按机械强度选取的最小截面，比电压互感器的额定电流大 60 多倍，因而只能在高压侧短路时才熔断，低压侧短路或过负荷时高压侧的熔断器不能可靠动作。又由于电压互感器的二次侧是按开路状态设计的，一旦二次侧发生短路，电压互感器会损坏自身，所以在电压互感器的二次侧也一律要装设熔断器，以保护互感器低压侧短路。

但下列情况下，电压互感器二次侧不装设熔断器。

(1) 在二次开口三角的出线上一般不装设熔断器。因为在正常运行时，开口三角端无电压，无法监视熔断器的接触情况。一旦熔断器接触不良，则系统接地时不能发出接地信号。但是，供零序过电压保护用的开口三角的接线情况例外。

(2) 中性线（包括接地线）上不装熔断器。这是因为一旦熔丝熔断或接触不良，会使断线闭锁装置失灵或使绝缘监察电压表失去指示故障电压的作用。

(3) 接自动电压调整器的电压互感器的二次侧不装熔断器。这是为了防止熔断器接触不良或熔丝熔断时，电压调整器误动作。

(4) 110kV 及以上的电压互感器的二次侧，现在一般都装设小容量的低压断路器，而不装设熔断器。

二、电压互感器一次侧和二次侧熔断器的选型

1. 电压互感器一次侧熔断器的选型

电压互感器一次侧熔断器的作用是保护系统不致因互感器内部故障而引起系统事故。

35kV 室外式电压互感器装设带限流电阻的角形可熔保险器（限流电阻约为 396Ω 左右），这种熔断器本身的断流容量较小，仅有 12～15A。35kV 和 10kV 的室内电压互感器装设填充石英砂的瓷管熔断器。这两种熔断器熔丝的容量为 0.5A，熔断电流为 0.6～1.8A。

2. 电压互感器二次侧熔断器的选型

因为电压互感器的一次侧熔丝额定电流比其一次额定电流大 1.5 倍，二次过流不易熔断。为了防止电压互感器二次回路短路产生过电流烧坏互感器，所以需要装设二次侧熔断器。

选择二次侧熔断器必须满足下列条件：

（1）必须保证在二次回路发生短路时，熔丝的熔断时间小于保护装置的动作时间。

（2）熔丝额定电流应大于最大负荷电流，但不应超过额定电流的1.5倍。

一般，室内互感器选用250V、10/4A的熔断器，室外互感器选用250V、15/6A的熔断器。

第六节　电压互感器的运行

一、三绕组电压互感器中辅助绕组的作用

在三绕组电压互感器中，二次绕组包括基本绕组和辅助绕组两套。其中，基本绕组一般接成YN型，用来供给测量仪表和继电保护装置，可以提供线电压和相电压。而辅助绕组则接成开口三角形（▷）。当一次系统内有一相接地时，开口三角形两端的电压为两个非接地电压的相量和等于100V。如果将电压继电器接到开口三角的两端，则在系统正常运行的情况下，电压继电器两端的电压约为零，而当系统发生一相接地时，继电器两端就会出现100V左右的电压，从而使之动作，并发出接地报警信号。因此，辅助绕组的作用是构成接地监视。

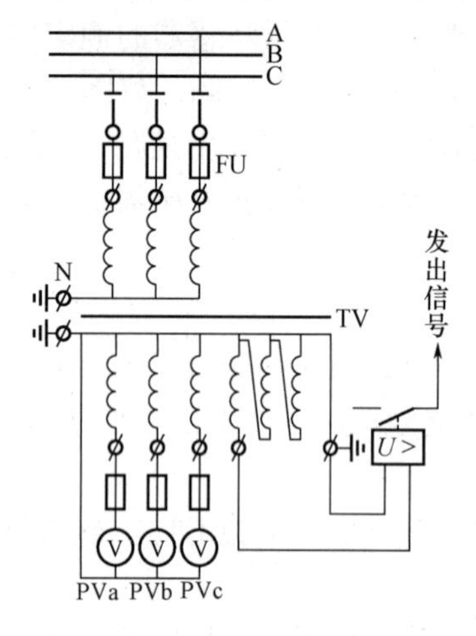

图5-17　系统接地监视回路图

二、中性点不接地系统绝缘监视装置

为了监视中性点不接地系统每相对地的绝缘情况，需要加装一套绝缘监视装置，如图5-17所示。

正常运行时，电压互感器开口三角处没有电压，或只有很小的不对称电压，不足以启动电压继电器。电压表PVa、PVb、PVc指示相电压（35kV系统约20kV，10kV系统约6kV）。当一相完全接地时（如A相），则PVa指示为零，PVb、PVc指示线电压。电压互感器开口三角出现100V电压，启动电压继电器，发出接地报警信号。当A相经高电阻或电弧接地时，则PVa指示低于相电压，PVb、PVc指示高于相电压，即接地相电压降低，正常相电压升高。电压互感器开口三角处出现不到100V的电压，当达到电压继电器动作值时，保护发出动作信号。

三、不能用普通三相三柱式电压互感器来测量对地电压的原因

为了监视系统各相对地绝缘情况，就必须测量各相的对地电压，并且应使互感器一次侧中性点接地，但是，由于普通三相三柱式电压互感器一般为Yyn型接线，它不允许将一次侧中性点接地，故无法测量对地电压。

假使这种装置接在小电流接地系统中，互感器接成YNyn型，即把电压互感器中性点接地，当系统发生单相接地时，将有零序磁通在铁芯中出现。由于铁芯是三相三柱的，同方向的零序磁通不能在铁芯内形成闭合回路，只能通过空气或油闭合，使磁阻变得很大，因而零序电流将增加很多，这可能使互感器的线圈过热而被烧毁。所以，普通三相三柱式电压互感器不能作绝缘监视用，而作绝缘监视用的电压互感器只能是三相五柱式电压互感器（JSJW）或三台单相互感器接成YNyn型。

四、电压互感器的极性及其鉴别方法

电压互感器的极性是表明它的一次绕组和二次绕组在同一瞬间的感应电动势方向相同还是相反。相同者叫减极性，相反者叫加极性。

电压互感器的极性标示方法和电流互感器的相同，但应注意，三相电压互感器一次绕组的首尾端常分别用A、B、C和X、Y、Z标记，二次绕组的首尾端分别用a、b、c和x、y、z标记。采用减极性标记，即从一、二次侧的首端（或终端）看，流过一、二次绕组的电流方向相反。这样，当忽略电压变比误差和角误差时，一、二次电压同相位，并可用同一相量表示（见图5-18）。

电压互感器的极性试验方法有差接法和比较法两种。

差接试验方法如图5-19所示。将电压互感器高压线圈接入交流220V电源，并将其高压端和低压端相连。S为一单极双投开关，当开关S投向“1”时，测得电源电压，投向“2”时测得两负端电压。此时若测得的电压值小于电源电压为减极性，大于电源电压为加极性。

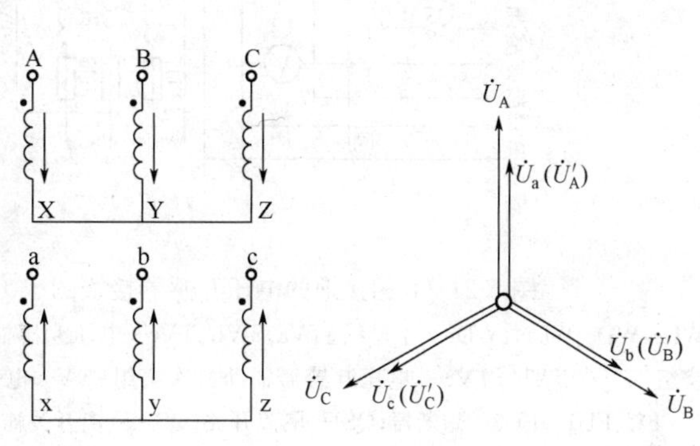

图5-18　三相电压互感器的减极性标注法

比较法如图5-20所示。TⅠ为一已知的减极性标准电压互感器，TⅡ为同一电压规格但为未知极性的待试互感器。从高压侧引入同一电源，按图示接线方法在低压侧接一只电压表。若电压表指示为零或几乎为零时为减极性，否则为加极性。

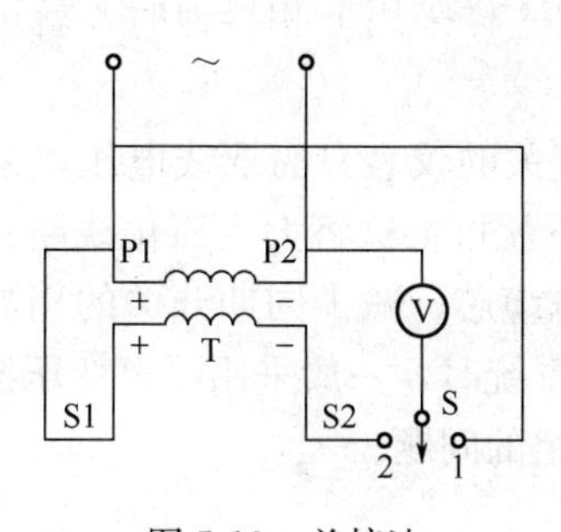

图5-19　差接法

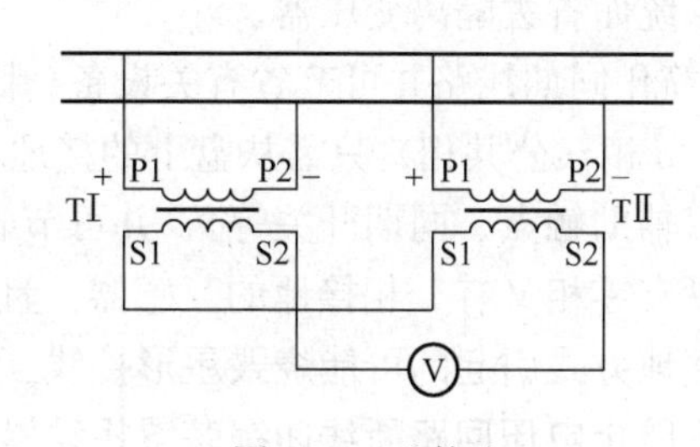

图5-20　比较法

五、发电厂电压互感器都采用二次侧b相接地的原因

互感器的二次侧接地是为了人身和设备的安全。因为如果绝缘损坏使高压串入低压时，将对在二次回路上的工作人员构成危险，另外因二次回路绝缘水平低，若没有接地点，也会击穿，使绝缘损坏更严重。

一般，电压互感器可以在配电装置端子箱内经端子排接地。变电站的电压互感器二次侧一般采用中性点接地（也叫零相接地），发电厂的电压互感器都采用二次侧b相接地，也有b相和零相共存的。b相接地的电压互感器接线图如图5-21所示。b相接地的主要原因有以下几点。

（1）习惯问题。通常有的地方为了节省电压互感器台数，选用VNv接线。为了安全，

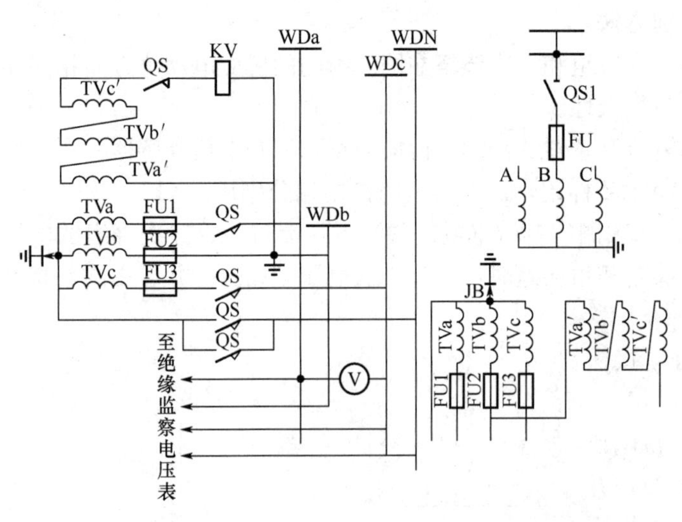

图 5-21 b 相接地的电压互感器接线图

WDa、WDc、WDN、WDb—小母线；TVa、TVb、TVc—电压互感器基本二次绕组；TVa′、TVb′、TVc′—电压互感器辅助二次绕组；KV—电压继电器；FU、FU1～FU3—熔断器；QS1—隔离开关；QS—隔离开关辅助触点

二次侧接地点一般选在二次侧两绕组的公共点。而为了接线对称，习惯上总把一次侧的两个绕组的首端一个接在 A 相上，一个接在 C 相上，而把公共端接在 B 相上。因此，二次侧对应的公共点就是 b 相接地。从理论上讲，二次侧哪一相端头接地都可以，一次侧哪一相作为公共端的连接相也都可以，只要一、二次各相对应就行。

（2）可简化同期系统。这一点主要针对星形接线的电压互感器。因为一个电厂可能有星形接线和 V 形接线的两种电压互感器，它们所在的系统进行同期并列时，若让星形接线的电压互感器采用 b 相接地，使 V 形接线和星形接线的电压互感器都可用于同期系统。星形接线互感器的 b 相接地有以下两个优点。

1）可节省隔离变压器。若需要同期并列的两个系统分别从星形接线和 V 形接线的电压互感器抽取电压，如果不加隔离变压器，会使星形接线且零相接地的互感器的二次 b 相绕组短路而烧毁。若星形接线互感器也与 V 形接线的互感器一样采用 b 相接地时，就可一起用于同期系统而省去隔离变压器。

2）简化同期线路并可节省有关设备。因为与同期有关的仪表只需取线电压，采用 b 相接地后，b 相（公共相）只需从盘上的接地小母线上引下就可。这将大大简化线路（包括隔离开关、辅助触点、同期开关等），并可节省不少二次电缆芯、减少同期开关的档数。如果变电站既有零相又有 b 相接地的互感器，且都用于同期系统时，一般采用隔离变压器解决因不同的接地方式引起的可能烧毁星形接线互感器 b 相绕组的问题。

六、防止电压回路断线闭锁装置拒动措施

电压回路断线闭锁装置是防止保护误动的重要部件之一。例如阻抗保护在电压回路故障时，失压可能误动，如果断线闭锁装置动作断开保护的直流电源，误动就可以避免。

110kV 中性点接地的电网中，断线闭锁装置一般用零序电压过滤器原理制成。当电压回路一相或二相断开，过滤器出现零序电压，电压继电器动作，它的动断触点断开保护装置的直流电源，防止了动作。但当三相断电时，过滤器的电压为零，断线闭锁装置将拒动，为此在一相熔断器或自动开关上并联一个电容器，三相失电时，通过电容器人为给断线闭锁装置引进一相电压，保证可靠动作。

七、110kV 电压互感器二次电压切换方式

1. 切换方式

双母线上的各元件的保护测量装置的电压回路，是由 110kV 两组电压互感器供给的，

切换有两种方式。

（1）直接切换。电压互感器二次引出线分别串于所在母线电压互感器隔离开关和线路隔离开关的辅助触点中，在线路倒母线时，根据母线隔离开关的拉合来切换电压互感器电源。

（2）间接切换。电压互感器二次引出线不通过母线隔离开关的辅助触点直接切换，而是利用母线隔离开关的辅助触点控制切换中间继电器进行切换。通过母线隔离开关的拉、合，启动对应的中间继电器，达到电压互感器电源切换的目的。

2. 切换后的注意事项

（1）母线隔离开关的位置指示器是否正确（监视辅助触点是否切换）。

（2）电压互感器断线光字牌是否出现。

（3）有关有功、无功功率表指示是否正常。

（4）切换时中间继电器是否动作。

八、电压互感器铁磁谐振现象及其预防措施

1. 铁磁谐振的危害

电压互感器铁磁谐振将引起电压互感器铁芯饱和，产生饱和过电压。电压互感器发生铁磁谐振的直接危害是：电压互感器出现很大的励磁涌流，致使一次电流增大十几倍，造成一次熔断器熔断，严重时可能使电压互感器烧坏。电压互感器发生谐振时，还可能引起继电保护和自动装置误动作。

2. 铁磁谐振现象

电压互感器铁磁谐振可能是基波（工频）的，也可能是分频的，甚至可能是高频的。经常发生的是基波和分频谐振。根据运行经验，当电源向只带电压互感器的空母线突然合闸时易产生基波谐振，当发生单相接地时易产生分频谐振。

电压互感器发生基波谐振的现象是：两相对地电压升高，一相降低；或是两相对地电压降低，一相升高。发生分频谐振的现象是：三相电压同时或依次升高，电压表指针在同范围内低频（每秒一次左右）摆动。

电压互感器发生谐振时线电压指示不变。

3. 铁磁谐振原因

电力系统内一般的回路都可简化成电阻R，感抗ωL，容抗$1/\omega C$的串联或并联回路。当$\omega L=1/\omega C$时，这个回路就会出现谐振，在这个回路的电感元件和电容元件上就会产生过电压和过电流。由于回路的容抗在频率不变的情况下基本上是个不变的常数，而感抗一般是由带铁芯的线圈产生的，依铁芯饱和程度而变化，也就是随回路电压的变化而变化。铁芯饱和时感抗会变小，因此，常因铁芯饱和，出现$\omega L=1/\omega C$，而产生谐振，这种谐振称为铁磁谐振。

电压互感器铁磁谐振经常发生在中性点不接地的系统中。如上所述，任何一种铁磁谐振过电压的产生对系统电感、电容参数有一定的要求，而且需要一定的“激发”条件。电压互感器铁磁谐振也是如此。

使电压互感器“激发”铁磁谐振的原因，一般有以下几个方面：

（1）中性点不接地系统发生单相接地，单相断线或跳闸、三相负荷严重不对称等。

（2）铁磁谐振和电压互感器铁芯饱和有关。由于其铁芯过早饱和使伏安特性变坏，特别是中性点不接地系统中使用中性点接地的电压互感器时更容易产生铁磁谐振现象。

（3）倒闸操作过程中运行方式恰好构成谐振条件或投三相断路器不同期时，都会引起电压、电流波动，引起铁磁谐振。

（4）断开断口装有并联电容器的断路器时，如并联电容器的电容和回路中的电压互感器的电感参数匹配时，也会引起铁磁谐振。

4. 防止铁磁谐振的方法

（1）在电压互感器上装设微机消谐器，可较好地防止铁磁谐振。

（2）在电压互感器开口三角绕组两端连接一适当数值的阻尼电阻 R，R 约为几十欧（$R=0.45X_L$，X_L 为回路归算到电压互感器二次侧的工频励磁感抗）。对于 10kV 三相五柱式电压互感器，一般在开口三角处并联的阻尼电阻为 50～60Ω、500W 左右，在一次侧中性点串接的阻尼电阻为 9kΩ、150W 左右。

（3）使用电容式电压互感器，或在母线上接入一电容器，使 $X_C/X_L<0.01$，就可避免谐振。

（4）改变操作顺序。如为避免变压器中性点过电压，向母线充电前先推上变压器中性点接地开关，送电后再拉开，或先合线路断路器再向母线充电等。

九、10kV 电压互感器一次侧熔丝熔断的原因及处理措施

运行中的 10kV 电压互感器，除了因内部线圈发生匝间、层间或相间短路以及一相接地等故障使其一次侧熔丝熔断外，还可能由于以下几个方面的原因造成熔丝熔断。

（1）二次回路故障。当电压互感器的二次回路及设备发生故障时，可能会造成电压互感器的过电流，若电压互感器的二次侧熔丝选得太粗，则可能造成一次侧熔丝熔断。

（2）10kV 系统一相接地。10kV 系统为中性点不接地系统，当其一相接地时，其他两相的对地电压将升高$\sqrt{3}$倍。这样，对于 YNyn 接线的电压互感器，正常两相的对地电压变成了线电压，由于电压升高而引起电压互感器电流的增加，可能会使熔丝熔断。

10kV 系统一相间歇性电弧接地，可能产生数倍的过电压，使电压互感器铁芯饱和，电流将急剧增加，也可能使熔丝熔断。

（3）系统发生铁磁谐振。近年来，由于配电线路的大量增加以及客户电压互感器数量的增多，使得 10kV 配电系统的参数发生了很大变化，逐渐形成了谐振的条件，加之有些电磁式电压互感器的励磁特性不好，因此，铁磁谐振经常发生。在系统谐振时，电压互感器上将产生过电压或过电流，此时除了造成一次侧的熔丝熔断外，还经常导致电压互感器烧毁。

当发现电压互感器一次侧熔丝熔断后，首先应将电压互感器的隔离开关拉开，并取下二次侧熔断器，检查熔丝是否熔断。在排除电压互感器本身故障后，可更换合格熔丝，并将电压互感器投入运行。

十、更换运行中的电压互感器及其二次线的注意事项

需要更换运行中的电压互感器及其二次线时，除应严格执行有关安全工作规程之外，还应注意以下几点：

（1）个别电压互感器在运行中损坏需要更换时，应选用电压等级与电网运行电压相符、电压比与原来的相同、极性正确、励磁特性相近的电压互感器，并经试验合格。

（2）更换成组的电压互感器时，除应注意上述内容外，对于二次与其他电压互感器并联运行的还应检查其接线组别，并核对相位。

(3) 更换电压互感器的二次线后，应检查接线是否正确，并测定极性。

十一、电压互感器与电流互感器的二次侧不允许连接的原因

电压互感器的二次回路中，相间电压一般为 100V，相对地（零线）也有 $100/\sqrt{3}$V 的电压，接入该回路的是电测量仪表或继电器的电压线圈。而电流互感器的二次回路中接的是电测量仪表或继电器的电流线圈。如果将电压互感器与电流互感器的二次回路连接在一起，则可能将电测量仪表或继电器的电流线圈烧毁，严重时还会造成电压互感器熔断器熔断，甚至烧毁电压互感器。此外，还可能造成电流互感器二次侧开路，出现高电压，威胁设备和人身的安全。

由于在电压互感器和电流互感器的二次回路中均已采用了一点接地，因此，即使电压互感器和电流互感器的二次回路中有一点连接也会造成上述事故，所以它们的二次回路在任何地方（接地点除外）都不允许连接。

十二、电压互感器一次侧、二次侧的接地要求

1. 一次侧接地要求

除三相三柱式电压互感器外，一次绕组接成Y形的电压互感器中性点都接地，不论电力系统中性点是直接接地还是小电流接地。将电压互感器的中性点直接接地，是不会改变系统的接地性质的，这是因为电压互感器容量很小，阻抗极大，对单相接地电流基本上没有影响。

2. 二次侧接地要求

为了确保人身和设备的安全，电压互感器二次侧必须接地。变电站的电压互感器一般采用中性点接地，发电厂的电压互感器都采用二次侧 b 相接地，也有 b 相和中性点共存的。

第七节　电流互感器概述

一、电流互感器的工作原理

电力系统广泛采用电磁式电流互感器，其工作原理与变压器相似，原理电路如图 5-22 (a) 所示。其特点如下：

(1) 一次绕组与被测电路串联，匝数很少，流过的电流 $\dot{I}_1$ 是被测电路的负荷电流，与二次侧电流 $\dot{I}_2$ 无关；

(2) 二次绕组与测量仪表和保护装置的电流线圈串联，匝数通常是一次绕组的很多倍；

(3) 测量仪表和保护装置的电流线圈阻抗很小，正常情况下，电流互感器近于短路状态运行。

电流互感器的一、二次额定电流 I_{N1}、I_{N2}之比，称为电流互感器的额定互感比，用 k_i 表示。与变压器相同，k_i 与一、二次绕组的匝数 N_1、N_2 近似成反比，即

$$k_i=\frac{I_{N1}}{I_{N2}}\approx\frac{N_2}{N_1}$$

因为 I_{N1}、I_{N2}已标准化，所以 k_i 也已标准化。

电流互感器的等效电路及相量图分别如图 5-22（b）和图 5-22（c）所示。相量图中以二次电流 $\dot{I}'_2$ 为基准，二次电压 $\dot{U}'_2$ 较 $\dot{I}'_2$ 超前 φ_2 角（二次负荷功率因数角），$\dot{E}'_2$ 较 $\dot{I}'_2$ 超前 α 角（二次总阻抗角），铁芯磁通 $\dot{\Phi}$ 较 $\dot{E}'_2$ 超前 90°，励磁磁动势 $\dot{I}_0 N_1$ 较磁通 $\dot{\Phi}$ 超前 Ψ 角（铁芯损耗角）。

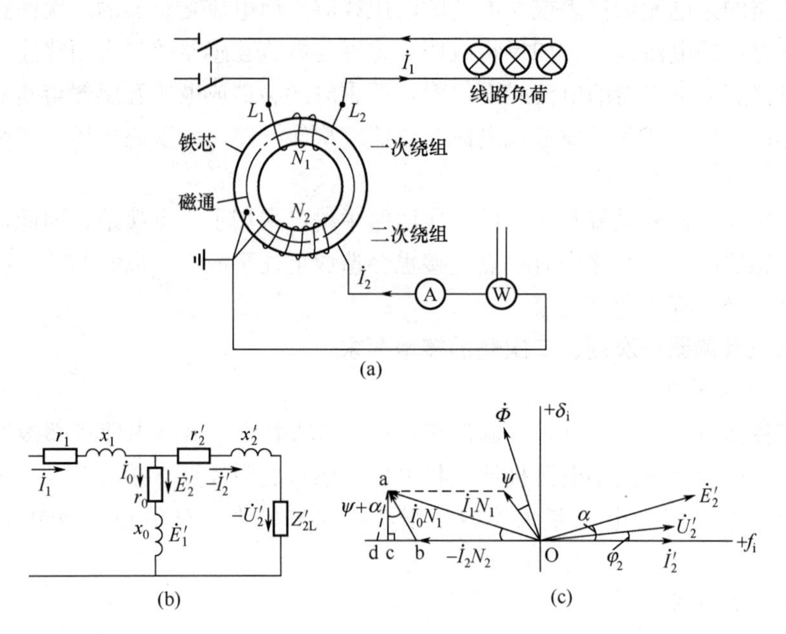

图 5-22　电流互感器

（a）原理电路；（b）等效电路；（c）相量图

据磁动势平衡原理

$$\dot{I}_1 N_1 + \dot{I}_2 N_2 = \dot{I}_0 N_1$$

即

$$\dot{I}_1 N_1 = \dot{I}_0 N_1 + (-\dot{I}_2 N_2)$$

$$\dot{I}_1 = \dot{I}_0 - k_i \dot{I}_2 = \dot{I}_0 - \dot{I}'_2$$

二、电流互感器铭牌标志及其含义

电流互感器的铭牌上常标有下列技术数据。

1. 型号

由 2～4 位拼音字母及数字组成。通常它表示电流互感器的线圈形式、绝缘种类、导体的材料及使用场所等。横线后面的数字表示绝缘结构的电压等级（kV）。型号中字母的含义如下。

（1）第一位字母：L—电流互感器。

（2）第二位字母：A—穿墙式；B—支持式有保护级；C—瓷箱式（瓷套式）；D—单匝贯穿式；F—复匝贯穿式；Q—线圈型；M—母线式；R—装入式。

（3）第三位字母：C—瓷绝缘；D—差动保护用；G—改进型；J—加大容量加强型；L—电容型；W—户外型；Z—浇注型。

（4）第四位字母：C或D—差动保护用；J—加大容量；Q—加强型。

2. 电流比

常以分数形式表示，分子和分母分别表示一次绕组和二次绕组的额定电流。例如某电流互感器的电流比为200/5，则表示这台电流互感器的一次侧额定电流为200A，二次侧额定电流为5A，电流比为40。

3. 误差等级

即电流互感器的电流比误差百分值。通常分为0.2、0.5、1.0、3.0、10.0等级别。使用时应根据负荷的要求来选用。例如，电能计量仪表一般选用0.2级或0.5级，而继电保护则选用3.0级。

4. 容量

电流互感器的容量是指它允许带的功率S_2，即伏安数。除了用伏安数表示外，也可以用互感器的二次负荷的欧姆数Z_2来表示。由于$S_2=I_2^2Z_2$，又因I_2是定值，故两者之间可以互相换算。

5. 热稳定及动稳定倍数

电力系统故障时，电流互感器承受由短路电流引起的热作用和电动力作用而不致受到破坏的能力，可用热稳定和动稳定的倍数来表示。热稳定的倍数是指热稳定电流（1s内不致使电流互感器的发热超过允许限度的电流）与电流互感器的额定电流之比，动稳定的倍数是指电流互感器所能承受的最大电流的瞬时值与电流互感器的额定电流之比。

三、电流互感器的类型

1. 按装设地点分

（1）户内式。多为35kV及以下电压等级的电流互感器。

（2）户外式。多为35kV及以上电压等级的电流互感器。

2. 按安装方式分

（1）穿墙式。装在墙壁或金属结构的孔中，可兼作穿墙套管。

（2）支持式。或称支柱式，安装在平面或支柱上，有户内式和户外式。

（3）装入式。套装在35kV及以上变压器或断路器内的套管上，故也称为套管式。

3. 按一次绕组匝数分

（1）单匝式。一次绕组为单根导体，又分贯穿式（一次绕组为单根铜杆或铜管）和母线式（以穿过互感器的母线作为一次绕组）。

（2）复匝式。或称多匝式，一次绕组由穿过铁芯的一些线匝制成。按一次绕组形式又分线圈式、“8”字形、“U”字形等。

4. 按绝缘分

（1）干式。用绝缘胶浸渍，用于户内低压。

（2）浇注式。用环氧树脂作绝缘，浇注成型，目前仅用于35kV及以下的户内。

（3）油浸式（瓷绝缘）。多用于户外。

（4）气体式。用SF_6气体绝缘，多用于110kV及以上的户外。

四、电流互感器的结构

电流互感器型式很多，结构主要包括一次绕组、二次绕组、铁芯、绝缘等几个部分。单匝和复匝式电流互感器结构示意图如图5-23所示。

在同一回路中，往往需要很多电流互感器供测量和保护用，为了节约材料和投资，高压电流互感器常由多个没有磁联系的独立铁芯和二次绕组与共同的一次绕组组成同一电流比、多二次绕组的结构，如图 5-23（c）所示。对于 110kV 及以上的电流互感器，为了适应一次电流的变化和减少产品规格，常将一次绕组分成几组，通过切换来改变绕组的串、并联，以获得 2～3 种互感比。

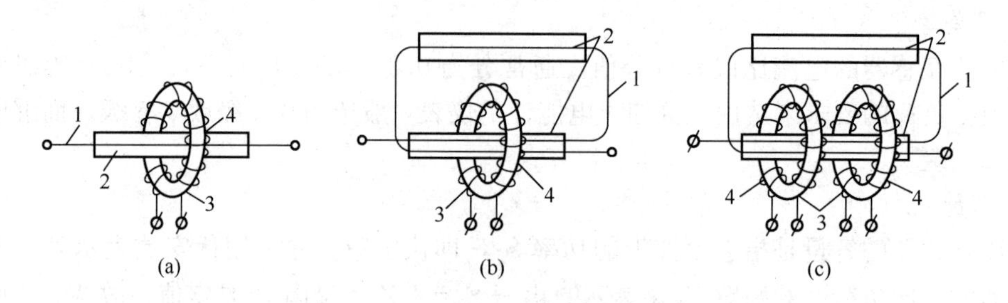

图 5-23　电流互感器结构示意图

（a）单匝式；（b）复匝式；（c）具有两个铁芯的复匝式

1—一次绕组；2—绝缘；3—铁芯；4—二次绕组

1. 单匝式电流互感器

单匝式电流互感器结构简单、尺寸小、价格低，内部电动力不大，热稳定也容易借选择一次绕组的导体截面来保证。缺点是一次电流较小时，一次磁动势 I_1N_1 与励磁磁动势 I_0N_1 相差较小，故误差较大，因此仅用于额定电流 400A 以上的电路。

2. 复匝式电流互感器

由于单匝式电流互感器准确级较低，或在一定的准确级下其二次绕组功率不大，以致增加互感器数目，所以，在很多情况下需要采用复匝式电流互感器。复匝式可用于额定电流为各种数值的电路。

五、常用电流互感器

1. LCW-110 型户外油浸式瓷绝缘“8”字形绕组电流互感器

LCW-110 型户外油浸式瓷绝缘“8”字形绕组电流互感器的结构如图 5-24 所示。互感器的瓷外壳内充满变压器油，并固定在金属小车上，带有二次绕组的环形铁芯固定在小车架上，一次绕组为圆形并套住二次绕组，构成两个互相套着的形如“8”字的环。换接器用于改变各段一次绕组的连接方式（串联或并联）。上部由铸铁制成的油扩张器用于补偿油体积随温度的变化，其上装有玻璃油面指示器。放电间隙用于保护瓷外壳，使外壳在铸铁头与小车架之间发生闪络时不致受到电弧损坏。由于这种“8”字形绕组电场分布不均匀，故只用于 35～110kV 电压级，一般有 2～3 个铁芯。

2. LCLWD3-220 型户外瓷箱式电容型绝缘“U”字形绕组电流互感器

LCLWD3-220 型户外瓷箱式电容型绝缘“U”字形绕组电流互感器结构如图 5-25 所示。其一次绕组呈“U”形，一次绕组绝缘采用电容均压结构，用高压电缆纸包扎而成；绝缘共分 10 层，层间有电容屏（金属箔），外屏接地，形成圆筒式电容串联结构；有 4 个环形铁芯及二次绕组，分布在“U”形一次绕组下部的两侧，二次绕组为漆包圆铜线，铁芯为优质冷轧晶粒取向硅钢板卷成。由于这类电流互感器具有用油量少、瓷套直径小、质量轻、电场分布均匀、绝缘利用率高和便于实现机械化包扎等优点，在 110kV 及以上电压级中得到广泛的应用。

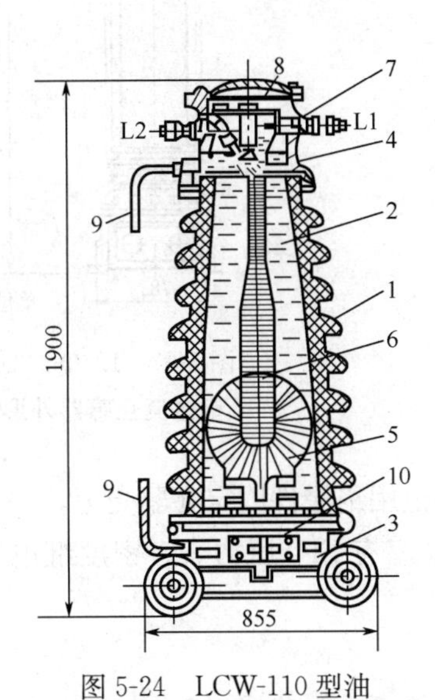

图 5-24　LCW-110 型油浸式瓷绝缘“8”字形绕组电流互感器结构

1—瓷外壳；2—变压器油；3—小车；4—扩张器；5—环形铁芯及二次绕组；6——次绕组；7—瓷套管；8——次绕组换接器；9—放电间隙；10—二次绕组引出端

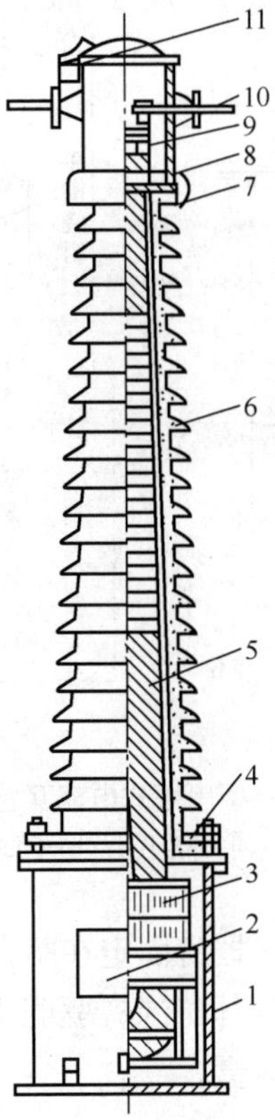

图 5-25　LCLWD3-220 型瓷箱式电容型绝缘“U”字形绕组电流互感器结构

1—油箱；2—二次接线盒；3—环形铁芯及二次绕组；4—压圈式卡接装置；5—U型一次绕组；6—瓷套；7—均压护罩；8—贮油柜；9——次绕组切换装置；10——次出线端子；11—吸湿器

3. L-110 型串级式电流互感器

L-110 型串级式电流互感器外形及原理接线图如图 5-26 所示。该型互感器由两个电流互感器Ⅰ、Ⅱ串联组成。Ⅰ级属高压部分，置于充油的瓷套内，它的铁芯对地绝缘，铁芯为矩形叠片式，一次和二次绕组分别绕在上、下两个芯柱上，其二次电流为 20A。为了减少漏磁，增强一、二次绕组间的耦合，在上、下两个铁芯柱上设置了两个匝数相等、互相连接的平衡绕组，该绕组与铁芯有电气连接。Ⅱ级属低压部分，有三个环形铁芯及一个一次绕组、三个二次绕组，装在底座内。Ⅰ级的二次绕组接在Ⅱ级的一次绕组上，作为Ⅱ级的电源，Ⅱ级的互感比为 20/5A。这种两级串级式电流互感器，每一级绝缘只承受装置对地电压的 1/2，因而可节省绝缘材料，并使其尺寸小、质量轻。

4. SF_6 气体绝缘的电流互感器

SF_6 气体绝缘的电流互感器有 SAS、LVQB 等系列，电压为 110kV 及以上。LVQB-220 型电流互感器外形如图 5-27 所示。它由驱壳、器身（一、二次绕组）、瓷套和底座组成，并

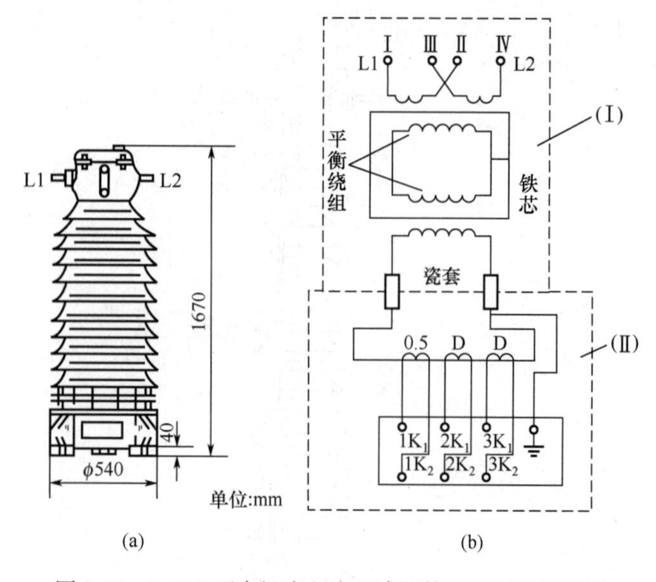

图 5-26 L-110 型串级式电流互感器外形及原理接线图

（a）外形图；（b）原理接线图

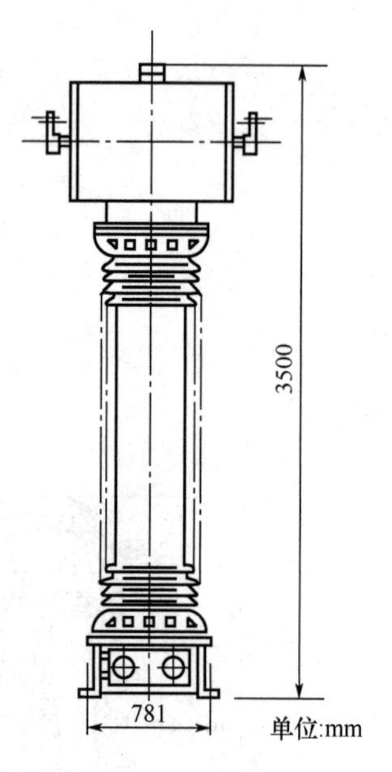

图 5-27 LVQB-220 型电流互感器外形

采用倒置式——器身固定在驱壳内，置于顶部；二次绕组用绝缘件固定在驱壳上，一、二次绕组间用 SF_6 气体绝缘；驱壳上方有压力释放装置，底座有 SF_6 压力表、密度继电器和充气阀、二次接线盒。

第八节 电流互感器的误差及准确等级

一、电流互感器的误差及其影响因素

1. 电流互感器的误差

在理想的电流互感器中，励磁损耗电流为零，由于一次绕组和二次绕组被同一交变磁通所交链，则在数值上一次绕组和二次绕组的磁动势相等，并且一次电流和二次电流的相位相同。但是，在实际的电流互感器中，由于有励磁电流存在，所以，一次绕组和二次绕组的磁动势不相等，并且一次电流和二次电流的相位也不相同。因此，实际的电流互感器通常有变比误差和相位上的角度误差。

（1）电流比误差（比差）$\Delta I\%$。$\Delta I\%$可由下式得到

$$\Delta I\% = (KI_2 - I_1)/I_1 \times 100\%$$

$$K = \frac{I_{1N}}{I_{2N}}$$

式中 K——电流比；

I_1——一次电流实测值；

I_2——二次电流实测值；

I_{1N}——一次电流额定值；

I_{2N}——二次电流额定值。

（2）相位角误差（角差）δ。电流互感器的相位角误差是指二次电流相量旋转180°以后，与一次电流相量之间的夹角δ。并且规定二次电流相量超前于一次电流相量时，角差δ为正，反之为负。δ的单位为分。

2. 影响电流互感器误差的因素

（1）电流互感器的相位角度误差主要是由铁芯的材料和结构决定的。若铁芯损耗小、磁导率高，则相位角误差的绝对值就小。采用带型硅钢片卷成圆环铁芯的电流互感器，则比方框形铁芯的电流互感器的相位误差小。因此，高精度的电流互感器大多采用优质硅钢片卷成的圆环形铁芯。

（2）二次回路阻抗Z（负荷）增大会使误差增大。这是因为在二次电流不变的情况下，Z增大将使感应电动势E_2增大，从而使磁通Φ增加，引起铁芯损耗增加，故误差增大。负载的功率因数降低，则会使比差增大，而角差减小。

（3）一次电流的影响。当系统发生短路故障时，一次电流会急剧增加，致使电流互感器工作在磁化曲线的非线性部分（即饱和部分），这种情况下，比差和角差都会增加。

二、电流互感器的准确等级

1. 电流互感器准确等级的定义

电流互感器准确等级的定义，即在规定的二次负荷范围内，一次电流在额定值附近时的最大误差限值。当一次电流低于额定电流时，电流互感器的电流比误差和角度误差也随着增大。我国电流互感器准确等级和误差限值见表5-3。

表5-3　电流互感器准确等级和误差限值

准确等级	一次电流为额定电流的百分数	误差限值		二次负荷变化范围
		电流误差	相位误差	
0.2	10% 20% 100%～120%	±0.5% ±0.35% ±0.2%	±20′ ±15′ ±10′	(0.25～1) S_{N2}
0.5	10% 20% 100%～120%	±1% ±0.75% ±0.5%	±60′ ±45′ ±30′	
1	10% 20% 100%～120%	±2% ±1.5% ±1%	±120′ ±90′ ±60′	
3	50%～120%	±3%	不规定	(0.5～1) S_{N2}

稳态保护用电流互感器的准确级有5P、5PR和10P、10PR。在额定一次电流下，5P和5PR电流误差±1%，相位误差±60′，10P和10PR电流误差±3%。在额定准确限值一次电流（满足复合误差要求的最大一次电流）下，复合误差5P和5PR为5%，10P和10PR为10%。

2. 电流互感器准确等级与容量的关系

由于电流互感器二次侧所接阻抗（负荷）的大小影响电流互感器的准确等级，所以，电流互感器铭牌上所规定的准确等级均有相对应的容量（伏安数或负荷阻抗）。例如某一台电流互感器在0.5级工作时，其额定二次阻抗为0.4Ω；而在1级工作时，其额定二次阻抗为0.6Ω。二次侧的负荷超出规定的容量时，其误差也将超出准确等级的规定。因此，在选择电流互感器时，应特别注意二次负荷所消耗的功率不应超过电流互感器的额定容量。

3. 超高压电网中采用的暂态型保护专用电流互感器及其准确等级

在电压比较低的电网中，继电保护装置动作的时间较长，可达120ms以上，而且决定短路电流中非周期分量衰减速度的一次时间常数较小，短路电流很快达到稳态值，电流互感器也随之进入稳定工作状态。这时，一般保护用电流互感器就能满足实用要求。但在330、500kV超高压电网中，一般都装有快速继电保护装置，其动作时间约在30ms以内，仅为一次系统时间常数的一半以下。当系统发生短路故障时，保护装置应在30ms之内动作，此时短路电流尚未达到稳态值，电流互感器还处在暂态工作状态，而且在故障尚未切除的时间内，短路电流会有很大的直流分量。如这时只采用反应稳态短路电流的一般保护用电流互感器，将产生很大的误差。因此，超高压系统需用暂态误差特性良好的保护用电流互感器。

国际电工委员会按照暂态特性的要求，将电流互感器的级次分为TPS、TPX、TPY和TPZ四类，其中T表示考虑暂态特性，P表示用于继电保护，级次则用S、X、Y、Z表示。在我国采用较多的是TPY级，其次是TPZ级。四类级次的含义如下。

（1）TPS是低漏磁电流互感器，不带气隙，其性能以二次励磁特性和变比误差限值确定，对剩磁不作限制。

（2）TPX是一种在其环形铁芯中不带气隙的暂态保护型电流互感器。在额定电流和负荷下，其比值误差不大于±0.5%，相位误差不大于±30′。在额定准确限值的短路全过程中，其瞬间最大电流误差不得大于额定二次短路电流对称值峰值的5%，电流过零时的相位误差不大于3°。

（3）TPY是一种在铁芯上带有小气隙的暂态保护型电流互感器。它的气隙长度约为磁路平均长度的0.05%。由于有小气隙的存在，铁芯不易饱和，剩磁系数小，二次时间常数T_2较小，有利于直流分量的快速衰减。TPY在额定负荷下允许的最大变比误差为±1%，最大相位误差为1°。在额定准确限值的短路情况下，互感器工作的全过程中，最大瞬间误差不超过额定的二次对称短路电流峰值的7.5%，电流过零时的相位误差不大于4.5°。

（4）TPZ是一种在铁芯中有较大气隙的暂态保护型电流互感器。气隙的长度约为平均磁路长度的0.1%。由于铁芯中的气隙较大，一般不易饱和。因此特别适合于有快速重合闸（无电流时间间隙不大于0.3s）的线路使用。

三、电流互感器的10%误差曲线

设K_i为电流互感器的变比，其一次电流I_1与二次电流I_2有$I_2=I_1/K_i$的关系，在K_i为常数（电流互感器不饱和）时，是一条直线，如图5-28中的直线1所示。当电流互感器铁芯开始饱和后，I_2与I_1就不再保持线性关系，而是如图5-28中的曲线2所示，呈铁芯的磁化曲线状。继电保护要求电流互感器的一次电流I_1等于最大短路电流时，其变比误差不大于10%。因此，我们可以在图5-28中找到一个电流值$I_{1,b}$，自$I_{1,b}$点作垂线与曲线1、2分别相交于B、A点，且$\overline{BA}=0.1I'_1$（I'_1为归算到二次侧的I_1）。如果电流互感器的一次电流$I_1 \leqslant I_{1,b}$，其变比误差就不会大于10%；如果$I_1 > I_{1,b}$，其变比误差就大于10%。

另外，电流互感器的变比误差还与其二次负荷阻抗有关。为了便于计算，制造厂对每种电流互感器提供了在 m_{10} 下允许的二次负荷阻抗值 Z_{en}，曲线 $m_{10}=f(Z_{en})$ 就称为电流互感器的10%误差曲线，如图5-29所示。已知 m_{10} 的值后，从该曲线上就可很方便地得出允许的负荷阻抗。如果它大于或等于实际的负荷阻抗，误差就满足要求，否则，应设法降低实际负荷阻抗，直至满足要求为止。当然，也可在已知实际负荷阻抗后，从该曲线上求出允许的 m_{10}，与流经电流互感器一次绕组的最大短路电流做比较。

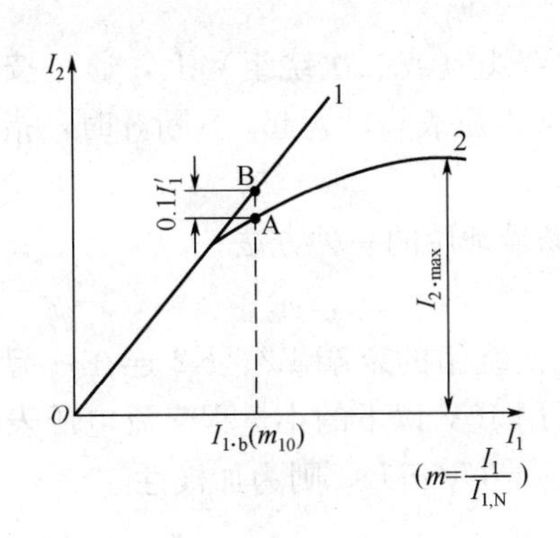

图5-28　二次电流与一次电流或二次电流与一次电流倍数的关系曲线

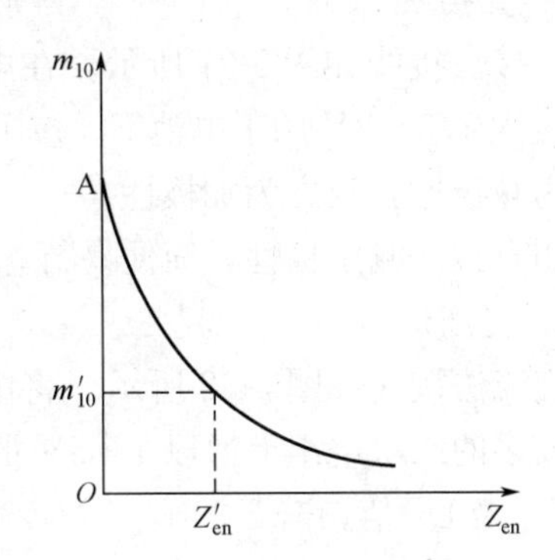

图5-29　电流互感器的10%误差曲线

第九节　电流互感器的极性

一、电流互感器极性含义及减极性标志

在直流电路中，电源的两个端子有正、负之分，而在交流电路中，电流的方向随时都在改变，因此，很难确定正、负极。但是，我们可以假定在某一瞬间，绕组的两端必定有一个是电流流入端，另一个流出端，二次绕组感应出来的电流也同样有流出和流入的方向。所谓电流互感器的极性，就是指它的一次绕组和二次绕组间的方向的关系。按照规定，电流互感器的首端标为L1，末端标为L2，二次绕组的首端标为K1，末端标为K2。在接线图中，L1和K1称为同极性端，L2和K2称为同极性端。

假定一次电流 I_1 从首端L1流入，从末端L2流出时，感应出的二次电流是从首端K1流出，从末端K2流入，或者当电流互感器一、二次绕组同时在同极性端子流入时，它们在铁芯中产生的磁通方向是一致的。这样，电流互感器的极性标志称为减极性（见图5-30）。反之，将K1和K2的标志调换一下称为加极性。我们使用的电流互感器，除特殊情况外，均采用减极性标志。

如果电流互感器的极性错误，那么，将它用在继电保护回路中，将会引起继电保护装置的误动作，如果用在仪表计量回路中，会影响测量仪表指示的正确性和计量的准确性。例如，对于不完全星形接线的电流互感器，若其中任何一相电流互感器的极性接线有错误，电流回路中就会出现一相电流（合成电流）大于其他两相电流的 $\sqrt{3}$ 倍。若

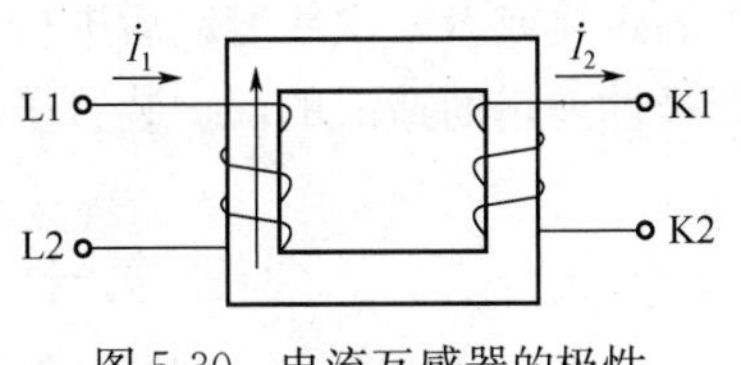

图5-30　电流互感器的极性标志（减极性）

两相电流互感器的二次极性端子的极性都接错，那么，虽然二次侧的三相电流仍然保持着平衡，但是与相应的一次电流的相位相差了180°，这会使电能表反转。因此，电流互感器的极性必须接线正确。

二、电流互感器极性的测定方法

测定电流互感器极性的方法很多，但通常的测定方法有以下几种。

1. 直接法

直接法接线如图5-31所示。在电流互感器的一次绕组（或二次绕组）上，通过按钮开关S接入1.5～3V的干电池E。按下S时，若电流表或电压表指针正起，S断开时，指针反起则为减极性，反之为加极性。

用直接法测定极性，简便易行，结果准确，是现场最常用的一种方法。

2. 交流法

交流法接线如图5-32所示。将电流互感器一、二次绕组的末端L2、K2连在一起，在匝数较多的二次绕组上通以1～5V的交流电压U_1，再用10V以下的小量程交流电压表分别测量U_2及U_3值，若$U_3=U_1-U_2$，则为减极性；若$U_3=U_1+U_2$，则为加极性。

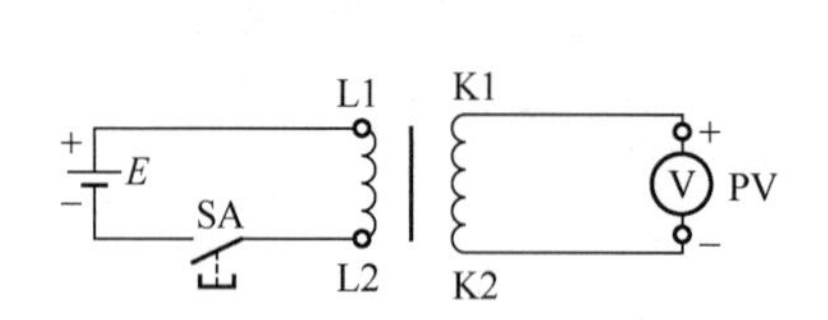

图5-31　直流法测定极性

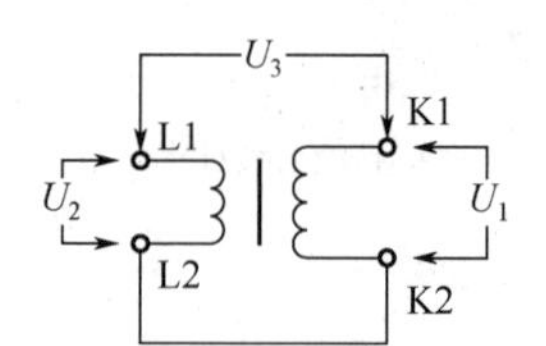

图5-32　交流法测定极性

在试验中应注意通入的电压U_1尽量小，只要电压表的读数能看清楚即可，以免电流太大损坏线圈。为读数清楚，电压表的量程应尽量小些。当电流互感器的电流比不大于5时，用交流法测定极性既简单又准确。但电流互感器的电流比较大（10以上）时，因为这时U_2的数值较小，U_1与U_3的数值比较接近，电压表的读数不易区别大小，故不宜采用此测定方法。

3. 仪表法

一般的互感器校验仪都带有极性指示器，因此在测定电流互感器误差之前，便可以预先检查极性，若极性指示器没有指示，则说明被试电流互感器极性正确（减极性）。

三、电流互感器的大极性和小极性

电流互感器的极性依照测定极性的地点和范围的不同而分为小极性和大极性。小极性是在电流互感器的一、二次引线端子上进行，即测定电流互感器本身的极性，大部分是在互感器安装之前或安装后投运之前进行。而大极性则是在二次回路中电流专用端子处进行，包括控制电缆等二次回路，它的范围要比小极性广。测定大极性一般是在保护装置投入、保护装置的定检或者二次线变动后进行。测定电流互感器极性的目的，主要是为了防止因电流互感器极性差错而造成的保护装置误动作或计量表计差错。大、小极性的测定方法均相同。

第十节　电流互感器的接线方式

电流互感器常用的接线方式如图5-33所示。

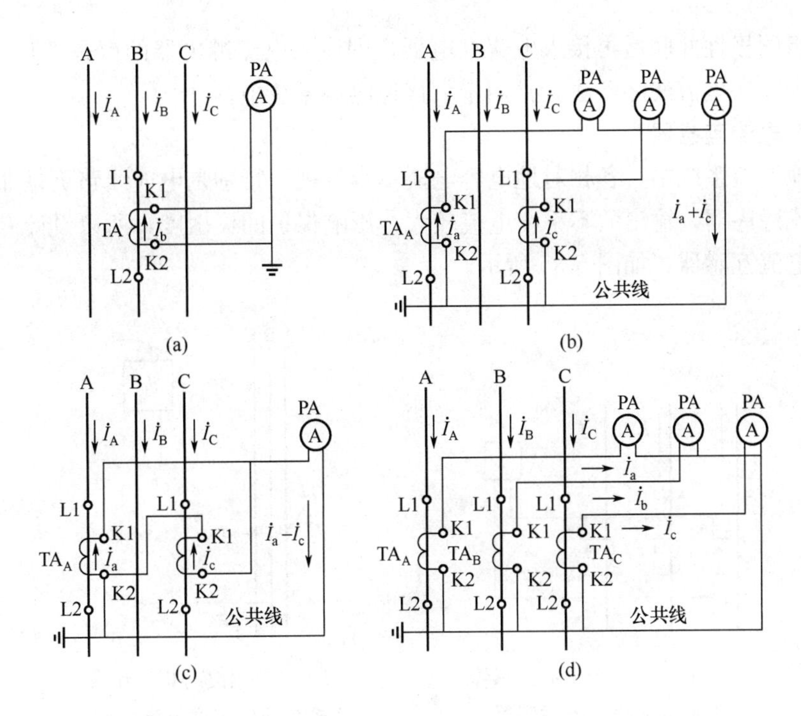

图 5-33　电流互感器常用的接线方式

（a）一相式；（b）两相 V 形；（c）两相电流差；（d）三相 Y 形

（1）一相式接线方式。如图 5-33（a）所示，电流表通过的电流为一相的电流，通常用于负荷平衡的三相电路中。

（2）两相 V 形接线方式。如图 5-33（b）所示，该接线方式又叫不完全星形接线，公共线中流过的电流为两相电流之和，所以这种接线又叫两相电流和接线。由 $\dot{I}_a+\dot{I}_c=-\dot{I}_b$ 可知，二次侧公共线中的电流，恰为未接互感器的 B 相的二次电流，因此这种接线可接三只电流表，分别测量三相电流，故广泛应用于无论负荷平衡与否的三相三线制中性点不接地系统中，供测量或保护用。

（3）两相电流差接线方式。如图 5-33（c）所示，这种接线二次侧公共线中流过的电流 I_f，等于两个相电流之差，即 $\dot{I}_f=\dot{I}_a-\dot{I}_c$，其数值等于一相电流的$\sqrt{3}$倍，多用于三相三线制电路的继电保护装置中。

（4）三相 Y 形接线方式。如图 5-33（d）所示，三只电流互感器分别反映三相电流和各种类型的短路故障电流。该接线方式广泛应用于不论负荷平衡与否的三相三线制电路和低压三相四线制电路中，供测量和保护用。

第十一节　零序电流滤序器与零序电流互感器

一、零序电流滤序器

由对称分量法可知，A、B、C 三相电流 $\dot{I}_A$、$\dot{I}_B$、$\dot{I}_C$ 之和即为零序电流 $\dot{I}_0$ 的 3 倍，即 $3\dot{I}_0=\dot{I}_A+\dot{I}_B+\dot{I}_C$。据此可在三相上分别装设型号和变比都相同的电流互感器，将它

们的二次绕组同极性并联后再接入电流继电器，则流入电流继电器的就是 $3\dot{I}_0$，见图 5-34，这种方法称为零序电流滤序器法，常用于大接地电流系统中。

二、零序电流互感器

在小接地电流系统中，各相对地电容电流不容忽视，特别是电缆线路更是如此。若仍用上述零序电流滤序器，输出的不平衡电流较大，影响保护的灵敏度，所以设计专门用于电缆线路的零序电流互感器，如图 5-35 所示。

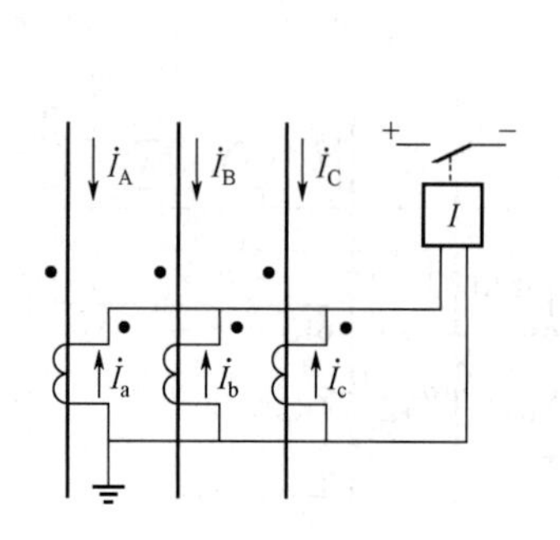

图 5-34　由三个电流互感器构成的零序电流滤序器

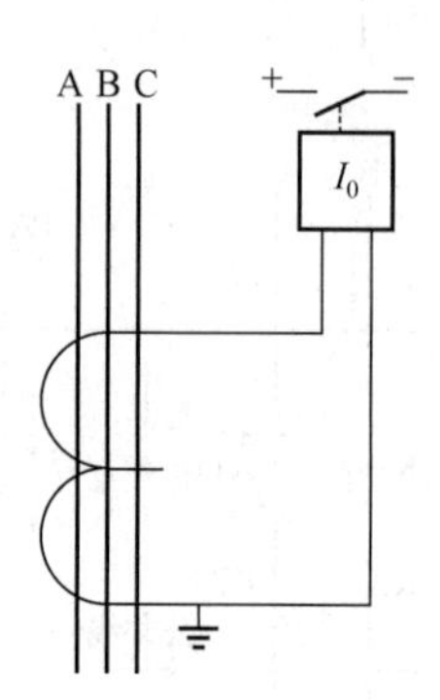

图 5-35　由零序电流互感器构成的零序电流保护

零序电流互感器和普通电流互感器都是按照电磁感应原理工作的，但它们的工作状态有区别。普通电流互感器的一次绕组只与被保护线路的一相连接，并且一次绕组内的电流就是该相的负荷电流，二次电流则是一次电流的相应值。而零序电流互感器则不然，它的一次绕组就是被保护线路的三相，在正常工作状态时，由于三相电流的相量之和等于零（$I_a+I_b+I_c=0$），铁芯中不会产生磁通，故二次绕组内也不会有感应电流。当被保护线路发生单相接地故障时，三相电流之和不再等于零，而是每相零序电流的 3 倍，此时，互感器的铁芯中便产生感应磁通，二次线圈内将有感应电流，从而启动继电器使保护装置动作。

第十二节　电流互感器的运行

一、选用电流互感器的注意事项

选择电流互感器时应注意以下几个方面。

（1）电流互感器的额定电压应与电网的额定电压相符合。

（2）电流互感器的一次额定电流，应使运行电流经常在其 20%～100%范围内。10kV 继电保护装置用电流互感器一次侧电流的选用，一般不大于设备额定电流的 1.5 倍。

（3）根据电气测量和继电保护的要求，选择电流互感器的适当等级。

（4）电流互感器的二次负荷（包括电工仪表和继电器）所消耗的功率（伏安数）或阻抗不应超过所选择的准确级相对应的额定容量，否则准确级会下降。

（5）根据系统运行方式和电流互感器的接线方式选择电流互感器的台数。

（6）电流互感器选择之后，应根据装设地点的系统短路电流校验其动稳定和热稳定。

二、电流互感器二次侧的接地要求

对于高压电流互感器，其二次绕组应有一点接地。这样，当一、二次绕组间因绝缘破坏而被高压击穿时，可将高压引入大地，使二次绕组保持地电位，从而确保人身和二次设备的安全。应当注意的是，电流互感器二次回路只允许一点接地。若发生两点接地，则可能引起分流使电气测量的误差增大或影响继电保护装置的正确动作。

电流互感器二次回路的接地点应在端子 K2 处。

对于低压电流互感器，由于其绝缘裕度大，发生一、二次绕组击穿的可能性极小，因此其二次绕组不接地。由于二次侧不接地也使二次系统和计量仪表的绝缘能力提高，大大地减少了由于雷击造成的仪表烧毁事故。

三、电流互感器二次侧严禁开路运行的原因

运行中的电流互感器二次侧所接的负荷均为仪表或继电器的电流线圈等，阻抗非常小，基本上运行于短路状态。这样，由于二次电流产生的磁通和一次电流产生的磁通方向相反，故能使铁芯中的磁通密度维持在一个较低的水平，通常在 0.1T 以下。此时电流互感器的二次电压也很低。当运行中电流互感器的二次绕组开路，一次侧的电流仍然维持不变，则二次电流产生的去磁磁通消失了，这样，一次电流就会全部变成励磁电流，使电流互感器的铁芯骤然饱和，此时铁芯中的磁通密度可高达 1.8T 以上。由于铁芯的严重饱和，将产生以下几种后果。

（1）由于磁通饱和，电流互感器的二次侧将产生数千伏的高压，而且磁通的波形变成平顶波，使二次产生的感应电动势出现尖顶波，对二次绝缘构成威胁，对于设备运行人员产生危险。

（2）由于铁芯的骤然饱和，铁芯损耗增加，严重发热，绝缘有烧坏的可能。

（3）将在铁芯中产生剩磁，使电流互感器的比差和角差增大，影响计量的准确性。

所以，电流互感器的二次绕组在运行中是不能开路的。

实际上，有时电流互感器的二次开路后，并没有发生异常现象。这主要是因为一次负荷回路中没有负荷电流或负荷很轻，这时的励磁电流很小，铁芯没有饱和，因此就不会发生异常现象。运行中，如果发现电流互感器二次开路，则应立即停电进行处理。负荷不允许停电时，应先将一次侧的负荷电流减小，然后采用绝缘工具进行处理。

四、电流互感器二次绕组串联或并联时对容量及电流比的影响

同相套管上的电流互感器，根据需要其二次绕组可采用串联或并联接线。

1. 电流互感器二次绕组串联接线

电流互感器两套相同的二次绕组串联时，其二次回路内的电流不变，但由于感应电动势 E 增大一倍，所以，在运行中如果因继电保护装置或仪表的需要而扩大电流互感器的容量时，可采用二次绕组串联的接线方法。

电流互感器二次绕组串接后，其电流比不变，但容量增加一倍，准确度不降低。试验证明：有些双绕组线圈的电流互感器，虽然两个二次绕组的准确等级和容量不同，但它的二次绕组仍可串联使用，串联后误差符合较高等级的标准，容量为二者之和，电流比与原来相同。

2. 电流互感器二次绕组并联接线

电流互感器二次绕组并联时，由于每个电流互感器的电流比没变，因而二次回路内的电

流将增加一倍。为了使二次回路内的电流维持在原来的额定电流（5A），则一次电流应较原来的额定电流降低 1/2。所以，在运行中如果电流互感器的电流比过大，而实际电流较小时，为了较准确的测量电流，可采用二次绕组并联接线。

电流互感器二次绕组并联后，其一次额定电流应为原来的 1/2，电流比减为原来的 1/2，而容量不变。

五、更换电流互感器及二次线时的注意事项

需要更换电流互感器及其二次线时，除应注意有关的安全工作规程规定外，还应注意以下几点。

（1）个别电流互感器在运行中损坏需要更换时，应选用电压等级不低于电网额定电压，电流比与原来相同，极性正确，伏安特性相近的电流互感器，并需经试验合格。

（2）因容量变化需要成组更换电流互感器时，除应注意上述内容外，还应重新审核继电保护定值以及计量仪表的倍率。

（3）更换二次电缆时，电缆的截面、芯数等必须满足最大负荷电流及回路总的负荷阻抗不超过互感器准确等级允许值的要求，并对新电缆进行绝缘电阻测定。更换后，应进行必要的核对，防止接线错误。

（4）新换上的电流互感器或变动后的二次线，在运行前必须测定大、小极性。

六、在运行中的电流互感器二次回路上进行工作或清扫时的注意事项

在运行中的电流互感器二次回路上进行工作或清扫时，除应按照《电业安全工作规程》的要求填写工作票外，还应注意下列各项。

（1）工作中绝对不准将电流互感器的二次回路开路。

（2）根据需要可适当地将电流互感器的二次侧短路。短路应采用短路片或专用短路线，禁止使用熔丝或导线缠绕。

（3）禁止在电流互感器与短路点之间的回路上进行任何工作。

（4）工作中必须有人监护，使用绝缘工具，并站在绝缘垫上。

（5）值班人员在清扫二次线时，应穿长袖工作服，戴线手套，使用干净的清扫工具，并将手表等金属物品摘下。工作中必须小心谨慎，以免损坏元件或造成二次回路断线。

七、电流互感器准确等级的选用

电力系统选用电流互感器的准确等级，一般为：

（1）电能计量选用 0.2S（S 表示为宽量限 TA）或 0.2。

（2）测量表计选用 0.5S 或 0.5。

（3）稳态保护选用 5P20 或 5P30、5P40（20、30、40 为准确限值系数。所谓准确限值系数，是在稳态情况下，保护用电流互感器能满足复合误差要求的最大一次电流与额定一次电流的比值）。

（4）330kV 及以上超高压电网暂态保护选用 TPY 或 TPZ。

（5）发电机自动调节励磁装置选用 0.2S。

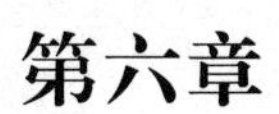

第六章

并联电容器的运行

■第一节　并联电容器概述

一、电力电容器的种类及并联电容器的结构

1. 电力电容器的种类

(1) 并联电容器。并联电容器有高压和低压、三相和单相、户内和户外之分。浸渍剂有油质和十二烷基苯等。

(2) 交流滤波电容器。交流滤波电容器主要用于交流滤波器的调谐支路中，形成对高次谐波的通路，从而滤去系统高次谐波电流（按某次谐波设计额定参数）。还可用于系统谐波电流较大的并联补偿装置中，提高功率因数。

交流滤波电容器结构与并联电容器相同。

(3) 串联电容器。串联电容器串联于高压输电线中，补偿线路阻抗，改善电压质量，提高输出功率和系统动态、静态稳定。它由芯子和外壳组成。芯子由若干电容器纸（或薄膜）与铝箔卷制的元件并联而成。每个元件装有单独熔断器保护。

(4) 耦合电容器。耦合电容器用于工频高压及超高压输电线路载波通信系统，同时，也可作测量、控制和保护以及电压抽取装置中的部件。

耦合电容器由芯子、外壳、膨胀器等组成。芯子由电容器纸（或薄膜）和铝箔卷成的元件串联而成。外壳由瓷套筒、钢板底座和盖组成。上下盖端及注油塞用耐油胶垫密封。

(5) 断路器电容。断路器电容并联于110kV及以上工频交流多断口断路器断口上，在分合闸时，使各断口承受电压均等，以利于熄灭电弧。

断路器电容由芯子、外壳（瓷套）、膨胀器等组成。芯子由若干单电容元件串联而成。膨胀器用薄磷铜板或不锈钢制成，用以补偿油体积随温度的变化。

2. 并联电容器的结构

(1) 箱式。箱式电容器主要由油箱、膨胀器、器身、芯子（电容元件）等组成，油箱盖上焊有出线套管，作为接线端子将芯子的引出线引入箱顶部。可将若干个电容元件并联为一单元排列在架子上构成器身，经过真空干燥排出湿气，浸渍优质液体绝缘介质（如十二烷基苯、二芳基乙烷、苄甲基苯等）装入钢质外壳密封而成。图6-1为单相箱式并联电容器内部构造示意图。

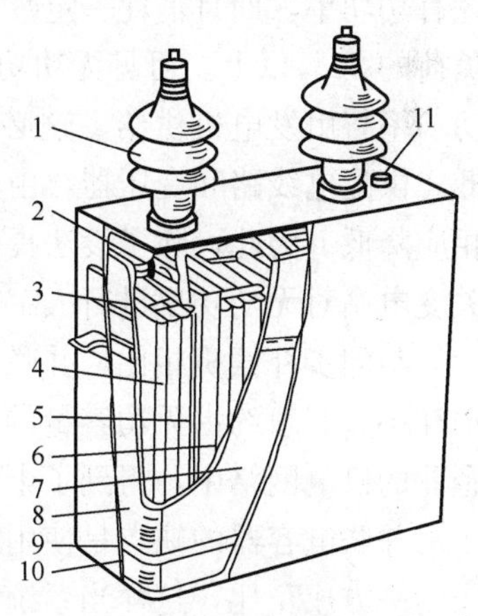

图6-1　单相箱式并联电容器内部构造示意图

1—出线套管；2—出线连接片；3—连接片；4—元件；5—出线连接片固定板；6—组间绝缘；7—包封件；8—夹板；9—紧箍；10—外壳；11—封口盖

(2) 集合式。集合式并联电容器也称为密集型并联电容器，有单相和三相两种。集合式并联电容器的结构可分为器身、储油柜、油箱、出线套管等部分。

1）器身由一定数量的全密封电容单元固定在框架上，根据容量、电压等级等不同的要求作适当的电气连接，出线端子通过导线从箱盖的套管引出，电容单元内部元件全部并联。

2）油箱由箱盖、散热器、箱壁等组成，内部充满十二烷基苯绝缘油，绝缘油不仅提高了器身对地绝缘作用，还能沿器身纵横油道把热量送到油箱内壁及片式散热器上散发出去。

二、电力电容器型号的含义

电力电容器型号含义如下：

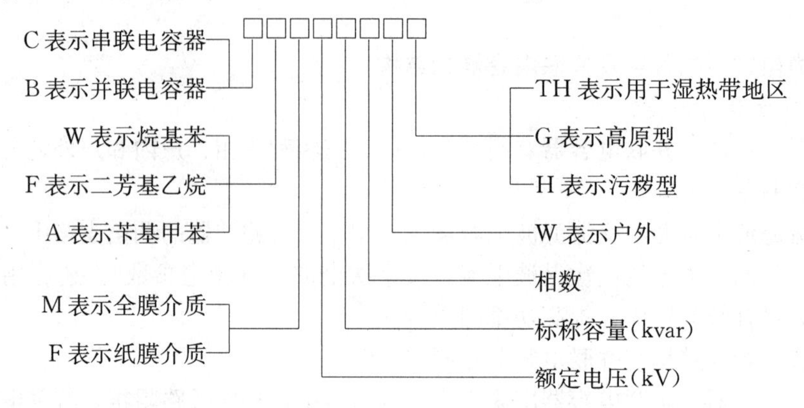

例如 BAM11/$\sqrt{3}$-100-1W，表示额定电压为 11/$\sqrt{3}$kV、容量为 100kvar，采用苄基甲苯浸渍、全膜介质、单相、户外式电容器。CWF1-50-1W 表示额定电压为 1kV、容量为 50kvar，采用烷基苯浸渍，膜纸复合介质结构的户外单相串联电容器。

三、并联电容器的作用

电力系统中，有许多根据电磁感应原理工作的设备，如变压器、电动机、感应炉等。它们都是电感性的负荷，依靠磁场来传送和转换能量。因此，这些设备在运行过程中，不仅消耗有功功率，而且消耗一定数量的无功功率。据统计，在电力系统中，感应电动机约占全部负荷的 50%以上。可见无功功率的数量是不能忽视的。如果不采取其他补偿措施，这些无功功率将由发电机供给，这必将影响它的有功出力。这对于电源不足的电网，将使频率降低。供配电线路和变压器，由于传输无功功率也将造成电能损失和电压损失，设备利用率也相应降低。为此，除了设法提高客户的自然功率因数，减少无功消耗外，必须在客户处和有关变电站对无功功率进行人工补偿。并联电容器就是一种常用的无功补偿装置。

与同步补偿机相比，并联电容器因无旋转部分，具有安装简单、运行维护方便以及有功损耗小（一般约占无功容量的 0.3%～0.5%）等优点，所以在电力系统中，尤其是在工业企业的供电网络中，得到了十分广泛的应用。

并联电容器的缺点是使用寿命短，损坏后不便修复。另外，并联电容器的无功出力与电压的平方成正比，这样当系统电压降低，需要更多的无功功率进行补偿以提高系统电压时，而电容器却因电压低而降低了出力。反之，若系统不需要补偿无功功率时，电容器仍然作为电容性无功功率向电网补偿，使负载电压过高，这也是它的一个缺点。

四、并联电容器的无功补偿原理

电力系统中的负荷大部分是电感性的，总电流相量 $\dot{I}$ 滞后电压相量 $\dot{U}$ 一个角度 φ（功率因数角），总电流可以分为有功电流 $\dot{I}_R$ 和无功电流。当忽略容性电流，视负荷为阻性和感性负荷时，无功电流则等于感性电流 $\dot{I}_L$，它滞后 $\dot{U}90°$（见图 6-2）。将一电容器连接于电网上时，在外加正弦交变电压的作用下，电容器回路将产生一按正弦变化的电流 $\dot{I}_C$，它超前 $\dot{U}90°$（见图 6-3）。

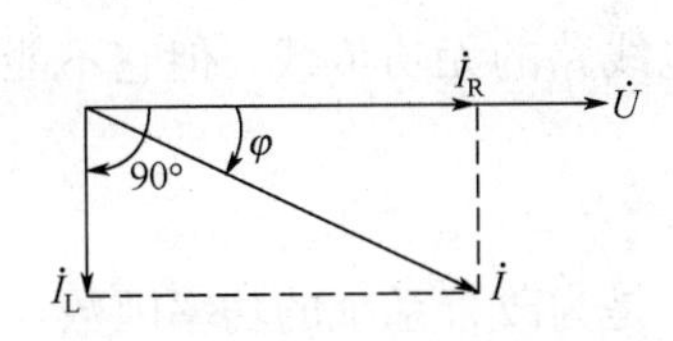

图 6-2　电感性负荷电压电流相量图

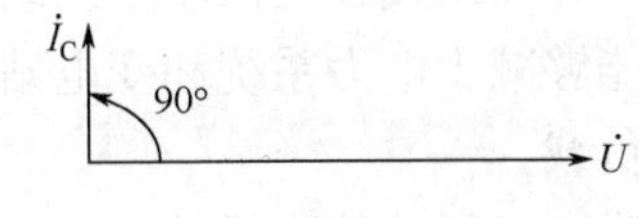

图 6-3　电容器电压、电流相量图

当把电容器并接于感性负荷回路中时，容性电流 $\dot{I}_C$ 与感性电流分量 $\dot{I}_L$ 恰好相反，从而可以抵消一部分感性电流，或者说补偿一部分无功电流（见图 6-4）。

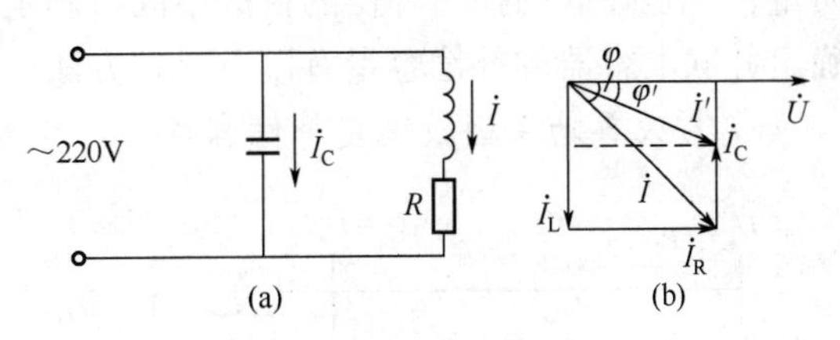

图 6-4　并联电容补偿

（a）接线图；（b）相量图

从图 6-4 可看出，并联电容器以后，功率因数角 φ' 较补偿前的 φ 小了，如果补偿得当，功率因数可以提高到 1.0。从图中还可以看出，负荷电流不变的情况下，输入电流 I' 也较 I 减小了。

五、并联电容器的无功容量

当电容器两端施以正弦交流电压时，它发出的无功容量（无功功率）为

$$Q = \frac{U^2}{X_C} = 2\pi fCU^2$$

$$X_C = \frac{1}{\omega C} = \frac{1}{2\pi fC}$$

式中　Q——无功容量，kvar；

f——电源频率，Hz；

C——电容器电容值，μF。

若 U 的单位为 kV，C 的单位为 μF，f=50Hz 时，则

$$Q=0.314CU^2$$

可见，电容器的无功容量与施加于其两端电压的平方成正比，因而电压调节性能差。若额定电压降低约 10%时，则电容器的容量将降低到原来容量的 81%。

六、并联电容器的补偿方法及其优缺点

并联电容器的补偿方法可分为设备个别补偿、车间分组补偿和变电站集中补偿三种。

1. 设备个别补偿

通常用于低压网络，电容器直接接到用电设备上。这种补偿的优点是，无功补偿彻底，不但能减少高压线路和变压器的无功电流，而且能减少低压干线和分支线的无功电流，从而相应地减少了线路和变压器的有功损耗。缺点是电容器的利用率低、投资大。所以这种补偿方式只适用于长期运行的大容量电气设备及所需无功补偿较大的负荷，或由较长线路供电的电气设备。

2. 车间分组补偿

电容器组接于车间配电室的母线上。这种补偿方式的电容器利用率比个别补偿高，能减

少高压供电线路和变压器中的无功负荷，并可根据负荷的变动切除或投入电容器组。缺点是不能减少分支线的无功电流，安装比较麻烦。

3. 变电站集中补偿

将高压电容器组接在地区变电站或总降压变电站的母线上。这种补偿的优点是电容器的利用率高，能够减少电力系统和变电站主变压器及供电线路的无功负载。但它不能减少低压网络的无功负载。

七、并联电容器补偿容量的计算

电力系统安装无功补偿设备并联电容器的目的：一是为改善系统的功率因数，降低网络中的电能损耗，提高系统的经济性；二是调整网络电压，维持负荷点的电压水平，提高供电质量；三是降低网损。补偿的目的不同，确定补偿容量的方法也不同。针对不同目的，计算确定并联电容器的补偿容量有以下三种方法。

1. 按改善功率因数确定补偿容量

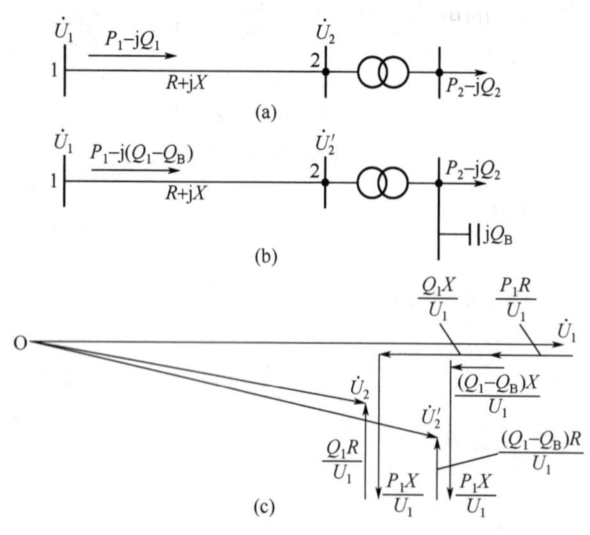

图 6-5　并联电容补偿时的潮流和电压相量图

(a) 装设并联电容补偿前的潮流；(b) 装设并联电容补偿后的潮流；(c) 装设并联电容补偿后的电压相量

按改善功率因数要求确定补偿容量，则

$$Q_C = P\left(\sqrt{\frac{1}{\cos\varphi_1^2}-1}-\sqrt{\frac{1}{\cos\varphi_2^2}-1}\right)$$

式中　Q_C——补偿装置容量，kvar；

P——负荷功率，kW；

$\cos\varphi_1$——补偿前的功率因数；

$\cos\varphi_2$——补偿后的功率因数。

2. 按调压要求确定补偿容量

并联电容补偿调压，是通过在负荷侧安装并联电容器来提高负荷的功率因数，以便减少通过输电线路上的无功功率来达到调压的目的。

由图 6-5 可以看出，在变电站装设并联电容器（容量为 Q_B）后，线路送端的无功 Q_1 减少到（Q_1-Q_B），末端电压则由 U_2 升至 U'_2，其升高的数值是

$$\Delta\dot{U} = \dot{U}'_2-\dot{U}_2 = \frac{P_1R+Q_1X}{U_1}+j\frac{P_1X-Q_1R}{U_1} - \left[\frac{P_1R+(Q_1-Q_B)X}{U_1}+j\frac{P_1X-(Q_1-Q_B)R}{U_1}\right]$$

$$=\frac{Q_BX}{U_1}-j\frac{Q_BR}{U_1} \tag{6-1}$$

如果系统无功功率不足，运行电压很低时，应当按运行电压要求选择并联电容器的容量。

由式（6-1）得

$$Q_B = \frac{(U'_2 - U_2)U_1}{X - jR} \tag{6-2}$$

当忽略电压降的横向分量时，式（6-2）可变为

$$Q_B = \frac{(U'_2 - U_2)U_1}{X} \tag{6-3}$$

Q_B 即为变电站母线电压由 U_2 提高至 U'_2 所需增加的电容器容量。如令 $Q_B = \Delta Q$，$U'_2 - U_2 = \Delta U$，且 $U_1 \approx U_2$ 时，则式（6-3）变为

$$\Delta Q = \frac{\Delta U U_1}{X} \tag{6-4}$$

或

$$\frac{\Delta Q}{\Delta U} = \frac{\partial Q}{\partial U} = \frac{U_1}{X} = \frac{S}{U_1} \tag{6-5}$$

式中　S——变电站母线上的三相短路容量，kVA。

由式（6-5）可见，当要将某一变电站母线上的电压提高 ΔU 时，所需要增加的无功补偿容量恰等于该母线的三相短路容量除以该母线电压再乘以 ΔU。这就说明，当变电站三相母线短路容量越大时，提高单位电压所需的无功容量也越大。全系统各变电站母线上的短路容量一般是已知的，因此当需要将系统中某个变电站母线上的电压提高时，便能较快地按式（6-5）求出需要的补偿容量。此法对计算多电源枢纽变电站母线上的补偿容量尤为方便，但应该指出，用式（6-5）计算出来的补偿容量是近似的。

3. 按最小年运行费用确定补偿容量

如果安装并联电容补偿的目的主要是为了降低网损，那么则应按最小年运行费用确定并联电容器的补偿容量，此时

$$Q_B = Q_P - \frac{(\alpha K + \Delta P T \beta)U^2}{2\beta T(R + CX)}$$

式中　Q_P——通过被补偿线路的年平均无功负荷，kvar；

α——电容器的折旧率；

K——电容器的价格，元/kvar；

ΔP——电容器本身有功损失，kW/kvar；

T——电容器年运行小时数，h；

β——电价，元/kW；

R、X——线路的电阻和电抗，Ω；

C——无功功率的经济当量，即补偿单位无功功率能够降低的有功损耗，kW/kvar。

八、高压并联电容器装置的含义及其分类

高压并联电容器装置是指由高压电容器及其配套设备连接而成的一个整体，配套设备包括高压开关柜（含高压断路器、高压隔离开关、电流互感器、继电保护、测量和指示仪表）、串联电抗器、放电线圈、氧化锌避雷器、接地隔离开关、单台电容器保护用熔断器等。

高压并联电容器装置按其类型不同，可分为三类，即单台电容器、集合式电容器以及容量超过 500kvar 的大容量电容器组成电容器组。

单台电容器是指由一个或多个电容器元件组装于单个外壳中并有引出端子的组装体，电容器组是指电气上连接在一起的一群单台电容器。集合式电容器有关内容在以后的章节中介绍。

九、自愈式低压电容器

若低压电容器故障击穿时故障电流使金属层蒸发，介质迅速恢复绝缘性能，这种电容器叫自愈式低压电容器。

自愈式低压电容器体积小、质量轻、损耗低、温升低，可做到无油不燃，避免火灾危险。自愈式电容器内部有的配有保护装置，当元件永久性击穿时可自动断路。由于它有诸多优点，国内外都用它取代了油纸介质低压电容器。

■ 第二节　电容器的额定电压与额定容量

一、电容器的额定电压及其组合方式

按额定电压的不同，电力电容器可分为低压电容器（用于 0.4kV 系统）及高压电容器（用于 6kV 以上系统）。

1. 额定电压

国家电网公司发布的《高压并联电容器装置技术标准》对电容器装置的额定电压作如下规定：

（1）高压并联电容器成套装置的额定电压应在 6、10、35、66、110kV 中选取。

（2）对于集合式高压并联电容器，额定电压的优先值应在 3.15、$6.6/\sqrt{3}$、6.3、10.5、$11/\sqrt{3}$、11、$12/\sqrt{3}$、12、19、$38.5/\sqrt{3}$、38.5、$42/\sqrt{3}$、42kV 中选取。

（3）对于自愈式高压并联电容器，额定电压的优先值应在 1.05、3.15、$6.6/\sqrt{3}$、6.3、10.5、$11/\sqrt{3}$、11、$12/\sqrt{3}$、12、19kV 中选取。允许制造时可以用串联的方式得到规定电压的电容器单元。

2. 组合方式

为了使国产电容器的额定电压与系统电压相配合，接入系统时，电容器装置的工作电压通常采取的组合方式有以下几种：

（1）$11/\sqrt{3}$kV 的电容器接成星形用于 10kV 系统。

（2）$11/2\sqrt{3}$kV 的电容器两段串联接成星形用于 10kV 系统。

（3）10.5kV 或 11kV 的电容器两段串联接成星形用于 35kV 系统。

（4）19kV 的电容器两段串联接成星形用于 63kV 系统。

对于少数电网运行电压偏高又缺少无功的地区，如果电容器装置的工作电压仍然采用上述组合的方式，则可能造成电容器过电压运行。为了解决这个问题，需要采取提高每相工作电压的措施。例如，某变电站 35kV 母线运行电压经常为 38.5kV，装于该变电站 35kV 母线上的电容器组，采用 10.5kV 的并联电容器两台串联，再与两台 0.6kV 的串联电容器串接，把每相的工作电压由 21kV 提高到 22.2kV，这样接成星形接线后，线电压达到 38.5kV，满足了电压配合的要求。

应当注意，当电容器的额定电压低于网络电压而经串并联接于电力网络中时，每台电容器的外壳对地均应绝缘，其绝缘水平应不低于电网的额定电压。在中性点不接地的系统中，当电容器采用星形连接时，其外壳也应与地绝缘，绝缘等级也应符合电网的额定电压。这主要是考虑在中性点不接地系统中，当发生一相接地时，其他两相电压将升高$\sqrt{3}$倍，将电容器的外壳绝缘，以防止电容器因过电压而受到损坏。

二、确定并联电容器额定电压的主要原则

额定电压是电容器的重要参数。因电容器的输出容量与其运行电压的平方成正比，若电容器的额定电压取过大的安全裕度，就会出现过大的容量亏损。但是，运行电压又不宜高于额定电压，如运行电压超过允许值时，将造成不允许的过负荷，而且电容器内部介质将产生局部放电，对绝缘介质的危害极大。由于电子和离子直接撞击介质，固体和液体介质就会分解产生臭氧和氮的氧化物等气体，使介质受到化学腐蚀，并使介质损失增大，局部过热，并可能发展成绝缘击穿。

为了使电容器的额定电压选择合理，达到安全和经济运行的目的，并联电容器额定电压的选择，应符合下列要求：

(1) 应计入电容器接入电网处的运行电压。

(2) 电容器运行中承受的长期工频过电压，应不大于电容器额定电压的 1.1 倍。

(3) 应计入接入串联电抗器引起的电容器运行电压升高，其电压升高值为

$$U_{\mathrm{C}}=\frac{U_{\mathrm{S}}}{\sqrt{3}S(1-k)}$$

式中　U_{C}——电容器端子运行电压，kV；

U_{S}——并联电容器装置的母线电压，kV；

S——电容器组每相的串联段数；

k——串联电抗器的电抗率。

三、电容器端子上的预期电压

在分析并联电容器端子上的预期电压时，应考虑如下因素：

(1) 并联电容器装置接入电网后引起电网电压升高。

(2) 谐波引起的电网电压升高。

(3) 装设串联电抗器引起电容器端电压升高。

(4) 相间和串联段间的容差将形成电压分配不均，使部分电容器电压升高。

(5) 轻负荷引起电网电压升高。

并联电容器装置接入电网后引起的母线电压升高值为

$$\Delta U_{\mathrm{S}}=U_{\mathrm{S0}}\frac{Q}{S_{\mathrm{d}}}$$

式中　ΔU_{S}——母线电压升高值，kV；

U_{S0}——并联电容器装置投入前的母线电压，kV；

Q——母线上所有运行的电容器的容量，Mvar；

S_{d}——母线短路容量，MVA。

四、电容器额定电压的选取方法

(1) 先求出电容器额定电压的计算值。计算公式为

$$U_{\mathrm{CN}}=\frac{1.05U_{\mathrm{SN}}}{\sqrt{3}S(1-k)}$$

式中　U_{CN}——单台电容器额定电压，kV；

U_{SN}——电容器接入点电网标称电压，kV；

S——电容器组每相的串联段数；

k——串联电抗器的电抗率。

式中系数 1.05 的取值依据是电网最高运行电压一般不超过标称电压的 1.07 倍，最高为 1.1 倍，运行平均电压约为电网标称电压的 1.05 倍。

（2）从电容器额定电压的标准系列中选取靠近计算值的额定电压。

五、电容器额定容量

国家电网公司发布的《高压并联电容器装置技术标准》对电容器装置的额定容量作如下规定：

（1）对于集合式高压并联电容器，额定容量 Q(kvar）的优先值在下列数值中选取。

单相：500、1000、1667、3334、5000、6667；

三相：1000、1200、1500、1800、2400、3600、5000。

（2）对于自愈式高压并联电容器，额定容量 Q(kvar）的优先值在下列数值中选取：50、100、150、200、250、300、334、400、500。

六、电容器单台容量的选择

单台电容器额定容量的选择，应根据电容器组设计容量和每相电容器串联、并联的台数确定，并宜在电容器产品额定容量系列的优先值中选取。

当电容器组容量增大时，单台电容器容量也要相应加大。如 5000kvar 以下的中小型电容器组，单台电容器宜选 50kvar 或 100kvar，大型电容器组则宜考虑选用 200kvar 或 334kvar。

七、电容偏差

依据 DL/T 840《高压并联电容器使用技术条件》规定，电容器单元的实测电容值与额定值之差不超过额定值的－3％～＋5％。

第三节　电容器接入电网的基本要求及接入方式

一、高压并联电容器接入电网的基本要求

（1）高压并联电容器接入电网的设计，应按全面规划、合理布局、分级补偿、就地平衡的原则确定最优补偿容量和分布方式。原则上应使无功就地分区分层基本平衡，按地区补偿无功负荷，就地补偿降压变压器的无功损耗，并应能随负荷（或电压）变化进行调整，避免经长距离线路或多级变压器传送无功功率，以减少电网有功功率损耗。

（2）变电站的电容器安装容量应根据本地区电网无功规划、《全国供用电规划》等规程规范和标准的规定计算后确定。当不具备设计计算条件时，电容器安装容量可按变压器容量的 10％～30％确定。

（3）变电站装设无功补偿电容器的总容量确定以后，通常将电容器分组安装，主要根据电压波动、负荷变化、谐波含量等因素来确定分组。

各分组电容器投切时，不能发生谐振。谐振会导致电容器严重过载，引起电容器产生异常响声和振动，外壳变形膨胀，甚至因外壳爆裂而损坏。为了躲开谐振点，设计的电容器组在安装前，最好能测量系统原有谐振分量。分组电容器在各种容量组合时应能躲开谐振点，初次投运时应逐组测量系统谐波分量变化，如有谐振现象产生，应采取对策消除。

分组容量在不同组合下投切时，变压器各侧母线的任何一次谐波电压含量不应超过现行的 GB/T 14549《电能质量公用电网谐波》中的谐波标准规定（详见表 6-1）。

表 6-1　　公用电网谐波电压（相电压）限值

电网额定电压（kV）	电压总谐波畸变率	各次谐波电压含有率	
		奇　次	偶　次
0.38	5.0%	4.0%	2.0%
10（6）	4.0%	3.2%	1.6%
35（63）	3.0%	2.4%	1.2%
110	2.0%	1.6%	0.8%

谐波谐振电容器容量可按下式计算

$$Q_{cx} = S_d\left(\frac{1}{n^2} - k\right)$$

式中　Q_{cx}——发生 n 次谐波谐振的电容器容量，Mvar；

S_d——并联电容器装置安装处的母线短路容量，MVA；

n——谐波次数，即谐波频率与电网基波频率之比；

k——电抗率。

（4）高压并联电容器装置接入电网时，应使电容器的额定电压与接入电网的运行电压相配合。

（5）高压并联电容器装置应装设在变压器的主要负荷侧。当不具备条件时，可装设在三绕组变压器的低压侧。

（6）低压并联电容器装置的安装地点和装设容量，应根据分散和降低线损的原则设置。补偿后的功率因数应符合现行《供电营业规则》的规定，即由高压供电的工业客户和高压供电装有带负荷调整电压装置的电力客户，功率因数应达 0.90 以上，其他 100kVA（kW）及以上电力客户和大、中型电力排灌站，功率因数为 0.85 以上。

（7）当配电站中无高压负荷时，为了提高补偿效果，降低损耗，防止客户向电网倒送无功，不得在高压侧装设并联电容器。

二、高压并联电容器装置分组回路接入电网的方式

（1）同级电压母线上无供电线路时的接入方式。部分 220kV 变电站采用三绕组变压器，低压侧只接站用变压器和电容器组，如图 6-6 所示，这种接线方式比较常见。

（2）同级电压母线上有供电线路时的接入方式。一条母线上既接有供电线路，又接电容器组。在电业部门和客户的变电站，配电所中多采用这种接线方式，如图 6-7 所示。

（3）设置电容器专用母线的接入方式。由于母线短路电流大，电容器组又需要频繁投切，若分组回路采用能开断短路电流的断路器，则因该断路器价格较贵会使工程造价提高，为了节约投资可设电容器专用母线。电容器总回路断路器要满足开断短路电流的要求，分组回路采用价格便宜的真空开关，满足频繁投切要求而不考虑开断短路电流，即图 6-8 所示的方式，这种接线方式比较少见。

变电站中每台变压器均应配置一定容量的电容器以补偿无功，所以并联电容器装置不宜设置专用旁路，使接入一台变压器的并联电容器装置能切换投入到另一台变压器下运行。否则，会造成电气接线复杂，增加工程造价，而并未带来经济效益。

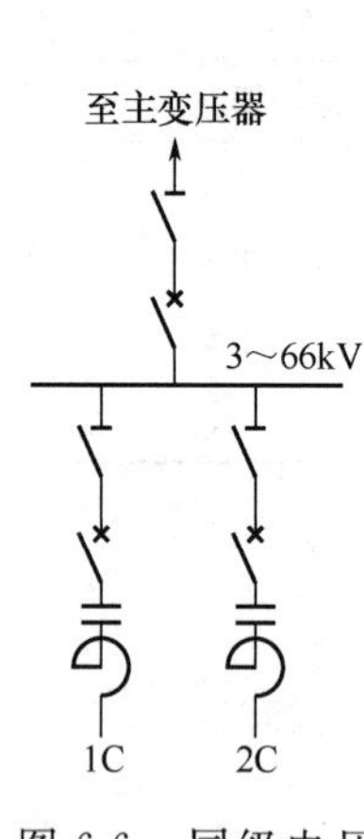

图 6-6　同级电压母线上无供电线路时的接入方式

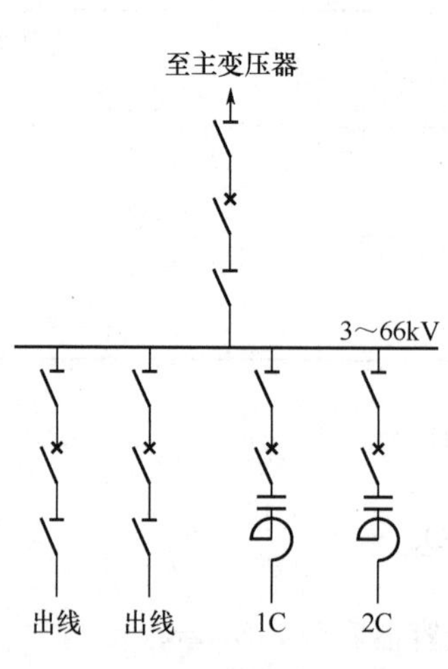

图 6-7　同级电压母线上有供电线路时的接入方式

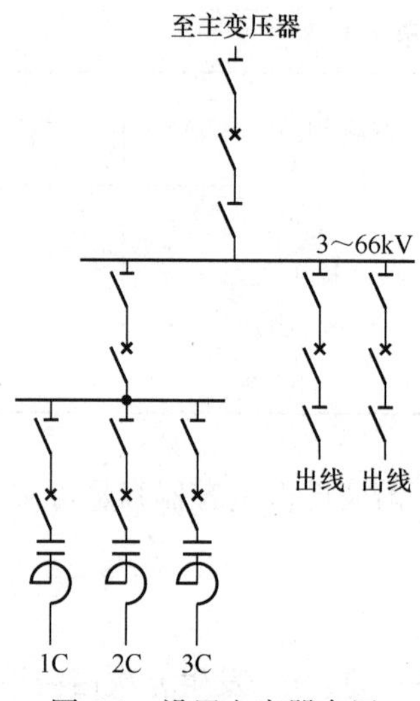

图 6-8　设置电容器专用母线的接入方式

第四节　500kV 电网无功补偿及电容器

一、500kV 超高压电网中无功补偿的作用

在 500kV 超高压电网中，由于电压等级高，输电线路长，其分布电容对无功功率平衡有较大的影响。当传输功率较大时，线路电抗中消耗的无功功率将大于电纳中产生的无功功率，线路为无功负载；当传输功率较小（小于自然功率）时，电纳中产生的无功功率大于电抗中的无功损耗，线路为无功电源。但在实际运行中，按线路最小运行方式配置的补偿度约为 70%的并联电抗器是长期投运的，这时对线路传输功率较大时的无功功率平衡是不利的；另一方面，无功功率的产生基本上没有损耗，而无功功率沿电力网的传输却要引起较大的有功功率损耗和电压损耗，故无功功率不宜长距离输送。所以一般在 500kV 枢纽变电站主变压器低压侧安装无功补偿装置来满足无功功率的就地平衡。可以说无功补偿在平衡 500kV 电网无功功率方面起着非常重要的作用。

无功补偿使 500kV 电网运行在额定电压水平，从而相对地提高了输电线路的静态稳定极限。当系统出现扰动时（电压不低于 50%），有补偿能力且响应速度大的无功补偿装置（例如由电容器组成的静止无功补偿装置），对系统的静态稳定起着一定的作用。但是当系统出现电压崩溃时（电压低于 50%），由于无功补偿装置产生的无功功率与其连接点电压的平方成正比，无功补偿装置无功功率输出的减少将导致电压继续下降，所以此时需切除无功补偿装置，而依靠发电机组和同步调相机的强励磁来维持系统的稳定。

在 500kV 变电站中，由于其主变压器多具有有载调压功能，故可利用有载调压作为主要手段，以无功补偿作为辅助手段来调节主变压器中低压侧电压，使其在负荷发生改变时，按照逆调压方式维持在适当的水平，保证负荷侧的电压质量。

另外，具有快速响应特性的无功补偿装置，还具有如下作用：

（1）能够抑制系统由于切除负荷、输电线路充电或变压器投运产生的瞬时过电压；

（2）能够保证系统电压和电流的对称性，减小其不平衡；

（3）能够抑制由于串联电容补偿或其他原因产生的系统次同步振荡。

二、500kV 变电站并联电容器装置分组接线方式

500kV 变电站中，并联电容器装置一般装在主变压器低压侧，进行分组时一般有等容量分组接线和等差容量分组接线两种方式。

（1）等容量分组接线。如图 6-9 所示，根据系统电压的需要，可等容量地投切一定量的无功功率。由于各电容器组容量相同，操作时可轮流进行，这就大大延长了电容器组及相关断路器的检修间隔时间和使用寿命。这种分组接线是应用较多的一种。

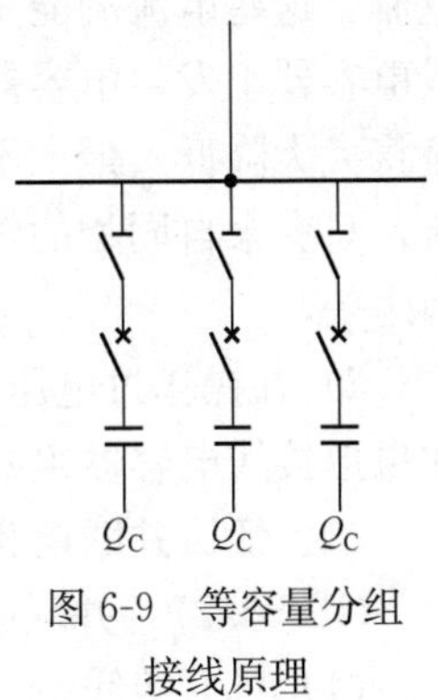

图 6-9　等容量分组接线原理

（2）等差容量分组接线。它与等容量分组接线类似，只是所接电容器组容量并不相同，而是成等差级数关系，这就使得并联电容器装置可按不同投切方式得到多种容量组合，即可用比等容量分组接线少的分组数目，达到更多种容量组合运行的要求，从而节约回路设备数。但这种接线在改变容量组合的操作过程中，会引起无功功率较大的变化，并可能使分组容量较小的分组断路器频繁操作，检修间隔缩短，使电容器组退出运行的可能性增大，因而应用范围有限。

电容器装置分组时，还应同时满足规程有关谐波含量的要求。

第五节　电容器的接线方式

一、高压并联电容器组的接线方式

关于高压并联电容器装置的接线方式，GB 50227《并联电容器装置设计规范》有如下具体规定。

（1）电容器组采用单星形接线或双星形接线。在中性点非直接接地的电网中，星形接线电容器组的中性点不应接地。

根据我国目前的设备制造现状及电力系统和客户的并联电容器装置安装情况，电容器组安装的电压等级为 66kV 及以下，而 66kV 及以下电网为非有效接地系统，所以星形接线电容器组中性点均不接地。

（2）电容器组接线应优先考虑采用单星形接线，其次再考虑采用双星形接线。

与双星形接线相比，单星形接线简单、布置清晰，串联电抗器接在中性点侧只需一台，没有发生对称故障的可能，而双星形接线的同相两臂同时发生相同的故障时，则一台电容器极间击穿。

（3）电容器组的每相或每个桥臂，由多台电容器串并联组合连接时，应采用先并联后串联的接线方式。

当一台电容器出现击穿故障时，故障电流由来自系统的工频故障电流和其余健全电容器的放电电流组成，采用先并后串的接线方式，通过故障电容器的电流大，外熔丝能迅速熔断把故障电容器切除，电容器组可继续运行。如采用先串后并，当一台电容器击穿时，因受到与之串联的健全电容器容抗的限制，故障电流就比前述情况小，外熔丝不能尽快熔断，故障延续时间长，与故障电容器串联的健全电容器可能因长期过电压而损坏。而且在电容器故障相同的情况下，先并后串的电容器过压小，利于安全运行。

由国外进口的成套设备也应按此规定执行。

（4）高压并联电容器装置禁止使用三角形接线方式。原因如下。

1）当三角形接线电容器组发生电容器全击穿短路时，即相当于相间短路，注入故障点的能量不仅有故障相健全电容器的涌放电流，还有其他两相电容器的涌放电流和系统的短路电流。这些电流的能量远远超过电容器油箱的耐爆能量，因而油箱爆炸事故较多。而星形接线电容器组发生电容器全击穿短路时，故障电流受到健全相容抗的限制，来自系统的工频电流将大大降低，最大不超过电容器组额定电流的 3 倍，并且没有其他两相电容器的涌放电流，只有来自同相的健全电容器的涌放电流，这是星形接线电容器组油箱爆炸事故较低的原因之一。

2）在操作过电压保护方面，三角形接线电容器组的避雷器的运行条件和保护效果均不如星形接线电容器组好。新（扩）建电容器组均未采用三角形接线。

二、低压并联电容器组的接线方式

GB 50227《并联电容器装置设计规范》规定低压并联电容器装置可采用如下接线方式。

（1）星形接线。

（2）三角形接线。根据低压电容器的结构性能和实际应用情况，国内外低压电容器组主要采用三角形接线，实际上三相产品的电容器内部接线就是三角形，因此接入系统时三角形接线对低压电容器组是正常接线方式。

第六节　电容器装置的配套设备及其连接方式

一、高压并联电容器装置的配套设备及其连接方式

高压并联电容器装置是指由高压电容器和有关配套设备连接而成的一个整体，其连接方式如图 6-10 所示。除高压电容器外，还装设下列配套设备：

（1）隔离开关、断路器或跌落式熔断器等设备。

（2）串联电抗器。

（3）操作过电压保护用避雷器。

（4）单台电容器保护用熔断器。

（5）放电器和接地开关。

（6）继电保护、控制、信号和电测量用一次设备及二次设备。

若是单组电容器又无抑制谐波的要求，可不装设电抗器；当确认电容器组的操作过电压对电容器绝缘无害时，可不装设操作过电压保护用避雷器；当受到条件限制或运行单位接受检修挂接地线的方式时，可不装设接地开关。

二、低压并联电容器装置的配套设备及其连接方式

低压并联电容器装置是指由低压电容器和有关配套设备连接而成一个整体，其连接方式如图 6-11 所示。除低压电容器外，装设下列配套元件：

（1）总回路刀开关和分回路交流接触器或功能相同的其他元件。

（2）操作过电压保护用避雷器。

（3）短路保护用熔断器。

（4）过载保护用热继电器。

（5）限制涌流的限流线圈。

（6）放电器件。

（7）谐波含量超限保护、自动投切控制器、保护元件、信号和测量表计等配套器件。

当采用的交流接触器具有限制涌流功能和电容器柜有谐波超值保护时，可不装设相应的限流线圈和热继电器。

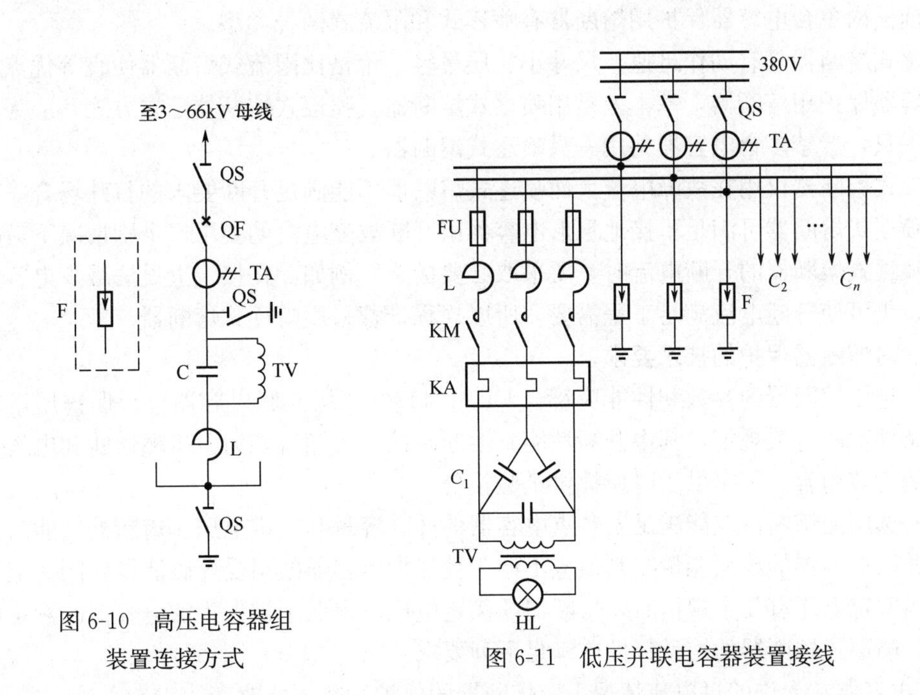

图 6-10　高压电容器组装置连接方式

图 6-11　低压并联电容器装置接线

第七节　电容器装置中的断路器

一、电容器装置中的断路器的特点

与一般电气设备选用断路器的条件相比，投、切并联电容器组用的断路器有以下特点。

（1）断路器的触头和操动机构更加可靠。因为运行中电容器组可能随着电力负荷的变化而经常投入或切除，其断路器操作的次数比一般断路器频繁得多。

（2）断路器不得发生重燃。电容器组开断时，断路器易发生电弧重燃，产生很高的操作过电压（有时可达到额定电压的 4～5 倍甚至更高），因此要求断路器不得发生重燃，分闸过程中的操作过电压不应超过允许值。

（3）断路器的结构与合闸涌流的冲击相适应。因为电容器组合闸时，可能产生很大的合闸涌流和很高的涌流频率，使断路器承受较大的机械应力和机械振动。

（4）断路器的额定电流应大于电容器组允许的最大电流。因为电容器组运行中的最大电流为电容器组额定电流的 1.3～1.35 倍。

二、电容器装置中的断路器的选择

根据以上特点，投、切电容器组的断路器选用真空或 SF_6 断路器比较合适。真空断路器的灭弧室绝缘强度恢复速度快，不易重燃，触头耐磨损，维修周期长。SF_6 断路器触头耐磨损，不易氧化，不发生重燃，过电压低，适用于频繁操作。要说明的是，用于投切电容器的真空开关应进行“老练”。

■ 第八节　电容器装置中的熔断器

一、熔断器的类型及其特点

目前国内单台电容器保护用熔断器有喷逐式和限流式两种类型。

喷逐式熔断器具有动作迅速、尺寸小、质量轻、价格比限流式熔断器便宜等优点，因此单台电容器保护用熔断器，基本上是用喷逐式熔断器。喷逐式熔断器配置方式，应为每台电容器配一只，严禁多台电容器共用一只喷逐式熔断器。

限流式熔断器仅用在故障电流大而喷逐式熔断器不能满足开断要求的特殊场合。一般情况下，喷逐式熔断器可满足不接地星形电容器组开断故障电流的要求。个别情况下，故障电流大于喷逐式熔断器的开断电流时，要采取必要措施。例如，在接线上设法减少电容器的并联台数，仍可使开断电流满足工程需要，所以规程推荐采用喷逐式熔断器。

二、对熔断器保护的技术要求

（1）选用熔断器的参数和性能应符合 DL/T 442《高压并联电容器单台保护用熔断器订货技术条件》的有关规定，其中开断性能、熔断特性、抗涌流能力、机械性能和电气寿命是最重要的考核内容。厂家供货时应提供试验报告。

（2）选用的熔断器应能满足安装点电容器的并联容量和额定电压。熔断器应能耐受并开断来自并联电容器的放电能量，其值应不低于被保护电容器的耐受爆破能量。同一电压等级的电容器额定电压有几个规格时，熔断器的额定电压不得低于被保护的电容器的额定电压。

（3）喷逐式熔断器的熔丝特性应满足下列要求：

1）电容器在允许的过电流情况下，熔断器的保护性能不能改变；

2）电容器内部元件发生故障但未发展到外壳爆裂前，应将故障电容器可靠断开退出运行；

3）熔丝熔断特性的分散性不能太大，运行中既不能产生误动作，也不能出现“拒动”现象。

为了保证电容器内部元件故障扩大至外壳爆裂前熔丝熔断，熔丝的时间—电流特性曲线应位于电容器的10%外壳爆裂曲线左侧（即安全带中），达到这种配合时故障电容器仅外壳变形，不出现漏油。为保证电容器在允许过负荷范围之内，熔丝不产生误动作，熔丝的时间—电流特性曲线的下偏差应在电容器过负荷范围之内。鉴于目前国内电容器制造厂尚不能提供电容器的10%外壳爆裂概率曲线，可按 DL/T 442《高压并联电容器单台保护用熔断器订货技术条件》推荐的曲线进行选配。

三、熔丝额定电流选择原则

高压熔断器与被保护的电容器工作在一个串联电路中，因此高压熔断器的额定电流应与电容器的最大过电流允许值相配合。GB 50227《并联电容器装置设计规范》规定，熔断器熔丝的额定电流按1.37～1.50倍电容器额定电流予以选择。

熔丝额定电流的选择，以前在JB 3840—1985《并联电容器装置设计技术规程》中规定为电容器额定电流的1.5～2.0倍，SDJ 25—1985《并联电容器装置设计技术规程》亦规定为1.5～2.0倍，IEC 549标准要求不低于1.43倍，IEC保护导则中建议为1.35～1.65倍，美国规定为1.65倍，还有的国家规定为1.35倍。这表明熔丝额定电流的确定有伸缩性，其原因也和综合考虑电容器容量的偏差值及熔丝特性的分散性有关。

四、关于高压并联电容器装置中熔断器安装位置的具体规定及其原因

关于熔断器安装位置规定如下：

（1）当电容器的外壳直接接地时，熔断器应接在电容器的电源侧。

（2）当电容器装设于绝缘框（台）上且串联段数为二段及以上时，至少应有一个串联段的熔断器接在电容器的电源侧。

电容器有两极，一端接电源侧，另一端接中性点侧。熔断器应该装在哪一侧合理，要分析具体情况。对10kV电容器组，电容器的绝缘水平与电网一致，电容器安装时外壳直接接地，对单串联段电容器组熔断器，应装在电源侧，因为保护电容器极间击穿，熔断器装在电源侧或中性点侧作用都一样。但是，当发生套管闪络和极对壳击穿事故时，故障电流只流经电源侧，中性点侧无故障电流，所以，装在中性点侧的熔断器对这类故障不起保护作用。另外，当中性点侧已发生一点接地（中性点连线较长的单星形或双星形电容器均有可能），这时若再发生电容器套管闪络或极对壳击穿事故，相当于两点接地，装在中性点的熔断器被短接而不起保护作用。有少数工程可能是为了安装接线方便，把熔断器装在中性点侧，这种方式应予以纠正。

对多段串联安装在绝缘框（台）架上的电容器组，如把熔断器都装设在电容器的电源侧，对双排布置的电容器组造成巡视和更换不够方便。如熔断器都安装在每台电容器的中性点侧，对特殊故障又不能起保护作用。所以规程规定，至少应有一个串联段的熔断器接在电容器的电源侧，这样既考虑了保护效果又照顾到了运行与检修方便。

第九节　电容器装置中的电抗器

一、电容器的涌流及其限制措施

电容器投入电网或发生外部短路时，所产生的幅值很大的高频暂态电流称为涌流。在电容器组的中性点侧装设串联电抗器可以限制涌流。如串联电抗器装设于电容器的电源侧时，应校验动稳定电流和热稳定电流。

同一电抗率的电容器组单组投入或追加投入时，涌流按下式计算

$$I_{ym*}=\frac{1}{\sqrt{k}}\left(1-\beta\frac{Q_0}{Q}\right)+1$$

其中

$$\beta=1-\frac{1}{\sqrt{1-\frac{Q}{KS_d}}}$$

$$Q=Q'+Q_0$$

式中　I_{ym*}——涌流峰值的标幺值（以投入的电容器组额定电流峰值为基准值）；

Q——电容器组总容量，Mvar；

Q_0——正在投入的电容器组容量，Mvar；

Q'——所有原已运行的电容器组容量，Mvar；

k——串联电抗器的电抗率；

β——电源影响系数；

S_d——电容器装置安装处的母线短路容量，MVA。

当有两种电抗率的多组电容器追加投入时，涌流计算应符合下列规定。

（1）设正投入的电容器组电抗率为 k_1，当满足

$$\frac{Q_C}{k_1 S_d} < \frac{2}{3}$$

时，应按下式计算涌流

$$I_{ym*} = \frac{1}{\sqrt{k_1}} + 1 \tag{6-6}$$

式中 Q_C——同一母线上装设的电容器组总容量，Mvar。

（2）仍设正在投入的电容器组的电抗率为 k_1，当满足

$$\frac{Q_C}{k_1 S_d} \geqslant \frac{2}{3}$$

时，且

$$\frac{Q_C}{k_2 S_d} < \frac{2}{3}$$

时，涌流应按式（6-6）计算，其中

$$k = k_1$$

$$Q = Q_1 + Q_0$$

式中 Q_1——所有原已运行的电抗率为 k_2 的电容器组容量，Mvar。

单组电容器投入，合闸涌流通常不大，当电容器组接入处的母线短路容量不超过电容器组容量的 80 倍时，单组电容器的合闸涌流不超过 10 倍。电容器组追加投入时涌流倍数较大，组数多时，最后一组投入的涌流最大。高频率高幅值涌流对开关触头和设备绝缘会造成损害。根据国内多年的运行经验，未曾发现 20 倍涌流对回路设备造成损坏的情况，这是一个经验数值，不是科学试验值，所以建议按此考虑。

二、高压并联电容器装置中串联电抗器电抗率和电压值选取的原则

1. 串联电抗器电抗率的选择

高压并联电容器装置中装设串联电抗器的主要作用是抑制谐波和限制涌流。电抗率是串联电抗器的感抗与并联电容器的容抗之比，以百分数表示。电抗率是串联电抗器的重要参数，电抗率大小直接影响着它的作用。选用电抗率要根据它的作用来确定。

（1）当电网中谐波含量甚少，装设串联电抗器的目的仅为限制电容器组追加投入时的涌流，电抗率可选得比较小，一般为 0.1%～1%，在计及回路连接电感（可按 1μH/m 考虑）影响后，可将合闸涌流限制到允许范围内。在电抗率选取时可根据回路连线的长短确定靠近上限或下限。

（2）当电网中存在的谐波不可忽视时，则应考虑利用串联电抗器抑制谐波。为了确定合理的电抗率，应查明电网中背景谐波含量，以期取得较佳效果。电网中通常存在一个或两个主谐波，且多为低次谐波。为了达到抑制谐波的目的，电抗率配置应使电容器接入处综合谐波阻抗呈感性。GB 50227《并联电容器装置设计规范》规定，电抗率应按下列原

则配置。

1）当电网背景谐波为5次及以上时，可配置电抗率5%。

2）当电网背景谐波为3次及以上时，可全部配12%电抗率或采用5%与12%两种电抗率进行组合。当电容器组数较多，为了节省投资和减少电抗器消耗的容性无功时，可采用两种电抗率进行组合。

在一个变电站中，可按上述方式配置电抗率。当涉及一个局部电网的谐波控制时，从技术经济上优化电抗率配置是一个复杂的系统工程，应列项进行专题研究。装设串联电抗器后将产生谐波放大，例如，装设小电抗会放大5次和7次谐波，装设电抗率为5%的电抗器又会放大3次谐波。

2. 串联电抗器电压的确定

串联电抗器的额定电压应与接入处电网标称电压相配合，应注意本设备的额定电压与额定端电压是两个不同的参数。额定电压是指设备适用的电压等级，而额定端电压是指电抗器一相绕组两端设计时采用的工频电压有效值，它与电抗率大小有关。

三、串联电抗器的类型及其特点

高压并联电容器装置中，使用的串联电抗器有干式空心电抗器和油浸式铁芯电抗器两种类型，二者安装方式和绝缘水平是不一样的。干式空心电抗器均为由支柱绝缘子支承的地面安装方式；油浸式铁芯电抗器则有油箱直接放在地面基础上和安装在绝缘平台上两种方式。如35kV油浸式电抗器，地面安装时，工频1min耐压为85kV（有效值），冲击耐受电压为200kV（峰值）；在绝缘平台上安装时，工频1min耐压为35kV（有效值），冲击耐受电压为134kV（峰值）。

四、关于高压并联电容器装置中串联电抗器安装位置的具体规定及其原因

GB 50227《并联电容器装置设计规范》规定，串联电抗器宜装设于电容器组的中性点侧。当装设于电容器组的电源侧时，应校验动稳定电流和热稳定电流。

串联电抗器无论装在电容器组的电源侧还是中性点侧，从限制合闸涌流和抑制谐波来说，作用都一样。但串联电抗器装在中性点侧，正常运行串联电抗器承受的对地电压低，可不受短路电流的冲击，对动、热稳定没有特殊要求，可减少事故，使运行更加安全，而且可采用普通电抗器，价格较低。东北地区某变电站曾发生过母线短路，造成装在电源侧的串联电抗器油箱爆炸起火事故。因此，规程规定串联电抗器宜装于电容器组的中性点侧。

当需要把串联电抗器装在电源侧时，普通电抗器是不能满足要求的，应采用加强型电抗器，但这种产品是否满足安装点对设备的动、热稳定要求，也应经过校验。而且，加强型产品价格比普通型产品贵也是要考虑的。可见，串联电抗器装在电源侧运行条件苛刻，对电抗器的技术要求高，甚至高强度的加强型电抗器也难于满足要求。因此，不能认为加强型产品就一定能用于电源侧，这一点应特别注意。

■ 第十节　电容器装置中的放电器

一、并联电容器装置中装设放电器的必要性、放电时间的计算和放电性能的规定

1. 电容器装设放电装置的必要性

因为电容器是储能元件，当电容器从电源上断开后，极板上蓄有电荷，因此两极板之间

有电压存在，而且这一电压的起始值等于电路断开瞬间的电源电压。随着电容器通过本身的绝缘电阻进行自放电，端电压逐渐降低，端电压下降的速度取决于电容器的时间常数τ（$\tau=RC$），端电压可用下式表示

$$U_t = U_c e^{-\frac{t}{RC}}$$

式中 U_t——t秒钟后电容器的电压，V；

U_c——电路断开瞬间的电源电压，V；

t——时间，s；

R——电容器的绝缘电阻，Ω；

C——电容器电容量，F；

e——自然数，约等于2.718。

从公式中不难看出，当电容器绝缘正常，即绝缘电阻R的数值很大时，自放电的速度是很慢的。而一般要求放电时间在数十秒乃至数秒钟之内，显然自放电的速度不能满足要求，因此必须加装放电装置。它是保障人身和设备安全必不可少的一种配套设备。

2. 放电装置放电时间的计算

放电装置要求与电容器并联连接，采用放电线圈或电压互感器放电时，放电电流通常是衰减振荡波。此时，放电时间t可按下式计算

$$t = 4.6\frac{L_f}{R_f}\lg\frac{\sqrt{2}U_{ex}}{U_t}$$

式中 t——从起始电压$\sqrt{2}U_{ex}$降到剩余电压U_t的电容器放电时间，s；

L_f——放电回路的电感，H；

R_f——放电回路的电阻，Ω；

U_{ex}——电容器组的额定相电压，V；

U_t——允许剩余电压，V。

3. 关于放电线圈性能的规定

GB 50227《并联电容器装置设计规范》对电容器装置放电线圈有关性能规定如下：

（1）放电线圈选型时，应采用电容器组专用的油浸式或干式放电线圈产品。油浸式放电线圈应为全密封结构，产品内部压力应满足使用环境温度变化的要求，在最低环境温度下不得出现负电压。

（2）放电线圈的额定一次电压应与所并联的电容器组的额定电压一致。

（3）放电线圈的额定绝缘水平应符合下列要求：

1）安装在地面上的放电线圈，额定绝缘水平不应低于同电压等级电气设备的额定绝缘水平。

2）安装在绝缘框（台）架上的放电线圈，其额定绝缘水平应与安置在同一绝缘框（台）上的电容器的额定绝缘水平一致。

（4）放电线圈的最大配套电容器容量（放电容量），不应小于与其并联的电容器组容量；放电线圈的放电性能应能满足电容器组脱开电源后，在5s内将电容器组的剩余电压降至50V及以下。

（5）放电线圈带有二次线圈时，其额定输出、准确级应满足保护和测量的要求。

（6）低压并联容器装置的放电器件应满足电容器断电后，在3min内将电容器的剩余电压降至50V及以下；当电容器再次投入时，电容器端子上的剩余电压不应超过额定电压的0.1倍。

（7）同一装置中的放电线圈的励磁特性应一致。

电容器组放电回路中严禁串接熔断器或开关。因为电容器放电回路一旦熔断器熔断或开关断开，电容器组切断电源后就无法放电，将存在残留电压。这样在电容器上工作时人身安全就要受到威胁。同时由于放电回路被切断，电容器中将有大量的残存电荷，当重新合闸时有可能产生很大的冲击电流，危及电网及电容器的安全运行，所以电容器组放电回路中不允许串接熔断器或开关。

二、高压并联电容器装置中放电器的接线方式、特点及规定

据调查，工程中采用的放电器接线有 4 种方式：V 形、星形、星形中性点接地和放电器与电容器直接并联。东北电力试验研究院对放电器接线方式进行了研究，星形电容器组在同等条件下，断路器开断 1s 后，电容器上的剩余电压值如表 6-2 所示。

表 6-2　放电器不同接线方式时的剩余电压　（V）

序号	接线方式	对地电压			极间电压			备注
		U_a	U_b	U_c	U_{a0}	U_{b0}	U_{c0}	
1		2014	2977	2728	559	404	155	
2		2014	2977	2728	559	404	155	
3								禁止使用
4		1116	2977	5857	3688	404	3284	

注　C—电容器，TV—放电器。

从表 6-2 可以看出，放电器采用 V 形（序号 1）和星形（序号 2）两种接线方式效果好，所以规程规定高压并联电容器装置中的放电器采用这两种接线方式。

V 形和星形接线虽然从剩余电压数值来看都一样，但两种接线方式有实质性的差别：当两种接线方式的放电器二次线圈都接成开口三角形时，V 形接线方式的开口三角电压能准确

反映三相电容器的不平衡情况；星形接线方式的开口三角电压反映的是三相母线电压不平衡，不能用于电容器组的不平衡保护。所以，当放电器配合继电保护用时，应采用V形接线。星形中性点接地接线在断路器分闸时产生过电压，可能导致断路器重击穿，东北地区某变电站投产试验中已测出在断路器无重击穿的情况下，对地过电压达2.4倍，其原因是LC回路谐振所致。因此，星形中性点接地接线禁止使用。放电器与电容器直接并联接线放电效果差，当放电回路断线将造成其中一相电容器不能放电，不宜采用。

三、低压并联电容器装置中放电器的接线方式及规定

低压电容器组装设的外部放电器件，可采用三角形接线或不接地的星形接线，并直接与电容器连接。

放电器件不能采用中性点接地的星形接线，因为这种接线方式在电源断路器分闸时可能产生过电压，导致断路器重击穿。V形接线虽然简单，但放电效果差，且放电回路断线会造成其中一相电容器不能放电，也不宜采用。据了解，少数低压电容器柜的放电回路中串接开关辅助触点，运行时断开，停电时接通，发生过触点烧坏事故，不应采用这种做法。

四、高压并联电容器装置中采用电压互感器作放电器时的具体规定

（1）应采用全绝缘产品，即采用双套管电压互感器，其中性点全绝缘，这种产品可以满足放电器的接线规定。

（2）不应采用单套管电压互感器，其套管端接线路，另一端接地可构成中性点接地的星形连接，把它接入电容器组作放电器使用时，并联电容器装置分闸时会导致谐振过电压产生，工程投产试验中已测到了这种过电压。因此，即使采用了单套管电压互感器，中性点也严禁接地。基于上述原因，不得采用非全绝缘的单套管电压互感器作放电器。

（3）当采用全绝缘的电压互感器作放电器使用时，为确保安全，在设备选型时应对放电时间、剩余电压、放电容量等进行校验。

第十一节　电容器装置中的避雷器

一、避雷器选型

高压并联电容器装置中，操作过电压保护用避雷器应选用无间隙金属氧化物避雷器，即氧化锌避雷器。

二、避雷器的接线方式

对操作过电压保护用避雷器接线方式一般有如下几种：

（1）当断路器仅发生单相重击穿时，可采用中性点避雷器或相对地避雷器接线方式，如图6-12和图6-13所示。

（2）断路器出现两相重击穿的概率极低时，可不设置两相重击穿故障保护。当需要限制电容器极间和电源侧对地过电压时，其保护方式应符合下列规定：

1）电抗率为12%及以上时，可采用避雷器与电抗器并联连接和中性点避雷器接线的方式，如图6-14所示。

2）电抗率不大于1%时，可采用避雷器与电容器组并联连接和中性点避雷器接线的方式，如图6-15所示。

3）电抗率为5%时，避雷器接线方式宜经模拟计算研究确定。

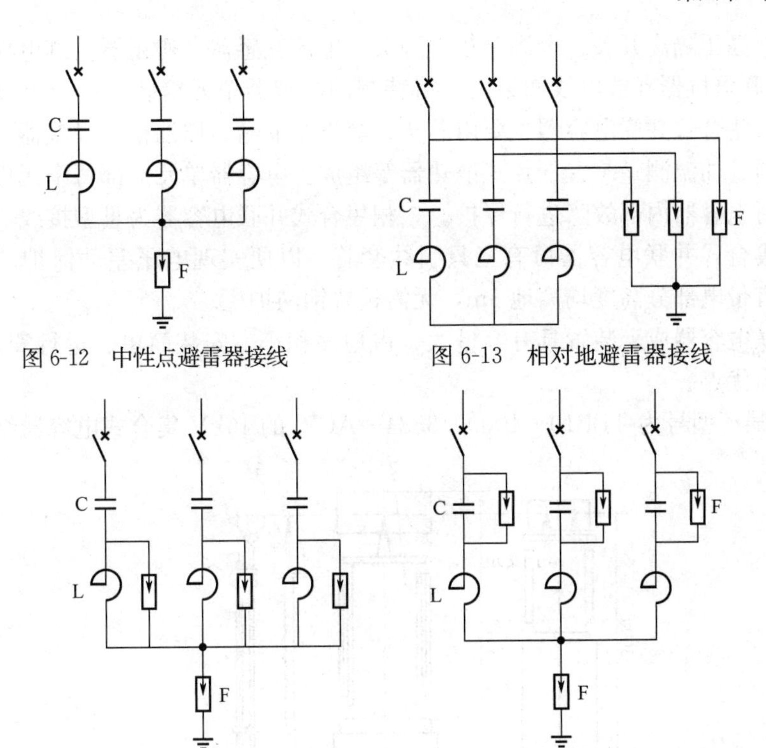

图 6-12　中性点避雷器接线

图 6-13　相对地避雷器接线

图 6-14　避雷器与电抗器并联连接和中性点避雷器接线

图 6-15　避雷器与电容器组并联连接和中性点避雷器接线

三、装设避雷器的必要性

电容器组的操作过电压可能是：①合闸过电压；②非同期合闸过电压；③合闸时触头弹跳过电压；④分闸时电源侧有单相接地故障或无单相接地故障的单相重击穿过电压；⑤分闸时两相重击穿过电压；⑥断路器操作一次产生的多次重击穿过电压；⑦其他与操作电容器组有关的过电压。从试验数据中得知，分闸操作时的过电压是主要的，其中分闸过电压又主要出现在单相重击穿时，两相重击穿和一次操作时发生多次重击穿的概率均很少。

3～66kV 不接地系统中的电容器组的中性点均未接地。因此，在开断电容器组时如发生单相重击穿，电容器的电源端（高压端）对地可能出现超过设备对地绝缘水平的过电压，如在电抗率 $k=0$ 时的理论最大值为 5.87 倍相电压，而且随 k 值增大，过电压呈上升趋势，在电源侧有单相接地故障时产生的单相重击穿过电压远高于无接地情况。因此，对单相重击穿过电压应予以限制。对于操作较为频繁的真空断路器，应考虑发生单相重击穿的可能性。根据国内已做的试验研究，使用氧化锌避雷器限制单相重击穿过电压时，避雷器可采用图 6-12 或图 6-13 所示的接线方式。

当开断电容器组时断路器发生两相重击穿，电容器极间过电压可达 2.87 倍及以上，超过了电容器的相应绝缘水平，应予以保护。这种过电压保护的避雷器接线方式，可采用图 6-14 或图 6-15 的方式，但电抗率为 5%时，需根据工程的特定条件进行模拟计算研究解决。

第十二节　集合式电容器

一、集合式电容器的含义和特点

集合式并联电容器成套装置简称集合式电容器，主要由集合式电容器、高压开关柜（包括高压断路器、高压隔离开关、电源侧接地开关、电流互感器、避雷器、继电保护、测量和指示仪表）、串联电抗器和放电线圈组成。将特制的电容器单元组装在一个大型箱壳内，并充满液体介质。集合式并联电容器主要由芯子、套管、油箱、储油柜和吸湿器、压力释放装置、气体继电器、油温测量装置、片式散热器等组成。电容器单元内部每个元件都串有内熔丝，能有效地对电容器内部故障进行保护。三相集合式并联电容器为Ⅲ型接线，每相两只引线套管。单相集合式并联电容器可有三只引线套管，以便实现电压差动保护。6、10kV 集合式电容器所有带电部分高度均离地 3m，无需设置钢网护栏。

集合式并联电容器成套装置具有容量大、占地面积小、安装简单、运行安全可靠性高、维护方便等突出优点。

图 6-16 为某厂型号为 TBB10—10000/3334—ACW 的 10kV 集合式电容器结构。

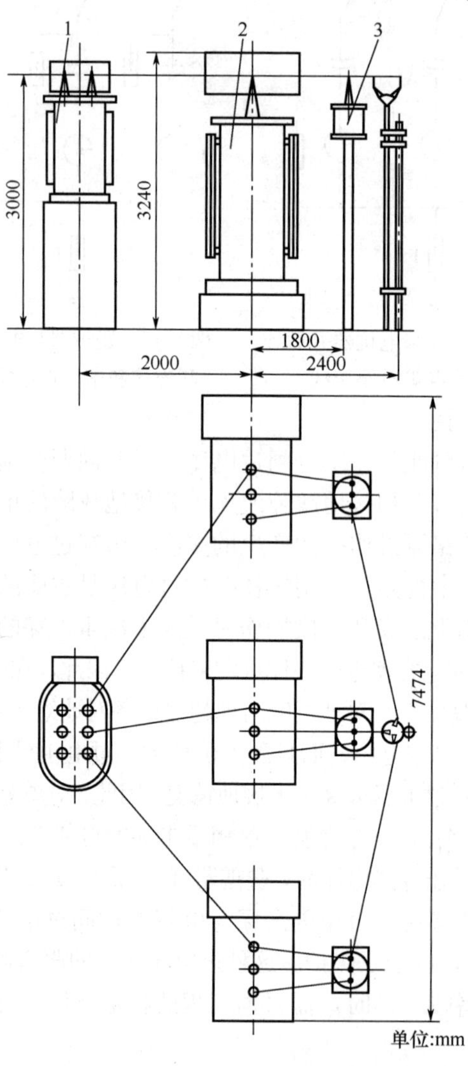

图 6-16 10kV 并联电容器装置（集合式、油浸铁芯电抗器接中性点侧）

1—油浸铁芯串联电抗器；2—集合式并联电容器；3—放电线圈 TV

二、成套装置电容器型号含义

成套装置电容器型号字母含义如下（以桂林电力电容器总厂产品为例）：

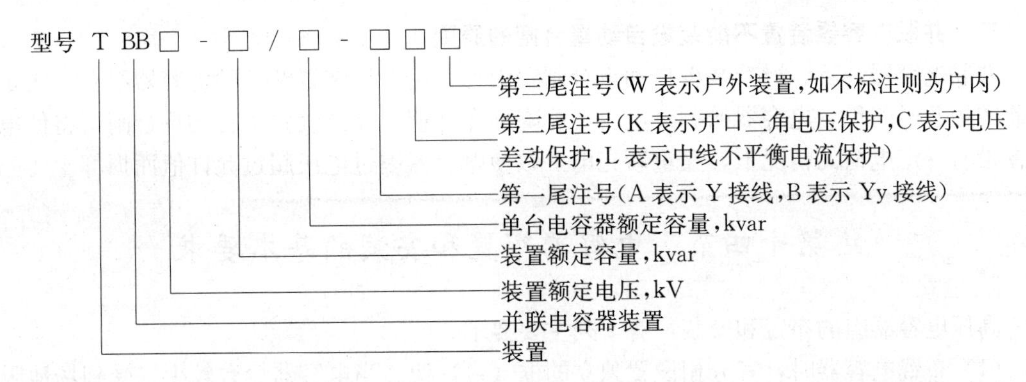

例如 TBB10-10000/3334-ACW 表示装置额定电压为 10kV，装置额定容量为 10000kvar，单台电容器容量为 3334kvar，Y 接线，电压差动保护的户外式并联电容器装置。

第十三节　并联电容器的投切方式

一、高压并联电容器的投切方式

高压并联电容器装置可根据其在电网中的作用、设备情况和运行经验选择自动投切或手动投切方式，并应符合下列规定：

（1）兼负电网调压的并联电容器装置，可采用按电压、无功功率及时间等组合条件的自动投切。

（2）变电站的主变压器具有有载调压装置时，可采用对电容器组与变压器分接头进行综合调节的自动投切。

（3）除上述之外的变电站的并联电容器装置，可分别采用按电压、无功功率（电流）、功率因数或时间为控制量的自动投切。

（4）高压并联电容器装置当日投切不超过三次时，宜采用手动投切。

根据各电网运行经验，按电力负荷功率因数的变化控制投切电容器组，使客户的功率因数保持在规定的数值范围内，是电力客户广泛采用的控制方式。按单一的电压控制，实现不了电容器装置的最佳运行状态，必须加设负荷电流或分时控制（当运行方式固定时）条件，以使其充分发挥经济效益。当变压器采用有载调压分接头装置时，一般应以调压变压器作为主要调压手段。按无功功率、电压、时间三因素综合控制电容器装置和有载调压变压器的自动投切装置已在不少变电站投入运行，使变电站的无功和电压的调节手段更趋完善。

二、低压并联电容器的投切方式

低压并联电容器装置应采用自动投切。自动投切的控制量可选用无功功率、电压、时间、功率因数。

为充分发挥低压无功补偿的经济效益，并且在低谷负荷时不向电网倒送无功，避免电网无功过剩而造成不利影响，按电业部门的要求，客户低压并联电容器装置应有自动投切的功能。自投的控制量应根据负荷性质选择。负荷变化大、电压不稳定，则考虑按负荷、电压和功率因数进行综合控制。如负荷和电压平稳，随时间有规律变化，则可只用时间作控制量。因此，控制量的选择要根据客户的具体情况而定。

三、并联电容器装置不能装设自动重合闸的原因

并联电容器装置，严禁装设自动重合闸。因为，经保护装置断开的电容器组在一次重合闸前的短暂时间里，电容器的剩余电压不能降到允许值，如果设置了自动重合闸，将使电容器在带有一定电荷的情况下，又重新充电，致使电容器因过电压超过允许值而损坏。

■ 第十四节　电容器布置和安装的基本要求

高压电容器组的布置和安装，有下列主要要求。

（1）布置电容器时，宜分相设置独立的框（台）架。当电容器台数较少或受到场地限制时，可设置三相共用的框架。

（2）分层布置电容器组框（台）架，不宜超过 3 层，每层不应超过两排，四周和层间不得设置隔板。

（3）电容器组的安装设计最小尺寸，GB 50227《并联电容器装置设计规范》提出如表 6-3 的规定。

表 6-3　　电容器安装设计最小尺寸　　(mm)

名　称	电容器（屋外、屋内）		电容器底部距地面		框（台）架顶部至顶棚净距
	间　距	排间距离	屋　外	屋　内	
最小尺寸	70	100	300	200	1000

（4）屋内外布置的电容器组，在其四周或一侧应设维护通道（即正常运行时巡视、停电后进行维护检修和更换设备的通道），其宽度不应小于 1.2m。当电容器双排布置时，框（台）架和墙之间或框（台）架相互之间应设置检修通道，其宽度不应小于 1m。

（5）电容器组的绝缘水平应与电网绝缘水平相配合。当电容器与电网绝缘水平一致时，应将电容器外壳和框（台）架可靠接地；当电容器的绝缘水平低于电网时，应将电容器安装在与电网绝缘水平相一致的绝缘框（台）架上，电容器的外壳应与框（台）架可靠连接。

例如，额定电压为 $11/\sqrt{3}$kV 的电容器，极间额定电压约为 6.35kV，绝缘水平是 10kV 等级，供星形接线的电容器组接入 10kV 电网，采用电容器的外壳与框（台）架一起接地；额定电压为 11kV 的电容器，极间额定电压和绝缘水平都是 11kV，采用两段串联成星形，其极间电压满足了 35kV 电容器组的要求，但电容器的绝缘水平比电网低，要把电容器安装在 35kV 级的绝缘框（台）架上才能满足绝缘配合的要求。安装在绝缘框（台）架上的电容器外壳具有一定电位，把所有外壳与框（台）架可靠相连，目的是使外壳电位固定。而且，为防止运行人员触及带电外壳，安装时应注明带电标记。

（6）电容器套管之间和电容器套管至母线或熔断器的连接线，应有一定的松弛度。严禁直接利用电容器套管连接或支承硬母线。单套管电容器组的接壳导线应采用软导线，由接壳端子上引接。

（7）电容器组三相的任何两个线路端子之间的最大与最小电容之比和电容器组每组各串联段之间的最大与最小电容之比，均不宜超过 1.02。

（8）当并联电容器装置未设置接地开关时，应设置挂接地线的母线接触面和地线连接端子。

（9）电容器组的汇流母线应满足机械强度的要求，防止引起熔断器至母线的连接线松弛。

(10) 熔断器的装设位置和角度，应符合下列要求：①应装设在有通道一侧；②严禁垂直装设，装设角度和弹簧拉紧位置，应符合制造厂的产品技术要求；③熔丝熔断后，尾线不应搭在电容器外壳上。

(11) 应设置防小动物进入的设施。

(12) 电容器室应为丙类生产建筑，其建筑物的耐火等级不应低于二级。

(13) 当高压电容器室的长度超过 7m 时，应设两个出口。高压电容器室的门应向外开。相邻两高压电容器之间的隔墙需开门时，应采用乙级防火门，并应能向两面开启。电容器室不宜设置采光玻璃窗。

(14) 电容器室通风应良好，百叶窗应加装铁丝网。

(15) 电容器的铭牌应面向通道。

(16) 集合式并联电容器，应设置储油池或挡油墙，并不得把浸渍剂和冷却油散逸到周围环境中。

第十五节　电容器的运行操作及故障处理

一、运行操作规定

(1) 正常情况下，电容器组的投入或退出运行应根据系统无功负荷潮流或负荷功率因数以及电压情况来决定。

(2) 当电容器母线电压超过电容器额定电压的 1.1 倍，或者电流超过额定电流的 1.3 倍以及电容器室的环境温度超过 40℃时，均应将其退出运行。

(3) 电容器组禁止带电合闸。在交流电路中，如果电容器带有电荷时再次合闸，则可能使电容器承受 2 倍额定电压以上的峰值，这对电容器是十分有害的。同时，也会造成很大的冲击电流，有时使熔断器熔断或断路器跳闸。因此，电容器组每次拉闸之后，必须随即进行放电，待电荷消失后再进行合闸。所以运行规程中规定：电容器组每次重新合闸，必须在电容器组放电 5min 后进行。

(4) 正常情况下，全站停电操作时，应先断开电容器开关，后断开各路出线开关。

(5) 正常情况下，全站恢复送电时，应先合各路出线开关，后合电容器组的开关。

(6) 运行人员应经常监视电容器的温度。电容器的最高温度符合制造厂的规定。如未提供标准，其箱壳表面允许最高温度应不超过 55℃。

(7) 在监视电容器组三相电流时，各相电流之间的差，应不超过 5%，当超过这个限度时，应查明原因，调整电容值或更换损坏的电容器。

(8) 并联电容器装置严禁装设自动重合闸。

二、故障处理

(1) 事故情况下，全所无电后，必须将电容器的断路器断开。全站无电后，一般情况下应将所有馈线开关断开，因来电后，母线负荷为零，电压较高，电容器如不事先断开，在较高的电压下突然充电，有可能造成电容器严重喷油或鼓肚。同时因为母线没有负荷，电容器充电后，大量无功向系统倒送，致使母线电压更高，即使将各路负荷送出，负荷恢复到停电前还需一段时间，母线仍可能维持在较高的电压水平上，超过了电容器允许连续运行的电压值（电容器的长期运行电压应不超过额定电压的 1.1 倍）。此外，当空载变压器投入运行时，其充电电流在大多数情况下以三次谐波电流为主，这时，如电容器电路和电源侧的阻抗接近于共振条件时，其电流可达电容器额定电流的2～5倍，持续时间为1～30s，可能引起过流保护动作。

鉴于以上原因，当全所无电后，必须将电容器开关断开，来电并待各路馈线送出后，再根据母线电压及系统无功补偿情况投入电容器。按照规程要求，高压并联电容器装置应装设母线失压保护，带时限将电容器组自动切除。

（2）电容器组断路器跳闸后不准强送。

（3）电容器熔断器熔断后，在未查明原因前，不得更换熔体送电。

（4）当电容器组发生下列情况之一者，应立即退出运行。

1）电容器爆炸。

2）电容器喷油或起火。

3）瓷套管发生严重放电闪络。

4）接点严重过热或熔化。

5）电容器内部或放电设备有严重异常响声。

6）电容器外壳有异形膨胀。

第十六节　电容器的异常运行及保护配置

一、并联电容器组常见故障及异常运行状态

并联电容器组一般具有下列故障及异常运行状态：

（1）电容器组与断路器之间连线的短路。

（2）单台电容器内部极间短路。

（3）电容器组多台电容器故障。

（4）电容器组过负荷。

（5）母线电压升高。

（6）电容器组失压。

二、并联电容器装置的保护配置

并联电容器装置一般要求配置下列保护装置。

（1）单台电容器逐台配置熔断器保护。

（2）电容器组应装设不平衡保护，并符合下列规定：

1）单星形接线的电容器组，可采用开口三角电压保护。

2）串联段数为两段及以上的单星形电容器组，可采用电压差动保护。

3）每相能接成四个桥臂的单星形电容器组，可采用桥式差电流保护。

4）双星形接线电容器组，可采用中性点不平衡电流保护。采用外熔丝保护的电容器组，其不平衡保护应按单台电容器过电压允许值整定。采用内熔丝保护和无熔丝保护的电容器组，其不平衡保护应按电容器内部元件过电压允许值整定。

（3）高压并联电容器装置可装设带有短延时的速断保护和过流保护。

（4）高压并联电容器装置宜装设过负荷保护，带时限动作于信号或跳闸。

（5）高压并联电容器装置应装设母线过电压保护，带时限动作于信号或跳闸。

(6) 高压并联电容器装置应装设母线失压保护，带时限动作于跳闸。

(7) 容量为0.18MVA及以上的油浸式铁芯串联电抗器宜装设瓦斯保护。轻瓦斯动作于信号，重瓦斯动作于跳闸。

(8) 低压并联电容器装置，应有短路保护、过电压保护、失压保护，并宜装设谐波超值保护。该规定的目的在于指导客户选择低压电容器柜时考虑该产品保护是否齐全。其中短路保护、过电压保护和失压保护是应具备的基本保护。谐波电流进入电容器将造成电容器过电压和过负荷，对电容器有不利影响，是造成电容器损坏的原因之一。因此，低压供电网有谐波时，宜设置谐波超值保护。谐波超值保护限值按0.69倍电容器额定电流考虑，则电容器最大电流不会超过1.30倍电容器额定电流，这时可不增加过电流保护器件。当未装设谐波超值保护时应有过电流保护器件。

三、高压并联电容器的保护接线及整定计算

1. 单台电容器熔断器保护

对单台电容器内部绝缘损坏而发生极间短路，国内的做法是对每台电容器分别装设专用的熔断器，其熔丝的额定电流可取电容器额定电流的1.43～1.55倍。

必须指出，熔断器配置方式应为每台电容器配一只熔断器，严禁多台电容器共用一只熔断器。

进口电容器及集合式电容器一般均装有内熔丝，内熔丝能有效地保护单台电容器，防止内部极间短路故障。但按我国运行习惯，为防止电容器箱壳爆炸，一般都装设外部熔断器。根据工程运行实践经验，如内熔丝确能有效地保护电容器内部故障时，也可不另行装设外部熔断器。

2. 电容器组多台电容器故障保护

大容量的并联电容器组，是由许多单台电容器串、并联而成。一台电容器故障，由其专用的熔断器切除，而对整个电容器组无大影响，因为电容器具有一定的过载能力，且在设备选择时，一般均留有适当裕度。但是当多台电容器故障并切除之后，就可能使继续运行的电容器严重过载或过电压，这是不允许的，为此需考虑保护措施。

电容器组的继电保护方式随其接线方案不同而异。总的来说，尽量采用简单可靠而又灵敏的接线把故障检测反映出来。当引起电容器端电压超过110%额定电压时，保护应带延时将整个电容器组断开。

常用的保护方式有零序电压保护、电压差动保护、电桥差电流保护、中性点不平衡电流或不平衡电压保护。

(1) 零序电压保护接线及整定计算。电容器组为单星形接线时，常用零序电压保护。保护装置接在电压互感器的开口三角形绕组中，其接线如图6-17所示。图中电压互感器的一次侧与单星形接线的每相电容器并联，兼作放电器用。这种保护的优点是不受系统接地故障和系统电压不平衡的影响，也不受三次谐波的影响，灵敏度高，安装简单，是国内中小容量电容器组常用的一种保护方式。

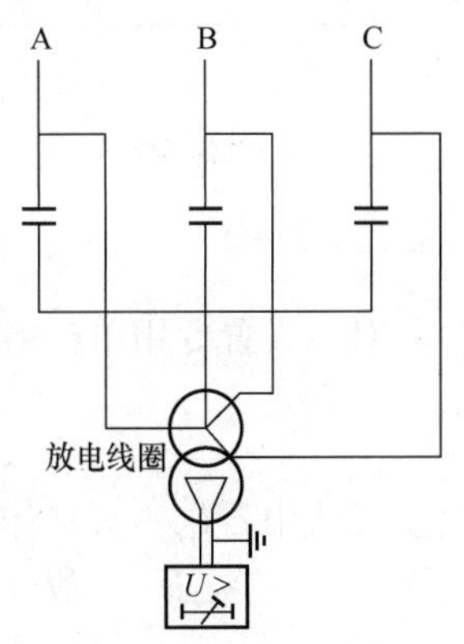

图6-17　电容器组零序电压保护接线

零序电压保护的整定计算为

$$U_{dZ}=\frac{U_{ch}}{n_y K_{lm}}$$

对有专用单台熔断器保护的电容器组，有

$$U_{ch}=\frac{3K}{3N(M-K)+2K}U_{ex}$$

对未设置专用单台熔断器保护的电容器组，有

$$U_{ch}=\frac{3\beta}{3N[M(1-\beta)+\beta]-2\beta}U_{ex}$$

式中 U_{dZ}——动作电压，V；

n_y——电压互感器变比；

K_{lm}——灵敏系数，取1.25～1.5；

U_{ch}——差电压，kV；

U_{ex}——电容器组的额定相电压，kV；

K——因故障而切除的电容器台数，台；

β——任意一台电容器击穿元件的百分数；

N——每相电容器的串联段数；

M——每相各串联段电容器并联台数，台。

由于三相电容器的不平衡及电网电压的不对称，正常时存在不平衡零序电压 U_{obp}，故应进行校验，即

$$U_{dZ}\geqslant K_k U_{obp}$$

式中 K_k——可靠系数，取1.3～1.5。

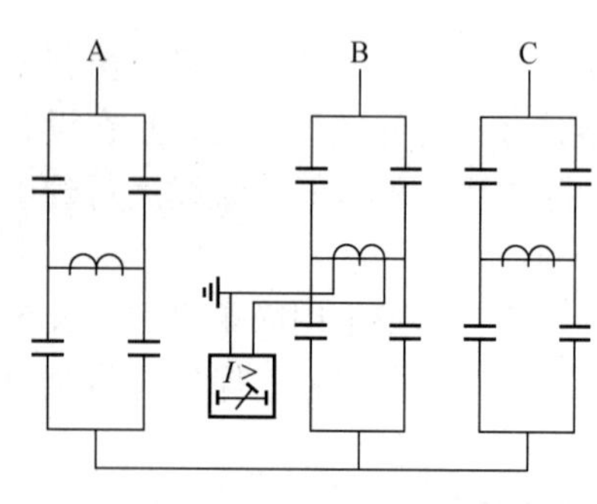

图 6-18 电容器组桥式差电流保护接线

（2）电桥式差电流保护接线及整定计算。当电容器组每相的串联段数为双数并可分成两个支路时，在其中部桥接一台电流互感器，即构成桥式差电流保护接线。由于保护是分相设置的，根据动作指示可以及时判断出故障相别。这种保护的缺点是当桥的两臂电容器发生相同故障时，保护将拒动。保护接线如图6-18所示。

桥式差电流保护器的整定计算为

$$I_{dz}=\frac{\Delta I}{n_i k_{lm}}$$

对有专用单台熔断器保护的电容器组，有

$$\Delta I=\frac{3MK}{3N(M-2K)+8K}I_{ed}$$

对未设置专用单台熔断器保护的电容器组，有

$$\Delta I=\frac{3M\beta}{3N[M(1-\beta)+2\beta]-8\beta}I_{ed}$$

以上三式中 I_{dz}——动作电流，A；

ΔI——故障切除部分电容器后，桥路中通过的电流，A；

n_i——电流互感器变比；

I_{ed}——每台电容器的额定电流，A。

（3）电压差动保护接线及整定计算。电容器组每相由两个电压相等的串联段组成（特殊情况两个串联段的电压可以不相等），放电器的两个一次线圈电压相等（放电器的端电压应与电容器的两段电压相配合，可以不相等）并与电容器的两段分别并联连接，放电器的两个二次线圈按差电压接线并连接到电压继电器上即构成了电压差动保护。这种保护方式不受系统接地故障或电压不平衡的影响，动作也较灵敏，根据继电器的动作指示可以判断出故障相别。缺点是使用的设备较复杂，特殊情况还要加电压放大回路。当同相两个串联段中的电容器发生相同故障时，保护拒动。保护接线如图 6-19 所示。该接线具有电压放大，提高灵敏系数和绝缘隔离的特点。

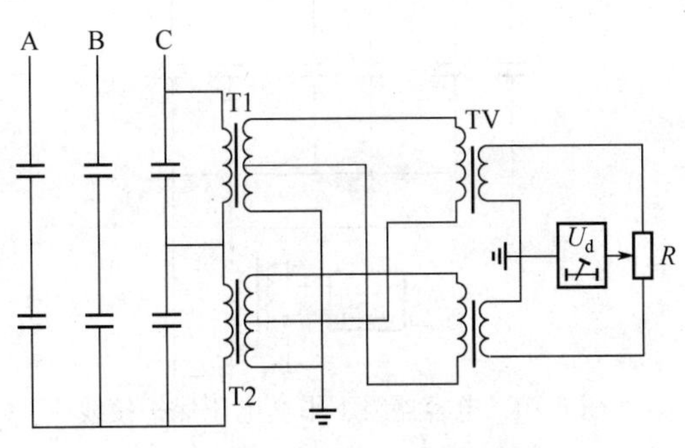

图 6-19　电容器组电压差动保护接线

注：本图只示出一相，其他两相相同。

电压差动保护的整定计算为

$$U_{dZ} = \frac{\Delta U_c}{n_y k_{lm}}$$

对有专用单台熔断器保护的电容器组，有

$$\Delta U_c = \frac{3K}{3N(M-K)+2K} U_{ex} \tag{6-7}$$

对未设置专用单台熔断器保护的电容器组，有

$$\Delta U_c = \frac{3\beta}{3N[M(1-\beta)+\beta]-2\beta} U_{ex} \tag{6-8}$$

$N=2$ 时，对有专用单台熔断器保护的电容器组，有

$$\Delta U_c = \frac{3K}{6M-4K} U_{ex} \tag{6-9}$$

对未设置专用单台熔断器保护的电容器组，有

$$\Delta U_c = \frac{3\beta}{6M(1-\beta)+4\beta} U_{ex} \tag{6-10}$$

式中　ΔU_c——故障相的故障段与非故障段的电压差，V。

（4）中性点不平衡电压保护或中性线不平衡电流（横差）保护接线及整定计算。电容器组为双星形接线时，通常采用中性点不平衡电压保护或中性线不平衡电流保护，其接线如图 6-20 和图 6-21 所示。这两种接线方式的缺点是要将两个星形的电容器组调平衡较麻烦，且在同相两支路的电容器发生相同故障时，中性点的不平衡电流（电压）接近于零或很小，保护将拒动。

1）不平衡电压保护的整定计算为

$$U_{dZ} = \frac{U_o}{n_y k_{lm}}$$

对有专用单台熔断器保护的电容器组，有

$$U_o = \frac{K}{3N(M_b-K)+2K} U_{ex} \tag{6-11}$$

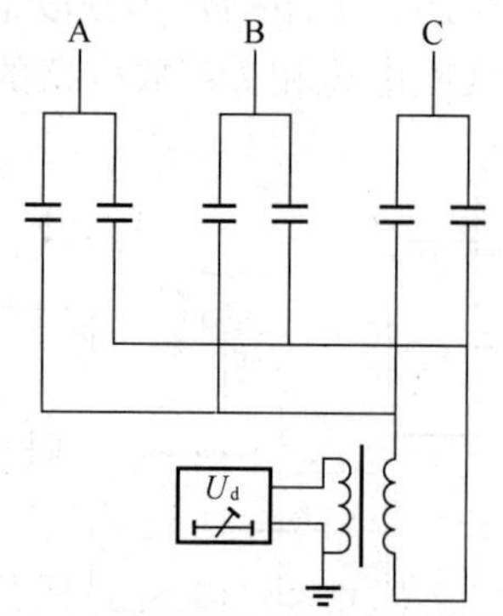

图 6-20　电容器组不平衡电压保护接线

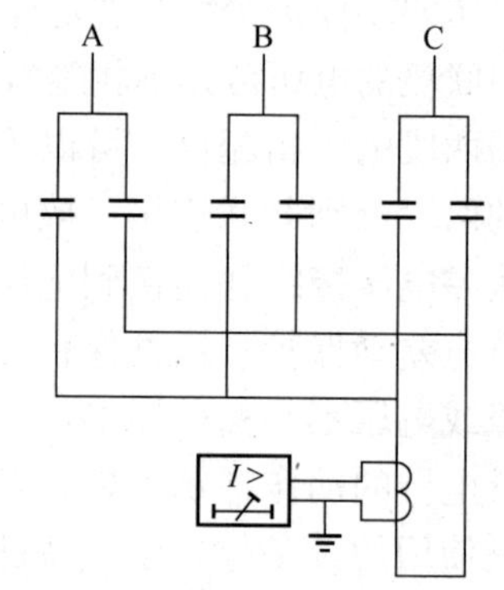

图 6-21　电容器组不平衡电流保护接线

对未设置专用单台熔断器保护的电容器组，有

$$U_o = \frac{\beta}{3N[M_b(1-\beta)+\beta]-2\beta}U_{ex} \tag{6-12}$$

式中　U_o——中性点不平衡电压，V；

M_b——双星形接线每臂各串联段的电容器并联台数，台。

为了躲开正常情况下的不平衡电压，应校验动作值，即

$$U_{dZ} \geqslant K_k \frac{U_{obp}}{N_y}$$

式中　U_{obp}——不平衡电压，V。

2）不平衡电流保护的整定计算为

$$I_{dZ} = \frac{I_o}{N_i k_{lm}}$$

对有专用单台熔断器保护的电容器组，有

$$I_o = \frac{3MK}{6N(M-K)+5K}I_{ed}$$

对未设置专用单台熔断器保护的电容器组，有

$$I_o = \frac{3M\beta}{6N[M(1-\beta)+\beta]-5\beta}I_{ed}$$

式中　I_o——中性点流过的电流，A；

I_{ed}——每台电容器额定电流，A。

为了躲开正常情况下的不平衡电流，应校验动作值，即

$$I_{ed} \geqslant k_k \frac{I_{obp}}{n_i}$$

式中　I_{obp}——不平衡电流，A。

需要指出的是，当并联电容器中接有串联电抗器时，式（6-7）～式（6-12）的电容器组额定电压U_{ex}值应按下式修正，即

$$U_{ex} = \frac{X_C}{X_C - X_L}U_{ext}$$

式中　U_{ex}——电容器组额定相电压，kV；

U_{ext}——系统额定电压，kV；

X_C——电容器组容抗，Ω；

X_L——串联电抗器感抗，Ω。

也就是说，考虑到串联电抗器接入后电容器组端电压的升高，所有动作电压值均应提高 $X_C/(X_C-X_L)$ 倍。

3. 电容器组与断路器之间连线短路故障保护

对电容器装置的过电流和内部连接线的短路应设置过电流保护。

当有总断路器及分组断路器时，保护可配置两段式，第一段为短时限的速断保护，第二段为过流保护。当串联电抗器设置在电源侧时，分组回路保护跳开本回路断路器，电抗器前短路时应断开总断路器（分组断路器不满足切断短路电流要求时）。当电抗器设置在中性点侧时，短路故障均应跳开总断路器。

速断保护的动作电流值，在最小运行方式下，电容器组端部引线发生两相短路时，保护的灵敏系数应符合要求，动作时限应大于电容器组合闸涌流时间。进行过流保护动作电流整定时，电容器的最大允许工作电流应按1.3倍额定电流考虑。

4. 过负荷保护

在电力系统中，并联电容器常常受到谐波的影响，特殊情况可能发生谐振现象，产生很大的谐振电流。谐振电流将使电容器过负荷、振动和发出异声，使串联电抗器过热，甚至烧损，为此宜装设过负荷保护，经延时动作于信号或跳闸。

进行过负荷保护动作电流整定时，电容器的最大允许工作电流应按1.3倍额定电流考虑，对于电容量具有最大正值偏差＋10％的电容器，其最大工作电流按1.43倍额定电流考虑。

5. 过电压保护

设置过电压保护的目的是为了避免电容器在工频过电压下运行发生绝缘损坏。电容器有较大的承受过电压能力，DL/T 840《高压并联电容器使用技术条件》规定，电容器允许在1.05倍额定电压下长期运行；在1.10倍额定电压下，每24h中持续运行12h；在1.15倍额定电压运行30min；在1.2倍额定电压运行5min；在1.3倍额定电压运行1min。原则上过电压保护可以按标准规定整定，但是电网电压很少达到以上数值，为安全起见，实际整定值选得比较保守。例如，在1.1倍额定电压时动作信号，在1.2倍额定电压经5～10s动作跳闸，延时跳闸的目的是避免瞬时电压波动引起的误动。

过电压保护的电压继电器有两种接法：一种是接于专用放电器或放电电压互感器的二次侧；另一种是接于母线电压互感器，这种方式应经由电容器装置的断路器或隔离开关的接点闭锁，以使电容器装置断开电源后，保护能自动返回。过电压继电器应选用返回系数较高（0.98以上）的晶体管继电器。当设置有按电压自动投切的装置时，可不另设过电压保护，当由自动投切转换为手动投切时应保留过电压跳闸功能。

当变电站只有一组电容器时，过电压保护动作后应将电容器组的开关跳闸。如有两组以上电容器时，可以动作信号或每次只切除一组电容器，当电压降至允许值即停止切除电容器组（用手动或自动）。

6. 母线失压保护

并联电容器装置设置失压保护的目的在于防止所连接的母线失压对电容器产生的危害。从电容器本身的特点来看，运行中的电容器如果失去电压，电容器本身并不会损坏。但运行中的电容器突然失压，可能产生以下危害：

（1）电容器装置失压后立即复电（有电源的线路自动重合闸），将造成电容器带电荷合闸，以致电容器因过电压而损坏。

（2）变电站失电后复电，可能造成变压器带电容器合闸、变压器与电容器合闸涌流及过电压，使其受到损害。

（3）失电后的复电可能造成因无负荷而引起电容器过电压。

所以规程规定，电容器应设置失压保护，该保护的整定值既要保证在失压后，电容器尚有残压时能可靠动作，又要防止在系统瞬间电压下降时误动作。一般电压继电器的动作值可整定为50%～60%电网标称电压，略带时限跳闸。

在时限上一般考虑下列因素：

（1）同级母线上的其他出线故障时，在其故障切除前，电容器组一般不宜先跳闸；

（2）当备用电源自动投切装置动作时，在自投装置合上电源前，电容器组应先跳闸；

（3）当电源线失电重合时，在重合闸前，电容器组应先跳闸。

第七章

电力系统微机保护

第一节　微机保护概述

一、微机保护装置的硬件结构

微机保护与传统继电保护的最大区别就在于前者不仅有实现继电保护功能的硬件电路，而且还必须有保护和管理功能的软件——程序；而后者则只有硬件电路。下面介绍微机保护装置硬件电路构成的一般原则。

一般地，一套微机保护装置的硬件构成可分为四部分：数据采集系统、输出输入接口、微型计算机系统及电源。

1. 数据采集系统

传统保护是把电压互感器二次侧电压信号及电流互感器二次电流信号直接引入继电保护装置，或者把二次电压、二次电流经过变换（信号幅值变化或相位变化）组合后再引入继电保护装置。因此，无论是电磁型、感应型继电器还是整流型、晶体管型继电保护装置都属于反应模拟信号的保护。尽管在集成电路保护装置中采用数字逻辑电路，但从保护装置测量元件原理来看，它仍属于反应模拟量的保护。

而微机保护中的微机则是处理数字信号的，即送入微型计算机的信号必须是数字信号。这就要求必须有一个将模拟信号变换成数字信号的系统，这就是数据采集系统的任务。

2. 微型计算机系统

微型计算机是微机保护装置的核心。目前微机保护的计算机部分都是由微型计算机或单片微型计算机构成的，这也是微机保护名称的由来。

由一片微处理器（CPU）配以程序存储器（EPROM）、数据存储器（RAM）、接口芯片（包括并行接口芯片、串行接口芯片）、定时器/计数器芯片等构成的微机系统称为单微机系统。而在一套微机型保护装置中有两片或两片以上的 CPU 构成的微机系统则称为多微机系统。

由单片微型计算机配以部分接口芯片也可以构成微机系统。同样地，在一套微机保护装置中仅有一个单片机称为单微机系统，而在一套保护装置中有两片或两片以上单片机则称为多微机系统。

单微机系统中只有一个 CPU，整套保护装置的所有功能都是在它的管理之下实现的，而多微机系统中有两个或两个以上的 CPU，每一个 CPU 可执行分配给它的一部分任务，几个 CPU 之间的任务是并行进行的。

目前，多微机系统的任务分配方法有多种方案。例如，一种方案有两个 CPU 的系统，其中一个 CPU 负责完成数据采集任务，而另一个 CPU 则完成数据处理任务。另一种方案是一个 CPU 实现设备的主保护任务，而另一个 CPU 实现设备的后备保护的任务。也有的让两个 CPU 实现完全相同的任务，从而对微机系统来说，硬件电路与软件完全双重化，有利于提高微机保护可靠性。在复杂的保护装置中，一般有两个以上的 CPU 或单片机。此时，可由一个 CPU 或单片机实现人机对话功能，其他 CPU 或单片机则分别完成不同的保护的功能。这种硬件结构称为主从式多 CPU 并行工作系统。

3. 输入输出接口

输入输出接口是微机保护与外部设备的联系部分，因为输入信号、输出信号都是开关量信号（即触点的通、断），所以又称为开关量输入、开关量输出电路。

例如，保护装置连接片、屏上切换开关，其他保护动作的触点等均作为开关量输入到微机保护，而微机保护的执行结果则应通过开关量输出电路驱动一些继电器，如启动继电器，跳闸出口继电器，信号继电器等。

4. 电源

微机保护装置的电源是一套微机保护装置的重要组成部分。电源工作的可靠性直接影响着微机保护装置的可靠性。微机保护装置不仅要求电源的电压等级多，而且要求电源特性好，且具有强抗干扰能力。

目前，微机保护装置的电源通常采用逆变稳压电源。一般地，集成电路芯片的工作电压为 5V，而数据采集系统的芯片通常需要双极性的±15V 或±12V 工作电压，继电器则需要 24V 电压。因此，微机保护装置的电源至少要提供 5、±15、24V 几个电压等级，而且各级电压之间应不共地，以避免相互干扰甚至损坏芯片。

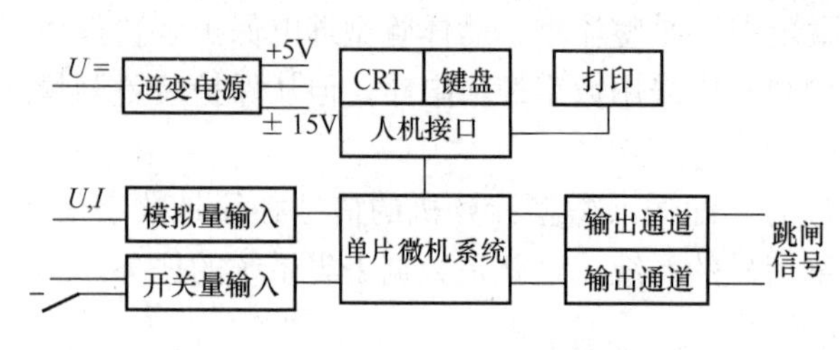

图 7-1　典型的微机保护系统框图

图 7-1 是典型微机保护系统框图。图中微机系统一般为实现保护功能的插件，它接收数据采集系统的信号及有关的开关量信号，其输出控制一些继电器，发出跳闸命令和信号。

人机接口部分也由微机实现。按键作为人机联系的输入手段，可输入命令、地址、数据。而打印机和液晶显示器，则作为人机联系的输出设备，可打印和显示调试结果及故障后的报告。在多微机系统中，人机接口部分一般由一个单独的微机系统或单片机实现。人机接口还设置了一个时钟芯片，并带有充电干电池，保证装置停电时，时钟不停。

二、微机保护装置软件系统的配置原理

由于微机保护的硬件分为人机接口和保护两大部分，因此相应的软件也就分为接口软件和保护软件两大部分。

1. 接口软件

接口软件是指人机接口部分的软件，其程序可分为监控程序和运行程序。执行哪一部分程序是由接口面板的工作方式或显示器上显示的菜单选择来决定的。调试方式下执行监控程序，运行方式下执行运行程序。

监控程序主要就是键盘命令处理程序，是为接口插件（或电路）及各 CPU 保护插件（或采样电路）进行调试和整定而设置的程序。

接口的运行程序由主程序和定时中断服务程序构成。主程序主要完成巡检（各 CPU 保护插件）、键盘扫描和处理及故障信息的排列和打印。定时中断服务程序包括了以下几个部分：软件时钟程序；以硬件时钟控制并同步各 CPU 插件的软时钟；检测各 CPU 插件启动元件是否动作的检测启动程序。所谓软件时钟就是每经 1.66ms 产生一次定时中断，在中断服务程序中软计数器加 1，当软计数器加到 600 时，秒计数器加 1。

2. 保护软件的配置

各保护 CPU 插件的保护软件配置为主程序和两个中断服务程序。主程序通常都有三个基本模块：初始化和自检循环模块、保护逻辑判断模块和跳闸（及后加速）处理模块。通常把保护逻辑判断和跳闸（及后加速）处理总称为故障处理模块。一般来说，前后两个模块在不同的保护装置中基本上是相同的，而保护逻辑判断模块就随不同的保护装置而相差甚远。例如距离保护中保护逻辑就含有振荡闭锁程序部分，而零序电流保护就没有振荡闭锁程序部分。

中断服务程序有定时采样中断服务程序和串行口通信中断服务程序。在不同的保护装置中，采样算法是不相同的，例如采样算法上有些不同或者因保护装置有些特殊要求，使采样中断服务程序部分也不尽相同。不同保护的通信规约不同，也会造成程序的很大差异。

3. 保护软件的三种工作状态

保护软件有三种工作状态：运行、调试和不对应状态。不同状态时程序流程也就不相同。有的保护没有不对应状态，只有运行和调试两种工作状态。

当保护插件面板的方式开关或显示器菜单选择为“运行”，则该保护就处于运行状态，其软件就执行保护主程序和中断服务程序。当选择为“调试”时，复位 CPU 后就工作在调试状态。当选择为“调试”但不复位 CPU 并且接口插件工作在运行状态时，就处于不对应状态。也就是说保护 CPU 插件与接口插件状态不对应。设置不对应状态是为了对模数插件进行调整，防止在调整过程中保护频繁动作及告警。

4. 中断服务程序及其配置

（1）实时性与中断工作方式概述。所谓实时性就是指在限定的时间内对外来事件能够及时作出迅速反应的特性。例如保护装置需要在限定的极短时间内完成数据采样，在限定时间内完成分析判断并发出跳合闸命令或告警信号，在其他系统对保护装置巡检或查询时及时响应。这些都是保护装置的实时性的具体表现。保护要对外来事件做出及时反应，就要求保护中断自己正在执行的程序，而去执行服务于外来事件的操作任务和程序。实时性还有一种层次的要求，即系统的各种操作的优先等级是不同的，高一级的优先操作应该首先得到处理。显然，这就意味着保护装置将中断低层次的操作任务去执行高一级优先操作的任务，也就是说保护装置为了要满足实时性要求必须采用带层次要求的中断工作方式，在这里中断成为保护装置软件的一个重要概念。

总之，由于外部事件是随机产生的，凡需要 CPU 立即响应并及时处理的事件，必须用中断的方式才可实现。

（2）中断服务程序的概念。对保护装置而言，外部事件主要是指电力网系统状态、人机对话、系统机的串行通信要求。电力网系统状态是保护最关心的外部事件，保护装置必须每时每刻掌握保护对象的系统状态。因此，要求保护定时采样系统状态，一般采用定时器中断方式，每经 1.66ms 中断原程序的运行，转去执行采样计算的服务程序，采样结束后通过存储器中的特定存储单元将采样计算结果传送给原程序，然后再回去执行原被中断了的程序。这种采用定时中断方式的采样服务程序称为定时采样中断服务程序。

（3）保护的中断服务程序配置。根据中断服务程序基本概念的分析，一般保护装置总是要配有定时采样中断服务程序和串行通信中断服务程序。对单 CPU 保护，CPU 除保护任务之外还有人机接口任务，因此还可以配置有键盘中断服务程序。

三、微机型继电保护的主要特点

由于微型机继电保护装置中的计算机具有智能作用，因此，它与传统保护相比具有许多优点。

（1）易于解决常规保护难以解决的问题，使保护性能得到改善。由于计算机的应用，使许多常规保护中存在的技术问题，可以找到新的解决办法。例如常规距离保护应用在短距输电线路上其允许过渡电阻能力差；在长距离重负荷输电线路上躲负荷能力差：在振荡过程中，为防止距离保护Ⅰ、Ⅱ段误出口，通常是故障后短时开放Ⅰ、Ⅱ段之后即闭锁Ⅰ、Ⅱ段，这样在振荡过程中再发生Ⅰ、Ⅱ段范围内的故障时，只能依靠距离保护Ⅱ段切除故障；大型变压器区外故障时不平衡电流大，区内故障时灵敏度低，空载合闸时励磁涌流对差动保护影响大等问题，在微机中可以采用一些新原理，或利用微机的特点找到一些新的解决方法。

（2）灵活性大，可以缩短新型保护的研制周期。由于计算机保护的特性和功能主要是由软件决定的。所以在一定条件下，改变保护的功能和特性只要改变软件即可实现。例如对110～500kV 的输电线路，保护装置硬件构成可采用统一设计的结构及电路，而各级电压等级输电线路的不同保护原理、保护方案可采用不同的软件实现。这就体现了微机继电保护的极大的灵活性。

（3）利用软件实现在线实时自检和互检，提高了微机保护的可靠性。在计算机的程序指挥下，微机保护装置可以在线实时对硬件电路的各个环节进行自检，多微机系统还可实现互检，利用软件和硬件结合，可有效地防止干扰造成的微机保护不正确动作。实践证明，微机继电保护装置正确动作率已经超过传统保护的正确动作率。而且微机保护装置体积小，占地面积小，价格低，同一设备采用完全双重化的微机保护，使得其可靠性有了保证。

（4）调试维护方便。目前在国内大量使用的整流型或晶体管型继电保护装置的调试工作量大，尤其是一些复杂保护，其调试项目多，周期长，且难以保证调试质量。微机保护则不同，它的保护功能及特性都是由软件实现的，只要微机保护的硬件电路完好，保护的特性即可得到保证。调试人员只需作几项简单的操作，即可证明装置的完好性。此外，微机保护的整定值都是以数字量存放于 EPROM 中，永久不变。因此不需要定期对定值再进行调试。

（5）利用微型机构成继电保护装置易于获得附加功能。应用微型计算机后，配置一台打印机或液晶显示器，在系统发生故障后，微机保护装置除了完成保护任务外，还可以提供多种信息。例如一套微机距离保护装置，在故障后可打印出故障相别、故障时间、故障前一周波及故障后几个周波的电流、电压瞬时值及故障点位置，给分析事故原因提供了很大方便。

当然，微机保护也存在一些不足。由于微机保护与传统保护相比具有极其明显的差别，例如大量集成芯片的使用以及存放于 EPROM 中的程序，使得用户较难掌握微机保护装置原理。另外，对微机保护来说，除了硬件电路可靠外，还要求软件过硬，且应具有对付程序“出格”的措施，由于微型计算机及单片的发展，使得微机保护的硬件变化很快，现场人员难以适应。因此，为了更好地应用和掌握微机保护的原理及调试方法，必须对继电保护调试及运行人员进行专门培训，此外还应尽量实现通用化硬件，研制检查装置性能的标准化程序及相应的测试设备。

四、微机保护人机界面及其操作内容

1. 人机界面及其特点

微机保护的人机界面与PC微机几乎相同但更加简单，它包括小型液晶显示屏幕、键盘和打印机。它把操作内容与显示菜单结合在一起，使微机保护的调试和检验比常规保护更加简单明确。

液晶显示屏在正常运行时可显示时间、实时负荷电流、电压及电压超前电流的相角，保护整定值等，在保护动作时，液晶屏幕将自动显示最新一次的跳闸报告。

2. 人机界面的操作

键盘与液晶屏幕配合可以选择命令菜单和修改定值。微机保护的键盘多数已被简化为7～9个键：“＋”“－”“←”“→”“↑”“↓”“RST（复位）”“SET（确认）”“Q（退出）”。

3. 定值、控制字与定值清单

（1）定值类型。

微机保护的定值都有两种类型。一类是数值型定值，即模拟量，如电流、电压、时间、角度、比率系数、调整系数等。另一类是保护功能的投入退出控制字，称为开关型定值（即软压板），只有ON（1）和OFF（0）两个状态。前者表示投入，后者表示退出。

在有的保护中，例如WXB-11型，控制字的形式是用十六位二进制数表示，每一位代表着对某一种保护功能的投入与退出状态，也就是说，它把一个保护的所有开关型定值集中起来，用一个控制字KG来描述，然后把十六位二进制再改写为四位十六进制数，一起集中存入微机保护装置。这种开关型定值控制字存储较为方便，但操作人员查看时不很直观，修改起来也不方便。为此，KG控制字也列入定值清单中。

（2）定值清单（定值表）。

微机保护装置的每一套保护都有数值型和开关型定值清单。它把定值号、含义、整定范围、整定步长、备注等列在清单上。

以上两种定值均由键盘输入并固化在E^2PROM中。操作人员可通过键盘对保护定值逐项进行修改和查询。

4. 保护菜单及使用

（1）保护菜单的查询。

利用菜单可以进行查询定值、开关量的动作情况、保护各CPU的交流采样值、相角、相序、时钟、CRC循环冗余码自检。

（2）修改定值。

修改定值时，首先使人机接口插件进入修改（调试）状态，即将修改允许开关打在修改（调试）位置，并进入根状态——调试状态，再将各保护CPU插件的“运行——调试”小开关打至调试位置，然后在菜单中选择要修改的CPU进入子菜单，显示保护CPU的整定值。此时利用“←”“→”“↑”“↓”“＋”“－”等键，进行定值修改。修改完毕，按“确认”及“Q”键，退回上一菜单，再将修改允许开关打回运行位置并按复位键进行定值固化。

（3）定值的拷贝。在多定值修改时，可节省修改定值时间。步骤如下：先从原始定值区中进入调试状态，再将定值小拨轮打到所需定值区并进行定值修改、固化。这样原本要修改全部内容的，现在只需进行某些内容的修改即可。总之，菜单的功能是多样的，一般都在保护装置说明书中做了较为详细的说明。

五、微机保护外部检查的主要内容

1. 常规的外部检查内容

（1）检查保护屏上的标志以及切换设备的标志是否完整、正确、清楚，是否与图纸相符。

（2）检查各插件的印刷电路板是否有焊接不良、线头松动的情况，集成块是否插紧、放置是否正确等。

（3）根据说明书，将插件内跳线按逻辑要求逐个设置好。

（4）检查逆变电源插件的额定工作电压，微机保护装置的额定电压及额定电流是否与图纸相符。

（5）检查背板接线以及端子排上的接线是否连接可靠，切换连接片上的螺丝应紧固。

2. 绝缘检查

（1）绝缘检查前的准备工作。

用绝缘电阻表进行绝缘检查时，应防止高电压将芯片击穿。因此应先断开直流电源拔出CPU插件，数模转换（VFC）插件、信号输出（SIG）插件，电源插件和光隔插件应插入。将打印机串行口与微机保护装置断开，投入逆变电源插件及保护屏上各连接片。断开与收发信机及其他保护之间的有关连线。

除此之外，微机保护屏应要求有良好可靠的接地，接地电阻应符合设计要求。所有测量仪器外壳应与保护屏在同一点接地。

（2）对地绝缘电阻要求。对保护屏内部微机保护装置用1000V绝缘电阻表分别对交流电流回路、直流电压回路、信号回路、出口引出触点，对地进行绝缘电阻测试，要求大于10MΩ。

用1000V绝缘电阻表对交流电流回路、直流电压回路、信号回路、出口引出触点全部短接后对地进行绝缘电阻测试，要求大于1.0MΩ。

3. 耐压试验及要求

上述检验合格后，将上述回路短接后施加工频电压1000V，做历时1min的耐压试验。试验过程应注意无击穿或闪络现象。试验结束后，复测整个二次回路绝缘电阻，应无显著变化。

当现场耐压试验设备有困难时，可以用2500V绝缘电阻表测试绝缘电阻的方法代替。

六、微机保护静态试验的主要内容

1. 微机保护电源部分检查

在确定了保护插件的绝缘完好性后，经专用双极闸刀，接入专用试验直流电源，并注意使屏上其他装置的直流电源开关处于断开的位置，例如收发信机的直流电源开关。

专用试验直流电源由零缓慢升至80%U_N，保护的逆变电源插件上的电源指示灯应亮。

此时断开、合上逆变电源开关，逆变电源指示灯应正确指示。

在只插入逆变电源插件的空载情况和所有插件均插入的正常带负荷情况下，调节专用直流电源至80%U_N、100%U_N、115%U_N，在逆变电源插件面板上或插件内部的探针上测量各级输出电压及检测逆变电源纹波电压，应在允许范围内，并应保持稳定。

2. 硬件检验

(1) 屏幕菜单与键盘检查。检查液晶显示器是否有接触不良、液晶溢出或屏幕字符缺笔画等异常情况。检查是否存在键盘按键不可靠，光标上、下不灵活的情况。

(2) 定值修改及固化功能检验。在液晶显示的菜单中选择“setting”，即进入定值修改模式，修改定值后，键入“SET”确认键，再按“Q”键退出。在固化定值后，将保护开关打到运行位置，按复位键使保护恢复运行状态。在定值已存入E^2PROM芯片后，应注意再检查一遍定值是否已真正修改过。

(3) 定值分页拨轮开关性能检查。在检查时应注意定值拨轮在切换时有无卡涩现象，造成显示E^2PROM出错。定值拨轮切换应到位并要求能正确地打印出该区的定值。

(4) 整定值失电保护功能检验。在整定值修改后，关保护电源后经10s再上电，要求整定值应不会改变。

(5) 时钟整定及掉电保护功能检验。时钟修改后，关保护电源经10s后再上电，要求时钟运行良好。

(6) 告警回路检查。在关机、保护装置故障及异常情况下，告警继电器触点应可靠闭合。

(7) 各CPU复位检查。可以整机复位或各CPU插件分别复位、运行灯或OP灯亮，保护装置自检应正常。

3. 开关量输入回路校验

保护的正确逻辑判断及接线的正确性还有赖于开关量输入回路的校验。实际校验的方法是：投退连接片、切换开关或用短接线将输入公共端（+24V）与开关量输入端子短接，通过查询保护装置来校验变位的开关量是否与短接的端子的开关量相同。对每个CPU插件的开关量均要仔细检查，并做好记录。

4. 微机保护交流采样回路检验

(1) 检验零点漂移。待微机保护装置开机达0.5h，各芯片插件热稳定后方可进行该项目检验。先将微机保护装置交流电流回路短路，交流电压回路开路，分别检查各CPU的通道采样值和有效值。如果电流回路的零点漂移达±0.5以上，就会影响到保护对外加量的正确反应。例如TA变比为1200/5，在初投产带负荷时，如一次负荷电流小于120A，二次将无法正确反映。所以应调VFC插件的可调电阻元件RP11，将零点漂移调到符合规定要求。除此之外，还要求在一段时间内（几分钟）零点漂移值稳定在规定范围内。

有的微机装置因为采用了浮动门槛就不用调节零点漂移，但也应在屏幕菜单中的“CPUSTATUS”子菜单中查看各电压、电流回路的采样零点漂移值大小并做好记录。

(2) 检验各电流、电压回路的平衡度。在检查二次接线完好后，还要检验电流电压回路中各变换器极性的正确性。

(3) 通道线性度检查。所谓线性度是指改变试验电压或电流时，采样获得的测量值应按比例变化并且满足误差要求。该试验主要用于检验保护交流电压、电流回路对高、中、低值测量的误差是否都在允许范围内，尤其要注意低值端的误差。

对于试验低值：1V、$0.1I_N$、$0.2I_N$与外部测量表计值误差应不大于10%，其他误差应不大于2%。

（4）相位特性检验。试验接线为分别按相加入电压与电流的额定值，并改变电压与电流的相角：0°、45°、90°、120°。在液晶显示屏菜单中查询其相位差值，如利用LFP—900系列中菜单栏“PHASEANGLES”（相角），或采用打印波形方法比较相位，要求与外部表计值误差小于3°。

5. 定值与保护逻辑功能检验

（1）拟订调试定值。如在保护逻辑试验时，既无调度所下达的定值又无已拟好的调试定值，就可根据定值说明拟定出一份调试定值。调试前应先设定好控制字，例如保护的投入和退出控制、重合闸的配合等。在调试定值的配置中，还应注意阻抗各段之间的配合。如定值试验配置不当，有可能出现0.7倍的定值段落入前一段的保护范围内，引起不必要的“错误”。各段之间要在阻抗大小、电流大小和时间定值上注意配合。所以，自己拟定的调试定值一定要多次审核。

（2）微机保护定值和逻辑调试中的几个问题。

1）保护逻辑及出口回路的检验。WXB-11C可以在调试状态下，利用菜单改变插件上并行口8255A芯片的B口中的数据，并检验各出口回路及其继电器KCO（原厂家符号为CKJ）触点动作情况。

2）启动回路的调试。在WXB-11C调试时，应注意暂时更改三取二回路的跳线。在保护调试时，可以将跳线放在一取一回路上，使试验时可以逐个对保护CPU插件调试，待投运前再放回三取二回路。

3）定值检验方法。对应于220kV线路保护，主要有高频保护、距离保护和零序保护三大块。考虑到保护定值误差等问题，应分别在距离定值的$0.7Z_{set}$、$0.95Z_{set}$、$1.2Z_{set}$和零序定值的$1.2Z_{set}$、$0.95Z_{set}$处检测保护动作状况。

4）接地距离故障模拟中应注意的问题。在进行接地距离故障模拟时，注意故障电压值应乘以电抗补偿系数（$1+k_x$），如果故障电压计算值高于57V，应适当将故障电流降低。

保护定值校验时，应将故障量加准，使保护的故障打印报告中的阻抗值、时间值与定值相近。

6. 功耗测试

（1）直流回路功耗测量。在直流试验电源输入中，串联一只直流电流表，分别在正常状态及保护动作状态下测量直流电压电流及功耗值。

（2）交流电压回路功耗测量。分别按相电压回路加额定电压，测量串入每相（或线路）电压回路的交流电流值。要求三相电压功耗基本平衡并小于1VA，$3U_0$回路功耗也小于1VA。

（3）交流电流回路功耗测量。按相分别通入额定电流值，测量每相交流电流及$3I_0$电流回路的电压值。要求三相负荷应基本平衡，每相功耗应小于5VA。

七、微机保护交流动态试验的主要内容

交流动态试验以微机保护整组传动试验为主，它包括了微机保护与所有二次回路及断路器的联动试验，不仅能检查出回路中的不正确接线，而且能检查微机保护之间的配合情况。在投产时的带负荷试验中，检查电流、电压互感器的变比、极性的正确性，保证了保护在投运后的良好运行。

交流动态试验主要包括整组传动试验、与其他保护的传动配合试验、高频通道联调试验和带负荷试验。

1. 整组传动试验

在尽量少跳断路器的原则下，每个保护对各种故障（单相、相间、反相故障）做整组传动试验。试验中每一块连接片都要准确地模拟到，可用指针式万用表的直流电压档在连接片两端进行出口监视。具体单个保护试验 WXB-11 型和 LFP-901A 型保护可参阅部颁有关调试规程，在试验过程中，WXH-11 型和 LFP-901A 型装置均有打印信息送出。

2. 带通道联调试验

高频通道由输电线路、高频阻波器、耦合电容器、结合滤波器、高频电缆、保护间隙、接地刀闸、高频收发信机组成，因此必须先分别对上述阻波器、结合滤波器、耦合电容器等设备的绝缘、耐压、参数值单独做好测试工作，然后再进入联调试验。

高频保护的特点是可在电网中实现全线速动，保证了电网的稳定性，提高切除故障的速度。高频通道是高频保护的重要组成部分，因此在投运前应对高频通道进行试验。

3. 带负荷试验

带负荷试验是利用系统工作电压及负荷电流，在投产前检验交流二次回路接线正确性的最后一次检验，因此必须认真仔细检验。

第二节 WXH-11 型线路微机保护

一、WXH-11 型线路微机保护的基本原理

线路微机保护型号很多，但在结构原理及使用上大同小异。下面以广泛采用的WXH-11型线路微机保护为例，介绍其基本原理。

1. WXH-11 型装置的保护配置

WXH-11 型线路微机保护是采用 8031 单片机实现的多 CPU 成套线路保护装置，适用于 110～500kV 各电压等级的输电线路。根据输电线路常规保护的配置，该装置配置有如下保护。

（1）主保护。

1）高频闭锁距离保护；

2）高频闭锁零序电流方向保护。

（2）后备保护。

1）三段式相间距离保护；

2）三段式接地距离保护；

3）四段式零序电流保护。

2. WXH-11 型装置的硬件结构

该装置采用了多单片机并行工作方式的硬件结构，配置了 4 个硬件完全相同的 CPU 插件，由不同的软件分别完成高频保护、距离保护、零序电流保护及综合重合闸等功能。能

正确反应高压输电线路的各种相间和接地故障，进行一次自动重合闸。另外还配置了一块人机接口插件，用来完成对各保护 CPU 插件的巡检、人机对话和与系统微机连接等功能。

硬件部分各插件之间连接图如图 7-2 所示。该装置中各种保护分别由一个单片机 CPU 来完成，4 个 CPU 并行工作。4 个保护插件除了存放程序的芯片不同外，其余硬件完全一样，有互换性，使得硬件的故障处理极为方便。每个单片机只分担一种保护功能，某一个单片机损坏，不影响其他保护的正常工作。

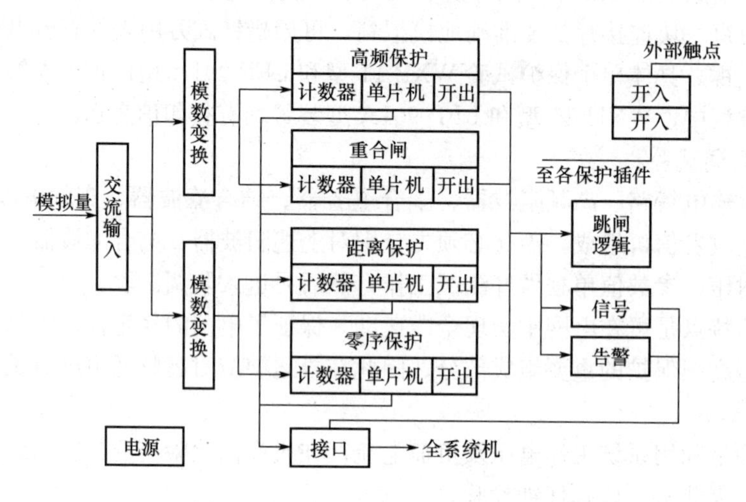

图 7-2　硬件部分各插件之间连接图

全装置共分 15 个插件，各插件之间的连接见图 7-2。各插件的主要功能如下。

（1）交流插件（AC）。交流插件 1 个，共设有 9 个模拟量输入变换器（TV 及 TA），分别用于三相电压、三相电流、$3U_0$、$3I_0$ 及重合闸检同期用的线路抽取电压 U_L。各电流变换器 TA 并有电阻，每个 TA 都设有两个相同阻值的电阻，利用跳线可以得到两种不同的阻值，以满足不同电流测量范围的要求。

（2）模数变换插件（VFC）。模数变换插件 2 个，设有 9 路完全相同的电压——频率变换器，分别用于上述 9 路模拟量。每一路主要包括两个芯片：VFC 芯片和快速光隔芯片。VFC 芯片的作用是将输入电压变换成一串复频率正比于电压瞬时值的等幅脉冲。快速光隔芯片的作用是使 VFC 芯片所用电源（±15V）与微机电源（+5V）在电气上隔离。快速光隔芯片输出的脉冲引至保护插件，保护插件中的计数器的计算值反映了输入电压的大小，从而实现了模数变换。

本装置设有 2 个 VFC 插件，其中一个供高频保护和综合重合闸共用，另一个供距离保护和零序保护共用。这样即使一个 VFC 插件出现故障，整套装置也不会完全失去保护功能。

（3）保护插件（CPU）。保护插件CPU1～CPU4，4 个插件硬件相同，但软件不同，分别为高频、距离、零序和综重保护。硬件配置如图 7-3 所示。

每个插件中有 3 个计数器共 9 个输入端，分别同 VFC 插件的输出端相连，实际上每个插件只接入 8 个模拟量。高频、距离和零序插件不需要线路电压，而综合重合闸不接入 $3U_0$。

本插件总共提供了 8 路经光隔的开出量，其中经并行接口驱动的 6 路开出量，分别用于驱动3个分相出口继电器、永跳继电器、启动继电器及对高频保护用于控制收发信机停信或发允许信号（对综合重合闸用于合闸出口、对距离和零序保护则作备用），其中任意两个分相出口继电器（CKJa、CKJb、CKJc）动作驱动三跳继电器CKJQ，CKJQ触点接于操作继电器箱中的TJQ，作为分相出口拒动的后备跳闸回路。永跳继电器CKJR触点用于驱动操作继电器箱中的TJR，作为三相出口继电器拒动的后备跳闸回路。所谓永跳就是瞬时三相跳闸但不重合闸。在发出单相跳闸命令0.25s后故障相仍有电流时，发三相跳闸命令，驱动3个分相出口继电器及CKJQ。在发出三相跳闸命令0.25s后，三相中任一相仍有电流时，驱动CKJR。当手投故障线路或重合到永久性故障时，在发三跳命令的同时也驱动CKJR。上述6路开出的＋24V电源经告警插件中本CPU插件的告警继电器常闭触点引来，以便在告警的同时断开跳（合）闸电源。

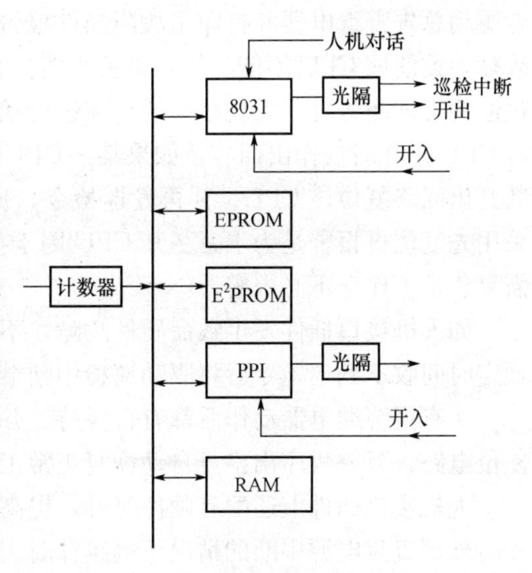

图7-3　各CPU插件硬件结构图

E^2PROM（2817A）用于存放定值。插件面板上设有一个定值选择拨轮开关，可以在E^2PROM中同时固化10套定值，用拨轮开关选择使用任一套，以便适应不同运行方式或旁路断路器带不同线路时的要求。

EPROM（27256）用于存放程序。

RAM（6264）用于存放采样值及计算结果。

单片机内部还有一个双向通信串行口，引至人机接口插件，以使各保护公用该插件的人机对话设施（键盘及打印机接口）。

本插件的总线（地址线、数据线、控制线）并不引出，从而提高了抗干扰能力。

CPU插件面板上装有如下6个器件：复位按钮RST、定值选择拨轮开关、E^2PROM允许和禁止固化开关、工作方式开关（运行和调试）、运行监视灯、“有报告”灯。

(4) 人机接口插件（MONITOR）。人机接口插件1个，其硬件配置如图7-4所示。该插件主要有两个功能：

1）人机对话。

2）巡检。本装置各CPU都设有自诊断程序，一般插件上不太重要的插件损坏，可由各插件自诊断检出，一方面直接驱动相应插件告警继电器告警，另一方面通过串行口向人机接口插件报告，后

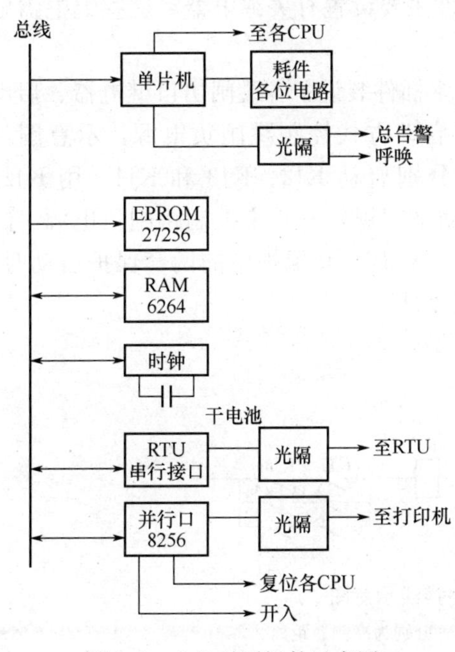

图7-4　人机对话插件示意图

者驱动总告警继电器并打印出故障插件报告的故障信息。如果某一CPU插件硬件发生致命故障，致使该CPU不能工作，也就不能执行自诊断程序和报警，此时可由人机接口插件通过巡检发现而告警。人机接口插件在运行状态时不断地通过串行口向各CPU发巡检令。当各CPU正常时应作出回答，如果某一CPU插件在预定时间内不回答，人机接口插件将通过其开出回路复位该CPU，并再发巡检令，仍无回答时报警，并打印出该CPU异常的信息。采用先复位再报警是为了万一某CPU因干扰而程序出格但并无硬件损坏时，可以在复位后恢复正常工作，不必报警。

如人机接口插件发生致命硬件故障，不能由本身自诊断报警，其他CPU（1，2，3）在预定时间收不到巡检令后将驱动巡检中断继电器报警。

所有报警继电器动作后都有自保持，并给出中央信号。人机接口插件上还有一个硬件自复位电路，万一程序出格可自动恢复正常工作。

人机接口插件上还配有硬件时钟，提高了计时精度，硬件时钟配有后备干电池，可以在短时外部直流电源中断的情况下继续计时。

本插件还有串行通信接口，可以向远动设置及上位机传送信息，为数据、设备的集中管理提供了方便。

本插件面板上器件的设置有如下两种类型。一种类型是面板上装有9个器件：复位按钮、4×4键盘、4个对CPU保护分别进行巡检的开关（投入或退出）、工作方式开关（运行或调试）、运行监视灯、待打印灯。另一种类型是面板上安装16×4字符式液晶显示器及新型键盘，通过键盘及液晶显示器进行CPU巡检及工作方式选择等有关操作。近期生产的装置一般采用第二种类型。

（5）开关量输入插件（DI1、DI2）。开关量输入（简称开入）插件2个，各有16路光隔回路。

（6）逻辑插件（LOGIC）。逻辑插件1个，本插件主要设置有关继电器，这些继电器触点引出，供启动合闸，连锁切机等多种用途。

（7）跳闸出口插件（TRIP）。跳闸口插件1个。本插件装设了各跳闸出口继电器、启动继电器。启动继电器兼作总开放控制，采取三取二启动方式控制跳闸负电源，示意图如图7-5所示。它由高频保护、距离保护和零序保护分别启动KJ2、KJ3和KJ4，用KJ2、KJ3和KJ4各两个动合触点交叉组成三取二循环启动（闭锁）方式来控制跳闸负电源。防止了由于一个CPU程序出格引起整套保护装置误动，只有三套保护中的两套保护启动时，整套保护才能启动，从而有效地提高了整套保护的可靠性。

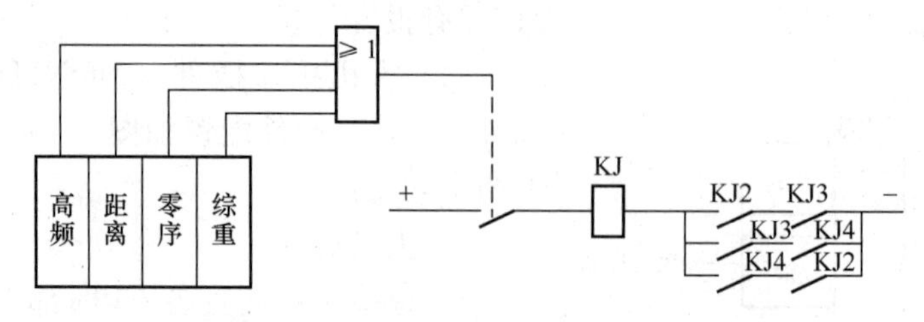

图7-5 “三取二”启动回路接线示意图

KJ—跳闸出口继电器；KJ2、KJ3、KJ4—分别为高频、距离、零序电流保护的启动继电器

另外，由于装置中距离、零序电流保护插件均共用一个 VFC 变换，考虑到当此变换部分损坏时（出现硬件故障），会使距离、零序电流保护均退出运行，根据启动回路三取二原则，将使整套装置丧失保护功能。鉴于此，在装置中除距离保护启动元件动作后可驱动 KJ3 启动继电器外，重合闸保护启动元件动作后，亦可驱动此继电器，以保证这一情况下，三取二回路仍可正常工作。

（8）信号插件（SINGAL）。信号插件 1 个。本插件上的信号继电器为磁自保持继电器，其驱动绕组同对应的出口继电器绕组并联。本插件给出下列信号：跳 A、跳 B、跳 C、永跳、重合、呼唤以及以上各种信号的中央信号。本插件信号由手动复归。

（9）告警插件（ALARM）。告警插件 1 个。本插件设置了下列告警继电器：

1）4 个 CPU 插件告警继电器，分别由对应的 CPU 插件启动。

2）巡检中断告警继电器，由 CPU1～CPU3 启动。

3）总告警继电器，由人机接口插件启动。

4）失电告警继电器，正常处于吸合状态，在失去 5V 或 24V 电源时继电器返回，由常闭触点给出失电中央信号。

所有告警继电器均自保持由手动复归。

（10）逆变电源插件（POWER）。逆变电源插件 1 个。本插件提供了 24V、5V 及±15V 4 组稳压电源，4 组电源均不接地，且采用浮空方式，同外壳不相连。

WXH-11 型装置面板布置如图 7-6 所示。

3. WXH-11 型装置的软件功能

WXH-11 型微机保护的软件分两大部分：一部分为监控程序，用来调试、检查微机保护的硬件电路，输入、修改及固化保护的定值；另一部分为运行程序，用来完成各种不同原理的保护功能。

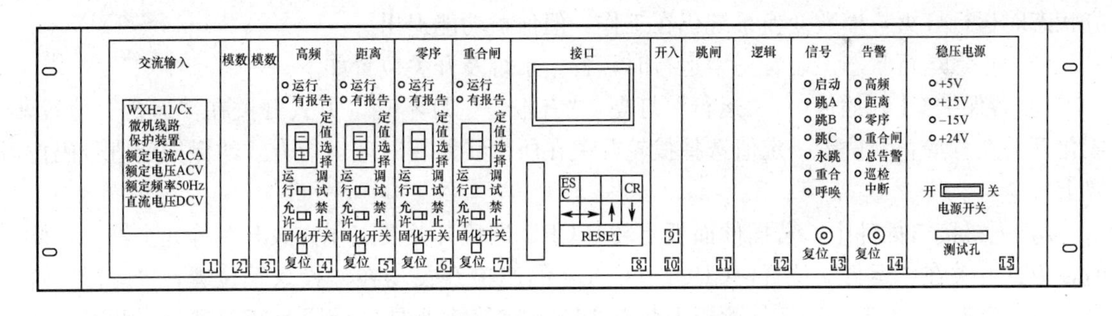

图 7-6　WXH-11 型装置面板布置图

注：虚线框内的插头编号贴在面板内侧。

四个保护插件因其软件不同，具备的保护功能也不同，现分述如下：

（1）高频保护插件。该插件与高频收发信机配合，可实现全线速动高频方向保护。当线路上发生相间故障时（包括两相接地短路），高频距离保护工作；当线路上发生单相接地故障时，高频零序方向电流保护工作。

（2）距离保护插件。本插件可实现三段式相间距离保护及三段式接地距离保护，并具有故障类型判别，故障相别判断及测距功能；在振荡过程中发生Ⅰ段范围内的故障时，它具有快速切除故障的能力；具有与常规保护相同的各种后加速方式；其中接地距离保护还具有耐受较大过渡电阻的能力。

（3）零序保护插件。在线路全相运行时，投入零序Ⅰ、Ⅱ、Ⅲ、Ⅳ段及不灵敏Ⅰ段，其中Ⅱ、Ⅲ、Ⅳ段可经延时跳闸；当线路两相运行时，设有不灵敏Ⅰ段和缩短 Δt 的零序Ⅳ段。除缩短 Δt 的零序Ⅳ段外，其余各段是否带方向均可由控制字进行整定。

（4）综合重合闸插件。该插件具有常规重合闸装置的功能。通过屏上切换开关，可实现综重、三重、单重和停用四种方式。当线路上同时装有另一套无选相能力的保护装置时，其保护装置的出口跳闸触点可经开关量插件引入微机保护装置，该保护装置跳闸可由综重插件中的选相元件控制。

此外，当电压互感器二次回路断线时，装置自动将距离保护和高频保护中的高频距离退出，而零序保护及高频保护中的高频零序保护并不退出。当系统故障时，装置打印机打印如下信息：故障时刻（年、月、日、时、分、秒）、故障类型、短路点距离保护安装处距离、各种保护动作情况和时间顺序及每次故障前 20ms 和故障后 40ms 的各相电压和各相电流的采样值（相当于故障录波）。

二、WXH-11 型线路微机保护运行方面的技术知识及相应规定

（1）装置的三种工作状态。装置有三种工作状态：运行、调试和不对应状态。不同状态时程序流程也不同。

当保护插件面板的方式（详见图 7-6）选择为“运行”时，则该保护就处于运行状态，其软件就执行保护主程序和中断服务程序。当选择为“调试”时，复位 CPU 后就工作在调试状态。调试状态主要用来调试检查微机保护硬件，传动出口回路，输入、修改、固化定值，检验键盘和拨轮开关等，此时数据采集系统不工作，保护功能退出。如先将各 CPU 及人机接口插件均进入运行状态，再将 CPU1～CPU4 插件的方式开关拨到“调试”位置，但不复位，此时它们则进入不对应状态。设计不对应状态的目的是为了调整模数变换器。不对应状态时运行灯灭，模数变换系统仍在工作，但保护功能退出。

（2）正常运行状态。装置正常运行时，各指示灯及开关位置如下。

1）各保护 CPU 插件中，“运行”灯亮，“有报告”灯不亮。方式开关在“运行”位置，固化开关在“禁止”位置。定值选择拨轮开关在所带线路相对应运行方式的保护定值号码位置上。

2）人机接口插件中，若插件面板上装有 CPU 巡检开关及工作方式开关等九个器件，此时，方式开关在“运行”位置，CPU1～CPU4 的巡检开关均在“投入”位置，“运行”灯亮，“待打印”灯不亮。若插件面板上装有 16×4 字符式液晶显示器及新型键盘，此时，通过键盘及液晶显示器进行 CPU 巡检及工作方式选择等有关操作，将方式设置在“运行”状态，将 CPU1～CPU4 的巡检设置在“投入”状态。

3）信号插件中，“跳 A”“跳 B”“跳 C”“永跳”“重合”“启动”“呼唤”灯均不亮。

4）告警插件中，“CPU1”“CPU2”“CPU3”“CPU4”“总告警”“巡检中断”灯均不亮。

5）稳压电源插件中，“+5V”“+15V”“−15V”“+24V”灯均亮。

（3）保护的投入和停用。

1）整套保护装置的投入和退出。

投入操作如下：投运前，将装置上各开关按要求设置，专业人员进行各项检查后，运行人员按运行要求将跳闸出口连接片投入，装置进入正常运行状态。

装置有故障或需全部停运时，应将保护的跳闸出口连接片全部断开，再断开装置的直流电源。

2）某种保护的投入和停用。

投入操作如下：将欲投保护插件上的定值固化开关置于“禁止”位置，将定值选择开关拨到所选区号，运行——调试方式开关置于“运行”位置，投入该保护连接片，保护即投入运行。

停用操作如下：若某种保护退出运行，只需将其所对应的保护跳闸出口连接片打开即可，其运行——调试方式开关及巡检开关不得停用，仍在“运行”和“投入”位置，以保证三取二回路正常工作。

3）无人值班变电站保护的投退。

保护的投退除了可通过投入或断开保护跳闸出口连接片来实现外，还可通过将相应开关型定值（控制字软开关）整定为“ON”或“OFF”来实现。对于无人值班变电站，可使用软开关方式在远方投退保护，但软开关投退保护的前后都必须远方先查明保护软件开关的实际状态。无人值班变电站保护进行现场检修、整定工作时，保护投退必须操作保护连接片。

（4）重合闸的应用。

1）220kV 及以上线路要求继电保护双重化。所谓双重化，就是线路保护按两套“独立”能瞬时切除线路全线各类故障的原则配置主保护。

当 220kV 高压线路及 330kV、500kV 超高压线路配有两套微机保护时，两套微机保护的重合闸方式开关投用方式应保持一致。运行时，无论是两套运行还是单套运行，只投一台微机保护的重合闸连接片。

2）110kV 及以下线路配有微机保护和常规重合闸保护时，两套保护的重合闸方式开关投相同位置，只投常规重合闸保护的重合闸连接片，微机保护的重合闸连接片停用。

（5）装置中高频、距离、零序三种保护中任两种保护因异常停用时，则断开微机保护屏上的所有跳闸连接片。

（6）必须在两侧的高频保护停用后，才允许停用保护直流。合直流前，应先将两侧的高频保护停用，待两侧高频保护测试正常后，再汇报调度将高频保护同时投入运行。

（7）“信号复归”按钮与“整组复归”键不能用混。“信号复归”按钮是复归面板上信号灯和控制屏信号光字牌的，“整组复归”键是程序从头开始执行的命令。运行人员严禁按“整组复归”键。

（8）装置的运行维护。

1）高频通道检查。为了保证高频保护正确可靠地工作，运行值班人员每天应定时进行一次通道检测，检查通道是否良好。高频道的检测方法是：按下微机保护屏上通道检测按钮，观察监视屏上收发信机的各表头参数和信号灯是否符合要求。若不符合要求，说明高频通道存在故障，应汇报调度，按调度命令退出高频保护。

2）采样值检查。在运行状态菜单中选择 P 命令，将打印（显示）所选保护插件的采样值和有效值，对照打印（显示）值进行分析：三相电流应相等，$3I_0$ 应小于 0.3A，三相电流、电压的相序对应，相位相差 120°。

3）时钟校对。在运行状态中选择 T 命令，显示器显示当前时间（年、月、日、时、分、秒），此时可利用键盘上“↑”“↓”“→”“←”键选择修改位置，用“+”“-”键修改数据，全部修改完毕后，按 CR 键确认。要求机内时钟与标准时钟相差不得超过允许范围。

（9）零序电流保护、高频零序电流保护正常时均采用自产 $3U_0$，即 $3U_0=U_{L1}+U_{L2}+U_{L3}$（其中 U_{L1}、U_{L2}、U_{L3} 各为 L1、L2、L3 相电压）。仅当发生 TV 断线时，方自动采用外接 $3U_0$。此时距离保护（包括高频距离、相间距离、接地距离保护）退出运行，仅保留高频零序电流和零序电流保护。

（10）微机保护判断 TV 断线的方法。

1）一相或两相断线判据。当 $|U_{L1}+U_{L2}+U_{L3}|-|3U_0|>7V$ 超过 60ms（$3U_0$ 为外接 TV 开口三角形电压）时，则判断为 TV 断线，使距离保护闭锁，并打印 TV 断线信号。

2）三相断线判据。U_{L1}、U_{L2}、U_{L3} 均小于 8V，而 L1 相电流大于 $0.04I_N$（I_N 为额定电流），此状态持续 60ms 后，发 TV 断线信号，使距离保护闭锁。

（11）为防止 WXH-11 型微机保护中的零序电流保护在 TA 断线时误动作，在其动作逻辑中设置了 $3U_0$ 突变量元件闭锁，即零序保护出口跳闸条件中必须 $3U_0$ 有突变，且突变量应过定值。此闭锁条件可由“控制字”来决定加用与不用，供运行中选择。

（12）重合闸整定时间分为长延时和短延时，可通过“重合闸时间选择”连接片控制，以便在有全线速动保护时采用短延时，在无全线速动保护时，采用长延时。

三、WXH-11 型线路微机保护中央信号的设置及运行处理

1. 中央信号及其含义

WXH-11 型线路微机保护装置有下述四个中央信号装在控制屏上：

（1）“保护动作”信号，表示保护出口动作。

（2）“重合闸动作”信号，表示重合闸出口动作。

（3）“呼唤”信号，表示启动元件启动，或输入开关量变化，或电流互感器回路断线。

（4）“装置异常”信号，表示装置自检发现问题，或直流消失，或电压回路异常。

2. 中央信号出现时的处理方法

当控制屏四个光字牌灯光信号任意一个显示时，应记下时间，并到微机保护屏前记下装置面板信号指示情况（详见图 7-6），做好记录，然后按照下述方法处理。

（1）“保护动作”及“呼唤”信号同时显示，或“保护动作”“重合闸动作”及“呼唤”信号同时显示时的处理方法。检查“跳 A”“跳 B”“跳 C”“永跳”“重合”五个信号灯，至少有一个灯亮以及“呼唤”灯亮。表示本保护动作，应详细记录下信号表示情况，包括跳闸相别、重合、永跳。检查当时线路开关位置及打印机是否打印出一份完整的故障报告（此时应打印出一份事故报告，说明故障时间、保护动作情况、测距结果及 60ms 的录波）。记录复核无问题后按屏上的“信号复归”按钮复归信号，向调度报告记录结果及故障电流数值。

下面举例说明故障总报告的格式。

```
* * *    QD    02  09  10  11  30  20
         20    IOICK
         21    GBIOCK
```

26　IZKJCK
1024　CHCK
5160　CJ　X=5.06　R=1.60　AN　D=126.01km

该报告表示：2002年9月10日11时30分20秒装置启动，经20ms零序Ⅰ段出口，21ms高频零序出口，26ms阻抗Ⅰ段出口，1024ms重合出口，并且重合成功，感受到二次阻抗X=5.06Ω，电阻R=1.60Ω，判断是A相接地故障，离故障点距离为126.01km。

如果需要观察各保护的动作情况，可在运行状态菜单中选择X命令后，选择CPU，便可显示（打印）出所选CPU故障分析报告。

(2)“呼唤”信号显示时的处理方法。装置面板的“呼唤”灯亮，且打印（DLBBH），表示三相电流不平衡，检查打印出的采样报告，若一相、两相或三相电流明显增大时，表示区外故障。若仅有一相无电流表示电流互感器回路断线。

若装置面板的“启动”灯和“呼唤”灯一直亮，且打印（CTDX），按屏上“信号复归”按钮不能复归，则为电流回路断线，应立即断开本装置的跳闸连接片，并汇报调度及通知继电人员处理。

(3)“装置异常”信号显示时的处理方法。检查告警插件，仅巡检灯亮（或巡检灯，总告警灯及信号插件中呼唤灯亮），不必停用保护，但应立即通知继电人员处理。

告警插件中总告警灯亮，同时高频、距离、零序、重合闸告警灯之一亮时（不论信号插件中的呼唤灯是否亮），应断开该保护或重合闸所对应的保护投入连接片。

告警插件所有信号灯均亮时，应立即断开微机保护屏上所有跳闸连接片。

告警插件中总告警灯亮，信号插件的呼唤灯亮时，检查打印的报告，若打印出“CPUX ERR”（X为1、2、3、4中的某一个数），断开微机保护屏上该CPU所对应的保护投入连接片。

告警插件中CPU2告警，总告警灯亮，且打印（PTDX），表示可能电压回路断线。此时应立即退出距离保护投入连接片，通知继电保护人员处理。

第三节　变压器微机差动保护

一、变压器微机比率制动式差动保护的基本原理

1. 比率制动式差动保护的基本概念

比率制动式差动保护的动作电流是随外部短路电流按比率增大，既能保证外部短路不误动，又能保证内部短路有较高的灵敏度。

例如，电磁式BCH-1型继电器实质上就是一种具有比率制动特性的差动继电器，它可以通过调节制动绕组匝数W_r，使其动作电流I_{op}始终大于区外故障时对应的不平衡电流I_{unb}（如图7-7不平衡电流斜线1所示）。因为区外故障时流过制动绕组的制动电流I_r随短路电流I_k增大，差动继电器的动作电流$\dot{I}_{op}$也随之按比率增大，其比

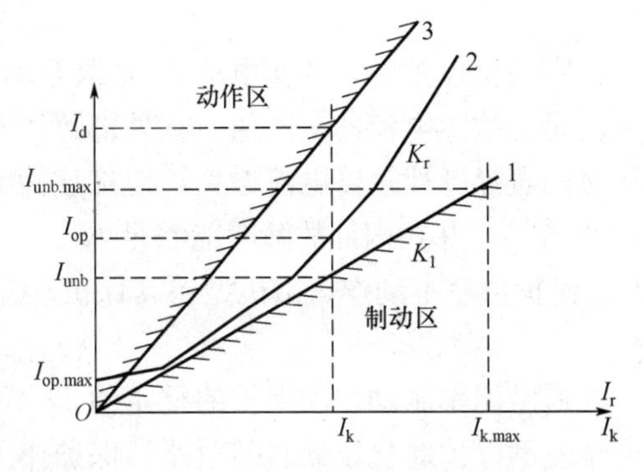

图7-7　BCH-1型差动继电器的制动特性

率 $K_r=I_{op}/I_r$，称为制动的比率系数（见图 7-7 中曲线 2）。曲线 2 斜率 $K_r>K_1$，而 $K_1=I_{unb.max}/I_{k.max}$，由于直线 1 始终在曲线 2 的下方，所以保护不会在区外故障时误动。然而在区内故障时，流过差动绕组 W_d 的差动电流 I_d，在最不利的条件下总是大于其动作电流，即 $I_d>I_{op}$（见图 7-7 的直线 3），因此区内故障时能正确动作。

2. 和差式比率制动的差动保护原理

由于比率制动差动保护是分相设置的，下面以单相为例说明双绕组变压器比率制动的差动保护原理。

如果以流入变压器的电流方向为正方向，那么差动电流可以用 $\dot{I}_h$ 与 $\dot{I}_L$ 之和表示（见图 7-8）。

$$I_d=|\dot{I}_h+\dot{I}_l| \tag{7-1}$$

为了使区外故障时获得最大制动作用，区内故障时制动作用最小或等于零，用最简单的方法构成制动电流，就可采用 $\dot{I}_h$ 和 $\dot{I}_1$ 之差表示

$$I_r=|\dot{I}_h-\dot{I}_l|/2 \tag{7-2}$$

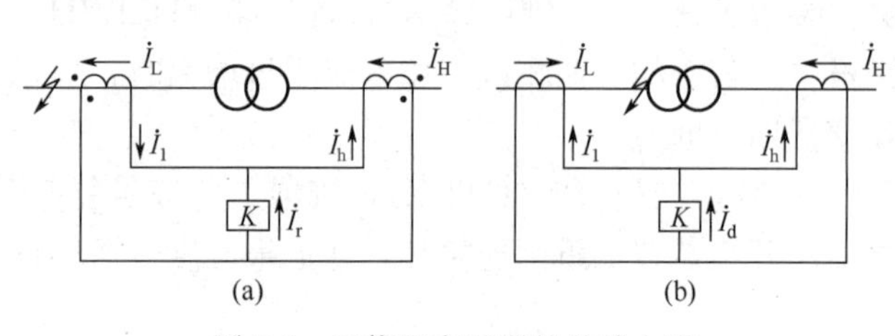

图 7-8　双绕组变压器的差动电流
（a）外部故障；（b）内部故障

假设 $\dot{I}_h$ 和 $\dot{I}_1$ 已经过软件相位变换和电流补偿，在微机保护中流入极性端为正，反之为负。则区外故障 $I_h=-I_1$，此时 I_r 达到最大，而 $\dot{I}_d$ 为最小值，并等于因 TA 饱和产生的不平衡电流 I_{unb}。相反区内故障时，$\dot{I}_h$ 和 $\dot{I}_1$ 相位一致，$\dot{I}_r$ 为最小，$\dot{I}_d$ 达到最大值，所以保护灵敏度较高。但必须指出，这时 $\dot{I}_r$ 虽然为最小值，但不为零，即区内故障时仍带制动量。

由于电流补偿存在一定误差，在正常运行 $\dot{I}_d$ 仍然有小量的不平衡电流 $\dot{I}_{unb}$。所以差动保护动作必须使 $\dot{I}_d$ 大于一个启动定值 $\dot{I}_{d.st}$，差动保护动作的第一判据应是满足下式。

$$I_d=I_{op.min}>I_{d.st} \tag{7-3}$$

按比率制动的比率系数基本概念，差动继电器在区外故障时，动作电流 I_{op} 随短路电流 I_k 按比率增大，其制动比率 $K_r=I_{op}/I_r$。式中 I_r 是制动电流，随短路电流 I_k 增大。应注意的是 K_r 是一个变量，要求在区内故障时 K_r 大于固定的整定值，保护可靠动作。而在外部故障时 K_r 却小于该整定值，使保护可靠地不动作。即要求满足如下判据

$$I_{op}/I_r=K_r>D$$

在微机保护中，动作电流 I_{op} 是取差动电流 I_d 作为保护的动作量。在内部故障时差动电流就是总故障电流的二次值，在外部故障时，差动电流反映了 TA 饱和产生的不平衡电流，虽然随着穿越性短路电流增大，但却比短路电流对应的二次值小得多。因此上式中 I_{op} 可用 I_d 来替换，并在内部故障时能满足 $K_r=I_d/I_r>D$，保护可靠动作；外部故障时 $K_r=I_d/I_r<D$，保护可靠不动作。微机型差动保护动作的第二判据可表示为

$$|I_d|/|I_r|=K_r>D \tag{7-4}$$

通常比率制动差动保护的整定值 D 不应选得过大，否则将使差动保护灵敏度下降，有损于差动保护对变压器匝间短路的保护作用，一般 D 取 0.3～0.5。

根据式（7-3）和式（7-4），比率制动特性可以用图7-9 表示。

图中 $I_{op.min}$ 是保护的最小的动作电流，它应大于启动定值 $I_{d.st}$，启动定值应取变压器正常运行时的最大不平衡电流 $I_{unb.max}$，其取值范围为(0.3～1.5)I_n，I_n 为基准电流。但最好在最大负荷时实测差动保护的不平衡电流 $I_{unb.max}$，然后由(1.5～2.0)$I_{unb.max}$ 计算 $I_{op.min}$ 值。$I_{unb.max}$ 可在最大负荷条件下直接从微机保护的液晶显示器中读出最大一相的差电流值得到。

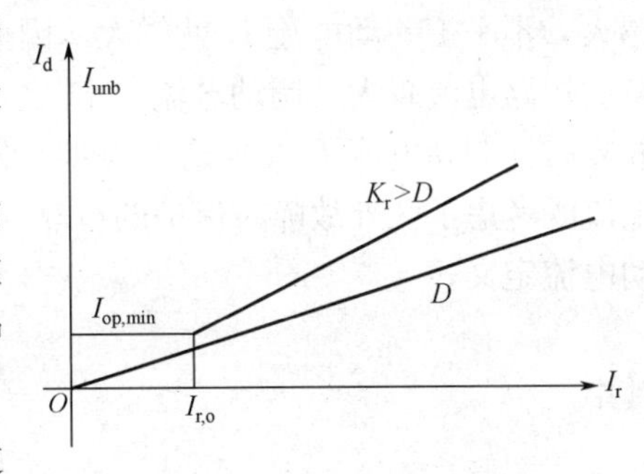

图 7-9 比率制动特性曲线

对三绕组变压器，式（7-3）和式（7-4）仍然适用，但差动电流和制动电流应做相应更改。式（7-1）应改写为

$$I_d = |\dot{I}_h + \dot{I}_m + \dot{I}_1| \tag{7-5}$$

因为三绕组变压器差动保护的电流关系可以看为两侧绕组的电流相加与另一侧绕组的电流相比较，如图 7-10 所示，这样就与双绕组变压器的情况一致。

所以式（7-2）可改写为以下式子

$$I_{r.1} = |\dot{I}_h + \dot{I}_1 - \dot{I}_m|/2 \tag{7-6}$$

$$I_{r.2} = |\dot{I}_h + \dot{I}_m - \dot{I}_1|/2 \tag{7-7}$$

$$I_{r.3} = |\dot{I}_m + \dot{I}_1 - \dot{I}_h|/2 \tag{7-8}$$

$$I_r = \max[I_{r.1}, I_{r.2}, I_{r.3}] \tag{7-9}$$

式（7-6）～式（7-8）中，I_h、I_1、I_m 均为经相位变换、电流补偿后某一相三侧的二次计算电流，式（7-9）是取三个制动量中最大值作为制动电流。例如区外故障（如低压侧母线 K 故障）时，如图 7-10 所示。仍假设流入极性端为正，流出为负，则根据基尔霍夫定律 $\dot{I}_1 = -(\dot{I}_h + \dot{I}_m)$ 并代入式（7-9）可得出：$I_{r.2}$ 为最大值，如中压侧区外故障 $I_{r.1}$ 为最大值，高压侧区外故障 $I_{r.3}$ 为最大值。制动电流 I_r 取最大值作为制动量，根据式（7-5）此时差动电流为最小值，理论上 $I_d=0$，可见区外故障时可靠不动作。

在区内故障时，I_d 为最大值，动作量取最大，而三个制动量虽然要比区外故障时小，但仍不为零，即区内故障时仍带一些制动量。

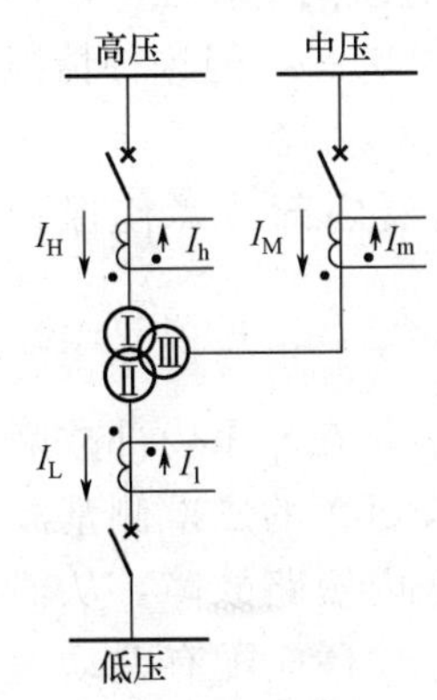

图 7-10 三绕组变压器的差动保护原理图

为了简单起见，有的变压器差动保护制动电流不是按式（7-9）中三个制动量选取最大值，而是在三侧电流 I_h、I_m、I_1 中直接选取最大值，可表达为下式，即

$$I_r = \max[I_h, I_m, I_1]$$

3. 复式比率制动的差动保护原理

（1）复式制动电流的概念。在正常运行时如不考虑误差，I_d 应为零，但实际上误差总是存在的，不平衡差流也是存在的。在变压器差动保护范围内部故障时，差动电流 I_d 就是故障的短路电流折算到二次侧的电流；在外部故障时，其差动电流 I_d 由于穿越性短路电流很大，使 TA 铁芯严重饱和而产生的不平衡差流，而且穿越性短路电流

越大，不平衡差动电流 I_d 就越大。因此有必要引入复合的制动电流 I_r，一方面使得外部故障的短路电流越大，制动电流 I_r 随之增大，能有效地防止差动保护误动；另一方面在内部故障时让制动电流 I_r 在理论上为零，使差动保护能不带制动量灵敏动作。这种复合的制动电流既考虑了区外故障时保护的可靠性又考虑了区内故障时保护的灵敏度。下式就是复合制动电流定义式

$$I_r = |I_d - \Sigma|I_i||$$

其中

$$\Sigma|I_i| = |I_h| + |I_m| + |I_l|$$

（2）复式比率差动保护的工作原理。所谓复式比率差动保护，就是按“复式比率”制动原理构成的差动保护，该保护中的制动电流是复合了差动和制动两个电流因素而构成的。它能满足正常运行、区外故障、内部故障等多种情况对保护的要求。复式比率差动保护的特性曲线如图 7-11 所示。

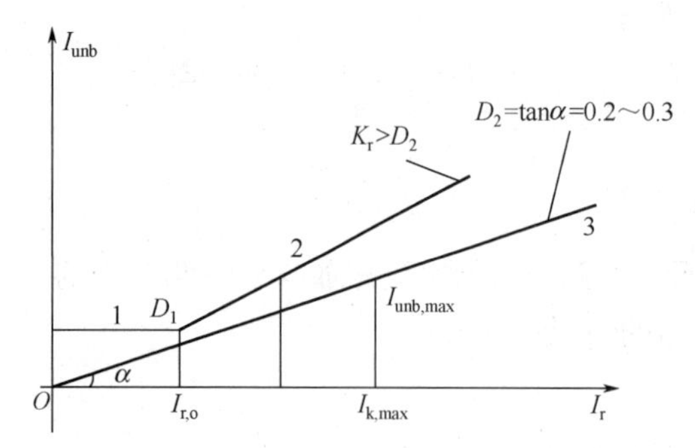

图 7-11　复式比率差动保护制动特性曲线

4. 二次谐波制动原理

在变压器励磁涌流中含有大量的二次谐波分量，一般约占基波分量的 40%以上。利用差电流中二次谐波所占的比率作为制动系数，可以鉴别变压器空载合闸时的励磁涌流，从而防止变压器空载合闸时保护的误动。

在差动保护中差动电流的二次谐波幅值用 I_{d2} 表示，差动电流 I_d 中二次谐波所占的比率 K_2 可表示如下

$$K_2 = I_{d2}/I_d$$

如选二次谐波制动系数为定值 D_3，那么只要 K_2 大于 D_3 就可以认为是励磁涌流出现，保护不应动作。在 K_2 值小于 D_3 同时满足比率差动其他两个判据时才允许保护动作。所以比率差动保护的第三判据应满足下式

$$K_2 < D_3$$

二次谐波制动系数 D_3 有 0.15、0.20、0.25 三种系数可选。根据变压器动态试验，典型取值为 0.15，一般不宜低于 0.15。应当指出二次谐波制动的原理是有缺陷的，在变压器剩磁较大的情况下，励磁涌流的二次谐波占基波分量的比率，有时小于 0.15，但这种情况的出现机会较少。

以上变压器差动保护的三个判据必须同时满足，才能判定变压器内部故障使保护动作。

5. 差动速断保护

一般情况下比率制动原理的差动保护能作为电力变压器主保护，但是在严重内部故障时，短路电流很大的情况下，TA 严重饱和使交流暂态传变严重恶化，TA 的二次侧基波电流为零，高次谐波分量增大，比率制动原理的差动保护无法反映区内短路故障，从而影响了比率差动保护的快速动作，所以变压器比率制动原理的差动保护还应配有差动速断保护，作为辅助保护以加快保护在内部严重故障时的动作速度。差动速断保护是差动电流过电流瞬时速动保护。差动速断的整定值按躲过最大不平衡电流和励磁涌流来整定，

动作判据式为式（7-10）。由于微机保护的动作速度快，励磁涌流开始衰减很快，因此微机保护的差动速断整定值就应较电磁式保护取值大，整定值 D_4 可取正常运行时负荷电流的 5～6 倍。

$$I_d > D_4 \tag{7-10}$$

6. 变压器比率差动保护程序逻辑框图

以 ISA-1H 型变压器保护装置为例说明变压器比率差动保护程序逻辑，如图 7-12 所示。

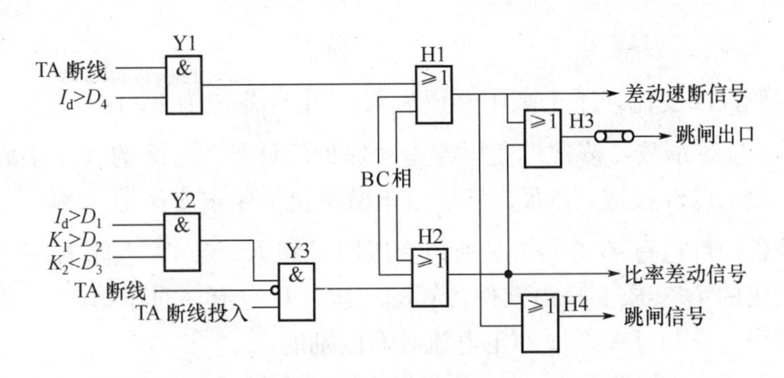

图 7-12　变压器比率差动保护程序逻辑框图

在程序逻辑框图中可见复式比率差动保护动作的三个判据是“与”的关系（图 7-12 中与门 2），必须同时满足才能动作于跳闸。而差动速断保护是作为比率差动保护的辅助保护。在比率差动保护不能快速反应严重区内故障时，差动速断保护应无延时的快速出口跳闸。因此这两种保护是“或”的逻辑关系（图 7-12 中 H3）。复式比率差动保护在 TA 二次回路断线时会产生很大的差电流而误动作，所以必须经 TA 断线闭锁，当 TA 断线时与门 Y3 被闭锁住，不能出口动作。

二、变压器微机差动保护 TA 接线方式、特点及软件功能

1. 变压器微机差动保护 TA 接线特点

常规变压器的差动保护，由于双绕组变压器（Yd11）各侧一次接线方式不同，造成两侧电流相位差 30°，从而在变压器差动保护的差回路中产生较大的不平衡电流，为此要求两侧 TA 二次侧采用电流相位补偿法接线，即将变压器星形侧的电流互感器接成三角形，而将变压器三角形侧的电流互感器接成星形。然而在微机保护中，由于软件计算的灵活性，允许变压器各侧 TA 二次都按 Y 形接线。在进行差动计算时由软件对变压器 Y 形侧电流相位校准及电流补偿。

应注意的是微机型变压器差动保护装置还要求各侧差动 TA 的一次、二次绕组极性均朝向变压器，只有这样的接线才能保证软件计算正确。

2. 电流平衡的调整系数

主变压器的各侧 TA 二次按 Y 形接线，由软件进行相位校准后，由于变压器各侧额定电流不等及各侧差动 TA 变比不等，还必须对各侧计算电流值进行平衡调整，才能消除不平衡电流对变压器差动保护的影响。

具体计算时，只需根据变压器各侧一次额定电流和差动 TA 变比求出电流平衡调整系数 K_b，将 K_b 值当作定值输入微机保护，由保护软件实现电流自动平衡调整，消除不平衡电流影响。具体计算如下。

（1）计算变压器各侧的一次额定电流 I_{1N}

$$I_{1N}=\frac{S}{\sqrt{3}U_N} \tag{7-11}$$

式中 S——变压器额定容量，应取最大容量侧的容量，kVA；

U_N——本侧额定线电压，有调压分接头的，应取中间抽头电压，kV。

（2）计算变压器各侧 TA 二次计算电流 I_{2c}

$$I_{2c}=\frac{I_{1N}}{K_n}K_{jx} \tag{7-12}$$

式中 K_n——本侧 TA 变比，用于高压侧记为 K_h、中压侧记为 K_m、低压侧记为 K_L；

K_{jx}——TA 接线系数，按常规变压器差动保护的计算，Y 侧的 TA 接成△，$K_{jx}=\sqrt{3}$；△侧的 TA 接成 Y，$K_{jx}=1$。由于微机保护要求变压器 Y 侧 TA 也接成 Y，由软件内部进行 Y/△转换，所以变压器 Y 侧 $K_{jx}=\sqrt{3}$，△侧 $K_{jx}=1$。由式（7-12）决定的 I_{2c}实质上是由软件计算的二次计算电流，对于都按 Y 接线的微机保护来说，它与 TA 二次额定电流是有区别的。

（3）计算电流平衡调整系数 K_b。首先规定变压器高压侧的 I_{2c}为电流基准值 I_n（有的保护装置以 5A 为基准），然后对其他各侧的 TA 变比进行计算调整。其调整系数为 K_b 值，作为整定值输入保护装置，由保护软件完成差动 TA 自动平衡。各侧调整系数按下式计算

$$K_b=\frac{I_n}{I_{2c}} \tag{7-13}$$

推导调整系数公式时，式中下标 h、L、m 分别表示高压侧、低压侧和中压侧（或内桥侧）有关数值，则：I_{2ch}、I_{2cL}、I_{2cm}分别为变压器高、低、中压侧 TA 二次计算电流；I_{1Nh}、I_{1NL}、I_{1Nm}分别为变压器高、低、中压侧一次额定电流；U_h、U_L、U_m 分别为变压器高、低、中压侧额定电压；K_{bh}、K_{bL}、K_{bm}分别为变压器高、低、中压侧电流平衡调整系数。

根据式（7-11）～式（7-13），得

$$K_{bh}=\frac{I_n}{I_{2ch}}=\frac{I_{2ch}}{I_{2ch}}=1 \tag{7-14}$$

$$K_{bL}=\frac{I_n}{I_{2cL}}=\frac{I_{2ch}}{I_{2cL}}=\frac{\dfrac{I_{1Nh}K_{jx\cdot h}}{K_h}}{\dfrac{I_{1NL}K_{jx\cdot L}}{K_L}}=\frac{I_{1Nh}K_{jx\cdot h}K_L}{I_{1NL}K_{jx\cdot L}K_h}$$

$$=\frac{\dfrac{S}{\sqrt{3}U_h}K_{jx\cdot h}K_L}{\dfrac{S}{\sqrt{3}U_L}K_{jx\cdot L}K_h}=\frac{U_LK_{jx\cdot h}K_L}{U_hK_{jx\cdot L}K_h} \tag{7-15}$$

$$K_{bm}=\frac{I_n}{I_{2cm}}=\frac{I_{2ch}}{I_{2cm}}=\frac{U_mK_{jx\cdot h}K_m}{U_hK_{jx\cdot m}K_h} \tag{7-16}$$

对于 Y0y0d11 三绕组变压器或高压侧带内桥（或带分段）断路器的双绕组变压器，$K_{jx\cdot h}=\sqrt{3}$，$K_{jx\cdot m}=\sqrt{3}$，$K_{jx\cdot L}=1$，将这些系数代入式（7-15）和式（7-16），得

$$K_{bL}=\frac{\sqrt{3}U_LK_L}{U_hK_h} \tag{7-17}$$

$$K_{bm}=\frac{U_mK_m}{U_hK_h} \tag{7-18}$$

由于微机取值是按二进制方式取值，调整系数取值不是连续的而是分级的，如每级差为 0.0625，因此按级差取值的调整系数 K_b 不可能使差动保护完全达到平衡，在理论上仍有误差。下面举例计算电流平衡调整系数 K_b。

例 7-1　已知变压器三侧容量为 31.5/20/31.5MVA，电压比为 110±4×2.5%/38.5±2×2.5%/11kV，接线方式为 Y0y12d11，TA 二次额定电流为 5A。试计算电流平衡调整系数。

解　$I_{1Nh}=31500/\sqrt{3}\times110=165A$；TA 变比选 $K_h=200/5=40$

$I_{1Nm}=31500/\sqrt{3}\times38.5=473A$；选 $K_m=500/5=100$

$I_{1NL}=31500/\sqrt{3}\times11.0=1650A$；选 $K_L=2000/5=400$

软件相位校正及计算的各侧二次计算电流

$$I_{2ch}=\sqrt{3}\times165/40=7.14(A)$$

$$I_{2cm}=\sqrt{3}\times473/100=8.19(A)$$

$$I_{2cL}=1650/400=4.12(A)$$

计算调整系数（以高压侧二次计算值 I_{2ch} 为基准）

$$K_{bh}=1$$

$$K_{bm}=I_{2ch}/I_{2cm}=7.14/8.19=0.87(\text{按 0.0625 级差,选 0.875})$$

$$K_{bL}=I_{2ch}/I_{2cL}=7.14/4.12=1.73(\text{选 1.75})$$

也可利用式（7-17）和式（7-18）求调整系数，即

$$K_{bL}=\sqrt{3}U_LK_L/U_hK_h=\sqrt{3}\times11\times400/110\times40=1.732(\text{选 1.75})$$

$$K_{bm}=U_mK_m/U_hK_h=38.5\times100/110\times40=0.875(\text{选 0.875})$$

微机保护利用上述调整系数求得变压器正常运行及故障时各侧平衡计算后的二次电流。如在满负荷时中压侧为 8.19A×0.875=7.166A，低压侧为 4.12A×1.75=7.21A。可见经软件相位校正及电流补偿后基本上电流平衡补偿了，但仍然有因误差等原因产生的不平衡现象，例如级差为 0.0625，最大误差为 3.122%，本例相对误差为 1%，并不影响保护正常工作。

第四节　BP-2A 型微机母线保护

一、BP-2A 型微机母线保护装置的主要特点及基本原理

BP-2A 型微机母线保护装置选用 Intel 80186CPU 芯片，采用集中控制方式，设有两套完全独立的微机系统，分别定义为差动元件和闭锁元件。差动元件包括：母线差动保护，失灵保护出口逻辑，母线充电保护，TA 断线闭锁及告警，TV 断线告警等。闭锁元件主要由复合电压闭锁元件构成。

1. 装置特点

(1) 装置采用复式比率差动原理，在区内故障无制动，在区外故障时则有极强的制动特性，差动保护的灵敏度及可靠性大为提高。

（2）具有母联运行方式自适应能力，倒闸操作过程中，保护无需退出，并实时地无触点切换差动回路和出口回路。

（3）以大差动判别故障，各段母线小差动保证选择性，对运行方式无特殊限制。

（4）对 TA 变比无特殊要求，允许母线上各单元 TA 变比不一致，TA 变比可由客户在现场设置。

（5）双微机系统，完全独立的差动元件和闭锁元件，保证装置安全可靠。

（6）全汉化人机界面，大屏幕液晶显示，可实时巡视所有电流、电压的大小和相位，可实时巡查开关量输入的状态，可记录最新六次区内故障的信息，并打印出故障波形。

2. 保护配置及辅助功能

（1）保护配置包括：母线分相比率差动保护，失灵保护出口回路，母联失灵（死区）保护，母线充电保护，复合电压闭锁，TA 断线闭锁及告警，TV 断线告警。

（2）辅助功能包括：定值整定及 TA 变比设置，系统自检及诊断，交流量输入的实时巡测，开关量输入的实时巡测，故障信息的打印输出，时钟校对等。

3. 保护原理说明

（1）复式比率差动原理。差动保护具有选择性好，灵敏度高，动作速度快的特点，因而得到广泛的应用，决定差动保护性能的关键因素是能否有效地克服区外故障时由于 TA 误差而产生的差动不平衡电流，特别是区外故障时，流过最大短路电流的 TA 发生饱和而产生的最大不平衡电流。传统的带制动特性的差动继电器（即比率差动继电器），由于采用一次的穿越电流作为制动电流，因此在区外故障时，若有较大的不平衡电流，难免要失去选择性，而且在区内故障时，若有电流流出母线，保护的灵敏度也会下降。

复式比率差动继电器是一种新原理的比率差动继电器，由于在制动量的计算中引入了差动电流，使得该继电器在区内故障时无制动，而在区外故障时则有极强的制动特性，制动系数的选择范围为 0～∞，因此能更明确地区别区内故障和区外故障。

复式比率差动继电器的动作判据为

$$I_{\mathrm{d}} > I_{\mathrm{dset}} \tag{7-19}$$

$$I_{\mathrm{d}}/(I_{\mathrm{r}} - I_{\mathrm{d}}) > K_{\mathrm{r}} \tag{7-20}$$

$$I_{\mathrm{d}} = \left| \sum_{i=1}^{n} I_{\mathrm{i}} \right|$$

$$I_{\mathrm{r}} = \sum_{i=1}^{n} \left| I_{\mathrm{i}} \right|$$

I_{i}（$i=1, 2, \cdots, n$）为母线上各支路二次电流的矢量，I_{dset} 为差电流定值，K_{r} 为比率制动系数。

若忽略 TA 误差和流出电流的影响，在区外故障时，$I_{\mathrm{d}}=0$，$I_{\mathrm{r}}\neq 0$，式（7-20）左边为 0；在区内故障时，$I_{\mathrm{d}}\neq 0$，$I_{\mathrm{d}}=I_{\mathrm{r}}$，式（7-20）左边为∞。由此可见，复式比率差动继电器能非常明确地区分区内和区外故障，K_{r} 值的选取范围达到最大，即 0～∞。

（2）母线差动回路的构成。BP-2A 装置中，差动回路是由一个母线大差动和几个各段母线小差动所组成的。母线大差动是指除母联断路器和分段断路器以外的母线上所有其余支路电流所构成的差动回路。某段母线小差动是指与该段母线相连接的各支路电流构成的差动回路，其中包括了与该段母线相关联的母联断路器和分段断路器。

BP-2A 装置通过母线大差动判别区内和区外故障，通过各段小差动来选择故障母线。一般情况下，母线大差动的构成不受母线运行方式变化的影响，而各段母线小差动则是根据各支路的隔离开关位置由母线运行方式自适应环节来自动地实时地进行组合。

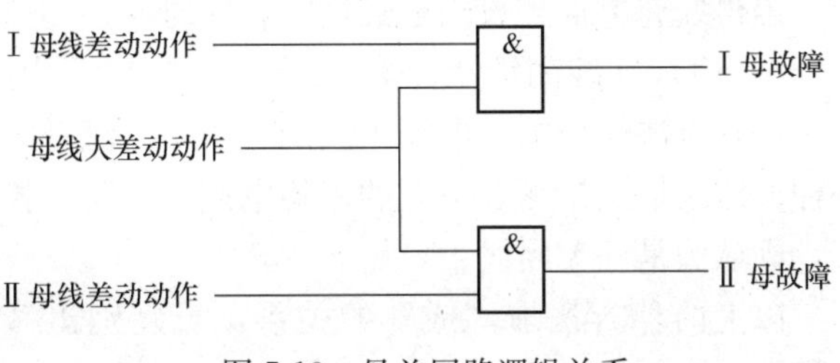

图 7-13　母差回路逻辑关系

以双母线为例，母线差动回路的逻辑关系如图 7-13 所示。

（3）复合电压闭锁。BP-2A 装置中设有复合电压闭锁元件。复合电压包括：低电压、零序电压和负序电压。

每一段母线都对应设有一个复合电压闭锁元件，只有当差动保护判出某段母线故障，同时该段母线的复合电压动作，才认为该母线发生故障并予以切除。

（4）同步识别法克服 TA 饱和的影响。在区外故障时，流过最大穿越性电流的 TA 可能会严重饱和，使得差动保护误动。但是，在故障发生的初始和线路电流过零点附近存在一个线性传变区，在这线性传变区内，差动保护不会动作。这就说明，差动保护动作与实际故障在时间上是不同步的，差动保护动作滞后一个时间。

在区内故障时，因为差动电流就是故障电流的实际反映，所以，差动保护动作与实际故障是同步发生的。由此可见，通过判别差动动作与故障发生是否同步就可识别饱和情况。

考虑到 TA 饱和后，在每个周期中存在至少一个线性传变区，因此对饱和的闭锁应该是周期性的。在判出 TA 饱和后，差动保护先闭锁一周期，随后开放，这样即使出现故障发展，如区外故障转区内故障，差动保护仍能可靠地快速动作，以满足系统稳定要求。

（5）母联失灵（死区故障）保护。当母线保护动作，出口跳闸，而母联断路器失灵，或发生死区故障，即母联断路器和 TA 间发生短路，这时需进一步地切除母线上的其余单元。因此，在保护动作，发出跳开母联断路器的命令后，经延时，判别母联电流是否越限，如延时后，母联电流满足越限条件，且母线复合电压动作，则跳开母线上的所有断路器。

（6）倒闸过程中的差动逻辑。对于双母线而言，在倒闸过程中，当某一单元的两副隔离开关同时处于合位时，两段母线实际上经隔离开关短接，成为单母线。因此，当母线大差动动作后，将不再做故障母线的选择，而应将母线上的所有单元切除。

（7）线路失灵保护出口逻辑。线路发生故障时，若该线路断路器失灵，则需由母线保护跳开该线路所在母线上的所有断路器。

BP-2A 装置接受来自线路保护的失灵启动触点，经延时并确认其所在母线后，若相关的母线复合电压动作，则跳开该段母线上的所有单元。

该出口逻辑的复合电压动作定值，应按失灵保护的灵敏度要求进行整定。

（8）母线充电保护。当一段母线经母联断路器对另一段母线充电时，若被充电母线存在故障，此时需由充电保护将母联断路器跳开。为防止由于母联 TA 极性不对造成的误动，一般在充电的短时间内将母差保护闭锁。

BP-2A 装置接收到充电保护投入的触点信号后，将差动保护闭锁，同时判别母联电流是否越限，若母联电流越限且复合电压动作，则经过可整定延时后，将母联断路器跳开。

当母线充电保护投入触点延时返回时，差动保护将正常投入。

(9) TA断线闭锁及告警。BP-2A装置中采用了两种方法来判别TA断线。

一种方法是根据差电流来判别，当差电流越限且母线电压正常，则认为是TA断线；另一种方法是依次检测各单元的三相电流，若某一相或两相电流为零而另两相或一相有负荷电流，则认为是TA断线。

以上两种方法取“或”的关系，当判别出TA断线后，立即闭锁差动保护，并延时告警。

(10) TV断线告警。TV断线是通过母线复合电压来判别的。当判别母线上出现低电压、负序电压或零序电压时，装置将经延时发出TV断线告警信号。TV断线不闭锁母差保护。

4. 装置连接片及现场运行

(1) 装置连接片。大差退出连接片，正常运行时断开，母联断路器断开、双母线分裂运行时投入；充电保护投入连接片，正常运行时断开，利用母联断路器给母线充电时投入；母差、失灵保护跳各元件连接片，正常运行投入；各元件启动失灵保护连接片，正常运行投入。

(2) 现场运行。运行保护，首先须按下“差动投入”（“闭锁投入”）按钮。运行过程中，将循环显示运行状态，主要测量值和自检结果。

一般情况下液晶屏的背光熄灭，当有异常情况时，背光点亮，直至异常消失。当运行方式改变或系统复位或有任意键（除复位键）按下时，背光点亮，相关信息显示两遍后，背光熄灭。

正常运行状态下，液晶屏显示的信息为：

1) 保护配置。显示此时差动保护、失灵保护出口及充电保护的投退情况。

2) TV切换。显示两段母线TV投、退情况。

3) 大差电流。保护实时测得的母线三相大差电流数值。

4) 母线电压。保护实时测定的各段母线三相电压，零序和负序电压数值。

5) 保护随机自检结果和出错信息。

装置随机自检包括保护定值的校验，数据采集通道的检查和失灵保护起动触点的检测。

二、母线微机保护TA变比设置特点及软件功能

常规的母线差动保护为了减少不平衡电流，要求连接在母线上的各个支路TA变比必须完全一致，否则就要求安装中间变流器，这造成体积很大而且不方便。微机型母线保护的TA变比可以通过设置，方便地改变TA的计算变比，从而允许母线各支路差动TA变比不一致，也不需要装设中间变流器。

运行前，将母线上连接的各支路TA变比键入CPU插件后，保护软件以其中最大变比为基准，进行电流折算，使得保护在计算差流时各TA变比均变为一致，并在母线保护计算判据及显示差电流时也以最大变比为基准。

为说明起见，假设母线上连接有三个支路单元：一个电源支路（其电流方向流入母线）和两个负荷（其电流方向流出母线）。正常运行时各支路一次电流分别为I_1、I_2、I_3，二次电流分别为I_{12}、I_{22}、I_{32}，各支路TA变比对应为n_1、n_2、n_3，如果n_1为最大变比，则选n_1为基准值。在正常运行时，各支路的一次电流分别为$I_1=I_{12}n_1$，$I_2=I_{22}n_2$，$I_3=I_{32}n_3$。然后

以最大变比 n_1 为基准换算得到各支路计算二次值为 $I_{12}n_1/n_1$、$I_{22}n_2/n_1$、$I_{32}n_3/n_1$。这样，即使原各支路的变比不一致，经换算后均一致为 n_1，如此算法可以保证正常运行及区外故障时计算的差电流为零(不考虑 TA 误差)，其证明如下

$$I_{\mathrm{d}}=I_{12}n_1/n_1-(I_{22}n_2/n_1+I_{32}n_3/n_1)=(I_1-I_2-I_3)/n_1=0$$

此外经折算后，$I_{22}n_2/n_1$ 及 $I_{32}n_3/n_1$ 的计算值均变得很小，不但可以减少计算量，并可避免软件计算溢出出错。但要注意，如果各支路 TA 变比与最大变比不成倍数关系，例如 1200/5 与 800/5，为防止计算误差引起较大的不平衡电流，其折算过程比上述过程复杂，只能预先固化设定，不能现场随时设置，即变比设计后应将变比预先送厂家固化。

■ 第五节　电力电容器微机保护

一、并联补偿电容器组的通用保护

单台并联补偿电容器的最简单、有效的保护方式是采用熔断器。这种保护简单、价廉、灵敏度高、选择性强，能迅速隔离故障电容器，保证其他完好的电容器继续运行。但由于熔断器抗电容充电涌流的能力不佳，不适应自动化要求等原因，对于多台串并联的电容器组保护必须采用更加完善的继电保护方式。

图 7-14 是并联补偿电容器组的主接线图。电容器组通用保护方法有如下几种：

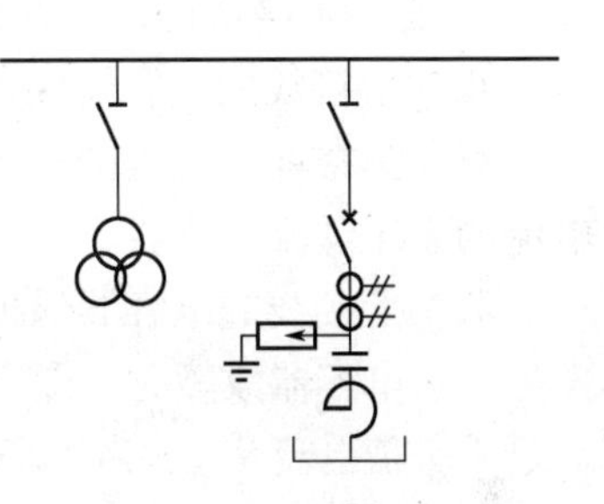

图 7-14　并联补偿电容器组的主接线图

1. 电抗器限流保护

与电容器串联的电抗器，具有限制短路电流、防止电容器合闸时充电涌流及放电电流过大损坏电容器。除此之外，电抗器还能限制对高次谐波的放大作用，防止高次谐波对电容器的损坏。

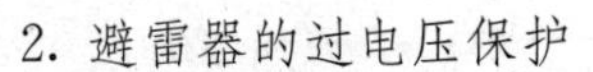

2. 避雷器的过电压保护

与电容器组并联的避雷器用于吸收系统过电压的冲击波，防止系统过电压，损坏电容器。

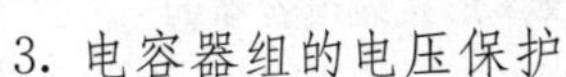

3. 电容器组的电压保护

电容器电压保护是利用母线电压互感器 TV 测量和保护电容器。电容器电压保护主要用于防止系统稳态过电压和欠电压。

4. 电容器组的电流保护

电容器组的过电流保护用于保护电容器组内部短路及电容器组与断路器之间引起的相间短路。采用两段式，每段一个时限的保护方式。

二、电容器组内部故障的专用保护

电容器组是由许多单台电容器串并联组成，个别电容器故障由其相应的熔断器切除，对整个电容器组无多大影响。但是当电容器组中多台电容器故障被熔断器切除后，就可能使继续运行的剩余电容器严重过负荷或过电压，因此必须考虑如下专用的保护措施。

1. 单 Y 形接线的电容器组保护

单 Y 形接线的电容器组如图 7-15（a）所示，一般采用零序电压保护。保护采用电压互

感器的开口三角形电压以形成不平衡电压。电压互感器的一次绕组兼作电容器放电线圈，可防止母线失压后再次送电时因剩余电荷造成的电容器过电压。

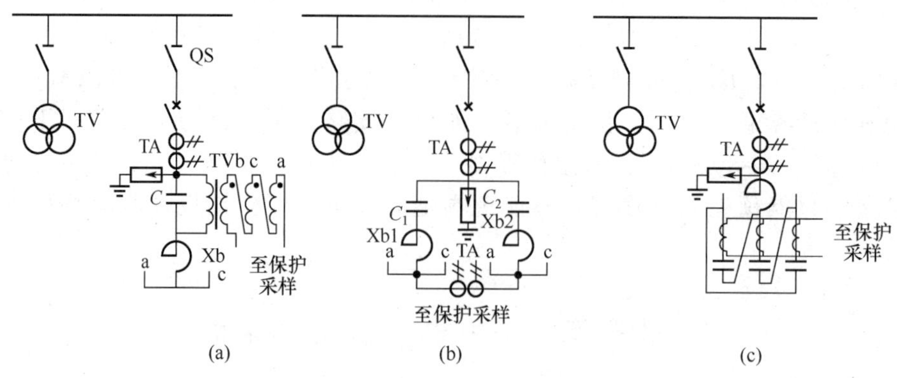

图 7-15　三种简单的电容器组保护方式

（a）单 Y 形；（b）双 Y 形；（c）△形

如电容器组中多台电容器发生故障，电容器组的电纳将发生较大变化，引起电容器组端电压改变，在开口三角形出口随即产生零序电压。单 Y 形电容器组微机保护（零序电压保护）逻辑图如图7-16 所示，$t_{o.u}$为零序电压保护的延时，SW 为控制字软开关。

2. 双 Y 形接线的电容器组保护

双 Y 形接线的电容器保护可采用不平衡电流或电压保护方式。

双 Y 形接线电容器的主接线如图 7-15（b）所示，图中所示的 TA 是测量中性线不平衡电流的零序电流互感器。

双 Y 形接线的电容器保护采用中性线不平衡电流保护，当同相的两电容器组 C_1 或 C_2 中发生多台电容器故障时，即 $X_{C_1} \neq X_{C_2}$，此时流过 C_1 和 C_2 的电流不相等，因此在中性线中流过不平衡电流 I_{unb}。当 $I_{unb} > I_{set}$时保护动作。保护逻辑框图如图 7-17 所示。

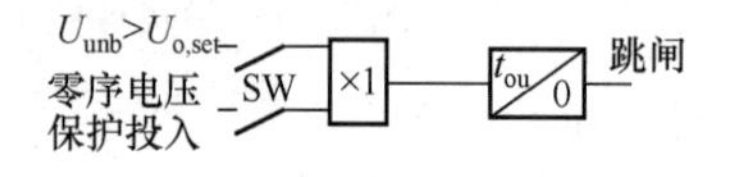

图 7-16　零序电压保护逻辑图

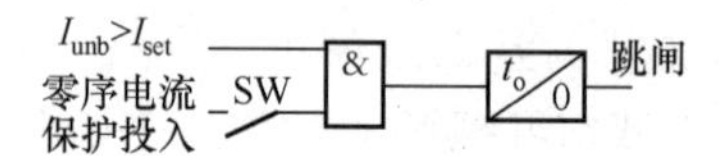

图 7-17　双 Y 形接线电容器的不平衡电流保护逻辑

当双 Y 形接线采用不平衡电压保护时，可用 TV 改换 TA。即将 TV 一次绕组串在中性线中，当某电容器组发生多台电容器故障时，故障电容器组所在星形的中性点电位发生偏移，从而产生不平衡电压。

当$U_{unb} > U_{set}$时，保护动作。其逻辑框图与图 7-16 相似。

3. 三角形接线的电容器组保护

电容器组为三角形接线时，通常用于较小容量的电容器组，保护采用零序电流保护，其接线如图 7-15（c）所示，逻辑框图与图 7-17 类似。

4. 桥式差流的保护方式

电容器组为单星形接线，而每相接成四个平衡臂的桥路时，可以采用桥差接线的保护方式，其一次接线如图 7-18（a）所示。正常运行时四个桥臂容抗平衡，$X_{C_1} = X_{C_2}$，$X_{C_3} = X_{C_4}$

（或 $C_1/C_3=C_2/C_4$），因此桥差接线的 M 和 N 之间无电流流过。当四个桥臂中有一个电容器组存在多个电容器损坏时，桥臂之间因不平衡，在桥差接线 MN 中就流过不平衡差流。不平衡差流超过定值时保护动作。桥差保护方式的逻辑框图如图 7-19 所示。图中 SW 控制字"1"为投入，"0"为退出。

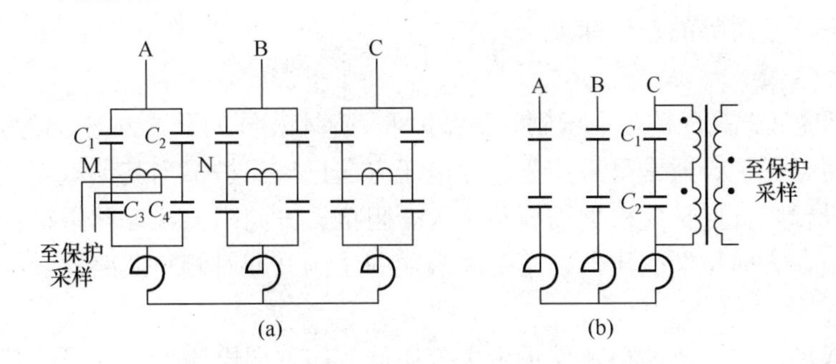

图 7-18　电容器组桥差、压差保护方式

（a）桥差接线；（b）压差接线

5. 电压差动保护方式

电容器组为单星形接线，而每相为两组电容器组串联组成时，可用电压差动保护方式，其一次接线如图 7-18（b）所示。图中只画出一相 TV 接线，其他两相也是相似的。TV 的一次绕组可以兼作电容器组的放电回路，二次绕组接成压差式即反极性相串联。正常运行时 $C_1=C_2$，压差为零。当电容器组 C_1 或 C_2 中有多台电容器损坏时，由于 C_1 和 C_2 容抗不等，因两只 TV 一次绕组的分压不等，压差接线的二次绕组中将出现差电压。当压差超过定值时，保护动作。压差保护方式的逻辑框图如图 7-20 所示。图中 SW 为控制字，"1"为投入，"0"为退出运行。

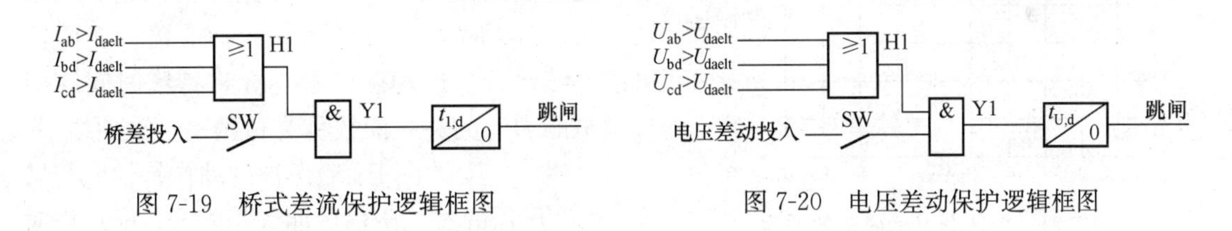

图 7-19　桥式差流保护逻辑框图　　　　图 7-20　电压差动保护逻辑框图

■ 第六节　500kV 自耦变压器微机保护

与同容量的普通变压器相比，自耦变压器材料省、造价低、损耗小、质量轻，便于运输安装，能扩大变压器的极限制造容量。因此目前 500kV 超高压系统大都利用自耦变压器完成长距离、大容量的电能变换与传输。

一、500kV 自耦变压器微机保护配置

1. 启动方式

无论主保护还是后备保护，500kV 自耦变压器微机保护的启动方式都可采用反映故障分量的各侧相电流突变量及零序电流稳态量超定值启动方式。过励磁和低压侧零序过压则采用直接出口方式。

2. 主保护配置（电气保护）

500kV 自耦变压器主保护采用比率制动式差动保护，用二次谐波制动方式并设有电流回路断线闭锁。变压器过电压或过励磁时，含大量五次谐波的励磁电流急剧增大，为防止这时的不平稳差流使差动保护误动，必须增设五次谐波制动。主保护还配置差动速断保护，以提高变压器内部严重故障的动作速度。

3. 后备保护配置

500kV 自耦变压器高压侧与中压侧后备保护采用基本相同的配置方案，但分别独立设置。

（1）相间短路保护。通常是采用复合序电压方向过流保护，当其灵敏度校验不够时则采用阻抗保护。设置阻抗保护应根据需要整定为全阻抗、方向阻抗或偏移阻抗特性。按一段阻抗二段时限实施，方向指向变压器，第一时限跳中压侧（即对侧）断路器，第二时限跳变压器各侧断路器。

（2）接地保护。主变压器接地保护由主变压器零序方向电流保护构成，其方向指向本侧母线。按二段一时限实施，第一段跳本侧断路器，第二段跳各侧断路器。

（3）反时限过励磁保护。设置在高压侧，高定值跳各侧断路器，低定值作用于信号。

（4）零序过流保护。设置在中压侧，作为公共绕组的零序过流保护。跳各侧断路器。

（5）过负荷保护。三侧均设过负荷保护，并只作用于发信。

低压侧后备保护配置过流保护和零序过压保护。过流保护设二段时限，第一时限跳低压侧断路器，第二时限跳各侧断路器。当低压侧是 35kV 小接地电流系统时，为防止单相接地引起的过电压，应设置零序过压保护。该保护作用于信号或跳低压侧断路器。

二、WBH-100 型反时限过励磁保护原理

过励磁的严重程度用过励磁的倍数表示：$n=B/B_N$。过励磁倍数越大，允许的持续时间越短。例如法国规定 $n=1.3$ 时允许持续时间 $t=10s$，$n=1.2$ 时 $t=60s$，当 $n=1.05$ 倍，变压器可以连续运行。过励磁倍数与允许持续时间（即过励磁能力）的关系曲线称为过励磁倍数曲线。

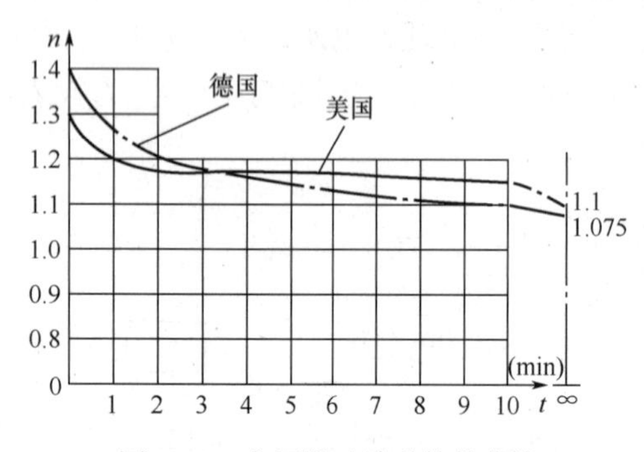

图 7-21　变压器过励磁倍数曲线

显然，变压器的过励磁保护的动作特性应与被保护的变压器的过励磁倍数曲线相配合，即动作时间略小于允许持续时间，如图 7-21 所示。因此通常变压器过励磁保护采用反时限过励磁保护方式。

三、500kV 自耦变压器保护的特点

1. 500kV 自耦变压器过负荷保护的特点

从 500kV 自耦变压器的高、中、低压三侧的容量关系分析可以看出，由于各侧容量不等，特别是通过公共绕组传送功率时，很容易发生过负荷，而且过负荷与功率传送的方向有关，因此不能以某一侧不过负荷来决定其他侧也不过负荷，500kV 自耦变压器三侧均要设过负荷保护。对于高压侧向中、低压侧传送功率的降压变压器，则至少高压侧和低压侧要设过负荷保护。

2. 500kV 自耦变压器的零序方向过流保护的特点

由于自耦变压器的高、中压侧的公共绕组的关系，要求中性点必须直接接地。中性线中流过的零序电流包含有高压和中压侧的零序电流，故接地保护的零序电流互感器不能像普通变压器那样装设在中性线上。零序方向电流保护的零序滤过器必须分别装设在高、中压侧。这样各侧的接地保护才能直接反应相应侧的零序电流，而且由于高、中压侧任一侧发生接地故障，零序电流会从一侧流向故障一侧的零序网络。显然，从保护的选择性方面考虑，二侧零序电流保护应带方向并要在时间上配合好。

根据以上分析，500kV 自耦变压器的高压侧零序方向过流保护的零序电流取自于高压侧的零序滤过器，零序电压取自于高压侧的母线电压的软件自产 $3U_0$。中压侧的零序方向过流保护的零序电流取自于中压侧的零序滤过器，零序电压取自于中压侧母线电压的软件自产 $3U_0$。各侧方向均指向本侧母线，零序方向第一段作为本侧的相邻（母线或线路）元件保护的后备，时限 0.5s 跳本侧断路器，第二段（不带方向）作为主变压器保护的后备，跳各侧断路器。

■ 第七节 发电机—变压器组微机保护

目前我国投入运行的大型发电机—变压器组（以下简称发变组）微机保护多为 WFBZ-01型。下面以WFBZ-01型装置为例，介绍发变组微机保护的运行。

一、WFBZ-01 型装置的保护配置

WFBZ-01 型发变组微机保护装置适合于600MW 及以下发变组，下面以600MW 机组为例，说明其保护配置。

本装置由 A、B 两柜组成，共有 6 个完全独立的微机系统，每个 CPU 系统分别承担数种保护，包含 1～2 种主保护和 3～6 种后备保护。发变组保护装置配置如表 7-1 所示。

表 7-1　　发变组微机保护装置配置表

层　次	A 柜 保 护	B 柜 保 护
CPU1	发电机纵差动保护 定子接地保护 发电机过电压保护 发电机过激磁保护（定时限） 发电机过激磁保护（反时限） 发电机低频保护 厂用变压器分支过流保护	发变组差动保护 主变压器零序电流和零序电压保护 主变压器零序电流Ⅰ段 主变压器零序电流Ⅱ段 主变压器气体保护 启动失灵保护
CPU2	发电机失磁保护 发电机失步保护 发电机逆功率保护 1 发电机逆功率保护 2 不对称过负荷保护（定时限） 不对称过负荷保护（反时限） 对称过负荷保护（定时限） 对称过负荷保护（反时限）	主变压器纵差动保护 厂用变压器复合电压过流保护 厂用变压器气体保护 厂用变压器温度保护 厂用变压器压力释放保护 厂用变压器油位保护
CPU3	发电机定子匝间短路保护 发电机转子一点接地保护 发电机转子两点接地保护 励磁回路过负荷保护（反时限） 励磁回路过负荷保护（定时限） 发电机断水保护 发电机热工保护	厂用变压器纵差动保护 主变压器阻抗保护 主变压器冷却器全停保护 主变压器压力释放保护 主变压器温度保护 主变压器油位保护 主变压器通风保护

从表 7-1 可看出，发电机差动保护和主变压器差动保护加上发变组差动保护，实际上构成了主保护双重化。另外，A 柜以发电机保护为主，B 柜以变压器保护为主，不仅看起来直观，也便于管理。

二、WFBZ-01 型装置简介

1. 硬件组成

发变组微机保护与线路微机保护相同，虽然各 CPU 系统实现的保护不同，原理各异，但功能主要由软件程序决定，而为软件提供服务的基础——硬件系统却完全相同，其发—变组微机保护硬件框图见图 7-22。

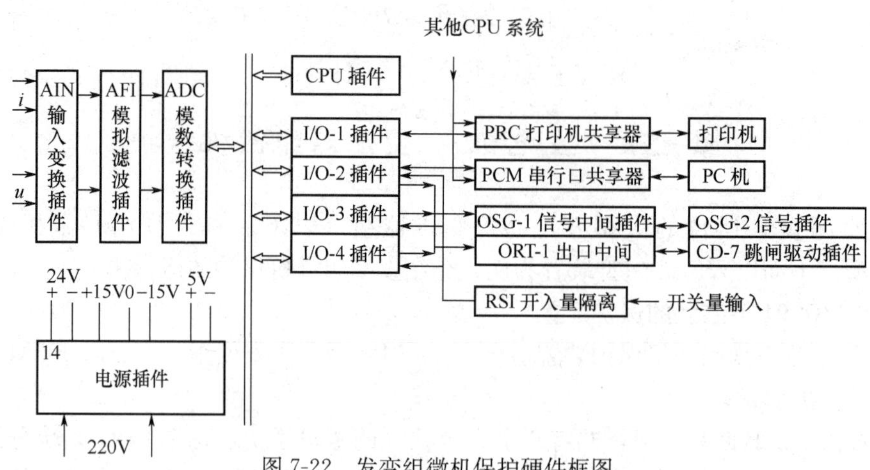

图 7-22　发变组微机保护硬件框图

如图 7-22 所示，各交流电压、电流量分别经输入变换插件，转换成 CPU 系统所能接受的电压信号，再经模拟滤波处理后，送到模/数变换插件进行转换。CPU 插件中 CPU 按照软件程序进行数字滤波、数据计算、保护判据判断，向 I/O 插件送出判断结果，经信号驱动后发出报警信号，或经出口中间插件进行逻辑组合后，由出口插件中的干簧继电器输出触点执行跳闸。气体、温度等开关量的输入经开关量输入插件隔离后进入 CPU 系统。键盘、显示器、打印机、拨轮开关等用于人机对话，实现对本 CPU 系统的检查、整定、监视等。电源插件提供本 CPU 系统的三组工作电源。另外，在 I/O-1 插件上还设计了硬件监视电路，用来监视 CPU 系统的工作是否正常，一旦 CPU 工作不正常，即让 CPU 系统重新进入初始化状态，若仍不正常，即发出报警信号。

2. 软件功能

发变组微机保护各 CPU 系统的软件采用模块化结构，主要由三大模块组成，各 CPU 中除继电保护功能程序不同外，其他程序是通用的。

（1）调试监控程序。将装置面板上的“调试/运行”方式开关置于调试位置，装置进入调试状态。这时使用面板上的键盘、显示器、拨轮开关及打印机，对装置进行检查、测试、整定等。

（2）运行监控程序。将装置面板上的“调试/运行”方式开关置于运行位置，装置进入运行状态。运行监控程序可对装置进行自检、各种在线监视及打印机的管理等。

（3）继电保护功能程序。在运行监控程序中，继电保护功能程序以中断方式介入。实现各个保护的原理框图，包括数据采集、数字滤波、电气参数的计算、各判据的实现，以及出口信号输出。

三、WFBZ-01 型装置的运行与维护

1. 正常运行状态

如图 7-23 所示，装置正常运行时，装置面板上各电源灯亮；保护信号灯及“装置故障”灯不亮；定值写入开关置于“禁止”位置；十进制拨轮开关在“00”位置（关闭显示器）；投运指示灯明确指出 CPU 所运行的保护；“自检成功”灯不停地有节奏地闪烁，表明投入的所有保护都已进入正常运行状态。

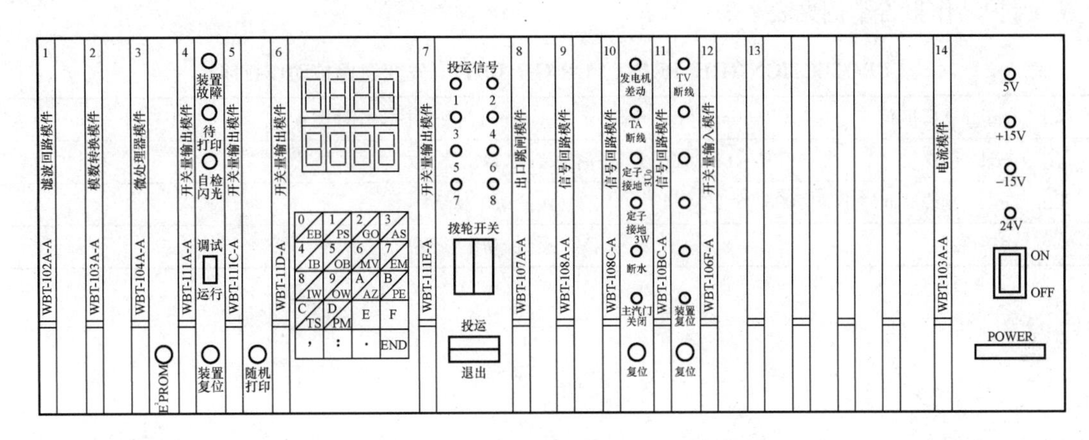

图 7-23　WFBZ-01 型装置单层机箱面板图

TA—电流互感器；TV—电压互感器

2. 保护的投入和停用

若投入某种保护，首先将装置面板上该保护对应的投运开关置于“ON”，然后投入其出口连接片，该保护即进入正常运行。

若需退出某种保护，先断开其出口连接片，再将装置面板上该保护对应的投运开关置于“OFF”。

3. 装置的运行维护

（1）正常运行监视。装置正常运行时，可利用装置面板上的拨轮开关进行监视。根据需要，运行人员可通过拨轮开关把保护装置的输入信号情况、计算情况、计算结果、各判据中间比较结果、整定值等显示在显示器上，使运行人员清楚装置的运行情况。操作时，只要在运行状态拨动拨轮开关到相应序号即可。例如，将 A 柜 1 层面板上拨轮开关拨到“66”，显示器即显示 A 相差流；拨到“69”，显示器即显示发电机机端侧电流中负序电流分量。发现问题，需查明原因。

（2）随机打印报告。保护装置正常运行时，按下面板上的“随机打印”按钮，打印机可打印出一份随机打印报告，内容包括：

1）随机打印标志（Random Print）；

2）微机系统层次，如 WFBZ-01(A)-1(A 柜 1 层 CPU 系统)；

3）打印时间，如 2006.07.11，07：03；

4）发变组运行参数（二次侧有效值）。

还可根据打印报告，分析发变组运行是否正常。

四、装置异常及故障处理

1. 装置异常告警处理

装置硬件故障时，自检将告警，并立即闭锁有关保护的出口，以防误动。此时，运行人员应保留全部打印数据，确认打印机无输出后关机，并及时通知专业人员处理。

2. 保护动作后处理

保护动作后，除有相应中央信号外，装置面板上相应保护信号灯亮，打印机同时打印保护动作报告，运行值班人员应及时到屏前查看、记录。复归信号后，向调度汇报。

保护动作报告举例见表 7-2。

表 7-2　　PROTECTION TRIP PRINT FOR G-T UNIT（发变组保护动作打印）

Protection（保护）	Overvoltag Protection for Genertor（何种保护动作种类）
Level（层次）	WFBZ-101（A）-1（是何层 CPU 输出层次）
Trip Time（动作时间）	2005.07.23　15：16：26（保护动作时间）
备　注	$U_{ac \cdot g}$＝＊＊＊·＊＊（V）（保护动作时保护的数据）

第八章

变电站综合自动化

■ 第一节　变电站综合自动化系统的基本概念

一、常规变电站二次系统存在的主要问题

常规变电站二次系统应用的特点是变电站采用单元间隔的布置形式，主要包括继电保护、故障录波、当地监控以及远动部分。这四个部分不仅完成的功能各不相同，其设备（装置）所采用的硬件和技术也完全不同，装置之间相对独立，装置间缺乏整体的协调和功能优化，输入信息不能共享、接线比较复杂、系统扩展复杂，主要有以下几方面的问题。

（1）信息不共享。变电站二次系统接入的信息大致可以分为：①电力系统运行信息，如电流、电压、频率等；②变电站设备运行状态信息，如一次设备、二次设备是否投运等；③变电站设备异常信息，如测控装置异常、保护装置直流消失等；④电网事故信息，如断路器、保护动作跳闸等。由于信息采集部分来自不同的TA，因此，作为变电站二次系统应用主要环节的测控、保护、故障录波器等系统，信息的应用、处理分属于不同的专业管理部门。继电保护、故障录波、当地监控和远动装置的硬件设备，基本上按各自的功能配置，独立运行。

（2）二次系统的硬件设备型号多、类别杂，很难达到标准化。

（3）大量电线电缆及端子排的使用，既增加了投资，又花费大量人力从事众多装置间联系的设计、配线、安装、调试、修改或补充。有资料表明，对于一个高压变电站，每一个站间隔大约有248条出线；对于一个中压变电站的间隔，则为20～40条出线。

（4）常规二次系统是一个被动的系统，继电保护、自动装置、远动装置等大多采取电磁型或小规模集成电路，缺乏自检和自诊断能力，不能正常地指示其自身内部故障，因而必须定期对设备功能加以测试和校验。这不仅加重了维护工作量，更重要的是不能及时了解系统的工作状态，有时甚至影响对一次系统的监视和控制。

（5）实时计算和控制性不高。电力系统要做到优质、安全、经济运行，必须及时掌握系统的运行工况，才能采取一系列的自动控制和调节手段。传统变电站远动功能不够完善，提供给调度控制中心的信息量少、精度差，一些遥测、遥信无法实时送到调度中心；且变电站内自动控制和调节手段不全，缺乏协调和配合力量，难以满足电网实时监测和控制的要求，不利于电力系统的安全稳定运行。

（6）在常规监控系统的变电站中，主要由人来处理信息，人是整个监控系统的核心。由于人处理信息的能力有限，使信息处理的正确性和可靠性不高。

（7）常规监控系统中使用的指示性表计绝大多数是模拟式的，即把各种被测量的大小变换成指针机械位置的改变，人根据指针位置和表盘刻度来判断被测量的大小。由于指针位置和被测量之间的对应关系存在误差，且人在观察指针位置时也存在误差，使信息处理的准确性不高。

（8）常规监控系统的信号装置大多数都是通过音响和灯光来表示事件的发生的。因音响和灯光不能如实地提供给人关于事故发生情况下的具体信息，往往要靠人的经验去判断，这不仅对正确处理事故不利，同时也不能对继电保护和自动装置的动作情况做出全面的考核。

（9）常规监控系统中采用的表计、光字信号牌、位置指示灯在运行时不仅会产生较大的功耗，而且其体积较大，使得控制室的面积也要大。

（10）维护工作量大。常规的保护装置和自动装置多为电磁型或晶体管型，如晶体管型保护装置，其工作点易受环境温度的影响，因此其整定值必须定期停电检验，每年校验保护定值的工作量是相当大；也无法实现远方修改保护或自动装置的定值。

二、变电站综合自动化系统的基本概念

随着电子技术、计算机技术的迅猛发展，微机在电力系统自动化中得到了广泛的应用，先后出现了微机型继电保护装置、微机型故障录波器、微机监控和微机远动装置。这些微机装置尽管功能不一样，但其硬件配置却大体相同，主要由微机系统、状态量、模拟量的输入和输出电路等组成。

变电站综合自动化系统的核心就是利用自动控制技术、信息处理和传输技术，通过计算机软硬件系统或自动装置代替人工进行各种变电站运行操作，对变电站执行自动监视、测量、控制和协调，变电站综合自动化的范畴包括二次设备，如控制、保护、测量、信号、自动装置和运动装置等。

变电站综合自动化系统在二次系统具体装置和功能实现上，用计算机化的二次设备代替和简化了非计算机设备；数字化的处理和逻辑运算代替了模拟运算和继电器逻辑。相对于常规变电站二次系统，变电站综合自动化系统增添了变电站主计算机系统和通信控制管理两部分。通信控制管理作为桥梁联系变电站内部各部分之间、变电站与调度控制中心之间，使其相互交换数据，并对这一过程进行协调、管理和控制。变电站主计算机系统对整个综合自动化系统进行协调、管理和控制，并向运行人员提供变电站运行的各种数据、接线图、表格等画面，使运行人员可远方控制断路器分、合操作，还提供运行和维护人员对自动化系统进行监控和干预的手段。变电站主计算机系统代替了很多过去由运行人员完成的简单、重复和烦琐的工作，如收集、处理、记录、统计变电站运行数据和变电站运行过程中所发生的保护动作，断路器分、合闸等重要事件，同时，还可按运行人员的操作命令或预先设定执行各种复杂的工作。

变电站综合自动化可以描述为：将变电站的二次设备（包括测量仪表、信号系统、继电保护、自动装置和远动装置等）经过功能的组合和优化设计，利用先进的计算机技术、现代电子技术、通信技术和信号处理技术，实现对全变电站的主要设备和输、配电线路的自动监视、测量、自动控制和微机保护，以及与调度通信等综合性的自动化功能。在国内，也可以说是包含传统的自动化监控系统、继电保护、自动装置等设备，是集保护、测量、监视、控制、远传等功能为一体，通过数字通信及网络技术来实现信息共享的一套微机化的二次设备系统。

可以说，变电站自动化系统就是由基于微电子技术的智能电子装置（intelligent electronic device，IED）和后台控制系统所组成的变电站运行控制系统，包括监控、保护、电能质量自动控制等多个子系统。在各子系统中往往又由多个 IED 组成，如在微机保护子系统中包含各种线路保护、变压器保护、电容器保护、母线保护等。这里提到的智能电子装置 IED，可以描述为“由一个或多个处理器组成，具有从外部源接收和传送数据或控制外部源的任何设备，即电子多功能仪表、微机保护、控制器，在特定环境下在接口所限定范围内能够执行一个或多个逻辑接点任务的实体”。

110kV 变电站综合自动化系统的基本配置如图 8-1 所示。

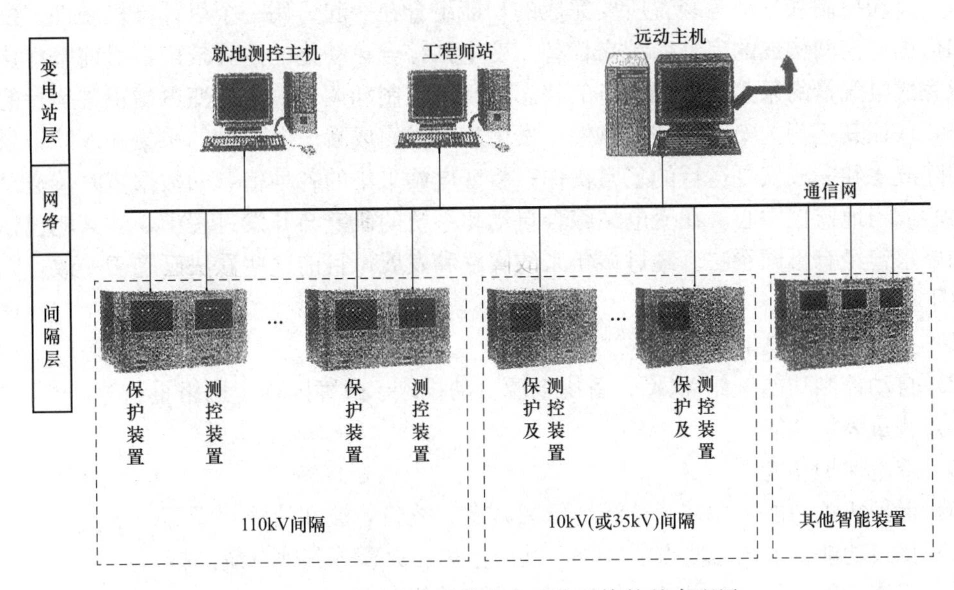

图 8-1　110kV 变电站综合自动化系统的基本配置

在图 8-1 中，就地监控主机用于有人值班变电站的就地运行监视与控制，同时具有运行管理的功能，如生成报表、打印报表等。远动主机收集本变电站信息上传至调度端（或者控制中心），同时调度端下发的控制、调节命令通过远动主机分送给相应间隔层的测控装置，完成控制或调节任务。工程师站用于软件开发与管理功能，如用于监视全厂的继保装置的运行状态，收集保护事件记录及报警信息，收集保护装置内的故障录波数据并进行显示和分析，查询全厂保护配置，按权限设置修改保护定值，进行保护信号复归，投、退保护等。110kV 线路按间隔分别配置保护装置与测控装置。10kV（或 35kV）线路按间隔分别配置保护测控综合装置。每一个保护、测控装置或保护测控综合装置都集成了 TCP/IP 协议，具备网络通信的功能。其他智能设备（如电能表）一般采用 RS-485 通信，通过智能设备接口接入以太网。不同厂家的通信系统具有不同的结构。

变电站综合自动化系统中以监控主机代替了传统变电站中的控制屏、中央信号系统和远动屏，监控主机中运行主界面的数字式显示代替了电磁型或晶体管型仪表，基于计算机技术的数字式保护代替电磁型或晶体管型的继电保护，彻底改变了常规的继电保护装置不能与外界进行数据交换的缺陷。因此，变电站综合自动化系统是自动化技术、计算机技术和通信技术等高科技在变电站领域的综合应用。变电站综合自动化系统可以采集到电力系统比较齐全的数据和信息，利用计算机的高速计算能力和逻辑判断功能，方便地监视和控制变电站内各种设备的运行和操作。

三、变电站综合自动化系统的基本功能

实现变电站综合自动化的目标是全面提高变电站的技术水平和管理水平，提高供电质量和经济效益，促进配电系统自动化的发展。变电站综合自动化是一门多专业性的综合技术，它以微型计算机为基础，实现了对变电站传统的继电保护、控制方式、测量手段、通信和管理模式的全面技术改造，实现了电网运行管理的一次变革。

仅从变电站自动化系统的构成和所完成的功能来看，它是将传统变电站的监视控制、继电保护、自动控制和远动等装置所要完成的功能组合在一起，用一个以计算机硬件、模块化软件和数据通信网构成的完整系统来代替。变电站综合自动化的内容较广，目前基本认为应包括：完成电气量的采集和电气设备的状态监视、控制和调节；实现变电站正常运行的监视和操作，保证其运行的安全性和可靠性；发生故障时完成瞬态电气量的采集和故障记录，并迅速切除故障和完成恢复运行的正常操作；将变电站采集的各种信息和数据实时传送至远方调度中心或当地监控中心。在变电站综合自动化系统的研究与开发过程中，对其应包括哪些功能和要求曾经有不同看法。经过多年来的实践和发展，目前这些看法已趋于一致，归纳起来有以下几种功能：

（1）控制、监视功能；

（2）自动控制功能，如VQC、备用电源自动投入、故障隔离、网络重组等；

（3）测量表计功能；

（4）继电保护功能；

（5）保护相关功能，如接地选线、低频减载、故障录波和故障测距等；

（6）接口功能，如微机防误、GPS、站内空调、火警等其他系统的接口；

（7）系统功能，如当地监控、调度端通信等功能。

从长远来看，变电站综合自动化系统的功能还包括高压电气设备本身的信息监视，如断路器、变压器、避雷器等设备的绝缘和状态监视等。

结合我国的情况，具体来说变电站综合自动化系统的基本功能体现在以下几方面。

1. 继电保护功能

变电站综合自动化系统中的继电保护主要包括输电线路保护、电力变压器保护、母线保护、电容器保护、小电流接地系统自动选线、自动重合闸等。微机保护是变电站综合自动化系统的关键环节，它的功能和可靠性如何，在很大程度上影响了整个系统的性能，因此设计时必须给予足够的重视。

2. 测量、监视、控制功能

变电站综合自动化系统应取代常规的测量装置，如变送器、录波器、指针式仪表等；取代常规的告警、报警装置，如中央信号系统、光字牌等。

变电站的各段母线电压、线路电压、电流、有功及无功功率、温度等参数均属模拟量，将其通过模拟量输入通道转换成数字量，由计算机进行识别和分析处理，最后所有参数均可在自动化装置的面板上或当地监控主机上随时进行查询。在变电站的运行过程中，监控系统对采集到的电压、电流、频率、主变压器油温等参数不断地进行越限监视，如有越限立即发出告警信号，同时记录和显示越限时间和越限值。出现TV或TA断线、差动回路电流过大、单相接地、控制回路断线等情况时也发出报警信号，另外还要监视自控装置本身工作是否正常。

变电站综合自动化系统应能取代常规的操动机构，如操作盘、模拟盘、手动同期及手控无功补偿等装置；取代常规的电磁式和机械式防误闭锁设备；取代常规远动装置等。无论是无人值班还是少人值班变电站，操作人员都可通过 CRT 屏幕对断路器和隔离开关进行分、合操作，对变压器分接头位置进行调节控制，对电容器组和电抗器组进行投、切控制；同时要能接受遥控操作命令，进行远方操作。为防止计算机系统故障时无法操作被控设备，在设计上还应保留人工直接跳、合闸功能。

3. 自动控制智能装置的功能

变电站综合自动化系统必须具有保证安全、可靠供电和提高电能质量的自动控制功能。为此，典型的变电站综合自动化系统都配置了相应的自动控制装置，变电站的自动控制功能有小电流接地选线、备用电源自投、低频减负荷、同期检测和同期合闸、电压和无功综合控制。

（1）电压、无功综合控制功能。变电结综合自动化系统必须具有保证安全、可靠供电和提高电能质量的自动控制功能。电压和频率是电能质量的重要指标，因此电压、无功综合控制也是变电站综合自动化系统的一个重要组成部分。在电力系统中，电压和无功功率的调整对电网的输电能力、安全稳定运行水平和降低电能损耗有极大影响。因此，要对电压和无功功率进行综合调控，使电力系统的总体运行技术指标保持在最佳水平。

（2）低频减负荷控制功能。变电站综合自动化系统还应具有低频减负荷控制功能。电力系统的频率是电能质量的重要指标之一，当发生有功功率严重缺额的事故时，变电站综合自动化系统应能够迅速断开部分负荷，减少系统的有功缺额，使系统频率维持在正常水平或允许范围内。同时，应尽可能做到有次序、有计划地切除负荷，以尽量减少切除负荷后所造成的经济损失。

（3）备用电源自投控制功能。备用电源自动投入是保证配电系统连续可靠供电的重要措施。因此，备用电源自投已成为变电站综合自动化系统的基本功能之一。因电力系统故障或其他原因使用户的工作电源被断开后，综合自动化系统应迅速将备用电源或备用设备或其他正常工作的电源自动投入工作，使工作电源被断开的用户能迅速恢复供电。

（4）小电流接地选线控制功能。小电流接地系统中发生单相接地时，接地保护应能正确地选出接地线路（或母线）及接地相，并予以报警。

4. 事件顺序记录与故障录波和测距功能

事件顺序记录（sequence of events，SOE）包括断路器合跳闸记录、保护动作顺序记录。微机保护或监控系统采集环节必须有足够的内存，以确保当后台监控系统或远方监控主站通信中断时不丢失事件信息，并应记录事件发生的时间。变电站的故障录波和测距可采用两种方法实现：一种是由微机保护装置兼做故障记录和测距；另一种是配置专用的微机故障录波仪，并能与监控系统通信。对于大量中、低压变电站没有配置专门的故障录波装置，如果出线数量大、故障率高，还可在监控系统中设置简单的故障记录功能。

5. 远动及数据通信功能

变电站综合自动化系统的通信功能包括系统内部的现场级间通信和自动化系统与上级调度通信两部分。

（1）综合自动化系统的现场级间通信，主要解决自动化系统内部各子系统与上位机（监控主机）和各子系统间的数据和信息交换问题，它们的通信范围是变电站内部。对于集中组屏的综合自动化系统来说，实际是在主控室内部；对于分散安装的自动化系统来说，其通信范围扩大至主控室与子系统的安装地，最大的可能是开关柜间，即通信距离加长了。通信方式有串行通信、并行通信、局域网络和现场总线等多种。

（2）综合自动化系统必须兼有 RTU 的全部功能，应该能够将所采集的模拟量和状态量信息以及事件顺序记录等远传至调度端；同时应该能够接收调度端下达的各种操作、控制、修改定值等命令，即完成新型 RTU 等全部“四遥”（遥控、遥测、遥信、遥调）功能。所使用的通信规约必须符合部颁标准，最常见的规约有 POLLING 和 CDT 两类。

6. 人机联系功能

变电站采用微机监控系统后，操作人员或调度员只要面对 CRT 显示器的屏幕，通过操作鼠标或键盘，就可观察和了解全站的运行供况和运行参数，对全站的断路器或隔离开关等进行分、合操作，彻底改变了传统的监控方式。人机联系的主要内容有显示画面与数据、输入数据、控制操作等。对于无人值班变电站也必须设置必要的人机联系功能，以便当巡视或检修人员到现场时，能通过液晶显示或 CRT 显示器观察到站内各设备的运行状况和运行参数。对断路器的控制应具有人工当地紧急操作的设施。

7. 自诊断、自恢复和自动切换功能

自诊断动能是指对变电站综合自动化监控系统的硬件、软件（包括前置机、主机、各种智能模件、通道、网络总线、电源等）故障的自动诊断，并给出自诊断信息供维护人员及时检修和更换。

在监控系统中设有自恢复功能。当由于某种原因导致系统停机时，能自动产生自恢复信号，将对外围接口重新初始化，保留历史数据，实现无扰动的软、硬件自恢复，保障系统的正常可靠运行。

自动切换指的是双机系统中，当其中一台主机故障时，所有工作自动切换到另一台主机，在切换过程中所有数据不能丢失。

总体来说，变电站综合自动化系统的功能有：

（1）常规远动的四遥（遥信、遥测、遥控、遥调）功能；

（2）变电站所需的全部保护功能，输电线路保护和元件保护的配置可根据变电站主接线由用户自行选定，很方便；

（3）故障录波和故障点测距定位功能，并能给出断路器的事故遮断电流值；

（4）小电流接地选线功能；

（5）变电站所需的全部控制功能；

（6）测量电流、电压和功率因数角，计算有功和无功功率、电度值；

（7）1ms 分辨率的事故顺序记录功能；

（8）变电站运行的监视功能；

（9）可与任何厂家生产控制中心的设备以任何通信规约接口；

（10）有开关操作闭锁，可以防止误操作；

（11）可以代替变电站中传统的集中控制台；

（12）可采用无线电对时同步或与高一级控制站软件对时同步；

（13）具有友好的人机对话功能、显示、事件报警（声、光报警）、打印制表输出；

（14）自身的软、硬件在线监视；

（15）变电站所需的控制功能有：①开关正常闭合和断开操作；②同期并列操作；③母线电压分析计算，并据此实行并联电容器的投、切操作和变压器分接头调节；④备用电源自动投入操作；⑤低频自动减载操作；⑥执行上一级调度中心的操作命令等。

总之，变电站综合自动化系统可以完成远动、保护、开关操作、测量、故障录波、事故顺序记录和运行参数自动记录功能，并且具有很高的可靠性，进而可以实现变电站无人值班运行。

四、变电站实现综合自动化的优越性

与常规变电站二次系统相比，变电站实现综合自动化可以在下面几个方面体现出独特的优越性。

（1）在线运行的可靠性高。变电站综合自动化系统可以利用软件实现在线自检，具有故障诊断功能。微机系统的软件设计，考虑到电力系统各种复杂的故障，具有很强的综合分析和判断能力，在软件程序的指挥下，微机系统可以在线实时地对有关硬件电路中各个环节进行自检；利用有关的硬件和软件相结合技术，可有效防止干扰进入微机系统后可能造成的严重后果，更为重要的是变电站综合自动化系统中的各子系统如微机保护装置和微机自动装置具有故障自诊断功能，使变电站的一次、二次设备运行的可靠性方面已经远远超过了常规变电站。

（2）供电质量高。由于在变电站综合自动化系统中包括电压无功自动控制功能，故对于具有有载调压变压器和无功补偿电容器的变电站，可以大大提高电压合格率，保证电力系统主要设备和各种电器设备的安全，使无功潮流合理，降低网损，节约电能损耗。

（3）专业综合，易于发现隐患，处理事故恢复供电快。变电站传统的二次设备专业分工过细，每块配电盘都固定地隶属于一个专业来维护，这样不利于综合监视运行情况，也不利于发现隐患，一旦发生事故，恢复供电的时间较长。实现综合自动化以后，各专业综合考虑，并装备有先进的计算机，可以收集众多需要的数据和信号。利用计算机高速计算和正确判断的能力，将数据和信号经计算机处理后，综合的结果反映给值班人员，还可提供事件分析的结果以及如何处理的参考意见。这样可以很快地发现问题，很快处理事故，尽早恢复供电，对提高供电的可靠性起着重要的作用。

（4）变电站运行管理的自动化水平高。在常规变电站中，由于装设的二次系统仅适合于肉眼监视、人工抄表、手动操作，很难采用计算机技术进行高水平的自动化管理。最简单的例子，人工抄表所记录的数据，误差大、离散性高、可信度低，更重要的是所记录的报表无法再利用，长年累月大量堆积，无法从中得到有用的数据。采用综合自动化以后，可以将这些宝贵的数据记录在历史库中，必要时可以从中得到重要的数据，为电力调度，系统的规划等方面提供重要的依据。变电站实现自动化后，监视、测量、记录、抄表等工作都由计算机自动进行，既提高了测量的精度，又避免了人为的主观干预，运行人员只要通过观看 CRT 屏幕，变电站主要设备和各输、配电线路的运行工况和运行参数便一目了然。综合自动化具有与上级调度通信功能，可将检测到的数据及时送往调度中心，使调度员能及时掌握各变电站的运行情况，也能进行必要的调节和控制，且各种操作都有事件记录可供查阅，大大提高运行管理水平。

（5）减少控制电缆，缩小占地面积。变电站实现综合自动化以后，需要获得电力系统测量数据和运行信息的各个部分都可以统一考虑、统一规划，获得所有数据和信号，可以由各个部分分享，这样就可以节省大量的控制电缆。变电站综合自动化系统，由于采用计算机和通信技术，可以实现资源共享和信息共享，同时由于硬件电路多采用大规模集成电路，结构紧凑、体积小、功能强，与常规的二次设备相比，可以大大缩小变电站的占地面积，而且随着处理器和大规模集成电路的不断降价，微计算机性能/价格比逐步上升，发展的趋势是综合自动化系统的造价会逐渐降低，而性能功能会逐步提高，因而可以减少变电站的总投资。

（6）维护调试方便。由于综合自动化系统中各子系统有故障自诊断能力，系统内部有故障时能自检出故障部位，缩短了维修时间。微机保护和自动装置的定值可在线读出检查，可节约定期核对定值的时间。

（7）为变电站实现无人值班提供了可靠的技术条件。变电站有人值班和无人值班是变电站运行管理的模式，而变电站综合自动化是自动化技术在变电站应用的一种集中体现。变电站综合自动化系统可以收集到比较齐全的数据信息。有强大的计算机计算能力和逻辑判断功能，可以方便地监视和控制变电站的各种设备。如监控系统的抄表、记录自动化，值班员可不必定期抄表、记录，可实现少人值班，如果配置了与上级调度的通信功能，能实现遥测、遥信、遥控、遥调。因此，目前新建的变电站在投资允许的情况下，采用综合自动化系统，不仅可以全面提高无人值班变电站的技术水平，也为变电站安全稳定运行提供了可靠保证。

五、变电站综合自动化系统的主要特点

变电站综合自动化系统的主要特点如下。

（1）功能综合化。变电站综合自动化系统是一个技术密集，多种专业技术相互交叉、相互配合的系统，是以微电子技术、计算机硬件和软件技术、数据通信技术为基础发展起来的。传统变电站内全部二次设备的功能均综合在此系统中，监控子系统综合了原来的仪表屏、操作屏、模拟屏和变送器柜、远动装置、中央信号系统等功能，保护子系统代替了电磁式或晶体管式继电保护装置；还可根据用户的需要，将微机保护子系统和监控子系统结合起来，综合故障录波、故障测距、自动低频减负荷、自动重合闸和小电流接地选线等自动装置功能。这种综合性功能是通过局城通信网络中各微机系统硬、软件的资源共享来实现的。

需要指出的是，对中央信号、测量和控制操作等功能的综合是通过监控系统的全面综合，而对一些重要的微机保护及自动装置则可能只是接口功能综合。如在中、高压变电站中，微机保护装置一般仍然保持其功能的独立性，但通过对保护状态及动作信息的远方监视及对保护整定值的查询修改、保护的退投、录波远传和信号复归等远方控制来实现对外接口功能的综合。这种监控方式既保证了一些重要保护和自动装置的独立性和可靠性，又提高了整体的综合自动化水平。

（2）分层、分布化结构。综合自动化系统内各子系统和各功能模块由不同配置的单片机和微型计算机组成，采用分布式结构，通过网络、总线将各子系统连接起来。一个综合自动化系统可以有多个微处理器同时并行工作，实现各种功能。另外，按照各子系统功能分工的不同，综合自动化系统的总体结构又按分层原则来组成。典型的分层原则是将变电站自动化系统分为两层，即变电站层和间隔层。由此，构成了分层、分布式结构。

（3）操作监视屏幕化。变电站实现综合自动化后，不论有人值班还是无人值班，操作人员不是在变电站内就是在主控站或调度室内，面对彩色大屏幕显示器进行变电站的全方位监视与操作。常规方式下的指针表读数被屏幕数据所取代；常规庞大的模拟屏被 CRT 屏幕上的实时主接线画面取代；常规在断路器安装处或控制屏上进行的合、跳闸操作被 CRT 屏幕上的鼠标操作或键盘操作所取代；常规的光字牌报警信号被 CRT 屏幕画面闪烁和文字提示或语言报警所取代。通过计算机的 CRT 显示器可以监视全变电站的实时运行情况和控制所有的开关设备。

(4) 运行管理智能化。变电站综合自动化的另一个最大特点是运行管理智能化。智能化不仅表现在常规的自动化功能上，如自动报警、自动报表、电压和无功自动调节、不完全接地系统单相接地选线、事故判别与记录等方面，更重要的是能实现故障分析和恢复操作智能化，以及自动化系统本身的故障自诊断、自闭锁和自恢复等功能。这对提高变电站的运行管理水平和安全可靠性是非常重要的，也是常规的二次系统无法实现的。常规的二次系统只能监视一次设备，而本身的故障必须靠维护人员去检查和发现。综合自动化系统不仅检测一次设备，还每时每刻都在检测自身是否有故障，充分体现了系统的智能化。

(5) 通信手段多元化。计算机局域网络技术和光纤通信技术在综合自动化系统中得到了普遍应用。因此系统具有较高的抗电磁干扰能力，能够实现高速数据传送，满足了实时性要求，组态灵活，易于扩展，可靠性高，大大简化了常规变电站繁杂量大的各种电缆。

(6) 测量显示数字化。变电站实现综合自动化后，微机监控系统彻底改变了传统的测量手段，常规指针式仪表全被 CRT 显示屏上的数字显示所代替，而原来的人工抄表记录则完全由打印机打印、制表所代替。这不仅减轻了值班员的劳动强度，而且大大提高了测量准确度和管理的科学性。

总之，实现综合自动化可以全面提高变电站的技术水平和运行管理水平，必然成为新建和改造变电站的主导技术。

■ 第二节　变电站综合自动化系统的结构形式

一、变电站综合自动化系统的结构形式

自 1987 年我国自行设计、制造的第一个变电站综合自动化系统投运以来，变电站综合自动化技术已得到了突飞猛进的发展，其结构体系也在不断地完善。由早期的集中式发展为目前的分层分布式。在分层分布式结构中，按照继电保护与测量、控制装置安装的位置不同，可分为集中组屏、分散安装、分散安装与集中组屏相结合等几种类型。同时，结构形式正向完全分散式发展。

1. 集中式结构形式

集中式结构的综合自动化系统，集中采集变电站的模拟量、开关量和数字量等信息，集中进行计算与处理，分别完成微机监控、微机保护和一些自动控制等功能。集中式是传统结构形式，所有二次设备以遥测、遥信、电能计量、遥控、保护功能划分成不同的子系统。集中结构也并非指由一台计算机完成保护、监控等全部功能。多数集中式结构的微机保护、微机监控和与调度等通信的功能也是由不同的微型计算机完成的，只是每台微计算机承担的任务多一些。如监控机要负担数据采集、数据处理、开关操作、人机联系等多项任务；担任微机保护的计算机，可能一台微机要负责几回低压线路的保护等。这种结构形式主要出现在变

电站综合自动化系统问世的初期，如图 8-2 所示。这种结构形式的综合自动化系统国内早期的产品较多。如南京自动化研究院系统研究所的 BJ-2 型、南京自动化设备厂的 WBX-261 型、烟台东方电子信息产业集团的基于 WDF-10 的综合自动化系统、许昌继电器厂的 XWJK-1000 变电站综合自动化系统、上海惠安系统控制有限公司的 Powerware-WIN 系统等。

这种结构形式是按变电站的规模配置相应容量、功能的微机保护装置和监控主机及数据采集系统，它们安装在变电站主控室内。主变压器、各种进出线路及站内所有电气设备的运行状态通过电流互感器、电压互感器经电缆传送到主控制室的保护装置或监控计算机上，并与调度控制端的主计算机进行数据通信。当地监控计算机完成当地显示、控制和制表打印等功能。

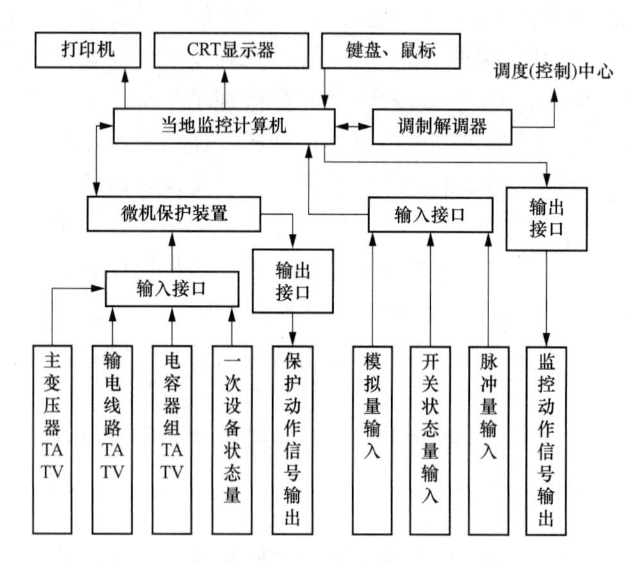

图 8-2　集中式变电站综合自动化系统结构框图

集中式综合自动化系统的特点是：①能实时采集变电站中各种电气设备的模拟量、脉冲量、开关状态量，完成对变电站的数据采集、实时监控、制表、打印、事件追忆及 CRT 显示负荷曲线、变电站主接线图功能。②值班员可通过画面操作变电站内的电气设备，并能检查操作的正确与否。③系统具有自诊断功能和自恢复功能，当设备受到外界瞬间干扰信号而影响正常工作时，系统能发出自恢复命令，使设备立即进入正常工作状态。④造价低，适合小型变电站的新建或改造。

集中式综合自动化系统的缺点有：①每台计算机的功能较集中，如果一台计算机出故障，影响面大，因此必须采用双机并联运行的结构才能提高可靠性。②集中式结构，软件复杂，修改工作量大，调试麻烦。③组态不灵活，对不同主接线或规模不同的变电站，软、硬件都必须另行设计，工作量大，因此影响了批量生产，不利于推广。④集中式保护与长期以来采用一对一的常规保护相比，不直观，不符合运行和维护人员的习惯，调试和维护不方便，程序设计麻烦，只适合保护算法比较简单的情况。

变电站综合自动化系统的目标是实现变电站的小型化、无人化和高可靠性，针对集中式系统的诸多不足，分布式综合自动化系统相继出现。

2. 分层分布式结构形式

随着计算机技术、通信网络技术的迅速发展以及它们在变电站自动化综合系统中的应用，变电站综合自动化的结构及性能都发生了很大的改变，出现了目前流行的分层分布式结构的变电站综合自动化系统。分层分布式结构的变电站综合自动化系统是以变电站内的电气间隔和元件（变压器、电抗器、电容器等）为对象开发、生产、应用的计算机监控系统。下面我们从以下几个方面来认识一下这种形式的变电站自动化系统。

(1) 分层分布式结构的变电站综合自动化系统的结构。分层分布式结构的变电站综合自动化系统的结构特点主要表现在以下三个方面。

1) 分层式的结构。按照国际电工委员会（IEC）推荐的标准，在分层分布式结构的变电站控制系统中，整个变电站的一、二次设备被划分为三层，即过程层（process level）、间隔层（bay level）和站控层（station level）。其中，过程层又称为0层或设备层，间隔层又称为1层或单元层，站控层又称为2层或变电站层。

图8-3为我国某110kV分层分布式结构的变电站综合自动化系统的结构图，图中简要绘出了过程层、间隔层和站控层的设备。按照该系统的设计思路，图中每一层分别完成分配的功能，且彼此之间利用网络通信技术进行数据信息的交换。

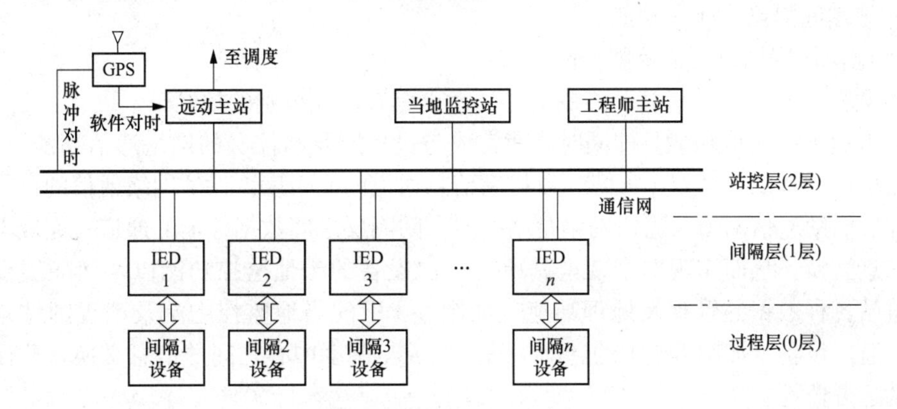

图8-3　110kV分层分布式结构的变电站综合自动化系统的结构

过程层主要包含变电站内的一次设备，如母线、线路、变压器、电容器、断路器、隔离开关、电流互感器和电压互感器等，它们是变电站综合自动化系统的监控对象。

过程层是一次设备与二次设备的结合面，或者说过程层是指智能化电气设备的智能化部分。过程层的主要功能分三类：①电力运行实时的电气量检测；②运行设备的状态参数检测；③操作控制执行与驱动。

a. 电力运行的实时电气量检测。主要是电流、电压、相位以及谐波分量的检测，其他电气量如有功、无功、电能量可通过间隔层的设备运算得出。

b. 运行设备的状态参数在线检测与统计。变电站需要进行状态参数检测的设备主要有变压器、断路器、隔离开关、母线、电容器、电抗器以及直流电源系统。在线检测的内容主要有温度、压力、密度、绝缘、机械特性以及工作状态等数据。

c. 操作控制的执行与驱动。操作控制的执行与驱动包括变压器分接头调节控制，电容、电抗器投切控制，断路器、隔离开关合分控制，直流电源充放电控制。

过程层的控制执行与驱动大部分是被动的，即按上层控制指令而动作，比如接到间隔层保护装置的跳闸指令、电压无功控制的投切命令、对断路器的遥控开合命令等。在执行控制命令时具有智能性，能判别命令的真伪及其合理性，还能对即将进行的动作精度进行控制、能使断路器定相合闸、选相分闸，在选定的相角下实现断路器的关合和开断，要求操作时间限制在规定的参数内。又例如对真空断路器的同步操作要求能做到断路器触头在零电压时关合，在零电流时分断等。

间隔层各智能电子装置（IED）利用电流互感器、电压互感器、变送器、继电器等设备获取过程层各设备的运行信息，如电流、电压、功率、压力、温度等模拟量信息，以及断路器，隔离开关等的位置状态，从而实现对过程层监视、控制和保护，并与站控层进行信息的交换，完成对过程层设备的遥测、遥信、遥控、遥调等任务。在变电站综合自动化系统中，为了完成对过程层设备进行监控和保护等任务，设置了各种测控装置、保护装置、电能计量装置以及各种自动装置等，他们都有被看作是IED。

间隔层设备的主要功能是：

a. 汇总本间隔过程层实时数据信息。

b. 实施对一次设备保护控制功能。

c. 实施本间隔操作闭锁功能。

d. 实施操作同期及其他控制功能。

e. 对数据采集、统计运算及控制命令的发出具有优先级别的控制。

f. 承上启下的通信功能，即同时高速完成与过程层及站控层的网络通信功能。必要时，上下网络接口具备双口全双工方式，以提高信息通道的冗余度，保证网络通信的可靠性。

站控层借助通信网络（通信网络是站控层和间隔层之间数据传输的通道）完成与间隔层之间的信息交换，从而实现对全变电站所有一次设备的当地监控功能以及间隔层设备的监控、变电站各种数据的管理及处理功能（如图8-3中的当地监控主站及工程师站）；同时，它还经过通信设备（如图8-3中的远动主站）完成与调度中心之间的信息交换，从而实现对变电站的远方监控。

站控层的主要任务如下：

a. 通过两级高速网络汇总全站的实时数据信息，不断刷新实时数据库，按时登录历史数据库。

b. 按既定规约将有关数据信息送向调度或控制中心。

c. 接收调度或控制中心有关控制命令并转间隔层、过程层执行。

d. 具有在线可编程的全站操作闭锁控制功能。

e. 具有（或备有）站内当地监控，人机联系功能，如显示、操作、打印、报警，甚至图像、声音等多媒体功能。

f. 具有对间隔层、过程层诸设备的在线维护、在线组态，在线修改参数的功能。

g. 具有（或备有）变电站故障自动分析和操作培训功能。

需要指出的是，在大型变电站内，站控层的设备要多一些，除了通信网络外，还包括由工业控制计算机构成的1～2个监控工作站、1～2个远动工作站、工程师工作站等，但在中小型的变电站内，站控层的设备要少一些，通常由一台或两台互为备用的计算机完成监控、远动及工程师站的全部功能。

图 8-3 中采用了全球定位系统（global positioning system，GPS）对时。在变电站监控系统中采用 GPS 对时，需要在站内安装一套 GPS 卫星天文钟，如图 8-3 中的 GPS。GPS 卫星天文钟采用卫星星载原子钟作为时间标准，并将时钟信息通过通信电缆送到变电站综合自动化系统各有关装置，对它们进行时钟校正，从而实现各装置与电力系统统一时钟。

2）分布式的结构。所谓分布是指变电站计算机监控系统的构成在资源逻辑或拓扑结构上的分布，主要强调从系统结构的角度来研究和处理功能上的分布问题。在图 8-3 中，由于间隔层的各 IED 是以微处理器为核心的计算机装置，站控层各设备也是由计算机装置组成的，它们之间通过网络相连，因此，从计算机系统结构的角度来说，变电站自动化综合系统的间隔层和站控层构成的是一个计算机系统，而按照分布式计算机系统的定义——由多个分散的计算机经互联网络构成的统一的计算机系统，该计算机系统又是一个分布式的计算机系统。在这种结构的计算机系统中，各计算机既可以独立工作，分别完成分配给自己的各种任务，又可以彼此之间相互协调合作，在通信协调的基础上实现系统的全局管理。在分层分布式结构的变电站综合自动化系统中，间隔层和站控层共同构成的分布式的计算机系统，间隔层各 IED 与站控层的各计算机分别完成各自的任务，并且共同协调合作，完成对全变电站的监视、控制等任务。

分布式系统结构的最大特点是将变电站自动化系统的功能分散给多台计算机来完成。分布式模式一般按功能设计，采用主从 CPU 系统工作方式，多 CPU 系统提高了处理并行多发事件的能力，解决了 CPU 运算处理的瓶颈问题。各功能模块（常是多个 CPU）之间采用网络技术或串行方式实现数据通信，选用具有优先级的网络系统较好地解决了数据传输的瓶颈问题，提高了系统的实时性。分布式结构方便系统扩展和维护，局部故障不影响其他模块正常运行。

如微机型变压器保护主要包括速断保护、比率制动型差动保护、电流电压保护等，主保护的功能由一个 CPU 单独完成；后备保护主要由复合电压电流保护构成，过负荷保护、气体保护触点引入微机，经由微机保护出口；轻瓦斯报警；温度信号经温度变送器输入微机，可发超温信号并据此启动风扇，后备保护功能也由一个 CPU 单独完成，主保护 CPU 和后备保护 CPU 分开，各自完成各自功能，增加了保护的可靠性。

3）面向间隔的结构。分层分布式结构的变电站综合自动化系统面向间隔的结构特点主要表现在间隔层设备的设置是面向电气间隔的，即对应于一次系统的每一个电气间隔，分别布置有一个或多个智能电子装置来实现对该间隔的测量、控制、保护及其他任务。

电气间隔是指发电厂或变电站一次接线中一个完整的电气连接，包括断路器、隔离开关、TA、TV、端子箱等。根据不同设备的连接情况及其功能的不同，间隔有许多种：比如有母线设备间隔、母联间隔、出线间隔等；对主变压器来说，以变压器本体为一个电气间隔，各侧断路器各为一个电气间隔；开关柜等以柜盘形式存在的，则一般以一个柜盘为电气间隔。

相对于集中式结构的变电站综合自动化系统而言，采用分层分布式系统的主要优点有：

a. 每个计算机只完成分配给它的部分功能，如果一个计算机故障，只影响局部，因而整个系统有更高的可靠性。

b. 由于间隔层各 IED 硬件结构和软件都相似，对不同主接线或规模不同的变电站，软、硬件都不需另行设计，便于批量生产和推广，且组态灵活。

c. 便于扩展。当变电站规模扩大时，只需增加扩展部分的 IED，修改站控层部分设置即可。

d. 便于实现间隔层设备的就地布置，节省大量的二次电缆。

e. 调试及维护方便。由于变电站综合自动化系统中的各种复杂功能均是微型计算机利用不同的软件来实现的，一般只要用几个简单的操作就可以检验系统的硬件是否完好。

分层分布式结构的综合自动化系统具有以上明显的优点，因而目前在我国被广泛采用。

需要指出，在分层分布式变电站综合自动化系统发展的过程中，计算机技术及网络通信技术的发展起到了关键作用，在技术发展的不同时期，出现了多种不同结构的变电站综合自动化系统。同时，不同的生产厂家在研制、开发变电站综合自动化系统的过程中，也都逐渐形成了有自己特色的系列产品，它们的设计思路及结构各不相同。此外不同的变电站由于其重要程度、规模大小不同，它们采用的变电站综合自动化系统的结构也都有所不同。由于这些原因，在我国出现了多种多样的变电站综合自动化系统。但总体来说，这些变电站综合自动化系统的基本结构都符合图 8-3 的形式，只是构成间隔层和站控层的设备以及通信网络的结构与通信方式有所不同。

（2）分层分布式变电站自动化系统的组屏及安装方式。这里所说的组屏及安装方式是指将间隔层各 IED 及站控层各计算机以及通信设备如何组屏和安装。一般情况下，在分层分布式变电站综合自动化系统中，站控层的各主要设备都布置在主控室内；间隔层中的电能计量单元和根据变电站需要而选配的备用电源自动投入装置、故障录波装置等公共单元均分别组合为独立的一面屏柜或与其他设备组屏，也安装在主控室内；间隔层中的各个 IED 通常根据变电站的实际情况安装在不同的地方。按照间隔层中 IED 的安装位置，变电站综合自动化系统有以下三种不同的组屏及安装方式。

1）集中式的组屏及安装方式。集中式的组屏和安装方式是将间隔层中各个保护测控装置机箱根据其功能分别组装为变压器保护测控屏、各电压等级线路保护测控屏（包括 10kV 出线）等多个屏柜，把这些屏都集中安装在变电站的主控室内。

集中式的组屏及安装方式的优点是：便于设计、安装、调试和管理，可靠性也较高。不足之处是：需要的控制电缆较多，增加了电缆的投资。这是因为反映变电站内一次设备运行状况的参数都需要通过电缆送到主控室内各个屏上的保护测控装置机箱，而保护测控装置发出的控制命令也需要通过电缆送到各间隔断路器的操动机构处。

2）分散与集中相结合的组屏及安装方式。这种安装方式是将配电线路的保护测控装置机箱分散安装在所对应的开关柜上，而将高压线路的保护测控装置机箱、变压器的保护测控装置机箱，均采用集中组屏安装在主控室内。

这种安装方式在我国比较常用，其有如下特点：

a. 10～35kV 馈线保护测控装置采用分散式安装，即就地安装在 10～35kV 配电室内各对应的开关柜上，而各保护测控装置与主控室内的变电站层设备之间通过单条或双条通信电缆（如光缆或双绞线等）交换信息，这样就节约大量的二次电缆。

b. 高压线路保护和变压器保护、测控装置以及其他自动装置，如备用电源自投入装置和电压、无功综合控制装置等，都采用集中组屏结构，即将各装置分类集中安装在控制室内的线路保护屏（如 110kV 线路保护屏、220kV 保护屏等）和变压器保护屏等上面，使这些重要的保护装置处于比较好的工作环境，对可靠性较为有利。

3）全分散式组屏及安装方式。这种安装方式将间隔层中所有间隔的保护测控装置，包括低压配电线路、高压线路和变压器等间隔的保护测控装置均分散安装在开关柜上或距离一次设备较近的保护小间内，各装置只通过通信（如光缆或双绞线等）与主控室内的变电站层设备之间交换信息。

完全分散式变电站综合自动化系统结构如图 8-4 所示。

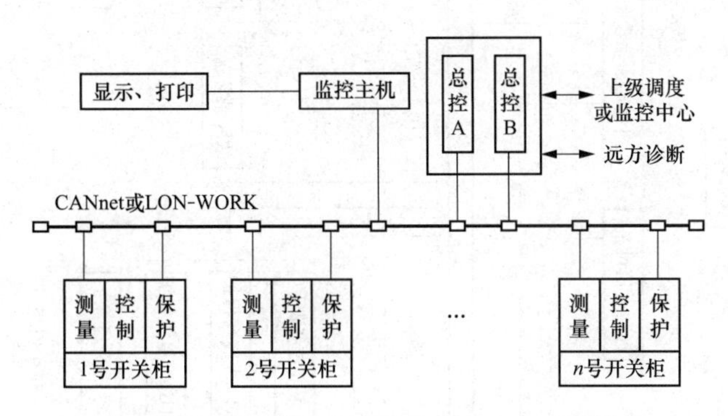

图 8-4　完全分散式变电站综合自动化系统结构

这种安装方式的优点是：

a. 由于各保护测控装置安装在一次设备附近，不需要将大量的二次电缆引入主控室，所以大大简化了变电站二次设备之间的互连线，同时节省了大量连接电缆。

b. 由于主控室内不需要大量的电缆引接，也不需要安装许多保护屏、控制屏等，这就极大地简化了变电站二次部分的配置，大大缩小了控制室的面积。

c. 减少了施工和设备安装工程量。由于安装在开关柜的保护和测控单元等间隔层设备在开关柜出厂前已由厂家安装和调试完毕，再加上铺设电缆的数量大大减少，因此可有效缩短现场施工、安装和调试的工期。

但是在使用分散式组屏及安装方式，由于变电站各间隔层保护测控装置及其他自动化装置安装在距离一次设备很近的地方，且可能在户外，因此需解决它们在恶劣环境下（如高温或低温、潮湿、强电磁场干扰、有害气体、灰尘、震动等）长期可靠运行问题和常规控制、测量与信号的兼容性问题等。这对变电站综合自动化系统的硬件设备、通信技术等要求较高。

目前，变电站综合自动化系统的功能和结构都在不断地向前发展，全分散式的结构一定是今后发展的方向，追其原因，主要是：一方面是分层分散式的自动化系统的突出优点；另一方面是随着新设备、新技术的进展如电一光传感器和光纤通信技术的发展，使得原来只能集中组屏的高压线路保护装置和主变压器保护也可以考虑安装于高压场附近，并利用日益发展的光纤技术和局域网技术，将这些分散在各开关柜的保护和集成功能模块联系起来，构成一个全分散化的综合自动化系统，为变电站实现高水平、高可靠性和低造价的无人值班创造更有利的技术条件。

二、110、220kV 及 500kV 变电站综合自动化系统网络示意图

110、220kV 及 500kV 变电站综合自动化系统网络示意图分别如图 8-5～图 8-7 所示。

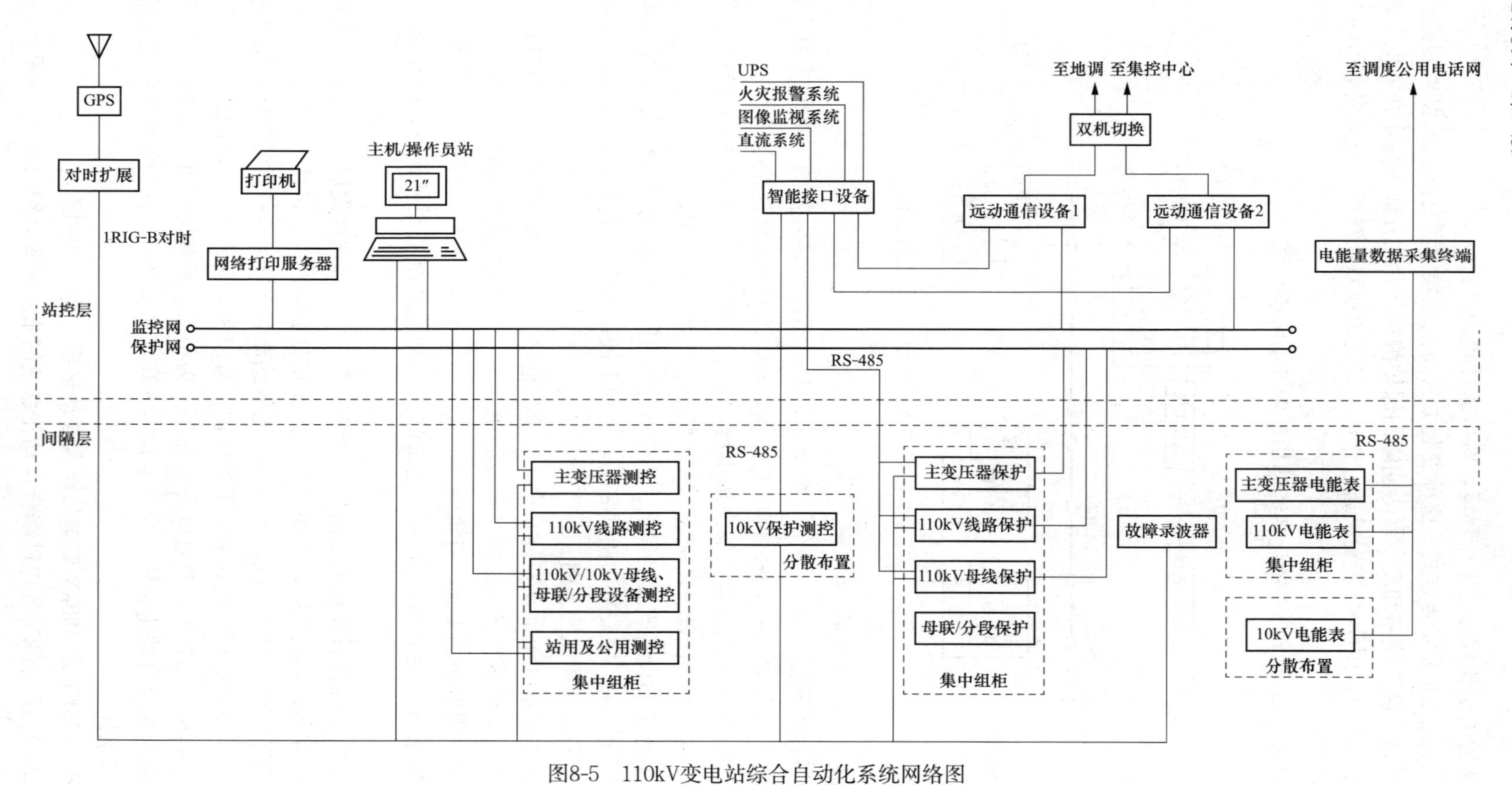

图8-5 110kV变电站综合自动化系统网络图

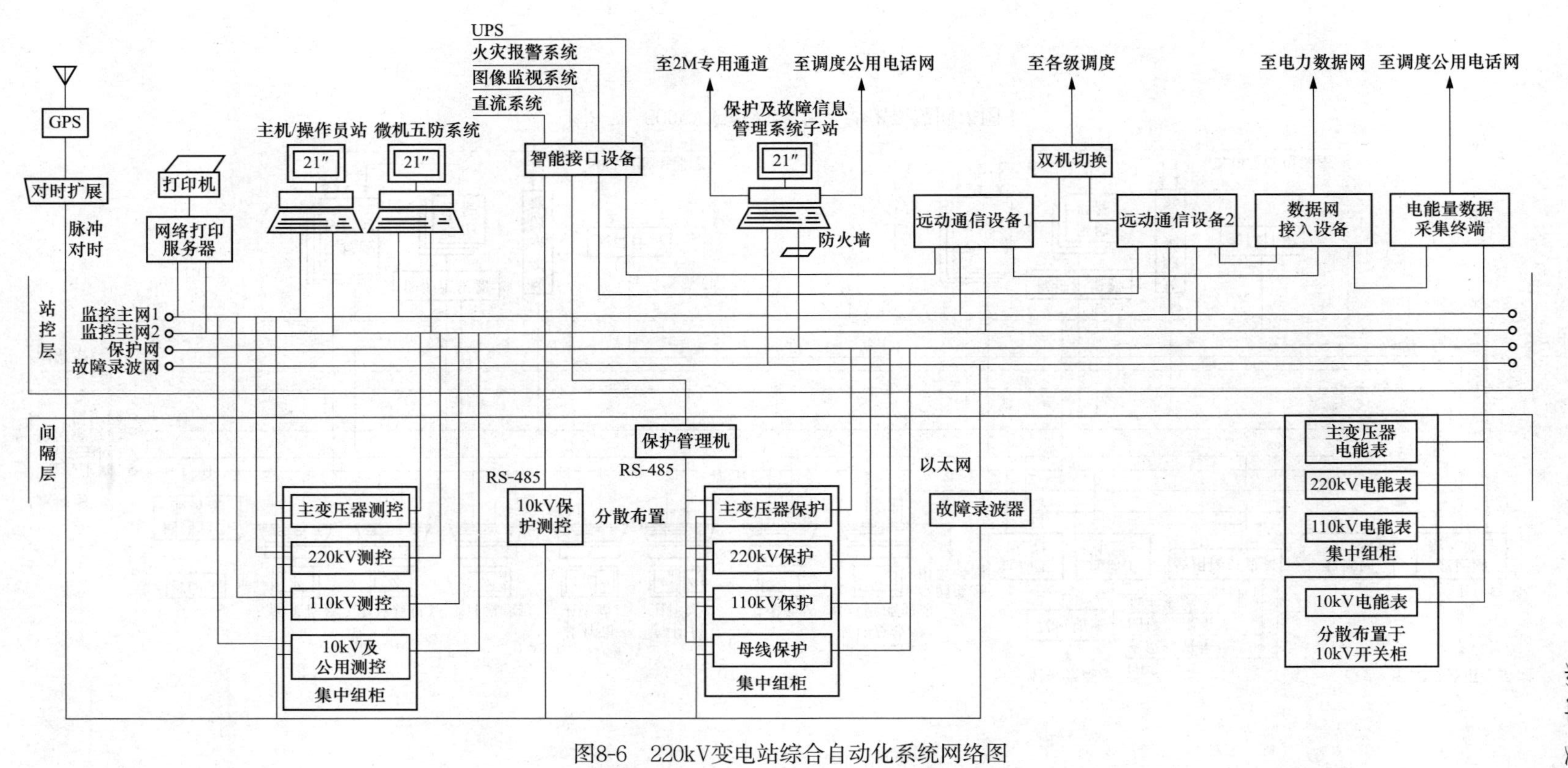

图8-6　220kV变电站综合自动化系统网络图

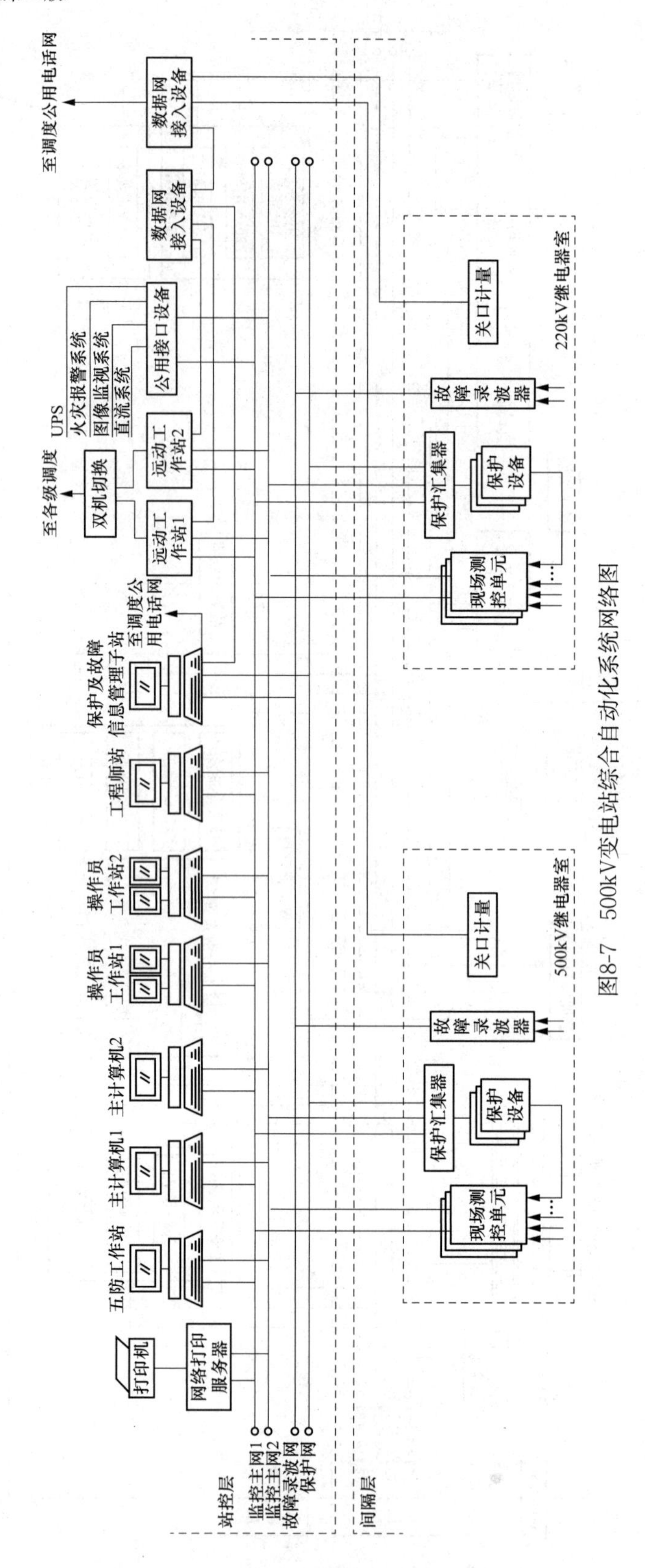

图8-7　500kV变电站综合自动化系统网络图

第三节　变电站综合自动化系统的自动控制装置

变电站综合自动化系统的自动控制装置，主要有电压无功综合控制装置、备用电源自动投入装置、低频减负荷装置、故障录波装置及小电流接地选线装置等。本节主要介绍前两种自动装置。

一、电压、无功综合控制装置

1. 电压、无功综合控制的作用

电压、无功综合控制的作用是在变电站中，根据系统的运行情况，对有载调压变压器和并联电容器组或电抗器组进行自动调整，从而实现电压和无功自动调整，以保证负荷侧母线电压在规定范围之内及进线功率因数尽可能高。

2. 电压、无功综合控制实现的方法

电压、无功综合控制实现的方法有两种方法：

(1) 在变电站内配置专用的电压、无功综合自动控制装置。该装置是一个微型计算机系统，它采样有载调压变压器和并联补偿电容器组或电抗器组的相关数据，通过程序逻辑运算，进行全站的电压和无功自动调节。这种装置具有独立的硬件结构，它可以自主完成信息的采集、处理及控制命令的发出、执行，因此它不受其他设备的运行状态影响，可靠性较高。这种装置适合在电网网架结构尚不太合理、基础自动化水平不高的电力网的变电站内使用。

(2) 利用变电站综合自动化系统已有的硬件，构成分布式电压、无功综合控制系统。电压、无功综合控制以软件模块的形式运行在变电站层的监控主机上（或单独为电压、无功综合控制设置一台计算机），而信息则通过变电站内公用的以太网从各变电站综合自动化系统的各测控装置获取。主站对获取的相关信息进行逻辑判断和处理，并形成控制命令，返回给各测控装置，以实现相应的调节、控制。当然这种方法的实施前提条件是电网网架结构合理、基础自动化水平高，尤其适用于综合自动化的变电站中。

3. 电压、无功综合控制的输入量、输出量

(1) 输入量。

1) 模拟量：无功综合控制需要从变电站的电压互感器、电流互感器输入交流电流、电压量，经装置交流采样获取各参数。主要有主变压器各侧、母线各段电压；主变压器各侧无功功率、有功功率、功率因数和电流；各组电容器、电抗器电流或无功功率。

2) 状态量：①各台主变压器各侧断路器、隔离开关的状态；各侧母线分段断路器、隔离开关的状态；各组电容器和电抗器断路器、隔离开关的状态；②变压器分接开关挡位的信号；主变压器分接开关和电容器、电抗器“远方”“就地”控制状态；③保护动作、告警和有关闭锁信号。

(2) 输出量。主要是开关量输出，如对各有载调压变压器分接头位置进行升、降调节的开关命令，并输出对各电容器组、电抗器组进行投、切的控制命令。

4. 电压、无功综合控制装置对变电站运行方式的识别

大型变电站中一般拥有多台有载调压变压器，系统运行过程中这些变压器可能有多种运行方式。如在某种运行方式下，某些变压器可能处于运行状态，而另一些变压器可能处于停运状态；参加运行的变压器之间可并列运行，也可独立运行。在对变电站的电压、无功进行

综合控制过程中，为了确定控制对象并进一步确定控制对策，首先必须对变电站中各变压器的运行方式进行识别。

目前实际采用的识别方式有人工设置和自动识别两种，人工设置就是主站的运行人员根据上传至主站的有关状态信息对变电站的运行方式进行判断，然后再通过通信系统将该运行方式通知电压无功综合控制系统。自动识别是电压、无功综合控制系统根据主接线的断路器状态，如变压器的高中低侧断路器状态、母联和旁路的断路器状态等，自动进行分析判断，以确定当时的运行方式。

5. 电压、无功综合控制装置进行状态检测的目的及调节目标

状态检测是指对变电站的各种电气量所处的状态进行检测。只有正确地掌握了变电站的运行状态，才能正确地选择控制对策，从而达到自动控制的目的。电压、无功综合控制装置进行的状态检测是指对变电站各相关电压和无功（或功率因数）进行检测。

电压、无功综合控制装置以母线电压和进线无功最优或以母线电压和进线功率因数最优作为调节目标，两种方式选择一种。其中母线电压可以选择高压侧、中压侧或低压侧。

6. 九区域控制原理

电压、无功综合控制装置是在对变电站进行状态检测的基础上确定调节、控制方法的。实际应用中，根据变电站状态变量的大小，可将变电站的运行状态划分为九个区域，简称“九区图”。变电站运行状态图如图 8-8 所示。

图 8-8 中纵坐标为电压 U，横坐标为功率因数 $\cos\varphi$，U_o 为运行中要求保持的目标电压。为了保证控制过程的稳定性，避免频繁调节，规定了一个控制死区 $\pm\Delta U$，当电压处于 $\pm\Delta U$ 之间时，不进行调压，只有当电压超出这个范围时才进行调压。同样对进线处的功率因数也规定了一个上下限，介于 $(\cos\varphi)_H$ 和 $(\cos\varphi)_L$ 之间，当实际的功率因数处于上下限之间时，不进行调节，只有当功率因数超出这个范围时，才进行调节。

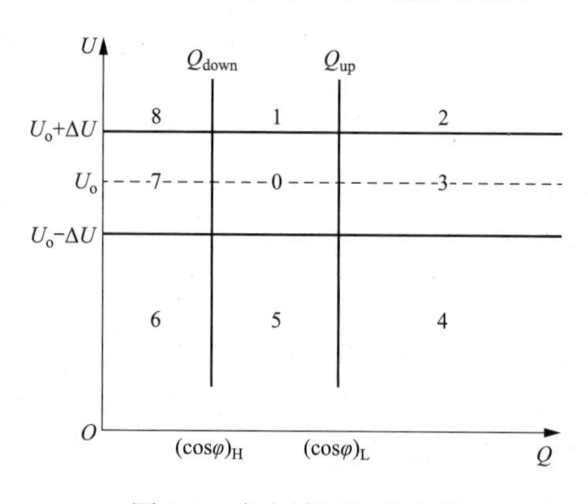

图 8-8　变电站运行状态图

这样，如图 8-8 所示，变电站的电压和无功功率共有九个区域的运行状态中，只有 0 区为电压和功率因数均合格区，其余八个区均为不合格区。电压无功综合控制装置利用检测到的电压和功率因数（或无功功率），结合当时的运行方式即可确定运行点在运行图中所处的位置，从而确定相应的控制对策。

7. 电压、无功综合控制装置对“九区图”中各不合格区域的调节

如果以双绕组变压器为例，并假设控制目标为：变压器低压侧电压、变压器高压侧的无功功率（变压器并联时为综合无功功率）、高压侧功率因数。

对于图 8-8 所示的 1、3、5、7 简单越限（即电压或功率只有一个变量越限）区域，一般采用表 8-1 所示的控制策略。

对于双变量超限（电压、无功同时不满足要求）的 2、4、6、8 区域，则可根据表 8-1 直接比较得到最佳的调节策略。

表 8-1　双绕组变压器简单越限调节一览表

越限区域	原因	手段
1 区域 电压超过上限	容性无功多	切电容，投电抗
	分接头高	降分接头
5 区域 电压超过下限	容性无功少	投电容、切电抗
	分接头低	升分接头
3 区域 功率因数低于下限 （无功功率高于上限）	容性无功少	投电容、切电抗
	分接头高	降分接头
7 区域 功率因数高于上限 （无功功率低于下限）	容性无功多	切电容、投电抗
	分接头低	升分接头

在 2 区域时，电压超过上限而功率因数低于下限，此时如先投入电容器组（或切电抗），则电压会进一步上升，因此应先调整变压器分接头使电压降低，待电压合格后，若功率因数仍越限，再投入电容器组（或切电抗）。

在 4 区域时，电压和功率因数同时低于下限，此时如先调整变压器分接头升压，则无功会更加缺乏。因此应先投入电容器组（或切电抗），待功率因数合格后，若电压越限，再调整变压器分接头使电压升高。

在 6 区域时，电压低于下限而功率因数超过上限，此时如先切除电容器组（或投电抗），则电压会进一步下降。因此应先调整变压器分接头使电压升高，待电压合格后，若功率因数仍越限，再切除电容器组（或投电抗）。

在 8 区域时，电压和功率因效同时超过上限，此时如先调整变压器分接头降压，则无功会更加过剩。因此应先切除电容器组（或投电抗），待功率因数合格后，若电压仍越限，再调整变压器分接头使电压降低。

对于有些越限比较严重的情况，当很难及时调节使电压、无功同时得到满足时，可选择如下策略：

（1）电压优先方式。当电压与无功不能同时满足要求时，可以考虑牺牲无功的质量，优先保证电压正常。

（2）无功（功率因数）优先方式。当电压与无功（功率因数）不能同时满足要求时，可以考虑牺牲电压的质量。

在上述情况中，要注意不能使电容器与电抗器同时投在母线上，即保证投电容器（电抗器）时母线上没有电抗器（电容器）。

8. 电压、无功综合控制进行变压器分接头调整应考虑的问题

（1）多台主变压器并列运行时必须保证同步调挡，且并列运行的各主变压器必须处于同一挡位时才能参加调挡，并列运行的主变压器调挡时必须同时升降。

（2）确保有载调压分级进行，每次只能调一挡，前后两次调档应有一定的延时。

（3）挡位上下限应有限位措施。

（4）人工闭锁或主变压器保护动作后应闭锁调挡。

（5）调挡命令发出后要进行校验，发现拒动或滑挡应闭锁调挡机构。

（6）变压器过负荷时应自动闭锁调压功能。

9. 电压、无功综合控制进行电容器组（电抗器组）的投切操作应考虑的问题

（1）电容器组（电抗器组）的投切应实行轮换原则，即保证最先投入者最先切除，最先切除者最先投入。

（2）电容器组（电抗器组）轮换投切应考虑运行方式的影响，当多台主变压器既有关联又有独立性时，应各自投切本身所带的电容器组（电抗器组）。

（3）人工投切的电容器组（电抗器组）也应参加排队。

（4）变电站低压母线电压过高或过低时应闭锁电容器组的投切（电抗器组）。

（5）电容器检修或保护动作时应将电容器组（电抗器组）投切闭锁。

10. 闭锁电压、无功综合自动控制的条件

电压、无功综合控制装置在接到如下信号时要闭锁：

（1）系统发生故障。

（2）变电站母线发生故障。

（3）主变压器发生故障或事故。

（4）电压、无功综合控制装置的电压互感器发生故障。

（5）主变压器异常运行。

（6）补偿电容器本身或回路装置发生故障或事故，则应闭锁相应电容器组的控制回路。

（7）主变压器控制器发生异常。

（8）主变压器或电力电容器正常退出操作时，闭锁该台主变压器或电容器控制装置。

（9）每次发出动作命令后进行校验，若装置拒动则应闭锁。

（10）母线电压太低时应闭锁调压功能。

（11）变压器挡位已到达上下限、主变压器分接头日调节次数已达上限、电容器日投切次数已达上限、上一次动作后延时未达到时，均应将装置自动闭锁。

二、备用电源和备用设备自动投入装置

1. 备用电源的备用方式

备用电源自动投入装置是电力系统故障或其他原因使工作电源被断开后，能迅速将备用电源或备用设备或其他正常工作的电源自动投入工作，使原来工作电源被断开的用户能迅速恢复供电的一种自动控制装置，简称 AAT 装置。备用电源自动投入是保证电力系统连续可靠供电的重要措施。

备用电源的配置一般有明备用和暗备用两种基本方式。系统正常时，备用电源或备用设备不工作，处于备用状态的，称为明备用；系统正常运行时，备用电源也投入运行的，称为暗备用。暗备用实际上是两个工作电源互为备用。图 8-9 是几种备用方式的简单接线图，图中，TV 为电压互感器；TA 是电流互感器。

（1）明备用的控制。有一个工作电源和一个备用电源的接线，即为明备用的配置，如图 8-9（a）所示。图中，T1 为工作变压器，T2 为备用变压器。正常工作时，QF1、QF2 处于合闸位置，工作母线Ⅲ上的负荷由工作电源通过 T1 供给；此时 QF3 合上（也可断开）、QF4 断开，T2 处备用状态。当工作母线Ⅲ因任何原因失电时，在 QF2 断开后，QF4 合上（QF3 断开时，要与 QF4 同时合上），恢复对工作母线Ⅲ的供电。

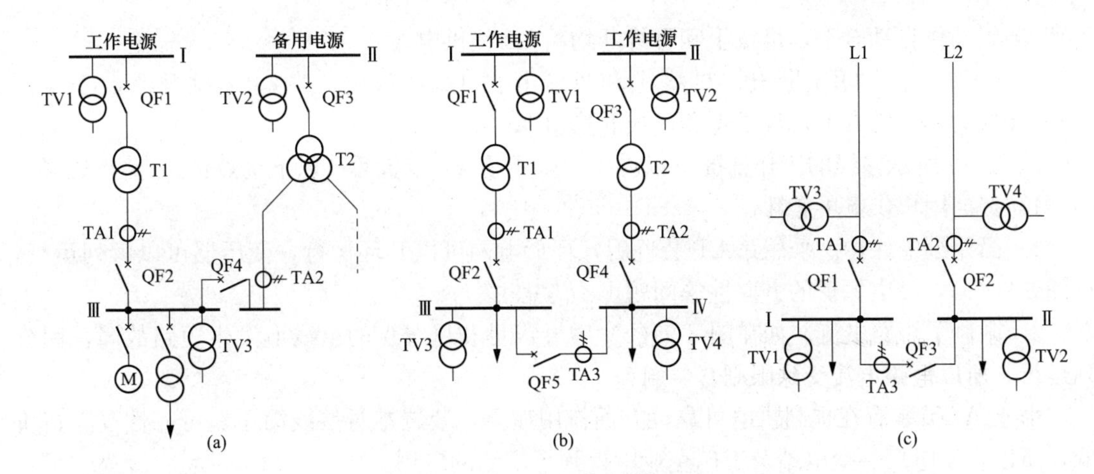

图 8-9　备用电源的配置形式

(a) 明备用；(b) 暗备用之一；(c) 暗备用之二

(2) 暗备用的控制。有两个工作电源互为备用的接线，两回进线或电源同时供电，如图 8-9 的 (b)、(c) 所示。

在图 8-9 (b) 中，正常工作时，母线Ⅲ和母线Ⅳ分别由 T1、T2 供电，分段断路器 QF5 处断开状态。当母线Ⅲ和母线Ⅳ因任何原因失电时，在进线断路器 QF2 或 QF4 断开后，QF5 合上，恢复对工作母线的供电。这种 T1 或 T2 既工作又备用的方式，称暗备用。

需要指出，在图 8-9 (b) 中，T1 或 T2 也可工作在明备用的方式下。这样，对于图 8-9 (b)有以下备用方式：

1) 备用方式 1：T1、T2 分列运行，QF2 跳开后 QF5 由 AAT 装置动作自动合上，母线Ⅲ由 T2 供电。(暗备用方式)

2) 备用方式 2：T1、T2 分列运行，QF4 跳开后 QF5 由 AAT 装置动作自动合上，母线Ⅳ由 T1 供电。(暗备用方式)

3) 备用方式 3：QF5 合上，QF4 断开，母线Ⅲ、Ⅳ由 T1 供电；当 QF2 跳开后，QF4 由 AAT 装置动作自动合上，母线Ⅲ和母线Ⅳ由 T2 供电。(明备用方式，T2 为备用变压器)

4) 备用方式 4：QF5 合上，QF2 断开，母线Ⅲ和母线Ⅳ由 T2 供电；当 QF4 跳开后，QF2 由 AAT 装置动作自动合上，母线Ⅲ和母线Ⅳ由 T1 供电。(明备用方式，T1 为备用变压器)

除上述工作方式外，还可将各种方式组合以满足运行需要，需要指出的是，当工作方式设定后，AAT 装置可自动识别当前的备用运行方式，自动选择相应的自投方式。

图 8-9 (c) 给出了单母线分段或桥形接线，其中 L1、L2 为两条电源进线，QF3 为桥断路器或母线分段断路器，备用方式如下：

1) 母线Ⅰ和母线Ⅱ分列运行，分别由 L1 线、L2 线供电，QF1 跳开后，QF3 由 AAT 装置动作自动合上，母线Ⅰ和母线Ⅱ均由 L2 线供电。

2) 母线Ⅰ和母线Ⅱ分列运行，分别由 L1 线、L2 线供电，QF2 跳开后，QF3 由 AAT 装置动作自动合上，母线Ⅰ和母线Ⅱ均由 L1 线供电。

3) QF3 合上，QF2 断开，母线Ⅰ和母线Ⅱ由 L1 线供电；当 QF1 跳开后，QF2 由

AAT 装置动作自动合上，母线Ⅰ和母线Ⅱ均由 L2 线供电。

4）QF3 合上，QF1 断开，母线Ⅰ和母线Ⅱ由 L2 线供电：当 QF2 跳开后，QF1 由 AAT 装置动作自动合上，母线Ⅰ和母线Ⅱ均由 L1 线供电。

从图 8-9 所示接线的工作情况可以看出，采用 AAT 装置后有以下优点：

1）提高用户供电可靠性。

2）简化继电保护。采用 AAT 装置后，环形电网可以开环运行，变压器可以解列运行，见图 8-9（a），继电保护的方向性等问题可不考虑。

3）限制了短路电流。如在图 8-9（b）中母线Ⅲ和母线Ⅳ的出线上发生短路故障，因分列运行，所以短路电流受到限制。

由于 AAT 装置在提高供电可靠性方面作用显著，装置本身接线简单、可靠性高、造价低，所以在发电厂、变电站及工矿企业中得到了广泛的应用。

2. 对备用电源和备用设备自动投入装置的基本要求

在发电厂和变电站中，应按如下原则装设 AAT 装置：

（1）装有备用电源的发电厂厂用电电源和变电站站用电源；

（2）由双电源供电且其中一个电源经常断开以作为备用的变电站；

（3）有备用变压器或有互为备用的母线段的降压变电站；

（4）有备用机组的某些重要辅机。

以上所述多种方案多种运行方式，虽然不同一次接线的 AAT 有所不同，但工作原理是相同的，各方案的备用电源和备用设备自动投入均有相同的基本要求或特点如下：

（1）工作电源确实断开后，备用电源才投入。工作电源失压后，无论其进线断路器是否跳开。即使已测定其进线电流为零，但还是要先断开该断路器，并确认是已跳开后，才能投入备用电源。这是为了防止备用电源投入到故障元件上。在图 8-9（a）中，只有在 QF2 跳开后，QF4 才能合闸。

（2）手动跳开工作电源时，备自动投入装置不应动作。工作电源进线断路器的合后触点（指微机保护的操作回路输出的 KKJ 合后触点）作为备自动投入装置的输入开关量，在就地或遥控跳断路器时，其合后 KKJ 触点断开，备自动投入装置自动退出。

（3）备用电源自动投入装置只允许动作一次。当工作母线发生永久性短路故障时，AAT 第一次动作将备用电源投入后，因故障仍然存在，继电保护加速动作将备用电源断开。此后，不允许 AAT 再次动作，以免使备用电源造成不必要的冲击。为此，AAT 在动作前应有足够的充电时间，通常为 10～15s。

微机型备用电源自动投入装置可以通过逻辑判断来实现只动作一次的要求，但为了便于理解，在阐述备用电源自动投入装置逻辑程序时广泛用电容器“充放电”来模拟这种功能。备用电源自动投入装置满足启动的逻辑条件，应理解为“充电”条件满足；延时启动的时间应理解为“充电”时间到后就完成了全部准备工作；当备用电源自动投入装置动作后或者任何一个闭锁及退出备用电源自动投入电源条件存在时，立即瞬时完成“放电”。“放电”就是模拟闭锁备用电源自动投入装置，放电后就不会发生备用电源自动设入装置第二次动作。这种“充放电”的逻辑模拟与微机自动重合闸的逻辑程序相类似。

（4）工作母线上的电压不论因任何原因消失时，AAT 均应动作，以图 8-9（b）备用方式 1 为例，工作母线Ⅲ失去电压的原因有：①工作变压器 T1 故障；②工作母线上Ⅲ发生短路故障；③工作线Ⅲ的出线上发生短路故障，而故障没有被该出线断路器断开；④QF1 或 QF2 因控制回路、保护回路或操动机构等问题发生误跳闸；⑤运行人员误操作导致 QF1 或 QF2 跳闸；⑥电力系统内的故障使母线Ⅲ失电。所有这些情况，AAT 均应动作。为此 AAT 应设有反应工作母线电压消失的低电压部分。

为防止 TV 断线造成假失压误启动 AAT，工作母线失压时还必须检查工作电源无流，才能启动备自动投入，为此可引入受电侧 TA 二次电流消失的辅助判据；同时该电流消失可作受电侧断路器已跳开的判据。

(5) AAT 的动作时间以尽可能短为原则。从工作母线失去电压到备用电源投入，中间有一段停电时间。对用户来说，停电时间越短越好。对电动机来说，特别是大型高压电动机，停电时间短时电动机残压高，AAT 动作时可能带来两方面的问题：①对电动机造成过大的冲击电流和冲击力矩，对电动机十分不利；②可能导致备用变压器电流速断保护的误动作。因此，对装有高压大容量电动机的厂用母线，从保护电动机安全角度出发，AAT 的动作时间应在 1s 以上。对于低压电动机，因转子电流衰减快，残压问题无需考虑。

运行实践证明，在有高压大容量电动机的情况下，AAT 的动作时间以 1～1.5s 为宜；低电压场合可减小到 0.5s。需要指出，该动作时间已大于故障点的去游离时间。当然，动作时间还应与继电保护动作时间配合。

(6) 备用电源不满足有压条件时，备用电源自动投入装置不应动作。若 AAT 动作：一方面，这种动作是无效的；另一方面，当一个备用电源对多段工作母线备用时，所有工作母线上的负荷在电压恢复时均由备用电源供电，容易造成备用电源过负荷，同时也降低了供电可靠性。

(7) 应具有闭锁备自动投入装置的功能。每套备用自动投入装置均应设置有闭锁备用电源自动投入的逻辑回路，以防止备用电源投到故障的元件上，造成事故扩大的严重后果。

3. 备用电源自动投入装置的工作原理

虽然对应不同的一次接线，备用电源自动投入装置（AAT）有所不同，但 AAT 实现的基本原理相同，都由硬件和软件造成。这里以图 8-9（b）的双电源互为备用一次接线为例，说明备用电源自动投入装置（AAT）的硬件和软件工作原理。

(1) 备用电源自动投入装置的典型硬件结构。备用电源自动投入装置的硬件结构如图 8-10 所示。

外部电流和电压输入经变换器隔离变换后，由低通滤波器输入至 A/D 模数转换器，经过 CPU 采样和数据处理后，由逻辑程序完成各种预定的功能。

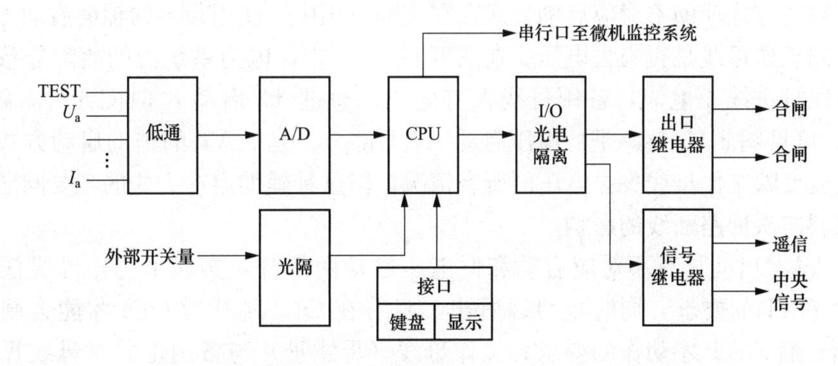

图 8-10 微机备用电源自动投入装置硬件结构方案图

AAT 装置的主要输入与输出如下：

1）从备用电源自动投入的一次接线方案图 8-9（b）可以看出，测量 TV3 和 TV4 二次电压来判别母线Ⅲ和母线Ⅳ上有、无电压，为判明三相有压和三相无压，测量的是三相电压并非是单相电压。

2）采用母线Ⅲ和母线Ⅳ进线电流（测量 TA1 和 TA2 二次电流），防止 TV 断线误判工作母线失压导致误起动 AAT，利用母线Ⅲ和母线Ⅳ进线电流闭锁 AAT，同时兼作进线断路器跳闸的辅助判据，闭锁用电流只需一相即可。

3）QF2、QF4、QF5 的跳位与合位的信息由跳闸位置继电器和合闸位置继电器的触点提供，来识别系统运行方式及选择自动投入方式。

4）引入断路器 QF2（或 QF4）的合后位置触点，作为手跳断路器后闭锁自动投入和外部闭锁自动投入输入触点。

5）装置输出 3 对触点分别跳断路器 QF2、QF4、QF5；输出 2 对触点用于自动投入 QF5，输出 9 对触点用于过负荷联切。所谓过负荷联切是在投入备用电源后，利用母线Ⅲ和母线Ⅳ进线电流，如发生过负荷，切除预先准备切除的若干条不重要的负荷线路。

（2）备用电源自动投入装置的软件原理。在图 8-9（b）的双电源互为备用一次接线中，前面分析知道，有四种基本备用方式，备用方式 1 和备用方式 2 是变压器 T1 和 T2 各带一组母线分列运行（QF5 必处断位），靠母线分段断路器 QF5 的合闸实现互为供电的两种备用方式，是暗备用的备用方式；备用方式 3 和备用方式 4 是一个变压器带母线Ⅲ和母线Ⅳ运行（QF5 必处合位），另一个变压器备用的工作方式，是明备用的备用方式。

1）暗备用方式的 AAT 软件原理。图 8-11 给出了备用方式 1、备用方式 2 的 AAT 软件逻辑框图。现以备用方式 1 [即图 8-9（b）T1、T2 分列运行，QF2 跳开后 QF5 由 AAT 装置动作自动合上，母线Ⅲ由 T2 供电] 为例说明 AAT 的工作原理。

a. AAT 装置的启动方式。图 8-9（b）以备用方式 1 正常运行时，QF1、QF2 的控制开关必在投入状态，变压器 T1 和 T2 分别供应电能给母线Ⅲ和母线Ⅳ。在 t_3 时间元件 10～15s 充足电后，只要确认 QF2 已跳闸，在母线Ⅳ有电压情况下，Y9、H4 动作，QF5 就合闸。这说明工作母线受电侧断路器的控制开关（处合闸位）与断路器位置（处跳闸位）不对应要启动 AAT 装置（在备用母线有电压情况下），即 AAT 的不对应启动方式，是 AAT 的主要启动方式。

然而，当系统侧故障使工作电源失去电压，不对应启动方式不能使 AAT 装置启动时，应考虑其他启动方式辅助不对应启动方式。在实际应用中，使用最多的辅助启动方式是采用低电压来检测工作母线是否失去电压。在图 8-11（a）中，电力系统内的故障导致工作母线Ⅲ失压，母线Ⅲ进线无电流，备用母线Ⅳ有电压，通过 Y2 启动 t_1 时间元件，跳开 QF2，AAT 动作。可见图 8-11（a）是低电压启动 AAT 部分。是 AAT 的辅助启动方式，这种辅助起动方式能反映工作母线失去电压的所有情况，但这种辅助启动方式的主要问题是如何克服电压互感器二次回路断线的影响。

可见，AAT 启动具有不对应启动和低电压启动两部分，实现了工作母线任何原因失电均能启动 AAT 的要求。同时也可以看出，只有在 QF2 跳开后 QF5 才能合闸，实现了工作电源断开后 AAT 才动作的要求；工作母线（母线Ⅲ）与备用母线（母线Ⅳ）同时失电无压，AAT 不动作；备用母线（母线Ⅳ）无压，根据图 8-11 逻辑框图，AAT 也不动作。

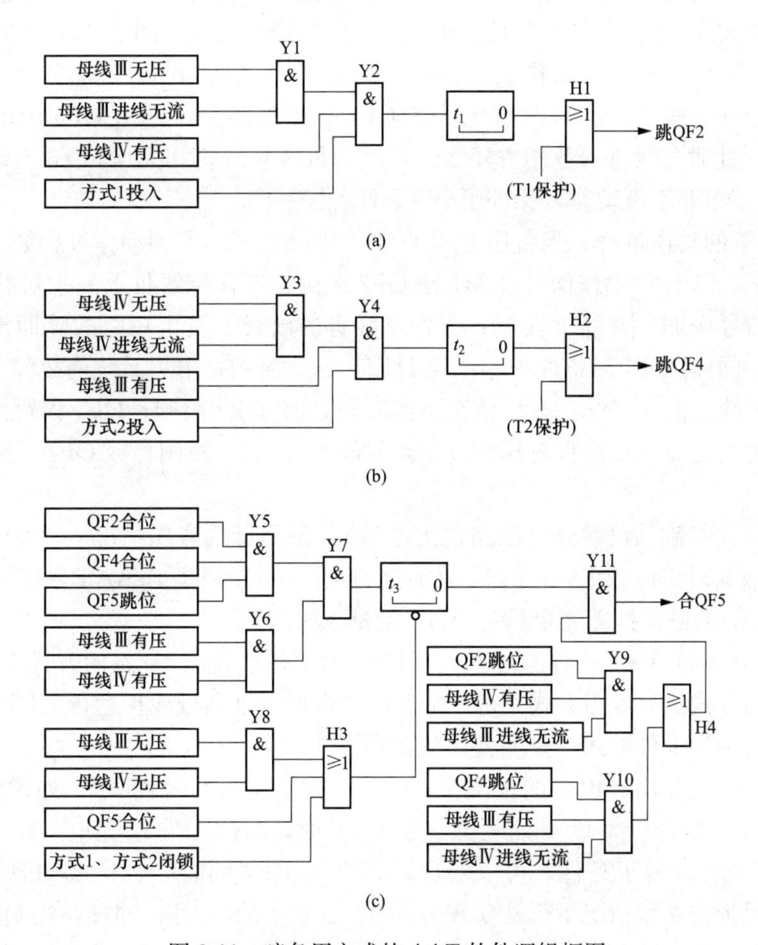

图 8-11　暗备用方式的 AAT 软件逻辑框图

（a）QF2 跳闸逻辑框图；（b）QF4 跳闸逻辑框图；（c）QF5 合网逻辑框图

b. AAT 装置的“充电”过程。微机型备用电源自动投入装置为了保证正确动作且只动作一次，在逻辑中设计了类似自动重合闸装置的充电过程（10～15s）。只有在充电完成后，AAT 装置才进入工作状态。如图 8-11（c），要使 AAT 进入工作状态，必须使时间元件 t_3 充足电，充电时间需 10～15s，这样才能为 Y11 动作准备好条件。

AAT 装置充电条件是：①变压器 T1、T2 分列运行，即 QF2 处合位、QF4 处合位、QF5 处跳位，所以与门 Y5 动作；②母线Ⅲ和母线Ⅳ均三相有压（说明 QF1、QF3 均合上，工作电源均正常），与门 Y6 动作。满足上述条件，没有 AAT 装置的放电信号的情况下，与门 Y7 的输出对时间元件 t_3 进行充电。当经过 10～15s 充电过程后，为与门 Y11 准备好了动作条件，即 AAT 装置准备好了动作条件。一旦与门 Y11 另一输入信号（AAT 动作命令）来到，AAT 装置就动作，最终合上 QF5 断路器。

c. AAT 装置的“放电”功能。对 AAT 装置放电的功能，就是在有些条件下要取消 AAT 装置的动作能力，实现 AAT 装置的闭锁。

t_3 的放电条件有：①QF5 处合位（AAT 动作成功后，备用工作方式 1 不存在了，t_3 不必再充电）；②母线Ⅲ和母线Ⅳ均三相无压（T1、T2 不投入工作，t_3 禁止充电；T1、T2 投

人工作后 t_3 才开始充电）；③备用方式 1 和备用方式 2 闭锁投入（不取用备用方式 1、备用方式 2 的备用方式），这三个条件满足其中之一，t_3 会瞬时放电，闭锁 AAT 的动作。

可以看出，T1、T2 投入工作后经 10～15s，等 t_3 充足电后，AAT 才有可能动作。AAT 动作使 QF5 合闸后，t_3 瞬时放电：若 QF5 合于故障上，则由 QF5 上的加速保护使 QF5 立即跳闸，此时母线Ⅲ（备用方式 2 工作时为母线Ⅳ）三相无压，Y6 不动作，t_3 不可能充电。于是，AAT 不再动作，保证了 AAT 只动作一次。

d. AAT 装置的动作过程。当备用方式 1 运行 15s 后，AAT 的动作过程如下：若工作变压器 T1 故障时，T1 保护动作信号经 H1 使 QF2 跳闸；工作母线Ⅲ上发生短路故障时，T1 后备保护动作信号经 H1 使 QF2 跳闸；工作母线Ⅲ的出线上发生短路故障而没有被该出线断路器断开时，同样由 T1 后备保护动作经 H1 使 QF2 跳闸；电力系统内故障使母线Ⅲ失压时，在母线Ⅲ进线无流、母线Ⅳ有压情况下经时间 t_1 使 QF2 跳闸；QF1 误跳闸时，母线Ⅲ失压、母线Ⅲ进线无流、母线Ⅳ有压情况下经时间 t_1 使 QF2 跳闸，或 QF1 跳闸时联跳 QF2 跳闸。

QF2 跳闸后，在确认已跳开（断路器无电流）、备用母线有压情况下，Y11 动作，QF5 合闸。当合于故障上时，QF5 上的保护加速动作，QF5 跳开，AAT 不再动作。可见，图 8-13示出的 AAT 逻辑框图完全满足 AAT 的基本要求。

2）明备用方式的 AAT 软件原理。图 8-12 给出了备用方式 3、备用方式 4 的 AAT 软件逻辑框图。备用方式 3 和备用方式 4 是一个变压器带母线Ⅲ和母线Ⅳ运行（QF5 必处合位），另一个变压器备用的工作方式，是明备用的备用方式。

在母线Ⅰ、母线Ⅱ均有电压的情况下，QF2、QF5 均处合位而 QF4 处跳位（方式 3），或者 QF4、QF5 均处合位而 QF2 处跳位（方式 4）时，时间元件 t_3 充电，经 10～15s 充电完成，为 AAT 动作准备了条件。可以看出，QF2 与 QF4 同时处合位或同时处跳位时，t_3 不可能充电，因为在这种情况下无法实现方式 3、方式 4 的 AAT；同样，当 QF5 处跳位时、t_3 也不可能充电，理由同上；此外，母线Ⅱ或母线Ⅰ无电压时，t_3 也不充电，说明备用电源失去电压时，AAT 不可能动作。

当然，QF5 处跳位或备用方式 3、备用方式 4 闭锁投入时，t_3 瞬时放电、闭锁 AAT 的动作。

与图 8-11 相似，图 8-12 示出的 AAT 同样具有工作母线受电侧断路器控制开关与断路器位置不对应的启动方式和工作母线低电压启动方式。因此，当出现任何原因使工作母线失去电压时，在确认工作母线受电侧断路器跳开、备用母线有电压、备用方式 3 或方式 4 投入情况下，AAT 动作，负荷由备用电源供电。由上述可以看出，图 8-12 满足 AAT 基本要求。

（3）AAT 参数整定。整定的参数有低电压元件动作值、过电压元件动作值、AAT 充电时间、AAT 动作时间、低电流元件动作值等。

1）低电压元件动作值。低电压元件用来检测工作母线是否失去电压的情况，当工作母线失压时，低电压元件应可靠动作。

为此，低电压元件的动作电压应低于工作母线出线短路故障切除后电动机自启动时的最低母线电压；工作母线（包括上一级母线）上的电抗器或变压器后发生短路故障时，低电压元件不应动作。考虑上述两种情况，低电压元件动作值一般取额定电压的 25%。

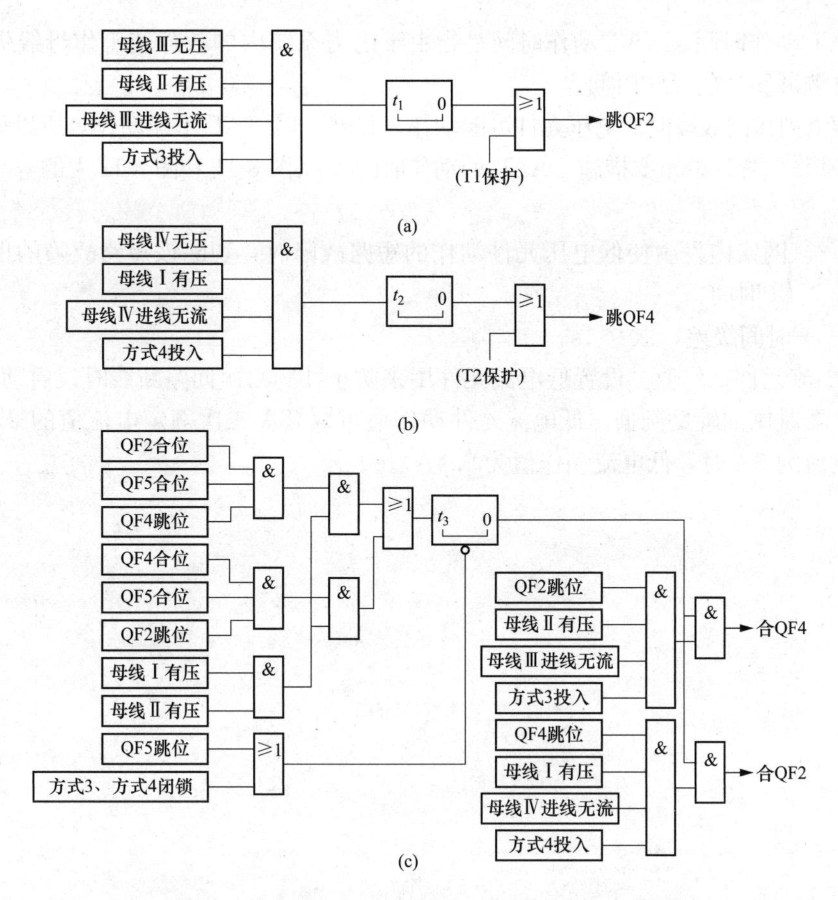

图 8-12　备用方式 3、备用方式 4 的 AAT 软件逻辑框图

(a) QF2 跳闸逻辑框图；(b) QF4 跳闸逻辑框图；(c) QF4、QF2 合闸逻辑框图

2）过电压元件动作值。过电压元件用来检测备用母线（暗备用时是工作母线）是否有电压的情况。如在图 8-9（b）中以备用方式 1、备用方式 2 运行时，工作母线出线故障被该出线断路器断开后，母线上电动机自启动时备用母线出现最低运行电压 U_{min}，过电压元件应处动作状态。故过电压元件动作电压 U_{op} 为

$$U_{op}=\frac{U_{min}}{K_{rel}K_{r}n_{TV}}$$

式中　K_{rel}——可靠系数，取 1.2；

K_{r}——返回系数，取 0.9；

n_{TV}——电压互感器变比。

一般 U_{op} 不应低于额定电压的 70%。

3）AAT 充电时间。图 8-9（b）以备用方式 1、备用方式 2 运行时，当备用电源动作于故障上时，则由设在 QF5 上的加速保护将 QF5 跳闸。若故障是瞬时性的，则可立即恢复原有备用方式，为保证断路器切断能力的恢复，AAT 的充电时间应不小于断路器第二个“合闸—跳闸”间的时间间隔。一般间隔时间取 10～15s。

可见，AAT 的充电时间是必须的，且充电时间（图 8-11 和图 8-12 中的 t_3 应为 10～15s）。

4）AAT 动作时间。AAT 动作时间是指由于电力系统内的故障使工作母线失压跳开工作母线受电侧断路器的延时时间。

因为网络内短路故障时低电压元件可能动作，显然此时 AAT 不能动作，所以设置延时是保证 AAT 动作选择性的重要措施。AAT 的动作时间 t_{op}（图 8-11 和图 8-12 中的 t_1 和 t_2）为

$$t_{op}=t_{max}+\Delta t$$

式中 t_{max}——网络内发生使低电压元件动作的短路故障时，切除该短路故障的保护最大动作时间；

Δt——时间级差，取 0.4s。

5）低电流元件动作值。设置低电流元件用来防止 TV 二次回路断线时误启动 AAT；同时兼作断路器跳闸的辅助判据。低电流元件动作值可取 TA 二次额定电流值的 8%（如 TA 二次额定电流为 5A 时，低电流动作值为 0.4A）。

第九章

电力系统稳定及内部过电压

电力系统稳定的分类及含义如下：

(1) 电力系统的静态稳定是指电力系统受到小干扰后不发生非同期性失步，自动恢复到起始运行状态。

(2) 电力系统的暂态稳定是指系统在某种运行方式下突然受到大的扰动后，经过一个机电暂态过程达到新的稳定运行状态或回到原来的稳定状态。

(3) 电力系统的动态稳定是指电力系统受到干扰后不发生振幅不断增大的振荡而失步。主要有电力系统的低频振荡、机电耦合的次同步振荡和同步电机的自激等。

(4) 电力系统的电压稳定是指电力系统维持负荷电压于某一规定的运行极限之内的能力。它与电力系统中的电源配置、网络结构及运行方式、负荷特性等因素有关。当发生电压不稳定时，将导致电压崩溃，造成大面积停电。

(5) 频率稳定是指电力系统维持系统频率于某一规定的运行极限内的能力。当频率低于某一临界频率，电源与负荷的平衡将遭到彻底破坏，一些机组相继退出运行，造成大面积停电，也就是频率崩溃。

第一节　电力系统静态稳定

一、简单电力系统的静态稳定

1. 电力系统的静态稳定的概念

电力系统静态稳定是指电力系统受到小干扰后，不发生自发振荡或非周期失步，自动恢复到起始运行状态的能力。

在图 9-1 所示的一台发电机经变压器、线路与无限大容量系统并联运行的简单系统中，假设发电机是隐极机，则在某稳定运行状态下发电机的相量图如图 9-2 (a) 所示，其中 $X_{d\Sigma}=x_d+x_T+x_L$。

发电机输出的电磁功率为

$$P_E=\frac{E_qU}{X_{d\Sigma}}\sin\delta$$

如果不考虑发电机的励磁调节器的作用，即认为发电机空载电动势 E_q 恒定，则发电机的功角特性曲线如图 9-2 (b) 所示的正弦曲线。

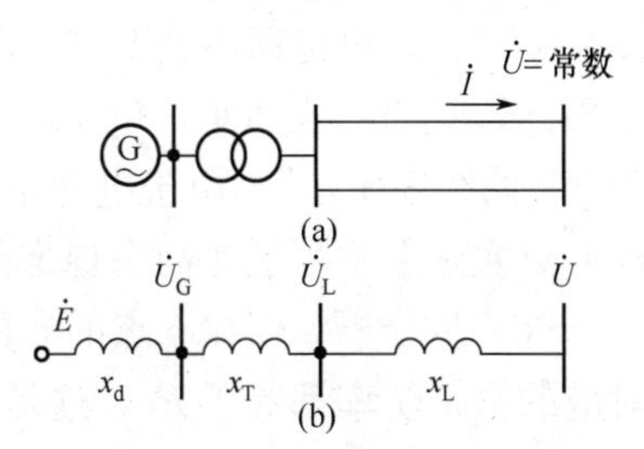

图 9-1　简单系统的示意图和等效电路图
(a) 示意图；(b) 等效电路图

发电机输出的功率是从原动机获得的。在稳态运行情况下，若不计及原动机调速器的作用，则原动机的机械功率 P_T 不变。当不计及发电机的功率损耗时，则原动机的输出机械功率 P_T 与发电机向系统输送的功率 P_0 相平衡。由图 9-2 (b) 可见，当输送 P_0 时，可能有两个运行点 a 和 b (即有两个点满足 $P_E=P_0=$

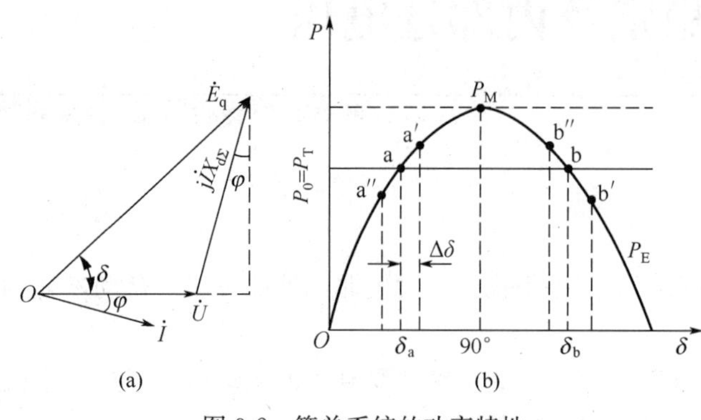

图 9-2　简单系统的功率特性

（a）相量图；（b）功角特性曲线

P_T），对应的功角分别为 δ_a 和 δ_b。但 a、b 两点是否都能维持运行呢？下面通过分析给予说明。

假设发电机运行在 a 点，若此时有一小的扰动使功角 δ_a 获得一个正的增量 $\Delta\delta$，于是发电机输出的电磁功率达到与图 9-2（b）中 a′相对应的值，而原动机的机械功率 P_T 保持不变。这样发电机的输出功率大于原动机的输入功率，破坏了发电机与原动机之间的转矩平衡，使发电机的电磁转矩大于原动机的机械转矩，即转子过剩转矩为负值。由转子运动方程可知，发电机转子将减速，δ 将减小。当 δ 减小到 δ_a 时，虽然原动机转矩与电磁转矩相平衡，但由于转子的惯性作用，功角 δ 将继续减小，一直到 a″点时才能停止减小。在 a″点，原动机的机械转矩大于发电机的电磁转矩，使转子过剩转矩为正值，由转子运动方程知，发电机转子又将加速，使 δ 增大，由于转子运动过程中的阻尼作用，经过一系列微小振荡后运行点又回到 a 点，其过程如图 9-3 曲线 1 所示。如果在 a 点运行时受到扰动后产生一个负的增量 $-\Delta\delta$（图 9-3 中 a″点），则原动机的机械功率大于发电机电磁功率，转子过剩转矩为正值，转子将加速，δ 将增加。同样经过一系列振荡后又回到运行点 a。由此可见，在平衡点 a 运行时，当系统受到小扰动后能够回到原运行状态，因此是静态稳定的。

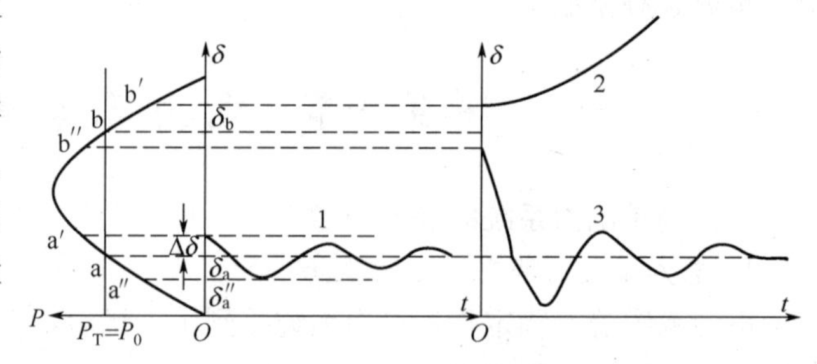

图 9-3　扰动后功角变化示意图

发电机运行在 b 点的情况则完全不同。在小干扰作用下使功角 δ_b 增加 $\Delta\delta$ 后，发电机的输出电磁功率将减小到与 b′点对应的值，小于机械功率，转子过剩转矩为正，发电机转子将加速，功角 δ 将进一步增大。功角的增大又进一步使电磁功率减小，这样继续下去，再也回不到 b 点，将使发电机与系统之间失去同步（如图 9-3 中曲线 2 所示）。如果开始受到的扰动使功角 δ 减小 $\Delta\delta$，则运行点将经过一系列振荡由 b 点过渡到 a 点（如图 9-3 曲线 3 所示）。由于电力系统的小扰动经常存在，所以在 b 点不能建立起稳定的平衡，即 b 点实际上不可能是静态稳定的运行点。

进一步分析 a 点和 b 点的异同，以便找出某些规律来判断系统的稳定与否。a、b 两点对应的电磁功率都等于 P_0，这是共同点。但 a 点对应的 δ_a 小于 90°，在 a 点运行时，电磁功率随 δ 的增大而增大。而 b 点对应的 δ_b 则大于 90°，在 b 点运行时，电磁功率随 δ 角的增大而减少。换言之，在 a 点，两个变量 ΔP_E 与 $\Delta\delta$ 的符号相同，即 $\Delta P_E/\Delta\delta>0$，或改写为 $dP_E/d\delta>0$；在 b 点，两个变量 ΔP_E 和 $\Delta\delta$ 的符号相反，即 $\Delta P_E/\Delta\delta<0$ 或 $dP_E/d\delta<0$，这是它们的不同点。因此可以得出结论：$dP_E/d\delta>0$ 时，系统是稳定的；$dP_E/d\delta<0$ 时，系统是不稳定的。即根据 $dP_E/d\delta$ 是否大于零可以判断系统静态稳定与否。

综上所述，对于目前讨论的简单系统，其静态稳定判据为

$$\frac{dP_E}{d\delta} > 0$$

式中，$\frac{dP_E}{d\delta}$称为整步功率系数。

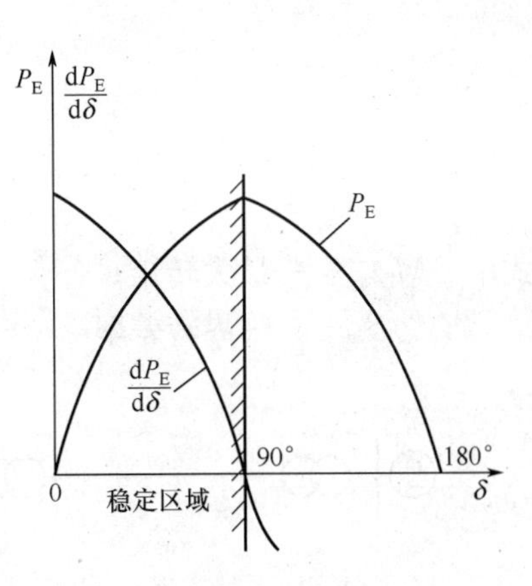

图 9-4　$dP_E/d\delta$ 的变化特性

图 9-4 绘出了简单电力系统整步功率系数 $dP_E/d\delta$ 随角度 δ 变化的规律。当 $\delta=90^\circ$时，$\frac{dP_E}{d\delta}=0$，是静态稳定的临界点，称为静态稳定极限。在所讨论的简单系统情况下，静态稳定极限所对应的功角正好与功角特性的最大值即发电机的功率极限的功角一致。显然，欲使系统保持静态稳定，运行点应在 $\delta<90^\circ$的范围内。

当然，电力系统不应经常运行在接近稳定极限的状态下，而应保持一定的储备，其储备系数为

$$K_p = \frac{P_M - P_0}{P_0} \times 100\%$$

式中　P_M——最大功率；

P_0——运行点对应的输送功率。

DL 755《电力系统安全稳定导则》规定，系统在正常运行方式下 K_p 应不小于 15%～20%，在事故后的运行方式下 K_p 应不小于 10%。

如果发电机是凸极机，发电机输出的电磁功率为

$$P_E = \frac{E_q U}{X_{d\Sigma}}\sin\delta + \frac{U^2}{2} \times \frac{X_{d\Sigma} - X_{q\Sigma}}{X_{d\Sigma} X_{q\Sigma}}\sin 2\delta$$

按上式绘制的功角特性曲线如图 9-5 所示。由于凸极发电机直轴和交轴的磁阻不等，即直轴和交轴同步电抗不相等，功率中出现了一个按两倍功角的正弦变化的分量，即磁阻功率。它使功角特性曲线畸变，功率极限略有增加，并且极限出现在功角小于 90°处。与隐极发电机类似，凸极发电机只有在功角特性曲线的上升部分运行时系统才是静态稳定的，在 $dP_E/d\delta=0$ 处是静态稳定极限，此时 δ 略小于 90°。显然，静态稳定极限与功率极限也是一致的。

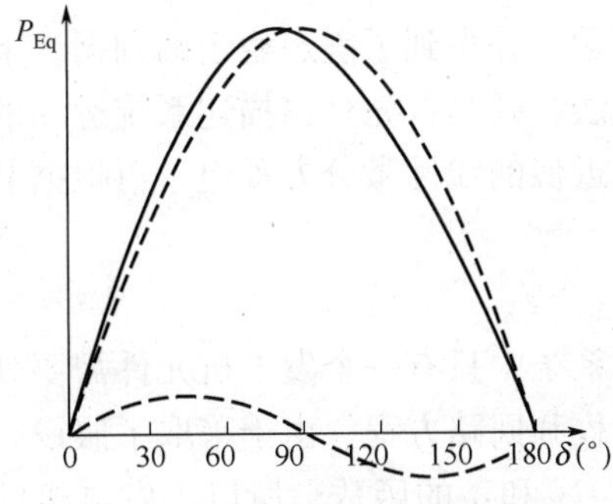

图 9-5　E_q 为常数时凸极发电机的有功功率的功角特性

2. 负荷的静态稳定

在电力系统中，不仅发电机有静态稳定问题，负荷也有静态稳定问题，它们之间相互影响。为使分析的过程清晰，将着重讨论异步电动机的稳定问题。图 9-6（a）为一台发电机向负荷——异步电动机供电的情形，图 9-6（b）为其等效电路。如果 E_q 幅值保持恒定，电动机的电磁转矩近似为

$$M_E = \frac{2M_{Emax}}{\frac{S_{cr}}{S} + \frac{S}{S_{cr}}}$$

$$M_{\mathrm{Emax}}=\frac{E_{\mathrm{q}}^{2}}{2(x_{\mathrm{s\sigma}}+x_{\mathrm{r\sigma}})}$$

$$S_{\mathrm{cr}}=\frac{r_{\mathrm{r}}}{x_{\mathrm{s\sigma}}+x_{\mathrm{r\sigma}}}$$

式中　M_{Emax}——最大转矩；

S_{cr}——临界转差率。

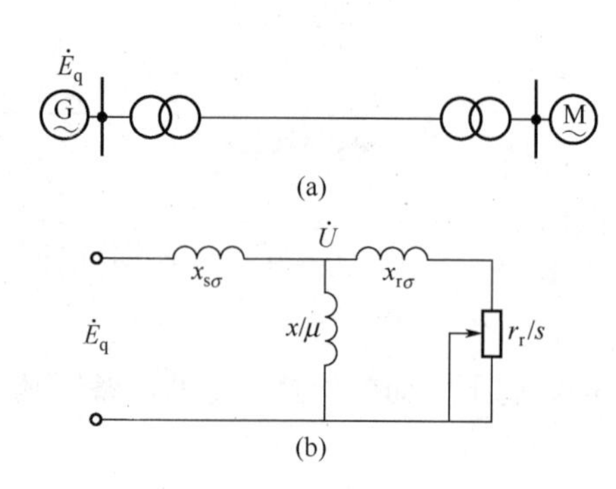

图 9-6　发电机向异步电动机供电的系统

（a）系统图；（b）电动机等效电路

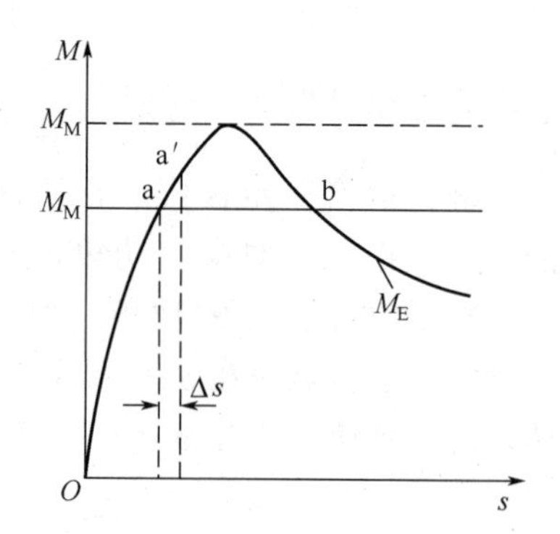

图 9-7　异步电动机的转矩特性

图 9-7 中画出了异步电动机的转矩特性 M_{E}-s 曲线和机械转矩特性 M_{M}-s 曲线，这里假设机械转矩不随转速变化，即 M_{M} 为常数（直线）。正常运行时，两个转矩相互平衡。由图 9-7 可知，电动机可能有两个运行点 a 和 b。用类似前面的方法分析可知，a 点是静态稳定的，而 b 点则是不稳定的。电动机在 a 点运行时的特征是，转差增量 Δs 与不平衡转矩 ΔM（$M_{\mathrm{E}}-M_{\mathrm{M}}$）具有相同的符号；而在 b 点则两者符号相反，因此，电动机稳定运行的判据为

$$\frac{\mathrm{d}(M_{\mathrm{E}}-M_{\mathrm{M}})}{\mathrm{d}s}=\frac{\mathrm{d}M_{\mathrm{E}}}{\mathrm{d}s}>0$$

其稳定极限和转矩极限也是一致的。在机械转矩 M_{M} 达到极限（见图 9-7 中虚线）时，其对应的转差率为临界转差率，在这种情况下，只要有一点扰动，电动机的转差率就不断增加而导致电动机停转。

二、小干扰法分析简单系统静态稳定

前面从物理概念角度分析了简单系统的静态稳定问题，并得到了静态稳定的判据。下面采用小干扰法从数学上推导以上稳定判据。所谓小干扰法，就是首先列出描述系统运动的微分方程组，通常是非线性的，然后将它们线性化，得出近似的线性微分方程组，再根据其特征方程式根的性质判断系统的稳定性。

1. 小干扰法分析简单系统的静态稳定

（1）列写系统状态偏移量的线性状态方程。在简单系统中只有一个发电机元件需要列写出其状态方程。而发电机的状态方程应包括转子运动方程和回路方程。由于采取了假设，简单系统中发电机的电磁功率 P_{E} 已表示为 E_{q}（为常数）、U 和 δ 的函数。所以，发电机的状态方程就只有转子运动方程

$$\begin{cases}\dfrac{\mathrm{d}\delta}{\mathrm{d}t}=(\omega-1)\omega_{\mathrm{N}}\\ \dfrac{\mathrm{d}\omega}{\mathrm{d}t}=\dfrac{1}{T_{\mathrm{J}}}\left(P_{\mathrm{T}}-\dfrac{E_{\mathrm{q}}U}{x_{\mathrm{d}\Sigma}}\sin\delta\right)\end{cases} \tag{9-1}$$

这是一组非线性方程。由于静态稳定是研究系统在某一运行方式下受到小的干扰后的运行状况，因此可以把系统的状态变量看成是原来运行情况上叠加一个小的偏移，即

$$\begin{cases}\delta=\delta_0+\Delta\delta\\ \omega=1+\Delta\omega\end{cases}$$

代入状态方程式（9-1）可改写为

$$\begin{cases}\dfrac{\mathrm{d}(\delta_0+\Delta\delta)}{\mathrm{d}t}=\dfrac{\mathrm{d}\Delta\delta}{\mathrm{d}t}=\Delta\omega\,\omega_{\mathrm{N}}\\ \dfrac{\mathrm{d}(1+\Delta\omega)}{\mathrm{d}t}=\dfrac{\mathrm{d}\Delta\omega}{\mathrm{d}t}=\dfrac{1}{T_{\mathrm{J}}}\left[P_{\mathrm{T}}-\dfrac{E_{\mathrm{q}}U}{x_{\mathrm{d}\Sigma}}\sin(\delta_0+\Delta\delta)\right]\end{cases} \tag{9-2}$$

将第二式中正弦函数在 δ_0 处进行泰勒级数展开，并假定 $\Delta\delta$ 很小，可略去偏移量的二次及以上的高次项，可近似得到 P_{E} 与 $\Delta\delta$ 的线性关系，即

$$\begin{aligned}P_{\mathrm{E}}&=\frac{E_{\mathrm{q}}U}{X_{\mathrm{d}\Sigma}}\sin(\delta_0+\Delta\delta)\\ &=\frac{E_{\mathrm{q}}U}{X_{\mathrm{d}\Sigma}}\sin\delta_0+\left(\frac{\mathrm{d}P_{\mathrm{E}}}{\mathrm{d}\delta}\right)_{\delta_0}\Delta\delta+\frac{1}{2!}\left(\frac{\mathrm{d}^2P_{\mathrm{E}}}{\mathrm{d}\delta^2}\right)_{\delta_0}\Delta\delta^2+\cdots\\ &\approx\frac{E_{\mathrm{q}}U}{X_{\mathrm{d}\Sigma}}\sin\delta_0+\left(\frac{\mathrm{d}P_{\mathrm{E}}}{\mathrm{d}\delta}\right)_{\delta_0}\Delta\delta=P_0+\Delta P_{\mathrm{E}}=P_{\mathrm{T}}+\Delta P_{\mathrm{E}}\end{aligned}$$

代入式（9-2）可得

$$\begin{cases}\dfrac{\mathrm{d}\Delta\delta}{\mathrm{d}t}=\Delta\omega\,\omega_{\mathrm{N}}\\ \dfrac{\mathrm{d}\Delta\omega}{\mathrm{d}t}=-\dfrac{1}{T_{\mathrm{J}}}\Delta P_{\mathrm{E}}=-\dfrac{1}{T_{\mathrm{J}}}\left(\dfrac{\mathrm{d}P_{\mathrm{E}}}{\mathrm{d}\delta}\right)_{\delta_0}\Delta\delta\end{cases}$$

这就是系统状态变量偏移量的线性微分方程组，写成矩阵形式为

$$\begin{bmatrix}\Delta\dot{\delta}\\ \Delta\dot{\omega}\end{bmatrix}=\begin{bmatrix}0 & \omega_{\mathrm{N}}\\ -\dfrac{1}{T_{\mathrm{J}}}\left(\dfrac{\mathrm{d}P_{\mathrm{E}}}{\mathrm{d}\delta}\right)_{\delta_0} & 0\end{bmatrix}\begin{bmatrix}\Delta\delta\\ \Delta\omega\end{bmatrix} \tag{9-3}$$

其一般形式为

$$\Delta\dot{X}=A\Delta X$$

式中，A 为状态方程系数矩阵，ΔX 为状态变量偏移量相量，$\Delta\dot{X}$ 为状态变量偏移量导数相量。

（2）根据特征值判断系统的稳定性。对于线性系统，其微分方程的特征方程根（即其状态方程系数矩阵的特征根）可决定暂态过程的变化规律。对于非线性系统，经过线性化后，状态变量偏移量的状态方程也是线性的，同样可以用其系数矩阵的特征值来判断系统在初始运行方式下能否稳定。如果所有的特征值都为负实数和具有负实部的复数，则系统是稳定

的。若改变系统的运行方式或参数，使得特征值中出现一个零根或实部为零的一对虚根，则系统处于稳定的边界，只要特征值中出现一个正数或一对具有正实部的复数，则系统是不稳定的。

对于式（9-3）这样的二阶微分方程组，其特征方程为

$$\begin{vmatrix} 0-\lambda & \omega_{\mathrm{N}} \\ \dfrac{-1}{T_{\mathrm{J}}}\left(\dfrac{\mathrm{d}P_{\mathrm{E}}}{\mathrm{d}\delta}\right)_{\delta_0} & 0-\lambda \end{vmatrix}=0$$

求得特征值 λ 为

$$\lambda_{1,2}=\pm\sqrt{\frac{-\omega_{\mathrm{N}}}{T_{\mathrm{J}}}\left(\frac{\mathrm{d}P_{\mathrm{E}}}{\mathrm{d}\delta}\right)_{\delta_0}}$$

很明显，当 $\left(\dfrac{\mathrm{d}P_{\mathrm{E}}}{\mathrm{d}\delta}\right)_{\delta_0}<0$ 时，$\lambda_{1,2}$ 为一个正实根和一个负实根，即 $\Delta\delta$ 和 $\Delta\omega$ 有随时间不断单调增加的趋势，表明发电机相对于无限大系统非周期地失去同步，故系统是不稳定的。当 $\left(\dfrac{\mathrm{d}P_{\mathrm{E}}}{\mathrm{d}\delta}\right)_{\delta_0}>0$ 时，$\lambda_{1,2}$ 为一对共轭虚根，从理论上讲，$\Delta\delta$ 和 $\Delta\omega$ 将不断地做等幅振荡。若系统中存在着正的阻尼因素，则 $\Delta\delta$ 和 $\Delta\omega$ 将做衰减振荡，表明系统受到小干扰后经过衰减振荡，最后恢复同步。由上可见，用小干扰法对简单系统的分析结果，其静态稳定的判据与前面的结论是一致的，即

$$\frac{\mathrm{d}P_{\mathrm{E}}}{\mathrm{d}\delta}>0$$

当假设发电机的空载电动势为常数时，对于隐极机和凸极机，电磁功率表达式分别为

$$P_{\mathrm{Eq}}=\frac{E_{\mathrm{q}}U}{X_{\mathrm{d}\Sigma}}\sin\delta$$

$$P_{\mathrm{Eq}}=\frac{E_{\mathrm{q}}U}{X_{\mathrm{d}\Sigma}}\sin\delta+\frac{U^2}{2}\cdot\frac{X_{\mathrm{d}\Sigma}-X_{\mathrm{q}\Sigma}}{X_{\mathrm{d}\Sigma}X_{\mathrm{q}\Sigma}}\sin2\delta$$

其整步功率系数分别为

$$\begin{cases} S_{\mathrm{Eq}}=\dfrac{\mathrm{d}P_{\mathrm{Eq}}}{\mathrm{d}\delta}=\dfrac{E_{\mathrm{q}}U}{X_{\mathrm{d}\Sigma}}\cos\delta \\ S_{\mathrm{Eq}}=\dfrac{\mathrm{d}P_{\mathrm{Eq}}}{\mathrm{d}\delta}=\dfrac{E_{\mathrm{q}}U}{X_{\mathrm{d}\Sigma}}\cos\delta+U^2\,\dfrac{X_{\mathrm{d}\Sigma}-X_{\mathrm{q}\Sigma}}{X_{\mathrm{d}\Sigma}X_{\mathrm{q}\Sigma}}\cos2\delta \end{cases}$$

系统必须运行在 $S_{\mathrm{Eq}}>0$ 的状况下才能保持稳定，S_{Eq} 的大小标志着发电机维持同步运行能力的大小。因为 $S_{\mathrm{Eq}}\Delta\delta$ 代表着当 δ 有一偏移量 $\Delta\delta$ 的同步功率偏移量的大小。随着 δ 逐步增大，S_{Eq} 逐步减小。当 S_{Eq} 减小为零进而改变符号时，发电机就再没有能力维持同步运行，系统将非周期地丧失稳定。

2. 阻尼作用对静态稳定的影响

发电机组除了转子在转动过程中具有机械阻尼作用外，还有发电机转子闭合回路所产生的电气阻尼作用。当发电机与无限大系统之间发生振荡（$\Delta\delta$ 和 $\Delta\omega$ 振荡）或失去同步时，在发电机的转子回路中，特别是在阻尼绕组中将有感应电流产生，从而产生阻尼转矩或异步阻尼，总的阻尼功率可近似表达式为

$$P_D = D\Delta\omega$$

式中，D 称为阻尼功率系数，在一般情况下它是正数。在初始功角较小或定子回路中因有串联电容而使定子电阻相对于总电抗较大时，D 可能为负数。计及阻尼功率后，发电机转子运动方程为

$$\begin{cases} \dfrac{\mathrm{d}\Delta\delta}{\mathrm{d}t} = \Delta\omega\,\omega_N \\ \dfrac{\mathrm{d}\Delta\omega}{\mathrm{d}t} = -\dfrac{1}{T_J}\left[D\Delta\omega + \left(\dfrac{\mathrm{d}P_E}{\mathrm{d}\delta}\right)_{\delta_0}\Delta\delta\right] \end{cases}$$

其矩阵形式为

$$\begin{bmatrix} \Delta\dot{\delta} \\ \Delta\dot{\omega} \end{bmatrix} = \begin{bmatrix} 0 & \omega_N \\ \dfrac{-1}{T_J}\left(\dfrac{\mathrm{d}P_E}{\mathrm{d}\delta}\right)_{\delta_0} & -\dfrac{D}{T_J} \end{bmatrix} \begin{bmatrix} \Delta\delta \\ \Delta\omega \end{bmatrix}$$

系数矩阵的特征方程为

$$\begin{vmatrix} 0-\lambda & \omega_N \\ \dfrac{-1}{T_J}\left(\dfrac{\mathrm{d}P_E}{\mathrm{d}\delta}\right)_{\delta_0} & \dfrac{-1}{T_J}D-\lambda \end{vmatrix} = \lambda^2 + \frac{D}{T_J}\lambda + \frac{\omega_N}{T_J}\left(\frac{\mathrm{d}P_E}{\mathrm{d}\delta}\right)_{\delta_0} = 0$$

求得特征值为

$$\lambda_{1,2} = \frac{-D}{2T_J} \pm \frac{1}{2T_J}\sqrt{D^2 - 4\omega_N T_J\left(\frac{\mathrm{d}P_E}{\mathrm{d}\delta}\right)_{\delta_0}} \tag{9-4}$$

特征值 λ 具有负实部的条件为

$$D > 0,\quad S_{E_q} = \left(\frac{\mathrm{d}P_E}{\mathrm{d}\delta}\right)_{\delta_0} > 0$$

显然，由式（9-4）可知：

（1）若 $S_{E_q}<0$，则不论 D 是正还是负，λ 总有一正实根，系统都将非周期性地失去稳定；

（2）若 $S_{E_q}>0$，则 D 的正负将决定系统是否稳定。

1）$D>0$，系统总是稳定的。由于一般 D 不是很大，λ 为负实部的共轭复根，即系统受到小干扰后，$\Delta\delta$ 和 $\Delta\omega$ 作衰减振荡；

2）$D<0$，系统不稳定。一般 λ 为正实部的共轭复根，系统受到小扰动后，$\Delta\delta$ 和 $\Delta\omega$ 振荡发散。

3. 自动励磁调节系统对静态稳定的影响

若发电机不装励磁调节器，其励磁电流和与之相应的电动势 E_q 保持不变，当输出功率 P_E 增加时，发电机端电压将下降。若发电机装设自动励磁调节器，当发电机端电压因输出功率的增加而下降时，励磁调节器将自动进行调节，增大励磁电流使端电压提高。若自动励磁调节器能基本保持发电机端电压不变，通过分析可知，其静态稳定极限可扩展到 $\delta>90°$，而且功率极限可提高到 $U_G U/x_e$。由此可见自动励磁调节器对提高系统静态稳定性有明显的作用。

按电压偏差调节的比例式调节器，能基本保持 E'_q 为常数，即可以近似的把发电机看作是一个有恒定暂态电动势 E'_q 的电源。

针对快速式比例调节器容易产生低频振荡失稳而不能提高放大倍数的情况，现在普遍应用电力系统的稳定器（PSS），将 ΔW 也作为励磁调节器的输入信号，因而励磁调节器的放大倍数大大提高，有可能保持发电机的端电压恒定，从而使静态稳定极限可扩大到 $\delta > 90°$，其功率极限可达到 P_{U_G} 功率特性的最大值。

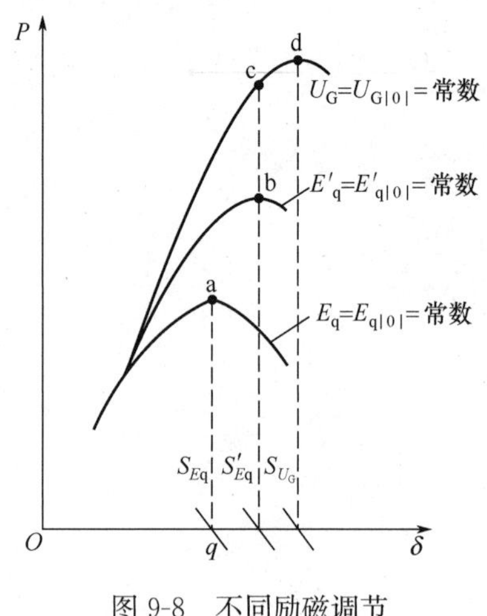

图 9-8　不同励磁调节方式的稳定极限

强力式调节器是按某些运行参数，如电压、功角、角速度、功率等的一阶甚至二阶导数调节励磁的，即调节器的输入信号为 $P\Delta U_G$、$P^2\Delta U_G$ 等的统称。这类调节器也有可能保持发电机端电压 U_G 为常数，从而使静态稳定功率极限达到 P_{U_G} 功率特性的最大值。

不同励磁调节方式的稳定极限如图 9-8 所示。

关于调节励磁对静态稳定的影响，可综述如下：

（1）无励磁调节时，系统静态稳定极限由 $S_{E_q}=\dfrac{dP_{E_q}}{d\delta}=0$ 确定，它与 P_{E_q} 的功率极限一致，即为图 9-8 中的 a 点。

（2）当发电机装有按某运行参数偏移量调节的比例式调节器时，如果放大倍数选择的合适，可以大致保持 E'_q=常数。静态稳定极限由 $S'_{E_q}=\dfrac{\partial P'_{E_q}}{\partial\delta}=0$ 确定，它与 P'_{E_q} 的功率极限一致，即图 9-8 中的 b 点。

（3）当发电机装有按两个运行参数偏移量调节的比例式调节器，例如带电压校正器的复式励磁装置，如电流放大倍数合适，其稳定极限同样可与 $S'_{E_q}=0$ 对应，同时，电压校正器也可使发电机端电压大致保持恒定，则稳定极限运行点为图 9-8 中的 c 点。

（4）在装有 PSS 或强力式调节器情况下，系统稳定极限运行点可达图 9-8 中的 d 点，即 P_{U_G} 的最大功率，对应 $S_{U_G}=0$。

4. 计算举例

例 9-1　已知简单电力系统如图 9-9（a）所示，发电机升压变压器和双回线路向系统送电，参数如下：$x_d=0.92$，$x_q=0.51$，$x'_d=0.204$，$x_{T_1}=0.125$，$x_{T_2}=0.103$，$x_L=1.098$，正常运行时 $P_0=1.0=P_{E(0)}$，$\cos\varphi=0.9$，$U=1.0$。试计算该系统发电机的功率特性、极限功率、极限功角及静态稳定储备系数。

解　（1）做系统相量图，如图 9-9（b）所示。

（2）推导有功功率特性。由相量图 9-9（b）可得

$$\begin{cases} E_q=U_q+I_dX_{d\Sigma} \\ 0=U_d-I_qX_{q\Sigma} \end{cases}$$

将其代入有功功率表达式 $P_{Eq}=R_e(\dot{U}\dot{I})=U_qI_q+U_dI_d$ 得

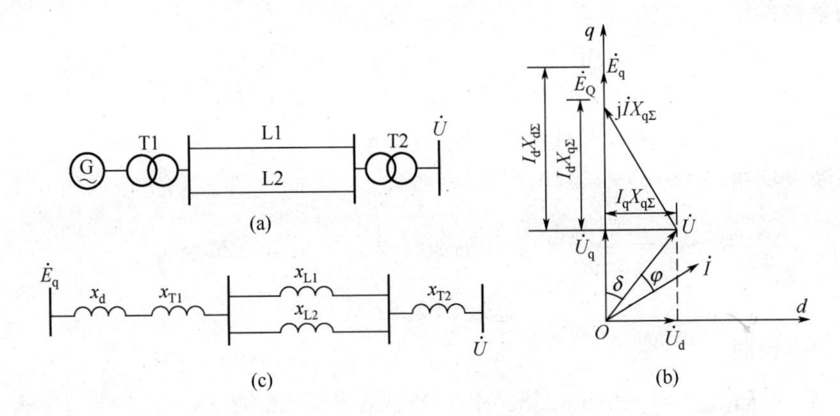

图 9-9　简单电力系统

(a) 系统接线图；(b) 发电机相量图；(c) 等值网络

$$P_{E_q} = \frac{E_q U_d}{X_{d\Sigma}} + U_d U_q \left(\frac{1}{X_{q\Sigma}} - \frac{1}{X_{d\Sigma}} \right)$$

$$= \frac{E_q U}{X_{d\Sigma}} \sin\delta + \frac{U^2}{2} \times \frac{X_{d\Sigma} - X_{q\Sigma}}{X_{d\Sigma} X_{q\Sigma}} \sin 2\delta$$

(3) 求 E_q。

$$X_{d\Sigma} = x_d + x_{T1} + \frac{1}{2} x_L + x_{T2}$$

$$= 0.92 + 0.125 + \frac{1}{2} \times 1.098 + 0.103 = 1.697$$

$$X_{q\Sigma} = x_q + x_{T1} + \frac{1}{2} x_L + x_{T2}$$

$$= 0.51 + 0.125 + \frac{1}{2} \times 1.098 + 0.103 = 1.287$$

$$\varphi = \arccos 0.9 = 25.84^\circ$$

$$Q_0 = P_0 \tan\varphi = 1 \times \tan 25.84^\circ = 0.484$$

$$E_Q = \sqrt{\left(U + \frac{Q_0 X_{q\Sigma}}{U} \right)^2 + \left(\frac{P_0 X_{q\Sigma}}{U} \right)^2}$$

$$= \sqrt{(1 + 0.484 \times 1.287)^2 + (1.287)^2} = 2.07$$

$$\delta = \arctan \frac{1.287}{1 + 0.484 \times 1.287} = 38.4^\circ$$

由相量图得

$$E_q = U\cos\delta + \frac{E_Q - U\cos\delta}{X_{q\Sigma}} X_{d\Sigma}$$

$$= \cos 38.4^\circ + \frac{2.07 - \cos 38.4^\circ}{1.287} \times 1.697 = 2.48$$

（4）功角特性。

$$P_{E_q}=\frac{2.48\times 1}{1.697}\sin\delta+\frac{1}{2}\times\frac{1.697-1.287}{1.697\times 1.287}\sin 2\delta$$
$$=1.46\sin\delta+0.094\sin 2\delta$$

（5）求极限功角。

$$S_{E_q}=\frac{dP_{E_q}}{d\delta}=1.46\cos\delta+2\times 0.094\cos 2\delta=0$$

得
$$\delta=82.82^\circ$$

（6）求功率极限。

$$P_{E\text{qmax}}=1.46\sin 82.82^\circ+0.094\sin(2\times 82.82^\circ)=1.472$$

（7）求储备系数。

$$K_p=\frac{P_{E\text{qmax}}-P_0}{P_0}\times 100\%=47.2\%$$

例 9-2 在上例所示系统中，当发电机装有按电压偏移比例调节励磁装置时，求极限功角、极限功率及静态稳定储备系数。

解 （1）作包含有 E'_q 的相量图，如图 9-10（a）所示。

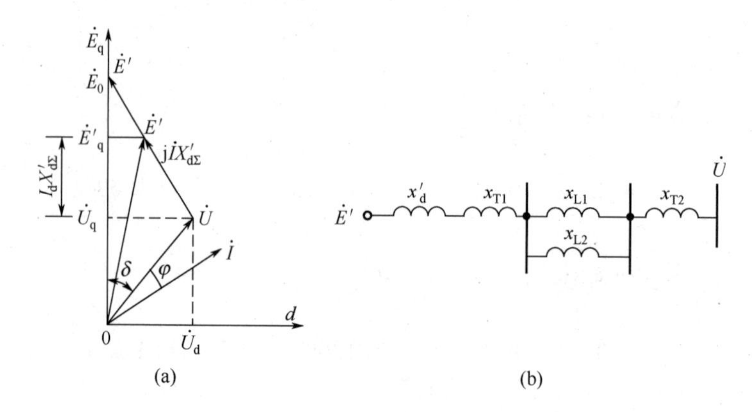

图 9-10 简单电力系统的相量图和等效电路
（a）相量图；（b）等效电路

（2）求以 E'_q 表示的功角特性。

由相量图 9-10（a）可得

$$\begin{cases}E'_q=U_q+I_dX'_{d\Sigma}\\0=U_d-I_qX_{q\Sigma}\end{cases}$$

代入有功功率表达式得

$$P'_{E_q}=\frac{E'_qU_q}{X'_{d\Sigma}}+U_dU_q\left(\frac{1}{X_{q\Sigma}}-\frac{1}{X'_{d\Sigma}}\right)$$
$$=\frac{E'_qU}{X'_{d\Sigma}}\sin\delta-\frac{U^2}{2}\times\frac{X_{q\Sigma}-X'_{d\Sigma}}{X_{q\Sigma}X'_{d\Sigma}}\sin 2\delta$$

（3）作出等值电路，如图 9-10（b）所示，求 E'_{q}。

$$X'_{\mathrm{d}\Sigma}=0.204+0.125+\frac{1}{2}\times 1.098+0.103=0.981$$

$$\begin{aligned}E'_{\mathrm{q}}&=U\cos\delta+\frac{E_{\mathrm{Q}}-U\cos\delta}{X_{\mathrm{q}\Sigma}}X'_{\mathrm{d}\Sigma}\\&=\cos 38.4^{\circ}+\frac{2.07-\cos 38.4^{\circ}}{1.287}\times 0.981=1.764\end{aligned}$$

（4）功角特性。

$$\begin{aligned}P'_{\mathrm{Eq}}&=\frac{1.764\times 1}{0.981}\sin\delta-\frac{1}{2}\times\frac{1.287-0.981}{1.287\times 0.981}\sin 2\delta\\&=1.798\sin\delta-0.121\sin 2\delta\end{aligned}$$

（5）求极限功角。

$$S'_{\mathrm{Eq}}=\frac{\partial P'_{\mathrm{Eq}}}{\partial\delta}=1.798\cos\delta-2\times 0.121\cos 2\delta=0$$

得

$$\delta=97.472^{\circ}$$

（6）求极限功率。

$$\begin{aligned}P_{\mathrm{Eq'max}}&=1.798\sin 97.472^{\circ}-0.121\sin(2\times 97.472^{\circ})\\&=1.814\end{aligned}$$

（7）求储备系数。

$$K_{\mathrm{p}}=\frac{P_{\mathrm{Eq'max}}-P_{0}}{P_{0}}\times 100\%=81.4\%$$

三、提高系统静态稳定性的措施

根据分析电力系统静态稳定性的过程来看，发电机可能送出的功率极限愈高，则电力系统的静态稳定性愈高。加强电气联系，缩短所谓的“电气距离”，即减小各元件的电抗从而减小总电抗是提高功率极限的主要途径。下面就介绍几种提高静态稳定性的措施。

1. 采用自动调节励磁装置

前面分析简单电力系统静态稳定性时曾经提到，当发电机装设比例式励磁调节器时，可近似认为其具有 E'_{q}（或 E'）为常数的功率特性，这相当于将发电机电抗由同步电抗 x_{d} 减小为暂态电抗 x'_{d}。如果发电机装设按运行参数变化率调节励磁的励磁调节装置，则可近似认为能维持端电压 U_{G} 为常数，相当于将发电机电抗减小为零。所以，装设先进的自动调节励磁装置，可以显著提高系统的静态稳定性。而且由于调节装置在总投资中所占比重很小，所以提高系统静态稳定性的各种措施中，安装自动调节励磁装置是优先考虑的措施。

2. 减小元件的电抗

减小元件电抗主要是指减少线路的电抗，具体做法如下。

（1）采用分裂导线。输电线路采用分裂导线的目的主要是为了避免电晕。同时，由前面可知，分裂导线的采用还可以减小线路电抗。如 500kV 线路，采用单根导线的电抗约为 0.42Ω/km，采用 2 根、3 根和 4 根分裂导线后的电抗分别依次降为 0.32、0.30Ω/km 和 0.29Ω/km。

（2）提高线路额定电压等级。发电机送出功率的功率极限与电压的平方成正比，因而提高线路额定电压等级可以大大提高功率极限。换个角度来看，提高线路额定电压等级可以等效地看作减小线路电抗，因为线路电抗标幺值为

$$x_{L_*} = x_L \frac{S_b}{U_{NL}^2}$$

式中 x_L——线路电抗，Ω；

S_b——发电机送出功率，MVA；

U_{NL}——线路额定电压，kV。

但需指出，线路电压等级越高，投资越大，一般对于一定的输送距离和输送功率，总有一个最合理的电压等级。

（3）串联电容补偿。所谓串联电容补偿是指在线路中串联电容器用以补偿线路电抗，如图9-11所示。串联电容器在低压线路中主要用于调压，而在高压线路中则主要是用来提高系统的静态稳定性。电容器的容抗 x_C 与线路电抗 x_L 的比值 $K_C=x_C/x_L$ 称为补偿度，它对系统稳定的影响较大。一般来讲，补偿度 K_C 越大对系统静态稳定性的提高越有利。但补偿度也不能太大，太大会使系统短路电流增大，还可能产生低频自发振荡和自励磁，或者引起保护装置的误动作。这是系统正常运行所不允许的。一般 K_C 的取值不宜超过0.5。

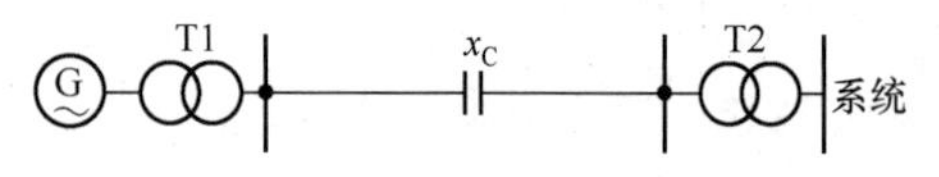

图9-11　串联电容补偿

3. 改善系统结构和采用中间补偿设备

（1）改善系统结构。改善系统结构、加强系统的联系的方法有多种。如增加输电线路回数；长距离输电线路跨过原有电力系统的地区时，将其与原有电力系统相联，使长线路中间点电压得到维持，相当于将线路分成两段，缩小了电气距离，同时还可与该系统交换有功功率，起到互为备用的作用。

（2）采用中间补偿设备。在输电线路中间的降压变电站内装设同期调相机也是提高静态稳定性的常见措施之一。同期调相机一般配备有先进的自动调节励磁装置，从而可以维持调相机端点甚至高压母线电压恒定，使输电线等效地分为两段，系统的静态稳定性得到提高。

4. 采用直流输电

直流输电的最大优点之一，是没有系统稳定问题。通过直流输电线连接两端交流系统，两个交流系统之间不需要保持同步运行，输电距离和容量也不受两端电力系统同步运行稳定性限制。

5. 保持变电站、发电厂高压母线电压恒定运行

在电力系统正常运行中，维持和控制母线电压是调度部门保证电力系统稳定运行的主要和日常工作。维持、控制变电站、发电厂高压母线电压恒定，特别是枢纽厂（站）高压母线电压恒定，相当于输电系统等效分割为若干段，这样每段电气距离将远小于整个输电系统的电气距离，从而保证和提高了电力系统的稳定性。

第二节　电力系统暂态稳定

一、暂态稳定的概念

电力系统暂态稳定性是指电力系统在正常运行情况下，突然受到大干扰，经过一段时间

后能够达到新的稳定运行状态或者恢复到原来的运行状态的能力。这里所说的大干扰，主要是相对于静态稳定中所研究的小干扰而言的。如果电力系统在受到大干扰后仍然能达到稳定运行状态，则称系统在这种运行情况下是暂态稳定的。反过来，如果电力系统在受到大干扰后不能再建立起新的稳定运行状态，而是各发电机组转子之间一直有相对运动，相对相位角不断变化，因而系统的功率、电流和电压都将不断振荡，以至于整个系统不能再继续运行，则称系统在这种干扰下不能保持暂态稳定。显然，一个系统的暂态稳定情况和系统原来的运行方式以及干扰的程度是有关的。也就是说，同样一个系统在某个运行方式和某种干扰下是暂态稳定的，而在另一个运行方式和另一种干扰下它可能是不稳定的。因此，在分析一个系统的暂态稳定性时，首先必须结合实际情况定出系统的初始运行方式。关于干扰方式，由于最严重的干扰（如三相短路）出现的概率较小，因此一般并不要求以最严重的干扰来检验系统的暂态稳定性。DL 755《电力系统安全稳定导则》对 220kV 以上电压等级的系统规定了系统必须能够承受的扰动方式。如任何线路上发生单相瞬时接地故障，故障后断路器跳开，重合成功，就是系统必须能承受的一组扰动。

电力系统受到大扰动，经过一段时间后逐步趋向稳定运行或是趋向失去同步。这段时间的长短与系统本身的状况有关，有的持续约 1s，有的则要持续几秒甚至几分钟。也就是说，在某些情况下只要分析扰动后 1s 左右的暂态过程就可以判断系统能否保持稳定，而在另一些情况下则必须分析更长的时间。

二、简单电力系统暂态稳定的分析计算

1. 大扰动后发电机转子的相对运动

图 9-12（a）所示为一简单系统，正常运行时发电机经过变压器和双回线路向无限大系统送电。如果发电机用暂态电动势 $\dot{E}'$ 作为其等效电动势，则电动势 $\dot{E}'$ 与无限大系统间的电抗为

$$x_1 = x'_d + x_{T1} + \frac{1}{2}x_L + x_{T2}$$

这时发电机发出的电磁功率可表达为

$$P_1 = \frac{E'U}{x_1}\sin\delta$$

如果突然在一回输电线路始端发生不对称短路，如图 9-12（b）所示，则根据上述分析，只需在正序网络的故障点上接一与故障类别有关的附加电抗 jx_Δ，这个正序增广网络即可用来计算不对称短路时的正序电流及相应的正序功率。附加电抗的大小可根据不对称故障的类型，由故障点等效的负序和零序电抗计算而得。根据发电机励磁回路磁链守恒原理，在故障瞬间暂态电动势 E'_q 是不变的，在近似计算中就可认为 E' 不变。本来，在故障瞬间以后 E'_q（或 E'）是要衰减的，但考虑到一方面它本身衰减较慢，另一方面励磁调节器特别是其中的强行励磁装置的作用，可以近似地认为 E'_q（或 E'）在暂态过程中是常数。综上所述，故障后系统的等效电路如图 9-12（b）所示。这时发电机电动势和无限大系统之间的联系电抗由图 9-12（b）中的星形网络转化为三角形网络而得

$$x_{\mathrm{II}} = (x'_d + x_{T1}) + \left(\frac{1}{2}x_L + x_{T2}\right) + \frac{(x'_d + x_{T1})\left(\frac{1}{2}x_L + x_{T2}\right)}{x_\Delta}$$

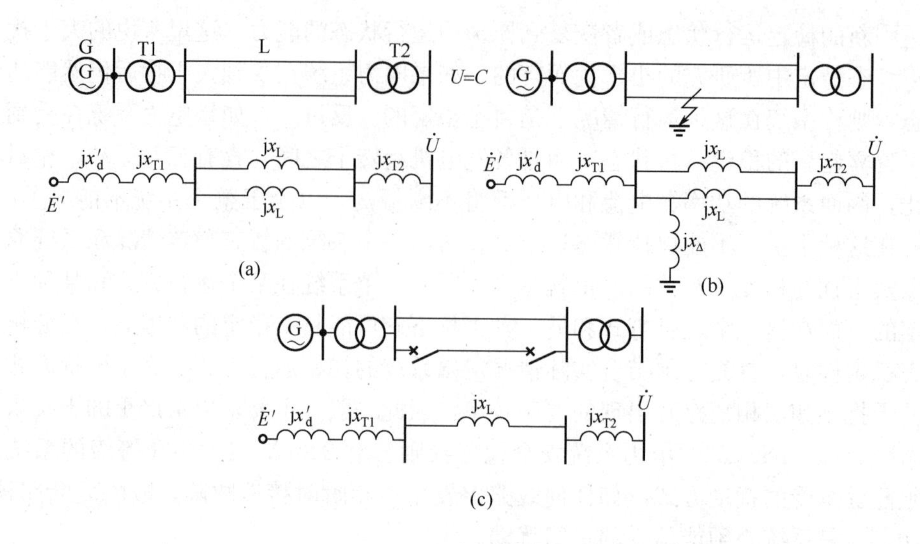

图 9-12　简单电力系统及其等效电路

（a）正常运行方式及其等效电路；（b）故障情况及其等效电路；

（c）故障切除后及其等效电路

这个电抗总是大于正常运行时的电抗 x_1。如果是三相短路，则 $x_\Delta=0$，x_{II} 为无穷大，即三相短路截断了发电机和系统间的联系。

故障情况下发电机输送的功率为

$$P_{\mathrm{II}}=\frac{E'U}{x_{\mathrm{II}}}\sin\delta$$

三相短路时发电机输出功率为零（忽略电阻）。

发生短路故障后，线路继电保护装置将迅速地断开故障线路两端的断路器，如图 9-12（c）所示，这时发电机电动势 E' 与无限大系统间的联系电抗为

$$x_{\mathrm{III}}=x'_d+x_{T1}+x_L+x_{T2}$$

发电机输出功率为

$$P_{\mathrm{III}}=\frac{E'U}{x_{\mathrm{III}}}\sin\delta$$

下面分析系统受到这一系列大扰动后发电机转子的运行情况。在图 9-13 中画出了发电机在正常运行（Ⅰ）、故障（Ⅱ）和故障切除后（Ⅲ）三种状态下的功率特性曲线。如果正常时发电机向无限大系统输送的功率为 P_0，则原动机输出的机械功率 P_T 等于 P_0。假定不计故障后几秒内调速器的作用，即认为机械功率始终保持 P_0。图 9-13 中的 a 点表示正常运行时发电机的运行点。发生短路后功率特性立即降为 P_{II}，但由于转子的惯性，转子角速度不会立即变化，其相对于无限大系统母线电压 $\dot{U}$ 的角度 δ_0 仍保持不变（这里 δ 实际是 $\dot{E}'$ 的相对角 δ'，并不真正代表转子 q 轴的相对角，所以 δ_0 不变是一种近似）。因此发电机的运行点由 a 点跃变到 b 点，输出功率突然显著减少，而原动机机械功率 P_T 不变，故产生较大的过剩功率。故障情况愈严重，P_{II} 功率曲线幅值愈低（三相短路时为零），则过剩功率愈大。在过剩功率的作用下发电机转子将加速，其相对速度和相对角度 δ 逐渐增大，使运行点沿 P_{II} 由 b 点向 c 点移动。如果故障永久存在下去，则始终存在过剩转矩，发电机将不断加速，

最终与无限大系统失去同步。实际上，短路后继电保护装置将迅速动作切除故障线路，假设在 c 点时将故障切除，则发电机的功率特性立即变为 $P_{Ⅲ}$，发电机的运行点由 c 点突然跃变到 e 点（同样由于 δ 不能突变）。这时发电机的输出功率比原动机的机械功率大，使转子受到制动，转子的加速逐渐减慢。但由于此时的速度已经大于同步转速，所以相对角度 δ 还要继续增大。假设制动过程延续到 f 点时转子转速才回到同步转速，则 δ 角不再增大。但是，在 f 点是不能持续运行的，因为这时机械功率和电磁功率仍不平衡，前者小于后者，转子在制动的剩余转矩作用下，转速将降低，δ 角开始减小，运行点沿功率特性曲线 $P_{Ⅲ}$ 由 f 点向 e、k 点移动。在到达 k 点之前转子一直减速，转子速度低于同步速。到达 k 点时，虽然机械功率与电磁功率平衡，但由于转子速度低于同步转速，δ 将继续减小。但越过 k 点以后机械功率大于电磁功率，又使转子减速变缓并重新加速，因而 δ 一直减小到转子速度回到同步转速后又开始增大。此后运行点将沿着 $P_{Ⅲ}$ 开始第二次振荡。

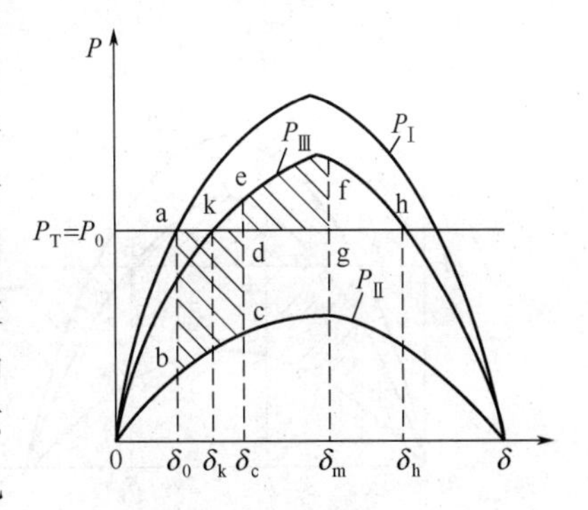

图 9-13　简单系统正常运行、故障和故障切除后的功角特性曲线

如果振荡过程中没有任何能量损耗，则第二次 δ 又将增大至 f 点的对应角 δ_m，以后就一直沿着 $P_{Ⅲ}$ 往复不已地振荡。实际上，振荡过程中总有能量损耗，或者说总存在着阻尼作用，因而振荡逐渐衰减，发电机最后停留在一个新的运行点 k 上持续运行。k 点即故障切除后功率特性 $P_{Ⅲ}$ 与 P_T 的交点。在图 9-14 中画出了上述振荡过程中负的过剩功率，转子角速度 ω 和相对角度 δ 随时间变化的曲线。图 9-14 中曲线是计及了阻尼作用的。

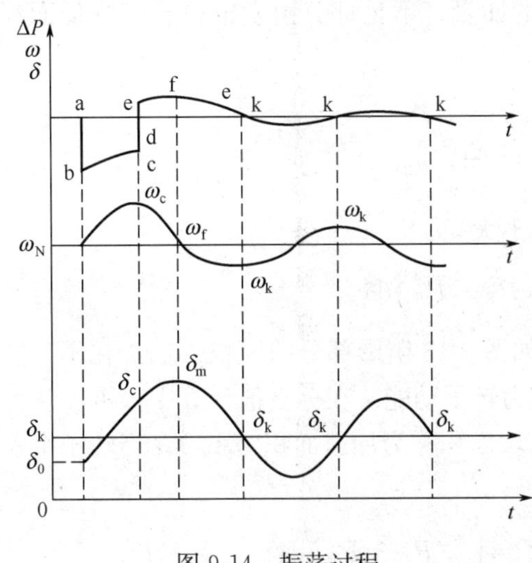

图 9-14　振荡过程

如果故障线路切除得比较晚，其功角特性曲线如图 9-15 所示。这时在故障线路切除前转子加速已比较严重，因此当故障线路切除后，在到达与图 9-13 中相应的 f 点时转子转速仍大于同步转速。甚至在到达 h 点时转速还未降至同步转速，因此 δ 就将越过 h 点对应的角度 δ_h。而当运行点越过 h 点后，转子又立即承受加速转矩，转速又开始加速，而且加速度愈来愈大，δ 将不断增大，发电机和无限大系统间最终失去同步，这种情况如图 9-16 所示。

由上可见，快速切除故障是提高暂态稳定的有效措施。

前面定性地叙述了简单系统发生短路故障后的两种暂态过程，前者显然是暂态稳定的，后者是不稳定的。由两者的 δ 变化曲线可见，前者的 δ 第一次逐渐增大至 δ_m 后即开始减小，以后振荡逐渐衰减；后者 δ 在接近 180°（δ_h）时仍然继续增大。因此，在第一个振荡周期即可判断稳定与否。

由以上分析可见，系统暂态稳定与否是和正常运行的情况以及扰动形式直接相关。为了确切判断系统在某个运行方式下，受到某种扰动后能否保持暂态稳定，必须通过定量的分析计算。

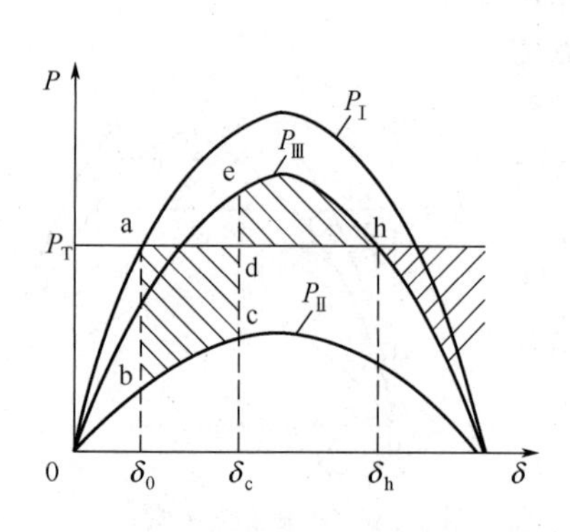

图 9-15 故障切除时间过晚时的功角特性

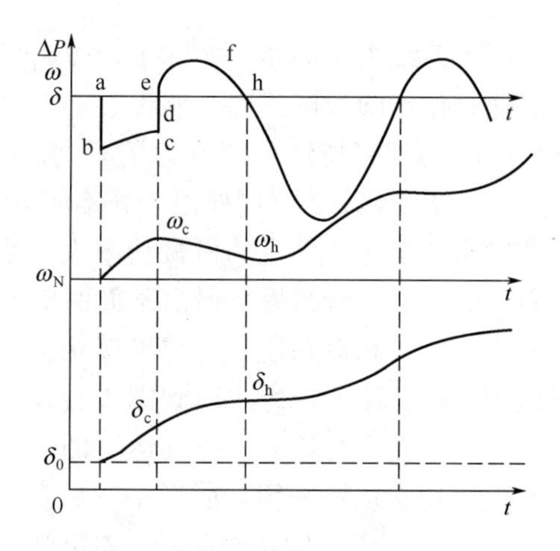

图 9-16 失步过程

2. 等面积定则

从前面的分析可知，在功角由 δ_0 变到 δ_c 的过程中，原动机输入的能量大于发电机输出的能量，多余的能量将使发电机转速升高并转化为转子的动能而储存在转子中；而当功角由 δ_c 变到 δ_m 时，原动机输入的能量小于发电机输出的能量，不足部分由发电机转速降低而释放的动能转化为电磁能来补充。

转子由 δ_0 到 δ_c 时，过剩转矩所做的功为

$$W_a = \int_{\delta_0}^{\delta_c} \Delta M_a \mathrm{d}\delta = \int_{\delta_0}^{\delta_c} \frac{\Delta P_a}{\omega} \mathrm{d}\delta$$

用标幺值计算时，因发电机转速偏离同步速度不大，$\omega \approx 1$，于是

$$W_a = \int_{\delta_0}^{\delta_c} \Delta P_a \mathrm{d}\delta = \int_{\delta_0}^{\delta_c} (P_T - P_{\mathrm{II}}) \mathrm{d}\delta$$

上式右边的积分，代表 $P-\delta$ 平面上的面积，如图 9-13 阴影部分的面积 A_{abcd}。在不计能量损失时，加速期间过剩转矩所做的功将全部转化为转子动能。在标幺值计算中，可以认为转子在加速过程中获得的动能增量就等于 A_{abcd}，这块面积称为加速面积（$A_{加}$）。当转子由 δ_c 变动到 δ_m时，转子动能增量为

$$W_b = \int_{\delta_c}^{\delta_m} \Delta M_a \mathrm{d}\delta \approx \int_{\delta_c}^{\delta_m} \Delta P_a \mathrm{d}\delta = \int_{\delta_c}^{\delta_m} (P_T - P_{\mathrm{III}}) \mathrm{d}\delta$$

由于 $\Delta P_a < 0$，上式积分为负值，也就是说，动能增量为负值，这意味着转子储存的动能减小了，即转速下降了，减速过程中动能增量所对应的面积称为减速面积（$A_{减}$），如图中的阴影面积 A_{defg}。

显然，根据能量守恒原理，动能的增量应等于 0，即

$$W_a + W_b = \int_{\delta_0}^{\delta_c} (P_T - P_{\mathrm{II}}) \mathrm{d}\delta + \int_{\delta_c}^{\delta_m} (P_T - P_{\mathrm{III}}) \mathrm{d}\delta = 0$$

应用这个条件，并将 $P_T = P_0$，以及 P_{II} 和 P_{III} 的表达式代入上述公式，便可求得 δ_m，上述公式也可写成

$$A_{加} = A_{减}$$

即加速面积等于减速面积，这就是等面积定则。同理，根据等面积定则，由如下公式可以确定摇摆的最小角度 δ_{min}

$$\int_{\delta_m}^{\delta_k}(P_T - P_{Ⅲ})\mathrm{d}\delta + \int_{\delta_k}^{\delta_{min}}(P_T - P_{Ⅲ})\mathrm{d}\delta = 0$$

上述分析表明，只有转子在减速过程中将它在加速过程中增加的动能全部消耗完，转子转速才能再一次回到同步转速，或者说，功率角才不再继续增大，而且有减小的趋势。也就是说必须满足加速面积与减速面积相等的条件，转子才能再一次回到同步转速。因此，加速面积与减速面积相等是保持稳定的条件，这就是等面积定则最本质的物理含义。

根据等面积定则推知，减速面积越大，系统越稳定。所以从加速面积和减速面积的关系，可以得出暂态稳定的储备裕度

$$K = \frac{A_{zd}}{A_{js}} = \frac{A_{js} + \Delta A}{A_{js}} = 1 + \frac{\Delta A}{A_{js}}$$

其中 A_{zd} 为最大减速面积（或制动面积），A_{js} 为加速面积，ΔA 为减速面积大于加速面积的部分。

3. 极限切除角

利用等面积定则，可以决定极限切除角度，即最大可能的 δ_c。根据前面的分析可知，为了保持系统的稳定，必须在到达 h 点以前使转子恢复到同步速。极限的情况是正好到达 h 点时转子恢复到同步速，这时的切除角度称为极限切除角度 δ_{cm}，根据等面积定则有以下关系

$$\int_{\delta_0}^{\delta_{cm}}(P_T - P_{Ⅱ})\mathrm{d}\delta = \int_{\delta_{cm}}^{\delta_h}(P_{Ⅲ} - P_T)\mathrm{d}\delta$$

即

$$\int_{\delta_0}^{\delta_{cm}}(P_T - P_{ⅡM}\sin\delta)\mathrm{d}\delta = \int_{\delta_{cm}}^{\delta_h}(P_{ⅢM}\sin\delta - P_T)\mathrm{d}\delta$$

可求得极限切除角为

$$\cos\delta_{cm} = \frac{P_T(\delta_h - \delta_0) + P_{ⅢM}\cos\delta_h - P_{ⅡM}\cos\delta_0}{P_{ⅢM} - P_{ⅡM}}$$

在极限切除角时切除故障线路，已经利用了最大可能的减速面积。如果切除角大于极限切除角，就会造成加速面积大于减速面积，暂态过程中运行点就会越过 h 点而使系统失去同步。相反，只要切除角小于极限切除角，系统总是稳定的。但是，求得极限切除角并没有解决实际问题。实际需要知道的是，为保证系统稳定切除故障线路所需时间，也就是要知道极限切除角所对应的极限切除时间。要解决这个问题并不困难，只需求出从故障开始到故障切除这段时间内的 δ 随时间变化的曲线，则从此曲线上找到对应于极限切除角的时间即为极限切除时间。这就需要解决转子运动方程的求解问题。

由上述可见，等面积定则用于分析简单系统的暂态稳定，概念明确，而且只要掌握它的物理本质，还可以用它分析简单系统受到其他各种扰动情况下的暂态稳定。例如在图 9-12 所示的系统中，如果有线路重合闸装置，则断路器断开故障线路后经过一定时间会重新合闸。重新合闸后有两种情况，一种是短路故障已消除，则系统恢复正常运行；另一种是短路故障依旧存在，断路器再次断开。图 9-17 示出这两种情况下的加速面积和减速面积，图中 δ_R 为与重合闸时对应的角度，δ_{RC} 为断路器第二次断开时的角度。由图 9-17 可见，第一种情况可以显著地增加减速面积，第二种情况减少了减速面积，系统能否稳定，取决于再次切除故障的快慢。

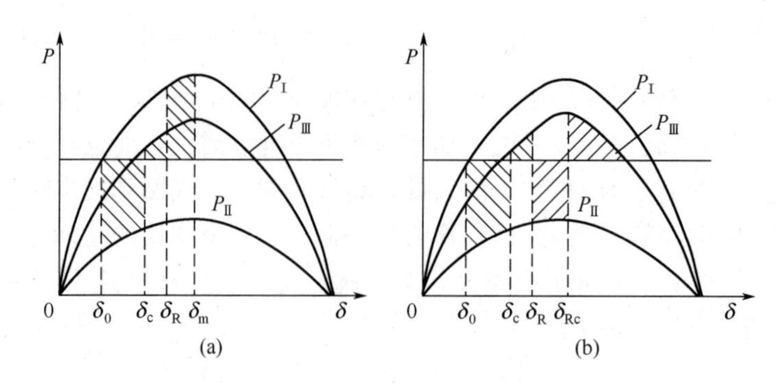

图 9-17　简单系统有重合闸装置时的面积图形

（a）重合闸成功；（b）重合闸后故障仍存在

4. 电力系统暂态稳定判断的比较法

从上面的分析可得出，暂态稳定的判据是 $\delta_c < \delta_{cm}$。δ_{cm} 可由等面积定则求出，而 δ_c 往往不直接知道，但我们可通过求解故障时发电机转子运动方程来确定功角随时间变化的特性 $\delta(t)$，并且利用继电保护和断路器切除故障的时间 t_c，找到对应的 δ_c，如图 9-18 所示。也可以比较时间来判断系统是否暂态稳定，从图 9-18 中找到 δ_{cm} 所对应的时间 t_{cm}，若 $t_c < t_{cm}$，系统暂态稳定，否则不稳定。

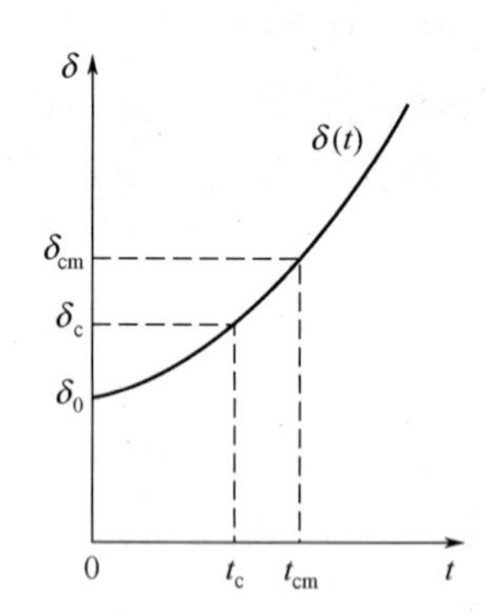

图 9-18　功角随时间变化的特性 $\delta(t)$

对于多机电力系统，不能用等面积定则求 δ_{cm}，因此判断系统是否稳定，只能靠功角随时间的变化来判断了。

5. 计算例题

例 9-3　一简单电力系统的接线如图 9-19 所示。设输电线路某一回线的始端发生两相接地短路，试计算为保持暂态稳定而要求的极限切除角度。

解　（1）选择基值，计算参数。

取 $S_b = 220\text{MVA}$，$U_{b(220)} = 209\text{kV}\left(因为\ 115 \times \dfrac{220}{121} = 209\text{kV}\right)$，求得正常运行时正序、负序和零序等效电路中的参数如图 9-20（a）和图 9-20（b）所示。将发电机的惯性时间常数归算到以 S_b 为基值，则

$$T_J = 6 \times \frac{P_N/\cos\varphi}{S_b}$$

$$= 6 \times \frac{240/0.8}{220} = 8.18$$

G　T1　L　T2
240MW 10.5kV $\cos\varphi$=0.80 x'_d=0.30 x_2=0.44 T_J=6s
300MVA 10.5/242kV U_k%=14
230km $x_1=x_2$=0.42Ω/km $x_0=4x_1$
280MVA 220/121kV U_k%=14
U=115kV=定值 $P_{|0|}$=220MW $\cos\varphi_{|0|}$=0.98

图 9-19　一简单电力系统图

（2）计算系统正常运行方式，决定 E' 和 δ_0。

此时系统总电抗为

$$x_1 = 0.295 + 0.138 + 0.243 + 0.122 = 0.798$$

$$Q_0 = P_0 \tan\varphi_0 = 0.2$$

发电机的暂态电动势为

$$E' = \sqrt{\left(U + \frac{Q_0 x_1}{U}\right)^2 + \left(\frac{P_0 x_1}{U}\right)^2}$$

$$= \sqrt{(1 + 0.2 \times 0.798)^2 + 0.798^2} = 1.41$$

$$\delta_0 = \arctan\frac{0.798}{1 + 0.2 \times 0.798} = 34.53°$$

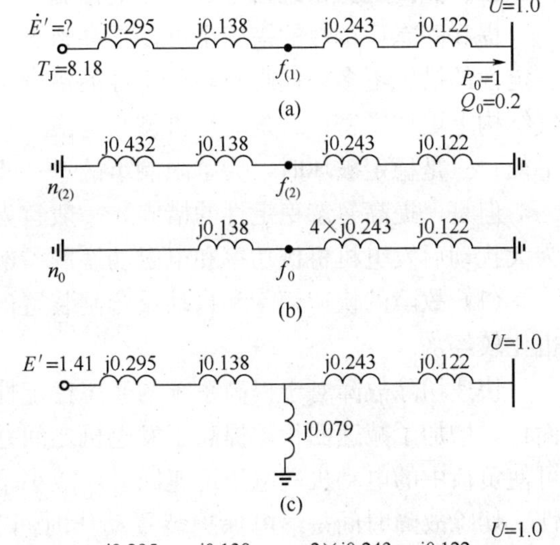

图 9-20　等效电路

（a）正常运行等效电路；（b）负序和零序等效电路；（c）故障时等效电路；（d）故障切除后等效电路

（3）故障后的功率特性。由图 9-20（b）的负序、零序网络可得故障点的负序、零序等效电抗为

$$x_{2\Sigma} = \frac{(0.432 + 0.138) \times (0.243 + 0.122)}{0.432 + 0.138 + 0.243 + 0.122} = 0.222$$

$$x_{0\Sigma} = \frac{0.138(0.972 + 0.122)}{0.138 + 0.972 + 0.122} = 0.123$$

所以加在正序网络故障点上的附加电抗为

$$x_\Delta = \frac{x_{2\Sigma} x_{0\Sigma}}{x_{2\Sigma} + x_{0\Sigma}} = \frac{0.222 \times 0.123}{0.222 + 0.123} = 0.079$$

于是故障时等效电路如图 9-20（c）所示，故

$$x_{\text{II}} = 0.433 + 0.365 + \frac{0.433 \times 0.365}{0.079} = 2.80$$

所以故障的发电机的最大功率为

$$P_{\text{II}M} = \frac{E'U}{x_{\text{II}}} = \frac{1.41 \times 1}{2.80} = 0.504$$

（4）故障切除后的功率特性。故障切除后的等效电路如图 9-20（d）所示。

$$x_{\text{III}} = 0.295 + 0.138 + 2 \times 0.243 + 0.122 = 1.041$$

此时最大功率为

$$P_{\text{III}M} = \frac{E'U}{x_{\text{III}}} = \frac{1.41 \times 1}{1.041} = 1.35$$

$$\delta_h = 180° - \sin^{-1}\frac{P_0}{P_{\text{III}M}} = 180° - \sin^{-1}\frac{1}{1.35} = 132.2°$$

（5）极限切除角为

$$\cos\delta_{cm} = \frac{P_T(\delta_h - \delta_0) + P_{\text{III}M}\cos\delta_h - P_{\text{II}M}\cos\delta_0}{P_{\text{III}M} - P_{\text{II}M}}$$

$$= \frac{1 \times \frac{\pi}{180}(132.2 - 34.53) + 1.35\cos 132.2° - 0.504\cos 34.53°}{1.35 - 0.504} = 0.458$$

$$\delta_{cm} = 62.7°$$

三、提高电力系统暂态稳定性的措施

提高静态稳定性的措施也可以提高暂态稳定性，不过提高暂态稳定性的措施比提高静态稳定性的措施更多。提高暂态稳定性的措施可分成三大类：一是缩短电气距离，使系统在电气结构上更加紧密；二是减小机械与电磁、负荷与电源的功率或能量的差额并使之达到新的平衡；三是稳定破坏时，为了限制事故进一步扩大而必须采取的措施，如系统解列等。

但是，提高暂态稳定性的措施，一般首先考虑的是减少扰动后功率差额的临时措施，因为大扰动后发电机机械功率和电磁功率的差额是导致暂态稳定破坏的根本原因。

（1）故障的快速切除和自动重合闸装置的应用。这两项措施可以较大地减少功率差额，也比较经济。

快速切除故障对于提高系统的暂态稳定性有决定性作用，因为快速切除故障减小了加速面积，增加了减速面积，提高了发电机之间并列运行的稳定性。另一方面，快速切除故障也可使负荷中的电动机端电压迅速回升，减小了电动机失速和停顿的危险，提高了负荷的稳定性。切除故障时间是继电保护装置动作时间和断路器动作时间之和。目前已可做到短路后0.06s切除故障线路，其中保护装置动作时间0.02s，断路器动作时间0.04s。

电力系统的故障，特别是高压输电线路的故障，大多数是短路故障，而这些短路故障大多数又是暂时性的。广泛采用自动重合闸装置，在发生故障的线路上，先切除线路，经过一定时间再合上断路器，如果故障消失则重合闸成功，重合闸的成功率是很高的，可达90%以上。这个措施可有效地提高供电的可靠性，对于提高系统的暂态稳定性也有十分明显的作用。图9-17所示为简单系统中重合闸成功使减速面积增加的情形。重合闸动作愈快对稳定愈有利，但是重合闸的时间受到短路处去游离时间的限制。如果在原来短路处产生电弧的地方，气体还处在游离的状态下，过早地重合线路断路器，将引起再度燃弧，使重合闸不成功甚至扩大故障。去游离的时间主要取决于线路的电压等级和故障电流的大小，电压越高，故障电流越大，则去游离的时间越长。

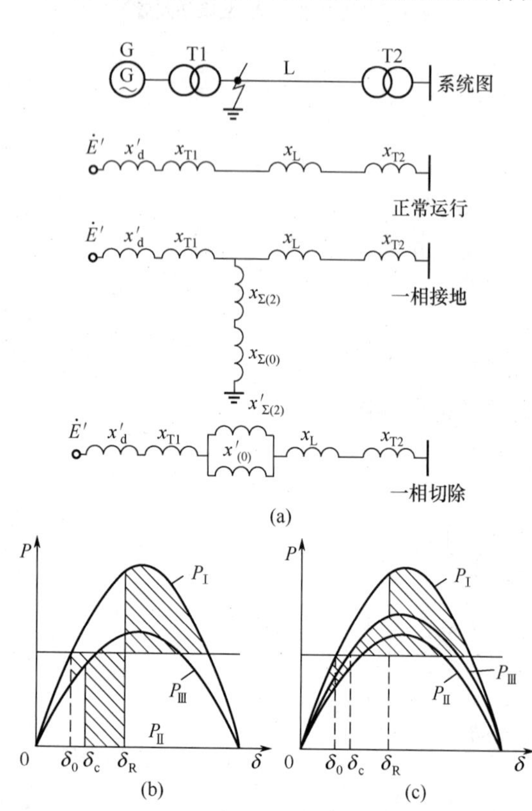

图9-21　单相重合闸的作用
（a）等效电路；（b）三相重合闸时功角特性曲线；（c）单相重合闸时功角特性曲线

超高压输电线路的短路故障大多数是单相接地故障，因此在这些线路上经常采用单相重合闸。这种装置在切除故障相后，经过一段时间再将该相重合。由于切除的只是故障相而不是三相，从切除故障相后到重合闸前的一段时间里，即使是单回路输电的场合，送电端的发电厂和受端系统也没有完全失去联系，故可以提高系统的暂态稳定。图9-21所示为单回输电系统采用单相重合闸和三相重合闸两种情况的比较。结果表明，采用单相重合闸切除线

路时，发电机仍能向系统送电（$P_{\mathrm{II}m}\neq0$），加速面积大大减小。

应该指出，采用单相重合闸时，去游离时间比采用三相重合闸时要有所加长，因为切除一相后其余两相仍处在带电状态，尽管故障电流切断了，带电的两相仍将通过导体之间的电容和电感耦合向故障点继续供给电流（称为潜供电流），因此维持了电弧的燃烧，对去游离不利。

（2）提高发电机输出的电磁功率。

1）对发电机施行强行励磁。发电机都装有强行励磁装置，以保证当系统发生故障而使发电机端电压低于85%～90%额定电压时迅速而大幅度地增加励磁，从而提高发电机电动势，增加发电机输出的电磁功率。强行励磁对提高发电机并列运行稳定性和负荷的暂态稳定性都是有利的。强行励磁的作用随励磁电压增长速度和强行励磁倍数——最大可能励磁电压与额定运行时励磁电压之比的增大而愈益显著。

2）电气制动。电气制动就是当系统中发生故障后迅速地投入电阻消耗发电机的有功功率（增大电磁功率），从而减少功率差额。图9-22表示了两种制动电阻的接入方式。当电阻串联接入时，旁路开关正常时闭合，投入制动电阻时打开旁路开关；并联接入时，开关正常打开，投入制动电阻时闭合。如果系统中有自动重合闸装置，则当线路开关重合时应将制动电阻短路（制动电阻串联接入时）或切除（制动电阻并联接入时）。

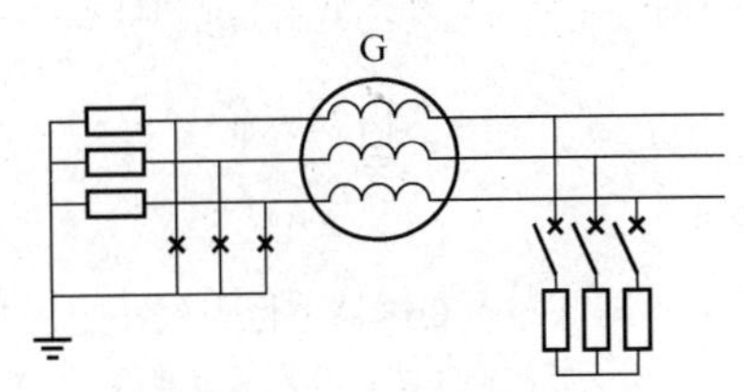

图9-22　制动电阻接入方式

电气制动的作用也可用等面积定则解释。图9-23（a）和图9-23（b）中比较了有与没有电气制动的情况。图9-23中假设故障发生后瞬时投入制动电阻，切除故障线路的同时切除制动电阻。由图9-23（b）可见，若切除故障角δ_c不变，由于采取了电气制动，减少了加速面积$A_{bb1c1cb}$，使原来不能保证的暂态稳定得到了保证。

运用电气制动提高暂态稳定性时，制动电阻的大小及其投切时间要选择适当。否则，或者会发生所谓欠制动，即制动作用过小，发电机仍要失步；或者会发生过制动，即制动作用过大，发电机虽在第一次振荡中没有失步，却在切除故障和切除制动电阻后的第二次振荡中失步。过制动现象也可用等面积定则解释。图9-23（c）示出，故障过程中运行点转移的顺序为a-b-d-c-d，即第一次振荡过程中发电机没有失步。在d点切除故障，同时切除制动电阻，运行点的转移顺序为d-e-f-e-g-h，即在第二次振荡过程中发电机失步了。因此，在考虑

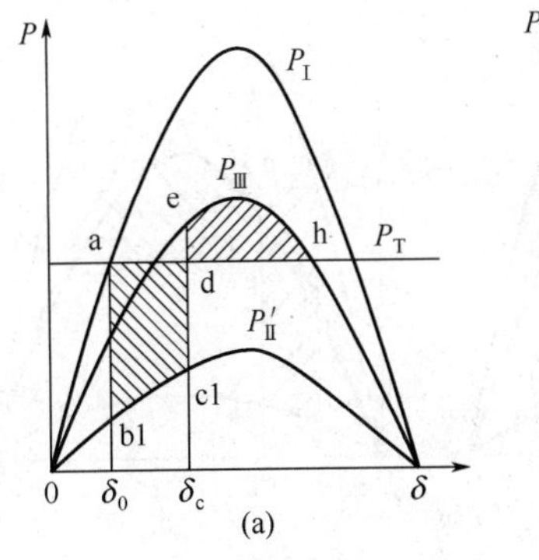

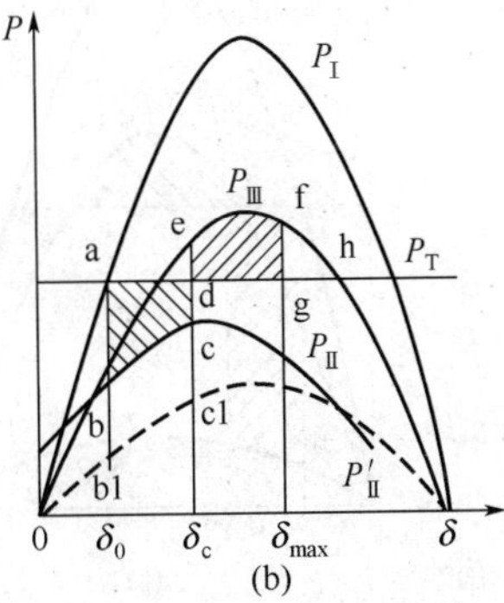

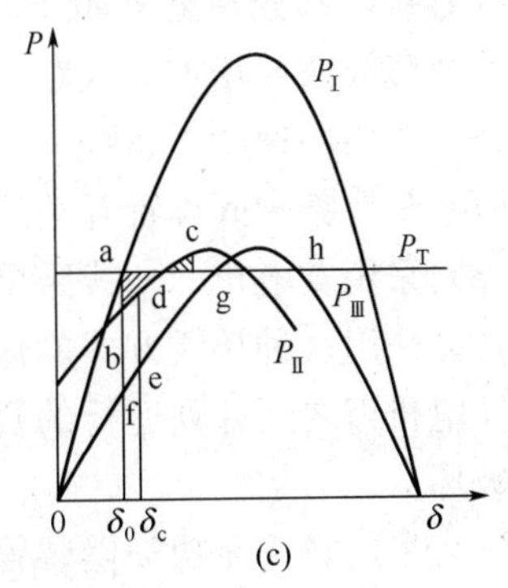

图9-23　电气制动的作用

（a）无电气制动；（b）有电气制动；（c）过制动

采用电气制动时，应通过一系列计算来选择制动电阻的大小。

3）变压器中性点经小电阻接地。变压器中性点经小电阻接地就是接地短路故障时的电气制动。图 9-24 示出变压器中性点经小电阻接地的系统发生单相接地短路时的情形。因为变压器中性点接了电阻，零序网络中增加了电阻，零序电流流过电阻时引起了附加的功率损耗。这个情况对应于故障期间的功率特性 P_{II} 升高。与电气制动类似，中性点接地电阻也必须经过计算来确定阻值。

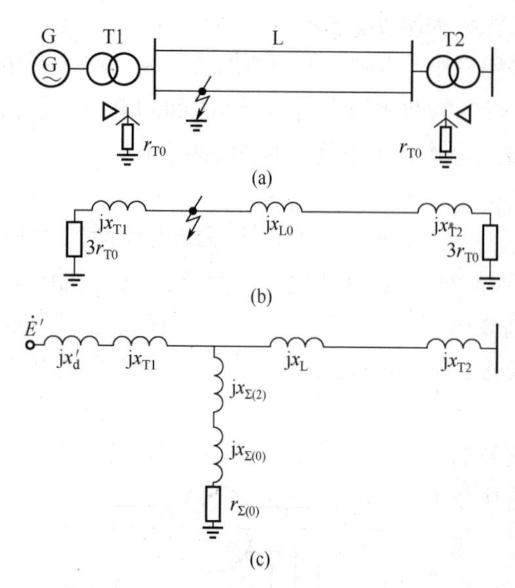

图 9-24　变压器中性点经小电阻接地

（a）电力系统接线图；（b）零序网络；（c）复合序网

（3）减少原动机输出的机械功率。减少原动机的输出机械功率，也相当于减少过剩功率，从而提高系统的暂态稳定性。

对于汽轮机可以采用快速的自动调速系统或者快速关闭进汽门的措施。水轮机由于水锤效应不能快速关闭进水门，因此有时采用在故障时从送端发电厂中切掉一台发电机的方法，这等于减少原动机功率。

（4）实现连锁切机。连锁切机就是一回线发生故障而切除这回线的同时，连锁切除送电端电厂的部分发电机。采用连锁切机后，原动机的机械功率大幅度地减少，暂态过程中的减速面积将大为增加，以致原来不能保持暂态稳定的系统有可能保持暂态稳定了。

图 9-25（b）中示出了在切除故障的同时从送端发电厂的四台机中切除一台机后减速面积大为增加的情形。但需指出，这种切机的方法使系统少了一台机，电源减少了，这是不利的。

（5）线路采用强行串联电容器补偿。如果为了提高系统正常运行时的静态稳定性，在线路上已串联了补偿线路电抗的电容器，可考虑为提高系统的暂态稳定性和故障后的静态稳定性而采用强行串联电容器补偿。所谓强行串联电容器补偿，就是在切除故障线段的同时，切除部分并联的电容器组，以增大补偿电容的容抗，部分甚至全部地抵偿由于切除故障线段而增加的线路感抗。

（6）采用快速励磁系统。

（7）长线路中间设置开关站。

（8）采用发电机——线路单元接线方式。采用这种接线方式的作用是防止发电机组之间并列运行的暂态稳定的破坏。

（9）采用静止无功补偿装置。静止无功补偿装置可以保持母线电压。由于它有快速的动态响应能力（响应

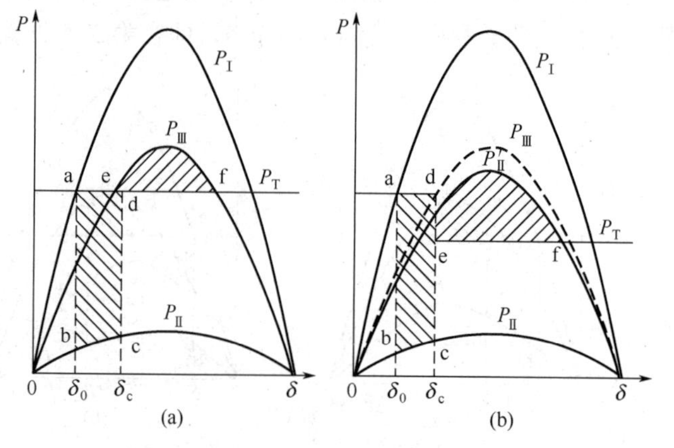

图 9-25　切机对提高暂态稳定性的作用

（a）不切机；（b）切去 1/4 台机（P_{II} 变为 P'_{II}）

时间为5～20ms），可以在大扰动（如短路故障）时，自动保持甚至提高端点电压，有利于系统的稳定运行。

（10）系统设置解列点。当一系列提高稳定措施已不能防止作为统一整体的电力系统的瓦解时，可在扰动危及系统稳定的时刻，自动或手动断开系统中的某些断路器，有计划地使系统分解为若干独立部分。这些独立部分相互间并不保持同步，但都可维持接近正常的频率和电压。在制定事故预案时，应事先根据预想的事故选定解列点。

（11）系统稳定破坏后，必要且条件许可时，可以让发电机短期异步运行，尽快投入系统备用电源，然后增加励磁，采取措施，实现机组再同步。

四、我国电网的安全稳定标准

DL755《电力系统安全稳定导则》（以下简称《导则》）作为我国电力行业强制性标准，由原国家经济贸易委员会正式批准，并于2001年7月1日起正式执行。

《导则》规定的电网安全稳定标准主要分为三类，即电力系统的静态稳定储备标准、电力系统承受大扰动能力的安全稳定标准、对几种特殊情况的要求。

1. 电力系统的静态稳定储备标准

《导则》对正常、事故后以及一些特殊运行方式下的静态稳定储备标准做了规定。

按功角判定的静态稳定储备：正常方式为15%～20%，事故后不低于10%；

按电压判定的静态稳定储备：正常方式为10%～15%，事故后不低于8%；

特殊情况：水电厂送出线路或次要输电线路允许只按静态稳定储备送电，但要有措施保证不影响主系统的稳定运行。

以上规定的静态稳定储备虽未计及联络线无规律变化的有功功率波动的影响，但给出了一个范围，这主要是考虑到我国幅员辽阔，系统特征差异较大，给出一定范围，有利于各系统根据各自特点，优化选择。另一方面，也是对联络线无规律功率变化的补偿。

2. 电力系统承受大扰动能力的安全稳定标准

这是《导则》的核心部分。《导则》根据不同的故障严重程度，将电力系统承受大扰动的安全稳定标准分为三级。

（1）第一级标准。在单一元件故障（包括单相和相间故障）条件下，保护、开关及重合闸正确动作，应保证电力系统稳定运行和电网的正常供电，不采取附加的稳定控制措施（例如发电机快速减出力），其他元件不超过事故过负荷能力，不发生连锁跳闸。也就是通常的“$N-1$”准则。当发电厂仅有一回送出线路时，送出线路故障可能导致失去一台及以上发电机组，此种情况也按“$N-1$”原则考虑。以下情况均按“$N-1$”原则考虑。

1）任何线路单相瞬时接地故障重合成功；

2）同级电压的双回或多回线和环网，任一回线单相永久故障重合不成功及无故障三相断开不重合；

3）同级电压的双回或多回线和环网，任一回线三相故障断开不重合；

4）任一发电机跳闸或失磁；

5）受端系统任一台变压器故障退出运行；

6）任一大负荷突然变化；

7）任一回交流联络线故障或无故障断开不重合；

8）直流输电线路单极故障。

但对于发电厂的交流送出线路三相故障、发电厂的直流送出线路单极故障、两级电压的电磁环网中单回高一级线路故障或无故障断开，必要时可采用切机或快速降低发电机组出力的措施。电源送出线路，通常是指电源至第一个落点变电站之间的线路，但对于电源的直流送出线路，很多情况下，电源通过几回较短交流线路接到换流站，此时的直流线路也应是电源送出线路，例如，天广、三峡—华东、三峡—广东的直流输电工程，单极故障时，应允许采取切除送端发电机组的措施。

（2）第二级标准。正常运行方式下的电力系统受到下述较严重的故障扰动后，保护、开关及重合闸正确动作，应能保持稳定运行，必要时允许采取切机和切负荷等稳定控制措施。

1）单回线单相永久性故障重合不成功及无故障三相断开不重合；

2）任一段母线故障；

3）同杆并架双回线的异名两相同时发生单相接地故障不重合，双回线三相同时跳开；

4）直流输电线路双极故障。

单回线路如果向终端系统输送的功率占终端系统负荷比例较大，故障断开后，势必要切除部分负荷，才能保证地区电源对重要负荷的不间断供电。直流双极故障，同杆双回线故障已经属于“$N-2$”类故障，母线故障损失的元件一般多于两个。以上故障均很严重，而且直流双极和母线故障均有一定的概率，同杆双回线故障概率相比较小，必须要采取切除机组和负荷等力度更大的措施保证电力系统不因故障失去稳定。

（3）第三级标准。电力系统因下列情况导致稳定破坏时，必须采取措施，防止系统崩溃，避免造成长时间大面积停电和对最重要客户（包括厂用电）的灾害性停电，使负荷损失尽可能减少到最小，电力系统应尽快恢复正常运行。

1）故障时开关拒动；

2）故障时继电保护、自动装置误动或拒动；

3）自动调节装置失灵；

4）多重故障；

5）失去大容量发电厂；

6）其他偶然因素。

第三级标准通常是指电力系统发生比前两级标准更为严重的故障，已经很难采取措施保证电力系统的稳定运行，为防止电力系统崩溃，一方面应从电网结构建立上避免事故蔓延和波及整个系统，另一方面要采取系统在预定地点的解列、低频率和低压切除负荷，事故后保厂用电以便快速恢复供电，以及保重要客户等技术措施，最大限度减少损失。

3. 几种特殊情况下的安全稳定标准

针对几种特殊情况，提出了特定的安全稳定标准：

（1）向特别重要受端系统送电的双回及以上线路中的任意两回线同时无故障或故障断开，导致两条线路退出运行，应采取措施保证电力系统稳定运行和对重要负荷的正常供电，其他线路不发生连锁跳闸。

（2）在电力系统中出现高一级电压的初期，发生线路单相永久故障，允许采取切机措施；发生线路三相短路故障，允许采取切机和切负荷措施，以保证电力系统的稳定运行。

（3）任一线路、母线主保护停运时，发生单相永久接地故障，后备保护延时切除故障，应采取措施保证电力系统的稳定运行。

特别重要的受端系统一般指向党和国家的政治、经济、文化中心城市供电的系统，如发生大面积停电，后果严重。因此提出对发生任意两回线路退出的严重故障时，要采取措施保证稳定运行和对重要用户的正常供电。

考虑到出现高一级电压的初期，结构一般较薄弱，如要达到以上规定标准，需要投入大量资金，因此适当放宽要求，有利于高一级电网的发展。

第三节　发电机次同步谐振

由力学知道，发电机组的转子大轴都有一个或几个机械自然频率。当电力系统由于某种原因发生电气谐振时，将引发转子体振荡。当振荡的频率接近机械自振频率时，将引发机电谐振。当谐振的频率低于同步频率（工频 50Hz）时，称为次同步谐振（英文简称为 SSR）。另外，由于电网不对称、出口短路及误并列等的影响，将引发两倍工频（100Hz）或工频（50Hz）的谐振，则称为两倍工频或工频的谐振。现对次同步谐振介绍如下：

一、次同步谐振的定义

次同步谐振可以认为是系统和机组之间的能量交换。IEEE 对次同步谐振定义为：次同步谐振是电力系统的一种运行状态，在这种状态下，电气系统与汽轮发电机组以低于同步频率的某个或多个网机（电网与电机）联合系统的自然振荡频率交换能量。

二、引起次同步谐振的原因

1. 串联电容补偿线路引起的次同步谐振

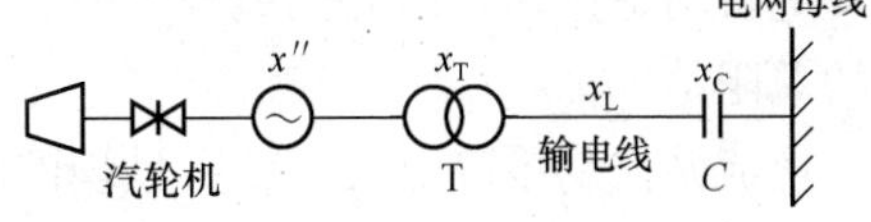

图 9-26　简单电力系统示意图

引起次同步谐振的主要原因是输电线路串联补偿电容引起的一种效应。当高压输电线路采用串联电容补偿时，如图 9-26 所示，电容 C（容抗 X_C）和线路电感 L（包括发电机、主变压器的电感）有某一个电气固有谐振频率，即

$$f_e = \frac{1}{2\pi\sqrt{LC}}$$

或

$$f_e = f_0\sqrt{\frac{x_C}{x'' + x_T + x_L}}$$

式中　f_0——转子平均转速的频率或同步频率；

x''——发电机的次暂态电抗；

x_L——输电线路电抗；

x_T——变压器电抗；

f_e——电气系统固有谐振频率（低于同步频率）。

当电网接线较复杂时，改变运行方式就会有不同的电感值 L_1、L_2、L_2、…，也就有不同的电气固有谐振频率 f_{e1}、f_{e2}、f_{e3}、…。当有一频率等于电气固有谐振频率 f_e 的三相电流通过定子三相绕组时，就会形成次同步频率 f_e 的旋转磁场。以同步转速（频率 f_0）旋转的转子与上述磁场相互作用，形成了频率为 $f_r = f_0 - f_e$ 的次同步频率的转矩，使轴系产生频率为 f_r 的扭转振荡。如果这一扭振频率接近或等于轴系的某一固有扭振频率 f_T（即 $f_r = f_T$），则发生轴系谐振。反过来，当轴系发生频率为 $f_r = f_T$ 的扭振时，引起发电机电枢电

压出现频率为 $f_0-f_T=f_0-f_r$ 和 $f_0+f_T=f_0+f_r$ 的两个电压分量。而其中次同步频率（f_0-f_r）的电压分量的频率，正好又等于使轴系发生扭振而施加的定子扰动电流的频率 f_e，即 $f_0-f_r=f_e$，如前所述 f_e 是电气固有谐振频率。因此，频率为（f_0-f_r）的电压分量，又助长了电气回路谐振。这样就发生轴系扭转振荡和电气谐振相互激励并加强，形成“机—电谐振”。因为发生这种谐振的频率低于同步频率，所以称为次同步谐振。当然，电气能否谐振还与其回路衰减的时间常数有关。

从次同步谐振的频率关系（$f_0-f_T=f_e$ 或 $f_e+f_T=f_0$）可知，只要电气回路的固有谐振频率 f_e 与机组轴系的某一固有机械扭振频率 f_T 符合 $f_e+f_T=f_0$，就会发生“次同步谐振”或称“机—电谐振”。电力系统的各种扰动，在暂态过程中可能出现各种频率的扰动分量，因此在频率上符合所述谐振条件时，极易激发次同步谐振。

2. 直流输电系统引起的次同步谐振

直流输电系统也可能引起次同步谐振，特别是汽轮发电机组仅以直流输电时。如图 9-27 所示，当机组轴系统由于电网冲击出现扭转振荡时，将引起交流电压，特别是相位的变化，导致直流输电控制系统中晶闸管阀的触发角移动，造成相应直流功率振荡，引起发电机功率振荡，由此构成一个闭合的振荡循环。但是否构成谐振，还决定于这一闭合循环的总阻尼。

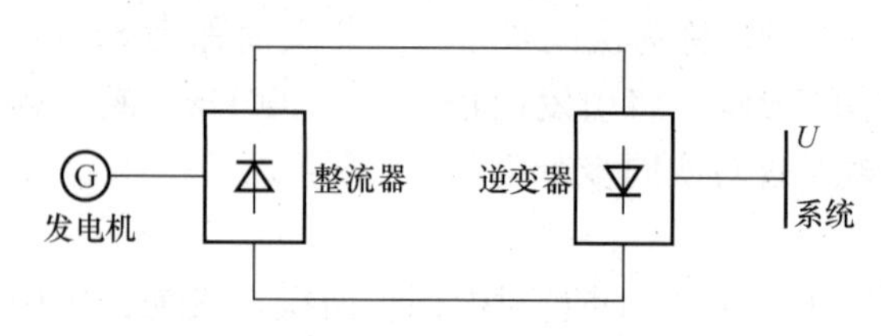

图 9-27　汽轮发电机组与直流输电系统的连接

换流站控制系统对机组轴系呈现的阻尼与扭振频率有关。当扭振频率小于某一值时为负阻尼，只要这一负阻尼的电阻抵消了包括机组轴系在内的闭合循环回路的正阻尼时，就可能发生次同步谐振。

3. 其他由有电源电力设备引起的次同步谐振

从原理上讲，所有靠近大机组的带有可控硅控制的一次设备都可能引起次同步谐振。例如一台 770MW 汽轮发电机组，由于本厂一台可控硅控制调速的电动机反馈，造成 17.75Hz 的次同步谐振而损坏。

三、次同步谐振的危害

次同步谐振时，电磁转矩虽不大，但可能产生很大的机械扭矩，甚至在短时间内导致机组大轴损坏。次同步谐振可能会长期持续作用在轴系上，对轴系造成严重损伤。

例如，1970 年 12 月 9 日美国南加州爱迪生公司莫哈维（Mohave）电厂一台 790MW 汽轮发电机组在运行中突然大轴严重损坏。修复后，第二年又发生同样的事故。经分析研究，发现 500kV 线路串联电容补偿形成的电气谐振频率为 30.5Hz，而机组轴系的一个固有扭转频率为 29.5Hz，两者相加正好等于美国交流电的工频 60Hz，因而在一定的电气扰动下出现了次同步谐振，造成轴系损坏。

四、防止发生次同步谐振的措施

可采用以下几种方法防止发生次同步谐振：

（1）装设有关继电器。在必要时将发生次同步的机组解列或切除串补电容器。

（2）装设极面阻尼绕组。主要目的是减少在次同步频率下的发电机负电阻。这种措施不适用于已运行的机组。

(3) 安装励磁系统衰减器或串补电容的衰减过滤器。这种措施主要是在扭振时使系统产生正阻尼作用。

由于水轮发电机的特殊结构，其自然机械振荡频率一般较低（4～10Hz），如果水电厂用串补电容线路，则发生次同步谐振时，电气振荡频率必须达40～46Hz，即补偿度必须达64%～77%以上。实际上不会有如此高的补偿度，故水轮发电机一般发生次同步谐振概率很小。

第四节　电力系统内部过电压

一、电力系统过电压的类型及特点

(1) 大气过电压。由直击雷引起，特点是持续时间短暂，冲击性强，与雷击活动强度有直接关系，与设备电压等级无关。因此，220kV以下系统的绝缘水平往往由防止大气过电压决定。

(2) 工频过电压。由长线路的电容效应及电网运行方式的突然改变引起，特点是持续时间长，过电压倍数不高，一般对设备绝缘危险性不大，但在超高压、远距离输电确定绝缘水平时起重要作用。

(3) 操作过电压。由电网内开关设备操作引起，特点是具有随机性，但最不利情况下过电压倍数较高。因此，330kV及以上超高压系统的绝缘水平往往由防止操作过电压决定。

(4) 谐振过电压。由系统电容及电感回路组成谐振回路时引起，特点是过电压倍数高、持续时间长。

大气过电压又称为外部过电压，而工频过电压、操作过电压及谐振过电压统称为内部过电压。本节讨论电力系统过电压中的内部过电压问题。

二、工频过电压

由于电网的某些故障、操作常常引起持续较长时间的工频电压升高，但伴随工频电压升高的同时发生的操作过电压能达到很高的幅值。

工频电压升高，包括突然甩负荷引起的工频电压升高，空载线路末端的电压升高以及系统不对称短路时的电压升高。

1. 突然甩负荷引起的工频电压升高

图9-28是系统突然甩负荷时的接线和等效电路图，当断路器QF2跳闸，突然甩掉负荷$P-jQ$时，由于发电机电枢反应的变化和转子转速的上升，将引起线路工频电压的升高。

(1) 发电机电枢反应的变化引起的工频电压升高。

通常，系统所带的是感性负荷，感性负荷的电流对发电机起去磁的电枢反应，当断路器QF2跳闸，突然甩掉负荷时，这个去磁的电枢反应也随之消失，但根据磁链守恒原理，穿过励磁绕组的磁通来不及变化，故发电机端电压为E'_d。同时，甩掉感性负荷的长线路呈容性，容性的电流又对发电机起助磁的电枢反应，于是线路上的电压为

$$U_A = E'_d \frac{X_C}{X_C - (X'_d + X_T)}$$

式中　X_C——线路的等值容抗；

X'_d——同步发电机纵轴暂态电抗；

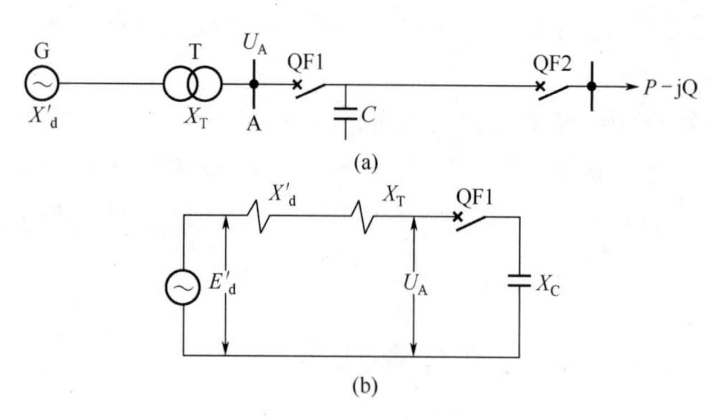

图 9-28　系统突然甩负荷

（a）接线图；（b）等效电路

X_T——变压器的短路电抗。

对于 110～220kV 或更低电压的线路，$X_C \gg X'_d + X_T$，电压 U 约上升 20%～30%，对超高压远距离的输电线路，其末端电压能达到更高的数值。

令 $X_H = (X'_d + X_T)$，即发电机组归算到母线 A 的等效电抗，则

$$U_A = \frac{E'_d X_C}{X_C - X_H} = \frac{E'_d}{1 - \frac{X_H}{X_C}} \tag{9-5}$$

实用中，为简化计算，可将 X_H、X_C 换算为 100MVA 基准容量下的标幺电抗值 X_{H^*}、X_{C^*}。

由式（9-5）推知：

1）区域电网容量越小（即 X_H 值大），则工频电压升高现象越为严重（即 U_A 值大）。

2）输电线路越长（即 X_C 值小），则工频电压升高现象越严重（即 U_A 值大）。

3）考虑大地及避雷线影响时，单回水平排列线路，其中相的正序电容约比边相高 6.8%，因此工频电压升高值中相高于边相。

（2）发电机转速上升引起的工频电压升高。

发电机突然甩负荷后，由于发电机的调速器及调压器来不及起作用，所以发电机的转速将要上升，而电压几乎随着转速的上升成正比增加。设 n 表示以发电机额定转速为基准值的标幺转速，则升高后的线路工频电压为

$$U_A = E'_d n \frac{X_C/n}{X_C/n - n(X'_d + X_T)} = \frac{nE'_d X_C}{X_C - n^2(X'_d + X_T)}$$

对汽轮机，n 值平均为 1.1～1.15，对水轮机，n 为 1.2～1.3，相应的工频电压升高约为 10%～15%及 20%～30%。

由上述分析可知，母线及输电线上的电压，由于突然甩负荷，可达额定值的 1.2～1.3 倍。当线路电容较大时，此值还可能更高。这种电压上升时间约为几分之一秒，但实际上受机组调压器、调速器以及变压器、发电机磁饱和的限制。

2. 空载长线路末端的工频电压升高

长线路指长度超过 300km 的架空线路和超过 100km 的电缆线路，对这种线路进行有关计算时，需考虑线路的分布参数特性。长距离输电线路当线路终端开路，也就是空载时，从始端起沿着线路电压逐渐升高上去，直到终端处最大。这种现象的物理本质为：由于空载线路上流动的是容性电流，这种电流流过感性电路时将使电压逐步升高。通常把这种由于长线的电容效应所引起的线路电压逐步升高的现象称为容升现象，它属于工频过电压的一种类型。

3．发电机的自励磁

（1）同步发电机自励磁的物理过程。发电机接上容性负荷后，在系统参数谐振条件下，即当线路的容抗小于或等于发电机和变压器感抗时，在发电机剩磁和电容电流助磁作用下，发电机端电压与负荷电流同时上升的现象，即发电机自励磁。

当同步发电机向高压远距离线路充电时，假设不考虑发电机的漏抗，且设发电机未加励磁，仅有剩磁，该剩磁产生的空载电动势为 E_{sc}（见图 9-29）。在 E_{sc} 的作用下，线路电容 C 中产生充电电流 I_C，电容 C 上的电压 U_F 将按照输电线路的 $U_F=I_CX_C$ 的直线关系变化。同时，发电机在 I_C 作用下产生一个助磁性的电枢反应，使发电机电动势有所升高，在增大的电动势作用下，又产生一个更大些的充电电流，从而要产生更大的助磁电枢反应，这又使发电机电压进一步升高。这个过程一直持续到直线 $U_F=I_CX_C$ 与同步发电机的空载特性曲线 $E_0=f(i_L)$ 相交为止，这就是发生了自励磁。

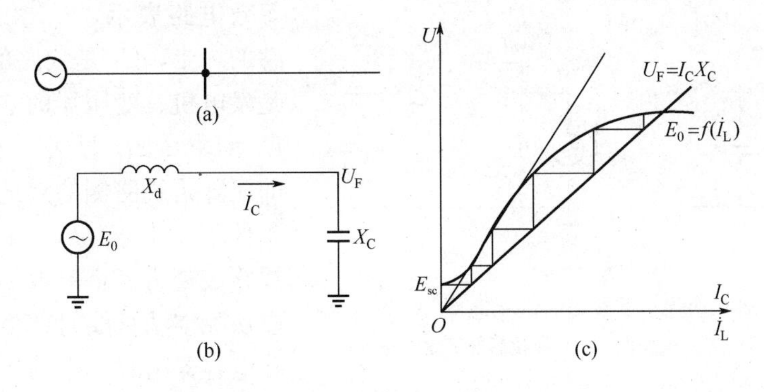

图 9-29　同步发电机向高压输电线路的充电

（a）单线接线图；（b）等效电路；

（c）同步发电机带电容性负载时的自励磁过程

（2）同步发电机自励磁的实用判据及避免发电机自励磁现象产生的方法。

1）实用判据。如图 9-30 所示，设 X_d、X_T 和 X_C 分别为发电机感抗、变压器感抗和线路容抗，则同步发电机自励磁的实用判据为

$$\Delta X = X_C-(X_d+X_T)$$

当 $\Delta X>0$ 时，不产生自励；当 $\Delta X\leqslant 0$ 时，可产生自励。

2）避免发电机产生自励磁现象的方法。在可能发生自励磁的系统中，可采用并联电抗器，在线路末端连接变压器或改变运行方式，从而改变系统运行参数，使 $X_d+X_T<X_C$。

若考虑频率、变比及所取参数的误差，一般取安全系数为 1.2，即 $X_C>1.2(X_d+X_T)$ 时，不产生自励磁。

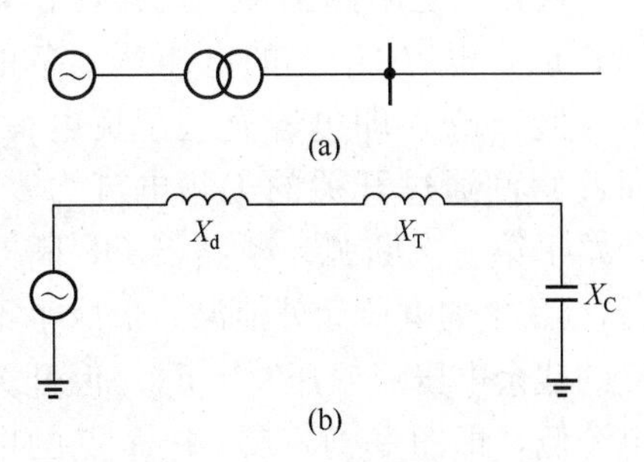

图 9-30　同步发电机经变压器向高压输电线路的充电

（a）单线接线图；（b）等效电路

4．不对称短路时的电压升高

在发生不对称短路时，非故障相电压将升高。在电网规划设计和设备选择时已考虑了这个因素，而这一过

电压是电网运行中无法避免的，所以对此不做考虑。

三、操作过电压

电网中由于开关操作引起系统参数变化的电磁振荡暂态过程，是产生操作过电压的基本原因。这类过电压时间短、幅值高，是考虑绝缘配合的主要因素。操作过电压与系统接线、中性点接地方式、开关的性能有密切关系。

常见的操作过电压有切除空载线路引起的过电压，空载线路合闸时的过电压，电弧接地过电压和切除空载变压器的过电压等。

1. 切除空载线路时的过电压

（1）过电压的产生过程。用开关切除空载线路时，可能在线路或母线侧出现危险的过电压。图 9-31（b）是开关切除空载线路时的等效电路，长线路用“T”型等效电路表示，$L_T/2$ 是线路等效电感的一半，C_T 是线路的等效电容，L 是发电机、变压器的漏感之和，并设 $L_S=L_T/2+L$。显然，图 9-31 中 C_T 上的压降是线路侧的对地电压。在工频条件下，由于 $\omega L_S \ll 1/\omega C_T$，则空载线路表现为一个等效的电容负荷，所以切除空载长线时产生的过电压与切除电容器组时产生的过电压性质完全相同。切空载长线产生过电压是由于开关灭弧能力不强，开关触头具有重燃现象的结果。

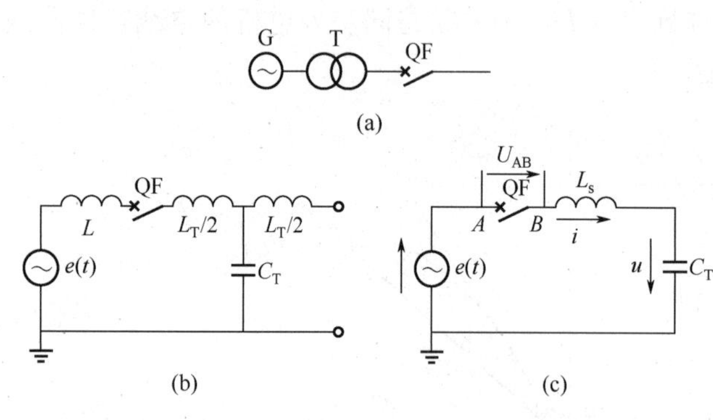

图 9-31　切除空载线路时的示意图

（a）接线图；（b）等效电路图；（c）简化后的等效电路图

图 9-31（c）是简化后的等效电路。设电源电势 e（t）的幅值为 E_m，其波形以余弦的形式表示，当开关尚未开断时，通过等效回路的是工频电容电流

$$i(t)=\frac{E_m}{\dfrac{1}{\omega C_T}-\omega L_S}\cos(\omega t+90^\circ)=\frac{E_m}{\dfrac{1}{\omega C_T}-\omega L_S}\sin\omega t$$

图 9-32 画出了 e（t）和 i（t）的波形图，在时间 t_1 以后，e（t）用虚线表示。由于感抗 ωL_S 与容抗 $1/\omega L_T$ 相比甚小，故 C_T 上的电压近似地与 e（t）相等。

现在假定断路器 QF 动作，在时间 t_1 时，电容 C_T 上的电压达到负的最大值 $-E_m$，即电容充满了负电荷，而此瞬间通过开关的工频电流为零，开始了第一次断弧。断路器 QF 断开后，C_T 上的电荷无处泄漏，形成了不变的残余电压（残压）$-E_m$。但开关电源侧，即图 9-31（c）中 A 点的电压仍按 $e(t)$ 的正弦规律变化，因此断弧后，开关的触头两端将出现越来越

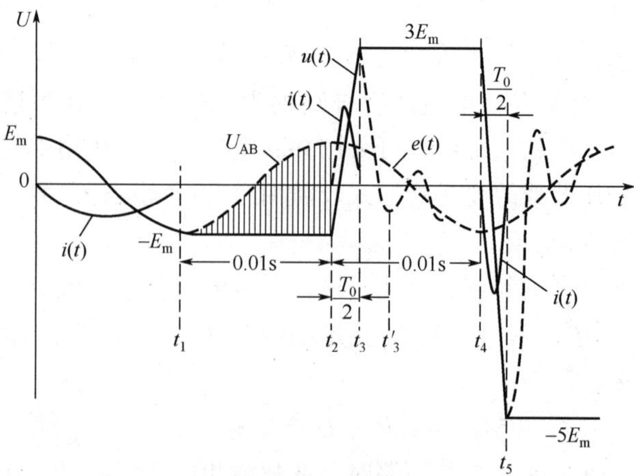

图 9-32　切断空载线路过电压的发展过程

高的恢复电压 U_{AB}（图9-32中用密实线部分标出）。经过半个工频周期（t_2）时，恢复电压达到最大值 $2E_m$，由于此时触头间的距离拉开不远，恢复介质强度往往还达不到耐受住 $2E_m$ 的程度，以致在 t_2 瞬间开关触头又重新击穿，从而发生第一次重燃现象。

断路器 QF 的重燃，相当于图 9-31（c）A、B 两端再度接通。在此重燃的瞬间，C_T 上的电压 U 等于残压 $-E_m$，而电源电压等于 E_m，这就在图 9-31（c）上的回路内发生了过渡过程，即电容上的电压 U 从初始值 $-E_m$ 通过振荡而趋于稳态值 E_m 的过程。振荡角频率为

$$\omega_0 = \frac{1}{\sqrt{L_S C_T}}$$

其中，ω_0 比工频角频率 ω 大得多，所以可以近似地认为，重燃后出现的高频（ω_0）振荡瞬间，电源电势幅值等于 E_m 不变。于是图 9-31（c）就变成图 9-33 所示的振荡回路，其过渡过程也就是电容 C_T 被反充电的过程。

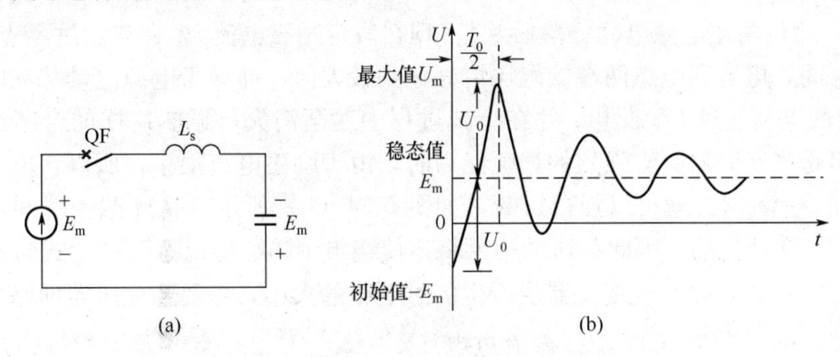

图 9-33　切断空载长线等效电路的暂态过程

（a）等效电路；（b）振荡的波形

在图 9-33（a）中，电容电压从初始值 $-E_m$ 振荡至稳态值 E_m，振荡的振幅 $U_0 = E_m - (-E_m) = 2E_m$，振荡的波形如图 9-33（b）所示。由于回路中存在着一定的损耗电阻，故振荡逐步衰减，最终趋于稳态值 E_m。可以看出，重燃后经过半波时间 $T_0/2\,(T_0 = 2\pi/\omega_0)$，振荡电压 U 到达最大值 U_m，即

$$\begin{aligned} U_m &= \text{稳态值} + \text{振荡振幅} = \text{稳态值} + (\text{稳态} - \text{初始}) \\ &= 2E_m - (-E_m) = 3E_m \end{aligned}$$

（2）重燃后高频电流 $i(t)$ 的变化规律。由 $i(t) = C_T \dfrac{\mathrm{d}u}{\mathrm{d}t}$，即 $i(t)$ 比高频电压 $u(t)$ 超前 $90°$，根据这一点，可在图 9-32 中画出 $i(t)$ 的波形。当 $u(t)$ 到达最大值 $3E_m$ 时（t_3 瞬间），$\dfrac{\mathrm{d}u}{\mathrm{d}t} = 0$ 相应的 $i(t) = C_T \dfrac{\mathrm{d}u}{\mathrm{d}t} = 0$，如果电弧在该高频振荡电流 $i(t)$ 第一次过零时又自动熄灭，那么 C_T 上的残余电荷将达到 $3E_m$。

再过半个工频周期（t_4）时，开关触头的恢复电压升高到 $4E_m$，如在此时再度发生重燃，则有：

初始值 $= 3E_m$；

稳态值 $= -E_m$；

过电压幅值 $U_m = 2 \times$ 稳态值 $-$ 初始值 $= 2(-E_m) - 3E_m = -5E_m$。

如此反复，假若每隔半个工频周期后就重燃一次和熄弧一次，则过电压越来越高，即

$3E_m$、$-5E_m$、$7E_m$、$-9E_m$ 等且没有限度。

可见，熄弧能力不强的开关可能产生很危险的过电压。

2. 切除空载变压器引起的过电压

切除空载变压器是系统中常见的一种操作。变压器在空载运行时，表现为一励磁电感 L_m，因此切除空载变压器，也就是切除电感负荷，而切除电感负荷，就会引起操作过电压。图 9-34（a）为切除空载变压器的等效电路，其中 C 为变压器绕组及其连线的对地杂散电容，L_s 为电源系统电感（$L_s \ll L_m$）。由于感抗 ωL_m 比电容 C 引起的容抗 $1/\omega C$ 小得多，所以流过断路器 QF 的工频励磁电流 i_0 相位角比电源电动势落后 90°。现在假定励磁电流 i。在自然过零点时被切断，那么在这一瞬间，电容和电感两端的电压恰好达到最大值，即等于电源电动势 e 的幅值 E_m，而电感 L_m 中的电荷通过 L_m 放电，并在衰减过程中逐渐消失，显然这样的合闸过程不会引起过电压。但是当断路器具有强烈的熄弧能力时，由于励磁电流很小，所以在电流自然过零点之前（例如 $i_0=i'_0$时）就可以强行切断，如图 9-34（b）所示。在此截流瞬间，电感中的贮能 $Li_0^2/2$ 是不会消失的，因此截流的结果将迫使绕组中的贮能以振荡的形式转换给杂散电容，其值为 $CU^2/2$。切除空载变压器所产生的过电压的大小，主要与变压器回路的参数及开关的性能有关，因 $Li_0^2/2=CU^2/2$，截流过电压 $U=i_0\sqrt{L/C}$。空气开关的熄弧能力强，截流大而且重燃次数少，故能引起较大的过电压。充油断路器等熄弧能力弱的断路器，其截流小而重燃次数多，多次重燃将使铁芯电感中的贮能越来越小，故过电压的幅值也较低。通常认为在中性点直接接地的电网中，切断 110～330kV 空载变压器的过电压一般不超过 $3U_{phm}$（变压器的最高运行相电压），个别可达 $6U_{phm}$。在中性点不接地或经消弧线圈接地的 35～154kV 电网中，切空载变压器所产生的过电压一般不超过 $4U_{phm}$，个别可达 $7U_{phm}$。变压器的励磁电流越小，则过电压也越小。切空载变压器所产生的过电压，可用氧化锌或阀型避雷器保护。因为切空载变压器的过电压为持续时间甚短的高频振荡，对绝缘的作用与大气过电压相似，所以可用避雷器限制。另外装有并联电阻的断路器，可以将变压器等效电容 C 两端的电荷通过并联电阻泄漏出去，也能限制此种过电压。

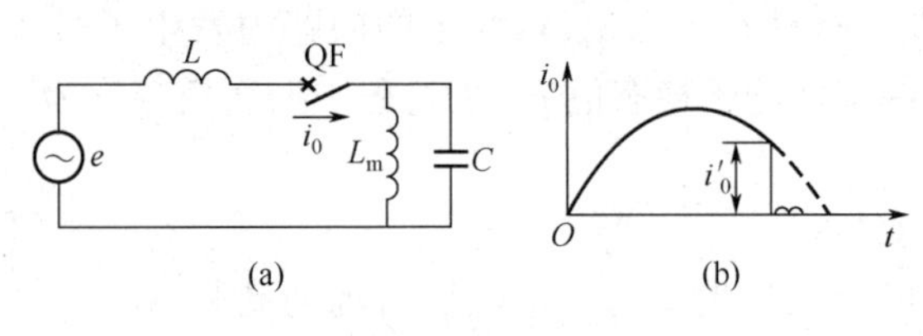

图 9-34　切除空载变压器

（a）切除空载变压器的等效电路；（b）励磁电流被强行切断

切除消弧线圈，并联补偿电抗器等也会产生类似的过电压。

从以上分析可见，过电压的高低和截流值及变压器的特性阻抗有密切的关系。过电压由开关的熄弧性能决定，开关灭弧性能愈强，截流的极限值越高，过电压也就越高。当开关熄弧能力不强时，由于开关中电弧的多次重燃，过电压的发展即受到开关中恢复绝缘强度的限制（这种现象称为“自克效应”）。在截流值一定时，可能发生的过电压将和被切除变压器的特性阻抗大约成正比。当变压器引线电容较大时（例如接有电缆），杂散电容 C 增大，过电压将大大降低。

四、谐振过电压

1. 谐振过电压的种类

电力系统中一些电感、电容元件在系统进行操作或发生故障时可形成各种振荡回路，在一定的能源作用下，会产生串联谐振现象，导致系统某些元件出现严重的过电压。谐振过电压有以下几种。

（1）线性谐振过电压。谐振回路由不带铁芯的电感元件（如输电线路的电感，变压器的漏感）或励磁特性接近线性的带铁芯的电感元件（如消弧线圈）和系统中的电容元件所组成。

（2）铁磁谐振过电压。谐振回路由带铁芯的电感元件（如空载变压器、电压互感器）和系统的电容元件组成。因铁芯电感元件的饱和现象，使回路的电感参数是非线性的，这种含有非线性电感元件的回路在满足一定的谐振条件时，会产生铁磁谐振。

（3）参数谐振过电压。由电感参数作周期性变化的电感元件（如凸极发电机的同步电抗在 $X_d \sim X_q$ 间周期变化）和系统电容元件（如空载线路）组成回路，当参数配合时，通过电感的周期性变化，不断向谐振系统输送能量，造成参数谐振过电压。

2. 各相不对称断开时的过电压

线路只断开一相或两相的情况叫作不对称断开。例如当线路的一根导线断线（这种断线有时还伴有断开导线的一端接地）；由于短路和其他原因使一相或两相的熔断器熔断；开关各相动作不同步等。运行经验表明，当线路末端接有中性点绝缘的空载或轻载变压器时，不对称断开可能引起铁磁谐振过电压。若变压器中性点直接接地，则不会产生此种类型的过电压。

3. 中性点绝缘系统中电磁式电压互感器引起的铁磁谐振过电压

电压互感器通常接在变电站或发电机的母线上，其一次侧绕组接成星形，中性点直接接地，因此各相对地励磁电感 L_1、L_2、L_3 与导线对地电容 C_0 之间各自组成独立的振荡回路，并可看成是对地的三相负荷，如图 9-35 所示。

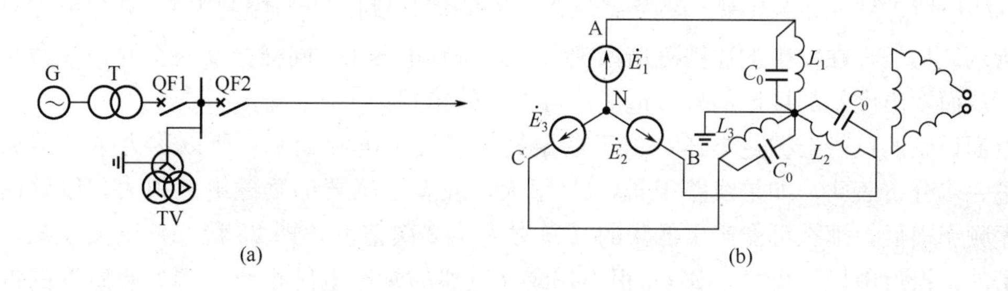

图 9-35　互感器引起的铁磁谐振过电压

（a）接线图；（b）等效电路

其中 $\dot{E}_1$、$\dot{E}_2$、$\dot{E}_3$ 为三相电源电动势。各相对地的导纳可以写成

$$Y_1 = \mathrm{j}\omega C_0 + \frac{1}{\mathrm{j}\omega L_1}$$

$$Y_2 = \mathrm{j}\omega C_0 + \frac{1}{\mathrm{j}\omega L_2}$$

$$Y_3 = \mathrm{j}\omega C_0 + \frac{1}{\mathrm{j}\omega L_3}$$

在正常运行条件下，励磁电感 $L_1 = L_2 = L_3 = L_0$，故 $Y_1 = Y_2 = Y_3 = Y_0$，三相对地负荷是平衡的，电网的中性点处在零电位，即不发生位移现象。

但是，当电网发生冲击扰动时，例如 QF1 突然合闸，或线路中发生瞬间的弧光接地现象等，都可能使一相或两相的对地电压瞬间提高。假定由于扰动的结果，A 相对地电压瞬间提高。这使得 A 相互感器的励磁电流突然增大而发生饱和，其等效励磁电感 L 相应减小，以致 $Y_1 \neq Y_0$。这样，三相对地负荷变成不平衡了，中性点就发生位移电压，根据基尔霍夫第一定律，可以写出

$$(\dot{E}_1-\dot{U}_n)Y_1+(\dot{E}_2-\dot{U}_n)Y_2+(\dot{E}_3-\dot{U}_n)Y_3=0$$

$$\dot{U}_n=\frac{\dot{E}_1Y_1+\dot{E}_2Y_2+\dot{E}_3Y_3}{Y_1+Y_2+Y_3}=\frac{\sum_{i=1}^{3}\dot{E}_iY_i}{\sum_{i=1}^{3}Y_i}$$

导纳 Y_1 决定于励磁电感和 C_0 的大小，如果正常状态下的 $1/\omega L_1=1/\omega L_0<\omega C_0$，则导纳 Y_1、Y_2、Y_3 都是电容性的，那么扰动结果使 L_1 减小，可能使新的 $Y_1=1/\omega L_1>\omega C_0$；换言之，使 Y_1 由电容性变为电感性了。

在这种情况下，感性导纳 Y_1 和容性导纳 Y_2、Y_3 就互相抵消，总导纳 ΣY_i 显著减小，位移电压 U_n 显著增加。不难看出，如果参数配合得当，扰动后的 ΣY_i 可能接近于零（即对地三相回路中的自振频率接近于电源频率），这就产生了严重的串联谐振现象，中性点的位移电压（零序电压）急剧上升。

三相导线的对地电压 $\dot{U}_a$、$\dot{U}_b$、$\dot{U}_c$ 等于各相电源电势 $\dot{E}_n$ 与位移电压 $\dot{U}_n$ 的相量和。当 U_n 较低时，相量叠加的结果可能使一相对地电压升高，另外两相则降低；也可能使两相对地电压升高，另一相降低，一般后者常见，这就是基波谐振的表现形式。

由于互感器的二次侧绕组往往接成开口三角的形式，当线路发生单相接地时，电力网的零序电压（即中性点位移电压）就按变比关系感应到开口三角绕组的两端，使信号装置发出接地指示。显然，在发生上述铁磁谐振现象时，位移电压 $\dot{U}_n$ 同样会反映至开口三角绕组的两端，从而发出虚幻的接地信号，造成值班人员的错觉。

上面讨论的铁磁谐振过电压，由于谐振的频率等于电源频率，所以称为基波谐振过电压。进一步分析表明，如果线路很长，C_0 很大，或者互感器的励磁电感很大，以致回路中的自振频率很低，那么可能产生低频的（通常为 1/2 次谐波，即 25 周/s）谐振现象，称为分次谐波谐振过电压。反之，如 C_0 很小，或互感器的励磁电感很小（例如互感器的铁芯质量很差），以致自振频率很高，就有可能产生高次（3 次）谐波谐振过电压。

为了进一步了解上述谐振过电压的危害性，有人进行了模拟试验，得出如下结论：

(1) 分次谐波谐振时，过电压并不高，而电压互感器的电流极大，可达 30～50 倍，所以常常使电压互感器因过热而爆炸。基波谐振时，过电流并不大，过电压较高。高次谐波谐振时，一般电流并不大，过电压很高，经常使绝缘设备损坏。

(2) 分次谐波谐振时，三相电压同时升高；在基波谐振时，两相电压升高，一相电压降低；在三次谐波谐振时，三相电压同时升高。

4. 开关断口电容与母线 TV 之间的串联谐振过电压

在 220kV 系统运行中，近年来曾多次发生开关断口电容与变电站母线 TV 之间的串联铁磁谐振现象（见图 9-36），引起 TV 爆炸，变电站母线停电的事故。

当母线较短，且接有电磁式电压互感器，母线在空载充电状态下，当线路开关因故跳闸，则线路上的电源电压作用于开关的断口并联电容和电压互感器上。由于系统电源中性点是直接接地的，TV 也是三相分立中性点直接接地的，故分析可按单相电路进行。图中 C_1 为 QF1 断口的并联电容，约为 1250pF，C_2 为母线对地电容（包括母线上的所有设备的对地电容），约为 980pF。L 为 TV 的非线性电感，在额定工作电压下约为 $8.06\times10^6\Omega$。

网络在正常运行条件下，C_2 和 L 并联于系统电源，回路是稳定的。当断路器 QF1 断开后，断口的均压电容 C_1 串联于回路之中，而由于 C_2 数值小，则均压电容 C_1 和 TV 的电感 L 构成了铁磁谐振回路条件。由于谐振，TV 一次绕组将流过较大的谐振电流，导致 TV 过热。若持续时间较长，TV 可进一步发展成为一次绕组匝间短路，造成设备损坏事故。

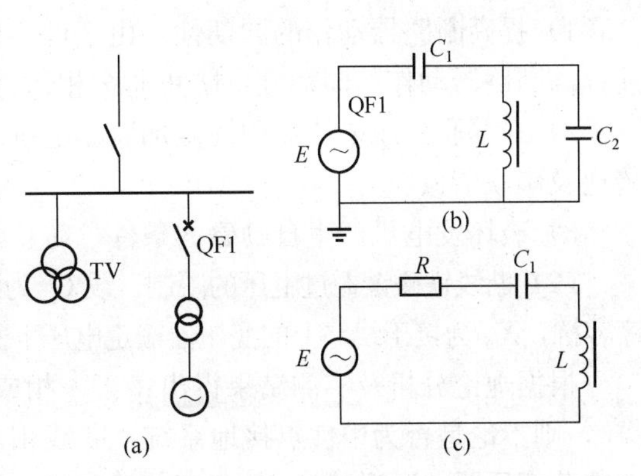

图 9-36　TV 与开关断口电容的串联谐振

（a）接线图；（b）网络正常运行条件下的等效电路；（c）QF1 断开时的等效电路

5. 传递过电压

电网中发生不对称接地故障，开关非全相或不同期动作时，网内将出现零序电压和三相电流不对称，通过电容的静电耦合和电感的电磁耦合，对于相邻的送电线路之间或变压器绕组之间会产生电压的传递现象。当系统接有电压互感器等铁磁元件时，还可能构成串联谐振回路，产生线性谐振或铁磁谐振传递过电压。

五、限制过电压的措施

1. 限制工频过电压的措施

（1）利用并联高压电抗器补偿空载线路的电容效应。

（2）利用静止无功补偿器 SVC 补偿空载线路电容效应。

（3）变压器中性点直接接地可降低由于不对称接地故障引起的工频电压升高。

（4）发电机配置性能良好的励磁调节器或调压装置，使发电机突然甩负荷时能抑制容性电流对发电机的助磁电枢反应，从而防止过电压的产生和发展。

（5）发电机配置反应灵敏的调速系统，使得突然甩负荷时能有效限制发电机转速上升造成的工频过电压。

2. 限制操作过电压的措施

（1）限制操作过电压的措施。

1）选用灭弧能力强的高压断路器。

2）提高断路器动作的同期性。

3）断路器断口加装并联电阻。

4）采用性能良好的避雷器，如氧化锌避雷器。

5）使电网的中性点直接接地运行。

（2）超高压输电线路限制操作过电压的措施。

1）开关加分、合闸电阻。

2）装并联电抗器（饱和型和电抗可控型）。

3）并联电抗器中性点加装小电抗，以破坏谐振条件，使其不致发生操作过电压。

4）线路中增设开关站，将线路长度减短。

5）改变系统运行接线。

3. 限制谐振过电压的措施

（1）限制谐振过电压的主要措施。

1）提高断路器动作的同期性。由于许多谐振过电压是在非全相运行条件下引起的，因此提高断路器动作的同期性，防止非全相运行，可以有效防止谐振过电压的发生。

2）在并联高压电抗器中性点加装小电抗。用这个措施可以阻断非全相运行时工频电压传递及串联谐振。

3）破坏发电机产生自励磁的条件，防止参数谐振过电压。

（2）断线铁磁谐振过电压的限制。设 C_1 为线路每千米正序电容（μF），X_{C1} 为线路每千米正序容抗，X_m 为接于线路上的变压器额定电压下的励磁电抗，X_{C1}/X_m 表示电容 C_1 的标幺容抗值。

根据理论分析及实测结果得出：当一相或两相断线，但无接地故障时，若比值 $X_{C1}/X_m>6$，则不论是否为中性点接地系统，断线相上的过电压将不超过 U_N。根据这一条件，设已知空载变压器的励磁感抗 X_m，便能确定出此时所允许的极限电容值，亦即允许的线路极限长度。X_m 可由下式求出

$$X_m=\frac{U_N^2}{I_0(\%)S_N}\times 10^5$$

式中 U_N——变压器额定电压，kV；

I_0（%）——变压器空载电流；

S_N——变压器额定容量，kVA。

于是，线路的极限长度

$$L_{max}=\frac{1}{6\omega C_1X_m}=\frac{I_0(\%)S_N}{188C_1U_N^2}(\text{km})$$

若连接于变压器的线路长度小于上式中的极限长度，则在任何断线的情况下将不产生甚高的过电压。当线路较长时，应采取措施减少不对称断开的或然率。对中性点绝缘系统，当断线电源侧永久接地时，为使过电压不超过$\sqrt{3}U_N$，根据计算，要求 $X_{C1}/X_m\geqslant25$。

（3）中性点绝缘系统中，电磁式电压互感器引起的铁磁谐振过电压的限制措施。

1）选用励磁特性较好的电磁式电压互感器。

2）在电磁式电压互感器的开口三角形中，加装 $R\leqslant0.4X_T$ 的电阻（X_T 为互感器在线电压下单相换算到辅助绕组的励磁电抗）。或当中性点位移电压超过一定值时，以零序电压继电器将电阻投入 1min，然后再自动切除。

3）在选择消弧线圈安装位置时，尽量避免电网的一部分失去消弧线圈运行的可能性。

4）采取临时的倒闸措施，如投入事先规定的某些线路或设备等。

5）使用电容式电压互感器（CVT），或在母线上接入一电容器，使 $X_C/X_L<0.01$，就可避免谐振。

（4）装设微电脑消谐装置。微电脑消谐装置是一种利用微型计算机进行谐波判断、监测、治理和报告结果的新型产品。它借助于微电脑的智能分析能力，可以准确地判断出发生谐振的频率、地点及谐振的程度，并以此为依据来决定加入阻尼量的多少。该装置具有抗干扰能力强、消谐频率范围宽、调试维护简单方便等优点，是消除谐振（主要是铁磁谐振）过电压的较好产品。

（5）220kV 母线充电可能产生谐振过电压。采取措施时，可采用先将准备充电的母线侧线路开关合上后（无压合）再由线路对侧合上开关，采用线路及母线一并充电的方式。另一措施为给母线充电前先切除 TV，充电后再投入 TV；用开关停母线时先切除 TV，再拉开开关。

第十章

电力系统的运行

本章主要介绍750kV及以下电压等级电力系统运行的技术知识，特高压输电运行有关技术知识，请参阅第十三章。

第一节　电力系统概述

一、电力系统基本概念

1. 电力系统的定义

煤、石油、天然气、水等随自然演化生成的动力资源是能源的直接提供者，称为一次能源。电能是由一次能源转换而成的，称为二次能源。

发电厂是生产电能的工厂，它把不同种类的一次能源转换成电能。

由发电厂生产的电能，经过由变压器和输电线路组成的网络输送到城市、农村和工矿企业，供给客户的用电设备消耗。变电站是联系发电厂和客户的中间环节，一般安装有变压器及其控制和保护装置，起着变换和分配电能的作用。由变电站和不同电压等级输电线路组成的网络，称为电力网。

由发电厂内的发电机、电力网内的变压器和输电线路以及客户的各种用电设备，按照一定的规律连接而组成的统一整体，称为电力系统。在电力系统的基础上，还把发电厂的动力部分，例如火力发电厂的锅炉、汽轮机，水力发电厂的水库、水轮机以及核动力发电厂的反应堆等都包含在内的系统，则称之为动力系统。这里，以水电系统为例来说明动力系统、电力系统和电力网三者之间的关系，如图10-1所示。

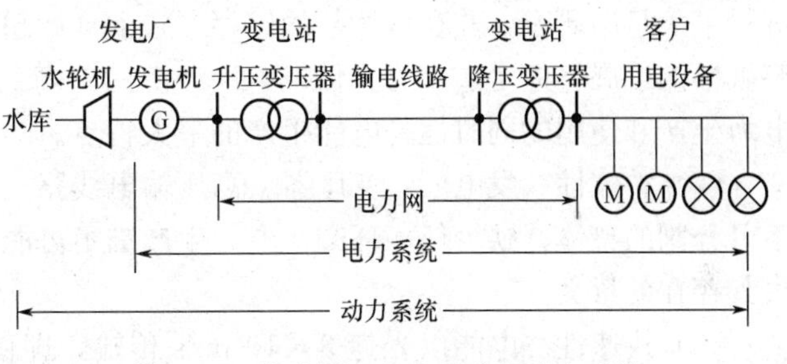

图10-1　电力网、电力系统和动力系统

由图10-1可以看出，由发电机生产的电能，为减少输送过程中的电能损耗，一般先经过变电站的升压变压器将电压升高后，再通过输电线路送入电力系统。由于客户用电设备的额定电压较低，因此电能送到客户地区后要经过变电站的降压变压器将电压降低后供给客户用电设备消耗。

电力网通常按电压等级的高低、供电范围的大小分为地方电力网、区域电力网和超高压远距离输电网，如图10-2所示。地方电力网是指电压35kV及以下，供电半径在20～50km的电力网，一般企业、工矿和农村乡镇配电网络属于地方电力网。电压等级在35kV以上，供电半径超过50km，联系较多发电厂的电力网，称为区域电力网，电压等级为110～220kV的网络，就属于这种类型的电力网。电压等级为330～500kV的网络，一般是由远距离输电线路连接而成的，通常称为超高压远距离输电网，它的主要任务是把远处发电厂生产的电能输送到负荷中心，同时还联系若干区域电力网形成跨省、跨地区的大型电力系统，例如我国的东北、华北、华东、华中、西北和南方等网络，就属于这一类型的电力网。

变电站是联系发电厂和客户的中间环节，起着变换和分配电能的作用。根据变电站在电力系统中的地位，可分为枢纽变电站、中间变电站、地区变电站、终端变电站等类型。

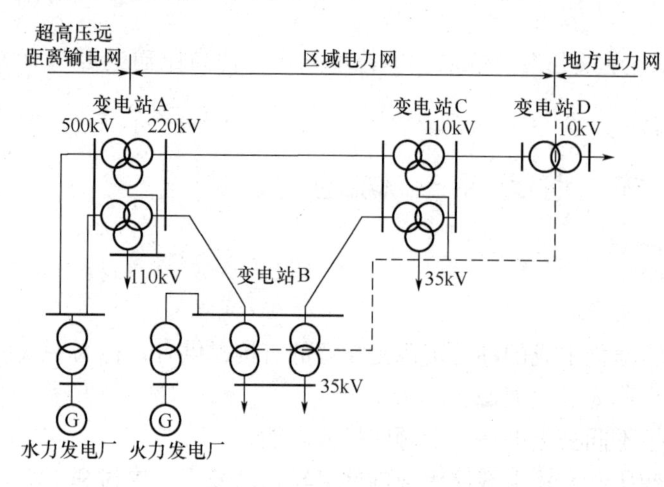

图 10-2　电力系统

此外还有开关站（开闭所）、企业变电站等。由图 10-2 还可以看出，变电站 A 有两台三绕组变压器将三个不同电压等级的输电线路联系在一起，处于十分重要的地位，称为枢纽变电站。变电站 B 为中间变电站，一方面接受火力发电厂送来的电能转送给系统，另一方面又向附近客户供电。变电站 C 为地区变电站。变电站 D 为终端变电站，只给一个局部地区供电。

2. 电力系统的特点

电能的生产、变换、输送、分配及使用和其他工业不同，它具有下述特点。

（1）同时性。发电、输电、变电、用电是同时完成的，电能不能储存，必须用多少，发多少。虽然抽水蓄能水电站在某种意义上可以储存电能，同时人们对电能的其他储存方式也进行了大量的研究，并在一些新的储存方式上（如超导储能、燃料电池储能等）取得了某些突破性的进展，但是迄今为止仍未解决经济的、高效的以及大容量电能的储存问题。因此，电力生产和使用的同时性是电能生产的最大特点。

（2）整体性。发电厂、变压器、高压输电线路、配电线路和用电设备在电网中形成一个不可分割的整体，缺少任一环节，电力生产都不可能完成。相反，任何设备脱离电网都将失去其存在的意义。

（3）快速性。电能以光速 3×10^8m/s 传输，即使相距几万千米，发、供、用都是在一瞬间实现。

（4）连续性。电能的质量需要实时、连续地监视与调整。

（5）实时性。电网事故发展迅速，涉及面大，需要实时安全监视。

（6）过渡过程十分短暂。电力系统正常运行时，负荷在不断地变化，发电容量跟踪作相应变化，以便适应负荷的需求。当电力系统运行情况发生变化时所引起的电磁方面和机电方面的过渡过程是十分短暂的。例如，客户用电设备的操作，电动机、电热设备的启停或负荷增减是很快的，变压器、输电线路的投入运行或切除都是在瞬间内完成的。当电力系统出现异常状态，例如短路故障、过电压、发电机失去稳定等过程，更是极其短暂，往往只能用微秒或毫秒来计量时间。因此，不论是正常运行时所进行的调整和切换等操作，还是故障时为切除故障部分或为将故障限制在一定范围内以迅速恢复供电所进行的一系列操作，仅仅依靠人工操作是不能达到满意效果的，甚至是不可能的。因而，必须采用各种自动装置，远动装置，保护装置和计算机技术来迅速而准确地完成各项调整和操作任务。

3. 现代电网的主要特征

（1）网络性。现代电网是一个由超高压系统构成主网架的大电网。发展大电网是电力工业发展的基本规律。电力发展水平越高，电网规模就越大。目前世界上的大电网有三种类型。一是统一电力系统，就是统一规划和建设、统一调度和运行的电力系统。如苏联电网，它是当时世界上最大的统一电网，如果算上与其同步联网的东欧各国电网，电网总装机容量高达4.6亿kW。二是联合电力系统，指协调规划并按合同或协议调度的电力系统。世界上最大的联合电力系统在北美，美国与加拿大之间形成以交流电网为主的四个同步联合电网，总装机容量达8.15亿kW。三是互联电网。如欧洲电网、西欧大陆14国与中欧四国同步联网，与英国、东欧、北欧之间用直流联网。

大电网具有规模经济效益，具有较强的资源配置能力。我国已于2011年12月实现了全国联网，其最大的优越性有以下几点。

1）建设大型水电站和坑口大型火力发电厂联网运行，优化资源配置。从地域上看，我国能源资源和生产力发展呈逆向分布，能源丰富地区远离经济发达地区。我国2/3以上的经济可开发水能资源分布在四川、西藏、云南三省区，2/3以上的煤炭资源分布在山西、陕西和内蒙古。东部地区经济发达，能源消耗量大，能源资源却十分匮乏。西部能源基地与东部负荷中心距离500～2000km，因此建设大型水电站联网运行，可以充分利用水力资源，优化资源配置。

在我国大型煤炭基地，建设坑口大型火力发电厂联网运行的经济效益也很大。输电比输煤方便而价廉，特别在交通运输紧张情况下，通过联网把电送出去，即变输煤为输电效益更大。

2）合理利用各系统间电负荷的错峰效应。电力系统联网的规模越大，系统各部分的最大负荷越不会在同一时刻出现，有一个错峰效应。由于我国地域十分辽阔，北京与沈阳时差0.5h，与兰州时差1h，与乌鲁木齐时差2h，从东到西联网，可以把早晚高峰错开，称为经度效益或时差效益。如果南北联网，则可把夏冬季高峰错开，称为纬度效益或温差效益。

由于各电网地理位置、负荷特性和生活习惯等情况的不同，利用时差，错开高峰用电，可削减尖峰，因而联网后的最高负荷总比原有各电网最高负荷之和为小，这样就可减少全网系统总装机容量，从而节约电力建设投资。例如，华东电网的最高负荷就要比江苏、浙江、安徽和上海三省一市的最高负荷之和小5%。

3）提高供电可靠性、减少系统备用容量。联网后，由于各系统的备用容量可以相互支援，互为备用，增强了抵御事故的能力，提高了供电可靠性，减少了停电损失。系统的备用容量是按照全网发电最大负荷的百分数来计算的，例如，负荷备用3%～5%，事故备用10%，检修备用8%～15%。由于联网降低了电网的最高负荷，因而也就降低了备用容量，同时，由于联合电力系统容量变大了，系统备用系数可降低一点，也可减少系统备用容量。

4）有利于安装单机容量较大的机组。采用大容量机组可以降低单位容量的建设投资和单位电量的发电成本，有利于降低造价，节约能源，加快建设速度。电网互联后，由于系统总容量增大就为安装大容量机组创造了条件。合理的单机容量与电网容量之间大致有如表10-1所示的关系。

表 10-1　　单机容量与电网容量的关系　　(MW)

电网可调容量	250～600	600～2000	2000～5000	3000～7500	7500 以上
最大单机容量	50	100～125	200	300	600

5）进行电网的经济调度。由于各系统能源构成、机组特性（包括效率）以及燃料价格的不同，各电厂的发电成本存在着差异。电网互联后，利用这种差异进行经济调度，可以使每个电厂和每个地区电网的发、供电成本都有所下降。电网经济调度，宏观上是水、火电的经济调度，充分利用丰水期的水能，多发水电，减少弃水损失，大量节约火电厂的燃料；微观上是机组间的经济调度，让耗能低的机组尽量多发电，减少能耗，这两方面的效益都是很大的。

6）进行水电跨流域调度。水电可以跨流域调度，在大范围内进行电网的经济调度。当一个电网具有丰富的发电能源，另一个电网的发电能源不足时，或者两个电网具有不同性质的季节性能源时，电网互联后可以互补余缺，相互调剂。如果将红水河、长江和黄河水系进行跨流域调度，错开出现高峰负荷的时间和各流域的汛期，可能减少备用容量 350×10^4kW，经济效益将更为显著。

7）调峰能力互相支援。若电力系统孤立运行时，为了调峰都要装设调峰电站或调峰机组，但其调峰能力并不一定能发挥出来。系统互联后，不仅因负荷率提高，也由于调峰容量的互相支援，调峰能力得到充分发挥，因此，系统调峰机组容量可以减少。

此外，还有提高高效率机组利用率和使用廉价燃料、能承受较大的冲击负荷、有利于改善电能质量等技术上和经济上的效益。

（2）各电网之间具有较强的联系。

（3）简化电力系统的电压等级和提高供电电压。

（4）具有足够的调峰、调频、调压容量，能够实现自动发电控制（AGC）。

（5）具有较高的供电可靠性。

（6）具有电能量自动计量系统。

（7）具有相应的安全稳定控制系统。

（8）具有高度自动化的监控系统。

（9）具有高度现代化的通信系统。

（10）具有适应现代电网运行管理需要的高素质的职工队伍。

4. 对现代电网运行管理的基本要求

（1）保障电网安全运行，以满足经济建设和人民生活用电的需要。

（2）保证良好的电能质量，使电压、频率以及谐波分量在允许的范围之内变化。

（3）提高电网运行的经济性。为此应采取一系列措施，包括适当建设大机组，充分利用水力资源，逐渐淘汰煤耗高的小火电机组，实行电力系统最优经济调度，加速推进全国联网等。

（4）现代电网必须实行统一调度，分级管理。其内容一般包括：

1）由电网调度机构统一组织全网调度计划（或称电网运行方式）的编制执行，其中包括统一平衡和实施全网发电、供电调度计划，统一平衡和安排全网主要发电、供电设备的检修进度，统一安排全网的主接线方式，统一布置和落实全网安全稳定措施等。

2）统一指挥全网的运行操作和事故处理。

3）统一布置和指挥全网的调峰、调频和调压。

4）统一协调和规定全网继电保护、安全自动装置、调度自动化系统和调度通信系统的运行。

5）统一协调水电厂水库的合理运用。

6）按照规章制度统一协调有关电网运行的各种关系。

在形式上，统一调度表现为在调度业务上，下级调度必须服从上级调度的指挥。

所谓分级管理，是指根据电网分层的特点，为了明确各级调度机构的责任和权限，有效地实施统一调度，由各级电网调度机构在其调度管辖范围内具体实施电网调度管理的分工。

统一调度、分级管理是一个不可分割的整体。统一调度是分级管理基础上的统一调度，分级管理是统一调度下的分级管理。统一调度、分级管理作为一个原则通常只简单称为统一调度。统一调度不仅是电能生产特点的要求，也是发挥现代大电网优越性的要求，能有效地保证电网的安全、优质、经济运行以满足国民经济、社会发展和人民生活用电需要。

二、电能质量指标及谐波治理

1. 电能质量指标

电力系统的基本任务就是要保证不间断地供给各种客户优质又经济的电能。通常衡量电能质量的基本指标如下。

（1）电压。电力系统供给客户的电压正常应维持额定电压水平，偏离值不应超过规定的容许范围。

（2）频率。电力系统供电频率正常为50Hz，偏离值不应超过规定的容许范围。

（3）波形。电力系统供电电压（或电流）的波形应为正弦波，谐波成分不应超过规定的容许范围。

2. 谐波治理

随着功率变换装置容量的不断增大，使用数量的迅速上升和控制方式的多样化，谐波问题已成为电气环境的一大公害，由其造成的谐波污染也日益严重，对电力系统的安全、稳定、经济运行造成极大的影响，因此，电力系统谐波及其治理的研究已经严峻地摆在电力科技工作者面前。

（1）谐波产生的原因。高次谐波产生的根本原因是由于电力系统中某些设备和负荷的非线性特性，即所加的电压与产生的电流不成线性（正比）关系而造成的波形畸变。

当电力系统向非线性设备及负荷供电时，这些设备或负荷在传递（如变压器）、变换（如交直流换流器）、吸收（如电弧炉）系统发电机所供给的基波能量的同时，又把部分基波能量转变为谐波能量，向系统倒送大量的高次谐波，使电力系统的正弦波形畸变，电能质量降低。当前，电力系统的谐波源主要有三大类。

1）铁磁饱和型。各种铁芯设备，如变压器、电抗器等，其铁磁饱和特性呈非线性。

2）电子开关型。主要为各种交直流换流装置（整流器、逆变器）以及双向晶闸管可控开关设备等，在化工、冶金、矿山、电气铁道等大量工矿企业以及家用电器中广泛使用，并正在蓬勃发展。在系统内部有直流输电中的整流阀和逆变阀等。

3）电弧型。各种冶炼电弧炉在熔化期间以及交流电弧焊机在焊接期间，其电弧的点燃和剧烈变动形成的高度非线性，使电流不规则地波动。其非线性呈现为电弧电压与电弧电流之间不规则的、随机变化的伏安特性。

对于电力系统三相供电来说，有三相平衡和三相不平衡的非线性特性。后者如电气铁道、电弧炉以及由低压供电的单相家用电器等，而电气铁道是当前中压供电系统中典型的三相不平衡谐波源。

（2）谐波对电网的影响。谐波对旋转电机和变压器的主要危害是引起附加损耗和发热增加，此外谐波还会引起旋转电机和变压器振动并发出噪声，长时间的振动会造成金属疲劳和机械损坏。

谐波可引起系统的电感、电容发生谐振，使谐波放大。当谐波引起系统谐振时，谐波电压升高，谐波电流增大，引起继电保护及自动装置误动，损坏系统设备（如电力电容器、电缆、电动机等），引发系统事故，威胁电力系统的安全运行。

谐波可干扰通信设备，增加电力系统的功率损耗（如线损），使无功补偿设备不能正常运行等，给系统和客户带来危害。

限制电网谐波的主要措施有增加换流装置的脉冲数，加装交流滤波器、有源电力滤波器，加强谐波管理等。

（3）电力系统关于谐波管理的具体规定。鉴于电网中的谐波对系统中的电机、电器设备、自动化装置、继电保护和测量设备、通信设备都会产生不良影响，因此，我国原水电部1984年颁布了《电力系统谐波管理暂行规定》，后来能源部又颁布了GB/T 14549—1993《电能质量公用电网谐波》，对公用电网中电压的正弦波形畸变率和客户注入电网连接点的各种谐波电流允许值均做了规定，分别如表10-2和表10-3所示。

表10-2　公用电网谐波电压限值（相电压）

电网额定电压（kV）	电压总谐波畸变率	各次谐波电压含有率	
		奇　次	偶　次
0.38	5.0%	4.0%	2.0%
10（6）	4.0%	3.2%	1.6%
35（63）	3.0%	2.4%	1.2%
110	2.0%	1.6%	0.8%

表10-3　注入公共连接点的谐波电流允许值

额定电压（kV）	各次谐波电流允许值（A）											
	I_2	I_3	I_4	I_5	I_6	I_7	I_8	I_9	I_{10}	I_{11}	I_{12}	I_{13}
0.38	84	64	42	64	28	46	21	19	17	29	14	25
10(6)	26	21	13	21	8.7	15	6.5	5.8	5.2	9.4	4.3	8
35(63)	16	13	8.2	13	5.5	9.4	4.1	3.7	3.3	6.0	2.7	5.1
110	12	9.4	5.9	9.4	3.9	6.7	3.0	2.6	2.4	4.3	2.0	3.6

续表

额定电压(kV)	各次谐波电流允许值(A)											
	I_{14}	I_{15}	I_{16}	I_{17}	I_{18}	I_{19}	I_{20}	I_{21}	I_{22}	I_{23}	I_{24}	I_{25}
0.38	12	11	10	19	9.3	17	8.4	8.0	7.6	14	7.0	13
10(6)	3.7	3.5	3.2	6.1	2.9	5.5	2.6	2.5	2.4	4.5	2.2	4.2
35(63)	2.4	2.2	2.1	3.9	1.8	3.5	1.6	1.6	1.5	2.9	1.4	2.6
110	1.7	1.6	1.5	2.8	1.3	2.5	1.2	1.1	1.1	2.1	1.0	1.9

注　自20次谐波以后《电力系统谐波管理暂行规定》没有规定值。

电压正弦波形的畸变率 DFU 及第 n 次谐波电压正弦波形畸变率 DFU_n 可分别按下式计算

$$DFU=\frac{100\sqrt{\sum_{n=2}^{\infty}U_{\mathrm{n}}^{2}}}{U_1}\times100\%$$

$$DFU_{\mathrm{n}}=\frac{U_{\mathrm{n}}}{U_1}\times100\%$$

式中　U_{n}——第 n 次谐波电压有效值；

U_1——额定基波电压有效值。

三、电力系统电压等级

电力系统额定电压是根据技术经济上的合理性、电气制造工业的水平和发展趋势等各种因素而规定的。各种电气设备在额定电压下运行时，能获得最经济的效果。我国规定的额定电压分为低于3kV系统的额定电压和3kV及以上系统的额定电压两类。

1. 低于3kV系统的额定电压

低于3kV系统的额定电压包括三相与单相交流以及直流三种。

受电设备的额定电压与系统的额定电压是一致的。供电设备的额定电压指电源的额定电压，例如蓄电池、发电机和变压器二次绕组的额定电压等。直流电压为平均值，交流电压则为有效值。

直流系统100V以下的额定电压，受电设备与供电设备相同；对受电设备为110、220V和440V的直流系统，供电设备的额定电压分别为115、230V和460V。

低于3kV交流电力系统的额定电压和电气设备的额定电压如表10-4所示。

表10-4　　低于3kV交流电力系统额定电压和电气设备额定电压　　(kV)

电力系统额定电压	发电机额定电压	电力变压器额定电压	
		一次绕组	二次绕组
0.22/0.127	0.23	0.22/0.127	0.23/0.133
0.38/0.22	0.40	0.38/0.22	0.40/0.23
0.66/0.38	0.69	0.66/0.38	0.69/0.40

注　斜线左边数字为线电压，右边数字为相电压。

2. 3kV 及以上系统的额定电压

我国制定的 3kV 及以上交流三相电力系统额定电压及电气设备额定电压如表 10-5 所示。

表 10-5　3kV 及以上交流电力系统额定电压和电气设备额定电压　(kV)

电力系统额定电压	发电机额定电压	电力变压器额定电压		电气设备最高电压
		一次绕组	二次绕组	
3	3.15	3 及 3.15	3.15 及 3.3	3.6
6	6.30	6 及 6.30	6.3 及 6.6	7.2
10	10.50	10 及 10.5	10.5 及 11.0	12
—	13.80	13.80	—	
—	15.75	15.75	—	
—	18.0	18.0	—	
20	20.0	20.0	—	24
—	22.0	22.0	—	
—	24.0	24.0	—	
35		35	38.5	40.5
60		60	66	72.5
110		110	121	126(123)
220		220	242	252(245)
330		330	363	363
500		500	550	550
750		—	—	800

注　括号内的数值在客户有要求时使用。

由表 10-5 可以看出，在同一电压等级下，各种电气设备的额定电压并不完全相同，这是为了使各种电气设备都能在较有利的电压水平下运行。但是在规定它们的额定电压时，应使之能相互配合，下面具体加以说明。

电力线路的额定电压和电力系统的额定电压相等。这是因为通过线路输送功率时，沿线路的电压分布往往是始端高于末端，线路的额定电压实际上是线路的平均电压，即线路始端电压和末端电压的算术平均值，而系统的额定电压取值与电力线路的额定电压相等，为使各用电设备能在接近它们的额定电压下运行。

发电机往往接在升压变压器的一次侧绕组上，考虑发电机有直配线，因此有些发电机的额定电压比电力系统的额定电压高 5%。

电力变压器起着供电设备和受电设备的双重作用。变压器一次侧绕组连接电源，或连接发电机，接受电能，相当于受电设备；变压器二次侧绕组连接负荷，向负荷提供电能，相当于电源或供电设备。因此，变压器一次侧绕组额定电压应等于电力系统的额定电压，对于直接和发电机连接的变压器一次侧绕组额定电压应等于发电机的额定电压，使之相互配合；变压器二次侧绕组额定电压较电力系统额定电压高 10%。若变压器阻抗较小，内部电压降落也较小，其二次侧绕组直接与用电设备相连接，或电压特别高的变压器，其二次侧绕组额定电压才规定较电力系统额定电压高 5%。

选择标准变压器，实质上是选择变压器一次绕组和二次绕组的额定电压。为了说明清楚起见，举一个具体的例子。对于连接220kV和10kV的变压器来说，两侧的额定电压可以是10/242kV或者10.5/242kV，也可以是220/10.5kV或者220/11kV，前两种主要用作从10kV到220kV的升压变压器，后两种主要用作从220kV到10kV的降压变压器。而220/10kV，即一侧额定电压为220kV而另一侧额定电压为10kV的变压器，将不是标准变压器。

实际上，变压器的高压绕组常设置一定数量的分接头（三绕组变压器的中压侧绕组上也有），以便根据实际需要加以选用。但必须注意，变压器的额定电压总是指其主接头上的空载电压。

在表10-5所列的电压等级中，3kV限于工业企业内部采用，10kV是最常用的城乡配电电压，而只当负荷中高压电动机所占比重很大时才用6kV作为配电电压。习惯上将35、110kV和220kV称为高压，330、500kV和750kV称为超高压，而1000kV以上则称为特高压。

显然，对于不同的电压等级，所适宜的输送功率和输送距离将各不相同，表10-6列出了其大致范围，在一定程度上可以用做参考。

表10-6　额定电压与相应传输功率和传输距离的关系

电力系统额定电压（kV）	输送方式	传输功率（kW）	传输距离（km）
0.22	架空线	<50	0.15
0.22	电　缆	<50	0.20
0.38	架空线	100	0.25
0.38	电　缆	175	0.35
3	架空线	100～1000	3～1
6	架空线	200～2000	10～3
6	电　缆	3000	<8
10	架空线	200～3000	20～5
10	电　缆	5000	<10
35	架空线	2000～10000	50～20
110	架空线	10000～50000	150～50
220	架空线	100000～500000	300～100
330	架空线	200000～1000000	600～200
500	架空线	1000000～1500000	850～250
750	架空线	2000000～2500000	>500

四、IT技术及GPS系统在电力系统中的应用

1. IT技术在电力系统中的应用

IT技术在电力系统中的应用，目前取得成功的集中在两个方面。一方面是各类电气设备的微机化，如微机励磁调节系统、微机继电保护装置、微机无功电压控制装置、微机调速器以及其他各类单台设备的微机监控系统等，在这一方面，人们针对交流采样、数字滤波、抗干扰能力、计算速度等问题进行了大量的研究。另一方面是电力系统各类复杂计算由计算机自动实现，如潮流计算、短路计算、暂态稳定计算、电磁暂态计算、电压稳定计算、小干扰分析、各类优化计算、智能软件和小波分析等。该领域的进展不仅大大提高了电力系统各

类计算的精度，提高了工作效率，而且还使得以前不可能定量进行分析的计算成为可能，增加了电力系统分析计算的新内容。

上述两个方面研究的成熟和计算机技术的进一步发展，使得系统集成成为新的研究热点。目前比较成功的有 SCADA（Supervisory Control and Data Acquisition）系统、EMS（Energy Management System）系统、DMS（Distribution Management System）系统，就地或区域的综合监控系统，MIS（Management Information System）系统等。系统集成可以说刚刚起步，随着网络技术的进一步发展，未来会有更广阔的发展空间。

IT 技术在电力系统中的进一步应用，将给人们带来电力系统的全信息化或全数字化时代，那时任何有用的信息都会自动数字化，而且在任何点可以经授权获得，在应该发挥作用的场合自动发挥作用。

（1）所有信息都会自动数字化，并在数字化电力系统中虚拟存在。一是所有的电气设备都实现数字化，所有的信息都会数字化，不仅仅是电流、电压、频率等信息，还包括图像等信息也会像现在的故障录波一样加以记录；二是数字化自动实现，任何事件发生的同时，相关信息也就被数字化了，比如变压器故障检修，系统会自动识别参加工作的技术人员，并存储相关信息。

（2）各类信息将有规则予以保存。因为网络无处不在，所有电气设备必须网络化，使得所有基本参数和实时信息能随时随地获取，使得信息共享成为可能。例如变压器生产厂家随时可以查阅其产品在电力系统的运行情况，对检修变压器现场予以远程指导，以及分析历史数据与改进产品的性能，变压器客户也可以远程监视产品在厂家的生产过程，查阅产品生产过程中的历史数据。如此，通过信息建立了反映客观世界的关联关系。

（3）在海量信息的基础上，针对电力系统进行全面解析和建模，开发大量包括智能模块在内的各种高级软件用于电力系统中的各个环节。比如电力系统发生故障时，IT 系统会自动保存各级有用的信息，而且各级的故障分析模块会自动启动，去分析其前因后果，且它们之间会相互通信，互相修正，并及时提供决策。当然，更不用说，现在运行于各个职能部门的高级分析软件将应用于同一个信息平台上，相互沟通，比如方式科的短路电流计算与继电保护科的短路电流计算将不再分隔开来。

（4）如果获得的客观电力系统的信息足够充分，计算机系统计算能力足够强大，当客观系统发生了一些扰动的时候，可以在虚拟的数字化电力系统中对客观系统的未来行为予以分析和预测，这不仅可以为培训技术人员提供几近真实的环境，而且可以为实际电力系统的运行提供指导。

（5）充分的信息，完善的网络，快速的传递和强大的计算功能可以构造一个崭新的电力系统安全保障体系。也许有一天不再需要繁琐的离线继电保护整定计算和自动控制装置整定计算，不再为确定定值去绞尽脑汁考虑各种可能运行情况，而是针对实际系统发生的事件，迅速给出针对该情况的各种定值，并立即传送到各类数字化安全保障装置中去。这不仅会大大提高生产效率，而且还会大大提高安全保障系统的有效性。

随着 IT 技术的发展，信息化电力系统的到来已为期不远，且有广阔的市场前景。

2. GPS 系统在电力系统中的应用

全球卫星定位系统（Global Positioning System，GPS）的接收器能补偿信号在卫星与接收器之间的传输延时，输出与国际标准时间（UTC）误差为 1μs 的秒脉冲选通信号，并通过串行口输出国际标准时间、日期和所处方位等信息。

现代电力系统以高电压、大机组、远距离输电为主要特征，它的运行监控以继电保护技术、计算机技术和通信技术为基础。电力系统的运行情况可能瞬息万变，而且它又是分层管理的，有些电气设备的运行要靠数百千米以外的调度员指挥。因此，在全网范围内建立统一精确的标准时间是十分必要的，也是很重要的。

此外，某些继电保护装置、故障录波器、事件顺序记录，实时信息采集系统、自动发电控制与负荷控制、周波异常时间统计、电能计费系统、计算机通信网络、运行报表、雷电定位系统等很多领域都离不开时间校准。

对于电力系统来说，时钟精度一般要求在1ms左右，而GPS时钟精度可达1μs。从精度、价格和使用方便性来综合考察，在电力系统中应用GPS时钟作为时间标准是比较合理和令人满意的。

由于GPS卫星向全球连续播发精确时间，不受气候、地域限制，抗干扰能力强，在地球上任何地理位置都可获得精确时间，因此GPS卫星时钟为时间精度与同步要求极高、地域分布广阔的电力系统提供了全新的应用前景，对电力系统的安全、经济运行具有重大意义。

GPS在电力系统中的应用，概括起来，主要有下述方面：

（1）提供精确的事件记录时标；

（2）整个电力网GPS行波故障定位；

（3）结合雷电电磁场接收系统测定雷电活动情况和雷击点定位；

（4）采用GPS卫星时钟就地校时，可保证电力网调度的时间精度和时间同步；

（5）基于GPS卫星时钟实现电网动态稳定实时监测和控制；

（6）对系统内各厂站的电压电流进行大范围同步采样；

（7）实现自适应微机数字式保护；

（8）电力网内异地同步试验。

此外，还有输电线路两侧保护动作时间整组现场试验，全电网同步谐波测量等。

第二节　电 气 主 接 线

电气主接线是发电厂和变电站电气部分的主体，它反映各设备的型号、功用、装设位置、连接方式和回路间的相互关系。

一、发电厂、变电站母线主接线方式及3/2断路器接线的优点

1. 发电厂、变电站母线主接线方式

（1）单母线：单母线，单母线分段，单母线加旁路和单分线分段加旁路。

（2）双母线：双母线，双母线分段，双母线加旁路和双母线分段加旁路。

（3）三母线：三母线，三母线分段，三母线分段加旁路。

（4）3/2断路器接线，3/2断路器接线母线分段。

（5）4/3断路器接线。

（6）母线—变压器—发电机组单元接线。

（7）角形接线（或称环形）：三角形接线、四角形接线、多角形接线。

（8）桥形接线：内桥接线、外桥接线。

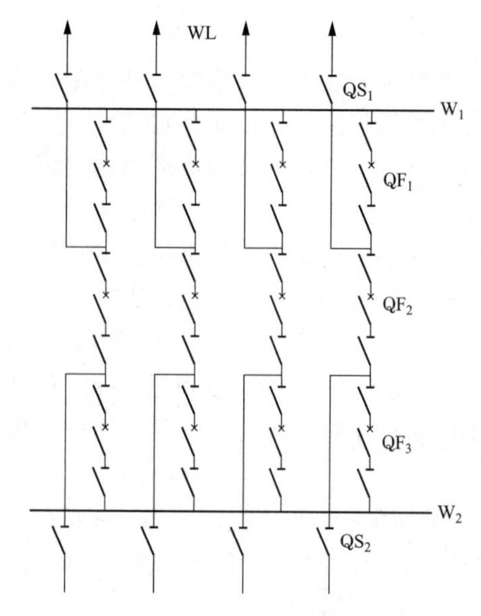

图 10-3　一个半断路器接线

2. 3/2 断路器接线方式的优点

每两个元件（出线或电源）用三台断路器构成一串接至两组母线，称为一个半断路器接线，又称3/2 断路器接线，如图 10-3 所示。在一串中，两个元件（进线或出线）各自经一台断路器接至不同母线，两回路之间的断路器称为联络断路器。

运行时，两组母线和同一串的三个断路器都投入工作，称为完整串运行，形成多环路状供电，具有很高的可靠性。其主要特点是，任一母线故障或检修，任一断路器检修，甚至于两组母线同时故障（或一组母线检修另一组母线故障）的极端情况下，功率仍能继续输送。一串中任何一台断路器退出或检修的运行方式称为不完整串运行，此时仍不影响任何一个元件的运行。这种接线运行方便，操作简单，隔离开关只在检修时作为隔离电器。

在大型发电厂和变电站中，广泛采用 3/2 断路器接线。在大型发电厂第一期工程中，一般是机组和出线较少，例如，只有两台发电机和两回出线，只构成两串的 3/2 断路器接线。在此情况下，电源（进线）和出线的接入点可采用两种方式：一种是交叉接线，如图 10-4（a）所示，将两个同名元件（电源或出线）分别布置在不同串上，并且分别靠近不同母线接入，即电源（变压器）和出线相互交叉配置；另一种是非交叉接线（或称常规接线），如图 10-4（b）所示，它也将同名元件分别布置在不同串上，但所有同名元件都靠近某一母线一侧（进线都靠近一组母线，出线都靠近另一组母线）。

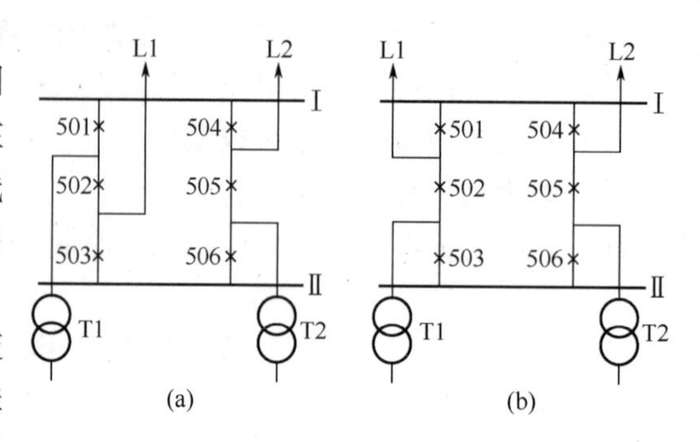

图 10-4　3/2 断路器接线配置方式

（a）交叉接线；（b）非交叉接线

通过分析可知，3/2 交叉接线比 3/2 非交叉接线具有更高的运行可靠性，可减少特殊运行方式下的事故扩大。例如，一串中的联络断路器（设 502）在检修或停用，当另一串的联络断路器发生异常跳闸或事故跳闸（出线 L2 故障或进线 T2 回路故障）时，对非交叉接线将造成切除两个电源，相应的两台发电机甩负荷至零，电厂与系统完全解列；而对交叉接线而言，至少还有一个电源（发电机—变压器组）可向系统送电，L2 故障时 T2 向 L1 送电，T2 故障时 T1 向 L2 送电，即使联络断路器 505 异常跳开时也不破坏两台发电机向系统送电。交叉接线的配电装置的布置比较复杂，需增加一个间隔。

应当指出，当 3/2 断路器接线的串数多于两串时，由于接线本身构成的闭环回路不止一个，一个串中的联络断路器检修或停用时，仍然还有闭环回路，因此不存在上述差异。

二、互感器及避雷器在主接线中的配置

1. 互感器的配置

互感器在主接线中的配置与测量仪表、继电保护和自动装置的要求、同步点的选择及主接线的形式有关。发电厂中互感器配置的示例如图 10-5 所示。

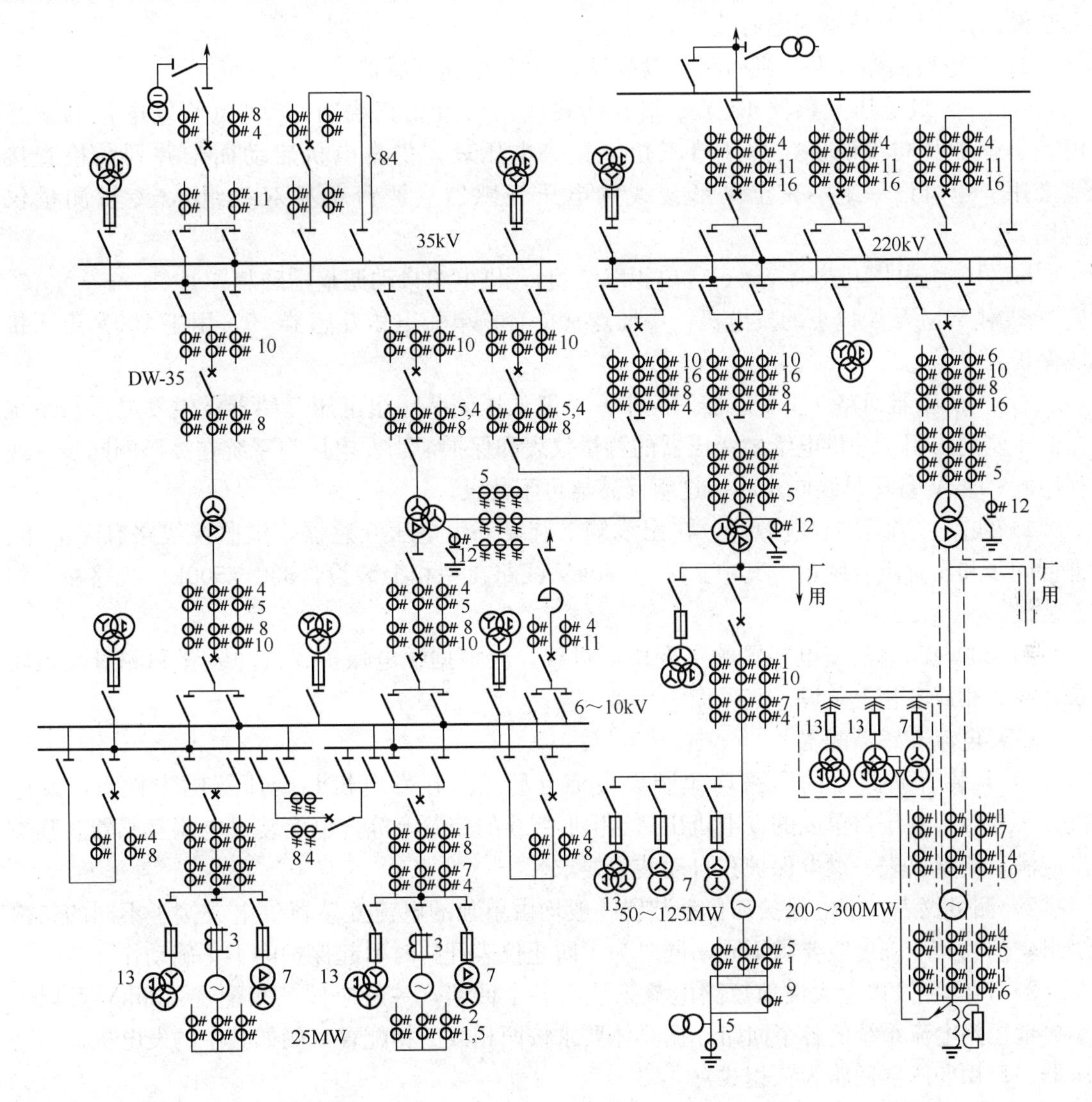

图 10-5 发电厂互感器配置（图中数字标明用途）

1—发电机差动保护；2—测量仪表（机房）；3—接地保护；4—测量仪表；5—过流保护；6—发电机—变压器差动保护；7—自动调节励磁；8—母线保护；9—发电机横差保护；10—变压器差动保护；11—线路保护；12—零序保护；13—仪表和保护用；14—发电机失步保护；15—发电机定子 100％接地保护；16—断路器失灵保护

（1）电压互感器的配置。

1）母线。一般各段工作母线及备用母线上各装一组电压互感器，必要时旁路母线也装一组电压互感器，桥形接线中桥的两端应各装一组电压互感器，用于供电给母线、主变压器和出线的测量仪表、保护、同步设备、绝缘监察装置（6～35kV 系统）等。

a. 6～220kV 母线在三相上装设。其中，6～20kV 母线的电压互感器，一般为电磁型三相五柱式；35～220kV 母线的电压互感器，一般由三台单相三绕组电压互感器构成；35kV 为电磁式；110～220kV 为电容式或电磁式（为避免铁磁谐振，以电容式为主）。

b. 330～500kV 母线，当采用双母线带旁路接线时，在每组母线的三相上装设；当采用一台半断路器接线时，根据继电保护、自动装置和测量仪表要求，在每段母线的一相或三相上装设。其电压互感器为电容式。

2）发电机回路。发电机回路一般装设2～3组电压互感器。

a. 1～2组电压互感器13（三相五柱式或三台单相三绕组），供电给发电机的测量仪表、保护及同步设备，其开口三角形接一电压表，供发电机启动而未并列前检查接地之用。也可设一组不完全星形接线的电压互感器（两台单相双绕组），专供测量仪表用。

b. 另一组电压互感器7（三台单相双绕组），供电给自动调整励磁装置。

c. 对50MW及以上的发电机，中性点常接有一单相电压互感器15，用于100%定子接地保护。

3）主变压器回路。主变压器回路中，一般低压侧装一组电压互感器，供发电厂与系统在低压侧同步用，并供电给主变压器的测量仪表和保护。当发电厂与系统在高压侧同步，或利用6～10kV备用母线同步时，这组互感器可不装设。

4）线路。当对端有电源时，在出线侧上装设一组电压互感器，供监视线路有无电压、进行同步和设置重合闸用。其中，35～220kV线路在一相上装设，330～500kV线路在三相上装设。

5）330～500kV配电装置的主变压器进线。应根据继电保护、自动装置和测量仪表要求，在一相或三相上装设。

（2）电流互感器配置。

1）凡装有断路器的回路均应装设电流互感器，在发电机和变压器的中性点、发电机——双绕组变压器单元的发电机出口、桥形接线的跨条上等，也应装设电流互感器。其数量应满足测量仪表、继电保护和自动装置要求。

2）测量仪表、继电保护和自动装置一般均由单独的电流互感器供电或接于不同的二次绕组，因为其准确度级要求不同，同时为了防止仪表开路时引起保护的不正确动作。

3）110kV及以上大接地短路电流系统的各个回路，一般应按三相配置；35kV及以下小接地短路电流系统的各个回路，据具体要求按两相或三相配置（例如其中的发电机、主变压器、厂用变压器回路为三相式）。

4）保护用电流互感器的配置应尽量消除保护装置的不保护区。例如，若有两组电流互感器或同一组互感器有几个二次绕组，应使它们之间的部分处于交叉保护范围之中。如在图10-5所示的35kV出线上，互感器8接母线保护，11接线路保护，这样，线路的断路器部分便处于两种保护的交叉保护范围内，其他回路也有类似配置方式。

5）为了防止支持式电流互感器的套管闪络造成母线故障，电流互感器通常布置在线路断路器的出线侧或变压器断路器的变压器侧。

6）为减轻发电机内部故障时对发电机的危害，用于自动励磁装置的电流互感器7应布置在定子绕组的出线侧。这样，当发电机内部故障使其出口断路器跳闸后，便没有故障电流（来自系统）流经互感器7，自励电流不致增加，发电机电动势不致过大，从而减小故障电流。若互感器7布置在中性点侧，则不能达到上述目的。

为了便于发现和分析在发电机并入系统前的内部故障，用于机房测量仪表的电流互感器2宜装于发电机中性点侧。

2. 避雷器的配置

根据DL/T 620—1997《交流电气装置的过电压保护和绝缘配合》的有关规定，对避雷器的配置主要有以下要求。

（1）母线。配电装置的每组母线上，应各装设一组避雷器，但进出线都装设避雷器时（如一台半断路器接线）除外。

（2）变压器。

1）330kV及以上主变压器和并联电抗器处必须装设避雷器，并应尽可能靠近设备本体。

2）220kV及以下主变压器到母线避雷器的电气距离超过允许值时，应在主变压器附近增设一组避雷器。

3）自耦变压器的两个自耦合绕组的出线上各装设一组避雷器，并应接在变压器与变压器侧的隔离开关之间。

4）下列情况下，变压器的低压绕组三相出线上应装设避雷器。

a. 与架空线路连接的三绕组变压器（包括自耦、分裂变压器）低压侧有开路运行的可能。

b. 发电厂的双绕组变压器，当发电机断开时由高压侧倒送厂用电。

5）下列情况下，变压器中性点应装设避雷器。

a. 直接接地系统中，变压器中性点为分级绝缘且未装设保护间隙，变压器中性点为全绝缘，但变电站为单进线且为单台变压器运行。

b. 非直接接地系统中，多雷区的单进线变电站的变压器中性点。

（3）发电机及调相机。

1）单元接线中的发电机出口宜装设一组避雷器。

2）接在发电机电压母线上的发电机，即与直配线连接的发电机（简称直配线发电机），当其容量为25MW及以上时，应在发电机出线处装设一组避雷器；当其容量为25MW以下时，应尽量将母线上的避雷器靠近电机装设或装在电机出线上。

3）如直配线发电机中性点能引出且未直接接地，应在中性点装设一台避雷器。

4）连接在变压器低压侧的调相机出线处应装设一组避雷器。

（4）线路。

1）330～500kV配电装置采用3/2断路器接线时，其线路侧装设一组避雷器。

2）35～220kV配电装置，在雷季如线路的隔离开关或断路器可能经常断路运行，同时线路侧又带电，应在靠近隔离开关或断路器处装设一组避雷器。

3）发电厂、变电站的35kV及以上电缆进线段，在电缆与架空线的连接处应装设避雷器，其接地端应与电缆金属外皮连接。

4）3～10kV配电装置的架空线上，一般装设一组避雷器，有电缆段的架空线，避雷器应装设在电缆头附近。

5）SF_6全封闭组合电器（GIS）的架空线路必须装设避雷器。

三、各类发电厂主接线的特点及实例

电气主接线是根据发电厂和变电站的具体条件确定的，由于发电厂和变电站的类型、容量、地理位置、在电力系统中的地位、作用、馈线数目、负荷性质、输电距离及自动化程度等不同，所采用的主接线形式也不同，但同一类型的发电厂或变电站的主接线仍具有某些共同特点。

1. 火力发电厂主接线

（1）中小型火电厂的主接线。这类电厂的单机容量为200MW及以下，总装机容量在1000MW以下，一般建在工业企业或城镇附近，需以发电机电压将部分电能供给本地区客户，如钢铁基地、大型化工、冶炼企业及大城市的综合用电等，有时兼供热，所以有凝汽式电厂，也有热电厂。其主接线特点如下。

1）设有发电机电压母线。

a. 根据地区网络的要求，其电压采用6kV或10kV。发电机单机容量为100MW及以下。当发电机容量为12MW及以下时，一般采用单母线分段接线；当发电机容量为25MW及以上时，一般采用双母线分段接线。一般不装设旁路母线。

b. 出线回路较多（有时多达数十回），供电距离较短（一般不超过20km），为避免雷击线路直接威胁发电机，一般多采用电缆供电。

c. 当发电机容量较小时，一般仅装设母线电抗器即足以限制短路电流；当发电机容量较大时，一般需同时装设母线电抗器及出线电抗器。

d. 通常用两台及以上主变压器与升高电压级联系，以便向系统输送剩余功率或从系统倒送不足的功率。

2）当发电机容量为125MW及以上时，采用单元接线；当原接于发电机电压母线的发电机已满足地区负荷的需要时，虽然后面扩建的发电机容量小于125MW，也采用单元接线，以减小发电机电压母线的短路电流。

3）升高电压等级不多于两级（一般为35～220kV），其升高电压部分的接线形式与电厂在系统中的地位、负荷的重要性、出线回路数、设备特点、配电装置型式等因素有关，可能采用单母线、单母线分段、双母线、双母线分段，当出线回路数较多时，增设旁路母线；当出线不多、最终接线方案已明确时，可以采用桥形、角形接线。

4）从整体上看，其主接线较复杂，且一般屋内和屋外配电装置并存。某中型热电厂的主接线如图10-6所示。该热电厂装有两台发电机，接到10kV母线上；10kV母线为双母线三分段接线，母线分段及电缆出线均装有电抗器，用以限制短路电流，以便选用轻型电器；发电厂供给本地区后的剩余电能通过两台三绕组主变压器送入110kV及220kV电压级；110kV为分段的单母线接线，重要客户可用双回路分别接到两分段上；220kV为有专用旁路断路器的双母线带旁路母线接线，只有出线进旁路，主变压器不进旁路。

（2）大型火电厂的主接线。这类电厂单机容量为200MW及以上，总装机容量1000MW及以上，主要用于发电，多为凝汽式火电厂。其主接线特点如下。

1）在系统中地位重要，主要承担基本负荷，负荷曲线平稳、设备利用小时数高、发展可能性大，因此，其主接线要求较高。

2）不设发电机电压母线，发电机与主变压器（双绕组变压器或分裂变压器）采用简单可靠的单元接线，发电机出口至主变压器低压侧之间采用封闭母线。除厂用电外，绝大部分电能直接用220kV及以上的1～2种升高电压送入系统。附近客户则由地区供电系统供电。

3）升高电压部分为220kV及以上。220kV配电装置，一般采用双母线带旁路母线、双母线分段带旁路母线接线，接入220kV配电装置的单机容量一般不超过300MW；330～

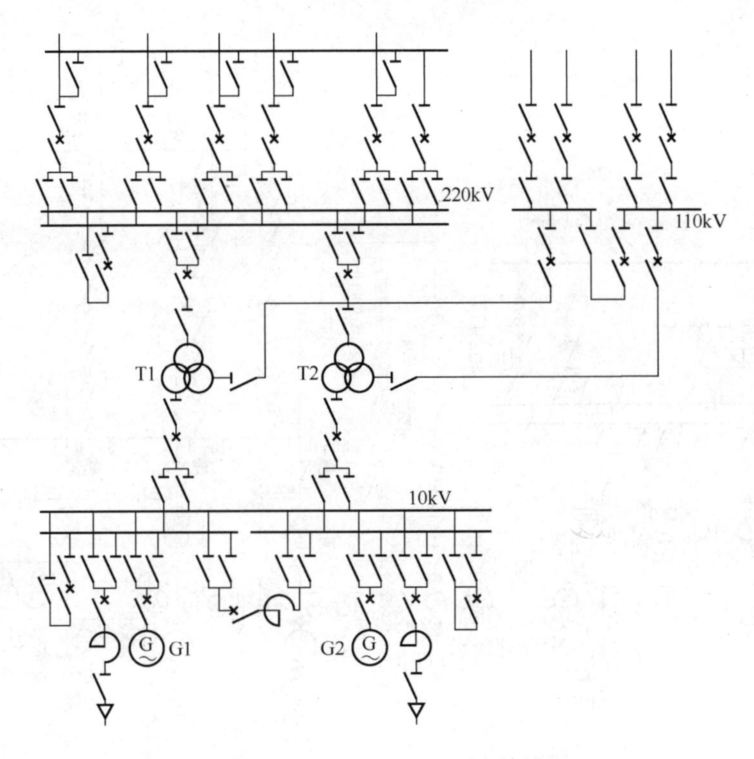

图 10-6　某中型热电厂的主接线

500kV 配电装置，当进出线数为六回及以上时，采用一台半断路器接线；220kV 与 330～500kV 配电装置之间一般用自耦变压器联络。

4）从整体上看，这类电厂的主接线较简单、清晰，且一般均为屋外配电装置。

某大型火电厂的主接线如图 10-7 所示。该发电厂有 4×300MW 及 2×600MW 共六台发电机，分别与六台双绕组主变压器接成单元接线，其中两个单元接到 220kV 配电装置，四个单元接到 500kV 配电装置；220kV 为有专用旁路断路器的双母线带旁路接线；500kV 为 3/2 断路器接线；220kV 与 500kV 用自耦变压器联络（由三台单相变压器组成），其低压侧 35kV 为单母线接线，接有两台厂用高压启动/备用变压器及并联电抗器；各主变压器的低压侧及 220kV 母线，分别接有厂用高压工作或备用变压器。图 10-7 中还标出了互感器和避雷器的配置情况。

2. 水电厂主接线

水电厂以水能为能源，多建于山区峡谷中，一般远离负荷中心，附近客户少，甚至完全没有客户，因此它的主接线有类似于大型火电厂主接线的特点。

(1) 不设发电机电压母线，除厂用电外，绝大部分电能用 1～2 种升高电压送入系统。

(2) 装机台数及容量是根据水能利用条件一次确定，因此，其主接线、配电装置及厂房布置一般不考虑扩建。但常因设备供应、负荷增长情况及水工建设工期较长等原因而分期施工，以便尽早发挥设备的效益。

(3) 由于山区峡谷中地形复杂，为缩小占地面积、减少土石方的开挖和回填量，主接线尽量采用简化的接线形式，以减少设备数量，使配电装置布置紧凑。

(4) 由于水电厂生产的特点及所承担的任务，也要求其主接线尽量采用简化的接线形

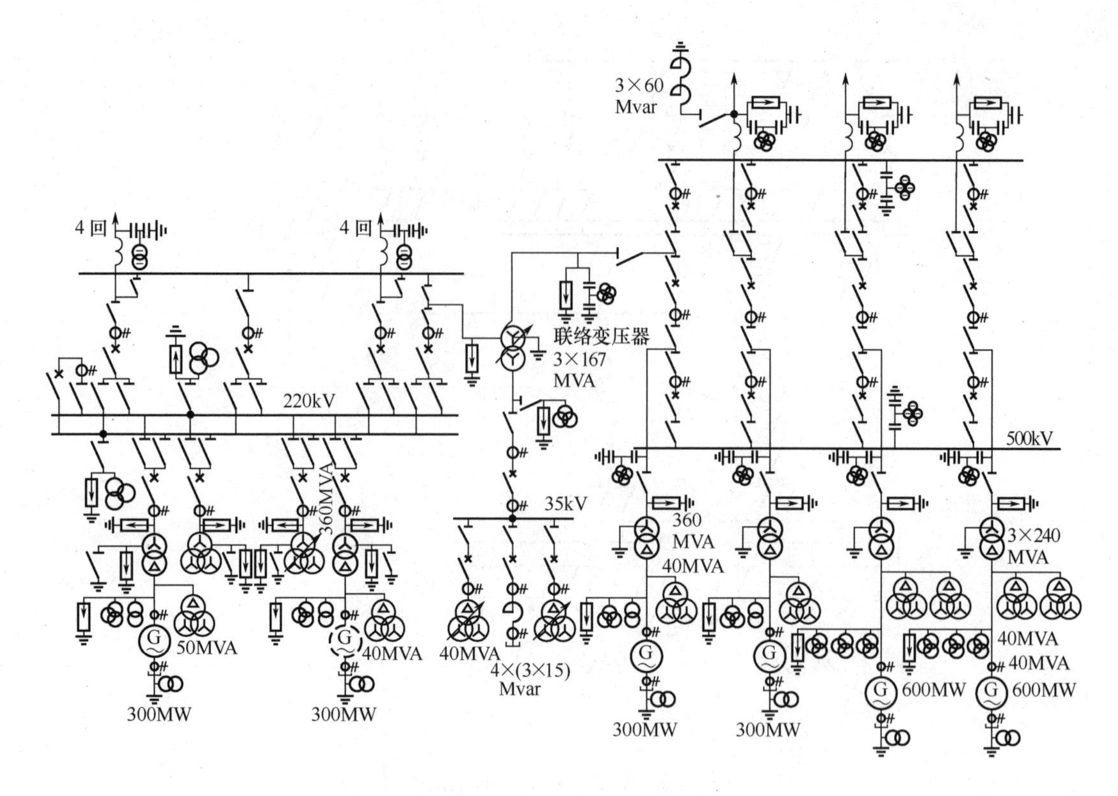

图 10-7　某大型火电厂的主接线

式，以避免繁琐的倒闸操作。

水轮发电机组启动迅速、灵活方便，生产过程容易实现自动化和远动化。一般从启动到带满负荷只需 4～5min，事故情况下可能不到 1min。因此，水电厂在枯水期常常被用作系统的事故备用、检修备用或承担调峰、调频、调相等任务；在丰水期则承担系统的基本负荷，以充分利用水能，节约火电厂的燃料。可见，水电厂的负荷曲线变动较大，开、停机次数频繁，相应设备投、切频繁，设备利用小时数较火电厂小，因此，其主接线应尽量采用简化的接线形式。

（5）由于水电厂的特点，其主接线广泛采用单元接线，特别是扩大单元接线。大容量水电厂的主接线形式与大型火电厂相似。中、小容量水电厂的升高电压部分在采用一些固定的、适合回路数较少的接线形式（如桥形、多角形、单母线分段等）方面，比火电厂用得更多。

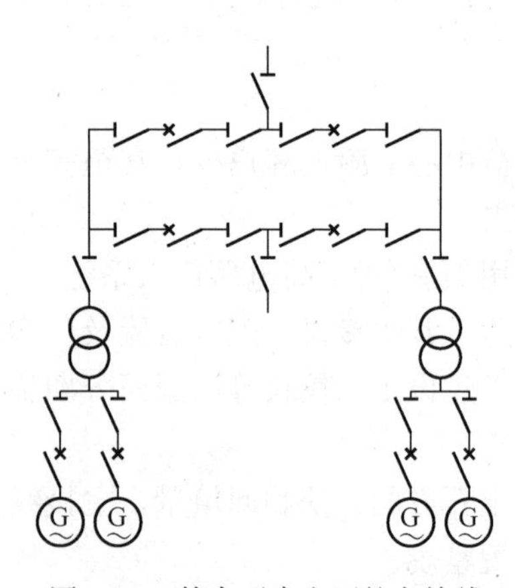

图 10-8　某中型水电厂的主接线

（6）从整体上看，水电厂的主接线较火电厂简单、清晰，且一般均为屋外配电装置。

某中型水电厂的主接线如图 10-8 所示。该电厂有四台发电机，每两台机与一台双绕组变压器接成扩大单元接线，110kV 侧只有两回出线，与两台主变压器接成四角形接线。

某大型水电厂的主接线如图 10-9 所示。该电厂有六台发电机，G1～G4 与分裂变压器 T1、T2 接成扩大单元接线，将电能送到500kV配电装置；G5、G6与双绕组变压器T3、T4接成单元接线，将电能送到220kV配电装置；500kV配电装置采用3/2断路器接线，220kV配电装置采用有专用旁路断路器的双母线带旁路接线，只有出线进旁路；220kV与500kV用自耦变压器T5联络，其低压绕组作为厂用备用电源。接线形式与图10-7很相似。

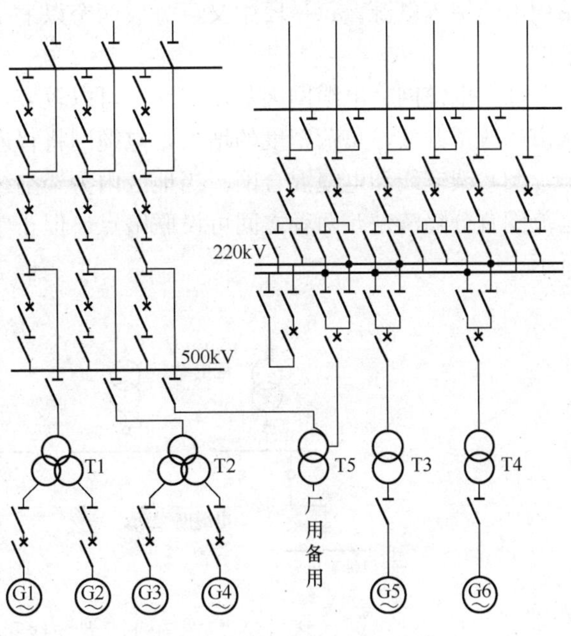

图10-9　某大型水电厂主接线

四、变电站主接线

原则上变电站主接线与发电厂主接线形式基本相同，图10-10是一地区重要变电站的接线，变电站内一般设置两台主变压器，由于两个高压均为中性点直接接地系统，从节省投资、运行费和减少与系统的联系阻抗出发，采用了三绕组自耦变压器。10kV侧安装有两台分裂电抗器，分别与两套单母线分段相连，以限制故障电流，全部出线采用电缆和手车式高压开关柜，以减少开关检修的停电时间，变电站内设置有两台30Mvar的同步调相机和启动用电抗器，可改善变电站母线上的供电质量。

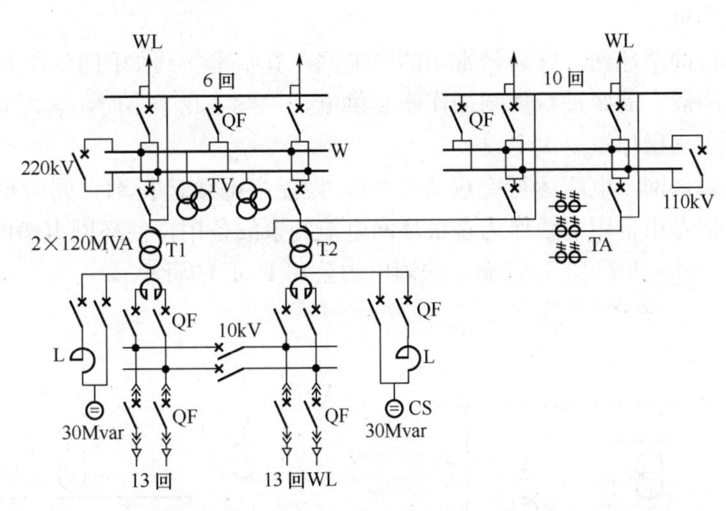

图10-10　220/110/10kV地区变电站主接线图

W—母线；T1，T2—变压器；QF—断路器；L—电抗器；WL—馈电线；CS—同步调相机；TV—电压互感器；TA—电流互感器

五、10kV城市配电网接线实例

1. 10kV城市配电网的类型

(1) 架空网。架空配电网为沿道路架设电网，线路遍布每一条道路，在道路交叉点互联，全网用杆架开关分段，形成多分段多联络的开式运行网络。每段电网有一馈点，自变电

站用电缆馈入电源，每一段中又可分成两个以上小段，以便在需要时，将负荷切换至邻近段电网。

（2）电缆网。电缆网因敷设回路数可以较多，因此供电能力大，且不影响环境。随着大城市的改革开放，负荷密度的增长，电缆网将普遍采用。

（3）架空线和电缆混合网。当地区内为架空线和电缆网同时存在时，架空线和电缆的供电范围宜分隔清楚，两者之间可设联络点，但正常时应打开，只在事故时利用，如图 10-11 所示。

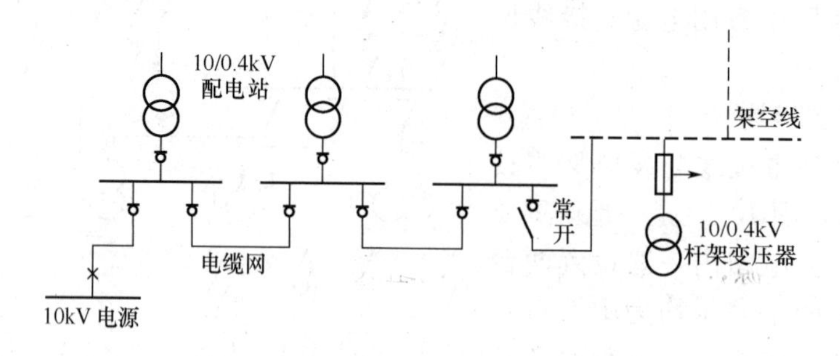

图 10-11　架空线和电缆混合网

2. 10kV 城市配电电缆网接线实例

（1）闭环运行的电网。图 10-12 是香港中华电力公司的典型闭环网，由变电站 11kV 母线引出 3～4 回路 300mm² 截面积的电缆，通过外部 11/0.4kV 的配电站闭环运行，送电容量可达 20000～21000kVA。各馈线配以纵联差动保护，网络中一根电缆故障时，两端断路器跳闸，不影响供电。

（2）开环运行的单环网。这是最常用的电缆网，其基本接线如图 10-13 所示。正常时开环运行，发生故障后，需要进行倒闸操作恢复供电，一般需几个小时，若配置配电线自动化装置后，可立即自动操作恢复供电。

开环运行的单环网，电缆运行率仅为 50%，为提高电缆运行率，同时解决大量电缆出线的困难，用一根专用备用电缆作为多根环网电缆的事故备用，使环网电缆的运行率提高到近 100%，见图 10-14 和图 10-15（摘自法国电力公司 EDF 的资料）。

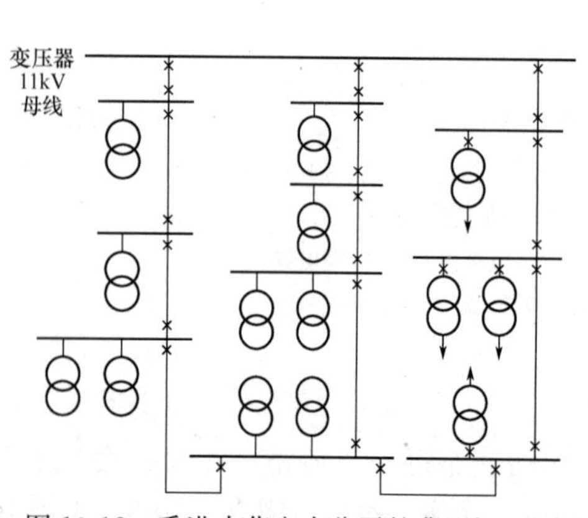

图 10-12　香港中华电力公司的典型闭环网

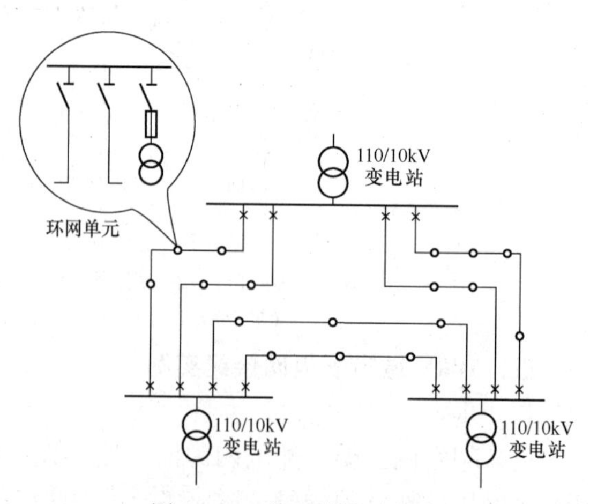

图 10-13　单环接线示意图

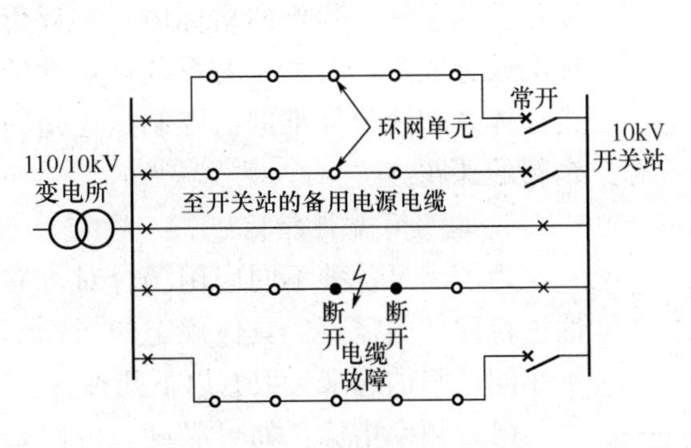

图 10-14　直通式备用电缆布置示意图

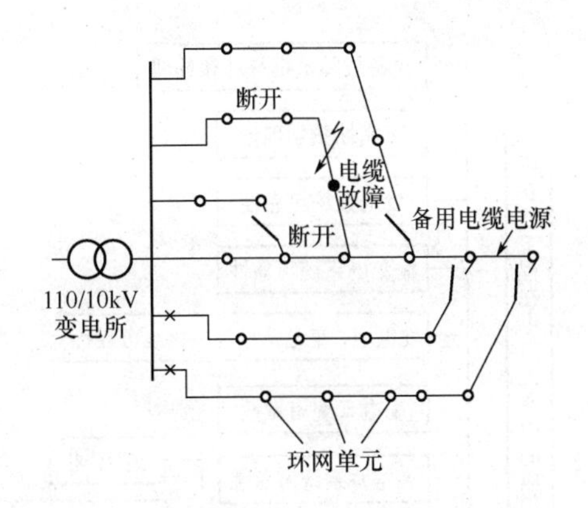

图 10-15　分布式备用电缆布置示意图

为解决大容量变电站大量电缆出线的困难，还可以在其他供电范围内设若干个开关站，用大截面电缆馈入电源，然后在各个开关站间组成单环网。

第三节　电力可靠性管理

2003 年美加大停电、2005 年 5 月 25 日莫斯科大停电和 6 月 22 日瑞士大停电从反面让我们认识到电能在现代人类社会中的重要作用，它已经成为人们社会生活中不可或缺的基本需求要素。而现代电力系统的实时性、随机性、与其复杂性伴生而至的脆弱性，电力事故后果的恶劣性，使得对电力系统可靠性、安全性的要求达到了一个空前的高度。维持电力系统的安全可靠运行，不仅仅是为了减少停电损失，更是社会稳定健康发展的基础。

一、电力可靠性管理概述

1. 电力可靠性定义

对电力工业来说，可靠性的定义为：电力系统按可接受的质量标准和所需数量不间断地向电力客户提供电力和电量的能力的量度。电力系统可靠性包括充裕性和安全性两个方面。

(1) 充裕性是指电力系统稳态运行时，在系统元件额定容量、母线电压和系统频率等的允许范围内，考虑系统中元件的计划停运以及合理的非计划停运条件下，向客户提供全部所需的电力和电量的能力。充裕性又称为静态可靠性，也就是静态条件下电力系统满足用户电力和电量需求的能力。

(2) 安全性是指电力系统承受突然发生的扰动（例如突然短路或非计划地失去系统元件）的能力。安全性有时也称动态可靠性，也就是在动态条件下电力系统经受住突然扰动并不间断地向客户提供电力和电量的能力。安全性的另一个方面指系统的整体性，即电力系统维持联合运行的能力。电力系统的整体性往往与维持系统连续运行的能力有关，在遭受突然扰动时，一旦整体遭破坏，往往可能导致稳定性破坏，不可控的系统解列，最后造成系统大面积停电。

2. 电力可靠性管理

可靠性管理的定义为：确定和满足实体的可靠性要求所进行的一系列组织、计划、规划、控制、协调、监督、决策等活动和功能的管理。

中国的电力可靠性指标体系及相应的评价方法建立在严格的可靠性理论基础上，见

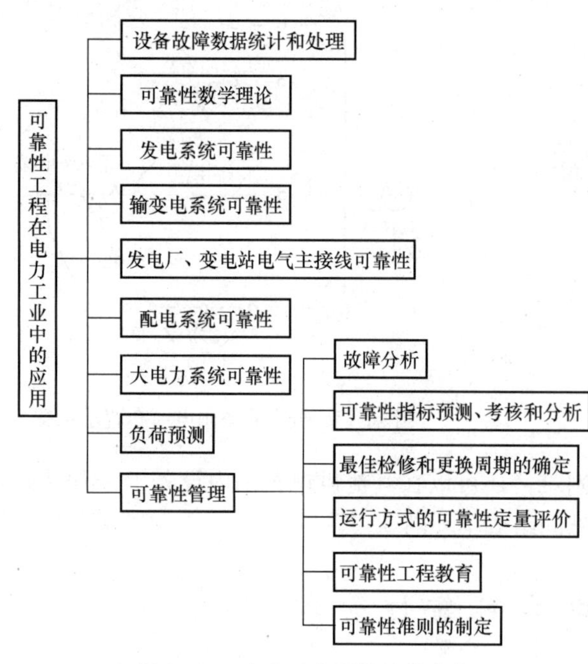

图 10-16　电力工业可靠性的内容

图 10-16。对于发电、输变电、配电的设备及其系统，我们的指标体系和评价标准较为成熟，对大电力系统可靠性的指标体系和评价标准的研究制定还是一个新的课题。

3. 电力可靠性指标

为了满足各种不同应用场合对可靠性进行评估的需要，具体规定的指标不尽相同，归纳起来大致有以下几种。

（1）频率指标：如可靠度、可用系数等。

（2）效率指标：可修复元件或系统在研究周期的平均故障次数，如非计划停运次数，强迫停运次数。

（3）时间指标：可修复元件两次故障间的平均时间，即平均工作时间，以及故障的平均持续时间（即修复时间）等。

（4）期望值：如在研究周期，设备或系统发生故障的天数的期望值，电力系统故障少供电量的期望值等。

目前应用在中国电力可靠性管理中有两种类型的指标，一种为面向设备的指标，以检验设备的生产能力为目标；一种为面向系统的指标，以检验系统功能实现程度为目标。这两类指标均使用以日历年度为界的定时截尾方法的点估计值。发电机组、发电辅机和输变电设施的可靠性指标属于上述前一类指标，配电系统供电可靠率等属于上述后一类指标。

4. 电力可靠性目标

为保证电力系统可靠性达到希望水平，在规划、设计和运行阶段必须实现以下目标：①保证电力系统的充裕性，即以合格的质量连续地向客户提供所需的电力和电量；②保证系统的安全性，采取措施使系统能经受住可能的偶发事故而不必削减负荷或停电，并避免对系统和元件造成严重损坏；③保持电力系统的整体性，即使是很严重的偶发事故也不致造成电力系统的主要部分不可控的解列；④限制故障扩大，减小大范围停电；⑤保证停电后迅速恢复运行。

二、发电厂可靠性

被评估的发电厂在规定的时间内能够按照规定的技术指标发出预定电力的能力大小，可用可靠性指标来定量表示。分析研究发电厂的可靠性的目的在于从电厂生产的各环节找出使电厂丧失正常功能的因素，全过程地（有规划设计、设备制造、安装调试、生产运行、检修维护等环节）分析其原因，找出对策。同时经过大量的数据统计、分析、提出定量评价的准则，探讨提高电厂可靠性的途径和方法。研究分析电厂的可靠性，有助于改进上述各环节的质量，提高可靠性管理水平，也有利于提高电厂的经济性。

1. 状态划分与编码

发电厂的可靠性，从某种意义上讲是建立在组成电厂的设备（包括升压站的输变电设备）的基础之上的。而发电设备的状态分类与编码是可靠性统计的基础。中国的电力可靠性统计的状态分类与编码依据故障树原理由上而下编制。状态分类保证了在全时域内无遗漏、无重叠，使统计对象在任一时刻必须处于某种状态中；在某一特定时刻只能处于某一特定状态中。图 10-17 和图 10-18 分别表示出了发电厂机组（锅炉、汽机、发电机等）和辅助设备（各种磨煤机、泵、风机、高压加热器等）状态划分的原则。

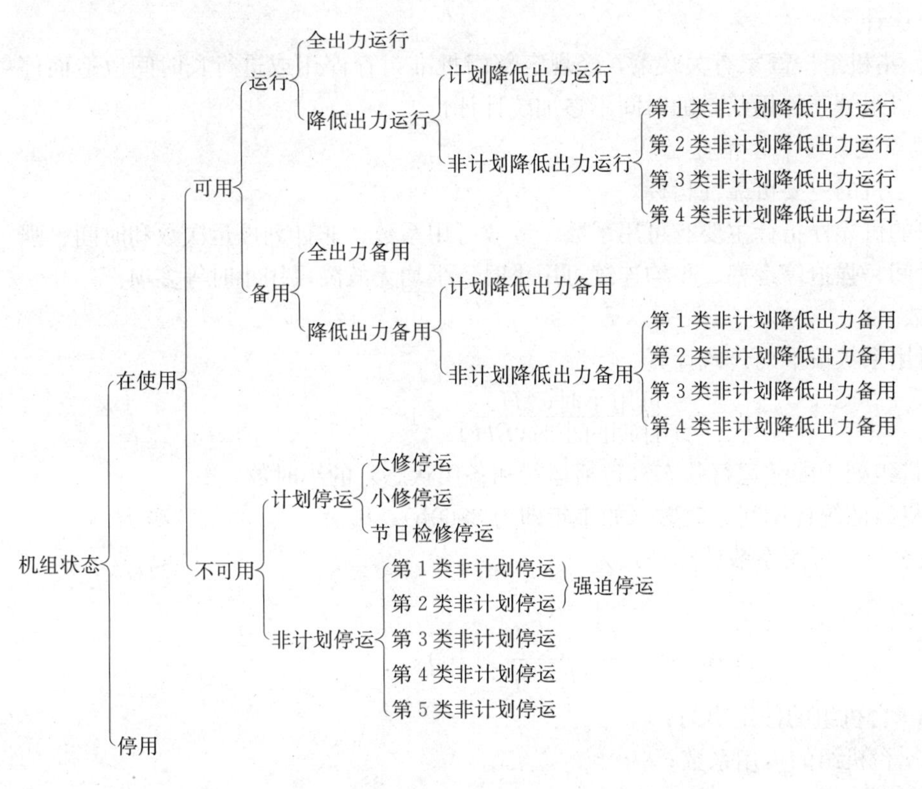

图 10-17　发电厂机组状态划分

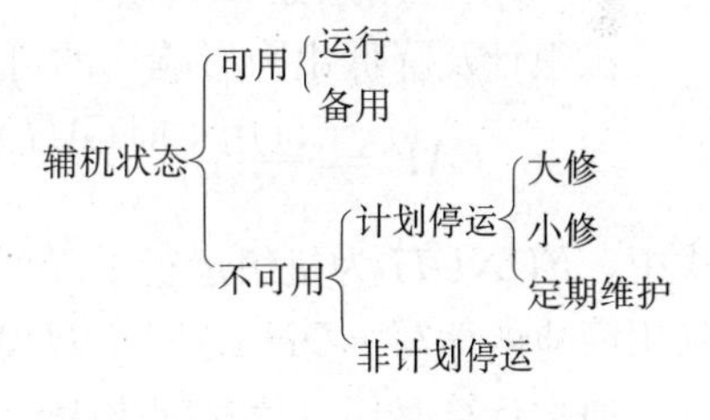

图 10-18　发电厂辅助设备的状态划分

各种状态定义如下。

（1）在使用。指机组处于要进行统计评价的状态。

（2）可用。指机组处于能运行的状态，不论其是否在运行，也不论其能够提供多少容量。

（3）运行。指机组处于在电气上连接到电力系统工作状态，可以是全出力运行，也可以是（计划或非计划）降低出力运行。

（4）备用。指机组处于可用、但不在运行状态，可以是全出力备用，也可以是（计划或非计划）降低出力备用。

（5）不可用。指机组因故不能运行的状态，不论其由什么原因造成。

（6）计划停运。指机组处于计划检修的状态，分大修、小修和节日检修三类。

（7）非计划停运。指机组处于不可用而又不是计划停运的状态，根据停运的紧迫程度分为：

1）第 1 类非计划停运。指机组急需立即停运者。

2）第 2 类非计划停运。指机组虽不需立即停运，但需在 6h 以内停运者。

3）第 3 类非计划停运。指机组可延迟至 6h 以后，但需在 72h 以内停运者。

4）第4类非计划停运。指机组可延迟至72h后，但需在下次计划停运前停运者。

5）第5类非计划停运。指机组计划停运时间因故超过原定计划工期的延长停运者。

（8）强迫停运。指上述第1、2、3类非计划停运。

（9）启动失败。指未能将一台机组在规定时间内从停运转为运行，其延迟的启动时间按第1类非计划停运计。

（10）停用。指机组按国家有关政策，经规定部门批准封存停用或进行长时间改造而停止使用的状态。机组处于停用状态的时间不参加统计评价。

2. 发电厂机组主要可靠性指标

（1）发电厂主机的主要可靠性指标。

发电厂机组的可靠性指标主要有可用系数、等效可用系数、非计划停运次数和时间、强迫停运次数和时间、强迫停运率、平均连续可用小时、平均无故障可用小时等多项。

1）可用系数 AF。

单台机组可用系数按下列公式计算

$$AF=\frac{\text{可用小时}(AH)}{\text{统计期间小时}(PH)}\times 100\%$$

式中 AH——机组处于能够运行状态（包括运行和备用状态）的小时数，h；

PH——机组的统计期间小时数（如1年即为8760h），h。

多台机组或全厂的可用系数计算公式为

$$AF=\frac{\sum_{1}^{n}P_i(AF)_i}{\Sigma P_i}\times 100\%$$

式中 P_i——第 i 台机组的额定出力；

$(AF)_i$——第 i 台机组的可用系数；

n——机组的台数。

2）等效可用系数 EAF。

机组计及降低出力影响后的可用系数，其计算公式为

$$EAF=\frac{\text{可用小时}(AH)-\text{降低出力等效停运小时}(EUNDH)}{\text{统计期间小时}(PH)}\times 100\%$$

式中，$EUNDH$ 为机组运行中降低出力小时折算至机组全出力停机的等效小时数（也有文献用简化的缩写 EDH 或 $EUDH$ 表示）。

通常计算时用等值时间来表示机组的降低出力，即机组在降低出力的运行时间乘以降低出力的百分数，如一台200MW机组降低出力50MW，运行20h，降低出力等效停运小时为25%×20=5（h）。

对于全厂或系统中多台机组的等效可用系数，仍可按机组的额定出力加权而得。

3）强迫停运率 FOR。

单台机组的强迫停运率 FOR 的计算公式为

$$FOR=\frac{\text{强迫停运小时}(FOH)}{\text{强迫停运小时}(FOH)+\text{运行小时}(SH)}\times 100\%$$

此指标表征机组的健康水平对运行影响的程度。

全厂或多台机组的 FOR 仍可按机组输出功率加权而得。

4）等效强迫停运率 $EFOR$。

考虑到降低输出功率影响后的强迫停运率 $EFOR$，其计算公式为

$$EFOR=\frac{\text{强迫停运小时}+\text{第 1、2、3 类非计划降低输出功率等效停运小时之和}}{\text{运行小时}+\text{强迫停运小时}+\text{第 1、2、3 类非计划降低出力等效备用停运小时之和}}$$

$$\times 100\%=\frac{FOH+(EUDH_1+EUDH_2+EUDH_3)}{SH+FOH+(EUDH_1+EUDH_2+EUDH_3)}\times 100\%$$

5）平均连续可用小时 CSH。

$$CSH=\frac{\text{可用小时}(AH)}{\text{计划停运次数}(POT)+\text{非计划停运次数}}$$

6）平均无故障可用小时 $MTBF$。

$$MTBF=\frac{\text{可用小时}(AH)}{\text{强迫停运次数}(FOT)}$$

（2）发电厂辅助设备主要可靠性指标。

1）平均无故障运行小时 $MTBF$。

$$MTBF=\frac{\text{运行小时}}{\text{非计划停运次数}}=\frac{SH}{UOT}$$

2）启动可靠度 SR。

$$SR=\frac{\text{启动成功次数}}{\text{启动成功次数}+\text{启动失败次数}}\times 100\%$$

3）平均启动间隔时间 $MTIS$。

$$MTIS=\frac{\text{运行小时}}{\text{启动成功次数}}$$

4）辅助设备故障平均修复时间 $MTIR$。

$$MTIR=\frac{\text{累积修复时间}}{\text{非计划停运次数}}=\frac{ZRPH}{UOT}$$

5）辅助设备故障率 λ。

$$\lambda=\frac{8760}{\text{平均无故障运行小时}}=\frac{8760}{MTBF}\text{次/年}$$

6）辅助设备修复率 μ。

$$\mu=\frac{8760}{\text{故障平均修复时间}}=\frac{8760}{MTTR}\text{次/年}$$

3. 电厂的可靠性管理

电厂的可靠性管理是现代化电厂生产管理的中心内容，它包括电厂的出力管理、可靠性指标管理、设施维修和更新管理、运行准则（含规程）管理和人员培训管理。电厂可靠性管理的目标是低耗多发下的安全运行。

可靠性指标的管理又是电厂可靠性管理的中心内容，即电厂生产管理的中心内容。其中可用系数的管理目前已成为各电厂主管单位可靠性指标目标管理的重要指标。他们根据该电厂运行可靠性指标的历史记录，考虑到今后的检修安排和更新计划，指定并下达该电厂的可靠性目标。电厂的主管领导，根据上级下达的指标，分解与分配至该电厂的职能部门，采取措施以保证可用系数指标的实现。由于可用系数反映该厂的生产能力，不论是电厂的主管单位（如网、省公司等），还是某一发电厂，均必须定期做出本单位的可用系数分析和可用系数预测。尤其是必须根据历年影响可用系数的非计划停运事件的原因分析及部件分类，结合

各种在线的诊断监测仪器，诊断结果，找出对策，加以消除，做到防患于未然，以求最低的非计划停运发生，达到最佳的运行（含备用）工况。实现最高的经济效益。

三、输变电设施的可靠性

输变电设施的可靠性是以设施功能为目标，面向设施在规定的运行条件下，在预定的时间内，完成规定功能的能力。例如：断路器的可靠性是指断路器在规定的运行环境下，在预定的时间内，接通和连续承受正常电流、开断电路正常电流以及短时承受和切断规定的非正常电流的能力的量度。输变电设施可靠性的统计、分析，是深入掌握和评价输变电设施在电力系统中运行状况的主要措施。对改进设备制造、安装质量、工程设计和生产管理等方面也具有重要意义。DL/T 837—2003《输变电设施可靠性评价规程》的有关规定如下。

1. 输变电设施状态划分与定义

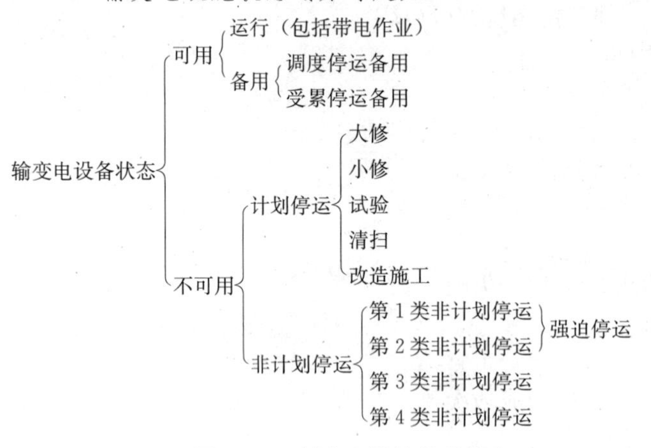

图 10-19　输变电设施状态划分

输变电设施状态划分如图 10-19 所示。各种状态定义如下：

（1）调度停运备用。指设施本身可用，但因系统运行方式的需要，由调度命令而备用者。

（2）受累停运备用。指设施本身可用，但因相关设施的停运而被迫退出运行状态者。

（3）非计划停运。指设施处于不可用而又不是计划停运的状态。

1）第 1 类非计划停运。指设施必须立即从可用状态改变到不可用状态。另外，处于备用状态的设施，经调度批准进行检修工作时，若检修工作超过调度规定的时间，则超过规定时间的停运部分，也应记为第 1 类非计划停运。

2）第 2 类非计划停运。指设施虽非立即停运，但不能延至 24h 以后停运者（从向调度申请开始计时）。

3）第 3 类非计划停运。指设施能延迟至 24h 以后停运者。

4）第 4 类非计划停运。指对计划停运的各类设施，若不能如期恢复其可用状态，则超过预定计划时间的停运部分记为第 4 类非计划停运。计划停运时间为调度最初批准的停运时间。另外。处于备用状态的设施，经调度批准进行检修工作，并且检修工作时间在调度批准时间内的停运，也应记为第 4 类非计划停运。

（4）强迫停运。设施的第 1、2 类非计划停运均称为强迫停运。

2. 变电设施评价指标

（1）变压器、电抗器、电压互感器、电流互感器、隔离开关、耦合电容器、阻波器、避雷器、母线等设施，单台（段）主要可靠性指标及其计算公式如下。

1）可用系数 AF。

$$AF=\frac{\text{可用小时}(AH)}{\text{统计期间小时}(PH)}\times 100\%$$

2）运行系数 SF。

$$SF = \frac{\text{运行小时}(SH)}{\text{统计期间小时}(PH)} \times 100\%$$

3）计划停运系数 POF。

$$POF = \frac{\text{计划停运小时}(POH)}{\text{统计期间小时}(PH)} \times 100\%$$

4）非计划停运系数 UOF。

$$UOF = \frac{\text{非计划停运小时}(UOH)}{\text{统计期间小时}(PH)} \times 100\%$$

5）强迫停运系数 FOF。

$$FOF = \frac{\text{强迫停运小时}(FOH)}{\text{统计期间小时}(PH)} \times 100\%$$

6）计划停运率 POR。

$$POR = \frac{\text{计划停运次数}(POT)}{\text{统计台(段)年数}(UY)} \quad \text{次/[台(段)·年]}$$

7）非计划停运率 UOR。

$$UOR = \frac{\text{非计划停运次数}(UOT)}{\text{统计台(段)年数}(UY)} \quad \text{次/[台(段)·年]}$$

8）强迫停运率 FOR。

$$FOR = \frac{\text{强迫停运次数}(FOT)}{\text{统计台(段)年数}(UY)} \quad \text{次/[台(段)·年]}$$

9）连续可用小时数 CSH。

$$CSH = \frac{\text{可用小时}(AH)}{\text{计划停运次数}(POT) + \text{非计划停运次数}(UOT)} \quad \text{h/次}$$

10）暴露率 EXR。

$$EXR = \frac{\text{运行小时}(SH)}{\text{可用小时}(AH)} \times 100\%$$

（2）单台断路器的主要可靠性指标及其计算公式。

1）平均无故障操作次数 $MTBF$。

$$MTBF = \frac{\text{操作次数}}{\text{非计划停运间隔数}} \quad \text{次/每个非计划停运间隔}$$

式中，非计划停运间隔数采用非计划停运次数，操作次数按断路器的分闸次数统计，分闸次数为正常操作分闸次数、切除故障分闸次数及调试分闸次数之和。

2）正确动作率 CMR。

$$CMR = \left(1 - \frac{\text{非正确动作次数}}{\text{切除故障分闸次数} + \text{正常操作分闸次数} + \text{非正确动作次数}}\right) \times 100\%$$

式中，非正确动作次数包括其本身的拒分拒合、慢分慢合及不同期分合的次数。

3）其他可靠性指标及其计算公式同（1）中所列公式。

3. 架空线路、电缆线路可靠性指标

单条线路主要可靠性指标及其计算公式如下。

（1）计划停运率 POR。

按统计 100km·年计算

$$POR = \frac{计划停运次数(POT)}{统计100km年数} \quad 次/(100km \cdot 年)$$

按统计条年计算

$$POR = \frac{计划停运次数(POT)}{统计条年数} \quad 次/(条 \cdot 年)$$

（2）非计划停运率UOR。

按统计 100km·年计算

$$UOR = \frac{非计划停运次数(UOT)}{统计100km年数} \quad 次/(100km \cdot 年)$$

按统计条年计算

$$UOR = \frac{非计划停运次数(UOT)}{统计条年数} \quad 次/(条 \cdot 年)$$

（3）强迫停运率FOR。

按统计 100km·年计算

$$FOR = \frac{强迫停运次数(FOT)}{统计100km年数} \quad 次/(100km \cdot 年)$$

按统计条年计算

$$FOR = \frac{强迫停运次数(FOT)}{统计条年数} \quad 次/(条 \cdot 年)$$

（4）其他可靠性指标及其计算公式同（1）中所列公式。

四、配电系统可靠性

配电系统可靠性直接体现供电系统对客户的供电能力，反映了电力工业对国民经济电能的需求满足程度，是供电系统的规划、设计、基建、施工、设备制造、生产运行、营业服务等方面质量和管理水平的综合体现。DL/T 836.1《供电系统供电可靠性评价规程》的有关规定如下。

1. 停电性质的分类

停电性质的分类如图 10-20 所示。

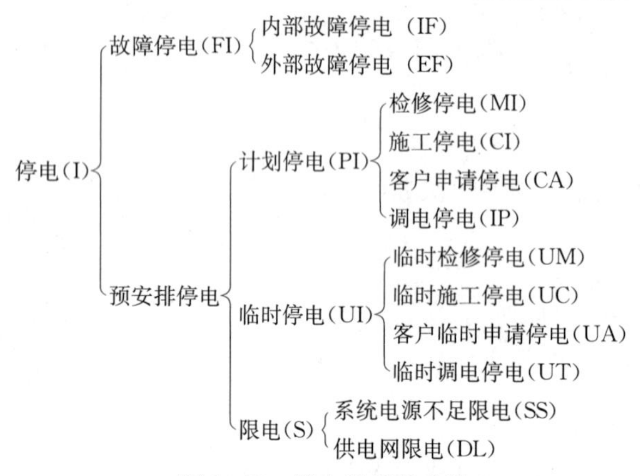

图 10-20 停电性质的分类

注：调电停电指由于调整电网运行方式而造成客户的停电。

2. 供电可靠性主要指标及计算公式

（1）系统平均停电时间：供电系统用户在统计期间内的平均停电小时数，记作 SAIDI－1（h/户），表示为

$$SAIDI-1 = \frac{\sum 每次停电时间 \times 每次停电用户数}{总用户数}$$

（2）平均供电可靠率：在统计期间内，对用户有效供电时间小时数与统计期间小时数的比值，记作$ASAI-1(\%)$，表示为

$$ASAI-1(\%) = \left(1 - \frac{系统平均停电时间}{统计期间时间}\right) \times 100\%$$

若不计外部影响时，则记作$ASAI-2(\%)$，表示为

$$ASAI-2(\%)=\left(1-\frac{\text{系统平均停电时间}-\text{系统平均受外部影响停电时间}}{\text{统计期间时间}}\right)\times 100\%$$

若不计系统电源不足限电时，则记作 $ASAI-3(\%)$，表示为

$$ASAI-3(\%)=\left(1-\frac{\text{系统平均停电时间}-\text{系统平均电源不足限电停电时间}}{\text{统计期间时间}}\right)\times 100\%$$

若不计短时停电时，则记作 $ASAI-4(\%)$，表示为

$$ASAI-4(\%)=\left(1-\frac{\text{系统平均停电时间}-\text{系统平均短时停电时间}}{\text{统计期间时间}}\right)\times 100\%$$

我国城市电网的供电可靠率要求为 99.9%，大中城市的市中心区的供电可靠率要求为 99.99%。

第四节　电网自动装置

自动装置是由各种不同的继电器组成的装置，它和继电保护装置有着密切的联系，通常装在同一块屏上，统称为继电保护自动装置。它们都是电气设备不可缺少的组成部分。常用的自动装置有输电线路自动重合闸、备用电源自动投入、按电压和按频率自动减负荷、系统振荡自动解列、发电机的自动准同期或非同期并列和自动励磁调节等装置。

本节简要叙述自动重合闸、备用电源自动投入、低频自动减负荷装置的工作原理。

一、自动重合闸装置

在电力系统中，输电线路是发生故障最多的设备，而且它发生的故障大都属于暂时性的，因此，自动重合闸装置（Auto Reclosing Device，ARD）在高压输电线路上得到极其广泛的应用。在高压输电线路上装设自动重合闸，对于提高供电的可靠性无疑会带来极大的好处，但由于 ARD 本身不能判断故障是暂时性还是永久性的，因此重合闸可能成功（恢复供电），也可能不成功。根据我国运行资料统计，ARD 的动作成功率相当高，为 60%～90%。

1. 自动重合闸的作用

（1）在输电线路发生暂时性故障时，可迅速恢复供电，从而能提高供电的可靠性。

（2）对于双侧电源的高压输电线路，可以提高系统并列运行的可靠性，从而提高线路的输送容量。

（3）可以纠正由于断路器或继电保护误动作引起的误跳闸。

由于 ARD 本身投资低，工作可靠，采用 ARD 后可避免因暂时性故障停电而造成的损失。因此规程规定，在 1kV 及以上电压的架空线路或电缆与架空线路的混合线路上，只要装有断路器，一般应装设 ARD。但是，采用 ARD 后，当重合于永久性故障时，电力系统将再次受到短路电流的冲击，可能引起电力系统振荡。继电保护应再次使断路器断开。断路器在短时间内连续两次切断短路电流，这就恶化了断路器的工作条件。

2. 自动重合闸的基本要求

（1）运作迅速。在满足故障点去游离（即介质恢复绝缘能力）时间和断路器消弧室与断路器的传动机构准备好再次动作所必需的时间条件下，ARD 的动作时间应尽可能短，从而减轻故障对用户和电力系统带来的不良影响。ARD 的动作时间一般采用 0.5～1.5s。

（2）不允许任意多次重合。ARD 动作的次数应符合预先的规定。如一次重合闸只能重合一次。当重合于永久性故障而断路器再次跳闸时，就不应重合。

（3）动作后应能自动复归。当 ARD 成功动作一次后，应能自动复归，准备好再次动作。对于受雷击机会较多的线路，为了发挥 ARD 的作用，这一要求更是必要的。

（4）手动跳闸时不应重合。当运行人员手动操作或遥控操作使断路器跳开时，ARD 不应重合。

（5）手动合闸于故障线路时不重合。

（6）电容器装置及电缆线路禁止使用重合闸装置。

（7）因低频减负荷装置动作跳闸的线路，禁止自动重合闸。因此，线路自动重合闸回路中应装设低频减负荷闭锁。

3. 重合闸的类型及与继电保护的配合

电网自动重合闸有三相重合闸、单相重合闸和综合重合闸三种类型。

（1）三相重合闸。

1）单侧电源线路的三相一次自动重合闸。

2）双侧电源线路的三相一次自动重合闸。重合闸方式有下列几种。

a. 快速自动重合闸方式。即当线路上发生故障时，继电保护以极短的时限使线路两侧断路器断开并接着进行自动重合。由于从短路开始到重新合上线路两侧断路器所需时间很短，两侧电动势角摆开不大，系统还不可能失步。即使两侧电源电动势角摆开较大，由于重合闸周期很短，断路器重合后，系统也很快拉入同步。

b. 非同期重合闸方式。即不考虑两系统是否同步而进行自动重合闸方式。也就是说，当线路断路器断开后，即使两侧电源已失去同步，也自动重新合上断路器，期待系统自动拉入同步。

c. 检查双回路另一回路电流的重合闸方式，在没有其他旁路联系的双回线上，可采用另一回路有电流的重合闸方式。因为当另一回线路上有电流时，即表示线路两侧电源仍有联系并同步运行，因此可以进行重合闸。

d. 自动解列重合闸方式。

e. 检查线路无压及同期重合闸方式。

线路一侧的断路器投入检查线路无压重合闸（检查同期重合闸亦同时投入），另一侧的断路器只投入检查同期重合闸。

当线路故障，两侧断路器跳开后，一侧的断路器检查线路无电压后自动合上，另一侧断路器检查两侧电源同期后自动重合。

3）自动重合闸与继电保护的配合有如下两种方式。

a. 自动重合闸前加速保护动作方式简称前加速。其优点是能快速切除故障，使暂时性故障来不及发展成永久性故障，而且设备少，只需一套 ARC 装置。其缺点是重合于永久性故障时，再切除故障的时间会延长。装有重合闸的断路器动作次数较多，若此断路器的重合闸拒动，就会扩大停电范围，甚至在最后一级线路上故障时，可能造成全部停电。因此，在实际中前加速方式只用于 35kV 以下的网络。

b. 自动重合闸后加速保护动作方式简称后加速。采用这种方式时，如在线路上发生故障，保护将有选择的跳闸。若重合于永久性故障，则加速保护动作，瞬时切除故障。其优点是第一次跳闸是有选择性的，不会扩大事故。同时，这种方式使再次断开永久性故障的时间缩短，有利于系统并联运行的稳定性。其缺点是第一次切除故障可能带时限，当主保护拒动，而由后备保护来跳闸时，时间可能较长。

在 35kV 以上电压的高压网络中，通常都装有性能较好的保护（如距离保护等），所以第一次有选择性的跳闸时限不会很长，故后加速方式在这种网络中被广泛采用。

（2）单相自动重合闸。在 110kV 及以上电压的大接地电流系统中，架空线路的线间距离较大，相间故障的机会较少，而单相接地的机会却较多。如果在三相线路上装设三个单相断路器，当发生单相接地故障时只将故障相的断路器跳开，而未发生故障的其余两相将继续运行。这样，不仅可以提高供电的可靠性和系统并联运行的稳定性，而且也可以减少相间故障的发生概率。

所谓单相重合闸，就是线路发生单相接地故障时，保护只跳开故障相的断路器，然后进行单相重合。如故障是暂时性的，则重合闸后便恢复三相供电；如故障是永久性的，系统又不允许长期非全相运行时，则重合闸后保护跳开三相断路器，不再进行重合。

当采用单相重合闸时，如线路发生相间短路，一般都跳开三相断路器，不再进行重合；如因其他原因断开三相断路器时，也不进行重合。

（3）综合重合闸。实际上，在设计超高压线路重合闸装置时，单相重合闸和三相重合闸都是综合在一起考虑的，即当线路上发生单相接地故障时，采用单相重合闸方式；发生相间故障时，采用三相重合闸方式。综合考虑这两种重合闸方式的装置称为综合重合闸装置。在我国 220kV 及以上的高压电力系统中，综合重合闸得到了广泛的应用。

二、备用电源自动投入装置

详见第八章第三节有关内容。

三、低频自动减负荷装置

1. 低频减负荷装置的基本要求

（1）能在各种运行方式且功率缺额的情况下，有计划地切除负荷，有效地防止系统频率下降至危险点以下。

（2）切除的负荷应尽可能少，应防止超调和悬停现象。

（3）变电站的馈电线路故障或变压器跳闸造成失压时，低频减负荷装置应可靠闭锁，不应误动。

（4）电力系统发生低频振荡时，不应误动。

（5）电力系统受谐波干扰时，不应误动。

为满足以上要求，关键是要有原理先进、准确度高、抗干扰能力强的测频电路。此外，在低频减负荷装置中，必须增加一些闭锁措施。常用的闭锁条件有：①带时限的低电压闭锁；②低电流闭锁；③滑差闭锁，即频率变化率闭锁；④双测频回路串联闭锁；⑤低频减负荷装置故障闭锁。因低频减负荷装置动作跳闸的供电线路，禁止自动重合闸。因此，供电线路自动重合闸回路中都装有低频减负荷闭锁。

2. 整定原则

根据供电线路所供负荷的重要程度，电网低频减负荷装置分为基本级和特殊级两大类。把一般负荷的馈电线路放在基本级里，供给重要负荷的线路划在特殊级里，基本级可以设定 5 轮或 8 轮。当系统发生功率严重缺额造成频率下降至第 1 轮的启动值且延时时限已到时，低频减负荷装置动作出口，切除第 1 轮的线路，此时如果频率恢复，则动作成功。若频率还不能恢复，说明功率仍缺额。当频率低于或等于第 2 轮的整定值，且第 2 轮的动作时延已到，则低频减负荷装置再次启动切除第2轮的负荷。如此反复对频率进行采样、计算和判断，直至频率恢复正常或基本级的1～8轮（多数变电站只分为3轮或5轮）的负荷全部切完。

当基本级的线路全部切除后，如果频率仍停留在较低的水平上，则经过一定的延时后，启动切除特殊轮负荷。

一般第1轮的频率整定为47.5～48.5Hz，最末轮的频率整定为46～46.5Hz。若采用常规的低频继电器，则相邻两轮间的整定频率差为0.5Hz，动作时限差为0.5s；若采用微机低频减负荷装置，则相邻两轮间的整定频率差可以减少，时间差也可减少。特殊轮的动作频率可取47.5～48.5Hz，动作时限可取15～25s。

至于特别重要的客户，则设为0轮，即低频减负荷装置不会对它发切负荷的指令。

第五节　电力系统中性点接地

一、接地概述

为了保证电力网或电气设备的正常运行和工作人员的人身安全，人为地使电力网及其某个设备的某一特定地点通过导体与大地作良好的连接，称作接地。这种接地包括：工作接地、保护接地、保护接零、防雷接地和防静电接地等。

1. 工作接地

为了保证电气设备在正常或发生故障情况下可靠地工作而采取的接地，称为工作接地。工作接地一般都是通过电气设备的中性点来实现的，所以又称为电力系统中性点接地。例如电力变压器或电压互感器的中性点接地就属于工作接地。我国电力网目前所采用的中性点接地方式主要有四种：不接地、经消弧线圈接地、直接接地和经电阻接地等。

2. 保护接地

将一切正常工作时不带电而在绝缘损坏时可能带电的金属部分（例如各种电气设备的金属外壳、配电装置的金属构架等）接地，以保证工作人员接触时的安全，这种接地称为保护接地。保护接地是防止触电事故发生的有效措施。

3. 保护接零

在中性点直接接地的低压电力网中，把电气设备的外壳与接地中性线（也称零线）直接连接，以实现对人身安全的保护作用，称为保护接零或简称接零。

4. 防雷接地

为消除大气过电压对电气设备的威胁，而对过电压保护装置采取的接地措施称为防雷接地。避雷针、避雷线和避雷器通过导体与大地直接连接均属于防雷接地。

5. 防静电接地

对生产过程中有可能积蓄电荷的设备，如油罐、天然气罐等所采取的接地，称为防静电接地。

本节仅就电力系统中性点接地方式和原理进行叙述。

电力系统的中性点是指星形连接的变压器或发电机的中性点。这些中性点的接地方式涉及系统绝缘水平、通信干扰、接地保护方式、保护整定、电压等级以及电力网结构等方面，是一个综合性的复杂问题。我国电力系统的中性点接地方式主要有四种，即不接地（中性点绝缘）、中性点经消弧线圈接地、中性点直接接地和经电阻接地。

中性点直接接地系统（包括经小阻抗接地的系统）发生单相接地故障时，接地短路电流很大，所以这种系统称为大接地电流系统。采用中性点不接地或经消弧线圈接地的系统，当某一相发生接地故障时，由于不能构成短路回路，接地故障电流往往比负荷电流小得多，所以这种系统称为小接地电流系统。

大接地电流系统与小接地电流系统的划分标准，是系统的零序电抗 X_0 与正序电抗 X_1 的比值 X_0/X_1。我国规定：凡是 $X_0/X_1 \leqslant 4 \sim 5$ 的系统属于大接地电流系统，$X_0/X_1 > 4 \sim 5$ 的系统则属于小接地电流系统。

二、中性点不接地的电力系统

1. 中性点不接地电力网的正常运行

图 10-21 是一个中性点不接地的三相电力网正常运行的示意图。如三相电源电压 $\dot{U}_A$、$\dot{U}_B$、$\dot{U}_C$ 是对称的，则电源中性点的电位应为零。下面先看电源经线路与负荷相连后的情况。众所周知，在各相导线间和相对地之间沿导线全长都有分布电容，因而，在电压作用下通过这些电容将流过附加的电容电流。在作一般近似分析计算时，对地分布电容可用集中电容来代替，相间电容可以不予考虑，见图 10-21（a）。同时，当导线经过完善的换位后，各相导线的对地电容是相等的，即 $C_A = C_B = C_C = C$，因而在对称三相电压作用下各相所流过的附加电容电流的大小均为 I_{C0}，相位上则相差 120°，见图 10-21（b）。所以各相对地电容电流的相量和为零，没有电容电流流过大地。于是，变压器的中性点和等值集中电容器组的中性点之间就不会有电位差，而电容器组的中性点是接地的，所以变压器的中性点也同样具有地的电位。

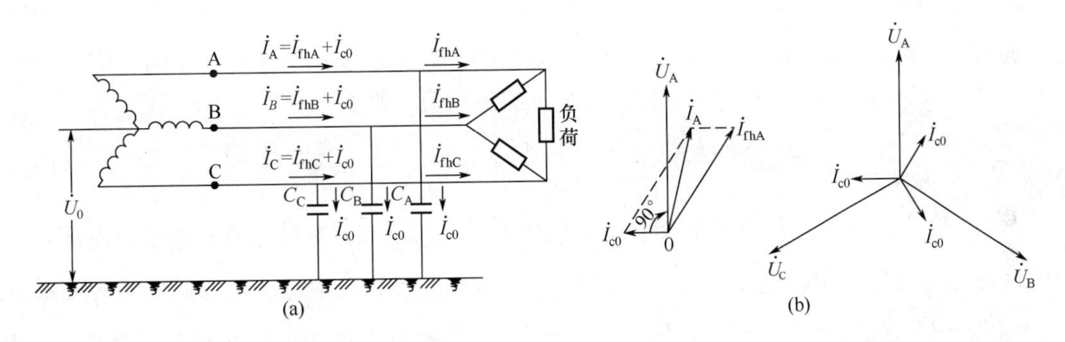

图 10-21 中性点不接地电力网的正常工作状态

（a）接线图；（b）相量图

从上述可知，对中性点不接地的三相电力网，当三相电压对称，而各相的对地电容又相等时，其中性点电位为零。因此，从正常传输电能的观点来看，中性点接地与否并无任何影响。

可是，当中性点不接地系统的各相对地导纳（主要是容性电纳）大小不相等时，即使在正常运行状态，中性点的对地电位也不再是零。通常，把这种情况称为“中性点位移”，即中性点对地的电位偏移。这种现象的产生多数是由于架空线路排列不对称而又换位不完全的原因。

中性点位移的程度，对电力网绝缘的运行条件来说是非常重要的。下面进一步推导中性点位移电压 $\dot{U}_0$ 的计算公式。

对上述中性点不接地的电力网，各相对地电流之和应为零，见图 10-21（a），故有

$$(\dot{U}_A + \dot{U}_0)\dot{Y}_1 + (\dot{U}_B + \dot{U}_0)\dot{Y}_2 + (\dot{U}_C + \dot{U}_0)\dot{Y}_3 = 0 \tag{10-1}$$

式中　$\dot{U}_A$、$\dot{U}_B$、$\dot{U}_C$——三相电源电压；

$\dot{Y}_1$、$\dot{Y}_2$、$\dot{Y}_3$——相应地为各相导线对地的总导纳；

$\dot{U}_0$——中性点对地电压。

将上式适当变换后，可得出中性点对地电位 $\dot{U}_0$ 的计算式

$$\dot{U}_0 = -\frac{\dot{U}_A\dot{Y}_1 + \dot{U}_B\dot{Y}_2 + \dot{U}_C\dot{Y}_3}{\dot{Y}_1 + \dot{Y}_2 + \dot{Y}_3} \tag{10-2}$$

在工频电压下，导纳 $\dot{Y}$ 由两部分所组成，其中主要部分为容性电纳 $j\omega C$，次要部分为泄漏电导，它比前者小得多，一般可以忽略不计。于是，式（10-2）可变换为

$$\dot{U}_0 = -\frac{\dot{U}_A C_A + \dot{U}_B C_B + \dot{U}_C C_C}{C_A + C_B + C_C} \tag{10-3}$$

在三相电源电压对称的情况下，有下列关系

$$\dot{U}_A = \dot{U}_\varphi; \dot{U}_B = \alpha^2\dot{U}_\varphi; \dot{U}_C = \alpha\dot{U}_\varphi \tag{10-4}$$

式中　$\dot{U}_\varphi$——相电压。

将式（10-4）代入式（10-3）后可得

$$\dot{U}_0 = -\dot{U}_\varphi\frac{C_A + \alpha^2 C_B + \alpha C_C}{C_A + C_B + C_C} = -\dot{U}_\varphi\rho \tag{10-5}$$

$$\rho = \frac{C_A + \alpha^2 C_B + \alpha C_C}{C_A + C_B + C_C} \tag{10-6}$$

通常把 ρ 称为电网的不对称度，它近似地代表中性点位移电压与相电压的比值。显然，当 $C_A = C_B = C_C$ 时，$\rho = 0$，$U_0 = 0$。如仅计算 ρ 的绝对值，则有

$$|\rho| = \frac{\sqrt{C_A(C_A - C_B) + C_B(C_B - C_C) + C_C(C_C - C_A)}}{C_A + C_B + C_C} \tag{10-7}$$

图 10-22 为有中性点位移时的相量图。图中 $\dot{U}_A$、$\dot{U}_B$、$\dot{U}_C$ 为对称的三相电源电压，$\dot{U}_0$ 为中性点对地电压（位移电压），$\dot{U}_{A0}$、$\dot{U}_{B0}$、$\dot{U}_{C0}$ 分别为各相对地电压。它们之间的关系为：$\dot{U}_{A0} = \dot{U}_A + \dot{U}_0$，$\dot{U}_{B0} = \dot{U}_B + \dot{U}_0$，$\dot{U}_{C0} = \dot{U}_C + \dot{U}_0$。即相对于各相电容对称的情况而言，相对地电压的中性点由 O 点位移到了 O' 点。

例 10-1　试求图 10-23 所示换位不完全的 110kV 输电线路的中性点位移电压。已知线路每千米长的对地电容值为：上线 0.004μF，中线 0.0045μF，下线 0.005μF，线路各段的长度已在图中标出。

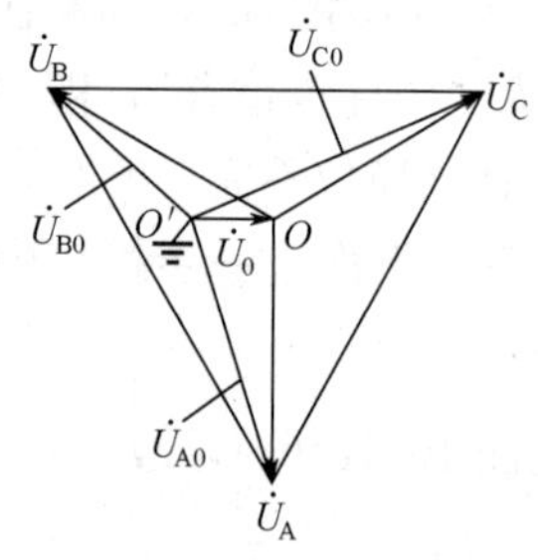

图 10-22　中性点位移的相量图

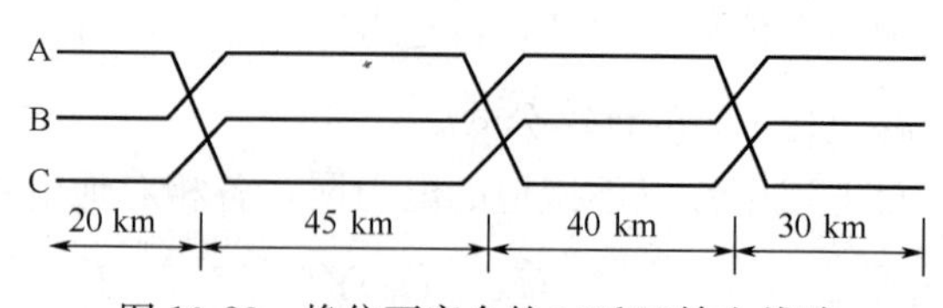

图 10-23　换位不完全的 110kV 输电线路

解　先求出各相对地的总电容值

$$C_A = 0.004 \times (20+30) + 0.0045 \times 40 + 0.005 \times 45 = 0.605(\mu F)$$

$$C_B = 0.004 \times 45 + 0.0045 \times (20+30) + 0.005 \times 40 = 0.605(\mu F)$$

$$C_C = 0.004 \times 40 + 0.0045 \times 45 + 0.005 \times (20+30) = 0.6125(\mu F)$$

从式（10-7）可求出不对称度的绝对值为

$$|\rho| = \frac{\sqrt{0.605 \times (0.605-0.605) + 0.605 \times (0.605-0.6125) + 0.6125 \times (0.6125-0.605)}}{0.605+0.605+0.6125}$$

$$= 0.00412$$

又从式（10-5）可求得 U_0 的绝对值为

$$U_0 = \rho U_\varphi = 0.00412 \times \frac{110000}{\sqrt{3}} = 262(V)$$

从例 10-1 可知，在一般换位不完全的情况下，正常运行时中性点所产生的位移电压是较小的，可以忽略不计，而认为中性点的对地电位为零。计算结果表明，对于采用水平排列的三相导线，即使完全不经换位，其中性点位移电压通常也不超过电源电压的 3.5%左右，因此近似计算时也可忽略不计。但是，当中性点经消弧线圈接地并采用完全补偿时，位移电压的影响却不可忽视，对此后面将做进一步介绍。

2. 中性点不接地电力网的单相接地

当中性点不接地电力网由于绝缘损坏而发生单相接地时，情况将发生明显变化。正常运行时三相电压 $\dot{U}_A$、$\dot{U}_B$、$\dot{U}_C$ 是对称的，所以三相导线对地电容电流 $\dot{I}_{C0}$ 也是对称的，三相电容电流相量之和为零，这说明没有电容电流经过大地流动。

图 10-24（a）所示为发生 A 相单相金属性接地故障情况，此时 A 相对地电压降为零，而非故障 B、C 相对地电压在相位和数值上均发生变化，即

$$\dot{U}'_A = \dot{U}_A + (-\dot{U}_A) = 0$$

$$\dot{U}'_B = \dot{U}_B + (-\dot{U}_A) = \dot{U}_{BA}$$

$$\dot{U}'_C = \dot{U}_C + (-\dot{U}_A) = \dot{U}_{CA}$$

由图 10-24（b）相量图可知，当 A 相发生接地故障时，B 相和 C 相对地电压变为 $\dot{U}'_B$ 和 $\dot{U}'_C$，两者的相位差为 60°，其幅值都等于正常运行时的线电压，即升高到相电压的$\sqrt{3}$倍。这样，线路及各种电气设备的绝缘要按线电压设计，绝缘投资所占比重加大，显而易见，电压等级越高绝缘投资越大。

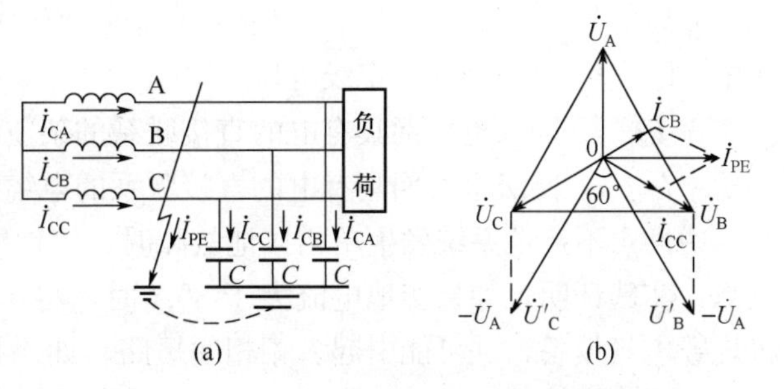

图 10-24　中性点不接地系统单相接地故障电路图和相量图

（a）A 相单相接地故障电路图；（b）相量图

如果单相接地故障经过一定的接触电阻（亦称过渡电阻）接地，而不是金属性接地，那么故障相对地电压将大于零而小于相电压，非故障相对地电压将

小于线电压而大于相电压。

由图 10-24（b）还可看出，在系统发生单相接地故障时，三相之间的线电压仍然对称，客户的三相用电设备仍能照常运行，也就是说，系统发生单相接地故障时不必马上切除故障部分，这样可提高供电可靠性。在这里还要指出，中性点不接地系统发生单相接地故障后，是不允许运行很长时间的，因为此时非故障相的对地电压升高到接近线电压，很容易发生对地闪络，从而造成相间短路。因此，我国有关规程规定，中性点不接地系统发生单相接地故障后，允许继续运行的时间不能超过 2h，在此时间内应采取措施尽快查出故障原因，予以排除，否则，就应将故障线路停电检修。

中性点不接地系统发生单相接地故障时，在接地点将流过接地故障电流（电容电流）。例如，A 相发生接地故障时，A 相对地电容被短接，B、C 相对地电压升高到等于线电压，所以对地电容电流变为

$$\dot{I}_{CB} = \frac{\dot{U}'_B}{-jX_C} = \sqrt{3}\omega C\dot{U}_B e^{j60^\circ}$$

$$\dot{I}_{CC} = \frac{\dot{U}'_C}{-jX_C} = \sqrt{3}\omega C\dot{U}_B$$

接地电流 $\dot{I}_{PE}$就是上述电容电流的相量和，即

$$\dot{I}_{PE} = -(\dot{I}_{CB} + \dot{I}_{CC}) = -3\omega C\dot{U}_B e^{j30^\circ}$$

其绝对值为

$$I_{PE} = 3\omega CU_\varphi = 3I_{C0}$$

$$I_{C0} = \omega CU_\varphi$$

式中 I_{PE}——单相接地电流，A；

U_φ——电力网的相电压，V；

ω——电源的角频率，rad/s；

C——每相导线的对地电容，F；

I_{C0}——系统正常运行时，每相导线的对地电容电流，A。

由上式可知，中性点不接地系统发生单相接地故障电流等于正常运行时每相导线对地电容电流的三倍。由于线路对地电容电流很难准确计算，因此单相接地电流（电容电流）通常可按下述经验公式计算

$$I_{PE} = (l_{oh} + 35l_{cab})U_N/350$$

式中 U_N——电力网的额定线电压，kV；

l_{oh}——同级电力网具有电的直接联系的架空线路总长度，km；

l_{cab}——同级电力网具有电的直接联系的电缆线路总长度，km。

中性点不接地系统发生单相接地故障时，接地电流在故障处可能产生稳定的或间歇性的电弧。实践证明，如果接地电流大于 30A 时，将形成稳定电弧，成为持续性电弧接地，这将烧毁电气设备，并可能引起多相相间短路。如果接地电流大于 5～10A，而小于 30A，则有可能形成间歇性电弧，这是由于电力网中电感和电容形成了谐振回路所致。间歇性电弧容易引起弧光接地过电压，其幅值可达$(2.5\sim3)U_\varphi$，将威胁整个电网的绝缘安全。如果接地电流在 5A 以下，当电流经过零值时，电弧就会自然熄灭。

三、中性点经消弧线圈接地的电力系统

中性点不接地系统发生单相接地故障时，在短时间内仍可继续供电，这是其优点。若输电线路比较长，接地电流大到使接地电弧不能自行熄灭的程度，产生间歇性电弧而引起弧光接地过电压，甚至发展成为多相短路，造成严重事故，为了克服这一缺点，可将电力系统的中性点经消弧线圈接地。

消弧线圈是一个具有铁芯的可调电感线圈，它的导线电阻很小，电抗很大。当发生单相接地故障时，可产生一个与接地电容电流 $\dot{I}_C$ 的大小相近、方向相反的电感电流 $\dot{I}_L$，从而对电容电流进行补偿。通常把 $K=I_L/I_C$ 称为补偿度或调谐度。中性点经消弧线圈接地的电网又称为补偿电网。

1. 消弧线圈结构简介

消弧线圈有多种类型，包括离线分级调匝式、在线分级调匝式、气隙可调铁芯式、气隙可调柱塞式、直流偏磁式、直流磁阀式、调容式、五柱式等。

在此，仅介绍离线分级调匝式消弧线圈，其内部结构示意图如图 10-25 所示。其外形和小容量单相变压器相似，有油箱、储油柜、玻璃管油表及信号温度计，而内部实际上是一只具有分段（即带气隙）铁芯的电感线圈。气隙沿整个铁芯柱均匀设置，以减少漏磁。采用带气隙铁芯的目的是为了避免磁饱和，使补偿电流和电压呈线性关系，减少高次谐波，并得到一个较稳定的电抗值，从而保证已整定好的调谐值恒定。另外，带气隙可减小电感、增大消弧线圈的容量。

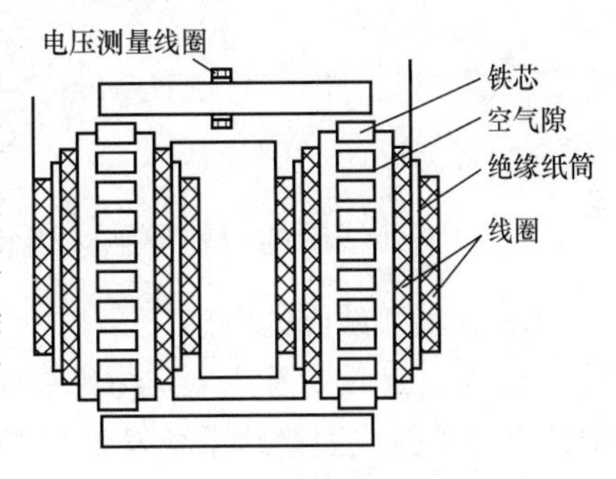

图 10-25　离线分级调匝式消弧线圈内部结构示意图

在铁芯柱上设有主线圈，一般采用层式结构，以利于线圈绝缘。XDJ 型消弧线圈均按相电压设计。在铁轭上设有电压测量线圈（即信号线圈），其标称电压为 110V（实际电压随不同分接头而变化），额定电流为 10A。为了测量主线圈中通过的电流，在主线圈的接地端装有次级额定电流为 5A 的电流互感器。

消弧线圈均装有改变线圈的串联连接匝数（从而调节补偿电流）的分接头，通常为 5～9 个，最大和最小补偿电流之比为 2 或 2.5。电压测量线圈也有分接头，以便得到合适的变比。分接头被引到装于油箱内壁的切换器上，切换器的传动机构则伸到顶盖外面。当补偿网络的线路长度增减或某一台消弧线圈退出运行时，都应考虑对消弧线圈切换分接头，使其补偿值适应改变后的情况。这种消弧线圈不允许带负荷调整补偿电流，切换分接头时需先将消弧线圈断开，所以称为“离线分级调匝式”。

在线分级调匝式，是由电动传动机构驱动油箱上部的有载分接开关，以改变线圈的串联连接匝数，从而改变线圈电感、电流大小。

气隙可调铁芯式、气隙可调柱塞式，是由电动机经蜗杆驱动可移动铁芯，通过改变主气隙的大小来调节磁导率，从而改变线圈的电感、电流。

直流偏磁式，带气隙的铁芯上有交流绕组和直流控制绕组，通过调节直流控制绕组的励磁电流，来实现平滑调节消弧线圈的电感、电流。

其他型式消弧线圈的结构和工作原理参见有关参考文献。

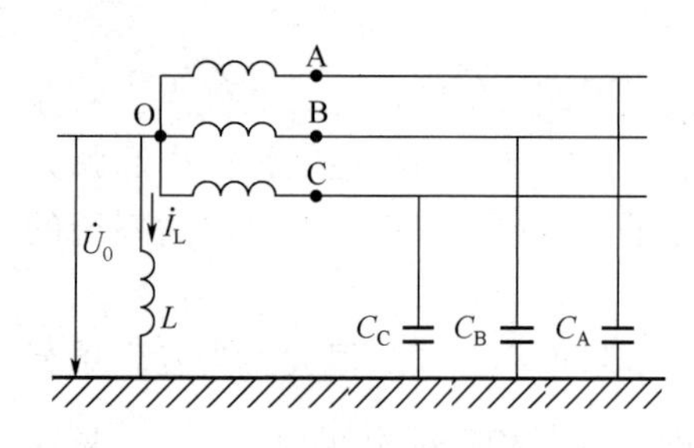

图 10-26　中性点经消弧线圈接地系统正常运行的原理接线图

2. 中性点经消弧线圈接地系统的正常运行

中性点经消弧线圈接地系统正常运行时的原理接线图如图 10-26 所示。

如前所述，对于中性点不接地的电力网，当各相对地电容大小不等时，即使在正常运行情况下，也将产生中性点位移电压 $\dot{U}_0$。同样，对于经消弧线圈接地的电力网，如各相对地电容不等，则也存在中性点位移电压 $\dot{U}_0$。其大小可按图 10-26 参照式（10-2）的推导原则求得

$$\dot{U}_0=-\frac{\dot{U}_A\dot{Y}_A+\dot{U}_B\dot{Y}_B+\dot{U}_C\dot{Y}_C}{\dot{Y}_A+\dot{Y}_B+\dot{Y}_C+\dot{Y}_L}$$

或

$$|U_0|\approx\frac{U_AC_A+U_BC_B+U_CC_C}{(C_A+C_B+C_C)-\frac{1}{\omega^2L}} \tag{10-8}$$

式中　$\dot{Y}_L$——消弧线圈的等效导纳，当忽略电导时，$Y_L\approx\frac{1}{\omega L}$；

L——消弧线圈的电感。

3. 中性点经消弧线圈接地系统的单相接地

中性点经消弧线圈接地系统发生 C 相金属性接地时的原理接线图如图 10-27（a）所示。

同中性点不接地系统一样，中性点经消弧线圈接地系统 C 相接地时，电压 U_C 降低为零，接地点的零序电压 $U_0=-U_C$，其他两相电压将在振荡过程后升高为线电压，流过接地点的接地电容电流 I_C 为系统正常时每相对地电容电流的 3 倍。

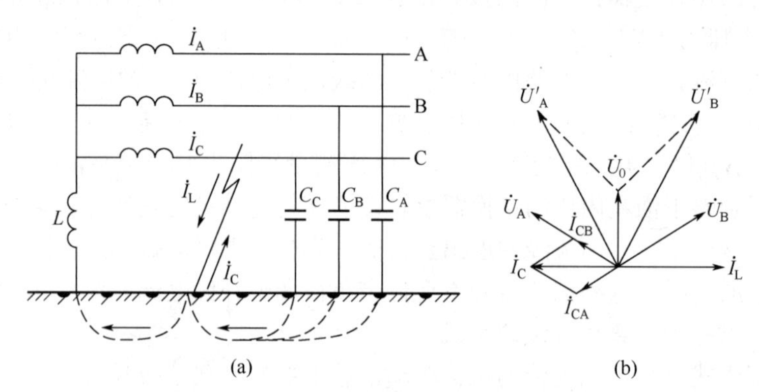

图 10-27　中性点经消弧线圈接地发生 C 相金属性接地

（a）原理接线图；（b）相量图

当 C 相接地时消弧线圈处于中性点电压 $\dot{U}_0$ 下，则有一感性电流 $\dot{I}_L$ 流过线圈

$$\dot{I}_L=\frac{\dot{U}_0}{jX_L}=-j\frac{\dot{U}_0}{\omega L}$$

其绝对值为

$$I_L = \frac{U_\varphi}{\omega L}$$

式中　X_L——消弧线圈的电抗。

即 $\dot{I}_L$ 滞后 $\dot{U}_0 90°$，正好与 $\dot{I}_C$ 相位相反，而且 $\dot{I}_L$ 也必然流经故障点，两者之和的绝对值等于它们绝对值之差。总的接地电流为

$$(\dot{I}_{CB} + \dot{I}_{CA}) + \dot{I}_L = \dot{I}_C + \dot{I}_L = j3\omega C\dot{U}_0 - j\frac{\dot{U}_0}{\omega L}$$

其绝对值为

$$|\dot{I}_C + \dot{I}_L| = I_C - I_L = 3\omega CU_\varphi - \frac{U_\varphi}{\omega L}$$

中性点经消弧线圈接地系统C相金属性接地时的电压、电流相量图如图 10-27（b）所示。

补偿度和脱谐度可表达为

$$K = \frac{I_L}{I_C} = \frac{\frac{1}{\omega L}}{3\omega C}$$

$$\nu = \frac{3\omega C - \frac{1}{\omega L}}{3\omega C} = \frac{I_C - I_L}{I_C} = 1 - K$$

脱谐度 ν 选大些可降低正常运行时中性点位移电压 U_0，但 ν 选得过大，意味着单相接地时接地处的残余电流（$I_C - I_L$）太大，使得接地处的电弧不能熄灭。所以要根据运行经验合理地选择脱谐度，使得既能防止危险的中性点位移过电压，又能熄灭接地处的电弧。

适当选择消弧线圈的电抗值，亦即适当选择脱谐度 ν，可使 I_L 与 I_C 的数值相近或相等。I_L 对 I_C 补偿的结果，使接地处的电流变得很小或等于零，电弧将自行熄灭，故障随之消失，从而消除接地处的电弧及其产生的一切危害，消弧线圈因此而得名。此外，当电流经过零值而电弧熄灭之后，消弧线圈的存在还可以显著减小故障相电压的恢复速度，从而减小电弧重燃的可能性。于是，单相接地故障将自动彻底消除。

4. 中性点经消弧线圈接地系统的运行方式

根据消弧线圈的电感电流 I_L 对电网电容电流 I_C 的补偿程度，补偿电网有全补偿、欠补偿及过补偿三种不同的运行方式。

（1）全补偿方式。全补偿就是使得 $I_L = I_C$，即 $K=1$、$\nu=0$，亦即 $\frac{1}{\omega L} = 3\omega C$ $\left(或\ \omega L = \frac{1}{3\omega C}\right)$。接地电容电流将全部被补偿，接地处的电流为零。这时有

$$L = \frac{1}{3\omega^2 C}$$

这就是全补偿时，消弧线圈的电感值应满足的条件。采用全补偿使接地电流为零似乎是一件理想的事，但这种情况下，电网处于串联谐振的状态，使正常运行时的中性点位移电压大为升高，简要说明如下。

当采用完全补偿时，容抗等于感抗，即 $\frac{1}{\omega L} = \omega(C_A + C_B + C_C)$，网络发生串联谐振，

式（10-8）的分母将变为零（或接近于零）。这时如各相电容值不等，则式（10-8）的分子不会为零，从而消弧线圈的中性点位移电压 U_0 将达到极高的数值。这时，由于电容不对称所引起的中性点位移电压将在串联谐振电路内产生很大的电流，这个电流将在消弧线圈的阻抗上形成极大的压降，从而使得中性点对地电位大为升高，甚至可能使设备的绝缘损坏。因此，一般系统都不采用完全补偿的方式，而采取不完全补偿的方式。

（2）欠补偿方式。欠补偿就是使得 $I_L < I_C$，则 $K < 1$、$\nu > 0$，亦即 $\frac{1}{\omega L} < 3\omega C$ $\left(或 \omega L > \frac{1}{3\omega C}\right)$。接地处有电容性欠补偿电流（$I_C - I_L$）。这时有

$$L > \frac{1}{3\omega^2 C}$$

（3）过补偿方式。过补偿就是使得 $I_L > I_C$，即 $K > 1$、$\nu < 0$，亦即 $\frac{1}{\omega L} > 3\omega C$ $\left(或 \omega L < \frac{1}{3\omega C}\right)$。接地处有电感性过补偿电流（$I_L - I_C$）。这时有

$$L < \frac{1}{3\omega^2 C}$$

不论欠补偿或过补偿，原则上都不满足谐振条件，从而都能达到减小正常运行时中性点位移过电压的目的。但是，实际上常规消弧装置往往是采用过补偿的方式，其原因如下。

1）如果采用欠补偿方式，当运行中电网的部分线路因故障或其他原因被断开时，对地电容减小，而容抗增大，即可能接近或变成全补偿方式，从而使中性点出现不允许的过电压。同时，欠补偿电流（$I_C - I_L$）可能接近或等于零，当小于接地保护的起动电流时，不能使接地保护可靠地动作。另外，电网非全相断线或分相操作时，电网的综合对地电容值会有所减小，欠补偿电网也有可能出现很大的中性点位移。

2）欠补偿电网在正常运行时，如果三相的不对称度较大，还有可能出现数值很大的铁磁谐振过电压。这种过电压是因欠补偿的消弧线圈 L 和线路电容 $3C$ 发生铁磁谐振而引起，它将威胁电网的绝缘。过补偿方式则可以完全避免发生铁磁谐振现象。

3）在电网发展过程中，对地电容增大时，容抗减小。采用欠补偿方式，当然仍满足欠补偿条件，但必须立即增加补偿容量。而采用过补偿方式，消弧线圈仍可应付一段时期，至多由过补偿转变为欠补偿运行而已。

4）系统频率 ω 变动对两种补偿方式的影响不同。当 ω 降低时，欠补偿方式脱谐度的绝对值 $|\nu|$ 减小，中性点位移电压增大；而过补偿方式脱谐度的绝对值 $|\nu|$ 增大，中性点位移电压减小。当 ω 升高时，情况相反。但系统中频率降低比升高的机会多得多。

所以，一般系统采用过补偿为主的运行方式，只有当消弧线圈容量暂时跟不上系统的发展，或部分消弧线圈需进行检修等特定情况下，才允许短时间以欠补偿方式运行。

5. 消弧线圈容量选择及台数、安装地点的确定

（1）整个补偿电网消弧线圈的总容量，是根据该电网的接地电容电流值选择的。选择时应考虑电网五年左右的发展远景及过补偿运行的需要，并按下式进行计算

$$S = 1.35 I_C \frac{U_N}{\sqrt{3}}$$

式中　S——消弧线圈的总容量，kVA；

I_C——接地电容电流，A；

U_N——电网的额定电压，kV。

（2）台数和配置地点，原则上应使得在各种运行方式下（如解列时）电网每个独立部分都具有足够的补偿容量。在此前提下，台数应选得少些，以减少投资、运行费用及操作。

（3）当采用两台及以上时，应尽量选用额定容量不同的消弧线圈，以扩大其所能调节的补偿范围。

（4）消弧线圈应尽可能装在电力系统或它们负责补偿的那部分电网的送电端，以减小消弧线圈被切除的可能性。通常应装在有不少于两回线路供电的变电站内，有时也装在某些发电厂内。当有两台及以上的变压器可接消弧线圈时，通常是将消弧线圈经两台隔离开关分别接到两台变压器的中性点上，但运行中只有一台隔离开关合上，当任一台变压器退出时，应保证消弧线圈不退出。

6. 适用范围

根据DL/T 620《交流电气装置的过电压保护和绝缘配合》规定，在3～60kV电力网中，电容电流超过下列数值时，电力系统中性点应装设消弧线圈：

（1）3～6kV，30A；

（2）10kV，20A；

（3）35～60kV，10A。

在110kV及以上电网中，中性点采用直接接地方式。对雷电活动较强的地区（如山岳、丘陵地区），当线路雷击跳闸频繁时，中性点也宜采用消弧线圈接地方式，以免事故扩大。

7. 自动跟踪补偿

长期以来，消弧线圈补偿电流都是用手动调节方式（分接头切换），不能做到准确、及时，不能得到令人满意的补偿效果，因而有待改进为自动跟踪补偿方式。采用自动跟踪补偿装置，能跟踪电网电容电流变化而进行自动调谐，平均无故障时间最少，其补偿效果是离线调匝式消弧线圈无法比拟的。近年来，我国电网已有一大批各种不同规格的自动跟踪补偿消弧装置在运行。

如前所述，电网运行方式改变时，其对地电容C随之改变，对地电容电流I_C会有相应变化。为保证在任何运行方式下的残流或脱谐度在规程允许范围内，必须使消弧线圈的电感电流I_L对I_C作跟踪调整，即实现自动跟踪补偿。所以，消弧线圈自动调谐的核心问题是怎样实现在线准确监测I_C。国内外通常采用的原理方法有多种。

调节铁芯线圈的电感L能调节电感电流I_L。铁芯线圈的电感L为

$$L=\frac{NF}{IR_m}=\frac{N^2I}{IR_m}=\frac{N^2}{R_m}=\frac{N^2}{\dfrac{l_m}{\mu_0\mu_r S_m}+\dfrac{\delta}{\mu_0 S_0}}=\frac{4\pi N^2 S_0\times10^{-9}}{\delta+\dfrac{l_m S_0}{\mu_r S_m}}$$

式中　N——线圈匝数；

I——通过线圈的电流；

R_m——磁阻；

l_m、δ——铁芯磁路长度和气隙长度；

S_m、S_0——铁芯截面积和气隙等效磁路面积；

μ_0、μ_r——空气磁导率和硅钢片相对磁导率。

可见，要平滑调节 L 值，有两种方法。

（1）改变铁芯气隙长度 δ。将铁芯制成可移动式，用机械方法平滑调节 δ，即可平滑调节 L 值。前述气隙可调铁芯式、气隙可调柱塞式消弧线圈就是基于这一原理制造。

（2）改变铁芯磁导率 μ_r。采用电气方法，运用现代电子技术来改变铁芯的磁导率，也可平滑调节 L 值。前述直流偏磁式、直流磁阀式消弧线圈就是基于这一原理制造。

8. 接地变压器简介

目前，我国低压侧为 6kV 或 10kV 的变电站的主变压器，多采用“YNyn0”或“Yd11”联结组。对前者，消弧线圈可接在星形绕组的中性点上；对后者，三角形接线侧的 6kV 或 10kV 系统中不存在中性点，需要在适当地点设置接地变压器，其功能是为无中性点的电压级重构一个中性点，以便接入消弧线圈（或电阻器），如图 10-28（a）所示。

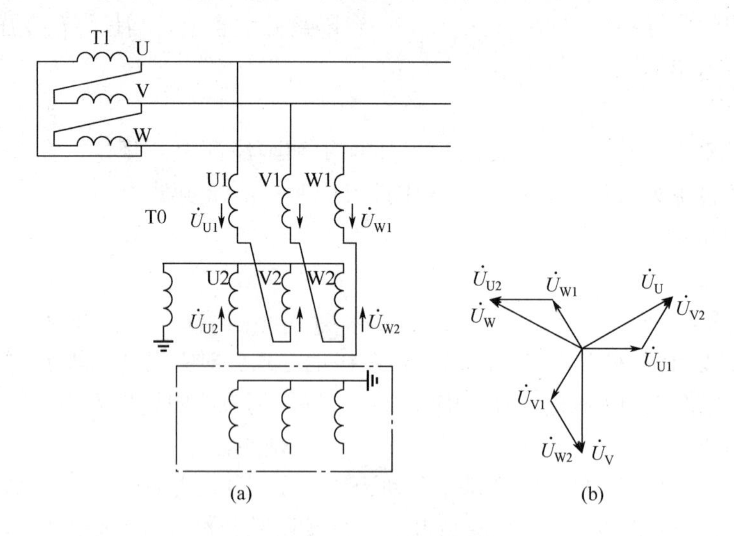

图 10-28　曲折连接式接地变压器

（a）原理接线图；（b）电压相量图

接地变压器实质是上述特殊用途的三相变压器，其结构与一般三相芯式变压器相似。图 10-28（a）中的 T0 为接地变压器，它的铁芯为三相三柱式，每一铁芯柱上有两个匝数相等、绕向相同的绕组，每相的上面一个绕组与后续相的下面一个绕组反极性串联，并将每相下面一个绕组的首端 U2、V2 及 W2 连在一起作为中性点，组成曲折形的星形接线。其二次绕组视具体工程需要决定是否设置。如需兼作发电厂或变电站的自用电源变压器，应设置二次绕组，如图 10-28（a）中的虚框内所示。

正常运行时，电网对地相电压 $\dot{U}_U$、$\dot{U}_V$、$\dot{U}_W$ 与绕组电压 $\dot{U}_{U1}$、$\dot{U}_{V1}$、$\dot{U}_{W1}$、$\dot{U}_{U2}$、$\dot{U}_{V2}$、$\dot{U}_{W2}$关系为

$$\dot{U}_U = \dot{U}_{U1} + \dot{U}_{V2} = \dot{U}_{U1} - \dot{U}_{V1} = \dot{U}_{U1} - \dot{U}_{U1}a^2 = \sqrt{3}\dot{U}_{U1}e^{j30^\circ}$$

$$\dot{U}_V = \dot{U}_{V1} + \dot{U}_{W2} = \dot{U}_{V1} - \dot{U}_{W1} = \dot{U}_{U1}a^2 - \dot{U}_{U1}a = \sqrt{3}\dot{U}_{U1}e^{-j90^\circ}$$

$$\dot{U}_W = \dot{U}_{W1} + \dot{U}_{U2} = \dot{U}_{W1} - \dot{U}_{U1} = \dot{U}_{U1}a - \dot{U}_{U1} = \sqrt{3}\dot{U}_{U1}e^{j150^\circ}$$

即每个绕组电压（大小相同），在数值上为相电压的 $1/\sqrt{3}$，其电压相量关系如图 10-28（b）所示。

无二次绕组的接地变压器的额定容量 S_N 为

$$S_N = 1.15 I_0 U_{ph}$$

式中　I_0——零序电流，A；

U_{ph}——电网相电压，kV。

如将接地变压器与消弧线圈合为一体，装入同一油箱内，则其总容量为 $2.15 I_0 U_{ph}$。

曲折形接法的接地变压器的特点如下。

（1）对三相平衡负荷（即电网正常运行时）呈高阻抗状态，对不平衡负荷（如单相接地故障时）呈低阻抗状态。

（2）在单相接地故障时，接地变压器的中性点电位升高到系统相电压。中性点与大地连接的阻抗上会产生一个接地电流。接地电流在三相绕组中的分配大致上均匀，每柱上两个绕组的磁势相反，所以不存在阻尼作用，接地电流可以畅通地从中性点流向线路。

（3）绕组相电压中无三次谐波分量。

9. 消弧线圈的运行操作

（1）消弧线圈运行方式的基本要求。为了使消弧线圈能够运行于最佳状态，以达到良好的补偿效果，一般有如下运行规定。

1）为了避免因线路跳闸后发生串联谐振，消弧线圈应采用过补偿运行方式。但是，当补偿设备的容量不足时，可采用欠补偿的运行方式，脱谐度采用10%，一般残流不超过5～10A。

2）由于线路的三相对地电容不平衡，在网络中性点与地之间产生了电压。它与额定相电压的比值（即不对称度），在正常情况下应不大于1.5%（中性点位移电压的极限允许值不超过15%），操作过程中1h内允许值为30%。

3）当消弧线圈的端电压超过相电压的15%时，消弧线圈已经动作，应按接地事故处理，寻找接地点。由于系统某台消弧线圈在操作中引起的中性点电压偏移，以致其他消弧线圈动作的情形除外。

4）在系统接地故障的情况下，不得停用消弧线圈。由于寻找故障及其他原因，使消弧线圈带负荷运行时，应对消弧线圈上层油温加强监视，使上层油温最高不得超过95℃，并监视消弧线圈在带负荷运行时间不超过铭牌规定的允许时间，否则，切除故障线路。

5）消弧线圈在运行过程中，如果发现内部有异响及放电声、套管严重破损或闪络、气体保护动作等异常现象时，首先将接地的线路停电，然后停用消弧线圈，进行检查试验。

6）消弧线圈动作或发生异常现象时，应记录动作时间、中性点电压、电流、三相对地电压等，并及时报告调度员。

（2）选择消弧线圈调谐值所需要的主要数据。

1）电容电流值 I_C。调谐值能否符合实际情况，主要决定于电容电流值的准确程度。此外根据网络现有运行接线，当部分线路切除或投入时，它对网络电容电流值的影响范围应预先掌握。因此，不但要取得网络的总电容电流值，而且要取得网络可能分成若干部分运行时每一部分的电容电流值，如每条线路、每个变电站等。对电容电流值，一般应通过实测取得可靠数据。

2）消弧线圈的实际补偿电流值 I_L。此数据对调谐值的具体选择有与电容电流 I_C 值同等重要的意义，因此应高度可靠。如果条件允许，则要求通过试验核实厂家所提供的数据。

3）网络正常情况下的不对称度 μ。对于运行中的补偿网络，其中性点的位移电压的大小决定网络的不对称度 μ。所谓正常运行情况，应该包括部分线路切除或投入的倒闸操作的情况。因此，应根据网络的实际接线图，测出每个出线开关断开或合上时的网络不对称度 μ 值。

4）网络的阻尼率 d。值得注意的是：根据以上的数据选择了调谐度后，还应按网络的实际接线图详细地考查因一相或两相对地电容减少导致 m（最大一相电容 C_1 与其他两相电容的比值）值的改变程度，并核算在可能出现的最坏情况下的不对称度 μ，以及由此引起的网络过电压值。

（3）消弧线圈抽头的选择原则。中性点采用经消弧线圈接地时，消弧线圈的抽头选择原则是线路接地时通过故障点的电流尽可能小，不得超过表 10-7 的允许值。

对于消弧线圈补偿的系统，线路无接地的情况下，中性点的位移电压不得超过相电压的 15%（长时间）或 30%（在 1h 内）。

表 10-7　　消弧线圈选择原则

电网电压（V）	一般情况（A）	极限值（A）
35	5	10
10	10	20
3～6	5	30
发电机直配网络	5	5

在上述两条件下，在选择消弧线圈抽头时还应同时满足下列条件。

1）采用过补偿时：

a. 脱谐度一般应大于 5%～10%；

b. 接地残流的无功分量不应超过 5～10A。

2）采用欠补偿时：

a. 中性点的位移电压在任何非全相的不对称情况下不超过相电压的 70%；

b. 其脱谐度及接地点的残流仍按过补偿要求，这样才能允许短时间采用欠补偿运行。

（4）消弧线圈切换分接头的操作步骤。

1）切换分接头前，必须将消弧线圈停电。切换分接头完毕，应测量消弧线圈，确定导通良好，而后合上其隔离开关，使其投入运行。

2）采用过补偿方式运行时，线路送电前应先切换分接头的位置，以增加电感电流，使其适合线路增加后的过补偿度，然后再将线路送电。停电时相反。

3）当采用欠补偿方式运行时，先将线路送电，再提高分接头的位置，停电时相反。

4）当系统发生接地或中性点位移电压较大时，禁止用隔离开关投入和切除消弧线圈。

5）若需要将消弧线圈由一台变压器的中性点倒至另一台变压器的中性点上时，应先拉后合，不得将消弧线圈同时接在两台变压器的中性点上。这样规定的理由是，两台变压器的各项参数不完全相同，如果通过消弧线圈的隔离开关并列两台变压器的中性点时，可能形成一定的环流。

6）若运行中的变压器与它所带的消弧线圈一起停电时，最好先拉开消弧线圈的隔离开关，再停用变压器，送电时相反。这样操作可以防止因断路器三相不同期分闸时，造成虚幻接地的现象。

四、中性点直接接地的电力系统

图10-29为中性点直接接地的电力系统示意图。如果该系统发生单相接地故障，则中性点与接地极构成单相接地短路回路，就是单相短路，用 $k^{(1)}$ 表示。线路上将流过很大的单相短路电流 $\dot{I}_k^{(1)}$，使线路上安装的继电保护装置迅速动作，断路器跳闸将故障部分断开，从而防止了单相接地故障时产生间歇性电弧过电压的可能。很显然，中性点直接接地的电力系统发生单相接地故障时，是不能继续运行的，所以其供电可靠性不如电力系统中性点不接地和经消弧线圈接地方式。

中性点直接接地的电力系统发生单相接地故障时，中性点电位仍为零，非故障相对地电压基本不变，因此电气设备的绝缘水平只需按电力网的相电压考虑，可以降低工程造价。由于这一优点，我国110kV及以上的电力系统基本上都采用中性点直接接地方式，国外220kV及以上的电力系统也都采用这种接地方式。

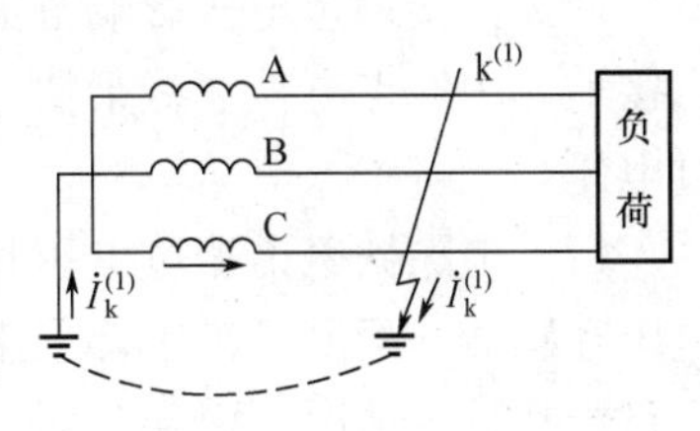

图10-29　中性点直接接地的电力系统

这种接地方式在发生单相接地故障时，接地相短路电流很大，会造成设备损坏，严重时会使系统失去稳定。为保证设备安全和系统的稳定运行，必须迅速切除故障线路。电力系统中发生单相接地故障的比重占整个短路故障的65%以上，当发生单相接地时切除故障线路，将中断向客户供电，使供电可靠性降低。为了弥补这个缺点，在线路上广泛安装三相或单相自动重合闸装置，靠它来尽快恢复供电，提高供电可靠性。另外，当中性点直接接地系统发生单相接地故障时，正常相的电压仍为相电压，对设备绝缘没有影响。

对于1kV及以下的低压系统来说，电力网的绝缘水平已不成为主要矛盾，系统中性点接地与否，主要从人身安全考虑问题。在380/220V系统中，一般都采用中性点直接接地方式，一旦发生单相接地故障时，可以迅速跳开自动开关或烧断熔断丝，将故障部分断开；另一方面，此时非故障相对地电压基本不升高，不会出现人接触时超过250V的危险电压。如果系统中性点不接地，发生单相接地故障时非故障相对地电压将接近于线电压，对人身安全的危害会更大。当然，即使250V左右的接触电压，对人身安全仍是有危险的，应采取措施防止触电。

最后指出，中性点直接接地系统发生单相接地故障时，单相短路电流在导线周围产生单相交变电磁场，将对附近的通信线路和信号设施产生电磁干扰。但只要采取措施减小单相接地短路电流，或采取特别的屏蔽措施，都可以减小这种干扰。

五、中性点经电阻接地的电力系统

中性点经电阻接地主要用于配网系统中。

配网系统中性点接地方式有不接地、经消弧线圈接地和经电阻接地等。关于中性点不接地和经消弧线圈接地方式前面已经叙述过，这里主要叙述中性点经电阻接地方式。

确定配网系统中性点的接地方式，应从供电可靠性，故障时瞬态电压、瞬态电流对通信线路的干扰，继电保护的影响，以及确保人身安全诸方面综合考虑。在配网系统中，当单相接地故障电容电流较大时，一般采用中性点经消弧线圈或经电阻接地。在我国城市配网系统中，全电缆出线变电站的单相接地故障电容电流超过 30A 时，采用中性点经电阻接地；全架空线路出线变电站的单相接地故障电流超过 10A 时，采用中性点经消弧线圈接地；对电缆与架空线混合线路的单相接地故障电容电流超过 10A 时，可采用中性点经消弧线圈接地或中性点经电阻接地，两者各有优缺点，应根据具体情况通过技术经济比较确定。

配网系统采用中性点经电阻接地方式具有下述特点。

（1）降低工频过电压和抑制弧光过电压。中性点经电阻接地方式可降低单相接地工频过电压，因为能迅速切除故障线路，使得工频电压升高持续时间很短。在中性点不接地或经消弧线圈接地系统中，发生单相接地故障时，弧光点燃和熄灭过程中会产生严重的弧光接地过电压。弧光接地过电压影响范围大，持续时间长，对电气设备绝缘危害大。采用中性点经电阻接地，中性点电位衰减很快，重燃产生的过电压幅值可明显降低，能有效地抑制弧光接地过电压。

（2）消除铁磁谐振过电压和防止断线谐振过电压。在中性点不接地系统中，由于电磁式电压互感器（配网系统中都采用这种互感器）的激磁电感和线路的对地电容形成非线性谐振回路，在特定情况下引起分频、工频或高频铁磁谐振过电压。在中性点经电阻接地后谐振无法产生，所以这是消除铁磁谐振过电压最有效的措施。在配网系统中，断线谐振过电压也是电力系统中较为常见的。配网中性点不接地系统发生断线时，配电变压器的铁芯线圈与线路对地电容组成的串联回路在特定条件下会发生谐振，产生过电压。中性点经电阻接地可能防止大部分的断线谐振过电压，减少绝缘老化，延长电气设备使用寿命，提高网络和设备可靠性。

（3）设置零序保护动作跳闸。中性点不接地或经消弧线圈接地的配网系统中，在发生单相接地故障时继电保护装置只发预告音响，靠试拉断路器确定故障线路，在发生两条线路同相两处接地时极易产生错觉，使调度和运行人员难以确定故障线路。在中性点经电阻接地系统中，由于装有零序电流互感器和零序保护，一旦发生单相接地故障时，保护动作跳闸，就切除故障线路。然后，可凭借安装三相或单相自动重合闸装置，来提高供电可靠性。

（4）减少对通信的干扰。配网系统发生接地故障电流以及正常运行时的零序电流，都会对通信线路产生影响，具体表现为对通信线路的杂声干扰和电磁危险影响。中性点经电阻接地后，对通信线路的干扰将减弱。

（5）避免发生高压触电事故。配网系统的架空线路分布较广，高度也不太高。时有发生外物误碰高压线路以及高压线断线情况，极易导致触电伤亡事故。中性点经电阻接地系统装有保护装置，一旦发生接地故障，可以立即跳闸，断开接地故障线路，可避免发生高压触电事故。

（6）供电可靠性有保证。中性点经电阻接地方式，对供电可靠性有影响，但影响不大，其供电可靠性仍可得到保证。现在城市配网系统逐步形成手拉手、环网供电网络，一些重要客户由两路或多路电源供电，对客户的供电可靠性不再是依靠允许系统带着单相接地故障坚持运行 2h 来保证，而是靠加强电网结构、调度控制和配网自动化来保证。

六、发电机中性点接地方式

发电机中性点采用非直接接地方式，包括不接地、经消弧线圈接地和经高电阻接地。

发电机绕组发生单相接地故障时，接地点流过的电流是发电机本身及其引出回路连接元件（主母线、厂用分支、主变压器低压绕组等）的对地电容电流。当该电流超过允许值时，将烧伤定子铁芯，进而损坏定子绕组绝缘，引起匝间或相间短路。发电机接地电流允许值见表 10-8。

表 10-8　　发电机接地电流允许值

发电机额定电压（kV）	6.3	10.5	13.8～15.7	18～20
发电机额定容量（MW）	≤50	50～100	125～200	300
接地电流允许值（A）	4	3	2*	1

*　对氢冷发电机为 2.5A。

1. 采用中性点不接地方式

中性点不接地方式适用于单相接地电流不超过允许值的 125MW 及以下中小机组。

发电机中性点应装设电压为额定相电压的避雷器，防止三相进波在中性点反射引起过电压。当有发电机电压架空直配线时，在发电机出线端应装设电容器和避雷器，以削弱进入发电机的冲击波陡度和幅值。

2. 采用经消弧线圈接地方式

经消弧线圈接地方式适用于单相接地电流超过允许值的中小机组或要求能带单相接地故障运行的 200MW 及以上大机组。

对具有直配线的发电机，消弧线圈可接在发电机的中性点，也可接在厂用变压器的中性点，并宜采用过补偿方式。对单元接线的发电机，消弧线圈应接在发电机的中性点，并宜采用欠补偿方式。这种接地方式可以做到经补偿后的单相接地电流小于 1A，因此，可不跳闸停机，仅作用于信号，大大提高供电的可靠性。

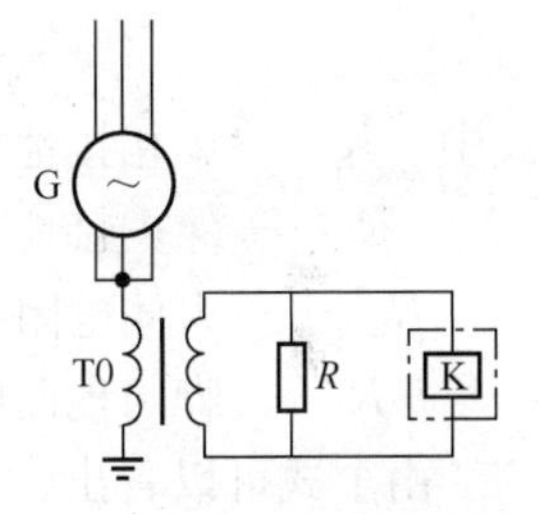

图 10-30　发电机中性点经高电阻接地的原理接线图

3. 采用经高电阻接地方式

经高电阻接地方式适用于 200MW 及以上大机组。

具体装置是将电阻 R 经单相接地变压器 T0（或配电变压器，或电压互感器）接入中性点，电阻在接地变压器的二次侧，其原理接线如图 10-30 所示。通过二次侧接有电阻的接地变压器接地，实际上就是经高电阻接地。变压器的作用是使低压小电阻起高压大电阻的作用，从而可简化电阻器的结构，降低其价格，使安装空间更易解决。

接地电阻的一次值 R' 为 $R'=K^2R$。其中 K 为接地变压器的变比。R 选择的原则是使得 R' 不大于发电机三相对地容抗，从而使得单相接地故障有功电流不小于电容电流。即

$$R \leqslant \frac{1}{K^2 \times 3\omega C} \times 10^6$$

式中　C——发电机本身、发电机回路中其他设备（封闭母线、主变压器、厂用变压器等）的每相对地电容及为防止过电压而附加的电容器容量之和，μF。

接地变压器的一次电压取发电机的额定相电压，二次电压 U_2 可取 100V 或 220V。当二

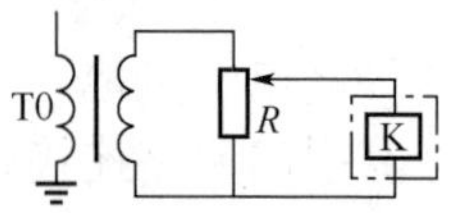

次电压取220V，而接地保护需要100V时，可在电阻中增加分压抽头，如图10-31所示。

图10-31　电阻需要中间抽头的接线图

接地变压器的容量S按下式选择

$$S \geqslant \frac{U_2^2}{3R}$$

接地变压器的型式以选用干式单相配电变压器为宜。

部分引进机组也有不经接地变压器而直接接入数百欧姆的高电阻的情况。

发电机中性点经高电阻接地的作用为：①发电机单相接地故障时，限制健全相的过电压不超过2.6倍额定相电压；②限制接地故障电流不超过10～15A；③为定子接地保护提供电源，便于检测。

发生单相接地时，总的故障电流不宜小于3A，以保证接地保护不带时限立即跳闸停机。

第六节　保护接地和接零

一、保护接地及其作用

保护接地，就是将电气设备在正常情况下不带电的金属外壳、金属构件或互感器的二次侧等接地，防备由于绝缘损坏而使外壳带危险电压，以保护工作人员在触及外壳时的安全。

图10-32表示不接地系统安装保护接地的作用，当人触及绝缘损坏而带电的外壳时，流过人体的电流

$$I_{man} = I_E \frac{R_E}{R_{man} + R_t + R_E}$$

式中　I_E——单相接地电流，A；

R_E——保护接地电阻，Ω；

R_{man}——人体电阻，Ω；

R_t——脚与地面的接触电阻，Ω。

由上式可以看出，接地装置的电阻R_E越小，通过人体的电流I_{man}就越小，通常$R_E \ll (R_{man} + R_t)$。因此，适当选择接地装置的接地电阻值，使通过人体的电流足够小，就可以保证人身的安全。

二、保护接零及其作用

在中性点直接接地的380/220V三相四线制电网中，为了保证人身安全，采用保护接零，如图10-33所示。所谓保护接零就是将用电设备的金属外壳与变压器或发电机的电源接地中性线作金属连接，并要求在供电线路上装熔断器或空气自动开关，在用电设备一相碰壳时，能以最短的时间自动断开电路，以消除触电危险。同时，由于电路的电阻远小于人体电阻，在电路未断开前的短时间内，短路电流几乎全部通过接零电路，而通过人体的电流接近于零。

在中性点直接接地的三相四线制系统中，有时还需要作零线的重复接地，即将零线的数点分别接地，如图10-34（b）所示。

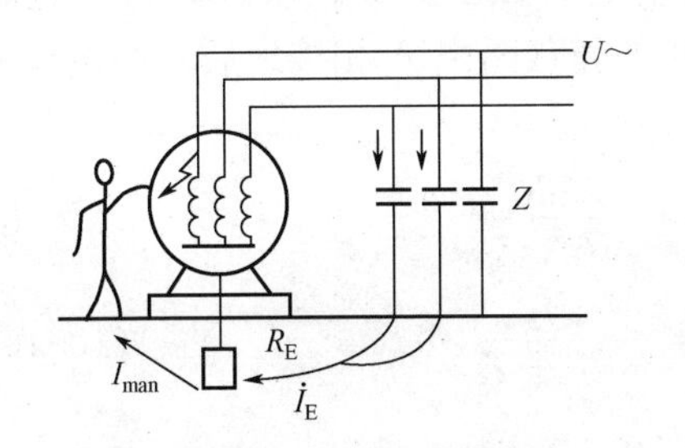

图 10-32　不接地系统保护接地作用的示意图

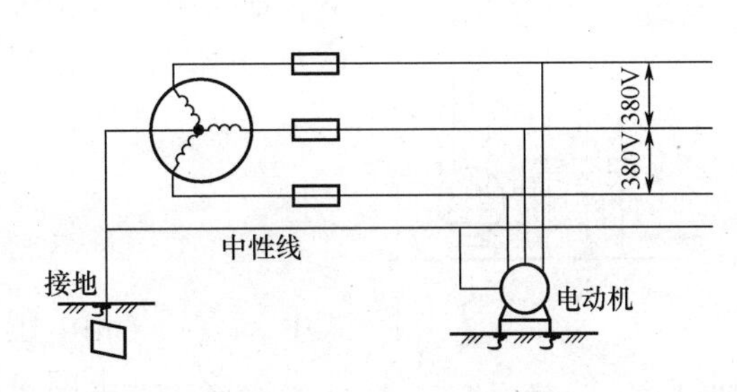

图 10-33　保护接零

图 10-34（a）所示为无重复接地的情况。当零线发生断线的同时，某电动机一相绝缘损坏碰壳，这时断线处前的电动机外壳上的电压接近于零，而断线处后的电动机外壳上的电压接近于相电压值。有重复接地时，如图 10-34（b）所示，在断线处前后的电动机外壳上的电压比较接近，其值都小于危及人身安全的电压值，所以有效地提高了安全性。但需要指出，重复接地对人身并不是绝对安全的，最重要的在于尽可能不使零线断线，在施工和运行中对此应特别注意。

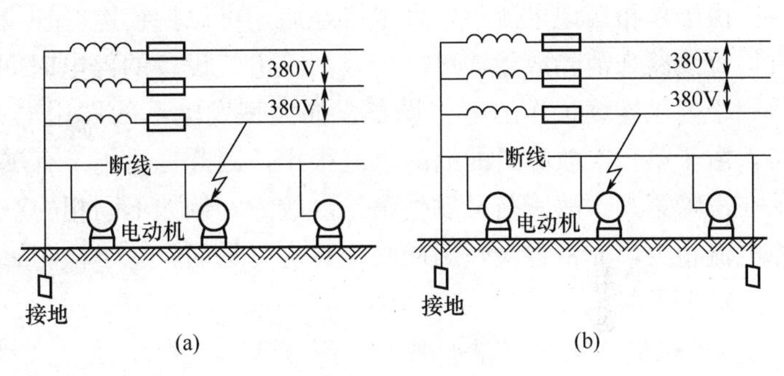

图 10-34　零线接地
（a）无重复接地情况；（b）有重复接地情况

三、保护接地和接零方式

根据 IEC（国际电工委员会）和 GB 4776—1984《电气安全名词术语》规定，配电系统按接地制式划分为 IT、TT、TN-S、TN-C、TN-C-S 五种方式。

各种方式文字代号一般由两个字母组成，必要时加后续字母。因为 IEC 以法文作为正式文件，因此所用的字母为相应法文文字的首字母。文字代号的含义如下：

(1) 第一个字母表示电源中性点对地的关系。T（法文 Terre 的首字母）表示电源中性点直接接地，I（法文 Isolant 的首字母）表示电源中性点不接地（包括所有带电部分与地隔离）或通过高阻抗与大地相连。

(2) 第二个字母表示电气设备的外露导电部分与地的关系。T 表示设备外壳独立于电源接地点的直接接地，N（法文 Neutre 的首字母）表示设备外壳直接与电源系统接地点或该点引出导体相连接。

(3) 后续字母表示中性线与保护线之间的关系。C（法文 Combinasion 的首字母）表示中性线 N 与保护线 PE 合并为 PEN 线，S（法文 Separateur 的首字母）表示中性线 N 与保护线 PE 分开，C-S 表示在电源侧为 PEN 线，从某点分开为 N 及 PE 线。

现对配电系统五种保护接地和接零方式分述如下。

1. IT 接地方式

IT 接地方式又称保护接地。该方式为电源中性点不接地或经高阻抗接地，而设备的金

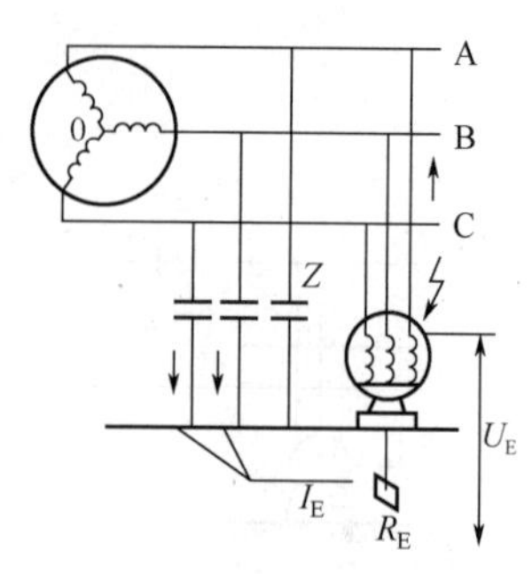

图 10-35　IT 接地方式

属外壳接地，如图 10-35 所示。这种保护方式的实质，是通过降低接地电阻 R_E，限制故障设备外壳（图中 A 相接地后）的接地电压 U_E 的值，近似计算可得

$$U_E = \frac{3U_\phi R_E}{3R_E + Z} \tag{10-9}$$

$$I_E = \frac{3U_\phi}{3R_E + Z} \tag{10-10}$$

式中　U_ϕ——相电压，kV；

Z——电网每相对地绝缘复阻抗，Ω。

由于 $R_E \ll Z$，当 $R_E < 10\Omega$ 时，接地电压可限制在安全范围内。由于单相接地电流小，发生接地后还可以持续运行一段时间。此时，报警设备报警，通过检查线路来消除故障，可减少或消除电气设备的停电时间。故配电系统 IT 接地方式特别适用于要求连续工作的电气设备，如大型发电厂的厂用电和需要连续生产的生产线等。同时，由于第一次故障时的故障电流很小，因此也适用于有爆炸危险的环境，如矿山等。但如果在消除第一次故障前又发生第二次故障，例如不同相的双重短路，故障点遭受线电压，故障电流很大，非常危险，因此必须具有可靠而且易于检测故障点的单相接地报警设备。

2. TT 接地方式

TT 接地方式亦称保护接地。该方式为电源中性点直接接地，设备外壳亦直接接地（独立于电源接地点），如图 10-36 所示。高压系统普遍采用这种方式，而当低压系统中有较大容量的电器时则不妥，因为，由 $U_E = \frac{U_\phi R_E}{R_0 + R_E}$ 和 $I_E = \frac{U_\phi}{R_0 + R_E}$ 可知，若相电压 $U_\phi = 220\text{V}$，$R_0 = R_E = 4\Omega$，接地电流 $I_E = 27.5\text{A}$，电压 $U_0 = U_E = 110\text{V}$，可见接地电流不大。对较大容量的电气设备，接地电流可能小于负荷电流，当发生金属外壳接地时，由于保护整定值较大，熔断器或保护装置是不能正确选择动作的。对地电压将长期存在，对人身不安全。而在高压电网中，由于电压高，接地电流大，外壳接地保护装置能快速将故障切除。

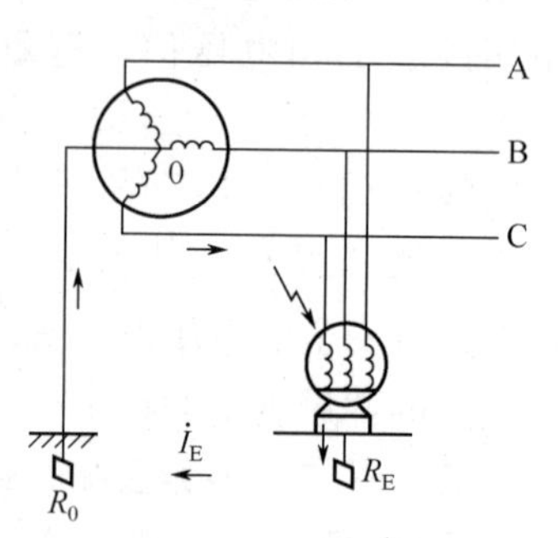

图 10-36　TT 接地方式

3. TN 接地方式

TN 接地方式又称保护接零。该方式为电源中性点直接接地，电气设备的外露导电部分接在保护线上，与配电系统的接地点相连接。

根据中性线 N 与保护线 PE 是否合并的情况，TN 系统又分为 TN-S、TN-C、TN-C-S 三种方式。

（1）TN-S 系统。字母 S 表示 N 与 PE 分开，设备金属外壳与 PE 相连接，设备中性点与 N 连接，即采用五线制供电，如图 10-37（a）所示。其优点是 PE 中没有电流，故设备金属外壳对地电位为零。主要用于数据处理、精密检测、高层建筑的供电系统，也可用于有爆炸危险的环境中。

（2）TN-C 系统。字母 C 表示 N 与 PE 合并成为 PEN，实际上是四线制供电方式。设备中性点和金属外壳都与 N 连接，如图 10-37（b）所示。由于 N 正常时流通三相不平衡电流和谐波电流，故设备金属外壳正常对地带有一定电压，对敏感性的电子设备不利。另外

PEN线上的微弱电流在爆炸危险环境也可能引起爆炸，因此GB 50058—1992《爆炸和火灾危险环境电力设计规范》中明确规定：在0、1和10区爆炸危险环境中不能采用TN-C系统。所谓0区是指正常运行时连续出现爆炸性气体混合物的环境，1区是指正常运行时间断出现爆炸性气体混合物的环境，10区是指正常运行时连续出现爆炸性粉尘、纤维的环境。同时由于PEN在同一建筑物中往往相互有电气连接，因此当PEN线断线或相线直接与大地短路时，都将呈现相当高的对地故障电压，这就可能扩大事故范围。TN-C系统通常用于一般供电场所。

(3) TN-C-S系统。一部分N与PE合并（靠电源侧），一部分N与PE分开，是四线半制供电方式，如图10-37（c）所示。当N与PE分开后不允许再合并，否则将丧失分开后形成的TN-S系统的优点。

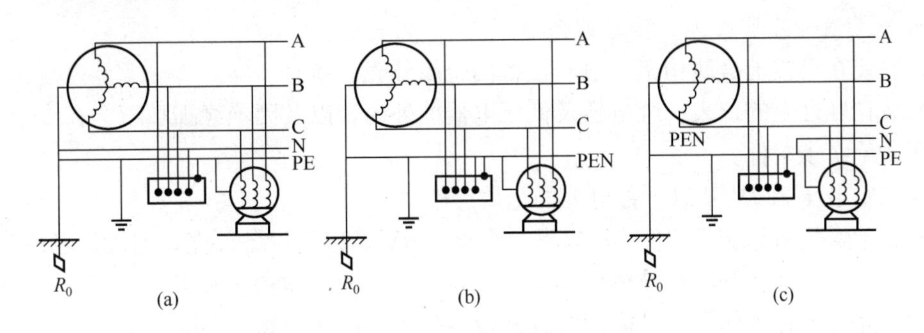

图10-37　TN接地方式

(a) TN-S方式；(b) TN-C方式；(c) TN-C-S方式

TN-C-S是一个广泛采用的配电系统。在工矿企业中对电位敏感的电气设备往往设置在线路末端，而线路前端大多数为固定设备，因此到了末端改为TN-S系统十分有利。在民用建筑中，电源线路采用TN-C系统，进入建筑物内改为TN-S系统。这种系统线路结构简单，又能保证一定的安全水平。在电源侧PEN线上难免有一定电压降，但对工矿企业的固定设备及作为民用建筑的电源线路都没有影响，而PEN分开后即有专用的保护线，可以确保TN-S所具有的优点。为了防止分开后的PE线和N线混淆，应按GB 7947—1987《绝缘导体和裸导体的颜色标志》的规定，给PE线和PEN线涂以黄绿相间的色标，给N线涂以浅蓝色色标。

采用TN接地方式时，若电气设备发生碰壳故障，就形成火线（电源相线）、金属外壳和N或PE（当引自电源中性点时）的一个金属闭合回路，短路电流较大，能使保护装置迅速将故障切除。

四、保护接地、接零方式应用范围

1. 应用范围

(1) 电压在1000V以上的电气装置中，在各种情况下，均应采取保护接地。

(2) 电压在1000V及以下的电气装置，若电源中性点直接接地时，应采用保护接零；若电源中性点不接地时，应采用保护接地。

2. 电气装置中必须接地或接零的部分

(1) 电机、变压器、电器、携带式及移动式用电器具等的底座和外壳。

(2) 电力设备传动装置。

（3）互感器的二次绕组。

（4）配电屏和控制屏的框架。

（5）屋内外配电装置的金属构架和钢筋混凝土构架，靠近带电部分的金属围栏和金属门。

（6）交直流电力电缆接线盒和终端盒的外壳、电缆的外皮、穿线的钢管等。

（7）装有避雷线的电力线路杆塔。

（8）在非沥青地面的居民区内，无避雷线的小接地短路电流系统中，架空电力线路的金属杆塔和钢筋混凝土杆塔。

（9）控制电缆的金属外皮。

（10）装在配电线路构架上的开关设备、电容器等电力设备。

3. 电气装置中不需接地、接零的部分

（1）安装在已接地金属构架上电气设备的金属外壳。

（2）装在屏框上的仪表、继电器及低压电器的外壳，以及因绝缘损坏不会在支架上引起危险电压的绝缘子附件。

（3）额定电压220V及以下蓄电池的金属支架。

（4）在干燥场所、交流127V及以下，直流110V及以下设备外壳，但爆炸场所除外。

（5）在木质、沥青等不良导体地面的干燥房间内，交流380V及以下，直流440V及以下设备的外壳，但在工作人员可能同时触及设备外壳和已接地物件者除外。

（6）发电厂、变电站区域的铁路轨道。

（7）与已接地的机床底座之间有可靠电气接触的电动机和电器的外壳，但爆炸危险场所除外。

五、保护接零系统（TN）运行规定

（1）为防止零线断开引起的危险，零线上不允许安装保护装置和熔断器。

（2）实行重复接地。在架空线和分支线的终端和沿线每1km处，电缆和架空线在引入变电站或大型建筑物外，以及室内配电屏和控制屏等，均应将零线重复接地，这样万一发生PEN断开的情况时，可以转化为TT方式，减轻触电的危险程度。

（3）在同一台变压器、同一台发电机或同一段母线供电的电网中，不允许TT和TN方式混用，因为TT方式碰壳故障后，引起中性线电位升高，若故障不能及时切除，TN方式的外壳有触电的危险，否则TT须安装灵敏的漏电保护装置。

第七节　电力系统有功功率与频率的调整

一、概述

1. 发电机频率及电力系统频率

（1）交流电在1s内正弦参量交变的次数为频率，发电机的电频率与机组转速相对应，其关系式为

$$f=\frac{PN}{60}$$

式中　P——发电机极对数；

N——机组每分钟转数。

（2）电力系统频率即交流电的频率，亦即该系统内电源发电机的电频率。

1）同一电网内，非振荡情况下，频率相同。

2）同一电网内，所有同步并列运行的发电机电频率相同。

3）电钟为交流单相同步电动机，故电钟快慢反映电力系统频率高低，且同一电网内电钟快慢相同。

2. 电网频率指标及其偏离额定水平时的危害

（1）电网频率指标具体要求。

1）正常频率：装机容量在3000MW及以上电力系统，规定系统频率正常为(50±0.2)Hz；装机容量在3000MW以下电力系统，规定系统频率正常为(50±0.5)Hz。

2）电钟偏差：装机容量在3000MW及以上电力系统，电钟偏差不应大于±30s；装机容量在3000MW以下电力系统，电钟偏差不应大于±60s。

（2）频率偏离额定水平时的主要危害。

1）对客户带来危害。频率下降，将使客户的电动机转速下降，功率降低；频率升高，将使电动机转速上升，增加功率损耗。频率下降或升高时，均影响客户产品的产量和质量及电动机的寿命，还将引起电子仪器误差增大，电钟走时不准，严重时甚至导致自动装置及继电保护误动作等。

2）严重影响发电厂厂用电运行。频率偏差对发电厂本身将造成更为严重的影响。例如，对锅炉的给水泵和风机之类的离心式机械，当频率降低时其出力将急剧下降，从而迫使锅炉的出力大大减少，甚至紧急停炉。对于核能电厂，其反应堆冷却介质泵对供电频率有严格要求，如果不能满足，这些泵将自动断开，使反应堆停止运行。这样就进一步减少系统电源的出力，导致系统频率进一步下降。因此，如果系统频率下降的趋势不能及时被制止，将造成恶性循环以致整个系统发生崩溃。

3）使汽轮机叶片受到损伤。在低频率状态下运行时，汽轮机末级叶片可能发生共振或接近于共振，从而使叶片振动应力大大增加，如时间过长，叶片将受到损伤，严重时甚至断裂。

3. 电力系统频率与电压之间的关系

发电机电动势按励磁系统不同，随着频率的平方或三次方成正比变化。当系统频率下降时，发电机的无功出力将减小，客户需要的励磁功率将增加。此时若系统无功电源不足，频率下降将促使电压随之降低。经验表明，频率下降1%时，电压相应下降0.8%～2%。电压下降，又反过来使负荷的有功功率减小，阻滞频率下降。在无功电源充足的情况下，发电机的自动励磁调节系统将提高发电机的无功功率，防止电压的下降。即发电机的无功功率将因系统频率的下降而增大。当系统频率上升时，发电机的无功功率将增加，负荷的无功功率将减少，使系统电压上升，但发电机的自动励磁调节系统将阻止其上升，即发电机的无功功率在频率上升时下降。

4. 电力系统有功功率的分配

电力系统中有功功率的最优分配问题有两方面的主要内容：一是有功电源的最优组合，它是指系统中发电设备或发电厂的合理组合，包括机组的最优组合顺序，机组的最优组合数量和机组的最优开停时间；二是有功负荷在运行机组间的最优分配，它是指系统的有功负荷

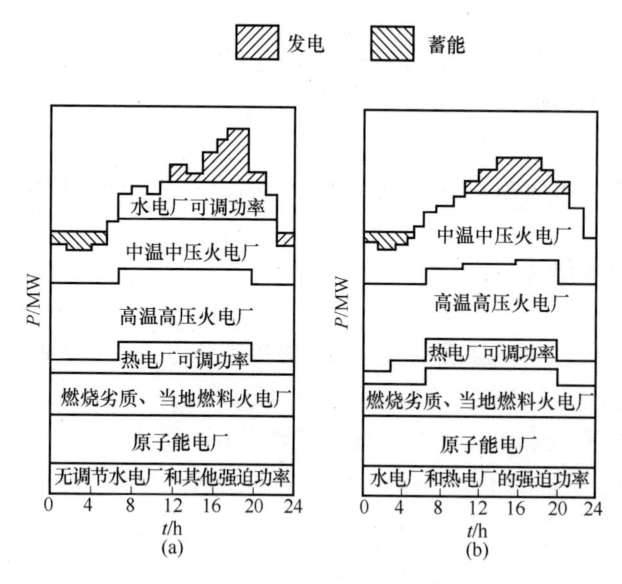

图 10-38　各类发电厂组合顺序示意图

（a）枯水季节；（b）丰水季节

在各运行的发电机组或发电厂间的合理分配。

按各类发电厂的特点，可将各类发电厂承担负荷的顺序做出大致排列，原则如下：充分合理利用水利资源，尽量避免弃水；最大限度地降低火电厂煤耗，并充分发挥高效机组的作用；降低火力发电的成本，执行国家的有关燃料政策，减少烧油，增加燃用劣质煤、当地煤。这样，便可定性地确定在枯水季节和丰水季节各类电厂在日负荷曲线中的安排，如图 10-38 所示。

二、电力系统的频率特性

1. 系统负荷的有功功率—频率静态特性

当频率变化时，系统中的有功功率负荷也将发生变化。系统处于运行稳态时，系统中有功负荷随频率的变化特性称为负荷的静态频率特性。

根据所需的有功功率与频率的关系可将负荷分成以下几种：

（1）与频率变化无关的负荷。如照明、电弧炉、电阻炉和整流负荷等。

（2）与频率的一次方成正比的负荷。负荷的阻力矩等于常数的属于此类，如球磨机、切削机床、往复式水泵、压缩机和卷扬机等。

（3）与频率的二次方成正比的负荷。如变压器中的涡流损耗。

（4）与频率的三次方成正比的负荷。如通风机、静水头阻力不大的循环水泵等。

（5）与频率的更高次方成正比的负荷。如静水头阻力很大的给水泵。

整个系统的负荷功率与频率的关系可以写成

$$P_{D}=a_{0}P_{DN}+a_{1}P_{DN}\left(\frac{f}{f_{N}}\right)+a_{2}P_{DN}\left(\frac{f}{f_{N}}\right)^{2}+a_{3}P_{DN}\left(\frac{f}{f_{N}}\right)^{3}+\cdots$$

式中　P_D——频率等于 f 时整个系统的有功负荷；

P_{DN}——频率等于额定值 f_N 时整个系统的有功负荷；

a_i——与频率的 i 次方成正比的负荷占 P_{DN} 的百分数（$i=0$，1，2，…），$a_0+a_1+a_2+a_3+\cdots=1$。

上式就是电力系统负荷的静态频率特性的数学表达式。若以 P_{DN} 和 f_N 分别作为功率和频率的基准值，以 P_{DN} 去除上述公式的各项，便得到用标幺值表示的功率—频率特性

$$P_{D*}=a_{0}+a_{1}f_{*}+a_{2}f_{*}^{2}+a_{3}f_{*}^{3}+\cdots$$

多项式通常只取到频率的三次方为止，因为与频率的更高次方成正比的负荷所占的比重很小，可以忽略。

这种关系可以用曲线来表示，在电力系统运行中，允许频率变化的范围是很小的。在较小的频率变化范围内，这种关系接近一直线。图 10-39 为电力系统负荷的有功功率—频率静

态特性曲线。当系统频率略有下降时，负荷的有功功率成正比例自动减小。图中直线的斜率为

$$K_{\mathrm{D}}=\tan\beta=\frac{\Delta P_{\mathrm{D}}}{\Delta f}(\mathrm{MW/Hz})$$

或用标幺值表示

$$K_{\mathrm{D}*}=\frac{\Delta P_{\mathrm{D}}/P_{\mathrm{DN}}}{\Delta f/f_{\mathrm{N}}}=\frac{\Delta P_{\mathrm{D}*}}{\Delta f_{*}}$$

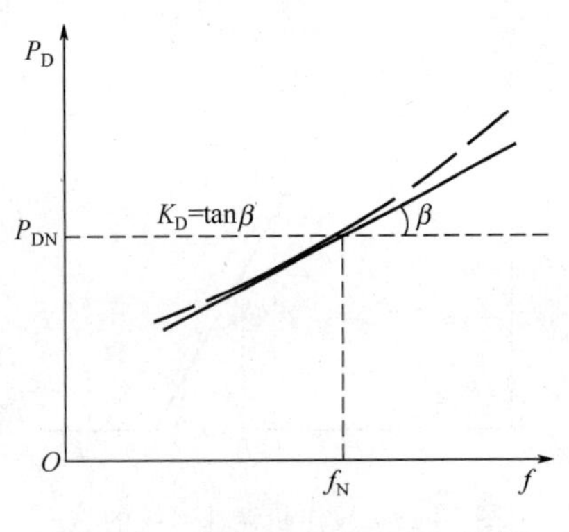

图 10-39　负荷的有功功率—频率静态特性曲线

K_{D}、$K_{\mathrm{D}*}$ 称为负荷的频率调节效应系数或简称为负荷的频率调节效应。$K_{\mathrm{D}*}$ 的数值取决于全系统各类负荷的比重，不同系统或同一系统不同时刻 $K_{\mathrm{D}*}$ 值都可能不同。

在实际系统中 $K_{\mathrm{D}*}=1\sim3$，它表示频率变化 1% 时，负荷有功功率相应变化 1%～3%。$K_{\mathrm{D}*}$ 的具体数值通常由试验或计算求得。$K_{\mathrm{D}*}$ 的数值是调度部门必须掌握的一个数据，因为它是考虑按频率减负荷方案和低频率事故时用一次切除负荷来恢复频率的计算依据。

例 10-2　某电力系统中，与频率无关的负荷占 30%，与频率一次方成正比的负荷占 40%，与频率二次方成正比的负荷占 10%，与频率三次方成正比的负荷占 20%。求系统频率由 50Hz 降到 48Hz 和 45Hz 时，相应的负荷变化百分数。

解　（1）频率降为 48Hz 时，$f_{*}=\frac{48}{50}=0.96$，系统的负荷

$$\begin{aligned}P_{\mathrm{D}*}&=a_0+a_1f_{*}+a_2f_{*}^{2}+a_3f_{*}^{3}\\&=0.3+0.4\times0.96+0.1\times0.96^2+0.2\times0.96^3\\&=0.953\end{aligned}$$

负荷变化为

$$\Delta P_{\mathrm{D}*}=1-0.953=0.047$$

若用百分值表示便有 $\Delta P_{\mathrm{D}}(\%)=4.7$。

（2）频率降为 45Hz 时，$f_{*}=\frac{45}{50}=0.9$，系统的负荷

$$P_{\mathrm{D}*}=0.3+0.4\times0.9+0.1\times0.9^2+0.2\times0.9^3=0.887$$

相应地，$\Delta P_{\mathrm{D}*}=1-0.887=0.113$；$\Delta P_{\mathrm{D}}(\%)=11.3$。

2. 发电机组的有功功率—频率静态特性

当系统频率变化时，发电机组的调速系统将自动地改变汽轮机的进汽量或水轮机的进水量以增减发电机组的功率，这种反映由频率变化而引起发电机组功率变化的关系，叫发电机调速系统的频率静态特性，如图 10-40 所示。由发电机调速系统频率静态特性而引起的调频作用叫频率的一次调整。

当系统频率为 f_{N} 时，发电机功率为 P_{GN}，当频率降至 f_1 时，发电机功率增至 P_{G1}，可得发电机调速系统的频率静态特性曲线的斜率为

$$K_{\mathrm{G}}=-\Delta P_{\mathrm{G}}/\Delta f$$

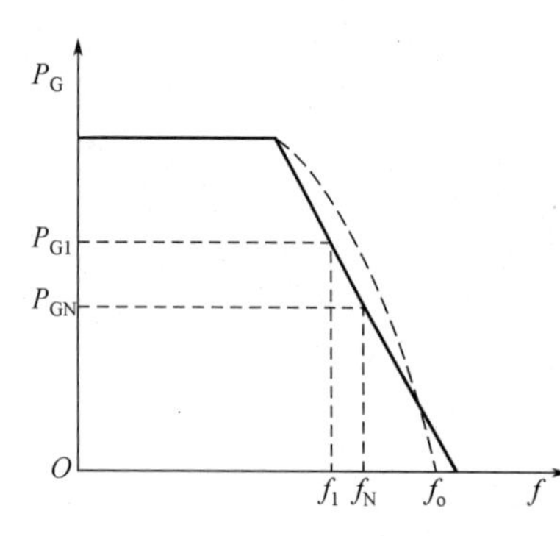

图 10-40　发电机调速系统的频率静态特性

式中　K_G——发电机的单位调节功率，MW/Hz 或 MW/0.1Hz。

K_G 的标幺值为

$$K_{G*} = -\frac{\Delta P_G f_N}{P_{GN}\Delta f} = K_G f_N / P_{GN}$$

发电机的单位调节功率标志了随频率的变化发电机组发出功率减少或增加的多少。这个单位调节功率和机组的调差系数有互为倒数的关系。因机组的调差系数 σ 为

$$\sigma = -\frac{\Delta f}{\Delta P_G} = -\frac{f_N - f_0}{P_{GN} - 0} = \frac{f_0 - f_N}{P_{GN}}$$

以百分数表示则为

$$\sigma\% = -\frac{\Delta f P_{GN}}{f_N \Delta P_G} \times 100 = \frac{f_0 - f_N}{f_N} \times 100$$

可见

$$K_G = -\frac{\Delta P_G}{\Delta f} = -\frac{P_{GN} - 0}{f_N - f_0} = \frac{P_{GN}}{f_0 - f_N}$$

从而

$$K_G = \frac{1}{\sigma} = \frac{P_{GN}}{f_N \sigma\%} \times 100 \tag{10-11}$$

或

$$K_{G*} = \frac{1}{\sigma\%} \times 100 \tag{10-12}$$

调差系数 $\sigma\%$ 或与之对应的发电机的单位调节功率是可以整定的，一般整定为如下的数值。

汽轮发电机组：$\sigma(\%)=4\sim6$ 或 $K_{G*}=25\sim16.7$；

水轮发电机组：$\sigma(\%)=2\sim4$ 或 $K_{G*}=50\sim25$。

电力系统频率的一次调整主要与这个调差系数或与之对应的发电机的单位调节功率有关。

三、电力系统的频率调整

1. 频率调整的分类

电力系统的负荷时刻都在变化，图 10-41 为负荷变化的示意图。对系统实际负荷变化曲线的分析表明，系统负荷可以看作由以下三种具有不同变化规律的变动负荷所组成：第一种是变化幅度很小，变化周期较短（一般为 10s 以内）的负荷分量；第二种是变化幅度较大，变化周期较长（一般为 10s～3min）的负荷分量，属于这类负荷的主要有电炉，延压机械，电气机车等；第三种是变化缓慢的持续变化负荷，引起负荷变化的原因主要是工厂的作息制度、人民生活规律、气象条件的变化等。

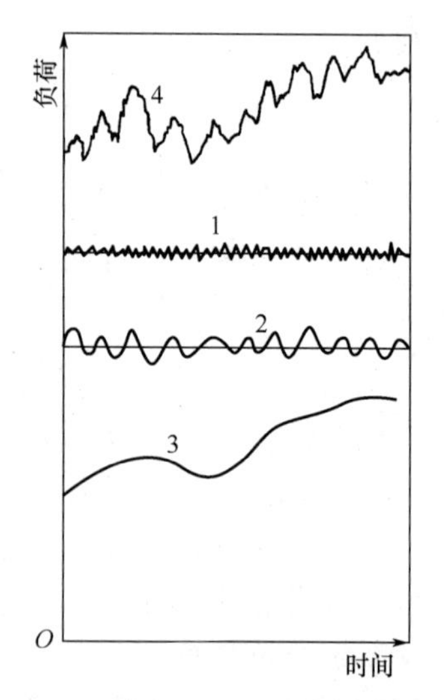

图 10-41　有功功率负荷的变化
1—第一种负荷分量；2—第二种负荷分量；3—第三种负荷分量；4—实际的负荷变化曲线

负荷的变化将引起频率的相应变化。第一种变化负荷引起的频率偏移将由发电机组的调速器进行调整，这种调整通

常称为频率的一次调整。第二种变化负荷引起的频率变化仅靠调速器的作用往往不能将频率偏移限制在容许的范围之内，这时必须有调频器参与频率调整，这种调整通常称为频率的二次调整。针对第三种规律性变动的负荷引起频率偏移的调整，称为频率的三次调整，通常是通过调度部门预先编制日负荷曲线，按最优化准则分配负荷，从而在各发电厂或发电机组间实现有功负荷的经济分配，这属于电力系统经济运行的问题，或称经济调度。保持系统频率的不变，是由一次调整、二次调整和三次调整共同完成的。

2. 频率的一次调整

要确定电力系统的负荷变化引起的频率波动，需要同时考虑负荷及发电机组二者的调节效应，为简单起见，先只考虑一台机组和一个负荷的情况。负荷和发电机组的静态特性如图 10-42 所示。在原始运行状态下，负荷的功频特性为 $P_D(f)$，它同发电机组静态特性的交点 A 确定了系统的频率 f_1 和发电机组的功率(也就是负荷功率)P_1。这就是说在频率为 f_1 时达到了发电机组有功输出与系统的有功需求之间的平衡。

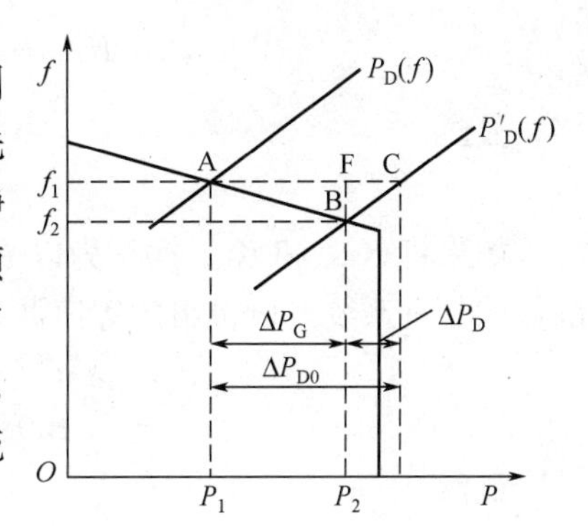

图 10-42　电力系统功率—频率静态特性

假定系统的负荷增加了 ΔP_{D0}，其特性曲线变为 $P'_D(f)$。发电机组仍是原来的特性。那么新的稳态运行点将由 $P'_D(f)$和发电机组的静态特性的交点 B 决定，与此相应的系统频率为 f_2。由图 10-42 可见，由于频率变化了 Δf，且

$$\Delta f = f_2 - f_1 < 0$$

发电机组的功率输出的增量

$$\Delta P_G = -K_G \Delta f$$

由于负荷的频率调节效应所产生的负荷功率变化为

$$\Delta P_D = K_D \Delta f$$

当频率下降时，ΔP_D 是负的。故负荷功率的实际增量为

$$\Delta P_{D0} + \Delta P_D = \Delta P_{D0} + K_D \Delta f$$

它应同发电机组的功率增量相平衡，即

$$\Delta P_{D0} + \Delta P_D = \Delta P_G$$

或

$$\Delta P_{D0} = \Delta P_G - \Delta P_D = -(K_G + K_D)\Delta f = -K_S \Delta f$$

上式说明系统负荷增加时，在发电机组功频特性和负荷本身的调节效应共同作用下又达到了新的功率平衡。

在上式中

$$K_S = K_G + K_D = -\frac{\Delta P_{D0}}{\Delta f}$$

K_S 称为系统的功率—频率静特性系数，或系统的单位调节功率。它表示在计及发电机组和负荷的调节效应时，引起频率单位变化的负荷变化量。根据 K_S 值的大小，可以确定在允许的频率偏移范围内，系统所能承受的负荷变化量。显然，K_S 的数值越大，负荷增减引起的频率变化就越小，频率也就越稳定。

系统中不只一台发电机组时，有些机组可能因已满载，以致调速器受负荷限制器的限制不能再参加调整。这就使系统中总的发电机单位调节功率下降。例如系统中有 n 台发电机组，n 台机组都参加调整时

$$K_{GN}=K_{G1}+K_{G2}+\cdots+K_{G(n-1)}+K_{Gn}=\sum_{i=1}^{n}K_{Gi}$$

n 台机组中仅有 m 台参加调整，即第 $m+1$，$m+2$，…，n 台机组不参加调整时

$$K_{GM}=K_{G1}+K_{G2}+\cdots+K_{G(m-1)}+K_{Gm}=\sum_{i=1}^{m}K_{Gi}$$

显然

$$K_{GN}>K_{GM}$$

如果将 K_{GN} 和 K_{GM} 换算为以 n 台发电机组的总容量为基准的标幺值，则这些标幺值的倒数就是全系统发电机组的等值调差系数，即

$$\frac{\sigma_N(\%)}{100}=\frac{1}{K_{GN}};\quad \frac{\sigma_M(\%)}{100}=\frac{1}{K_{GM}}$$

显然

$$\sigma_M\%>\sigma_N\%$$

由于上述两方面的原因，使系统中总的发电机单位调节功率以及系统的单位调节功率 K_S 都不可能很大。正因为这样，依靠调速器进行的一次调整只能限制周期较短、幅度较小的负荷变动引起的频率偏移。负荷变动周期更长、幅度更大的调频任务自然地落到了二次调整方面。

例 10-3 某电力系统中所含机组台数、单机容量及其调速系统的调差系数如表 10-9 所示。

表 10-9 电力系统有关参数

机组形式	单机容量（MW）	台 数	总容量（MW）	调差系数 σ（%）
水轮机组	225	4	900	2.5
汽轮机组	200	10	2000	4.0
汽轮机组	300	7	2100	5.0

计算系统全部发电机组的单位调节功率及其标幺值。

解 由式（10-11）和式（10-12）可得各类发电机组的单位调节功率分别为

4×225MW 水轮机组，$K_{G*}=100/2.5=40$，$K_G=40\times(4\times225)/50=720$(MW/Hz)；

10×200MW 汽轮机组，$K_{G*}=100/4.0=25$，$K_G=25\times(10\times200)/50=1000$(MW/Hz)；

7×300MW 水轮机组，$K_{G*}=100/5.0=20$，$K_G=20\times(7\times300)/50=840$(MW/Hz)。

全部发电机的单位调节功率为 $K_{G\Sigma}=720+1000+840=2560$(MW/Hz)，系统发电机组总容量为 900＋2000＋2100＝5000(MW)，从而得 $K_{G\Sigma*}=2560\times50/5000=25.6$。

注意，上述结果对应于所有发电机的出力都未达到其上、下限的情况。实际上，发电机组受额定容量和最小技术出力的限制，当某些发电机组的功率已经到达其额定功率时，便不

能再增加出力，反之则不能再减小出力，这些在计算全部发电机组单位调节功率时应加以考虑。

3. 频率的二次调整

二次调整是通过发电机组的调频系统完成的。它的作用为，负荷变动时，在一次调整的基础上，经手动或自动操作调频器，使发电机组的有功的频率静态特性平行上下移动，从而使负荷变动引起的频率偏移保持在允许范围内。

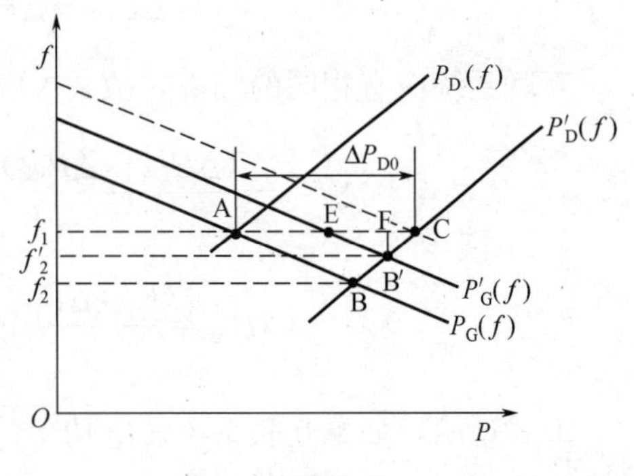

图 10-43　频率的二次调整

假定系统中只有一台发电机组向负荷供电，如图 10-43 所示，原始运行点为两条特性曲线 $P_G(f)$ 和 $P_D(f)$ 的交点 A，系统的频率为 f_1，系统的负荷增加 ΔP_{D0} 后，在还未进行二次调整时，运行点将移到 B 点，系统的频率便下降到 f_2。在调频器的作用下，机组的静态特性上移为 $P'_G(f)$，运行点也随之转移到点 B′。此时系统的频率为 f'_2，频率的偏移值为 $\Delta f=f'_2-f_1$。由图 10-43 可见，系统的负荷的初始增量 ΔP_{D0} 由三部分组成

$$\Delta P_{D0}=\Delta P_G-K_G\Delta f-K_D\Delta f$$

式中　ΔP_G——由二次调整而得到的发电机组的功率增量(图 10-43 中 $\overline{AE}$)；

$-K_G\Delta f$——由一次调整而得到的发电机组功率增量(图 10-43 中 $\overline{EF}$)；

$-K_D\Delta f$——由负荷本身的调节效应所得到的功率增量(图 10-43 中 $\overline{FC}$)。

上式就是有二次调整时的功率平衡方程。该式也可整理为

$$\Delta P_{D0}-\Delta P_G=-(K_G+K_D)\Delta f=-K_S\Delta f$$

由上式可见，进行频率的二次调整并不能改变系统的单位调节功率 K_S 的数值。但是由于二次调整增加了发电机的出力，在同样的频率偏移下，系统能承受的负荷变化量增加了。由图 10-43 中的虚线可见，当二次调整所得到的发电机组功率增量能完全抵偿负荷的初始增量，即 $\Delta P_{D0}-\Delta P_G=0$ 时，频率将维持不变（即 $\Delta f=0$），这就实现了无差调节。

电力系统每台机组都装有调速器，在机组尚未满载时，每台机组都参加一次调频。而二次调频却不同，一般仅选定系统中的一个或几个电厂担负二次调频任务，这种电厂称为调频厂。

4. 互联系统的频率调整

大型电力系统的供电地区地域辽阔，电源和负荷的分布情况比较复杂，频率调整难免引起网络中潮流的重新分布。如果把整个电力系统看作是由若干个分系统通过联络线连接而成的互联系统，那么在调整频率时，还必须注意联络线交换功率的控制问题。

图 10-44 表示系统 A 和 B 通过联络线组成互联系统。假设系统 A 和 B 的负荷变化量分别为 ΔP_{DA} 和 ΔP_{DB}，由二次调整得到的发电功率增量分别为 ΔP_{GA} 和 ΔP_{GB}，单位调节功率分别为 K_A 和 K_B，联络线交换功率增量为 ΔP_{AB}，以由 A 至 B 为正方向。这样，ΔP_{AB} 对系统 A 相当于负荷增量；对系统 B 相当于发电功率增量。因此，对

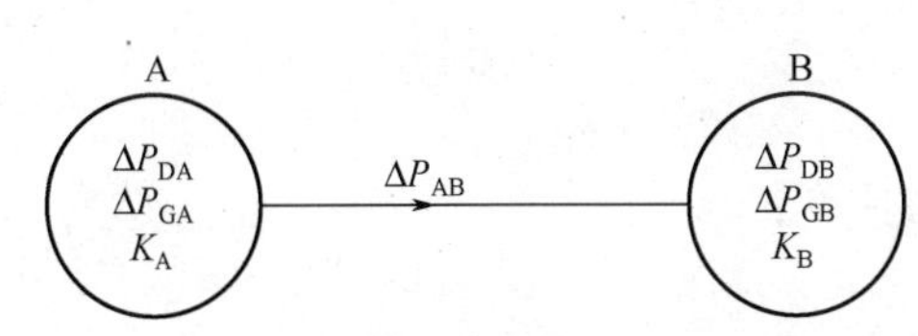

图 10-44　互联系统的功率交换

于系统 A 有

$$\Delta P_{DA}+\Delta P_{AB}-\Delta P_{GA}=-K_A\Delta f_A$$

对于系统 B 有

$$\Delta P_{DB}-\Delta P_{AB}-\Delta P_{GB}=-K_B\Delta f_B$$

互联系统应有相同的频率，故，$\Delta f_A=\Delta f_B=\Delta f$。于是，由以上两式可解出

$$\Delta f=-\frac{(\Delta P_{DA}+\Delta P_{DB})-(\Delta P_{GA}+\Delta P_{GB})}{K_A+K_B}=-\frac{\Delta P_D-\Delta P_G}{K}$$

$$\Delta P_{AB}=\frac{K_A(\Delta P_{DB}-\Delta P_{GB})-K_B(\Delta P_{DA}-\Delta P_{GA})}{K_A+K_B}$$

上式说明，如果互联系统发电功率的二次调整增量 ΔP_G 能同全系统的负荷增量 ΔP_D 相平衡，则可实现无差调节，即 $\Delta f=0$；否则，将出现频率偏移。

现在讨论联络线交换功率增量。当 A、B 两系统都进行二次调整，而且两系统的功率缺额又恰同其单位调节功率成比例，即满足条件

$$\frac{\Delta P_{DA}-\Delta P_{GA}}{K_A}=\frac{\Delta P_{DB}-\Delta P_{GB}}{K_B}$$

时，联络线上的交换功率增量 ΔP_{AB} 便等于零。如果没有功率缺额，则 $\Delta f=0$。

如果对其中的一个系统（例如系统 B）不进行二次调整，则 $\Delta P_{GB}=0$，其负荷变化量 ΔP_{DB} 将由系统 A 的二次调整来承担，这时联络线的功率增量

$$\Delta P_{AB}=\frac{K_A\Delta P_{DB}-K_B(\Delta P_{DA}-\Delta P_{GA})}{K_A+K_B}=\Delta P_{DB}-\frac{K_B(\Delta P_D-\Delta P_{GA})}{K_A+K_B}$$

当互联系统的功率能够平衡时，$\Delta P_D-\Delta P_{GA}=0$，于是有

$$\Delta P_{AB}=\Delta P_{DB}$$

系统 B 的负荷增量全由联络线的功率增量来平衡，这时联络线的功率增量最大。

在其他情况下联络线的功率变化量将介于上述两种情况之间。

5. 主调频厂的选择

全系统有调整能力的发电机组都参与频率的一次调整，但只有少数厂（机组）承担频率的二次调整。按照是否承担二次调整可将所有电厂分为主调频厂、辅助调频厂和非调频厂三类，其中主调频厂（一般是 1～2 个电厂）负责全部系统的频率调整（即二次调整）；辅助调频厂只在系统频率超过某一规定的偏移范围时才参与频率的调整，这样的电厂一般也只有少数几个；非调频厂在系统正常运行情况下则按预先给定的负荷曲线发电。

在选择主调频厂（机组）时应考虑的主要因素：

（1）应拥有足够的调整容量及调整范围；

（2）调频机组具有与负荷变化速度相适应的调整速度；

（3）调整出力时符合安全及经济的原则。

此外还应考虑由于调频所引起的联络线上交换功率的波动，以及网络中某些中枢点的电

压波动是否超过允许范围。

水轮机组具有较大的出力调整范围，一般可达额定容量的50%以上，负荷的增长速度也较快，一般在1min以内即可从空载过渡到满载状态，而且操作方便、安全。

火力发电厂的锅炉和汽轮机都受允许的最小技术负荷的限制，其中锅炉约为25%（中温中压）至70%（高温高压）的额定容量，汽轮机为10%～15%的额定容量。因此火力发电厂的出力调整范围不大。而且发电机组的负荷增减的速度也受汽轮机各部分热膨胀的限制，不能过快，在50%～100%额定负荷范围内，每分钟仅能上升2%～5%。

所以从出力调整范围和调整速度来看，水电厂最适宜承担调频任务。但是在安排各类电厂的负荷时，还应考虑整个电力系统运行的经济性。在枯水季节，宜选水电厂作为主调频厂，火电厂中效率较低的机组则承担辅助调频的任务；在丰水季节，为了充分利用水利资源，避免弃水，水电厂宜带稳定的负荷，而由效率不高的中温中压凝汽式火电厂承担调频任务。

6. 自动发电控制（AGC）

负荷频率控制称为频率的二次调整，或称二次调频；经济调度控制则称为频率的三次调整，或称三次调频，而将二者合称为自动发电控制（Automatic Generation Control，AGC)。为了满足频率调整和经济调度的需要，现代电力系统广泛采用自动发电控制。

（1）AGC的功能。自动发电控制就是控制机组的功率，使系统频率和区域间净交换功率维持在计划值，并且在此前提下使系统运行最经济。它的控制目标如下。

1）维持系统频率在允许误差范围内。国家规定系统频率为50Hz。对于机组容量在3000MW以上的电力系统，维持其系统频率偏差在±0.1Hz内，3000MW以下的电力系统频率偏差不超过±0.2Hz。频率偏移引起的电钟误差累积值不超过±5s，超过时自动或手动矫正。

2）维持本系统对外系统的净交换功率为计划值，由净交换功率偏移引起的交换电量偏移累积可以按峰、谷时段分别计算和偿还。

3）在满足频率和对外净功率计划的情况下，按经济原则安排受控机组出力，使整个系统运行最经济。

（2）AGC系统的工作原理。AGC是一个闭环控制系统，如图10-45所示。

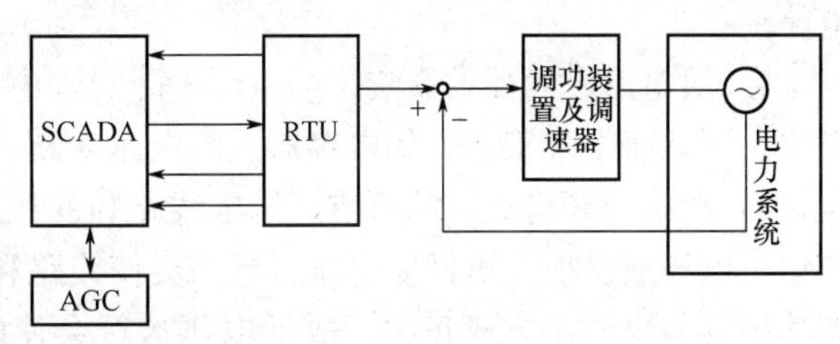

图10-45 AGC闭环控制系统示意图

AGC—自动发电闭环控制系统；SCADA—VAX计算机系统；RTU—微机型终端

此闭环控制系统可分为两层。一层为负荷分配回路，AGC通过RTU、通信通道及VAX计算机系统（SCADA）获取所需的实时量测数据，由AGC程序形成以区域控制偏差（ACE）为反馈信号的系统调节功率。根据机组的实测功率和系统的调节功率，按经济分配原则分配给各机组，并计算出各机组或电厂的控制命令，再通过SCADA、通道及RTU送到电厂的机组调节装置。另一层是各机组的控制电路，它调节机组出力（二次调节），使之跟踪AGC的控制命令，最终达到AGC的控制目的。AGC发送给机组调节装置的控制命令，最好以设定功率方式输出。

第八节　电力系统无功功率与电压的调整

一、概述

1. 电网电压指标及其偏离额定水平时的危害

（1）电网电压指标具体要求。

电压偏差可由下式得到

$$电压偏差（\%）=\frac{实测电压-额定电压}{额定电压}\times 100\%$$

供电电压允许偏差为：

1）35kV 及以上供电电压正、负偏差的绝对值之和不超过额定电压的 10%。

2）10kV 及以下三相供电电压允许偏差为额定电压的±7%。

3）220V 单相供电电压允许偏差为额定电压的+7%、−10%。

（2）电压偏离额定水平时的主要危害。

1）对照明设备的影响。照明常用的白炽灯、荧光灯的发光效率、光通量和使用寿命均与电压有关。当电压较额定电压降低 5%时，白炽灯的光通量减少 18%；当电压降低 10%时，光通量减少 30%，使照度显著降低。当电压比额定电压升高 5%时，白炽灯的寿命减少 30%；当电压升高 10%时，寿命减少一半。

2）对交流电动机的影响。异步电动机占交流电动机的 90%以上，在电网总负荷中占 60%以上。异步电动机的运行特性对电压的变化很敏感。当端电压降低时，定子电流增加很快。这是由于异步电动机的最大转矩与其端电压的平方成正比的缘故。当电压降低时，电机转矩将显著减小，以致转差增大，从而使得定子、转子电流都显著增大，导致电动机的温度上升，甚至可能烧毁电动机。反之，当电压过高时，将使电机过热，降低效率，缩短寿命。

3）对电力变压器的影响。变压器高电压运行时，会使电场增强，加剧局部放电，加快电老化。电压升高时，变压器空载损耗增大。在传输同样功率的条件下，变压器电压降低，会使电流增大，变压器绕组的损耗增大。当传输功率比较大时，低电压运行会使变压器过电流。

4）对电力电容器的影响。当电压下降时，由于电容器向电网提供的无功与电压平方成正比，因此将下降很多。如电容器上的电压太高，会严重影响电容器的使用寿命。

5）对电网经济运行的影响。输电线路和变压器在输送相同功率的条件下，其电流大小与运行电压成反比。电网低电压运行，会使线路和变压器电流增大。而线路和变压器绕组的有功损耗与电流平方成正比。故低电压运行会使电网有功功率损耗和无功功率损耗大大增加，增大了供电成本。

6）对家用电器的影响。对电热装置来说，功率与电压的平方成正比，显然过高的电压将损伤设备，过低的电压则达不到所需的温度。许多家用电器内都装有动力装置，包括直流电动机、交流异步电动机及交流同步电动机等，但约 85%用的是单相异步电动机。对单相异步电动机而言，若电压过低将影响电动机的起动，使转速降低，电流增大，甚至造成绕组烧毁。电压过高，有可能损坏绝缘或由于励磁过大而过电流。电视机的显像管在电源电压过低时，运行不正常，图像模糊，甚至无法收看。电压过高，会大大缩短显像管的使用寿命。

7）此外，电力系统维持同步运行的能力，与电网电压水平有很大的关系。若电压大幅度下降到极限电压时，系统微小的变化将引起静态稳定的破坏，而发生电压崩溃。

2. 发电厂和变电站的母线电压允许偏差值

（1）500/330kV 母线：正常运行方式时，最高运行电压不得超过系统额定电压的＋110％；最低运行电压不应影响电力系统同步稳定、电压稳定、厂用电的正常使用及下一级电压的调节。

向空载线路充电，在暂态过程衰减后线路末端电压不应超过系统额定电压的 1.15 倍，持续时间不应大于 20min。

（2）发电厂和变电站的 220kV 母线：正常运行方式时，电压允许偏差为系统额定电压的 0～＋10％；事故运行方式时为系统额定电压的－5％～＋10％。

（3）发电厂和变电站的（110～35）kV 母线：正常运行方式时，电压允许偏差为相应系统额定电压的－3％～＋7％；事故后为系统额定电压的±10％。

（4）发电厂和变电站的 10（6）kV 母线：应使所带线路的全部高压客户和经配电变压器供电的低压客户的电压，均符合客户受电端的电压允许偏差值。

3. 电压质量考核点的设置原则及电压合格率的计算方法

电力系统设置有电压质量考核点，这些点均装有电压自动记录仪，用以统计分析电压合格率。电压质量考核点的设置原则如下。

(1)城市变电站(含供城市直配负荷的发电厂)，6～10kV 母线(A 类电压监测点)。

(2)供电局选定一批有代表性的客户作为电压质量考核点。其中包括：

1)110kV 及以上供电的和 35(63)kV 专线供电的客户(B 类电压监测点)。

2)其他 35(63)kV 客户和 10(6)kV 的客户每一万千瓦负荷至少设一个电压监测点，应包括对电压有较高要求的重要客户和每个变电站 10(6)kV 母线所带有代表性线路的末端客户(C 类电压监测点)。

3)低压(380/220V)客户至少每百台配电变压器设一个电压监测点，应考虑有代表性的首末端和部分重要客户(D 类电压监测点)。

4)此外，供电局应对所辖电网的 10kV 客户和公用配电变压器，小区配电室以及有代表性的低压配电网线路首末端客户的电压进行巡回检测。检测周期不应少于每年一次，每次连续检测时间不应少于 24h。

电压偏差以电压合格率为统计及考核指标。电压合格率是指实际运行电压在允许电压偏差范围内累计运行时间与对应的总运行统计时间之比的百分值。即

$$\text{主网节点电压合格率}\,U=\left(1-\frac{\text{月电压超限时间总分(min)}}{\text{月电压监测总时间(min)}}\right)\times 100\%$$

$$\text{主网电压合格率}\,U=\frac{\sum_{i=1}^{n}U_{\mathrm{i}}(\text{主网节点电压合格率})}{n}$$

式中　n——主网电压监测点数。

供电综合电压合格率 $U=0.5A+0.5\,\dfrac{B+C+D}{3}$。式中，$A$、$B$、$C$、$D$ 分别为四种类型电压监测点的供电电压合格率。国家明确提出一流供电企业必备条件之一是供电综合电压合

格率大于或等于98%，其中A类电压合格率大于或等于99%。

4. 负荷的电压静态特性

（1）有功负荷的电压特性。

1）同步电动机负荷与电压无关，异步电动机负荷基本上与电压无关（由于滑差的变化很小）。

2）照明用电负荷与电压的1.6次方成正比，电热、电炉、整流负荷与电压的平方成正比，为了简化计算，近似地将这类负荷都看作与电压的平方成正比。

3）在输送功率不变的条件下，电力线路损失与电压的平方成反比（变压器的铁损与电压的平方成正比，因其占总网损的一小部分，故忽略不计）。

（2）无功负荷的电压特性。

1）异步电动机和变压器是系统中无功功率的主要消耗者，决定着系统的无功负荷的电压特性。其无功损耗分为励磁无功功率与漏抗中消耗的无功功率两部分。励磁无功功率随着电压的降低而减小，漏抗中的无功损耗与电压的平方成反比，随着电压的降低而增加。

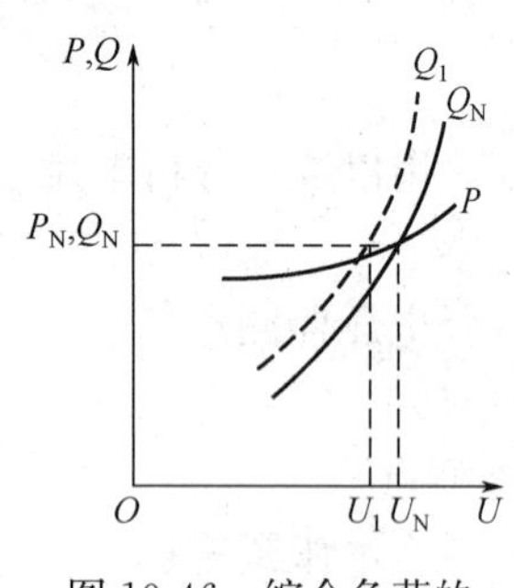

图10-46　综合负荷的电压静态特性

2）输电线路中的无功损耗与电压的平方成反比，而充电功率却与电压的平方成正比。

3）因为照明、电阻炉等不消耗无功，所以与电压的变化无关。

（3）有功及无功负荷电压静态特性曲线的特点。

电力系统的负荷由各种类型的用电设备组成，一般以异步电动机为主体。综合负荷的电压静态特性，即电压与负荷取用的有功功率和无功功率的关系如图10-46所示。分析负荷的电压静态特性可见，在额定电压附近，电压与无功功率的关系比电压与有功功率的关系密切得多，表现为无功功率对电压具有较大的变化率，所以分析系统运行的电压水平应从系统的无功功率分析入手。

二、电力系统的无功功率平衡

1. 无功电源

电力系统的无功电源有发电机、同步调相机、静电电容器及静止补偿器等。

同步发电机不仅是电力系统唯一的有功电源，也是电力系统的主要无功电源。当发电机处于额定状态下运行时，发出的无功功率为

$$Q_{GN}=S_{GN}\sin\varphi_N=P_{GN}\tan\varphi_N$$

式中　S_{GN}——发电机的额定视在功率；

P_{GN}——发电机的额定有功功率；

Q_{GN}——发电机的额定无功功率；

φ_N——发电机的额定功率因数角。

现在以图10-47所示的汽轮发电机有功与无功功率出力图为例来分析发电机在非额定功率因数下运行时，可能发出的无功功率。图中$\overline{OA}$代表发电机额定电压$\dot{U}_{GN}$，$\dot{I}_{GN}$为发电机额定定子电流，它滞后$\dot{U}_{GN}$一个额定功率因数角φ_N。$\overline{AC}$代表$\dot{I}_{GN}$在发电机电抗X_d上引起的电压降，正比于定子额定电流，所以$\overline{AC}$也正比于发电机的额定视在功率S_{GN}。这样，C点表示

了发电机的额定运行点。而$\overline{AC}$在纵坐标和横坐标上的投影分别正比于发电机的额定有功功率P_{GN}和额定无功功率Q_{GN}。$\overline{OC}$为发电机电动势$\dot{E}_q$，它正比于发电机的额定激磁电流。

当改变功率因数运行时，受转子电流不能超过额定值的限制，发电机运行不能越出以O为圆心，以$\overline{OC}$为半径的圆弧$\overline{BC}$；受定子电流不能超过额定值（正比于额定视在功率）的限制，发电机运行不能越出以A为圆心，以$\overline{AC}$为半径的圆弧$\overline{ECD}$；此外，发电机有功功率还要受汽轮机出力的限制，发电机运行不能越出水平线$\overline{HC}$。从对图10-47的分析可知，当发电机运行于$\overline{HC}$段时，发电机发出的无功功率低于额定运行情况下的无功输出；而当发电机运行于$\overline{BC}$段时，发电机可以在降低功率因数、减少有功输出的情况下多发无功功率；只有在额定电压、额定电流和额定功率因数（即C点）下运行时，发电机的视在功率才能达到额定值，其容量也利用得最充分。当系统中有功功率备用容量较充裕时，可使靠近负荷中心的发电机在降低有功功率出力的条件下运行，从而可多发无功功率，改善系统的电压质量。

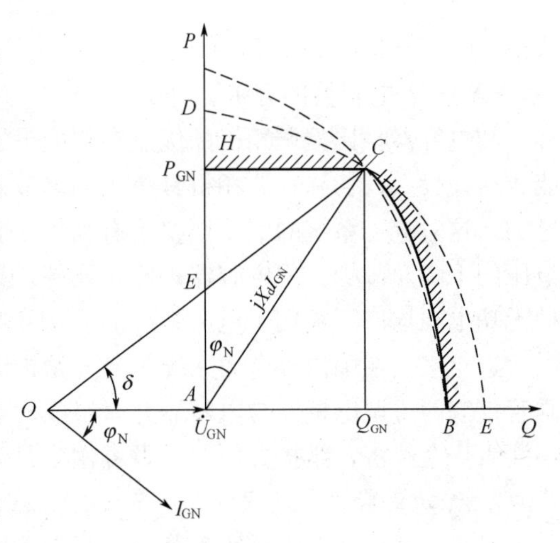

图10-47　发电机有功与无功功率的出力图

分析图10-47中由$\overline{OAC}$组成的发电机电势相量图，可以得出发电机的无功输出与电压的关系。

由
$$E\sin\delta=XI\cos\varphi$$
可得
$$P=UI\cos\varphi=\frac{EU}{X}\sin\delta$$
又由
$$E\cos\delta=U+IX\sin\varphi$$
可得
$$Q=UI\sin\varphi=\frac{EU}{X}\cos\delta-\frac{U^2}{X}$$

将上述式子整理，并考虑到$\cos\delta=\sqrt{1-\sin^2\delta}$，当$P$为一定值时，得

$$Q=\sqrt{\left(\frac{EU}{X}\right)^2-P^2}-\frac{U^2}{X}$$

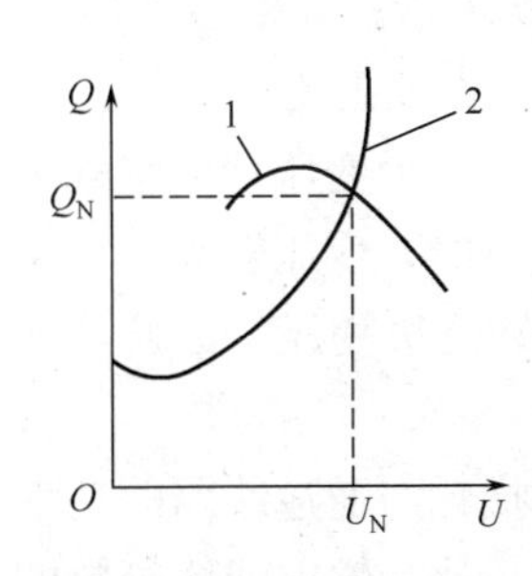

图10-48　无功与电压静态特性曲线

1—发电机无功与电压的静特性；2—异步电动机无功与电压的静特性

由上式可见，当电动势E为一定值时，Q同U的关系，是一条向下开口的抛物线，如图10-48曲线1所示。

同步调相机是专门设计的无功功率发电机，其工作原理又相当于空载运行的同步电动机。在过励磁运行时，同步调相机向系统输送无功功率，欠励磁运行时，它从系统吸收无功功率。所以，通过调节调相机的激磁可以平滑地改变其输出的无功功率的大小和方向。由于同步调相机主要用于发出无功功率，它在欠励磁运行时的容量仅设计为过励磁运行时容量的50%～60%。调相机一般装在接近负荷中心处，直接供给负荷无功功率，以减少传输无功功率所引起的电能损耗和电压损耗。调相机的无功功率与电压静特性与发电机

相似。

电力电容器并接于电网，它供给的无功功率与其端电压的平方成正比

$$Q_C = U^2/X_C$$

式中 U——电容器所接母线的电压；

X_C——电容器的容抗。

和电容器相比，调相机的优点在于能平滑调节它所供应或吸收的无功功率，而电容器只能成组地投入、切除；调相机具有正的调节效应，即它所供应的无功功率随端电压的下降而增加，这对电力系统的电压调整是有利的。而电容器则与之相反，即它供应的无功功率随端电压的下降而减少。但电容器是静止元件，具有有功损耗小，适合于分散安装等优点。这两种无功电源均广泛地用于电力系统的无功补偿。

近年来，在国内外电力系统中已开始推广使用静止无功补偿器。静止无功补偿器是由晶闸管控制的可调电抗器与电容器并联组成，既可发出无功功率，又可吸收无功功率，且调节平滑，安全经济，维护方便。这种补偿装置正在得到越来越广泛的应用。

2. 无功负荷和无功损耗

异步电动机在电力系统负荷中占很大的比重，故电力系统的无功负荷与电压的静态特性主要由异步电动机决定。异步电动机的无功消耗为

$$Q_M = Q_m + Q_\sigma = \frac{U^2}{X_m} + I^2 X_\sigma$$

式中 Q_m——异步电动机的激磁功率，与施加于异步电动机的电压平方成正比；

Q_σ——异步电动机漏抗 X_σ 中的无功损耗，与负荷电流平方成正比。

综合这两部分无功功率的特点，可得图 10-48 所示的无功功率与电压的关系曲线 2。由图 10-48 可见，在额定电压附近，电动机取用的无功功率随电压的升降而增减。当电压明显低于额定值时，电动机取用的无功功率主要由漏抗中的无功损耗决定，此时，随电压下降，曲线反而具有上升的性质。

网络的无功损耗包括变压器和输电线的无功损耗。变压器的无功损耗为

$$Q_T = \Delta Q_0 + \Delta Q_T = U^2 B_T + I^2 X_T = \frac{I_0\%}{100} S_N + \frac{U_k\% S^2}{100 S_N}$$

式中 ΔQ_0——变压器空载无功损耗，与所施的电压平方成正比；

ΔQ_T——变压器绕组漏抗中的无功损耗，与通过变压器的电流平方成正比。

变压器的无功功率损耗在系统的无功需求中占有相当的比重。假设一台变压器的空载电流 $I_0\%=2.5$，短路电压 $U_k\%=10.5$，由上式可见，在额定功率下运行时，变压器无功功率损耗将达其额定容量的 13%。一般电力系统从电源到客户需要经过好几级变压，因此，变压器中的无功功率损耗的数值将是相当可观的。

输电线路的无功功率损耗分为两部分，其串联电抗中的无功功率损耗与通过线路的功率或电流的平方成正比，而其并联电纳中发出的无功功率与电压平方成正比。输电线路等效的无功消耗特性取决于输电线传输的功率与运行电压水平。当线路传输功率较大，电抗中消耗的无功功率大于电容中发出的无功功率时，线路等效为消耗无功；当传输功率较小、线路运行电压水平较高，电容中产生的无功功率大于电抗中消耗的无功功率时，线路等效为无功电源。

3. 无功功率的平衡与运行电压水平

电力系统中所有无功电源发出的无功功率，是为了满足整个系统无功负荷和网络无功损耗的需要。在电力系统运行的任何时刻，电源发出的无功功率总是等于同时刻系统负荷和网络的无功损耗之和，即

$$Q_{GC}(t)=Q_{LD}(t)+\Delta Q_{\Sigma}(t)$$

式中 $Q_{GC}(t)$——系统中所有的无功电源，即发电机、同步调相机、静止电容器等发出的无功功率；

$Q_{LD}(t)$——系统中所有负荷消耗的无功功率；

$\Delta Q_{\Sigma}(t)$——系统中所有变压器、输电线等网络元件的无功功率损耗。

图 10-49 表示按系统无功功率平衡确定的运行电压水平。曲线 1 表示系统等值无功电源的无功电压静态特性，曲线 2 表示系统等效负荷的无功电压静态特性。两曲线的交点 a 为无功功率平衡点，此时对应的运行电压为 U_a。当系统无功负荷增加时，其无功电压静特性如曲线 $2'$所示。这时，如系统的无功电源出力没有相应地增加，即电源的无功电压静特性维持为曲线 1，曲线 1 和 $2'$的交点 a'就代表了新的无功功率平衡点，对应的运行电压为 U'_a。显然，$U'_a<U_a$，这说明负荷增加后，系统的无功电源已不能满足在电压 U_a 下无功平衡的需要，因而只好降低电压水平，以取得在较低电压水平下的无功功率平衡。

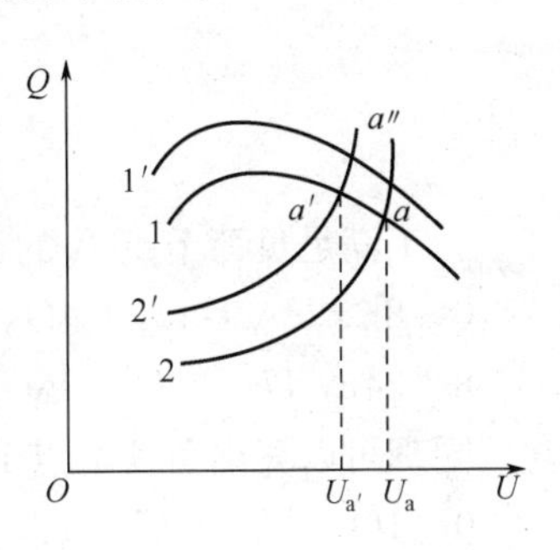

图 10-49　无功平衡与电压水平的关系

如果这时系统无功电源有充足的备用容量，多发无功功率，使无功电源的无功电压静态特性曲线上移至曲线 $1'$，从而使曲线 $1'$和 $2'$的交点 a''所确定的运行电压达到或接近 U_a。由此可见，系统无功电源充足时，可以维持系统在较高的电压水平下运行。为保证系统电压质量，在进行规划设计和运行时，需制定无功功率的供需平衡关系，并保证系统有一定的备用容量。无功备用容量一般为无功负荷的 7%～8%。在无功电源不足时，应增设无功补偿装置，并尽可能装在负荷中心，以做到无功功率的就地平衡，减少无功功率在网络中传输而引起的网络功率损耗和电压损耗。

三、中枢点的电压管理

电力系统调压的目的是，使客户的电压偏移保持在规定的范围内。由于电力系统结构复杂，负荷极多，不可能对每个负荷点的电压都进行监视和调整。一般是选定少数有代表性的节点作为电压监视的中枢点。所谓中枢点是指那些反映系统电压水平的主要发电厂或枢纽变电站的母线，系统中大部分负荷由这些节点供电。它们的电压一经确定，系统其他各点的电压也就确定了。电压中枢点的设置原则为：

(1)区域性水、火电厂的高压母线(高压母线有多回出线)。

(2)分区选择母线短路容量较大的 220kV 变电站母线。

(3)有大量地方负荷的发电厂母线。

所谓中枢点的电压管理，就是根据负荷对电压的要求，确定中枢点的电压允许调整范围。

假定有一简单电力网如图 10-50(a)所示，中枢点 O 向负荷点 A 和 B 供电，而负荷点电压 U_A 和 U_B 的允许变化范围均为$(0.95\sim1.05)U_N$，两处的日负荷曲线如图 10-50(b)所示。

当线路参数一定时，线路上的电压损耗 ΔU_A 和 ΔU_B 的变化曲线如图 10-50(c)所示。现在来确定中枢点 O 的允许电压变化范围。

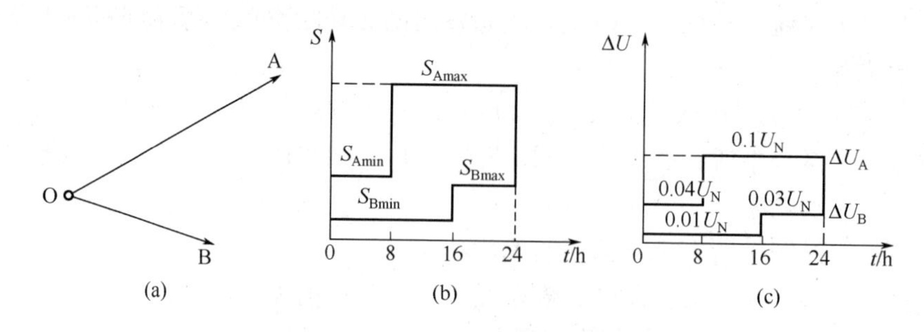

图 10-50　简单电力网电压损耗

(a) 网络接线；(b) 日负荷曲线；(c) 电压损耗曲线

为了满足负荷节点 A 的调压要求，中枢点电压应控制的变化范围是：

0～8h，$U_{(A)}=U_A+\Delta U_A=(0.95\sim1.05)U_N+0.04U_N=(0.99\sim1.09)U_N$；

8～24h，$U_{(A)}=U_A+\Delta U_A=(0.95\sim1.05)U_N+0.1U_N=(1.05\sim1.15)U_N$。

同理可以算出负荷节点 B 对中枢点电压变化范围的要求是：

0～16h，$U_{(B)}=U_B+\Delta U_B=(0.96\sim1.06)U_N$；

16～24h，$U_{(B)}=U_B+\Delta U_B=(0.98\sim1.08)U_N$。

考虑 A、B 两个负荷对 O 点的要求，可得出 O 点电压的允许变化范围，如图 10-51 所示。图中阴影部分表示可同时满足 A、B 两个负荷点电压要求的 O 点电压的变化范围。尽管 A、B 两点允许电压偏移量都是±5%，但由于负荷 A 和负荷 B 的变化规律不同，从而使 ΔU_A 和 ΔU_B 的大小和变化规律差别较大，在某些时间段，中枢点的电压允许变化范围很小。可以想象，如由同一中枢点供电的各客户负荷的变化规律差别很大，调压要求又不相同，就可能在某些时间段内，在中枢点的电压允许变化范围找不到同时满足所有客户的电压质量要求的部分。这种情况下，仅靠控制中枢点的电压不能保证所有负荷点的电压偏移都在允许范围内，必须采取其他调压措施。

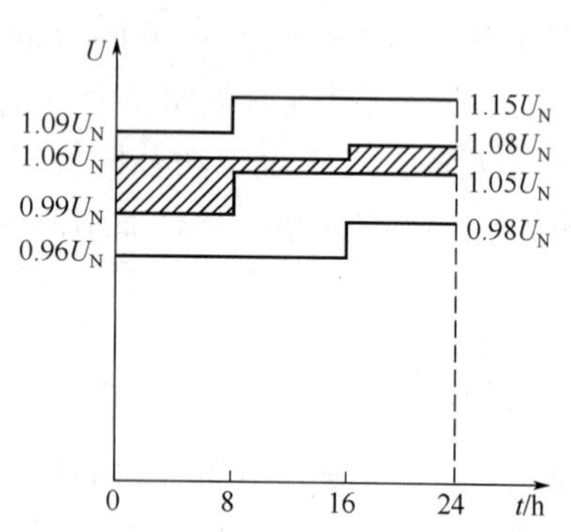

图 10-51　中枢点电压允许变化范围

在进行电力系统规划设计时，由系统供电的较低电压级电网可能尚未建成，这时对中枢点的调压方式只能提出原则性的要求。考虑到大负荷时，由中枢点供电的线路的电压损耗大，将中枢点的电压适当升高些(比线路额定电压高 5%)，小负荷时将中枢点电压适当降低(取线路的额定电压)，这种调压方式称为“逆调压”。“逆调压”适合于供电线路较长，负荷变动较大的中枢点，是比较理想的调压方式。由于从发电厂到中枢点也存在电压损耗，若发电机端电压一定，则在大负荷时中枢点电压会低些，小负荷时中枢点电压会高些，中枢点电压的这种变化规律与逆调压要求相反，这时可以采用“顺调压”，即在大负荷时允许中枢点电压不低于线路额定电压的 102.5%，小负荷时不高于线路额定电压 107.5%。这种调压方式适于供电线路不长，负荷变动不大的中枢点。介于上述两种调压方式之间的为“常调压”，即在任何负荷下都保持中枢点电压为线路额定电压的102%～105%。

四、电力系统的调压措施

通过图10-52所示简单电力系统来说明可能采取的调压措施所依据的基本原理。

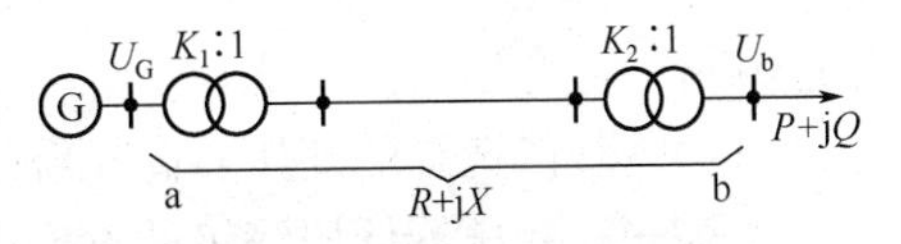

图10-52　电压调整原理图

发电机通过升压变压器、线路和降压变压器向用户供电，要求调整负荷节点b的电压U_b。为简单起见，略去线路的电容充电功率和变压器的励磁功率，变压器的参数均已归算到高压侧。这时，b点的电压为

$$U_b=(U_GK_1-\Delta U)/K_2=\left(U_GK_1-\frac{PR+QX}{U}\right)\Big/K_2$$

由上式可见，为调整客户端电压U_b，可采取的措施是：改变发电机端电压U_G；改变变压器变比；增设无功补偿装置，以减少网络传输的无功功率；改变输电线路的参数(电阻、电抗)。

1. 利用发电机调压

发电机的端电压可以通过改变发电机励磁电流的办法进行调整，这是一种经济、简单的调压方式。在负荷增大时，电力网的电压损耗增加，客户端电压降低，这时增加发电机励磁电流，提高发电机的端电压。在负荷减小时，电力网的电压损耗减少，客户端电压升高，这时减少发电机励磁电流，降低发电机的端电压。即对发电机实行"逆调压"以满足客户的电压要求。按规定，发电机运行电压的变化范围为发电机额定电压的±5%以内。在直接以发电机电压向客户供电的系统中，如供电线路不长，电压损耗不大，用发电机进行调压一般就可满足调压要求。

2. 改变变压器变比调压

改变变压器的变比可以升高或降低变压器次级绕组的电压。为了实现调压，双绕组变压器的高压绕组，三绕组变压器的高、中压绕组都设有若干分接头以供选择。对应变压器额定电压的分接头称为主接头或主抽头。容量为6300kVA及以下的变压器，高压侧一般有三个分接头，各分接头对应的电压分别为$1.05U_N$、U_N和$0.95U_N$。容量为8000kVA及以上的变压器，高压侧有五个或更多个分接头，五个分接头电压分别为$1.05U_N$、$1.025U_N$、U_N、$0.975U_N$和$0.95U_N$。变压器的低压绕组不设分接头。变压器选用不同的分接头时，一次、二次绕组的匝数比不同，从而使变压器变比不同。因此，合理地选择变压器分接头，可以调整电压。

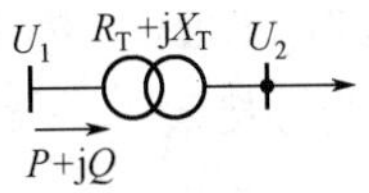

图10-53　降压变压器调压原理图

下面以双绕组降压变压器(见图10-53)分接头的选择为例，说明其调压的基本方法。

若进入变压器的功率为$P+jQ$，其高压侧母线的实际电压给定为U_1，变压器归算到高压侧的阻抗为R_T+jX_T，则归算到高压侧的变压器电压损耗为

$$\Delta U_T=\frac{PR_T+QX_T}{U_1}$$

若低压侧要求的电压为U_2，则有

$$U_2=\frac{U_1-\Delta U_T}{K_T}$$

$$K_T = \frac{U_{1t}}{U_{2N}}$$

式中　K_T——变压器的变比；

U_{1t}——待选择的变压器高压绕组的分接头电压；

U_{2N}——变压器低压绕组的额定电压。

由此得到高压侧分接头电压

$$U_{1t} = \frac{U_1 - \Delta U_T}{U_2} U_{2N} \tag{10-13}$$

普通双绕组变压器的分接头只能在停电的情况下改变，而变压器通过的负荷功率是随时变化的。为了使得在变压器通过任何正常的负荷功率时只使用一个固定的分接头，这时应按变压器通过最大和最小负荷两种极端情况下的调压要求确定分接头电压，在这两种情况下对分接头电压的要求分别为

$$U_{1t\max} = (U_{1\max} - \Delta U_{\max}) U_{2N} / U_{2\max}$$

$$U_{1t\min} = (U_{1\min} - \Delta U_{\min}) U_{2N} / U_{2\min}$$

式中　$U_{1\max}$——变压器高压侧在最大负荷时给定的电压，kV；

$\Delta U_{\max}$——变压器在通过最大负荷时阻抗中的电压损耗，kV；

$U_{2\max}$——变压器低压侧在最大负荷时要求的电压，kV；

$U_{1\min}$——变压器高压侧在最小负荷时给定的电压，kV；

$\Delta U_{\min}$——变压器在通过最小负荷时阻抗中的电压损耗，kV；

$U_{2\min}$——变压器低压侧在最小负荷时要求的电压，kV。

考虑到在最大和最小负荷时变压器要用同一分接头，故取 $U_{1\max}$ 和 $U_{1\min}$ 的算术平均值，即

$$U_{1tav} = \frac{1}{2}(U_{1t\max} + U_{1t\min})$$

再根据 U_{1tav} 值选择一个与它最接近的变压器标准分接头电压。选定变压器分接头后，应校验所选的分接头在最大负荷和最小负荷时变压器低压母线上的实际电压是否符合调压要求。如果不满足要求，还需考虑采取其他调压措施。

例 10-4　某降压变电站有一台变比 $K_T = (110 \pm 2 \times 2.5\%)/11$ 的变压器，归算到高压侧的变压器阻抗为 $Z_T = (2.44 + j40)\Omega$，最大负荷时进入变压器的功率为 $S_{\max} = (28 + j14)$ MVA，最小负荷时为 $S_{\min} = (10 + j6)$MVA，最大负荷时，高压侧母线电压为 113kV，最小负荷时为 115kV，低压侧母线电压允许变化范围为 10～11kV，试选择变压器分接头。

解　最大负荷及最小负荷时变压器的电压损耗为

$$\Delta U_{\max} = \frac{P_{\max} R_T + Q_{\max} X_T}{U_{1\max}} = \frac{28 \times 2.44 + 14 \times 40}{113} = 5.56(\text{kV})$$

$$\Delta U_{\min} = \frac{P_{\min} R_T + Q_{\min} X_T}{U_{1\min}} = \frac{10 \times 2.44 + 6 \times 40}{115} = 2.28(\text{kV})$$

按最大和最小负荷情况选变压器的分接头电压

$$U_{1t\max} = \frac{U_{1\max} - \Delta U_{\max}}{U_{2\max}} U_{2N} = \frac{113 - 5.56}{10} \times 11 = 118.18(\text{kV})$$

$$U_{1t\min} = \frac{U_{1\min} - \Delta U_{\min}}{U_{2\min}} U_{2N} = \frac{115 - 2.28}{11} \times 11 = 112.72(\text{kV})$$

取平均值

$$U_{1tav}=\frac{1}{2}(U_{1tmax}+U_{1tmin})=\frac{1}{2}(118.18+112.72)=115.45(kV)$$

选择最接近的分接头电压115.5kV，即110+5%的分接头。按所选分接头校验低压母线的实际电压

$$U_{2max}=\frac{113-5.56}{115.5}\times 11=10.23(kV)>10kV$$

$$U_{2min}=\frac{115-2.28}{115.5}\times 11=10.74(kV)<11kV$$

均未超出允许电压范围10～11kV，可见所选分接头能满足调压要求。

升压变压器分接头的选择方法与上述降压变压器的选择方法基本相同。但在通常的运行方式下，升压变压器的功率方向与降压变压器相反，是从低压侧流向各高压侧的，故式(10-13)中电压损耗项ΔU_T前的符号应相反，即应将电压损耗和高压侧电压相加，得

$$U_{1t}=\frac{U_1+\Delta U_T}{U_2}U_{2N}$$

式中　U_1——变压器高压侧所要求的电压；

U_2——升压变压器低压侧的实际电压或给定电压。

在采用普通变压器不能满足调压要求的场合，如供电线路长、负荷变动大的情况，可采用有载调压变压器。有载调压变压器可以在带负荷的情况下切换分接头。因此，可以在最大负荷和最小负荷时选择不同的分接头。

3. 利用无功功率补偿调压

改变变压器分接头调压虽然是一种简单而经济的调压手段，但改变分接头并不能增减无功功率。当整个系统无功功率不足引起电压下降时，要从根本上解决系统电压水平问题，就必须增设新的无功电源。无功功率补偿调压就是通过在负荷侧安装同步调相机、并联电容器或静止补偿器，以减少通过网络传输的无功功率，降低网络的电压损耗而达到调压的目的。

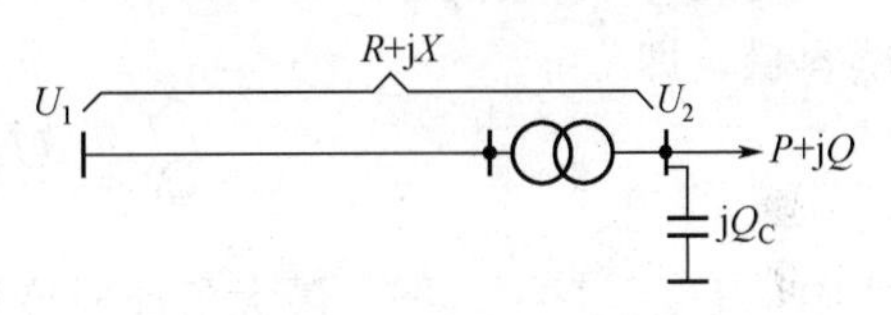

图10-54　电力系统的无功功率补偿

图10-54所示电力网，在未装补偿装置时，电力网首端电压可表示为

$$U_1=U_2'+\frac{PR+QX}{U_2'}$$

式中　U_2'——变压器低压侧归算到高压侧的电压。

在负荷侧装设容量为Q_C的无功补偿装置后，电力网的首端电压可表示为

$$U_1=U_{2C}'+\frac{PR+(Q-Q_C)X}{U_{2C}'}$$

式中　U_{2C}'——装设补偿装置后变压器低压侧归算到高压侧的电压。

若首端电压U_1保持不变，则有

$$U_2'+\frac{PR+QX}{U_2'}=U_{2C}'+\frac{PR+(Q-Q_C)X}{U_{2C}'}$$

由此可求出补偿容量为

$$Q_{\mathrm{C}}=\frac{U'_{2\mathrm{C}}}{X}\left[(U'_{2\mathrm{C}}-U'_{2})+\frac{PR+QX}{U'_{2\mathrm{C}}}-\frac{PR+QX}{U'_{2}}\right]$$

式中，由于$U'_{2\mathrm{C}}$与U'_{2}差别一般不大，故方括号内计算电压损耗的后两项数值一般相差很小，可以略去，这样便得如下简化形式

$$Q_{\mathrm{C}}=\frac{U'_{2\mathrm{C}}}{X}(U'_{2\mathrm{C}}-U'_{2})$$

如变压器变比为K_{T}，则

$$Q_{\mathrm{C}}=\frac{K_{\mathrm{T}}^{2}U_{2\mathrm{C}}}{X}\left(U_{2\mathrm{C}}-\frac{U'_{2}}{K_{\mathrm{T}}}\right)$$

式中　$U_{2\mathrm{C}}$——变压器低压侧实际要求的电压。

无功功率补偿装置主要有静止电容器和同步调相机。

(1)静止电容器容量的选择。

对于在大负荷时降压变电站低压侧电压偏低，小负荷时电压偏高的情况，在选择静止电容器作补偿设备时，由于电容器只能发出无功功率以提高电压，故应考虑在最小负荷时将电容器全部切除，在最大负荷时全部投入的运行方式。由上式可知，无功补偿容量还与变压器变比的选择有关。因此，在与变压器分接头选择相配合确定无功补偿容量时，可按在最小负荷时不补偿(即电容器不投入)来确定变压器分接头

$$U_{1\mathrm{t}}=\frac{U'_{2\min}}{U_{2\min}}U_{2\mathrm{N}}$$

式中　$U'_{2\min}$、$U_{2\min}$——最小负荷时变压器低压母线归算到高压侧的电压和低压母线要求的电压值。

选定与$U_{1\mathrm{t}}$最接近的分接头后，变比既已确定，再按最大负荷时的调压要求计算无功补偿容量，即

$$Q_{\mathrm{C}}=\frac{U_{2\mathrm{Cmax}}}{X}\left(U_{2\mathrm{Cmax}}-\frac{U'_{2\max}}{K_{\mathrm{T}}}\right)K_{\mathrm{T}}^{2}$$

式中　$U'_{2\max}$、$U_{2\mathrm{Cmax}}$——最大负荷时变压器低压母线归算到高压侧的电压值和低压母线要求的电压值。

(2)同步调相机容量的选择。

当选用同步调相机作补偿装置时，由于同步调相机既可发出无功功率以升高电压，又可吸收无功功率以降低电压，故应考虑在最大负荷时同步调相机满发无功。由此，调相机的容量应为

$$Q_{\mathrm{CN}}=\frac{U_{2\mathrm{Cmax}}}{X}\left(U_{2\mathrm{Cmax}}-\frac{U'_{2\max}}{K_{\mathrm{T}}}\right)K_{\mathrm{T}}^{2}$$

在最小负荷时同步调相机吸收无功功率，考虑到同步调相机通常设计在只能吸收(0.5～0.6)Q_{CN}的无功功率，所以有

$$-(0.5\sim0.6)Q_{\mathrm{CN}}=\frac{U_{2\mathrm{Cmin}}}{X}\left(U_{2\mathrm{Cmin}}-\frac{U'_{2\min}}{K_{\mathrm{T}}}\right)K_{\mathrm{T}}^{2}$$

上述两式相除，可解出变比K_{T}，选择与K_{T}值最接近的变压器高压绕组分接头电压，即确定了变压器的实际变比，再将实际变比代入以上两式中任一式即可求出为满足调压要求所需的调相机容量Q_{CN}。

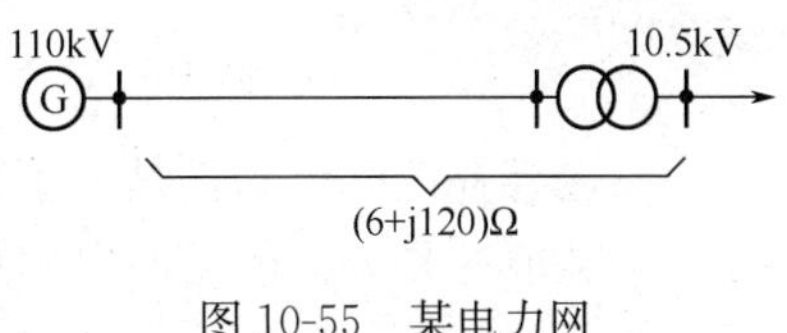

图 10-55　某电力网

例 10-5　电力网如图 10-55 所示，归算到高压侧的线路和变压器阻抗为 $Z=(6+j120)\Omega$。供电点提供的最大负荷 $S_{max}=(20+j15)$MVA，最小负荷 $S_{min}=(10+j8)$MVA，降压变压器低压侧母线电压要求保持为 10.5kV。若 U_1 保持为 110kV 不变，试配合变压器分接头选择，确定用电容器作无功补偿装置时的无功补偿容量。

解　未补偿时，最大及最小负荷时变电站低压母线归算到高压侧的电压

$$U'_{2max}=U_1-\Delta U_{max}=\left(110-\frac{20\times 6+15\times 120}{110}\right)=92.55(\text{kV})$$

$$U'_{2min}=U_1-\Delta U_{min}=\left(110-\frac{10\times 6+8\times 120}{110}\right)=100.73(\text{kV})$$

最小负荷时，将电容器全部切除，选择分接头电压

$$U_{1t}=\frac{U'_{2min}}{U_{2min}}U_{2N}=\frac{100.73}{10.5}\times 11=105.53(\text{kV})$$

选最接近的分接头 104.5kV，即 110×(1%～5%)的分接头，则

$$K_T=\frac{104.5}{11}=9.5$$

按最大负荷时的调压要求，确定电容器的容量

$$Q_C=\frac{U_{2Cmax}}{X}\left(U_{2Cmax}-\frac{U'_{2max}}{K_T}\right)K_T^2=\frac{10.5}{120}\times\left(10.5-\frac{92.55}{9.5}\right)\times 9.5^2=5.99(\text{Mvar})$$

取补偿容量为 6Mvar，验算低压母线实际电压值

$$U_{2Cmax}=\frac{U_1-\Delta U_{Cmax}}{K_T}=\frac{110-\dfrac{20\times 6+(15-6)\times 120}{110}}{9.5}=10.43(\text{kV})$$

$$U_{2min}=\frac{U_1-\Delta U_{min}}{K_T}=\frac{110-\dfrac{10\times 6+8\times 120}{110}}{9.5}=10.60(\text{kV})$$

可见选取此补偿容量能基本满足调压要求。

4. 改变输电线路的参数调压

从电压损耗的计算公式可知，改变网络元件的电阻 R 和电抗 X 都可以改变电压损耗。从而达到调压的目的。由于网络中变压器的电阻 R 和电抗 X 已由变压器的结构决定，一般不宜改变，故在电力网设计或改建时，可考虑采用改变输电线的电阻和电抗参数以满足调压要求。减小线路电阻将意味着增大导线截面，多消耗有色金属。对于 10kV 及以下电压等级的电力网中电阻比较大的线路，当采用其他调压措施不适宜时，才考虑增大导线截面以减小线路的电阻。而对于 X 比 R 大的 35kV 及以上电压等级的电力线路，电抗上的电压降占的比重较大，可以考虑采用串联电容补偿的方法以减小 X。

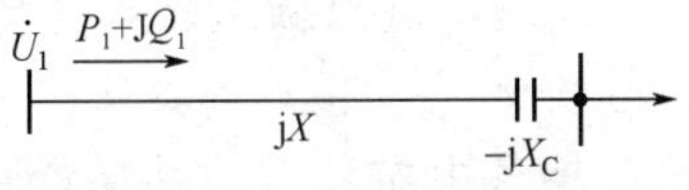

图 10-56　电力网的串联电容补偿

图 10-56 所示配电线，在未装设串联电容时，线路的电压损耗为

$$\Delta U=\frac{P_1R+Q_1X}{U_1}$$

装设串联电容 C 后，线路的电压损耗为

$$\Delta U_C = \frac{P_1R + Q_1(X - X_C)}{U_1}$$

串联电容补偿的目的，是为了减小线路的电压损耗，提高线路末端运行电压的水平，电压提高的数值应是补偿前后的电压损耗之差，即

$$\Delta U - \Delta U_C = \frac{Q_1X_C}{U_1} \tag{10-14}$$

所以

$$X_C = \frac{U_1(\Delta U - \Delta U_C)}{Q_1}$$

式中，$\Delta U - \Delta U_C$ 为补偿前后线路的电压损耗值之差，当线路首端电压 U_1 保持不变时，也是补偿后线路末端电压的升高值。

从式(10-14)可以看出，串联电容补偿的调压效果与负荷的无功功率 Q_1 成正比，从而与负荷的功率因数有关。在负荷功率因数较低时，线路上串联电容调压效果较显著。因此，串联电容补偿一般适用于负荷波动大且功率因数低的配电线路。

5. 利用加压调压变压器调压

详见第二章中加压调压变压器的有关内容。

6. 利用静止无功补偿器调压

由于我国超高压大容量长距离输电系统的不断出现，稳定运行问题也更加突出。因此在考虑超高压系统的无功补偿时，不仅要考虑无功功率平衡和电压调整问题，也要求同时考虑超高压电力系统的静态和暂态稳定运行问题。静止补偿装置(简称静补、SVC)能较好地解决上述问题，它是国外 20 世纪 70 年代发展起来的一种快速调节无功功率的新型成套补偿装置。与调相机相比，它的调压速度快(1～2Hz)，并能抑制过电压、系统功率振荡和电压突变，吸收谐波，改善不平衡度等，且运行可靠、维护方便、投资少。因此，调相机已有被逐步替代的趋势。我国各超高压电网也早已采用了静补装置。如华中系统 1982 年投入运行的两套相控静补装置，多年运行经验证明效果良好，基本上满足了附近地区峰、谷负荷的节点电压要求。又如武汉钢铁公司装了四套可控饱和静补装置后，便解决了大型轧钢机、电弧炉冲击负荷引起的电压闪变问题。静补装置还能够平衡随时间变化的非对称负荷，提高事故后无功紧急备用能力，以保持故障后短路瞬间的关键母线电压水平。总之，静补装置具有调相机和并联电容器所没有的许多优点。静补装置是由并联电容器、电抗器及检测与控制系统组成。它具有多种组合形式，可根据系统需要进行选择，现简要说明如下。

(1)直流励磁饱和电抗器静止补偿装置。图 10-57 为直流励磁饱和电抗器型静补装置原理接线图。它由直流励磁饱和电抗器 ZHBK、滤波器 GL、LB 和检测与控制系统三部分组成。ZHBK 每相由交直流两个绕组组成，通过改变直流励磁电流大小控制电抗器的饱和程度以达到调节感性无功功率的目的。LB 与 GL 由电容器与限流电抗器组成，它不仅是无功电源，也是谐波滤波器。检测与控制系统由无功功率检测器、调节器、移相触发及晶闸管整流器等组成。控制方式有按进线无功功率不变或母线电压不变进行调节等几种方式。例如当母线电压降低时，检测与控制系统便自动减少直流绕组的励磁电流，使铁芯饱和程度降低，交流绕组感抗增大，吸收电容器的无功功率减少，此时电容器组供给负荷的无功功率增加，而由系统来的无功功率则减少，因而达到了提高母线电压的目的。需要指出，三相共体的

ZHBK 装置只适用于三相平衡无功补偿系统，单相△接线的 ZHBK 装置则可用于三相不平衡无功补偿系统。

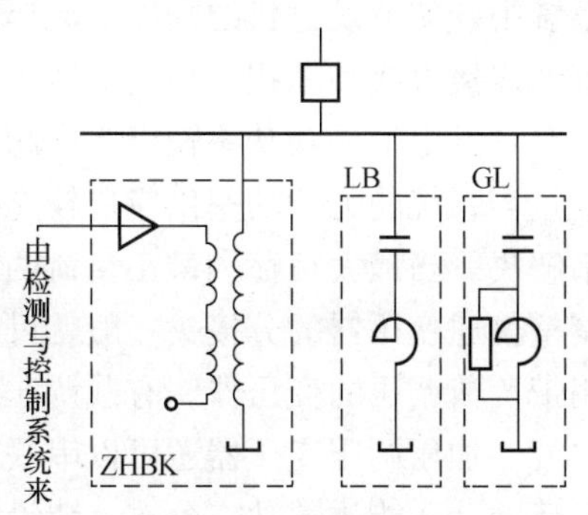

图 10-57　直流励磁饱和电抗器型静补装置原理接线图

ZHBK—直流励磁饱和电抗器；GL—高通交流滤波器；LB—单通交流滤波器

(2)自饱和电抗器型静补装置。图 10-58 为自饱和电抗器型静补装置的原理接线图，它由自饱和电抗器 ZBK 及滤波器组成。它通过自饱和电抗器上电压变化改变电抗器的饱和程度，使感性无功功率发生变化达到调压目的。此装置主要用于稳定母线电压。例如当母线电压低于额定值时，铁芯不饱和，电抗器与串联电容器组合回路的总感抗很大，基本上不消耗无功功率，并联电容器组的无功功率使母线电压上升。当母线电压高于额定值时，电抗器饱和使感抗减小，吸收无功功率增大，使母线电压下降，从而达到使母线电压维持在额定值附近。ZBK 静补装置为 Y 接三相共体型，只适于三相平衡负荷，但具有一定的过负荷能力。

(3)相控电抗器型静补装置。图 10-59 为相控电抗器型静补装置的原理接线图，它由相控电抗器 XKK、滤波器、晶闸管开关及控制器等组成。它通过晶闸管开关瞬时导通和截止来控制感性无功功率的变化达到调节容性无功功率的目的。当晶闸管开关全断时，电抗器开路相当于空载，此时仅耗用少量感性无功功率，静补送出最大无功功率。当晶闸管开关全导通时，电抗器短路，吸收大量感性无功功率，此时静补送出无功最少，甚至可能从电网吸收无功功率。由此可见，通过晶闸管开关触发相角的调节，可平滑地改变静补的无功功率以达到调压的目的。由单相组成的接线有 Y 接线及△接线两种，Y 接线只适用于三相平衡无功负荷补偿，△接线可用于补偿三相不平衡无功负荷。

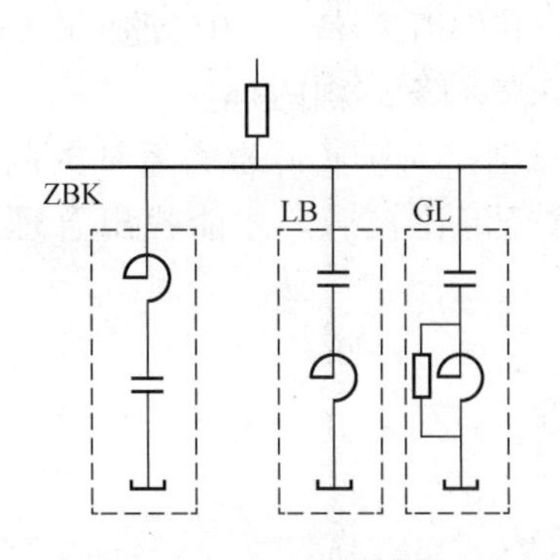

10-58　自饱和电抗器型静补装置

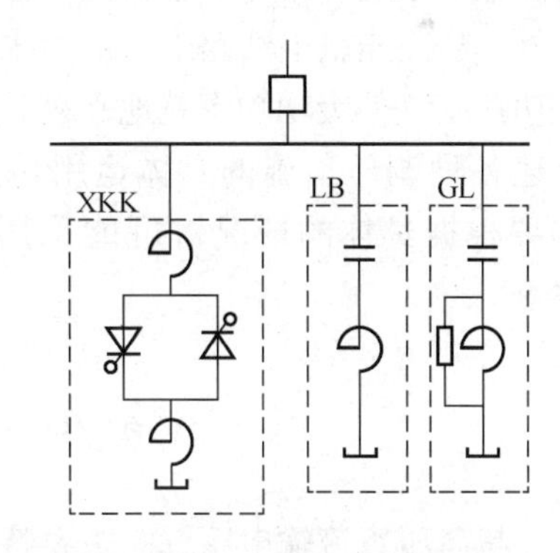

图 10-59　相控电抗器型静补装置

7. 几种调压措施的比较

电压质量问题，从全局来讲是电力系统的电压水平问题。为了确保运行中的系统具有正常电压水平，系统拥有的无功功率电源必须满足在正常电压水平下的无功需求。

从改善电压质量和减少网损考虑，必须尽量做到无功功率的就地平衡，减少无功功率长距离的和跨电压等级的传送，这是实现有效的电压调整的基本条件。

利用发电机调压不需要增加费用，是发电机直接供电的小系统的主要调压手段。在多机系统中，调节发电机的励磁电流要引起发电机间无功功率的重新分配，应该根据发电机与系统的连接方式和承担有功负荷情况，合理地规定各发电机调节装置的整定值。利用发电机调压时，发电机无功功率输出不应超过允许的限值。

当系统的无功功率供应比较充裕时，各变电站的调压问题可以通过选择变压器的分接头来解决。当最大负荷和最小负荷两种情况下的电压变化幅度不很大又不要求逆调压时，适当调整普通变压器的分接头一般就可满足要求。当电压变化幅度比较大或要求逆调压时，宜采用带负荷调压的变压器。有载调压变压器可以装设在枢纽变电站，也可以装设在大容量的客户处。加压调压变压器还可以串联在线路上，对于辐射型线路，其主要目的是为了调压，对于环网，还能改善功率分布。装设在系统间联络线上的串联加压器，还可起隔离作用，使两个系统的电压调整互不影响。

串联电容补偿可用于配电网的调压，但近年来，串联电容补偿用于超高压输电线带来的对潮流控制、系统稳定性的提高等方面的综合效益已日益引起人们的关注。

必须指出，在系统无功不足的条件下，不宜采用调整变压器分接头的办法来提高电压。因为当某一地区的电压由于变压器分接头的改变而升高后，该地区所需的无功功率也增大了，这就可能扩大系统的无功缺额，从而导致整个系统的电压水平更加下降。从全局来看，这样做的效果是不好的。

在需要附加设备的调压措施中，对无功功率不足的系统，首要问题是增加无功功率电源，因此以采用并联电容器、调相机或静止补偿器为宜。这种系统中采用串联加压器并不能解决改善电压质量问题，因个别串联加压器的采用，虽能调整网络中无功功率的流通从而使局部地区的电压有所提高，但其他地区的无功功率却因此而更感不足，电压质量也因此而更加下降。

静止无功补偿器不仅是快速调节无功功率，使母线电压维持在额定值附近的有效装置，也是提高电力系统静态和暂态稳定的重要措施。

此外，超高压输电线路上一般要求装设并联电抗器，其作用是补偿输电线路的电容和吸收其无功功率，使无功功率就地平衡，及限制工频电压升高，降低操作过电压。

上述各种调压措施的具体运用，只是一种粗略的概括。对于实际电力系统的调压问题，需要根据具体的情况对可能采用的措施进行技术经济比较后，才能找出合理的解决方案。

第九节　直　流　输　电

一、超高压直流输电系统的主要特点

直流输电是将发电厂发出的交流电经整流器变换成直流输送到受端，然后再经逆变器将直流电变换成交流向受端系统供电。直流输电系统原理接线图如图 10-60 所示。

目前交流输电技术虽然被广泛采用，但由于直流输电在技术上和经济上有许多不同于交流输电的特点，因此有不少工程采用直流输电。

1. 采用直流输电的主要优点

（1）没有系统稳定问题。通过直流输电线连接两端交流系统，两个交流系统之间不需要保持同步运行。输电距离和容量不受两端电力系统同步运行稳定性限制。

(2) 直流输电调节灵活。直流输电系统的功率调节比较容易而且迅速，因此直流输电能够保证稳定地输送功率，并且在一端系统事故情况下，可由正常运行系统对事故系统进行紧急支援。在交流、直流输电线并联运行时，当交流线路发生故障，可以短时增大直流输送功率，提高系统稳定性。

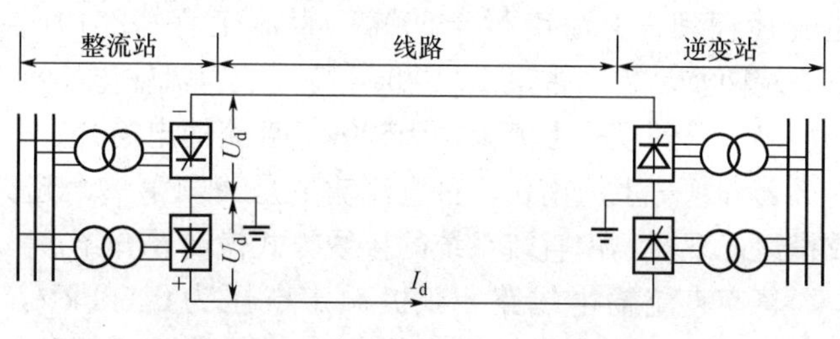

图 10-60　直流输电系统原理接线图

(3) 实现交流系统的异步连接。频率不同或相同的交流系统可以通过直流输电线或“交流—直流—交流”型的“背靠背”换流站实现异步联网运行，既得到联网运行的经济效益，又避免交流联网在发生事故时的互相影响。

若两个大容量交流系统互联，而需要交换的功率较小时，如果采用交流线路联网，由于两端交流系统的电压或频率运行情况的变化，交流联络线路很容易过负荷或发生跳闸，而通过直流输电连接两个大容量交流系统，就能够实现交换功率较小的电网互联。

(4) 限制短路电流。直流输电连接两个交流系统时，直流输电的快速调节能够很快地将短路电流限制到额定电流水平，因此，直流输电有利于限制暂态电流。

(5) 适宜海底电缆输电。由于电缆线路的电容比架空线路大得多，因此较长的海底电缆交流输电很难实现，而采用直流电缆线路就比较容易。

(6) 直流输电线路造价低。直流输电采用两根导线，在输送功率相同情况下比交流电六根导线造价经济，并且直流线路走廊较窄，线路损耗率较小，直流输电线路的运行费用及塔材也较交流线路节省。

2. 直流输电的缺点

(1) 换流器设备造价较贵。

(2) 消耗一定的无功功率。直流输电换流器要消耗一定数量的无功功率，一般情况下，约为输送直流功率的50%～60%，因此换流站的交流侧需要安装一定数量的无功补偿设备。一般是利用具有电容性的交流滤波器提供无功功率。

(3) 产生谐波影响。换流器运行中，在交流侧和直流侧都将产生谐波电流和电压，使电容器和发电机发热，换流器控制不稳定，对通信系统产生干扰。为了限制谐波影响，一般在交流侧安装滤波器，交流滤波器的电容兼做无功补偿。对于直流架空线路，在直流侧也需要装设直流滤波器。

(4) 直流输电以大地作为回路时，会引起沿途金属构件和管线腐蚀。

一个输电工程究竟应该采用直流输电或交流输电，完全取决于技术上和经济上的比较。

根据以上分析，直流输电的主要用途是：

1) 远距离大功率输电。

2) 交流系统的互联线。

3) 海底电缆输电。

4) 用于地下电缆向城市供电。

5) 作为限制短路电流的措施。

1954年瑞典在本土和果特兰岛之间建成世界上第一条高压直流输电线。1989年，我国建成葛洲坝—上海南桥±500kV 直流工程；2019 年，我国建成世界电压水平最高的淮东—皖南及昌吉—古泉±1100kV 特高压直流输电工程（详阅第十三章）。

二、葛洲坝—上海南桥±500kV 直流输电简介

葛洲坝—上海南桥双极直流输电是我国第一个超高压远距离直流输电工程，1989 年建成投运。现对葛南直流系统的接线方式做简要介绍。

葛南直流输电线路，双极额定电压为±500kV，输送容量为 1200MW，线路电流为 1200A，线路全长 1045.56km。双极直流线路水平排列，输电线型号为 4×LGJQ-300 四分裂导线。两根地线型号为 GJ-70 钢绞线。直流线路在 20℃时的电阻率为 0.0994Ω·km（设计值），单极四分裂导线的电阻为 25.96Ω。

葛南直流输电系统为单回双极直流输电系统，因此有双极接线和单极接线两种基本接线方式。利用直流旁路母线及开关，可以实现三种单极接线方式。因此葛南直流输电系统共有以下四种接线方式。

（1）双极接线方式。其接线原理图如 10-61 所示。整流站和逆变站的中性点均经过接地极引线接至地极。双极高压直流母线对地电压为$+U_d$、$-U_d$，电压相等，极性相反。双极的直流电流平衡，大约有 1%的不平衡电流流入地极。

双极直流母线电压极性是不固定的，当从葛洲坝向上海送电时，正方向传输，葛洲坝换流站极Ⅰ母线电压为正极性，极Ⅱ为负极性；而反向送电，葛洲坝换流站极Ⅰ母线电压为负极性，极Ⅱ为正极性。双极系统运行时，每极输送一半功率。二个极运行相对独立，当一极直流系统故障闭锁，另一极仍可按 2h 过负荷能力继续送电。双极系统同时故障闭锁的概率很小，因此双极系统运行有较高的可靠性。

（2）单极大地回线接线方式。其接线原理图如 10-62 所示。单极大地回线接线为利用一根直流线输电，以大地作为回路组成的输电系统。

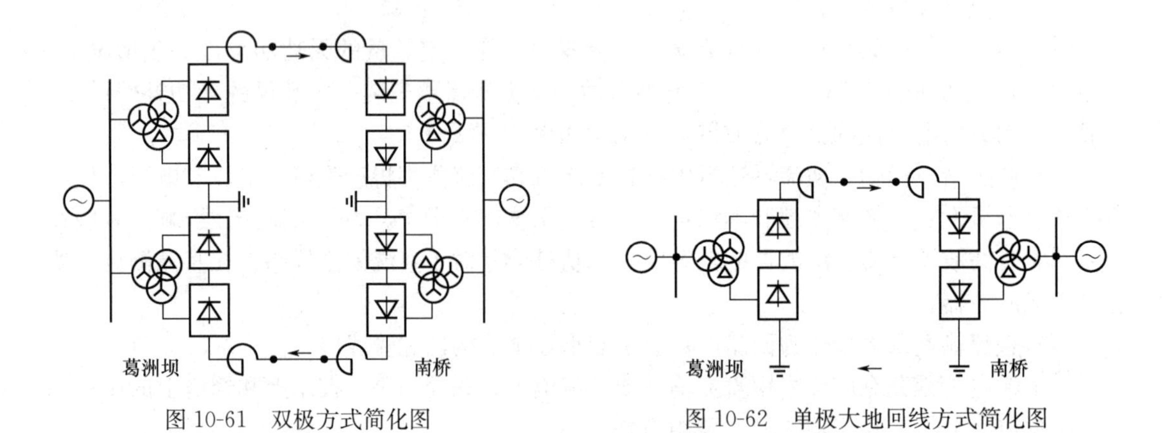

图 10-61 双极方式简化图　　图 10-62 单极大地回线方式简化图

（3）单极双导线并联大地回线接线方式。其接线原理图如图 10-63 所示。这种接线为利用两根直流导线输电，以大地作为回线的输电系统，此接线方式的输电损耗最低。

以上两种接线方式均以大地作为回线。但是直流电流流入大地，会造成埋在地下的金属接地极及管线构件产生腐蚀。直流电流入地的地极为正极性，从负极性接地极流出，正极性接地极要比负极性腐蚀严重。因此，一般直流输电要限制大地回路运行方式。葛南直流输电双极系统分期建成投运，投产的第一极在从葛洲坝向南桥送电时，直流线极为正极性。双极系统投运后，根据接地极的设计寿命，大地回线运行时间限制为800000Ah/年。

（4）单极金属回线接线方式。其原理接线如图10-64所示。这种方式是利用另一极导线作为回路构成的输电系统。此时仅南桥站中性点一点接地钳制电位，无直流电流流入大地。两根导线构成直流回路，输电线的电阻远大于大地回路电阻，因此单极金属回路运行输电损耗最高。

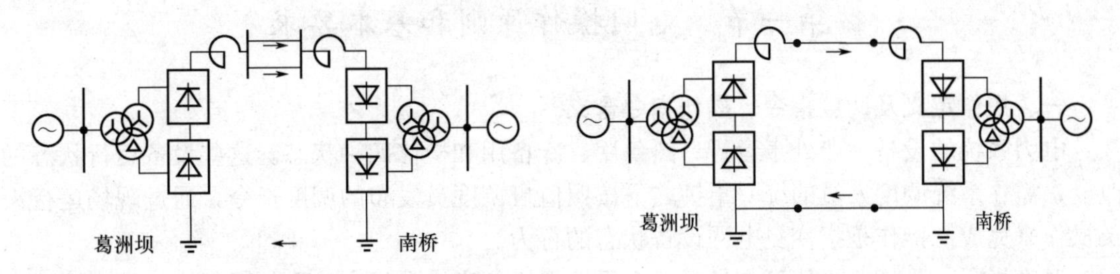

图10-63　单极双极线大地回线方式简化图　　图10-64　单极金属回线方式简化图

当一极直流系统停运后，根据接地极的状况，可以选择单极系统接线方式。在大地回路允许时间内，选择单极双极线并联大地回路方式，以提高直流输电的经济性。在大地回路受限制或接地极故障时，采用单极金属回线接线运行。

第十一章

运 行 操 作

第一节 电网操作原则和基本要求

一、操作定义及调度指令、操作指令含义

电力系统的设备一般处于运行、热备用、冷备用和检修四种状态。这些设备运行状态的改变，需在系统调度人员的统一指挥之下按照值班调度员发布的调度指令，通过现场运行人员操作来完成。操作是指变更电网设备状态的行为。

调度指令，是指上级值班人员对调度系统下级值班人员发布的必须强制执行的决定，亦称调度命令。包括值班调度人员有权发布的一切正常操作、调整和事故处理的指令，如电网送变电设备的倒闸操作指令，开停发电机、调相机指令，增减出力的指令，投切继电保护或安全自动装置或更改其整定值的指令，拉闸限电的指令。指令形式可以是单项令、逐项令或综合令。有关设备操作的调度指令亦称做操作指令。

二、电网操作指令的主要类型

(1) 单项操作指令。是指调度员只对一个单位发布一项操作指令，由下级调度或现场运行人员完成后汇报调度。

(2) 综合操作指令。是一个操作任务只涉及一个单位的操作，调度员只发给操作任务，由现场运行人员自行操作，在得到调度员允许之后即可开始执行，完毕后再向调度员汇报，如变电站倒母线和变压器停送电等。

(3) 逐项操作指令。是指调度员逐项下达操作指令，受令单位按指令的顺序逐项执行。一般涉及两个及两个以上单位的操作，调度员必须事先按操作原则编写好操作票。操作时由调度员逐项下达操作指令，现场按指令逐项操作完后汇报调度，如线路的停送电等。

三、电网操作必须遵循的主要原则

(1) 电力系统的操作，应按其所属调度指挥关系，在调度的指挥下进行。非调度管辖设备方式变更或操作影响系统安全稳定水平时，应经上级值班调度员许可后进行。上级调度所管辖的设备，经操作后对下级调度管辖设备的系统有影响时，上级值班调度员应在操作前通知有关下级调度值班人员。

(2) 操作前要充分考虑操作变更后系统接线方式的正确性，并应特别注意对重要客户供电的可靠性。

(3) 操作前要对系统的有功功率和无功功率加以平衡，保证操作变更后系统的稳定性，并应考虑备用容量。

(4) 操作时注意系统变更后引起潮流、电压及频率的变化，并应将改变的运行接线及潮流变化及时通知有关现场。若变更系统使潮流增加，应通知有关现场加强监视及时检查，特别是触点可能发热、过载、超稳定情况。

(5) 系统中性点运行方式应配合协调，110kV及以上系统变压器中性点直接接地数目应重新考虑，并应防止操作过程引起内部过电压。

(6) 由于检修、扩建有可能造成相序或相位紊乱时，送电前注意进行试验。环状网络中变压器的操作，可能引起电磁环网中接线角度发生变化时，应及时通知有关单位。

(7) 在电气设备送电前，必须收回并检查有关工作票，拆除安全措施，如拉开接地隔离开关或拆除临时接地线及警告牌，然后测量绝缘电阻。在测量绝缘电阻时，必须隔离电源，进行放电。此外，还应检查隔离开关和断路器是否在断开位置。

(8) 倒闸操作前，应考虑继电保护及自动装置整定值的调整，以适应新的运行方式的需要，防止因继电保护及自动装置误动或拒动而造成事故。

(9) 备用电源自动投入装置及重合闸装置，必须在所属主设备停运前退出运行，在所属主设备送电后再投入运行。

(10) 在进行电源切换或倒母线电源时，必须先切换备用电源自动投入装置。操作完毕后，再进行调整。

(11) 在倒闸操作中，应注意分析表计的指示。倒母线时，应注意将电源分布平衡，并尽量减少母联断路器的电流，使之不超过限额，以免因设备过负荷而跳闸。

(12) 在下列情况下，应将断路器的操作电源切断（即取下直流操作保险）：

1) 断路器在检修。

2) 二次回路及保护装置上有人工作。

3) 在倒母线过程中，拉合母线隔离开关、旁路断路器、旁路隔离开关及母线分段隔离开关时，必须取下母联断路器、分段断路器及旁路断路器的直流操作保险，以防止带负荷拉合隔离开关。

4) 在操作隔离开关前，应确定断路器在断开位置，并取下直流操作保险，以防止在操作隔离开关的过程中，出现因误跳或误合断路器而造成带负荷拉合隔离开关的事故。

5) 在继电保护故障的情况下，应取下断路器的直流操作保险，以防止因断路器误合或误跳而造成的停电事故。

6) 油断路器缺油或无油时，应取下断路器的直流操作保险，以防系统发生故障而跳开该断路器时，发生断路器爆炸事故。这是因为断路器缺油时其灭弧能力减弱，不能切断故障电流。此时，可由旁路断路器代替其工作。

(13) 倒闸操作必须由两人进行，其中对设备熟悉者做监护。操作中应使用合格的安全工具，如验电笔、绝缘手套等。雨天或雾天在室外操作高压设备时，应穿绝缘靴或站在绝缘台上。高峰负荷时，避免操作。倒闸操作时，不进行交接班。变电站上空有雷电活动时，禁止进行户外设备倒闸操作。

(14) 带电作业要按检修申请制度提前向所属调度提出申请，批准后方允许作业。严禁约时强送。

(15) 系统变更后，事故处理措施应重新考虑。必要时事先拟好事故预想，并与有关现场联系好，包括调度通信和自动化部门。系统变更后的解列点应重新考虑。

(16) 操作时应将防误闭锁装置投入使用，严禁擅自解锁。确因电气闭锁装置本身有缺陷需要解锁操作时，应经站长或技术负责人同意。

(17) 远方操作的隔离开关，一般不得在带电情况下就地手动操作，以免失去电气闭锁。

四、电网调度操作的基本要求

(1) 调度员在指挥操作前必须对检修票做到“五查”：①内容；②时间；③单位；④停

电范围；⑤检修运行方式（接线、保护、潮流分布等）。检修票虽然经过审核、批准，但为了保证操作的正确性，调度员还应把好操作前的最后一关。

（2）对于逐项操作指令，调度员在操作前要填写好操作票。填写操作票要做到“四对照”：①对照现场；②对照检修票；③对照实际系统运行方式；④对照典型操作票。

操作票填写要严密而明确，文字清晰，术语标准化、规范化，不得修改、倒项。设备必须用双重名称，即设备名称和编号，缺一不可。为保证有关现场操作中协调配合，设备停、送电必须填写统一步骤的操作票，不允许写成各单位分开各自顺序的操作票。停电和送电的操作票应分别编制，不允许写在一张操作票上。操作项目中的注意事项，应记在该项目之后，不得记在操作票最后的备注中。

（3）对于一个操作要由一个调度员统一指挥，操作过程中必须严格贯彻复诵、录音、记录和监护制度。

调度员指挥操作时，除采用专用的调度术语外，还应采用复诵制度。复诵指调度员发布执行操作的指令或现场运行人员汇报执行操作的结果时双方均应重复一遍。严格贯彻复诵制度可以及时纠正由于听错而造成的误操作。

调度员在操作时要彼此通报全名，逐项记录发令时间及操作完上报时间。调度员在指挥操作过程中必须录音。录音的作用在于录下操作的真实对话情况，提高工作的严肃性，还可以在录音中检查调度员的工作质量和纪律性。当发现不正常情况时，便于正确判断，吸取教训。

负责操作的调度员在整个指挥操作过程中应由另一名有监护权的调度员负责监护，当发现调度员下令不正确或混乱时应及时提出纠正。当操作任务全部完成后，监护人还应审查一遍操作票，避免有遗漏或不妥之处。

（4）按操作票执行的操作必须逐项进行，不允许跳项操作。在操作中更不允许不按操作票而凭经验和记忆进行操作。遇有临时变更，必须经调度长同意，修改操作票后，才能继续操作。

（5）操作时应利用现有的调度自动化设备，检查开关位置及潮流变化，检查操作的正确性，并及时变更调度模拟盘，使其符合实际情况。

（6）对于操作中的保护与自动装置，不应只考虑时间短而忽视配合问题。凡因运行方式变化，需要变更的保护及自动装置，均应及时变更。

（7）电力系统的一切倒闸操作应避免在雷雨、大风等恶劣天气和交接班或高峰负荷时进行。除必须送电的线路送电操作和系统事故情况下操作外，一般操作均应尽量在负荷较小时进行。如果正在交接班时遇到必须进行的操作，只有当操作全部结束或告一段落后，方可进行交接班。因为调度员在交接班或系统高峰负荷时工作比较紧张，在此时间内指挥操作很容易考虑不周。同时，如果在高峰时出现事故，对系统的影响和对客户造成的损失也是较严重的。

（8）当电力系统进行复杂操作和重大试验时，应制定详细计划和试验方案。必须事先对运行方式、继电保护以及操作步骤做周密安排。

第二节　高压断路器、隔离开关及电力线路的操作

一、高压断路器的操作

1. 高压断路器操作中要注意的问题

我们知道，断路器具有灭弧能力，能切断负荷电流和短路电流，是进行倒闸操作的主要

工具。断路器的正确动作对保证系统安全运行和操作的顺利进行有重大意义。

断路器本身的故障有：拒绝合闸、拒绝跳闸、假合闸、假跳闸、三相不同期（触头不同时闭合或断开）、操动机构损坏、切断短路能力不够造成的喷油或爆炸以及具有分相操作能力的断路器不按指令的相别动作等。在操作时必须从各方面寻找措施，减少断路器本身的故障和故障造成的损失。

一般需要注意下面几个问题：

（1）改变系统接线时首先应该检查有关断路器的开断容量能否满足要求。断路器的开断容量应大于最严重情况下通过该开关的短路容量。

（2）油开关切断短路故障时，断路器的触点由于电弧的作用将有烧损、另一方面电弧的能量也会使油急剧地分解，引起油的碳化。开关熄弧后要经过一定的时间，才能将触点间隙中油的炭化微粒和金属蒸汽排除出去，并在灭弧室内充满新鲜的油。在切除短路后，自动重合闸动作重合于故障时，如果重合闸时间过于短暂不能满足上述要求时，开关的开断容量就要下降，降低的程度与油开关的结构、自动重合闸方式（次数及无电流间隙时间）以及短路电流的大小有关。当缺乏试验或厂家数据时，表 11-1 可作为降低开断容量的参考。

某些形式的油开关设计时考虑了重合闸的问题，能保证经一次自动重合闸后不降低开断容量。

表 11-1　　油开关自动重合闸（一次重合）时容量降低参考值

短路电流（kA）	<10	10～20	21～40	>40
重合闸容量占实际额定开断容量百分比	80%	75%	70%	65%

空气开关自动重合闸的开断容量只决定于压缩空气的压力和补气量，一般空气系统是能满足这一要求的，所以空气开关的开断容量通常不降低。

调度员改变系统接线时，应检查开关使用自动重合闸的允许开断容量，当短路容量大于此开断容量时，须将自动重合闸停用。

（3）在拉、合闸时，运行人员应从各方面检查判断断路器的触点位置是否真正与外部指示相符。此外现场值班员和调度员还应根据设备的电气仪表（电压表、电流表、功率表等）的指示以及系统内的其他现象来帮助判断开关的位置。

（4）确保断路器三相动作的同期性，即三相触点同时闭合或断开。

合闸不同期，将使系统在短时间内处于非全相运行，其影响是：

1）中性点电压位移，产生零序电流。为此必须加大零序保护的整定值，使保护灵敏度降低，对电力系统设备的动、热稳定提出更高要求。

2）引起过电压，在先合一相情况下比先合两相更为严重。对双侧电源供电的变压器在一侧出现非全相合闸时，会严重威胁中性点不接地系统的分级绝缘变压器中性点绝缘，可能引起中性点避雷器爆炸。

3）非同期合闸将加长重合闸时间，对系统稳定不利。

4）断路器合闸于三相短路时，如果两相先合，则使未合闸相的电压升高，增大了击穿长度，加重了对合闸能量的要求。同时对灭弧室机械也提出更高要求。

分闸不同期将延长断路器的燃弧时间，使灭弧室压力增高，加重断路器负担。分合闸不同期所产生的负序电流对发电机的安全运行构成危害，负序分量及零序分量可能会造成有关保护误动作。

（5）远方操作的断路器，不允许带电手动合闸，以免合入故障回路，使断路器损坏或引起爆炸。

2. 事故时利用带同期检定的自动重合闸装置进行并列操作的方法

对原并列运行的系统，因为事故等原因，地方小网与系统解列时应用该操作。当需重新并入网内时，若地方电厂与系统设有直接联络线，则应用该方法进行并列的操作步骤如下。

（1）将联络线对侧断路器先行断开。

（2）将联络线本侧待合断路器的合闸电源拉开，检查自动重合闸投入检定同期位置。

（3）将本侧待合断路器操作把手置于合闸后位置，若断路器位置不对应，恢复事故音响信号，重合闸电容器开始充电（≥25s）。

（4）恢复本侧断路器合闸电源。

（5）合上联络线对侧断路器，同期继电器开始检定同期情况。

（6）调度可令地方电厂运行参数向系统“靠拢”，在两侧电源摆开角度不超过整定值（一般为40°）时，只要时间大于1.0s（重合闸固有动作时间，可以调整），重合闸即动作送出合闸脉冲。将本侧断路器合闸，完成并列操作。

3. 并列点开关的假同期试验

凡新设备或新线路的并列点试运行时，均应进行假同期试验。现以发电机并列点开关为例，简要介绍假同期试验方法。

所谓假同期试验，就是手动或自动准同期装置发出的合闸脉冲，将待并发电机断路器合闸时，发电机并非真的并入了系统，而是一种用模拟的方法进行的假的并列操作。

进行假同期试验时，应将发电机母线隔离开关断开，人为地将其辅助触点放在其合闸后的状态（辅助触点接通），这时，系统电压就通过这对辅助触点进入同期回路。另外，待并发电机的电压也进入同期回路中。这两个电压进行同期并列条件的比较，若采用手动准同期并列方式，运行人员可通过对发电机电压、频率的调整，待满足同期并列的条件时，手动将待并发电机出口断路器合上，完成假同期并列操作；若采用自动准同期并列方式，则自动准同期装置就自动地对发电机进行调速、调压，待满足同期并列的条件后，自动发出合闸脉冲，将其出口断路器合上。很显然，若同期回路的接线有错误，其表计将指示异常，无论手动准同期或者是自动准同期都无法捕捉到同期点，而不能将待并发电机出口断路器合上。因此，假同期试验是查验并列点同期回路接线正确与否的有效方法，新设备或新线路的并列点试运行时，均应进行假同期试验。

二、高压隔离开关允许进行的操作项目

高压隔离开关没有灭弧能力，故严禁带负荷进行拉闸和合闸操作，必须在断路器切断负荷以后，才能拉开隔离开关。反之，在合闸时，应先合隔离开关，再接通断路器。

应用隔离开关，可以进行以下各项操作：

（1）拉、合闭路断路器的旁路电流。

（2）拉、合变压器中性点的接地线，但当中性点上接有消弧线圈时，只有在系统无故障的情况下方可操作。

（3）拉、合电压互感器和避雷器。

（4）拉、合母线及直接连接在母线上设备的电容电流。

（5）用室外35kV带消弧角的三联隔离开关，可以拉、合励磁电流不超过2A的空载变压器。

（6）拉、合电容电流不超过5A的空载线路，但在20kV及以下者应使用三联隔离开关。

（7）用室外三联隔离开关，可以拉合电压在10kV及以下，电流在15A以下的负荷。

（8）进行倒母线操作。

（9）拉、合10kV及以下，70A以下的环路的均衡电流（或称转移电流），但所有室内型式的三联隔离开关，严禁拉、合系统环路电流。

必须指出的是，由于500kV空载母线充电容量大，因此不允许用隔离开关拉、合500kV空载母线，也不允许用隔离开关拉、合电容式电压互感器。

三、线路停电、送电时断路器及隔离开关操作顺序

线路停电时，依次断开线路断路器、线路侧隔离开关、母线侧隔离开关。送电操作时顺序相反，即依次合上母线侧隔离开关、线路侧隔离开关、线路断路器。

这种顺序操作，是为了当发生误操作时，可借助线路本身断路器的保护作用于跳闸，将故障消除，从而避免发生母线故障停电事故。

进行停电操作时，在断开断路器之后，应先断开线路侧隔离开关。因为如发生断路器实际未断开的情况，先拉线路侧隔离开关造成带负荷拉闸事故，但由于弧光短路点在断路器外侧，可由线路本身断路器保护装置动作跳闸切除故障。反之，如先断开母线侧隔离开关造成带负荷拉闸事故，则由于弧光短路点在母线侧，从而导致母线短路故障，造成母线设备全部停电。

进行送电操作时，在合断路器操作之前，应先合上母线侧隔离开关。假设由于某种原因，发生断路器实际未断开的情况，那么先合上母线侧隔离开关并无异状，接着再合线路侧隔离开关时，便造成带负荷合闸事故，但由于弧光短路点在断路器外侧，可由线路本身断路器保护装置动作跳闸切除故障。反之，如后合母线侧隔离开关时，则由于造成弧光短路点在母线侧，导致母线短路故障，造成母线设备全部停电。

为防止误操作事故的发生，在断路器和隔离开关之间要求加装闭锁装置。其作用是，使断路器在合闸位置时，隔离开关拉不开；而当隔离开关在分闸位置时，断路器合不上。以防止造成隔离开关带负荷拉闸或合闸误操作。

四、对220kV及超高压输电线路进行操作必须注意的问题

根据计算得出，单根导线的220kV线路，每100km充电无功功率约为13Mvar；相分裂为2根导线的220kV线路，每100km充电无功功率约为15.6Mvar；500kV线路，每100km的充电无功功率为100Mvar。

因此，在操作高压线路时，必须注意：

（1）空载时勿使受端电压升高至允许值以上。

（2）投入或切除空载线路，应防止由于充电功率的影响而使系统电压产生过大的波动。

（3）避免发电机带空载线路时产生自励磁。

五、220kV及超高压输电线路操作的主要步骤

220kV（特别是较长距离）和500kV的线路停送电时，必须考虑可能产生操作过电压和线路充电无功对电压波动的影响，因此应在操作前调整电压，防止线路末端电压升高和产生操作过电压。

1. 无电源的单回线路停送电操作

如图 11-1 所示，线路停电前，受端须先切除负荷或倒负荷至其他线路，使线路单带空载变压器。线路停电时，先断开 QF1，然后再断开 QF2，这样由于变压器为感性阻抗，可以减小由于线路的容性阻抗所产生的线路末端电压过高。送电时，受端可先无电压合上 QF2，然后再合 QF1，受端变压器与线路同时充电。

2. 有电源单回线的停送电操作

如图 11-2 所示，单回线停电时，可调整电源侧出力，使在 QF2 功率为零时断开 QF2，然后再断开 QF1，与系统解列后电源侧单独运行。为防止切断充电线路产生过大的电压波动，一般常由容量小的那侧先断开开关，容量大的一侧后断开开关。送电时，先合 QF1 向线路充电，在 QF2 找同期并列。

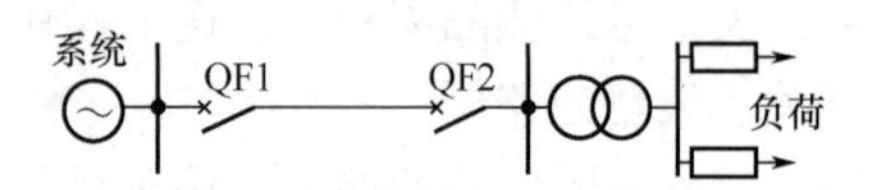

图 11-1　无电源单回线路停送电操作

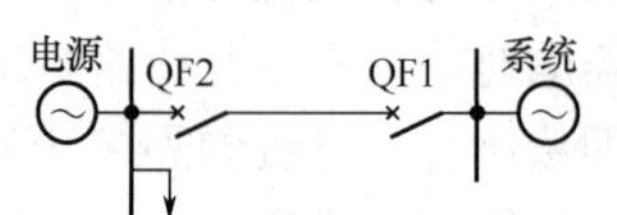

图 11-2　有电源单回线路的停送电操作

3. 双回线中任一回线停送电的操作

如图 11-3 所示，双回线中一回线停电时，先断开送端开关 QF1，然后再断开受端开关 QF2。送电时，先合受端开关 QF2，后合送端开关 QF1。这样做可以减少双回线解列和并列时开关两侧的电压差。送端如果连接有发电机，这样操作还可以避免发电机突然带上一条空载线路的电容负荷所产生的电压过分升高。

对于稳定储备较低的双回线，在线路停电之前，必须将双回线送电功率降低至一回线按稳定条件所允许的数值，然后再进行操作。

在断开或合上受端开关 QF2 时，应注意调整电压，防止操作时受端电压由于无功功率的变化产生过大的波动。通常是先将受端电压调整至上限值再断开开关 QF2，调整至下限值再合上开关 QF2。

此外，还要估计到线路上可能存在有严重短路故障，合上开关 QF2 会使稳定受到破坏。故常将运行中的一回线的输送电力适当降低之后，再合开关 QF2。

4. 环状网中任一线停送电的操作

如图 11-4 所示，环状网络中其中一回线停电时，主要考虑解环后稳定条件的限制，一般先降低 A、B 两厂的出力至允许值，然后先断开开关 QF1，后断开开关 QF2。送电时，先合上开关 QF2 线路充电，后合开关 QF1 并环。

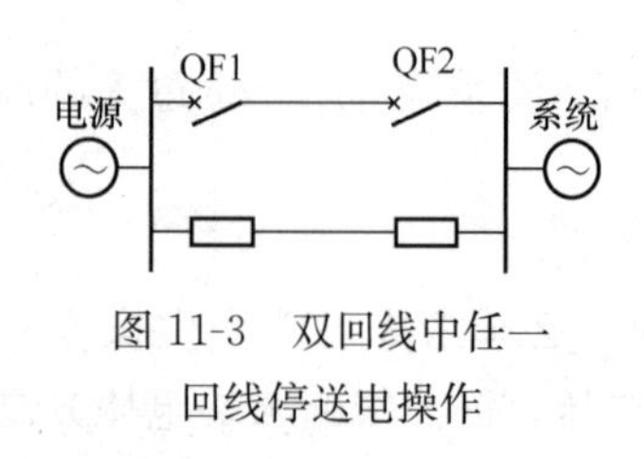

图 11-3　双回线中任一回线停送电操作

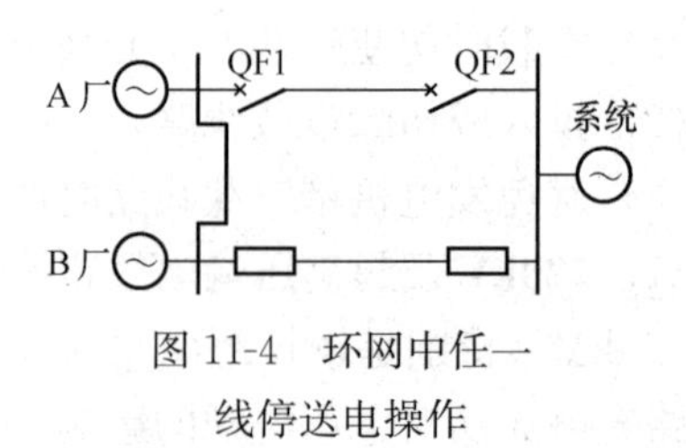

图 11-4　环网中任一线停送电操作

5. 500kV 线路停送电的操作

500kV 线路由于充电容量更大，往往采用电抗器来补偿充电容量过剩，防止空载线路末端电压值升高超过允许值。所以，在停送电操作时一定要保持空载线路上有电抗器。当线路停电后，再断开电抗器开关；送电时，先合上电抗器的开关，再对线路充电。

六、采用发电机向空载线路从零加压的主要操作步骤

1. 与发电厂直接连接的输电线路用发电机从零起加压的情况

与发电厂直接连接的输电线路常在下述情况下用发电机从零起加压：

（1）较长线路由于电容较大，若以全电压送出，则受端电压过高不能并列和带负荷；

（2）检查线路事故跳闸后或检修后是否存在故障；

（3）防止全电压投入到故障线路上，引起过大的系统冲击和稳定破坏。

进行加压前应检验发电机能否产生自励磁。如线路较长、电容较大，一般常采取降低发电机频率的加压方法。

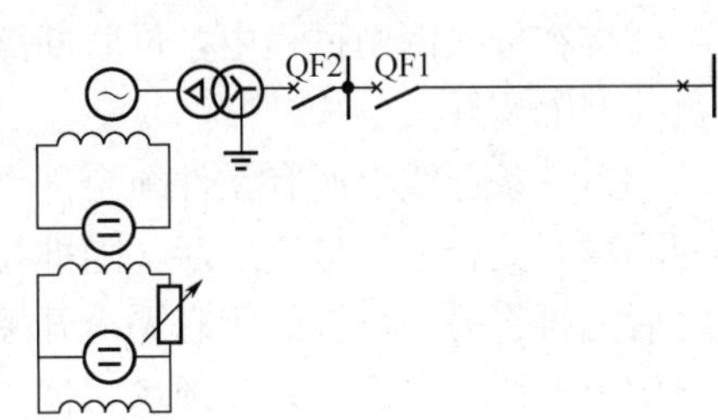

图 11-5　发电机向空载线路从零起升压

2. 进行加压时的操作步骤

发电机向空载线路从零起加压的原理接线如图 11-5 所示，其操作步骤如下。

（1）将发电机和线路的继电保护全部投入。发电机的自动励磁调整装置、强行励磁和线路重合闸停用。

（2）对于中性点直接接地的系统，发电机的升压变压器中性点必须直接接地。对于消弧线圈接地系统，则升压变压器中性点应尽量带有恰当分接头的消弧线圈。

（3）发电机的励磁调整电阻应放至最大。

（4）开关的操作顺序是：在加压发电机准备好之后，先将线路开关 QF1 合上，利用母线电压互感器检查线路确无电压，待发电机转速稳定后，合发电机变压器组开关 QF2 及自动灭磁开关，开始加压。

（5）逐渐增大励磁电流，提升电压。这时要监视定子电流和电压的变化。如果三相电压及电流平衡，且随励磁电流的增加一起增加时，则可渐渐提高电压至额定值或其他规定的数值。如加励磁时，只是三相电流增加而电压不升高，说明线路有三相短路；如各相电流电压不平衡，则说明有不对称短路或接地，应立即停止加压。

（6）如加压良好需要停电时，则先将电压降至最低，然后切断线路开关 QF1，最后切断开关 QF2。

（7）加压良好，与受端系统并列后发电机开始带负荷时，必须保持励磁电流与发电机出力的相应增长，防止因发电机内部电势过低与系统失步。如东北某水电厂一台机向长线路加压，励磁电流仅为空载励磁电流的 15%，受端电压已达额定值。与受端系统并列后，发电机很快就带上 30%的额定负荷，随后稳定即遭破坏。经立即采取增加励磁及减低出力后，才拖入同步。以后该厂规定有功功率每增加 14%额定出力，励磁电流相应地增加空载励磁电流的 17%，以保证足够的稳定储备。

第三节　母　线　操　作

一、母线操作的方法和应注意的问题

母线的操作是指母线的送电和停电以及母线上的设备在两条母线间的倒换等。母线是设备的汇合场所，连接元件多，操作工作量大，操作前必须做好充分准备，操作时要严格按次序进行。母线操作的方法和要注意的问题如下。

（1）备用母线的充电，有母联断路器时，应使用母联开关向母线充电。母联断路器的充电保护应在投入状态，必要时要将保护整定时间调整到零。这样，如果备用母线存在故障，可由母联断路器快速切除，防止事故扩大。如无母联断路器，确认备用母线处于完好状态，也可用隔离开关充电，但在选择隔离开关和编制操作顺序时，应注意不要出现过负荷。

（2）在母线倒闸过程中，母联断路器的操作电源应拉开，防止母联断路器误跳闸，造成带负荷拉隔离开关事故。

（3）一条母线上所有元件须全部倒换至另一母线时，有两种倒换次序，一种是将某一元件的隔离开关合于一母线之后，随即拉开另一母线隔离开关；另一种是全部元件都合于一母线之后，再将另一母线的所有隔离开关拉开。这要根据操作机构位置（两母线隔离开关在一个走廊上或两个走廊上）和现场习惯决定。

（4）由于设备倒换至另一母线或母线上的电压互感器停电，继电保护及自动装置的电压回路需要转换由另一电压互感器供电时，应注意勿使继电保护及自动装置因失去电压而误动作。避免电压回路接触不良以及通过电压互感器二次向不带电母线反充电，而引起电压回路熔断器熔断，造成继电保护误动等情况的出现。

（5）进行母线操作时应注意对母差保护的影响，要根据母差保护运行规程作相应的变更。在倒母线操作过程中无特殊情况下，母差保护应投入使用。母线装有自动重合闸，倒母线后如有必要，重合闸方式也应相应改变。

（6）作为国产 SW2.6.7-220 少油断路器，停送仅带有电感式电压互感器的空母线时，为避免开关触头间的并联电容与电感式电压互感器感抗形成串联谐振，母线停送电操作前应将电压互感器隔离开关拉开或在电压互感器的二次回路内并（串）适当电阻。

（7）由于 500kV 空载母线充电容量大，因此不允许用隔离开关拉合 500kV 空载母线，也不允许用隔离开关拉合电容式电压互感器。

（8）进行母线倒闸操作前要做好事故预想，防止因操作中出现如隔离开关瓷柱断裂等意外情况，而引起事故的扩大。

（9）110kV 及 220kV 母线充电、停运或恢复备用时，应防止发生铁磁谐振。

（10）110kV 及 220kV 母线应保持双母线互联运行方式或单母分段互联方式。母线元件的分配，应按调度运行方式的有关规定执行。母线分段操作原则为：

1）使通过母联的电流最小。

2）对母联相位比较式母差，每组母线都有电源。

3）任一组母线故障或母联误跳，不致使电网解列或瓦解。

4）双回线应在不同母线。

5）尽可能每组母线都有一台变压器中性点接地。

6）便于保厂用、站用电。

二、母线倒闸操作过程中母差保护的使用方式

1. 固定连接式母差保护的使用方式

（1）正常情况下，母线按固定连接方式运行，任一组母线故障均能有选择性地切除故障母线。母线倒闸操作使母线破坏固定连接时，母线保护应按破坏固定连接的方式投入非选择性小隔离开关。

（2）用母联（或母联兼旁路）断路器代线路断路器运行时，应将母联断路器电流互感器二次回路接入母差回路，投入母差保护作用于母联断路器的跳闸连接片，而母差保护投入非选择性小隔离开关。

（3）用母联断路器向另一组母线充电时，投入母联断路器充电保护，并将母差保护非选择性小隔离开关投入。

2. 母联相位比较式母差保护的使用方式

（1）母线倒闸期间，投入非选择性小隔离开关解除比相元件，母线倒闸操作结束恢复双母线运行方式后，拉开非选择性小隔离开关投入比相元件。

（2）每组母线应有能提供足够短路电流的电源元件。母线保护跳每一元件压板应与此一次设备连接的母线相对应。当改变一次设备的连接方式时，应相应地切换出口跳闸压板和重合闸回路。

（3）母联（包括母联兼旁路）断路器断开，单母线运行或双母线运行而其中一组母线元件无电源时，应投入非选择性小隔离开关。

（4）母联兼旁路断路器代线路断路器运行时，应将母联开关电流互感器二次回路接入母差总回路，同时投入非选择性小隔离开关。

（5）专用旁路断路器代线路断路器运行时，旁路断路器电流互感器二次回路应接入母差总回路，母差保护作用于旁路断路器的跳闸连接片相应投入。

（6）用母联断路器向另一组母线充电时，除投入母联断路器充电保护外，被充电母线允许包括在母差保护范围内。如果母差保护经母联合闸继电器常闭触点控制时，充电前应断开与母联合闸继电器常闭触点并联的连接片，也可按选择方式投入母差保护。

3. 中阻抗和微机母差保护的使用方式

中阻抗和微机母差保护允许一次设备在双母线间任意倒换母线运行，倒闸时由隔离开关辅助触点自动切换母差保护的电流回路和跳闸回路。

在倒闸操作时，值班运行人员应注意监视隔离开关辅助触点的转换继电器的动作状态，如出现异常情况，针对处理，必要时将保护停用处理。

第四节　发电机操作

发电机操作原则及应注意的问题：

（1）新装或检修后的发电机，并网前要核对相序和相位。

（2）发电机启动，达到并网条件才允许断路器恢复备用，对发电机—变压器组，加压前先推上变压器中性点地刀闸，按方案投入保护。

（3）正常情况下，发电机只允许采用准同期方法（包括手动和自动准同期）并列，合闸回路应经同期继电器闭锁。经过计算和试验，事故情况下允许自同期并列的发电机，应列入发电机现场运行规程。

（4）并网运行的发电机，应投入强行励磁及自动电压调整器，因故需退出时应经调度批准。

（5）发电机并列开关应选用三相联动操动机构。并列操作时注意监视三相电流，严防发电机非全相运行。若因并列操作不当引起失步时，应立即解列发电机，查明原因才能再进行并列操作。

（6）发电机解列前，有功负荷应降至零，无功降至最小，解列后缓慢降低转子电流并注意监视定子三相电流，判断是否发生非全相断开，转子电流降至零后才能断开灭磁开关。

（7）发电机解列后，要及时拉开断路器两侧隔离开关，严禁发电机只经断路器断开长时间备用。

第五节　变 压 器 操 作

一、变压器操作原则及应注意的问题

变压器的操作通常包括向变压器充电、带负荷、并列、解列、切断空载变压器等。

（1）避免变压器空载电压过分升高。

一般降压变压器分接头调整在5%～10%以上，而超高电压长距离线路空载末端电压比送端电压高5%～7%，同时送电端电压往往比额定电压高些，因此如果变压器空载，尤其是变压器送电单元接线低压侧电压常会比额定电压高15%～20%。由于铁芯饱和，过高的运行电压将产生高次谐波电压，其中的三次谐波成分较大，畸变为尖顶波，将使变压器绝缘受到损坏，并很容易在绝缘薄弱处击穿而造成事故。

因此，调度员在指挥操作时应当设法避免上述电压过分升高，如投入电抗器、调相机带感性负荷以及改变有载调压变压器的分接头等，以降低受端电压。此外，也可以适当地降低送端电压。送端如果是单独向一变电站供电的发电厂，可以按照设备要求较大幅度地降低发电厂的电压。如果发电厂还有其他负荷时，在有可能的条件下，可将发电厂的母线解列，以一部分电源单独按设备要求调整电压。

（2）避免变压器励磁涌流产生较大电压波动。

变压器充电时会产生励磁涌流，对大型变压器来说，励磁涌流中的直流分量衰减得比较慢，有时长达20s。尽管此涌流对变压器本身不会造成危害，但在某些情况下能造成电压波动，如不采取措施，可能使过流、差动保护误动作。

为避免空载变压器合闸时由于励磁涌流产生较大的电压波动，在其两端都有电源的情况下，一般采用离负荷较远的高压侧充电，然后在低压侧并列的操作方法。尤其是低压母线上具有对电压波动反应灵敏的负荷时更应注意。

（3）新装或更换线圈大修后的变压器投运时，若条件允许应做零起升压试验，做全压冲击时应将全套保护投入跳闸，并网前检查相位。

（4）变压器断路器应选用三相联动操动机构，防止变压器非全相运行。

（5）三绕组变压器高、中压侧运行，低压侧开路时，低压绕组有经高压侧传递过电压的危险，有可能破坏绝缘造成事故。为防止过电压事故，应在低压绕组侧采取下列三条措施之一：

1）一相人工接地。

2）一相通过 10kvar 电容器接地。

3）一相通过 20m 电缆接地。

（6）变压器的停送电。

一般变压器充电时，应具有完备的继电保护，防止变压器本身故障而无保护跳开，损坏变压器。在变压器发生故障跳闸后，为保证系统稳定，充电前应先降低有关线路的有功功率。

变压器充电端的确定原则：①一般情况，220kV 变压器高低压侧均有电源，送电时应先由高压侧充电，低压侧并列。停电时先在低压侧解列，再由高压侧停电。②环状系统中的变压器操作时，由于变压器分接头的固定，应正确选取充电端，以减少并列处的电压差。

二、变压器中性点接地方式的规定

在 110、220kV 及 500kV 系统中，均采用中性点直接接地方式，变压器中性点接地数量和在网络中的位置是综合变压器的绝缘安全、降低短路电流、继电保护可靠动作等要求决定的。

（1）若数台变压器并列于不同的母线上运行时，则每一条母线至少需有一台变压器中性点直接接地，以防止母联断路器跳开后使某一母线成为不接地系统。

（2）若变压器低压侧有电源，则变压器中性点必须直接接地，以防止高压侧断路器跳闸，变压器成为中性点绝缘系统。

（3）若数台变压器并列运行，正常时只允许一台或两台变压器中性点直接接地。在变压器操作时，应始终至少保持原有的中性点直接接地个数。例如两台变压器并列运行，1 号变压器中性点直接接地，2 号变压器中性点间隙接地。1 号变压器停运之前，必须首先合上 2 号变压器的中性点隔离开关；同样地必须在 1 号变压器（中性点直接接地）充电以后，才允许拉开 2 号变压器中性点隔离开关。

（4）变压器停电或充电前，为防止开关三相不同期或非同期投入而产生过电压影响变压器绝缘，停电或充电前，必须将变压器中性点直接接地。变压器充电后的中性点接地方式应按正常运行方式考虑。变压器的中性点保护要根据其接地方式做相应的改变。

（5）确定中性点接地数量和接地点时，应考虑中性点接地方式的变化不应引起系统零序电流的分布发生过大的变化，尽可能使任一变电站的系统正序综合阻抗 Z_1 小于零序综合阻抗 Z_0。

（6）自耦变压器中性点应保持接地运行。

（7）一个变电站多台变压器运行，只允许有一台变压器中性点接地时，应首先考虑安排带负荷调压变压器。

（8）如果一个发电厂、变电站有多台不同容量变压器，而只允许有一台变压器中性点接地时，正常运行下应保持容量最大的变压器中性点接地（依次类推）。

（9）单（双）台发电机—变压器—线路组的主变压器中性点应保持接地运行。

（10）在有两组及以上的发电机—变压器组运行的发电厂，当一组中的发电机停运而变压器继续运行时，如果该变压器中性点原接地运行（自耦变压器除外），应倒换为接有发电机的那台变压器中性点接地。

（11）当变压器任一侧断路器断开却仍带电为开路方式时，该侧中性点应保持接地运行且投入零序电流保护，但是该中性点不计入系统规定的中性点接地点之内。

三、变压器送电及停电操作时必须临时将中性点接地的原因

在中性点直接接地的系统中，进行变压器投入或退出运行操作时，必须保持其中性点直

接接地，主要是为了防止断路器非全相断、合时过电压损坏被投退的变压器。

对于一侧有电源的受电变压器，当其开关非全相拉、合时，若其中性点不接地，存在如下危险：

(1) 当一相接通时，变压器电源侧中点对地电压最大可达相电压，而当变压器的中性点绝缘为半绝缘时，在高电压作用下，可能使绝缘损坏。

(2) 变压器高低压绕组间存在耦合电容，会造成高压对低压的“传递过电压”。当高低压绕组间的耦合电容较低压绕组对地电容不大时，将使低压绕组受到很高的电压，而将其损坏。

(3) 由于耦合电容的作用，低压侧会有一个电压，如低压侧电容和电压互感器的电感参数落在谐振区内时，可能会出现谐振过电压而损坏绝缘。

对于低压侧有电源的送电变压器，由于低压有电源，在并入系统前，当变压器高压侧出线端发生单相接地，若变压器中性点未接地，其中性点对地将是相电压，可能使变压器绝缘损坏。当非全相并入系统，在一相与系统相连时，由于发电机和系统频率不同，变压器中性点又未接地，该变压器中性点对地电压最高可达两倍的相电压，未合相电压最高可达2.73倍的相电压。这样高的电压会造成绝缘损坏事故。

鉴于以上原因，在变压器投退操作过程中要求将其中性点临时性接地。

第六节　电力系统并解列、合解环及定相

一、电力系统并解列

1. 两个电力系统同期并列的条件

(1) 频率一致。最大允许差为0.5Hz。调整每个电力系统的频率时，首先调整容量较小的电力系统频率，主系统保持正常。只有当容量较小的电力系统无法调整时，才考虑改变主系统的频率，必要时允许降低频率较高系统的频率进行同期并列，但不得低于49.5Hz。若并列时，两系统的频率不一致，将使并列处产生一定的有功功率流动（其方向是频率高的系统向频率低的系统）和系统频率的变化。

(2) 电压相同。最大允许电压差为20%。若并列时两侧有电压差，将产生无功功率的流动及电压变动。

(3) 并列断路器两侧电压的相角相同。若相角不一致，将使电力系统产生非周期冲击电流，引起系统电压波动。若相角差较大时，电力系统将产生长时间振荡，可能使振荡中心附近的客户因电压下降而甩负荷，某些送电元件继电保护（如过流，低电压等保护）误动作。

并列装置都毫无例外地安装有同期角度闭锁装置，相角差超过允许范围时，自动闭锁并列合闸回路。

(4) 相序相同。测定相序，并使相序相同的工作，应在新设备投产试验时完成。因此正常同期并列操作时不存在检测并列开关两侧系统相序的问题。

2. 系统解列时的注意事项

两个系统解列时，要考虑解列后各自系统的发供电平衡，潮流电压的变化，以及保护和安全自动装置的改变，同时也要考虑再并列时易于找同期等因素。解列时，将解列点有功调至零，电流调至最小，如调整有困难，可使小电网向大电网输送少量功率，避免解列后小电网频率和电压较大幅度变化。

二、环网及电磁环网合解环

1. 环网定义

环网是指同一电压等级运行的线路直接连接而构成的环路。

2. 电磁环网定义及其弊端

电磁环网是指不同电压等级运行的线路，通过变压器电磁回路的连接而构成的环路。

电磁环网对电网运行主要有下列影响：

(1) 易造成系统热稳定破坏。如果在主要的负荷中心，用高低压电磁环网供电而又带重负荷时，当高一级电压线路断开后，原来带的全部负荷将通过低一级电压线路（虽然可能不止一回）送出，容易出现超过导线热稳定电流的问题。

(2) 易造成系统动稳定破坏。正常情况下，两侧系统间的联络阻抗将略小于高压线路的阻抗。而一旦高压线路因故障断开，系统间的联络阻抗将突然显著地增大（突变为两端变压器阻抗与低压线路阻抗之和，而线路阻抗的标幺值又与运行电压的平方成正比），因而极易超过该联络线的暂态稳定极限，可能发生系统振荡。

(3) 不利于经济运行。500kV 与 220kV 线路的自然功率值相差极大，同时 500kV 线路的电阻值（多为 $4\times400mm^2$ 导线）也远小于 220kV 线路（多为 $2\times240mm^2$ 或 $1\times400mm^2$ 导线）的电阻值。在 500/220kV 环网运行情况下，许多系统潮流分配难于达到最经济。

(4) 需要装设高压线路因故障停运后连锁切机、切负荷等安全自动装置。但实践说明，安全自动装置本身拒动、误动会影响电网的安全运行。

一般情况下，往往在高一级电压线路投入运行初期，由于高一级电压网络尚未形成或网络尚不坚强，需要保证输电能力或重要负荷而不得不电磁环网运行。

3. 环网及电磁环网合环应具备的条件

(1) 相位应一致。如首次合环或检修后可能引起相位变化，必须经测定证明合环点两侧相位一致。

(2) 如属于电磁环网，则环网内的变压器接线组别之差为零。特殊情况下，经计算校验继电保护不会误动作及有关环路设备不过载，允许变压器接线差 30°进行合环操作。

(3) 合环后环网内各元件不致过载。

(4) 各母线电压不应超过规定值。

(5) 继电保护与安全自动装置应适应环网运行方式。

(6) 稳定性符合规定的要求。

(7) 合环前应尽量将电压差调整到最小，最大不超过额定电压的 20%。

(8) 合环时，一般应经同期并列检定装置进行合环操作。

环网及电磁环网合、解环操作，应注意调整继电保护、安全自动装置、重合闸方式、变压器中性点接地方式等，使之与运行方式相适应。

三、电网定相试验

1. 电网定相试验的内容

(1) 单回线路定相。它实质上是测量线路一侧的端子与另一侧的哪一个端子属于同一根导线。

(2) 环网线路（变压器元件等）定相。它是测定合环点两侧的相位。相位相同是电网合环操作的必备条件之一。

（3）测定相序。相序相同是电力系统同期并列及发电机同期并列必备的条件之一。

2. 单回线路定相的试验方法

（1）兆欧表测量法。先将线路一侧三个端子中的一个接地，另一侧分别对三个端子用绝缘电阻表测绝缘，指示为零者表明与接地侧的端子为同一个相位，即属于同一根导线。

（2）加低电压法。将低电压（100～3000V）加于一侧的某个端子与地之间，在另一侧任一端子与地之间接电压表测量电压，测得有电压的端子为同一个相位，即属同一根导线。

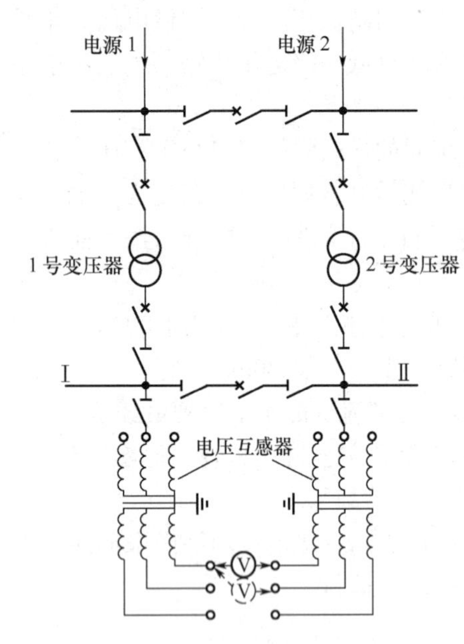

图 11-6　用电压互感器进行核相接线

上述两种方法常用在单回线路上，若有其他运行线路与被测线路平行，被测线路可能有感应电压，易损坏测量仪表和威胁人身安全，则不宜采用。

3. 环网线路（变压器元件等）相位测定法

一般用母线电压互感器进行相位测定，如图 11-6 所示。对 1 号、2 号主变压器进行相位测定，操作步骤如下。

（1）先核对两段母线电压互感器相位是否对应（即接线组别相同，二次回路接线正确）。其方法是：将 1 号主变压器送电，2 号主变压器停电，并将Ⅰ、Ⅱ段母线联络断路器合闸，从而使两段母线由一台变压器供电，即使两段母线电压互感器由同一个电源供电。然后用电压表分别测量两段母线电压互感器的对应相，当测定电压为零时，是对应的同名相；当测定电压为 100V 左右时，是不对应的异名相。

（2）测定 1 号、2 号主变压器的相位。其方法是，将Ⅰ、Ⅱ段母线联络断路器分闸，并将 1 号、2 号主变压器送电。然后用电压表分别测量两段母线电压互感器的同名相及异名相之间的电压，若同名相之间电压接近于零，而异名相之间电压为 100V 左右，则表明 1 号、2 号主变压器相位相同，可以通过Ⅰ、Ⅱ段母线并列运行。

此外，测定 10kV 及以下环网线路相位时，可用核相杆。即在可以承受 10kV 及以上电压等级的绝缘杆上安装一只电压表（或采用专用核相杆），在一次高压系统上直接核相（如图 11-7 所示）。

4. 测定相序的方法

（1）相序表法。将相序表的 A、B、C 端子接于电压互感器的对应端子上，观察相序表的旋转方向与表上标出的旋转方向是否一致来判断相序，或比较线路、设备检修前后的旋转方向，判断相序有无变化。

（2）电动机法。将被测电源或线路接一台电动机代替相序表，由其旋转方向判断相序。

（3）同步灯或电压表法。本方法应用于未并列的两电源之间。将一个电源的三个端子与另一电源相应的三个端子之间（经二次绕组中性点接地的电压互感器）接三个灯泡或电压表，若三个灯泡同时亮、同时暗，或三电压表每一瞬间指示相同时，则此两电源相序相同。

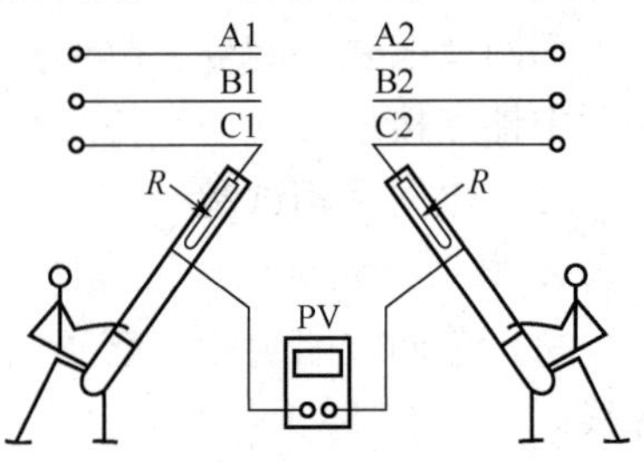

图 11-7　用核相杆进行高压核相
PV—电压表；R—电阻

第七节　对500kV断路器控制回路的具体要求

500kV断路器的重要性极高，其控制回路的设计和运行应满足以下各项要求。

（1）满足双重化的要求。要准确可靠地切除电力系统中的故障，除了继电保护装置要准确可靠的动作外，作为继电保护的执行元件——断路器能否可靠地动作，对于切除故障是至关重要的。断路器的可靠工作与消弧机构（断口部分）、操动机构、控制回路和控制电源有关。其中，消弧机构和操动机构的可靠性取决于断路器的制造技术水平，而控制回路和控制电源这两部分可靠性的提高主要取决于断路器二次回路的设计。在187kV以上系统中，断路器的拒动率为1.8×10^{-3}，其中72%是由控制回路不良引起的。控制电缆和断路器的跳闸线圈采用双重化措施以后，拒动率降低到5×10^{-4}，即采用双重化后拒动率降到原来的1/3.6。所以，为了保证可靠地切除故障，500kV断路器采用双重化的跳闸回路是非常必要的。通常500kV断路器的操动机构都配有两个独立的跳闸回路，两跳闸回路的控制电缆也分开。

（2）跳、合闸命令应保持足够长的时间。为确保断路器可靠地跳、合闸，即一旦操作命令发出，就应保证整个跳闸或合闸过程执行完成。所以，在跳、合闸回路中应设有命令的保持环节。在合闸回路中，一般可利用合闸继电器的电流自保持线圈来保持合闸脉冲，直到三相全部合好后才由断路器的辅助触点来断开合闸回路。在跳闸回路中保持跳闸脉冲的方式和"防跳"接线有关。当采用串联"防跳"接线时，可利用"防跳"继电器的电流线圈和其常开触点来保持跳闸脉冲；在采用并联"防跳"接线时，一般在保护的出口继电器和跳闸继电器的触点回路中加电流自保持。跳闸回路是由断路器的辅助触点，在完全跳开后断开。

（3）防止多次跳合闸的闭锁措施。即断路器的"防跳"措施，在500kV断路器的控制接线中，常用的有串联"防跳"和并联"防跳"两种接线方式。

（4）对跳合闸回路的完好性要经常监视。在500kV断路器的控制回路中，一般用跳闸和合闸位置继电器来监视跳合闸回路的完好性。

（5）能实现液压、气压和SF_6浓度低等状态的闭锁。在空气断路器、SF_6气体绝缘断路器以及其他采用液压机构的断路器中，这些工作的气体及液压的压力只有在规定的范围内时，断路器才能正常运行。否则，应闭锁断路器的控制回路，禁止操作。

反应气体或液体压力的电触点压力表或压力继电器的触点容量一般较小，不能直接接到断路器的跳、合闸回路中，需经中间继电器控制断路器的跳、合闸。断路器在操作过程中必然要引起气压或液压的降低，此时闭锁触点不应断开跳闸或合闸回路，否则会导致断路器的损坏。一般可采用带延时返回或带有电流自保持的中间继电器作为闭锁继电器，以确保在断路器的操作过程中闭锁触点不断开。

此外，当SF_6断路器的气体密度低到一定值时，应闭锁跳、合闸回路。

（6）应设有断路器的非全相运行保护。在500kV系统中断路器出现非全相运行的情况下，因出现零序电流，有可能引起网络相邻段零序过电流保护的后备段动作，而导致网络的无选择性跳闸。所以，当断路器出现非全相状态时，应使断路器三相跳开。

（7）断路器两端隔离开关拉合操作时，应闭锁操作回路。

第十二章

电网异常与事故处理

第一节　电网事故处理概述

一、电力生产事故类型

1. 事故类型

事故类型一般规定如下。

(1) 人身事故。人身事故按等级划分为特大人身事故、重大人身事故、一般人身事故。

(2) 电网事故。电网事故按等级划分为特大电网事故、重大电网事故和一般电网事故。具体规定随着电网的发展而进行调整。

(3) 设备事故。设备事故按等级划分为特大设备事故、重大设备事故、一般设备事故。

2. 事故分析分类

(1) 按事故原因分类。可分为因自然灾害、外力破坏、设备缺陷、人为因素等引起的事故。

(2) 按事故设备分类。可分为电力设备(发电机、变压器、断路器、互感器、电容器、电抗器等)、输配电线路、母线、用电设备、热力系统事故等。

(3) 按事故范围分类。一类是使部分系统和客户受到影响,称为局部性事故。另一类是使电力系统解列成几个部分,大量客户受到影响,称为系统性事故。

(4) 按事故时电网运行情况分类。可分为频率及电压降低、发电厂与系统解列、全厂(站)停电、系统失步、振荡等事故。

二、事故处理的基本原则和主要任务

值班调度员是所辖电网事故处理的指挥人,电网事故处理要坚持保人身、保电网、保设备的原则。事故发生后,电网运行值班人员的主要任务如下。

(1) 立即采取措施,解除对人身、电网和设备的威胁,保持无故障系统及设备的正常运行。尽快限制事故发展,解除设备过载(稳定极限),消除事故根源和隔离故障源。

(2) 阻止频率、电压继续恶化,防止频率和电压崩溃,尽快地将电网频率、电压恢复正常。消除系统振荡,尽力保证网络的完整和紧密联系,使电网具备承受再次故障冲击能力。先保证电网解列后几个部分中容量最大或最重要部分的稳定运行,有必要时临时指定局部系统的调频厂。

(3) 尽可能保持或立即恢复发电厂的厂用电。

(4) 尽快对停电的客户,特别是重要客户恢复供电。

(5) 装有自动装置而未动作者,应立即手动执行。

(6) 调整系统运行方式,使其恢复正常。

三、强送电、试送电、从零起升压

1. 强送电

强送电是指不论跳闸设备有无故障,立即强行合闸送电的操作。在下列情况下应立即强

送电：

（1）投入自动重合闸装置的送电线路，跳闸后而未重合者（但联络线路或因母线保护动作跳闸者除外）。

（2）投入备用电源自动投入装置的厂用工作电源，跳闸后备用电源未投入者。

（3）误碰、误拉及无任何故障象征而跳闸的断路器，并确知对人身或设备安全无威胁者。

（4）现场运行规程中特许者。

2. 试送电

试送电是指在设备跳闸以后，只进行外部检查和保护装置动作情况的分析判断，而不进行内部检查，或者不进行外部检查（如送电线路跳闸），经联系后即可试行合闸送电的操作。在下列情况时，一般可以试送电。

（1）保护装置动作跳闸，但无任何事故象征，判断为该保护误动，则可不经检查，退出误动保护试送（但设备不得无保护试送电）。

（2）后备保护动作跳闸，外部故障已切除，可经外部检查或不经外部检查（应视负荷情况和调度命令而定）。

3. 强送电或试送电时的注意事项

（1）注意观察表记反映。若对设备、线路强送电或试送电时有故障征兆时（例如有电流冲击，并伴随电压大幅度下降），应立即断开断路器。

（2）厂用电系统的强送电或试送电，应尽可能选用备用电源。确有困难时，也可以使用工作电源。

（3）如有条件，可适当改变运行方式，尽量把强送电或试送电的设备倒换至离电源最远的一侧。

（4）如有条件，在强送电或试送电前，将继电保护的动作时限改小。

（5）强送电或试送电原则上只允许进行一次。对投入重合闸装置的线路强送电或试送电前，必须先退出重合闸装置。

4. 从零起升压试验

在条件允许时，对跳闸的设备可用发电机或发电机—变压器组从零起升压试验，以判明设备是否完好，可否重新投入运行。从零起升压试验的方法和步骤如下。

（1）将试验用发电机或发电机—变压器组自系统中解列，并减去励磁。

（2）检查被试设备确无电压。

（3）进行必要的倒闸操作，使试用设备与被试设备单独相连。

（4）缓慢增加励磁，严密监视发电机励磁电流及电压，定子三相电流及电压，并注意检查发电机的绝缘装置。加上励磁后，三相定子电流应无指示。

（5）将发电机电压升到额定值的1.05倍，如经5～15min无异常现象时，即证明设备无故障，可以重新投入运行。

（6）若加励磁升压过程中，只是三相电流增加而电压不升高，表明设备有三相短路；如各相电流电压不平衡，则表明设备有不对称短路或接地；如发电机定子一点接地保护发信号或母线绝缘监视电压指示异常，则表明设备有接地的故障，均应立即停止加压。

在事故处理中，有把握和有根据地强送电或试送电，是迅速处理事故的有效方法，而从零起升压或测试绝缘则更为可靠。电网运行值班人员在事故处理时，采用何种方式，应视当时的运行方式、系统负荷情况及故障象征而定。

第二节　电网大面积停电事故预防及黑启动

近年来，世界各国发生了不少电网大面积停电事故，例如美国西部电网 1996 年 8 月 10 日大停电事故，巴西电网 1999 年 3 月 11 日大停电事故，我国台湾地区 1999 年 7 月 29 日大停电事故，2003 年 8 月 14 日美加大停电事故，2003 年 8 月 28 日英国伦敦大停电事故，2005 年 5 月 25 日莫斯科大停电事故，2005 年 6 月 22 日瑞士大停电事故，2005 年 8 月 18 日印尼大停电事故，2005 年 9 月 12 日美国洛杉矶大停电事故等。因而，如何有效地预防大面积停电事故，是世界各国电业从业人员面临的严峻课题。

一、世界各国电网大面积停电事故简介

现简要介绍近年几起国际大停电事故的简况。

1. 美加大停电

2003 年 8 月 14 日 16 时 11 分，美国和加拿大相邻的一个变电站发生了事故，眨眼之间，加拿大多伦多、渥太华断电，美国纽约、克利夫兰、底特律也同时停电，酿成北美历史上最为严重的大停电事故。美国东北部的密歇根、俄亥俄、纽约等六个州以及加拿大的安大略省也受到严重影响。停电波及 9300mile^2（$1\text{mile}^2=2.58999\times10^6\text{m}^2$），5000 万人饱受断电之苦。估计整个经济损失在 250 亿～300 亿美元之间。

北俄亥俄州的事故导致线路跳闸，从而引起 200 万 kW 潮流变化，巨大的电力环流冲击使电网联络线相继跳闸，最后造成各地区电压崩溃，引起了这次大停电。

2. 伦敦大停电

2003 年 8 月 28 日，英国伦敦和英格兰东南地区发生了大面积的停电事故，伦敦地铁等交通系统受到严重影响。

这次停电的主要原因是安装了一个错误规格的熔丝，致使自动保护设备被误启动，自动切断了赫斯特、新克劳斯和威姆别利顿电站与电力传输系统的联系，使伦敦电力供应量瞬间减少了 1/5。由于电力缺额过大造成了这次大停电。

3. 莫斯科大停电

2005 年 5 月 25 日 10 时许，俄罗斯首都莫斯科南部、西南和东南城区大面积停电，市区大约一半地区的工业、商业和交通陷入瘫痪。停电损失至少为 10 亿美元。

停电事故由恰吉诺变电站发生系列爆炸和火灾直接引起。该站建于 1963 年，设备均已老化。且电网处于超负荷运行状态，运行人员也未引起注意，缺乏严格的操作规程约束及协调手段。

4. 印尼大停电

2005 年 8 月 18 日 10 时 30 分，爪哇岛至巴厘岛的供电系统发生故障，造成首都雅加达至万丹的电力供应中断，雅加达全部停电。同时，在西爪哇、中爪哇、东爪哇和巴厘地区的部分电力供应中断。约 1 亿人口受到这次停电的影响，仅雅加达纺织业工会预计该行业的损失就超过了 550 亿印尼盾。

事故由位于爪哇岛的两个发电站出现故障所致。另外，随着印尼的经济发展，电力建设滞后，从爪哇到巴厘的输电系统也存在严重问题。

5. 洛杉矶大停电

2005年9月12日中午，美国西部最大的城市洛杉矶发生大面积停电。停电引起了交通堵塞，许多人被困在电梯里，洛杉矶国际机场也一度受到影响。市区200多万人生活、工作受影响。

事故原因主要是误操作引起的。当时，数名电工不慎将一配电站里的电缆切断后错接到另一根电缆上，从而造成了这次事故，继而引发三座电厂自动关闭而造成大部分地区瞬间电力中断。

二、防止电网大面积停电事故的对策

1. 认真贯彻落实《国家大面积停电事件应急预案》

2015年11月13日，国务院办公厅以国办函〔2015〕134号印发《国家大面积停电事件应急预案》(以下简称《预案》)。

根据《预案》，处置大面积停电事件的应急组织体系分为三个层面，在应急处理工作中发挥着不同作用。国家层面，成立国家电网大面积停电事件应急指挥部，统一领导指挥大面积停电事件应急处置工作。地方层面，由各省（区、市）人民政府比照国家处置电网大面积停电事件应急预案，结合本地实际制定预案，并成立相应的电网大面积停电应急指挥机构，维护当地社会稳定和尽快恢复生产、生活用电。第三个层面，电力调度机构是电网大面积停电事件处理的关键，负责统一指挥调度管辖范围内的电网事故处理和电力供应恢复；电网企业、发电企业成立相应的应急指挥机构，负责本企业的事故抢修和应急处理工作；重要用户负责本单位的事故抢险和应急处理工作。

《预案》从三个方面对应急保障提出了要求。一是技术保障，要全面加强技术支持部门的应急基础保障工作。二是装备保障，各相关地区、有关部门以及电力企业要建立和完善救援装备数据库和调用制度，配备必要的应急救援装备。三是人员保障，要求电力企业加强相关队伍建设，通过培训和演练等手段，提高各类人员的业务素质、技术水平和应急处置能力。

2. 认真贯彻落实DL 755《电力系统安全稳定导则》

按照DL 755《电力系统安全稳定导则》提出的三级安全稳定标准，建立起防止稳定破坏的三道防线。要对照第一级标准，找出差距和存在的问题。一方面，在电网建设和技术改造工作中，逐步消除不满足第一级标准的薄弱环节，形成结构合理的电网；另一方面，在电网运行方式安排的调度运行工作中，也要保证满足第一级标准的要求。

大部分电网对于第二级标准所对应的严重故障，如交流同杆双回线路和直流线路双极故障，因技术措施复杂，涉及切除负荷量大，还未能采取有效措施，有时只能限制出力，影响了电网的经济效益，还应认真研究有效措施，逐步落实。

对于第三级标准的要求，目前低频率和低电压减负荷装置已普遍采用，发挥了重要作用。随着全国联网和西电东送的进展，电网规模在迅速扩展，大容量远距离日益普遍，在保护和断路器拒动等严重故障造成稳定破坏时，如何防止事故波及更大范围，尚应进一步采取足够有效的措施，近年来，世界各国电网大停电事故教训深刻。从电网结构和技术措施方面出发，建立最后一道防线还是一项长期和艰巨的任务。

3. 进一步加强电力系统安全稳定工作

(1) 组织措施。落实以各网、省电力部门主要负责人为安全第一责任人的组织措施，领导 DL 755《电力系统安全稳定导则》的实施，协调解决电网规划、设计、建设和运行中的电网安全稳定问题。

（2）技术措施。加强和改善电网结构，特别是加强受端系统的建设，限期解决电磁环网问题，积极采用新技术和实用技术，提高电网安全稳定水平。加强电网安全稳定“第三道防线”的建设与完善，结合电网实际，适当加大低频低压切负荷比例，研究并落实在特别严重故障条件下防止电力系统崩溃的区域性解列措施。

（3）电网计算分析。开展电力系统参数研究和实测工作，建立统一、精确、完善的参数库，为开展电网计算分析奠定基础。加强电网计算分析工作中规划设计、科研、调度的协调配合和一致性，开展电网安全稳定滚动分析研究，使电网规划设计方案更好地适应运行的要求。

（4）运行管理。重视电网特殊运行方式，复杂故障情况的安全稳定水平分析研究；统一安排电网的运行旋转备用和事故备用，并合理布局，提高电网的可靠性：编制电网“黑启动”方案及调度实施方案，并落实到电网、电厂等有关部门；提高设备健康水平，及时掌握并合理利用设备过负荷能力，以降低事故停电损失；加强电网调度协议的规范化管理，各并网运行的发电厂必须承担保证电网安全稳定运行的共同责任。

4. 加强继电保护运行管理

继电保护装置是防止电网稳定破坏的最关键的技术措施之一，应重点抓好以下工作，进一步提高正确动作率。

（1）继电保护配置。要求 220kV 及以上的线路保护微机化率达 100％。

（2）继电保护运行指标。要求 220kV 及以上继电保护动作正确率为 98.5％以上，故障录波完好率 98％以上，快速保护投入率 97％以上，母线保护投入率 99％以上。

（3）利用数据网络传输电网故障信息和继电保护信息，并实现 220kV 及以上主干电网的故障录波数据的自动传送和综合分析。

（4）继电保护整定计算数据库格式达到规范化、标准化，确保数据安全性、可靠性。

5. 应用好电力系统安全自动装置

电力系统安全自动装置是指防止电力系统失去稳定性和避免电力系统发生大面积停电的自动保护装置，按其作用可分为以下几类：

维持系统稳定的措施：电力系统稳定器、电气制动、快控汽门、自动励磁调节、切机、切负荷、振荡解列、串联电容补偿、静止补偿器、就地和区域性稳定控制装置等。

维持频率的措施：低频率（电压）自动减负荷、低频自启动、低频抽水（调相）改发电、低频切泵、高频切机、高频减出力等。

按其作用的范围，稳定控制可分为就地控制和区域控制，智能化微机区域稳定控制系统又分为集中式和分布式两种类型。

为实现《电力系统安全稳定导则》提出的第二、三级标准的要求，必须充分采用并切实应用好上述电力系统安全自动装置。

6. 防止枢纽变电站全停事故

吸取近年来某些 220kV 变电站全停事故的深刻教训，重点提出如下新的要求。

（1）完善枢纽变电站的一、二次设备建设。在建设时直流系统采用两组蓄电池和强充电装置的方案，明确要求直流母线应采用分段运行方式，以提高直流系统的可靠性。

（2）坚持对重要线路必须设立两套互相独立主保护的原则，并要求不同原理和不同厂家的产品，防止由于设计原理上考虑不周而扩大事故。同时枢纽变电站必须采用有一定运行业绩的产品。

（3）加强运行管理。强调对于双母线接线方式的变电站，在一条母线检修时，做好另一条母线的安全措施；当对停电的母线送电时，最好利用外部电源；同时加强支柱绝缘子的检查，特别是母线支柱绝缘子、母线侧隔离断路器支柱绝缘子的检查。

电网坚持统一调度、分级管理的原则，严肃调度纪律、提高驾驭现代电网的能力。

三、电网“黑启动”

1.“黑启动”定义

所谓“黑启动”，是指整个系统因故障停运后，不依赖别的网络帮助，通过系统中具有自启动能力的机组启动，带动无自启动能力的机组，逐渐扩大系统恢复范围，最终实现整个系统的恢复。

2.“黑启动”方式

“黑启动”过程中电网恢复的全过程一般分为三个阶段，第一阶段是机组的黑启动和黑启动机组所在的孤立小系统的稳定运行，其主要任务是稳定小系统及对重要客户（包括厂用电）供电和对联络线充电，通过联络线带动子系统内其他机组的启动；第二阶段是子系统的并列，重新构建系统的主干网，为负荷的大规模恢复做好准备；第三阶段是负荷恢复阶段，安全、快速、稳定恢复系统的负荷是这个阶段的任务。

3.“黑启动”电源

“黑启动”电源通常首选水电机组，如抽水蓄能机组，因为水轮发电机具有快速启动的优越性能。火电机组有的也可作为启动电源，如燃气轮机。

■ 第三节　高压开关非全相运行故障处理

一、联络线开关非全相运行处理

1. 开关非全相运行后果

开关一相切不断相当于两相断线，两相切不断相当于一相断线，会产生零序和负序电压、电流，可能出现下述后果。

（1）零序电压形成的中性点位移使各相对地电压不平衡，个别相对地电压升高，容易产生绝缘击穿事故；

（2）零序电流在系统内产生电磁干扰，威胁通信线路安全。零序电流也可能引起零序保护动作。

（3）系统两部分间连接阻抗增大，造成异步运行。

2. 开关非全相运行处理基本原则

发电厂、变电站值班人员发现运行中的开关发生非全相运行时，应立即向上级调度汇报。如果是两相断开，调度员应立即命令现场运行人员将未断开相的开关拉开，如果开关是一相断开，可命令现场运行人员试合闸一次，试合闸仍不能恢复全相运行时，应尽快采取措施将该开关停电。

当再合闸仍不能恢复全相开关运行且潮流很大，立即拉开运行相开关又可能引起电网稳定破坏、解列、损失负荷或引起其他设备严重过载扩大事故时，则应立即采取如下措施：

（1）调整非全相开关两侧电源的出力，使非全相运行开关元件的潮流最小，并及时消除非全相运行。

（2）用旁路开关代替非全相开关，用非全相开关的刀闸解环，使非全相开关停电。

（3）用母联开关与非全相开关串联，操作母联开关使非全相开关停电。

（4）如果非全相开关所带元件（线路、变压器等）有条件停电，则可先将对端开关拉开，再按上述方法将非全相运行开关停电。

（5）非全相开关所带元件为发电机时，应迅速降低该发电机有功和无功出力至零，再按上述方法处理。

二、发电机—变压器组开关非全相事故的判断、处理原则和预防措施

1. 判断原则

（1）发电机三相电流中有两相电流相等或近似相等且为另一相电流的1/2左右，应判断为开关的一相断开。

（2）发电机的三相电流中有两相电流相等或近似相等而另一相电流为零或近似为零，应判断为两相断开。

2. 处理原则

（1）立即切发电机励磁调压器至“手动”位置。

（2）立即减发电机-变压器组有功输出为零。

（3）维持发电机转速为额定值。

（4）立即减发电机转子电流为空载额定值。

（5）监视发电机负序电流表，其值应小于发电机长期允许的负序电流值。

（6）尽快使发电机-变压器组开关三相全断开。

（7）发电机-变压器组开关在非全相过程中，不得拉开励磁开关，也不得打闸停机。

（8）发电机-变压器组开关在非全相过程中，如果因励磁开关跳闸（但主汽门未关闭）造成发电机失磁，从系统中吸收大量无功而进入异步不对称运行状态，发电机的电流表大幅度摆动，这时应立即减发电机有功输出为零，合上励磁开关，增加励磁，使发电机拉入同步，再减小发电机转子电流至空载电流值。重复第（5）和（6）项操作，如励磁开关合不上或发电机不能拉入同步，则应断开发电机-变压器组所接母线上所有开关（包括母联开关）。

（9）发电机-变压器组开关在非全相过程中，如励磁开关跳闸且主汽门关闭，发电机从系统中吸收有功及大量无功而进入异步不对称运行状态，负序电流很大。这时，应立即拉开发电机-变压器组所接母线上所有开关（包括母联开关）。

（10）发电机-变压器组开关在非全相过程中，应做好电流变化、时间、操作、信号等记录，以备事故分析。

（11）在认定发电机受损时，应对发电机各部位（尤其是转子）进行仔细的检查和修复，否则不能并网运行。

3. 发电机非全相运行预防措施

（1）发电机-变压器组高压侧的断路器，尽可能采用三相联动断路器。

（2）20万kW及以上容量的发电机-变压器组，若220kV及以上电压侧为分相操作的断路器时，应装设非全相运行保护。

非全相运行保护一般由灵敏的负序电流元件或零序电流元件和非全相判别回路组成，其保护原理接线如图 12-1 所示。

图 12-1 中 I_{KA2} 为负序电流继电器，QFa、QFb、QFc 为被保护回路 A、B、C 相的断路器辅助触点。

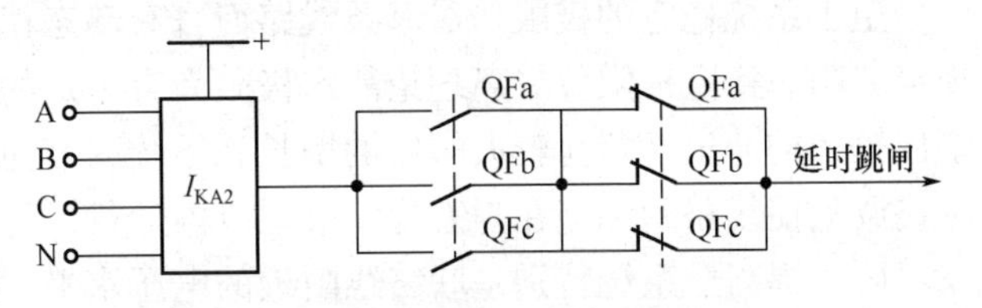

图 12-1　非全相运行保护的原理接线图

保护经延时 0.5s 动作于解列（即断开健全相）。如果是操作机构故障，解列不成功，则应动作于断路器失灵保护，切断与本回路有关的母线段上的其他有源回路。

负序电流元件的动作电流 $I_{2,op}$ 按发电机允许的持续负序电流下能可靠返回的条件整定，即

$$I_{2,op}=\frac{I_{G,2}}{K_{re}}$$

式中　K_{re}——返回系数，取 0.9；

$I_{G,2}$——发电机允许持续负序电流，一般取 $I_{G,2}=(0.06\sim0.1)I_{Gn}$（发电机的额定电流）。

零序电流元件可按躲过正常不平衡电流整定。变压器和母线联络（分段）断路器的非全相保护应使用零序电流继电器。

（3）为了加强运行监视，应在发电机-变压器组高压侧同期开关触点上加装监视灯（或其他装置），作为辅助判据以检验同期开关动作是否完好。

第四节　输电线路过负荷处理

电源间联络线（包括发电厂与系统间的联络线以及系统与系统间的联络线）过负荷主要表现为两种形式：

（1）超过联络线（或联络变压器包括其相关元件）本身允许电流值。

（2）超过静态、动态稳定规定的数值。

线路过负荷的原因可能有以下几种：

（1）受端系统的发电厂减负荷或机组事故跳闸。

（2）联络线并联回路的切除。

（3）发电厂日负荷曲线分配不当（包括运行方式安排不当）。

（4）调度人员调整不当等。

当出现设备本身规定的过负荷时，调度员应立即做如下工作：

（1）受端系统的发电厂迅速增加出力，快速启动受端水电厂的备用机组，包括调相的发电机快速改为发电运行。

（2）送端系统的发电厂降低有功出力并提高电压，必要时可适当降低频率以降低线路的过负荷程度。

（3）有条件时，改变系统接线，使潮流强迫分配。

（4）当联络线已达到规定极限负荷时，在采取上述措施仍过负荷时，受端切除部分负荷（或由专用的自动装置切除负荷）。

至于系统稳定的极限，对一条线路而言有动态稳定极限和静态稳定极限两类。当系统在规定的静态稳定极限值（离理论静态极限尚有一定的储备系数）运行时，说明系统已经承受不住较大的冲击，负荷较大幅度的增长和系统内其他地方故障都能使稳定破坏。为此，应当尽快调整使线路的潮流在静态稳定极限以内运行。为保证系统安全，一般应采取下列措施。

（1）提高全系统特别是联络线附近的电压水平。

由单机对无穷大系统的关系式 $P=EU\sin\delta/X$ 可知，输送功率与发电机电动势和系统电压成比例，提高系统的电压可使静态输送功率极限增大或在输送一定的功率时使相对角减小，因而提高了静态稳定和动态稳定的储备。

（2）保持同步电机自动励磁调节装置投入运行。

自动励磁装置可在发电机增加出力时增大它的励磁电流，从而限制发电机相对角度的增大和系统电压的下降。按比例调节的无失灵区的自动励磁调节装置能使发电机在接近 E'_d 等于常数所决定的功率极限内运行，而按一次微分和二次微分调节的强力式自动励磁调节装置能使发电机在端电压为常数决定的功率极限内运行。

（3）系统有“弱联络线”时，若发电机或客户负荷变化大时，都可能发生过负荷。为防止扩大事故，可在“弱联络线”的受端，装设联络线过负荷自动切除部分客户负荷。

（4）限制负荷。当联络线负荷超过动态稳定极限时，可根据系统备用情况、天气情况、可能的运行时间等因素决定是否限制负荷，除极特殊情况均不能按静态稳定极限运行。

■ 第五节　开关控制回路断线及其处理

一、开关控制回路断线信号的构成

在开关跳闸和合闸回路熔断器分开装设的情况下，一般应用跳闸、合闸位置继电器的常闭触点串联，构成控制回路断线信号。

典型接线简图如图 12-2 所示。送出控制回路断线信号脉冲的唯一条件是，合闸位置继电器 KCC 和跳闸位置继电器 KCT 同时失压，致使两者常闭接点同时闭合。显然，仅当开关跳闸或合闸回路的完整性被破坏时，才会出现这种异常情况。

这种接线的优点在于可以同时监视跳闸、合闸回路的完整性。

必须指出，当开关在合闸状态、合闸回路的完整性被破坏时，或开关在跳闸状态、跳闸回路的完整性被破坏时，不能报出控制回路断线信号。

二、控制回路断线的危害

（1）处于分闸状态的开关，若出现控制回路断线时，则表明合闸回路的完整性被破坏，不能电动合闸。

（2）处于合闸状态的开关，若出现控制回路断线时，则表明跳闸回路的完整性被破坏，不能实现电动分闸及保护装置自动跳闸，这种危害最为严重。

三、控制回路断线的检查处理

开关控制回路断线时，中央预告系统发出下列信号：“控制回路断线”光字牌亮，同时音响装置（所有开关共用一套）发出音响。

由中央预告信号系统的光字牌及音响得知开关控制回路断线后，应立即进行检查处理。熟悉所在发电厂、变电站诸开关控制回路接线及控制回路断线信号的构成方法，是迅速处理

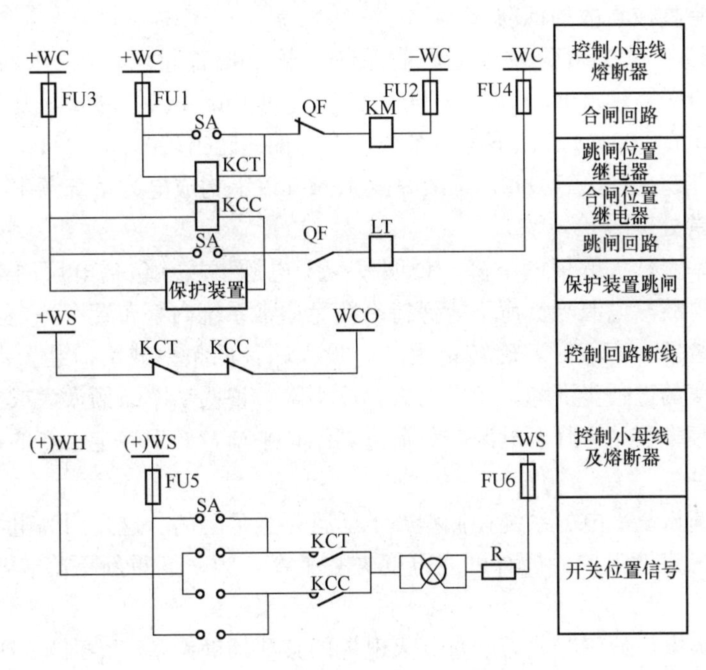

图 12-2　开关控制回路断线信号回路图

开关控制回路断线故障的重要环节。

对于按图 12-2 方法接线的开关控制回路，出现断线信号时，大体可按下列方法检查处理。

（1）先检查哪个开关位置灯熄灭。位置灯熄灭的开关，即控制回路断线的开关。

（2）必要情况下，进一步检查跳、合闸位置继电器励磁状态，若均已失压，则表明该开关确已发生控制回路断线。

（3）检查熔断器是否熔断，跳闸或合闸线圈（合闸接触器）是否烧坏，开关辅助触点是否接触良好或正确，上述诸元件的连接部分是否松脱或断线，直流母线是否失压等。

（4）当开关有防跳装置及弹簧储能机构时，还应检查有关线圈及接点是否正常。

（5）跳闸或合闸线圈（合闸接触器）烧断时，线圈两引线端子电压应为额定直流电压值。其他元件断线时亦然。

（6）检查跳闸、合闸位置继电器本身电压线圈是否断线。如因故断线时，同样引起控制回路断线信号装置启动，只是这时跳闸、合闸回路的完整性并未真正受到破坏。

■ 第六节　频率异常处理

一、频率异常构成一类障碍的标准

电力系统频率偏差超出以下数值则构成一类障碍：

（1）装机容量在 3000MW 及以上电力系统，频率超出(50±0.2)Hz，延续时间 20min 以上；或频率超出(50±0.5)Hz，延续时间 10min 以上。

（2）装机容量在 3000MW 以下电力系统，频率超出(50±0.5)Hz，延续时间 20min 以上；或频率超出(50±1)Hz，延续时间 10min 以上。

二、频率异常构成事故的标准

（1）装机容量在3000MW及以上电力系统，频率偏差超出(50±0.2)Hz，延续时间30min以上；或频率偏差超出(50±0.5)Hz，延续时间15min以上构成电力系统频率事故。

（2）装机容量在3000MW以下电力系统，频率偏差超出(50±0.5)Hz，延续时间30min以上；或频率偏差超出(50±1)Hz，延续时间15min以上构成电力系统频率事故。

三、频率异常处理

电力系统频率突然大幅度的下降，说明发生了电源事故（包括电厂内部或电源线路事故）或系统解列事故，电源与负荷不能保持平衡。通常系统内都布置有一定容量的旋转备用和低频率减负荷装置。事故时，旋转备用迅速投入，且低频率减负荷装置动作切除部分负荷，常能防止频率的进一步下降。频率的大幅度下降，说明功率缺额太大或上述措施未能发挥作用。一般从频率开始下降至电源与负荷重新维持平衡，频率稳定于新的数值的全过程不过几秒至几十秒钟。

频率不能迅速恢复，电力系统在低频率下运行是很危险的。这是因为电源与负荷在低频率下重新平衡的稳定性很差，很有可能再度失去平衡，频率又重新下降，甚至产生频率崩溃，使系统瓦解。

低频运行时火电厂的情况尤为严重。火电厂的某些辅助设备（特别是高压给水泵）因频率下降引起的出力不足要影响到发电厂出力的降低，进一步使系统频率下降，形成恶性循环。

频率下降除影响厂用设备出力之外，有时还会引起厂用机械和主机的故障和跳闸。例如当某些汽轮机的离心式主油泵的频率降至45Hz/s以下时，油压显著下降，能使汽轮机主汽门自动关闭，造成汽轮机停机、发电机不能发电。这又加剧了上述的恶性循环。

频率下降的另一不良后果是会引起电压降低。发电机由于转速的下降，电动势减小，无功功率降低，而客户需要的无功功率反而增加，这在频率过分降低（43～45Hz/s）时，容易产生电压崩溃。

综上所述，当频率突然大幅度下降时，迅速恢复频率是非常重要的。当出现这类事故时，系统内运行人员要采取一切措施恢复频率。常采取如下措施。

（1）投入旋转备用。各发电厂应不待调度员命令，迅速增加出力，使频率恢复正常或加至最大功率为止。

（2）迅速启动备用机组。水轮发电机启动迅速，便于实现自动化。因此将备用水轮发电机迅速投入系统是恢复频率的有效措施。目前，我国水电厂装设的发电机低频率自启动装置能在40s将发电机与系统并列。频率严重降低时，还可以按频率偏差程序启动一台以上的机组。

同样，系统内有其他能迅速启动的发电机，如燃气轮发电机组，亦应立即启动投入系统。

（3）切除负荷。当频率严重下降而采取前述或低频减负荷装置动作自动切除部分负荷办法仍不能恢复至正常频率时，应迅速采取切断部分客户负荷的办法。一般常采取下列三种形式：

1）上级调度下令由地区调度员下令拉掉配电线路和大客户内切除次要用电设备；

2）调度员命令变电站切除大负荷线路；

3）由变电站按事先规定的顺序自行切断负荷线路。

采取上述三种限电措施的频率数值以及他们之间的配合要根据系统内的具体情况决定。

（4）当频率降至威胁火电厂厂用系统的正常运行且不能迅速恢复时，火电厂首先应该将汽动厂用设备投入，如出力仍不足时，应采取下述方法分离厂用电。

1）有专供厂用的发电机的，可以将发电机连同某些厂用电母线自系统解列。

2）发电机电压母线上有客户时，则解列一台或数台发电机带厂用电和部分客户负荷，但选择该部分客户时应使解列的发电机能带稳定的出力运行。

3）发电机—变压器单元接线的发电厂，则只能解列一个单元，一个或两个厂用分支线。这时厂用分支线上所有设备可能要产生较长时间的过负荷。应停掉暂时不影响发电厂继续运行的厂用设备，如原煤斗中有足够存煤时的上煤设备，煤粉仓中有足够煤粉时的磨煤系统，汽动给水泵已能满足锅炉供水时的电动给水泵等。此时，对于没有解列的厂用电应做好特殊的监视工作。

4）当频率严重降低或由于机组本身的原因致使濒临机组有全停的危险时（如锅炉给水停止，汽压、汽温严重下降，汽机真空下降等），应立即减负荷将机组连同由它供电的厂用电和客户负荷一起自系统解列，尽量防止全停。现场规程中应明确规定解列时蒸汽及给水的压力温度、真空等参数的数值。

各地区厂站在事故时切除负荷的顺序表，应定期制定。发电厂低频解列发电机保厂用电的方案应事先制定。上述顺序表及发电厂低频解列保厂用电的方案应上报有关调度。

四、频率崩溃

如图 12-3 所示，B 和 A_1～A_4 分别为发电机和负荷的有功频率特性曲线。在某一时刻，发电机和负荷的有功负荷在点 0 达到平衡，系统频率为 f_0。随着有功负荷的增长，由于发电机调速器的作用，发电机和负荷的有功负荷在点 1 达到平衡，系统频率为 f_1。当有功负荷继续增加，经过点 2 后，由于发电厂的气压、供水量、水头等随频率的变化而下降，所以出力不仅不可能增大，反而随着频率的下降而下降。即发电机的实际出力特性是沿曲线 2—3—4 变化的。当有功负荷的增加使发电机和负荷的有功频率特性曲线相切时（对应点 3），此切点 $dP/df=0$，运行于临界频率 f_{LJ}。

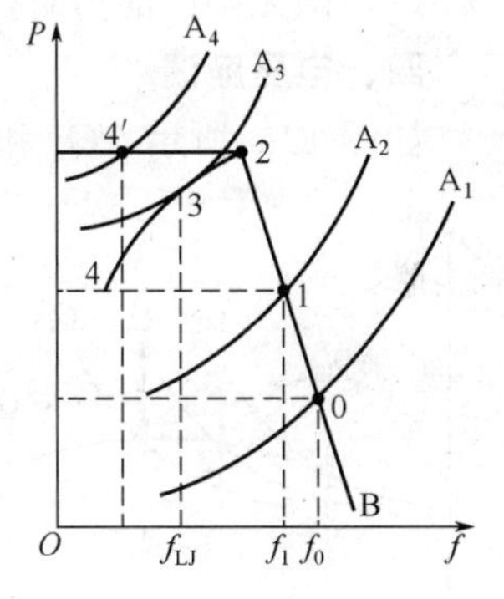

图 12-3　发电机和负荷有功频率特性曲线

电力系统运行频率如果等于或低于临界频率，那么，如扰动使系统频率下降，将迫使发电机出力减少，从而使系统频率进一步下降，有功不平衡加剧，形成恶性循环，导致频率不断下降最终到零（如果有功负荷增加很多或大机组低频保护动作掉闸，以致使 A 不能和 B 曲线相交时，系统频率会迅速下降至零）。这种频率不断下降最终到零的现象称为频率崩溃，或者叫作电力系统频率不稳定。

五、防止频率崩溃的措施

（1）电力系统运行应保证有足够的、合理分布的旋转备用容量和事故备用容量。

（2）水电机组采用低频自启动装置，抽水蓄能机组装设低频切泵及低频自动发电的装置。

（3）采用重要电源事故联切负荷装置。

(4) 电力系统应装设并投入足够容量的低频率自动减负荷装置。

(5) 制定保证发电厂厂用电及对近区重要负荷供电的措施。

(6) 制定系统事故拉电序位表，在需要时紧急手动切除负荷。

第七节 电压异常处理

一、电压异常构成一类障碍的标准

电力系统监视控制点电压超过电力系统调度规定的电压曲线数值的±5%，且延续时间超过1h；或超过规定数值的±10%，且延续时间超过30min，则构成一类障碍。

二、电压异常构成事故的标准

电力系统监视控制点电压超过了电力系统调度规定的电压曲线数值的±5%，且延续时间超过2h；或超过规定数值的±10%，且延续时间超过1h，则构成事故。

三、电压异常处理

电网电压突然下降时应采取如下措施：

(1) 迅速增加发电机无功功率。

(2) 投无功补偿电容器。

(3) 设法改变系统无功潮流分布。

(4) 条件允许则降低发电机有功功率，增加无功功率。

(5) 必要时启动备用机组调压。

(6) 切除并联电抗器。

(7) 确无调压能力时拉闸限电。

四、电压崩溃

如图12-4所示，Q_S和Q_{L1}～Q_{L3}为系统内某点的无功电源与无功负荷的电压特性曲线。假设这时所有的无功电源容量都已调至最大。在某一时刻，无功电源和无功负荷在点1达到平衡，运行电压为U_1。随着无功负荷的增长（增加值为ΔQ_{L1}），由于无功电源已不能增加，实际运行点不是Q_{L2}上对应U_1的点，而是在Q_{L2}与Q_S的交点2处，运行电压为U_2。同理，当无功负荷继续增加ΔQ_{L2}时，实际运行点是Q_{L3}与Q_S的切点3处，此点$dQ/dU=0$，运行于临界电压U_{LJ}。

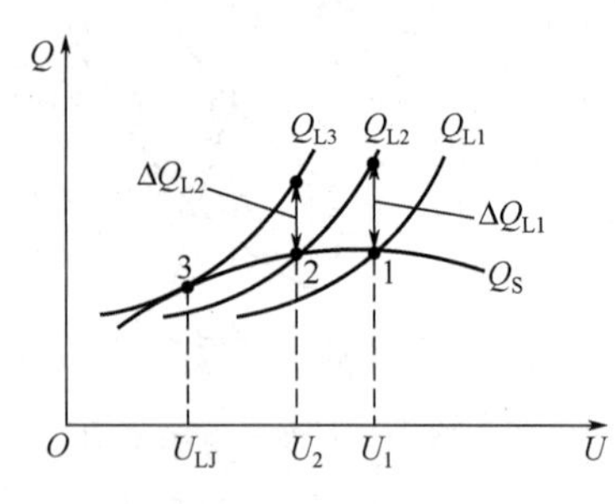

图12-4 无功电源与无功负荷电压特性曲线

电力系统运行电压如果等于（或低于）临界电压，那么，如扰动使负荷点的电压下降，将使无功电源永远小于无功负荷，从而导致电压不断下降最终到零（如果无功负荷增加很多，以致使Q_L不能和Q_S曲线相交时，电压会迅速下降至零）。这种电压不断下降最终到零的现象称为电压崩溃，或者叫作电力系统电压不稳定。

五、防止电压崩溃措施

(1) 依照无功分层分区就地平衡的原则，安装足够容量的无功补偿设备，这是做好电压调整、防止电压崩溃的基础。

(2) 在正常运行中要备有一定的可以瞬时自动调出的无功功率备用容量，如新型无功发生器 ASVG。

（3）正确使用有载调压变压器。

（4）避免远距离、大容量的无功功率输送。

（5）超高压线路的充电功率不宜作补偿容量使用，防止跳闸后电压大幅度波动。

（6）高电压、远距离、大容量输电系统，在中途短路容量较小的受电端设置静补、调相机等作为电压支撑。

（7）在必要的地区安装低电压自动减负荷装置，配置低电压自动联切负荷装置。

（8）建立电压安全监视系统，向调度员提供电网中有关地区的电压稳定裕度及应采取的措施等信息。

■ 第八节　发电机、变压器及线路跳闸事故处理

一、发电机跳闸事故处理

（1）发电机由于纵差等主保护动作跳闸，应按现场规程的规定进行检查。如确未发现故障，可将发电机零起升压正常后并网。

（2）发电机仅由于后备保护动作跳闸，又未发现发电机有异常现象，应立即将发电机并网。

（3）机组误解列或水轮发电机因甩负荷，而引起过速、过压保护动作跳闸时，应立即将机组并网（有条件的可零起升压）。

二、变压器跳闸事故处理

（1）变压器跳闸可能造成客户停电，并使其他变压器过负荷或系统解列。若跳闸的变压器不能很快恢复送电，应设法用其他电源恢复客户供电；有其他变压器过负荷时，应将过负荷值控制在允许范围之内；有系统解列时，应设法经其他途径恢复系统并列。变压器跳闸的原因主要有以下几种：

1）变压器内部故障；

2）变压器的有关设备故障引起，如差动保护范围内的电流互感器、断路器、隔离开关、连接线等故障；

3）送出线路故障，保护或开关拒动等引起的越级跳闸；

4）继电保护误动作，人员误碰或误操作等。

（2）变压器跳闸时，应根据跳闸时的继电保护动作和事故当时的外部现象判断故障原因。变压器内部故障时禁止向其强送。若为有关设备故障则应将故障排除后再送电，若为送出线路故障越级跳闸，则将该线路隔离后，即可恢复变压器送电。一般处理原则是：

1）凡变压器的主保护（气体、差动等）动作或虽未动作但跳闸时有明显的事故现象（爆炸声、火光、烟等），未消除故障前不得送电。

2）若只是后备保护动作，厂、站内没有事故现象，排除故障元件后则可迅速恢复供电。

3）装有重合闸的变压器，跳闸后重合不成功，应排除故障后再送电。

4）有备用变压器或备用电源自动投入的变电站，当运行变压器跳闸时应先启用备用变压器或备用电源，然后再检查跳闸变压器。

5）中性点直接接地电网中，高压开关三相分合闸不同期或非全相合闸，变压器停送电

操作都有可能引起过电压，包括传送到低压侧的过电压，故变压器停送电操作时应保持中性点直接接地。

6）变压器事故过负荷时，应立即采取措施在规定时间内降低负荷，或投入备用变压器倒负荷，改变运行接线或按规定限制负荷等。

7）当变压器跳闸不能马上送电时，应对系统中变压器中性点进行重新安排，以满足保护的要求。

三、线路跳闸事故处理

1. 线路跳闸事故处理基本原则

（1）线路单相跳闸、重合闸未动作，可不待调度指令立即强送跳闸相断路器。强送不成功，应断开三相断路器。两相跳闸、立即断开另一相断路器。

（2）联络线三相跳闸，应首先查明线路有无电压，若线路有电压，可以不待调度指令，立即检同期并网；若线路无电压，对投三相无压重合闸的断路器，当重合闸未动作时，可不待调度指令强送一次。

（3）线路跳闸自动重合或强送后又跳闸的断路器，值班运行人员应立即对开关外部进行检查。调度根据继电保护动作情况的分析，断开可疑设备，在断路器无异常的情况下，可逐段再强送一次。线路由于过载运行引起跳闸，重合不成功，将线路负荷减轻后，允许再强送一次。雾闪引起线路跳闸，雾消散后可强送一次（雨夹雪天气，轻载线路会因覆冰严重而跳闸，应采取融冰措施）。

（4）由于断路器遮断容量不足或受遮断次数限制而停用重合闸的线路断路器跳闸，是否能强送，由运行单位总工程师决定。

（5）线路故障跳闸，无论重合或强送成功与否，均应立即巡线，巡线一有结果应立即汇报调度。

（6）线路故障跳闸后配套的安全自动装置未动作，并造成设备过载时，调度应立即下令切除相关发电机或负荷。

（6）有带电作业的线路跳闸后，作业人员应将线路视为仍然带电，工作负责人应尽快与调度联系，值班调度员未与工作负责人取得联系前不得强送电。

2. 线路强送电时注意事项

运行经验表明，线路故障大都是暂时的，多数情况下，线路跳闸后经过很短时间故障能够自行消失，这就是所谓的瞬时性故障。由于线路上普遍采用自动重合闸，线路发生瞬时故障时，断路器跳闸后经过一延时自动重合，使线路在极短时间之内恢复运行。这大大提高了供电可靠性，但是由于某些故障的特殊性，如重复雷击等熄弧时间较长的故障或断路器和重合闸装置的缺陷，都使重合闸在瞬时故障时不能保证全部成功。线路故障后手动强送（即不须查明故障原因向故障后的设备加全电压）的成功率是很高的。因此，线路故障跳闸后，自动重合闸动作了但未重合成功或者未动作，或者无自动重合闸，都要手动强送一次。在特殊情况下根据设备和继电保护动作情况亦可以多于一次，有条件时则利用发电机递升加压。

当进行强送时，有可能遇到下述情况。

（1）线路上故障仍然存在，即遇到“永久性故障”。

（2）由于断路器性能不佳而拒绝跳闸，使上一级断路器跳闸，也可能由于绝缘劣化或机构故障造成慢分闸，进而引起断路器爆炸。

(3) 电压波动过大，甩掉客户负荷。

(4) 系统较薄弱。强送时，应防止系统经受不了严重故障的冲击，使稳定破坏。为此，强送时应考虑下述情况。

1) 正确选取强送端，一般采用大电源侧进行强送。在强送前，检查有关主干线路，其输送功率在规定的范围之内，必要时应降低有关主干线路的送电电力至允许值并采取提高系统稳定度的措施。

2) 强送的断路器及其速动保护应完好，系统保护的配合应协调，中性点接地方式应符合要求，即直接接地系统应防止无中性点接地运行。

3) 改变接线，使对电压波动反应灵敏的客户远离强送电端。

4) 超高压长线路为防止末端电压升高而降低强送端电压，如果线路上有电抗器时应带电抗器强送。

5) 装有故障录波器的变电站、发电厂可根据这些装置判明故障地点和故障性质。线路故障时，如伴有明显的故障现象，如火花、爆炸声、系统振荡等，需检查设备并消除故障后再考虑强送。

6) 凡是有带电作业的线路跳闸，调度必须与作业组的负责人联系，取得允许后方可强送。

第九节　厂(站)母线失压及发电厂全厂、变电站全站停电事故处理

一、厂(站)母线失压事故处理

1. 母线失压处理的基本原则

(1) 厂(站)值班运行人员可不待调度指令，将运行于母线上的所有断路器断开(包括已跳闸却处于非全相的断路器)。迅速恢复受到影响的发电厂(变电站)用电，并立即报告调度。

(2) 调度在保持无故障系统及设备的正常运行后，应尽快消除设备过负荷、超极限运行情况，使受到影响的系统恢复正常。

(3) 如属于母线故障，应迅速查明原因，隔离故障点，再恢复供电。对故障点隔离后无法看到明显断开点的设备(如GIS母线等)，可以进行间接验电，即检查隔离开关的机械指示位置、电气指示、仪表及带电显示装置指示的变化，且至少应有两个及以上不同原理的指示已同时发生对应变化。

(4) 母线保护动作后经检查未发现有明显的短路征兆，为了迅速恢复正常运行，允许对母线试送一次，有条件者可零起升压。

(5) 双母线结构中一组(段)母线故障时，为迅速恢复系统的连接，可将完好的元件倒至非故障母线运行。

(6) 后备保护(如开关失灵保护等)动作，引起母线失压，也应断开母线上所有断路器，然后对母线试送电。母线试送成功后，再试送各线路。为防止送电到故障回路，再次造成母线失压，应根据有关厂(站)保护动作情况，正确判别故障元件、拒动的保护和开关，必要时用对侧开关试送电，本侧用旁路断路器代替，然后查明断路器、保护拒动原因。

2. 厂（站）全部失压直流电源电压低的处理

（1）失压超过20min且失去所用电，如果直流母线电压有所降低，可汇报并听从调度指令，保留一台使母线受电开关的直流电源，切断其他开关的直流电源（含部分不重要的事故照明设备），以节约蓄电池的能量。

（2）厂（站）用电有备用交流电源的，应尽快倒至备用电源供电。

（3）只要交流高压母线恢复供电，应尽快恢复厂（站）用电。

3. 母联断路器无故障跳闸的处理

母联断路器无故障跳闸，一般对系统潮流分配影响较大，值班运行人员可立即检同期合上母联断路器，同时汇报调度，并查找误跳闸原因。

4. 母线铁磁谐振过电压处理

高压母线在恢复备用或停电的过程中，由于断路器的断口电容和母线对地电容与电磁式电压互感器在某种状态下可能发生铁磁谐振，使备用母线电压升高，甚至烧坏互感器，应迅速处理。可采取以下处理方法。

（1）合上不带线路的线路断路器或旁母断路器。

（2）合上不带负荷的变压器断路器。

（3）拉开所有备用断路器的一侧隔离开关或拉开备用母线电压互感器隔离开关。

二、发电厂全厂停电事故处理

全厂停电后，如有可能应尽量保持一台机带厂用电运行，使该机、炉的辅机由该机组供电，等待与系统并列或带上负荷。

如果全厂停电原因是厂用电、热力系统或油系统故障，值班调度员应迅速从系统恢复联络线送电，电厂应迅速隔离厂内故障系统。在联络线来电后迅速恢复主要厂用电。如有一台机带厂用电运行，则应该将机组并网运行，使其带上部分负荷（包括厂用电）正常运行，然后逐步启动其他机、炉。如无空载运行的机组，有可能则利用本厂锅炉剩汽启动一台容量较小的厂用机组。启动成功后，即恢复厂用电，并设法让该机组稳定运行，尽快与主网并列，根据地区负荷情况，逐步启动其他机炉。

三、变电站全站停电事故处理

当发生变电站全停事故，变电站与调度间能保持通信联系时，则由值班调度员下令处理事故恢复供电。变电站在全所停电后，运行值班人员按照规程规定可自行将高压母线母联断路器断开，并操作至每一条高压母线上保留一电源线路断路器，其他电源线路断路器全部切断。

当变电站全停而又与调度失去联系时，现场运行值班人员应将各电源线路轮流接入有电压互感器的母线上，检测是否来电。调度员在判明该变电站处于全停状态时，可分别用一个或几个电源向该变电站送电。变电站发现来电后即可按规程规定送出负荷。

第十节　电力系统解列事故处理

一、系统发生解列事故的原因及危害

系统发生解列的主要原因有：

（1）系统联络线、联络变压器或母线发生事故、过负荷跳闸或保护误动作跳闸。

（2）为消除系统振荡，自动或手动将系统解列。

（3）低频、低压解列装置动作将系统解列。

由于系统解列事故常常要使系统的一部分呈现功率不足，另一部分频率偏高，引起系统频率和电压的较大变化，如不迅速处理，可能使事故扩大。

二、处理系统解列事故的基本原则

处理系统解列事故必须进行以下操作：

（1）迅速恢复频率、电压至正常数值；

（2）迅速恢复系统并列；

（3）恢复已停电的设备。

当发生系统事故时，有同期并列装置的变电站在可能出现非同期电源来电时，应主动将同期并列装置接入，检验是否真正同期。发现符合并列条件时，应立即主动进行并列，而不必等待值班调度员命令。值班调度员应调整并列系统间的频率差和电压差，尽快使系统恢复并列。当需要进行母线倒闸操作才能并列时，值班调度员要让现场提前做好倒闸操作，以便系统频率、电压调整完毕立即进行并列。总之，发生系统解列事故时迅速恢复并列是非常重要的。在选择母线接线方式时应考虑到同期并列的方便性。

三、系统瓦解事故处理原则

电力系统瓦解系指由于各种原因引起的电力系统非正常解列成几个独立系统。电力系统瓦解事故处理原则如下：

（1）维持各独立运行系统的正常运行，防止事故进一步扩大，有条件时尽快恢复对客户的供电、供热。

（2）尽快恢复全停电厂的厂用供电，使机组安全快速地与系统并列。

（3）尽快使解列的系统恢复同期并列，并迅速恢复向客户供电。

（4）尽快调整系统运行方式，恢复主网架正常运行方式。

（5）做好事故后的负荷预测，合理安排电源。

第十一节　电力系统非同步振荡事故处理

一、电力系统振荡和短路的主要区别

（1）振荡时系统各点电压和电流值均作周期性摆动，变化速度较慢；而短路时电压和电流值是突变的，无周期性摆动且变化很快。

（2）振荡时系统任何一点电流与电压之间的相位角都随功角的变化而改变；而短路时，电流与电压之间的角度是基本不变的。

（3）振荡时三相电流和电压是对称的，没有负序和零序分量出现；而短路时系统的对称性破坏，即使发生三相短路，开始时也会出现负序分量。

二、电力系统非同步振荡事故处理

1. 产生非同步振荡的主要原因

（1）电厂经高压长距离线路（即联系阻抗较大）送电到系统中去，当送电电力超过规定时，易引起静稳定破坏而失去同步。

（2）系统中发生事故特别是邻近重负荷长送电线路的地方发生短路事故时，易引起动稳定破坏而失去同步。

(3) 环状系统（或并列双回线）突然开环，使两部分系统联系阻抗突然增大，引起动稳定破坏而失去同步。

(4) 大容量机组跳闸或失磁，使系统联络线负荷增大或使系统电压严重下降，造成联络线稳定极限降低，易引起稳定破坏。

(5) 电源间非同步合闸未能拖入同步。

2. 振荡时的现象

(1) 发电机、变压器、线路的电压表、电流表及功率表周期性的剧烈摆动，发电机和变压器发出有节奏的轰鸣声。

(2) 连接失去同步的发电机或系统的联络线上的电流表和功率表摆动得最大。电压振荡最激烈的地方是系统振荡中心，每一周期约降低至零值一次。随着离振荡中心距离的增加，电压波动逐渐减少。如果联络线的阻抗较大，两侧电厂的容量也很大，则线路两端的电压振荡是较小的。

(3) 失去同期的电网，虽有电气联系，但仍有频率差出现，送端频率高，受端频率低，并略有摆动。

3. 处理方法

系统振荡的处理方法一般有人工再同步和系统解列两种。

(1) 人工再同步。

系统振荡后，如果失去同步的系统之间在某一瞬间频率相同，即滑差为零，就说明该瞬间两系统内发电机是同步的，如果其他条件（例如发电机的相对角度）合适，系统就能不再失步。使滑差为零的办法有：

1) 使失去同步的系统频率相同，即设法减少滑差的平均值（平均滑差）；

2) 增大滑差的脉动振幅，使滑差瞬时值经过零值。

使频率相等的措施是，降低频率升高的送端系统发电机出力，增加频率降低的受端系统发电机的出力。降低送端频率时，应不低于系统内低频减负荷的最高一级的定值并留有一定裕度。当受端没有备用容量而无法提高频率时，可限制部分负荷使频率升高。降低送端发电机的出力也就是使平均滑差减少。因为滑差瞬时值是脉动的，在平均滑差减少至接近于零时，就有了恢复同步的条件。

增大滑差脉动振幅的措施是，增加发电机的励磁电流和提高系统电压。发电机励磁电流（发电机电动势）和系统电压的增加，使发电机的同步功率的振幅增大，也就是使机组的加速和减速转矩的最大值变大，这促使机组的加速度的正负范围变大，最后导致滑差瞬时值的振幅增加。当最小值为零时就有了恢复同步的条件。应当指出，增加滑差瞬时值的振幅只有在平均滑差即频率差比较小时才能起到作用。若频率差较大，增加滑差瞬时值振幅能使瞬间同步，之后多半会脱出同步。因此在处理系统振荡事故时首先是使频率相等，再辅以提高发电机励磁和提高系统输送电力的措施。

在频率差接近于零时总是会获得再同步的成功机会，不会较长时间停留在异步状态。可见，采取上述措施进行人工再同步是处理系统振荡事故的一种有效方法。

(2) 系统解列。

处理系统振荡的第二种方法是在适当的地点将系统解列，使振荡的系统之间失去联系，然后再经过并列操作恢复系统。解列点设置的原则如下。

1）应尽量保持解列后各部分系统的功率平衡以防止频率、电压大幅度变化。这种过大的变化有时会导致解列后的电厂间的失步或发生过负荷跳闸等事故。因此，解列点应选择在易于振荡的系统部分之间交换功率最小处。

2）应使解列后的系统容量足够大，即尽量使解列后的独立系统的数目较少，设置的振荡解列点应尽量少，因为大的系统容量抗干扰的能力也大。因此只在振荡的系统之间设置少量的解列点，发电机出口不应设置解列点。

3）适当地考虑操作方便，例如解列后的系统能进行恢复同步并列操作（如解列点具有同期装置等）。

（3）解列系统与人工再同步的具体运用有以下几种。

1）远区水电厂与大容量受端系统失步时宜采取人工再同步的方法，因为水电厂增减出力快，可以将频率迅速调整至与受端频率相等。

2）无恰当的功率分界点可作为解列点，或因系统经多路联络线且分布在各个变电站时，宜采取人工再同步的方法。因为用解列的方法时，前者要损失负荷，后者在解列操作中容易产生新的事故。

3）系统内容易发生失步的电厂较多时，宜采取人工再同步的方法。在这种系统内，难分清同步机群，不知道应该解列哪一部分，调度员也只有在了解到系统内各主要地点频率数值之后，才能做出判断，下令解列，这要拖延时间。

4）由大系统受电的小地区系统，即所谓"大送端—小受端"系统发生振荡时，"小受端"常无足够的备用容量提高频率，"大送端"又不易降下频率，人工再同步常常难以实现。此外对于这种系统，振荡中心都位于受端内部，振荡时负荷点电压变化非常大，应迅速消除振荡，防止过多地甩掉负荷。因此，宜采用系统解列的方法消除振荡事故，并应采用自动解列的方式。

5）采取人工再同步方法作为消除系统振荡事故措施时，还应以系统解列作为辅助措施。实践证明，在顺利的条件下，仅需 1～2min 甚至几十秒钟就可以实现人工再同步，因此一般规定如 3～4min 仍未实现人工再同步时应即在解列点解列。

某些距离保护在系统振荡时，开关操作产生的负序电压、电流会解除振荡闭锁而误动作，解列系统时应予注意。

第十三章

特高压交流输电技术

本章简要介绍特高压交流输电技术，并以1000kV晋东南—南阳—荆门特高压交流试验示范工程为例，简要介绍特高压交流输电工程概况，包括特高压交流输电线路结构、特高压交流变压器结构、特高压变电站电气主接线及主要电气设备结构等。

第一节　特高压输电的基本概念

一、我国实现全国联网的历程及电力工业的巨大成就

1. 我国实现全国联网的历程

1831年英国物理学家迈克尔·法拉第发现电磁感应现象，确定了电磁感应的基本规律，奠定了现代电工学的基础。1831年9月23日，法拉第发明发电机。1875年法国巴黎建成世界上第一座火力发电厂，标志着世界电力时代的到来。

1882年7月26日，上海第一台12kW机组发电，外滩6.4km的大道上，15盏电弧灯点亮了。至此，中国电力诞生。

然而，那段时期经历的波折与苦难太多，影响了中国电力发展的速度。截至1949年，全国发电装机总容量只有184.86万kW，全年发电量43.1亿kWh，分别排在世界第21位和25位。1949年全国实际用电量34.6亿kWh，人均年用电量7.94kWh，相当于现在立柜式空调开4h的用电量。

1949年新中国成立后，电力逐步发展，首先统一了电压等级，逐渐形成电压等级序列。1952年以自己的技术建设了110kV线路，逐渐形成京津唐110kV输电网。1954年建成丰满—车石寨220kV线路，之后继续建设了辽宁电厂—李石寨、阜新电厂—青维子等220kV线路，迅速形成东北电网220kV骨干网架。1972年建成刘家峡—天水—关中330kV线路，以后逐渐形成西北电网330kV骨干网架。1981年建成姚孟—双河—武昌凤凰山500kV线路。为适应葛洲坝水电站送出工程的需要，1983年又建成葛洲坝—武昌和葛洲坝—双河两回500kV线路，形成华中电网500kV骨干网架。华北、华东、东北、南方也相继形成500kV骨干网架，1989年建成葛洲坝—上海±500kV直流线路。

1989～2011年，我国用23年的时间，大踏步地走完了实现全国联网的宏伟历程。大电网具有规模经济效益，具有较强的资源配置能力，为了实现能源资源优化配置，从1989年开始，我国在六大区域电网的基础上，逐步进行全国联网。1989年投运的湖北葛洲坝—上海南桥±500kV直流输电工程，实现了华中与华东电网的互联，拉开了跨大区域联网的序幕。2001年5月11日华北与东北电网通过500kV线路实现了第一个跨大区交流联网；2002年5月“川电东送”工程实现了川渝与华中联网；2003年9月华中与华北电网通过新乡—邯东500kV交流联络线互联；2004年华中与南方电网通过三峡—广东直流输电工程相联；2005年6月18日华中与西北电网通过330kV灵宝直流背靠背换流站联网成功；至此，除新疆、西藏、海南和台湾省外，全国都运行在一个交、直流联合电网中。

2009年6月，3根长达32km的500kV海底电缆成功穿越琼州海峡，海南岛用上了大陆电，海南与南方电网（含香港、澳门）互联。2010年，新疆通过750kV交流线路与西北电网相联。2011年12月，青海—西藏±400kV直流工程投运，西藏与西北电网实现异步联网，至此，我国用23年时间实现了全国联网的宏伟目标（除台湾地区外）。

全国联网后，特高压输电显得更为迫切和必要，功效亦更为显著。

2. 我国电力工业的巨大成就

1949～2019年，作为国民经济重要的基础产业，中国电力工业实现了多个世界第一。

（1）世界第一的发电装机容量。1949年，我国发电装机总容量184.86万kW。2018年底，我国发电装机总容量189967万kW，增长1028倍，位居世界第一。2013年我国发电装机总容量超越美国，开始跃居世界第一。

（2）世界第一的全国发电量。1949年，我国年发电量仅为43.1亿kWh，2018年达到71117.7亿kWh，增长1650倍，年均增长11.3%。2011年，中国发电量位居世界第一，成为世界第一电力大国。2016年，中国超越美国成为世界最大的可再生能源生产国。

（3）世界第一的全社会用电量。1949年我国全年实际用电量仅34.6亿kWh，2018年达到68449.09亿kWh，人均用电量达到4906kWh，大大超过世界平均水平。

（4）世界第一的特高压工程。到2018年，我国累计建成“八交、十三直”共计21项特高压工程（其中国家电网公司建成八交、十直，南方电网建成三直），形成了以特高压为骨干网架，各级电网协调发展的坚强智能电网。特高压工程最高电压等级1100kV，世界第一，其他不少指标也领先世界。

（5）世界第一的电网规模。1949年全中国的电力线路加起来只有6475km，2018年全国电网35kV及以上输电线路回路长度189万km，相当于绕赤道47周，较1949年增长291倍。

1949年，全国35kV及以上变电容量346万kVA，2018年达69.92亿kVA，较1949年增长2020倍。

2009年，中国电网规模跃居世界第一。

如今，中国很多电力技术和设备都已经输出国外，早就实现了“中国创造”和“中国引领”。

我国历年发电装机、发电量、全社会用电量及电压等级发展示意图如图13-1～图13-4所示。

二、特高压输电及特高压电网定义

输电网电压等级一般分为高压、超高压和特高压。国际上对于交流输电网，高压（HV）通常指35kV及以上、220kV及以下的电压等级；超高压（EHV）通常指330kV及以上、1000kV以下的电压等级；特高压（UHV）指1000kV及以上的电压等级。对于直流输电，超高压通常指±500（±400）、±660kV等电压等级：特高压通常指±800kV及以上电压等级。

中国已形成了1000/500/220/110（66）/35/10/0.4kV和750/330（220）/110/35/10/0.4kV两个交流电压等级序列，以及±500（±400）、±600、±800、±1100kV直流输电电压等级。中国的高压电网是指110kV和220kV电网；超高压电网是指330、500kV和750kV电网；特高压电网是指以1000kV交流电网为骨干网架，特高压直流系统直接或分层接入1000/500kV的输电网。中国已建成1000kV特高压交流和±1100kV特高压直流输电工程，其中1000kV交流电压已成为国际标称电压。

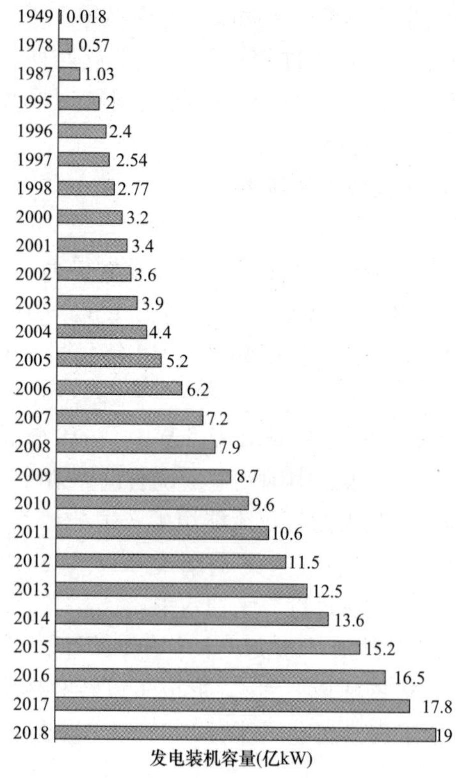

图 13-1　全国发电装机容量（1949～2018 年）

数据来源：国家能源局、中国电力企业联合会。

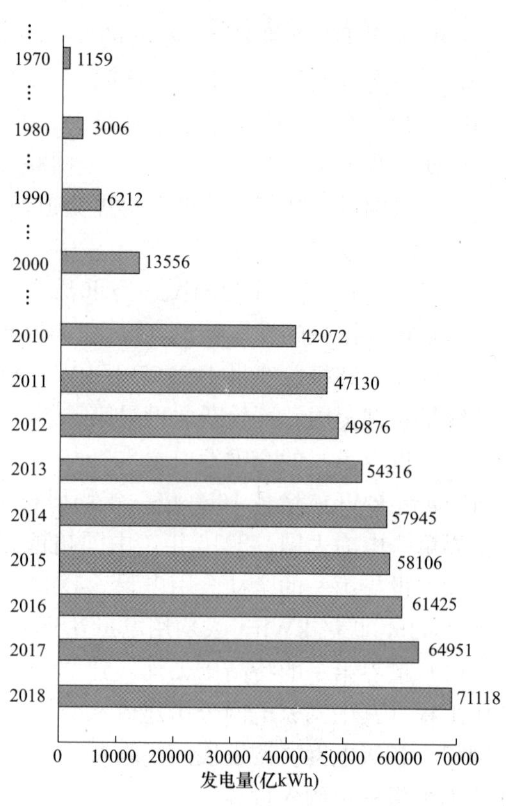

图 13-2　中国发电量示意图（1970～2018 年）

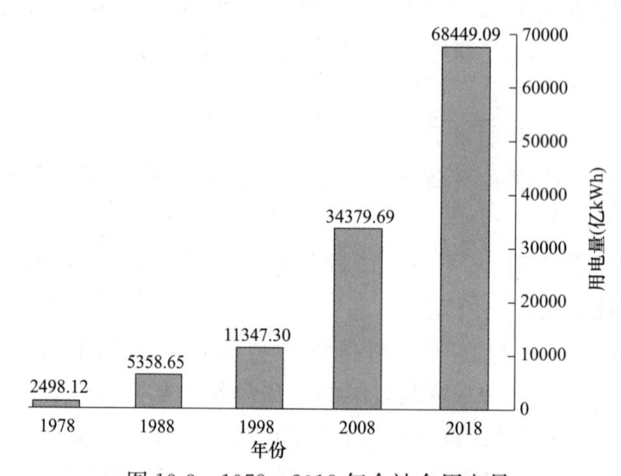

图 13-3　1978～2018 年全社会用电量

注：从 1978 年到 2018 年，全社会用电量的增速平均每年为 8.79%。

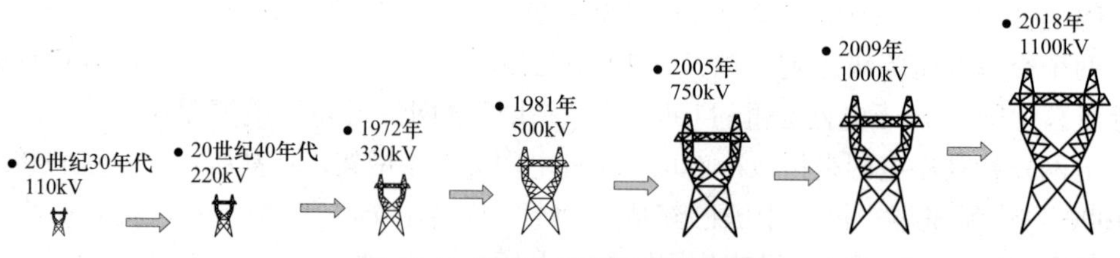

图 13-4　我国电压等级发展历程

三、特高压电网发展目标

发展特高压输电有三个主要目标。

（1）大容量、远距离从发电中心（送端）向负荷中心（受端）输送电能。

（2）超高压电网之间的强互联，形成坚强的互联电网，目的是更有效地利用整个电网内各种可以利用的发电资源，提高互联的各个电网的可靠性和稳定性。

（3）在已有的、强大的超高压电网之上覆盖一个特高压输电网，目的是把送端和受端之间大容量输电的主要任务从原来超高压输电转到特高压输电上来，以减少超高压输电的网损，使整个电力系统能继续扩大覆盖范围，并更经济、更可靠运行。

建设这样一个特高压电网的必然结果是以特高压输电网为骨干网架，形成特高压、超高压和高压多层次的分层、分区，结构合理的特高压电网。

发展特高压输电的三个目标，实际上也是特高压输电的三个主要作用。如何发挥特高压输电的作用，由各国电力工业的发展环境决定，同时也受到环境的制约。

四、我国建设特高压电网的重大意义

1. 建设特高压电网是满足我国未来持续增长的电力需求的根本保证

截至2018年底，我国发电设备总容量和全社会用电量已分别达189967万kW和68449亿kWh。我国原有电网主要以500kV交流和±500kV直流系统为主，电力输送能力和规模受到严重制约。特高压电网具有输电能力强。输送距离远、输电损耗小的功能和特点。一回1000kV特高压交流线路可输送电力500万kW左右，为500kV交流线路输送能力的5倍，一回正负800kV特高压直流线路可输送电力640万kW左右，是±500kV直流线路输送能力的2倍以上，输电距离可达2500km。我国幅员辽阔，面积960万km^2，只有建设特高压电网才能满足大规模、长距离、高效率电力输送和供应的要求。

2. 建设特高压电网是提高我国能源开发和利用效率的基本途径

我国水能、煤炭资源丰富，水能资源总量和经济可开发量均居世界第一，煤炭远景储量和可开采储量均居世界第二。油，气资源相对贫乏，这一特点决定了我国今后的电源结构仍将以煤电和水电为主。

但是从地域上看，我国能源资源和生产力发展呈逆向分布，能源丰富地区远离经济发达地区。我国2/3以上的经济可开发水能资源分布在四川、西藏、云南三省区；煤炭资源2/3以上分布在山西、陕西和内蒙古。东部地区经济发达，能源消耗量大，能源资源却十分匮乏。西部能源基地与东部负荷中心距离在500～2000km。

上述能源资源与需求消费呈逆向分布的状况，决定了能源资源必须在全国范围内优化配置，以大煤电，大水电基地为依托，实现煤电就地转换和水电大规模开发，并通过建设特高压电网，实现跨地区、跨流域水、火互济，将清洁的电能从西部和北部大规模输送到中东部地区，充分提高能源的开发和利用率。

3. 建设特高压电网是提高我国电力工业整体效益和社会综合效益的重大举措

建设特高压电网，可以大幅度提高电网自身的安全性、可靠性、灵活性和经济性，并具有显著的社会综合效益。

（1）提高电网安全性和可靠性。建设特高压电网可以从根本上解决跨大区500kV交流弱联系所引发的电网安全性差的问题，可为东部受端电网提供坚强的网架支撑，并能解决负荷密集地区500kV短路电流超标的问题。

（2）减少输电线路走廊回路数，节约大量土地资源。

（3）获得显著的经济效益。特高压电网将实现大规模跨区联网，可以获得包括错峰、调峰、水火互济、互为备用，减少弃水电量等巨大的联网效益，可以降低网损，还可以避免500kV电网重复建设等，具有显著的经济效益和社会效益。根据规划，2020年左右我国特高压电网建成后，可节约发电装机约2000万kW，每年可减少发电煤耗约2000万t。

（4）减轻铁路煤炭运输压力，促进煤炭集约化开发。建设特高压电网，可以实现大电网、大电源与大煤矿相互促进，实施煤电一体化开发，提高煤炭回采率，提高煤炭安全生产水平，减少煤炭和电力综合成本。

（5）促进西部大开发，变资源优势为经济优势，同时减小中东部地区环保压力，带动区域社会经济协调发展、

（6）带动我国电工制造业技术全面升级。

第二节　特高压输电的研究与进展

一、国外特高压交流输电发展概况

美国电力公司（AEP），美国邦纳维尔电力局（BPA），日本东京电力公司，苏联、意大利、瑞典和巴西等国的公司，于20世纪60年代末或70年代初根据电力发展需要开始进行特高压输电可行性研究。在广泛深入调查和研究的基础上，先后提出了特高压输电的发展规划和初期持高压输变电工程的预期目标和进度。

（1）美国。20世纪70年代，美国规划在10～15年内建设一批容量为3～4GW的火电厂及大容量核电站，形成总容量达8～10GW的电站群，向500km以内的负荷中心地区供电。BPA于1970年做出规划，拟用1100kV远距离输电线路，将喀斯喀特山脉东部煤矿区的坑口发电厂群的电力输送到西部电力负荷中心，输送容量为8000～10000MW。经论证，采用特高压输电可减少线路走廊用地，降低电网工程的造价，同时减少电网网损，并能解决大型和特大型机组和发电厂故障引起的稳定性问题。BPA当时计划于1995年建成第一条1100kV线路，输送功率6000MW，经过5年后可能再建一条线路。AEP为了减少输电线路走廊用地和环境问题，规划在已有的765kV电网上叠加一个1500kV特高压输电骨干电网。1977年后美国的用电增长速度大幅度下降，停建了大批核电厂及部分火电厂，电网没有发展中距离大容量输电工程的必要，因而暂时停止了特高压输电技术的研究工作。

（2）苏联。苏联于20世纪70年代做出规划，于1982年动工建设从哈萨克斯坦的埃基巴斯图兹到科克契塔夫的1150kV特高压输电线路，全长约500km，然后又延长到库斯坦奈，线路长度增加到900km。1985年8月，世界上第一条1150kV线路（埃基巴斯图兹——科克契塔夫）在额定工作电压下带负荷运行，1992年1月1日，哈萨克斯坦中央调度部门把1150kV线路段电压降至500kV运行，期间，埃基巴斯图兹——科克契塔夫线路段及两端变电设备在额定工作电压下运行时间达到23787h，科克契塔夫——库斯坦奈线路段及库斯坦奈变电站设备在额定工作电压下运行时间达到11379h。1986～1988年建成从埃基巴斯图兹到巴尔瑙尔共计1000km的1150kV线路，先降压500kV运行。1989年又建成从巴尔瑙尔到伊塔特约600km的1150kV线路。原定西部延伸到莫斯科，东部延伸到布拉茨克的计划因苏联解体而搁置了。苏联1150kV线路基本情况见表13-1。

表 13-1　　　　　　　　　　**苏联 1150kV 线路基本情况**

路　　径	长度（km）	开始建造时间	500kV 投运时间	1150kV 投运时间
埃基巴斯图兹——科克契塔夫	494	1981 年	1983 年	1985 年 8 月
科克契塔夫——库斯坦奈	396	1981 年	1988 年 4 月	1988 年 8 月
库斯坦奈——车里亚宾斯克	321	1981 年	1988 年 12 月	
埃基巴斯图兹——巴尔瑙尔	693	1981 年	1988 年 3 月	
巴尔瑙尔——依塔特	440	1981 年	1988 年 3 月	
合　　计	2344			

（3）日本。日本于 20 世纪 70 年代开始规划，80 年代开始特高压技术研究，建设东西和南北两条 1000kV 辅电主干线，将位于东部太平洋沿岸的福岛第一和第二核电站（装机容量分别为 4700MW 和 4400MW）和装机容量为 8120MW 的柏崎核电站的电力输送到东京湾的电力负荷中心。两条线全长 427.2km，已全部建成，计划输送电力 10000Mw 以上。目前因大型核电基地建设受阻，这两条线路一直降压 500kV 运行。

（4）意大利。意大利为了把本国南部地区的煤电和核电大容量输送到北部工业区，规划在原有 380kV 输电网架之上叠加 1050kV 特高压输电骨干网。意大利国家电力公司（ENEL）确立了它的 1000kV 研究计划后，于 20 世纪 70 年代中期至 80 年代中期，在不同的试验场和示范工程进行特高压的研究和技术开发。20 世纪 90 年代中期建设了带有 3km 长试验线路的交流 1000kV 特高压示范工程，于 1995～1996 年间进行带电运行，主设备运行正常。

（5）加拿大。加拿大魁北克水电局研究院（IREQ）成立于 1967 年，是北美地区最大的综合电气设备试验研究基地，研究领域包括电气设备、系统分析与控制、自动化测量、材料和机械工程和电子技术应用等。20 世纪 70～80 年代，其在特高压交直流输电技术方面进行了广泛的试验研究。

二、我国特高压输电取得的主要研究成果

我国从 1986 年就开始了特高压输电技术研究。1986～1990 年“特高压输电前期研究”被列为国家攻关项目；1990～1995 年国务院重大办开展了“远距离输电方式和电压等级论证”；1990～1999 年国家科委就“特高压输电前期论证”和“采用交流百万伏特高压输电的可行性”等专题进行了研究。

2005～2006 年，我国制定了庞大的特高压电网建设规划和 1000kV 特高压交流试验示范工程建设计划。

国家电网公司于 2005 年起着手建设特高压试验基地。为研究和解决特高压电网建设和运行中的关键问题，国家电网公司建设了具有世界领先水平的特高压交流试验基地（湖北武汉，2006 年 10 月 10 日基地奠基）、特高压直流试验基地（北京昌平）、特高压杆塔试验基地（河北霸州）、4300 高海拔试验基地（西藏羊八井）四个试验基地和电网仿真中心与计量中心，为特高压工程的顺利建设和安全运行提供了重要的科学依据。

国家电网公司特高压交流试验基地位于湖北省武汉市江夏区凤凰山南，占地面积 360 亩，包括：特高压试验电源、特高压单回和同塔双回试验线段、特高压设备带电考核场、电磁环境测量实验室、环境气候实验室、特高压交流电晕笼、车载式移动电磁兼容现场测试系统和电力系统电磁环境仿真平台、7500kV 户外冲击试验场等。

作为特高压交流试验示范工程的重要组成部分，国家电网公司特高压交流试验基地的建设是实际特高压试验示范工程建设的预演。试验基地一期的建设，在特高压电磁环境、特高压设计、设备技术要求、设备制造、工程建设、试验调试运行等方面取得了有益的经验，验证工程关键参数设计，指导特高压设备研制，演练特高压工程施工，加速了特高压工程建设的进程。

在以往多年工作基础上，根据新的技术发展，我国近十余年来，对有关交、直流特高压输电技术的重大问题，进一步进行了深入研究，在特高压电压标准、过电压控制、无功平衡、潜供电流、电磁环境影响及外绝缘配合等方面取得了大量研究成果。

1. 特高压电压标准的研究与确定

根据我国的国情，考虑我国百万伏级特高压电网的最大输送需求和输送距离，以及标称电压不同时输变电设备的投资差异，同时也考虑到诸如站点和线路走廊的海拔高度，气象条件对电晕损耗的影响，电磁环境和噪声等因素，结合国际上各国百万伏级特高压试验系统的研究成果，以及国内外特高压输变电设备制造和研发的技术水平，从技术和经济两方面综合考虑，我国的百万伏级特高压的标称电压最终正式确定为1000kV。

1000kV级特高压交流输电系统最高运行电压确定为1100kV，它与电网结构、线路输送功率和线路长度、无功补偿和调压手段，线路走廊的海拔高度，恶劣气候条件下的电晕损失，以及输变电设备的过电压水平等因素均密切相关。

我国特高压标称电压及最高运行电压的研究及合理确定是一项极其重要的课题，是其他课题研究的基础。

各国特高压工程的电压选择见表13-2。

表13-2　各国特高压工程电压

国家	单位	电压（kV）		输送功率（MW）	备注
		标称	最高		
苏联	动力部	1150	1200	5000	
日本	东京电力	1000	1100	5000～13000	
意大利	ENEL	1000	1050	3000～5000	试验系统
美国	BPA	1000	1200	4000～8000	试验系统
美国	AEP	1500	1600	5000	试验系统
法国		1000			
中国		1000	1100	3000～5000	

2. 工频过电压及其限制措施的研究

特高压电网工频过电压主要考虑单相接地三相甩负荷和无接地三相甩负荷两种工频过电压。

（1）影响工频过电压的主要因素

1）空载长线路的电容效应及系统阻抗的影响。长输电线路末端空载时，线路的入口阻抗为容性。当计及电源内阻抗（感性）的影响时，电容效应不仅使线路末端电压高于首端，而且使线路首端电压高于电源电动势，这就是空载长线路工频过电压产生的原因之一。

2）线路甩负荷效应。当输电线路重负荷运行时，由于某种原因线路末端断路器突然跳闸甩掉负荷，也是造成工频电压升高的原因之一，通常称为甩负荷效应。

此时影响工频过电压的因素有三个，①甩负荷前线路输送潮流。特别是向线路输送无功湖流的大小，它决定了电源电动势 E 的大小。一般来讲，向线路输送无功越大，电源的电动势 E 也越高，工频过电压也相对较高。②馈电电源的容量。它决定了电源的等效阻抗，电源容量越小，阻抗越大，可能出现的工频过电压越高。③线路长度。线路越长，线路充电的容性无功越大，工频过电压越高。此外，还有发电机转速升高及自动电压调节器和调速器作用等因素，这里不做详细论述。

3）线路单相接地故障的影响。不对称短路是输电线路最常见的故源模式，短路电流的零序分量会使健全相工频电压升高，常称为不对称效应。系统中不对称短路故源，以单相接地故障最为常见，当线路一端跳闸甩负荷后，由于故障仍然存在，可能进一步增加工频过电压。

4）发电机转速的增加和自动电压调节器（AVR）以及调速器的作用。影响工频电压升高的另一个因素是发电机转速的增加，自动电压调节器（AVR）和调速器也会对工频过电压有所影响。甩负荷后，由于调速器和制动设备的惰性，不能立即起到应有的调速效果，导致发电机加速旋转，使电动势及其频率上升，从而使空载线路中的工频过电压更为严重。另外，由于自动电压调节器（AVR）作用，也会影响工频过电压的作用时间和幅值。

当线路一端单相接地甩负荷时，上述四个因素都起作用，造成比较高的工频过电压。但由于有接地故障存在，这种幅值较高的单相接地甩负荷工频过电压持续时间较短，对于超、特高压系统其持续时间实际上不超过 0.1s。

总体来说，由于特高压线路自身的容性无功大、输送功率大，加之我国单段特高压线路比较长，在上述前三个因素作用下，工频过电压问题相当严重，如不采取措施或措施不当，其幅值的标幺值可能达到 1.8 以上，将会严重影响特高压系统的安全。

（2）限制工频过电压的措施

限制工频过电压可考虑采取以下措施，但这些措施不一定适用于所有网络。

1）使用高压并联电抗器补偿特高压线路充电电容。由于我国西电东送和南北互补等远距离送电的要求，相当一部分特高压线路都比较长。单段线路的充电功率很大，必须使用高压并联电抗器进行补偿，见图 13-5。这是我国与日本在限制工频过电压方面的主要差别，日本由于每段特高压线路较短，没有使用高压电抗器，但由此也带来其他一些问题。而苏联和美国的特高压电网研究中均考虑采用高抗。

分析表明，线路接入并联电抗器，由于电抗器的感性无功功率部分地补偿了线路的容性无功功率，相当于减少了线路长度，降低了工频电压升高。从线路首端看，在通常采用的欠补偿情况下，线路首端输入阻抗仍为容性，但数值增大，空载线路的电容电流减少，在同样电源电抗的条件下，也降低了线路首端的电压升高。因此，并联电抗器的接入可以同时降低线路首端及末端的工频过电压。

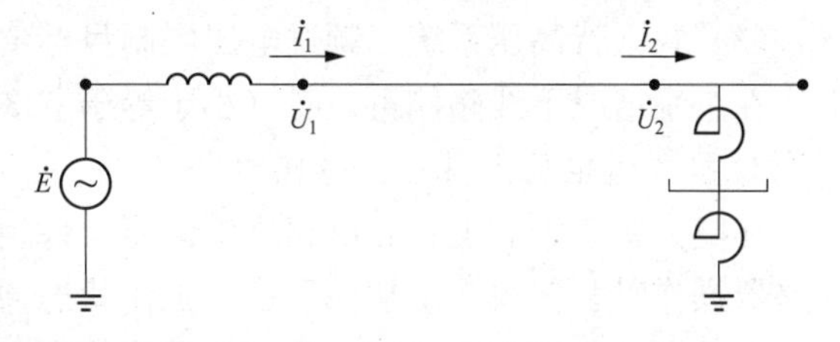

图 13-5 装有高压并联电抗器的线路

但也要注意，高压电抗器补偿度不能太高，以免给正常运行时的无功补偿和电压控制造成困难。在特高压电网建设初期，一般可以考虑将高压电抗器补偿度控制在 80%～90%，比较强的电网或者比较短的特高压线路，补偿度可以适当降低。

2）使用可调节或可控高压电抗器。对重载长线路，采用 80%～90%的高抗补偿度，可能给正常运行时的无功补偿和电压控制造成相当大的问题，甚至影响到输送能力。解决此问题比较好的方法是使用可调节或可控高压电抗器，重载时运行在低补偿度，这样由电源向线路输送的无功减少，使电源的电动势不至于太高，还有利于无功平衡和提高输送能力；当出现工频过电压时，快速控制到高补偿度。

从理论上讲，可调节或可控高压电抗器是协调过电压和无功平衡问题的好方法，实际应用中由于可调节或可控高压电抗器造价高，短期内不会大量使用，但应积极开展研究。

3）使用良导体地线（或光纤复合架空地线 OPGW）。使用良导体地线可降低 X_0/X_1，有利于减小单相接地甩负荷过电压。

4）使用线路两端联动跳闸或过电压继电保护。该方法可缩短高幅值无故障甩负荷过电压的持续时间。

5）使用金属氧化物避雷器限制短时高幅值工频过电压。随着金属氧化物避雷器（MOA）性能的提高，使用 MOA 限制短时高幅值工频过电压成为可能。但这会对 MOA 能量提出很高的要求，在我国由于采用了高压并联电抗器，不需要将 MOA 作为限制工频过电压主要手段，仅在特殊情况下考虑采用。

6）选择合理的系统结构和运行方式，以降低工频过电压。例如晋东南和华北网互联后，显著减少了电源阻抗进而降低了工频过电压，显示了系统结构对降低工频过电压的重要性。

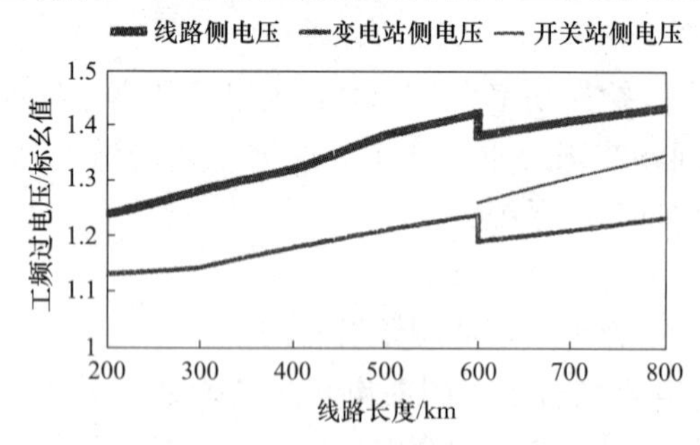

图 13-6　线路工频过电压和线路长度及接线方式的关系

7）增设开关站。通过对典型特高压输电系统工频过电压与线路长度及接线方式关系的研究，结果如图 13-6 所示。

研究在下列状况下进行：当线路长度在 600km 以下时线路中间不考虑开关站；线路长度为 600km 时，比较了有开关站和无开关站两种情况；当线路长度超过 600km 时线路中间均按有开关站情况考虑。

根据研究得出如下结论：当特高压单段线路长度超过 550km 时，应考虑在线路中间建设开关站，将线路分段，以降低工频过电压水平。

（3）我国特高压系统工频过电压限制目标值：要求工频过电压限制在 1.3（标幺值）以下，在个别情况下线路侧可短时（小于等于 0.35s），允许在 1.4（标幺值）及以下。

3. 操作过电压及其限制措施的研究

在电力系统中。电容和电感这些储能元件组成了复杂的振荡回路。当系统发生故障或断断路器操作时，使得系统从一种稳定工作状态通过振荡转变到另一种稳定状态，在过渡过程中，电感和电容之间电磁能量的相互转换将会产生暂态性质的过电压，称为操作过电压。操作过电压具有幅值高、存在高须振荡、强阻尼以及持续时间短等特点。

操作过电压的能量来源于系统本身，操作过电压与系统的标称电压、电网结构、操作或故障类型以及设备的特性等因素有关。通常以系统最高运行相电压的幅值作为基值对过电压进行计算和分析。操作过电压的波形和幅值具有一定的随机性。通常以出现概率为 2%的相对地操作过电压作为统计操作过电压。

操作过电压是决定特高压输电系统绝缘水平的最重要依据。特高压系统主要考虑三种类型操作过电压：合闸（包括单相重合闸）、分闸和接地短路过电压。

接地短路在正常相产生的过电压，除了靠线路两端 MOA 限制外，一般没有什么特别办法。因此在特高压的操作过电压研究中，以它作为限制操作过电压的底线，将合闸和分闸过电压限制到与其相当的范围内。

(1) 限制特高压系统操作过电压主要措施。

相当一部分限制操作过电压措施是建立在限制工频过电压基础上，为了将特高压的合闸和重合闸操作过电压限制到目标值，除了前面所介绍的限制工频过电压措施外，主要还考虑下列措施。

1) 采用金属氧化物避雷器 (MOA)。近年来随着 MOA 制造水平的提高，其限制操作过电压能力也不断提高，成为目前国际上限制操作过电压的主要手段之一。在现阶段特高压研究中，变电站和线路侧都采用额定电压为 828kV 的 MOA。

2) 装设断路器合闸电阻。断路器装设合闸电阻是限制合闸操作过电压的有效手段，如图 13-7 所示，合闸时，辅助触头先合上，经过一段时间（称为合闸电阻的接入时间）后，主触头再合上。对于第一阶段，接入的电阻值越大过电压越低；对于第二阶段，电阻被短接后，过电压随着电阻值的增大而提高。综合考虑，合闸电阻一般取 350～700Ω。

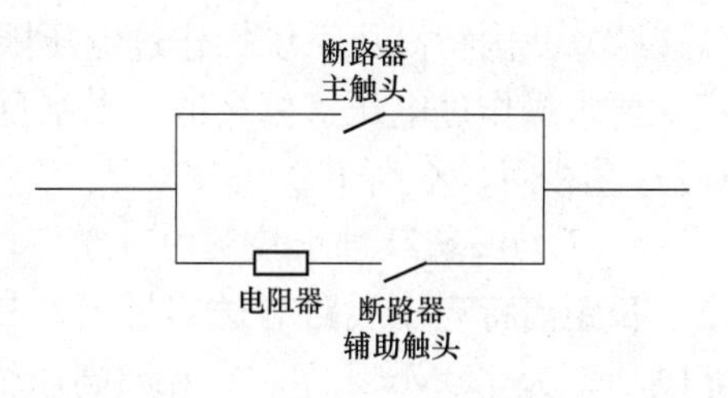

图 13-7　断路器合、分闸电阻示意图

在我国超高压和特高压电网中，由于 MOA 的广泛使用，有效地限制了合闸操作过电压。因此，330kV 的线路断路器一般不装设合闸电阻。在 500kV 电网中，只有操作过电压超过允许水平时才考虑断路器装设合闸电阻。750kV 和 1000kV 系统的要求的操作过电压控制水平相对较低，因此断路器通常都装设合闸电阻。

3) 控制断路器合闸相角。相角控制技术是根据母线或线路电压信号控制断路器的合闸相位以抑制电网中的涌流和过电压。合闸相角选在电压过零点附近，可降低合闸操作过电压。从原理上看这种方法产品结构简单、价格较低。但在实际的电网环境中，相控断路器的准确性受到质疑。1998 年国际大电网会议对相控断路器的优缺点进行了讨论，认为通过分析计算和现场试验可以证明相控断路器的有效性。目前这种方法多用于投切集中参数的元件，如电容器组和变压器等，用于输电线路的较少。美国 AEP 公司曾试图用相控合闸方法与其他措施一起使用，以限制 1500kV 特高压系统的合闸过电压。

4) 装设断路器分闸电阻。断路器分闸电阻示意图也如图 13-7 所示，分闸时，主触头先打开，经过一段时间（称为分闸电阻接入时间），辅助触头打开。对于第一阶段，接入的分闸电阻值较大时过电压相对较低：对于第二阶段，电阻被短接时，过电压随着电阻值的增大而提高。

目前，国内外 330～750kV 线路断路器通常不采用分闸电阻来限制甩负荷分闸过电压。日本的 1000kV 特高压线路断路器考虑装设分闸电阻，并与合闸电阻共用，其阻值为 700Ω。

5) 选择适当的运行方式。当孤立电厂通过超高压或特高压线路向电网送电时，通常在电厂侧合空线操作过电压比较高，而在电网侧（变电站或开关站）合闸操作时过电压则相对较低。主要原因是当变电站（开关站）合闸操作时，母线上还接有其他运行的线路，会吸收被合闸线路的振荡能量，从而使得操作过电压有所降低。

表 13-3 列出了限制特高压系统过电压的一些措施。

表 13-3　　限制特高压系统过电压的一些措施

项　目	苏联	日本	美国（BPA）	意大利
合理的最长单段线路长度	500km 左右		400km 左右	400km 左右
高压电抗器	采用	不用	采用	未用
可控或可调节高压电抗器	高抗火花间隙接入	不用		
两端联动跳闸		采用		
断路器合闸电阻	采用	采用	采用	采用
断路器分闸电阻	不采用	采用	不采用	采用
断路器并联电阻值（Ω）	378	700	300	500
避雷器	采用	采用	采用	采用

（2）我国特高压系统操作过电压限制目标值。

要求操作过电压（标幺值）限制目标值为：①相对地，变电站不高于 1.6，线路不高于 1.7；②相间，不高于 2.9。

4. 无功平衡及电压控制的研究

长距离特高压线路输送容量大，其自身的无功功率也很大，每 100km 的 1000kV 线路充电功率为 530Mvar 左右，和超高压输电系统相比，特高压输电系统的电压控制和无功问题更为重要。

实现无功平衡的常规控制方法是通过线路并联高压电抗器和系统低压并联电抗及电容补偿来实现的。对于特高压线路，为了避免工频谐振，满足大潮流送出的需要，线路高压电抗器的补偿度不应超过 95%，一般控制在 90%以下。因此，在轻载时线路剩余无功随线路长度的延长而提高，需要通过变压器第三绕组的低压并联电抗器来补偿。重载时，当线路潮流超过广义自然功率，就需要吸收无功功率，此时需要装设一定容量的低压并联电容器，所需要的无功容量与线路长度和线路电流二次方的乘积成正比。

5. 潜供电流及其恢复电压的研究

（1）潜供电流的机理。

在超高压系统中，为了提高供电可靠性，多采用快速单相自动重合闸。当系统的一相因单相接地故障而被切除后，由于相间互感和相间电容的耦合作用，被切除的故障相在故障点仍流过一定数值的接地电流，这就是潜供电流。该电流是以电弧的形式出现的，也称潜供电弧。如图 13-8 所示，当线路发生单相（A 相）接地故障时，故障相两端断路器跳闸后，其他两相（B、C）仍在运行，且保持工作电压。由于相间电容 C_{12} 和相间互感 M 的作用，故障点仍流过一定的潜供电流 $\dot{I}$。

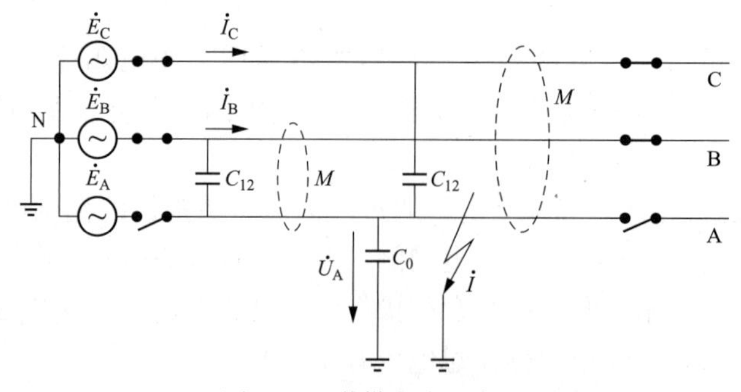

图 13-8　潜供电流示意图

潜供电流由电容分量和电感分量（也称横向分量和纵向分量）两部分组成。电容分量是指正常相上的电压通过相间电容 C_{12} 向故障点提供的电流，同时，正常相上的负载电流经相间互感在故障相上感应出电动势，这个电动势通过相对地电容及高抗形成的回路向故障点提供电流，该电流称为潜供电流的电感分量。在大部分无补偿情况下，电容分量起主要作用。当潜供电弧（电流）熄灭后，同样由于相间电容和互感的作用，在原弧道间出现恢复电压。

线路的潜供电流和恢复电压与输电线路的参数、线路的补偿情况和线路两端的运行电压、输送潮流有关，线路两侧的网络结构对其影响很小。当潜供电流较小时，依靠风力、上升气流拉长电弧等作用，可以在较短时间内熄灭电弧，以满足自动重合闸要求。当潜供电流较大和恢复电压较高时，则必须采取一些措施，加快潜供电弧的熄灭。

（2）潜供电流和恢复电压抑制措施。

当潜供电流较大和恢复电压较高时，就要采取措施加快潜供电弧的熄灭。超、特高压输电系统主要采取以下措施。

1）在高压并联电抗器上加装中性点小电抗。在装有合适并联电抗器的线路中，为了限制潜供电流及其恢复电压，采用加装高压并联电抗器中性点电抗器（又称小电抗）的方法，来减小潜供电流和恢复电压，如图 13-9（a）所示。选择合适的小电抗补偿线路相间电容和相对地电容，特别是使相间接近全补偿（相间阻抗接近无穷大），以减小潜洪电流的电容分量。此外，还可以加大对地阻抗，以减少潜供电流的电感分量。

该方法在我国 500kV 系统中广泛使用。图 13-9（a）所示的四电抗器回路通过电路变换可等效为一个三相星形接地和一个三角形的六电抗器回路，如图 13-9（b）所示，则有

$$X_{L0}=X_L+3X'_L$$

$$X_L=\frac{X_{L12}/3X_{L0}}{X_{L12}/3+X_{L0}}$$

$$X_{L12}=\frac{3X_LX_{L0}}{X_{L0}-X_L}$$

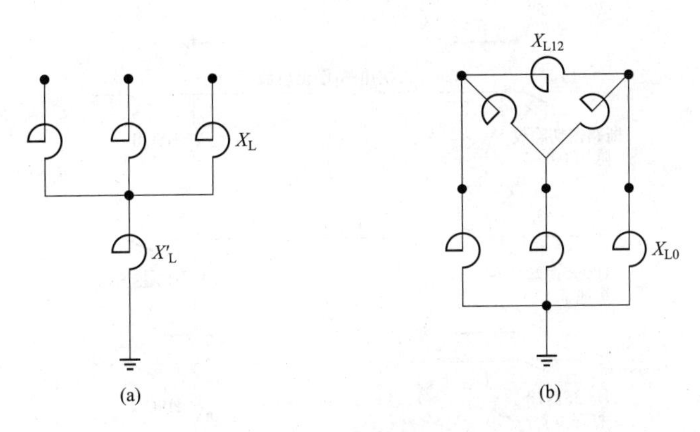

图 13-9　并联电抗器中性点接小电抗

（a）四电抗器回路；（b）等效电路

将图 13-9（b）加入图 13-8 中，在系统发生单相故障时，当故障相线路两侧的断路器分闸后，为简化分析过程，暂不考虑相间电感耦合分量，只考虑潜供电流中起主要作用的电容分量，利用戴维南等效电路可以得出图 13-10 所示的等效电路，图中 E 为正常相电压有效

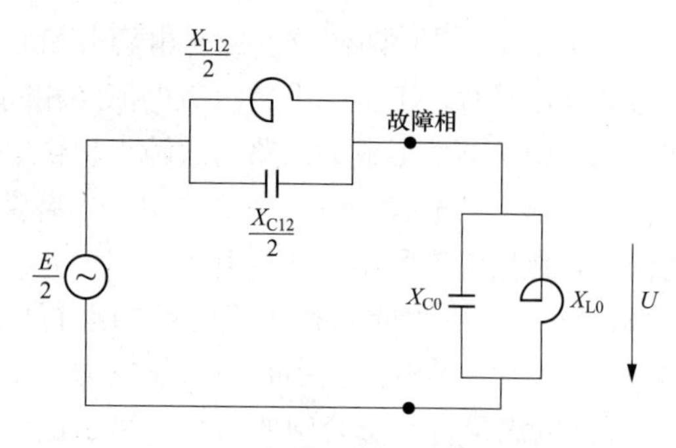

图 13-10　电抗器中性点经小电抗接地后线路开断一相的等效电路

值，从故障相看，两正常相戴维南等效电动势为 $E/2$、内阻抗即相间阻抗为$\frac{X_{L12}}{2}//\frac{X_{C12}}{2}$。

适当选择小电抗，使相间接近全补偿，即 $|X_{L12}| \approx |X_{C12}|$，导致相间阻抗变得非常大，这样一方面显著减少潜供电流，另一方面也降低了恢复电压。恢复电压的稳态值为

$$U = \frac{E}{2 + \frac{X_{L12}X_{C12}(X_{L0} + X_{C0})}{X_{L0}X_{C0}(X_{L12} + X_{C12})}}$$

由于选 $|X_{L12}| \approx |X_{C12}|$，中性点小电抗也显著降低了恢复电压。

2）使用快速接地开关（high speed ground switch，HSGS）。随着电网的发展、电网间联络的加强，工频过电压的降低，使得 100km 左右的线路不用装设并联电抗器来限制工频过电压，还有一些线路采用了静态补偿装置，在这些情况下不能通过并联电抗器及中性点小电抗限制潜供电流，此时可采用快速接地开关加速潜供电弧的熄灭。日本及一些国家已在线路上采用快速接地开关加速潜供电弧的熄灭，其实质是将故障点的开放性电弧转化为开关内电弧，故障点的潜供电流大大降低，很容易自灭。快速接地开关示意图如图 13-11 所示。断路器和快速接地开关的动作顺序如图 13-12 所示，操作步骤如下：

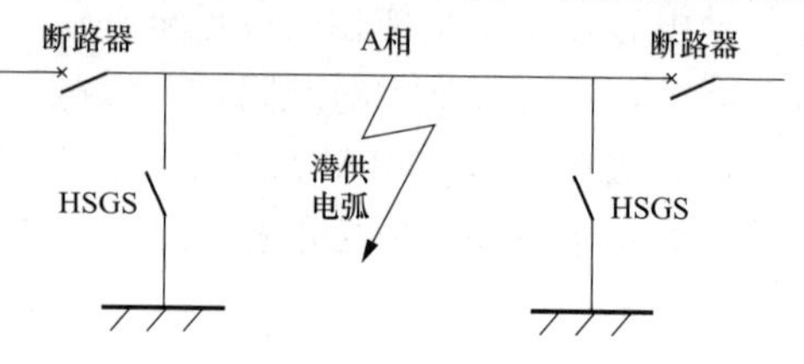

图 13-11　快速接地开关示意图

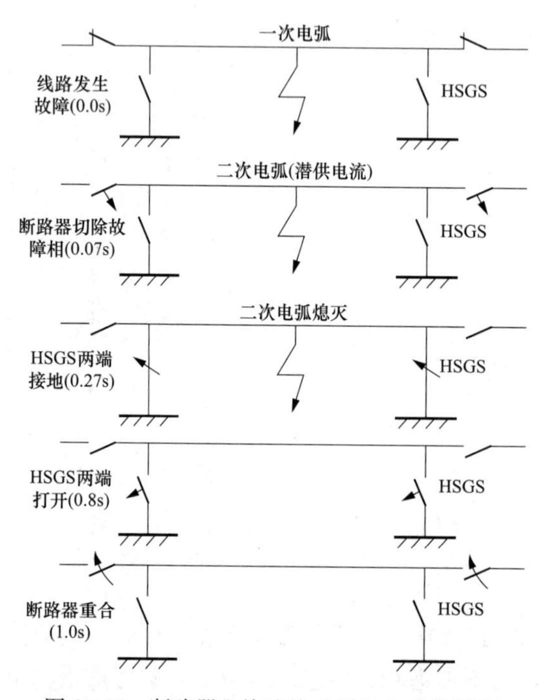

图 13-12　断路器和快速接地开关的动作顺序

a. 单相接地故障发生，产生一次电弧。

b. 故障相两端断路器跳闸，一次电弧熄灭，二次电弧（潜供电弧）产生。

c. 装设于故障相两端的快速接地开关快速接地，潜供电流降低，迅速自灭。

d. 快速接地开关断开。

e. 断路器重新闭合，输电线路恢复正常工作。

3）采用良导体架空地线。采用良导体架空地线也有助于加速潜供电弧的熄灭。通过对潜供电流的电感分量的分析表明，采用良导体架空地线后，由于其零序阻抗小，因此在地线上感应出的反向零序电流大，促使总的感应电动势变小，潜供电流的电感分量随之降低。

华东500kV西线工程第一回线路的潜供电流计算结果见表13-4，当输送潮流控制在640MW时，采用GJ-70型与LGJ-95/55型（良导体）地线相比较，潜供电流电容分量相差不大而电感分量相差很多，采用良导体地线有利于降低潜供电流。

表13-4　　华东500kV西线工程第一回线路的潜供电流计算结果

地线型号	总潜供电流（A）	电容分量（A）	电感分量（A）
2×LGJ-95/55（铝钢绞良导体地线）	20.85	16.36	11.31
2×GJ-70（钢绞线）	28.01	16.36	20.85

4）自适应单相自动重合闸。一般的单相自动重合闸的合闸时间是固定的（0.7～1.0s之间的一个固定值）。为保证在这个时间内潜供电弧能够熄灭，要求这个时间大于潜供电弧自灭时间并留有足够的弧道介质强度恢复时间；而从系统稳定的角度考虑，要求这个时间尽量短。这两个要求是相互矛盾的。采用自适应单相重合闸是解决这一矛盾的方法之一。自适应单相重合闸并不能改变潜供电弧的熄灭时间，但可以根据潜供电弧熄弧时间自适应地调整单相重合闸的合闸时间，从而在保证潜供电弧熄灭的同时提高系统稳定水平。

此外，采用自适应单相自动重合闸还可以区分单相瞬时故障和单相永久故障，从而采取不同的保护策略。

6. 特高压电磁环境影响的研究

（1）特高压交流输电线路的电磁环境参数。特高压交流输电线路运行时，导线上的电荷将在空间产生电场，导线内的电流在空间产生磁场。当线路导线表面的电场强度超过空气的击穿场强时，会使导线表面发生电晕放电现象。电晕放电会产生可听噪声，无线电干扰、光、热和臭氧等，其中对环境产生影响的主要是可听噪声和无线电干扰。由此可见，特高压交流输电线路的电磁环境参数主要包括工频电场、工频磁场，可听噪声和无线电干扰。在线路设计和建设中，需将这些量控制在合理的范围内，以满足环境保护的要求。

（2）我国特高压交流输电线路电磁环境参数限制值。在分析国外特高压交流输电线路电磁环境研究成果、国际上特高压交流和超高压输电线路电磁环境限制指标、有关国家和国际组织的电磁环境标准的基础上，提出了我国1000kV级特高压交流输电线路工频电场、工频磁场、无线电干扰和可听噪声的限制指标。

1）工频电场，线路下地面上1.5m处的工频电场强度。

a. 对于一般地区，如公众容易接近的地区、线路跨越公路处，线下场强限值取7kV/m；

对于人烟稀少的偏远地区、跨越农田线下场强可增至10kV/m。以避免由放电引起的不适应感觉和避免超过允许摆脱的电流值。

b. 对于非大众活动或偶尔有人经过的区域，线下场强限值可放宽至12～15kV/m。

c. 线路邻近民房时，房屋所在位置离地1m处的最大畸变场强取4kV/m。

2）工频磁场，采用国际非离子辐射防护委员会（ICNIRP）导则给出的限制值0.1mT作为线路工频磁感应强度的限值，这与我国环境评价标准中对居民区工频磁场的限值相同。

3）无线电干扰，在距边导线投影外20m处，测试频率为0.5MHz的晴天条件下，无线电干扰水平不超过55dB（μV/m）。

4）可听噪声：在距边导线投影外20m处，可听噪声的限制值为55dB。

三、我国已运行的特高压输电工程及其作用

表13-5所示为我国已运行及在建的特高压输电工程。

表13-5　　我国已运行及在建的特高压输电工程（部分工程）

序号	特高压工程	线路长度（km）	变电/换流容量（万kVA/万kW）	开工时间	投运时间	起经止省市（地区）
1	云南—广州±800kV特高压直流输电工程	1373	500	2006.12.1	2010.6.18	云南—广西—广东
2	晋东南—南阳—荆门1000kV特高压交流工程	654	1800	2006.8.1	2009.1.6	山西—河南—湖北
3	向家坝—上海±800kV特高压直流输电工程	1907	1280	2008.12.1	2010.7.8	四川—重庆—潮北—湖南—安徽—浙江—江苏—上海
4	锦屏—苏南±800kV特高压直流输电工程	2059	1440	2008.12.1	2012.12.12	四川—云商—重庆—湖南—湖北—浙江—安徽—江苏
5	云南普洱—广东江门±800kV特高压直流输电工程	1413	500	2011.12.1	2013.9.3	云南—广东
6	准南—浙北—上海1000kV特高压交流输电工程	2×649	2100	2011.10.1	2013.9.25	安徽—浙江—江苏—上海
7	哈密南—郑州±800kV特高压直流输电工程	2210	1600	2012.5.1	2014.1.27	新疆—甘肃—宁夏—陕西—山西—河南
8	溪洛渡—浙西±800kV特高压直流输电工程	1653	1600	2012.7.1	2014.7.3	四川—贵州—湖南—江西—浙江
9	浙北—福州1000kV特高压交流输电工程	2×603	1800	2013.4.1	2014.12.26	浙江—福建
10	宁东—浙江±800kV特高压直流输电工程	1720	1600	2014.9.1	2016.9.1	宁夏—陕西—山西—河南—安徽—浙江
11	淮南—南京—上海1000kV特高压交流输电工程	2×738	1200	2014.7.1	2016.11.1	安徽—江苏—上海
12	锡盟—山东1000kV特高压交流输电工程	2×730	1500	2014.11.1	2016.7.31	内蒙古—河北—天津—山东
13	榆横—潍坊1000kV特高压交流输电工程	2×1049	1500	2015.5.1	2017.8.14	陕西—山西—河北—山东

续表

序号	特高压工程	线路长度（km）	变电/换流容量（万 kVA/万 kW）	开工时间	投运时间	起经止省市（地区）
14	山西晋北—江苏南京±800kV特高压直流输电工程	1100	1600	2015.6.1	2017.6.1	山西—河北—河南—山东—安徽—江苏
15	锡盟—江苏泰州±800kV特高压直流输电工程	1620	2000	2015.12.1	2017.9.1	内蒙古—河北—天津—山东—江苏
16	上海庙—山东±800kV特高压直流输电工程	1150	2000	2015.12.1	2017.12.1	内蒙古—陕西—山西—河北—河南—山东
17	酒泉—湖南±800kV特高压直流输电工程	2447	1600	2015.6.1	2017.3.10	甘肃—陕西—重庆—湖北—湖南
18	蒙西—天津南1000kV特高压交流工程	2×608	2400	2015.3.1	2016.11.1	内蒙古—山西—河北—天津
19	滇西北—广东±800kV特高压直流输电工程	1929	500	2015.1.1	2018.5.18	云南—贵州—广西—广东
20	扎鲁特—青州±800kV特高压直流输电工程	1234	2000	2016.8.1	2017.12.1	内蒙古—河北—天津—山东
21	锡盟—胜利1000kV特高压交流工程	2×240	600	2016.4.1	2017.7.1	内蒙古—北京—山东
22	准东—皖南±1100kV特高压直流工程	3324	2400	2016.1.1	2019.9.26	新疆—甘肃—宁夏—陕西—河南—安徽
23	苏通GIL综合管理工程	35		2016.8.1	2019.9.26	江苏
24	北京西—石家庄1000kV特高压交流输电工程	2×228		2017.7.1	在建	北京—石家庄
25	山东—河北1000kV特高压交流输电工程	820	1500	2017.1.1	2019年底	山东—河南—河北
26	蒙西—晋中1000kV特高压交流工程	2×304	800	2018.3.1	2019年底	内蒙古—山西
27	昌吉—古泉±1100kV特高压直流工程	3293.1	1200	2016.1.1	2019.9.26	新疆—甘肃—宁夏—陕西—河南—安徽
28	潍坊—临沂—枣庄—荷泽—石家庄1000kV特高压交流输电工程	2×820	1500	2018.5	2019年底	山东—河北
29	青海—河南±800kV特高压直流输电工程	1577.5	800	2018.11	在建	青海—河南
30	陕北—湖北±800kV特高压直流工程	1134.7	800		已核准	陕北—湖北
31	张北—雄安1000kV特高压交流工程	320	600	2019.3.15	在建	张北—雄安
32	雅中—江西±800kV特高压直流输电工程	1702	800	2019.9		晋中—江西
33	白鹤滩—江苏±800kV特高压直流输电工程	2172	800	预计2020年核准开工		白鹤滩—江苏

续表

序号	特高压工程	线路长度（km）	变电/换流容量（万kVA/万kW）	开工时间	投运时间	起经止省市（地区）
34	白鹤滩—浙江±800kV特高压直流输电工程		800	预计2020年核准开工		白鹤滩—浙江
35	南阳—荆门—长沙1000kV特高压交流工程		600	预计2020年核准开工		南阳—荆门—长沙
36	驻马店—南阳 1000kV特高压交流工程	136.55	1000	2019.3.1		驻马店—南阳
37	驻马店—武汉双回1000kV特高压交流输电线路	286.5	1000	环评审批		驻马店—武汉

我国特高压工程位居世界第一。截至2018年，我国累计建成“八交十三直”共计21项特商压工程，其中国家电网公司建成“八交十直”，南方电网公司建成“三直”，形成了以特高压为骨干网架，各级电网协调发展的坚强智能电网。我国特高压工程最高电压等级1100kV，居世界第一，其他多项指标也居世界领先地位。截至2018年，中国制定特高压输电国际标准14项。

2009年1月，中国获得菲律宾国家输电网特许经营权40%股权。目前，中国正在加速推进全球能源互联互通，特高压项目在国外不断落地。

上述21项特高压输电工程投运后，具有显著的技术、经济和环境效益，初步形成了西电东送，北电南供的特高压输电网络，使中东部近9亿人用上了西部的清洁能源，节省煤炭约9500万t。

特高压工程同时有效地提升了我国电网技术水平和装备制造水平，实现了在全球范围内从跟跑到领先，从中国制造到中国创造的重大跨越，使特高压成为体现我国技术和经济实力的“金色名片”。

通过特高压输电工程，预计到2020年、2025年和2035年，国家电网跨区跨省输电能力将分别达到2.5亿kW、3.6亿kW和6亿kW，满足清洁能源装机6.5亿kW、9亿kW和15亿kW发展需要。特高压将在能源资源大范围优化配置，推动能源转型与绿色发展中发挥着日益重要的作用。

四、1000kV晋东南（长治）—南阳—荆门特高压交流试验示范工程简介

建设特高压试验示范工程，应遵循以下几个主要原则，①自主创新；②标准统一，要以试验示范工程为依托，建立统一的特高压技术规范和运行标准，经工程验证后加以推广；③规模适中，工程线路长度应在500～700km较为合适；④保证电网安全可靠。系统方案应有利于电网安全稳定运行，并能与500kV电网合理衔接，提高电网安会稳定水平。

基于上述原则，拟订了三个特高压交流试验示范工程的备选方案，分别为：①晋东南—南阳—荆门特高压交流输变电工程。②淮南—上海特高压交流输变电工程。③四川水电外送、乐山—荆门特高压交流输变电工程。

经深入分析、比较、研究，根据试验示范工程定位和所要达到的目的，决定将晋东南—南阳—荆门1000kV交流输变电工程作为特高压交流试验示范工程。该工程简要介绍如下。

1. 工程概况

（1）一期工程。一期工程于2006年8月获得国家批准，2009年1月6日正式投运，工程包括三站两线，其中晋东南（长治）和荆门两站为变电站，各安装一组300万kVA的特高压变压器。三站均采用SF_6气体绝缘全封闭组合电器。线路全长640km其中长治至南阳线路（长南线）359km，南阳至荆门线路（南荆线）281km。南阳站为开关站。

1000kV晋东南—南阳—荆门特高压交流试验示范工程一期工程主接线图如图13-13所示。

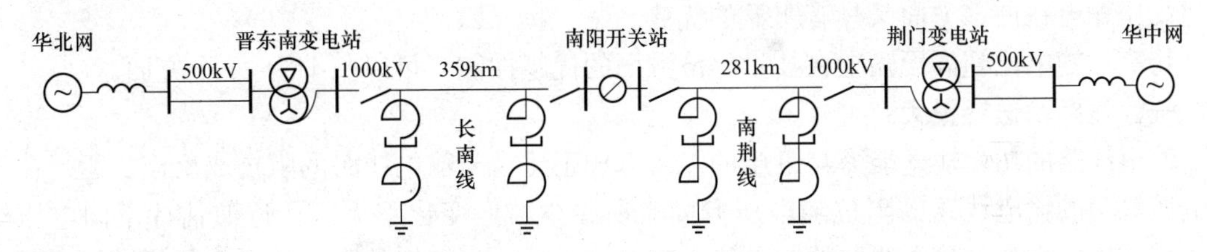

图13-13　1000kV晋东南—南阳—荆门特高压交流试验示范工程主接线图（一期工程）

(2) 扩建工程。扩建工程于2010年12月29日获得国家标准，2011年1月6日全面开工建设，2011年12月16日正式投入商业运行。扩建工程内容为：在晋东南、荆门站各扩建一组300万kVA特高压变压器、南阳站扩建两组300万kVA特高压变压器，配套扩建开关等其他一二次设备。晋东南至南阳段线路装设补偿度40%的特高压串补，两侧各20%，南阳至荆门段线路装设40%的特高压串补，集中布置于南阳侧。扩建后，工程具备输送500万kW电力的能力。

扩建工程新投运主设备情况见表13-6。

该工程实现了特高压交流输电技术的新突破，创造了国际高压输变电设备的新纪录，标定了国际高压交流输电能力的新高度，建立了特高压交流输电技术标准体系，建成了代表世界最高水平的交流输电工程。

表13-6　　特高压扩建工程新投运主设备情况

主设备名称	长治站新投运设备	南阳站新投运设备	荆门站新投运设备
1000kV主变压器（MVA）	1×3000（2号主变压器）	2×3000 （1号、2号主变压器）	1×3000（2号主变压器）
1000kV断路器	3台（主变压器断路器）	5台（2台线路断路器；3台主变压器断路器）	3台（主变压器断路器）
1000kV母线	Ⅰ母（扩建）、Ⅱ母	Ⅰ母（扩建）、Ⅱ母（扩建）	Ⅰ母（扩建）、Ⅱ母
1000kV串补装置	长南Ⅰ线长治侧串补，1组	长南Ⅰ线南阳侧串补，1组 南荆Ⅰ线南阳侧串补，1组	无
110kV低压电抗器（Mvar）	2×240	2×2×240	2×240
110kV低压电容器（Mvar）	4×210	2×4×210	4×210
110kV断路器	8台（含总断路器2台）	16台（含总断路器4台）	8台（含总断路器2台）

2. 长治、南阳、荆门变电站站址及面积

长治变电站位于山西省长治市长子县石哲镇，围墙内占地面积7.78hm^2。南阳变电站位于河南省南阳市方城县赵河镇，围墙内占地面积8.15hm^2。荆门变电站位于湖北省荆门市沙洋县沈集镇，围墙内占地面积11.45hm^2。

■ 第三节　特高压输电的优越性能

一方面，特高压输电比超高压输电在许多方面提出了更为严格的技术要求，如外绝缘配合、过电压控制、电磁环境影响、无功功率平衡、潜供电狐熄灭等；另一方面、特高压输电比超高压输电在许多方面又具有明显的优势。

特高压输电比超高压输电在技术经济方面的优越性能，可以归纳为 11 个方面。

一、线路输送容量大

输电线路的功率输送能力与电压的二次方成正比，与输电线路的阻抗成反比。运行在不同电压等级的输电线路的阻抗随电压升高有所减少，但变化不大。在近似估计不同电压等级、相同输电距离的输电线路的输电能力时，可近似认为它们的阻抗具有相似的幅值。对于输电线路的功率输送能力的近似估计来说，可以认为电压升高 1 倍，功率输送能力提高 4 倍。考虑不同电压等级输电线路的阻抗变化，电压升高 1 倍，输送能力的提高将大于 4 倍。表 13-7 给出了以 220kV 输电线路自然功率输电能力为基准，不同电压等级，从高压、超高压到特高压单回输电线路自然功率输电能力的比较值。

一般情况下，1000kV 特高压输电线路的输送功率能力为 500kV 超高压线路的 5 倍左右。

表 13-7　　不同输电电压等级的自然功率输电能力比较值

输电电压（kV）	220	330	500	765	1100	1500
输电能力比较值	1	2.23	6.55	16.74	39.24	75.30

注　以 220kV 线路输送自然功率 132MW 为基准。

远距离输电线路的输电能力与电网电压的二次方成正比，与线路的阻抗成反比。输电线路阻抗随线路距离增加而增加，因此线路的输电能力可大致认为与输电线路的距离成反比，即输电线路越长，输电能力越小，要大幅度提高线路的输电能力，特别是远距离输电线路的功率输电能力，必须提高电网的电压等级。电网电压等级越高，技术要求越高。因此输电网电压的高低，标志着电网的容量规模、覆盖供电区域或输电平均距离的大小和输电技术水平的高低。

输电线路输送电力时既产生无功功率（由于分布电容）又消耗无功功率（由于串联阻抗）。当沿线路传送某一固定有功功率，线路上的这两种无功功率恰能相互平衡时，这个有功功率叫作线路的“自然功率”。若传输的有功功率低于此值，线路将向系统送出无功功率，而高于此值时，则将吸收系统的无功功率。

自然功率又称波阻抗功率，因为这种情况下相当于输电线路末端接上 $Z_C=\sqrt{L_0/C_0}$ 的波阻抗负荷时线路所输送的功率，其中 L_0 是输电线路单位长度的串联电感，C_0 是输电线路单位长度的电容。自然功率为 $P_0 \approx U^2/Z_C$。

不同电压等级的单回线路的自然功率见表 13-8。

表 13-8　　输电电压等级与输送的自然功率

电压（kV）	220	330	500	765	1100	1500
自然功率（MW）	132	295	885	2210	5180	9940

通过对特高压输电线路输电特性的深入分析计算得知，特高压输电线路按自然功率输送是最经济合理的。换句话说，一回 1000kV 特高压输电线路最经济合理的输送功率为 5180MW。

二、线路运行维护费用低

如前所述，一回1000kV特高压输电线路的输电能力可达到500kV超高压输电线路输电能力的5倍左右，即5回500kV输电线路的输电能力相当于1回1000kV输电线路的输电能力。显然，在线路和变电站的运行维护方面，特高压输电所需的成本将比超高压输电少得多。

三、线路电能损耗少

输电线路输送的功率与输电电压和电流的乘积成正比。为了输送更大的功率，特高压输电线路通过的电流一般比超高压输电线路通过的电流大。为了满足对输电环境等方面的要求，特高压输电线路的三相导线，其每相分裂导线的子导线数（或分裂数）要比超高压输电线路的多，一般采用8～10分裂导线，分裂导线的直径一般在1100mm左右。特高压输电导线的这种结构特点，除有利于减少对输电线路周边的电磁环境影响外，可减少特高压每千米线路电抗（x_0）、电阻（r_0）。特高压输电线路单位长度的电抗（x_0）和电阻（r_0）一般分别约为500kV输电线路的85%和25%左右，但特高压输电线路单位长度的电纳可为500kV线路的1.2倍。

输电线路的功率损耗与输电电流二次方成正比，与线路电阻也成正比。在输送相同功率情况下，1000（1100）kV输电线路的输电电流约为500kV输电电流的1/2，1000（1100）kV输电线路电阻约为500kV线路电阻的25%左右。因此，1000（1100）kV特高压输电线路单位长度的功率损耗约为500kV超高压输电的1/16左右。亦即1000kV路线输电的电能损耗为500kV线路的1/16。可见特高压输电线路能有效地降低电能损耗，减少运行成本，在燃料和运输价格急剧上升的趋势下，特高压线路输电的这一优势至关重要。

四、系统安全稳定性和经济性好

从电网规划方案安全稳定性和经济性计算结果来看，输电距离为1500km之内的大容量输电工程，如果在输电线路中同落点可获得电压支撑，则交流特高压输电网的安全稳定性和经济性较好，而且具有网络功能强、对将来能源流变化适应性灵活的优点。此外、通过建设强大的1000kV特高压电网，500kV电网短路电流过大，长链型交流电网结构动态稳定性较差，受端电网直流集中落点过多等诸多问题均可得到较好的解决。

五、线路满足各种限制条件的输电能力强

满足各种限制条件的线路输电能力，指的是输电线路满足静态稳定储备系数或静态稳定裕度和线路电压降落的百分比限制，或线路最高运行电压限制值所传输的功率值。

按照相同的系统结构，相同的静态稳定裕度和相同的电压降落限制条件，可以计算不同电压等级的输电能力随输电距离的变化关系，并进行比较。

图13-14给出的是超高压500、765kV和特高压1100、1500kV输电线的输电能力随输电距离的变化曲线。在输电线路输电能力与发电机容量相匹配，升压变压器和降压变压器和发电机容量相匹配以及受端系统强度相同的情况下，1回1100（1000）kV输电线路的输电能力大约为500kV输电能力的6倍。无论是超高压、还是特高压输电，其输电能力均随输电距离的增加而减少。

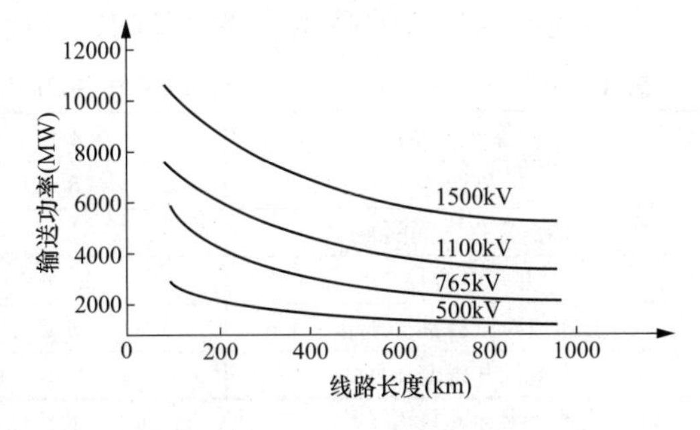

图13-14 超高压一特高压输电能力与输电距离的关系

输电线路受端系统的强弱通常用受端系统的

接入点的三相短路电流大小来表示。短路电流大，等效阻抗小，则受端系统强。反之，若短路电流小，等效阻抗大，则受端系统弱。特高压和超高压输电能力，随受端系统强度增加而加大。

六、线路送电距离长

电网中两节点之间的电气距离可以用归算到某一电压等级下等效串联阻抗值来表示，它与线路电压二次方成反比，与线路长度及单位长度阻抗成正比。电气距离越短，说明电气联系越紧密，稳定水平越高，采用1000kV交流特高压输电，其电气距离不到同长度500kV输电线路的四分之一，从而可提高系统稳定水平。换句话说，在输送相同功率的情况下，1000kV特高压输电线路的最远送电距离可达到500kV线路的4倍。

七、供电可靠性高

到目前为止，只有苏联建设了商业运行的1150kV输电线路，从1985～1992年间断地运行了6年多。苏联对500、750kV和1150kV线路的运行可靠性进行了统计分析。表13-9为苏联1985～1992年三种电压等级线路运行可靠性统计数据。

表13-9　苏联500、750kV和1150kV线路统计故障率

电压等级（kV）	500	750	1150
线路总长度（km）	57314	15519	11112
线路平均断开率（含重合成功）	0.574	0.206	0.144
线路平均中断输电率	0.201	0.097	0.045

注　1. 线路平均断开率和线路平均中断输电率单位为：次/(百千米·年)。
2. 线路总长度为每年参加统计的线路长度的总和，平均断开率和平均中断输电率为各年的故障总次数除以总线路长度。

从表13-9可知，苏联1150kV和750kV线路中断输电率均比500kV线路低不少，1150kV线路中断输电率为500kV线路的1/4，为750kV线路的45%。苏联1150kV线路运行6年共中断输电5次，其中80%为雷电引起线路跳开而中断输电。雷击跳开线路主要是雷电绕击导线引起的。雷电的击穿主要发生在改变线路方向的转角塔上。在转角塔的三相中，中间相抗雷能力较差。据研究分析，转角塔塔头避雷线，对导线屏蔽角大，达24°～25°，容易引起雷电绕击。这一点，在今后特高压输电的杆塔设计中应引起充分的重视，以避免雷电绕击，进一步提高可靠性。

八、输变电主要设备费用低

美国对特高压（1100kV）与超高压（500kV）主要输变电设备费用以1984年的价格进行过比较。比较的前提是：超高压和特高压输电系统的短路水平分别为25kA和12.5kA。表13-10是特高压和超高压主要设备的成本比较。

表13-10　1100kV与500kV主要设备成本比较

设备（元件）	成本比率	容量因子	每千伏安的成本比率
输电线路	3.4	6.1	0.6
断路器（含间隔）	3.1	6.1	0.5
并联电抗器	4.6	5.0	0.9
升压或降压自耦变压器	3.0	3.0	1.0
发电机升压变压器	1.5	1.0	1.5

注　成本比率和容量因子均为1100kV与500kV的比值。

从表13-10可以看出，1100kV输电每千伏安的主要输电费用比500kV低，变电站一个间隔的设备费仅为500kV的50%，输电线路的建设成本仅为500kV的60%，只有发电机直接升压到 1100kV 的升压变压器比 500kV 高 50%。

美国 BPA 按 500kV 输电的平均距离约为 280km，比较了单回 1100kV 线路与一路同塔双回 500kV 紧凑型线路及两路同塔双回 500kV 紧凑型线路的年输电成本。每千瓦年输电成本比较结果如图 13-15 所示。年输电成本包括了建设成本和电能损失成本。线路建设成本包括了 1100kV 的升压和降压变压器、1100kV 和 500kV 所需要的并联电抗器和串联电容补偿。

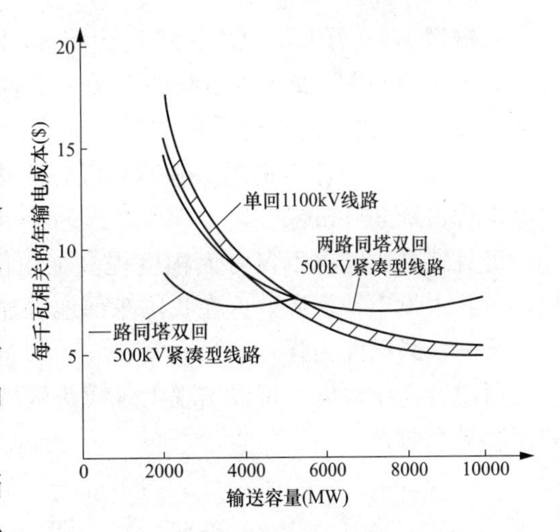

图 13-15　1100kV 与 500kV 年输电成本比较

从图 13-15 可以看出：在这种情况下，当输送功率超过 5000MW，1100kV 输电成本小于 500kV；当输送功率超过 4000MW，单回 1100kV 线路比两路同塔双回 500kV 线路更经济。

各国对特高压输电的试验和研究表明：特高压输电与超高压输电相比，其经济性受输电距离、输送容量、线路损耗、电磁环境影响的限制和设计观念的影响。

九、输电工程投资省

采用特高压输电技术，可以节省大量导线和铁塔材料，从而降低建设成本。根据有关设计部门的计算，1000kV 交流输电方案的单位输送容量综合造价均为 500kV 输电方案的 73%，节省工程投资效益显著。

十、线路走廊利用率高

线路走廊宽度一般由两边相导线离杆塔中心线的距离加上满足电气安全距离和电晕引起的可听噪声、无线电干扰、电视干扰以及杆塔周边工频电场和磁场的生态效应要求所需的距离。对于电气安全距离来说，线路走廊宽度要求在最大设计风速导线舞动条件下，为耐受工频和操作过电压冲击提供足够的空气距离，要保证为沿线路走廊边缘竖立的任何建筑物和楼房提供是够的安全距离。对于特高压和超高压线路，走廊宽度要求严格地受到地面及地面以上适当高度的工频电场和工频磁场的限制标准，电晕可能产生的可听噪声、无线电干扰、电视信号干扰的限制标准的影响。线路走廊宽度还与杆塔结构、档距、导线弧垂和所处的线路地理位置以及特定的线路条件有关。特高压和超高压线路走廊宽度要综合各种因素，按照既保证安全、满足环境保护标准要求，又使输电成本合理来进行决定。

表 13-11 列出了各种电压等级的一般较为典型的线路走廊宽度。从表 13-11 可以看出，1000kV 输电线路的走廊宽度接近 500kV 线路的走廊宽度的 2 倍。但一回 1000kV 线路的输电能力约为 500kV 线路的 5 倍。对于输送相同功率来说，1000kV 线路走廊宽度约为 500kV 线路的 40%左右。增加单回线路的能力，减少线路走廊和变电站占地面积，在公众对环境要求日益严格的情况下是非常重要的。

表 13-11　不同电压等级的典型单回线路走廊宽度

电压级（kV）	345	500	765	1000	1500
走廊宽度（m）	38	45	60	90	120

以输送1000万kW电力、输送距离800km为例，采用500kV交流输电线路约需要10回，而采用1000kV交流输电线路仅需要2回，可减少输电走廊宽度270m，节省输电走廊占地216km^2。再以规划建设中的溪洛渡、向家坝、乌东德、白鹤滩水电站送出工程为例，采用±800kV级直流与采用±600kV级直流相比，输电线路可以从10回减少到6回，节省输电走廊占地300km^2。

可见特高压输电不仅可大幅度提高输电能力，而且可以减少线路和变电站占用土地面积，节约大量土地资源，这在我国东部地区显得尤为重要。

十一、联网能力强

通过特高压输电，可以实现大规模跨区域全国性同步或异步联网，并且具有显著的经济效益和社会效益。

第四节　特高压交流输电线路

一、线路杆塔

杆塔是支承架空输电线路导线和地线并使它们之间以及与大地之间的距离在各种可能的大气环境条件下符合电气绝缘安全和工频电磁场限制的杆型和塔型的构筑物。杆塔塔头结构、尺寸需满足规定风速下悬垂绝缘子串或跳线风偏后，在工频电压、操作过电压、雷电过电压作用下带电体与塔构的间隙距离要求。杆塔塔头尺寸还需满足导线与地线间距离要求，以及挡距中央导线相间最小距离要求。对需带电作业的杆塔，还应考虑带电作业的安全空气间隙。杆塔塔高及塔头尺寸应使导线在最大弧垂或最大风偏时仍能满足对地距离、交叉跨越距离的要求。对500kV及以上电压等级输电线路，导线对地距离除考虑正常的绝缘水平外，还需考虑工频电磁场的影响。

杆塔多数采用钢结构或钢筋混凝土结构，少量采用木结构。通常将木结构、钢筋混凝土结构或钢柱式结构的杆型结构称为杆，钢的塔型结构称为塔。

各电压等级架空输电线路通常均具有几种类别的杆塔。杆塔按不同的外观形状可划分为不同的型式，即塔型。杆塔塔型除取决于使用条件外，还与电压等级、线路回数、地形、地质条件有关，需进行综合技术经济比较，择优选用。

特高压杆塔的荷载大，杆塔高度和质量比500kV等超高压线路大很多，在结构设计中需要充分考虑设计荷载的选取和结构设计的优化，以保证结构安全、经济合理。

1. 国外特高压交流杆塔

苏联、日本、美国、意大利、加拿大、巴西等分别建设了不同规模的特高压输电线路试验段，进行了大量的包括特高压铁塔塔型在内的理论与试验研究。

现结合国外特高压输电线路杆塔的研究与应用情况，介绍特高压线路可采用的一些基本塔型。

（1）拉线塔。由于拉线塔具有用钢量小的优点，被国外推选为特高压交流输电线路的首选塔型，但它具有占地面积大、运行维护比较困难等缺点。意大利设计的1000kV V型拉线塔（见图13-16），塔高44m，宽61m，重11.5t。苏联设计的1150kV Y型拉线塔（见图13-17），塔高56m，宽42m，重18.6t。

（2）单回路自立塔。特高压交流输电线路中常见的单回路自立式铁塔，一般采用三相导线水平排列的酒杯塔和三角形排列的猫头塔。意大利设计的自立式酒杯塔采用三相V串（见图13-18），高52.5m，宽87m，重20.9t。美国BPA设计的1100kV三角形排列的自立式猫头塔（见图13-19），塔高60m。

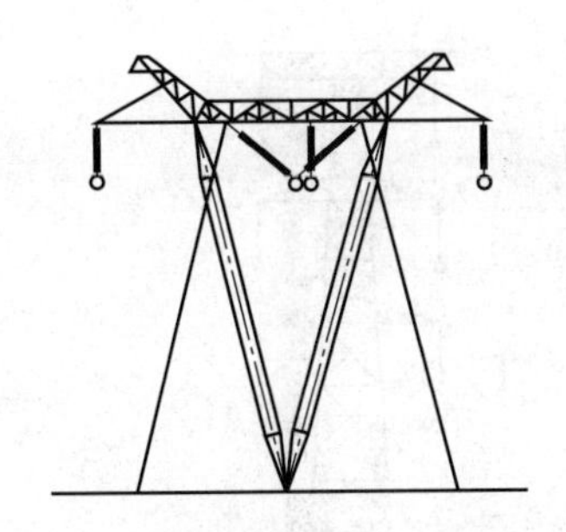

图13-16　1000kV V型拉线塔

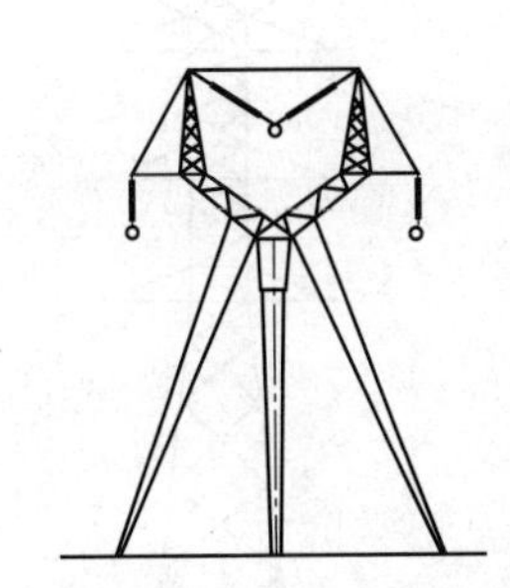

图13-17　1150kV Y型拉线塔

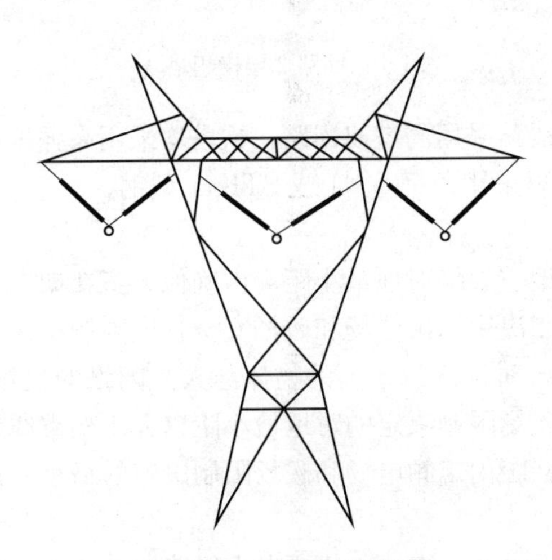

图13-18　自立式酒杯塔

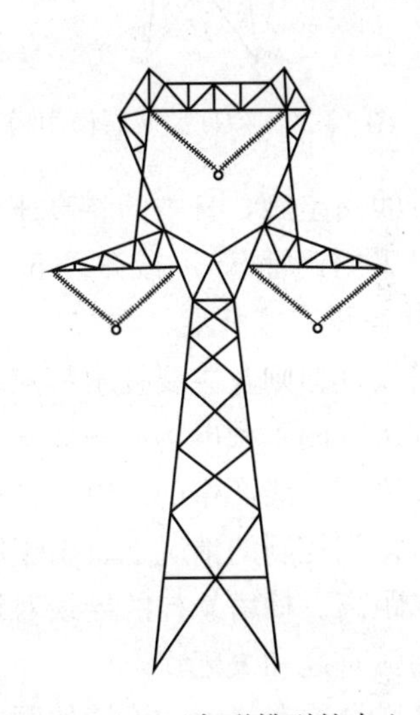

图13-19　1100kV三角形排列的自立式猫头塔

自立塔占地小，适用地形广，适用于土地占用费较高的地区。自立式猫头塔与酒杯塔相比，中相导线抬高，塔高和塔重增加，但具有线路走廊宽度较小、线路走廊上场强均匀的优点。

（3）双回路塔。日本特高压交流输电线路为同塔双回线路，铁塔采用导线垂直排列同塔并架4层横担或3层横担的典型塔型，见图13-20和图13-21。同塔并架双回线路与两个单回路相比，少一个线路走廊，可显著减少走廊宽度。

（4）苏联和日本特高压杆塔的主要特点。苏联建设1150kV单回路输电线路时，杆塔和基础占工程造价的31%，铁塔每千米耗钢量68.9t。日本建设1000kV同塔双回路输电线路，杆塔占工程造价的23%，铁塔高度111m，塔重368t。

苏联1150kV输电线路直线塔主要采用带拉线的V形塔、门形塔和Y形塔。这些塔的特点是质量轻，塔重17～25t，但占地面积大。苏联土地资源丰富，线路又经过人烟稀少的平丘草原地区，为拉线塔的使用创造了条件。

特高压交流输电线路单回路自立式直线塔，一般为采用导线水平排列的酒杯塔和三角形排列的猫头塔。苏联的特高压交流输电线路耐张塔通常采用4个独立支柱，每基塔重45～59t。

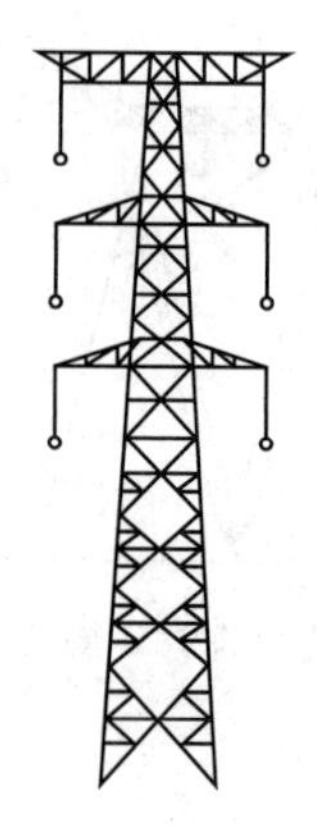

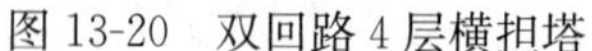

图13-20 双回路4层横担塔

图13-21 双回路3层横担塔

为了减少线路走廊，日本的特高压交流输电线路采用同塔双回路，铁塔均采用高强度的钢管塔，主材采用钢管SS55或STK55型钢，辅材采用角钢SS41或STK41型钢。

2. 我国特高压交流杆塔

(1) 杆塔设计原则及主要技术特点。特高压架空导线对地最小距离由确保人身在架空线下和线路走廊边缘的工频电场和磁场安全强度限制决定。由电场和磁场安全强度限制决定的最小距离，要进行可能产生的过电压情况下不出现对地（或地上的物体与人）闪络的校核。在操作过电压得到控制的情况下，由工频电场和磁场限制决定的对地最小距离大于架空线对地绝缘的要求距离。杆塔悬挂的导线对地高度由档距内工频电场和磁场限制决定的最小距离和导线可能的弧垂之和决定。

特高压杆塔结构和尺寸的设计如同超高压杆塔设计一样，一般要考虑线路输电能力，主要是线路电抗的要求，导线对杆塔的空气绝缘，电晕特性、工频电场和工频磁场的限制，适应各种天气条件和地质条件，确保杆塔的安全，并且建设成本合理。

根据初步计算，我国规划的1000kV输电线路导线对地最小距离比500kV输电线路大幅提高，可达到500kV输电线路的2倍，居民区为24～27m，非居民区为20～22m：1000kV输电线路电气间隙也比500kV输电线路大很多，500kV操作过电压电气间隙要求为2.5m，1000kV为6～7m。500kV输电线路一般均为4分裂导线，而1000kV输电线路多为8分裂导线。

(2) 我国特高压交流杆塔塔形规划。特高压杆塔既要满足特高压输电线路电气技术条件，并能够承受设计条件下的机械负荷，又要满足线路建设经济性的要求。从我国的实际情况出发，考虑杆塔使用条件、线路回数和地形地质条件，并参考国内外超高压、国外特高压杆塔塔型，我国特高压杆塔可按以下原则选用。

1) 拉线塔的选用。拉线塔可节省钢材，但占地面积大。由于拉线的要求，山区地形为主的地区不能使用拉线塔。拉线塔只能在平原、丘陵地区使用。随着征地费用日益增高，虽然拉线塔本体费用较低，但在其他费用方面要高很多，综合费用可能反而比自立塔高。建设特高压输电线路的目的之一是节约输电线路走廊，减少占用耕地面积。我国特高压输电线路中不宜采用拉线塔。

2）单回路自立塔的选用。对于单回路直线型自立塔，国内外输电线路工程广泛使用的塔型有酒杯塔和猫头塔两种，其他型式的塔基本上是在此基础上演变而来的。在线路走廊紧张的地方，多用猫头塔，甚至采用三相V串的猫头塔；在一些线路走廊不太紧张的地方，宜使用酒杯塔。在我国1000kV特高压输电线路工程中，应根据具体情况使用酒杯培和猫头塔这两种自立塔型。

3）单回路转角塔的选用。对于单回路转角塔，国内大多选用的是干字塔。这种塔型由于结构简单、受力清楚、占用线路走廊少、施工安装和检修也较方便，在国内外各级电压等级线路工程中大量使用，积累了丰富的运行经验。我国1000kV特高压输电线路单回路耐张塔可使用这种塔型。

4）双回路塔的选用。国内外同塔双回路铁塔，一般多采用3层或4层导线横担的伞型或鼓形塔型，三相导线垂直排列，可以有效减少线路走廊宽度。我国1000kV同塔双回输电线路宜选用这种塔型。

二、线路导线、地线、OPGW

导线的选择是特高压输电技术的重要课题，它对线路的输送容量，传输性能、环境问题（静电感应、电晕、无线电干扰、噪声等），以及输电线路的技术经济指标都有很大的影响，因此，导线选择对攻克特高压输电线路技术难关和降低造价有着十分深远的意义。

特高压架线工程投资一般要占工程本体投资的较大比例，再加上导线方案变化引起的杆塔和基础工程量的变化，其对整个工程的造价影响是极其巨大的，直接关系到整个工程的建设费用以及建成后的技术特性和运行成本，所以在整个输电线路的工程设计中。应该对导线的截面和分裂方式进行充分的技术经济比较，确定满足技术要求而且经济合理的导线截面和分裂方式。

地线（含OPGW）选型也是特高压工程设计中的一项重要内容。地线（含OPGW）是特高压输电线路防雷的第一道屏障，而OPGW在承担地线防雷击任务的同时，还承担着特高压输电线路信息系统中“神经中枢”的角色，均需要具有很高的运行可靠性。

导线作为输电线路最主要的部件之一，它要满足线路的主要功能——输送电能的要求，同时要安全可靠地运行，特高压输电线路还要求满足环境保护的要求，而且经济合理，因此，对导线在电气和机械两方面都提出了严格的要求。在导线截面和分裂方式的选取中，要充分考虑导线的电气和机械特性。在电气特性方面，特高压线路由于电压升高、导线电晕而引起的各种问题，特别是环境问题（无线电干扰、可听噪声等）将比超高压线路更加突出。从世界一些国家的试验研究和工程实践情况看，一般均采用多分裂导线来解决这方面的问题，通过合理选择导线的截面和分裂方式来解决由电晕引起的环境影响问题。在机械特性方面，要使特高压输电线路能安全可靠地运行，导线要有优良的机械性能和一定的安全度，特别是线路经过高山大岭、大档距、大高差及严重覆冰地区时，导线必须具备优良的机械性能和留有一定的安全裕度。

导线的选择还受到线路建设环境条件的控制，如设计荷载条件、海拔、线路长度等。除电气特性、机械特性外，还应考虑投资分析，对导线截面和分裂方式进行选取，推荐出在技术和经济上最优的导线截面和分裂方式，为各工程可行性研究导线方案的选定提供依据。对于各工程中存在的特殊设计条件下导线的选择，具体各工程情况，进行分析比较论证。

1. 导线截面和分裂方式的选取

从苏联和日本的导线设计来看，特高压输电线路导线的选择思路不尽相同，但一般均考虑了系统输送功率和环境影响程度限制的要求，只是根据各自国情不同而侧重点不同。苏联1150kV线路的导线结构采用了8分裂（局部10分裂）300、400mm^{2}截面的普通钢芯铝绞线，子导线间距40mm，外接圆直径1.02m，呈正八边形对称布置。日本由于环境保护要求较高，采用了8分裂大截面导线（610、810mm^2），子导线间距400mm，直径1.045m，也是正八边形对称布置。由上述可以看出随着电压等级的升高，子导线根数随之增多，所以一般来说特高压线路的子导线根数应该比超高压线路多。

根据系统提供的线路输送容量为5000～6500MVA，由此算得的每相电流为3040～3950A，按照电流密度的参考值0.9A/mm^2，算得的导线总截面积为3400～4390mm^2，该值可以作为导线总截面选择的参考，所以单相总导线截面积在3900mm^{2}左右考虑。

2. 特高压工程地线和OPGW选型的基本要求

20世纪80年代初期，我国在架设500kV网架时，系统还比较薄弱。地线除了主要用于防雷，在以下诸方面还承担着重要作用：降低系统不对称短路时的工频过电压；减少潜供电流：作为屏蔽线以降低输电线路短路时对（有线）通信线的干扰：在不少场合还承担着载波通信功能。所有这些作用都与地线中的零序电流（也即零序阻抗）有关，于是就对地线的导电性能（关键是铝截面）提出要求，于是就出现了良导体（地线）的概念。随着电网的不断发展，系统容量也今非昔比，一些重大技术的采用（尤其是在特高压和超高压系统长距离线路上安装高压电抗器，大量的光纤通信的采用），客观上已使地线原本的良导体作用有所弱化。现在地线选线时对良导体的要求已不占主导地位。

特高压工程的地线应满足以下基本要求：

（1）具有优良的机械性能和良好的电气性能。

（2）具有良好的耐振性能和耐腐蚀性能。

（3）OPGW还应具有优良的光通信功能，以及足够的耐雷击性能。

（4）地线和OPGW应立足于国内市场。

3. 我国特高压交流线路选用导线、地线、OPGW的推荐方案

（1）导线的选择。

1）从各项技术指标看（电气、机械特性）以及经济性看，8分裂导线（包括8×LGJ-500/35，8×LGJ-630/45，8×LGJ-720/50）比其他分裂导线具有一定的优越性。

2）根据年费用的计算结果，当输送容量为5000MW时，采用8×LGJ-500/35导线最为经济：当输送容量为6500MW时，采用8×LGJ-630/45导线最为经济。

3）当输送容量为5000MW左右时，从技术经济的角度，推荐导线采用8×LGJ-500/35导线，同时也能满足高海拔地区的各项要求。

（2）地线的选择。对分流地线通过分流配合、机械性能及防振、耐腐性能方面的分析比较，推荐采用全包铝包钢（20%IACS）地线JLB20A-170。

（3）OPGW的选择。光纤复合地线OPGW，又称地线复合光缆、或称光纤架空地线等，是在电力传输线路的地线中含有供通信用的光纤单元。它具有两种功能：一是作为输电

线路的防雷线，对输电导线抗雷闪放电提供屏蔽保护；二是通过复合在地线中的光纤来传输信息。OPGW 是架空地线和光缆的复合体，但并不是它们之间的简单相加。

综合光纤复合地线的各项指标，全面分析比较电气、机械和防雷性能，首选推荐采用 OPGW-175 型光纤复合地线。

上述光纤复合地线主要性能为：结构紧凑，单丝材料为 20%IACS 的铝包钢。铝截面积 44.125mm^2，钢截面积 132.375mm^2，铝钢截面比为 1/3。光纤单元为激光焊接钢管。光缆为 24 芯，双层结构，光缆层外层单丝直径为 3.75mm。光缆直径 17.5mm，直流电阻 0.489Ω/km。

三、1000kV 晋东南（长治）—南阳—荆门特高压交流线路主要结构

该工程输电线路路径基本为南北走向，线路全长 640km，其中长治至南阳线路（长南线）359km，南阳至荆门线路（南荆线）281km，最高海拔 1800m，途经山西、河南和湖北省。平地、丘陵段的线路长度占全长的 61%，平丘段最大风速 28m/s，最大覆冰 10mm。作为我国首条特高压交流线路试验示范工程，跨越两个气象区，全线地形复杂，有高海拔（>1000m），大山峻岭、丘陵泥沼、大江湖泊、运行条件苛刻，气象条件多变，杆塔、导线、地线和 OPGW（光缆）的选型，必须充分估计这些不利因素，通过深入技术经济比较，严谨做出选择。

工程系统额定电压 1000kV，系统最高运行电压 1100kV，系统输送功率 500 万 kW，事故时极限输送功率 900 万 kW，功率因数 0.95，最大负荷利用小时取 5000～5500h，系统最大短路电流 50kA。

该工程距线路边相投影外 20m 处的无线电干扰水平暂按不超过 58dB（μV/m）执行，线路其他电磁环境参数（工频电场、工频磁场和可听噪声），均执行我国规定的限制指标。

该工程全线为单回路，杆塔型式采用水平排列的酒杯塔（见图 13-18）和三角形排列的猫头直线塔（见图 13-19），导线布置有三相均采用 V 形串，或中相采用 V 形串，两边相采用Ⅰ串。

该工程线路采用 8 分裂导线，导线型号为 8×LGJ—500/35，线路采用 8 分裂阻尼间隔棒如图 13-22 所示。间隔棒以铝合金材料铸造，本体为正八形，线夹与本体通过阻尼橡胶连接，属于阻尼间隔棒，线夹以销轴连接方式握紧导线，并垫有橡胶垫，能有效保护导线。

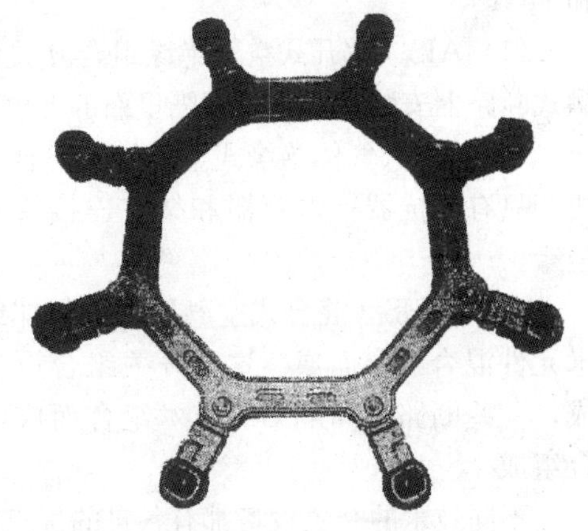

图 13-22　1000kV 晋东南—南阳—荆门特高压交流试验示范工程采用的 8 分裂阻尼间隔棒

该工程线路地线（分流线）选型不考虑镀锌钢绞线方案，而采用防腐性能优良的全铝包钢绞线（20%IACS）地线 JLB20A-170，OPGW 采用 20%IACS 的铝包钢加光纤单元的 OPGW-175。线路全线敷设 OPGW 及地线各一根。

全线共有铁塔 1284 基，其中一般线路 1275 基，黄河大跨越 5 基，汉江大跨越 4 基，一般线路采用酒杯形，猫头形、干字形、门形 4 类、49 种塔型，平均塔高 77.2m，平均塔重 70.5t。

■ 第五节　特高压交流变电站及主要电气设备

一、特高压变电站的电气主接线

1. 特高压变电站的电气主接线方式

在我国，330～500kV 电压等级，根据在电力系统中的地位采用双母线、双母线带旁路母线、双母线分段和 3/2 断路器接线方式以提高可靠性。各种电气主接线方式采用断路器的数量均与进出线的数量有一定关系，如进出线总数以 n 表示，则所用断路器的数量分别为：双母线为 $n+1$，双母线带旁路母线接线为 $n+2$，双母线分段为 $n+3$ 或 $n+4$，3/2 断路器接线为 $1.5n$ 等。

由于特高压线路输送的容量很大，发生故障时影响范围广，应该采用可靠性高的电气主接线方式。另外，由于特高压设备都很昂贵，如何通过技术经济比较，在电气主接线的设计上，优化设计方案，使用较少的电气设备，达到最好的性能和最高可靠性，使得效益投资比最大，是特高压电气主接线设计上的一个重要问题。

由于特高压断路器十分昂贵，在特高压变电站中，一般采用 3/2 断路器的电气主接线比较合适，它可以保证较高的可靠性（在每条出线或电源上总有两个断路器）。如果进出线回路数较多，还可以采用三分之四断路器接线。在变电站建设初期，出线数目较少时，也可采用双断路器接线过渡或环形接线方式。

在 3/2 断路器接线中，两条输电线路或变压器组共用 3 个断路器。母线故障不会直接引起与其相连的输电线路或变压器的中断。与 GIS 相比，AIS 的母线暴露在外界环境中，母线故障概率略大，选择 3/2 断路器接线方案相对较好。另外，对于 3/2 断路器接线，在相连的线路或变压器在不停运的情况下，也可以对断路器进行维护。

1000kV 晋东南—南阳—荆门特高压交流试验示范工程中，晋东南、南阳和荆门三个站的电气主接线均采用 3/2 断路器接线。

2. 变电站开关设备的选择（AIS，HGIS 和 GIS）

开关设备类型也是决定变电站布置的主要因素，目前特高压开关设备技术有 AIS、GIS 和 HGIS。

（1）AIS（敞开式空气绝缘组合开关设备）。开关设备都是用敞开式元件组合而成。仅罐式断路器安装在变电站间隔里面的变电站也认为是 AIS 变电站。

（2）GIS（气体绝缘式金属封闭组合开关设备）。开关设备都是由 GIS 技术元件组合而成。只有电抗器、电容器和架空连接线（与变压器或输电线路相连接的引线）需考虑外绝缘。

（3）HGIS（混合式空气绝缘及气体绝缘组合开关设备）。开关设备是由 GIS 和 AIS 技术元件混合组合而成。这种开关组合设备中，一些断路器间隔是用 AIS 技术元件组合而成，一些断路器间隔 GIS 技术组合而成，或者断路器间隔本身就是用 AIS 和 GIS 元件混合组成。

不同技术的开关设备都有各自的优点。特高压采用哪种开关技术更优没有统一的推荐意见，根据不同的具体情况会有不同的结论，表 13-12 列出了不同开关技术的将证，变电站采用不同开关设备的比较见表 13-13。

表 13-12　　不同开关技术的特征

开关技术	绝缘	绝缘介质	外壳
AIS 技术	外绝缘①	空气	无外壳或高压下的瓷套外壳或合成绝缘子外壳
GIS 技术	内绝缘	SF_6 或 SF_6 混合物	有效接地的金属外壳
HGIS 技术	内绝缘	SF_6 或 SF_6 混合物	以上方式的混合
	外绝缘	空气	

① 内绝缘可以是空气、SF_6、油、树脂或各种绝缘介质。

表 13-13　　变电站采用不同开关设备的比较（AIS、HGIS 和 GIS）

设备	GIS	HGIS	AIS
可靠性	多数设备都密封在密封的金属箱里，它们很少受环境冲击的影响，且抗振能力好	HGIS 的可靠性越来越高，敞开式空气绝缘的母线有发生污闪的概率	发生污闪的概率最高
维护和运行	无需维护，但是故障后短期内难以恢复	缺少运行经验，维护工作量比 GIS 高	有足够的运行经验，但是维护工作量最大
安装	最容易，耗时最短	安装大框架不方便	困难
布局	紧凑	不够紧凑	占地大
扩建	易于扩建，但受生产运行限制	易于扩建，但是需要较多空间	易于扩建，但是需要更多空间
环境	主电路用封装的金属箱体密封起来，EMI 和噪声小，对环境影响小	对环境影响小	对环境影响较大
建设费用	最高	高	最低

我国 1000kV 特高压交流试验示范工程，晋东南变电站采用的是 GIS 方案，荆门变电站和南阳开关站采用的是 HGIS 方案。日本规划中的特高压变电站采用 GIS 方案，印度规划的特高压变电站采用 AIS 方案。

3. 国外特高压变电站的电气主接线实例

（1）苏联特高压变电站电气主接线。

苏联伊塔特 1150kV 变电站采用 3/2 断路器主接线。大容量、特大容量发电机一般不是经特高压升压变压器直接接入特高压电网，而是经 500kV 升压变压器接入 500kV 升压变电站母线，由母线汇集各发电机功率、然后由 500kV/1100kV 级升压变压器接入特高压电网。图 13-23 为苏联别列佐夫第 1 火电站主接线和伊塔特 1150kV 升压变电站的主接线图。

（2）日本特高压变电站（规划中）电气主接线：双母线双分段接线。

日本 500kV 变电站的电气主接线大多采用双母线双分段接线方案，运行经验丰富，故日本规划中的特高压变电站也采用了这种方案。图 13-24 为日本规划中特高压变电站所采用的双母线双分段接线电气主楼线。正常运行时该方案可靠性较高、运行灵活，设计相对简单，扩建时母线停运部分小；其缺点是母线故障或者输电线路故障后断路器断开失败，都将造成整个母线的 1/4 成者 1/2 停运，并且连接在停运母线的其他输电线路和变压器也会停运。与 3/2 断路器接线方案相比，双母线双分段接线方案采用了更多的断路器，经济性略差。

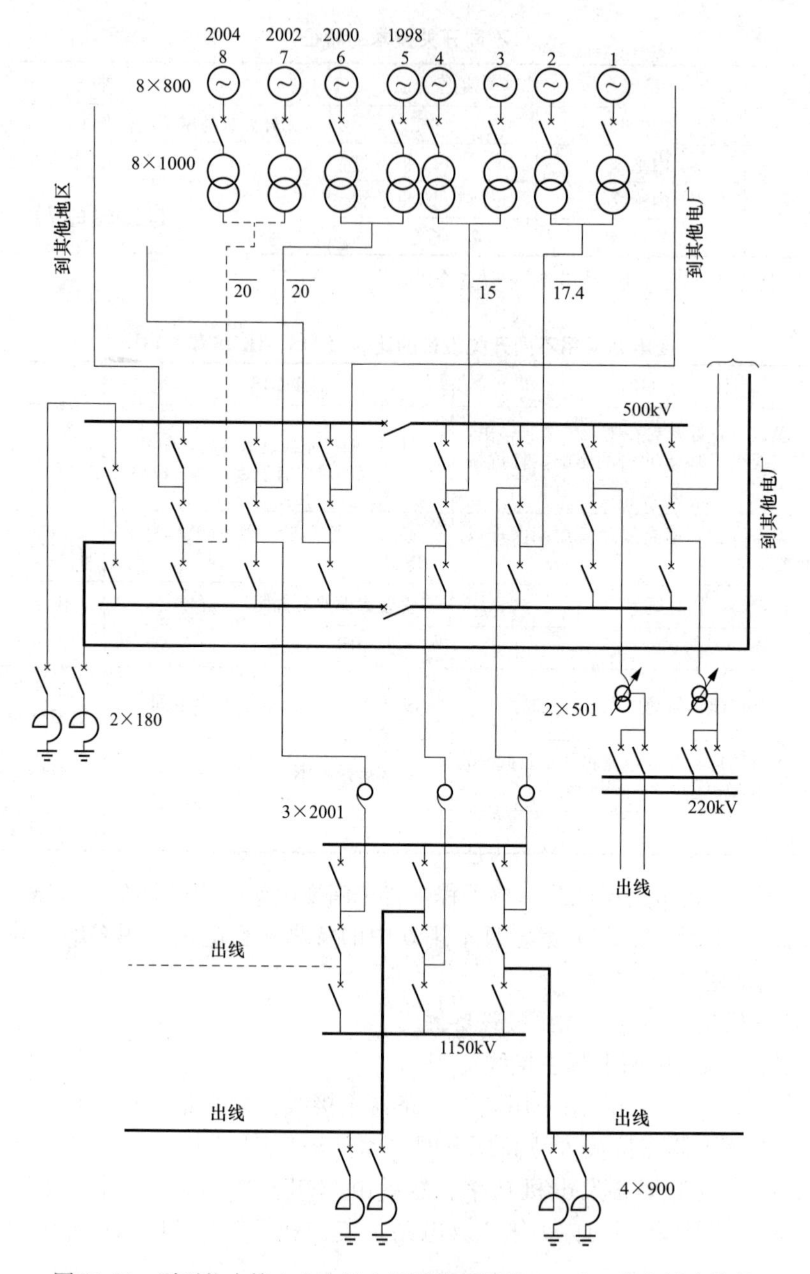

图 13-23　别列佐夫第 1 火电站主接线和伊塔特 1150kV 变电站主接线

从图 13-24 可见，为了保证可靠供电，向同一地点供电的同塔双回线路分别连接在不同的母线分段上。

（3）印度特高压变电站（规划中）电气主接线：印度规划中的 1200kV 变电站采用了 3/2 断路器接线。

4. 晋东南（长治）特高压变电站电气主接线

（1）晋东南（长治）特高压变电站一期工程电气主接线。如前所述，晋东南（长治）特高压变电站一期工程安装一组 300 万 kVA 特高压变压器，一条 1000kV 出线至南阳开关站，变电站采用 SF_6 气体绝缘全封闭组合电器。

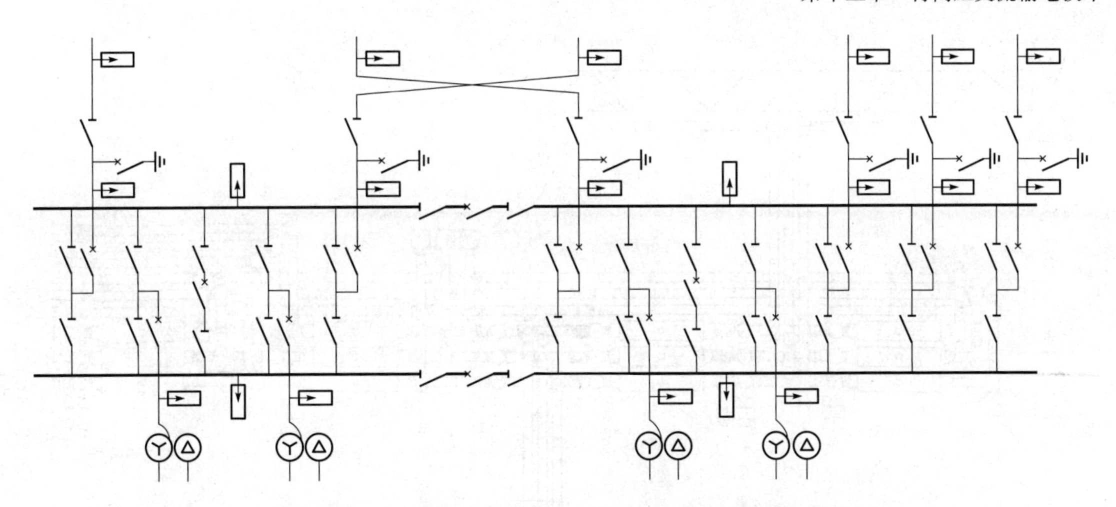

图 13-24　日本规划中特高压变电站的双母线双分段接线

由于仅有一台变压器和一条出线，电气主接线采用了双断路器接线且变压器通过隔离开关直接连接母线的过渡性方案，在后来的扩建工程中转换为 3/2 断路器方案。

所谓双断路器接线。就是变电站每一元件经两台断路器分别接至两条母线上，它具有 3/2 断路器接线的优点，断路器检修和母线故障时，元件不需要停电。此外，在以后的扩建工程中便于转换成可靠性及运行灵活性更高的 3/2 断路器接线。

晋东南（长治）特高压变电站一期工程双断路器接线如图 13-25 所示，GIS 平面图如图 13-26 所示，GIS 断面图如图 13-27 所示。

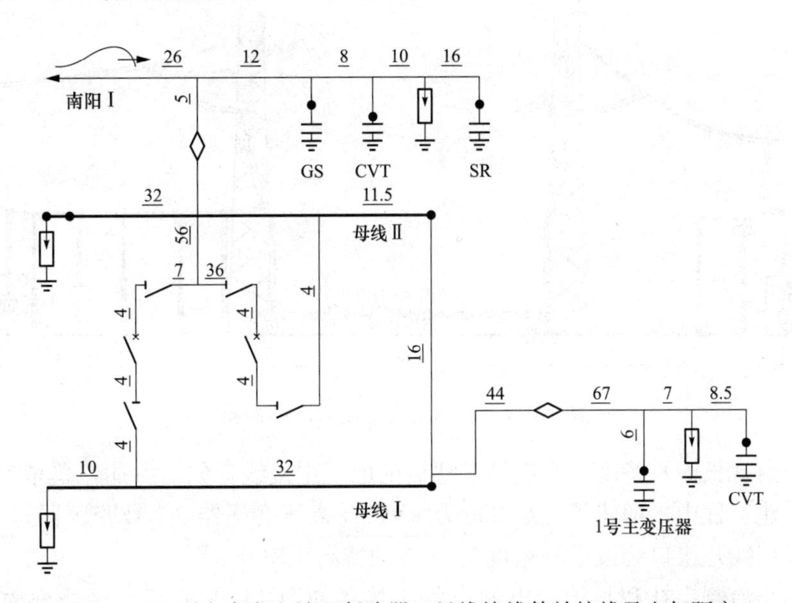

图 13-25　晋东南变电站双断路器双母线接线等效接线及电气距离

GIS 套管；母线；GIS 设备；架空线；避雷器；

设备入口电容；CVT 电容式电压互感器；GS 接地开关；SR 高压电抗器

注：图中有下划线的数字是 GIS 管道或架空线的电气距离，单位为 m。

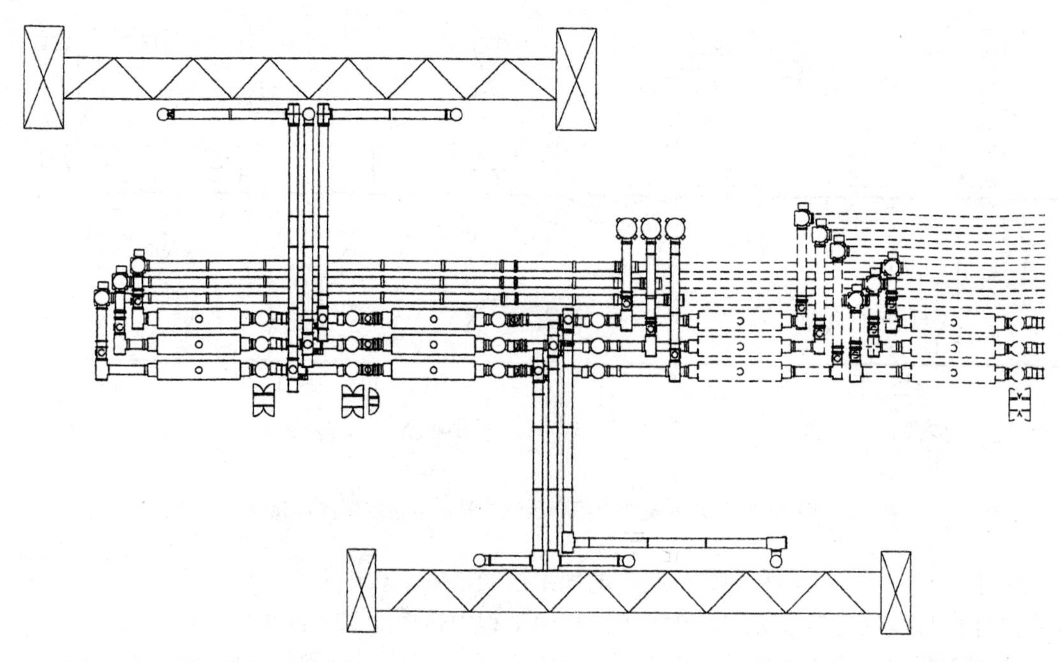

图 13-26　晋东南变电站 GIS 平面图（3/2 断路器接线的过渡方案，虚线表示远期工程部分）

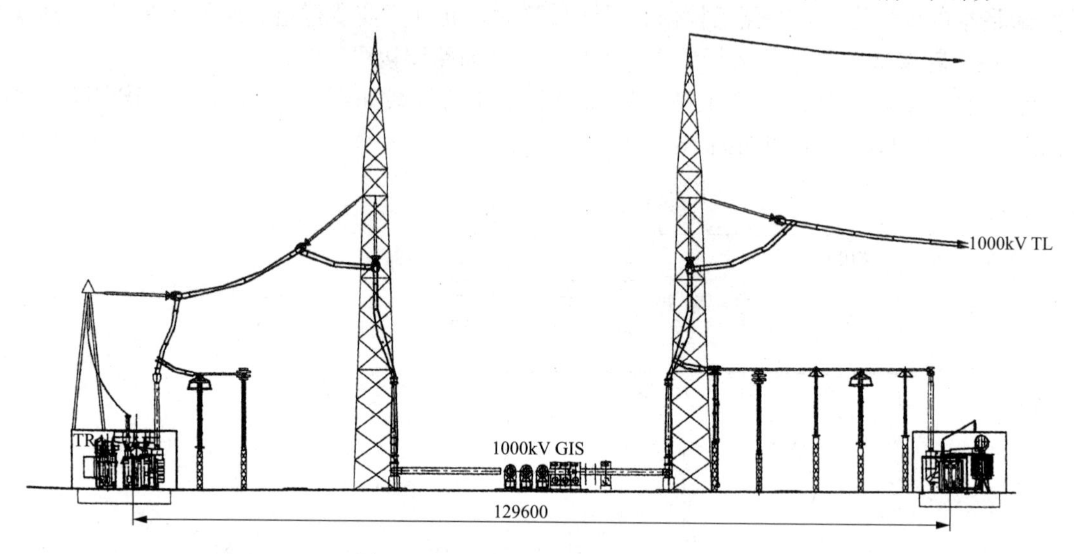

图 13-27　晋东南变电站 GIS 断面图

（2）晋东南（长治）特高压变电站扩建后的电气主接线。如前所述，晋东南（长治）特高压变电站扩建工程中，增建了一组 300 万 kVA 特高压变压器（2 号变压器），并在长治至南阳线路（长南线）出口装设了补偿度为 20%的特高压串补。

扩建后的长治侧串补和长治变电站电气主接线如图 13-28 所示，虚线框内为本期工程 1000kV 侧新增设备。扩建后的长治变电站避雷器布置方式为主变压器回路、两母线上、长南Ⅰ线高压并联电抗器处均安装避雷器。长南Ⅰ线长治侧串补装置安装避雷器，避雷器在串补平台处的布置方式采用就近布置原则（串补避雷器距串补隔离开关的电气距离为 19～40m）。

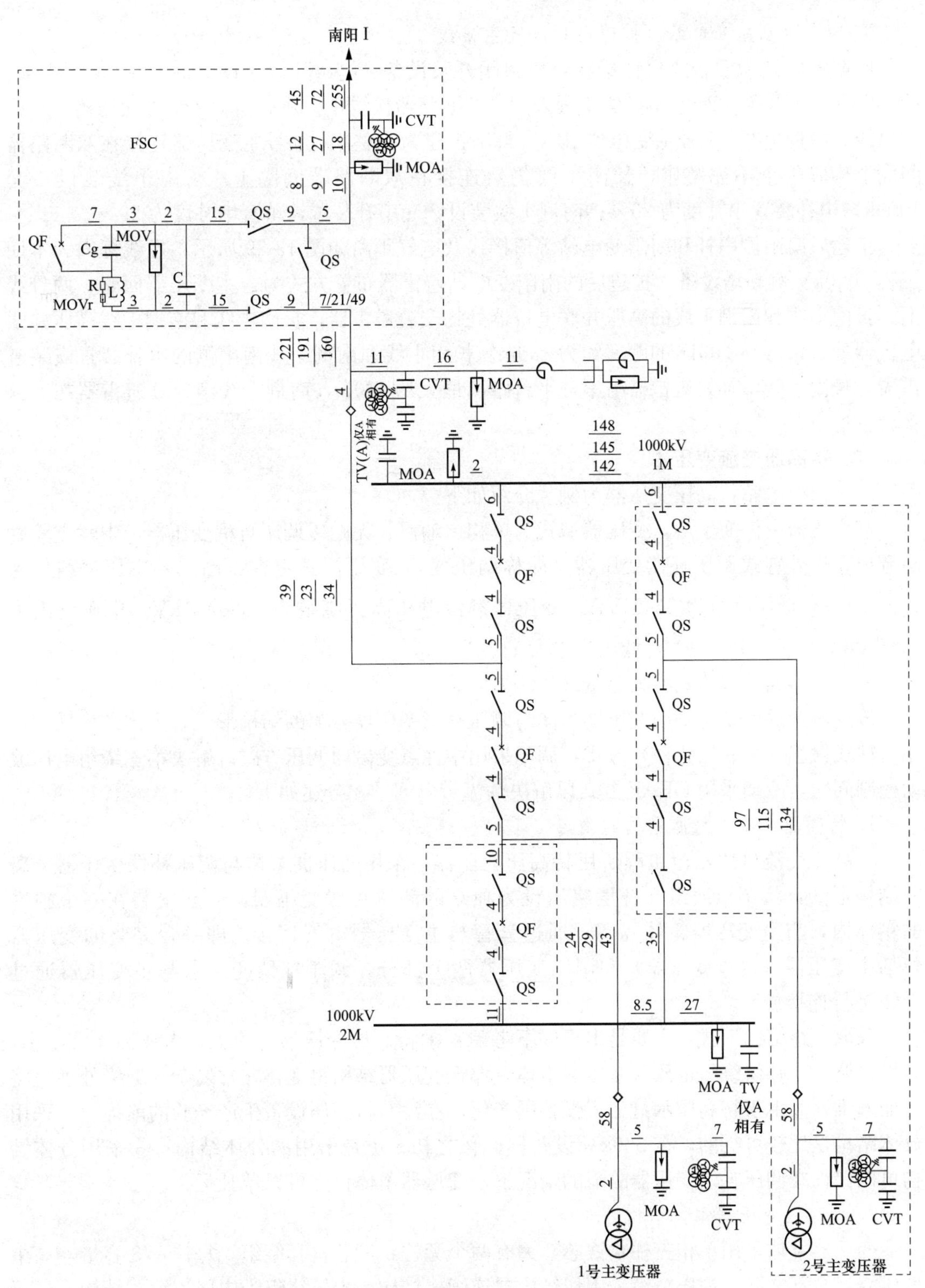

图 13-28 长治变电站扩建后的等值接线及电气距离

说明：1. FSC—固定串补装置。

2. 图中有下划线的数字是 GIS 管道或架空线的电气距离，三相的电气距离不相同时列 3 个数据，依次为 ABC 相，单位为 m。

5．南阳特高压变电站（扩建后）电气主接线

南阳变电站为混合式气体绝缘金属封闭开关设备（hybrid gas insulated metal enclosed switchgear，HGIS）变电站扩建工程采用3/2断路器接线，扩建后新增2组主变压器，不新增出线。南荆Ⅰ线—1号主变压器由不完整串扩建为完整串，2号主变压器连接在双断路器间隔上构成1个不完整串，长南Ⅰ线仍然连接在双断路器间隔上。长南Ⅰ线装设1套1000kV串补装置串补度为20%；南荆Ⅰ线装设2套串补装置，单套串补度为20%。

扩建后南阳侧串补和南阳变电站等值接线及电气距离如图13-29所示，虚线框内为本期工程1000kV侧新增设备。扩建后的南阳变电站避雷器布置方式为：主变压器回路、两母线上、长南Ⅰ线和南荆Ⅰ线的高压并联电抗器处均安装避雷器，长南Ⅰ线和南荆Ⅰ线高压并联电抗器处避雷器与HGIS的距离约为150m。长南Ⅰ线和南荆Ⅰ线南阳侧的串补装置安装避雷器，长南Ⅰ线串补处避雷器与串补平台距离最大约140m，南荆Ⅰ线串补处避雷器在串补平台就近布置。

二、特高压交流变压器

以长治变电站特高压变压器为例，介绍如下。

该变压器由保变生产，变压器型式为单相、油浸、无励磁调压自耦变压器，中性点无励磁调压，设外置式调压补偿变压器（简称调压变）。变压器额定容量高压及中压绕组均为1000MVA，低压绕组为334MVA。变压器额定电压高压绕组为$1050/\sqrt{3}$kV，中压绕组为（$525/\sqrt{3}\pm4\times2.25\%$）kV，低压绕组为110kV。

该变压器属于单体式特大容量（1000MVA）变压器。

该变压器总体结构采用变压器本体与调压补偿变压器分离的结构形式，本体结构采用单相三柱式铁芯（另有二旁柱）方式，调压采用中性点变磁通调压方式以解决第三绕组电压波动控制问题，冷却采用OFAF方式以解决油流带电问题，分述如下。

1．特高压变压器总体结构的确定

特高压交流试验示范工程所用特高压变压器，采用变压器本体与调压补偿变压器分离的结构形式，将调压绕组和补偿绕组设为独立的调压补偿变压器，一起安装在一个独立的箱体内，与主变压器箱体隔离，通过套管与主变压器电气连接。即一台完整的变压器包括主变压器（自耦变压器）和调压变压器两个部分，调压补偿变压器与主变压器通过母线进行连接。

采取上述结构形式，主要是出于以下考虑：①特高压变压器容量大、电压高、绕组多，如果将调压与补偿绕组也放入变压器本体，那么变压器结构将变得非常复杂，绝缘处理也将更加困难；②由于特高压示范工程设备国产化，在没有特高压设备生产经验的前提下，采用分体结构是比较可行的，在500kV设备国产化之初，也是采用的分体结构；③采用分体结构可以保证在调压补偿变压器故障的情况下，变压器本体仍然可以单独运行。

2．特高压变压器本体结构的选择

变压器本体采用单相三柱式铁芯，另有两个旁柱，三芯柱套绕组，每柱1/3容量，高中低压绕组全部并联。高压绕组采用纠结内屏连续式结构，中压绕组为内屏连续式结构，低压绕组采用双连续式结构。油箱采用筒式油箱，板式加强铁。上盖采用压弯结构，在内部进行加强。油箱侧壁加装了磁屏蔽，并在油箱侧盖采用铜屏蔽。

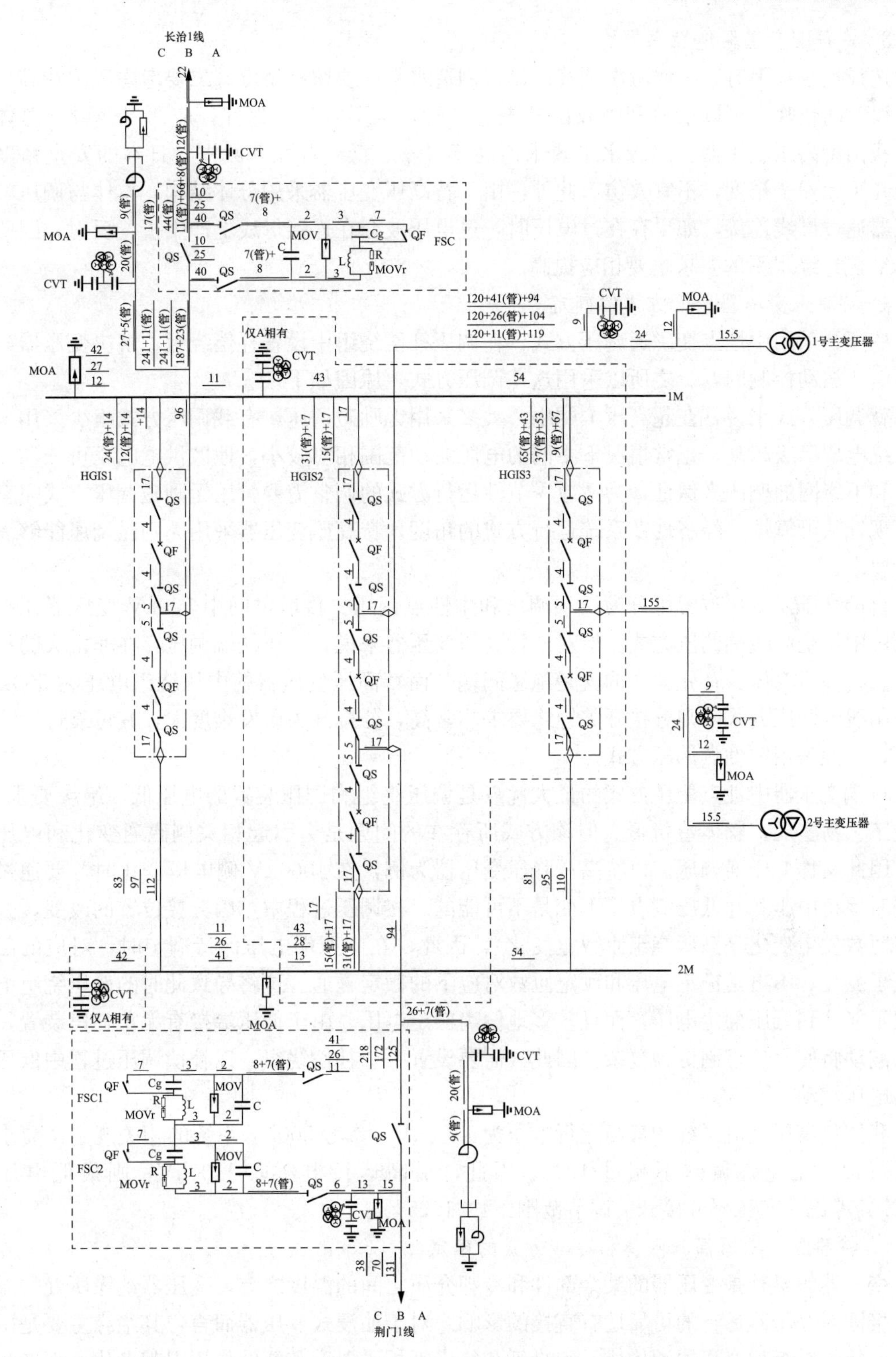

图 13-29 扩建后南阳变电站等值接线及电气距离

说明：1. FSC—固定串补装置。

2. 图中有下划线的数字是GIS管道、架空线或管母线的电气距离，三相的电气距离不相同时列3个数据，依次为ABC相，单位为m。

3. 特高压变压器绝缘水平的确定

选择绝缘水平时，一要考虑到我国设备制造水平，要留有裕度；二要考虑我国特高压工程建设时间较晚，可以借鉴和吸收国外先进经验，也不宜过分保守，应两者兼顾。总体上看，我国特高压变压器的绝缘水平要求值高于日本、低于苏联和欧洲。日本的安全裕度过小，几乎无安全裕度，不宜效仿。此外，由于特高压变压器采用分体结构，本体与调压补偿变压器通过母线连接，如果存在过电压时，过电压波会在连接母线上产生折、反射，因此对110kV 侧绝缘水平的要求也要相应提高。

4. 特高压变压器调压方式的确定

变压器采用中性点变磁通调压方式，在调压补偿绕组中设置补偿绕组，解决变压器第三绕组电压波动控制问题。之所以采用这一调压方式，原因如下。

就调压方式来说，在超高压电网中，大多采用无励磁调压，有载调压方式很少采用。因为系统电压等级越高，正常情况下主网的电压波动范围相对较小，地区供电电压可依靠无功调节和下级网的调压来保证，为适应季节性运行方式的调整需要，用无励磁调压方式完全可以实现，从可靠性、经济性及系统运行方式的角度，特高压变压器采用无励磁调压能够满足运行要求。

自耦变压器调压位置可分为线端调压和中性点调压。目前电网中 500kV 变压器几乎全是采用中压绕组线端调压方式。但对于特高压变压器来说，中压线端调压存在非常大的技术难度。特高压变压器首先关注的就是绝缘问题，而特高压变压器的中压绕组电压为 500kV，如采用线端调压方式，则分接开关绝缘要求非常高，分接开关研发难度大，其可靠性也难以保证，因此采用中性点调压方式。

自耦变压器中性点调压方式的最大优点是调压绕组和调压装置的电压低，绝缘要求低，制造工艺易实现，整体造价低。但该方式所存在的问题是会引起相关侧磁通变化和电压变化，因此又称变磁通调压。以特高压降压变压器为例，在 1000kV 侧电压变化时，要通过调节同时保持中压侧和低压侧电压不变是不可能的。在调压过程中，因分接位置的改变，公共绕组匝数发生变化（高压绕组匝数也变化），因此，在中压端电压保持额定时，对应的磁通发生了变化，不再是额定电压和额定匝数对应下的额定磁通。这将导致此时的低压绕组电压不仅不能达到低压额定电压，而且较多地偏离额定电压。由于低压端接有无功补偿装置，电压的波动将使无功控制更为复杂。因此，需要设置一个补偿绕组，以补偿调压过程中低压绕组的电压波动。

我国特高压交流系统的最高运行电压为 1100kV，参考 500kV 系统的相关规定，要求正常运行时电压允许偏差不超过 10%。因此，最高运行电压取 1100kV，则最低电压按 1000kV 考虑。变压器分接开关调节范围±4×1.25%。

5. 特高压变压器温升限值和冷却方式的确定

变压器的温升是变压器的某个部件和冷却介质之间的温度之差，变压器绝缘所处的温度允许极限对变压器运行的可靠性有直接的影响。对于油浸式变压器而言，其绝缘主要是由绝缘纸、绝缘纸板和变压器油构成，绝缘纸和绝缘纸板受温度和氧的作用引起老化，而老化程度取决于温度和氧的持续作用。绝缘材料的老化到极限的时间决定着变压器的运行寿命和预期寿命。

特高压变压器的温升限值，在额定容量下（三侧同时满负荷）为：绕组平均，65K；绕组热点，78K：顶层油，55K：油箱及结构件表面，80K：铁芯，78K。

变压器外部冷却介质的流动方式有自然对流和强迫循环两种。采用自然流动的方式，从设备运行角度而言，有利于减少维护，但对于特高压变压器这样的大容量变压器，其冷却能力将无法满足要求，所以需采用强迫循环。变压器内部冷却介质的循环，可采用流经绕组内部的油流热对流循环和在主要绕组内的油流强迫导向循环两种方式。在考虑强迫导向循环的方式时，油流带电现象是需要考虑的问题之一。油流带电现象是指当绝缘油流过电极表面时，引起固体与液体界面上的电荷分离，即接触表面静电荷的产生和静电荷极性的改变，使电荷重新排列、积聚，从而形成电位差使绝缘油带电，当电荷聚集到一定数量时，就会产生放电，这对变压器的长期稳定运行极为不利。油流带电主要取决于油的流速，因此降低电极表面的油流速度可以有效地抑制油流带电。

为了避免可能出现的油流带电的问题，特高压变压器主体变压器选用了强迫油循环非导向（OFAF）冷却方式，与强迫油循环导向（ODAF）冷却方式相比，主要区别是冷却油不再通过油泵打入器身，而是在从器身外部强迫冷却流通，器身中油的流动则是温差作用形成，从而显著降低了器身高场强区的油流速度，从根本上避免了油流带电现象。同时在结构设计中，对于绕组端部等电极表面，采取加大导油面积等措施，改进油流状态，消除油流带电，提高变压器的运行可靠性。

6. 特高压变压器主要参数

特高压交流试验示范工程晋东南变电站的变压器由保变生产，荆门变电站的变压器由沈变生产，两个制造厂的变压器参数基本一致。以晋东南主变压器为例，其主要参数如下：

（1）型式。单相、油浸、无励磁调压自耦变压器，中性点无励磁调压、设外置式调压补偿变压器（简称调压变）。

（2）额定容量。在绕组平均温升不大于65K时连续额定容量为：

高压绕组：1000MVA；

中压绕组：1000MVA；

低压绕组：334MVA。

（3）额定电压（方均根值）：

高压绕组：$1050/\sqrt{3}$kV；

中压绕组：（$525/\sqrt{3}\pm4\times2.25\%$）kV；

低压绕组：110kV（因调压引起电压变化允许范围偏差±1%）。

（4）额定频率为50Hz，联结组标号为 $I_{a0}I_0$。

（5）标称短路阻抗（以高压绕组额定容量1000MVA为基准）；

高压—中压：18%；

高压—低压：62%；

中压—低压：40%；

短路阻抗允许偏差：±5%（额定分接），±7.5%（其他分接）。

（6）冷却方式：主体变压器的冷却方式为强迫油循环非导向冷却（OFAF）。冷却器的布置形式为壁挂式。调压变的冷却方式为自冷（ONAN）。

（7）内绝缘水平见表13-14。

表 13-14　　　　变压器内绝缘水平

绕组	额定短时工频耐受电压（kV，方均根值，5min）	额定操作冲击耐受电压（相对地，kV，峰值）	额定雷电冲击耐受电压（kV，峰值）	
			全波	截波
高压	1100	1800	2250	2400
中压	630	1175	1550	1675
中性	140		325	
低压	275		650	750

（8）特高压变压器第三绕组侧连接的设备，主要包括并联电容器组、并联电抗器、静止无功动态补偿装置（SVC）和同步补偿机（调相机）等。在 1000kV 晋东南—南阳—荆门特高压交流试验示范工程中，低压无功补偿设备主要为并联电容器组和并联电抗器。

经论证，从保证特高压输电工程的安全运行角度考虑，1000kV 特高压变压器低压绕组 110kV 侧系统中性点采用不接地方式。

特高压变压器结构示意图（见图 13-30）电气原理图（见图 13-31），及效果图（见图 13-32）。

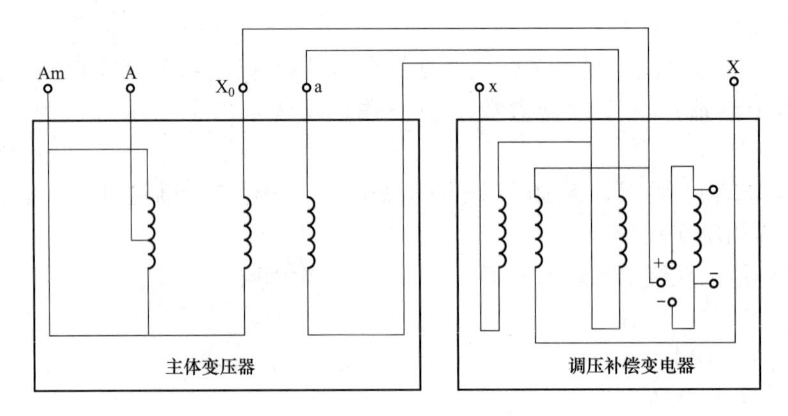

图 13-30　特高压变压器结构示意图

A—高压绕组首端；Am—中压绕组首端；X_0—调压绕组；a，x—低压绕组；X—中性点

三、特高压交流电抗器

以长治特高压变电站之特高压交流电抗器为例，介绍特高压交流电抗器有关技术知识。

1. 特高压并联电抗器的作用和特点

高压并联电抗器是高电压远距离输电系统的重要设备，通常安装在变电站和开关站里。高压并联电抗器的型式均采用单相户外油浸式。间隙铁芯结构，三个单相联结成Y形，中性点一般都经中性点电抗器接地。高压并联电抗器的主要作用如下：

（1）吸收超高压线路的充电功率，降低工频暂态过电压，进而限制操作过电压，提高系统稳定性和输送能力；

（2）减少线路中传输的无功功率，降低线损，提高输电效率；

（3）还能降低工频稳态电压，利于系统同期；

（4）有利于防止同步电机带空载长线可能出现的自励磁现象；

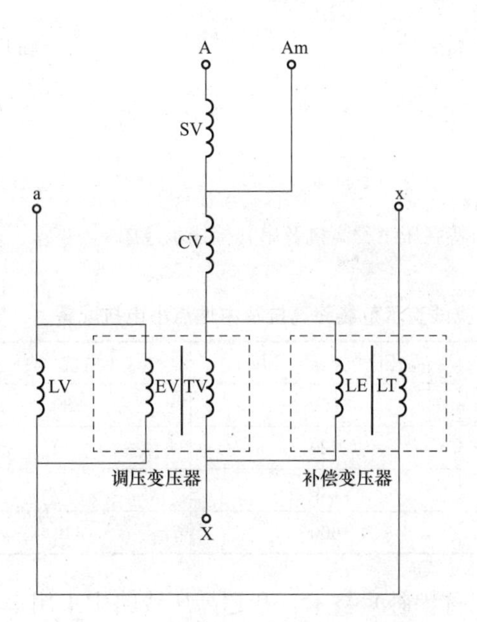

图 13-31　特高压变压器电气原理图

A—高压绕组首端；Am—中压绕组首端；
a，x—低压绕组；X—中性点；SV—串联绕组；
CV—公共绕组；LV—低压绕组；
LT—补偿变压器的低压补偿绕组；
LE—补偿变压器的励磁绕组；
TV—调压变压器的调压绕组；
EV—调压变压器的励磁绕组

图 13-32　特高压交流试验示范工程用特高压变压器效果图

(5) 高压并联电抗器中性点经中性点电抗器接地后，可以补偿输电线路相间电容，加速潜供电电流电弧熄灭，有利于实现单相快速重合闸。

交流特高压线路中用到特高压并联电抗器也是基于这一目的。由于特高压输电线路电压等级高，线路电容产生的无功功率很大。对于 100km 的特高压线路，在额定电压为 1000kV 及最高运行电压为 1100kV 的条件下，发出的无功功率（三相）可以达到 400～500Mvar，约为 500kV 线路的 5 倍。在 500kV 输电线路中，并联电抗器的典型单相容量为 40、50、60Mvar 和 70Mvar，750kV 系统中的典型单相容量是 100Mvar 和 120Mvar，而 1000kV 级特高压示范工程（晋东南—南阳—荆门）线路全长约 640km，需采用的特高压并联电抗器配置为：晋东南变电站配置高压并联电抗器容量为 960Mvar；晋东南—南阳线路南阳侧高压并联电抗器与南阳—荆门线路南阳侧高压并联电抗器容量相同，均为 720Mvar；荆门变电站按 600Mvar 配置。因此，特高压交流试验示范工程采用的高压并联电抗器的单相容量分别为 320、240Mvar 和 200Mvar，其中单相 320Mvar 应该是目前世界上并联电抗器单相容量之最。

特高压并联电抗器的主要特点：一是电压等级高，二是单相容量大。这两个特点决定了特高压电抗器在绝缘结构和电磁设计方面与超高压并联电抗器的差异。

2. 特高压示范工程电抗器、串补装置接线及电抗器中性点小电抗配置情况

1000kV 晋东南（长治）—南阳—荆门特高压示范工程特高压并联电抗器和串补装置接线示意图见图 13-33，特高压电抗器中性点小电抗配置见表 13-15。

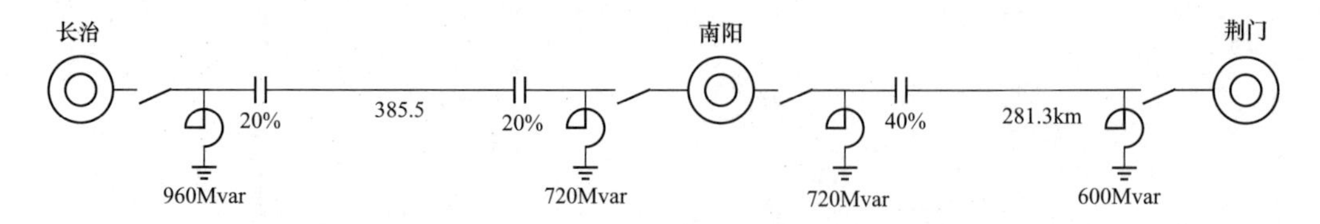

图 13-33　1000kV 晋东南—南阳—荆门特高压工程高抗及串补接线示意图

表 13-15　1000kV 晋东南—南阳—荆门特高压交流试验示范线路高抗及中性点小电抗配置

线路	位置	高压电抗容量（Mvar）	小电抗（Ω）
晋南线	晋东南	960	280
	南阳	720	370
南荆线	南阳	720	370
	荆门	600	440

顺便指出，特高压线路中采用串联补偿（简称串补）技术，和超高压线路中采用串补技术，具有相同的原理、目的和功效，在特高压输电线路中间加入串联电容器可以减小线路电抗，缩小线路两端的相角差，从而获得较高的稳定裕度及传输较大的功率。

以 1000kV 晋东南—南阳—荆门特高压交流试验示范线路为例，只要装有合适的固定高压并联电抗器，通过其中性点接地小电抗，可以将线路上的潜供电流和恢复电压限制在较低值。

3. 特高压并联电抗器的绝缘水平

我国交流特高压系统的标称电压为 1000kV，系统的最高运行电压规定为 1100kV，因此特高压并联电抗器的额定电压定为 $1100/\sqrt{3}$kV。线端的绝缘水平和特高压变压器相同，中性点电抗器的绝缘水平和 500kV 电抗器的中性点绝缘水平相当（500kV 电抗器的中性点 LI/AC 为 480/200kV），见表 13-16。特高压并联电抗器用高压套管的绝缘水平见表 13-17。

表 13-16　特高压并联电抗器绕组的额定耐受电压

绕组	额定操作冲击耐受电压（kV，峰值）	额定雷电冲击耐受电压（kV，峰值）		额定短时工频耐受电压（kV，方均根值）
		全波（1.2/50μs）	截波（1.5～2μs）	
高压端	1800	2250	2400	1100（5min）
中性点端		550	650	230（1min）

表 13-17　特高压并联电抗器用高压套管的额定耐受电压

套管	额定操作冲击耐受电压（kV，峰值）	额定雷电冲击耐受电压（kV，峰值）		额定短时工频耐受电压（kV，方均根值）
		全波（1.2/50μs）	截波（1.5～2μs）	
高压侧	1950	2400	2760	1200（5min）
中性点侧		650		275（1min）

特高压并联电抗器的绝缘水平高，在电磁设计中，要求通过电场和冲击电位分布计算，合理选择绕组型式和绝缘结构，保证电位分布合理。对绕组的主、纵绝缘结构进行优化设计，并保证合理的裕度，以确保绝缘结构的可靠性。

4. 特高压并联电抗器的结构

（1）特高压并联电抗器的器身结构。

高压、超高压并联电抗器的铁芯结构主要有芯式和壳式两种。国内生产的高压并联电抗器多为芯式结构。国内厂家在芯式高压并联电抗器的设计、制造方面有自己的独到之处，近些年来产品质量已优于进口产品。经过制造和运行经验、技术经济合理性方面的综合比较，我国特高压试验示范工程中的特高压并联电抗器同样采用芯式结构。

330kV 和 500kV 单相并联电抗器通常采用三柱式（单芯柱两旁轭）结构，如图 13-34 所示。但是，1000kV 单相并联电抗器的容量是 500kV 的好几倍，如果仅有一个芯柱套装绕组，则存在铁芯直径过大、漏磁通不易控制、轴向场强增加等技术问题。

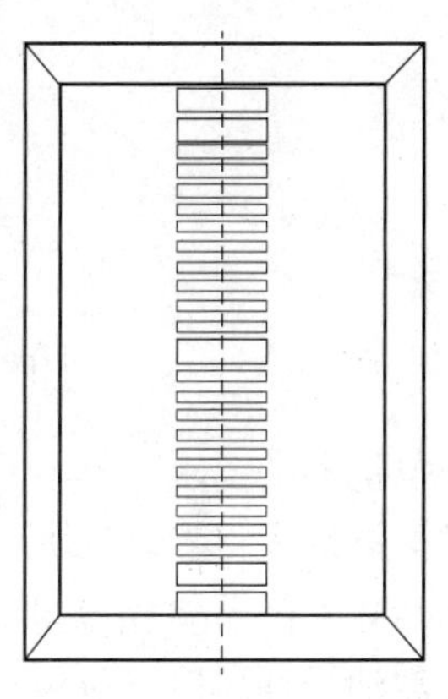

图 13-34 单芯柱结构

晋东南变电站和南阳开关站的特高压并联电抗器（单相 320Mvar 和 240Mvar）采用 4 柱式，即两个芯柱加两旁轭结构。两个铁芯芯柱由带气隙垫块的铁芯大饼叠装而成，两芯柱上套装的绕组也采用串联的方式连接，引出线采用成熟的出线结构。绕组及器身结构如图 13-35（a）、（b）所示。

这种结构的优点是能减少整体重量，节省材料。采用双柱加两旁轭结构，合理分配主漏磁，有效控制漏磁分布，降低漏磁引起的杂散损耗并阻止发生局部过热。

（2）晋东南变电站和南阳开关站并联电抗器（320Mvar 和 240Mvar）的整体外形如图 13-36 所示。

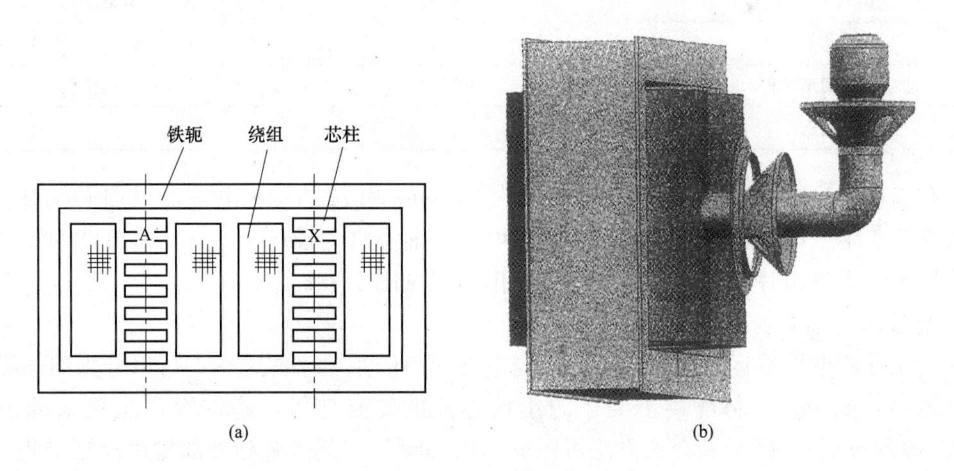

图 13-35 绕组及器身结构

（a）绕组、铁芯排列方式；（b）器身及出线结构

5. 特高压并联电抗器的冷却

330、500kV 和 750kV 高压并联电抗器基本上采用空气自然冷却（ONAN）方式，冷却设备为片式散热器。特高压示范工程中并联电抗器的温升限值要求基本上和 330、500kV 并

图 13-36　320、240Mvar 特高压并联电抗器整体外形图

联电抗器的要求一样（见表 13-18）但是，特高压电抗器容量巨大，单台损耗也比超高压并联电抗器大得多，200、240Mvar 和 320Mvar 高压并联电抗器的损耗分别为 380、450kW 和 580kW。随着单相容量的增加，ONAN 方式有可能不能满足温升限值的要求，而需要采用自然油循环风冷（ONAF）方式。

表 13-18　　110%额定电压下连续运行时的温升限值

部位	温升限值（K）	测量方法
顶层油	55	温度计
绕组（平均）	60	电阻法
铁芯	80	
油箱及金属结构件	80	红外热像仪
绕组热点	73	

晋东南（长治）变电站和南阳变电站的 240Mvar 和 320Mvar 电抗器采用 ONAF 方式，片式散热器集中于电抗器一侧，底吹式风扇可根据油温自动投切。另外，电抗器的储油柜放在散热器上，重量由片式散热器的支撑座承担，详见图 13-32。

6. 特高压并联电抗器的振动和噪声

特高压并联电抗器运行噪声是特高压变电站噪声的主要来源之一，可以分为本体噪声及附件（风扇）噪声。本体噪声主要来源于铁芯片的磁滞伸缩，附件噪声主要来源于风扇（ONAF 冷却方式）。降低噪声的方法可以分为内部噪声控制措施和外部噪声控制措施。

内部噪声控制措施包括：①选用高导磁激光刻痕磁性钢片和多级步进搭接结构，降低磁滞伸缩；②采用先进工艺，例如，合理选用绑扎、压紧结构及加强绕组、引线的固定等，防止因电磁力振动引起的噪声；③加强装配结构，防止因油箱谐振引起的噪声，例如，可以在铁芯垫脚与箱底间放置隔振橡胶垫，以及在油箱壁外侧槽形加强铁中间充满隔声材料、沙子或岩棉等；④降低附件（风扇）噪声，例如，选用优质高效低噪声风扇，在风扇出口处加消音筒，减少风扇同时运行组数等。

外部噪声控制措施的目的是抑制噪声的空间传播，一方面可以将特高压并联电抗器放置在一个全封闭降噪外壳之内，降噪效果好，但存在造价高、实施难度大，且对设备散热带来不利影响的难题；另一方面可以采用非全封闭隔声间、外壳贴附吸音材料、增加隔声墙等措施，可在不同程度上改善噪声对环境的影响。

与常规工程比较，特高压工程设备容量大、噪声能量高。为确保特高压变电站噪声水平满足国家环保总局环评批复文件的要求，特高压并联电抗器的振动、噪声水平必须限制在和超高压电抗器基本相同的水平。对特高压并联电抗器，要求在最高工作电压下运行时，油箱的机械振动幅度应符合有关规程规定，噪声水平要求不超过 75dB（A）。

为了达到这一要求，除了在高压并联电抗器的结构设计、材料选用和制造加工上采取有效措施外，并在晋东南（长治）变电站 320Mvar 高压并联电抗器本体上加装隔音室，而冷却装置保留在隔音室外。这样既能降低本身噪声，又基本上不影响设备散热。加装隔音室后，效果显著，噪声水平控制小于 60dB（A）。另外，设计在荆门和南阳变电站高压并联电抗器前方预埋声屏障基础。320Mvar 特高压并联电抗器加装隔音室后的整体外形图如图 13-37 所示。

图 13-37　320Mvar 特高压并联电抗器加装隔音室后的外形图

7. 可控并联电抗器

特高压交流线路上理想的高压并联电抗器，应是可以随着线路潮流和电压自动调节电抗值的电抗器，即所谓可控并联电抗器，这乃是未来特高压电抗器的发展方向之一。

为限制工频过电压，特高压输电线路上安装了大容量高压电抗器，会产生一些负面影响：

（1）小方式运行电压偏高或大方式下运行电压偏低。对于水电集中处送的输电通道来说，丰枯季节潮流变化大，两种情况可能都存在。常规的解决办法是通过在变压器的低压侧安装低压电抗器组或低压电容器组，一方面增加了无功补偿的投资，另一方面由于受变压器容量的限制，低压补偿可能无法满足要求。

（2）线路输送能力下降。高压电抗补偿度越高，其广义自然功率下降越多。

在特高压电网形成初期，由于网架薄弱，受安全稳定限制，特高压输送功率轻，即使在高抗补偿度较高时，线路对无功需求基本能够自给自足。随着特高压网架的逐渐加强，线路输送功率加大，线路需要吸收大量的无功，系统运行电压下降，同时无功传输的增加，也导致了系统网损增加。

采用可控高压电抗是解决限制过电压和无功调相调压之间矛盾的有效手段之一。可控高压电抗在运行期间，无功可在一定的范围内调节，在一定程度抑制电压在小负荷方式下过高或大负荷方式下过低，同时它能在故障瞬间将容量调节至最大值，限制故障引起的工频过电压。此外，可控高压电抗的投入运行，使得双回或多回线发生“$N-1$”故障时，可按其最大的调节范围实现动态无功补偿，改善系统电压特性。同时，对于系统在各种扰动下出现的电压振荡或功率振荡也能起到一定的抑制作用，提高系统的动态稳定性。

可控电抗器根据其构成原理的不同，基本可以分为磁控式可控电抗器和高阻抗式可控电抗器。

可控电抗器的基本原理是利用铁磁材料磁化曲线的非线性关系，通过改变铁磁材料的饱和度调解电抗器的电感值和容量。铁磁材料饱和度与电抗的关系示意图如图 13-38 所示。

由图 13-38 可以看出，随着铁芯饱和度的增加，磁导率 μ 减少，可控电抗器的电感 $L=2N\mu A_c/l_t$ 减小，电抗 $X_L=\omega L$ 减小，容量 $S=2U_N/X_L$ 增加。其中，N 为绕组匝数；μ 为铁芯磁导率；A_c 为铁芯柱截面积：l_t 为磁路长度；ω 为电源角频率；U_N 为电抗器的额定电压。

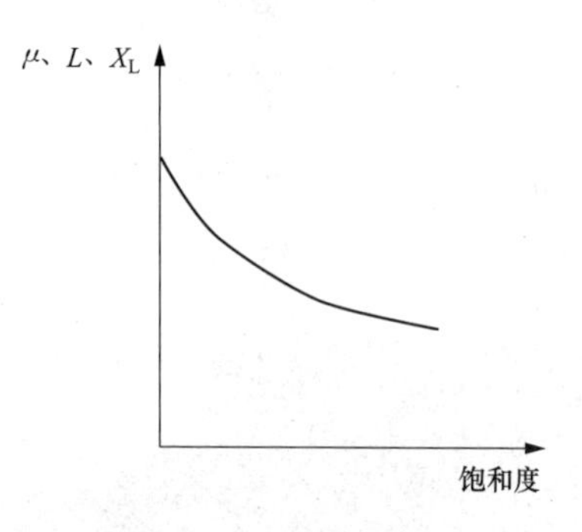

图 13-38 铁磁材料饱和度与电抗的关系示意图

饱和度的改变是通过在交变的磁密（$B=B_m\sin\omega t$）上增加一个恒定的直流分量 B_0 来实现的，即 $B=B_0+B_m\sin\omega t$，通过调节 B_0 的大小，就能调节铁芯的饱和度。

通过改变品闸管的导通角来改变在绕组中的直流控制电流；通过改变在绕组中的直流控制电流来改变铁芯的饱和度，从而改变绕组的电感和电抗；通过改变绕组的电感和电抗就可以平滑地改变可控电抗器的容量。

如果用可控电抗补偿代替固定电抗补偿，将能兼顾工频过电压限制和元功调节，大大有利于特高压电网的运行。可控电抗器的调节方式应是：线路输送功率较小或空载时，补偿容量处于最大值；随着线路功率的增加平滑地减少补偿容量，使线路电抗消耗的无功主要由线路电容产生的无功来平衡；而当三相跳闸甩负荷时，快速反应增大补偿容量。

四、特高压交流开关设备

开关设备是电力系统中的关键设备，对运行方式和系统安全具有重要影响。户外高压开关设备主要有 GIS、AIS、HGIS 三种。其中 AIS 投资成本最优，且研制难度相对较小；GIS 占地面积最小；而 HGIS 灵活性高。综合考虑可靠性、污秽条件、占地面积、环境保护和设备造价，特高压开关设备选用综合经济性较高的 GIS 或 HGIS 较为适宜，其典型布置如图 13-39 和图 13-40 所示。

1. 特高压交流开关设备的基本要求

综合考虑电网规划、变电站终期容量、主接线形式以及系统潮流等因素，特高压交流开关设备的额定电流通常选为 4000、6300、8000A；其中断路器额定短路开断电流为 50kA 或 63kA；时间常数为 120ms。国际标准中对于特高压等级开关设备的额定电压、绝缘水平以及断路器瞬态恢复电压（TRV）没有明确规定。我国根据系统分析结合现有标准外推法提出以 1100kV 作为特高压开关设备的额定电压。

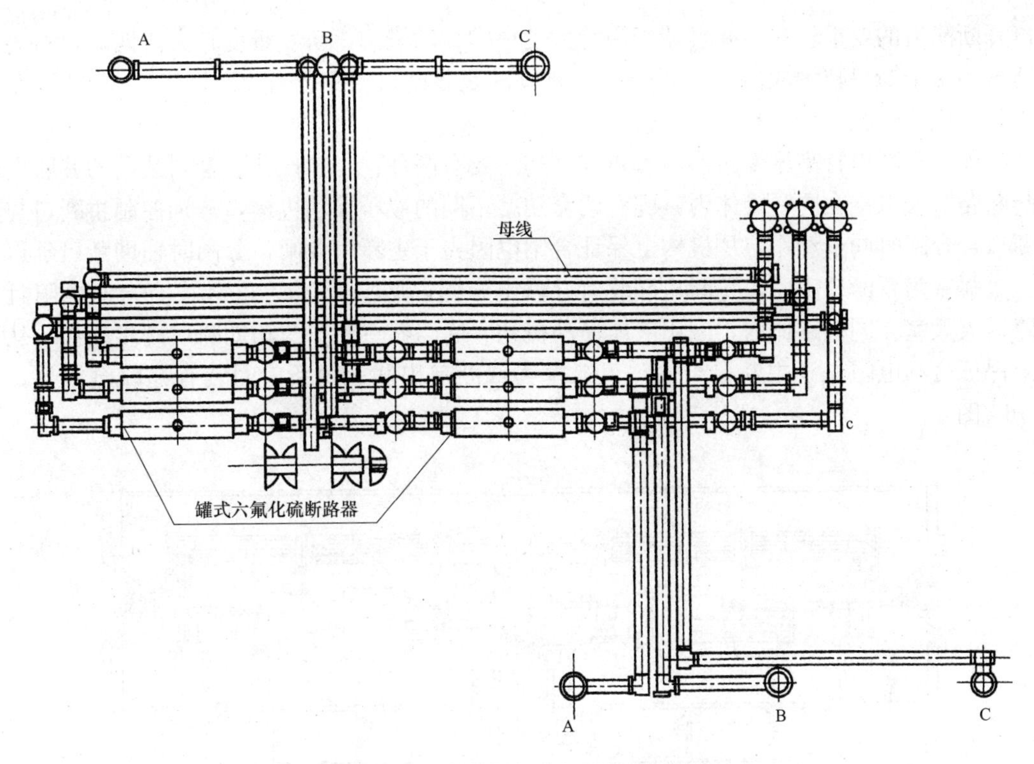

图 13-39　特高压交流 GIS 的典型布置

额定绝缘水平如下：工频，对地 1100kV、断口间 1100(+635) kV；操作冲击，对地 1800kV、断口间 1675(+900) kV；雷电冲击，对地 2400kV、断口间 2400 (+900) kV。

一般来讲，隔离开关开合母线转换电流或母线充电电流均要求其具有一定的开合能力，以满足该运行工况的要求。特高压 GIS/HGIS 的隔离开关应具有 1600A、400V 的母线转换电流开合能力，以及 2A 小电容电流和 1A 小电感电流的开合能力。

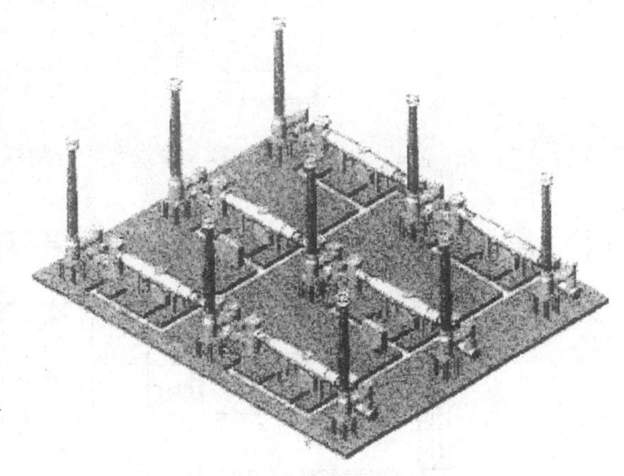

图 13-40　特高压交流 HGIS 的典型布置

2. 特高压交流开关设备的结构和特点

(1) 断路器。断路器的灭弧室中由若干个断口组成。每个断口承受一定的电压，以积木式组成整个灭弧室，如单个断口可以承受 250kV 时，则 500kV 断路器需要两个断口，1000kV 断路器需要四个断口（在断口之间使用并联电容均压）。如果单个断口可以承受 500kV，则 1000kV 断路器只要两个断口，目前 1000kV 的断路器，就有两个断口和四个断口两种。

特高压 GIS/HGIS 的断路器主要有两种方案：①在 550kV 单断口断路器技术的基础上开发双断口串联的特高压断路器；②在成熟的 550kV 双断口断路器技术的基础上开发四断口串联的特高压断路器。

双断口特高压断路器的单个断口耐受电压较高，是比较新、比较先进的技术，但对每个断口开断能力的要求较高，并且需采用特大功率的操动机构，研发难度较大。四断口特高压断路器的单个断口技术成熟，三断口、四断口甚至多断口断路器在220、500、750kV系统已有大量成功经验，研发难度相对较小。

目前，双断口特高压断路器内部布置结构主要有两种：①装设分、合闸共用的并联电阻且与断路器灭弧室在同一罐体内，配有两套功率不同的液压操动机构，分别控制主断口与辅助断口，合闸时同步动作，从机构上保证合闸电阻先于主断口合闸，分闸时辅助断口延迟分闸，灭弧室为双断口串联，每断口间装有并联电容器，见图13-41。②装设有合闸电阻且与断路器灭弧室在同一罐体内，配用液压操动机构，断路器主断口与辅助断口同步动作，从机械上保证合闸电阻先于主断口合闸，灭弧室为双断口串联，每断口间装有并联电容器，见图13-42。

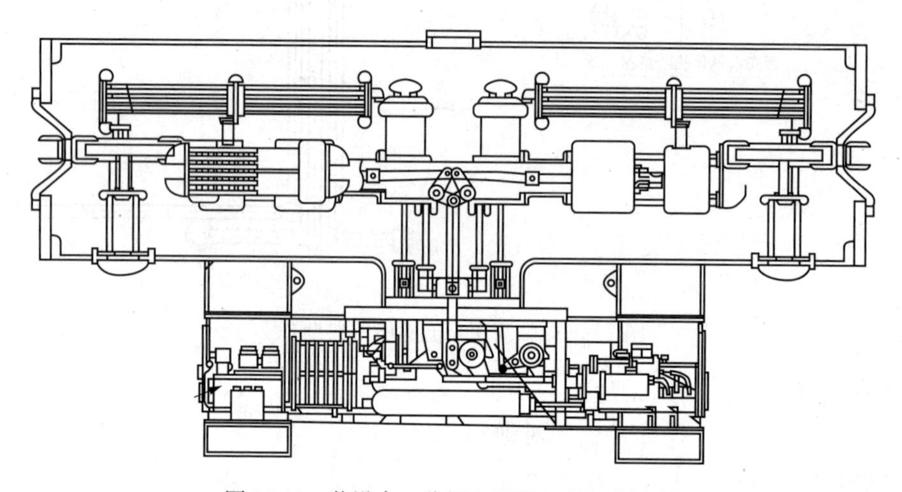

图13-41　装设合、分闸电阻的双断口断路器

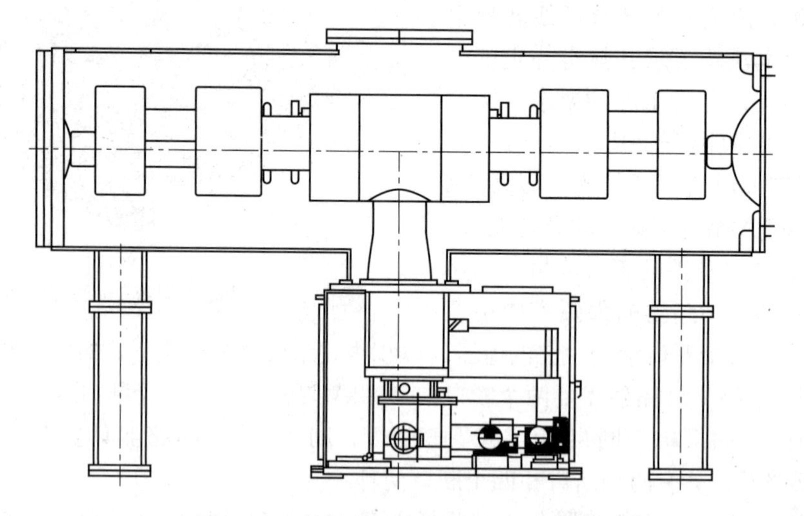

图13-42　装设合闸电阻的双断口断路器

四断口特高压断路器装设有并联合闸电阻（见图13-43），灭弧室与合闸电阻分别布置在各自独立的罐体中，避免了电阻与灭弧室之间的相互影响，减小壳体尺寸；操动机构与灭弧

室采用直连结构，通过平板凸轮传动驱动合闸电阻断口：合闸电阻断口采用了合后即分的设计原理，从工作原理上保证电阻工作的可靠性；灭弧室为四断口串联，每断口间装有并联电容器，采用了 550kV 双断口断路器成熟的灭弧单元。

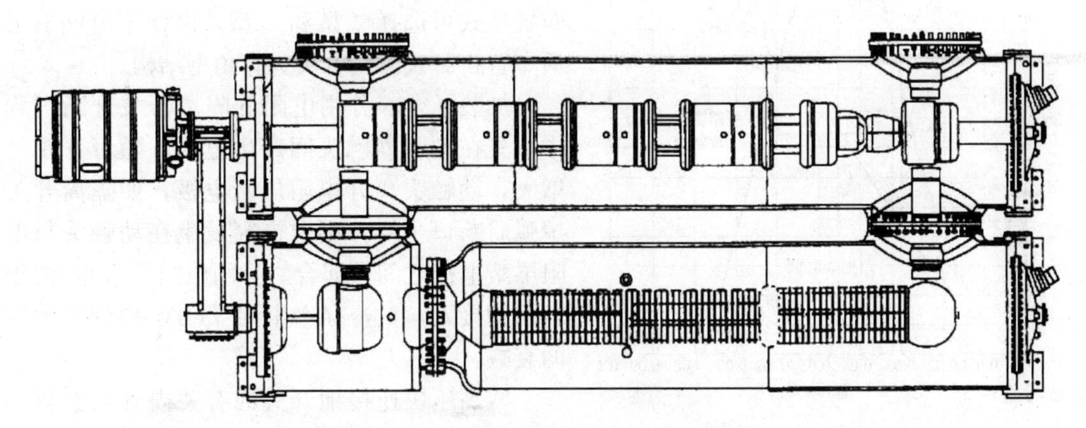

图 13-43　装设合闸电阻的四断口断路器

装设分、合闸共用并联电阻的双断口断路器分闸过程可用图 13-44（a）和图 13-44（b）表示，主断口先进行分闸操作，电阻断口再分闸，彻底熄灭电弧，由于主断口开断的电压为电阻上的电压，其值比额定电压小，一定程度上降低了主断口开断的难度；合闸过程用图 13-44（c）和图 13-44（d）表示，电阻断口提前合闸，使主断口两端的电压差与电阻上的电压相等，小于额定电压，然后主断口再完成合闸操作。

特高压断路器装设合闸和分闸电阻的目的，是为了降低关合和开断时的操作过电压。

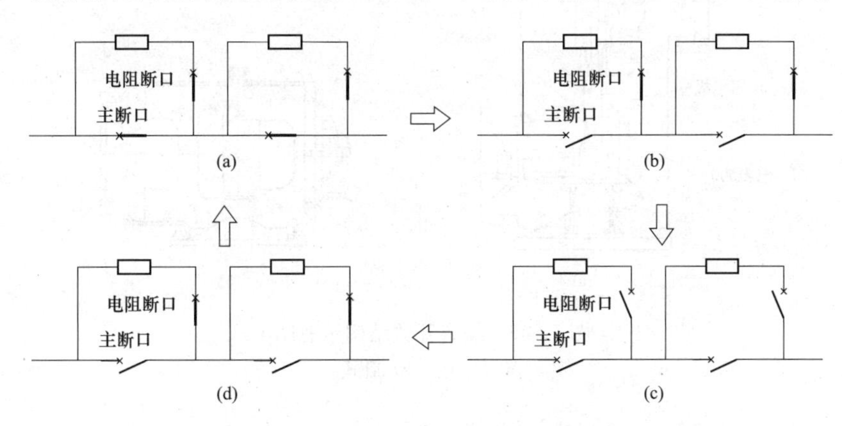

图 13-44　电阻断口和主断口的动作顺序示意图

（a）合闸状态；（b）分闸过程；（c）分闸状态；（d）合闸过程

采用合后即分设计原理的合闸电阻断口，在断路器分闸过程中不动作，合闸时电阻断口与主断口配合的机械特性曲线如图 13-45 所示。

（2）隔离开关和接地开关。特高压 GIS/HGIS 的隔离开关和接地开关通常布置在同一个单元中，接地开关也可单独布置，可根据用户要求，设置观察窗，方便观察断口状态，隔离开关结构型式分为立式和卧式，如图 13-46 所示，立式隔离开关设置约 500Ω 的合、分闸电阻，用于限制其操作时产生的快速暂态过电压（VFTO），卧式隔离开关未设置合、分闸

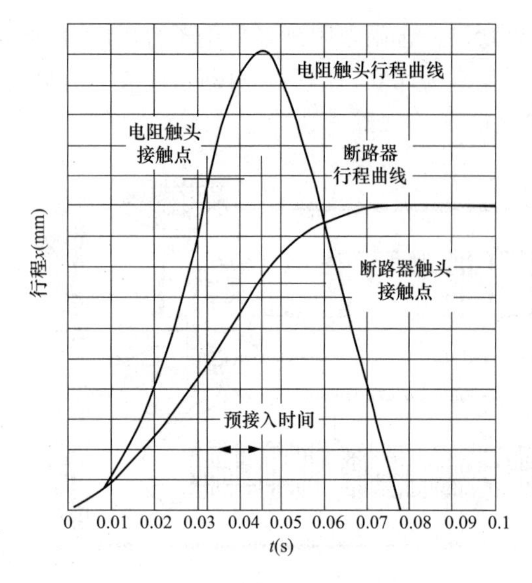

图 13-45　分闸时电阻断口与主断口配合的机械特性

电阻。

立式隔离开关触点部分采用设有消弧线圈或热压气吹原理的灭弧装置，可增强开断能力，布置型式可选择 Z 型和 L 型，以便于电站的灵活布置；卧式隔离开关为直角型结构。

加装了合、分闸电阻的隔离开关开断过程中，先在动、静触头间产生电弧，随着开距的增大，动触头离开电阻屏蔽电极，如隔离开关熄弧后断口击穿，则重击穿发生在动触头与电阻屏蔽电极之间（即合、分闸电阻投入），由于电阻的接入，重击穿产生的 VFTO 得到了大幅的衰减。

特高压快速接地开关的有关内容在本章第二节潜供电流及其恢复电压的研究中做了介绍，不再赘述。

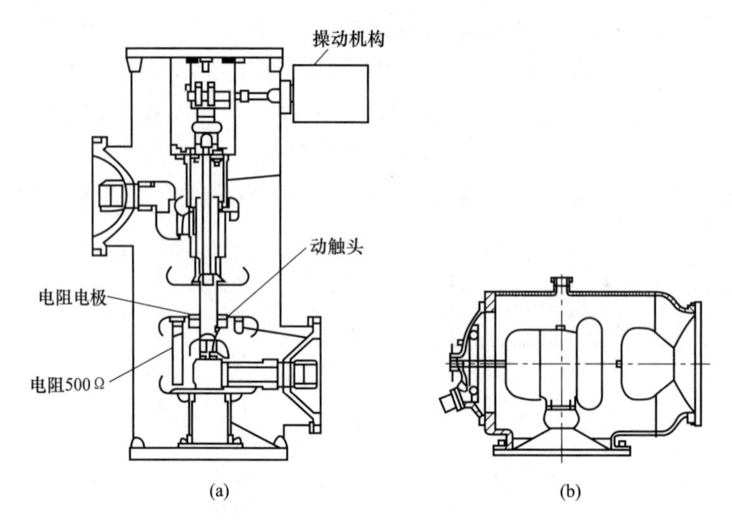

图 13-46　隔离开关结构示意图

（a）立式；（b）卧式

3. 长治、南阳、荆门变电站特高压交流开关设备简况

长治变电站开关设备选用 1000kV GIS，由平高电气制造。该断路器采用双断口串联，液压操动机构，装设 600Ω 分合闸电阻。断路器与合闸电阻设置在同一壳体内。隔离开关采用电动弹簧操动机构，装设 500Ω 阻尼电阻。

南阳变电站开关设备选用 1000kV HGIS，由新东北电气制造。该 HGIS 断路器采用双断口串联，液压操动机构，装设 580Ω 合闸电阻，不设分闸电阻。断路器与合闸电阻设置在同一壳体内。隔离开关采用电动弹簧操动机构，装设 500Ω 阻尼电阻。

荆门变电站开关设备选用 1000kV HGIS。该 HGIS 断路器采用四断口串联、液压操动机构，装设 560Ω 合闸电阻，不设分闸电阻。断路器与合闸电阻分别设置在独立的壳体内。隔离开关采用电动弹簧操动机构，不装设阻尼电阻。

根据科研成果，结合 500kV 系统的运行经验，1000kV 晋东南（长治）—南阳—荆门特高压交流试验示范工程采用安装 1000kV 并联电抗器中性点接地电抗器的方式补偿潜供电流，而不通过快速接地开关强制熄灭潜供电流。因此，出线侧不安装快速接地开关。

参 考 文 献

[1] 东北电业管理局调度局. 电力系统运行操作和计算. 北京：水利电力出版社，1977.
[2] 能源部西北电力设计院. 电力工程电气设计手册. 北京：水利电力出版社，1991.
[3] 何仰赞，温增银，汪馥英，等. 电力系统分析（上）. 武汉：华中工学院出版社，1984.
[4] 西安交通大学. 电力工程. 北京：电力工业出版社，1981.
[5] 柳春生. 实用供配电技术问答. 北京：机械工业出版社，2000.
[6] 刘强，黄克勇. 电工实用技术问答. 广州：华南理工大学出版社，1998.
[7] 王新超，杨永康，张聪敏，等. 电力工程技术实用试题选编. 河南省电力工业局，1995.
[8] 陈珩. 电力系统稳态分析. 北京：水利电力出版社，1994.
[9] 国家电力调度通信中心. 电网调度运行实用技术问答. 北京：中国电力出版社，2000.
[10] 国家电力公司农电工作部. 农村电网技术. 北京：中国电力出版社，2000.
[11] 山西省电力工业局. 电气设备运行. 北京：中国电力出版社，1997.
[12] 中国电力企业家协会供电分会. 变电运行. 北京：中国电力出版社，1999.
[13] 王梅义，蒙定中，郑奎璋，等. 高压电网继电保护运行技术. 北京：水利电力出版社，1981.
[14] 华中工学院. 电力系统继电保护原理与运行. 北京：水利电力出版社，1992.
[15] 《中国电力百科全书》编辑委员会. 中国电力百科全书 电力系统卷. 北京：中国电力出版社，1995.
[16] 乔家昌，周恭夫. 继电保护自动装置问答500题. 北京：水利电力出版社，1993.
[17] 国家电力调度通信中心. 电力系统继电保护实用技术问答. 北京：中国电力出版社，1997.
[18] 陈德树，张哲，尹项根. 微机继电保护. 北京：中国电力出版社，2000.
[19] 东北电业管理局. 变电运行技术问答. 北京：中国电力出版社，2001.
[20] 华东电业管理局. 电气运行技术问答. 北京：中国电力出版社，2001.
[21] 四川省电力工业局，四川省电力教育协会. 500kV变电站. 北京：中国电力出版社，2000.
[22] 华东六省一市电机工程（电力）学会. 电气设备及其系统. 北京：中国电力出版社，2000.
[23] 王世祯. 电网调度运行技术. 沈阳：东北大学出版社，2000.
[24] 电力工业部电力规划设计总院. 电力系统设计手册. 北京：中国电力出版社，2000.
[25] 周振山. 高压架空送电线路机械计算. 北京：水利电力出版社，1984.
[26] 华中工学院. 发电厂电气部分. 北京：电力工业出版社，1982.
[27] 黄益庄. 变电站综合自动化技术. 北京：中国电力出版社，2000.
[28] 马维新. 电力系统电压. 北京：中国电力出版社，1998.
[29] 蔡邠. 电力系统频率. 北京：中国电力出版社，1998.
[30] 孙树勤. 电压波动与闪变. 北京：中国电力出版社，1998.
[31] 全国电力工人技术教育供电委员会. 变电运行岗位技能培训教材（110kV）. 北京：中国电力出版社，2002.
[32] 全国电力工人技术教育供电委员会. 变电运行岗位技能培训教材（220kV）. 北京：中国电力出版社，2002.
[33] 全国电力工人技术教育供电委员会. 变电运行岗位技能培训教材（500kV）. 北京：中国电力出版社，2002.
[34] 胡国荣. 输电线路基础. 北京：中国电力出版社，2001.

[35] 潘龙德. 电气运行. 北京：中国电力出版社，2001.
[36] 纪建伟，等. 电力系统分析. 北京：中国水利水电出版社，2002.
[37] 黑龙江省电力有限公司调度中心. 现场运行人员继电保护知识实用技术与问答. 北京：中国电力出版社，2001.
[38] 杨新民，杨隽琳. 电力系统微机保护培训教材. 北京：中国电力出版社，2004.
[39] 熊信银，张步涵. 电力系统工程基础. 武汉：华中科技大学出版社，2003.
[40] 国家电力公司发输电运营部. 电力生产安全监督培训教材. 北京：中国电力出版社，2004.
[41] 柴玉华，王艳君. 架空线路设计. 北京：中国水利水电出版社，2001.
[42] 李焕明. 电力系统分析. 北京：中国电力出版社，1999.
[43] 夏道止. 电力系统分析. 北京：中国电力出版社，2004.
[44] 姚春球. 发电厂电气部分. 北京：中国电力出版社，2005.
[45] 万千云，梁惠盈，齐立新，等. 电力系统运行实用技术问答 2 版. 北京：中国电力出版社，2005.
[46] 丁书文. 变电站综合自动化原理及应用. 2 版. 北京：中国电力出版社，2013.
[47] 路文海，李铁玲. 变电站综合自动化技术. 3 版：北京：中国电力出版社，2012.
[48] 丁书文. 变电站综合自动化系统实用技术问答. 北京：中国电力出版社，2007.
[49] 黄益庄. 智能变电站自动化系统原理与应用技术. 北京：中国电力出版社，2012.
[50] 王显平. 变电站综合自动化系统运行技术. 北京；中国电力出版社，2012.
[51] 刘振亚. 特高压电网. 北京：中国经济出版社，2005.
[52] 中国电力科学研究院. 特高压输电技术交流输电分册. 北京：中国电力出版社，2012.
[53] 刘振亚. 特高压交流电气设备. 北京：中国电力出版社，2012.
[54] 刘振亚. 特高压交流输电技术研究成果专辑（2011 年）. 北京：中国电力出版社，2013.
[55] 刘振亚. 特高压直流输电技术研究成果专辑（2010 年）. 北京：中国电力出版社，2011.
[56] 刘振亚. 特高压交直流电网. 北京：中国电力出版社，2013.